生命档案（二）

如影随形的外星人

山西出版传媒集团

山西人民出版社

图书在版编目（ＣＩＰ）数据

如影随形的外星人 / 王怀秀，王如瑛著. -- 太原 :山西人民
出版社，2014.7
　　（生命档案；2）
　　ISBN 978-7-203-08607-9

　　Ⅰ.①如… Ⅱ.①王… ②王… Ⅲ.①地外生命－儿童读物
Ⅳ.①Q693-49

中国版本图书馆 CIP 数据核字（2014）第 146081 号

如影随形的外星人

著　　　者 : 王怀秀　　王如瑛
责任编辑 : 刘小玲
助理编辑 : 张志杰
装帧设计 : 昭惠文化

出 版 者 : 山西出版传媒集团·山西人民出版社
地　　址 : 太原市建设南路 21 号
邮　　编 : 030012
发行营销 : 0351—4922220　4955996　4956039
　　　　　0351—4922127（传真）　　4956038（邮购）
E — mail : sxskcb@163.com　发行部
　　　　　sxskcb@126.com　总编室
网　　址 : www.sxskcb.com

经 销 者 : 山西出版传媒集团·山西人民出版社
承 印 厂 : 太原市金容印业有限公司

开　　本 : 787mm×1092mm　1/16
印　　张 : 99.75
字　　数 : 1800 千字
印　　数 : 1—1000 册
版　　次 : 2014 年 7 月　第 1 版
印　　次 : 2014 年 7 月　第 1 次印刷
书　　号 : ISBN 978-7-203-08607-9
定　　价 : 100.00 元（全四册）

情节介绍

在一次露营时，以阿里为首的外星人将路线图和锦囊从跳跳猴的行囊中盗走。跳跳猴、笨笨熊和白松使用调虎离山计，将路线图夺了回来。

接下来，白杨领着跳跳猴、笨笨熊参观白桦寨，给他们讲解了植物的基本知识——根、茎、叶、花、果。

参观完白桦寨后，当白桦和跳跳猴、笨笨熊出发旅行时，一个叫做李瑞的小伙子也要求一起参加。白桦领着大家循着他非常熟悉的唐僧取经的路线考察植物。通过这一趟旅行，他们见识了各种各样的植物，了解了植物的许多趣闻。

要开始考察动物了，但白桦对动物考察路线一无所知，更加糟糕的是他发现跳跳猴等从外星人手里夺回来的路线图是假的。

就在跳跳猴一行烦恼不已时，外星人请求白桦为他们带路。白桦佯装要查找路径，从外星人手中骗回路线图。

跳跳猴一行循着路线图来到为什么动物园，了解了许多关于动物的为什么。

在跳跳猴结束参观时，一个外星人抢走了他装着旅行日记的行囊，并在逃跑中不慎掉到了狮虎山的池子中。跳跳猴两次冒着生命危险跳到池子中，从虎口中救出外星人并抢出资料袋。

在考察动物的旅行中，跳跳猴一行发现了动物冬眠、夏眠以及其他生物节律现象。在白云山客栈，他们还从两个游客口中了解到许多动物的奇怪食俗。原来，动物世界是如此千奇百怪。

　　当跳跳猴一行在"神奇的感官主题动物园"问路时，遇到了一位外星人。笨笨熊等佯作是来自天王星和地王星的外星人和对方聊天，得知面前的人是来自海王星的外星人沙里。这时，他们才知道来到地球的外星人不止阿里一伙。为了迷惑沙里，笨笨熊等谎说过几天会带所有弟兄来和沙里会合。

　　在动物园里，跳跳猴等见识了侧线、感觉毛以及动物雷达等神奇的动物感官。

　　一天晚上当他们考察蝙蝠洞时，李瑞失踪了。跳跳猴等循着血迹寻找，只见河对岸的两头金钱豹在撕扯着一堆血肉模糊的东西。

　　跳跳猴等在大海中遇到了沙里的部下他里和亚里。为了阻止外星人对海洋生物进行进一步考察，他们骗走了两位外星人。

　　游览中，跳跳猴等发现大海里有闪光鱼、电棒鱼以及探照灯鱼等发光的鱼。在参观仿生学研究所时，跳跳猴等了解到按照生物发光的原理，人们研制出了荧光灯和生命探测器；受蝴蝶启发，人类发明了卫星温控系统和迷彩服……此外，蝇眼照相机的前身是苍蝇的眼睛，三叉戟飞机的设计源于对鱼尾巴的观察……这种对生物进行模仿的科学叫做仿生学。

　　旅行途中的一个晚上，李瑞突然回到了跳跳猴等的住处。原来，他在参观蝙蝠洞的那天晚上从狼口逃生，由于夜间迷了路，辗转许多时日才找到了跳跳猴一行。本来以为已经遇难的李瑞奇迹般地返了回来，大家又惊又喜。但是，李瑞上厕所时死活不给跳跳猴开门的举动让大家感到难以理解。联想到他在旅行途中总是和大家分床而睡，跳跳猴等对李瑞的身份产生了猜测。

　　在结束仿生学旅行时，跳跳猴等在景阳冈看到了大虫伤人的告示。由于意识到考察动物需要具备防身功夫，跳跳猴和笨笨熊去灵山向孙悟空学习了缩身术。临别时，孙悟空送给跳跳猴、笨笨熊一根自己的毫毛……

跳跳猴

　　跳跳猴由花果山中曾孕育了孙悟空的一块仙石变成。他诚实守信,乐于助人,讲义气,喜爱旅游和大自然中的生物,但性子急,做事粗心大意。在学校期间,曾有一段时间沉迷网络游戏。总体来说,是一个本质上不错,但有缺点的中学生。

　　与《尼尔斯骑鹅旅行记》中的尼尔斯相似,在与笨笨熊、白桦、李瑞及小精灵等的旅行过程中,跳跳猴经历了许多艰难险阻,不仅增长了知识,而且磨炼了意志。

—————— **笨笨熊** ——————

　　笨笨熊是智者的优秀学生,具有丰富的生物学知识。他性格沉稳,足计多谋,但胆子小,行动笨拙。在旅行途中,他向跳跳猴讲述生物学的知识,并就一些生物学课题与跳跳猴进行讨论。

——— 外星人 ———

跳跳猴和笨笨熊在一次露营时,遇到了由外星高等智慧生物组成的地球生物联合考察队。外星人盗走了跳跳猴和笨笨熊的路线图和锦囊。然后,为了夺回路线图和锦囊,跳跳猴、笨笨熊和外星人展开了反复斗争。

白 桦

　　白桦和哥哥白松、妹妹白杨在白桦寨经营着一个很大的植物园。他憨厚、朴实,具有非常丰富的植物学知识。他与跳跳猴、笨笨熊结为弟兄,在旅行中为跳跳猴讲解植物学知识。

——— 李 瑞 ———

他热爱生物，一直期望着和伙伴进行生物旅行。在跳跳猴、笨笨熊和白桦从白桦寨出发开始绿色之旅时，李瑞加入了进来。他大大咧咧，爱开玩笑，偶尔搞恶作剧。在生物旅行过程中，跳跳猴、笨笨熊和白桦总觉得他的行为有点怪异。

目　录

如影随形的外星人

如影随形的外星人

丢失路线图

太阳一点一点地沉到了山后，老爷山里的光线渐渐暗了下来。归林的鸟站在枝头七嘴八舌地说着话，叙述着它们在山里山外听到和看到的趣闻。

就在这时，从远处的天空飘来一片彩云，上面站着跳跳猴和笨笨熊。那彩云在大山顶上盘旋了一阵，然后，飘飘荡荡朝着一个山包顶部的空地上落了下去。

站定了，小哥俩发现山顶上有一圈六角形的木质栏杆，六个角上竖着残缺不全的柱子。看来，以前这里有一个凉亭，只是由于年久失修，坍塌了。

笨笨熊坐在栏杆上，倚了一根柱子，说："小兄弟，把路线图拿来。我们研究一下明天的旅行路线。"

跳跳猴从行囊中掏出路线图，摊在栏杆上，两人低头看了起来。

在植物考察路线图上，起点是一座大山。在那山顶上，画着一个残破的凉亭。

跳跳猴说："难道我们现在落脚的地方就是图上的这个山头吗？"

笨笨熊说："应该是，云彩总是把我们载到应该去的地方。"

说话间，光线更暗了，路线图上的线条和文字就像一团乱麻。看了一阵，跳跳猴便没了耐心，站起来，在周围转来转去。笨笨熊仍然在仔细地辨认着。

突然，跳跳猴发现在不远处的树林中影影绰绰有几个人影。那身材，有点像十四五岁的中学生。不时，还可以听到他们喊喊喳喳的交谈声。

是什么人呢？是来山里观光的游客吗？跳跳猴一边想，一边朝那几个人走去。

正在这时，笨笨熊朝跳跳猴喊道："跳跳猴，回来，把路线图装起来。"

听了笨笨熊的召唤，跳跳猴返了回来，将路线图塞到行囊中。然后，将行囊挂在旁边的树枝上。

一轮明月悄悄爬上树梢，透过疏枝默默地看着小哥俩。虽然山林寂静，但是，有明月相伴，他们并不觉得害怕。两个人靠着凉亭的栏杆，望着头顶的月亮，海阔天空地聊了起来,聊智者的博学,聊生物博物馆的老师,聊在国外的访问过程……

大概是由于长途旅行劳顿,小哥俩说了一阵话,便感到眼皮像铅块一样沉。两人依偎在一起,进入了梦乡。

第二天早上,天刚蒙蒙亮,他们就醒了过来。

笨笨熊站了起来,伸了一个懒腰,说:"赶快走吧,从这里到下一站还有一截距离呢。"

"下一站在哪里呢?"跳跳猴问。

"跟我走就是了。我看过路线图的。"说完,笨笨熊便迈开大步,向山下走去。

跳跳猴提了挂在树上的行囊,赶紧跟了上去。

小哥俩下到山脚,顺着一条大路一直往西走去。行了大约一个时辰,前面出现了一个三岔路口。

走哪一条路呢?笨笨熊没有了主意。

"把路线图拿出来。"笨笨熊把手伸向跳跳猴。

"糟糕!"跳跳猴一边在行囊里翻腾,一边大声喊了起来。

"怎么了?"笨笨熊急忙问道。

"路线图和锦囊不在了!"跳跳猴的声音都变了调。

行囊里面,装着他们在国外访问时做的笔记、路线图和三号锦囊。现在,几大本笔记都还在,唯独没了路线图和锦囊。是谁偷走了呢?

跳跳猴想起了前一天晚上看到的几个人影,难道是那些游客拿去看了吗?他急忙把前一天晚上看到的情况向笨笨熊讲了一遍。

"赶快上山去找!"笨笨熊斩钉截铁地说。

小哥俩马上回过头来,循着原路爬上了山冈。

但是,在凉亭周围转了一圈,没有看到任何人,只见在离凉亭不远的地方,一片草丛被踩得东倒西歪。

没有了路线图,可如何旅行?笨笨熊在树林里焦急地踱着步。

跳跳猴像猴子一样嗖嗖地爬上旁边的一棵大树,四下里张望。看了好一阵,他发现,在很远的地方,几个穿着太空服的人正在稀疏的树林中往山下走去。

十有八九,路线图和锦囊就是这些家伙偷走的。想到这里,跳跳猴"哧溜"一声从树上滑下来,来不及和笨笨熊说话,便大步流星往前追。

追着追着,前面的人影在一条河边突然消失了。河边有一条路,往东一路下坡,蜿蜒钻出山沟外面;往西一路上坡,通向山顶。这些家伙跑哪里去了呢?东张西望一阵,跳跳猴看见东边路旁的灌木丛中隐约有几个穿太空服的人。

噢,原来藏在这里啊!跳跳猴心中一喜,猫着腰,拨开密密匝匝的灌木丛,蹑手蹑脚朝着目标走去。那灌木上长着许多尖尖的刺,将跳跳猴胳膊和脸上划了好多口子。他毫不在乎,甚至都没有感到疼。

好容易接近目标了,仔细一看,却只是几顶太空帽。

跳跳猴咬牙切齿地骂了一句:"坏蛋,把老子给骗了。"

由于愤恨至极,这一咬牙,他竟然把几颗牙齿咬了个粉碎。

调虎离山计

跳跳猴从灌木丛中钻了出来，返回到三岔路口。这时，笨笨熊气喘吁吁地赶了上来。

看到跳跳猴，笨笨熊上气不接下气地问："怎么样？"

跳跳猴一边擦着汗，一边气呼呼地说："远远看见那几个人在灌木丛中，走近前一看，原来只是几顶太空帽。"

笨笨熊说："想不到，这些家伙还会声东击西。"

正说着话，从西边的山坡上走下一个留着络腮胡的大汉，头上箍着羊肚手巾，肩上挑着两筐东西。

笨笨熊上前问道："叔叔，在您来的路上，可曾看到过什么人吗？"

大汉停了下来，说："有四个人，向山上去了。不过，这四个人怪怪的。"

笨笨熊急忙问："怎么怪呢？"

大汉说："衣服怪怪的，相貌也有点怪。究竟怎么怪，我没有仔细看。"

沉思片刻，笨笨熊又问："叔叔，白桦寨在什么地方？"

大汉手指着来的方向，说："顺着路往上走，翻过两座山就到了。"

笨笨熊接着问："白桦寨的山顶可有一面杏黄大旗吗？"

大汉说："有啊！那插旗的山叫做白桦峰，打老远就看见了。"

笨笨熊又接着问："这白桦寨里可种植着各种植物吗？"

大汉说："里面稀奇古怪的植物多着呢。还经常有人来参观呢。"

笨笨熊沉吟一声，说："糟了。"

"什么糟了？"跳跳猴非常惊讶。

笨笨熊说："我们旅行的下一站就是白桦寨。老师曾经告诉我，这白桦寨有一个植物园，其价值不亚于我们参观过的玄古洞。如果偷走我们路线图和锦囊的是外星人,他们有可能按着路线图奔朝白桦寨去。再说,除了白桦寨,路线图上的其他站点也都是地球上的重要生物宝库。要是外星人按着路线图到这些地方将地球生物资源窃走,可如何是好?"

听了笨笨熊的话,跳跳猴急得捶胸顿足。

大汉好奇地问:"什么? 刚才碰到的是外星人?"

笨笨熊说:"十有八九吧。"

说完,笨笨熊咬着嘴唇,陷入了沉思。

良久,他抬起头来,向大汉问道:"从这里到白桦寨插杏黄旗处,需要多长时间呢?"

大汉说:"大约两个时辰吧。"

说到这里,他抬起头看了看太阳,接着说,"大约中午时分便可以到了。"

思考了一下,笨笨熊对跳跳猴说:"刚才他们声东击西,我们何不来一个调虎离山呢?"

跳跳猴怔怔地看着笨笨熊,少顷,笑着说:"哦,我明白了。你是说,把白桦寨的杏黄旗挪到另外一个地方去?"

笨笨熊点了点头。

大汉会意,说:"把杏黄旗挪到白桦寨侧面老爷山的一个山头上吧,在那里有我捕捉野兽挖下的陷阱呢。"

跳跳猴和笨笨熊一下子领会了大汉的意思,异口同声地说:"好主意。"

跳跳猴说:"好了,事不宜迟,我们需要赶快行动,赶在他们翻过第二座山之前把旗子给挪走。"

大汉刚才一直挑着担子和小哥俩说话,说到这里,他突然撂下肩上的担子,说:"跟我来,我们抄近路。"

跳跳猴和笨笨熊跟着大汉顺着大路走了一阵,便钻进树林中。林间没有路,树木之间挤满了灌木丛。跳跳猴走在前面,为笨笨熊和大汉开路。

大约走了一个时辰,一行三人登上了第二座大山的山顶。只见对面山顶上一杆杏黄旗在随风飘舞,上面写着"白桦寨"几个大字。两座大山之间,横着几道铁索,上面铺着一溜木板。桥下深不见底,只闻得雷鸣般的流水声。

大汉跨上铁索桥,径直向前走去。笨笨熊探头看了看桥下的万丈深渊,腿不由自主地哆嗦了起来。看见笨笨熊胆怯的样子,跳跳猴只得拉着他跟着大汉走。铁索桥晃晃悠悠,当走到中间时,竟然像荡秋千一般。笨笨熊的心脏猛烈地撞击着胸膛,说什么也不敢向前。此时此刻,他真正体会到了毛泽东诗词中"大渡桥横铁索寒"一句的意境。

看看时间已经不早,又必须在外星人赶来之前把旗子挪走,跳跳猴把笨笨熊搂在怀里,说:"闭上眼吧,这样要好一些。"

笨笨熊乖乖地闭上了眼,跳跳猴连拖带拉,将他带了过去。

过得桥来,笨笨熊脸色煞白,瘫软在了桥头。跳跳猴对笨笨熊说:"你就待在这里。待我们得了路线图,回来接你一起去白桦寨吧。"

虽然笨笨熊非常想和跳跳猴他们一起去夺路线图,无奈实在没有胆子再过一遍那铁索桥,只得点头答应了。

跳跳猴和大汉甩开大步,朝着杏黄旗奔去。

那杏黄旗绑在山顶一棵大树的树顶上。跳跳猴噌噌地爬上树,拔了旗,跟了大汉从桥上返回,向旁边一个山头爬去。

大汉一边走,一边回过头来吩咐跳跳猴说:"紧跟着我,不然会掉在陷阱里的。"

跳跳猴一步不拉地跟着大汉。快到山顶时,只见树林中有一座破庙,庙前有一条路。大概许久没有人走了,上面铺着厚厚的一层树叶。大汉拉着跳跳猴离开通往破庙的路,钻进树林,然后,将杏黄旗从跳跳猴手里接过来,插到了破庙的台阶下方。

大汉说:"好了,等着他们上钩吧。"

说完,两个人透过树林注视着上山的路。

可是,等了好一会,没有看到一个人影。

"是外星人看见我们挪旗子了吗?"跳跳猴仰着脑袋问大汉。

"按照他们行走的速度,在我们拔旗时还没有翻过第二座山头,不可能看到我们的行动。"大汉的语气很肯定。

听了大汉的话,跳跳猴心里略略平静了一些。但是,过了一会,心里又焦急起来,不时从树林里探出脑袋朝上山的路上张望。

大汉轻轻地拍了拍跳跳猴的肩膀,说:"再等等,我想就快要来了。"

又过了大约半个时辰,上山的路上远远出现了一个人影。再看,两个、三个,一共四个。跳跳猴的心怦怦地跳了起来。

来人走近了。走在前面的两个脑袋上长着两个触角样的东西,就像牛犊刚刚冒出来的角。另外两个头上没有触角，离领头的两个人两三步距离。在快到山顶时，为首的两个人指着旗子，嘴里哇哇地叫着。接着，明显加快了脚步。

当走在前面的两个人接近台阶时，扑通一声，突然不见了。

大汉兴奋地对跳跳猴低声说："看见了吧？他们掉在陷阱里了。"

跟在后面的两个人，在陷阱的边缘及时止住了脚步。

就在这时，从陷阱两边的树上唰的一声掉下一张大网，将陷阱边上的两个人和陷阱罩了起来。大汉拉着跳跳猴从树林里跳了出来，将网上的两条纲一收，把陷阱上边的两个人兜在了网里。陷阱里的两个人向着上面吱哇乱叫，网兜里的两个人在网里左冲右突。

跳跳猴对他们大声喊："交出路线图来便放你们走。"

他们是否听懂了跳跳猴的话，不得而知。只见他们停止了叫嚷和挣扎，网里的一个人从行囊中掏出一叠纸，从网眼里递了出来。跳跳猴打开一看，是路线图，上面还标着白桦寨的杏黄旗。跳跳猴将路线图收了起来，装在行囊中。

大汉望着跳跳猴问："下来呢？怎么处置他们呢？"

跳跳猴说："刚才说过了，交出路线图便把他们放掉。"

大汉说："他们已经来到了白桦寨附近，放掉他们不是纵虎归山吗？"

跳跳猴想了想，斩钉截铁地说："言必信，行必果。既然说了，焉能失信？"

大汉说："你说的话，他们不一定听得懂呢。"

跳跳猴说："不管他们听得懂听不懂，我懂，你也懂。说了是要算数的。"

大汉心里嘀咕：看不出来，这个毛孩子还挺讲信用。

跳跳猴将网松开，把里面的两个人放了出来。大汉来到路旁，在树上动了一个什么机关，那张网唰的一声又升到了空中。这时，从网里放出来的两个人在路旁找了两根树枝，伸到陷阱里，下边的两个人攀着树枝爬了上来。

跳跳猴对他们大声说："顺着来路回去吧，否则，我们会把你们再抓起来的。"

大概是感谢跳跳猴他们没有伤害他们的性命，四个人向跳跳猴和大汉深深地鞠了一个躬，一溜烟向着山下跑了。看着狼狈逃窜的四个人的背影，跳跳猴哈哈大笑。那笑声，把身旁树木的树叶震得扑簌簌落了下来。

笑了一阵，跳跳猴问："你在下山时看到的就是这几个人吗？"

大汉说："是的。"

跳跳猴说："看来，笨笨熊的判断是对的。他们一定是来自外星的外星人。"

听了跳跳猴的话,大汉点了点头。

跳跳猴说的没错,这四个怪模怪样的人确实是外星人。在这四个外星人中,队长叫做阿里,副队长叫做巴里,来自天王星。他们的头上长着两个突起,像蜗牛的触角。靠着这两个突起,可以发射和接收信号。另外两个外星人,查里和达里,来自地王星。他们的眼睛可以发光,在晚上,那光像手电筒一样的亮。

本来,来到地球的外星人一共有两批,阿里他们这一批有十几个。来到地球后,他们先在一个大山沟里扎了大本营,然后,阿里和巴里便带了查里和达里出来考察。还在太空时,他们看地球是一个皮球形状,便计划好了如何按照经纬线来旅行。来到地球之后,才发现山高林密,沟壑纵横,不知道应该往哪里走,只是在山沟里打转转。

昨天晚上,阿里在山上看见了笨笨熊在研究路线图。从跳跳猴和笨笨熊的谈话中得知,这两个地球人也是出来考察生物的。因此,阿里便谋划着如何将那路线图搞到手。当看到跳跳猴将路线图随便装在行囊中挂在树上时,他兴奋极了。待跳跳猴和笨笨熊睡熟后,阿里便和查里将路线图和3号锦囊窃了去。

大汉用树枝将陷阱口盖上,上面撒上树叶。待外星人走远后,跳跳猴和大汉拔了寨旗,原路返回。在过桥的时候,大汉将铁索桥上的木板撤掉了一半。

见跳跳猴和大汉过得桥来,笨笨熊迎了上来,急切地问道:"拿到路线图了吗?"

跳跳猴拍了拍背着的行囊,点了点头。

笨笨熊长吁了一口气。

夜宿白桦寨

这时，已是下午时分，大汉从跳跳猴手里接过寨旗，仍然插在原来的位置。

接着，他对跳跳猴和笨笨熊说："看，下面就是白桦寨。"

跳跳猴和笨笨熊向下看去，只见脚下一片山峦，如同大海中的波涛起伏。山坡上和山谷里的树木郁郁葱葱，在绿树丛中隐约可见红砖绿瓦的建筑。

跳跳猴问："这一大片都是白桦寨吗？"

大汉点了点头。

跳跳猴又问："既是山寨，哪里是寨门呢？"

大汉说："这白桦寨，西面临大海，东面、北面和南面是深不见底的山谷，山谷里是湍急的河流。我们刚才走过的铁索桥是寨子和外界的唯一通路。如此天堑，还需要寨门吗？"

跳跳猴感叹道："好一个山寨啊！"

大汉说："好了，跟我来吧，我们到寨里好好休息一下。"

跳跳猴和笨笨熊跟在大汉身后逶迤而行。

大汉将跳跳猴和笨笨熊径直领到了寨里的客房。客房的院子里栽种着各种果树，北面有五间茅草屋，周围是一圈荆棘组成的树篱，算是院墙。

进得客房来，便有家人端上茶饭和水果。三个人都饿了，狼吞虎咽地吃了起来。令跳跳猴和笨笨熊惊讶的是，大汉竟然吃了一大盘牛肉，十个大馒头，还喝了两海碗汤。

吃饱了，小哥俩才和大汉互相报了姓名，聊了起来。攀谈中，小哥俩才知道大汉叫白松，这白桦寨便是他家的庄园。他有一个弟弟叫白桦，一个妹妹叫白杨。除他们姊妹三个，庄园里还有十多个园丁，帮白松姊妹几个打理园子里的树木花草。本来，父亲是白桦寨的寨主。但是，去年岁末，父亲在过 110 岁生日的那一天过世了。他是长子,便顺理成章地接了父亲的班。

在寨子里,白松姊妹三个各有分工。白松负责全寨的事务和种庄稼。白杨负责寨子里的树木花草,有时还为来这里参观的智者的学生进行讲解。白桦虽然只有二十一二岁,却可称得上是一个植物学家。他常常领着外面来的人参观他的植物园,还不时到寨子外面去考察。大概是因为整天走南闯北的缘故,白桦还了解许多动物,可以称得上是半个动物学家。前十几天,白桦又领着人出去了,什么时候回来,白松不知道。

说着说着,不觉已是晚上掌灯时分。白松安顿了跳跳猴和笨笨熊睡觉,便起身离去了。

睡觉前,笨笨熊对跳跳猴说:"把夺回来的东西让我看看。"

跳跳猴将路线图递给笨笨熊。笨笨熊将路线图展开,白桦寨的标志杏黄旗赫然在目。

笨笨熊一边将路线图还给跳跳猴,一边问:"3 号锦囊呢?"

跳跳猴"啊"了一声,将拳头重重地砸在脑袋上,叫道:"糟了,忘了要回锦囊了。"

跳跳猴捶胸顿足,蹲在了墙角,一声接一声地叹着气。

笨笨熊沉思了一会,缓缓地说:"痛苦也没用。我想,是打开锦囊的时候了,打开2 号锦囊看一看吧。"

跳跳猴从内衣口袋中摸出 2 号锦囊,递给笨笨熊。他们打开来看,是一方丝巾,上面写着:"入住白桦寨前,路线图会被外星人窃走。这时,求助白桦寨的白桦。"

看了锦囊,笨笨熊心想,智者真神,竟然能预测到路线图会被窃走。但是,为什么没有料到路线图会被我们从外星人手里夺回来呢?

笨笨熊一声不吭地躺下睡觉了,跳跳猴也悄没声地躺了下来。一晚上,跳跳猴辗转反侧,久久不能入睡。他痛悔自己那天晚上露营时满不在乎将装有路线图和锦囊的行囊挂在树上,痛悔自己在费尽九牛二虎之力捉到窃贼时,要回了路线图,却忘记了要锦囊。下面的路还长,再碰到困难,需要用到 3 号锦囊时可如何是好?

根茎叶花果

前半夜,跳跳猴一直在想着丢掉锦囊的事情。后来,便自我安慰起来:丢掉锦囊怕什么?大不了在需要用到锦囊时回去向智者问妙计,反正笨笨熊和我可以驾云飞翔的。想到这里,他便迷迷糊糊睡着了。

第二天早上,小哥俩刚刚起床,白松就来到了客堂。他给了跳跳猴和笨笨熊一把白桦树的种子,让他们种在客堂前的山坡上。小哥俩看见,在那山坡上,有高高低低的白桦树。原来,每一个来到白桦寨的游客都要在这面山坡上种植白桦树。那山坡上的树,都是以往来访的游客栽种的。

跳跳猴和笨笨熊在山坡上挖了不少鱼鳞坑,将白桦树的种子种了下去。过了两天,跳跳猴发现在不少鱼鳞坑里有山羊的脚印。为了防止山羊把刚刚出土的树苗吃掉,他从山崖上砍了一捆荆棘,插在了树坑周围,将未来的桦树林严严实实地围了起来。

在接下来的日子里,跳跳猴和笨笨熊每天眼巴巴地盼着白桦。闲来无事,小哥俩便到白桦寨的各处游览。一天早上,两人吃过早饭,便信步到寨里的山里散步。当他们来到一个小山岗上时,远远望见一个小姑娘在树林旁给两个小孩子讲着什么。

跳跳猴对笨笨熊说:"走,去看看他们在干什么?"

小哥俩走近一看,那讲话的姑娘约摸十六七岁,梳着两个羊角辫,头发里插着两朵不知名的山花。听了一阵,原来她是在介绍树林里的各种树木。听小姑娘讲话的是一个男孩子和一个女孩子,他们穿着一身牛仔服,大约十二三岁。奇怪的是,对跳跳猴和笨笨熊的到来,他们三个人竟然浑然不觉。

跳跳猴捅了一下男孩子,低声问道:"这讲话的是谁呢?"

男孩子吃了一惊,回过头来打量了一下面前的两个不速之客,迟疑地说道:"白杨,是寨主白松的妹妹。"

这时,白杨和小女孩才发现跳跳猴和笨笨熊。就在白杨要向两个客人打招呼时,白松从旁边的树林里钻了出来。他指着小哥俩大声对白杨说:"白杨,介绍一下,这两位就是那天给你讲过的跳跳猴和笨笨熊。"

白杨停止了讲话,走过来和跳跳猴、笨笨熊握手,一边握手,一边说:"真羡慕你们能见到外星人。"

前几天,哥哥白松给她讲了跳跳猴和笨笨熊遭遇外星人的故事。在她看来,能见到外星人,是一件很幸运的事情。

跳跳猴笑着问白杨:"想见外星人吗?"

白杨很认真地点点头。

跳跳猴开玩笑说:"小心啊,外星人看到你,会把你抓去做媳妇的。"

一句话,说得大家都笑了起来,白杨的两颊顿时现出红云。

笑过,笨笨熊一本正经地说:"白杨小姐,我们跟着你听课可以吗?"

白杨抱着双拳说:"听说,两位是智者的学生,还望多多指正。"

笨笨熊连忙微笑着抱起双拳,说:"岂敢,岂敢。"

白杨回过头,继续领着大家往前走,一边走,一边说:"植物的种类虽然有万千种,但是,它们的共同结构都是根、茎、叶、花、果。"

钻到地下的树

在山脚下一块玉米地旁边，白杨停了下来，对大家说道："今天，我们首先来了解一下根。"

跳跳猴问："植物的根在地下，我们怎么能看得见呢？"

白松说："别急，你看好了。"

说着，他走到一棵碗口粗的小松树旁，弯下腰，双手握住树干。随着"嗨"的一声喊，那松树竟然给连根拔了起来。白松又从旁边的玉米地里轻轻拔起一株玉米，和松树并排放在了一起。

看到白松竟然能把碗口粗的一棵树给拔起来，跳跳猴和笨笨熊惊得目瞪口呆。这老兄，难道是鲁智深再世吗？

就在小哥俩惊得发呆的时候，白松拍了拍手上的土，悄无声息地走了。

白杨指着被拔起来的松树，说："树的根有垂直钻向土壤深处的主干，我们把它叫做主根。有从主根上向四面八方分出的分支，我们把它叫作侧根。从侧根上再逐级分支，我们把它叫作三级根、四级根……"

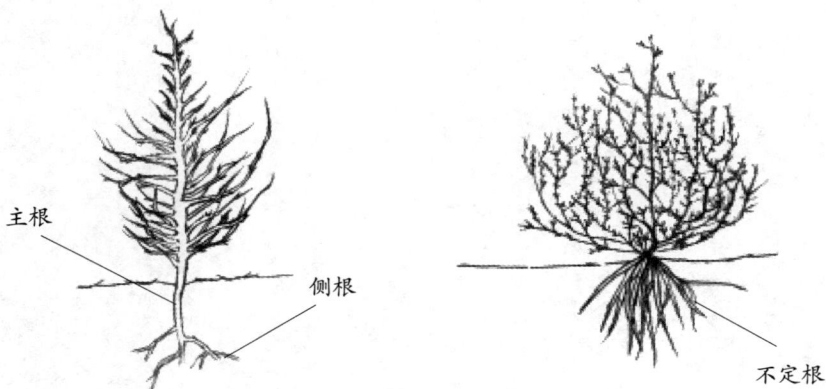

主根

侧根

不定根

接着，白杨又指着玉米的根，说："但是，有些植物，如玉米等，主根不发达。我们把这种主次不分明的根叫做不定根。"

在学校上课时，跳跳猴也听老师讲什么主根、侧根和不定根，但只是在黑板上画个图。不论什么根，都只是画出来的一些线条。今天，看到了实物，他才有了真切的感性认识。

少顷，白杨接着讲："不论什么根，其末端是微小的根毛。根毛很小，最长的才七到八毫米，但数目很多。比如，在面积一平方毫米的根上，豌豆可以有220多条根毛，苹果树有300多条根毛，玉米有420多条根毛。"

"长这么多根毛干什么呢？"跳跳猴问。

白杨说："根的作用是从土壤中吸收水分和养分，这一功能主要是通过根毛实现的。长出许多根毛来，便能增加吸收水分和养分的能力。你在洗澡时，是用长满绒毛的毛巾，还是用没有毛的手绢呢？肯定是用长满绒毛的毛巾。为什么？不是因为绒毛增加了吸水的能力吗？"

听了白杨的比喻，跳跳猴恍然大悟地点了点头。

白杨又指着山坡上的树说："现在，我们来比较一下树的地上部分和地下部分。

"在树的地上部分，上面窄，下面宽，呈金字塔形状。从结构上来看，垂直向上的是主干，主干上分出侧枝，从侧枝上再分出小分支，从小分支上长出树叶。

"树的地下部分，上面宽，下面窄，呈倒金字塔形状。与地上部分相比，主根相当于主干，侧根相当于侧枝，三级根、四级根相当于小侧枝，根毛相当于树叶。

"你们看，这树根不是像一棵钻到地下的树吗？"

跳跳猴仔细看眼前的松树，是的，那树根还真像一棵钻到地下的树。

地下森林

白杨看着跳跳猴和笨笨熊说："刚才看了松树和玉米的根，你们能说出根有什么特点吗？"

跳跳猴和笨笨熊想了半天,说不上来,他们不知道从哪里说起。

白杨笑了笑,说："这么简单的问题,怎么两位帅哥竟然答不上来呢？"

笨笨熊的脸顿时红了。

跳跳猴作了个鬼脸,央求白杨说："好姐姐,你告诉我们吧,你不是老师吗？"

白杨故弄玄虚地说："过来,我告诉你们。"

跳跳猴和笨笨熊顺从地凑到白杨跟前。

白杨悄声说："根都是向下生长的。"

跳跳猴跳了起来,说："废话,根不向下生长难道还能向上吗？"大概感到这样对老师说话有点粗鲁,跳跳猴又赔着笑脸说："对不起,失敬了。"

白杨笑着说："没关系,大人不记小人过。"

跳跳猴也笑着说："噢,又吃亏了。"

白杨止了笑容,一本正经地说："大家认为理所当然的现象其实有很深奥的道理。比如,苹果从树上脱落时会掉在地上。这种现象,我们认为是天经地义的。但是,牛顿对这种大家司空见惯的现象进行思考：为什么苹果从树上脱落时总是掉在地上,而不是飞到天上呢？通过研究,他提出了地心引力学说,对科学做出了重大贡献。"

说到这里,跳跳猴才知道,白杨不是在开玩笑。他恭恭敬敬地向白杨问道："那么,根为什么要向地下生长呢？"

白杨说："一棵树分为地上部分和地下部分,这两部分事先都分好了工。

"地上部分负责吸收阳光和空气中的二氧化碳,进行光合作用,合成有机物质。

这样，树木才能长大。在树林里，谁长得高，谁就能得到阳光；谁长得低，谁就会营养不良，甚至死亡。因此，大家便摽着劲儿地往高长。

"地下部分负责吸收水分和养料。为了保证树木的养分，树根便使劲往深处钻。一旦发现水分和养料，便赶紧分出分支，扩大地盘。这个情形像什么？就像挖煤的掘进队。"

停顿了一下，白杨继续说："树根越深，树叶的光合作用才越充分，树叶才能越茂盛。用一句简单的话来说，就是'根深才能叶茂'。"

"反过来，根的发育也要依靠树叶通过光合作用形成的有机物质。因此，树叶越茂盛，根的发育才越有保障。简单来说，就是'叶茂才能根深'。"

"根能往地下钻多深呢？"跳跳猴问。

白杨说："根的深度往往超过植株的高度。比如，蒲公英长到20多厘米高时，它的根可以钻到地下一米多。有一种叫做骆驼刺的小灌木，它的根可以达到15米深。人们说，非洲有一种叫做巴恶巴蒲的树，在30多米深的地层中仍然可以找到它的根。

"树根不仅往深里钻，还想方设法扩大地盘。从占地面积上看，根系的分布范围也要比树冠大得多。以苹果树来说吧，树根水平延伸的面积要比树冠大二到三倍。我跟随我的哥哥白桦旅行时，在太湖附近马迹山的桃坞钮村看到过一棵银杏树。你们猜，这棵树的根系能够有多大？"

跳跳猴、笨笨熊和那两个男孩子、女孩子都摇了摇头。

白杨接着说："告诉你们吧，整个村子都坐落在这棵银杏树的根系上。在离树干几十米远的沟壑间、农家院落的墙根，都可以看到这棵树的根。"

"这么说来，在森林的下面还有一座地下森林。"跳跳猴说。

白杨说："对，在森林的下面，还有一座地下森林。"

根也要呼吸？

"根的作用是吸收水分和养料。将植物栽到水中,根就不需要四处扩张找水了吧？"跳跳猴推理道。

白杨说:"根据生长环境,可以把植物分为陆生植物和水生植物。陆生植物的根从土壤的缝隙中获得空气。如果把它们栽到水中,水倒是不缺了,不渴了,但是,鼻子被捏住了,被憋死了。"

"怎么？ 根也要呼吸？"笨笨熊问。

白杨说:"你说的对,根也要呼吸。"

"那么,水生植物的根系是如何得到空气的呢？"笨笨熊问。

白杨说:"我们去看一种呼吸根。"

说完,白杨便带着大家穿过密密匝匝的树林,向山上爬去。

跳跳猴和笨笨熊一边爬山,一边和两个伙伴聊了起来。原来,那男孩子叫做张浩,女孩子叫做张蕊。他们是双胞胎,出生时张蕊比张浩早几分钟。因此,张蕊是姐姐,张浩是弟弟。白杨的父亲是他们的舅舅,昨天学校刚放暑假,姐弟俩便直接从学校来到白桦寨。今天早上刚吃过饭,他们便缠着白杨领他们参观寨子里的花草树木。

大约一个时辰后,一行五人来到了海边的一个小山岗。站在山顶,只见在临近海边的海水中,浮着一大片树冠。

喘息片刻,白杨说:"仔细看一下海边树林的周围。"

小哥俩和姐弟俩盯着海边的树林仔细搜索。

少顷,白杨问:"看到什么了吗？"

跳跳猴说:"我看见了,在树林周围的水面上,有一些树桩一样的东西。那是什么呢？"

白杨说:"呼吸根。"

"呼吸根?"跳跳猴不解。

白杨说:"是,我们看到的水里的树林叫做红树林。树根在海水里感到憋气,便到处找空气。找来找去,发现海面上的空气用之不尽,树根便把脑袋伸出水面,大口大口地呼吸,这便形成了那树桩样的呼吸根。你们看,那呼吸根不像初学游泳不会换气的人用的塑料管吗?"

姐弟俩异口同声地说:"像,像,我们就是用塑料管练习游泳的。"

白杨继续说:"除了红树林,生长在水中的海榄、海桑以及水松,也有呼吸根。"

"呼吸根怎么能获得氧气呢?"跳跳猴皱着眉头问。

白杨说:"呼吸根的表面具有粗大的皮孔,里面有宽大的细胞间隙。这样,呼吸根便不仅可以大口呼吸,还可以在细胞间隙里贮存空气。"

"其实,不仅红树林、海榄、海桑以及水松,凡是在水里生存的植物都有在水里呼吸的本事。只不过方式不同。

"莲藕的根里有许多孔,它们与叶柄里的管道相连,叶柄的管子又与水面上叶子的气孔相通。这样,从叶面到藕根形成了一个连续的空气通道,藕根便通过这一途径获得氧气。在水稻的茎和叶里,也有一个从叶子通到根部的气道。这就像煤矿,为了保证矿井里的工人获得氧气,便要通过通风管道从地面向井下送风。

"生长在水里的菱角采取了另外一种策略。它的叶柄膨大,里面装满了氧气,等于是自建了一个氧气站。这就像潜水员,要潜到水下长时间作业,便要背一个氧气瓶。

"许多水生植物,大概感到通风管道不可靠,又担心氧气瓶会用空,便自力更生,进行自身改造,将根的表皮改成半透膜。这半透膜,可以使溶解在水中的少量氧气透过表皮而扩散到根内。另外,这些根的细胞之间还有较大的间隙,上下连通,形成一个空气传导系统。这些植物则像是水里的鱼,靠吸收水里的氧气维持生命。"

形形色色的根

离开红树林，白杨领着小哥俩和姐弟俩下山去看几种特殊的根。

一开始，他们顺着山路走。走着走着，前面没有了路，高大的树木之间，间杂着许多藤类植物。他们需要拨开树枝，或者从藤条的缝隙钻过去。

大约走了两个时辰，一行五人来到了山谷中的一棵大树下。

大树的根部向四周延伸出一堵堵墙，粗大的树枝下，有许许多多树干在支撑着，仰头一看，树冠一眼望不到边。

榕树

白杨说："这种树叫榕树，它的根系非常发达。你们看，它的主树干基部伸出的根像木板一样。这种根叫作板状根。

"特殊的是，这种树的主干和枝条上有很多皮孔，从皮孔上长出许多像胡须一样的根。由于这些根不是钻在土里，而是暴露在空气中，人们把它叫作气生根。气生根向下悬垂，接触到土壤时，就会扎进土里。然后，不断增粗，看起来就像一根根柱子，人们把它叫作支柱根。由于支柱根的支撑作用，榕树的树冠可以不断增大。大榕树的树冠很大,支柱根又像是树干一样,所以,看起来就像是一片树林。"

"人们所说的'独树成林'指的就是榕树,对吗?"跳跳猴问。

白杨说:"对,一棵巨大的榕树的支柱根可达1000多条。广东省新会县有一棵大榕树,树冠面积达6000多平方米。"

听了白杨的话,小哥俩和姐弟俩都惊讶地叫了起来。6000平方米,那要有好多个足球场那么大啊!

一行人在树林中继续前行。不一会,他们来到一棵大树下,只见大树的树干上攀着蔓状的藤,藤上长出的绿叶将树干遮了个严严实实。

白杨使劲把一段枝条揪起来,只见上面长着一排排像吸盘一样的东西。

白杨指着吸盘说:"这种攀附在大树上的藤叫做常青藤。这种植物不仅可以爬树,还能爬在高楼大厦的墙壁上。靠了什么呢?就是靠了这一个个小小的吸盘。壁虎靠了爪子上的吸盘,可以在垂直的墙壁上爬上爬下。常青藤除了吸盘,根的末端还有胶水一样的粘性物质,比壁虎还要胜一筹。

"因为这种根沿着常春藤的走行随处而生,人们把它称为不定根;又因为这种根不是生在土壤中,而是生在空气中,有些人又把它称为气生根。"

离开常青藤,继续前行了一段,白杨接着说:"檀香树的根叫寄生根。在檀香树的周围,一定要有其他树与它作伴。就像皇帝身边总是要有侍从。"

"为什么呢?"跳跳猴问。

白杨说:"檀香树在幼苗期依靠种子中的胚乳提供养料。但在长到八至九片叶子时,胚乳中的养料就消耗殆尽。怎么办呢?只好去讨饭吃。这时,在它的根系上长出一个个吸盘,吸附到附近其他植物的根上,靠吸取别的植物的养料来生存。如果在附近没有别的植物,檀香树就会枯萎死亡,十足一个乞丐。奇怪的是,这乞丐对食物还很挑剔,只有常春花、栀子、紫珠、茉莉和楹树等几十种植物的根才合它的胃

常青藤

口,其它的树种连看也不看一眼。"

跳跳猴笑着说:"这乞丐还蛮有架子呢。"

白杨笑了笑,说:"知道吗?檀香是名贵树种。要说它向别人讨饭是乞丐的话,那便是乞丐中的皇帝了。因此,虽然是乞丐,也仍然保持着皇帝的架子,宁死也不降贵屈尊。"

少顷,跳跳猴问:"根的作用是吸收养料,但是,这些养分运送到哪里去了呢?"

白杨说:"运送到整个植株啊。"

跳跳猴又问:"通过什么运送呢?"

白杨抬头看了看西下的夕阳,微笑着说:"急什么?我们该回家了。"

树桩里的学问

第二天早上,跳跳猴和笨笨熊刚起床,白杨便领着张蕊姐弟俩来了。小哥俩没有来得及吃饭,带了一些水果,便跟了白杨上山去。

一行五人走入了一片树林。这里,松树和桦树长得笔直笔直。阳光从树叶间挤下来,洒落在树干上及树间的空地上,斑斑点点。各种不知名的小鸟,躲在浓密的树叶中唱着歌。

跳跳猴一边走,一边东瞅西瞅,想看看这些歌手在什么地方。突然,他被什么东西绊了一下,重重地摔在了地上。爬起来一看,原来是一个树墩。

跳跳猴用手捂着前额,咧着嘴,直喊疼。笨笨熊却吃吃地笑着。

跳跳猴扬起拳头,说:"你小子,幸灾乐祸。"

笨笨熊笑着跑了开来,跳跳猴追了上去。

白杨对着他们大声喊:"回来!"

跳跳猴停止了追笨笨熊,小哥俩乖乖地返回到白杨跟前。

白杨对大家说:"今天,我来介绍一下眼前的这个树桩。"

跳跳猴一边揉着前额,一边嘟囔着说:"树桩有什么可说的呢?"

白杨说:"别小看这树桩,它显示了树干的所有结构,里面的学问大着呢。"

听白杨如是说,跳跳猴不再揉受伤的地方,目不转睛地看着树墩。

白杨接着说:"这是一个树干的断面,也就是茎的断面。树干的中心部位叫做髓,最外层是树皮,髓和树皮之间的部分是木质部。

"树皮又可分为三层,最外面的是表皮,表皮下是韧皮部,韧皮部下面是形成层。"

"这些构造各有哪些作用呢?"张浩问。

白杨说:"从外向里说吧。表皮对树干起保护作用,表皮有薄有厚,号称为世界爷的美洲红杉的树皮厚达 60 厘米。

"韧皮部由筛管组成，可以将树叶制造的有机物质向下输送到树干及根部，是一个从上到下的运输线。

"形成层的细胞生长非常活跃。内侧的细胞不断分裂，形成木质部；外侧的细胞不断分裂，形成韧皮部。结果，树干便渐渐增粗。

"木质部对树木起支撑作用。此外，木质部中的导管可以将树木根部吸收的水分输送到树叶，是一个从下往上的运输线。

"人们把含有筛管的韧皮部和含有导管的木质部合起来，给了一个名字，叫做维管束。这个维管束有两个功能，一个是运输，另一个是支撑。靠了运输功能，树木才能获得营养，不断生长；由于支撑作用，树木才能挺拔地站立起来。

"最后是髓，树干中间的髓有贮藏营养物质的作用。"

笨笨熊问："在树皮、木质部和髓中，哪个更重要呢？"

不管接触到什么问题，他总是要分出个先后和轻重。

没等白杨回答，跳跳猴便抢先说："当然是髓，深藏在中间的东西不是最重要的吗？"

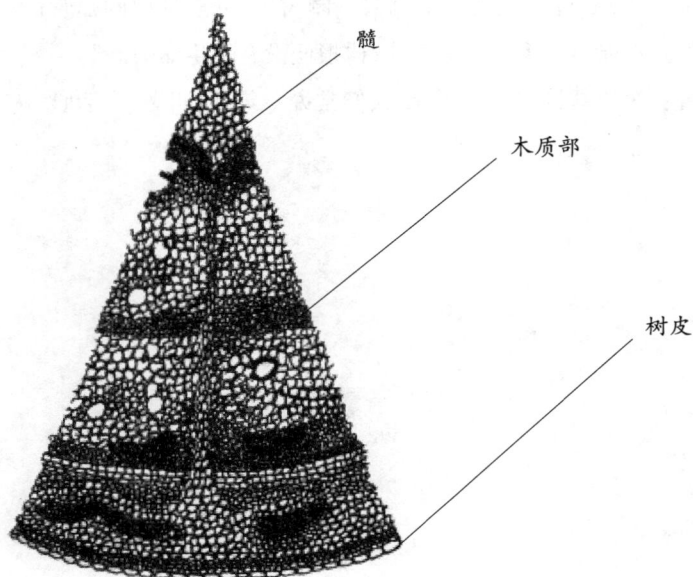

髓

木质部

树皮

树桩断面

白杨笑了笑，指着树桩旁边的一棵老槐树说："请看一看旁边这棵树。"

小哥俩和姐弟俩顺着白杨的手指看去，只见那树的树干剖开了胸膛，挖去了内脏，只留了一个外壳。但是，它并没有死去，树干顶部的嫩枝生长得蓬蓬勃勃。

白杨说："你们看，它的髓没有了，木质部也所剩无几。仅仅靠了那树皮，便生活得有声有色。"

接着，白杨指着老槐树对面的一棵榆树，说："再看那一棵树。"

白杨所说的树大约需要两人合抱才能抱得过来，但是，干枯的树枝上没有一片绿叶。

白杨问："知道这株树为什么死去吗？"

跳跳猴摇了摇头。

笨笨熊指着树干下部，说："因为剥去了一圈树皮。"

顺着笨笨熊的手指看去，是的，在树干的下部，被剥去了大约三指宽的一圈树皮。

白杨问："知道为什么缺少了树皮便要死去吗？"

跳跳猴和张蕊姐弟俩不约而同地摇了摇头。

笨笨熊想了想，说："在树干上剥去一圈树皮，韧皮部内的筛管被切断，树叶合成的营养物质不能运送到根部。因此，树根便没有了生命力。"

白杨说："笨笨熊说得对。因此，人们常说一句话，叫做'人活脸，树活皮'。"

年记本

这时,一个身材魁梧的小伙子从白杨背后不远处的树丛中钻了出来,轻轻地喊了一声:"白杨。"

白杨回过头看了看,脸庞顿时红了起来。她不好意思地对跳跳猴和笨笨熊说:"我去去就来。"说完,便向那小伙子跑去。

跳跳猴对笨笨熊说:"这小伙子应该是白杨的男朋友吧?"

笨笨熊笑了笑说:"等白杨回来,你问问清楚吧。"

跳跳猴轻轻地摇了摇头。

笨笨熊笑着说:"怎么,感到没有机会了,有点失望吧?"

跳跳猴在笨笨熊的脊背上狠狠捶了一下,张蕊和张浩哈哈大笑起来。

跳跳猴、笨笨熊和张浩坐在草地上海阔天空地聊天,张蕊独自坐在树桩旁的圆木上东张西望。当她不经意地再次看到眼前的树桩时,突然发现了一圈一圈的花纹。

年轮

她指着树桩上的一个个圆圈,惊喜地喊道:"喂!这树桩上有好多圆圈呢,就像用圆规画出来的一样。"

那语气,就像哥伦布发现了新大陆。

张浩瞥了张蕊一眼,低声说:"大惊小怪什么?"

张蕊说:"说我大惊小怪,你知道这是什么吗?"

张浩说:"年轮啊!你以为能难住我吗?"

张蕊接着问:"年轮是什么意思?"

张浩哑然。

笨笨熊不紧不慢地说："年轮年轮，每过一年，增加一轮。"

张蕊追问："年轮是怎么形成的呢？"

笨笨熊说："刚才白杨说过了，木质部是由形成层的细胞分裂形成的。在春天和夏天，阳光充足，树木光合作用旺盛，形成层的细胞分裂较快，细胞体积较大，细胞壁较薄，纤维较少，形成的木质比较疏松，颜色比较浅淡。到了秋天和冬天，天寒日短，树木光合作用降低，合成的养料较少，形成层的细胞分裂逐渐减弱，细胞体积较小，细胞壁较厚，纤维较多，形成的木质比较致密，颜色比较深浓。这比较浅淡的部分和比较深浓的部分形成对比，就构成了我们所看到的一圈年轮。"

一下子听了好多概念，张蕊脸上现出茫然的表情。

看到张蕊不大理解，笨笨熊接着说："好多树的寿命很长，比人的寿命要长很多。它们怕记不住自己活了多少岁，便每过一年画一个圈儿。结果，就形成了这一圈一圈的年轮。我们平时记日记，每天写一篇，那个本子叫做日记本。树木呢？一年记一次，可以把它叫作年记本。"

跳跳猴说："为什么有些树没有年轮呢？"

笨笨熊问："什么树？"

跳跳猴说："我曾经看到过椰子树的树桩，上面就没有这一圈圈的东西。"

笨笨熊说："椰子树是热带植物。在热带，季节性变化不明显，一年之中形成层的细胞分裂没有明显的差异。因此，在树干的断面便没有浓淡相间的花纹。"

张蕊说："这么说来，只要是有年轮的树，我们数一数圆圈的数目就可以知道它的年龄吧？"

笨笨熊说："并不是所有树的年轮都可信。"

"为什么？"张蕊不解。

笨笨熊说："绝大部分树木可以通过计数年轮的数目来推算年龄。但是，也有例外的情况。比如柑橘树，一年可以形成三个圆圈。如果一圈算一岁的话，我们就上当了。"

"那么，这种圆圈叫不叫做年轮呢？"张蕊问。

笨笨熊说："人们把它叫作假年轮。"

这树木的年轮就像人脸上的皱纹。一般来说，年龄越大皱纹越多。但是，有的人年纪很大也没有皱纹；有的人年纪轻轻便满脸沟壑纵横。

生物界的巨人

就在笨笨熊刚刚讲完的时候,白杨一蹦一跳地回来了。

笨笨熊朝跳跳猴翘翘下巴,示意跳跳猴问白杨。

跳跳猴一把将笨笨熊推到白杨面前,笑着说:"要问你去问吧。"

看到小哥俩挤眉弄眼的样子,白杨问:"要问什么呢?"

跳跳猴连忙一本正经地说:"没事,没事。"

这时,张浩和张蕊也吃吃地笑了起来。

看到四个人神神秘秘的样子,白杨明白了。她红着脸说:"瞎猜什么呢?他来告诉我,我哥哥白桦正在考察回来的路上,过几天就要到家了。"

跳跳猴和笨笨熊异口同声地说:"太好了!"

这几天,他们一直盼望着白桦。

说完,白杨领着大家继续向前走。走不多远,他们遇到了一棵又粗又高的树,三个人合抱都抱不过来,仰着头望不到树梢。

张蕊停了下来,问道:"这是一种什么树呢?"

白杨说:"红杉。"

跳跳猴仰望着眼前的红杉树叹道:"好高好粗啊!"

笨笨熊拍了拍跳跳猴的肩膀说:"少见多怪!"

跳跳猴回过头来问:"难道还有比它粗大的树吗?"

笨笨熊说:"说一个故事吧。美国曾经有一棵美洲红杉,它的高度是 142 米,树干直径在 12 米以上。但是,这棵树正好生长在规划中要建设的公路的中心。砍树吧,这棵树很珍贵,不可以。留下吧,旁边又无路可绕,也不可以。最后,施工人员在树干的下部开了个高和宽各 3 米的隧道,让公路从树干中间通过。就这样,一辆辆汽车每天从树洞中进进出出。"

"真有意思!"跳跳猴想象着那棵美洲红杉夜以继日吞吐汽车的情形。

过了一会儿,跳跳猴回过神来,问:"那红杉可以生存多少年呢?"

笨笨熊说:"通常为2000到3000年。据考证,有的红杉可生存五千年。因为这种树寿命特长,所以,人们把它叫作世界爷。"

跳跳猴说:"那么,红杉树一定是世界上最高的树种吧?"

笨笨熊说:"还不是。其实,真正最高的应该是澳洲的杏仁桉树。成年杏仁桉树高度一般在100米以上,最高的达156米。"

跳跳猴惊叹道:"哇,那要有50多层楼那么高啊!"

白杨补充说:"刚才说的红杉和杏仁桉是乔木,乔木是直立生长的。还有一种藤本植物,自己站不起来,总是攀附在别的树木上或匍匐在地面上。它们不是以高度,而是以长度来计算大小的。最长的藤本植物是热带雨林中的白藤,其长度可以达到300米以上。要按高度和长度来说的话,植物可以说是生物界的巨人了。"

跳跳猴的"为什么"

走着走着，一行人来到一片椰林旁。跳跳猴盯着瘦高瘦高的椰子树看了一会，问道："大部分树，比如松树、杨树和柳树，树身越高，树干便越粗。可是，椰树却总是长不粗。这是为什么呢？"

白杨说："刚才已经说过，树木的增粗是形成层细胞分裂的结果。通过形成层细胞的分裂，每年年轮增加一圈，树干也相应增粗。但竹子和椰子树没有形成层，它们的茎部是由很多纤维化的维管束所组成。这些没有形成层的植物在开始长出来的时候，依靠维管束的增加可以长粗。但到一定程度后，维管束不再增加，只是延伸。因此，植株就只是长高，不再增粗，一直保持着苗条的身材。"

说到这里，一行人离开大树继续爬山。

大约走了几十步，跳跳猴又问道："大多数树在树干上有好多枝枝杈杈，但椰子树只是在脑袋上支出一些枝叶，这又是为什么呢？"

白杨说："一般的树有分支，是因为它们有许多生长点，每个生长点都可以冒出枝条来。为了让木材树长得高，长得直，人们常常把树的枝枝杈杈砍掉；为了让果树多结果，也要对枝条进行修剪。但椰子树只在树的顶端有一个生长点，所以，便没有分支。如果将顶部的生长点破坏，椰子树就会停止生长，甚至死亡。"

跳跳猴若有所悟地说："这么说来，这椰子树的顶部就像是人的脑袋，一旦咔嚓掉，就没命了。其他的树呢？就像是孙悟空，砍掉脑袋，还可以长出来。"

白杨点点头，说："很形象。"

过了一会，白杨问跳跳猴："你的脑子里怎么那么多的为什么？"

笨笨熊笑着说："他脑子里的为什么多着呢。"

树上的房子

白杨看了看天空,说:"时候不早了,我该回去了。要不走,跳跳猴还不知道要问多少问题呢。"

说完,一行人都笑了起来。

跳跳猴也望了望西边的天空,只见太阳离山顶还有一竿子高。他突发奇想,想要到山顶去看落日。

他对笨笨熊说:"老兄,我们去山顶看落日吧。平日,我们老是看太阳落山,今天我们看看太阳是怎么落海的。"

笨笨熊回头看了看白杨。

白杨说:"你们要去便去吧。天色不早了,本人要回去了。告诉你们,在那山顶有一棵大树,树上有一所房子。如果二位有兴趣的话,今晚你们可以住在那里,明天我来山顶找你们。"

"树上有一所房子?"跳跳猴表示不相信。

"不信就算了。"白杨抛下一句话,领着张浩和张蕊走了。

听说树上竟然有一所房子,跳跳猴来了兴趣,他冲着白杨的背影说:"明天早上山顶见。"

上得山顶,太阳正好落到了海平线上,那阳光,映红了西边的天空,映红了海面,水天一片红色。看到这壮观的场面,小哥俩非常兴奋。

太阳一点一点往下沉,海里和西天的红光也渐渐暗淡了下去。跳跳猴真想用一根长绳将那夕阳绑起来,让眼前瑰丽的景色永远留驻在白桦寨。但是,好像要急着回家去,太阳下沉的速度更快了,很快,完全不见了。天空和海面的红色也渐渐收了去,变成了一抹铅灰色。

跳跳猴怔怔地望着太阳落下的地方,油然想起了唐朝诗人李商隐《乐游原》里的两句诗"夕阳无限好,只是近黄昏"①。是啊,夕阳太美丽了!但是,为什么在快要隐去的时候才把这份美丽展示给人们呢?

这时,笨笨熊说:"白杨不是说山顶有一棵搭着房子的大树吗?在哪里呢?"

听到笨笨熊讲话,跳跳猴突然回过神来,说:"好,我们去找找吧。"

小哥俩刚转身要去找那大树,发现白松就站在面前。

白松问:"今晚要住树上的房子吗?"

跳跳猴和笨笨熊都点点头。

白松说:"好,跟我来。我今晚上和你们住在一起。"

跳跳猴问:"你也喜欢住树上的房子吗?"

白松说:"白桦寨的人,每天晚上有一个人住在树上。今天晚上轮到我了。"

"为什么要住在树上呢?"笨笨熊问。

白松说:"这树上的房子实际上是白桦寨的瞭望哨。在这树上,可以观察整个白桦寨是否有火情。你们想,这么大的一座山,我们能不想到森林防火吗?"

跳跳猴和笨笨熊点头称是。

说着,他们来到了一棵大松树前。白松对小哥俩说:"看,这就是那棵树。"

苍茫暮色中,只见在树干上奔拉着一个用绳子作成的软梯。白松领着小哥俩顺着软梯爬了上去。在离地面大约十几米高的地方,树杈形成了一个平台。就在那平台上,用木板和茅草搭了一个房子。跳跳猴和笨笨熊跟着白松进到里面,哇!好大的房间!竟然能躺得下三个人。房子的四周开着很大的窗口,从那里可以看到整个白桦寨。

白松得意地说:"还可以吧?在这房子里,太阳晒不着,雨淋不着。"

跳跳猴和笨笨熊一边从窗口向外眺望,一边啧啧称奇。

晚上,他们躺在树上的房子里海阔天空地聊,聊着聊着,跳跳猴和笨笨熊进入了梦乡。

①唐·李商隐《乐游原》:向晚意不适,驱车登古原。夕阳无限好,只是近黄昏。

植物的肺脏

天一亮,白松便从树上下来忙寨子里的事去了。由于晚上聊得很晚,太阳已经升起来老高了,跳跳猴和笨笨熊还在呼呼睡大觉。白杨在树下喊跳跳猴半天,没有人答应,便顺着软梯爬到了树上,在小房子的外面叫他们起床。

睡梦中,跳跳猴听见有人在喊他的名字,仔细听,是白杨。

他捅了一下笨笨熊,连忙爬起来,一边提裤子,一边说:"别进来,别进来。"

白杨站在房门外咯咯地笑了起来,说:"还在睡觉?没有感到屁股暖烘烘的吗?"

跳跳猴低声问笨笨熊:"她这话什么意思?"

笨笨熊一边揉着惺忪睡眼,一边说:"她是说,太阳已经升得老高了,把你的屁股晒烫了。"

"你的屁股才晒烫了呢。"跳跳猴在笨笨熊的屁股上狠狠揍了一巴掌。

笨笨熊说:"真冤枉,是白杨说你的,怎么揍我呢?"

听了里面的对话,白杨在外面笑得更欢了。

说笑间,小哥俩穿好了衣服。他们跟在白杨后面,顺着软梯从树上下来。

张浩和张蕊在树下等着。看到跳跳猴和笨笨熊下得树来,张浩问:"这树上的房子怎么样?"

跳跳猴伸了一个懒腰,说:"看着海潮,听着松涛,海风吹来,整个房子还在摇摇晃晃,就像摇篮一样。"

白杨说:"睡着摇篮,听着催眠曲。你们享受了婴儿的待遇呢!"

跳跳猴说:"是啊。要不,怎么会像婴儿一样睡到现在呢?"

说完,白杨领着大家走下山顶,钻进了树林。林子里有松树、柏树、白桦树等各种树木。那树叶,有的墨绿,有的金黄,有的火红,整个山坡就像一幅浓彩重抹的油画。

白杨一边走,一边采集了各种树枝和树叶。然后,她领着大家在一块青石板上坐了下来,把采到的树枝和树叶摆在青石板上。

今天,白杨给小哥俩和姐弟俩讲树叶。

俗话说,世界上没有两片相同的树叶。但是,既然同属树叶,便有一些共同的地方。

树叶的基本结构有托叶、叶柄和叶片。叶柄连接树枝和树叶,托叶位于叶柄基部两侧。叶片呢,位于叶柄末端,呈片状。

虽然树叶的种类很多,但是粗粗划分,可以分为完全叶和不完全叶两大类型。

许多植物的树叶,托叶、叶柄和叶片这三个部分一样不少,叫做完全叶。一些植物的树叶缺少其中的某一部分,叫做不完全叶。比如,茶树缺少托叶;油菜缺少叶柄。

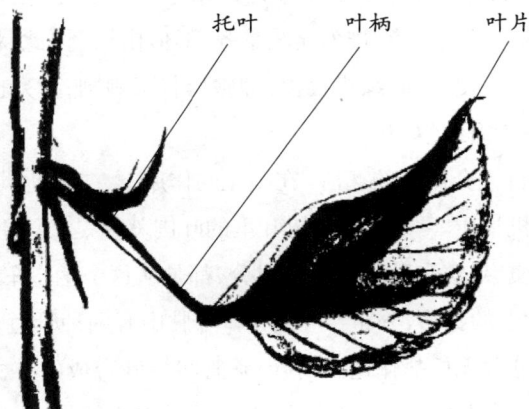

托叶　　　叶柄　　　叶片

叶肉栅栏组织

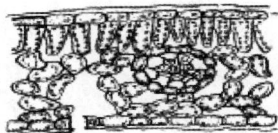
叶肉海绵组织

在树叶中，叶片是主要部分，它由表皮、叶肉和叶脉构成。

表皮由一层排列紧密，无色透明的细胞组成。在表皮细胞的外壁上，有一层不容易透水的角质层。

表皮细胞排列紧密，可以阻挡细菌。无色透明，可以使阳光最大限度地进到叶内，以便进行光合作用。不容易透水，可以防止叶子内的水分过度蒸发。举个例子，这树叶上的表皮，就像是培育花卉的玻璃房，它既保护了里面的结构，减少了水分蒸发，又保证了光照。

叶肉由许多叶肉细胞组成。叶肉细胞内含有很多叶绿体，叶绿体中含有叶绿素。叶子之所以为绿色，就是因为含有叶绿素的缘故。

如果进一步细分，叶肉还可以分为上下两层。上面的一层接近叶片的上表皮，含叶绿素较多，细胞呈圆柱形，排列比较整齐，形似栅栏。因此，将其称为栅栏组织。下面的一层接近下表皮，含叶绿素较少，细胞形状不规则，排列也比较疏松，形似海绵。因此，将其称为海绵组织。

叶绿体是进行光合作用的场所。在阳光的作用下，二氧化碳和水在这里魔术般地合成氧气和有机物质。举个例子，树叶里的叶肉就像是工厂里的生产车间。树木生长所需要的物质、果实和种子里面的成分，都是从这个生产车间生产出来的。

叶脉是叶片上的脉络，分布在叶肉中。叶脉中有两种管道，导管和筛管。导管将树根吸收的水分和无机盐输送给树叶；筛管将树叶合成的有机物运输到树枝、树干和树根。叶脉还可以作为叶片的脊梁，对叶片具有支持作用。因此，叶脉具有支持和输送物质的功能。

动物肺脏的功能是吸进氧气，呼出二氧化碳。叶子的功能是吸进二氧化碳，呼出氧气。虽然吸入和呼出的气体正好相反，肺脏和树叶都每时每刻在进行呼吸过程。

爷爷和孙子

听完白杨讲树叶的结构，跳跳猴问："世界上什么植物的叶子最大呢？"

白杨回答："王莲和乃拉草。"

跳跳猴问："寨子里有吗？"

白杨说："要看王莲和乃拉草，需要到非洲的亚马孙河和智利呢。"

跳跳猴看了看笨笨熊，笨笨熊轻轻地点了点头。

跳跳猴对白杨和张浩姐弟俩说："各位等着，我们去看一看就来。"

白杨说："你们以为亚马孙河和智利就在山下吗？"

白杨的话音未落，跳跳猴和笨笨熊的脚下便生出了一片白云，小哥俩腾的一下升到了空中。

望着在空中渐渐远去的跳跳猴和笨笨熊，白杨和张浩姐弟俩惊讶得半天合不拢嘴。

小哥俩驾着白云径直飞到了亚马孙河岸边。他们按下云头站定了，只见河面上漂浮着一个个大盘子一样的绿叶。和其他的叶子不同，这种叶子的直径约两米多，正圆形，边缘竖起来，像厨具中的平底锅。

笨笨熊说："看见了吧，这种植物就叫做王莲。"

在生物博物馆的讲座上，他曾经看到过王莲的图片介绍。

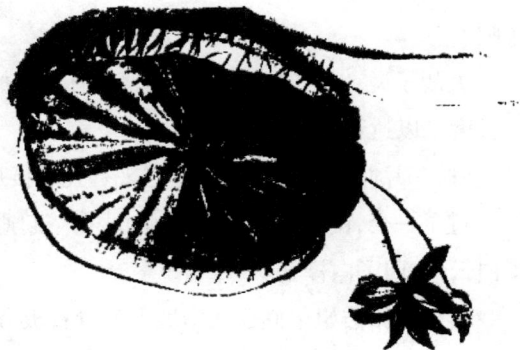

王莲

他们一边沿着河畔走,一边观赏。突然,他们发现,在那王莲叶上竟然坐着两个五至六岁的孩子。他们一边叫喊,一边撩拨着莲叶外面的水。嗬,他们把王莲叶当船坐了。

跳跳猴惊呼:"他们不怕沉下去吗?"

笨笨熊说:"这种王莲叶的背面有粗壮而突起的肋条。这些肋条就像机械部件上的加强筋一样,对叶子的强度有加强作用。"

看罢王莲,小哥俩又乘着白云来到了智利的森林中。这时,天上突然下起了大雨,豆大的雨点打在阔大的树叶上,发出噼噼啪啪的响声。跳跳猴想找一处山洞避雨,可四周全是密林,哪里有山洞呢?

笨笨熊四下看了一圈,指着前面说:"我们到那里避雨去。"

笨笨熊带着跳跳猴绕过一棵棵大树,跨过一条条藤蔓,向前跑去。

跳跳猴不明白是什么意思,一边跑,一边问:"去哪里呢?"

笨笨熊说:"往前看。"

透过树林的间隙,跳跳猴看见前面一片大树叶下站着四个人。

小哥俩赶紧挤了进去。嗬,这叶子真大!六个人站在下面竟一点也淋不着雨。

喘息稍定,跳跳猴问笨笨熊:"这是什么树,怎么叶子这么大啊?"

笨笨熊摇了摇头。

少顷,树叶下一个长着大胡子的人说:"这叫大根乃拉草。用两片这种叶子就可以搭成一顶帐篷,可以让五六个人在里面居住呢。"

噢,为了躲雨,竟然碰巧跑到了正要寻找的乃拉草下。

跳跳猴问大胡子:"两片叶子就可以搭一顶帐篷,这应该是世界上最大的叶子了吧?"

大胡子说:"从长度来说,还不算。有种棕榈叶,长度有 24 米长。长叶椰子的叶子长度可以达到 27 米呢。"

哇,一片叶子有 27 米长,竖起来有九层楼那么高,跳跳猴难以置信。

过了一会,雨住了。小哥俩向刚才在一起避雨的四个人道了再见,钻进树林,踏了白云,飞回了白桦寨。

白杨和张浩姐弟俩还在山坡上的青石板旁等着。看到跳跳猴和笨笨熊驾了白云回来,他们一个劲地问小哥俩去了什么地方,在那里看到了什么,是谁教给了他们驾云的本领。

小哥俩一一作了回答。

张浩说："两位哥哥，下一次你们带着我和两个姐姐一起飞好吗？"

其实，岂止是张浩，张蕊和白杨也憧憬着像跳跳猴、笨笨熊一样驾云飞行，憧憬着去看大山外面精彩的世界。

跳跳猴摇了摇头，说："对不起，这白云是智者送给我们的专用旅行工具，别人是不能乘坐的。"

听了跳跳猴的话，张浩轻轻地叹了一口气。张蕊和白杨失望地低下了头。

"刚才我们见识了叶子的世界爷。那最小的叶子是什么呢？"许久，跳跳猴打破了沉默。

白杨抬起头来，说："跟我来吧。"

小哥俩和姐弟俩跟着白杨来到了一个温室中。白杨停在一盆文竹前。

张蕊问白杨："文竹的叶子最小吗？"

白杨点了点头。

跳跳猴凑到跟前看了一阵，说："真的，文竹的叶子像绿色的细毛毛，这可能是把它叫做文竹的原因吧？"

白杨说："错了。"

"错了？什么错了？"跳跳猴不解地问道。

白杨说："那绿色的细毛毛实际上是文竹的枝。"

跳跳猴又问："那它的叶子呢？"

白杨说："仔细看一看吧。"

跳跳猴俯下身来认真地看。良久，他直起腰来说："叶子是生长在枝上的，可是，在你所说的文竹枝上，确实看不到任何叶片啊。"

笨笨熊弯下腰，拨开文竹。过了一会，他说："在文竹枝上，可以看到一些白色的鳞片。难道那是文竹的叶子吗？"

白杨笑了笑，说："正是。它的叶子已经退化成为白色的鳞片，躲在叶状枝的茎部。要想看清文竹的叶，光凭肉眼比较困难，需要借助放大镜才行呢。"

跳跳猴、张浩和张蕊也学着笨笨熊的样子，拨开文竹认真地看。是的，在文竹的枝上，附着一些微小的白色鳞片。

就像树木有巨人和矮子一样，在叶子家族，也是有爷爷有孙子。

沙漠中的英雄

过了一会，白杨说，"好了，我们去看一种沙漠植物吧。"

小哥俩和姐弟俩跟着白杨来到了白桦寨的一片沙地。这里，是白桦模仿沙漠环境建立的一个沙漠植物园。

烈日高照，地面上腾起灼人的热浪。荒漠中，星星点点散布着一些仙人掌。有的像山中的灌木丛，蓬蓬勃勃；有的像大树，又高又粗。

仙人掌

跳跳猴环顾四周，这里没有了刚才在山坡上看到的松树和柏树。

他问："为什么沙漠上没有松柏树呢？"

白杨说："树木根部吸收的水分大部分通过叶子蒸发到了空气中。这种现象叫做蒸腾。据研究，每吸收 100 克水，大约有 99 克要通过蒸腾作用逸散到空气中，只有一克被保留在树中。沙漠上降雨量特别少，土壤中的水不能满足树木蒸腾的需要，所以，一般树木不可能在沙漠中生存。"

"可是,仙人掌为什么能在沙漠中活下来呢?"跳跳猴问。

"你看一下仙人掌和一般树木有什么不同。"白杨说。

跳跳猴仔细看了一会,说:"噢,没有叶子。"

白杨说:"说得对。没有叶子,便减少了水分的蒸腾。因此,仙人掌才能在极端缺水的沙漠上生存下来。"

为了在缺水的沙漠上站住脚便不长出叶子来，这浑身长刺的仙人掌真是不一般!

实际上,仙人掌本来是有叶子的。后来,由于适应沙漠的缺水环境,将叶子退掉了。这一招可起了大作用。有人把株高差不多的苹果树和仙人掌种在一起,观察它们在夏季一天中的消耗水量。结果,苹果树每天消耗水 10 到 20 千克,仙人掌呢,每天消耗水约 20 克,相差上千倍。

可是,将叶子退掉后,靠什么进行光合作用呢?为了弥补退掉的叶子的功能,它把原来叶子里的叶绿素撒遍了全身,因此,仙人掌通体碧绿。这样,它浑身上下都可以进行光合作用。

仅仅进行了这些改造还是不行。由于沙漠缺水,植物很少,茫茫黄沙中的绿色仙人掌便成为食草动物难得的佳肴。好容易在沙漠上站住脚,却又面临着灭顶之灾。怎么办? 学刺猬吧。于是,仙人掌用尖尖的刺把浑身上下武装了起来。这样,任何动物都不能接近。

沙漠上分为雨季和旱季。沙漠没有植被,储水能力很低。雨季,倾盆而下的暴雨很快便流走了。接下来,便是漫长的滴水不降的旱季。能不能把雨季的水储藏起来,以备荒年呢? 一般的树木是木质茎,做不到这一点。仙人掌的茎部充满了海绵一样的胶状物,遇上降雨,它便大口大口地把水吸进来,储存在树干中。然后,再细水长流地慢慢享用。

就这样,经过一次又一次的改造,仙人掌终于适应了沙漠的极端环境,在茫茫沙漠上生存了下来。

可以说,仙人掌是"适者生存"的范例,是沙漠中的英雄。

落叶纷纷为哪般？

从沙漠植物园出来，一行人又来到山坡上。树林里，不时有黄叶悄然落下。

跳跳猴问："为什么有的树叶会脱落呢？"

白杨回答："植物中有一种激素，叫做脱落酸。在秋天，脱落酸聚集到树叶中，使叶柄基部变得脆弱。这时，一遇刮风，叶子就从叶柄基部与树枝脱离，纷纷落下。"

说着说着，一行人来到一片松树前。

这里，松树的松针青翠欲滴。跳跳猴问："松树就不落叶吗？"

白杨说："树木可以分为常绿植物和落叶植物两种，松树属于常绿植物。常绿植物也是要落叶的，只是它们的叶子是部分脱落，随即又更新。因此，即使在冬天，也和夏天一样，总是披着一身翠绿的衣服。"

接着，白杨用脚踢了踢身旁一棵松树下的干枯松针，说："你看，在松树下的这一层厚厚的树叶，就是不断脱落下来的。"

白杨讲了树叶为什么会脱落下来。但是，树叶脱落有什么意义呢？

先来看看动物。

许多动物，比如狗熊，一到冬天便钻到洞里抱着脑袋睡大觉。为什么呢？天寒地冻，万物凋零，转悠半天也找不到一口吃的，还不够体力消耗。干脆睡一大觉，攒足精神，来年春暖花开再谋生计。

再来看植物。

寒冬腊月，太阳每天早上很晚才起床，下午又早早钻到山后面，光照时间很短。降水呢，大大减少。即使降了水，也被冻成冰，不能利用。植物是靠阳光、水和二氧化碳进行光合作用的。阳光和水少了，光合作用效率大大下降，长一身树叶只会增加水分蒸发。算算账，入不敷出。算了，学那狗熊冬眠吧。于是，一棵棵树便抖掉一身叶子，盖着雪被子，睡起觉来。

这么说来，树木将树叶脱掉和动物冬眠一个道理，是打过算盘的。

树叶为什么五彩缤纷？

　　离开松树，一行人来到了一座山顶。从山顶往下看，山坡上的树，有的浓绿，有的金黄，有的火红。环顾白桦寨的山脉，就像是一幅立体五彩画。

　　望着眼前的美景，大家陶醉了。

　　过了许久，跳跳猴问："为什么树叶在秋天会变红呢？"

　　白杨说："叶子的颜色是由它所含的各种色素来决定的。正常生长的叶子中含有大量的叶绿素，另外，还含有黄色、橙色或橙红色的类胡萝卜素以及红色的花青素等。夏天，不断有新产生的叶绿素代替那些退了色的老叶绿素。因此，叶子总是绿色。到了秋天，由于低温的影响，叶子产生新叶绿素的能力逐渐消失，绿色逐渐消退，而类胡萝卜素仍然留在叶内，于是叶子就变成黄色。如果在叶子凋谢前产生大量红色的花青素，叶子就会变成红色。"

　　"你看，"白杨指着山上黄色、橙色、红色的黄栌树叶说，"黄栌树的叶子有的是黄色，有的是橙色。在气温较低的山顶，或者寒流突然来临时，有利于形成较多的花青素，这样，就会使叶子变成鲜红色。所以，唐诗中有'霜叶红于二月花'①的佳句。"

如影随形的外星人

---

　　①唐·杜牧《山行》：远上寒山石径斜，白云生处有人家。停车坐爱枫林晚，霜叶红于二月花。

魔术师

　　赏罢秋景,一行人说说笑笑走下山来,不觉间来到了寨子里的百花园。跳跳猴看见,这里有一排排的温室。每个温室外都有一个小房间,里面有电脑以及一些说不上名堂的设施。

　　跳跳猴问:"为什么这里还有电脑呢?"

　　白杨说:"这些电脑是用来控制温室内的温度和湿度的。正是借助于电脑的自动化控制,我们才能人为控制温室内植物的花期。通过对温度、湿度等条件的研究,我们才了解了植物生长、开花的适宜条件。"

　　说着,白杨带着大家钻进了一间温室,一股温暖、湿润的空气扑面而来。温室内的植物有的开红花,有的开白花,有的开紫花……

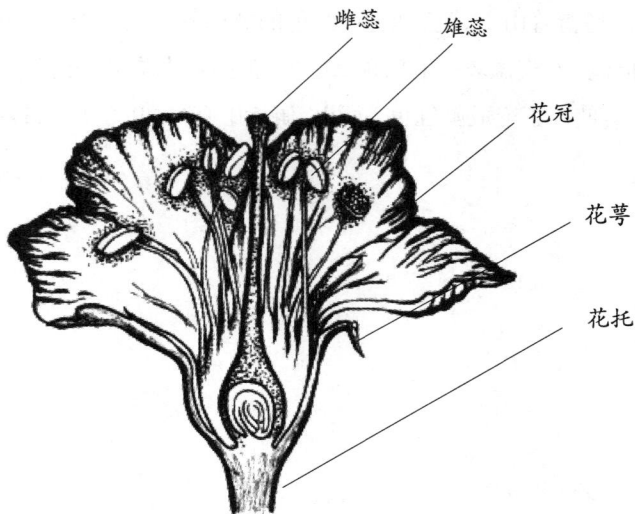

雌蕊　雄蕊

花冠

花萼

花托

完全花的组成

白杨在一株披着红艳艳的盛装的桃树跟前站定了，说："我们先来了解一下花的结构吧。"

她拉过一枝桃树枝说："一朵典型的花，由花梗、花托、花萼、花瓣、雄蕊和雌蕊几部分组成。具有以上五种结构的花叫做完全花。桃花、李花就是完全花。缺少以上一种或几种结构的花叫做不完全。杨树、柳树的花就是不完全花。"

白杨摘下一朵桃花，一边走，一边讲："花梗连接树枝和花。花托位于花的基底部，就像花的托盘。花萼由许多萼片组成，在开花前保护着花蕾，就像婴儿的襁褓。色彩艳丽的花瓣组成花冠。花萼和花冠统称为花被。"

说着说着，一行五人来到了百花园。望着色彩艳丽的花，张蕊问："花儿为什么如此多彩呢？"

白杨说："花中含有类胡萝卜素和花青素。类胡萝卜素有 60 多种颜色，花青素在不同的温度和酸碱度下会表现出不同的色彩。由于类胡萝卜素和花青素的比例不同，以及温度和酸碱度的不同，便会变幻出缤纷色彩。"

说到这里，白杨环顾了一下四周。接着，她一边走近开着蓝色和红色花朵的牵牛花，一边说："你们看，在同一条牵牛花蔓上，既有蓝色的花朵，又有红色的花朵，就是由于花中的色素不同所造成的。"

跳跳猴说："噢！都是牵牛花，却有不同的面孔。"

白杨说："不仅有不同的面孔，花儿还能变脸呢！"

"是吗？"张蕊有点不相信。

白杨说："不信吗？大家跟我来看一个魔术。"

说完，她从牵牛花蔓上摘下一朵红色的牵牛花，走进温室旁的工作间，把牵牛花泡在肥皂水里。看着看着，红色的牵牛花变成了蓝色。然后，笨笨熊又将变成蓝色的牵牛花放在稀酸溶液中，奇怪，蓝色的牵牛花又变回了红色。

跳跳猴惊讶地说："真像是变戏法啊。"

白杨说："刚才是人为的变戏法。其实，花儿本身便是魔术师。比如，芙蓉花在早上是白的，午后就逐渐变成粉红色和红色。棉花开的花上午和下午颜色不同。这都是温度和湿度的变化导演花青素变的戏法。"

鲜花医院

听了白杨的讲解和看了白杨表演的魔术，张蕊兴奋地说："太神奇了！"

张浩不以为然地说："神奇有什么用呢？又不能吃。"

自从梦想着像跳跳猴、笨笨熊一样驾云飞行但又不能如愿后，小家伙一直情绪不好。

白杨侧过头来问道："你说花儿不能吃？"

张浩歪着脑袋反问："难道真的能吃？"

白杨说："可以食用的花有菊花、桂花、金针菜、牡丹花、莲花、兰花、梅花、刺槐花、韭花、玫瑰花、茉莉花以及栀子花等。在我国的云南，可以食用的花类竟然多达上百种。花粉的营养非常丰富，不仅是蜜蜂的主要食物，还是人类健身益寿的补品。"

听了白杨的话，张浩脸上露出惊讶的神色。他想不到，五颜六色的花竟然也能吃。

笨笨熊补充道："花还可以用来治病呢。在中药里，就有金银花、旋复花。"

白杨说："入草药的花是干燥后使用的，正在开放的花也可以用来健身治病。研究表明，花香可以提高人的注意力和工作效率，杀灭细菌，增强机体免疫力。苏联就曾有一座用鲜花来治病的健康公园。"

"什么？用鲜花来治病？"张蕊有点不相信。

白杨说："是的。"

"那么，这个公园可以叫做鲜花医院了。"张蕊说。

白杨说："可以这么叫吧。病人通过在公园散步，就可以使心血管病、气喘症、高血压、神经衰弱等疾病减轻或治愈。自从开放以来，这座健康公园已经接待了好几百万来访者。美国有一家精神病院，在那里，病人通过闻花香辅助治疗精神病。据说,还有人曾用嗅花香的办法唤醒了精神长期处于麻木状态的病人。在法国,几百年来,一直将薰衣草用来治疗神经性心悸、气胀和周期性偏头痛等。"

一行人边走边说,来到一座温室前。一股沁人心脾的香气扑鼻而来。

白杨指着温室中的花说:"看,这种植物就是我们刚才说的薰衣草,它除了具有治病的功用外,还可以用来生产一种薰衣草油。薰衣草油是一种名贵的香料,被广泛用于生产香皂、香水、香脂、冷霜、发蜡、爽身粉、花露水、清凉油以及空气清新剂等。由于薰衣草油具有较高的经济价值,许多国家大量人工种植。法国每年出产薰衣草1000吨以上。

"不过,花的主要作用还是供人欣赏。鲜花总是能给人一种赏心悦目的感觉。因此,公园常常举办花展。此外,在节日和喜庆场合,也常常用鲜花布置场面。现在,在许多地方,种植花卉、销售鲜花已经成为一种产业。"

跳跳猴说:"想不到,花儿还有这么多的实用价值。"

什么？花儿是生殖器官？

白杨说："刚才，我们讲了花对人类的用途。对植物来讲，花的价值在于繁衍后代。也就是说，花是植物的生殖器官。"

"什么？花儿是生殖器官？"跳跳猴惊讶地问。

白杨说："是啊。刚才说过了，花除了花托、花萼和花瓣外，还有两个结构，雄蕊和雌蕊。

"雄蕊由花丝和花药组成。花丝支持着花药，花药里面含花粉。花粉是植物的雄性配子，相当于雄性动物的精子。

"雌蕊由柱头、花柱和子房组成。柱头位于雌蕊的顶端，花柱连接柱头和子房，子房是雌蕊基部膨大的部分，里面有胚珠。胚珠中含雌性配子，相当于雌性动物的卵子。

"你说，花里有雄性配子，还有雌性配子，是否可以说花是植物的生殖器官呢？"

听了白杨的介绍，跳跳猴连连点头。

白杨说："但是，植物和人不同。在人类，某个人，或者是男性，或者是女性。在植物，情况比人要复杂得多。"

"怎么复杂呢？"跳跳猴蹙着眉头问。

白杨接着说："有些花，比如西红柿和油菜，一朵花内既有雄蕊，又有雌蕊。这种花叫做两性花。有些花，比如玉米和南瓜，花朵中只有雄蕊或雌蕊。这种花叫做单性花。在单性花植物中，有的雄花和雌花在同一植株，这种花叫做雌雄同株花。有的雌花和雄花不在同一植株，这种花叫做雌雄异株花。"

风媒花和虫媒花

"那么,植物是如何实现生殖的呢?"跳跳猴知道,动物是通过交尾进行生殖活动的。但是,他不明白植物是如何完成生殖行为的。

白杨说:"植物是通过受粉实现生殖的。首先,花粉到达雌蕊的柱头。然后,沿着花柱中的通道进入子房,使子房中的雌性配子受精。根据花粉到达花柱的方式,可以把花分为两种:风媒花和虫媒花。"

"风媒和虫媒是什么意思呢?"跳跳猴追问。

白杨不紧不慢地讲:"许多花,比如桃花、梨花、牡丹花等,非常美丽,而且往往有芬芳的气味。还有不少花,比如玉米、杨树和柳树的花,既不美丽,也没有香味。

"就像漂亮女孩的周围总是围着许多小伙子一样,那些美丽和气味芬芳的花可以招来蜜蜂和蝴蝶等昆虫。昆虫在拜访这些花时,便把雄蕊中的花粉传播到雌蕊上。由于这些花是靠着昆虫来实现授粉的,形象一点说,是靠着昆虫来做媒人的,人们便把它叫做虫媒花。

"那些既不漂亮,又没有香味的花不能招来昆虫为它们授粉。怎么办呢?天无绝人之路。这些植物的花粉多而轻,风一刮来,便洋洋洒洒飘在空中。雌花的柱头常有分叉和黏液,可以将空气中的花粉捕捉起来,这样,便实现了授粉。由于这些花的授粉是以风为媒,因此,人们便把它叫做风媒花。"

这时,一阵风吹来,旁边一片玉米地里正在开花的玉米摇晃了起来。玉米顶部的花粉脱落下来,在阳光下呈现出一片五彩缤纷的霞雾。

白杨说:"看到了吧,玉米顶部的花粉就是这样靠了风力被传播到下面玉米穗的雌蕊上的。"

跳跳猴说:"你说虫媒花是靠色彩和气味来吸引昆虫的,花的香味是怎么产生的呢?"

白杨说："散发香味的花里有可以产生芳香油的油细胞。"

白杨讲话的时候，跳跳猴将鼻子凑到一枝花跟前。他一边嗅，一边说："但是这株花不仅不香，反而是臭的。"

白杨看了看，说："这是一株马兜铃，除了马兜铃外，大王花以及板栗花等也是臭的。"

"它们也是虫媒花吗？"

"是的。"

"那它们怎么能吸引昆虫为它们传播花粉呢？"

白杨说："一些蝇类，如潜叶蝇，对发出臭味的花情有独钟。我们觉得臭不可闻的花，潜叶蝇却觉得妙不可言，趋之若鹜。"

跳跳猴好像自言自语地说："原来，还有喜欢臭味的昆虫。"

脚凳与路标

过了一会,白杨说:"在虫媒花中,有好多有趣的现象。"

"有哪些有趣的现象呢?"跳跳猴偏着脑袋问。

白杨说:"有些花为昆虫传授花粉垫了脚凳,标上了路标。"

"垫了脚凳,标上了路标?"跳跳猴难以置信。

白杨没有说话,一边走,一边仔细看着周围的花。

突然,她停了下来,指着面前的一簇花说:"你看,这些花五片花瓣,两片在上,三片在下,形成上唇和下唇,下唇略突出。蜜蜂采蜜时,站在下唇上,将头伸入花的深部,就像站在了脚凳上。这样,附在上唇上的花药正好触及蜜蜂的身体。蜜蜂在采蜜时,便把身上的花粉传播到一朵又一朵花的雌蕊上。"

走了一阵,白杨接着说:"还有,我们看到的大部分花在受粉期间都是开放的。五彩缤纷的花朵打开花冠,尽情地显示自己的美丽,以招蜂引蝶,增加授粉的机会。但是,也有一些花,它们的花冠紧紧地关闭着,就像封建时代的女子,养在深闺。"

张蕊问:"那怎么能受粉呢?"

白杨说:"自然有办法。不然,这种植物怎么能生生不息呢?在这种紧闭着的花上,挂着一块路牌,告诉昆虫由此进入。"

张蕊说:"花儿怎么会有路标呢?"

白杨钻进百花园的花丛中,找了一会,招手示意大家过去。

白杨指着一株花说:"你们看这株金鱼草,它的花瓣是紧紧闭着的,就像上下嘴唇合在一起一样。但是,请注意,在花的下唇中间,有一块亮黄色的斑点。昆虫一站在下唇的这个斑点上,花就会打开。然后,昆虫就由此而入,在里面滚一身花粉。"

跳跳猴说:"有这么神吗?"

白杨说:"不信吗?请看仔细。"

说着,他用指头轻轻放在金鱼草花下唇的黄色斑点上。真的,花瓣打开了。

白杨回过头来,微笑着看着跳跳猴,好像在说,这下,你相信了吧。

跳跳猴点了点头。

美人计与苦肉计

一行五人继续前行。

在一株树前，白杨停了下来，指着树上附生的兰花说："你们看这种花，长得很像雌黄蜂，眼睛、鼻子、触须以及翅膀样样齐全，惟妙惟肖，常常引得雄黄蜂来求偶。当雄黄蜂扑向兰花时，就浑身沾满了花粉。"

跳跳猴笑了笑，说："这家伙，还懂得用美人计。"

一句话，把大家都逗笑了。

白杨接着说："刚才说的是兰花的形状。实际上，它的气味对昆虫也很有吸引力。兰花大约有 65 种香味，每种香味都能引诱一种或几种昆虫。当昆虫循着花香钻进兰花时，兰花就收拢花瓣，把昆虫关在里面。当昆虫把花粉沾满全身时，才张开花瓣，放昆虫飞走。"

跳跳猴说："这不像是强娶民女吗？"

笨笨熊笑了笑，说："要说兰花用的是美人计的话，还有用苦肉计的呢。"

"苦肉计？"跳跳猴感到很惊讶。

笨笨熊抓过面前的一株花，说："这是一种盔兰属花。这种花的下唇有一部分内陷，形成一个水桶样的结构。在它上面，有两个角状体分泌液体。角状体分泌出来的液体不断地降落在下方的'水桶'里。当这个'水桶'半满时，液体就从一边的出口溢出，唇瓣的基部正好在这'水桶'的上方，也凹陷成一个腔室。在腔室的两侧，有出入口；腔室的深部，有奇异的肉质棱。"

正在这时，几只土蜂飞来了，它们争先恐后地钻进花内。

笨笨熊悄声说："知道吗，它们来并不是为了采蜜，而是为了吃花内的肉质棱。"

接着，笨笨熊示意跳跳猴和张蕊、张浩凑近花朵，仔细观察里面发生了什么情况。

　　只见几个土蜂互相拥挤，跌进了花的"水桶"里，翅膀湿淋淋的。翅膀湿了，不能飞了，它们只能往里爬，企图从出口爬出去。因为通道很狭窄，土蜂爬得很费劲。在它终于从出口爬出去飞走时，身上涂抹了一层黏黏的花粉。

　　笨笨熊说："当这些带着花粉的土蜂飞到另一朵花，或者第二次再飞到这朵花时，它们身上带着的花粉便粘在了柱头上。这样，雌蕊便实现了受粉。"

　　目睹了眼前的情景，跳跳猴感叹道："啊！真有意思！"

关禁闭与舍生取义

其实，有意思的事情还有很多。有一种花，叫做须蕊柱，它的唇瓣是蜂的美食。当蜂来吃唇瓣时，会碰到花内的一个突出物。这突出物受触动后，将信号传给皮膜，会使皮膜裂开，其中的黏性花粉块就像箭一样地弹出去，正好粘在蜂的背上。这种兰科植物是雌雄异株的，雌株的柱头黏性很大。粘了花粉块的蜂飞到雌株上时，雌株上的柱头便把蜂背上的花粉粒拉下来，粘在柱头上。

还有一种叫做海芋百合的植物，这种植物在开花时有一种奇臭。令人称奇的是，这种花的花瓣内壁上长满倒刺。当循着臭味跑来的甲虫钻到花内吸吮蜜汁时，便被关在里面。甲虫被囚禁一天后，花瓣内的倒刺萎软，浑身沾着花粉的甲虫才逃脱出来。大概这甲虫在囚禁期间没有受到虐待，因为，它刚刚被释放便又钻进其他海芋百合花内。

和海芋百合相似，马兜铃花也善于设计陷阱。马兜铃花的形状比较特殊，口儿小肚子大，像一个小口瓶。更为特殊的是，这个"瓶口"长满了细毛，并且细毛的尖端朝向花的底部，就像是一个精心设计的牢笼。马兜铃的雌蕊比雄蕊成熟得早。雌蕊成熟的时候，蜜腺会分泌出又香又甜的花蜜，把小虫子吸引来。可是，小虫子好进不好出，要待到雄蕊成熟，"瓶口"的细毛萎缩后，才能被刑满释放。小虫子在关禁闭的时候滚来滚去，便使雌蕊受了粉。

在我国江南一带的淡水中，有一种生长在水底的草，叫做苦草。与众不同的是，这种草是雌雄异株，雌花长在长长的卷成紧密螺线形的茎上，雄花开在短短的茎上。雄花和雌花一高一低，又都在水底，怎么能受粉呢？别着急，既然它们能生存下来，总是有办法的。到开花期，开雌花的草把卷成紧密螺线形的茎伸到水面上，打开花瓣。开雄花的草舍生取义，离开水底，浮上水面，朝见雌花。当雄花浮到水面上后，便打开花冠，将花粉抛到空中或由昆虫将花粉带到雌花的花柱上。完成这次使命后，由于是无根之草，雄花便凋谢死亡。那接受了花粉的雌花却再次包卷起来，沉入水下，去孕育新的生命。

真所谓世界之大，无奇不有。

无茎无叶大花草

一行人且说且走,不觉来到了百花园门口。

笨笨熊问:"在百花园里有大花草吗?"

白杨摇了摇头说:"没有。听我哥哥白桦说,大花草生长在印度尼西亚的苏门答腊。"

少顷,白杨问:"你怎么知道大花草呢?"

笨笨熊说:"在我们旅行出发时,老师给了我们一份必须考察的珍稀生物名单,其中就有大花草。"

白杨问:"怎么? 现在就要去考察吗?"

跳跳猴和笨笨熊同时点了点头。

白杨说:"你们去吧。可惜,本人没有那个福分。"

话音刚落,跳跳猴和笨笨熊又驾一片白云,飞上了天空。

在空中,跳跳猴回过头来看着白杨说:"回来时,我们会送你一束花。"

听了跳跳猴要送花的话,白杨的脸红了。

飞行途中,跳跳猴问:"为什么要规定我们考察大花草呢?"

笨笨熊说:"听博物馆讲座的老师讲,大花草是世界上最大的花。我想,这可能是要我们必须考察的原因吧。"

跳跳猴说:"关于这种花,你知道些什么呢?"

笨笨熊说:"1818 年,当时担任英国驻爪哇代理总督的英国探险家、植物学家莱佛士在印度尼西亚发现了这种花。因此,这种花又叫做莱佛士。这一发现,不仅使人类又认识了一种花,而且在植物学上增加了一个新属和新科。"

说着,小哥俩来到印度尼西亚的热带丛林上空。他们择了一块空地按下云头,一头扎进了树林中。头顶浓密的树枝和树叶遮天蔽日,脚下藤萝葛蔓将树木间的空隙填了个严严实实。小哥俩一边攀藤附葛艰难地行走,一边东张西望寻觅着大花草。突然,笨笨熊感到手里抓着的藤条与刚才的不同,有滑溜溜的感觉。定睛一看,原来是一条攀在藤上的蛇的尾巴。那条蛇大约一米多长,正在顺着藤条向上爬。大概感觉到有情况,它将脑袋弯回来,嘴里吐着红红的信子,随时准备进攻。看到眼前的一幕,笨笨熊哇地喊了一声,急忙朝旁边躲去。但是,周围全是蜘蛛网一般的藤条,没有去路。听见惊叫,跳跳猴发现了正要扑向笨笨熊的长虫。见笨笨熊无处可躲,跳跳猴冲了过去,挡在笨笨熊前面,抓起蛇尾巴使劲乱晃。开始,蛇脑袋还高高地昂着左右摆动,后来,便软软地耷拉了下来,悬挂在旁边的树枝上。跳跳猴弃了蛇尾巴,撩起身旁的藤条,将笨笨熊从空隙中拉了出去。

笨笨熊心有余悸地说:"幸亏小弟搭救,否则我就没命了。"

跳跳猴笑了笑,说:"大花草还没有找见,生物旅行才刚刚开始,怎么能把性命丢掉呢?"

小哥俩继续在丛林中搜索。但从那以后,每走一步都要左顾右盼,生怕再遇上长虫。又行了五六十米,跳跳猴从树木缝隙看到一株树的枝杈间有一朵大红花。趋近一看,只见那花直径约140厘米,有5片大花瓣,每个花瓣长约30至40厘米,厚度约15至20厘米。

大花草

笨笨熊说:"看到了吧。这种花既没有茎,也没有叶。其实,它不是一种独立的植物,只能寄生在别的植物上。令人遗憾的是,这种花在刚刚开放时,还有一点淡淡的香味,但过几天,就变得臭不可闻。可就是靠了这臭味,才吸引蝇类和甲虫为它传授花粉。"

说完,他将大花草画了下来。在画面的下方,还标注了它寄生的树种和周围的环境。

无花果真的无花吗？

从印度尼西亚的热带丛林出来，跳跳猴说："大花草是世界上最大的花。那么，最小的花是什么花呢？"

笨笨熊说："说到最小的花，要数小麦、水稻和无花果。小麦、水稻的花肉眼不容易分辨清楚，无花果的花要用放大镜才能看清楚。"

跳跳猴问："无花果不是没有花吗？"笨笨熊说："无花果是种子植物。你想一想，种子是怎么形成的？"

跳跳猴不假思索地说："是雌蕊授粉形成的。"

笨笨熊微笑着问："雌蕊在哪里呢？"

跳跳猴突然恍然大悟，是啊，既然有雌蕊，一定是有花的啊！我怎么就没有想到这一点呢？

走着走着，笨笨熊突然在一株树前停了下来。他指着眼前的树说："这正好是一株无花果树，现在也正在花期，你观察一下吧。"

跳跳猴钻到树枝之间仔细地看了起来。但是，看了几个树枝，没有发现一朵花，哪怕是微小的花。

他从树枝中钻了出来，摇了摇头，说："把眼睛都看酸了，还是看不见啊！"

笨笨熊笑了笑，揪过一个树枝，指着上面一个膨大的小球说："这个小球是无花果的花托，它的顶端深深地凹陷了下去。雄花和雌花就像封建时代的大家闺秀藏在这个凹陷里面。许多人误以为它没有花，因此，给它起了个名字叫无花果。实际上，无花果不仅开花，而且一年开两次花，结两次果。第一次开花结的果在当年秋天长大成熟，第二次开花结的果，因为天气冷，来不及长成熟，要等到次年春暖花开的时候才能最终成熟。"

通过笨笨熊的指点，跳跳猴发现了无花果花的藏身之处。但是，他不明白，别的花都是尽情地向人们展示自己，无花果为什么要将把花朵深深地隐藏起来呢？也许，花也和人一样，有的是外向型，喜欢表现；有的是内向型，藏而不露。

日轮花遇险

过了一会儿，跳跳猴问："接下来，我们再去哪里呢？"

笨笨熊说："让我们到非洲的乍得去看看吧。"

小哥俩驾着云彩，来到了乍得的布雷华湖。奇怪的是，这里的湖水一片片发红。

跳跳猴诧异地问："这里的湖水怎么是红的呢？"

笨笨熊笑笑说："你再仔细看看。"

跳跳猴凝神看了一阵。原来，在水面下有一片片盛开的红花。

笨笨熊说："这种花叫做怕羞花，不仅根和茎在水面下，花也在水面下。它每年开一次花，花色鲜红。怕羞花盛开时，湖水便也一片片变得鲜红。"

话音刚落，跳跳猴一个猛子扎到了水里。笨笨熊不会游泳，看到跳跳猴跳到水里不见了，吓得站在岸上大喊了起来。但是，周围杳无人迹，没有人响应。突然，跳跳猴从水里钻了出来，手里擎着一枝怕羞花。

笨笨熊声色俱厉地说："吓死我了，你怎么不吭一声。"

看到笨笨熊脸色都白了，跳跳猴连忙说："老兄，对不起，实在对不起。"

笨笨熊余怒未消地说："一个小伙子，采花干什么？"

跳跳猴说："临走时，我答应要送白杨一束花的。"

笨笨熊想起来，在临行前，跳跳猴是说过要送白杨一束花。当时，他以为跳跳猴是在开玩笑，便没有在意。想不到，跳跳猴对每一句话都是认真的。

笨笨熊转怒为喜："小弟，要送就送一束玫瑰花嘛。"

跳跳猴说："不敢。在我说送她一束花时，白杨竟然脸红了。因此，就送她一束怕羞花吧。"

笨笨熊说："你小子，不是在搞迂回战术吧。"

跳跳猴说："老兄想到哪里去了。说正经的，接下来，我们去哪里呢？"

笨笨熊说:"已经来到非洲了,让我们再去索马里看一种火花树吧。"

来到索马里,他们看到一些当地居民带着火把在爬树。

跳跳猴不解地问:"他们拿火把上树干什么呢?不怕引起火灾吗?"

笨笨熊说:"这正是我们要看的。你仔细看,在树杈中有一个个花苞,里面包着果实,形如鸡蛋,吃起来美味可口。这种果实被摘下来后,很快又会长出来,终年不断。但是,这种花苞的外皮上密封着一层乳汁,使得它不能开放。用火烤花苞,可以使外面的乳汁蒸发掉。这样,花苞打开,人们就能从中摘取果实食用了。"

跳跳猴问:"这种树叫什么名字呢?"

笨笨熊说:"因为这种花用火烧才能开放,人们就把它叫做火花树。"

跳跳猴说:"真稀奇。"

笨笨熊说:"还有更奇的花呢。"

"什么花呢?"听到还有更奇的花,跳跳猴来了兴趣。

"要看吗?"笨笨熊问。

"要看。"跳跳猴回答。

小哥俩驾着云彩来到了南美洲亚马孙河沼泽区。由笨笨熊带路,他们来到了一种花的跟前。这种花长得十分娇艳,外形酷似日轮,周围长满了大约 30 厘米长的大叶子。

"这种花叫做什么名字呢?"跳跳猴一边问,一边向前走去。他想近距离地欣赏一下这种奇花,看它是不是有香味。

笨笨熊大喊:"站住,危险。"

这时,跳跳猴拨开叶子,正要揪过花来看个详细。突然,那些大叶子像听到命令一样从周围围了过来,将跳跳猴拉倒在地上。跳跳猴吓坏了,大喊救命。笨笨熊连忙扑上去,使劲拖跳跳猴。好不容易,才把跳跳猴从叶子中拉了出来,一直拖到很远的地方。跳跳猴吓坏了,瘫软在地上,半天爬不起来。笨笨熊在旁边大口喘着粗气。

半天,跳跳猴问:"这是怎么回事啊?"

笨笨熊说:"如果动作慢一些,你就没命了。"

"是吗?"听了笨笨熊的话,跳跳猴刚刚平缓一些的心跳又加快了。

笨笨熊说:"知道吗?这种花叫做日轮花。在日轮花的附近,往往居住着有毒的食人蜘蛛。只要指头一碰到日轮花的花或叶,那些大叶子就会像章鱼的爪子一样围卷过来,将人拉倒在沼泽地上。这时,毒蜘蛛便会一拥而上,将一个活生生的人吃得

如影随形的外星人

只剩下一副骨骼。"

听了笨笨熊的话，跳跳猴被吓得魂飞魄散，不停地环顾左右，生怕周围再有日轮花向他进攻。

看到跳跳猴害怕的样子，笨笨熊把他从地上拉了起来，说："好了，我们还是回到百花园吧。"

郁金香的故事

回到百花园,白杨和张浩姐弟俩还在花丛中等着。

跳跳猴将怕羞花送给白杨,说:"白杨小姐,这是我们从非洲采的花,送你的。"

"这花叫做什么名字呢?"白杨一边接过花,一边问。

"怕羞花。"笨笨熊说。

听了笨笨熊的话,白杨的脸顿时红了,红得像那怕羞花一样。

白杨一边端详手里的花,一边说:"谢谢啦。下来,去看一看我们种植的郁金香吧。"

接着,白杨领着小哥俩和姐弟俩来到专门种植郁金香的温室。一进到花房,跳跳猴一下子兴奋了起来,刚才被日轮花围攻的恐惧感烟消云散了。他看到,在翠绿的叶片中,伸出了一枝枝美丽的花朵,有的如玛瑙,有的似象牙,有的像珊瑚,有的仿佛是琥珀。

站在花丛中,白杨给大家讲了有关郁金香的传奇故事。

郁金香的故乡是我国的青藏高原。在 2000 年前,传到了土耳其。16 世纪时,又相继被引种到奥地利和荷兰。郁金香在荷兰一露面,它的鲜艳的色彩、迷人的芳香以及华贵的气质就征服了当地人。许多富人专门派人去土耳其高价购买,他们将拥有郁金香作为身份的象征。由于需求量非常大,其价格一路飙升。奇怪的是,许多欧洲富豪竟然把这种花作为投资项目,各大城市的股票交易所每天挂出各地郁金香的牌价。有些人甚至因此变卖房产。

一种花,竟然使得一个国家疯狂!

后来,人们才清醒地认识到郁金香只是一种观赏植物,本不应该有这么高的价格。突然,花价一落千丈。很短的时间,成千上万的投资者破产了。

虽然郁金香热降温了,但荷兰却自此成为郁金香的生产基地。它生产的郁金香远销125 个国家和地区,每年都要在阿尔斯梅尔举行一次世界上规模最大的花展。

花钟

看完郁金香,白杨领着大家从百花园走出来。

在百花园出口处,有一个圆形的花坛。在这个花坛中,四周种植着各式各样的花,中间伸出两根树枝。新奇的是,那两根树枝在缓缓移动。

跳跳猴和笨笨熊停下脚步,饶有兴趣地看着那花坛。

白杨也停了下来,问:"看什么呢?"

跳跳猴说:"我看这花坛像是一个钟。"

白杨说:"实际上,它就是一个钟。我们把它叫做花钟。百花园的工人就是靠它掌握上下班的时间的。"

跳跳猴问:"怎么能靠它来掌握上下班时间呢?"

白杨说:"不同的植物在不同的时间开花,很有规律。我们按照开花的顺序把各种花摆放在花坛周围,又在花坛下安装了钟表的齿轮。时针转到什么花的位置,什么花就会开放。"

跳跳猴叹道:"真有趣!"

白杨说:"我曾经对我国常见花的开花顺序进行过研究,这些花开花的顺序是:蛇麻花,约凌晨3点;牵牛花,约凌晨4点;野蔷薇花,约凌晨5点;龙葵花,约早上6点;郁金香花,约早上7点30分;半支莲,约上午10点;大爪草,约上午11点;午时花,约中午12点;万寿菊花,约下午3点;紫茉莉,约下午5点;烟草花,约下午6点;月光花,约晚上7点;待霄草花,约晚上8点。"

其实,人类通过开花来计时由来已久。很久以前,古代中国人就把在一天内不同时间开的花种植在一个庭院里,根据各种花开放的时间来掌握时辰,这就是计时花园。

16世纪末,英国剑桥大学彼得豪斯学院建造了一座真正的花钟。这座钟用经过修剪的黄杨木做成 I—XII12 个罗马数字,分布在圆弧上,作为钟点。用紫杉树枝做时针,固定在装有齿轮的圆心上。在罗马数字外栽上对应时间开放的花。当时针走到几点,该处的花就正好开放。

后来,日内瓦莱蒙湖边建造了巨大的花钟,这个花钟不仅有时针,还有分针。

美国瀑布城的花钟,钟面由 24000 株花组成,直径 10 多米,不仅有时针,还有分针和秒针。

植物的生物节律

站在花钟前，笨笨熊说："其实，植物的其他部分在一天之中也有节律性的变化。比如，有一种叫做红三叶草的植物，这种草每个叶柄上有三片小叶。太阳出来时，它们便舒展开来；太阳落山后，它们便折叠起来。合欢树的叶子也是白天打开，晚上合起来。"

张蕊说："这些植物好像人一样，日出而作，日入而息。"

白杨点了点头，说："上面说的现象，叫做植物的生物节律。"

张浩问："这些生物节律对植物有什么意义呢？"

白杨说："有些植物怕冷，夜晚将叶子和花瓣闭合，可以减少冷空气的侵袭。热带植物的叶子在白天闭合，可以减少水分的蒸腾。夜晚开花的植物在白天睡眠，可以防止水分的丢失，同时，有利于夜间活动的昆虫为它们授粉。

"研究发现，与夜间没有睡眠的植物相比，夜间有睡眠的植物叶子的温度要高1℃左右，生长速度比较快，具有更强的生存竞争能力。就好像人一样，晚上睡个好觉，白天便能精神十足地干活。"

顿了顿，白杨接着说："后来，人们发现，小麦、大豆甚至某些树木还有午休的习惯。"

"植物也午休？"跳跳猴感到很好奇。

白杨说："是的。这些植物在中午时分将叶子的气孔关闭，就像人在中午睡午觉。"

"这又有什么好处呢？"张浩问。

白杨说："中午烈日高照，在这个时间段将叶子上的气孔关闭可以减少水分蒸发。这本来是植物在长期进化过程中形成的一种抵抗干旱的本能。但是，由于中午是一天中阳光最强的时段，植物在中午午休，会使光合作用受到影响，导致农作物减产，严重的可达三分之一。因此，对于植物生存有意义的午休，却不利于农业生产。为了提高农作物产量，科学家们把植物的午休作为一个重要的课题进行研究。"

"有办法改变植物的作息习惯吗？"跳跳猴问。

白杨说："研究发现，在中午对小麦进行喷雾，可以改变小麦的午休习惯，使小麦的产量增加。但是，在农田中大面积进行喷雾不大可能。因此，找到一种可行的，能改变植物午休的方法，是一项很有价值的事情。"

跳跳猴说："怎么才能改变植物的作息时间表呢？"

笨笨熊思索了一下，说："我想，要改变植物的生物节律，只有改变植物的基因。"

这时，花钟的时针指向了六点，血红的残阳有一半隐在了山后。鸟儿不知从什么地方纷纷飞来，站在树梢上喊喊喳喳地叫个不停。

白杨抬起头望了望天空，说："天色不早了，该回去了。"

跳跳猴向着晚噪的林鸟啾啾地叫了一阵，树林里的鸟叫得更欢了。

白杨看了看跳跳猴，说："蛮像鸟叫，可以和鸟语乱真嘛！"

跳跳猴说："岂止是乱真，其实就是在和鸟儿说话嘛！"

白杨笑了笑，说："吹牛。"

跳跳猴也笑了笑，不再争辩什么，跟在白杨和笨笨熊后面向山下走去。

种子的分类

早上,白杨带着张蕊姐弟俩早早来到小哥俩住的客堂,喊了跳跳猴和笨笨熊一起上山去。

一行人且说且走,不觉来到了一块实验田。那实验田被分成了一个个小方格,一株株嫩绿的幼苗探头探脑地从松软的土里钻了出来,好奇地窥视着头顶陌生的世界。

白杨把背上的背包卸了下来,放在地上,说道:"我们已经了解了植物的根、茎、叶和花。接下来,介绍一下果实和种子。

"植物在开花后一般会结种子。根据种子是裸露在外面,还是被包裹起来,可以将植物分为两种:裸子植物和被子植物。

"根据种子的内部结构以及幼苗的形状,可以将植物分为两种。你们可以看出来这实验田里的幼苗有哪两种类型吗?"

听了白杨的话,小哥俩和姐弟俩蹲在实验田边上仔细观察了起来。

看了半天,张蕊姐弟俩站了起来,不约而同地说:"看不出来。"

少顷,跳跳猴也站了起来,说:"只是叶子的形状不同。"

白杨摇了摇头。

笨笨熊没有言语,拨开幼苗周围的土一株一株仔细观察。良久,他站了起来,有点迟疑地说:"有的幼苗是一片叶子,有的幼苗是两片叶子。"

白杨微笑着说:"对了,在我们的实验田里,幼苗有一片叶子的叫做单子叶植物,幼苗有两片叶子的叫做双子叶植物。"

跳跳猴问:"什么叫做子叶呢?"

白杨说:"子叶是种子的组成部分,里面贮存着种子发芽所需的养料。裸子植物的种子有二至多枚子叶;被子植物的种子有一枚或两枚子叶。有一枚子叶的种子,幼苗长一片叶子,叫做单子叶植物;有两枚子叶的种子,幼苗长两片叶子,叫做双子叶植物。"

这时,从旁边的果园里窜过来三只猴子。它们径直来到跳跳猴的身边,在跳跳猴的身上亲昵地磨蹭着,好像是遇到了久违的亲人。

白杨弯下腰去捡地上的背包。就在她刚刚直起腰来的时候,跳跳猴身边的两只猴子突然将背包夺了过去。一眨眼,钻进山坡上的密林中。

白杨大叫了起来:"这可怎么是好? 那里面装着许多教学图呢!"

笨笨熊说:"它们大概以为里面是好吃的东西呢。"

跳跳猴也着急了起来,他看着身边的一只猴子说:"这里的弟兄们怎么这么不友好呢?"

说这话时,那只猴子也直盯盯地看着他,好像在说,你说吧,让我干啥?

跳跳猴心里一亮,难道它能听懂我的话?

他俯下身子,对那猴子说:"去,把白小姐的背包要回来!"

像战士接到了首长的命令,那猴子亮着红红的屁股,循着刚才两个猴子的路线,也钻进了密林中。

白杨说:"不会一去不复返了吧?"语气中透露着十分的担心。

"我想,不会的。"跳跳猴连自己也不知道,他的信心从哪里来。

笨笨熊安慰白杨说:"说不定,这猴子真的能听懂我这位小兄弟的话。"

话音未落,刚才离去的猴子从远处兴冲冲地跑回来了,手里抓着白杨的背包。它跑到跳跳猴的身边,双手把背包举了起来。那神情,毕恭毕敬,就像是大臣晋见皇上一样。

跳跳猴接了背包,连忙递给白杨。

就在跳跳猴和白杨要对那猴子表示感谢的时候,猴子连蹦带跳地跑了。

白杨愣愣地望着跳跳猴。她隐隐感觉到眼前的这个小兄弟真是不普通。

愣了一会,白杨回过神来,从背包中掏出了几张图,还掏出了一些种子。接着,继续讲述单子叶植物和双子叶植物。

常见的单子叶类植物有水稻、玉米、高粱、大麦等。单子叶植物的种子由果皮和种皮、胚乳、胚芽、胚根、胚轴和子叶组成。

这些结构各有什么作用呢? 果皮就像是鸡蛋的蛋壳,和种皮紧贴在一起,有保护种子内部结构的作用。胚乳就像是鸡蛋里的蛋清,含有丰富的营养,可以为种子发芽提供物质保障。胚芽、胚轴、胚根和子叶统称为胚,它们各有分工。胚芽将来发育成为茎和叶;胚根将来发育成为根;胚轴是连接胚根和胚芽的部分,将来发育成为连接根和茎的部位。在单子叶植物的种子中,子叶所占比例较小,在种子萌发的时候,它的职能是将胚乳里的营养物质转运给胚芽、胚轴和胚根。

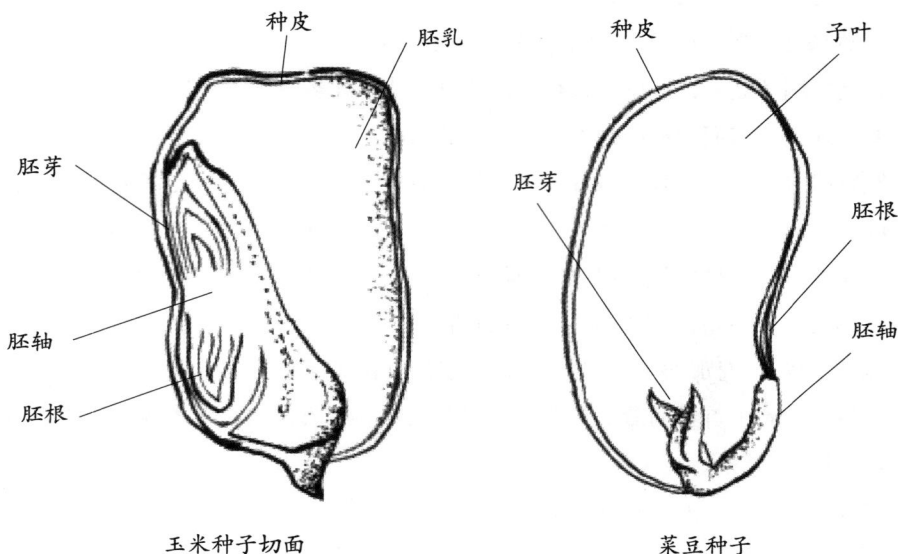

玉米种子切面

菜豆种子

常见的双子叶植物有菜豆、蚕豆、大豆、棉花、向日葵、苹果、黄瓜等。双子叶植物的种子由种皮、子叶、胚芽、胚根和胚轴组成。菜豆的种子有一个凹陷,在凹陷部位有种脐和种孔。

这些结构各有什么作用呢? 种皮类似于鸡蛋的蛋壳,有保护种子的作用。种脐类似于胎儿的脐带,种子在形成过程中通过它获取营养。子叶有两片,并且肥厚,占据种子的大部分,里面贮藏着营养物质,为种子发芽提供养分。与单子叶植物相同,胚芽、胚轴、胚根和子叶统称为胚。胚芽将来发育成为茎和叶。胚根将来发育成为根。胚轴是连接胚根和胚芽的部分,将来发育成为连接根和茎的部位。

果实种种

讲完种子,白杨不再讲话,从旁边拣起一块石头,在地上写了起来。他一边写,一边说:"现在,我们了解一下果实的类型。"

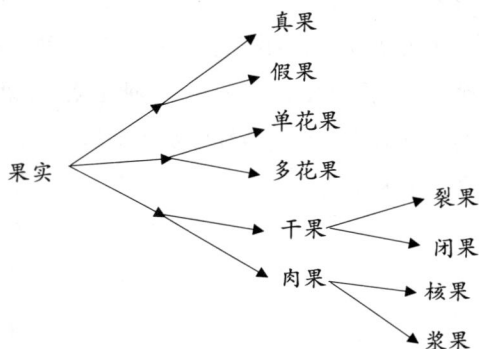

```
                              真果

                              假果

                              单花果

        果实                  多花果

                              干果         裂果

                                          闭果

                              肉果         核果

                                          浆果
```

跳跳猴看见,在这块石板上,还隐约可以看到原来写着的"种子""果实"等字样的痕迹。

写完,白杨说:"你们看,果实的类型很多。不过,这是纸上谈兵,我们还是到树林里去看一看吧。"

说完,白杨将图和刚才掏出来的种子重新装回背包,站起来,领着跳跳猴和笨笨熊钻进了树林里。

正是金秋季节,树上吊着累累果实。白杨随手摘了各种水果,向大家介绍果实的分类。

根据形成果实的组织来源,可以把果实分成真果和假果。

由子房发育成的果实叫做真果,桃子和杏等就属于这一类。真果外面薄薄的一层皮是外果皮;可以吃的部分是中果皮;坚硬的桃核和杏核外壳是内果皮;果核里的桃仁和杏仁才是种子。

由花托或花被连同子房一起发育形成的果实叫做假果，苹果、梨等就属于这一类。苹果、梨的可食部分，即果肉，实际上是由花托和雄蕊、花被的基部共同发育形成的。

根据形成果实的花朵的数目，可以把果实分成单花果和多花果。

大多数植物的果实是由单个花朵形成的，叫做单花果。有些植物的果实，如桑葚和杨梅，是由一个花序上的许多花朵形成的，叫做多花果。

根据果实含水量，可以把果实分为干果和肉果。

干果的外面是干硬的壳，里面是种子。干果又可分为裂果和闭果。裂果在果实成熟时，外壳开裂。属于这一类的有豆科植物的荚果以及棉花、牵牛花的蒴果等。闭果在成熟时，外壳不开裂。属于这一类的有栗子、榛子、向日葵等。

肉果含水量较多，又叫做多汁果。肉果又可以分为两种：一种是核果，果实内有核，属于这一类的有桃子、李子、杏、椰子等。另一种是浆果，果实多汁，里面含有好多个种子，属于这一类的有葡萄、柿子、西红柿及西瓜等。

原来，这果实也是一个大家族。

没有种子的果实

白杨接着说:"上面,我们讲了种子和果实。总结一下,裸子植物有种子无果实,被子植物有果实有种子。还有一种比较特殊的情况,你们猜,是什么呢?"

跳跳猴不假思索地说:"有果实,无种子。"

白杨说:"对。但是,你知道哪些植物有果实无种子呢?"

跳跳猴想了一阵,然后摇了摇头。

白杨将视线转移到张浩和张蕊。姐弟俩也摇摇头。

这时,笨笨熊不紧不慢地说:"香蕉。"

白杨说:"对。我们吃的香蕉就是有果实无种子。不过,香蕉的野生祖先在果实内不仅有很多种子,而且种子的体积比较大。后来,由于人工的培育,才变成现在这个样子。果肉很多,种子退化成果肉中芝麻般的痕迹。"

跳跳猴问:"香蕉就是靠退化的种子在繁殖吗?"

白杨说:"实际上,这种退化的种子起不到繁衍后代的作用。这种有果实而无种子的植物,只能通过插枝或分株来繁殖后代。"

实际上,有果实无种子的不只是香蕉。近几年,市场上销售的无籽西瓜、无籽葡萄、无核橘子以及无核芒果等都是经过人工培育形成的。这些无核水果,由于食用方便,很受消费者欢迎。卖这些水果的人,也会在水果堆上放一个"无核XX"的牌子,招揽顾客。

过去,人们有一句绕口令,叫做"吃葡萄不吐葡萄皮"。葡萄都是有皮的,吃葡萄不吐葡萄皮,只能把葡萄皮吃下去。现在,可以出一句新的绕口令,"吃葡萄不吐葡萄籽"。

从种子到幼苗

望着试验田里的幼苗，张蕊问："种子是如何形成幼苗的呢？"

白杨看着跳跳猴和笨笨熊，说："你们哪一位可以回答张蕊的这个问题呢？"

跳跳猴不好意思地摇了摇头。

笨笨熊从口袋里掏出一张图，慢悠悠地说："我对菜豆和玉米的种子的发芽过程做过观察。这两种植物的发芽过程不同。

"菜豆属于双子叶植物，它的发芽过程对双子叶植物有代表性。一开始，菜豆种子在温度和湿度适宜时体积涨大，子叶中的营养物质转变成能够溶于水的物质，转运给胚根、胚轴和胚芽。得了营养，胚根便发育为根，扎到土里，从土壤里吸收水和养分。子叶以下的胚轴向上伸长，带着子叶及胚芽探出地面，便成为幼苗。

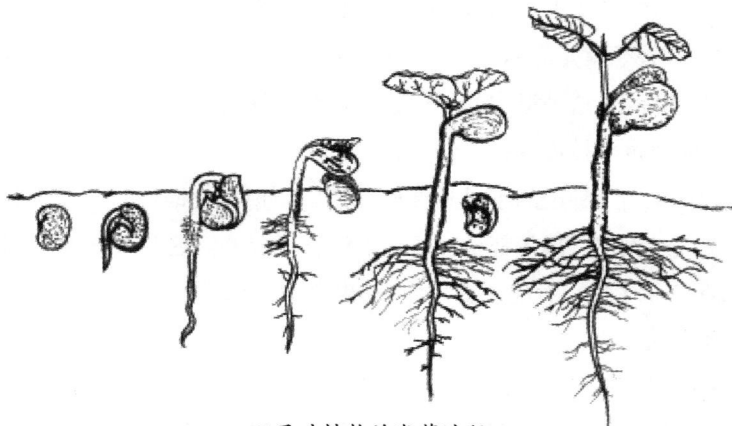

双子叶植物的发芽过程

"玉米属于单子叶植物，它的发芽过程对单子叶植物具有代表性。单子叶植物生根发芽的过程与双子叶植物相似。但是，它在发芽时所需要的营养不是来自子叶，而是来自胚乳。另外，钻出地面的不是胚芽和子叶，而是胚芽和胚芽鞘。"

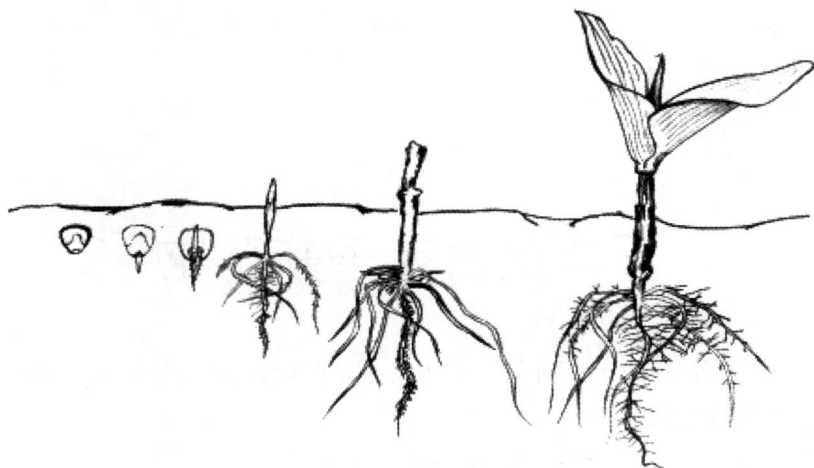

单子叶植物的发芽过程

笨笨熊一字一板地讲着,跳跳猴心中颇感诧异:这小子是从哪里搞到这张图的呢?

其实,在他们栽下白桦树种子后,跳跳猴只是每天拨开树坑里的土观察种子如何长出树根和树苗。笨笨熊却用玻璃瓶养了不少菜豆种子和玉米种子。他每天剖开种子观察里面的变化,把这两种植物种子生根发芽的过程弄了个一清二楚。

待笨笨熊说完,白杨补充道:"当种子变成一株幼苗时,贮存库中的营养物质即被消耗一空。如果我们将一株刚出土的豆苗周围的土拨开,就会发现原来的种子仅仅剩下了一个空空的豆皮,形象地说,形成幼苗后的种子,就像一个孵出小鸡的鸡蛋,只剩下了一个空空的蛋壳。

"在形成幼苗之前,种子发芽依靠种子里的营养。有了根和嫩叶之后,根从土壤中吸收养分,叶子进行光合作用,就能够自己制造有机物质了。此后,幼苗便可以独立生活,还能生长、开花、结果,养育儿孙。"

千年的古莲子开了花

笨笨熊和白杨讲了种子如何发芽,但是,如果这粒种子运气不佳,没有发芽的条件,它能保持多长时间的生命力呢?

其实,就像人一样,种子的寿命也是有长有短。

沙漠里梭梭树的种子是至今所了解到的最短命的,只能生存几个小时。但是它的萌发力极强,只要有一点水,就可以在两至三个小时内生根发芽。因此,这种植物能在条件恶劣的沙漠中生存下来。可可、甘蔗的种子离开母体后最多活十多天,白杨和柳树的种子最多生存八个星期,它们都属于短命一族。但是,复椰子树的种子则是个慢性子,即使在适宜发芽的条件下,也要经过大约两年才能发芽。

关于种子的寿命,也有不少奇闻轶事。英国博物馆 1940 年遭受空袭,发生火灾。在救火时,馆内于 1793 年保存的一种植物种子被水浸湿,竟然发了芽。也就是说,这些种子的生命力保持了 111 年。

有人说,110 年算什么,有些植物能活几百、上千年呢。可是,要知道,种子是植物的胚胎形式。在胚胎阶段待了这么长时间,还不算奇事吗?

更奇的是有一种植物的种子是于 1705 年被收集,却在 237 年后,即 1942 年奇迹般地发了芽。

日本的考古学家在一座古墓中发现了一批于四千年前保存的种子。他们将种子装在一个维尼龙袋子中,经过日晒,这些一直沉睡的种子竟然醒了过来。

1952 年,我国在辽宁省新金县泡纯村的古代泥炭层里发现了一批莲子。测定结果表明,这些莲子在土中沉睡了约 853 年至 995 年。科学家将这些古莲子泡在水中,期望它们能够发芽。但许多天过去了,不见动静。后来,按照 1400 年前的农学著作《齐民要术》中介绍的办法,将莲子两端各去掉一至两毫米,并保持湿润和恒温。结果,在第三天,这些古莲子焕发出了青春。

更有甚者,在东北发现的被鉴定为寿命 1 万年的狗尾草的草子,经过培育竟然也开了花,结了果。

此外,朝鲜、美国报道过千年古莲子开花。日本报道过 3000 年前古莲子开花。

种子为什么能在这么长时间后仍然保持生命力呢?

有心的科学家进行了三个实验。

第一个实验是将同样的水稻种子分成两份。一份保存在一般条件下,另一份则在保存的容器内充氮气,并将容器密封。结果,前一份在一年后的发芽率为 70%,后一份在五年后的发芽率仍然保持 99%。

第二个实验是将小麦种子用氯化钙吸湿,使种子含水量降低到 4.3%,然后,保存在常温、无光照、密封的条件下。结果,15 年后,发芽率仍在 80% 以上。

第三个实验是将含水量 9% 的大豆种子分为两份,一份放在 30℃环境下,另一份放在 10℃环境下。结果,前一份在一年后就失去了生命力,后一份则在十年后仍然能发芽。

实验表明,在低温、干燥、缺氧的条件下,种子的代谢过程非常微弱,几乎不消耗营养物质。这样,种子的寿命便可以大大延长。

其实,人们已经把低温应用在了保存动物和人的细胞上。比如,把人和动物的精子或者胚胎放在−196℃的液氮中,便可以长期保存生命力。

八仙过海，各显神通

讲完种子的发芽过程，白杨领着小哥俩和姐弟俩离开试验田，向山坡上爬去。行走中，跳跳猴停了下来，望着满山的松柏树发着呆。

白杨说："小兄弟，走啊，发什么呆呢？"

跳跳猴回过神来，说："这些柏树和松树都是种子生根发芽长出来的吧？"

白杨说："松树和柏树都是种子植物，当然是种子生根发芽生长出来的。"

笨笨熊笑着说："小兄弟怎么会问如此低级的问题呢？"

"别急着嘲笑人。"跳跳猴说，"这座山，原本是没有树木的吧？"

白杨说："在很久以前，应该是没有的吧。"

跳跳猴问："但是，这些松树和柏树的种子是从哪里来的呢？"

白杨说："当然是从其他地方来的呀。"

跳跳猴说："但是，这些种子是如何来到这里的呢？"

白杨沉思了一会，滔滔不绝地讲起了种子的传播方式。

第一种方式是借助风力传播。

有的种子非常轻，可以被风吹到很远的地方。当遇到适宜的条件时，就会安下家来，生根、发芽。比如，寄生植物列当的种子小得像灰尘一样，肉眼都不容易看到。斑叶兰的种子，200万粒才一克重。天鹅绒兰的种子，50万粒才一克重。待霄草的种子不仅很轻，还能分泌出一种黏液，同尘埃粘在一起乘风到处旅行。

蒲公英好像是专门为风而设计的。它的每一根绒毛就像是一把撑开的降落伞，绒毛中的种子就像是跳伞员。蒲公英种子就是乘着这把伞漂游四方、寻觅适合生存的地方的。具有类似结构种子的植物还有大蓟、小蓟、柳树、香蒲、白头翁等。

如果说蒲公英和大蓟、小蓟等是降落伞，榆钱则是滑翔机。在榆钱种子的四周，包着一层薄薄的膜片。靠着这个膜片，榆钱可以借着风力在空中翱翔。具有类似结构种子的植物还有百合和郁金香。木蝴蝶的种子是三面有翅。种子成熟时,木蝴蝶从蒴果中飞出来,远远看去,活像蝴蝶在空中翱翔起舞。

还有一些植物的种子飞不到天上,便借助风力在地面滚动。苏联卡拉库姆沙漠上有一种荞麦柴属的植物,这种植物的种子外面是一层很轻的外壳。有风时,它在沙漠上到处滚动。一旦遇到合适的条件,就扎根生长。美国西部草原上有一种植物,当它成熟时,如遇大风,就会被连根拔起,卷成球形在地上滚动,一边滚,一边将种子散布开来。人们形象地把这种植物叫做滚草。类似滚草这种传播种子方式的植物还有猪毛菜、丝石竹、菾兰、矾松和分叉蓼。

在我国新疆的草原上,有一种针茅草。它的果实上连着一根螺旋形的柄,柄后面拖着一条长长的毛状尾巴。针茅的种子靠着尾巴随风飘荡。待落到地面上时,那条长尾巴完成了历史使命,便脱落下来。在天气潮湿、适合种子发芽的时候,螺旋柄便按逆时针方向旋转,使种子往深处钻,在湿润的土壤中生根和发芽。

一个小小的种子,竟然有这么复杂的机关!

第二种方式是爬行。采取这种方式的植物有风露草和牻牛儿苗。

风露草的种子长着长芒。雨天,长芒向前伸出,把尖端上的小钩扎在土里,将种子固定起来。晴天,长芒卷曲。由于长芒尖端的钩已经固定在土中,就使得种子向前爬行一步,就像蠕虫靠身体的一曲一直前行一样。

牻牛儿苗的种子一端长有长芒,另一端生有一些小钩子。雨天时,长芒伸直,种子靠长芒伸直的推力向前推进一步,另一端的钩子则扎进土里,抓牢地面。天气干燥时,长芒卷成螺旋形,蓄势待发,准备在再次下雨时将种子推进。

风露草和牻牛儿苗就是靠了这种缓慢的爬行,寻找适合自己生长的土壤。

求生存真不易啊!

靠慢慢爬行太艰难了,好多种子发现了一种省力的方式——搭便车。

生物学家达尔文的研究发现,鸟的脚上黏附的泥土是一个种子仓库。他将石鸡腿上带着的一块泥土保存了三年。然后,将这块泥土浸湿,竟然长出了82株植物。

有些植物的种子,如蒺藜、苍耳以及鬼针草等,带着钩或刺。当动物或人接近时,它们就紧紧地黏附在动物的皮毛上或人的衣服上,由动物或人充当它们的传播者。

在现代,人们的活动范围很大,轮船、飞机、火车成了常用的交通工具。这样,这些植物的种子就随着人,或漂洋过海,或远走高飞,进行远距离的传播。

第四种，恐怕许多人不容易想得到，是通过鸟类的消化道来传播。

鸟儿将喜爱的果实吞下，果肉被消化吸收，坚硬的种子却从消化道旅行一趟后随着粪便排了出来。由于鸟类的活动范围很大，种子就广泛地散布开来。达尔文对一种鸟的粪便进行研究发现，其中竟然有 12 种植物的种子。观察结果表明，白头翁鸟粪便常常传播悬钩子，乌鸦的粪便常常传播樱桃核。

鸟类通过粪便传播种子，还有一则故事呢。

1905 年，荷兰人占领了摩鹿加群岛。这个岛上生产能够制造名贵香料的豆蔻。为了垄断豆蔻的生产，荷兰当局颁布禁令严禁豆蔻种子或幼苗外传。但是，在禁令颁布后不久，附近其他岛屿上也长出了豆蔻。当局认为是当地人把豆蔻种子偷运了出去，便对嫌疑者进行毒打，甚至残杀。后来人们才弄明白，违反禁令的不是荷兰人，而是犀鸟和食火鸡。它们在荷兰吃了豆蔻的果实，把屎拉到了其他岛屿上。结果，鸟粪里的种子变成了蓬蓬勃勃的豆蔻。

鸟儿干的事，却将罪名栽到了老百姓身上，冤枉啊！

在上面的故事里，鸟是凶手。但是，有些时候，它们却是救世英雄。

有些植物的种子，如苋菜、荨麻，在自然状态下不容易发芽，只有在经过动物胃肠液的浸泡后才容易生长成新的植株。

第五种方式是航海。海边生长着好多椰子树。椰子果壳表面是一层不透水的外果皮，可以防止海水进入椰子内；中果皮是充满空气的纤维组织，可以使椰子浮在海水表面不沉下去。海边椰子树的椰子成熟后，扑通一声落进海水中，随着海水到处漂浮。当椰子被海水冲上海岸时，便在那里生根发芽。因此，海边椰子树的家族便越来越人丁兴旺。

美国佛罗里达半岛原来是没有椰子树的。1878 年，半岛近海一艘载有许多椰子的船失事，船上大量椰子落水后被海浪冲上海滩。结果，在那里形成了一片椰子林。

睡莲生在水中，它的果实里面含有许多种子，每粒种子外面包着一个气囊。由于气囊的缘故，睡莲的果实在脱离母株后，总是漂在水面上，好像穿着一个救生衣。靠了这身救生衣，它们随波逐流，到处流浪。随着在水面上漂浮时间的延长，气囊里的空气慢慢减少，种子就逐渐下沉。当钻到水底的泥土中后，便在那里孕育新的生命。

不仅水生植物以水为媒来传播种子或树苗，有些陆地上生长的植物，其种子也可以从水路而来。据统计,能够漂洋过海传播种子的植物有 100 多种,而经江河湖泊的水流传播种子的植物就更多了。

第六种方式是弹射。

带豆荚的豆科植物在成熟时,豆荚会裂开,里面的种子便乘机跳出来。除豆科植物外,油菜、芝麻以及美洲一种热带的沼泽木樨草等也是以这种方式传播种子的。木樨草在果实成熟时的爆裂声很响,像手枪的射击声,射程可以达到 14 米。

最后,白杨说:"第七种方式是喷射。我听说,喷瓜的喷射过程是很有趣的。"

"有趣到什么程度呢?"听白杨说有趣,跳跳猴好奇地问。

"喷瓜生长在非洲和欧洲,你们去看看吧。"白杨看着跳跳猴和笨笨熊说。

得了白杨的允准,跳跳猴和笨笨熊踏着一片白云,飘摇直上,飞上天空。不一会,便来到非洲北部。

站定在地上后,跳跳猴看见面前有一株植物,上面结着几个瓜。跳跳猴想,这大概就是喷瓜吧。他觉得好奇,便上去用手摸了一下。出乎意料,这瓜就像打连珠炮一样喷射出来东西,跳跳猴抱头逃窜,一口气跑出好远。

跳跳猴站定了,发现笨笨熊望着他的面部笑得弯腰捧腹。他用手一摸,黏乎乎的,再看身上,全身斑斑点点,都是喷瓜喷射出来的东西。

领教过了喷瓜,小哥俩驾云回到了白杨的身边。

白杨问:"看到喷瓜了吗?"

跳跳猴说:"不仅看到了,还亲身体验了一下呢。"

于是,笨笨熊将跳跳猴的体验过程绘声绘色地讲了一遍。白杨和张蕊姐弟俩笑得前仰后合。

为了传宗接代,这些种子有的在天上飞,有的在地上滚,有的漂洋过海,有的投机取巧搭顺车,有的甚至使出绝招——钻到鸟儿的肚子里。真可谓是八仙过海,各显神通。

植物还会生娃娃？

笑罢，白杨领着大家继续前行。大约一个时辰后，一行五人翻过一个山坡，来到了海边。从这里，可以看到烟波浩渺的大海，也可以看到海边的红树林。

在海边的一块巨石上坐下后，跳跳猴便在海面上搜索前几天看过的呼吸根。突然，他发现树上有什么东西不断地掉在海水里。

他指着海面上，说："看，好像有东西从树上往下掉。"

白杨说："我们今天来这里，就是来看这个的。"

跳跳猴问："那掉下去的东西是什么呢？"

白杨说："树苗。"

"树苗？"树苗不是从土里长出来，而是从树上掉下来，跳跳猴感到不可思议。

"没错，树苗。红树林是靠传播树苗来实现繁殖的。"白杨说得很肯定。

"这么说，植物还会生娃娃？"跳跳猴颇感诧异。

"是的。红树林是一种胎生植物。"白杨一字一顿地说。

听了白杨的话，小哥俩和姐弟俩都目瞪口呆。

白杨笑了笑，说："大家想一下。红树林生长在海边的浅水中，如果采取松树、柏树那样的繁殖方式，种子一落到海水中，立即就会被海浪冲走。这样，不是要断子绝孙吗？

"把种子撒下去不成，红树林的种子便在母株上长出幼苗。幼苗从树上落入海水中后，可以随海水漂泊，并很长时间不会死亡。一旦被海水冲到浅海滩，就争分夺秒，在几个小时之内长出根来。"

张浩和张蕊异口同声地说："真奇妙！"

笨笨熊接着说："还有一种特殊的胎生方式。"

白杨看着笨笨熊。她想，自己已经说过红树林的胎生，笨笨熊说的胎生是指什么呢?

笨笨熊说:"除红树林外,佛手瓜也可以算是一种胎生植物。不过,佛手瓜的胎生与红树林不同。"

"有什么不同呢?"跳跳猴好奇地问。

笨笨熊说:"佛手瓜里只有一颗种子。悬挂在藤蔓上的成熟佛手瓜种子能在瓜内长出幼苗。"

跳跳猴问:"把种子种在土里不能长出幼苗吗?"

笨笨熊说:"不行。在早期,佛手的幼苗必须得到瓜的果肉的营养才能正常生长。如果把种子和早期幼苗过早地从瓜里取出,由于脱离了果肉的保护和水分、养料的供应,种子或幼苗就会干死或烂掉。因此,人们在种植佛手瓜时,必须把整个瓜埋进土里。因为佛手瓜的种子在母体内发芽、生长,人们将它称为胎生植物。"

张浩说:"这可真是种瓜得瓜呀。"

笨笨熊说:"是的,这是真正的种瓜得瓜。实际上,与红树林的胎生方式一样,佛手瓜的胎生也是适应环境的结果。

"佛手瓜的原产地分旱季与雨季,其种子正好成熟于干旱季节。如果在这个时候把佛手瓜的种子种在土里,肯定不能活命。大概那种子意识到了这个问题,便闭门不出。看到下雨了,已经在瓜内长出幼苗的种子便瞅准机会,连同果实一起跳到地上。接着,佛手瓜的幼苗就抓紧时间把根扎进土中,安下家来。"

白桦回来了

这时,太阳隐在了西边山头上搭着木房子的大树后。白杨抬头看了看西下的夕阳,说:"这几天,我们游览了整个白桦寨,还介绍了植物的根、茎、叶、花、果。在植物的这五个部分中,根负责吸收水分和养料,相当于采购供应部门;茎负责运输根吸收的物质,相当于运输部门;叶子进行光合作用,合成有机物和氧气,相当于生产车间。根、茎和叶形成了一个生产线。花和果呢? 则负责传宗接代,使植物生生不息。你们看,每一株植物,都是一个有生命的生产线。"

正说着,隐隐传来了"白桦回来了!"的声音。循着声音望去,原来是白松站在木房子上冲着他们在喊。

白杨站了起来,说:"噢,白桦回来了,我们也应该回去了。"

盼望已久的白桦终于回来了,跳跳猴和笨笨熊兴奋异常。他们立即站了起来,跟着白杨和姐弟俩走下海滩边的巨石,爬上山坡。

山坡很陡,又没有路,跳跳猴不时伸出手来拉白杨一把。不知怎么,在白桦寨相处的这些日子里,白杨对跳跳猴生出了一种模模糊糊的好感。在跳跳猴伸出手来拉她时,感到好像一股电流通过了全身。马上就要与跳跳猴、笨笨熊分别了,她心里有一种酸溜溜的感觉。

在爬上一段陡坡后,她从跳跳猴的手掌里抽出手,说:"你们要去旅行了,在外面看到什么新鲜的事情能够写信回来告诉我吗?"

说话的时候,白杨的眼里闪着泪花。

跳跳猴说:"一定能,一定能。"

看到白杨对跳跳猴依依不舍的样子,笨笨熊会意地笑了。

桃园三结义

太阳完全沉下去了，海平面上一抹铅灰色。海浪从远处汹涌地冲过来，撞到岸边的巨石上，溅起好高的浪花，伴着"哗"的一声叹息，退了下去。接着，更大的海浪又前赴后继地冲了过来，好像在大海里待久了，没有新鲜感，想去外面看世界。

跳跳猴、笨笨熊、白杨和张蕊姐弟俩离开海岸，急急地爬上岸边的山坡。待翻过山包后，他们分道扬镳，白杨和张蕊姐弟俩慢慢地向东走去，跳跳猴和笨笨熊顺着西边的山道一路小跑冲下了山坡。

几个农夫赶着戴铃铛的耕牛叮咚叮咚地在前面慢悠悠地向村里走去。看到两个人急急忙忙往寨子里跑，一个农夫大声问道："跳跳猴，跑什么？"

跳跳猴头也不回地回答："白桦回来了。"

当两个人来到位于村口的客堂时，看见院子里站着白松和一个年轻人。

这时，白松快步迎了上来，对跳跳猴和笨笨熊说："白桦回来了。"

跳跳猴问道："在哪里？"

白松指着房门口的年轻人说："那位便是啊。"

跳跳猴和笨笨熊立即奔了过去，将白桦拥抱了起来，好像好长时间没有见面的老朋友。

良久，跳跳猴和笨笨熊将白桦松了开来。这时，他们才认真地审视对方。只见那白桦大约二十一二岁，穿一件无袖汗衫，一个典型农村小伙子的打扮。

跳跳猴说："可把你给盼回来了。"

笨笨熊说："接下来，要你领着我们旅行呢。"

白桦说："我知道。所以，才急着赶回来的。"

白松要到山顶上的树屋值班，先走了。跳跳猴、笨笨熊和白桦回到了屋内。他们一见如故，兴致勃勃地打开了话匣。

笨笨熊告诉白桦,他们在生物博物馆聆听了智者论道和关于生物分类的讲座。得知一队外星人来到地球进行生物考察后,为了掌握地球生物的家底,智者派出几支生物旅行小分队对地球生物进行抢救性调查和研究,他们就是其中的一支。按照安排,从今天开始,要沿着路线图了解有关植物的各种知识,接下来还要去考察动物。最后,要去生物研究院的各个研究所参观学习,在那里,还可以再次见到智者。他们还向白桦说起了和外星人的遭遇。

白桦早就听说过生物研究院,久仰知识渊博的智者。听了笨笨熊的话,他兴奋地说:"太好了,我做梦也想着能去一趟生物研究院,盼望着能见上智者一面。本来,按照安排,我的任务是领着你们考察植物。得知两位要去生物研究院,我便和你们一起走到底了。"

跳跳猴高兴得跳了起来,说:"你能和我们一直在一起,太棒了。"

白桦沉吟了一下,说:"不过,植物考察的路线就是唐僧当年取经所经过的路线,路途异常凶险。"

听了白桦的话,笨笨熊已自心虚了几分。虽然没有读过《西游记》,但是,他知道,为了取经,唐僧一行经历了九九八十一难。如今,就白桦、跳跳猴和自己,能闯过那许多险境吗?

跳跳猴全然没有理会路途会遇到什么艰难。他与白桦越说越投机,大有相见恨晚的感觉。不知不觉,东面的山顶露出熹微晨曦。

跳跳猴看着窗外的桃园,说:"当年,刘备、关羽、张飞在张飞庄后的桃园里结为兄弟。三人同心协力,匡扶汉室,留了千古英名。这茅草屋后也有一桃园,花开正盛。我们何不仿刘、关、张,到园中祭告天地,结为弟兄,一起完成这一使命呢?"

听了跳跳猴的提议,白桦和笨笨熊欣然同意。接着,三个人来到客房后面的桃园,焚起香,对着刚刚从山顶露出的太阳,举行结拜仪式。

跳跳猴领誓:"太阳作证,从此时起,我们三人结为兄弟。为兄弟者,诚义为根本,一同度苦难,做事有始终。"

白桦和笨笨熊跟着跳跳猴庄严地复述了一遍誓言。

誓毕,按照年龄大小拜白桦为兄,笨笨熊为二弟,跳跳猴为三弟。他们约定,三人要同甘苦,共患难,生死与共,完成植物旅行和动物旅行,到生物研究院向智者汇报生物旅行的成果。

回到屋内,白桦说:"趁着凉快,我们早点出发吧。"

要跟着白桦循着《西游记》的路线旅行了,跳跳猴和笨笨熊都非常兴奋。

出发前,白桦说:"拿来路线图,我看一眼。"

跳跳猴从行囊中将路线图拿出来。白桦接过图,瞥了一眼,脸上现出惊讶的表情,说:"你们怎么拿一份假的路线图呢?"

跳跳猴大惊,问:"什么?"

白桦重复了一次:"这份路线图是假的。"

跳跳猴问:"何出此言?"

白桦说:"智者派来的植物考察队,我不知接待了多少个;这考察植物的路线,我不知道走了多少次。我一看便知道,这张路线图是南辕北辙。"

听了白桦的话,跳跳猴和笨笨熊都明白了,外星人将真的路线图留了下来,却把一张改过的图给了他们。他们受骗了。

笨笨熊一下跌坐在地下,跳跳猴又自责了起来。因为自己满不在乎,在露营时丢了路线图。千辛万苦捉了外星人,却又不辨真伪,受了那外星人的骗。有白桦领路,植物考察这一段还不成问题。但是,往后考察动物呢?想到这些,跳跳猴低下了脑袋,一副颓然的样子。

看到跳跳猴和笨笨熊灰心丧气的模样,白桦宽慰他们说:"别担心,我保证,即使没有路线图,眼下考察植物的旅行是不成问题的。"

事已至此,说什么也没有用了,只能走一步算一步了。

白桦背了采集植物标本用的背篓,跳跳猴和笨笨熊默默地整理了行囊,准备出发。

这时,白松和白杨赶来送白桦一行三人。

白松给跳跳猴和笨笨熊的手腕上分别戴上一串串珠。他说:"这是白桦木做的串珠,是访问白桦寨的纪念。"

白杨给每人送了一个军用水壶,然后,对跳跳猴说:"记得你的承诺吗?"

跳跳猴说:"记得。路上有什么有趣的事情,我会告诉你的。"

白杨含笑点了点头。

窗外听客

　　辞别了白松和白杨后,白桦便带着跳跳猴和笨笨熊向西走去。路上,大家老听见旁边的青纱帐里隐隐约约有窸窸窣窣的声响。但是,由于只顾说话,谁也没有特别在意。当他们来到河边的一个山坳口时,路边玉米地里的响声更大了,接着,从地里钻出来一个小伙子,年龄约莫十四五岁,穿着一身牛仔服。

　　白桦停下脚步,问:"你是谁?"

　　小伙子喘着气说:"我叫李瑞。"

　　跳跳猴盯着李瑞看了好一阵,他隐隐觉得眼前的人似曾相识,说话的声音也好像有点熟悉。但是,究竟在什么地方见过,却怎么也想不起来。他警惕地问:"你为什么老跟着我们?"

　　李瑞说:"我要和你们一起旅行。"

　　"你知道我们要去哪里?"白桦试探对方。

　　李瑞说:"我知道你们要顺着《西游记》的路线去考察植物。"

　　"你是怎么知道的?"笨笨熊一脸严肃地问。还没有走出白桦寨,便有人知道了行程,他感到事情非常严重。

　　看到跳跳猴和笨笨熊对自己颇为戒备,李瑞笑了笑,说:"诸位听我们慢慢说。"

　　接着,他便一五一十地讲了起来。

　　原来,他是一个初中二年级学生。自从生物学开课以来,他就期望与别人一起到野外去考察形形色色的植物,去见识千奇百怪的动物。但两年过去了,一直没有找到以生物旅行为目的的驴友。多方打听,得知白桦寨是每个生物旅行团的必经之地,便晓行夜宿赶了过来。但是,白桦寨通往外界的铁索桥拆去了桥板,寨子周围又是湍流滚滚的护寨河。幸亏他自由生长在长江边,练得一身好水性,方顺着水流方向斜刺里泅到河对岸。昨天来到白桦寨时,已是傍晚时分,他想在客堂找个房间暂

如影随形的外星人

且住下,第二天再作计议。就在来到客堂窗外时,他听到了白桦、跳跳猴和笨笨熊兴高采烈地谈话。驻足听了一会,很有意思,便蹲在窗外的墙根下听了整整一夜。今天早上,他又躲在桃树丛中目睹了白桦、跳跳猴和笨笨熊三人的结拜仪式。本想在白桦等结拜时加入进去,但是又怕遭到拒绝。当白桦一行出发时,他便钻进青纱帐,一路尾随了过来,盘算着在路上入伙。

听了李瑞的讲述,白桦缓缓地说:"和我们去旅行要经历许多艰难,你能行吗?"

看到白桦有通融的意思,李瑞高兴地大声说:"再苦再难我也不怕!"

白桦望着跳跳猴和笨笨熊,征求他们的意见。小哥俩轻轻地点了点头。

看到跳跳猴和笨笨熊已经默许,白桦拍了拍李瑞的肩膀,说:"小伙子,我们上路吧。"

花果山

　　白桦领着大家走到山坳尽头，只见在如刀削斧砍般的峭壁上爬满了藤条和浓密的枝叶。跳跳猴想，不是要出白桦寨吗？怎么走到了死胡同呢？

　　这时，白桦将岩石上的藤条拔了开来，露出了一个黑黢黢的洞口。他打开手电筒，回过头来对大家说："这是一个穿越河底的隧道，大家跟着我走。"

　　隧道很窄，只能容得下一个人，白桦领着大家行了大约半个时辰，穿过地下隧道，出了白桦寨。

　　行了些时日，一行四人来到花果山。

　　上得山来，只见奇花异草，修竹乔松。看到山里的景象，跳跳猴有一种似曾相识的感觉。使劲想了一阵，噢！原来，这便是自己的出生地。

　　来到山腰，但闻耳边如风雨般声响。循声望去，只见一挂瀑布从树丛中飞泻而下。飞瀑在途中的杂树和岩石上飞珠溅玉，成为微细的水滴，经阳光照射，现出一道彩虹。彩虹上方，云雾缭绕，将那飞瀑的源头遮了去，恰似那飞瀑是银河决口，从天而降。

　　跳跳猴仰头观赏良久，脖子酸了，低下头来，只见在眼前的瀑布后隐约有一个山洞。他退后几步，一发力，将身一纵，穿过了飞瀑，径直跳入山洞口。

　　他站在洞口向里张望了一下，回过头来向大家招了招手，说："弟兄们，跳过来，这里别有一番天地呢。"

　　听了跳跳猴的召唤，白桦、笨笨熊和李瑞也跟着钻了进去。

　　进得洞来，只见里面石床、石凳、石桌……应有尽有，俨然一个居家的摆设。穿过石洞，前面是一座铁板桥。上得桥来，只见正中有一石碣，碣上镌一行楷书大字：花果山福地，水帘洞洞天。从桥上仰头望去，见山上葱茏树木间，大小猿猴腾挪跳跃，好不热闹。

这时,几只猴子围到了跳跳猴的周围,不时仰起脑袋望着他。

"这猴子怎么就只和跳跳猴套近乎呢?"白桦感到很奇怪。

笨笨熊说:"不奇怪,他和猴子是近亲呢。"

白桦说:"开玩笑。"

笨笨熊一本正经地说:"不是开玩笑。我们的跳跳猴兄弟,是当年孕育了孙悟空的仙石变成的。说起来,应该是孙猴子的弟弟呢。"

白桦说:"更离谱了。"

说这话时,白桦两眼看着跳跳猴。

跳跳猴点了点头,说:"是真的。这花果山,本来是我的出生地。"

李瑞兴奋地说:"真是这样吗?有孙悟空的弟弟,我们还怕《西游记》路上的艰难和险阻吗?"

跳跳猴说:"本人只是那石头仙胞中的一块碎石,哪能和孙悟空相比呢?这一路上,还要仰仗白桦大哥带领,靠我们四人互相照顾了。"

在树林中不用担心饿肚子

离开花果山后大约两个时辰，一行人来到了一座长满了松柏树的大山里。

好长时间没有吃东西了，笨笨熊肚子叽里咕噜直叫唤，他坐在路旁的一块石头上，说："肚子饿了，找个饭店吃点东西吧。"

白桦说："找个饭店？在深山老林能找到饭店吗？"

笨笨熊问："那怎么办呢？"

白桦说："在树林里不用担心饿肚子。"

李瑞看了看漫山遍野的松柏树，对白桦说："这里没有一户人家，怎么能找到吃的呢？"

白桦说："敢——敢和我打赌吗？"

李瑞不假思索地说："有何不敢？"

白桦说："赌——赌什么？"

原来，白桦在着急的时候说话有点结巴，尤其在说到"狗"字时结巴得更厉害。不过，很奇怪，只要一讲到生物学的知识，他却是口若悬河。

笨笨熊说："我有一个主意。如果白桦大哥找到吃的，这位小兄弟不要吃就是了。"

李瑞说："行。但是，如果白桦大哥找不到吃的呢？"

白桦说："绝——绝无这种可能。"

接着，他朝大家一挥手，说："跟我来。"

白桦领着大家在山上绕来绕去，来到了一个天然山洞里。他爬上位于洞壁上方的一个侧洞，噼里啪啦地拨拉下一堆东西。仔细看，有核桃、干枣、栗子，还有松塔。

白桦从上面跳了下来，对李瑞说："小兄弟，怎么样？输了吧？"

李瑞微笑着点了点头。

笨笨熊问白桦:"老兄,这里怎么会储藏着这么多干果呢?"

白桦告诉大家,每年秋天,他都要来山里采摘枣、栗子等能吃的东西,储存在这个山洞里。每次带着人旅行经过这座山时,都要来这个山洞用餐。

接着,白桦、跳跳猴和笨笨熊席地而坐,有滋有味地吃了起来。李瑞呢?站在洞口,望着洞外的绵延山脉。

白桦大声说:"喂,小兄弟,来吃东西啊!"

李瑞说:"刚才打过赌,说好不吃的。"

说话时,他头也不回。

笨笨熊说:"那是开玩笑,何必认真呢?"

李瑞摇了摇头,没有说话。

跳跳猴低声对笨笨熊和白桦说:"想不到,这李瑞还一言九鼎。"

说完,跳跳猴故意把吃东西的声音弄得很响。李瑞听见大家吃东西的声音,肚子叽里咕噜叫得更厉害了。白桦把几把干枣和栗子装在一个小口袋里,又把小口袋放在了他的背篓里,接着,朝着李瑞的背影努了努嘴。跳跳猴和笨笨熊会意地笑了笑。

白桦一边吃,一边说:"除粮食作物外,许多树木也可以为人类提供食物。就说我们眼前的松树,它的松子就是美味。我们吃的大枣,维生素 C 含量比柑橘高约 8 倍,比桃子高约 80 倍。入药,还可以补脾益气,养血安神。

"栗子除了含脂肪、蛋白质外,还含有大量淀粉,可以代替粮食。西安半坡村的史前文化遗址中有大量栗子和榛子,说明早在 6000 年前栗子和榛子就被人类利用了。据史书记载,在晋朝的战役中,军队曾经靠采集山中的栗子来解决缺粮的问题。

"在菲律宾、印度尼西亚等东南亚国家的岛屿上生长着一种米树。这种树的树干中富含淀粉,简直就是一个米袋子。奇怪的是,这种树在开花后就自然死亡。当地人一般在开花前将树砍倒,劈成两半,然后将树干中心部分刮出。有时,一棵树可刮出 100 多公斤富含淀粉的树心。将刮出的东西浸在水中,可以把淀粉加工成如大米粒大小的颗粒,人称西谷米。用这种西谷米做饭,如普通米饭那样香软。研究表明,这种米含的蛋白质、脂肪、碳水化合物等营养成分一点不比大米差。

"南非有一种树的果实呈长条形,最长的可以达到两米。把这种果实煮着吃,就像面条一样。因此,人们把这种树叫做面条树。

"我国长白山地区有一种树,它的表面有一层雪白的盐霜,可以直接当精盐食用。因此，人们把这种树叫做木盐树。

"云南有一种树，用这种树的树叶烹调出来的菜肴，味道非常鲜美。因此，当地人把这种树叫做味精树。

"还是在云南，有一种四季常青的树。这种树能长出白菜来，将原来的白菜砍掉，下面还能长出下一代。人们把这种树叫做白菜树。

"在西双版纳和海南岛，有一种树。这种树的果实富含脂肪，一棵树上结的果实榨出的油可以够一个普通家庭一年食用。因为用这种果实的油炒出的菜味道和猪油差不多，人们把这种树叫做猪油树。

"你们看，树林中有'大米'，有'面条'，有'食盐'，有'味精'，有'白菜'，有'猪油'，不是可以做一顿丰盛的饭菜吗？"

白桦说得滔滔不绝，没有半点结巴。

听了白桦的讲述，跳跳猴和笨笨熊连连点头。李瑞被白桦的精神会餐引逗得直流口水。

其实，树木为人类提供的食品远远不止白桦讲的那些。

柬埔寨有一种糖棕树，属于棕榈科。在糖棕树的花梗上划开一个口子，在口子下挂一个竹桶，糖就会从伤口处源源不断地流到竹桶里。这种糖液可以直接饮用，也可熬制砂糖，还可酿成美酒。

在格鲁吉亚地区，有一种糖树，其果实的含糖量达47%。秋天果实成熟时，用力摇晃树干，这些糖块就会从树上簌簌落下。

糖枫树的树干中含有大量的淀粉。到了寒冷的冬季，淀粉就摇身一变成为蔗糖。这样，可以提高御寒的能力。次年春天，气温增高，树根吸收的水分增加，蔗糖会变成含糖树液。这时在树干上钻孔，糖液就会从孔洞中流出来，用这种树汁可以熬制出枫糖。糖枫的树液中含糖量一般在3%到5%，有的甚至可以达到10%。由于糖枫树在种植后可以连年受益，被称为铁杆甘蔗。枫糖中含蔗糖约85%，其余是果糖、葡萄糖以及另外一些具有香味的物质，具有很高的营养价值。用枫糖制作出的糕点及糖块，甜度适宜，又清香可口。

每年，加拿大生产枫糖约32000多吨，是一笔可观的财富。因此，每年3月的采糖季节，加拿大人都要载歌载舞，举行各种庆祝活动，欢度他们传统的糖枫节。我国的国旗上有五颗星，象征各民族团结在中央政府周围。美国的国旗由星条组成，每一条代表着一个州。加拿大国旗呢？上面的图案是枫树叶。把枫树叶画在国旗上，足见糖枫树在加拿大人心目中的地位。

在亚马孙河一带,有一种牛奶树。将这种树的树皮划破,就会流出一种白色的液体。这种液体不仅外观和味道与牛奶相似,而且成分也与牛奶差不多。

在希腊的森林里有一种树,名字叫做"马德道其菜",当地语言是"喂奶树"的意思。在这种树的树干上,每隔几十厘米就生长着一个突起,越靠近树的基部,这种突起越多,当地人把这种突起叫做奶苞。为什么把树上的突起叫做奶苞呢? 因为每个突起都会流出一种成分类似羊奶的液体。当地的牧羊人经常把小羊羔放在喂奶树旁,让小羊羔从奶苞吃"羊奶"。

在墨西哥,有一种高大的棕榈树,其树汁的味道很像是葡萄酒。

在生长在非洲罗得西亚恰希河岸的休洛树上切一个切口, 便从切口处流出可以用来佐餐的酒。

在生长在坦桑尼亚蒙古拉大森林中的酒竹尖端削一个口子,插到瓶子中,不长时间就会灌满一瓶子酒。经测试,这种竹酒的酒精度达到了 30 度,不仅可以作为佐餐佳品,而且还有解暑清心、强身健胃的功效。

如影随形的外星人

五行山

吃饱肚子后，白桦领着大家离开山洞，向山下走去。下到山脚时，他从背篓里拿出装了干枣和栗子的小口袋，递给李瑞。李瑞瞅了一眼袋子里的干果，使劲咽了一口唾沫，将白桦的手挡了回去。

笨笨熊笑着说："刚才是在山上打的赌，下到山下就作废了。"

听了笨笨熊的话，李瑞灿烂地笑了笑，接过口袋，迫不及待地大嚼大咽起来。

又行约莫半日，远远望见一座大山。抬头看去，这大山高接青霄，崔嵬险峻，山腰上平展展一块巨石上写着：五行山。走近前去，只见山底有一个窟窿。窟窿周围，是一堆碎石。

白桦站在窟窿前面，说："这里，就是当年如来佛镇压孙悟空的地方。"

笨笨熊问："孙悟空怎么会被压在五行山下呢？"

白桦看了看跳跳猴，笑着说："这个，跳跳猴应该很清楚。"

跳跳猴笑了笑，说："略知一二吧。"

接着，他讲起了孙悟空被压五行山的故事。

很久以前，傲来国花果山上有一块仙石。忽一日，这仙石里蹦出一个猴子。这猴子，先是在花果山占山称王，名曰"美猴王"。后来，在灵台方寸山跟菩提祖师学了七十二变和筋斗云等法术，得了孙悟空这一法名。

这孙悟空，进得水里，把龙王吓得战战兢兢；下到地府，将森罗殿的生死簿改了个一塌糊涂。龙王一纸诉状，将孙悟空告到了灵霄殿。为了避免孙悟空再惹是生非，玉皇大帝将孙悟空收伏到上界，封了他个弼马温的官衔。

弼马温虽说是个官，实际上只是一个喂马的角色。孙悟空心里不满，在天宫里撒起泼来。他偷吃了蟠桃园的蟠桃，偷喝了蟠桃会的御酒，盗了太上老君的仙丹。众天兵把孙悟空捉了，投入太上老君的八卦炉里，要把他焚为灰烬。七七四十九天后，太上老君打开八卦炉。奇怪,孙悟空不仅没有被烧死,反倒炼出一双火眼金睛,铜头铁臂。

那孙悟空出得八卦炉,舞起金箍棒,把天宫打了个稀巴烂,众多天兵天将都拿他无可奈何。最后,如来佛施了法术,将孙悟空收到掌心中。

如来问悟空为何这等暴横,悟空只说要夺玉皇大帝的龙位。如来问悟空有何资本与玉帝争位,悟空便说他会驾筋斗云,一纵十万八千里。他以为,这便是了不起的本事。如来和悟空打赌,如果能一筋斗翻出如来的掌心,便将天宫让给他;如果不能翻出如来的掌心,便返回下界,再修炼几劫。

孙悟空心中暗喜,我老孙一个筋斗十万八千里,他那手掌,方圆不满一尺,如何便翻不出去?于是他便风车一般翻起了筋斗。翻了许久,站稳脚跟一看,面前有五根红柱子。悟空心想,这大概是天之尽头了,需在这里留下些记号,好和如来佛对证。他拔下一根毫毛,变做一管浓墨双毫笔,在那柱子上写下"齐天大圣,到此一游"几个大字。大概是出于猴子的本能,写完之后,又在柱子下面撒了一泡猴尿。

然后,悟空返回如来掌心,大声喊道:"我已去,今来了。你教玉帝让天宫与我。"如来道:"你正好不曾离开我的手掌哩!"悟空道:"我去到天尽头,并在五根肉红柱下留了记号,你敢和我同去看吗?"如来道:"不消去,你自低头看看。"悟空低头看时,只见佛祖手指上写着"齐天大圣,到此一游",指间,还有一股猴尿臊气。

原来,那悟空虽一个筋斗十万八千里,也未曾翻出如来的掌心。他写字的柱子,正是如来的指头。看看如来如此法术无边,悟空急纵身又要跳出。佛祖翻掌一扑,把悟空推出西天门外,将五指化作眼前的五行山,将悟空压在山下。怕那猴子神通大,从山底脱出身来,如来又将一个写有符咒的帖子贴在五行山顶的一块四方石上。靠了这帖子,那五行山便生根合缝,将悟空死死地压在下面。可怜那悟空,只露个脑袋在外面呼气吸气,偶尔,将手伸出摇挣摇挣。

后来,唐僧取经路过五行山时,把封山的帖子揭去,才将悟空从山下释放了出来。从此,那悟空一路降妖斩魔,护佑唐僧到西天取得了真经。

故事讲完了,李瑞神秘兮兮地说:"弟兄们,我觉得有点巧合。"

跳跳猴诧异地问:"什么巧合呢?"

李瑞说:"在我们的队伍中,有孙悟空的同族。旅行路线呢?又和当年唐僧取经相同。"

听了李瑞的话,笨笨熊释然地说:"本来,我们也是去取经嘛。"

说完,一行人开心地大笑了起来。

采茶歌

一行人爬到山腰，只见一层层梯田里生长着一簇簇的山茶。树丛中，采茶姑娘背着茶篓一边采茶，一边唱着歌。笨笨熊和跳跳猴还是第一次看到茶树，他们俯下身来，仔细观看茶树上的枝叶。

突然，跳跳猴皱起了眉头，说："山茶树正在结着果，怎么同时有尚未开放的花呢？"

白桦说："山茶树的花芽只能在27℃至29℃时才能形成，并且只能长在当年抽梢的新枝上。因此，山茶树在入秋后才能长出花芽。这时，树上已经挂了果。山茶树首先将营养成分满足果实生长的需要，只有在山茶果成熟后，才将营养成分供应给花蕾。这样，就形成了果实成熟后才满树开花的奇观。"

李瑞说："这叫做……"

他说了半句话，停了下来，故意吊大家的胃口。

跳跳猴急不可耐地追问："叫做什么？"

李瑞微笑着说："抱着孩子谈恋爱。"

听了李瑞的话，大家一齐哈哈大笑起来。闻得笑声，附近的几个采茶姑娘住了采茶，望了过来，好奇地看着这几个不速之客。

白桦继续说："这茶树浑身是宝。用茶果榨的油是食用油中的精品，茶壳可制取栲胶、糠醛、烧碱和活性炭，茶饼是优良的有机肥料。山茶树的木质坚硬，还可以用来制作家具。"

笨笨熊说："还有一种产油大王叫做油棕，和山茶树相似，也很奇怪。"

跳跳猴问："奇怪在什么地方呢？"

笨笨熊介绍说，这种油棕一年到头都在开花结果。在同一株树上，有的地方在开花，有的地方刚形成果实，有的地方却结着硕大的球果。

另外，油棕也有很高的经济价值。它所结的球果含油量可以达到 50% 以上，平均计算，每株树可以产油 100 千克。因此，油棕树被称为世界油王。

油棕树所产的油叫做棕油，含有丰富的维生素 A、E，谷甾醇、磷脂等。长期食用棕油，可以预防动脉硬化。棕油除可以食用外，还可用作医药用油和工业用油。医药方面用来制造药剂和化妆品，工业方面用来制造防锈剂，还可提炼成类似柴油和汽油的燃料油。

除油棕外，橄榄的种子含油量也非常高。从橄榄种子中榨出的油不仅是食用油中之精品，还可用来涂抹皮肤，护肤美容。因此，被称为液态黄金。

值得一提的是，橄榄树除了具有很高的经济价值外，还具有重要的文化价值。

一种树，怎么会有文化价值呢？

相传，自从鸽子衔着橄榄树枝回到诺亚方舟后，给人类带来了和平。因此，橄榄枝便成为希望与和平的象征。伊斯兰教的《古兰经》和基督教《旧约全书》《新约全书》几百次地虔诚地提到橄榄树。这，给橄榄树抹上了一层神秘的宗教色彩。古希伯来法律明文规定，禁止破坏任何正在生长的橄榄树，即使属于敌人的橄榄树也不能破坏。1987 年初，以色列当局计划毁掉它占领地区的一片橄榄树林。结果，一直处于敌对状态的阿拉伯人和犹太人竟然联合起来，一致抗议这种亵渎神灵的动机。结果，以色列当局不得不放弃了原来的计划。

在山茶树丛中逗留一阵，一行三人离开了茶田，继续向山顶爬去。

这时，在他们的身后，飘来了采茶姑娘的采茶歌。

工业原料的宝库

过了五行山,又行了多日,一行四人来到一座大山的山顶。放眼望去,悬崖峭壁,叠岭层峦,好一个险峻去处。不知从什么地方,还传来轰隆隆的响声。

跳跳猴问白桦:"这如雷响声来自何处?"

白桦说:"面前的山,叫做蛇盘山,这如雷般响声,来自脚下的鹰愁涧。"

笨笨熊问:"为何叫做鹰愁涧呢?"

不待白桦回答,跳跳猴便抢先说:"这脚下的涧,水质澄清。从涧上飞过的鹰照见涧里自己的影子,以为是同类,常常俯冲下去,葬送性命者无数。因此,人们将此涧称为鹰愁涧。随唐僧西天取经的白马,就是在这里被收伏的。"

见跳跳猴说得头头是道,白桦奇怪地问:"你怎么知道这些呢?"

跳跳猴说:"我听我父亲给我讲的。"

李瑞问:"你父亲读过《西游记》?"

跳跳猴有点得意地说:"何止读过,他《西游记》、《水浒传》、《三国志》和《红楼梦》都可以背得下来呢。闲来无事时,他便一遍又一遍地给我讲里面的故事。"

笨笨熊问:"鹰愁涧里还有白马?"

跳跳猴说:"这白马本来是一条玉龙,是西海敖闰之子。因纵火烧了殿上明珠,父亲告他忤逆,玉帝将其判为死罪。观音菩萨在玉帝面前求情,才救了他,送他在此,教他等候从此路过的取经人。

"唐僧和悟空路过鹰愁涧时,本来牵着一匹白马,那玉龙不知唐僧和孙悟空便是取经人,窜将出来,将白马吞掉。悟空和那玉龙讨马,玉龙既已将白马吞下,怎能再吐出来?观音菩萨将玉龙唤出,吹了口仙气,将那玉龙变得和吞掉的白马一模一样,并且告诉它,这面前的唐僧,就是它等候多时的取经人。从此,那玉龙变的白马便和悟空一起护送唐僧去西天取经。"

笨笨熊和李瑞在《西游记》电视剧里看到过猪八戒常常牵着一匹白马，听了跳跳猴的故事，才知道原来这白马的前身是一条玉龙。

说着说着，一行人钻进了蛇盘山的树林。

树林里，一些工人在伐木，一些工人在将伐倒的树木往山外运。

白桦问跳跳猴："你知道他们伐了树用来干什么吗？"

跳跳猴不假思索地说："当然是用来盖房子和做家具呗。"

白桦说："不错，树木主要用来建筑和制造家具。但是，除此之外，许多树木还有工业用途。我们把这些植物叫做工业用经济植物。"

接着，白桦摸着身旁的一棵树说："这是一棵乌桕树。知道吗？乌桕树便是一种重要的工业用经济树种。

"首先，它的种子可以用来榨油。这种油，可以用来制造高级喷漆，具有易干、光滑、色泽鲜艳的优点。也可以用来作为机械润滑油、油墨以及蜡纸的原料。还可以用来制造蜡烛、肥皂和化妆品。

"在乌桕的种子表面，有一层蜡质。这种蜡可用来制造蜡纸、护肤脂、固体酒精、高级香料和金属防锈涂料。从里面提取出来的硬脂酸可以制造电影胶片、塑料薄膜。

"与乌桕树类似的还有油桐树。油桐是一种落叶小乔木，分布于我国淮河以南地区。它的种子呈金黄色或黄棕色，含油量达50%到60%。由油桐树榨出的桐油性能稳定，干燥快，比重轻，不导电。优良的喷漆、珐琅油漆、飞机油漆、绝缘油漆都是用桐油来制造的。桐油还可作为药物，用来治疗疥癣疮疖和烫伤。此外，油桐树的树皮可以提取栲胶，果实可以制造活性炭或桐碱，油桐种子榨油后的残渣是很好的有机肥料。"

跳跳猴感慨地说："想不到，它们还有这么多的用途。"

笨笨熊说："还多着呢。比如白松树，它的高度可达30米。由于这种木材质地轻，耐腐蚀，不变形，在帆船时代，人们常用白松来制作桅杆和船。用白松的种子榨出来的油，可用来制造油漆和肥皂。用白松做的火柴秆，燃烧稳定，吹灭后不留余烬。

"樟树全身都有樟脑香气，可提取樟脑和樟油。樟脑和樟油是制造胶片、胶卷、塞璐璐的重要原料，还广泛应用在医药、火药、香料、防腐、防虫蛀等方面。樟木因有防虫作用，是制作盛放衣物箱柜的理想材料。"

一行人一边行路,一边说着话。途中,经常可以看到一簇簇像宝剑一样的绿色叶片。

剑麻

跳跳猴问:"这是什么呢?"

白桦说:"这是剑麻,是一种石蒜科多年生草本。因为它的外形像宝剑,其中的纤维又类似麻,所以得了这个名。剑麻可以用来制造地毯、石膏模型、天花板、绝缘板、高级纸张以及麻袋等,还可以和棉毛混纺成布料。用剑麻纤维制造的缆索不怕海水浸泡。另外,用剑麻加工生产的副产品还有酒精、农药和果胶等。"

又走了一会,笨笨熊接着说:"现在布店出售的布料以及人们穿的衣服有各种各样的颜色和图案,使得我们的生活五彩缤纷。在现代,布料和衣服上的色彩是靠用化学合成的染料印染形成的。但在古代,化学工业还没有出现,人们为了给布料染色,就从大自然中寻找染料。比如,从菘蓝、蓼蓝和墨西哥的蓝檀树里可以提取出蓝色染料;从茜草和巴西木中可以提取出红色染料;从紫草和地衣中可以提取出紫色染料;从古巴的黄檀木中可以提取出黄色染料;从含羞草和金合欢树可以提取出棕色染料;从鞣科植物薯莨中可以提取出深赭色染料……"

白桦说:"总之,好多工业产品是来自于植物。可以说,植物是工业原料的宝库。"

从山顶下来,鹰愁涧横在眼前。看到那滔天的波涛,听到那如雷的水声,笨笨熊不由得筋软力疲。跳跳猴在河岸上跳来跳去,只是觉得刺激,全然没有发愁的样子。

笨笨熊蹙起眉头,向白桦问道:"如何过得这条大河呢?"

白桦没有言语,只是领着大家顺着河岸往前走。来到一棵大树前,他停了下来。

这大树上，有一根青藤垂下，直垂到地面上。

白桦指着那垂下的青藤说："以前，我们每次过河，都是抓着这棵青藤荡过去的。"

说完，他抓了青藤，轻轻一荡，便站在了对岸。李瑞学着白桦的样子，也荡了过去。

看着脚下奔腾咆哮的河流，笨笨熊面露难色。

跳跳猴没有吭气，将笨笨熊搂在怀里。笨笨熊知道，这小弟是要带着自己往河那边荡了。虽然害怕，但知道这鹰愁涧不过不行，便闭了眼睛。

跳跳猴一只手将笨笨熊抱紧，一只手抓了藤条，向后退了几步，使劲一荡，也过了鹰愁涧。

饮料植物的故事

过了鹰愁涧，傍晚时分，一行人来到黑风山山顶。站在山顶极目远眺，万壑争流，千崖竞秀，一派雄伟壮丽景象。

跳跳猴问："黑风山不是有一座观音院吗？"

白桦说："大家跟我来！"

走了五六十步，大家眼前出现一片残垣断壁，在废墟的一个角上孤零零地站着一间房子。

白桦对跳跳猴和笨笨熊说："这就是原来的观音院。当年的观音院层层殿阁，叠叠廊房，很是气派。唐僧一行取经路上到此借宿，被这里的和尚偷了袈裟。为了杀人灭口，那和尚又放火烧观音院。所幸的是，孙悟空发现僧人围着禅堂放火，用辟火罩将禅堂罩住，救了唐僧一行的性命。因此，整个观音院化作废墟，唯独唐僧一行住的禅堂被留了下来。"

然后，白桦指着废墟中的那所房子说："那就是当年唐僧一行住过的禅堂。今晚，我们就住在那里吧。"

说完，他便领了跳跳猴、笨笨熊和李瑞来到了禅堂。

天色渐渐暗了下来，白桦带着大家在禅堂周围找了一些干柴草，铺在房间里的地上。他一边躺下，一边说："弟兄们，早点睡吧！"

听了白桦的话，跳跳猴和笨笨熊也躺了下来，与白桦挤在一起。李瑞远远地离开白桦三个，在靠门口的柴草上躺下。

白桦对李瑞说："晚上有点冷，过来挤在一起啊！"

李瑞笑了笑，躺在原地一动不动。

跳跳猴说："一个人睡在门口，那和尚会先把你抓走的。"

李瑞还是笑了笑，仍然躺在原地一动不动。

笨笨熊没有说话，心里琢磨着：这李瑞，怎么怪怪的呢？

月亮迟迟没有上工，说话间天完全黑了下来。松涛在一阵阵地呜咽着，好像在哭诉着观音院当年的不幸遭遇。大概是没有合适的话题，很长时间，大家谁也不说话。笨笨熊有点害怕，不断地翻身。

跳跳猴看到笨笨熊辗转反侧，便问："折腾什么呢？"

笨笨熊说："不知道为什么，心里有点害怕。"

白桦说："我给你讲个故事吧。"

原来，白桦也没有睡着。

听白桦说要讲故事，笨笨熊高兴了，他连连说："好大哥，好大哥。"

白桦说："建国和建民弟兄两个在村里的小学上学。哥哥建国小名叫狗屁，弟弟建民小名叫狗屎。"

笨笨熊说："怎么叫那么难听的名字呢？"

白桦说："农村人好给小孩起难听的小名，为的是孩子好存活。"

笨笨熊说："噢，原来如此！"

白桦接着说："一天中午放学时，哥哥狗屁因为在课堂上违反纪律被留下来罚站。弟弟狗屎回到家，母亲问：'狗—狗屁怎么没有回来呢？'"

李瑞插话说："这狗屁的母亲是个结巴吗？"

白桦说："不—不是。"

李瑞笑了起来，接着，跳跳猴和笨笨熊也笑了起来。

白桦继续不紧不慢地讲故事："狗屎说：'狗—狗屁上课捣乱，被老师留下来罚站呢。'母亲说：'饭已经做好了，快去和老师说说好话，让把狗—狗屁放了。'狗屎跑到学校，找到老师。那老师正和另外一名同事一起聊天。狗屎对老师说：'老师，我娘说，让你把狗—狗屁放了。'老师不知道建国和建民弟兄俩小名叫狗屎和狗屁，听了狗屎的话，老师丈二和尚摸不着头脑，瞪大眼睛，张大嘴。看到老师不放人，而是朝着他瞪眼睛，狗屎说：'不放狗—狗屁就算了，难道你还要把狗屎吃了。'"

听了跳跳猴的笑话，跳跳猴、笨笨熊和李瑞都哈哈大笑起来，一半笑那故事有趣，一半笑白桦的结巴。

白桦推了推跳跳猴，说："我讲过了，你来讲一个。"

跳跳猴说："我不会讲故事。"

笨笨熊说："前几天，我们曾经到过茶山。茶是风靡全世界的饮料，我来讲一个与饮料有关的故事吧。"

他想通过讲故事排遣心中的恐惧。

跳跳猴、白桦和李瑞异口同声地说："好啊。"

说完，还轻轻地鼓起了掌。

笨笨熊慢悠悠地讲了起来。

咖啡可以被人饮用是偶然发现的。相传，一天晚上，埃塞俄比亚的一个牧羊人发现他放牧的一群山羊蹦蹦跳跳，怎么也不肯进羊栏。他琢磨了半天，但百思不得其解。

第二天，牧羊人发现，这群羊正在吃一种小灌木的叶子。他从羊群里把这小灌木夺了出来，投进正在燃烧的火堆中。忽然，他嗅到一种奇特的香味。仔细一看，树枝上的果实正在燃烧。原来，香味来自于这种灌木的果实。

他好奇地从这种灌木上摘了一颗果实，咀嚼起来，感觉味道很好。之后，他感觉精神倍增，晚上兴奋得怎么也不能入睡。

牧羊人把他的这种体验告诉了他周围的人。消息一传十，十传百。从此，埃塞俄比亚人渐渐开始用咖啡的果实，即咖啡豆，制作饮料。至今，人们饮用咖啡已经有4000多年的历史。

埃塞俄比亚与也门隔红海相望。也门人常常渡过红海去埃塞俄比亚经商，把咖啡作为商品带回国内。从公元6世纪起，也门人开始种植咖啡树，自己生产咖啡。由于生产咖啡能赚大钱，也门政府想垄断咖啡生产，在很长一段时间，规定不得将咖啡种子外传，凡是出售咖啡种子都要用开水煮过。但是，由于其他国家的人也认识到了咖啡的价值。结果，咖啡还是迅速向其他国家传播了开来。

因为咖啡有强烈的兴奋神经作用，开始，伊斯兰教禁止教徒饮用咖啡。但是，由于教徒抵挡不住这种饮料的诱惑，常常偷偷饮用。到15、16世纪，咖啡成为伊斯兰教徒普遍饮用的饮料。

到16世纪，咖啡传到了欧洲。但在一开始，它只是作为药物使用，只能在药房里才能买到。首先把咖啡作为饮料，并且设立咖啡馆、经营咖啡的是君士坦丁堡。后来，又有人在威尼斯开设了咖啡馆。一些神父发现之后，极力反对，并禀告了教皇奇利八世，要求下令禁饮咖啡。但当教皇亲口品尝了咖啡之后，觉得美妙无比，不仅没有禁饮咖啡，还对咖啡进行洗礼，把咖啡列为教徒的饮料之一。然后，英国、法国等也相继开设了咖啡馆。继而，饮用咖啡的习惯传遍了全球。

人们饮用咖啡历史悠久,饮茶的历史更加源远流长。

据传说,把茶作为饮料起源于神农时代。一天,侍从给主人烧开水时,附近茶树上有片叶子落到烧水的锅里。顿时,水的颜色变了。一个侍从尝了这变了色的水,感觉很好。从此,饮茶就慢慢成为人们的习惯。

公元 804 年,唐朝时,日本最澄禅师到我国浙江天台山佛教圣地游学。后来,最澄不仅将佛教带回了日本,创立了日本佛教的天台宗,还带回了茶树种子,种植在延江台麓山。12 世纪时,日本荣西禅师两次来中国留学。他回国时,带了大量茶树种子,种植在佐贺的山上。日本有一种茶道,即沏茶、饮茶的艺术,就是将中国寺院的茶宴的仪式引入日本后形成的。

后来,茶又传到印度尼西亚、印度和波斯等地。16 世纪,茶叶传到了欧洲。在英国,一开始,茶叶是作为一种医治昏迷、虚弱等疾病的药物来使用的。后来,茶叶商人把茶叶赠给英皇。皇宫贵族饮用后感觉很好,便把饮茶作为一种时尚。18 世纪,英国贝尔福公爵夫人觉得午餐和晚餐的间隔时间太长,下午常常和好友在一起喝茶。此后,午后茶就成为英国极为讲究的生活习惯。现在,茶树已经广泛分布于世界各地,饮茶也成为人们普遍的习惯。

咖啡、茶和可可是三大饮料。说了咖啡和茶,不能不说一下可可。

可可是一种棕榈科常绿乔木,可可树的种子经过发酵、洗净、晒干,便成为可可豆。可可豆含有蛋白质、淀粉、脂肪、糖和少量可可碱,营养非常丰富。

可可树的故乡是南美洲。16 世纪,一个西班牙的旅行家在墨西哥发现当地居民喝用可可树的种子、蜂蜜和香草制成的饮料。回国时,他带回去一些可可树的种子。然后,可可树就在地中海沿岸普遍种植开来。

后来,人们主要不是将可可作为饮料,而是将可可豆经过一系列加工,加入各种配料,制成多种牌号的巧克力。巧克力问世不久,就很快传遍了全世界。开始,巧克力的生产工艺只有墨西哥掌握,生产过程直接由朝廷监管,以防止泄密。16 世纪,西班牙骑士列戈在墨西哥旅行时,学到了巧克力的生产工艺,带回了西班牙。后来,西班牙人借生产巧克力而大发横财。受利益的驱使,1900 年,意大利人用重金从西班牙人手里买到了生产工艺及秘方,也开始生产巧克力。接着,英国商人也设法搞到巧克力配方,并加以革新,生产出奶油巧克力。1943 年,瑞士继英国之后成为全世界的巧克力王国。现在,巧克力已经成为人们非常喜爱的食品。一方面,是由于巧克力美味可口;另一方面,是巧克力含有高热量。据说,法国皇帝拿破仑当年每次出征时都要带着巧克力,靠吃巧克力来消除疲劳。

现在,可口可乐走遍了全世界的每一个国家。殊不知,这可口可乐来源于可口和可乐两种热带植物。可口正名为高根,原产于秘鲁热带地区。可乐通常称为可拉,是一种小乔木。可乐的种子中含有可可碱和咖啡碱,用在饮料中有兴奋神经的作用。

笨笨熊讲完了,跳跳猴、白桦和李瑞一个接一个地打起了哈欠。不知不觉,大家和着窗外呜呜的松涛进入了梦乡。

长在地上的油井

早上起来，一行四人继续赶路。

跳跳猴问："近来，媒体老在说石油危机，用植物可以不可以生产石油呢？"

跟着白桦旅行几天后，他觉得植物无所不能。但是，在说这话以后，又觉得这个问题有点太幼稚了。他想，如果能用植物来生产石油，媒体还会讲石油危机吗？

白桦说："石油是一种不可再生的燃料。因此，寻找替代地下石油的能源，成为人类不得不考虑的问题。经过许多年的努力，已经在这方面取得了初步成果。"

跳跳猴惊喜地说："是吗？"

白桦说："菲律宾有一种邦伊伦邦树，这种树的果实可以直接用于燃烧照明。南美洲亚马孙河流域有一种油树，在这种树上钻孔，树液就会从孔中流出来。令人称奇的是，这种树液可以直接用作汽车燃料油。通常每半年可以从树中取一次油，每次每株树可采油几十千克。

"我国海南岛有一种油楠树。将树伐倒或在树干上钻孔，就会流出淡黄色的液体，每次采收量可达 10 到 50 千克。这种液体点火即燃，可以当做柴油来使用。

"在这些发现的基础上，人们便开始对产油植物进行开发。有一种草，叫做黄鼠草。从每公顷野生的黄鼠草中，可以提取出 1000 公斤石油，而从每公顷人工种植的黄鼠草中，可以提取出 6000 公斤石油。美国在加利福尼亚州建立了一个能源林场，专门种植石油树。在石油树上划开一个口子，就会流出可以提取出石油的液体来。"

跳跳猴说："这，简直是长在地上的油井！"

跳跳猴和白桦在对话，笨笨熊却陷入了沉思中。贪婪的人类为了享受现代文明，毫无节制地从地下开采石油，还为了争夺资源频频发动战争。这不仅造成了资源枯竭和地质变化，还使成千上万的人丧失生命。

如果人类真的能大量"种植"出石油来，地球幸甚。但愿地上能长出一口口绿色的油井！

摇钱树

白桦说:"下来,我们去看一看摇钱树。"

"真有摇钱树吗?"跳跳猴好奇地问。

白桦反问:"不信吗?"

跳跳猴说:"大哥的话,哪能不信呢?"

白桦说:"那就跟我走吧。"

说完,他便撒开大步领着大家往前走去。不一会儿,一行四人来到山脚下的一片树林前。

跳跳猴仔细一看,是一片桑树林。他说:"这不是桑树吗?怎么说是摇钱树呢?"

白桦说:"桑树的果实叫做桑葚,吃起来味道甜美,还可以酿酒;树皮可以用来造纸;木材可以用来制作家具和乐器;枝条可以用来编筐。另外,桑葚、桑枝、桑叶以及桑树皮都可以入药。你说,叫它摇钱树,不是名副其实吗?"

跳跳猴先是点点头,然后又摇了摇头,说道:"浑身是宝的树多着呢,为什么偏偏把桑树叫做摇钱树呢?"

白桦笑笑说:"其实,刚才说到的桑树的价值都是次要的。桑树最具有价值的部分是桑叶,可以用来养蚕。用蚕丝制作的丝绸是高级衣料,具有很高的经济价值。在古代,养蚕业在生产活动中占有非常重要的地位。西汉时,有'天下以农桑、耕织为本'的诏书,把养蚕业与农业相提并论,可见蚕桑业在当时经济中的重要性。"

笨笨熊接着说:"关于蚕桑,还有一个故事呢。"

跳跳猴问:"什么故事呢?"

笨笨熊说:"因为蚕桑业在当时对我国有非常重要的价值,早年,中国的朝廷严禁蚕桑技术外传。公元 6 世纪时,东罗马皇帝查士丁尼派来一个传教士。这个传教士在民间打听到种桑养蚕的技术后,将窃取的桑树种子和蚕种藏在竹杖里,带回了罗马。但由于不慎,将蚕种当做桑树种子撒到了地里,空忙一场。这事被正在君士坦丁堡的几个印度僧人知道了。他们再度来中国,终于将桑树种子以及蚕种带回了君士坦丁堡。就这样,种桑养蚕的技术传到了国外。"

白桦补充说:"当时,丝绸如同黄金一样珍贵,可作为货币流通。"

跳跳猴问:"丝绸竟然可以像货币一样流通?"

白桦说:"是的。丝绸又称为帛,古代有财帛和钱帛的说法,也就是说,古人把丝绸当做财富或金钱。

"此外,丝绸在中华文明中还占有非常重要的地位。据考证,在商朝、周朝及战国时期,我国的丝织业就已经达到相当高的水平。汉代张骞出使西域时,给西域诸国的皇室带去了丝绸。这些国家的贵族看到了薄如蝉翼、轻柔美丽的衣料,大为惊讶。自那以后,中国的丝绸通过丝绸之路源源不断地被运往国外,同时,从国外运回大量的商品。"

跳跳猴说:"这就相当于国际贸易吧?"

白桦点点头,说:"是的。不过,丝绸之路的意义远远不止于贸易这一层面。借助丝绸之路,我国与欧、亚、非洲各国还建立了政治和文化的交流。比如,中亚和南亚的音乐、舞蹈、绘画、雕塑、建筑等艺术,天文、历算、医药等科学技术,佛教、摩尼教等宗教先后传来中国,并在中国产生了很大的影响。中国的纺织、造纸、火药以及制作金银器、绘画等工艺技术也传到了西方。"

沉默了一阵,白桦问跳跳猴:"你说,桑树算不算摇钱树呢?"

跳跳猴说:"这样说来,它又不仅仅是摇钱树了。"

讲完了桑树,他们离开桑树林,继续往山下走去。

橡胶林的夜晚

白桦一边走，一边说："用桑叶养蚕可以织出丝绸；还有一种树，可以直接割出油漆。"

"什么树？"跳跳猴问。

白桦说："漆树。"

跳跳猴问："怎么割呢？"

白桦说："用斧头将树皮割出一条裂缝，漆就从裂缝源源不断地流出。刚从漆树流出的漆叫做生漆。由于生漆色彩鲜明，富有光泽，经久不变，人们用它来涂刷木器家具及工艺美术品。此外，生漆具有防腐、防水、耐热、绝缘、漆膜坚韧、附着力强、耐磨、耐光照、抗油、抗冲击、防原子辐射等优点，目前，在现代化工业中得到广泛应用，成为宇航、国防工业、化工、纺织、石油、矿山、电机、造船、轻工业以及农业等方面广泛使用的涂料，被称为涂料之王。"

说着说着，四个人来到了一片橡胶林。

刚刚钻进橡胶林，天色便暗了下来。

白桦说："看来，我们今天晚上要在这里过夜了。"

跳跳猴大大咧咧地说："好啊，就体会一次露营的滋味吧。"

别无选择了，白桦在橡胶林中找了一块比较平缓的地方，靠着一棵大树坐了下来。跳跳猴和笨笨熊依偎在白桦的两边，李瑞坐在了对面的一棵大树下。

跳跳猴对李瑞说："小兄弟，你怎么老是搞独立？过来挤在一起啊！"

李瑞摇了摇头。

笨笨熊推了跳跳猴一把，笑着说："你怎么强人所难。人家不愿意和我们在一起自然是有原因的。"

跳跳猴伸了伸舌头，连连说："言之有理，言之有理。"

虽然嘴上说着言之有理，但是跳跳猴怎么也不理解李瑞的行为。他两眼望着天空，陷入了沉思。

李瑞没有说话，只是微微地笑了笑。

说话间，天完全黑了下来，空中的繁星诡秘地眨着眼睛。环顾四周，只能看到树干影影绰绰的黑影。

笨笨熊抬头望了望天空，嘟囔道："为什么没有月亮呢？"

每当晚上在野外宿营时，他总是有点害怕，尤其是在没有月亮的时候。

跳跳猴说："大概嫦娥还在梳洗打扮吧。"

听了跳跳猴的话，白桦和笨笨熊吃吃地笑了起来。

沉默了一阵，笨笨熊对跳跳猴说："给讲个故事吧。"

跳跳猴说："还是让白桦大哥来吧。"

白桦说："好。不过，我说的是一个真实的事情。"

接着，他清了清嗓子讲道："一天晚上，我在白桦寨的西瓜地里看瓜。月光下，我看见寨子里的一个伙计蹑手蹑脚进到地里，摘了一个瓜，蹲在地上咔哧咔哧吃了起来。就在他津津有味地吃瓜的时候，我悄悄走到他背后。待他吃完，我拍了拍他的肩膀，说：'伙——伙计，要吃瓜吭一声嘛，怎么偷呢？'那伙计先是一愣，接着，很快镇定了下来。他狡辩说：'我刚刚蹲下想要挑一个瓜，你怎么说我偷你的瓜呢？'接着，他很气粗地说：'来，给我挑一个又甜又沙的。'我给他挑了一个瓜，领他回到窝棚里，用刀宰开。他一边吃，一边说：'啊呀，你挑的瓜还不如我刚才随便摘的那个瓜好吃呢。'"

白桦的笑话把笨笨熊、跳跳猴逗得哈哈大笑。

就在他们仰天大笑时，发现一弯残月静静地架在树梢上。

白桦说："看，嫦娥也来听故事了。"

跳跳猴向笨笨熊说："白桦讲过了，你也讲一个嘛。"

笨笨熊说："我不会讲笑话。"

李瑞说："我来讲吧。既然嫦娥也来听，我讲两个。一个讲给大家，一个讲给嫦娥。"

跳跳猴说："好啊，快快讲来。"

李瑞不紧不慢地说："一天，夫妇俩领着他们六岁的儿子在公园散步。儿子问爸爸：'爸爸，你们是什么时候结婚的呢？'爸爸说：'还没有生下你的时候。'儿子又问：

'急什么？为什么不让我看看你们的婚礼呢？'"

听了李瑞的故事，跳跳猴、笨笨熊和白桦吃吃地笑了起来。

这时，月亮躲在了一片云彩后面。大概嫦娥也觉得那故事好笑，扯一片云彩遮住了脸在偷偷地乐。

接下来，李瑞不再说话，树林里一片沉默。

过了一会，跳跳猴说："继续讲啊，等什么呢？"

"等你们大笑啊！"原来，李瑞是在期待大家的笑声。

跳跳猴说："急什么？为什么还没有讲第二个故事就要我们大笑呢？"

李瑞说："好，那我讲第二个故事。小虎和哥哥在一个学校上学，弟弟小虎九岁，上三年级，哥哥上六年级。每天上学时，哥哥总是把弟弟送到教室才放心地离去。一天，老师问弟弟：'小虎，你几岁了？'小虎说：'九岁了。'老师又问：'你哥哥几岁了？'小虎说：'九岁了。'老师说：'你哥哥怎么可能和你同岁呢？'小虎说：'哥哥说过，自从生下我，他才当哥哥，我九岁了，我哥哥当哥哥不也是九年了吗？'听了小虎的话，老师哑然。"

这一次，跳跳猴、笨笨熊和白桦大笑了起来。

突然，他们发现一个黑影从眼前嗖地一下穿过，向着山下跑去了。笨笨熊被吓了一跳，跳跳猴和白桦也突然止了笑声。

笨笨熊惊恐地问："什么东西？"

白桦说："一只兔子，刚才我们的笑声把兔子从草丛里惊出来了。"

大家都朝兔子逃跑的方向望去。兔子跑得无影无踪了，但是，他们看见山脚下出现一点又一点光亮，慢慢向山坡上移动。

笨笨熊指着那些亮点，问："看，那是什么？"

白桦说："是割橡胶的工人上山来啦。"

渐渐地，山下星星点点的亮光近了，同时传来人们的说话声。

割胶工人来到了笨笨熊他们所在的橡胶林，开始了工作。像白桦讲的割漆那样，他们用斧头在树干上切出一个个口子，树底下放一个胶桶。天麻麻亮了，他们看见橡胶树干上一个个裂口流出了黏稠的液体，像乳汁一样白。

跳跳猴走近一位弯腰劳作的割胶工人，问道："叔叔，你们为什么要在晚上割胶呢？"

猛不丁听到一个陌生的声音，那割胶工人吓了一跳，回过头来，原来是一个小孩。他释然地说："不知道。我们一直就是在这个时分割胶的。"

说完，他憨憨地笑了笑，又低下头继续干活。

要说这大清早割胶，是有科学道理的。橡胶树的胶乳贮存在树皮里的乳管里，像人体血液对血管产生压力一样，胶乳对乳管也产生一定压力。把树皮割开，胶乳就会在压力作用下不断流出来。但是，这压力在一天之中有很大变化。晚上和清晨，没有太阳照射，水分从橡胶树树叶蒸发量少，树内的水分饱满，胶乳量最大，对乳管的压力也最大。因此，在清晨割胶，胶乳流出的就最多。到上午9点以后，橡胶树叶面上的气孔开放，水分蒸发增加，树内的水分消耗较多，乳管内的水分减少，胶乳的量以及胶乳对乳管的压力明显下降。在这个时候割胶，从切割部位流出的橡胶就会减少。因此，割胶一般都在清晨六至七点钟以前完成。

那么，人们是怎么知道利用橡胶的呢？

橡胶树的故乡是美洲。一开始，海地岛的居民用橡胶做成有弹性的球玩，印第安人用橡胶制作雨衣和雨鞋。1736年，法国科学院组织了一支考察队到厄瓜多尔森林地区进行考察，写出了一个关于橡胶树的报告。报告发表后，引起了人们的关注，欧洲人纷纷到那里去采集橡胶树的种子，带回国内栽培。19世纪初，苏格兰的化学家查尔斯·麦金托斯用橡胶树乳汁制成了雨衣。后来，美国一个叫做固特异的科学家在一个偶然的机会发现硫化可以使橡胶的性能大大改善，此后，硫化成为橡胶工业中的一道重要工艺。硫化橡胶富有弹性，不导电，不透气，耐腐蚀，可以用来制造轮胎、绝缘材料、防水用具等等。

除了橡胶树外，从杜仲树和橡胶草也能获得橡胶。橡胶含量在杜仲叶大约为2%，在杜仲皮大约为3%，在杜仲果实大约为27%。杜仲橡胶对电流的绝缘能力很强，是优良的绝缘体。由于杜仲橡胶可以抗海水腐蚀，常用杜仲橡胶来包裹海底电缆。橡胶草的根部含胶乳6%至28%。目前，我国正在大量种植橡胶草。

天渐渐大亮。白桦一行离开橡胶林，向山下走去。

高老庄奇遇

大概晚上在橡胶林宿营受了寒冷，李瑞在下山时感到一阵阵发冷，不住地打喷嚏，全身酸痛。跳跳猴摸了摸他的额头，有点热。显然，李瑞感冒了。

天色将晚时，一行三人远远望见山谷中间有一个村庄。

白桦告诉大家，周围的大山上有许多药材。前面那个村庄的人，大都以采药为生。说不定，村里的药农可以给李瑞搞点药吃吃。

听了白桦的话，跳跳猴急急地走到前面，到村边的一户人家叩门借宿。

开门的是一个留着白胡子的老者，大约60来岁。见叩门的是几个小孩，老者热情地迎他们回到屋里，并忙着张罗饭菜。

晚上，吃过饭，祖孙五人便随便聊了起来。攀谈中，跳跳猴他们才知道老者是一位中医学院的老师，膝下没有子女，老伴前几年也过世了。因此，退休之后便回到老家来。他经常上山采点药，还为村里和周围村庄的乡亲看看病。

白桦说："老爷爷，我的这位伙伴生病了，您能给看一看吗？"

说着，他将李瑞推到老者的面前。

老者切了李瑞的脉，问了哪里不舒服，然后说："这孩子是感冒风寒，吃一剂药应该就大见好了。"

说完，老者便起身到靠墙放着的一个药柜里捏了几种药，放在药锅里。接着，把药锅放在灶火上煎药。不一会，房间里飘出了淡淡的药香。

跳跳猴问："老爷爷，明天你上山采药吗？"

老者说："上啊。"

跳跳猴说："带着我们几个可以吗？我们想认一认山里的药材呢。"

老者说："可以。明天一大早，我们就上山。"

听老者答应带他们一起上山采药，跳跳猴兴奋得手舞足蹈了起来。

老者指着跳跳猴问："你叫什么名字呢？"

跳跳猴说："跳跳猴。"

老者问："家在何方？"

跳跳猴说："花果山。"

"花果山？"老者有点吃惊。

"是。"跳跳猴回答得很肯定。

看到老者吃惊的样子，笨笨熊说："我们这位小兄弟是当年变孙悟空的仙石变来的。说起来，和孙悟空还是兄弟呢。"

"啊呀，巧了。"老者叫道。

"什么巧了？"跳跳猴问。

白桦对跳跳猴和笨笨熊悄悄说："知道吗？这个村子便是当年孙悟空降服猪八戒的高老庄。"

虽然白桦说话的声音很低，老者还是听见了。他说："这孩子说得对。这个村子，叫做高老庄。当年的高太公，便是我爹爹的外公。孙悟空是我家的救命恩人啊。"

随便敲门，便撞进了高太公的重外孙家，跳跳猴弟兄三人都感到很兴奋。跳跳猴便缠着老人给讲孙悟空收服猪八戒的故事。

这猪八戒，本来是天上的天蓬元帅，生来好酒又好色。一次，玉皇大帝设宴，天蓬元帅喝醉了酒，撞入了广寒宫，扯了嫦娥要她陪歌。玉皇大帝派天兵将他捉了去，依律判了死刑。太白金星在玉皇大帝面前为他求情，才免于死罪，被贬下尘世。大概这天蓬元帅被贬时酒还没醒，投胎时迷迷糊糊投到了猪肚子里，生出来一副猪嘴脸，便姓了猪。

高太公膝下无子，只有三个女儿，大的唤香兰，老二唤玉兰，老三唤翠兰。为续香火，高太公便传出口风，要为老三翠兰招女婿。

这姓猪的是神仙下凡，会变嘴脸。他听到了翠兰要招女婿的消息，便变成一个壮汉，来到庄上。高太公见他上无父母，下无兄弟，且有力气，便招了他做女婿。不想，这姓猪的只能短时间装做人样，平时在翠兰面前，便是长嘴大耳朵。见丈夫是一个妖怪，翠兰整天以泪洗面。有一次，她趁丈夫外出时要逃回娘家。不巧，被正好回到家的丈夫堵了回来，并从此被整日锁在房间里。

招了这么个怪物做女婿，高太公痛不欲生。他曾想将那姓猪的逐出家门，无奈那厮会腾云驾雾，踪迹不定。唐僧一行取经路过此处时，孙悟空才将那姓猪的降服，解救了翠兰。唐僧给姓猪的起了一个法名,唤作猪八戒。从那以后,那猪八戒便随了孙悟空,一起保护唐僧去西天取经。

老者的故事讲完了,跳跳猴问:"后来呢?后来翠兰怎样了呢?"

他在为翠兰的命运担忧。

老者说:"后来,翠兰又招了女婿。我便是翠兰的外孙。"

跳跳猴"噢"了一声,放下了心。

夜深了,灶火上的中药也煎好了。老者让李瑞喝了药,又为四个孩子准备了铺盖,安顿大家去睡觉。

采药行

李瑞在睡前服了老者的中药,第二天早上起床后便感到一身轻松。他连连对跳跳猴、笨笨熊和白桦说:"中药真神!中药真神!"

吃过早饭,老者和跳跳猴四人一人背了一个背篓,一起上山采药。

老者一边走,一边说:"在历史上,中药为国人的治病和防病发挥了非常重要的作用。在近代和现代,虽然每年有许多西药问世,但由于大多数西药通过化学方法合成,成分单一,治疗作用也比较局限。中药呢,秉天地之气而生成,具有复杂的生物活性成分,药理作用广泛。因此,一直受到人们的欢迎。"

跳跳猴问:"哪些药属于中药呢?"

老者说:"中药有的来自动物,比如,虎骨、羚羊角以及犀牛角等;有的来自矿物,比如,代赭石、海浮石等。但是,绝大多数来自植物,因此,人们往往把中药称为中草药。目前,人们常用的中草药有 300 多种。"

跳跳猴说:"这么说来,植物是中药的宝库了。"

老者笑着点点头,说:"你说得对。"

这时,一行五人走到了山坡底部。在这里,有一棵很大的银杏树。

老者说:"这是一株银杏树,是银杏科中独一无二的树种。在两亿多年前,地球上的大部分地区都有这种树。后来由于气候变化,除我国外,其他地区的银杏树都绝灭了。"

李瑞插话:"那应该说是国宝了。"

老者说:"不仅是国宝,而且浑身是宝。银杏的果实也叫白果,可以入药,用于止咳、止泻、止汗;树叶中含有银杏黄酮,可以用来预防心血管疾病;树干可以用于建筑和工艺雕刻;树皮和树叶还可以用作杀虫剂。此外,银杏还是优良的园林绿化树种。"

讲完银杏,一行五人向另一座山上走去。老者每发现一种草药就讲这种草药叫什么名字,如何识别,有什么药用价值。

时近中午,爷孙五人采到了不少草药,便向山下走去,准备回家吃饭。

在穿过一片树林时,老者突然停了下来,目不转睛地盯着面前的一丛草。

跳跳猴问:"您发现了什么呢?"

"知道这是一种什么草吗?"老者的问话中带着欣喜。

跳跳猴、笨笨熊、白桦和李瑞都摇头表示不知道。

老者说:"这是冬虫夏草。"

"哦,这就是冬虫夏草?"跳跳猴早就听说这种药材非常名贵,想不到今天在这里见到了。

老者说:"这种药含有许多营养成分,对人体有很好的滋补作用。中医用它来润肺、补肾、止血、化痰。现代医学研究证明,它可以增强免疫功能,调整内分泌,还有抗肿瘤作用。"

跳跳猴问:"这种药叫做冬虫夏草,它究竟是虫还是草呢?"

老者说:"冬虫夏草是冬虫夏草菌寄生在蝙蝠蛾的幼虫体内长出来的。冬天,蝙蝠蛾幼虫躲到泥土中去睡觉,冬虫夏草菌钻到幼虫体内,吸取营养并萌发出菌丝体。经过一个冬天,幼虫被冬虫夏草菌吃得只剩下一层皮。到了夏季,菌丝体从幼虫的躯壳、嘴巴长出地面,活像是一株草。由于它冬天看起来是一条虫,夏天看起来是一株草,因此,人们把它叫做冬虫夏草。"

"噢,原来,冬虫夏草的名字是这么来的。"听了老者的讲述,跳跳猴恍然大悟。

笨笨熊若有所悟地说:"这么说来,冬虫夏草不是一般意义上的有根有叶、开花结果的植物,而是一种真菌,对吗?"

老者说:"你说得对。它和蘑菇、木耳等类似,属于真菌。只是由于它寄生于虫体内,冬天看起来是虫,夏天看起来是草,使它的身世增加了传奇性和神秘性。"

跳跳猴蹲下身子,用手分离冬虫夏草周围的杂草,准备将它挖起来。

老者摆了摆手,说:"不要挖,现在还不是采冬虫夏草最适宜的时候。"

说着,将跳跳猴拉了起来。

跳跳猴问:"采药还有时间规定吗?"

老者说:"当然了。就像麦子在夏天成熟,玉米在秋天收割一样,草药也有它适宜采集的时间。

"一般来说，果实类的药，如菟丝子、枸杞子、白果等，要在果实成熟的时候采摘。因为，只有在果实成熟之后，果实类药材中的成分才能完全。

"根类的药，如黄芩、黄连、黄檗、远志等，要在深秋采集。因为，经过夏天和秋天的光合作用，根类药材中的成分才能储备充足。

"皮类的药，如五加皮等，通常在四五月间采。因为，这时候植物浆液比较多，效力充足，而且也容易剥离。

"叶类的药，如桑叶、苏叶等，大多是在花将开放或盛开的时候采。因为，这时叶子最健壮。

"如果采集时间不恰当，药效就会受影响。"

跳跳猴感叹道："想不到，采药还有这么多的学问。"

接着，老者领着跳跳猴一行向山下走去。

走着走着，面前出现一丛植物。金黄色的像喇叭一样的花开口朝下吊着。

老者停了下来，指着那一丛开花的植物说："这是曼陀罗，它开的花叫做洋金花。知道华佗吗？"

跳跳猴、笨笨熊和李瑞都摇摇头。

白桦回答："华佗是我国古代的神医。"

老者说："对。华佗对祖国医学的一大贡献就是发明了麻醉药。需要手术的病人，服用华佗发明的麻沸散后，就会失去痛觉。这样，就可以保证手术顺利进行。麻沸散的具体成分没有完整的记载，但据后人研究，其中主要成分就是曼陀罗。"

过了一会，老者又问："你们知道蒙汗药吗？"

跳跳猴点点头说："知道。在《水浒传》中，吴用就是用蒙汗药将杨志和他的兵士麻倒，将十万贯生辰纲劫了去的。"

老者笑笑说："你说得不错。这蒙汗药也是用曼陀罗花制成的。"

说着说着，老者和笨笨熊、跳跳猴、白桦返回到了山脚。

到家门口了，老者请四个孩子到家里吃饭。

白桦说："谢谢爷爷，我们还要赶路。"

说完，他们将药篓放在院子里，辞别了老者，又上路了。

路上，白桦一直给大家讲中药材。

癌症是要命的病，近年来，科学家在研究治疗癌症的药。其中，主要的抗癌药，比如长春新碱和紫杉醇等，都是从植物中提取的。

　　过去，疟疾在世界上许多地方流行。由于没有特效药物，死亡率很高。后来，人们发现服用金鸡纳树皮的粉可以治疗疟疾。就是靠了金鸡纳树皮，许多疟疾患者的生命被挽救了回来。法国两位药剂师佩尔蒂埃和卡旺图从金鸡纳树皮中提炼出了治疗疟疾的有效成分——奎宁。奎宁不仅有治疗疟疾的作用，而且还具有止痛、解热和局部麻醉的作用。

　　在非洲卢旺达的原始森林里，有一种神奇的树。在这种树的枝条和树叶中含有一种类似阿司匹林的液体，可用来治疗重感冒、退烧。当地居民患感冒和发烧时，就采一些树叶，在嘴里咀嚼。一般来说，体温在半小时之内就可以降下来。如果感冒较重，每天多嚼几次，连服几天，就可以痊愈了。

　　行走中，跳跳猴说："我一直不明白，为什么草药可以用来治病呢？"

　　笨笨熊说："我想，用作中药的每一株草，每一棵树，都是一个生物体。既然是生物，它的体内就含有维持或者调节生命活动的活性成分。在人体生病的时候，也就是说生命活动出现紊乱的时候，这些含在植物中的活性成分就有可能对人体起到补虚纠偏的作用，这样，就收到了治病的效果。"

　　笨笨熊的话有点深奥，跳跳猴想了一阵，大意明白了。他点了点头，说："唔，有道理。"

鸦片是来自这么漂亮的植物吗？

边说边走，跳跳猴一行来到一个山坳。路旁，有一大片色彩艳丽的花。那些花朵，有的朱红，有的紫红，有的雪白。各色花朵在微风吹拂下轻轻地摇曳着。

看着眼前的鲜花，笨笨熊叹道："好漂亮哟！"

白桦问："知道这种花叫做什么吗？"

笨笨熊摇摇头。

白桦说："告诉你，它的名字叫罂粟。"

笨笨熊问："就是用来生产鸦片的罂粟吗？"

白桦点点头。

跳跳猴惊讶地问："鸦片是来自这么漂亮的植物吗？"

他不敢相信，曾经使许多人形销骨立、倾家荡产的毒品竟然来自开着这么漂亮的花的植物。

白桦朝跳跳猴笑了笑说："难以置信吧？"

接着，他领着大家走进罂粟丛中，抓过一个蒴果，说道："这是罂粟结出的果实。"

说着，他从口袋里掏出一个小刀，沿着蒴果周围切了一圈。马上，有乳白色的液体流了出来。少顷，流出的液体凝固了。

白桦说："将这凝固的胶状体经过煎、煮等处理，就成了毒品——鸦片。"

"既然吸鸦片有害，人为什么要吸食鸦片呢？"长期以来，跳跳猴一直不清楚这个问题。

白桦说："实际上，鸦片具有镇痛、镇咳和止泻作用。一开始，人们是将鸦片作为药来治病的。但在服用鸦片时，同时能产生一种欣快感，更重要的是，鸦片有成瘾性。因此，有些人在多次吸食鸦片后便成了瘾君子。"

说到鸦片，中国人深受其害。19 世纪末，英国用鸦片和中国交换茶叶和生丝。

此外,美国和俄国也向中国输入鸦片。据统计,在1840年爆发鸦片战争之前,英国共向中国运入鸦片40多万箱,从中国掠走3.4亿银圆。此外,由于吸食鸦片者体质下降,还严重影响了生产力和军队的战斗力。

1838年,道光皇帝授权林则徐为钦差大臣,前往广东禁止鸦片的输入。在广东虎门,林钦差销毁了一部分英国商人的鸦片,这就是历史上有名的虎门销烟。清政府的禁烟行动,打击了英国贩卖鸦片集团的利益。英国政府恼怒了,1840年6月,英国派40多艘军舰来到中国,发动了鸦片战争。

一种植物,竟然和政治及战争扯上了关系。

其实,能产毒品的不仅仅是罂粟。一种叫做大麻的植物也能使人产生欣快感,因此,有人喜欢将大麻混在烟草中吸,有人将大麻脂掺到饮料中饮用。和鸦片一样,大麻长期服用也会上瘾,引起中毒。现在,非法毒品交易中,大麻占一定的比例,已被大多数国家明令禁止贩卖。

20世纪后期,可卡因成为一种新的毒品。可卡因是从一种叫做高根或古柯的灌木中提取出来的。服用高根可以减轻胃痉挛、风湿痛以及头痛等症状;嚼食高根叶可以充饥,解除疲劳,还可以产生局部麻醉和欣快的效果。因此,人们把高根叫做圣草,被认为是营养滋补佳品。可怕的是,可卡因有很强的成瘾性,一旦成瘾便很难戒断。更为恐怖的是,可卡因对人体有很大的毒性,70毫克的可卡因可以使一个70公斤体重的人当即死亡,不少瘾君子因过量吸毒而毙命。

从罂粟地出来,一行人沿着山谷继续前行。天色将晚时分,来到了一个叫做芙蓉镇的小镇。

晚上,他们住在小镇的一家旅馆中。在旅馆的油灯下,跳跳猴把他们离开白桦寨以来的所见所闻给白杨写了一封长信。在信中,他写了花果山的水帘洞,写了将孙悟空压了五百年的五行山,写了玉龙藏身的鹰愁涧,还写了猪八戒岳父高太公以及今天看到的罂粟花……

树木与历史

离开芙蓉镇,又行了几日,跳跳猴一行来到了一座山下。白桦告诉大家,这座山叫做黄风岭。

在离开黄风岭山脚不远处的山腰上,跳跳猴、笨笨熊和李瑞发现许多像树桩一般的石头,它们默默地站在地上,直直地指向苍穹。

跳跳猴感到新奇,跑上去,抚摸着。

白桦问:"知道那是什么吗?"

跳跳猴摇摇头。

白桦说:"是树桩。"

"是树桩?"跳跳猴感到惊讶,既然是树桩,怎么摸上去是石头一样的感觉呢?

白桦说:"不过,这可不是一般的树桩,而是木头化石,是很久很久以前的树木变成的。上面虽然可以看到木纹,但实际上成分已经和石头非常接近了。"

跳跳猴问:"本来是木头,怎么没有腐烂呢?"

白桦说:"树木只有在微生物作用下才会腐烂。木化石一般是树木被包埋在火山喷发物中形成的,在几千摄氏度高温的火山喷发物作用下,微生物被杀得一干二净,怎么可能发生腐烂呢?"

跳跳猴说:"树木被包埋在火山喷发物中,不会被烧成灰吗?"

白桦说:"燃烧需要氧气,虽然火山喷发物温度很高,但由于树木被喷发物包埋起来,与空气隔绝,怎么可能发生燃烧呢?"

听了白桦的话,跳跳猴茅塞顿开。

少顷,他问道:"可是,木头怎么会变成石头呢?"

白桦说:"后来,含硅质或钙质的地下水逐渐向树木内渗透,矿物质慢慢取代了树木内的有机物。这样,木质就变成了我们现在所看到的化石。除火山喷发外,在炎热干燥的沙漠中或在富含矿物质的温泉地带,也会形成木化石。"

李瑞问:"木化石对我们来说有什么用处呢?"

白桦说:"因为木化石是生长在很久以前的树木形成的,所以,能够告诉我们历史上气候的变化。"

李瑞惊讶地问:"木化石能告诉我们历史上气候的变化?"

白桦说:"是。通过对某段木化石的研究,我们可以知道它形成的时期。由于不同种类的植物有不同的适宜气候,我们可以推断出木化石所在地区当时的气候条件。比如,近年人类在南极地区发现了舌羊齿植物化石。考古研究表明,这些化石形成于大约 1.5 亿年以前。由于羊齿植物的生存需要一个湿热的环境,可以认为,约 1.5 亿年前,南极大陆的气候比现在要暖和得多。"

笨笨熊补充说:"除此之外,木化石还能告诉我们历史上地质的变迁。比如,人们在珠穆朗玛峰地区海拔 5900 米左右处发现了高山栎、黄背栎和灰背栎等树叶的化石,在海拔 5000 米左右处发现了西藏云杉等植物化石,在海拔 4300 米左右处发现了大量杜鹃、忍冬、鼠李、柳、蔷薇等植物的化石。这些植物现在仍然生长在喜马拉雅山地区,但海拔要比上述发现化石处低 1000 至 3000 米。"

说到这里,笨笨熊关上了话匣。

过了一会,见笨笨熊不再吭气,李瑞问:"这能说明什么呢?"

笨笨熊说:"说明喜马拉雅山长个子了呀!"

"喜马拉雅山能长个子?"李瑞很是不解。

"是啊!"笨笨熊回答。

"此话怎讲?"李瑞紧追不舍。

笨笨熊说:"正因为山长高,原来的植物不耐高处的寒冷,便相继死去。也正因为高寒处微生物难以生存,死去的树木才能形成化石。"

"噢,原来如此。"李瑞恍然大悟。笨笨熊接着说:"通过对木化石的研究,我们还可以了解到煤层形成的地质年代。在从泥盆纪到石炭纪的 1 亿多年中,蕨类植物生长繁盛。由于地壳的变动,不断有蕨类树木被埋进与空气隔绝的地层中。经过反复的埋藏,这些蕨类植物在地层中形成了厚厚的地质层。由于长期受地层压力和地心热力的影响,加上细菌的分解作用,木质纤维就固结炭化成为煤炭。通过对该地质层中植物化石的研究,可以了解到形成煤层的植物被埋藏的年代。"

李瑞说:"可是我们并不常见到木化石呀。"

白桦说："是的。由于木化石的形成需要很特殊的条件，所以，木化石并不是很常见。但是，有一些现存植物寿命很长，通过对这些树木的年轮进行研究，也可以获得气候、地质等历史资料。人们把这些树称为木化石，活着的木化石。"

李瑞问："年轮怎么会反映气候、地质变化呢？"

白桦说："树木每年形成一圈年轮。由于气候以及地质条件会影响树木的生长，那么，通过对活着的木化石进行研究，就可以了解到历史上的气候以及地质变化。比如，历史学家曾经对桑托林火山爆发的时间发生争论。后来，就是通过对当地树木的年轮进行分析，才将火山爆发的时间确定下来的。"

李瑞问："火山爆发为什么会影响到树木的生长呢？"

白桦说："大规模的火山爆发产生的尘埃会长时期遮挡阳光，影响植物的光合作用。同时，火山爆发还会使地质条件发生变化，影响植物根部吸收的营养成分。这些变化都会影响到树木的生长，并且反映在年轮上。"

李瑞若有所悟地点点头，说："噢，我明白了。但是，什么植物被称为活着的木化石呢？"

白桦说："有一种树，叫做刺果松。这种树的寿命很长，但长不高，树干扭曲畸形，看上去像一株放大的盆景。我每次看到这种树，总感到它像一个饱经世事、佝偻驼背的老人。它不能用来作栋梁之材，但却会给人们讲述历史。美国内华达州惠勒峰附近有一棵刺果松，它的年轮有 4844 圈。实际上，加上已经脱落的年轮，这株刺果松的实际年龄应该在 4900 年以上。由于一年中雨量的多少可以影响年轮的疏密，通过对刺果松年轮的研究，可以推测历史上每年雨量的变化，从而了解该地区在过去的气候变化周期，并对以后的气候变化作出预测。你们看，这棵刺果松，可以说是大自然记录了将近 5000 年的一本晴雨表。"

刺果松的年轮反映了气候和地质的变化，山西省洪洞县大槐树公园的槐树则记录了社会历史事件。明代永乐年间，明王朝实行移民政策，许多老百姓被集中到广济寺的大槐树下，经过登记和编队，由官兵押送到各地。在迁徙的路上，许多人由于留恋故乡，忍不住地频频回首眺望。他们看到，身后的大槐树就像家里的老人在目送他们远行。因此，从这里出发的移民，不论移居到什么地方，都把山西洪洞大槐树作为他们的故乡。

现在，当年移民出发处已被当地开发为大槐树公园。每年，到这里瞻仰大槐树、寻根问祖的人络绎不绝，其中有不少海外华人。

在这里，大槐树成为祖先和祖国的象征。

惊涛骇浪流沙河

过了黄风岭,又行了些时日,面前出现一道大水狂澜,浑波涌浪。站在河边,极目远眺,不见对岸。岸上立一块石碑,上书"流沙河"。

李瑞问:"这流沙河也是唐僧一行取经途经之处吗?"

跳跳猴说:"是的。"

李瑞问:"这么宽的水面,他们是如何跨过去的呢?"

跳跳猴说:"多亏了沙和尚。噢,先说说沙和尚其人吧。沙和尚本来是天宫的卷帘大将。一次,在王母娘娘的蟠桃会上,他失手将玉盏打碎。玉皇大帝发怒,命人将他推到法场,要将他斩首。多亏赤脚大仙苦苦求情,玉帝法外开恩将他贬在了流沙河,让他在此等待一位从大唐来的取经人。那沙和尚在这河里以吃人为生,每吃一个人,便把骷髅串起来,挂在脖子上。唐僧、孙悟空和猪八戒一行来到此处时,无船渡河,又遇沙僧阻拦。无奈,孙悟空又向观音菩萨求救。沙和尚被菩萨派来的木叉行者降服后,才知道唐僧正是他苦苦等待的取经人。他将项下挂的骷髅结成一只法船,方把唐僧一行渡了过去。接着,他便随了孙悟空和猪八戒,一起护送唐僧去西天取经。"

李瑞说:"这么说来,唐僧在这里又收了一个兵。"

跳跳猴说:"沙和尚是唐僧收的最后一个徒弟。和好吃懒做的猪八戒不同,这徒弟任劳任怨,他把唐僧的行李从这里一直挑到西天,又把从西天取回来的经书挑回长安。"

"他们是乘法船渡过去了,可我们怎么办呢?"李瑞和跳跳猴在聊着唐僧取经的故事,笨笨熊却望着滔滔流沙河在发愁。

白桦说:"以前我每次带人来,都是雇船夫渡过去的。"

但是,循着大河上下找了整整一天,一个村庄也没有发现,哪里能找得到船呢?

就在大家感到绝望的时候,白桦发现在大河旁的树林边上有一棵躺着的枯树,那树干需要两人才能合抱过来。大概是经过雷劈,枯树的一半被烧得焦黑。

他指着枯树兴奋地叫道:"有办法了!"

跳跳猴、笨笨熊和李瑞不约而同地问:"有什么办法?"

白桦一边用手比划,一边说:"我们把树干的中间掏空,两边一截,不就是一只独木舟吗?"

跳跳猴高兴得蹦了起来,大声喊:"好主意!"

笨笨熊思索了一会,慢腾腾地说:"可是,如何把树干掏空,又如何把两边截断呢?"

白桦把背上的背篓卸下来,翻了一下,便掏出了锯子、斧子等木工家具。

"哇,原来你一直带着木工家伙啊!"这时,笨笨熊的眼睛放出了光。

说干就干,白桦走到枯树旁,噼里啪啦地干了起来。他在白桦寨干过木匠,因此,干木活的一招一式都像模像样。跳跳猴也在旁边兴致勃勃地帮忙。

白桦每次出来旅行都要带着木工家伙,目的是为了采集植物标本。想不到,今天却用在了造船上。

白桦和跳跳猴整整干了两天,独木舟和浆都做好了。一行四人兴高采烈地将独木舟抬到河里,荡起浆,朝对岸划去。

一开始,波澜不惊,跳跳猴四人一边划船,一边说笑。大约行了五六百米,河面无端起了惊涛骇浪。那独木舟就像一片树叶,一会儿被推到浪尖,一会儿被摔到谷底。笨笨熊不会水,加上胆子小,被吓得脸色煞白。跳跳猴死死地抱着笨笨熊,白桦和李瑞大声呼喊着,互相配合着操纵船只。

搏斗了大约一个时辰,那独木舟被浪头推到了一个漩涡中。小船在旋涡里像陀螺一样滴溜溜地转,一行四人头晕目眩。笨笨熊大口大口呕吐着,呕吐物将跳跳猴喷了满身。

跳跳猴大声告诉笨笨熊将头低下,死死抱住船帮。白桦和李瑞从船上滚下来,一人扶了独木舟的一头,奋力合作,才将那船稳了下来,推出漩涡。

刚刚冲出漩涡,那独木舟竟然一断两截。坐在船头的跳跳猴急忙一手抱了笨笨熊,一手抓了半截独木舟。在船尾划船的白桦和李瑞见状,弃了另半截独木舟,和跳跳猴、笨笨熊紧紧地抱在了一起。

大概是折腾够了。顿时,那水面平如镜面。一行四人抱了那半截独木舟顺着河流向下游漂去。

突然,独木舟被什么东西阻了下来,定睛一看,原来是一团木头圆球。拨弄拨弄,那圆球之间还结着绳,如环无端。

跳跳猴大喜,兴奋地喊道:"你们看,这像什么?"

笨笨熊不解地问:"像什么?"

跳跳猴说:"这不像沙僧脖子上戴着的佛珠吗? 只不过,这佛珠要大得多。"

笨笨熊、白桦和李瑞虽然没有读过《西游记》,但是,电视上的沙僧形象还是很熟悉。是啊! 眼前的木球太像沙僧脖子上的佛珠了。莫非是沙僧显灵,把自己的佛珠送给他们当法船?

四个人弃了半截独木舟,紧紧抱住了那木球船。嗬,真奇怪,那木球船像得了命令一样向着河对岸行了起来。更为奇怪的是,原本不会水的笨笨熊突然习了水性。他不时松开木球搏水前进。

一行四人乘了木球船昼夜行进,三五日,方到达河对岸。

贮水箱与抽水机

过了流沙河，跳跳猴一行弃了木球，朝着河岸旁的一个村庄走去。流沙河旁是一片沼泽地，一脚踩下去往往要陷到膝盖处。白桦要大家手脚并用爬着前进，好不容易才走到旁边的农田里。

李瑞说："要是用什么办法把这里的水吸去就好了。"

笨笨熊说："在智者的讲座上，我听老师讲，澳大利亚就有一种能够吸水的树木。"

跳跳猴说："那我们去看看吧。"

笨笨熊回过头来看着白桦，征询白桦的意见。

白桦知道跳跳猴和笨笨熊会驾云飞行，点了点头，说："去吧，记得带回一些树种，我想试一试看它们在白桦寨里能不能成活。"

跳跳猴和笨笨熊答应了，驾一片白云，飘飘摇摇升上了天空。

李瑞对白桦惊呼道："哇！原来他们会驾云？"

白桦平静地对李瑞说："想不到吧？我们的两位伙伴可不是一般人。"

附近的人看见了驾云飞行的笨笨熊和跳跳猴，冲着天空大声喊了起来："快看哪，飞人，飞人飞到天空了。"

听到喊声，正在地里劳动的大人和孩子都仰着脖子朝天上望去。只见天空中的两个人渐去渐远，变成两个黑点。最后，消失了。

不一会，小哥俩便来到了澳大利亚的森林中，只见一株株笔直的大树密密麻麻地排列在山坡上，树上偶尔可见几只不知名的动物在树上不紧不慢地嚼食树叶。

笨笨熊打开了话匣："这种树叫做桉树，是澳大利亚的一种特色树种。其实，桉树有许多变种，最有名的是杏仁桉。杏仁桉生长很快，能长到100多米高，树干周长可达30多米，是世界上最高最大的树种之一。一般我们说大树时，以根深叶茂来形容。但是,这种树虽然高耸入云,叶子并不繁茂,地面上几乎看不到树冠的影子。"

跳跳猴仰头看了看桉树的树冠,枝叶稀疏;低头看看地面,只见粗大树干的投影。

"那是为什么呢?"上下看了一番后,跳跳猴问。

笨笨熊说:"原因是桉树不仅叶子少,而且叶子总是侧面朝天,所以在阳光照射下投下的影子很少。"

跳跳猴仔细看了看桉树,是的,桉树不仅叶子少,而且是叶子的侧面朝上。

笨笨熊接着说:"由于桉树又高又粗,可以储藏和蒸发大量的水分。据报道,一棵大杏仁桉树一年蒸发掉的水分可达 17.5 万升,就像一部抽水机。苏联为了开发高加索的沼泽地带,引种了大量杏仁桉。结果,一棵棵杏仁桉就像一部部抽水机,吸去了沼泽地中过多的水分,将大片的沼泽变成了耕地。"

这时,一只树袋熊从桉树上倒着退了下来。跳跳猴走近前去,想看看清楚。看到有人走了过来,树袋熊停止了向下退,又向上爬去。跳跳猴踮起脚跟,伸长脖子,一副着急的样子。

看到跳跳猴着急的样子,笨笨熊扑哧一声笑了起来。

听到笨笨熊的笑声,跳跳猴回过头来。只见笨笨熊一边笑着,一边从口袋里掏出了魔镜。跳跳猴恍然大悟,也急忙从口袋里掏出魔镜戴上。只见那小动物浑身毛茸茸的,爬起树来不紧不慢。到了树杈处,还不时停下来向下张望,一副憨态可掬的样子,真有点大熊猫的神韵。

笨笨熊将魔镜收了起来,跳跳猴也将魔镜摘下来,装在口袋里。接着,跳跳猴嗖嗖地爬上另外一棵桉树,采了种子,装在了口袋里,哧溜一下滑了下来。

看罢了杏仁桉,笨笨熊说:"我们再去看几种可以大量贮水的树吧。"

笨笨熊又领着跳跳猴飞到了新疆塔克拉玛干大沙漠。在茫茫沙漠上,一大片胡杨树郁郁葱葱,形成了一片绿洲。小哥俩一头钻进胡杨林中。

笨笨熊说:"胡杨树属于杨柳科,但和一般的杨柳树不同的是,它特别耐干旱和耐盐碱,还能耐受高温和低温。在绝大多数树木无法生长的沙漠和盐碱地上,胡杨树可以生长得蓬蓬勃勃。另外,胡杨树有很强的分蘖能力,一株树可在周围生出许多新植株,形成一片树林。因此,人类把胡杨树作为治理沙漠和改造盐碱地的树种。"

跳跳猴问:"为什么胡杨树能在沙漠和盐碱地中生长呢?"

笨笨熊说:"先说胡杨树对沙漠的适应吧。沙漠的特点是温差大和干旱,胡杨树在进化过程中形成了既耐热又耐寒的特性。为了对付干旱,胡杨树的根扎得很深。土壤越干旱,胡杨树的根扎得越深,伸展半径越大。一般深度可以达到 10 米,半径可以达到 20 米。由于根系发达,一方面可以增强吸收水分的能力,另一方面可以稳固树木,防止树木在暴风中被连根拔起。

"沙漠一般分为雨季和旱季。在雨季,胡杨拼命地从土壤中吸收水分并贮存起来。这时,如果在胡杨树的树干上钻一个孔,会从钻孔中射出一股水线,射程可以达到一米多。到了旱季,胡杨树则细水长流地动用它的库存。这一点,颇有点像动物中的骆驼。另外,胡杨树的叶面上有一层厚厚的革质,可以防止水分的过多蒸发,因此,即使降雨少,也照样能生长。

"再说胡杨树对盐碱地的适应。一般植物在盐碱地中不能生存,胡杨树呢?能吸收盐碱地中含盐量高的溶液。它把水分用来进行光合作用,把盐分贮存在细胞中。测定结果表明,胡杨树储盐量在枝条韧皮部为 1.6%,在叶子为 5%,在树干韧皮部为 10%。此外,胡杨树还可以把超出贮存能力的盐排出体外。"

在胡杨林中穿行了一阵,笨笨熊指着一株胡杨树上斑斑驳驳的白色结晶说:"看,这就是胡杨树分泌出来的盐。有人把这叫做胡杨泪。当地的人用这种结晶当做碱,加在面团中做面饼。"

离开白桦和李瑞时是上午时分,这时,已经时近中午了。笨笨熊对跳跳猴说:"不早了,该回去了,白桦大哥和李瑞还等着我们呢。"

小哥俩驾云回到了流沙河,跳跳猴把采来的桉树种子交给白桦,又向白桦和李瑞讲了他们的所见所闻。

其实,具有贮水功能的树,除了杏仁桉和胡杨,还有好多种。

在澳大利亚,有一种叫做巨瓶树的大树。这种树的树干像一个巨大的酒瓶,肚子大,脖子细。在雨季,降水量多,它就拼命往树干中贮水,以备度过旱季。一棵棵巨瓶树,实际上就是一个个水罐子。

在巴西东部的草原上,有一种纺锤树。这种树的树干酷似纺锤,树顶是稀疏的树枝和小巧玲珑的树叶,像是一束树枝插在了瓶子中。因此,人们又把它叫做瓶子树。在这种树的树干中,贮有很多水。在草原中旅行的人口渴时,可以砍倒一棵瓶子树,从树干中取水喝。

在非洲沙漠上,有一种叫做旅行家的树。它的外形像一柄芭蕉扇,树干中贮有很多水。沙漠缺水,白天气温又高,人在沙漠中旅行又热又渴时,可在旅行家树的树阴下乘凉,可折下树叶当扇子扇风,用刀子在树干上划一个口子,树汁会汩汩流出,是清暑解渴的饮料。它为旅行者想得如此周到,怪不得人们叫它旅行家树。

在墨西哥的沙漠中,有一种巨大的仙人掌,高达 20 多米,里面可以贮藏一吨多水,简直就是一座水塔。

在非洲,还有一种猴面包树。这种树的树干像海绵一样,里面贮存着大量的水。猴面包树树形巨大,一株树可贮水几千到几万升。在草原上旅行的人口渴时,可在树身上打一个小洞,水就会像泉水一样从洞口流淌出来。从山里流出来的水叫做矿泉水,从猴面包树里流出来的水该叫什么水呢?就叫树泉水吧。

软木与硬木

风餐露宿多日,跳跳猴一行忽见前面高山挡道。仰头望去,只见高山峻极,大势峥嵘。千年峰、五福峰、芙蓉峰,巍巍凛凛放豪光;万岁石、虎牙石、三尖石,突突磷磷生瑞气。

笨笨熊问:"这是一座什么山,竟然如此好风景?"

白桦说:"这山,唤做万寿山。"

跳跳猴说:"便是孙悟空偷吃人参果的万寿山吗?"

白桦说:"正是。"

一行四人爬上山来,钻进了树林中。树林里,几个工人正在伐树。奇怪的是,伐木工用的不是一般的伐木锯,而是用来锯钢铁的钢锯。树阴下,可以看见钢锯周围迸出淡淡的火花。

跳跳猴问:"他们怎么用钢锯来伐树呢?"

白桦说:"他们正在伐的树叫做绿心木树。绿心树的木质很硬,用一般伐木锯锯不动。"

"有这么硬的木头吗?"跳跳猴感到非常惊讶。

白桦继续说:"不相信吗?木工在加工木器时,通常用钉子来固定木制家具的各个部件,但绿心木是个例外。"

跳跳猴问:"怎么例外呢?"

白桦说:"钉子是钉不进绿心木中去的。"

跳跳猴叹道:"想不到,木头竟然比铁还要硬!"

白桦接着说:"绿心木除材质特别坚硬外,还有防腐、防水、防蛀的特点。由于这些优点,绿心木最适宜于做码头、防波堤、闸门和矿井的支柱等。

"在硬木中,除绿心木外,还有紫心木和黑心木。

"紫心木的断面在空气中暴露几小时之后，即逐渐变成深紫色，故名紫心木。紫心木具有耐火、防腐的优点，而且木纹美丽，富有光泽，常用来制作精美的家具和雕刻工艺品。

"黑心木的心材呈黑色。这种树，木质坚硬如铁，萌芽力特别强。在将树砍伐后，会在树桩上长出一簇新树。砍伐的次数越多，长出的新树越多。由于这种树的木材不易加工，而且容易燃烧，人们一般不用这种木材制作家具，而是用来烧火。由于这种树耐腐蚀、耐水、防蛀、不怕白蚁，人们常常在建筑时用它来作梁和柱。"

李瑞说："这么说来，绿心木、紫心木和黑心木可以说是树中三硬汉了。"

白桦点了点头。

其实，白桦有所不知，除了绿心木、紫心木和黑心木之外，在俄罗斯还有一种硬度很高的树木。这种树木，叫做铁木。

硬到什么程度呢？这么说吧，子弹打到树上，就像打到钢板上。

不信吗？那就讲一段历史吧。

1696 年，俄国和土耳其在亚速海面上交战。和现代的战舰不同，当时的战舰都是木制的。海战中，土耳其军队用猛烈的炮火向俄国的指挥舰射击。炮弹像冰雹一样落在了指挥舰的甲板上和船桅上。奇怪的是，一颗颗炮弹从船上反弹回来，像石头一样，'扑通''扑通'掉在了海里。这一情景，让土耳其军队惊讶得目瞪口呆。不可能吧，还有比炮弹硬的木头吗？正在他们看着这一情景茫然不知所措时，俄国战舰冲了上来，将土耳其海军捉了俘虏。这一场海战，使俄国海军军威大振，甚至给俄国海军披上了神秘的色彩。

为什么俄国的战舰能刀枪不入呢？外界人着实感到奇怪。原来，这艘战舰是用铁木制作的。在 17 世纪，俄国军队只是知道这种木头质地非常硬，便用它来制作战舰。到 20 世纪 70 年代，苏联林学家谢尔盖·尼古拉维奇等才对铁木进行了研究。他们用铁木制成靶子，然后用子弹对着靶子进行射击。结果，绝大多数子弹都在铁木靶子上碰了壁，弹了回来。谢尔盖·尼古拉维奇将铁木的纤维放在显微镜底下看，发现在木纤维的外面有一层胶质。用化学方法对这层胶质进行化验，结果表明，胶质中含有铜、铬、钴等金属元素。这种胶质在遇到空气后就会变硬，好像古代的战士穿上了一层铁甲。

接着，谢尔盖·尼古拉维奇对铁木的耐水性能进行了测试。他将铁木小木块放到水池里，将水池封闭起来。三年后，将水池打开，水里的木块一点也没有腐烂变形。

铁木不怕水,怕不怕火呢?谢尔盖·尼古拉维奇对铁木的耐火性能进行了测试。他将铁木块扔进烈火熊熊的炉膛,一个小时后,打开炉膛,铁木块毫发无损。

铁木是木材,怎么能在火里而不燃烧呢?

谢尔盖·尼古拉维奇也感到奇怪,仔细研究后发现,铁木纤维周围的胶质在高温下能生成一层防火层,并分解产生一种惰性气体。这样,大火也拿它没办法。

一行人离开伐木的地方,又走了一阵,眼前出现了一棵被伐倒的树,树干长度约十米。

白桦说:"我们休息一会儿吧。"

说着,他便在伐倒的树干上坐了下来。

坐了一会,白桦对跳跳猴说:"小兄弟,给我们表演一下动耳朵吧。"

旅行时,笨笨熊曾经告诉白桦,跳跳猴不仅耳朵大,而且会动。

跳跳猴笑了笑,说:"如果你能扛起你屁股底下的树,我便表演。"

白桦说:"当真?"

跳跳猴心里想,这棵树起码也有 500 斤,他如何便能扛起来呢?因此,他斩钉截铁地说:"大丈夫一言既出,驷马难追。"

白桦马上站了起来。

看到白桦胸有成竹的样子,笨笨熊说:"不行,光动耳朵不行,还要……"

跳跳猴问:"还要什么?"

李瑞笑着说:"还要趴在地上学狗叫。"

跳跳猴不假思索地说:"没问题。"

白桦弯下腰,准备要抱那棵树。

这时,跳跳猴突然说:"等一下。"

白桦直起腰,问:"怎么了?"

跳跳猴说:"要是,要是你扛不起来怎么处罚呢?"

白桦憨憨地笑了笑,说:"我要是扛—扛不起来,我也趴在地上学狗—狗叫。"

跳跳猴哈哈大笑,然后说:"好。"

话音刚落,白桦弯下腰,抱住那棵树,只轻轻地一使劲,便扛在了肩膀上,接着,又迈开大步走了几步。看他那轻松的样子,就像扛着一根小木棍。

白桦将那棵树轻轻地放在地上,说:"怎么样,没说的吧? 表演吧。"

　　跳跳猴二话不说,便趴在地上学起了狗叫,一边叫,耳朵一边动着。白桦、李瑞和笨笨熊笑得前仰后合。

　　表演完毕,跳跳猴站了起来,仔细审视了一下白桦扛过的树,心想,白桦大哥真的有那么大的力气吗?我也来试一试。想到这里,他便弯下腰,抱住那棵树,运了气。想不到,一使劲,那树被轻飘飘地举了起来,差点儿因使劲太大而栽倒。

　　跳跳猴将树放在地上,奇怪地说:"这树怎么会这么轻呢?"

　　白桦说:"长见识了吧?这棵树叫做巴尔萨树,质轻如棉,比重只有水的十分之一。这种树,原产于美洲的热带森林。近年,我国台湾、广东以及福建等地也有引种。"

　　接着,白桦指着身旁一棵高大挺拔的巴尔萨树问跳跳猴:"你猜,像这棵树,有几年树龄?"

　　跳跳猴打量了一下眼前的树,足有 15 米高。他想了一下,便说:"少说也有 10 年吧。"

　　白桦说:"对一般树来说,是需要十来年才能长到这么高,但巴尔萨树却只要四到五年。一般来说,轻质的木材都不结实。巴尔萨树呢?木材虽然轻,却很结实,而且绝热性好,浮力大。因此,它被广泛应用于航空、航海和用来制作工艺品。"

防身有术

越过万寿山，又来到一处山峦中。这里的山势虽不甚险峻，但也是峰岩重叠，洞壑湾环；风景虽不比刚才，却也是薜萝满目，芳草连天。

行走之中，大家突然发现道旁草丛中堆着一堆白骨，旁边的地上有一个大圆圈，放着熠熠金光。奇怪的是，那放着金光的圆圈外面芳草萋萋，里面却寸草不生。

白桦说："这一堆骷髅是白骨精的残骸。这去处，便是当年孙悟空三打白骨精的地方。"

李瑞问："白骨精是何许妖精，竟然要悟空三打才能打死呢？"

白桦朝跳跳猴看了一下。跳跳猴会意，给大家讲起了孙悟空三打白骨精的故事。

白骨精是当地一个善于变化的妖精。当年唐僧一行行到此处时，饥肠辘辘，唐僧便遣悟空去化斋。为了防止妖怪来捉拿师傅，悟空在行前拿金箍棒画了这一个圈，将唐僧、八戒和沙僧圈在了里面，并再三叮嘱师徒三人不得跨出圆圈半步。这圆圈放熠熠金光，妖魔鬼怪不能近前。悟空走后，山中的白骨精扮成一个花容月貌的女子，左手提一个青砂罐，右手掂一个绿瓷瓶，装作给夫君送饭，来到了唐僧一行身边。那八戒不仅贪吃，而且好色，见那女子长得颇有姿色，便与她套起了近乎。正在这时，悟空化斋回来，见妖精与师父等三人纠缠，举棒便朝妖精打去。唐僧看悟空又要杀生，念起紧箍咒。悟空被那金箍勒得头痛难忍，只好停了打斗。妖精留下一具尸体，真身却化作一股烟雾飞上天空。

妖精逃了性命，又变成一老妪拄着一根拐棍趋近前来。她说女儿一早出来送饭，久久未归，问唐僧等是否曾见到一个妙龄女子。正在这时，老妪看到了躺在地上的女子尸首，便呼天喊地地哭了起来。悟空认得是方才那个妖精的化身，举棒又打。师父又念起了紧箍咒，悟空抱着脑袋喊疼，第二次放走了妖精。

那妖精见唐僧肉眼凡胎,不识人妖,又能念念有词拘住那悟空,便又变了个老公公,装作来寻老伴。悟空有一双火眼金睛,认出这老儿是妖精所变。他抡起金箍棒,劈头狠狠打下去,将妖精打成一堆白骨。唐僧见悟空一连伤了三条性命,犯了佛门戒律,便撵走了悟空。悟空辞了师父,又回到了花果山,做他的猴子大王。

跳跳猴讲完故事,白桦笑着说:"走吧!别一会儿白骨精来缠上我们。"

李瑞说:"白骨精想吃的是唐僧,不会找我们麻烦的。"

跳跳猴指着笨笨熊说:"大家看,那一位不是唐僧的现代版吗?"

笨笨熊在跳跳猴的肩膀上狠狠捶了一下。大家嘻嘻哈哈地向山里走去。

山坡上的草齐腰深,跳跳猴走在前面为大家开路。就在他拨开草丛前进的时候,他的双手被什么东西刺了一下。

过了一会,跳跳猴突然觉得双手刺痒难忍,停下来仔细一看,两只手竟然红肿了起来。见此情形,他大惊失色。

李瑞问:"怎么了?"

"是藏在草丛中的白骨精咬了吧?"笨笨熊嬉笑着说。听了孙悟空三打白骨精的故事,他觉得唐僧平庸无能,又老冤枉好人。刚才跳跳猴说他是唐僧,虽然知道是开玩笑,但心里不由得老大不高兴。看到跳跳猴痛苦的样子,便半开玩笑地报复一下。

白桦见状,说:"这肯定是荨麻作的怪。"

跳跳猴说:"什么?荨麻?"

白桦问:"你刚才干什么来着?"

跳跳猴想了想,说:"我刚才趟草丛的时候,被什么东西刺了一下。"

白桦问:"什么地方?"

跳跳猴带着白桦返回到刚才被刺的地方。

白桦指着一株草,说:"我想,你一定是碰到了它。"

跳跳猴点了点头。

白桦接着说:"不出所料,正是这荨麻作的怪。不过,你的手上只有一个伤口,过一会就会好的。"

这时,笨笨熊和李瑞也走了过来。

白桦指着荨麻上的刺说:"看到了吗?这上面有尖尖的刺。但是,这种刺和玫瑰、刺槐的刺不同。玫瑰、刺槐的刺只是一个尖尖的突起。荨麻的刺呢?中间是空心,里面含有蚁酸、醋酸及其他毒性物质,人们把这种刺叫做毒针。如果身体碰到毒针,毒汁就会注入皮肤内,使皮肤红肿痒痛。如果注射的毒汁过量,甚至会出现生命危险。被荨麻刺伤后的感觉就像被马蜂、蝎子刺伤一样,因此,人们通常说荨麻会咬人。"

跳跳猴一边甩着两只手,一边问:"荨麻长毒刺有什么意义呢?"

白桦说:"自卫啊。"

"自卫?"跳跳猴反问道。他弄不明白,没有意识的植物怎么还知道自卫呢?

白桦说:"这有什么奇怪呢? 植物进行自卫是一个普遍的现象。"

接着,他讲起了植物自卫的故事。

在我国南方有一种浑身长满刺的,叫做蝎子草的植物,也属于荨麻科。这种刺在刺入动物或人的皮肤内后,会释放出甲酸类的毒素,也会使受伤部位出现红肿。和荨麻不同的是,蝎子草刺到体内的刺不容易脱落。

在辽宁东部的山区有一种咬人的树。春天,这种树的枝端萌发出一簇簇绿里透红的枝叶,很好看。如果不知深浅去采摘这些叶子,就会浑身起鸡皮疙瘩,瘙痒难忍,继而起皮疹、破溃、流黄水,最后要脱掉一层皮才能痊愈。整个过程轻的需要十余天,重的需要两至三个月。

还有更厉害的,在非洲中部的森林里,有一种长刺的树。这种树的刺含有剧毒,人及动物一旦被它的刺刺伤,会立即死亡。

我国西双版纳生长着一种树,叫做箭毒木。这种树的树皮里的白色乳汁毒性很大,并且有刺鼻的气味。这种树液如果误入人眼,会使人马上双目失明;如果被人误服,会使人立即心跳停止。过去,人们用硬木做成箭,将箭头浸泡在箭毒木的树液中,制成毒箭。凡是被这种毒箭射中的人,无一幸免,全部死亡。正是因为这种树液可以用来制作毒箭,因此,人们把这种树叫做箭毒木。可以说,这带毒的箭便是当时的化学武器。

罗马尼亚有一种琉璃草,它的叶子会散发出一种气味。老鼠闻到后,先是猛烈跳跃,不久便一命呜呼。人们利用这种草的成分,制成了灭鼠药。

1981 年,美国东北部的好大一片橡树林的树叶被舞毒蛾啃了个精光。第二年,树林里的舞毒蛾突然销声匿迹。舞毒蛾是一种很难扑灭的森林害虫,怎么能够自行消失呢? 人们感到不可理解。研究发现,舞毒蛾吃过的橡树叶子单宁酸含量大大增加,舞毒蛾吃这种叶子后,会出现消化不良、行动迟缓、容易生病或被鸟类吃掉。原来,橡树在吃过亏后生产出了化学武器,将舞毒蛾消灭了。

1970 年,阿拉斯加原始森林中野兔泛滥,植物破坏非常严重。人们想了好多办法控制野兔,但效果不明显。就在人们一筹莫展的时候,许多野兔因为腹泻大量病死。对这一现象,人们同样感到不可理解。研究发现,被野兔咬过的树木长出的新芽可以产生一种有毒的物质,使得又来欺负它们的野兔生病、死亡。人类都束手无策的野兔,树木却轻松地将其制伏了。

上面说的是有毒物质,除此之外,植物自卫的方式五花八门。

有的植物在树干或枝条上长着刺,就像在树上缠了带有铁蒺藜的铁丝网,令来犯者望而生畏。

有的植物在茎上有一层黏性物质,可以将向上爬的昆虫牢牢黏住,防止植株顶部的叶和花受到伤害。

有些植物的叶片在茎部周围合拢,形成盘状,里面储存着水。这一设施,就像在城堡外面的护城河。当昆虫顺着茎向上爬时,被这天堑所阻挡,只好怏怏不乐地返回。上面的花果便可以不受侵扰,优哉游哉地生儿育女。

在坦桑尼亚,有一种很奇怪的树。如果在开花时节不小心碰到它的花朵,会从叶子里冒出一股液体。这种液体洒在人的皮肤上,会造成严重灼伤。人们对这种液体进行分析后大吃一惊,原来这种液体是浓度很高的硫酸。因此,人们把这种树叫做硫酸树。这硫酸树的叶子,是当之无愧的护花使者。

一行人边说边走,面前又出现了几株荨麻。这次,跳跳猴吸取了教训,小心翼翼地从旁边绕了过去。

孤家寡人

绕过荨麻，眼前出现一条小河，河中放着几块石头。跳跳猴、白桦和李瑞三步并作两步踩着石头跑了过去。笨笨熊呢，刚踩上第二块石头，便身子一晃，栽倒在河水里。他从水里爬了起来，手脚着地，弓着脊背，摸着石头往河对岸爬。

跳跳猴指着正在爬行的笨笨熊，一边笑，一边说："看那熊样。"

李瑞微微笑了笑，说："这才叫做名副其实。"

跳跳猴回过头来望着李瑞，问："什么意思？"

李瑞朝跳跳猴招了招手，神秘地说："过来，我告诉你。"

跳跳猴凑到李瑞跟前。李瑞压低声音说："人家的名字就叫笨笨熊嘛。"

跳跳猴这才知道，他被李瑞幽了一默。

他推了李瑞一把，说："我还以为是什么秘密呢。"

李瑞打了一个趔趄，差点儿掉到河里。

这时，笨笨熊水淋淋地爬到岸上。他脱下湿淋淋的上衣，搭在附近的一棵核桃树上。

这时，跳跳猴突然"咦"了一声。

笨笨熊马上正色道："怎么了？"他以为出了什么情况。

跳跳猴说："远处的树木密密麻麻，怎么这核桃树孤零零地就一个呢？"

笨笨熊和白桦定睛一看，是的，不远处山坡上的树一棵接着一棵，可这核桃树周围竟然没有一个伙伴。

原来是这么一个问题，笨笨熊释然了。他说："核桃树的根和叶可分泌一种叫做核桃醌的物质。下雨时，这种物质可伴着雨水渗到地下，经过土壤中微生物的分解作用，成为有毒的化合物。这种化合物可以使生长在核桃树周围的其他植物枯萎而死。因此，核桃树还有一个别称，叫做孤家寡人。"

听了笨笨熊的解释,跳跳猴一个劲地点头。

顿了顿,笨笨熊继续说:"和核桃树相似的还有紫云英。紫云英植株内含高浓度的硒,当雨水接触到紫云英的叶面时,紫云英中的硒就被溶进叶子上的水滴中。其他植物接触到这种含有高浓度硒的水,就会中毒死亡。紫云英扩大领地,靠的就是这种方法。"

人类为争夺领土发动战争;一些动物也画地为牢,不允许家族以外的同类进到自己的圈子里。但是,有多少人知道植物界也存在领土之争呢?令人惊讶的是,动物的领地保卫战靠的是爪牙,植物用的是化学武器。为了扩大自己的地盘,它们不惜毒杀自己的邻居。

植物还能互通情报

讲完孤家寡人，白桦说："我们走吧，前面的路还长着呢。"

笨笨熊从核桃树上取下半干的衣服拎在手上，跟着白桦、跳跳猴和李瑞继续赶路。

白桦一边走，一边说："刚才说了许多植物防卫的例子，实际上，植物还能互通情报呢。"

"什么？植物还能互通情报？"跳跳猴感到不解。

白桦说："不信吗？说几个例子吧。

"羚羊在吃金合欢树叶时，附近的金合欢树树叶内的丹参酸含量就迅速大量增加。羚羊在吃这些叶子时，会中毒死亡。

"长颈鹿喜欢吃驼刺合欢。当长颈鹿在驼刺合欢树上吃叶子时，大约经过10分钟，同一棵树的其他树叶内就会产生大量单宁酸，使得其感到恶心，甚至中毒。

"掌握了这种规律后，长颈鹿在一棵合欢树上吃叶子的时间从来不会超过10分钟。

"想不到，驼刺合欢树很有团队精神，受到伤害的树在产生单宁酸的同时，还会向空气中释放一种物质。这种物质随风飘散，可以使处于下风方向的驼刺合欢树也产生单宁酸。

"长颈鹿发现了这个秘密，于是，在一棵树上吃过叶子后，便逆风去找下一棵没有收到警报的驼刺合欢树。"

"噢，这驼刺合欢和长颈鹿在斗智啊！"跳跳猴感叹道。

白桦接着说："有人曾对植物传递信息的情况进行研究。两位生物学家将30棵盆栽杨树放在第一间温室内，将另外15株放在远处的第二间温室中。他们将第一间温室中15棵杨树的叶子打破，52小时后，同室中所有杨树的叶子中都出现了大量的抗害虫物质。放在第二间温室中的 15 棵杨树叶子的成分没有发生任何变化。

　　"不仅杨树，柳树也有类似的功能。有的科学家还注意到，当一种害虫侵害某一种柳树时，周围的柳树叶中生物碱含量会很快增加，使叶子变得苦涩难吃，又无法消化。"

　　李瑞问："这些植物之间是通过什么途径来传递信息的呢？"

　　白桦说："这仍然是一个谜。"

　　跳跳猴说："我们可以向智者请教这个问题吗？"

　　笨笨熊说："老师目前的研究课题中就包括植物间的信息传递，恐怕现在还没有结论。"

猪笼草和茅膏菜

默默行走一阵后,白桦说:"让我们去看一种更神奇的植物吧。"

白桦一边领着大家在草丛中走,一边左顾右盼地注意着脚下。

半个时辰过去了,白桦仍然在边看边走。

跳跳猴忍不住问道:"你在找什么呢?"

就在这时,白桦指着身旁的一株草惊喜地喊道:"啊,找到了。"

跳跳猴问道:"这种草叫什么名字呢?"

白桦说一边蹲下,一边说:"猪笼草。"

跳跳猴好奇地问:"为什么叫做猪笼草呢?"

白桦仰起头来问跳跳猴:"你见过运猪的笼子吗?"

跳跳猴摇摇头。

猪笼草

白桦接着说:"在猪笼子的开口,有呈锥形伸向笼内的竹条。猪可以顺着竹条钻进笼内。但一旦进去,竹条便将猪笼的出口封闭起来。再看这种草,在叶子中脉的末端,生出了卷须,卷须又长出一个像瓶子一样的结构。这瓶子的'瓶口'边缘向内翻卷,就像人们运送猪时用的猪笼子。因此,人们把这种草叫做猪笼草。"

听了白桦的讲述,跳跳猴点了点头,他问道:"这种草,神奇在哪里呢?"

白桦对跳跳猴说:"这是一种吃荤的草。"

"吃荤?"跳跳猴感到非常惊讶。在他看来,只有食肉动物才能吃荤,植物怎么会吃荤呢?

白桦笑了笑,说:"想不到吧?这种草开的花能散发出一种香气。小虫闻到这种香气,就会顺着'瓶口'钻进去。一旦进去,'瓶口'就封闭起来,将虫子关在里面。令人称奇的是,在这个'瓶子'内,有一种黏性液体,能将小虫消化成可以被猪笼草吸收的营养物质。你看,这不等于是草把虫子吃掉了吗?"

跳跳猴点点头,接着问:"它能吃哪些虫子呢?"

白桦说:"其实,不只是虫子,蚂蚁、小鼠和小鸟都是它的猎物。"

好像是专门为白桦一行表演,正在这时,一只蜜蜂嗡嗡地飞了过来。白桦将两个手指放在嘴唇上,示意大家不要出声。看了白桦的手势,跳跳猴、笨笨熊和李瑞一动也不动。蜜蜂在空中盘旋了一阵,径直落在了猪笼草的"瓶口",接着,钻了进去。笨笨熊轻轻抓起猪笼草,从"瓶口"往里看。天呐!只见可怜的蜜蜂在里面挣扎着,但怎么也出不来。

看完这一出剧,白桦说:"让我们再看一看茅膏菜吧。它也是捕虫能手。"

说完,他又猫着腰在草丛中找了起来。

大约找了一个时辰,没有看到茅膏菜的踪影。猫腰的时间长了,白桦感到腰酸背痛。他直起腰来,嘟嘟囔囔地说:"每次带人来,都能在这里看到茅膏菜。今天是怎么了?"

刚说到这里,他眼睛一亮,指着面前不远处的一棵草,喊道:"找到了,你们看,这就是茅膏菜。"

茅膏菜

大家定睛一看,只见在茅膏菜的每一片叶子上,都长着一层浓密的绒毛。正在此时,一只苍蝇飞了过来,停在了茅膏菜的叶子上面。真奇怪,那叶子上的绒毛像听到命令一样,将苍蝇卷了起来。

李瑞问:"这苍蝇为什么不在被卷起来之前赶快跑掉呢?"

白桦说:"你没看见叶子绒毛上的液滴吗?"

李瑞仔细看了一下,是的,在叶子的绒毛上,有一层露珠样的液滴。

白桦说:"那些液滴是有粘性的,昆虫一站在茅膏菜的叶子上,就被牢牢地粘住了。

然后,叶面上的绒毛向下弯曲,把来访者包起来。这茅膏菜还有判断能力和协作精神。如果到访的虫子比较大,茅膏菜会把整个叶子对折起来,把虫子夹在里面。如果叶子对折起来还对付不了,周围的其他叶子也会过来助战。"

跳跳猴问:"周围的叶子为什么能发生反应呢?"

白桦说:"奇怪就怪在这里。人们一般认为,植物是没有神经的。但茅膏菜的这种绒毛弯曲、叶子对折以及周围叶子共同协作捕捉虫子的反应又很像是神经系统在起作用。更为惊奇的是,有人将一截重量仅 0.822 微克的一段头发放在茅膏菜的叶面上,竟然也引发了绒毛的弯曲反应,可见茅膏菜对刺激有多灵敏。"

跳跳猴问:"茅膏菜也能像猪笼草一样将猎物消化掉吗?"

白桦说:"能,茅膏菜分泌出来的液滴能消化肉类、脂肪、种子、花粉甚至骨头。"

其实,能够吃虫子的植物还有捕蝇草、瓶子草、捕虫堇和长在水中的狸藻等。捕蝇草的叶片呈椭圆形,沿中脉分成两瓣,像撑开的两片蚌壳,叶面上有许多敏感的腺毛,叶片边缘有许多齿状的刚毛。当昆虫落到叶片上时,触动了敏感的腺毛,叶片就像蚌壳一样猛然合拢,叶缘的齿状刚毛紧密地交叉扣合,把虫子紧紧地包裹在中间。然后,慢条斯理地将捕获物消化吸收。

还有一种植物,叫做毛毡苔。在这种植物的叶面上,有许多色彩鲜艳的绒毛。每一根绒毛的顶端,有一个小泡,泡内有胶粘而闪光的香甜液体。昆虫受甜味的吸引踏上毛毡苔叶面上时,便被小泡中的黏液粘住。然后,叶面上的纤毛向内弯曲,把小虫包裹起来。接着,毛毡苔就分泌出一种消化液,把被俘获的小虫消化、吸收。将捕获物吃完后,叶子会重新张开,等待下一个虫子自投罗网。猪笼草和茅膏菜是守株待兔,毛毡苔则使用了诱捕,比猪笼草与茅膏菜又技高一筹。

毛毡苔似乎不只有触觉,能感觉到有物体落在它上面,还有味觉,能判断访客是否可以食用。如果将一粒沙子放在它的叶面上,一开始,叶面上的绒毛出现卷曲反应。但它很快便知道上了当,将绒毛舒展开来,等待下一个猎物。

植物的艺术细胞

看罢茅膏菜，一行人下得山来，来到一片蔬菜地边。这时，大家听到一阵悠扬的音乐。

跳跳猴环顾了一下四周，好奇地说道："咦，辽阔旷野，从哪里来的音乐呢？"

白桦指着地边的一块牌子说："你没看到这块牌子吗？"

大家朝那块牌子看去，只见上面写着"音乐试验田"几个大字。

跳跳猴问："为什么叫做音乐试验田呢？"

白桦说："在试验这些蔬菜喜欢哪种音乐啊！"

"蔬菜还能欣赏音乐？"李瑞大惑不解。

白桦说："我认为，欣赏音乐是人类、动物和植物的共性。"

听了白桦的话，跳跳猴摇了摇头。

白桦说："不相信吗？"

跳跳猴说："人类喜欢音乐是不争的事实，但是，动物和植物怎么可能也懂得欣赏音乐呢？"

白桦说："先说动物吧。中国有句成语叫做对牛弹琴，原意为牛是不懂音乐的，对着牛弹琴，是不看对象，白忙活。实际上，许多动物不仅懂得欣赏音乐，而且在听音乐后可以使生理功能发生明显变化。实验证明，牛听音乐后产奶量可以增加，鸡听音乐后产蛋量可以增加。

"再说植物。我国宋代科学家沈括在《梦溪笔谈》中记载，当人弹奏乐曲时花草会闻歌起舞。后来，又有文献记载，虞美人草在听到弹琴或唱歌时会像跳舞一样摆动。这一现象，竟然使弹唱者大惑不解，甚至惶恐。"

今天，跳跳猴、笨笨熊和李瑞第一次听说动物和植物也懂得音乐。其实，植物与音乐的趣事还有很多。

1981 年 5 月，人们在云南西双版纳勐腊县的原始森林里发现了一棵会跳舞的小树。如果在这棵树的旁边放音乐，它会随着音乐的节奏翩翩起舞，尤其是树顶的细枝嫩叶，竟然可以将细细的腰肢扭转一百八十度。音乐一停下来，小树会立刻恢复静止状态。但是，这株树并不是听见音乐就起舞。在听到嘈杂的音乐或进行曲时，它无动于衷，只有在听到优美动听的轻音乐或抒情歌曲时，才会来情绪，跳上一曲。

植物真的能感知音乐吗？这一问题，激起了后人的浓厚兴趣。印度有一位科学家做了一个对照试验。他在一块稻田里每天播放 25 分钟音乐，在同样土质的另一块稻田不放音乐。一个月后，发现放音乐的稻田中的水稻平均株高超过 30 厘米，比没有听音乐的水稻明显茂盛苗壮。哈，人听音乐可以愉悦精神，水稻听了音乐却可以长个子。

美国的道诺歇·雷托拉夫人给植物放不同音乐，观察不同音乐对植物的影响，结果发现听摇摆舞乐曲的一组植物不出一个月全部枯萎；听轻音乐的一组植物生长苗壮；第三组植物没有听任何音乐，长势介于听摇摆舞与听轻音乐组。

在这些发现的基础上，日本于 1989 年建立了世界上第一个音乐农场，在作物的生长期不断放音乐。结果，作物的生长期大大缩短。比如，番茄一般情况下生长期为 4 个月，听音乐后只需要 3 个月，而且听音乐后的番茄体积大，有的一只就有 2000 克重。法国科学家让植物听音乐，收获了重达 3000 克的卷心菜和 2500 克的大葱。美国人给植物听音乐，收获了像足球大小的马铃薯和花盘周长达两米的向日葵。

音乐对植物产生影响是什么道理呢？

在植物的叶片上分布着许许多多的气孔，植物靠这些气孔吸收二氧化碳，进行光合作用。初步研究认为，对植物播放喜欢的音乐时，音乐的声波会使气孔增大。这时，叶片就可以大口大口吸入二氧化碳，光合作用加强，合成的有机物质增多。结果，促进了植物的生长，并增加作物的产量。

研究还发现，对一种叫做加纳菇茅的植物演奏音乐时叶片中细胞质的流动比平时要快。这也可能是植物"听"音乐后可以促进生长的一个原因。

听着悠扬的音乐，跳跳猴一直在想，将来，一定要搞一个动物试验场和植物试验田，试一试它们是否真的有艺术细胞。

会发光的树

　　离开音乐试验田，大家且说且走。夜幕悄无声息地把整个大地包裹了起来，旷野中，忽远忽近传来一阵阵虫鸣。他们想找一户人家借宿过夜，但周围一片漆黑，看不到一家灯火。笨笨熊有点害怕了，紧紧地拽着跳跳猴的衣服。

　　跳跳猴问笨笨熊："害怕吗？"

　　笨笨熊有点不自然地清了清嗓子，说："没，没害怕。"

　　跳跳猴说："装什么，声音都发颤了。"

　　白桦拍了拍跳跳猴的肩膀，说："小兄弟，讲个故事吧。"

　　跳跳猴说："我不会讲故事，大家猜个谜语吧。"

　　听说猜谜语，笨笨熊说："什么谜语，快说。"

　　他想通过猜谜语忘掉恐惧。

　　跳跳猴说："四个大山山对山，四个大川川对川，四个日头连环套，四个嘴巴紧相连。打一字。"

　　白桦口里念念有词："四个大山山对山，四个大川川对川。还有什么？"

　　李瑞说："四个日头连环套，四个嘴巴紧相连。"

　　白桦一遍又一遍地念着谜语，总想不出谜底。

　　这时，笨笨熊说："有了。"

　　跳跳猴问："什么字？"

　　笨笨熊说："田。"

　　跳跳猴捶了一下笨笨熊的脊背，说："恭喜你，蒙对了。"

　　白桦有点不服气。在白桦寨，每年元宵节猜谜语时总是他第一。他说："再来一个。"

　　跳跳猴说："没有了。肚子里没有货了。"

笨笨熊说:"那么,我来想一个吧。"

想了一会,他说:"看起来不正,没有不则正。打一字。"

跳跳猴、李瑞和白桦都在反复念着"看起来不正,没有不则正"。

大约走了五六十步,李瑞急急喊道:"有了。"

笨笨熊问:"什么字?"

李瑞说:"便是不正。"

白桦说:"笨笨熊说打一字,究竟是什么字?"

笨笨熊笑了,说:"恭喜你,小兄弟。"

白桦说:"恭喜什么? 他还没有说出谜底呢。"

李瑞说:"怎么没有说出来呢? 我说了这个字便是不正。不正不就是歪字吗? 歪字没有了不,不就是正吗?"

白桦将李瑞搂了搂,说:"小兄弟,真有你的。"

李瑞急忙将白桦推了开来。

这时,不远处,隐隐有一团微弱的白光。

笨笨熊指着那一团微光说:"你们看,那里好像有灯火。有灯火,便应该有人家的。"

跳跳猴定睛看了看,说:"我看,不像是灯火。"

笨笨熊说:"明明有一团光亮,如何便不是灯火呢?"在茫茫黑暗中,他急切地希望能找到一户人家。

白桦笑了笑,说:"我们走近看一看吧。"

一行四人朝着亮光处走去。近前一看,原来是一株树。

李瑞奇怪地问:"树怎么会发光呢?"

白桦说:"树本身是不会发光的,发光的是寄生在树上的一种真菌。"

李瑞又问:"真菌又怎么会发光呢?"

白桦说:"这种真菌体内有两种发光物质,荧光素和荧光酶。荧光素在荧光酶的作用下发生氧化,便会放出光来。不过,这种光比较微弱,白天被日光掩盖,看不到。到夜晚,才能被人看见。

"据说,在非洲,有一种树发出的光很强,甚至在白天也能看见发光。夜晚,人们可以借助这种树发出的光看书。

"1961 年,我国在井冈山也发现过夜光树,这棵夜光树发出的光可以像路灯一样为行人照明引路。

"1983年,湖南省有一株杨树在剥皮后放出了光芒,连锯下的锯末也能发出微光。

"在美洲的海地、古巴、牙买加、墨西哥等地,有一种叫做夜光花的树。在开花期,每天晚上都能发出微弱的光。"

跳跳猴问:"这些植物发光也是因为真菌吗?"

白桦说:"不,有的是由于植物内含磷质较多所致,有的则原因不明。因为这些光是生物体在生命活动过程中产生,所以被称为生物光。生物光是一种冷光。"

跳跳猴问:"什么是冷光呢?"

白桦说:"我们平时用的灯泡在发光的同时会产生比较多的热量,因此,在照明一段时间后便会发烫。火光释放的热量比例更高,也就是说,大部分能量转化成为热,只有一少部分能量变成光。冷光呢?释放的热量很少,约95%的能量转化为光,而且光色舒适,柔和。"

九死一生还魂草

讲完发光植物,白桦从树上折下一截树枝。靠着树枝发出的微光,带着大家循路前行。

在黑暗中摸索了约摸一个时辰,终于看到了几处灯火。走近了,原来是一个小村庄。

走到村边的一幢房子跟前,跳跳猴上前敲门。

敲了几声,没有人应。

过了一阵。

又敲了几声,还是没有人应。

又过了一阵。

正当跳跳猴抬起手,要第三次敲门的时候,门"吱呀"一声打了开来。门里,站着一个提着灯笼的老者。

跳跳猴向老者说明,他们想要在这里借宿一晚。老者点了点头,将一行人迎进房间。

老者须发皆白,面色红润,说起话来声如洪钟。得知三个小孩还没有吃晚饭,老人为他们烤上了几只白薯,然后,和三个孩子攀谈了起来。

老者问:"四位小朋友为什么深夜在荒郊野外呢?"

跳跳猴告诉老者,他们是出来考察植物的,每天在野外转悠。今天,没有掌握好时间。天黑下来的时候,才发现被困在了前不着村后不着店的荒野中。

老者"噢"了一声。

"老爷爷,您就一个人住在这里吗?"笨笨熊问。

自从进到房间里来,笨笨熊没有看到其他人。

"是。其实,这里不是我的家。"老者说。

接着,老者谈起了他的身世。原来,他是一个工厂的工程师,终身没有成家。退休后,便来到这个山村,租了一个院子住了下来。他说,他喜欢这里清净的空气,喜欢这里淳朴的民风。他每天侍弄院子里的菜园子,有时和别人一起上山采药,生活悠闲而且充实。

跳跳猴说:"您老的生活可真有点像陶渊明啊。"

老者得意地说:"是啊。在这里,确实可以体会到大诗人'采菊东篱下,悠然见南山'的意境。"

老者从火炉中取出白薯,捏了捏,软乎乎的,熟了。他递给四个孩子一人一个,待跳跳猴几个吃过,便安顿他们睡觉。

第二天早上天刚亮,白桦便把跳跳猴、笨笨熊和李瑞叫了起来。他们发现,老者不在房间里。

出得房间,他们看见院子里种着西红柿、黄瓜、豆角……顺着院墙,还种着菊花和枸杞。老者正在园子里弓着身子为菜地松土。

跳跳猴上前向老者告辞。老者撇了手里的锄头,提了已经摘好的一兜子黄瓜和西红柿,要跳跳猴他们带上。四个人再三谢过老者,便上路了。

一行人登上山岗时,太阳刚刚从远处的山顶探出头来。回过头来,只见整个山村笼罩在薄雾之中,蒙蒙眬眬。村口,牧童赶着一群牛出来放牧,不时发出哞哞的叫声。

跳跳猴感叹道:"多美的景致啊。我老的时候,也想来这山村里度晚年。"

笨笨熊说:"乳臭未干,倒想着度晚年?太有点远虑了吧?"

白桦说:"到时候,大家老的时候,都到我的白桦寨去吧。"

李瑞说:"不过,跳跳猴是仙石变成,是永远也不会老的。"

听了李瑞的话,跳跳猴哈哈大笑起来。

走着走着,白桦指着路边几株干瘪瘪的植物问道:"知道这是什么吗?"

跳跳猴、笨笨熊和李瑞都摇摇头。

白桦说:"这种植物叫做卷柏。干旱时,它可以卷缩起来,像手指收拢起来形成拳头一样,看上去像一株枯草。但只要一遇到水分,就拼命吸吮。原先收拢的枝叶会再舒展开来,抽枝发芽。日本有一位生物学家将卷柏制成植物标本陈列在植物馆里,十一年后,这株标本居然在遇水后复活了。这种现象,就像神话中灵魂附体,使死去的人复活一样。因此,有人便把它叫做还魂草。更令人惊叹的是,这种还魂草能一而再,再而三地枯死和复活。因此,有人又把它叫做长生不死草或九死还魂草。"

笨笨熊接着说:"我从一本书上看到,在非洲南部的沙漠地区有一种草,外形酷似乌龟,叫做龟甲草。在干旱季节,它会将枝叶脱掉,看上去又干又黄。当雨季来临时,这种植物能很快发出嫩芽,接着,长出枝条和叶子,并抢速度开花、结果,将后代留下。"

听了白桦和笨笨熊的讲述,跳跳猴说:"我有一个憧憬。"

笨笨熊问:"憧憬什么?"

跳跳猴说:"憧憬我们几个能像卷柏一样九死还魂。"

李瑞说:"我补充一句。"

跳跳猴问:"补充什么?"

李瑞笑着说:"在第九次还魂时,像龟甲草一样赶快把后代留下。"

白桦装出一副愁苦相,说:"可惜,李瑞说的这一条我们做不到啊!"

李瑞问:"怎么做不到?"

白桦说:"要留下后代,先决条件是找对象啊!"

说罢,大家都哈哈大笑起来。

一行四人有说有笑,向山冈下走去。

植物与地质

行了数日，一行四人来到一个去处。这里，香松紫竹绕山溪，鸦鹊猿猴穿峻岭。远观好似三岛天堂，近看有如蓬莱仙境。

白桦告诉跳跳猴、笨笨熊和李瑞，此处唤做黑松林。唐僧撵走悟空后，在这里被妖魔擒住，是八戒到花果山用激将法将悟空请出山来，才救得唐僧一行。

从黑松林下山时，跳跳猴看见有一队人从山下向上爬。为首的约摸 50 多岁，大概是老师，其余的学生模样。他们手里拿着小锤，背上背着筐子。

跳跳猴说："他们是干什么的呢？是采药的吗？"

白桦说："不是。采药为什么还拿小锤呢？我们下去看看吧。"

说完，便领着跳跳猴、笨笨熊和李瑞向正在往山顶爬的队伍走去。

走近了，跳跳猴向他们打招呼："下午好。"

老师模样的人停下脚步，微笑着回应："小朋友好。"

跳跳猴接着问："请问你们在干什么呢？"

一个学生模样的男孩说："我们老师在领我们找矿。"

跳跳猴这才看见，他们背上背着的筐子中有石头，还有一些不知名的草。

跳跳猴问："找矿怎么还采草呢？"

老师说："有些草可以帮助我们找到矿石啊。"

"草还可以帮助找矿？"跳跳猴感到不理解。

老师说："举个例子吧，有金矿的地方，周围土壤中的含金量也高。草是生长在土壤中的，土壤的成分会影响草的成分。如果分析植物发现含金量高，就提示这一块可能有金矿。"

跳跳猴若有所悟地说："噢，原来如此。"

"这么说来，采草不仅可以帮助找金矿，还可以帮助找其他的矿藏吧？"白桦问。

老师说："是这样。根据对植物分析的结果，不仅可以找到金矿，还可以找到许多其他的资源。比如，澳大利亚最大的铜矿就是因为找到含铜量很高的铜草而发现的。

"研究发现，在堇草长得茂盛的地方，土壤中含锌量高。三叶草生长茂密的地方，下面往往有钽。植物叶子上出现斑点，并且果实形状特殊，一般在地层里蕴藏着锌、镍或铜矿。

"有些植物，本身就是矿藏。海底植物海藻具有从海水中吸收金元素的特殊功能，其含金量竟然超过海水含金量的 1400 倍，就像是金子的浓缩器。因此，有人尝试在海底广泛种植这种海藻，然后从海藻中提炼金子。"

这时，一个戴着眼镜的男同学抓着一把草从远处跑了过来。他一边跑，一边扬着手里的草对老师说："老师，请看这是不是堇草。"

老师把草接过来看了一下，说："没问题。"

戴眼镜的男同学指着旁边的一个小山冈说："那里长着许多呢。"

老师说："走，我们看看去。"

说完，老师带着他的学生朝山冈走去。途中，他们时而用锤子敲石头，时而弯下身来挖草。

望着老师和学生们远去的身影，跳跳猴说："我还是第一次知道植物的分布竟然和地矿有关系。"

气象与地震预报员

笨笨熊说："植物不仅可以用来帮助找矿，还可以用来预报气象。"

"是吗？"跳跳猴感到难以置信。

笨笨熊说："不相信吗？广西壮族自治区忻城县有一种青岗树，天晴的时候，树叶呈深绿色，降雨前树叶变成红色，雨转晴前树叶又会变成深绿色。湖南省有一种乔木，它的花苞只在下雪前才开放。有趣的是，这种树下一次雪开一次花，并且花大雪大，花小雪小，人们将其称为报雪花。"

白桦接着说："树木不但可以报天气，还可以报地震。1976 年唐山大地震前，不仅唐山，连山西都有许多树木开第二次花。印度尼西亚的火山上有一种植物，它平时不开花，一旦开花，必然有火山爆发，对当地人民躲避火山灾害起了很大的作用。因此，人们把它叫做报警花。"

这么说来，植物可以说是气象与地震预报员。

但是，它们为什么能预报气象与地震呢？

以地震为例吧。植物是生物体，生物体都有生物电。在地震发生前，地层中的温度、电位和磁场等会发生波动，这些波动有可能通过植物的根系对植物的生物电产生影响。事实是不是如此呢？科学家针对这个课题进行了研究。他们发现，合欢树在地震前确实出现了明显的电位变化和强大的电流，接着表现出多种肉眼可以看到的异常现象。

这个道理不太好懂吗？好，那就说得通俗一点吧。地球上的所有植物都植根于大地中，也就是说，大地是所有植物的母亲。母亲生病了，浑身发抖，吃母亲奶的孩子能没有任何反应吗？

植物还有血型

一行四人一边说,一边走,不觉来到了黑松林的山脚。

跳跳猴感慨地说:"植物竟然能对天气和地质作出预报,真有趣。"

实际上,有趣的事情多着呢。有些植物还有血型。

植物没有血液,怎么会有血型呢?

噢,准确地说,应该说植物具有血型样物质。

具体说,人具有 ABO 血型系统,有些人是 A 型,有些人是 B 型,有些人是 AB 型,有些人是 O 型。

植物呢?也具有类似的系统,比如,松蕈科血型物质是 O 型,忍冬科血型物质是 AB 型和 O 型,旋节花科血型物质是 A 型,细叶冬青科血型物质是 B 型和 O 型,械科血型物质有 O 型和 AB 型两种。枫树的血型物质和叶子的颜色有关,在秋天叶片呈红色的血型物质是 O 型,呈黄色的血型物质是 AB 型。荞麦、李子和葡萄血型物质是 AB 型,草莓和南瓜血型物质是 O 型。

奇怪的是,在人类总人口中,大约 50% 的人血型是 O 型;在具有血型物质的植物中,也是大约 50% 的血型物质是 O 型。

难道植物和动物的血型在生物进化上有共同的根源吗?

不过,并非所有植物都有血型。比如,在 150 种蔬菜和水果中,只有 19 种可以查出血型物质。

人们是怎样发现植物血型的呢?

其实,植物的血型是偶然发现的。某年某月某日,一个日本妇女在卧室死去,警察对这位妇女的血型进行化验,是 O 型。但是,枕头上的血迹血型为 AB 型。很自然,警察想到这个妇女是死于他杀。但是,进一步的侦察找不到他杀的证据。

这时,有人提出,枕头里的荞麦皮会不会是 AB 型呢?

　　植物会有血型？这在当时是很难让人相信的。但是，为了缜密，警察对枕头里的荞麦皮进行了血型化验。出人意料，果然发现荞麦皮有血型，并且正好是 AB 型。

　　在这以前，人们并不知道植物有血型。一个有医学知识的人，一般是不会提出对荞麦皮进行血型化验的。在这次侦察中，提出检查荞麦皮血型的老兄可能是一个没有医学常识的人。但正是由于对医学知识的缺乏，才发现了原来植物也有血型。

朵朵葵花向太阳

山脚下有一条小河，河对岸的一块地里，一大片向日葵像是站在操场上的士兵，齐刷刷地将那黄澄澄的脸盘向着太阳。

跳跳猴说："我一直没有搞清楚向日葵为什么总是围着太阳转。"

笨笨熊笑了笑，说："在它们看来，太阳是至高无上的，所以，便总是要看太阳的脸色嘛。"

看到笨笨熊在开玩笑，跳跳猴说："老兄，我是认真的。"

笨笨熊也严肃了起来，说："噢。前些年，科学家发现在向日葵花盘下的茎中有一种植物生长素。这种生长素的浓度总是背光的一侧多于向阳的一侧。因此，背光一侧的茎总是比向光一侧生长得快，结果，花盘就总是向着太阳弯曲。进一步的研究发现，除植物生长素外，还有一种叶黄氧化素也可以使向日葵发生向光性弯曲。与植物生长素相反，叶黄氧化素是一种抑制细胞生长的物质，它总是向阳的一侧比背光的一侧含量高。在植物生长素和叶黄氧化素的协同作用下，向日葵就总是朝着太阳低头哈腰了。"

白桦说："我想，向日葵围着太阳转还有实用价值。"

跳跳猴看着白桦，问："什么实用价值呢？"

白桦说："向日葵的籽都密密麻麻地集中在花盘里，将花盘总是朝着太阳，便能最大限度地接受光照。这样，才有利于葵花籽的灌浆和成熟。如果总是低下脑袋，或者背着太阳，葵花籽的收成就会受到影响。"

听了笨笨熊和白桦的解说，跳跳猴明白了向日葵围着太阳转的原因和价值。

162

热气腾腾的花

葵花向着太阳,是为了尽情地吸收太阳的能量。有些花,比如,天南星、白菖蒲、魔芋、半夏、马蹄莲等却能向周围释放热量。最高时,花朵的温度可以比周围气温高出 20℃。

花在开放时发热有什么意义呢?

开花时温度升高可以使花中的化学物质挥发增加, 结果, 花香便弥漫在空气中。就像人在闻到饭菜香味后唾液分泌会增加一样,昆虫嗅了这香气,也垂涎欲滴,纷纷跑来就餐。

有些昆虫访问这些花朵不是为了解馋,而是为了避寒。在雪花飞舞的旷野,竟然有冒着热气的火炉,谁能抵御得了这份诱惑。于是,快要冻僵了的小生灵便赶忙跑来烤火。

这些生灵在打着饱嗝、带着温暖离去时并没有说一声谢谢。其实,完全没有理由让客人表示感谢。因为,正是这些客人帮助花朵完成了授粉,实现了传宗接代的神圣使命。

但是,天寒地冻的季节,许多昆虫都钻到地下睡觉了,能有很多顾客吗?别着急,有别人帮忙当然好,没有人帮忙便自力更生。空气冷热不均可以产生气流,这些花发出来的热量可以使花周围形成围绕着花朵旋转的涡流。这个涡流,能把雄蕊的花粉吹到花柱上。因此,即使在寒冷的天气没有昆虫来做媒人,自己也能进行授粉。

大自然真奇妙!

植物中的变性人

白桦领着大家涉水过了河。

上得河岸,白桦指着面前的一丛草说:"你们知道这是一种什么植物吗?"

跳跳猴、笨笨熊和李瑞同时摇摇头。

白桦说:"这是印度天南星。"

跳跳猴、笨笨熊和李瑞没有把白桦讲的话往心里去,自顾自沿着小路向前走。

白桦站在原地一动不动,问:"你们看这种植物有什么特别吗?"

看来,眼前的这一丛草不一般,白桦要拿它做文章。大家停了下来。

笨笨熊诧异地说:"没有什么特别的啊!"

白桦说:"你们没有看到它们有的高,有的低吗?"

经了这点拨,跳跳猴、笨笨熊和李瑞才注意到,确实,眼前的草,有的高,有的低。但是,对植物来说,高高低低是很平常的啊。

白桦说:"印度天南星,有雌性、雄性和无性别的中性三种类型。有趣的是,对于某一个植株来说,它的性别不是固定的,可以互相转变。"

跳跳猴说:"印度天南星可以变性?"

白桦点了点头,说:"你说的对,可以变性。经过长期研究,天南星的性别转变有一定规律。雌性植株多为高植株,雄性植株多为低植株。高度在 100 至 700 毫米的植株都可以发生变性。"

跳跳猴问:"性别变化怎么会和植株高度有关系呢?"

白桦说:"经过研究发现,植物在开花结果时需要消耗大量营养物质,只有高大的植株才能满足这种需要。所以,只有大型植株才会是雌性。雌性大型植株在前一年由于结果消耗了大量营养,第二年营养相对不足,就变成了小植株,成为雄性。如果营养条件介于雌性和雄性之间,就暂时以中性的状态存在。在人类,男人一般比女人高大,因此,便有了'大男人'和'小女人'这两个词。但是,在印度天南星,事情翻了过来,成了'大女人'和'小男人'。"

听了白桦的话,跳跳猴、笨笨熊和李瑞一齐笑了起来。

印度天南星的雌雄决定于个子高低,有些植物的性别却是受自然条件的影响。有一种木瓜树,虽然是雌雄同株,但由于雌蕊先天不足,只开花不结果,人们叫它公木瓜树。但是,在外界环境适宜时,一部分花的雌蕊可以发育成熟。这样,原本不能生育的公木瓜树又有了生儿育女的能力。

后来,人们发现,植物的性别或者雌雄花的比例还可以人为改变。

对长日照植物蓖麻,延长光照有利于雌花发育,缩短光照有利于雄花发育。对短日照植物黄瓜、大麻,延长光照有利于雄花发育,缩短光照有利于雌花发育。

除改变光照条件外,化学物质也影响植物性别的取向。用1%一氧化碳对黄瓜幼苗处理五天,雌花的数量将增加20多倍。将乙烯利溶液喷洒在黄瓜、南瓜幼苗上,能使主蔓上多开雌花。用赤霉素喷洒在黄瓜幼苗上,会多开雄花。用1/10000的萘乙酸钠盐水喷洒黄瓜苗,雌花的数量会增加3倍。雄性大麻植株纤维拉力好,人们用无氮多钾的肥料施肥,生长出的大麻多为雄株。

改变植株花朵性别的第三种方法是给植物一定的机械损伤。在南瓜茎的基部穿进竹针,就会多开雌花,多结瓜。在一些早开花早结果的植物,把早开的花摘除,会长出更多的雌花,结出更多的果实。

写着经文的树叶

顺着河岸走了几步,白桦在一棵长着宽大树叶的大树前停了下来。

他指着那棵大树说:"这种树叫做贝多树或贝多罗树。看见了吧,它的叶子很大,长度达2米多。有意义的是,这种树的叶子不仅大,而且光滑坚韧。在还没有发明造纸术时,人们就在贝多树的树叶上刻字,记载历史事件和故事。在印度,有人把佛经刻在贝多树叶上,人们把刻在贝多树叶上的佛经叫做贝叶经。因此,古人常常把贝多叶和佛经相提并论。近年来,柬埔寨民间成立了一个贝叶经研究所,对散落在民间和寺庙中记载有文字资料的贝叶进行收集和整理。"

跳跳猴问:"人们是把叶子摘下来直接在上面刻字吗?"

白桦说:"要经过一定的加工程序。先从树上摘下叶子,经过修剪、压平、蒸煮、晒干、再压平,就可以在树叶上刻字了。然后,在刻过字的树叶上涂上植物油,叶面上就显示出清晰的字迹。最后,再将树叶一页页装订起来,就成为一本书。

"关于用贝叶写字,还有一段传说呢。"

跳跳猴问:"什么传说呢?"

白桦说:"在很久以前,人类没有文字,人们之间的交流全靠口口相传,这使技术和文化的传承受到了很大限制。为了解决这个问题,汉族、傣族、哈尼族几个青年人一起向天神求文字。汉族青年将取到的汉族文字写在纸上,傣族青年将取到的傣族文字写在贝叶上,哈尼族青年将取到的哈尼族文字写在牛皮上。归途中,他们遇到一条天河。因为没有船,几个青年只好将写有字的东西揣在身上,泅水渡河。河渡过来了,但衣服湿了。汉族青年把湿纸摊开,发现上面的字模糊一片;哈尼族青年把牛皮打开,上面的文字不见了;傣族青年掏出贝叶,上面的字清晰如初。"

听到这里,跳跳猴嗖嗖地爬上树,摘了几片树叶。

笨笨熊问:"摘贝叶干什么呢?"

跳跳猴诡秘地笑了笑,说:"这个秘密,能随便告诉你吗?"

知道害羞的草

说着说着，不觉到了中午时分。天热难耐，跳跳猴和笨笨熊脱掉衬衣，捧起河水洗起了澡。白桦和李瑞挽起裤腿，把腿伸在河水里，在河边玩水。

天气实在太热了，跳跳猴左顾右盼，发现周围杳无一人，便把裤子也脱了下来，跳在了河中。见此情景，李瑞连忙将脸扭了过去。

白桦对跳跳猴大声喊："小兄弟，对面山顶上有几个小姑娘在观摩裸浴呢！"

跳跳猴抬头看去，山顶并没有一个人。知道白桦在开自己的玩笑，他大声说："尽情地看吧，免费的。"

恰在这时，一阵风过来，把跳跳猴和笨笨熊放在河边灌木丛上的衣服吹走了。

见状，跳跳猴连忙从水里跌跌撞撞爬了上来，趟过岸边的草丛去追衣服。那三件衣服像是听了谁的命令，飘飘悠悠，挂到了树林中的一棵大树上。跳跳猴光着身子嗖嗖地爬了上去，揪了衣服，哧溜一下从树上滑了下来。

他赶忙穿上衣服，返回了岸边。笨笨熊忙不迭地从跳跳猴手中接过上衣，赶快穿在身上，生怕再来一阵风将衣服刮跑。

白桦一边捧着肚子大笑，一边说："要是把刚才裸奔的镜头在电视台播放，一定会吸引大家的眼球。"

说这话时，李瑞仍然背对着跳跳猴、笨笨熊，两眼望着对面的山顶。

笨笨熊说："不一定吧，人家李瑞是避之犹恐不及呢。"

听了笨笨熊的话，李瑞的脸红了。

说笑之后，白桦一行沿着河岸缓缓而行。行至跳跳猴刚才进入树林的地方时，跳跳猴瞅着一簇耷拉着脑袋的草"咦"了一声。奇怪，刚才，仅仅在草丛中踏了一脚，如何便一丛草都把脑袋耷拉下来了呢？

这时，白桦笑眯眯地说："感到奇怪吧？"

跳跳猴点了点头。

白桦说："你知道眼前的这簇草叫什么吗？"

跳跳猴不以为然地说："难道它是含羞草？"

白桦说："说中了！"

跳跳猴瞪大眼睛说："真的是含羞草？"

过去他听说过含羞草，想不到今天真的碰上了，并且，是在光着身子的时候碰上了。虽说是草，但是既然名字里有"含羞"两个字，就好像是女孩子的化身，真有点不好意思。

笨笨熊问道："含羞草为什么被碰一下就将叶子合了起来呢？"

他在过去也没有见到过含羞草。

白桦说："含羞草的叶柄基部含水很多，当它的叶子受到震动时，叶柄的水分就立即向上部和两侧流去。于是，原本鼓鼓囊囊的地方就瘪了下去。这样，叶柄就下垂合拢了。当第一个叶子合拢时，产生一种生物电，可以将信息很快扩散到其他叶子，接着，其他叶子也会像听了命令一样一个个合起来。当刺激消失后，过一会儿，瘪下去的叶柄基部会再次充满水分，这样，叶子就会像往常一样竖起来。这种一被触动就将叶子合拢的现象就像一个姑娘含羞低头一样，所以，人们将这种草叫做含羞草。

"其实，含羞草还能预报晴雨。含羞草的叶片受刺激合拢后，如果很快恢复原状，预示天气晴好；如果恢复原状很慢，则预示近日将会是阴雨天气。"

跳跳猴说："噢。这么说来，含羞草又是晴雨表了。"

白桦没有回答，只是轻轻点了点头。

草原上长出来的指南针

离开黑松林,白桦领着跳跳猴和笨笨熊来到了一片大草原。

草原好大啊,在浓密的草丛中,可以隐隐约约看到一个个白色的东西。一阵风吹来,才看清原来是一群绵羊。看到这场景,大家真正体会到了"风吹草低见牛羊"这一句诗中蕴含的诗情画意。

一行人被草原的美景迷住了,他们在一个山包上坐了下来,举头望着湛蓝的天空和慢悠悠飘动的白云,低头俯瞰山冈下如茵的牧草和缓缓移动的羊群。

不觉,天色暗了下来。这时,他们才发现太阳已经躲在了地平线下。

笨笨熊说:"时间不早了,我们需要启程了。"

可是,站在一望无际的大草原上,就像一叶孤舟漂流在浩瀚的大海上。就连白桦也辨不清东南西北,不知道该往哪里走。

李瑞说:"这可如何是好?"

白桦安慰道:"不要愁。每次我们走到这里,总是在茫茫草原上迷失方向。但只要问一下这里的牧民,便能知道方向的。"

正在这时,一个牧民策马从他们身边跑过。白桦急忙把牧民喊住,问道:"叔叔,您能告诉我们哪里是南,哪里是北吗?"

牧民将马勒住,翻身下马,低着头在草丛中寻找着什么。

跳跳猴纳闷:问他方向,怎么没有回答,而是低着头找东西呢?

突然,牧民指着草丛中的一簇草,然后,又将胳膊抬起来指向前方,说:"这个方向就是正南。"

然后,牧民飞身上马,一溜烟跑了。肯定,他是有急事。

跳跳猴问:"他怎么看了看地上的草便能知道哪里是正南呢?"

白桦蹲下来,指着眼前的一簇草说:"这位牧民找的草叫做指南草。"

"指南草？"跳跳猴没有听说过指南草这个名称。

白桦说："是的，指南草。以前，只是听说过草原上有一种指南草，但是从来没有见过。今天见到了，算是幸运。你看，这种草的叶子垂直地排列在茎的两侧，并且，所有植株的叶子都平行指示着南北方向。"

跳跳猴问："草为什么能指示方向呢？"

白桦说："叶片呈南北方向排列，在正午阳光最强烈时可以最大限度地避免阳光的直射，从而减少水分的蒸发。这本来是植物进化的结果，人类便利用这种现象在茫茫草原上辨别方向。"

跳跳猴说："可以说，这指南草是草原上长出来的指南针。"

白桦说："可以这么说。"

方向确定了，白桦领着跳跳猴、笨笨熊和李瑞急急赶路。

蔬菜工厂

走不多远,天色完全黑了下来。不能走了,一行四人只好择了一块高地坐了下来。

虽然是晴天,但是月亮还没有出来,只能看见满天的繁星。

笨笨熊说:"白桦大哥,给我们讲个故事吧。"

每当晚上行夜路或者在野外宿营,笨笨熊总是想用听故事来排解恐惧感。

白桦说:"我的故事都快讲完了。"

笨笨熊说:"你说快讲完了,说明还有存货嘛。"

白桦想了想,说:"好,那就讲一个有关学生的故事吧。在作文讲评课上,老师把批改过的作文都发给了大家。当老师走到一个叫做狗—狗娃的学生座位旁边时,问道:'狗—狗娃,这次的作文是谁写的?'狗娃说:'我不知道。'"

李瑞笑着说:"老师问的是狗—狗娃,狗娃当然不知道啦。"

白桦捶了一下李瑞的肩膀,说:"别打岔,本来是同一个人嘛。"

跳跳猴也笑着问:"说清楚,这个学生究竟是叫狗—狗娃,还是狗娃。"

白桦说:"不是狗—狗娃,是狗—狗娃。"

笨笨熊说:"说来说去还是狗—狗娃。"

白桦急了,说:"中间的那个字不要了。"

一句话,将大家逗得前仰后合地笑了起来。

白桦不紧不慢地继续讲道:"老师惊讶地说:'谁写的,你怎么会不知道呢?'狗娃说:'真的不知道嘛。布置写作文的那天晚上,我早早就睡了。'"

讲完故事,白桦和笨笨熊再一次哈哈大笑了起来。

笑了一阵,笨笨熊说:"再来一个。"

白桦想了想,说:"这个故事还是关于作文。不过,这一次,说的是一个外国学生。这个外国学生呢？不叫狗—狗娃。"

李瑞说："我们的白桦大哥不敢再讲狗娃的故事了。"

白桦自顾自地讲道："一天，老师把批改过的作文发给大家。接着，他走到查理的座位跟前，问道：'查理，你爸爸才40岁，怎么参加了第二次世界大战呢？'查理回答：'参加第二次世界大战的是我爷爷。'老师说：'可是作文题是"我的爸爸"呀。'查理不假思索地回答：'没错。'本来，查理还要继续说，但是，他好像突然意识到什么，硬是把已经溜到舌尖上的话咽了回去，瞪着双眼，张大嘴巴看着老师。"

顿了顿，白桦问："你们说，查理本来要说什么？"

李瑞抢着模仿着小孩的腔调说："那作文是我爸爸写的。"

听了李瑞的话，跳跳猴、笨笨熊和白桦又开怀大笑了起来。

这时，一钩新月从天际升了起来。三个人都感到饿了，白桦从行囊中掏出前几天老者送给的西红柿，算是晚餐。

吃过晚餐，隐隐约约传来一种凄厉的呜呜声。

李瑞说："听，这是什么声音？"

白桦侧耳听了一会儿，说："狼嚎声，是狼嚎声。"

笨笨熊说："你吓唬谁呢？"

白桦一本正经地说："不哄你，是狼嚎声。草原野狼。"

跳跳猴也仔细听了，说："白桦大哥说得对，确实是狼嚎。"

白桦指着一棵大树说："我们四个人在大树下背靠背坐着，这样，才能及时发现任何一个方向来的野狼。一旦发现有狼靠近，就赶快爬上树去。"

大家在树下背靠背地坐了下来，警惕地注视着前方。

一晚上，狼嚎的声音时断时续。所幸的是，野狼终于没有发现他们。当天色刚刚麻麻亮的时候，大家便急急起身。

在太阳升起来的时候，一行人走出了草原。在远处，出现了一个庞然大物，在太阳的照射下发出熠熠光芒。

"那是什么东西呢？"跳跳猴指着那个发光的庞然大物问。

白桦顺着跳跳猴手指的方向看去，兴奋地跳了起来。他说："噢，蔬菜大棚。我们今天就是要参观这一座蔬菜大棚。"

"那为什么闪闪发光呢？"跳跳猴问。

白桦说："它是玻璃大棚啊，太阳一照，能不发光吗？"

　　跳跳猴说："我看到过许多农田里种蔬菜的大棚，都是用塑料布将作物遮挡起来，怎么这里的大棚是玻璃的呢？"

　　白桦说："你所看到的大棚仅仅是起御寒与透光作用，作物还是生长在土壤中。今天我们要看的大棚蔬菜不是生长在土壤中。"

　　跳跳猴问："蔬菜能不生长在土壤中？"

　　白桦说："感到奇怪吧？"

　　跳跳猴点点头。

　　路两旁，农民正在收割农田里的庄稼，一片忙碌景象。走了将近半个时辰，一行四人来到了玻璃大棚跟前。

　　白桦指着大棚说："可以说，我们眼前的这个大棚是一个蔬菜工厂。"

　　跳跳猴："你说蔬菜工厂，难道蔬菜是像工厂生产产品一样生产出来的？"

　　白桦说："进去看一看就知道了。"

　　接着，白桦领着跳跳猴、笨笨熊和李瑞钻了进去。

　　大棚里，空气湿漉漉的，好像捏一把便能攥出水来。阳光从大棚的玻璃照了进来，整个大棚温暖湿润。棚里的蔬菜被种植在架子上，一层一层重叠着。

　　奇怪，菜怎么不是种在地上，而是架在空中呢？

　　跳跳猴正在诧异，一个中年男子从一个蔬菜架子中钻了出来，向白桦打招呼："白桦，又来了？"

　　白桦点了点头，说："又来了。来，介绍一下。"

　　他向中年男子介绍了跳跳猴、笨笨熊和李瑞。接着，指着中年男子对小伙伴说："这位师傅姓董。是这里的工程师。"

　　看来，这里真的是一座工厂，要不，怎么会有工程师呢？

　　董师傅伸出手来和跳跳猴、笨笨熊握手。

　　握过了手，跳跳猴问："董师傅，这里的蔬菜怎么种植在架子上呢？"

　　董师傅没有回答，笑了笑，示意他们跟着他走。

　　他领着白桦一行走近一座蔬菜架。原来，在浓绿的蔬菜下面，是一个塑料槽。师傅拨开蔬菜下部的菜叶，只见槽里铺着一层木炭一样的东西。顺着塑料槽，铺着一根细管，徐徐地喷出雾来。跳跳猴停了下来，盯着那喷雾的管子目不转睛。

　　看见跳跳猴盯着水槽发愣，董师傅说："这叫做无土栽培法。槽里的这些固形物不是土壤，没有营养，只是对植物的根起固定作用。"

跳跳猴问："那么,植物生长所需要的营养从哪里来呢?"

董师傅说："水管喷出的液体进入植物根部,为植物生长提供营养。管子里的液体是根据不同植物的需要配制的。水槽有一定坡度,多余的水分会自动流向槽的末端。那里有一个水泵,会把聚集起来的营养液泵到水槽的高端,再次进行循环。"

跳跳猴问："既然植物从营养液中吸取了营养,再循环的营养液中的营养成分不会减少吗?"

"当然会减少的。你看。"董师傅指着旁边墙壁上的一个显示器说,"在槽末端的营养液中,有一个自动检测装置。如果营养液中营养降低,就会显示出来。这时,我们就要往营养液中补充相应成分。应用无土栽培法,营养液中的成分会得到充分利用,不会对环境造成污染,还可以避免由土壤造成的病虫害。由于不存在病虫害,也就不需要对蔬菜使用农药。"

跳跳猴说："这么说来,用这种方法栽培的蔬菜是无公害的了?"

"是的。"顿了顿,董师傅又接着讲:"因为无土栽培法不需要土壤,因此,可以将蔬菜种植槽一层层叠起来进行立体栽培。由于将营养液以及微气候根据作物的需要进行了优化,产量可以大幅度提高。根据英国、印度等国的经验,应用农田栽培法,每亩可收获西红柿 1500 千克;应用无土栽培法,每亩可收获西红柿 16500 千克。"

跳跳猴惊讶地说："是农田栽培产量的 10 倍啊!"

董师傅点了点头,接着说:"这说的是产量。在质量方面,无土栽培法也有明显的优势。美国无土栽培的蔬菜,维生素 C 的含量比土壤栽培的要高出约 30%。"

董师傅指着另一边说:"你们看,那一边的植物用的是空气栽培法。"

"空气栽培法?"李瑞一边喃喃自语,一边朝董师傅手指的方向看去。是的,一株株蔬菜被固定在壁板上。根呢?暴露在空气中。旁边的水管向蔬菜根部喷洒着雾状的液体。他想,那喷出来的雾,一定是营养液了。

董师傅说："还有一种移动栽培法。将蔬菜放在容器中,容器一直在移动。容器中的蔬菜被定时转动到盛培养液的槽中吸取营养。"

董师傅带着白桦一行边走边看。在西红柿无土栽培槽旁,一位工作人员正在给西红柿喷雾。

跳跳猴问董师傅："栽培槽里已经有营养液,为什么还要浇水呢?"

董师傅笑笑说："不是在浇水,是在给西红柿接种。"

"接种？也是为了预防疾病吗？"跳跳猴问。

董师傅点点头，接着说："和人一样，植物被某种病原微生物感染后，就会产生针对这种病原微生物的免疫力。根据人类通过接种预防传染病的原理，植物学家对植物也开始了预防接种。

"如果植物已经发生感染，我们也可以像给人看病一样，该手术手术，该打针打针。"

"手术和打针？"跳跳猴疑惑地问。他只知道人生病后要手术和打针，却不知道植物生病后也可以手术和打针，更不知道如何手术和打针。

董师傅说："比如，树木感染病原微生物得腐烂病后，就需要及时将腐烂部位截去。否则，就会扩散到整个植株，甚至感染周围的邻居。这不是和给人截肢的手术相似吗？"

跳跳猴点了点头，接着问："那打针呢？"

董师傅说："对被类菌原体、类立克次氏体两种微生物感染的树木，可以用一种特殊的加压注射器将青霉素和四环素溶液注射到树干中。药物会经过树木的维管系统扩散到全树，达到控制感染的目的。这不是和给人打针控制感染相似吗？"

跳跳猴说："噢，我明白了。"

董师傅接着说："打针还可以用来预防感染。椰子树如果得了致死性黄化病，会很快死去。如果形成流行，可以使大片椰子树全部毁掉。定期对椰子树注射土霉素，就可以达到预防感染的效果。"

参观结束了，白桦一行三人谢过了董师傅，走出了蔬菜大棚。

在田间小路上，跳跳猴说："在蔬菜工厂生产蔬菜，那么，这个产业应该叫做工业呢，还是应该叫做农业呢？"

白桦说："只要能生产出来蔬菜，工业和农业有什么关系呢？"

"要是工业，就要归工业部管；要是农业，便要归农业部管。"跳跳猴说得很认真。

李瑞打趣地说："杞人忧天，你以为你是国务院总理吗？"

跳跳猴笑了笑，自我解嘲道："争取吧。人不可貌相呢！"

笨笨熊、白桦和李瑞一起大笑了起来。

苹果？还是梨？

说着说着,跳跳猴一行来到了一片果园。正值金秋季节,果树上挂满了各种各样的果实,空气中弥漫着水果的清香。

突然,跳跳猴发现有一株树有点奇怪。停下来仔细一看,只见大约一半的树枝上挂着红红的苹果,另一半的树枝上却挂着金灿灿的好像是梨一样的果实。

"咦,这是怎么回事呢？"跳跳猴一边自言自语,一边伸出手去摸那树枝上的苹果。

这时,果树林里有人大声喊道:"干什么？"

跳跳猴赶快把手缩了回来。这时,他看到一个中年男子从树丛中钻了出来,手里拉着一条黄狗。那黄狗足有牛犊那么大,血红的舌头伸出了嘴巴外面,两眼恶狠狠地盯着跳跳猴。看样子,只要主人一发话,它便会扑上来将跳跳猴撕个粉碎。

跳跳猴和李瑞没有什么,笨笨熊却被吓得钻在了白桦的背后。

白桦朝着中年男子说:"老胡,好威风哪。"

中年男子看了一眼白桦,惊喜地喊道:"哎呀,是白桦兄弟啊！"

白桦向中年男子介绍了自己的伙伴,接着,又指着中年男子对伙伴们说:"这位,是果园里的胡师傅。农艺师。"

在白桦向胡师傅介绍的时候,笨笨熊从白桦的背后站了出来。但是,刚介绍完毕,他便又躲到白桦背后,胆战心惊地盯着面前的大黄狗。

看到笨笨熊害怕的样子,胡师傅把铁绳从黄狗身上摘了下来,然后,喝了一声。那大黄狗乖乖地扭得头,消失在了果树林中。

看到大黄狗走开后,笨笨熊才从白桦的背后站了出来。

跳跳猴问:"胡师傅,这株树上为什么既有苹果,又有梨呢？"

胡师傅说:"是果树嫁接的结果啊。"

跳跳猴问："什么是嫁接呢？"

胡师傅答："就是将一种树的枝或芽接到另一种树上。接上去的枝或芽叫做接穗，由接穗形成的枝条叫做子枝。接受接穗的植株叫做砧木，由砧木形成的枝条叫做母枝。"

"可是，为什么要嫁接呢？"跳跳猴问。

胡师傅说："嫁接后形成的植株既可保持砧木来源品种的优良特性，又能具备接穗来源品种的优秀性状。用一句通行的话来说，就是强强联合。人们经常通过嫁接达到增强植物抗病能力，提早结果，改良果实品质，增加苗木数量等目的。"

听了胡师傅的话，跳跳猴陷入了沉思中。少顷，他问道："嫁接和植物的杂交有什么区别呢？"

胡师傅回答："杂交是将两种植物的细胞的基因杂合在一起，这样，新品种的细胞具有不同于原来两种植物的新的基因组。嫁接是将砧木和接穗结合在一起，由砧木发出的枝条以及由接穗发出的枝条各自保持原来的基因组。也就是说，基因并没有发生杂合。但是，子枝上结出来的果实是靠砧木根系吸收的营养物质和子枝的光合作用形成的，因此，便具有新的形状和口味。"

胡师傅的许多新名词把跳跳猴搞得一头雾水，他不由得皱起了眉头。

看到跳跳猴大惑不解，胡师傅歉意地笑了笑说："这么说吧，嫁接，就像姑娘嫁到了小伙子家，小伙子没有变，姑娘也没有变。他们的孩子呢？既有点像父亲，又有点像母亲。"

听了胡师傅这形象的比喻，跳跳猴频频点头。

说完，胡师傅从树枝上摘下几颗梨，分别递给白桦几位，说："尝尝吧，看什么味道。"

咬了一口，跳跳猴和笨笨熊不约而同地说："又像苹果，又像梨。"

胡师傅说："对了。这是把梨树树枝嫁接在苹果树母枝上结出来的果实，叫做苹果梨，因此吃起来既像苹果又像梨。

"现在，嫁接技术在园艺学中得到广泛应用。在桃树上嫁接李树接穗，子枝上结出的果实又红又甜。在梅树上嫁接桃树的接穗，子枝上结出的果实肉质较脆。苏联园艺家米丘林将苹果枝条嫁接到梨树砧木上，培育出举世闻名的重达 600 克的安托诺夫卡梨苹果。美国园艺大师布尔斑克采用嫁接技术培育出数十种果树和花卉新品种。其中，嫁接后结出来的大板栗每个重量可达 50 克。法国花匠亚当把紫花、金雀花嫁接到黄花、金链花的砧上，获得既开紫花，又开黄花和暗红花的新类型，人们把这种新品种叫做亚当金雀花。我国华南农科所将月光花嫩苗嫁接到甘薯砧上，曾结出重达 60 千克的大甘薯。人们还将甜瓜嫁接在南瓜上，使甜瓜产量成倍增长。日本长野县有一农户，曾利用嫁接技术把七种优良品种苹果树枝嫁接到海棠树的砧木上。每年开花时节，树枝上的花五颜六色，能结出七种不同品种的苹果。"

跳跳猴神往地说："真神奇。"

说到这里，一个工人从蔬菜大棚里跑出来，喊道："胡师傅，教授要你回实验室。"

听到喊声，胡师傅急忙告别了白桦一行，一溜小跑，不见了。

跳跳猴说："还没有来得及向人家表示感谢呢。"

南橘北枳

跳跳猴抬头一看，已是夕阳西下时分。血红的太阳有一半沉在西山后面，将西天的片片云彩染成红色和黄色。那一堆堆云彩，有的似奔马，有的如仙女，有的像起伏的山峦……田间小路上，牧童赶着牛和羊，哼着小曲往家里走去。

白桦一行坐在田埂上，凝视着西天，看着太阳一点点沉下去，晚霞一点点暗下去……

不经意间，李瑞看到了旁边不远处的一排排塑料大棚。他指着大棚向白桦问道："那是什么呢？"

白桦说："蔬菜大棚啊。"

李瑞问："也是无土栽培吗？"

白桦说："不，和外面的蔬菜一样，是种在土里的。"

李瑞问："既然也是种在土里，为什么要用大棚呢？"

白桦说："为了改变蔬菜的生长环境啊。在大棚这个人造的环境中，人们可以在冬天种植正常情况下只有在夏天才能生长的蔬菜，使北方人在冬天也能吃到新鲜的夏令蔬菜。通过改变大棚里的环境，还能种植正常情况下本地不能生长的植物。"

跳跳猴说："对了，我一直在想，为什么有些植物只能在北方生长，有些植物只能在南方生长呢？"

白桦不假思索地说："是因为气候条件不同嘛。"

跳跳猴追问："能告诉我具体的道理吗？"

白桦收回视线，回头望望跳跳猴，说："植物的生长发育受土壤和气候的影响，并且在生长和发育的每一个阶段对气候都有特殊的要求。因此，有些植物，如香蕉树、菠萝、椰子树等，只能在南方生长；有些植物，如苹果树和梨树，只能在北方生长。

"具体一些，以冬小麦为例来说吧，它的发育分两个阶段。一开始是春化阶段，需要有30天到40天0℃到3℃的气候。然后是光照阶段，需要有较长的光照时间和较高的温度。只有栽培地具有以上两个发育阶段所要求的气候条件，小麦才能开花结果。如果把小麦种在南方炎热地区，那里不可能有30天到40天0℃到3℃的气候，就不能完成春化阶段，也就不能开花结果。

　　"曾经有过这么一件事。广东的一些农民看到河南省有一种小麦长得很好，产量也高，就把这种小麦引种到家乡。一开始，不出所料，麦苗长得很好。但到后来，人们发现这种小麦只管生长，却不开花结实。千里迢迢将优种小麦请了回来，却只是长了一地麦秸。"

　　"为什么呢？"跳跳猴问。

　　白桦说："因为这批小麦没有经过春化阶段啊。"

　　跳跳猴若有所悟地点点头。

　　笨笨熊接着说："中国有一句成语凝练地总结了这种现象。"

　　跳跳猴回过头来望着笨笨熊，问道："什么成语？"

　　笨笨熊说："南橘北枳。"

　　跳跳猴问道："什么意思？"

　　笨笨熊说："把南方的橘子引种到北方来，结出来的不是橘子，而是枳。"

绕着地球飞行的植物园

跳跳猴问："通过创造类似大棚的人工环境，可以使植物的生长地区以及生长季节发生变化，那么，地球上的植物可以在宇宙飞船中生长吗？"

笨笨熊盯着跳跳猴问："你怎么会想到这个问题呢？"

跳跳猴说："我想，如果能够在宇宙飞船中种植蔬菜的话，不仅可以使长期在太空中工作的宇航员吃到新鲜的蔬菜，还可以清除宇航员呼出的二氧化碳，并为宇航员提供新鲜的氧气。这将使得长时间宇宙航行成为可能。"

笨笨熊笑了笑说："你的想象力很丰富嘛。植物在宇宙飞船中生长是可以的。但是，太空与地球有一个明显的区别，就是太空中的重力很小。长期生长在地球上的植物，植物体内的生长激素总是在重力作用下汇集在茎的弯曲部位。这样，可以使植物的茎克服重力作用，向上生长。在太空中，由于重力很小，生长素不能聚集在茎的弯曲部位。并且，在太空中运行的飞行器总是在运动，与周围天体的相对位置总是在变化，植物重力的方向也总是在变化。这样，植物的生长就失去了方向性，像章鱼的爪子一样向四面八方杂乱无章地延伸，不能正常地完成生长发育过程。

"后来，科学家用电刺激的方法解决了这个问题。20 世纪 80 年代以后，许多种蔬菜和粮食作物可以在太空中的飞行器中生长、开花和结果了。"

跳跳猴兴奋地说："这么说来，宇宙飞船中有了植物园。"

笨笨熊点了点头，说："对，绕着地球飞行的植物园。"

听到植物可以在太空的飞行器中生长，跳跳猴陷入了遐想中。在他的想象中，太空飞船内就像一个花园。但是，在这样的环境中飞行，宇航员会不会乐不思蜀，不想回到地球上来呢？

写给白杨的信

　　天色暗了下来，一行人起身准备离开。这时，两个背着喷雾器的小伙子从对面走了过来。

　　当他们走近时，一个小伙子惊呼："哟，这不是白桦吗？"

　　白桦先是愣了一下，接着，在那小伙子的肩头重重地拍了一下，喜出望外地说："哇！是三毛兄弟俩。"

　　接着，白桦向跳跳猴、笨笨熊、李瑞和三毛兄弟做了相互介绍。这两个小伙子中，年纪较大的那个叫二蛋，年纪较小的那个叫三毛。

　　白桦问三毛兄弟："大黄呢？生小狗了吗？"

　　三毛回答："生了，三个呢。"

　　原来，白桦经常带着客人经过这里，便认识了三毛兄弟俩。上一次，白桦送给三毛兄弟一只带了肚子的黄狗，就是刚才白桦说的大黄。

　　白桦说："快走，我去看看。对了，我们今晚的住宿还没有着落呢，二位的府上方便吗？"

　　二蛋说："你原来住过的那间客房一直空着，专门为你和你的客人留着呢。"

　　白桦说："太好了。"说着，便加快了脚步。

　　回到家，二蛋和三毛便领着白桦一行直奔狗窝。说是狗窝，实际上是大门口旁边的一间小房子。在小房子的房梁上，吊着一盏马灯。他们进到房间时，大黄卧在草垫子上，三只小狗，毛茸茸的，一身金黄，在妈妈旁边嬉戏。

　　白桦喊了一声"大黄"，那母狗便站了起来，走到白桦跟前，摇着尾巴。

　　这时，三只小狗也跟着妈妈过来。白桦坐下来，将三只小狗放在怀里，轻轻地抚摸着。

　　跳跳猴着实喜欢那金黄的小狗，便伸了手去抱。这时，大黄发出了低沉的吼声，两眼怒视着跳跳猴。

白桦急忙对跳跳猴说："别碰。不然，大黄会对你不客气的。"

跳跳猴赶快缩回了手，两眼警惕地看着大黄。

白桦抚摸着大黄，说："别吓唬人，知道吗？他是我的好兄弟呢。"

那大黄好像听懂了白桦的话，不再怒视跳跳猴，将脑袋在白桦的身上蹭来蹭去，不停地摇着尾巴。

三毛的母亲喊他们吃饭了，一行人才离开狗窝。

吃过饭，三毛兄弟俩和白桦他们回到客房聊了起来。

三毛说："白桦，你这一去，要多长时间呢？回来的时候，带一只小狗回去吧。"

白桦说："这次和以往不同，要好长时间呢。究竟多长，我也说不定。"

三毛说："这样吧，过一段，等小狗断了奶，我送一只小狗到寨里。正好，看一看白松大哥。"

二蛋笑着说："恐怕看白杨妹妹才是真正目的吧？"

这时，三毛的脸红了。

说着说着，夜深了，二蛋和三毛回到了自己的房间，跳跳猴三人也钻进了被窝。

听到笨笨熊和白桦发出了鼾声，跳跳猴爬了起来，点亮油灯，在贝叶上写起了信。刚才听说三毛过一段要去白桦寨，正好可以把信捎给白杨。不，除了白杨，还有白松。

写着写着，窗外淅淅沥沥下起了小雨。那千万条雨丝好像落在了他的脑海中，溅起了一个个涟漪。那涟漪渐渐扩大，融成一片，幻化成为在白桦寨期间的一幕幕场景。是啊，白松大哥是那么豪爽、好客，白杨又是那么富有知识和可爱……想到这些，跳跳猴的心头像窗外的土地一样湿润了，从笔尖流出来的文字也充满柔情。他问白杨和白松近来可好，向白杨和白松汇报离开白桦寨后的所见所闻……

写完信时，雨住了，窗户纸上透出了些许亮光。噢，天快亮了，跳跳猴打着哈欠钻进了被窝。

第二天早上，吃过早饭，白桦他们便急急上路。临别前，跳跳猴将那片写满了字的贝叶交给了三毛，托他捎到白桦寨海市蜃楼。

海市蜃楼

从三毛兄弟家出来,白桦一行人经过乌基国、车迟国、西凉女国,来到一片一望无际的大沙漠。

正是中午时分,烈日当头,沙漠上蒸腾起一股股热浪,炙热难耐。不大一会儿,大家的口唇裂开了口子。大概是体液严重损耗,刚才还一个个大汗淋漓,现在反而不出汗了。

跳跳猴心想,如果能有一片树阴,能捧一掬清泉,该有多好啊。但是,左顾右盼,周围只见高高低低,如波浪起伏的黄沙。没有绿阴,没有泉水,没有飞鸟……一片死寂。

突然,李瑞手指着前方,用嘶哑的嗓子喊道:"看,前面有水,还有树林!"

听说前面有水,大家都朝李瑞所指的方向看去。只见在遥远的地方,有好大一片波光粼粼的湖泊,在湖泊旁边,是一片郁郁葱葱的树林。令人不可思议的是,在树林中间,还依稀可见金碧辉煌的亭台楼阁。

跳跳猴和笨笨熊高兴地跳了起来。白桦呢?只是微微地笑了笑。

这时,刮了一股风。突然,前方的湖水和树林都不见了。

对眼前发生的事情,李瑞、跳跳猴和笨笨熊一头雾水。

"怎么回事,难道是有人在变魔术?"跳跳猴大惑不解。

白桦说:"不是有人在变魔术,是海市蜃楼。"

"什么是海市蜃楼?"跳跳猴问。

白桦说:"在沙漠里,沙石被太阳烤得非常热。在没有风的日子里,下层空气受高温沙石的影响,温度非常高,密度比较低;上层空气温度非常低,密度比较高。如果在沙漠中有一棵树,由树梢向下投射的阳光从密度大的空气层进入密度小的空气层时,会发生折射。折射的光线接近地面的热空气时,会发生全反射。反射回来的光线又进入上层密度较高的空气中。一棵树，经过这样一个折射和反射的过程，就会形成碧波荡漾，绿树成林等幻觉。这种幻觉，便是海市蜃楼。"

"为什么突然又没有了呢？"跳跳猴问。他虽然听不懂反射和折射那些怪名词，但弄懂了海市蜃楼是太阳光在冷热空气中折腾形成的。

白桦说："刚才说过了，海市蜃楼是在无风或风力很小的情况下出现的一种特殊情况。如果吹来一阵大风，上下层空气发生交换，失去了形成海市蜃楼的特殊条件，原来看到的胜景当然便会突然消失了。"

以前，跳跳猴也听说过海市蜃楼，但只是听说，没有见过，也不知其所以然。今天，遇上了，白桦还将来龙去脉讲了一通。仅此，也不虚此行。

吸水塑料

　　海市蜃楼消失了，还是得回到现实中来。白桦领了伙伴们在沙漠中艰难地跋涉，在他们的身后，留下一串脚印。

　　他们要去哪里呢？跳跳猴不清楚，笨笨熊也不清楚，只有白桦知道。

　　在翻过了三道沙梁后，一行三人艰难地爬上一座沙丘。站在沙丘的顶部，可以看见在沙丘的山脚下有一片树林。

　　对于沙漠中的旅行者，绿洲是多么具有吸引力啊。

　　白桦指着那片树林，说："弟兄们，我找的就是那片树林。"

　　说完，白桦躺了下来，接着，骨碌骨碌向山脚滚去。见状，跳跳猴、笨笨熊和李瑞也躺了下来，模仿白桦的样子滚了下去。

　　滚到山脚后，跳跳猴、笨笨熊和李瑞跟着白桦急忙钻进了树林中。

　　浓密的树叶将炙热的阳光挡在了外面，大家顿时感到一阵清凉。

　　白桦说："弟兄们，坐下休息一会儿吧。"

　　接着，便在一棵树下坐了下来。跳跳猴、笨笨熊和李瑞也一个个跟着坐在白桦的旁边。

　　左顾右盼一阵后，李瑞说："一般有水的地方才会有树林，怎么在这荒漠中也会长出树林来呢？"

　　白桦说："奇怪吧？你们再看看，还有什么奇怪的现象呢？"

　　跳跳猴环顾左右，说："这么大一片树林，怎么地上竟然没有脱落下来的树叶呢？"

　　听了跳跳猴的话，白桦笑了。

　　跳跳猴追问："笑什么呢？"

　　白桦说："本来不是树，怎么会落下树叶来呢？"

"怎么不是树呢？"跳跳猴一边自言自语，一边上下打量着身旁的树。噢，原来，这些树很像是塑料做成的假树。

跳跳猴问白桦："难道这是塑料树？"

白桦说："是的。这种人工制造的塑料树不但在外形上和天然树酷似，而且在内部结构上以及功能上也非常相似。你看，它有树干、树枝和树叶，下面还有树根。"

李瑞问："为什么要在沙漠里栽种塑料树呢？"

白桦说："塑料树的树根呈空心管状。把塑料树栽入沙土中后，用高压将聚氨酯塑料注入空心树根内。这样，液态聚氨酯就从树根上的微孔中渗透出来，像树根上的毛细根一样朝四面八方向沙土中延伸。待聚氨酯凝固后，就形成庞大的塑料根系。这样，可以起到固沙的作用。

"在塑料树的树根和树干内充满了聚氨酯塑料。聚氨酯塑料内有许多沟纹，类似树干和树根中的维管系统。通过这些沟纹的虹吸作用，可以吸取地下水，并将水运送到树枝和树叶中。然后，水分从叶面蒸腾，起到和天然树类似的调节微气候的作用。所以，我们置身于假树林中，不仅可以享受到树阴，而且能感到潮湿和凉爽。"

听了白桦的话，跳跳猴点了点头。

白桦接着说："塑料树最大的优点是不会干死。如果将塑料树与天然树混种，可以在一定程度上改善天然树的生存条件。同时，大树底下好乘凉，有可能在树下进一步种植小树和小草。实际上，是以塑料树作为先遣部队，实现了真正的绿化，从根本上改变沙漠的气候和土壤。"

李瑞一边听着白桦的讲述，一边摸着身旁的塑料树树干，喃喃自语道："以前在居室内或商场内见到塑料制的假树和假花，以为它们只是具有观赏作用，想不到，它们还可以用来绿化沙漠，改造环境。"

笨笨熊说："在农业上，塑料还可以用来抗旱呢。"

跳跳猴说："说来听听。"

笨笨熊说："科学家研究出了一种高吸水性能塑料。这种塑料能够吸收并贮存大量水分，被吸收以及贮存的水分竟然能达到塑料自身重量的5300多倍。"

跳跳猴说："就像海绵一样？"

笨笨熊说："海绵吸水性能也很好，但高吸水性能塑料与海绵的吸水原理是不一样的。具体来说，海绵是靠毛细管作用来吸收水分的，高吸水性能塑料则是靠渗透压以及高分子电解质与水分子之间的亲和力来吸水的。"

笨笨熊的话里有好多怪名词，跳跳猴听不懂，不由得皱起了眉头。

看到跳跳猴的样子，笨笨熊说："这么说吧。海绵吸水以后，一挤压，水就会被挤压出来。高吸水性能塑料吸水后，即使用力挤压，水也不会被挤压出来，而是自动地，缓慢地向周围释放水分，直至与环境中的水保持平衡。

"高吸水性能塑料的这种特性，很适合用作抗旱剂。把这种塑料混在土壤中，在雨季土壤多水时，能吸收大量水分，贮存起来。当土壤缺水时，又能将水缓慢地释放出来。这种方法，对干旱地区抗旱具有很大的价值。我国在新疆地区进行小区和大田试验，抗旱效果很好，取得了显著的经济效益。"

跳跳猴问："现在，塑料树已经被用来进行沙漠绿化吗？"

笨笨熊说："还没有，因为塑料树的造价很高。目前，我国在沙漠地区推广种植耐旱的沙拐枣、油蒿丛、梭梭丛和胡杨。虽然这些树种耐旱，但它们对气候条件也有一定要求，还不能保证在任何地区都可以种植。"

跳跳猴看了看塑料树周围的大漠，充满憧憬地说："将来，塑料树的造价下降后，沙漠的绿化就多一条途径了。"

白桦说："到那时，我再领你们来沙漠旅行。"

吐鲁番的葡萄

离开塑料树林，又行了数日，一行人来到了戈壁滩。

哇！戈壁滩好大啊！就像大海一样。

不，比大海还要开阔。站在海边，望不了多远，水与天便连在了一起，迷迷茫茫，所谓的水天一色。戈壁滩呢？像一幅巨大的画卷，坦坦荡荡，只管向遥远的天际铺展开来。你可以看到极远的地方像火柴盒大小的房子，飞驰的汽车跑半天仍然在你的视野中。人们常说，当感到郁闷时，到海边去，大海会使人感到心情开阔。实际上，当郁闷得很厉害，到海边仍然不解决问题时，最好到戈壁滩去。在那里，多大的忧愁也会云淡风轻，一扫而空。

在茫茫戈壁滩上，白桦一行停了下来，眺望着四周。在偌大的一片天地里，除他们之外，没有任何人。他们第一次深深感到自己的渺小，体会到自然界的粗犷和博大。很长时间，跳跳猴、笨笨熊和白桦没有一个人说话。

驻足良久，白桦打破了沉默："走吧，我们还需要赶路。"

跳跳猴、笨笨熊和李瑞跟着白桦继续前行。走着走着，天气越来越热，脚底下的土像在锅里炒过一样的发烫。眼前有一座红色的山，远远看去，就像熊熊燃烧的火焰。

原来，这里便是《西游记》中讲到的火焰山。

当年，唐僧一行来到此处时，山周围有八百里火焰，阻住了去路。孙悟空向一老者求计，老者告诉他们，要过火焰山，须向铁扇仙借得芭蕉扇。这芭蕉扇，扇一下可以熄火，扇两下可以生风，扇三下可以下雨。

悟空找铁扇仙借芭蕉扇，铁扇仙不肯。悟空变做一个小虫，钻到铁扇仙的肚子里，把她的肚肠搅了个天翻地覆。铁扇仙肚子疼得死去活来，连忙将芭蕉扇给了悟空。悟空得了芭蕉扇，径至火焰山，尽力一扇，那山上火光没有熄灭，反倒烘烘而起；

再一扇,火势更大;又一扇,那火足有千丈之高,竟将屁股上的毫毛烧净。原来,那铁扇仙给悟空的扇子是假的。

悟空变做铁扇仙的丈夫牛魔王,将真扇子从铁扇公主手中骗了过来。得知孙悟空从夫人手中骗了扇子,牛魔王变做八戒,又将扇子从悟空手中哄了回去。

最后,悟空并托塔李天王和哪吒太子将牛魔王和铁扇仙降服,才得了芭蕉扇,将火焰扇灭,护送唐僧过了火焰山。

站在火焰山前不大一会儿,一行三人便感到口干舌燥,干渴难耐。

笨笨熊说:"白桦大哥,附近有水吗? 渴得受不了了。"

白桦说:"我们去吃葡萄吧。"

跳跳猴说:"这里赤地千里,哪里有葡萄呢? "

白桦说:"跟我来吧。"

跟着白桦行了几个时辰,眼前出现一片绿洲。

白桦指着那片绿洲,说:"看到了吧? 那就是吐鲁番有名的葡萄沟。"

在一片荒漠中,那葡萄沟里的葡萄架一架接一架,连成一片。跳跳猴和笨笨熊钻到葡萄架长廊下,顿时清凉了许多。仰头看去,上面吊着一串串葡萄,有的碧绿,有的紫红。

一个维吾尔族老汉正在葡萄架下的梯子上摘葡萄,看到白桦一行,老汉顺手把刚摘在手中的葡萄递给他们。一边递,一边笑容满面地说:"尝尝我们吐鲁番的葡萄吧。"

天气太热了,干渴难耐,白桦一行说了声谢谢,便接过葡萄吃起来。

李瑞和跳跳猴一边吃,一边赞不绝口地说:"真甜! 真甜! "

维吾尔族老人笑吟吟地说:"我们吐鲁番的葡萄含糖量世界第一。"

"世界第一? "跳跳猴感到很惊讶。

老人说:"不相信吗? 一开始,外国人也有点不相信。在他们来这里实地检验之后,才不得不承认。"

跳跳猴问:"为什么这里的葡萄会这么甜呢? "

老汉说:"我们这里很少下雨,几乎每天都是晴天,日照时间长。"

跳跳猴扭过头来,悄悄问笨笨熊:"为什么日照时间长,就会甜呢? "

笨笨熊说:"日照时间长,光合作用就充分,就能合成大量的糖啊。"

跳跳猴又问:"光合作用除了阳光和二氧化碳外,还需要大量的水。可刚才这位

如影随形的外星人

爷爷说过，这里很少下雨啊。"

　　维吾尔族老人听到了跳跳猴的问题，说："是的。我们这里每年降雨量大约只有16毫米。"

　　跳跳猴问："这么少的降雨量，葡萄怎么能生长呢？"

　　老人说："你们没有听说过我们新疆的坎儿井吗？"

　　"坎儿井？什么是坎儿井？"跳跳猴好奇地问。

　　老人从葡萄架下的梯子上下来，说："跟我来。"

　　跟着老汉走到葡萄架的尽头，跳跳猴看见渠里流着清清的水，发出潺潺的流水声。跳跳猴瞧着渠里的水发愣。

　　看着跳跳猴呆呆的样子，老人说："你是在奇怪这里的水是从哪里来的吧？"

　　跳跳猴点点头。

　　老汉说："我们新疆的天山顶上终年积雪。夏天，山顶的积雪融化，雪水渗到浅土层。我们便在雪山周围打许多井，在相邻两个井的底部之间挖暗渠。靠着井底的渠，把所有的井连起来。这样，便形成许多条地下河流。我们把这种井叫做坎儿井。从坎儿井流出来的水，质量超过了饮用水的标准。你们想，用这么好的水浇灌，再加上日照时间长，葡萄能不甜吗？"

　　听了老汉的介绍，跳跳猴对坎儿井产生了兴趣，问："在新疆，有很多坎儿井吗？"

　　老汉说："有160多万口吧。"

　　"160多万？"跳跳猴重复着这个数字，露出惊讶的神色。

　　老汉肯定地说："是的。"

　　在得到老汉的确认后，跳跳猴想象着，打160多万口井，再用暗渠将相邻的井连起来，这是多么大的工程啊。能想到用这个办法引水，说明这里的人民是多么富有智慧啊。

　　想到这里，跳跳猴说："新疆人民真聪明。"

　　老汉幽默地说："我们这里是阿凡提的故乡嘛。"

　　"阿凡提？真有此人吗？"跳跳猴惊讶地问道。他在电视上经常看到阿凡提的动画片，但一直以为阿凡提是一个神话人物。

　　白桦说："老爷爷说得不假，阿凡提的故居就在吐鲁番的葡萄沟。"

　　说到这里，跳跳猴的脑海里出现了阿凡提骑着毛驴的形象。他想，阿凡提为什么那么富有智慧呢？难道是因为吃了葡萄沟的葡萄吗？

讲经堂

离开吐鲁番的葡萄沟，又行了许多日，一行人来到一个村庄。只见村庄口有一个虎坐门楼，门楼里面影壁上挂着一面大牌，上书"万僧不阻"四个大字。原来，这便是款待唐僧一行许多时日的铜台府寇员外府上。

一进寇府，一个慈眉善目的银须老人便迎了上来。他问："你们可是跳跳猴一行？"

"正是。"跳跳猴一边回答，一边暗自思忖，这寇府的人如何便知我的名字呢？

老者笑呵呵地说："快进屋，等你们已经多时了。"

他把跳跳猴一行让进屋内，接着，吩咐仆人端上饭菜。席间，老人向他们讲起唐僧一行在此处落脚时的情景，并且告诉他们，前面不远处便是唐僧取得真经的灵山。

吃过饭，白桦一行谢过老人，便继续赶路。白桦告诉大家，他们此行的终点也是在灵山。

几天后的一个清晨，白桦一行来到了荆棘岭。就像那《西游记》中所写，这荆棘岭薜萝缠古树，藤葛绕垂杨。登高远望，只见那荆棘岭匝地远天，凝烟带雨，蒙蒙茸茸，郁郁苍苍，真正一派好景致。只是那树木之间的荆棘盘团似架，联络如床，无路可行。

灵山就在眼前了，为什么没有了路，并且漫山遍野铺满了荆棘呢？难道这是上天故意在接近目标前设置的一道屏障？是对朝圣者取经前举行的一道仪式？

不多想了，跳跳猴从树上折了树枝，将荆棘拨开，分出一条细细的路来，缓慢前行。黄昏时分，一行四人终于从那密密匝匝的荆棘中钻了出来。每个人的脸上、手上划了许多血口子，衣袖和裤腿也被拉成了碎布条。

离开荆棘岭，行了不远，眼前出现又一座山。只见这山悬崖下瑶草琪花，曲径旁紫芝香蕙，一派仙境。跳跳猴想，看这气象，一定是灵山了。

上得山来，又见那黄森森金瓦叠鸳鸯，明晃晃花砖铺玛瑙。东一行，西一行，尽

如影随形的外星人

都是蕊宫朱阙;南一带,北一带,看不了宝阁珍楼。

白桦低声告诉跳跳猴和笨笨熊:"我们现在的所在便是雷音寺了。唐僧一行经历了九九八十一难,就是在这里取得了真经。"

听了白桦的话,跳跳猴、笨笨熊和李瑞顿时肃然起敬。每走一步,他们轻轻地抬腿,又轻轻地落脚,好像随便行走或弄出响声便是对神明的亵渎。

跳跳猴一行款款而行,进到大雄宝殿,向如来佛佛像拜了。在从大殿出来的时候,迎面遇到一个老和尚。那老和尚低着头,手里捻着数珠,口里不住地念着经文。

白桦轻轻地叫道:"慧觉师父。"

老和尚抬起头来,双手合十,说:"阿弥陀佛。白桦小兄弟,又来了?"

白桦问讯道:"又来了。师父近来可好?"

老和尚连声说:"还好,还好。"

接着,便领了白桦一行朝讲经堂走去。

在走向讲经堂的路上,白桦向跳跳猴和笨笨熊低声说:"这慧觉师父,本来是大学的植物学教授,后来,出家来到灵山。在这里,他仍然潜心研究植物。我每次领客人来,师父都在讲经堂给来客讲课。"

跳跳猴问:"讲什么内容呢?"

白桦说:"讲植物的作用。"

听了白桦的话,跳跳猴点了点头。

来到讲经堂,大家都在蒲团上坐下。

慧觉师父问:"这一路上,可有什么见闻?"

白桦向师父讲述了他们从白桦寨出发以来的所见和所闻。

聊了许久,跳跳猴说:"慧觉师父,一路上,我们见到了许多植物,它们有的可以结水果,有的可以做木材,有的可以为工业生产提供原料。除了这些,还有别的用处吗?"

慧觉师父一字一板地向白桦一行讲述了植物的作用。

植物的第一大作用是吸收二氧化碳,制造氧气。人们曾经计算过,每公顷阔叶林每天可以吸收 1 吨二氧化碳,释放出 0.73 吨氧气。人类的生产、生活活动产生大量二氧化碳。如果没有植物吸收,地球上的二氧化碳就会越来越多。由于二氧化碳气层具有温室效应,地球的温度就会越来越高,地球就会越来越不适合人类和许多生物生存。此外,如果没有植物产生氧气,地球上所有的需氧生物便都不能生存。因此,可以说,绿色植物是地球上所有需氧生物之父。

植物的第二大作用是为人类提供蔬菜、粮食、水果、干果、食用油、棉花以及木材等等。另外，许多动物以植物为食物，这些动物又为人类提供了肉食以及乳类食品。在植物—动物—人类这个食物链中，植物是最基本的。没有植物，动物和人类就不可能生存。

此外，植物还有许多其他作用。

松树的针叶和树脂能被氧化而释放出臭氧。别看臭氧的名字中有一个臭字，它可以阻挡大部分太阳光中的紫外线，减轻或消除紫外线对人体的损害作用。如果大气层中某一区域臭氧缺乏，形成臭氧洞，那里地球表面的紫外线就会增加。生活在该地区的长期在野外工作的人就容易患皮肤癌。

绿色植物是天然的除尘器。一方面，植物对地表形成植被，可以防止尘土飞扬。另一方面；植物叶面上的皱折、叶面上的绒毛以及树叶分泌的油脂可以吸附空气中的尘埃。这样，可以起到净化空气的作用。广阔的林带还能减低风速，阻挡尘粒，迫使尘粒降落。研究表明，松树、刺槐、臭椿、女贞、泡桐、重阳木、悬铃木等都是较好的防尘树种。每年每公顷树木吸附灰尘的能力，云杉林和松林为 30 多吨，水青冈树林为 60 多吨。

树叶表面的气孔和茸毛可以吸收声音。研究发现，10 米宽的林带，可以减弱噪声 30%，20 米宽的林带可以减弱噪音 40%，30 米宽的林带可以减弱噪音 50%，40 米宽的林带可以减弱噪音 60%。

绿色植物又是天然的消毒器。大气中有许多对人类有毒的物质，如二氧化硫、氟化氢、氯化物等。悬铃木、垂柳、银杏、刺槐、鱼鳞松等都有较强的吸收二氧化硫的能力；银桦林、滇杨、拐枣、油茶能有效清除大气中的氟化氢；刺槐、银桦、蓝根等可以清除空气中的氯气。

植物不仅可以清除污染，还可以反映大气污染。比如，紫苜蓿被二氧化硫污染时，叶片颜色会发生变化，并出现灰白色斑点。唐苜蓿、葡萄受到氟化氢污染时，叶尖、叶缘会出现环状伤斑。紫鸭跖草在受到放射性元素辐射时，蓝色的花会变成粉红色。

植物反映大气污染的灵敏度很高。比如，二氧化硫浓度在百万分之一浓度时，人才能闻出气味来，十万分之一浓度时，才会出现咳嗽、流泪。但在千万分之三浓度时，敏感植物就会出现异常表现。

绿色植物还能散发出一种萜烯类物质，有杀菌及净化空气的作用。研究表明，每公顷松树每天能分泌 35 公斤杀菌素，可以杀死白喉、痢疾和结核等病菌。伤寒杆菌和痢疾杆菌一碰上地榆根的分泌物，不出一分钟就会被杀死。有人做过测定，每立方米空气中的细菌含量在百货商店是 400 万个，在公园是 1000 个，而在林区、草地只有 55 个。

树木还可以散发负离子。空气中的负离子增多，可以使人感到空气清新，能改善心血管功能，调节神经系统，对高血压、神经衰弱、心脏病、流感以及外伤有一定疗效。此外，许多花朵散发出的花香，可以使人感到精神愉快。

无论是杀菌作用，还是负离子的作用，都对人体的健康有非常的好处。因此，许多疗养院都建在森林中。

植物的另一个重要作用是保持水土和调节气候。

如果地表没有植物覆盖，在下大雨时，雨水直接冲击地表，会迅速形成裹夹着泥土的浊流。既造成水的流失，也造成土的流失，即我们通常所说的水土流失。如果地表有植物覆盖，在下雨时，雨水先被树和草丛堵截，再慢慢渗入到地下，便会形成地下水。这样，就防止了水土流失，起到了保持水土的作用。

雨后，渗透到地下的地下水，一部分慢慢渗出，汇成清流，一部分由植物根系吸收，经叶面蒸腾，回到空中。据估计，每 15 亩森林，在一昼夜间蒸腾到空中的水蒸气可以达到几千到 1 万公斤，就像一个巨大的雾化器。所以，林区的空气湿度一般比无林区要高，雨量也比无林区要丰富。在炎热的季节，植物的蒸腾作用要吸收周围的热量，就像一台天然空调。所以，林区的气温要明显低于其他地方。在寒冷季节，植物像一床厚厚的被子盖在大地上。所以，植被下的地表温度比裸露的地表温度要高。资料表明，当一个地区的森林覆盖率达到 30% 以上时，就不会发生较大的风沙旱涝灾害。所有这些，对局部气候起到了调节作用。

讲完植物的作用，慧觉师父说："在佛家戒律中，有一条是戒杀生，其意思是不能杀害生命。因此，佛门中人不食鱼虾禽兽等动物。其实，花草树木也有生命。除了善待动物，我们还需要善待花草树木，不乱砍乱伐，且广为种植。"

慧觉师父看了一眼讲经堂外的浓浓夜色，说："孩子们，不早了，歇息吧。这之前，你们见识了树木花草，接下来，要看的是狼虫虎豹，各色动物了。"

说完，慧觉师父安排白桦一行在客堂住下。

躺在床上，跳跳猴心想，靠着白桦的引领，植物考察是结束了。但是，接下来的旅行，没有正确的路线图指引，可如何是好？想到这里，心中一片茫然。

再回白桦寨

傍晚时分，天空悄悄地推来一朵朵白云。渐渐地，云朵越积越多，将整个天空严严实实地罩了起来，黑压压地压在头顶。一场大雨要来了！白桦寨里在地里劳作的村民赶忙收拾了农具，赶着耕牛往家里跑。

就在天色完全暗下来的时候，村边的隧道口出现四个黑影。他们一钻出隧道，便直奔寨子的客堂。

客堂里，一个肥头大耳的厨师正准备给客人开饭。就在这时，从隧道进来的四个人突然闯了进来。

走在前面的一个背着背篓的小伙子大声喊道："胡师傅，备饭。"

正在布置碗碟的厨师抬头一看，惊叫了起来："哎哟，白桦回来了！"

背背篓的小伙子说："回来了。"

胡师傅望着白桦旁边的几位，问："请问这几位是……"

白桦说："都是我的兄弟。噢，我介绍一下。"

他指着一个两耳垂肩的瘦高个子说："这位叫跳跳猴，是我的三弟。"

接着，他指着一个戴眼镜的矮胖子说："这位叫笨笨熊，是我的二弟。"

"你怎么有二弟和三弟呢？"胡师傅满脸疑惑。

白桦笑了笑，说："我们三个是结拜兄弟，就在这客堂后面的桃园里起誓的。"

"我怎么没有见过他们呢？"胡师傅仍然微微蹙着眉。

白桦说："那时，您正好离开寨子一些时日。"

然后，他指着一个留平头穿牛仔服的男孩子说："这位叫李瑞。大约一年以前，就在跳跳猴、笨笨熊和我离开寨子去旅行的时候，李瑞也参加了进来。"

"这次，你怎么走了这许久呢？白松和白杨一直念叨你呢。"胡师傅搬过几把椅子示意白桦一行人坐下。

刚落座，白桦神秘兮兮地朝胡师傅说："你知道我们去了哪里吗？"

胡师傅摇了摇头，说："别卖关子了，快说。"

白桦说："我们走的是当年唐僧去西天取经的路线。以往，我带着客人考察植物也是走的这条道，但往往是走一截便返了回来。这一次，我们一直走到了唐僧取到经书的灵山，见到了慧觉师父。一路上，我们见识了好多种类的植物。在高老庄，我们还见到了高太公的重外孙。"

胡师傅问："谁是高太公？"

白桦说："猪八戒的岳父啊！"

胡师傅问："这么说来，便是猪八戒的孙子了？"

白桦说："很可能是猪八戒的前妻翠兰再婚后传下的后代。不过，这个问题，我没有向高太公认真考证。"

顿了顿，白桦接着说："更为惊奇的是，跳跳猴和笨笨熊兄弟还会驾云飞行。他们飞到非洲，飞到澳洲，飞到南美的亚马孙流域，了解了许多植物的习性与奇闻趣事，还采回了一些我们白桦寨没有的树种。"

胡师傅朝白桦挥了挥手，说："太有意思了。先打住。你们一路赶来一定又饿又累。我先给你们准备饭菜，再让人把你哥哥白松和妹妹白杨也叫来。晚上，你们再和大家一起好好聊聊。"

正在这时，外面有人问："白桦回来了吗？"

随着话音，白松和白杨快步走了进来。

胡师傅惊喜地说："说曹操曹操就到。你们入座，饭菜马上就来。"

一会儿，热腾腾的饭菜就端上了饭桌。饭桌上，白杨没完没了地问这问那。跳跳猴呢？绘声绘色地给大家讲孙悟空出生地花果山、唐僧取经路上的五行山、鹰愁涧、流沙河……白松给弟弟白桦讲这一年来白桦寨发生的大小事情。

不觉已是深夜。分别时，白桦告诉哥哥白松和妹妹白杨，接下来，他还要和跳跳猴、笨笨熊与李瑞去旅行。这一走，和以往的出行不同，可能颇需要些时日。

白松说："跳跳猴虽然从外星人那里抢回了路线图，但却是假的。你们靠什么旅行呢？"

白桦想了想，坚定地说："我想，总会有办法的。"

重获路线图

白松和白杨走了，跳跳猴一行到一个里外间的客堂就寝。白桦在外间，跳跳猴、笨笨熊和李瑞在里间。

旅途劳顿，四个人刚躺下一会儿便进入了梦乡。后半夜，空中响起一声炸雷，将白桦四个人惊醒了过来。接着，下起了倾盆大雨，刮起了狂风。风声、雨声和雷声混在一起，像是要把世界搅个天翻地覆。那阵势，大家从来没有见过，即使在跳跳猴变成人之前，还是石头的时候也没有见过。四个人被吓得再也不能入睡，只是静静地躺着。

拂晓时分，雨住了。想到没有什么要紧的事情，加之被暴雨折腾了大半夜没有睡好，弟兄四人准备再睡上一觉。就在这时，不远处的山坡上传来很响的咔嚓咔嚓的声音。

这声音怎么弄出来的呢？白桦急急起床，要出去看个究竟。

刚开门，一个人从门缝钻了进来。白桦看见，这来人个子不高，鼻子很小，头上长着两个短短的触角。

来人仰着脑袋，操着生硬的口音说："请问，您是白桦先生吗？"

白桦点点头，说："正是。"

来人向白桦毕恭毕敬地鞠了一个躬，说："我们一行四人来此处旅行，不想，这山里峰回路转，迷了路。得知先生对这一带非常熟悉，经常带着人在山间旅行，敢劳大驾带我们几天，指点迷津？"

看到眼前这人的相貌，想起跳跳猴、笨笨熊对外星人的描述，白桦隐约感到眼前这个人可能便是跳跳猴他们遇到的外星人。

想到这里，白桦说："稍坐，我马上就来。"

说完，便进入里间。其实，当来人钻进白桦的房间的时候，跳跳猴和笨笨熊便贴在里外间隔墙的玻璃窗户上，将这不速之客看了个一清二楚。

进得里屋来，白桦看到跳跳猴、笨笨熊正趴在窗户上看着外面。他低声问："进来的这个人，可是你们曾经遭遇到的外星人？"

跳跳猴肯定地说："没错。"

笨笨熊说："我刚才听到了他给你讲的话。"

白桦说："我之所以托故进来，就是想征求一下你们的意见，他的请求，我应该答应，还是不答应？"

笨笨熊沉吟一下，说："刚才他和你讲的时候，我便在考虑这个问题。我想，你最好答应他的请求给他们去当向导，乘机将真的路线图弄到手。"

白桦说："我也有这个想法。"

跳跳猴在旁边说："好主意。"

白桦说："你们从上次我们走的隧道出去，在隧道口等着我。得了路线图后，我会到那里与你们见面。"

跳跳猴和笨笨熊点了点头。

白桦从里间出来时，来人急切地问："便可走吗？"

白桦点了点头。

来人连声说："谢谢！谢谢！"

说完，便走在白桦前面，出院门，向旁边的一座山冈爬去。

上得山冈，白桦看见白桦树林被劈出了一道十几米宽的长廊。长廊尽头的草坪上，停着一个直径约摸四五米的圆盘状的东西。在旅行中，白桦经常听跳跳猴谈起不明飞行物（UFO），他想，这个圆盘可能便是跳跳猴所说的UFO了。在这个奇特的东西旁边，站着三个人，装束和领路的人差不多。看到白桦走来，他们都兴奋地叫了起来。

到得跟前，那三个人一边伸出手来和白桦握手，一边问："请问，您就是白桦先生？"

白桦说："正是。请告诉我，你们是什么人？来自何方？"

他想证实一下自己的判断。

刚才领白桦来到这里的人说："我们来自地球以外的星球，地球人都叫我们外星人。"

顿了顿，他自我介绍他的名字是阿里，他的三个伙伴分别叫做巴里、查里和达里。

白桦接着问:"你们来到地球干什么?"

巴里接着说:"本来,我们出访的目的是寻找宇宙中有生物的星球,但是,一路走来,途经的所有星球都没有生命,没有水,甚至没有氧气,放眼望去,一片。来到地球后,我们惊讶地发现,这里竟然有如此多种类的植物和动物。不过,地球上千沟万壑,地形太复杂了。虽然我们从几个地球人那里得了一张路线图……"

说到这里,阿里朝着他狠狠地盯了一眼,巴里把没有说出口的下半句话吞了下去。

白桦明白了,那真的路线图就在这伙外星人手里。白桦走到那圆盘状东西跟前,抚摸着,问:"可以告诉我这是什么吗?"

这次,巴里不敢说话了。

阿里说:"是飞行器。你们地球人把它叫做不明飞行物或者UFO。"

白桦点点头,接着问道:"你们希望到哪里?"

阿里微笑了一下,说:"就沿着您平时领着人考察植物的路线走吧。"

说着,便簇拥着白桦登上UFO。

白桦发现,这飞行器里面空间不算很大,中间是一个仪表台,周围有六个航空座椅。在靠近舱门处,还有一个座位。阿里将白桦安顿在靠近舱门的椅子上,UFO便起飞了。白桦奇怪的是,这玩意儿,飞起来一点声音都没有。

在将要飞出白桦寨的时候,阿里说:"白桦先生,请您把我们领到考察植物旅程的起点。然后,我们再徒步旅行。"

按照植物考察的路线,是从白桦寨西边起始,一直往西走。听了阿里的话,白桦想,在白桦寨的南边,有两座高山。两座高山之间的大峡谷上,有一座由几棵树干搭成的桥。昨天晚上下大雨,山洪一定将那木桥冲垮了。待走到那里,以桥垮路断,需查看路线图另找途径为由,不是便可将他们的路线图赚了出来吗?

想到这里,白桦用手指向南方,说:"往南飞。"

按照指令,UFO飞向了南边。飞出山寨后,白桦指挥着UFO在山谷中择了一块平地落了下来。白桦和外星人刚刚下来,那UFO竟然径自飞起,倏然消失得无影无踪。

白桦领着一行外星人顺着山间的小路往山沟深处走。两旁是高耸入云的大山,山坡上松柏苍翠,山花烂漫。山谷中,山洪奔腾而下,发出震耳欲聋的响声,好些山坡下端的树被连根拔起,顺着河流向下漂去。

大约走了一个时辰,来到了原来的木桥处。正像白桦预料的那样,充当桥面的树干早已被冲得无影无踪,只能看见河对面一条小路通向树林深处。

白桦大喊:"弟兄们,糟了。"

阿里惊慌地问:"怎么了?"

白桦说:"这里本来有一座桥,我每次出去考察都从这桥上过。现在,桥断了,可如何是好?"

说完,白桦一屁股坐在湿漉漉的地上,装出一副绝望的样子。四个外星人也愣在了那里,一声不吭。

良久,白桦说:"你们有地图吗?"

他故意不说路线图,怕引起外星人对他的警觉。

巴里瞅了瞅阿里。

本来,阿里不愿意暴露从跳跳猴行囊中偷来的路线图。但是转念一想,现在桥断了,需要看图来选择前进路线,再说,眼前的白桦先生并不是丢失路线图的那伙人里的,应该没有风险吧。

迟疑了一下,阿里对巴里说:"巴里,把路线图给白桦先生看。"

巴里从背包中取出一叠纸,递给白桦。白桦打开来,扫了一眼,便断定这一张路线图是真的。他把路线图铺在地上,俯下身来,佯装看地图,心里却琢磨在什么地方甩掉这些外星人。

看了一会儿,他收拾起路线图,站起来,指着河流上游对阿里说:"再往上走,还有一个桥,我们上那里看一看吧。我对那里的地形不是很熟悉,不过,如果桥没有被山洪冲垮的话,我们过桥后,靠着路线图,应该是能够返回到河对面的路上来的。你看,可以吗?"

阿里点了点头,虽然目光中流露出些许狐疑。

白桦将路线图捏在手中,带着阿里一行沿着河岸向上游走去。走着走着,前面没有路了,白桦领着外星人钻进了密林中。这时,天色晚了,林中的光线更是暗了许多,间隔五六米便看不清人影。白桦在林中走惯了,像猴子一样在树和藤之间窜来窜去,外星人却气喘吁吁,跟不上。

阿里着急了,大叫:"白桦先生,慢一点。"

话音刚落,白桦便从外星人的视野消失了。

脑筋急转弯

白桦在树林中钻了一阵，又返回到来时的路上。然后，折向西边，走了一晚上夜路。第二天上午，来到白桦寨西边的隧道口。

却说白桦带着外星人离开白桦寨后，跳跳猴、笨笨熊和李瑞便带了手电筒和干粮进入隧道，走了整整一个上午，约摸中午时分，来到了隧道出口。

那出口是半山腰上的一个溶洞，洞里宽敞处有一个篮球场那么大，但洞口很小，只能容一个人进出，且隐在灌木丛中。自从出到隧道口，小哥仨便一直在洞口附近的一棵树下坐着，等待白桦的到来。

本来，跳跳猴生性好动，坐不住，但是，因为白桦吩咐他们在隧道的出口处等，便耐着性子和笨笨熊、李瑞一步不离地守在洞口。

晚上，夜幕四合，伸手不见五指。田野里很静，只是偶尔能听到远处水渠里传来的蛙鸣和蟋蟀的叫声，笨笨熊不由得害怕了起来。

为了排遣恐惧，笨笨熊拍了拍跳跳猴的肩膀说："小兄弟，再给讲个故事吧。"

跳跳猴说："别讲故事了，来个脑筋急转弯吧。"

他知道，笨笨熊是害怕了。

笨笨熊说："好啊，快快讲来！"

他想不到，跳跳猴肚子里还有脑筋急转弯的题。

跳跳猴清了清嗓子，说："一天，一只母猪领着一群小猪来到查理家的菜园子。哥哥查理对弟弟约翰说：'约翰，你看，谁家的猪跑到咱们家的园子里来了？'约翰看了看菜园子里的猪，说：'大猪是谁家的我不知道，小猪是谁的我知道。'查理一边冲向菜园子去撵猪，一边说：'傻子，知道小猪是谁的，不就知道大猪是谁的了吗？快告诉我，小猪是谁的。'你说，约翰会说小猪是谁的？"

笨笨熊想了一想，问："约翰真的不知道大猪是谁家的吗？"

跳跳猴说:"真的不知道。"

笨笨熊说:"那,有答案了。"

跳跳猴问:"小猪是谁的?"

笨笨熊说:"小猪是大猪的呗。"

跳跳猴拍了拍笨笨熊的脊背,说:"老兄,还真有你的。"

笨笨熊说:"还有吗?"

跳跳猴说:"那就再说一个吧。有两个人掉到了陷阱里,一个死了,一个还活着。你说,那个活着的人叫什么?"

笨笨熊想了想,说:"我又不认识他,哪知道他叫什么。"

跳跳猴说:"提示一下,那个死人已经死了,不叫了。"

这时,李瑞一拍脑门,说:"噢,我知道剩下的那个叫什么了。"

跳跳猴问:"叫什么?"

李瑞说:"大叫'救命'啊。"

跳跳猴笑着说:"这小兄弟也挺厉害哟。"

说笑一阵,笨笨熊不害怕了。由于吃过丢失路线图的亏,他们不敢睡,于是,小哥仨便找话题海阔天空地聊,一直聊到第二天早上。

熬了整整一天一夜,第二天上午,小哥仨终于看到白桦从山坡下爬了上来。他们又惊又喜,异口同声地问:"搞到了吗?"

白桦气喘吁吁地说:"搞到了。"

爬到隧道口,白桦急急将路线图从行囊中掏了出来,铺在石头上。跳跳猴发现,路线图上还有以前笨笨熊看图时用铅笔圈点过的痕迹。

他立即跳了起来,喊道:"这回,没问题是真的了。"

笨笨熊也看到了自己在路线图上用铅笔做的标记,脸上露出了微笑。

一天多没有吃饭了,一行四人在附近的树林里找了一些水果吃。接着,一起仔细研究接下来的行程。按照路线图,对动物的考察主要在"水浒城"内进行。所谓"水浒城",包括了《水浒传》中的梁山泊、郓城县、阳谷县、祝家庄……

八百里梁山泊

第一站，是"为什么动物园"。从路线图看，动物园位于梁山泊中的一个孤岛——芦花岛上。对梁山好汉仰慕已久的跳跳猴提议，在去"为什么动物园"之前，先去梁山拜访英雄。

一行四人循着路线图走了数日，在一个早上来到了梁山泊外。正如《水浒传》中所写，那八百里梁山水泊，山排巨浪，水接连天。在一汪水泊的中间，遥遥可见一座山峦。

跳跳猴指着那水泊深处的山，说："想必，那远处的山就是梁山了。"

笨笨熊说："应该是的。听参加智者讲座的师兄讲，梁山泊中间，是众好汉所在的梁山；梁山泊外不远处，是无边无际的大海。"

跳跳猴想，梁山泊外怎么会有大海呢？不过，由于急着找渡往梁山的船只，没有再多想。

但是，在岸边寻了半天，并无渡船之处。

正在犯愁时，白桦指着岸边的一个水亭子说："看，那里有一家酒店，我们去那里讨个去梁山的途径吧。"

说完，一行人便朝那水亭子上的酒店走去。

进得酒店，只见店内摆着五七个饭桌。一个留三叉黄须的彪形大汉面朝着窗户站着。

跳跳猴常听父亲讲《水浒传》，看到那留三叉胡须的大汉，总觉得眼前这汉子应该就是酒店的主人朱贵。父亲讲过，朱贵名义上在这里开酒店，实际上是梁山的眼线，专一在梁山泊外收集情报。见经过此地的行人带有财帛，便去山寨里报知；若来人是投奔宋江者，便送上梁山。

他上前打了个躬，问道："请问，朱贵大人在吗？"

那大汉回过头来，说："本人正是。"

接着，上下打量着进到店里的四个年轻人。见一行人无甚物件，便问："几位小兄弟要吃饭吗？"

说这话时，又将眼睛望着窗外。

跳跳猴说："今日来此，只是为了拜访梁山英雄。"

朱贵又回过头来看了四个年轻人一眼，心里嘀咕：难道小孩子也要入伙？他们上到梁山能干些什么呢？迟疑了一阵，他转而又想，把他们送进去，看宋头领的意思吧。

他走到对面的窗户跟前，将窗户打开，取出一张鹊画弓，搭上一枝响箭，觑着对港芦苇荡里射将去。不一会儿，只见对面芦苇荡里三五个小喽啰摇着一只快船过来，径到水亭下。朱贵领跳跳猴一行下到船里，将船往泊子里摇去。

站在船头极目望去，只见浩渺烟波中隐约现出一座山来。朱贵告诉他们，远处那座若隐若现的山就是梁山。

水面上行了多时，来到梁山的金沙滩。上得岸来，一路上，两边皆是两人合抱不过来的大树。转过一个山腰，眼前是一座大关。关前摆着枪、刀、剑、戟、弓、弩、矛、戈，四边都是檑木炮石。又过了两座关隘，方才到了寨门口。仰面望去，只见四面高山，高山中间，镜面也似一片平地，方三五百丈。进得寨门，迎面见一座大殿，横匾上书"忠义堂"三个大字。

跳跳猴知道，这里，便是梁山好汉议事的所在了。

朱贵将跳跳猴一行领进大殿。忠义堂上，几个人正在高谈阔论。在那一伙人中，正在说话的一个面黑身矮；一个身长八尺，腰阔十围，剃一个光头；一个身如黑炭，眼若朱砂，两腮钢丝也似络腮胡，双手寒光闪烁大板斧；一个面白须长，眉清目秀，手里捻一截铜链。由于听父亲讲了无数次《水浒传》，跳跳猴断定那面黑身矮的应是及时雨宋江；那似和尚剃光头的彪形大汉该是鲁智深；提着板斧的定是黑旋风李逵；那白面书生，无疑是军师吴用了。

跳跳猴四人一字摆开，向上拜过众好汉。

宋江问："四位小兄弟姓甚名谁，从何处来？"

跳跳猴便将他们的身世和来历讲了一遍。

听了跳跳猴的讲述，宋江说："四位小兄弟，虽然年纪尚小，却也是忠义之士也。"

吴用捻着手中的铜链问道："几位小兄弟因何来到这梁山泊呢？"

跳跳猴说："我们是到芦花岛考察动物的。因久仰诸位英雄大名，特来梁山泊拜访。"

吴用说："芦花岛是有一个动物园，但狼虫虎豹生性残忍，各位需要小心才是。"

白桦双手拱了一拱，说："多谢提醒。"

这时，李逵晃了晃手中明晃晃的板斧，大声说道："你们要看什么动物，只管告诉我，我便给你们砍几个来。"

白桦扑哧一声笑了出来，说道："前辈，我们是要看活着的动物，必须去芦花岛上去的。"

李逵不再吭气。

宋江说："想来你们一路劳顿，肚子饿了，先吃饭。然后，我让人送你们。"

接着，宋江等头领设宴款待跳跳猴一行。宴毕，派了张横撑船送他们到芦花岛。

如影随形的外星人

树篱迷宫

接近芦花岛时，见岸上密生许多芦苇，白茫茫的芦花在微风中摇曳。船到岸边，跳跳猴一行向张横道过谢，跳上岛来，拨开芦苇向里面走去。

穿过密密丛丛的芦苇，只见沿岸一道一人多高的柏树树篱。沿着树篱走了约半个时辰，也没有看到一个门，只是偶尔可以看到一个只容一人通过的口子。

跳跳猴带着一行人顺着缺口钻了进去。但走了半天，那通道在树篱里迂回曲折，不知通向了何方。

笨笨熊停了脚步，有点迟疑地说："这里面有机关，我们还是出去吧。"

大家跟着笨笨熊返回到了入口处。这时，旁边走过来一个手持竹篙的中年汉子。

跳跳猴双手抱拳行了个礼，接着问道："请问这里面是一个什么去处？"

中年汉子用竹篙指了一下树篱里面，说："里面有一个很大的动物世界。但是，要进到动物世界，首先要通过这树篱里的迷宫。"

李瑞急忙问："您进去过里面吗？"

中年汉子说："我是一个渔夫，每天只在水里打鱼，未曾去过里面。"

笨笨熊问："您可知如何通过这迷宫吗？"

中年汉子摇了摇头，说："不知道。我只是听说有些人在迷宫里迷了路，困死在里面。有的找不到路径，顺着原路返回来。"

说完，中年汉子钻到芦苇丛里，身后留下一阵窸窸窣窣的响声。

看到一时不能成行，白桦把背上的背篓卸了下来，坐了地上。就在这时，从背篓里跳出了一只金黄色的毛茸茸的小狗。

"咦！白桦大哥，你的背篓里怎么有一只小狗呢？"跳跳猴一边把小狗抱起来，一边好奇地说。

"我也不知道啊！"白桦望着小狗，大吃一惊。他也不明白这只小狗是什么时候钻到他的背篓里来的。

"不管他从哪里来，我们在旅行途中有伙伴了。"李瑞一边抚摸着跳跳猴怀里的小狗，一边说。

跳跳猴说："给它起个名字吧。"

李瑞想了想，说："它全身金黄，就叫小黄吧。"

跳跳猴和白桦异口同声地说："好，就叫小黄。"

"先想办法如何进到里面吧。"笨笨熊望了望小狗，脸上露出疑惑的神色。

沉默一阵，跳跳猴说："我去摸一下路吧。"

说完，他驾了一片白云飞到树篱上方，将迷宫中的路径仔细看了一遍。接着，他落了地，说道："我已经看清了这迷宫的大致途径，让我带着小黄进去吧。狗的记性好，它会有帮助的。待我找到迷宫出口，便回来带大家进去。"

笨笨熊和白桦都点了点头。

李瑞说："我也和你一起去。"

跳跳猴说："当路子走不通时，我可以驾一片云彩飞出来，你能行吗？"

听了跳跳猴的话，李瑞哑然。

跳跳猴带着小黄顺着树篱走了一截，从一个缺口处钻了进去。笨笨熊、白桦和李瑞坐在树篱外面海阔天空地侃大山，等待跳跳猴出来。

大约过去了一个时辰，太阳升到了头顶，跳跳猴没有出来。

李瑞不住地说："进去时间不短了，怎么还不出来呢？"

白桦说："再等一等，跳跳猴兄弟是有办法的。"

又过去一个时辰，太阳已经西斜，跳跳猴还是没有出来。白桦站了起来，焦躁地来回踱着步。

就在太阳快要滑到西边的山顶时，一直不吭气的笨笨熊也终于沉不住气，站了起来，目不转睛地盯着跳跳猴出发时的入口。就在这时，伴随着一阵汪汪的犬吠声，小黄从树篱的缺口处窜了出来。紧接着，跳跳猴也气喘吁吁地跑了出来。

笨笨熊、白桦和李瑞一起冲了过去。

笨笨熊说："怎么走了这好长时间？"

跳跳猴说："我在里面游览了'为什么动物园'。"

李瑞不高兴地说："我们在外面等得心急火燎，你却一个人在里面逛动物园？"

白桦和笨笨熊也现出惶惑不解的神情。

跳跳猴拉着大家坐下，说："别急着发火，听我慢慢道来。这迷宫的路径极是复杂，不过，因为事先在空中进行了侦察，进去的时候倒也没有走冤枉路。走出出口，只见迎面便是'为什么动物园'。正待返回来带大家进去，那里的工作人员告诉我，这为什么动物园在日落前就要永久关闭。为了不错过这个机会，我便抓紧时间在里面溜了一圈。"

李瑞说："这么说来，你赶上了一顿最后的晚餐。"

跳跳猴说："可以说是吧。"

笨笨熊说："噢，对了。按照路线图，'为什么动物园'还是我们生物旅行的一个站点呢。"

李瑞沮丧地说："只可惜，我们没有机会游览了。"

看到李瑞愁苦的样子，跳跳猴说："我给大家讲一遍吧。"

接着，他便滔滔不绝地讲了起来。

为什么动物园

为什么动物园里有各种动物。特殊的是,在每一个动物笼或动物舍的前面,有一台电脑,还有一个机器人。

凑上前去,跳跳猴看见前面的游人在电脑上输入问题。然后,机器人便用语音作出回答。

看到这种新奇的方式,跳跳猴兴奋不已。他想,这样,不管有什么问题,都可以得到答案了。

走到一个关着狼的铁笼前,跳跳猴看见笼子里的狼焦躁不安地一直在笼子里走动,两只眼睛里射出凶光。虽说他胆子大,在和狼对视时也不由得打了一个寒噤。

笼子上有一个牌子,上面写着:狼,哺乳纲,犬科。分布于亚洲、欧洲和北美洲,栖息于山上、平原和森林间。性凶暴,平时单独或雌雄同栖,常常成群活动,袭击各种野生和家养的禽畜。夜间常嚎叫。

跳跳猴上前,向电脑输入问题:狼为什么在夜间嚎叫?

机器人说:"狼在夜间嚎叫,主要是召集同类结伴捕猎。狼在结群后会增加攻击能力,增大成功捕获猎物的可能性。从这个意义上来讲,这嚎叫,是狼群在出发之前的集结号。

"在繁殖期间,狼通过嚎叫寻找配偶,进行交配。从这个意义上来讲,这嚎叫,是它们之间的绵绵情歌。

"在抚育幼狼季节,母狼和仔狼通过嚎叫进行联络。从这个意义上来讲,这嚎叫,饱含着母子深情。"

听了电脑的解说,跳跳猴回忆起了自己的童年。在那寂静的漫长的冬夜,常常能听到或长或短的狼嚎声。那叫声,有时是那么凄厉,令人毛骨悚然;有时又类似小孩哭声。听父亲说,狼模仿小孩哭声,是为了吸引人去搜寻小孩,从而对人进行攻击。这时,他想起了父亲。自从他和笨笨熊生物旅行以来,再也没有见到过父亲,不知他现在身体如何,不知他是否还每天上山砍柴,不知他是否为自己不辞而别而焦急……

为什么动物园

——猫为什么喜食鱼和鼠？

噢，动物园快要关门了。来不及多想了，还是赶快参观吧。

再往前行，是一个关着各种猫的笼子。牌子上写着：猫，哺乳纲，猫科，趾底有脂肪质肉垫，行走时无声，喜捕食鼠类和鱼，偶食青蛙、蛇等。

跳跳猴上前，在电脑上键入："猫为什么喜食鱼和鼠？"

机器人回答："猫主要在夜间活动。为适应在夜间视物，需要大量摄入一种叫做牛黄酸的物质。鱼和老鼠体内含有大量的牛黄酸。猫吃鱼和鼠可以满足提高夜间视力的生理需要。"

听了机器人的解说，跳跳猴想：猫是怎么知道鱼和老鼠体内含有丰富的牛磺酸的呢？难道它们懂生物化学？

他想问一下机器人，但是，有一个中学生模样的小伙子已经占领了计算机。小伙子飞快地在电脑上输入："猫为什么有长长的胡子？"

跳跳猴仔细一看，真的，笼中的猫，长着长长的胡须。

机器人回答："实际上，猫的胡须是一种感觉器官。胡须在接触到物体时，猫便能非常灵敏地感觉到。靠了这种功能，猫在钻洞时，尤其是在漆黑的夜晚钻洞时，便可以判断身体能否通过。可以说，这胡须，是猫在夜晚的眼睛。"

原来，猫的胡须是有用的。

为什么动物园

——老鼠为什么喜噬咬硬物?

在猫笼旁边是一只堆了一些杂物的小铁笼,笼子上的牌子上写着:鼠,哺乳纲,啮齿目动物的通称,主食植物或为杂食性。

噢,原来,这是一只鼠笼。跳跳猴近前仔细看,一只老鼠也看不到。他想,老鼠有什么可看的呢?正要离去,笼子前面电脑的屏幕亮了起来。驻足一瞥,只见屏幕上的几只老鼠正在啃着角落上的一只旧木箱。

一个小孩仰着头问拉着他手的老爷爷:"老鼠也吃木头吗?"

"不吃。"

"你看,它们不是在啃木箱吗?"

"它们是在磨牙。"

听了老者的话,跳跳猴匪夷所思,老鼠为什么要磨牙呢?他走到机器人前,在键盘上键入:"老鼠为什么喜噬咬硬物?"

机器人回答:"一般动物的门齿长到一定程度时就停止生长。老鼠的门齿则不然,每个星期都要长几毫米。为了防止门齿过度增长,老鼠便用咬硬物的方法将不断生长的门齿磨短。谢谢。"

机器人的回答结束了,跳跳猴喃喃自语道:"为什么老鼠的门齿就能一直生长呢?"

老爷爷笑了笑,讲道:"牙齿从外向里分为几个部分。最中间的部分是牙髓,里面有神经和血管,可以为牙齿提供营养并促进牙齿生长。在一般动物,当牙齿长到一定程度时,牙髓腔下端就封闭起来。这时,牙齿就停止了生长。老鼠呢?在进化时遗漏了这道工序,没有把门齿的牙髓腔封闭起来。因此,它们的门齿终生都在不断生长。"

听了解释,跳跳猴茅塞顿开。他谢过老爷爷,向旁边一个关着狗的笼子走去。

为什么动物园

——狗为什么伸着舌头喘气？

在狗笼前的牌子上写着：犬，哺乳纲，犬科，为人类最早驯化的家畜，听觉、嗅觉灵敏，舌长而薄，有散热功能，性机警，易受训练。

天气炎热，笼子中的狗卧在地上，伸着血红的舌头不住地喘气。

一个十二三岁的小男孩在键盘上输入："狗为什么伸着舌头喘气？"

机器人回答："根据体温是不是恒定，世界上的动物可以分为变温动物和恒温动物两大类。所谓变温动物，就是体温随外界环境变化而变化；所谓恒温动物，就是体温保持恒定。狗是恒温动物，为了保持体温恒定，就要及时将体内产生的多余的热量散发出去。出汗是一种主要的散热方式，但是，狗的皮肤上没有汗腺，它的汗腺都长在舌头上。因此，为了散热，狗就将舌头伸出来，一方面通过舌面上汗腺排汗来散热，一方面通过呼出的热气将身体内部的热量散发出去。"

狗长着一身长毛，但即使在炎热的夏天，也从来没有大汗淋漓。原来，全是仗了舌头的作用。这么说来，狗的舌头是它的温度调节器。

为什么动物园

——狗在睡觉时为什么把鼻子捂起来?

跳跳猴虽然经常看见狗伸着舌头喘气，但从来没有想过为什么。他突然意识到，有许多现象自己熟视无睹，从来不去深究其中的道理。这时，他脑海里不由得浮现出狗睡觉的样子。狗在睡觉时总是用两条前腿把鼻子给围起来，这难道也有什么道理在其中吗?

他在键盘上输入:"狗睡觉时为什么总是将鼻子捂起来?"

机器人回答:"狗的嗅觉非常灵敏，主要是因为它嗅觉细胞非常丰富。狗的嗅觉细胞一部分分布在鼻腔黏膜上，一部分分布在鼻子尖端的外表面。靠了这灵敏的嗅觉，狗可以找到食物，可以在远行时找到回家的路线。利用狗的灵敏嗅觉，人们进行案件侦查以及在自然灾害后对失踪人员进行救援。狗也懂得自己嗅觉的重要性，因此，在睡觉时总是要用两个前肢把鼻子保护起来。"

觅食和认路都要靠鼻子，当然要好好保护了!

为什么动物园
——为什么把诡计多端的人叫做老狐狸?

旁边的笼子关着狐狸,牌子上写道:狐,哺乳纲,犬科,分布于我国东北、内蒙古、河北、山西、陕西等地。栖息于森林、草原、半沙漠、丘陵地带。尾基部有一小孔,能分泌恶臭。喜用计谋。

跳跳猴想起,人们在形容某某人狡猾或者诡计多端时经常说:"那是个老狐狸。"但是,他不理解,狐狸不是人,怎么可能诡计多端呢?

这时,一个中年人领着七八个小男孩和小女孩走了过来。

一个小女孩问那中年人:"老师,狐狸真的会用计谋吗?"

老师说:"是啊。比如说,刺猬身体瘦小,行动缓慢,在遭遇其他野兽时很难逃脱。但是,它的背部长满了刺。在遇到敌害时,它会蜷缩成一团。由于缩成一团的刺猬身体周围全是钢针一样的刺,敌害无法下口,只好悻悻离去。狐狸呢?会想办法把刺猬拖到水中。刺猬一落水,就会将身体舒展开来,露出没有硬刺的胸部。这样,狐狸就可以下口了。"

小女孩问:"可是,如果附近没有水呢?"

老师说:"如果附近没水,狐狸仍然有办法。它会将屁股对准刺猬的头部放一个屁,狐狸的屁奇臭无比,能将刺猬麻醉。刺猬被麻醉瘫痪时,也会将胸部露出来。

"狐狸中有一种红狐。在发现猎物,准备捕捉时,几只红狐往往会互相打架。为什么不去进攻猎物,反而搞开了内斗呢?殊不知,这是红狐在耍计策。猎物看见几只红狐在互相打闹,往往会感到好奇,便停下来看热闹。这时,红狐会突然停止打斗,出其不意地扑向猎物。

"还有,如果狐狸发现鸭子在河中嬉戏,它会将一些枯草扔进河中。当枯草漂到鸭子附近时,狐狸嘴里也衔着枯草,将自己隐蔽起来,游向鸭子。当接近鸭子时,便突然向鸭子发动攻击。"

小女孩感叹道："真有办法。"

老师说："狐狸不仅用计谋捕食，还懂得和人斗智。猎人常常在猎物出没的地方设置陷阱来捕猎。如果猎人在布置陷阱时被狐狸看见，它会在后面悄悄跟踪，在每一个陷阱旁边留下一股臭味。同伙在经过陷阱时，只要闻到这种臭味，就会知道附近有陷阱，小心地绕开。

"我国成语中有一句叫做'狐假虎威'，说的是狐狸假借老虎的威风让森林中百兽对自己臣服。虽然这是寓言，但生动地表现了狐狸的善用计谋。"

看来，狐狸是一种天生就懂得用计的动物。不过，这智谋也是随着年龄增长逐渐积累的。不然，为什么把耍诡计的人叫做老狐狸而不是小狐狸呢？

为什么动物园

——长颈鹿在低头时为什么不会出现
脑溢血？

跳跳猴跟着老师和学生往前走，来到了一个关着长颈鹿的笼子旁。在高大的笼子上方，有一个饲料槽，里面放着干草。在地面上，放着一个饮水槽。长颈鹿昂着头，嚼了一阵干草后，又低下头来饮水。

老师问他的学生："大家对长颈鹿有什么感兴趣的问题吗？"

几个小男孩和小女孩都摇了摇头。

老师说："长颈鹿的心脏搏动很有力。为什么呢？因为它的个子很高，要把血液泵到高高仰起的脑袋，心脏必须很有力地收缩才行。但是，大家想过没有，当长颈鹿低头喝水时，头部会下降到比心脏低几米的位置。这时，强有力的心脏搏动产生的血压加上头部下垂时血液的重力，会使大量血液涌入头部。一般来说，高血压和血流增加会使血管破裂，但是，长颈鹿却安然无恙。大家想到过是什么道理吗？"

大家还是摇了摇头。

老师说："让机器人给我们一个答案吧。"

说着，他在电脑上键入："长颈鹿在低头时为什么不会出现头部血管破裂？"

机器人沉默了一会儿，好像是对这个问题进行了一番思索，然后说："长颈鹿的脑子中有一团海绵状的小动脉。当长颈鹿抬起头部时，脑血管中的血液会因为重力作用向下流动。但在流到这团海绵状小动脉结构处时，速度就大大减慢。这样，可以避免突然发生脑组织缺血。

"当长颈鹿低头喝水时，血管中的血液会因为重力作用大量向头部流动。但由于海绵状动脉的缓冲作用，脑组织中血管的血压不会明显上升，因此，不会发生头部血管破裂。"

如影随形的外星人

听了机器人的讲解,跳跳猴感叹道:"造物主怎么想得如此周到呢?"

老师望着跳跳猴笑了笑说:"长颈鹿是造物主个子最高的孩子,能不花一番心思设计吗?"

听了这句话,跳跳猴和老师带领的学生都笑了起来。

为什么动物园

——红外照相机为什么拍不到北极熊？

离开长颈鹿，跳跳猴跟随那一队师生来到了一座北极馆。

北极馆内冰天雪地，寒气袭人，跳跳猴不禁打了个寒战。他不由自主地将双臂放在胸前，用衣服裹紧身体。

他看见，在那冰雪世界里，一只雍容华贵的北极熊在悠闲地漫步。

他想：为什么北极熊就不怕冷呢？

接着，他在电脑上输入："北极熊为什么不怕冷？"

机器人回答："北极熊的白毛就像一根根空心管子，能将阳光，包括紫外光都吸收到身体中，增加身体温度。另外，白毛还有反射热量的特性，能将皮肤散发出来的热量反射回皮肤。这样，可以防止体温的散失。因此，北极熊能耐受北极地区的寒冷。"

说到这里，机器人的解说结束了。

老师接着说："凡是体表温度高于周围环境温度的动物，都能用红外线照相机拍摄下来。电视节目《动物世界》中动物在夜间活动的情景就是用红外照相机拍下来的，这种摄影叫做红外摄影。但是，应用红外摄影却拍不到北极熊。你们说，这是为什么呢？"

一个学生说："这说明，北极熊的体表温度非常低。"

老师说："对。但是，北极熊的体表温度为什么会如此之低呢？"

那学生张了张嘴，想说什么，但说不上来。

老师说："刚才不是说过吗？北极熊那一层厚厚的白毛能将皮肤散发出来的热量反射回皮肤，这样，体表的温度就会很低。用红外照相机拍不到，紫外线照相机却能把北极熊很清晰地拍摄下来，而且，在紫外线照相机拍摄的照片上，北极熊的颜色要比周围冰雪的颜色深得多。这说明，北极熊的皮毛能够吸收紫外光。就是靠了这种吸收紫外光的能力和减少体温散失的能力，北极熊保持了体温，保证在天寒地冻的北极能够进行正常的生理活动。"

过去，跳跳猴一直不明白北极熊是如何耐得住那北极的严寒的。听了机器人和老师的解说，才明白，原来是靠了那一身厚厚的白毛。

为什么动物园

——河马为什么总是泡在水里面？

再往前行，是河马馆。一头河马浸在一池碧水中，只露出眼睛、鼻子和耳朵。跳跳猴想看看河马的全貌，但等了半天，河马就是泡在水里不出来。

跳跳猴问："为什么河马要长期泡在水中呢？它不出来觅食吗？"

老师说："河马看起来非常丑陋、凶猛。"

话还没有说完，河马将脑袋微微抬起，张开了血盆大口，简直可以将一个人囫囵吞下。

老师接着说："但是，河马不是食肉动物，是以食水草、嫩枝和嫩叶为生的。所以，它待在水中吃水草就可以满足对食物的要求。当然，它也偶尔上岸来吃树枝和树叶，但不会在岸上待很长时间。"

跳跳猴又问："为什么不能在岸上待很长时间呢？"

老师说："河马的皮肤很厚，没有汗腺。当河马待在水里时，可以通过水来降低体温。但当河马从水中出来，并且气温较高时，皮肤就会裂开，从皮肤开裂处流出一种红色液体。因此，它平时总是待在水里面。"

跳跳猴正要再问什么问题，水里的河马又张开了血盆大口。

一个小女孩吓得尖叫了一声，老师领着大家匆匆离开了河马馆。

河马

为什么动物园

——海兽为什么能长时间待在水中而不露出水面呼吸？

与河马馆相邻的是一个海兽馆。海兽馆水池里面的海豹、海狮和海豚在自如地游来游去。

一个小男孩问："老师，海兽包括哪些水生动物呢？"

老师说："海兽包括海獭、海豹、海狮、海豚和鲸。可能是因为鲸太大了，这水池放不下，所以，在这个海兽馆里没有展出。"

海豹

小男孩又问："既然海獭、海豹、海狮、海豚和鲸同属于海兽，它们应该是有一些共同特点吧？"

老师说："你说得对。海兽虽然生活在水中，但是，它们不是用鳃，而是与陆地上的马、牛、羊一样，用肺呼吸。"

跳跳猴问："既然是用肺呼吸，它们怎么能长时间潜水而不露出水面来呢？"

老师笑笑，说："这个问题，你问问机器人吧。"

跳跳猴在电脑键盘上键入："海兽为什么能长时间待在水中而不露出水面呼吸？"

机器人讲："欢迎来海兽馆参观。海兽之所以能在水中长时间停留而不露出水面呼吸，是因为它的血液和肌肉可以储存大量的氧气。"

说到这里，机器人不说话了。

跳跳猴想，海兽的血液和肌肉是如何储存大量氧气的呢？

海狮

他以为机器人会再继续讲下去，但等了几分钟，机器人不再开口。他侧过头来看看老师。

老师说："有什么问题不明白再问呀。机器人中的答案是事先编制好输入机器的，问什么，答什么，不会发挥的。"

听了老师的话，跳跳猴恍然大悟。他在电脑上键入："海兽的血液和肌肉如何储存大量氧气？"

机器人接着说："动物主要靠血液中的红细胞储存和携带氧气，供给组织器官。血液越多，储存和携带氧气的能力就越大。人体的血液一般占体重的7%，而海豚、海豹和海狗的血液占体重的比例要比人体大的多。因此，海兽的血液可以储存大量的氧气。

"除红细胞外，肌肉中的肌红蛋白也可以储存氧气。海兽的肌红蛋白比人体及其他陆生动物高得多，储存的氧气可以占全身储氧量的50%。因为海兽肌肉中肌红蛋白含量高，所以，鲸和海豹等的肉都呈紫色。"

机器人回答结束了。老师接着说："此外，海兽的呼吸效率也很高，人呼吸一次只能更换肺中气体的15%到20%，而鲸类呼吸一次能更换肺中气体的80%以上。因此，它们浮到水面上来大吸一口就能在肺里储存好多新鲜空气。

"总之，血液中红细胞、肌肉中肌红蛋白强大的摄氧能力以及高的呼吸效率，使得海兽能在水中停留较长时间。"

海豚

如影随形的外星人

为什么动物园

——啄木鸟高速度啄木，为什么不会导致脑震荡？

走出海兽馆，大家进入动物园中的百鸟林。

与天然树林不同的是，在百鸟林树冠上方，覆盖着一顶用绿色纱网制成的穹窿顶。林中，百鸟啁啾，空气中弥漫着树脂的气味。

行走中，跳跳猴听见一阵嘟嘟嘟的声音。循声望去，只见一只啄木鸟在不停地敲打着树干，在旁边的树枝上，站着几只鸟，断断续续地唱着歌。

跳跳猴停了下来，仔细地观察着眼前的啄木鸟。老师和他的学生也止了脚步。

老师指着啄木鸟问他的学生："你们看，啄木鸟在树上站立的姿势和一般鸟有什么不同吗？"

看了半天，同学们同时摇了摇头。

老师说："一般的鸟落在树上时，是三趾向前一趾向后。这样，可以将树枝握紧。啄木鸟呢？是两趾向前，两趾向后。这样，便于攀附在垂直的树干上。另外，它的尾巴硬而富有弹性，可以对身体起到支撑作用。"

这时，啄木鸟头下啄出了一个树洞。只见啄木鸟一次次将长长的舌头伸入树洞中，把树洞里的小虫卷到口中。

啄木鸟

接着，一行人继续向前走去。

啄木鸟啄木的声音在身后渐渐地远了，老师问："你们不觉得啄木鸟有什么特别吗？"

跳跳猴说："您刚才不是讲过了吗？它的四趾是两趾向前，两趾向后，尾羽可起支撑作用。"

老师说："这些是啄木鸟的特殊之处，但是，啄木鸟的最特别之处还是在于它的啄木过程。美国科学家菲利普·梅依用特制的电影摄影机对啄木鸟的啄木过程进行观察，发现它在啄木时头部的速度可以达到每秒 555 米，是声音在空气中速度的 1.4 倍，是真正的超音速。正是由于它啄木速度很快，所以才能将树木凿穿。可是，你想想，啄木鸟以如此高的速度敲击树干，为什么不会导致脑震荡或者头痛呢？"

听到这里，跳跳猴说："噢，我怎么没有想到这一点。请告诉我为什么呢？"

老师笑笑，说："还是问一下机器人吧。"

跳跳猴返回百鸟林的入口处，在电脑键盘上键入："啄木鸟高速度啄木，为什么不会导致脑震荡？"

机器人头上的红灯亮了起来，开口道："欢迎光临百鸟林。在啄木鸟脑壳周围，有一层海绵状骨骼，里面储藏着气体。这个结构能够起到消震作用。此外，在脑壳外面，附着的肌肉也能起到消震作用。"

跳跳猴追上走在前面的老师和学生，向他们汇报了机器人的答案。

老师说："受啄木鸟头部结构的启示，科学家制造出了防震头盔和安全帽。"

跳跳猴问："就是建筑工人在工地上头上戴着的安全帽吗？"

老师说："是，还有摩托车司机戴着的头盔。戴了这种头盔或者安全帽，便可以大大减缓头部被撞击时的受力，避免发生脑外伤或者减轻脑外伤的程度。"

为什么动物园

——人们为什么把它叫做树懒？

从百鸟林出来，一行人进到一个大温室。温室中矗立着几株大树，室内空气湿润，温暖，恍若进入了热带森林。

一个学生环视一周，说："奇怪，怎么这里只有几株树，而没有动物呢？"

"既然是动物园，动物肯定是有的。"老师说。

跳跳猴左看右看，也没有看到半点动物的踪影。

良久，老师指着一棵树，说："你们看，那是什么？"

顺着老师手指的方向望去，跳跳猴只是看见树干及树枝上爬满青苔，没有什么异样。

他说："有什么呢？不就是树枝吗？爬满青苔的树枝。"

老师说："再仔细看，树枝怎么会两头细，中间粗呢？那粗的地方爬着一只树懒呢。"

跳跳猴仔细看，真的，那段覆盖着青苔的树枝中间鼓起来一块。但是，怎么看也看不出那里爬着一个活生生的生灵。

跳跳猴问："树懒什么样子呢？"

老师说："树懒的模样与猴子相似，身长只有70厘米左右，一生生活在树上，甚至死了之后，也悬挂在树上。"

跳跳猴问："人们为什么把它叫做树懒？"

老师说："树懒懒得出奇。它动作缓慢，很少进食，即使它栖息处周围的树叶都吃完了，也懒得动弹。它能一个多月不吃东西，待在一处一动不动。当饿得很厉害时，无奈之下，才慢慢爬到别的树枝上去。它在树枝上一般是背朝下，脚朝上。由于长期采取这种姿势，毛是倒向背部，而不是腹部。由于它待在树上长期不动，树上的青苔便从周围的树枝上蔓延到树懒的身体上,像给树懒穿了一身绿色的衣服。"

"能懒到如此地步吗?"跳跳猴感到很惊讶。

老师说:"要不,人们怎么会把它叫做树懒呢?"

跳跳猴问:"但是,为什么树懒身上的青苔要比其他地方多很多呢?"

老师说:"由于树懒的体温和呼出的碳酸气有利于青苔生长,附着在树懒身上的青苔便要比树枝上的茂盛得多。"

"噢,原来如此!"世界上竟然有懒到这等地步的动物,跳跳猴感到不可思议。

狮虎山历险记

讲到这里，太阳完全钻到了山后面。跳跳猴说："就在我从温室内出来，走到狮虎山附近的时候，遭遇到了外星人。和外星人这一场遭遇，差点让小弟送了性命。"

"是吗？"笨笨熊、白桦和李瑞不约而同地叫了起来。

"时候不早了，我们赶路吧。"跳跳猴抬头看了看西边天空的残阳，故意卖起了关子。

"快快讲来。"李瑞一边急切地说，一边望着白桦和笨笨熊。

白桦和笨笨熊一起说道："对，快快讲来。"他们都想知道跳跳猴和外星人之间发生了什么。

跳跳猴坐了下来，清了清嗓子，绘声绘色地讲起他和外星人之间的故事。

当跳跳猴快要走到狮虎山时，觉得脊背上的背包被动了一下。扭头一看，一个矮个子拿了他的背包拼命逃跑。跳跳猴在后面撒开大步追赶，抢包的人一边跑，一边回过头来看。这时，跳跳猴看见，抢包的人是外星人。

跳跳猴大喝一声："把包放下！"

突然，跑在前面的外星人翻过一道矮墙，不见了。跳跳猴追到跟前，发现外星人躺在狮虎山的池子里面抱着一条腿不住呻吟，跳跳猴的背包被丢在离他十几米的一块空地上。原来，那道矮墙是狮虎山池子的护墙。外星人慌不择路，以为跳过矮墙便可摆脱跳跳猴的追赶，不想却掉进了池子里。恐怖的是，在距离外星人大约三十几米处的一块巨石旁，躺着一只斑斓大虫。听到动静，那大虫昂起头来朝外星人看了看，接着，站了起来，伸了伸懒腰，慢悠悠地朝外星人走来。

这时，站在池子边的一个小伙子大声喊道："大家快来看，一个怪物掉在狮虎池子里了！"

听了他的喊声，顿时有十几个人从附近赶了过来。

站在狮虎山的池子边,跳跳猴进行着激烈的思想斗争。背包内装着路线图和锦囊,如果不把背包取上来,大家便将无法旅行。但是,眼前的外星人也是一条性命,不能让老虎吃掉。取背包还是救外星人? 跳跳猴感到两难。这时,老虎距离外星人只有十几米,并且明显加快了前进速度,外星人声嘶力竭地大喊救命。跳跳猴想,背包不会被老虎吃掉,可以抽机会再去拿,这外星人可是眨眼就没有性命了。想到这里,他纵身一跃,跳到了池子里。

　　听到响声,老虎停了下来,回过头来看了看跳跳猴。为了把老虎从外星人身边引开来,跳跳猴故意朝着老虎又蹦又跳,并且向老虎靠近,做出向老虎进攻的样子。老虎发怒了,掉过头来,朝着跳跳猴扑过来。狮虎池上边的人们向着跳跳猴大喊:"快跑! 快跑! "

　　跳跳猴在狮虎池里远离外星人的空地上拐来拐去飞快地奔跑。他一边跑,一边向池子上边的人喊道:"快放绳子下来! 快放绳子下来! "

　　池子上面的人群里有一个人是动物园的管理员,他急忙找了一截绳子,从池子边垂下来。但是,绳子太短,离地面还有 3 米多。

　　跳跳猴在边跑边看池子上的人放绳子时,被地上的一块石头绊了一下,摔倒在地。老虎马上追了上来。池子上面的人拼命地喊:"快爬起来! 快爬起来! "

　　就在老虎离跳跳猴不到一米的时候,跳跳猴突然一下蹦了起来,继续拼命奔跑。他一边跑,一边向池子上面的人喊道:"猴子捞月亮! 猴子捞月亮! "

　　池子上的人面面相觑,不解其意。突然,一个中年人说:"就是要几个人手挽手吊下去。"

　　听了中年人的话,周围的几个人恍然大悟,"噢"了一声。很快,一个壮汉在靠近外星人的地方将拿着绳子的动物园管理员吊了下去,管理员把手里的绳子垂了下去。这时,那绳子离狮虎池的地面约有一米多的距离。

　　跳跳猴见状,几个箭步冲到外星人跟前,搂了外星人,紧紧抓住垂下的绳子,大喊一声:"起吊! "

　　就在这时,老虎冲到了跳跳猴跟前。那壮汉"嗨"了一声,一发力,将管理员、跳跳猴和外星人猛地拽上了一大截。眼看到口的猎物要飞了,老虎望上一扑,咬住了外星人一只脚。池子上的人抱住壮汉的腰使劲往后退,将小伙子、跳跳猴和外星人拉了上来。老虎嘴里含着外星人的一只鞋,大惑不解地望着池子上面。大概心里在想,往常投进池子来的猎物只会跑,今天的猎物怎么会飞呢?

如影随形的外星人

在将外星人救出来后，池子上的人都围了过来。外星人坐在地上，向大家鞠了个躬，说道："多谢大家救命之恩。"

人群中有的人说："怎么长得这么怪，是从哪里来的怪物？"

有的人说："人家会说话，怎么是怪物呢？只是长相有点特殊罢了。"

跳跳猴对大家说："大家可能想不到，我们看到的是一个外星人。"

听了跳跳猴的话，大家不约而同地"哇！"了一声。

跳跳猴接着说："这外星人曾经偷窃过我们的资料，今天是来公然抢劫了。大家请安静一下，待我问他一个究竟。"

大家立刻安静了下来。

跳跳猴朝外星人问："你叫什么名字？"

外星人说："达里。"

"你来自哪里？"

"地王星。"

"来到地球的外星人有多少人？"

"不知道。"

"你小子竟敢知情不说，小心我要了你的性命。"说话时，跳跳猴握紧了拳头，在达里的面前晃了晃。

达里惶恐地说："不敢，不敢。"

跳跳猴说："怎么，我不敢要了你的性命？"

达里说："不是您不敢要了我的性命，是我不敢知情不说。"

跳跳猴问："你怎么会连你们一共几个人都不知道？"

达里说："我们这个小分队是 8 个人。但是，除我们之外，还有其他小分队。"

跳跳猴问："几个小分队？"

达里说："不知道。"

跳跳猴问："你怎么知道还有其他小分队？"

达里说："听我们头儿说的。"

跳跳猴问："你们头儿是谁？"

达里说："巴里。"

"巴里？"跳跳猴自言自语。在他的印象中，外星人的头头是阿里，怎么这小子说是巴里呢？

这时，达里说："胡说。"

跳跳猴说："怎么，你说我胡说？"

达里打了自己一个嘴巴，说："不是你胡说，是我胡说。我刚才一时着急，说错了名字。我们的头儿是阿里。"

跳跳猴厉声说："你在骗人。"

达里说："您救了我的性命，我粉身难报，怎么能对您不诚实？"

跳跳猴又将拳头在达里面前晃了一晃，说："你老老实实地回答我的问题！如果发现你在骗我，我把你带回去，让我的弟兄们好好教训你一顿。"

达里说："不敢，不敢。"

跳跳猴又怒目圆睁，喝道："怎么，我们不敢教训你一顿？"

达里急忙说："不是你们不敢教训我，是我不敢欺骗您。"

跳跳猴说："老实告诉我，你们队长叫什么名字。"

达里说："我们这一个小分队的队长叫阿里，副队长叫巴里。"

跳跳猴问："你抢我的包干什么？"

达里说："还是为了那张路线图。"

跳跳猴问："你怎么知道我来到这里？"

达里说："我也不知道，是阿里带着我们一起到这里的。他让我上来抢您的背包，并且告诉我上次在山上宿营时就是从您的这个包里窃得路线图的。"

跳跳猴问："他们在哪里？"

达里说："就在附近。"

正在这时，传来一阵叽里咕噜的声音。跳跳猴循着声音望去，只见在一棵树后有三个外星人。仔细一看，正是上次在古庙前抓住的那几个。他们都长着一只小鼻子，有两个人头上有两个短短的突起。看样子，他们想来抢夺达里，但是一看周围有许多人，便躲在树后朝着达里用外星语喊话。

跳跳猴对达里说："告诉他们，让他们讲汉语！别叽里咕噜耍诡计。"

达里朝阿里等三个外星人喊道："这位英雄让我们讲汉语。"

但是，大树后的外星人仍然叽里咕噜朝达里说个不停。

跳跳猴大声说："你们再不听我的话，我就把达里再推下池子去。"

这时，一个头上长突起的外星人说："恕罪。我们只是要将达里接回来。"

跳跳猴说："可以，但是有一个条件。"

刚才说话的外星人说："什么条件？"

跳跳猴说："让你们头儿跟我说话！"

达里说："他就是我们的头儿阿里。"

跳跳猴问："余下的两个人叫什么名字？"

达里说："巴里和查里，头上长两个突起的是巴里。"

跳跳猴说："好，你们都把裤带解下来！"

三个外星人大惑不解，跳跳猴周围的人也小声议论："要裤带干什么？"

跳跳猴大声说："怎么，不答应吗？"

阿里点头哈腰地说："答应，答应。"

说着，先把自己的裤带解了下来。接着，又用汉语对另外两个外星人说："快，解下来！"

阿里一只手提着裤子，一只手把三根裤带收在一起，慢腾腾地朝跳跳猴走过来。另外两个外星人双手提着裤子呆呆地站着。

跳跳猴对阿里喊道："放下！"

阿里惶惑不解地将裤带放在地上。

跳跳猴拍了拍身边小黄的脑袋，轻声说："去，把那些裤带都叼回来！"

小黄抬头向跳跳猴看了看，接着一路小跑过去，把三根裤带叼了回来。

跳跳猴把达里的裤带也抽了下来，接着对阿里说："好了。你们可以过来两个人，把达里带回去。"

阿里朝另外两个外星人偏了一下脑袋，巴里和查里提着裤子，慢慢走到达里跟前。

巴里将达里背在背上，查里一手提着自己的裤子，一手提着巴里的裤子，朝阿里走去。这时，人们才明白，跳跳猴出此计策是为了防止外星人出手攻击。

人群中有的人说："松开手啊！让我们看一看外星人光屁股是什么样子。"

接着，爆发出一阵笑声。

待外星人钻进树林，跳跳猴将绳子和外星人的裤带接在一起，对大家说："麻烦诸位再帮一下忙，把我吊下去。"

一个中年妇女问："还要下去干什么？"

跳跳猴说："我要把那个背包取上来。"

动物园管理员从人群中挤到跳跳猴面前，说："刚才老虎已经被激怒了，你再下去很是危险。"

跳跳猴说："危险也要下去。"

刚才说话的中年妇女问："那个背包很重要吗？值得冒着生命危险去取吗？"

跳跳猴一本正经地说："很重要。"

吊跳跳猴上来的壮汉说："小兄弟，刚才这条小狗将外星人的裤带叼了回来，难道不可以把它吊下去，让它把你的背包取回来吗？"

听壮汉这么一说，周围的人都纷纷表示赞同。

跳跳猴坚定地摇了摇头，说："不行。这小黄也不能有任何闪失。还是让我下去吧。刚才大家看见了，我能对付得了那老虎。"

动物园管理员说："既然你下定了决心，请等一下。"

说完，便一路小跑走了开来。人们望着他远去的背影，不知道这动物园管理员有什么妙计。过了一会儿，管理员抱了一只大白兔，走到狮虎池边，投在了池子里。刚才在池子里走来走去的老虎见有猎物投下，立刻朝兔子追去。不一会儿，便用碗大的爪子将兔子死死按住，张开血盆大口，一下将兔子的脑袋咬了下来。

这时，跳跳猴将绳子交给壮汉，说："快吊我下去！"

壮汉将跳跳猴迅速吊了下去。一到地面，跳跳猴急忙奔向背包。听得有动静，老虎抬起头来，朝跳跳猴看了一眼。噢，刚才飞走的人又进来了。它丢下血肉模糊的兔子，朝跳跳猴冲了过来。池子上面的人一起喊："快！快！快！"跳跳猴提了背包，几个箭步冲到绳子跟前，牢牢地抓住绳子。壮汉双手倒了几把，便把跳跳猴拽到池子上。跳跳猴低下头，朝仰望着他的老虎摆了摆手。老虎朝着跳跳猴呆呆地望了一阵，掉过头去，悻悻地向剩下的半只兔子走去。

跳跳猴的故事讲完了，白桦、笨笨熊和李瑞都深深地吁了一口气。

李瑞说："好险啊！"

这时，天色已经暗了下来。跳跳猴站了起来，说："好了，不早了。我们需要赶快进去了，再晚一些，便识不清迷宫里的道路了。"

说完，便领着大家钻进了迷宫。小黄窜到跳跳猴前面一路小跑领路，偶尔在岔路口处停下来嗅一嗅。大约一刻钟时间，一行人便来到了迷宫出口。

迷宫是出来了，但是，天色已晚，一行人不知道应该往哪里去。正在犹豫时，从旁边的小路上走来一高一矮两个背背篓的青年。

听到跳跳猴一行在为去哪里而争论不休，高个子青年指着面前一个山谷说："前面不远便是一个村庄，那里是可以找到住处的。"

说完，便一前一后钻进了山坡上的树林中。

借宿

在芦花岛离岸不远的地方，有一个小山村。村里的房屋依着地势，建在山坡下半部。再往下，就是一条河。小河像一条玉带，从曲曲弯弯的山峡之间飘过来，又弯弯曲曲地从山间钻出去，伸到大山外不知名的地方。

夜幕四合，一个个农舍窗户上的亮光相继熄灭了，整个山村在苍茫暮色中进入了梦乡。就在这时，跳跳猴一行四人走近村边一个院子。跳跳猴叩了叩大门，院内传来了汪汪的犬吠声，但是，没有人答应。

少顷，大门"吱扭"一声打开了。一个老妇人从门缝里探出一个脑袋，问："是哪个村的孩子呀？"

显然，老妇人认出眼前的几个孩子不是本村的。

笨笨熊说："大娘，我们从很远的地方来，天色不早了，想在这里借宿一晚，行吗？"

老妇人一听说小孩要借宿，忙不迭地说："行，行，行。"

说着，就将孩子们拉了进去。看见来了生人，拴在院子角落一棵树上的狗朝着来人一扑一扑地狂叫着，身上的铁链发出唰啦啦的响声。

老妇人冲着狗呵斥道："安静。"

听了主人的呵斥，那条狗立刻停止了狂吠，只是绕着树焦躁不安地来回走动。

跟着老妇人进到房间后，只见灶头上坐着一个老汉，一边吧嗒着长长的旱烟袋，一边往灶膛里添柴火。柴火很旺，把整个屋子烧得暖融融的，灶膛中不时发出噼噼啪啪的爆裂声。

老妇人向孩子们介绍："这是我的老伴。"

接着，又转过头向老伴说："有四个小孩来我们家借宿一晚。"

老汉抬起头，说："外面天气冷，上炕暖和暖和吧。"

在灶火的映照下，老汉两个眼窝深深地凹陷着。原来，是一个盲人。

四个人在炕上坐定后，老妇人问客人姓甚名谁，从哪里来，要到哪里去，为什么在夜间行路。

跳跳猴告诉主人，他自己叫跳跳猴，矮胖子叫笨笨熊，背着背篓的叫白桦，留平头穿牛仔裤的叫李瑞。今天，他们参观了芦花岛的"为什么动物园"。他还把外星人盗走他们的路线图，白桦智取路线图以及与外星人在狮虎山的遭遇向两个老人绘声绘色地讲了一通。

听说外星人来到了芦花岛，老汉抬起头好奇地问："外星人？他们来干什么？"

跳跳猴说："他们的目的是调查地球生物的资源。说不定，还要窃取地球上的生物标本。如果他们对地球生物的知识掌握得超过了我们，就有可能统治地球，控制人类。"

在跳跳猴说话的过程中，老汉停止了向灶膛里添柴火。待跳跳猴讲完，他忧心忡忡地说："那我们该怎么办呢？"

跳跳猴说："我们生物旅行的任务就是要和外星人进行竞赛，对地球生物进行抢救性的调查和研究。同时，还要防止他们窃取地球上的生物资源。"

听了跳跳猴的介绍，老夫妇才知道这几个不速之客虽然年轻，却负有重要的使命。

不一会儿，饭做好了，老两口捧上冒着热气的农家饭。晚饭后，他们与老两口睡在同一张大热炕上聊天。唠嗑中，跳跳猴等得知老汉原来是本村的一个小学教师，在快要退休的时候患了眼疾，双目失明了。老两口的两个孩子都在县城工作，虽然孩子们几次要他们到城里去住，好对他们有个照应，但老人舍不得离开这山村。说实话，他们也不喜欢城里的拥挤和嘈杂。

聊着聊着，跳跳猴等四个小伙子进入了梦乡。

生物节律

——潮起与潮落

第二天,大家休息了一天。黄昏时分,跳跳猴提议到海边看看。

跳跳猴抱了小黄,一行四人在海滩上边走边谈,不觉已是夜晚。月亮像一只玉盘挂在天边,它荡涤了世间万物的五光十色,向大海及海滩洒下清冷的银辉。

漫步间,跳跳猴发现,离海平面不远处的沙滩上隐隐约约有几只螃蟹在频频挥舞着它们的大钳子。

跳跳猴指着舞着大钳子的螃蟹说:"看,那是什么?"

笨笨熊定睛一看,说:"噢。那是招潮蟹。"

他走了过去,把螃蟹抓了起来。接着,回过头来对大家说:"快点往高处走。"

跳跳猴说:"为什么要到高处去呢?"

笨笨熊说:"潮水就要来了。"

听说潮水就要来了,大家急忙跟着笨笨熊向海岸的高处走去。

爬到海边的堤坝上,笨笨熊坐了下来,说:"好,我们可以在这里休息了,海水是不会漫到这里的。"

听了笨笨熊的话,跳跳猴、白桦和李瑞也在堤坝上坐了下来。

喘息平稳后,笨笨熊拿出刚才逮住的螃蟹。虽说是黑夜,但适逢农历十五,月光下可以清清楚楚地看见螃蟹只有一只大钳子。

跳跳猴惊叫道:"你刚才把它的一只螯给弄掉了吧?"

"没有啊。"笨笨熊一脸茫然。

停顿了一下,笨笨熊恍然大悟:"噢,你是看到它只有一只大螯吧?"

"是啊。螃蟹的头部有两只对称的大螯呀。"

"那是一般螃蟹的特征。我手里抓着的螃蟹叫做招潮蟹,雄性。它一只螯很大,另一只螯很小。你看，不是这样吗？"笨笨熊一边说，一边捏着招潮蟹的小螯展示给跳跳猴。

跳跳猴仔细一看，真的，在与大螯对称的位置上，有一只小得出奇的小螯。

笨笨熊接着说："招潮蟹挥舞大螯时，仿佛小提琴师拉小提琴的动作。因此，人们又叫它琴师蟹。"

跳跳猴问："它的另一个名字，招潮蟹，也有来历吗？"

笨笨熊说："有啊。我们刚才看到螃蟹挥舞大螯，实际上是雄性在招引雌性。附近的雌性同类看到后，就会和雄性招潮蟹结伴而行，钻进沙滩上的洞房中。奇怪的是，招潮蟹总是在潮水涌来的十分钟前钻进洞内，防止涨潮时被潮水冲走。当潮水退去后，它们便从洞里钻出来，在沙滩上横行无忌，寻觅退潮时留在沙滩上的小的海洋生物。"

小小的螃蟹竟然能预测潮涨潮落，跳跳猴感到不可思议。他出神地望着笨笨熊手里的招潮蟹，好像要从它的大螯中盯出答案来。

时候不早了，白桦催着大家回住处去，以免老人为他们担心。

在路上，跳跳猴问："为什么招潮蟹总是能在涨潮前十分钟钻入洞中呢？"

笨笨熊说："招潮蟹体内有一种生物钟。"

"生物钟？"跳跳猴不解。

笨笨熊说："是的。生物钟是生物体内控制生命活动时间节律的一套机制，它告诉它的主人什么时间该干什么。就以招潮蟹来说吧，靠了这生物钟，它们不仅可以预测潮水什么时间到来，还能使它身体的颜色发生变化。夜间，它的身体呈黄白色；日出前，颜色开始变深。这种颜色变化与涨潮的幅度有关，高潮时身体颜色变浅，低潮时身体颜色变深。"

"它们每天都在固定的时间钻到洞里吗？"跳跳猴问。

笨笨熊说："不。生物钟是使生物生命活动与大自然的节律相适应的一套机制，并不是挂在墙上的钟。如果第二天涨潮的时间比前一天推迟50分钟，与大自然的这个规律相适应，招潮蟹进洞的时间和身体颜色变化的时间也比前一天晚50分钟左右。人们把招潮蟹这种和涨潮退潮有关的节律叫做潮汐节律。"

其实，不同地方的招潮蟹有不同的潮汐节律。美国大西洋沿岸的科德角与马撒葡萄园距离很近，不过8000米，但涨潮时间却相差四小时。与涨潮时间相适应，两地招潮蟹的变色时间也相差四小时。有人将招潮蟹放到了一个人工的光亮和黑暗交替的环境中,几天后,招潮蟹身体颜色便按照实验室的明暗节律发生变化。又有人将美国东海岸的招潮蟹装在黑乎乎的箱子中空运到西海岸。前几天,它们的身体颜色按照原来在东海岸时的节律发生变化。过几天,它们入乡随俗,与西海岸的昼夜节律保持了一致。

令人称奇的是,生物钟可以停摆。有人将招潮蟹放到接近冰点的冷水中一段时间,然后,将水加热升到室温。结果,招潮蟹的颜色变化时间也相应推迟。

除了招潮蟹,有潮汐节律的生物还有许多。

海洋中的银鱼在每年三至八月涨潮时产卵繁殖。潮水裹着银鱼漫到岸边的沙滩上,雌银鱼将尾巴扎进沙里,产下鱼卵。接着,雄银鱼赶来排出精子,使鱼卵受精。潮水退后,受精卵在温暖的沙滩中孵化。两星期后,小银鱼孵化出来,正好又来一次潮水,把孵化出来的小银鱼接回大海中。

和银鱼生殖行为相似的还有鲈鱼。只是鲈鱼将生殖月份选在了每年的五月。

在海洋中,还有一种状似蜈蚣叫做沙蚕的动物。每年十月到十一月,南太平洋萨摩亚群岛附近海中的沙蚕就进入了繁殖期。雌沙蚕的尾部装满了卵子,雄沙蚕的尾部装满了精子。到下弦月时,雌雄沙蚕的尾部与身体脱离,浮到海面上,在海面上排精、产卵,进行受精。有时,浮到海面上的沙蚕精子和卵子很多,以至于海水颜色也成为一片乳白。

不同地区的沙蚕繁殖期不尽相同,南太平洋萨摩亚群岛的沙蚕是在每年十至十一月,吉尔伯特群岛的沙蚕是在六至七月,马来群岛的沙蚕是在三至四月。但不管是几月,具体的繁殖时间都是在月圆后潮水最大几天的傍晚。大西洋百慕大地区的沙蚕繁殖时间更为精准,是在月圆后三天,并且是在日落后五十四分。如果那几天有暴风雨,它们会因天气不好而将婚期推迟几天。但当暴风雨一过,就马上补办,它们浮到海面排精、产卵的时间仍然是日落后五十四分。

我们的挂钟和手表,是以格林威治时间为标准。生物钟呢?要以太阳、月亮的运行规律以及天气情况来校准。

生物节律

——它半辈子都在睡觉啊？

早上一觉醒来，推门一看。哇，大地一片白茫茫。房顶上，院子里盖上了一层厚厚的雪，树枝被积雪压得弯了下来。原来，昨天晚上不知什么时候就下起了大雪。雪片还在纷纷扬扬地飘舞，周围一片静谧，竟然能听到雪花落地的轻微的沙沙声。老汉披着棉衣，拿起扫帚，摸索着去扫门前的雪，老妇人则忙着煮饭。

吃过早饭，一行四人便要辞行。两位老人坚持让他们雪化之后再走，冰天雪地在陌生的地方行走，老人不放心。由于盛情难却，也为了不让老夫妇担心，跳跳猴等留了下来。

过了几天，雪化得差不多了，跳跳猴一行辞别了老夫妇，向附近的山冈走去。

他们要去找躲在窝里睡大觉的动物。

田野，一派肃杀景象。夏天的绿树抖掉了一身的树叶，光秃秃的枝丫直指天空，在凛冽的寒风中发出呜呜的呜咽声。曾经绿油油的草丛尽皆枯萎，与周围的耕地呈现出一样的土黄色。只有在山包的背阴处可以看到星星点点的残雪，为黄土地添上了一丝不是彩色的色彩。

大约爬到离山顶还有一半路程的时候，笨笨熊已经喘起了粗气，额头上沁出了细密的汗珠。他在一堆枯树枝上坐下来休息，跳跳猴、白桦和李瑞也跟着坐了下来。大概嫌背篓里憋气，白桦一坐下，小黄便从背篓里蹦了出来。

笨笨熊一边喘着粗气，一边扫视着周围。突然，他发现眼前不远处的一块地方有点异样。他马上站了起来，向前走去。

跳跳猴问："你发现了什么？"

笨笨熊指着面前草丛中的一片空地说："你看，这一块地方都长满了草，唯独中间有一小片地面裸露着。而且，这片土不大自然，好像是从其他地方运来堆在这里的。你不觉得有点异样吗？"

跳跳猴摇摇头，说："我看不出来。"

笨笨熊说："说不定，这里面有动物在冬眠。"

跳跳猴说："我们掘开看看吧。"

说完，他在附近找了几截树枝，分发给大家。接着，四个人在没有草的地方挖了起来。冬天的土上冻了，有点硬。不过，因为是阳坡，冻得还不是很结实。一会儿，跳跳猴突然觉得树枝下有一种空虚感。再扒拉几下，啊，真的，里面是一个洞。

笨笨熊说："看来，里面确实有动物，不过，不是大家伙。轻一点，别把这熟睡的家伙给惊醒了。"

大家轻轻地往里挖。啊，洞里铺着松软的杂草，还有许多干果。在草垫上，蜷缩着一个毛茸茸的家伙，头插在两腿之间。

李瑞伸手要去抓，被笨笨熊拦住了。

笨笨熊说："这是一种山鼠，又叫睡鼠，它在这里要睡半年以上呢。我们还是把洞口给它盖上，让它继续做梦吧。"

跳跳猴说："它半辈子都在睡觉啊？"

笨笨熊点了点头。

大家把洞口又用土盖了起来，然后，继续往前走。

跳跳猴问："这就是动物的冬眠吗？"

笨笨熊说："是。刚才，你没有看清它的面目。其实，它的长相就像是老鼠。只是头部有一道黑色条纹，从耳后通到颊部，像眼镜一样，因此，人们又把它叫做眼镜睡鼠。它以野果、种子、昆虫为生。在冬天来临之前，它会在洞里贮藏食物，我们刚才看到的干果就是它的贮备食品。它在活动时体温约 $36℃$，呼吸达每分钟 200 次以上。在冬眠时，体温降低，呼吸次数大大减少。当体温降低到 $10℃$ 左右时，呼吸几乎完全停止，代谢率也大大降低。睡鼠就是靠这种极低的代谢来维持基本的生命活动，等待着寒冬结束，万物复苏，然后，出洞觅食。"

生物节律

——半睡半醒的黑熊

走着走着,小黄朝着一堆结了霜的树枝叫了起来。

跳跳猴弯下腰,抚摸着小黄,问:"小黄,叫什么呢?"

笨笨熊站住了,凝视着那堆树枝。少顷,他缓缓地说:"这里说不定藏着一只黑瞎子。"

跳跳猴问:"你怎么知道?"

笨笨熊:"黑熊在冬眠时往往要在洞口堆树叶和树枝以御寒。它在洞内呼出的气体,会在洞口的树枝上结成白霜。"

李瑞说:"我好想看看黑熊是怎么睡觉的,挖开洞看看吧。"

笨笨熊说:"挖不得。黑熊冬眠时睡得不死,一有动静就会醒来。"

跳跳猴说:"刚才那个睡鼠睡得死沉死沉,我们挖半天洞,它都没有翻一个身啊。"

笨笨熊说:"其他冬眠动物在冬眠期间体温要下降。黑熊在冬眠期间体温基本不变,因此,在冬眠期间,一有动静就能马上醒来。"

跳跳猴说:"是吗?不过,醒来也不要紧。有它的弟弟给它说句话,应该不会攻击我们的。"

"哪里有它的弟弟?"白桦丈二和尚摸不着头脑。

"就在我们中间啊。"跳跳猴指着笨笨熊。

这时,白桦才知道,跳跳猴又在开笨笨熊的玩笑。

笨笨熊笑着说:"好,你挖开洞看吧。当黑瞎子对你动手动脚时,我会给它说句话,让它把你拖进去慢慢品味的。"

跳跳猴说:"那,你不是就没有学生了吗?"

说笑一阵，笨笨熊接着说："言归正传吧。脂肪的主要功能是供给能量，蛋白质是动物身体的主要结构物质。其他冬眠动物在冬眠期间不仅消耗脂肪，还消耗蛋白质。因此，到春天冬眠结束时，身体一般比较瘦弱。黑熊呢？在冬眠期间仅仅消耗脂肪，不消耗蛋白质，一冬天不排尿。这样，在冬眠期间，不仅不会明显消瘦，身体里的水分也不会明显减少。因此，在冬眠结束时便能很快醒过来，并且在醒来后力大如初。"

跳跳猴问："为什么不排尿呢？"

笨笨熊说："我们知道，尿液的主要功能是排泄蛋白质代谢后产生的含氮化合物。黑熊在冬眠期间不消耗蛋白质，不产生含氮的代谢产物，因此，也就不需要排尿了。"

"可是，它还要消耗脂肪啊。"跳跳猴说。

笨笨熊盯着跳跳猴问："你知道脂肪代谢会产生什么吗？"

跳跳猴摇摇头。

笨笨熊接着说："脂肪代谢的产物是二氧化碳和水。二氧化碳经呼吸呼出，少量水被血液吸收。这样，还需要排尿吗？"

听了笨笨熊的解释，跳跳猴点了点头。

笨笨熊接着说："棕熊、灰熊和狼獾等的冬眠也和黑熊相近。它们在冬眠期间体温和平时没有明显区别，而且每隔一定时间就会苏醒过来，使体温上升，以抵御外界的寒冷。"

如果把睡鼠睡大觉看作是真正的冬眠的话，黑熊、棕熊、灰熊和狼獾就不是在冬眠，只是在打瞌睡啊。

生物节律

——昆虫的防冻术

跳跳猴说:"一到冬天,昆虫就躲起来了,它们也是在冬眠吗?"

笨笨熊说:"当然是啊。"

跳跳猴问:"昆虫怎么冬眠呢?"

笨笨熊说:"昆虫一生中要经过卵、幼虫、蛹以及成虫几个阶段。在冬眠时,不同昆虫处于不同的发育阶段。比如,蚕蛾在卵期,三化螟在幼虫期,菜粉蝶在蛹期,家蚊在成虫期。

"它们冬眠的方式也各有不同。

"有些昆虫在冬天到来之前就早早地制作御寒的冬衣。比如,刺蛾的幼虫,痒辣子,晚秋季节就在树枝上吐出丝和黏液,结成硬茧,然后钻在茧里过冬;蓑蛾的幼虫,皮虫,用丝液和树叶做成睡袋,挂在树枝上,在睡袋中度过漫长的寒冬,一直到春回大地。

"蟑螂呢? 懒得做过冬的衣服,躲到厨具或地板的缝隙中。

"许多昆虫是在卵期越冬。比如椿象,用嘴在树皮上打洞,将产卵管伸进里面去产卵。春天,天气暖了,卵才孵化成幼虫。蝗虫将卵产在草根附近的土中,还排出胶状液体,将卵包起来,然后封住洞口。这样,不仅可以御寒,还可以防止被水浸湿。春天,幼虫从卵中孵化出来,从洞口爬出。"

原来,不同的昆虫有不同的冬眠方式,真所谓八仙过海各显神通。

跳跳猴说:"黑熊和睡鼠身体外面覆盖着羽毛和体毛,可以起到保温作用。昆虫赤身裸体,体内贮存的能量物质也不多,它们靠什么度过冬天呢?"

他不明白,在水冰地坼的冬天,为什么昆虫体内的液体没有被冻成冰。

笨笨熊说:"你说得对。昆虫确实体内贮存的能量物质不多,而且没有御寒的衣服,但是,它们有一种防冻术。"

跳跳猴问:"什么防冻术呢?"

笨笨熊说:"昆虫体内虽然没有高等动物的动脉、静脉和毛细血管等结构,但它们的体液仍然可以在体内流通。尤其特殊的是,昆虫的体液中具有甘油和乙醇等物质,这些物质可以降低昆虫体液的冰点。这样,即使体液的温度降到零摄氏度以下,仍旧可以保持流动状态。"

原来,昆虫有昆虫的办法。

生物节律

——以逸待劳

有些动物是在实实在在地冬眠，还有一些，比如夜鹰、雨燕和蜂鸟，则是在精确计算了利害得失后作出睡一觉的决定。

为什么要睡觉呢？

这和它们的食谱有关。

夜鹰主要以捕食蚊子为生，因此，也叫做食蚊鸟。此外，它也吃金龟子、蚕蛾、夜蛾、毒蛾等昆虫。到了冬天，这些昆虫都销声匿迹了。没有了食物，出去觅食是劳而无功，还消耗体能，实在是得不偿失。于是，便做了一个决定——睡觉。

生活在欧洲北部的燕子和雨燕，也以昆虫为食物。它们更精于计算，不管是夏天还是冬天，只要天气变冷，昆虫变少，它们就会抱头睡觉。待昆虫四处活动时，才出来觅食。

蜂鸟以采花蜜及捕食昆虫为生，它们体积小，表面积大，散热多，新陈代谢非常旺盛，必须不停地进食才能维持生命活动。但是，蜂鸟生存的地区夜间气温较低，出来活动的昆虫明显减少，又采不到花蜜。为了减少消耗，它们就在晚上进入休眠状态，体温从 40℃降低到 20℃，甚至可以降到 10℃，呼吸减少到每分钟约一次。根据科学家的研究结果，动物体温每下降 10℃，新陈代谢大约要减慢到 1/3。依此计算，蜂鸟的体温从 40℃降到 10℃时，代谢率就只有平时的 1/30 了。这一水平，仅仅能维持基本的生命活动。

蝙蝠也学了夜鹰和雨燕的那一套。到冬天，昆虫越来越少，最后干脆没有了。于是，蝙蝠便躲到洞里去睡起大觉来。蝙蝠的睡姿与其他动物不同，它们用爪子抓住物体，身体倒挂下来，用飞膜紧紧裹住身体以减少热量散失。冬眠时，蝙蝠的心跳从平时每分钟四百多次减少到五至六次，体温也明显下降。

　　一年有春夏秋冬四个季节。春夏，阳光普照，雨露滋润，万物生长，一片欣欣向荣景色；秋冬，天气渐冷，水冰地坼，草木凋零，一派肃杀气象。动物的冬眠，实际上是顺应了自然界的规律。这规律，无形无质，却是世界上最强大的力量，顺我者昌，逆我者亡。

生物节律

——夏眠

时近中午。虽说是寒冬，但正午的太阳还是很有些力量，将跳跳猴等人的身上晒得暖烘烘的。四个人坐在山坡上，沐浴着阳光，继续他们动物休眠的话题。

许多动物有冬眠的习惯，还有一些动物则是在夏天休眠，叫做夏眠。

为什么要在夏天这大好时光蒙头睡觉呢？

既然它们要睡觉，总是有原因的。

非洲的盛夏，天气干旱，食物缺乏，活动时水分损失增加。为了度过这水分损失多，又逮不到食物的夏天，蜗牛就将身体缩回硬壳内，用黏液将硬壳口封闭起来。当雨季来临，气温下降，食物也增加时，再探出头来，背着房子四处觅食。蜗牛特别耐饿，能休眠好长时间，有时能连续休眠四到五年。

鳄鱼是水陆两栖动物。旱季河流或池塘干涸时，逮不到猎物，它们就钻进泥土中睡大觉。雨季重新出现河流或池塘时，它们才从土里钻出来，进入水中，伺机捕猎。

和鳄鱼相似的还有一种鱼，叫做肺鱼。它们主要生活在非洲、南美洲和澳大利亚的江河中。虽然名字叫肺鱼，实际上是一种既有鳃也有肺的两栖动物。当所在的河流干涸时，它们就钻进淤泥中去休息；当雨季来临时，它们便从淤泥中钻出来，游回水中去觅食。

海参天生怕热。一到盛夏，它就转移到水温较低的深海，攀住岩石呼呼睡觉，一直到水温降低的时候才醒过来，恢复活动。

生物节律

——恒温动物和变温动物

休眠的原因，一个是与气温太低或太高有关，另一个是和食物的缺少有关。其他还有什么原因吗？

其实，真正重要的原因是动物的体温类型。

体温保持在一定范围是保证生命活动正常进行的一个基本条件。以人为例，发高烧的病人会意识丧失，说胡话；体温降低呢？是生命垂危的表现。因此，医学上把体温、脉搏、呼吸、血压列为四大生命体征。

根据体温是否恒定，可以把所有动物分为两种，恒温动物和变温动物。

恒温动物有完善的体温调节机制，能使体温在一年四季保持恒定。人、马、牛、羊、狮、虎、豹以及绝大部分鸟类，都是恒温动物。

恒温动物由于体温一直在正常范围，无论春夏秋冬都能保证正常的生命活动，因此，一般来说，不需要进行休眠。

变温动物的体温调节机制比较差，体温随着环境温度变化而变化。

由于变温动物体温随气温变化而波动，当气温过高或者过低时，它们的生命活动就会出现问题。为了生存，它们就会沉到海底，或者钻到地下，躲避酷暑或严寒。

就像地球除了寒带、热带还有温带一样，世界上的动物也不是用刀一切两半，截然分成恒温动物和变温动物两部分。在恒温动物和变温动物之间，还有一些中间派。有一些动物，比如刺猬，虽然属于恒温动物，也要进行冬眠。但是，因为终究是恒温动物，冬眠时只要受到外界刺激，体温就会迅速上升，马上恢复正常活动。

生物节律

——关于休眠的研究和设想

动物的休眠引起了科学家的兴趣,围绕这一现象,他们进行了一系列研究。

研究之一,这些动物夏眠或冬眠是按着作息时间表去睡觉呢?还是一种特殊物质使然呢?

科学家从人工条件下进入冬眠的黄鼠身上抽出血液,注射到活蹦乱跳的黄鼠静脉里。结果,被注射的黄鼠像被麻醉一样,很快进入昏睡的冬眠状态。这说明,在冬眠动物的血液中有一种诱发冬眠的物质。

研究之二,动物在诱发冬眠的物质作用下睡着了,但是,它们是如何从休眠状态中苏醒过来,结束休眠的呢?

科学家将冬眠期和活动期的黄鼠血清按照不同比例混合,注射进黄鼠体内。结果,黄鼠冬眠开始的时间延迟了。这说明,在黄鼠血清中,还有另外一种对抗诱发冬眠的物质。

如果说诱发休眠的物质是熄灯号的话,抗休眠的物质便是起床号。

研究之三,既然有诱发休眠的物质,那么,将这种物质用在没有休眠习惯的动物身上,能让它们睡觉吗?

科学家将诱发冬眠的物质注射到没有冬眠习性的猴子脑子里。结果,猴子的心跳减慢了一半,体温降低了,食欲也下降了,类似于冬眠动物出现的现象。这种人为导致的冬眠现象叫做人工冬眠。

研究之四,诱发冬眠的物质可以让猴子人工冬眠,那么,把这种物质给那些饱受病痛的病人使用,能让他们减轻痛苦吗?

科学家进行了小心的实验,结果,许多垂危病人起死回生。什么道理呢?病人生病,就像和病魔在厮杀。当病魔把病人折磨得奄奄一息的时候给病人人工冬眠,就像给病魔说：我们各自休息一下，然后再决胜负。这相当于军事上的缓兵之计。就是这一计，往往使病情出现转机。因此，在医学上，"人工冬眠"成为抢救危重病人的重要治疗手段。

请看，动物睡大觉竟然给人类带来了福音。

人类总是在不断憧憬。这时，人们又提出了两个设想。

设想一，让宇航员人工冬眠。

让宇航员睡大觉？为什么？

将太空飞船发射到太空需要花费巨资，但是，宇航员在太空工作的时间有一定限制。给宇航员人工冬眠后，可以使他们大部分时间处于冬眠状态，只在必要的时候醒过来。这样，就可以延长宇航员星际航行的时间。这不是可以节省巨额资金吗？

设想二，搞一种长效冬眠药，让患不治之症的人长期休眠，等到科学家研究出有效治疗方法后，再对他们进行治疗。或者，通过使用长效冬眠药，使人们延长生存时间。

这些设想，可能吗？

在古代，人们只能在神话中说到千里眼和顺风耳，现在的电视和电话不是实现了这一神话吗？

任何科技进步都是从设想开始的，让我们期待上述设想的实现吧。

生物节律

——生物钟

有的动物冬眠；有的动物夏眠。有的动物昼伏夜出；有的动物昼出夜伏。有的植物在春夏生长，秋冬凋零；有的植物一年四季常青；有的植物别树一帜，只在冬天才傲霜斗雪，争奇斗艳。

好像，每一种生物都有自己的生活规律，是这样吗？

是这样。研究表明，在自然界中，从单细胞到高等动植物乃至人类的所有生命活动都在按照一定规律运行。这种现象称为生物节律。

生物节律不仅存在于整个机体中，而且存在于离开身体的器官乃至于单个活细胞中。因此，生物节律是生命活动的基本特征。

既然是节律，应该是有周期的，是这样吗？

是这样。不同的生物，生物节律的周期也不同。有接近一天的，称为近日节律；有接近 3.5 天的，称为近 3.5 天节律；有接近 7 天的，称为近 7 日节律；有接近一月的，称为近月节律；有接近一年的，称为近年节律。

对生物节律进行进一步研究，人们认识到：

第一，生物节律与地球、月亮和太阳有关。

人类日出而作，日落而息；大部分植物在白天开花，也有的只在晚上羞羞答答地打开花瓣，太阳一起床就赶快合了起来；动物有的昼伏夜出，有的在夜幕降临之前必须归巢。以上现象是以日为周期。日周期的产生和地球自转有关。

处于生育年龄的妇女的子宫，每月出血一次，这种现象称为月经。这种现象是以月为周期。月周期的产生和月亮活动有关。

花草一岁一枯荣；树木每经过春夏秋冬四季，便增加一圈年轮。这种现象是以年为周期。年周期产生的原因和地球围绕太阳公转一圈有关。

奇怪，地球上的生物竟然和天上的月亮与太阳有关。在中医，有天人相应的理论。实际上，不仅是人，所有生物都和日月星辰遥相呼应。

第二，生物节律具有内源性。

生物节律虽然受环境节律的影响，但在长期的进化过程中，这种节律性固定了下来，成为生物的内源性的节律。

正常人每天按时睡觉和起床，体温从早到晚也有规律性波动。把接受试验的人关在与外界隔绝、看不出昼夜变化的隔离试验室中，受试者仍然按照平常的规律睡觉和觉醒，他的体温也仍然以接近24小时的周期有规律地变化。

是受试者的大脑在起作用吗？进一步的试验表明，从实验动物取下的器官或组织也表现出生物节律。

看来，这生物节律渗透到了生物体的每一个细胞中，每一个器官中。

第三，生物节律具有遗传性。

有人将大鼠在刚出生时就将眼睛破坏，使它从出生起就一直不能感知外界的昼夜明暗变化。结果，这些大鼠仍然出现很接近24小时的生物节律。

是否大鼠妈妈在怀孕时把什么时间睡觉，什么时间活动告诉了肚子里的孩子呢？研究人员将怀孕大鼠管理生物节律的脑组织破坏，使胎儿不能从妈妈那里获得生物节律的信息，仔鼠出生时再将其致盲，使它不能看到白天和黑夜。结果，仔鼠的内分泌仍显示出正常的生物节律。

为什么会这样呢？

后来的研究发现，在小鼠、果蝇、某些藻类等动植物，有控制生物节律的基因，这些基因的表达均参与生物节律。也就是说，在生物的每一个细胞中，都安装了一个调好闹铃的生物钟。

生物体有生物钟，生物体的每个细胞也有生物钟，这两种生物钟之间有什么关系呢？

每个细胞的生物钟就像每个人手腕上的手表，生物体的生物钟，就像格林威治天文台里的原子钟。就像我们的手表要根据格林威治时间校准一样，每个细胞都要以生物体的生物钟作为标准。否则，有的细胞生物钟走得快，有的细胞生物钟走得慢，不就乱套了吗？

那么，这生物体的生物钟在哪里呢？

人们首先对动物进行实验。研究发现，在脊椎动物，脑组织中的松果体是机体生物钟的一个重要组成部分。

在低等脊椎动物,松果体调节机体的昼夜节律。

松果体如何对昼夜节律进行调节呢?

它可以产生一种叫做褪黑素的激素。这种激素,可以使整个生物体的生命活动与昼夜周期保持同步。

动物进化到哺乳动物后,机构复杂了,对生命活动的调节也要求更加精细,仅仅一个松果体有点难以胜任,便在松果体上面产生了一个叫做下丘脑视交叉上核的上级机构对松果体的功能进行指导。

松果体还有鼎盛期和衰退期的区分。在人类,分泌褪黑素的松果体在幼年时体积较大,从青春期开始逐渐变小。这时,性腺及性器官才得以充分发育,使人具有生育能力。此后,随着年龄增长,松果体进一步萎缩,褪黑素的分泌进一步下降。到45岁时,褪黑素分泌量仅为幼年期的1/2,80岁时降至极低水平。这么说来,褪黑素不仅参与控制生物体的昼夜节律,而且与人类的生长发育、生殖以及衰老具有密切关系。

近年来,在没有松果体的无脊椎动物组织中也发现了褪黑素。进一步的研究发现,在不具备完整细胞结构的原核生物,如需氧光合细菌中,也检测到了褪黑素。

看来,从原始生物到高级哺乳动物,都通过褪黑素对生物节律进行调节。这一方面说明地球上的生物是由一个共同的祖先演化而来;另一方面也说明,由生物钟产生的生物节律是生物生存的重要机制。

借助这一机制,植物便知道什么时候发芽,什么时候开花,什么时候结果,什么时候落叶。

借助这个机制,动物便知道什么时间休眠,什么时间苏醒。

借助这个机制,人类便知道几点睡觉,几点起床。

这一个生物钟,竟然把整个世界的万千生物管理得井井有条。

白云山客栈

聊罢生物节律，一行人从山坡上下来，信步来到附近的一个小镇上。太阳就要落山了，把每个人的影子拉得好长好长。街道两旁，一些店铺的伙计在关窗户和店门。街道上，农夫扛着农具赶着牲畜慢悠悠地往家里走，牛脖子上的铃铛发出叮叮咚咚的响声。

笨笨熊举头望了望血红的残阳，对大家说："今天晚上，我们要住在这里了。"

一行人一边行走，一边注意着可以投宿的地方。顺着街道走了五六百米，只见两旁全是小百货商店和水果蔬菜店，没有旅社，没有农家小院。

就在大家感到失望的时候，跳跳猴指着街道尽头的一幢建筑说："大家看，那里有一家客栈。"

顺着跳跳猴手指的方向看去，只见一个二层小楼上竖着一块牌子，上面写着"白云山客栈"。

有地方住了，大家感到非常高兴，不由得加快了脚步。走进客栈，发现这是一个由四座二层小楼围成的四合院。在院子的中间有两个葡萄架，几乎把整个院子都遮了起来。在葡萄架下，摆着几个石桌、藤椅和躺椅。

白桦一边从肩膀上卸下背篓，一边说："总算找到住的地方了。"

"要住店吗？"随着话音，从葡萄藤中间挤过一个又矮又胖的中年男子。

白桦说："是，有四个床铺一间的客房吗？"

中年男子说："有，正好还剩一间。跟我来。"

说着，便将白桦一行领到了楼下的一间客房里。他告诉大家隔壁是厨房，要吃什么可以告诉他。如果不嫌麻烦，也可以自己做。说完，便又去忙着招呼别的客人。

听了客栈主人的话，李瑞高兴地说："今天，我给大家露一手。"

跳跳猴好奇地问："小兄弟还会做饭吗？"

李瑞说:"会不会做我不好自己说,大家吃过后再评价吧。"

跳跳猴、笨笨熊和白桦躺在床上侃大山,李瑞跑到厨房叮叮咚咚地忙活了起来。

不到半个时辰,李瑞在隔壁的厨房里大声喊道:"开饭了。"

跳跳猴、笨笨熊和白桦一骨碌从床上爬了起来,跑到厨房一看,哇!饭桌上摆好了土豆烧牛肉、红烧肉、西芹炒百合、清蒸鲤鱼、酸辣汤,还有一盆热腾腾的大米饭。

自从开始旅行以来,大家风餐露宿,很少吃上一顿可口的饭。今天,看到如此丰盛的饭菜,一个个垂涎欲滴。跳跳猴、笨笨熊和白桦急不可耐地坐下,狼吞虎咽地吃了起来。

跳跳猴一边吃,一边说着:"好吃,好吃。"

白桦说:"想不到,我们李瑞还有这一手。"

李瑞笑着说:"想不到的事情还多着呢。"

"还有什么,快点告诉大家。"一路上,晚上睡觉的时候李瑞总是和大家隔开老远,笨笨熊一直感到不理解。听了李瑞的话,他想乘机弄个清楚。

李瑞一边坐下和大家一起就餐,一边说:"怎么能随便告诉你们呢。"

正在这时,厨房进来两个男子。一个瘦高瘦高,就像一根竹竿;另一个矮胖矮胖,就像一个肉球。

"竹竿"一边往进走,一边大声说:"好香啊!"

"肉球"接着说:"看来,今天我们有口福了。"

跳跳猴站了起来,拉过两把椅子,添了两双筷子,朝着来人说:"来,大家一起吃。"

两个不速之客也不客气,他们坐了下来,抓起筷子就大嚼大咽起来。

"肉球"嘴里含着满口的饭,含混不清地说:"啊!真的好吃。好长时间没有吃过这么香的饭菜了。"

跳跳猴问:"你们是出来做生意的吗?"

不等"肉球"答话,"竹竿"便说:"你看我们像做生意的吗?"

白桦说:"是不是做生意怎么能看得出来呢?"

"做生意的人要赶着马队驮运商品,腰里要缠着鼓鼓的腰包。这旅店既不是车马店,我们腰里什么也没缠着,怎么能是做生意的呢?""竹竿"一边说,一边撩起自己的上衣让大家看。他把衣服撩起那么高,露出一条一条肋骨。

跳跳猴说:"你骨瘦如柴,不像是个有钱的。那位老兄可一看就是一位富商。"

"竹竿"拍了拍"肉球"的肩膀,笑着说:"可别说了。这老兄膘是不少,却怎么说也称不上是富商。出发时,老师把我和他编在了一个组。一路上,这老兄白天行路时走不动,上山爬坡都要靠我拉;晚上睡觉时鼾声如雷,吵得本人翻来覆去睡不着。"

在"竹竿"数落的时候,"肉球"嘿嘿地笑着。

"竹竿"接着说:"不过,话说回来,这老兄肚子里真的是有货。一路上碰见什么给我讲什么……"

跳跳猴打断"竹竿"的话,问道:"是老师派你们出来的?"

"竹竿"说:"是啊。"

"什么老师?"

"生物博物馆的老师。"

"派你们出来干什么?"

"生物旅行。"

听了"竹竿"说他们是生物博物馆的老师派出来进行生物旅行的,笨笨熊、白桦和李瑞都停止了吃饭,好奇地打量着眼前的这两个不速之客。

李瑞连忙说:"你们去了哪些地方,有什么奇闻趣事吗?"

奇怪的食俗

——它们为什么吃石子？

"竹竿"说："我们旅行的第一站就是芦花岛。不过，从生物博物馆到芦花岛颇有一段距离。我们翻过了不少山岭，还经过了许多村庄，才来到这里。要说趣事，因为是刚开始旅行，没有多少见闻。不过，倒是见识了一些动物的奇怪食俗。"

李瑞问："什么？奇怪的食俗？"

"竹竿"点了点头。

跳跳猴说："既然吃的东西特殊，一定是罕见的特殊动物吧？"

"竹竿"说："也不见得。鸡是我们最常见的动物吧？前几天，我们路过一个农家小院外面的打谷场。只见一只母鸡后面跟着几只毛茸茸的小鸡。它们一边走，一边不时地低头啄食。不经意间，我发现这些鸡不只是吃散落在地上的稻粒和草丛中的小虫，还偶尔啄起小石块吞下去。我以为自己看错了，仔细看一阵，没错。不论是母鸡，还是小鸡，都确确实实把小石块吃了下去。"

跳跳猴自言自语："石头有什么营养呢？"

"竹竿"说："鸡吃小石子，并不是为了营养。"

"那为了什么呢？"跳跳猴偏着头问。

"竹竿"迟疑了一下，"肉球"接过来说："在鸡的口腔下，依次是嗉囊、腺胃和鸡肫。嗉囊相当于一个仓库，可以储存吞下去的谷粒。腺胃中的液体可以使谷粒软化。鸡肫是一个由厚厚的肌肉形成的袋子，里面贮存着小石子。经过腺胃软化的谷粒进到鸡肫后，在肌肉的蠕动作用下，与小石子互相摩擦。这样，原本干燥坚硬的谷粒，如稻谷、玉米等就变成了糊状。"

跳跳猴说："噢，在鸡来说，小石子是起了牙齿的作用啊！"

奇怪的食俗

——泥土中的营养

"肉球"接着说："鸡吃沙粒、石子是为了帮助消化。还有一些动物吃泥土，却是为了获取营养。"

"哪些动物呢？"跳跳猴问。

"你熟悉猪吧？""肉球"问。

跳跳猴点点头。

"肉球"说："猪整天用它那坚硬的鼻子到处乱拱。一方面是为了从土中找食物吃，另一方面也会将一些泥土吃进去。除猪之外，喜欢吃泥土的还有野猪、河马、犀牛以及大象。比如说大象吧，每天平均要吃几公斤的红土。"

跳跳猴问："它们从泥土中获取什么营养呢？"

"肉球"说："泥土里含有许多无机盐，如氧化铁、氧化锰、氧化镁、碳酸钠、硅酸、磷酸以及硫酸等。这些都是大象需要的物质。另外，土壤中还有不少微生物，这些微生物能够分泌出多种酶。动物在吃进泥土后，泥土中的微生物所分泌的酶能够促进食物的消化。另外，泥土中的乳酸菌还能帮助动物治疗痢疾、消化不良、食欲不振等消化道疾病。"

奇怪的食俗

——食肉蜂

　　讲到这里,"肉球"从盘子里接连夹了许多菜放到自己的碗里。接着,低下脑袋只顾大口大口地吃饭。其他人也埋头吃饭,餐厅里只是听到碗筷碰撞的声音。不大一会儿,餐桌上的饭菜风卷残云般地被消灭光了。

　　"肉球"摸着隆起的肚皮,心满意得地说:"今天,总算吃了一顿饱饭。"

　　李瑞说:"难道你出行以来没有吃过一顿饱饭?"

　　"肉球"说:"自从开始旅行以来,一路上风餐露宿。莫说饱饭,有时甚至一天也吃不上一顿饭。"

　　跳跳猴摸了摸"肉球"的大肚子说:"忍饥挨饿尚且如此体型,要天天吃饱饭会是何等模样呢?"

　　"竹竿"说:"说老实话,已经是瘦了一圈了。在出发前,老兄站在那里,整个一个正方体呢。"

　　听了"竹竿"的话,大家先是愣了一下,接着都哈哈大笑起来。

　　笑罢,"竹竿"朝跳跳猴问:"你们来这里干什么?"

　　跳跳猴说:"和你们一样,出来进行生物旅行。"

　　"竹竿"诧异地问:"什么? 你们也在生物旅行?"

　　跳跳猴说:"当然。"

　　听了跳跳猴的话,"竹竿"低下了头,不再吭声。

　　李瑞一边收拾桌子上的碗碟,一边对"肉球"说:"你们在旅行途中还遇到了什么?"

　　"竹竿"一个劲地朝"肉球"使眼色。"肉球"没有看见,他一边摩挲着肚皮,一边说:"倒是没有遇到什么,还是讲一些我所知道的东西吧。"

李瑞说:"也好。"

"肉球"打了一个饱嗝,接着说:"我们知道蜂类是采集花粉及花蜜的。但是,有一种蜂却出乎人们意料,以食肉为生。这种蜂的腿上没有挎着收集花粉的花粉篮,而是在口腔内长有五个尖牙,用来撕咬动物尸体的腐肉。"

李瑞停下收拾碗筷,惊讶地说:"还有吃肉的蜜蜂?"

跳跳猴说:"不叫吃肉的蜜蜂,是吃肉的蜂。"

李瑞愣了一下,然后笑着说:"我总是认为所有的蜂都是蜜蜂。"

看到"肉球"滔滔不绝地一直在讲,对他使眼色又不管用,"竹竿"站了起来,拍了一下"肉球"的肩膀说:"老兄,我们该休息了。"

"肉球"看都没有看"竹竿"一下,继续说:"不过,毕竟是蜂类,食肉蜂还有一些蜜蜂的习性。在发现食物后,食肉蜂除自己享用外,还将一部分半消化的肉糜喂给巢中的同伴,一部分储备在蜂巢中作为储备粮。"

"肉球"的话音未落,"竹竿"揪住"肉球"的耳朵说:"好了,饭也吃饱了,我们该回去睡觉了。"

"肉球"吱吱呀呀地喊着疼,极不情愿地站了起来,被"竹竿"拉着跨出了厨房的门。

"竹竿"和"肉球"走了,跳跳猴有点诧异地说:"这大个子,怎么有点怪怪的。"

白桦不以为然地说:"有什么怪呢?"

跳跳猴说:"刚才,他一直朝矮胖子使眼色,接着便催着矮胖子回去睡觉。我们都是出来生物旅行的,好容易碰到了一起,为什么不多聊一会儿呢?"

笨笨熊用手支着下巴,慢条斯理地说:"恐怕,正是因为我们都是生物旅行,这高个子才要避开我们。"

跳跳猴不解地问:"为什么呢?"

笨笨熊站起身来,说:"我们也回去休息吧。"

跳跳猴、白桦和李瑞都跟着笨笨熊回到了宿舍。

奇怪的食俗

——是谁偷了我的铁钉?

第二天早上,李瑞早早来到厨房准备早餐。正在忙乱,突然听到"吱扭"一声门响。回头一看,是"肉球"。

李瑞问道:"你怎么起得这么早? "

"肉球"道:"刚才听到厨房锅碗瓢盆一直在响,接着便闻到了饭香,躺不住了。"说着话,嘴角不自主地淌出了口水。

"肉球"连忙用手背擦去口水,说:"小弟的厨艺不错嘛。今天早上吃什么呢? "

李瑞没有搭"肉球"的话茬,问道:"昨天晚上,那个高个子为什么要把你揪走呢? 我们都是同行,应该在一起多聊聊才是啊。"

"肉球"说:"没什么。走了一天路,他有些困了。"

李瑞摇了摇头,说:"恐怕不是吧。他说一路上都是他在照顾你,怎么你谈兴正浓,他反而倒犯了困呢? "

李瑞一边说话,一边不停地忙着。不一会儿,便将热气腾腾的咖啡和烤好的面包端上了餐桌。屋子里顿时充满了咖啡和烤面包的香味。

"肉球"在餐桌旁坐了下来,两眼直勾勾地看着桌子上的咖啡和面包,两只手不停地来回搓着,嘴里反复地说:"真香啊! 真香啊! "

说着,便伸出手去抓盘子里的面包片。

李瑞在"肉球"的对面坐下,拦住了"肉球"抓面包的手,说道:"且慢,弟兄们还没有到齐。再说,你还没有回答我的问题呢。"

"肉球"说:"不是告诉你了吗? 走了一天路,他有些困了。"

李瑞说:"我看他的精神头比你大着呢。这屋里就我和你两个人,难道不能说一句实话吗? "

说着，李瑞将咖啡壶里的咖啡倒在杯子里。顿时，屋子里的咖啡香味更浓了。

"肉球"咂巴咂巴嘴，迟疑地说："告诉你吧。最近，智者派出了好多支生物旅行小分队对地球生物资源进行考察。听人说，在旅行结束后，要举行一次竞赛，只有优胜的小分队才能进入一个叫做雾山的生物研究院。我那高个子老弟是怕你们了解我们的行踪和所见所闻后超过我们。"

听了"肉球"的话，李瑞恍然大悟。他想起了前一天晚上在离开厨房前笨笨熊说的那句话，深深佩服笨笨熊的分析和判断。

李瑞故意叹了一口气，说道："想不到你那朋友那么高的个子，却这等小气。"

这时，跳跳猴风风火火地来到厨房。见桌子上已经摆上了早餐，他一屁股坐了下来，拣起一块面包片，抹上黄油，递给"肉球"。

"肉球"迟疑了一下，说了声谢谢，便狼吞虎咽地吃了起来。吃完一片面包，他抹了一下嘴，向跳跳猴问道："请问你们旅行以来走了哪些地方呢？"

跳跳猴将他们参观生物博物馆、进行生态旅行、到国外拜访生物科学家、沿着唐僧取经的路线进行植物考察以及和外星人的遭遇洋洋洒洒地说了一通。

听到跳跳猴这一行已经旅行了这么多地方，而自己和高个子只是刚刚开始，"肉球"有一种小巫见大巫的感觉。

他有点不自然地说："这么说来，你们虽然年龄没有我们大，在生物旅行方面却是我们的前辈了。"

跳跳猴大大咧咧地说："哪里，哪里。老兄才是学富五车呢。"

"肉球"连忙说："过奖，过奖。"

跳跳猴又拿起一片烤面包，抹了黄油，递给"肉球"。

接着，他说："昨天晚上，高个子早早把你揪回了房间。我想听听老兄还有什么故事。"

"肉球"想了想，说道："还是说动物的食俗吧。一般动物吃草或者吃别的动物，但是，有些动物竟然嗜好吃金属。"

"吃金属？"李瑞瞪大了眼睛，一副惊愕的表情。

"肉球"说："是。先讲一个故事吧。在沙特阿拉伯北部的森林区，曾经发生过这样一件事情。一个铁匠背着一箱铁钉经过一片树林。由于天气炎热和长途旅行劳累，就靠着一棵大树休息和纳凉。不想，因为疲乏至极，一坐下来就沉沉入睡。当他醒来时，发现纸箱里面的铁钉缺了不少。

"是谁将铁钉偷走了呢？他四处张望，周围不见一个人影。仔细搜寻，发现一群小鸟正在附近的一个空地上争着吃铁钉。"

"难道这些小鸟就不怕铁钉把它们的胃戳穿吗？"跳跳猴不无担心。

"肉球"说："这种鸟的胃里有大量盐酸。铁钉一进到胃里，就会被盐酸熔化。所以，不用担心铁钉将胃穿破。由于这种鸟偏嗜吃铁，人们叫它们吃铁鸟。"

奇怪的食俗

——食铁兽大熊猫

顿了一下，"肉球"诡秘地说："知道吗？我们的国宝，大熊猫，也喜欢吃铁呢。"

"怎么没有听说过呢？"第一次听到大熊猫竟然喜欢吃铁，跳跳猴感到很惊讶。

"肉球"说："有字为证。1980 年 12 月 18 日，《光明日报》报道了来自四川卧龙自然保护区的一则消息。该报道说，饲养场有一只名字叫莉莉的大熊猫，在一次喂食时，莉莉将盛饲料的铁盆咬成碎片，并且一块一块吞进肚子里。饲养员很担心这些碎铁片会损伤大熊猫的消化道，每天忐忑不安。结果，在其后几天的时间里，莉莉将吃进去的铁片从大便里拉了出来，这才使饲养员放下心来。原来，大熊猫本来就有吃铁的习惯。在四川，有的县志中就有大熊猫是'食铁兽'的记载。"

虽然"肉球"引经据典地讲了大熊猫吃铁片的故事，跳跳猴还是难以相信温文儒雅的大熊猫竟然能将铁片吞下去。

奇怪的食俗

——中空的银锭

其实，难以相信的事情多着呢。

据记载，公元 1700 年，清代有个官员在箱子里放了 50 两白银。几年后，他打开箱子看时，发现里面的白银少了十两多。仔细看，银锭的中间是空的，在箱子下面散落着银屑。顺着银屑找去，原来是一个白蚁窝。

小小的白蚁能啃得动，消化得了白银吗？

原来，白蚁消化道能分泌出高浓度的蚁酸。蚁酸同白银一接触，便发生化学反应，使白银变成粉末状的蚁酸银。这时，白蚁便可以毫不费力地将这种粉末吃下去。

凶手找到了，能把盗走的东西要回来吗？

按照理论，将白蚁肚子里被分解的白银加热到白银的熔点时，又可以还原成为白银。但是，记载里没有谈到那官员是否和白蚁较这个真。

还有，用铅制的自来水管常常出现一些孔洞。一开始，人们以为是化学物质腐蚀所致。后来才弄明白，在自来水管上打出洞的是一种身长只有 8 毫米的鳃栉科甲虫。有人将这种甲虫装在一个透明的玻璃试管中，在试管口拧上金属盖子。结果，装在试管内的甲虫硬是将金属盖啃了一个洞，逃走了。

20 世纪 60 年代，日本的通讯架空电线上的铅质金属保护层常常遭到破坏，导致通讯故障。一开始，人们也弄不清是缘何而致。后来，经过认真观察，才发现始作俑者竟然是只有米粒般大小的蝙蝠蛾的幼虫。这种幼虫能在十多天时间内将 1.5 毫米厚的铅质保护层啃穿。

德国有一种叫做树蜂的膜翅类昆虫。这种昆虫能分泌出一种酸液，把金属表面蚀出许多小洞，把电线上的铝质金属保护层腐蚀掉。

平时，我们用削铁如泥来形容钢刀的锋利，可是，谁能想到，这些连骨头都没有的小虫子竟然能把金属啃成碎末，甚至吃下去呢？

奇怪的食俗
——循环利用

顿了顿，"肉球"继续说："在我国云南西双版纳的树林里，有一种叫做凤头鹛鹛的小鸟，这种小鸟常常将自己身上的羽毛拔下来，吃下去。"

跳跳猴问："这是为什么？"

"肉球"说："经过阳光照射，鸟的羽毛会产生维生素 D。维生素 D 能促进钙盐在骨骼中沉积下来，能防止软骨病。这种鸟在吃自己富含维生素 D 的羽毛后，相当于我们服用了维生素 D 的药片，有强壮筋骨的作用。

"哺乳动物在产下胎儿后，常常要把胎盘吃下。食肉动物将胎盘吃下尚可理解，食草动物，如羊、马、鹿、兔子等，终生以吃草为生，不沾荤腥，偏偏喜欢吃自己产下的胎盘，令人匪夷所思。经过研究才知道，胎盘中含有丰富的营养物质，食草动物在产子后将胎盘吃下，可以对身体起到滋补作用。此外，还可以使自己的周围环境保持清洁。"

跳跳猴说："对了。听说兔子还喜欢吃自己的粪便，是这样吗？"

"肉球"说："是的。"

李瑞问："为什么要吃粪便呢？"

"肉球"说："兔子的胃很小，它们吃下去的草被匆匆运送到肠道里。由于消化不彻底，排出的大便中含有很多营养物质。在食物缺少的情况下，兔子便将自己的粪便吃下。这样，可以将其中的营养物质进行充分利用。"

跳跳猴嘻嘻地笑着说："把自己拉出来的屎吃下去，可真是做到了循环利用啊！"

跳跳猴、李瑞和"肉球"都笑了起来。

正在这时，笨笨熊、白桦和"竹竿"推门走了进来。

笨笨熊问："你们在笑什么呢？"

跳跳猴指着"肉球"说："刚才，这位老兄给我们讲了兔子吃自己粪便的故事。想不到，这兔子还懂得循环经济。"

一句话，将笨笨熊和白桦也逗得大笑了起来。"竹竿"不仅没有笑，脸上还掠过一丝不快的神色。

吃过早餐，跳跳猴一行和"竹竿""肉球"道了别，各自登上了旅程。

庞然大物

离开小镇大约一里多地，有一个展示馆。跳跳猴一行四人信步走了进去。

奇怪，这里没有动物，只有一台电脑和挂在墙上的大屏幕。在展示馆门口，有一个学生模样的迎宾服务生。

跳跳猴问道："请问，这里用来展示什么呢？"

服务生微笑着说："欢迎来展示馆参观。只要您把想见到的动物名称输入电脑，屏幕上就会出现动物的图像，并对所出现的动物进行解说。只要把有关该动物的问题输入电脑，电脑就会以合成声音对问题进行解答。"

说着，服务生将他们领到一台电脑前，拉过椅子，请他们坐下。

跳跳猴坐下，抬头望望笨笨熊，征询要看什么动物。笨笨熊说："看最大的动物。"

跳跳猴在键盘上键入："最大的动物。"

屏幕上，出现了浩瀚的大海，海水中游来一头鲸鱼。

这时，音箱里传来电脑合成的解说词："这是鲸。鲸分为两大类，一类是须鲸。须

鲸鱼

鲸没有牙齿,只是在口盖上长着一条条鲸须。它们把大量的海水和其中的海洋动物吞进嘴里,再把口里的海水通过鲸须过滤出去,然后,把剩在嘴里的动物咽到肚子里去。须鲸家族成员有露骨鲸、蓝鲸、长须鲸、灰鲸和座头鲸。长须鲸长约28米,重达190吨。在陆生动物中,大象是庞然大物。可是大家知道吗?长须鲸的重量相当于40头成年大象。

"还有一类是齿鲸。齿鲸有锐利的牙齿,能攻击较大的鱼类。齿鲸的家族成员有抹香鲸、剑吻鲸、喙鲸、领航鲸、虎鲸、白鲸、一角鲸、江豚、白鳍豚和海豚。最大的蓝鲸长达34米多,重达70吨,仅仅一个舌头就有3吨重,肠子拉开来有250米长。"

跳跳猴一边听着解说,一边啧啧称奇。

解说结束后,跳跳猴说:"我们刚才看了地球上最大的动物,那最小的呢?"

笨笨熊说:"最小的生物当然是微生物了。"

老寿星

跳跳猴问："世界上寿命最长的生物是什么呢？"

听了跳跳猴的问题，笨笨熊在键盘上键入："寿命最长的和寿命最短的动物。"

屏幕上出现了一只硕大的海龟。它从大海中爬出来，缓慢地行走在海岸上。

解说词："在动物中，寿命最长的要数海龟。据报道，海龟寿命最长的可以活到300到400岁。它运动缓慢，代谢也缓慢，几年不吃东西也不会饿死。"

跳跳猴飞快地键入："其他长寿动物的寿命？"

解说词："除海龟外，其他长寿动物有：鳄鱼130多岁；巨砗磲、鹦鹉100多岁；渡鸦、大象70多岁；大猩猩、黑猩猩60多岁；鲸、虎50多岁；金鱼、鸽子、马、狮子30多岁；长颈鹿28岁；骆驼、牛25岁；猪和鸡20岁。

"至于说寿命最短的动物，要算蜉蝣的成虫。"

这时，屏幕上的图像切换成一池湖水。在湖水的上方，飞舞着密密麻麻的小黑点。

接着，解说词继续："这是蜉蝣的成虫，蜉蝣成虫大多只能活几个小时或一到两天，它们的使命就是交配和产卵。一旦完成交配及产卵，蜉蝣的生命就告终结。因此，人们常用朝生暮死来形容蜉蝣生命的短暂。但是，那些一时找不到配偶，没有进行交配和产卵的蜉蝣，却可以活上七天。好像一定要完成繁衍后代的任务，才可以安心死去一样。"

电脑解说结束了，笨笨熊接着说："其实，寿命的长短，首先要看什么叫做死亡。通过分裂方式繁殖的纤毛虫和变形虫经常处于分裂繁殖过程中，两次分裂之间的间隔大约只有几小时或一天。如果把一个纤毛虫或变形虫分裂为两个认为是母体死亡的话，那么，它们就是寿命最短的动物了。但是，有些人不同意这样的观点。他们认为，在分裂后，先前的母体虽然不复存在了，但是没有留下尸体，不能算是死亡。这种动物不是最短命的,反而是寿命最长,永远不死的动物。"

"那你怎么看呢?"跳跳猴扑闪着一双大眼睛。

笨笨熊说:"其实,生命是一个后面否定前面的过程。比如,今天的你不同于昨天的你。明天的你又不同于今天的你。我认为,只要生命没有终止,没有形成尸体,就应该认为生命在延续。因此,我的观点,凡是采用分裂方式繁殖的生物,包括纤毛虫、变形虫以及细菌,都是寿命最长的生物。"

听了笨笨熊的话,跳跳猴先是点了点头,接着,又摇了摇头。

参观结束了,一行四人向展示馆外走去。走着走着,面前出现了一架依山架设的铁丝网。在铁丝网上,悬挂着十个大字"神奇的感官主题动物园"。

可算找到你们了

根据路线图,旅行的下一站便是这里。跳跳猴一行急匆匆地向动物园门口奔去。

就在他们刚刚走到动物园的门口时,大门"吱扭"一声打开了。跳跳猴一边往门里冲,一边高兴地说:"嗨,我们是第一批访客啊。"

"且慢!"随着话音,一个白须老翁从门背后钻了出来。

一行四人在老翁面前站了下来。

老翁拿过一个登记簿,说:"请登记一下你们姓甚名谁,从哪里来。"

跳跳猴登记四个人的名字后,还向老翁一一介绍了他的伙伴。老翁捋着胸前的银须笑呵呵地说:"前几天,有人通知了我你们的姓名,并说你们快要来了。好了,快进去吧。"

跳跳猴一行谢过老翁,径直朝动物园里走去。

李瑞边走边说:"我不明白,为什么有人知道我们会来?"

笨笨熊说:"我想,我们的行程是智者安排好了的。"

山路曲曲弯弯,两边是稀稀拉拉的松柏树和绿茵茵的草地。跳跳猴一行一边走,一边左顾右盼,想看看这主题动物园里有哪些动物。但是,走了好长时间也没有看见一只。正在诧异,跳跳猴突然发现在前面不远处的灌木丛旁闪过一个黑影。紧走几步仔细一看,原来是一个人躲在树丛后朝他们窥探。奇怪的是,大热天,那人却戴着一顶毡子礼帽。

跳跳猴停了下来,喊道:"朋友,向你问个路。"

钻在灌木丛后的人站了出来,神情木然地看着跳跳猴一行。

跳跳猴重复道:"朋友,问个路。"

陌生人仍然面无表情。

跳跳猴自言自语地说:"听不懂我的话,难道你是个外星人?"

奇怪,听了跳跳猴的话,陌生人露出惶恐的神色,不住地摇头。

笨笨熊低声对跳跳猴说:"看来,他能听懂我们的话,只是不能说话。"

接着,他对面前的人大声说:"你不能说话,就用点头和摇头来回答我们的问题,可以吗?"

陌生人点了点头。

笨笨熊问:"你也是来参观的吗?"

陌生人点了点头。

笨笨熊问:"你对这里熟悉吗?"

陌生人迟疑了一下,接着点了点头。

跳跳猴接过来说:"麻烦你给我们带一下路,可以吗?"

陌生人先是点了点头,接着,又摇了摇头。

跳跳猴说:"你为什么不能领我们去呢?"

陌生人茫然不作回答。

笨笨熊对跳跳猴说:"你问的这个问题让人家怎么回答呢?"

听了笨笨熊的话,跳跳猴突然意识到这不是一个可以用点头或摇头回答的问题,他朝笨笨熊吐了一下舌头。

正在这时,突然刮来一阵风,陌生人头上的帽子被吹到了地上。在他俯下身去捡帽子的时候,头部两侧的头发下隐隐露出两个突起。笨笨熊脑海里突然闪过一个念头:难道他真的如跳跳猴所说是一个外星人?但是,眼前的这个人与跳跳猴、白桦所描述的外星人又有所不同,个子比较大,鼻子也不小。是不是来到地球的外星人不止一支队伍呢?

陌生人捡起帽子,扣在脑袋上,用两只手紧紧地压着。

笨笨熊突然对跳跳猴说:"巴里,走吧。这位小兄弟是地球人,不是我们要找的朋友。"

说话时,朝跳跳猴挤了挤眼睛。

听笨笨熊叫自己巴里,跳跳猴愣了一下。但看到笨笨熊在向自己使眼色,又想到刚才陌生人的异常神色,他突然明白了。

他对笨笨熊说:"阿里,天色不早了。既然这位不是我们要找的人,就趁早赶路吧。"

李瑞听了跳跳猴和笨笨熊的对话,突然意识到两位朋友怀疑眼前的陌生人来

273

自外星。

他转头对白桦说："达里，我来背背篓吧。"

听了跳跳猴、笨笨熊和李瑞阿里、巴里、达里地叫，白桦一头雾水。他想，怎么我们一下子变成外星人了呢？

就在这时，陌生人突然跑上前来，大叫道："可算找到你们了！今天我太高兴了！"

笨笨熊、跳跳猴和李瑞完全明白了，毫无疑问，眼前的这个陌生人确实是外星人。

笨笨熊不明白的是，为什么这个外星人只身一人呢？是和阿里他们走散了吗？不对。如果是和阿里一行走散，应该认识阿里的，怎么会将我们误认为是阿里呢？噢，对了。眼前的这位一定和阿里一行素未谋面。

想到这里，笨笨熊也笑着说："我们也一直在苦苦地找你啊。你是什么时候来到这里的呢？"

陌生人说："我们来到这里已经一年多了。"

听陌生人说"我们"，笨笨熊明白了眼前的外星人并非孤身一人。他说："弟兄们可都好吗？"

陌生人说："都好，都好。"

跳跳猴问道："敢问尊姓大名？"

陌生人哈了一下腰，说道："不敢，敝人名叫沙里。"

笨笨熊接着问："和你同行的弟兄呢？"

沙里说："还有他里，亚里。"

笨笨熊说："来到地球后曾经去了哪些地方呢？"

沙里说："开始，我们降落到大海上。漂泊了许多日，才来到这芦花岛。"

笨笨熊问："然后呢？"

沙里说："然后，我们就一直待在这里。"

看到沙里对自己说话毕恭毕敬的样子，笨笨熊想，看来，这沙里一行比阿里一行等级要低，何不趁机多了解一些信息呢？因此，他板起面孔说："为什么不去找我们呢？"

沙里惶恐地说："我们从海王星动身时，头儿说你们当天从天王星出发，要我们在来到地球后尽快与你们联系。可是，谁知道这地球千山万壑，就像一座迷宫。曾经通过电报与你们联系，你们回电说，你们也在大山里迷了路，好容易从地球人那里偷来一份路线图，却又被抢了回去。"

听到这些，跳跳猴连忙说："但我们手里还留了一个小布包。据说，这小布包叫做锦囊，里面装着妙计。因此，地球人虽然抢走了路线图，离开这锦囊还是没有用。"

沙里说："你们在第二次电报中告诉了我们这一件事情。我想，当地球人在旅行中遇到困难时，会想方设法来讨这锦囊的。"

跳跳猴诡秘地说："我们已经把它藏在了非常安全的地方，无论如何不能让地球人得到它。"

沙里说："听说你们把那个锦囊藏在了总部。地球人诡计多端，要多加防范啊。"

跳跳猴试探着问："你知道总部在什么地方吗？"

沙里摇了摇头。

其实，跳跳猴和沙里聊锦囊，是想了解锦囊的下落。

看到跳跳猴试探锦囊的下落无果，笨笨熊问道："你的弟兄他里和亚里在哪里呢？"

沙里说："他们去芦花岛其他动物园去了。如果你们能在这里住一些时日，他们会回来的。"

笨笨熊想，我们装作外星人哄了沙里，可别见到他里和亚里露了马脚。不过，需要阻止他们和阿里一行见面。这样，才好削弱外星人在地球的考察力量。

想到这里，他说："不必了。我们还有两个弟兄哈里和马里。待我叫了他们，再一起与你们相会，如何？"

听了笨笨熊的话，沙里高兴地跳了起来。

笨笨熊正色道："不过，你们要守在这里，以免找不见你们。对了，可以告诉我你们住在哪里吗？"

沙里用手指着山坡下面不远处的一个山洞说："就在那里。"

笨笨熊说："好，再见。"

沙里说："你们不是要我带路吗？"

跳跳猴说："对……"

笨笨熊连忙接过话来说："不用了。目前最重要的事情是去找哈里和马里，然后，我们好一起去执行任务。"

实际上，他是怕和沙里再多说话露出破绽。

听了笨笨熊的话，跳跳猴突然明白了过来，他向沙里挥了挥手，说："不见不散。"

沙里也扬起手说："不见不散。"

275

神奇的感官

——昆虫侦察器

跳跳猴一行顺着山路迤逦前行，沙里一直在背后目送着他们。

翻过一个小山头后，跳跳猴说："原来，除了阿里一行，还有一队外星人也来到了地球。"

白桦问笨笨熊："我们真的要回来找沙里他们吗？"在跳跳猴和笨笨熊与沙里刚开始对话时，他丈二和尚摸不着头脑，现在总算明白是怎么回事了。

笨笨熊说："看情况吧。不过，针对这两队外星人，我们是可以做一些文章的。"

李瑞问："什么文章呢？"

笨笨熊说："我还没有想好呢。"

一行人边走边说，不觉来到一个池塘边。池塘的水面上漂满了像圆盘一样的荷叶，在绿色的荷叶间，间或可见盛开的莲花。

在池塘边的草丛中，不时看到青蛙在蹦来蹦去，偶尔从口中吐出长长的舌头，然后又飞快地缩了回去。跳跳猴走近一只青蛙，想看个究竟。不想，那青蛙扑通一下，跳入池塘中，荷叶之间的水面上泛起了一圈圈波纹。

跳跳猴问："青蛙靠吃什么为生呢？"

笨笨熊说："靠捕捉昆虫。刚才它将舌头吐出缩回，就是在捕捉昆虫。"

跳跳猴问："昆虫都是在空中飞的，青蛙如何便能准确无误地捕捉到呢？"

笨笨熊说："我们看到的物体是一个整体，青蛙看到的物体却是分解开来的部件。对不同部件的感受，有对应的感受器。

"一种感受器感受比周围环境较暗或较亮物体的边缘，称为边缘侦察器。通过这种感受器，青蛙把每一个物体看成是由线条勾勒出来的界限分明的轮廓，可以辨别出眼前的东西是狗还是猫，至于黄狗、花狗、黑猫、白猫，并不重要。

"一种感受器专门感受昆虫,称为昆虫侦察器。"

"专门感受昆虫的昆虫感受器?"跳跳猴惊讶地问。

笨笨熊说:"昆虫是青蛙的主要食物,为了捕食昆虫,青蛙便专门设立了一种感受器,够专业吧?但是,像狗熊一样,青蛙只吃活的,死的统统不要。适应这种食性,青蛙的昆虫感受器又进一步专业化。它只感受活动的,具有弯曲边缘的昆虫。对一动不动的昆虫,即使在它眼前,也熟视无睹。看起来有点事不关己高高挂起,但是,就是这种态度,使得青蛙能把注意力集中在作为猎物的活动昆虫上。

"此外,青蛙还有感受亮度变化的事件侦察器和感受阴暗物体的光强减弱感受器。

"由于这四种感受器的共同作用,青蛙便能侦察清楚周围的情况,并能排除干扰,敏锐地发现捕食的目标。"

跳跳猴叹道:"哇!青蛙的眼睛这么神奇!"

神奇的感官

——老鼠和兔子的黑白世界

青蛙有边缘侦察器、昆虫侦察器、事件侦察器和光强减弱感受器，唯独没有色彩感受器。这么说来，青蛙看不到红黄蓝绿各种颜色吧？

其实，不只青蛙，狗、猫、老鼠和家兔都不能辨别颜色。也就是说，在我们看来五彩缤纷的环境，在这些动物的眼里，只是一个黑白世界。

有些动物虽然进化出了辨别颜色的能力，但程度有所不同。比如，鹿对灰色的识别力最强，长颈鹿只能分辨出黄色、绿色和橘黄色，蜜蜂每天在花丛中采蜜，但对艳丽的红花好像视而不见。

打个比方，在进化过程中，人类走得比较快，看上了彩电。猫猫狗狗呢？步伐慢了一些，还在看黑白电视。很可能，它们以为人类也和它们一样，眼里的世界非黑即白呢。

神奇的感官

——眼睛的学问

一行四人在池塘边一边散步，一边漫谈。

跳跳猴说："有一个问题，我一直想不明白。"

笨笨熊问："什么问题呢？"

跳跳猴说："有些动物的眼睛长在头部的正前方，有些动物的眼睛却长在头部的两侧。"

笨笨熊说："你注意到了吗？眼睛长在头部正前方的，大都是狮、虎、豹、狼、狗等凶猛的食肉动物；眼睛位于头部两侧的，多是马、牛、羊等食草动物。"

虎

豹

猫头鹰

狼

跳跳猴问："为什么食草动物和食肉动物眼睛的位置会有区别呢？"

鸟

羊

笨笨熊说："食肉动物所捕捉的动物大都是能快速奔跑运动的食草动物。在追捕猎物时，需要两眼紧紧跟踪目标，准确测定距离。因此，便把两只眼睛长在了头部正中。

"食草动物呢？需要时时防备食肉动物的侵袭。把眼睛长在头部两侧，可以使视野开阔，随时发现从两侧来犯的敌人。有的食草动物的眼睛可以环视 360 度，这样，无论敌人从前后，还是从左右来犯，它都可以及时发现，立即逃命。"

李瑞问："猴子不是食肉动物，但它们的眼睛怎么长在头部前面呢？"

笨笨熊说："猴子主要生活在树上，它们虽然以野果为主要食物，但偶尔也吃荤腥。更为重要的是，它们在树上不容易受到其他食肉动物的攻击，而且，在树枝间跳来跳去，需要注视前面有无树枝可抓。"

跳跳猴又问："大熊猫以吃竹子为生，行动笨拙迟缓，为什么眼睛也长在面部正中呢？"他想，这一回，笨笨熊怕是不好解释了。

笨笨熊说："大熊猫本来是食肉动物。它的消化道及牙齿是适应食肉的，

猴

只是由于可以供其食用的动物来源缺乏，才迫不得已改吃竹子。它们的眼睛长在面部正中是继承了祖宗的特征。"

跳跳猴说："那么，再过许多年，大熊猫的眼睛会不会长到头部两侧呢？"

笨笨熊说："也许吧。"

这时，白桦插话说："眼睛怎么会转移位置呢？"他不相信眼睛的位置会变化。

笨笨熊将头转向白桦，说："不相信吗？比如，比目鱼在小时候眼睛也是长在头部

熊猫

两侧。但是，它总是躺在水底，并且老也不翻身，下面的眼睛每天只是盯着一片黄沙。由于靠海底的眼睛发挥不了作用，便慢慢向上移动位置。最后，两只眼睛都长在了头部上面的一侧。"

听了比目鱼的例子，白桦吐了一下舌头。

笨笨熊没有注意到白桦的动作，继续说："有些动物的眼睛很特殊。有一种叫做石龙子的动物，它的两只眼睛一只专看上方和前方，另一只专看下方和后方，可谓瞻前顾后。

"避役的眼睛，长在像炮塔形结构的顶部。它的眼球可以向任何一个方向旋转，甚至各自独立地转动。它在用一只眼睛向上跟踪猎物的同时，还可以用另一只眼睛向后向下观察，防备敌人的侵犯。"

原来，眼睛的位置还有这么多学问。

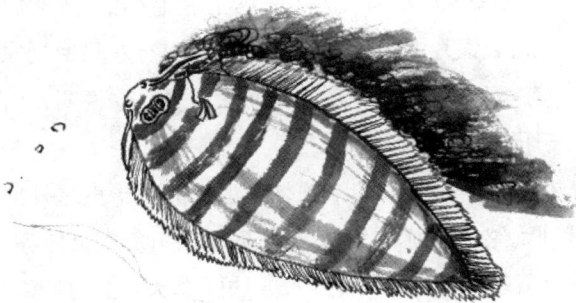

比目鱼

281

神奇的感官

——导航器

这时,天空中传来一阵哨音。一行四人抬头一看,一群哨鸽正从头顶飞过。

跳跳猴说:"听说将鸽子带到离家很远的地方,照样能准确无误地返回家中。是这样吗?"

笨笨熊说:"是的。"

跳跳猴问:"这也是靠了眼睛吗?"

笨笨熊说:"鸽子能在远距离飞行过程中不迷失方向,靠的是几种本领。

"我们知道,在一天中不同的时间,太阳在空中的位置以及太阳光对地面的照射角度不同。同一时间,太阳光对不同地区的照射角度也不同。鸽子体内有生物钟,它能根据生物钟所测定的时间以及太阳光的照射方向,知道自己所在的方位,从而确定飞行方向及路线。"

白桦说:"这就像在鸽子的脑子里装了一个导航器。"

笨笨熊点了点头,接着说:"其次,鸽子还可以根据磁场来指导飞行路线及方向。经过长期研究,发现鸽子两眼之间的突起处能测量地球磁场的变化。有人将十只鸽子的翅膀上装上磁铁,另外十只鸽子翅膀上装上小铜片,然后,把它们带到很远的地方放飞。结果,装铜片的十只鸽子在两天之内有八只回到家,带磁铁的十只鸽子直到第四天才有一只回到家,并且显得筋疲力尽。这说明,装在鸽子翅膀上的磁铁产生了磁场,干扰了鸽子辨别方向。

"正因为鸽子有多种辨别方向的本领,所以,才能从千里之外准确飞到目的地。自古以来,人们就训练鸽子在航海、捕鱼或军事领域担负通讯任务。这种鸽子有一个特殊的名字——信鸽。1916 年 6 月 5 日,法国军队守卫的乌鲁要塞被德国军队猛烈攻击。法国军队急需救援,但通信设备被德国军队的炮火击毁。这时,有人提出用军队中的信鸽去求援军。军鸽从炮火连天的战场飞出，出色地完成了任务。不久，援军赶到，保住了要塞。"

跳跳猴说："要是人也有鸽子那样的导航器，该有多好啊！"

白桦拍了拍跳跳猴的肩膀，说："我们这凡人肉胎是没有希望了。你是从仙石变来，说不定有这样的功能呢。"

跳跳猴认真地说："人是从低等动物进化而来的。我想，鸽子等低等动物具有的功能说不定藏在了人体的哪个角落里。能不能通过什么办法把这些特异功能找出来，让它们发挥作用呢？"

听了跳跳猴的这一番话，白桦哑然。

笨笨熊颇以为然地点点头，说："很有道理，很有道理。"

神奇的感官

——产品检测员

鸽子不仅能长途飞行不迷失方向，还有一双特殊的眼睛。

鸽子的眼睛虽然小，却有上百万根密集的神经纤维，视网膜内有一百多万个神经元。其中的神经节细胞可以分为六种，可以分别检测物体的亮度、普通边、凸边、方向边、垂直边和水平边。此外，鸽子还有超常的智力。经过训练，它们能将样品与标准品进行精细的比较，从而把与标准品有丝毫之差的样品识别出来。

发现了鸽子眼睛的这个机关后，新西兰一家集成电路厂的成品车间用经过训练的鸽子对集成电路产品进行检测。他们让两只鸽子检测员站在产品传送带旁边，监视着印刷线路板在传送带上缓慢通过，合格的放行，不合格的就用嘴叼出来。

用了这鸽子做检测员，比人眼的准确率和工作效率提高了许多倍。另外，它们不会要求涨工资，不会闹罢工，也不会营私舞弊讲情面。

神奇的感官

——感觉毛是什么东西？

一行人走进了池塘旁的灌木丛。跳跳猴一边走，一边东张西望地看着周围。

突然，他发现在一株灌木的树枝上爬着一只螳螂。它穿着一身绿袍，很难从绿色的树叶中分辨出来。跳跳猴站了下来，拉了拉笨笨熊的衣角。笨笨熊回过头，顺着跳跳猴的目光看去，也发现了这只舞着两把大刀的武士。仔细一看，在螳螂前面不远处的树枝上还有一只苍蝇。那苍蝇不知道眼前有一个杀手在等着它，若无其事地往前走。待苍蝇走近了，螳螂猛扑过去，将苍蝇逮了个正着。

看完这一过程，笨笨熊讲："看到了吧，螳螂捕苍蝇，又稳又准。"

李瑞问："那一定也是靠了一双好眼睛吧？"

笨笨熊说："除了眼睛，还靠了感觉毛。"

李瑞问："感觉毛是什么东西？"

笨笨熊说："感觉毛是螳螂用来感觉位置的一种器官。在螳螂颈部两侧，有两丛感觉毛。当螳螂眼睛盯着猎物，头向一侧倾斜时，同侧的感觉毛受压变形，对侧的感觉毛则伸直。感觉毛的这种变化会通过神经传到大脑，使螳螂判断出猎物所在的方位。这就保证螳螂在捕捉猎物时既稳又准。"

李瑞说："噢，原来，这感觉毛比眼睛还好使。"

在灌木丛的中间，有一个小水坑。绿色的水面上，有许多小虫跑来跑去，忽而转圈，忽而转弯；有时突然停止，有时又扎到水中。

笨笨熊停下脚步，指着水面上的小虫说："这些小虫叫做豉虫。和刚才看到的螳螂相似，豉虫的触角上也有感觉毛。有人将豉虫的眼睛除去，它仍然可以在水面上运动自如。但是，如果再将它的触角除去，它就像无头苍蝇一样，乱碰乱撞。"

跳跳猴问："豉虫的感觉毛是如何感觉外界刺激的呢？"

笨笨熊说："当它在水面上滑行时，水面会产生波纹，当波纹遇到障碍物时会产生回波。这时，豉虫触角上的感觉毛便在回波的压力下产生微小的偏斜，并将这种微小的位置变化告诉大脑。由于昆虫总是在不停地运动，树枝、水草等静止不动，于是，昆虫和静物产生的回波便也有细微的不同。豉虫的感觉毛非常灵敏，能将这细微的差别辨别出来。如果是可食用的昆虫，就扑上前去捕食，如果是阻碍前进的障碍物，则急转弯，绕道而行。"

"哇，感觉毛竟然如此灵敏！"跳跳猴对螳螂和豉虫感觉毛的功能感到非常惊讶。

神奇的感官

——长在腿上的舌头

走出灌木丛，跳跳猴发现地上躺着一只死去的麻雀。在麻雀尸体上，聚集着许多苍蝇。

他停了下来，问道："苍蝇是如何知道这里有一只死麻雀的呢？"

笨笨熊说："靠嗅觉和味觉。"

跳跳猴问："苍蝇也有鼻子吗？"

笨笨熊说："没有。"

跳跳猴说："没有鼻子，怎么产生嗅觉呢？"

笨笨熊说："苍蝇嗅气味不是用鼻子，而是用触角。在它的触角上，有许多嗅觉感受器，能灵敏地感受散布在空气中的化学物质。所以，一旦有了臭鱼烂虾，四面八方的苍蝇就会闻风而至。

"苍蝇的味觉感受器也不像我们通常认为的那样长在舌头上，而是长在腿上和口器上。"

"就是说，舌头长在了腿上？"李瑞瞪大了眼睛。

笨笨熊说："是的。在苍蝇的口器上及腿上，长着很多味觉毛。这样，它一落脚，就可以知道脚下的物体是否可以食用。如果认为可以吃，便大嚼大咽。如果不能食用，或者不合自己的口味，便六只腿一蹬，立即起飞，不在那里瞎耽误时间。"

"这令人作呕的苍蝇怎么把感觉器官安排得如此巧妙呢？"跳跳猴感叹道。

笨笨熊笑了笑，说："可能，造物主在设计苍蝇时心情特别好，在这小生灵身上下了不少工夫吧。"

神奇的感官

——兔子的大耳朵

说完苍蝇，一行人顺着树林间的小道信步而行。突然，跳跳猴发现在一簇灌木丛下蹲着一只野兔，两只长长的耳朵前后摆动着。

跳跳猴低声向笨笨熊说："看，那里有一只野兔。"

话音刚落，野兔飞也似的窜了出去，钻在了远处的树林中。

跳跳猴说："兔子为什么跑了呢？"

笨笨熊说："因为它听见你说话了嘛。"

"可是，我说话的声音很低啊。"跳跳猴说。

笨笨熊说："兔子的耳朵非常灵，你的声音再低一些，它也能听得见。"

跳跳猴"噢"了一声。

笨笨熊接着说："其实，不只兔子，几乎所有食草动物的听觉都很灵敏。它们的耳朵不仅大，而且可以前后左右活动。"

跳跳猴问："耳朵大有什么用处呢？"

笨笨熊说："耳朵大，可以提高收集声音的效果呀。比如，蝙蝠、耳狐、土狼的耳朵几乎有脑袋那么大。它们有一个共同的特点，都喜欢吃白蚁。它们靠什么发现躲在蚁穴中的白蚁呢？就是靠了那一双大耳朵。

"北非有一种小狐，善于夜间捕食，它的听觉更灵敏。夜间出来活动的昆虫、鸟、鼠和蜥蜴等，只要发出轻微的声音，甚至微弱的呼吸声，它都能察觉出来。"

"那么，耳朵前后左右活动有什么用呢？"跳跳猴追问。

笨笨熊说："耳朵通过前后左右活动，可以判断声音来源的方向。这样，可以帮助它们及时发现敌情，以便逃生。"

接着，笨笨熊看了看跳跳猴，问："你还可以举出一些耳朵又大又可以活动的动物吗?"

跳跳猴说:"除了兔子,还有马、驴、羊。"

白桦提着跳跳猴的耳朵说:"你的耳朵不是也又大又可以活动吗？怎么没有把你列举出来呢？"

跳跳猴在白桦的胸部狠狠地捶了一下。

神奇的感官

——紧急起飞

走出树林，面前是一片草地。一行人边说边走，突然，小黄叫了起来。

李瑞将小黄从白桦的背篓里抱了出来，问："小黄，有什么新情况？"

笨笨熊环顾四周，没有看到什么异样，他侧耳倾听，听到了一种喀啦、喀啦的声音。

他急忙向跳跳猴、白桦和李瑞说："快跑。"

跳跳猴、白桦和李瑞不明就里，跟着笨笨熊跑到一块光秃秃的巨石上。

喘息稍定，李瑞莫名其妙地问："怎么了？"

笨笨熊说："听到了吗？"

李瑞问："听到什么？"

笨笨熊说："喀啦喀啦的声音。"

跳跳猴注意听了一会儿，说："听到了，这有什么好大惊小怪的呢？"

笨笨熊说："这是响尾蛇发出的声音。"

跳跳猴四处张望。噢，看见了，一条蛇摇着尾巴，瞪着亮闪闪的眼睛，在前面不远处的草丛中游动着。

他连忙指着那条蛇说："看，在那里。"

跳跳猴知道，响尾蛇是一种剧毒蛇。但平时只是听说，现在是真真切切看到了。

笨笨熊问跳跳猴："知道为什么响尾蛇会发出声音吗？"

跳跳猴摇摇头。

笨笨熊又望着白桦。

白桦也摇摇头。

笨笨熊说："在响尾蛇的尾部，有一个空腔。空腔中有一片薄膜，把空腔隔成两

如影随形的外星人

个环状空泡。当响尾蛇摇尾巴的时候,空泡内的气流来回振荡,就发出了喀啦喀啦的声音。"

跳跳猴问:"它为什么要发出声音呢? 这不是容易暴露自己吗? "

笨笨熊说:"它摇尾巴发出的喀啦喀啦的声音类似流水声,一些动物听到这种声音后往往循声前来饮水,响尾蛇就闪电般地将其捕杀。"

跳跳猴说:"噢,原来,这家伙是在引诱猎物啊! "

笨笨熊说:"是。"

李瑞问:"响尾蛇的眼睛一定很好使吧? "

他对响尾蛇那亮晶晶的眼睛印象很深。

"错。"笨笨熊说,"响尾蛇的眼睛虽然看起来又亮又圆,但好像并不起多大作用。曾经有人将响尾蛇的眼睛蒙住,结果发现,它照样能敏捷地捕捉猎物。"

跳跳猴问:"那它靠什么来捕食呢? "

笨笨熊说:"先说一个实验吧。有人将响尾蛇麻醉,把头部的一条神经分离出来,通到测量生物电流的仪表上,用光、声音和强烈的震动来刺激它,都没有生物电流产生。但是,当发热的物体或人体靠近蛇头时,仪表上就显示出了生物电流。如果用红外线照射蛇头,生物电流就更强了。这说明,在响尾蛇的头部有一个对热敏感的定位器。靠了这种热定位器,响尾蛇能敏锐地发现周围发散体温的动物,并判断出动物的大小及与自己的距离,从而准确无误地捕杀猎物。"

白桦说:"这么说来,这热定位器相当于一个红外线摄像机。"

他知道,在漆黑的夜晚,用红外线摄像机可以拍摄出具有体温的人或动物。在军事上,这种红外线摄像机被用来侦察敌情;在《动物世界》栏目,这种红外线摄像机被用来研究动物的行踪。

笨笨熊说:"对。相当于一个红外线摄像机。"

跳跳猴说:"真是这样吗? "

白桦说:"怎么? 你想试试吗? "

跳跳猴点点头。

白桦和笨笨熊正要阻止,跳跳猴早已朝着渐趋渐远的响尾蛇跑去。就在他距离响尾蛇旁边约两三米的时候,本来向前爬行的响尾蛇突然转了一个弯,甩着尾巴,卡啦卡啦地朝着跳跳猴冲了过来。

笨笨熊和白桦大声喊:"小心。"

跳跳猴突然闪到旁边。

响尾蛇又折了个弯，紧紧地跟了上来。

这时，跳跳猴真有点害怕了。一紧张，被脚下的树桩绊了一下，重重地摔倒在地上。

见状，笨笨熊和白桦冒了一身冷汗。笨笨熊声嘶力竭地大喊："飞起来！飞起来！紧急起飞！"

听了笨笨熊的指点，跳跳猴急忙念了咒语。突然，身边生出一片白云，他跌跌撞撞爬了上去。就在响尾蛇张大着嘴，离跳跳猴头发丝那么一点距离的时候，白云腾地一下飞了起来。

白云载着跳跳猴在天空转了一圈，稳稳地落在了白桦和笨笨熊身边。

笨笨熊和白桦拍了拍跳跳猴的肩膀，叹道："好险啊！"

跳跳猴却轻描淡写地说："真刺激！"

神奇的感官

——第六感觉

笨笨熊对跳跳猴、白桦和李瑞说："赶快离开这个是非之地吧。说不定，还会再钻出一条响尾蛇。"

一行四人急急奔出草地。

响尾蛇竟然不是靠眼睛，而是通过红外线来发现猎物，这使得跳跳猴、白桦和李瑞长了见识。其实，奇怪的事情还有很多。比如鲨鱼，是靠电场来捕食其他鱼类的。

但是，哪里有电场呢？

生物在生命活动过程中都会产生生物电，有生物电便会有电场。

但是，这个电场太微弱了，我们感觉不到。

鲨鱼身上有一个电感受器，对电场有非常灵敏的感觉，能感受到十万分之一伏特的电流。为了观察鲨鱼感觉电场的灵敏度，研究者将一条活的小比目鱼放进鲨鱼池中。看见尖牙利齿的鲨鱼在远处游弋，比目鱼急忙钻进池底的泥沙中躲了起来。鲨鱼不慌不忙游到比目鱼藏身的地方，十分准确地将小家伙从泥沙中掘了出来，吞了下去。

研究者想，可能是比目鱼的气味暴露了自己。他们将比目鱼用不透明的琼脂包了起来，然后，将其埋在鲨鱼池的泥沙里。琼脂可以防止气味透过，但不会阻挡电流。结果，鲨鱼以同样的速度将比目鱼找了出来。

接下来，研究者又将比目鱼先包上一层琼脂，再包上一层有绝缘性能的塑料胶，放进鲨鱼池中。这一次，鲨鱼与比目鱼擦身而过，却视而不见。

实验证明，鲨鱼是靠了电场捕猎的。平时，人们说感觉，通常指的是视觉、听觉、嗅觉、味觉和触觉这五种。靠电场来感觉外界，有点另类，因此，人们把鲨鱼靠电场捕猎的这种特异功能称为第六感觉。

神奇的感官

——飞蛾扑火与远程导弹

晚上,跳跳猴一行住在了山下的一个青年旅店。

房内陈设很简单,只有一张大通铺。不巧,旅馆的电路出了故障,只好点起了蜡烛。

天气比较热,他们打开窗户,躺在床上望着窗外。一轮明月就悬在窗口,繁星像一条河流,闪烁着波光,像是要从窗户流进来。真有点"山月临窗近,天河入户低"①的意境。

海风从半开的窗户挤进来,烛光摇曳着,屋内的人影及家具的影子也跟着摇晃起来。突然,不知从哪里飞来一只飞蛾,绕着烛光飞了起来。它围着烛光转了一圈又一圈,一直停不下来。

跳跳猴躺在床上,问道:"这只飞蛾是在干什么呀?"

笨笨熊说:"飞蛾喜欢光亮。因此,只要点起灯,附近的飞蛾就会趋之若鹜。人们常说的飞蛾扑火,说的就是这种现象。"

跳跳猴说:"我是说,它为什么总是围着灯转圈儿。"

笨笨熊说:"研究发现,飞蛾等在夜间是靠月光来判断方向的,并且它们习惯于与月亮保持一个固定的角度飞行。由于月亮离开飞蛾很远,要与月亮保持一个固定的角度,就需要直线飞行。即使是在逃避蝙蝠等敌害或者因其他原因在飞行中转弯后,只要再转一个弯,仍然可以通过调整眼睛与月光的角度恢复原先的飞行方向。

"当飞蛾看到灯光时,会误认为是月光。它们会按照习惯,使灯光与靠近灯光的

---

①唐·沈佺期《夜宿七盘岭》:独游千里外,高卧七盘西。山月临窗近,天河入户低。芳春平仲绿,清夜子规啼。浮客空留听,褒城闻曙鸡。

一只眼睛保持固定的角度。因为飞蛾与灯光距离很近,要保持与灯光固定的角度,总是看着灯光,就只好绕着灯来转圈子。这样,它就陷入了一个怪圈运动中,直到被灯火烧死或筋疲力尽而死去。"

笨笨熊讲完,跳跳猴喃喃自语道:"为什么距离近就要转圈呢?"

听到跳跳猴的喃喃自语,白桦笑了笑,说:"举个例子吧。比如说,晚上行路时,我们一边走路,一边不时抬头看月亮,总是觉得月亮固定在头顶的某一个方位。但是,如果我和你相距咫尺,我固定不动,你在运动中,要保持一直看着我,便要转圈了。"

听了白桦的话,跳跳猴从床上跳了下来。白桦看见跳跳猴当了真,也从床上蹦了起来,站在房间的空地上。跳跳猴照白桦说的做了起来。真的,要走动,又要一直看着白桦,只能是转圈儿才行。

看了跳跳猴的试验,李瑞说:"飞蛾真是个愚蠢的、可怜的家伙。"

笨笨熊说:"飞蛾是愚蠢,但受飞蛾的启发,军事科学家在导弹的弹头安装由光电仪器和望远镜组成的类似飞蛾眼睛的装置,开发出了一种自动控制的远程导弹。导弹发射时,将弹头以一定的角度对准一颗明亮的恒星。这样,导弹发射后,就会按照固定的方向飞行。如果导弹在飞行过程中偶然偏离了航向,导弹的电脑会及时进行纠正。"

讲到这里,桌子上的蜡烛也快要烧完了,跳跳猴突然想起了绕着蜡烛转圈的飞蛾。咦,怎么不见了?趋近一看,只见可怜的飞蛾躺在烛台下,一边的翅膀烧去了半个,两只触角在微微地颤抖着。

笨笨熊过来,看了看,说:"我们常说,飞蛾扑火,自取灭亡。今天晚上,我们看到了。"

这时,墙上的挂钟敲了十二响,已经是零点了。第二天还要继续赶路,弟兄四人便赶忙上床睡觉。

神奇的感官

——蚂蚁与新星

飞蛾飞行是靠月亮指引，候鸟的长途迁徙也是以天体作为参照物。

科学家把白喉莺放进天文馆中一个按照北欧的夜空设计的天象厅中。白喉莺在这人造星空中很快定了向，朝着相当于越冬地的星空的南方飞去。当科学家将天象馆的天空水平旋转180度时，白喉莺以为真的斗转星移，又掉过头来，向着星空的南方飞去。而当天象馆的天空没有星座等标志的时候，白喉莺就失去了定向能力。这说明，在这些候鸟的脑袋里有一幅导航图，它们是在把天象和脑子中的导航图对照着飞行。

候鸟飞行要靠天体，在地上爬行的蚂蚁也和太阳有关系。有一种叫做臭蚁的蚂蚁，脑子中也有一幅导航图。它把出行路线周围的地形特征甚至太阳光投射下来的物体的阴影形成一幅图，贮存在脑子中。离开巢穴出去觅食或者载着粮食回家时，它们东张西望，将周围地形及阴影与脑子中的地形图比较。有人做了一个实验，将蚂蚁窝由森林中搬回实验室，将原来蚂蚁窝周围太阳光透过树木投射到地面的实景拍成照片，放大在透明照相纸上。再将透明照相纸沾在实验室的天花板上，在天花板上方，用灯光照射透明照相纸。这样，透明照相纸上斑斑驳驳的阴影及透光点就投影到了实验室的地面上。这时，臭蚁能顺利返回蚁巢。但当关掉光源，透明照相纸上的图像不能投射到实验室地面的时候，臭蚁就像失去了路标，团团乱转，无所适从。

蚂蚁还对天体发出的紫外线非常敏感。19世纪时，法国天文学家阿里兄弟将蚂蚁装在天文望远镜的目镜盒子中，将天文望远镜对准估计有星球的方向。如果蚂蚁在目镜盒中躁动不安，说明望远镜接受到了远处天体发出的紫外线，提示该方向上有未知天体存在。阿里兄弟用这种方法发现的新星，被后来的天文学家所证实。

小小蚂蚁，竟然能感觉到遥远的太空的星球，想不到吧？

神奇的感官

——蝙蝠的超声波

早上起床后,笨笨熊带着大家整理旅行日记。笔记太杂乱了,搞了整整一个白天才理出了个头绪。晚饭后,一个精瘦的老头来到跳跳猴一行的房间聊天。原来,这老头是旅店的老板。当他得知几个小房客是出来考察动物的之后,他告诉大家旅店后面的一个山上有一个山洞,里面住满了蝙蝠,经常有人去那山洞进行考察。

听说一个山洞里住满了蝙蝠,跳跳猴等都非常兴奋。第二天,天还没有大亮,一行人便离开旅店,向老者所述的山冈出发。

刚刚爬到半山腰,突然听到呼啦啦一阵声响。抬头一看,麻麻亮的天空中飞来一群蝙蝠。领头的蝙蝠呼啦啦钻进了山腰上的一个山洞,跟随者一直伸展到微微露出鱼肚白的天际。

笨笨熊兴奋地对大家说:"很好,我们正好碰上蝙蝠收工。"

跳跳猴问:"它们是在晚上干活吗?"

笨笨熊说:"是的。"

跳跳猴问:"蝙蝠为什么昼伏夜出呢?"

笨笨熊说:"夜晚,蝙蝠喜欢吃的蚊虫出来活动,所以蝙蝠也在夜间出动捕食。"

李瑞问:"在漆黑的夜晚,它们能看清飞来飞去的蚊虫吗?"

笨笨熊说:"看不清。"

李瑞追问道:"那它们靠什么捕捉飞虫呢?"

笨笨熊说:"它们在飞行过程中不断发出一种频率很高的尖叫声……"

"我怎么听不到蝙蝠的尖叫声呢?"笨笨熊还没有说完,跳跳猴急急问道。

白桦说:"小兄弟,耐着点儿性子,等人家说完嘛。"

跳跳猴连连点头称是,他也意识到自己有点儿太性急了。

笨笨熊笑了笑,说:"人耳的听觉频率范围是16至2万赫兹,而蝙蝠发生的声波频率超过10万赫兹,大大超过了人耳的感觉范围。所以,人听不到蝙蝠的叫声。我们把这种超出人耳听觉范围的声波叫做超声波。超声波在遇到目标时,会反射回来。蝙蝠在接受到返回的超声波后,就会侦察出目标的行踪,将其捕捉。人们把这种通过声波追踪目标的系统叫做声呐系统。"

进得洞中,只见洞顶上蝙蝠密密麻麻。奇怪的是,一只只蝙蝠两只脚抓着洞壁,头向下倒挂着。洞里的地面上积着厚厚的一层蝙蝠粪。

跳跳猴问:"那蝙蝠是如何发出,如何接受超声波的呢?"

笨笨熊说:"超声波从蝙蝠的喉咙里发出,通过嘴和鼻子发射出去,反射回来的超声波被耳朵接受。有人在蝙蝠飞行的场所悬吊密密麻麻的障碍物,看它们会不会碰壁。人们惊讶地发现,它们在悬吊物之间轻盈地绕来绕去,非常自如。悬挂障碍物难不住这些小东西,那就再加大一点难度吧。研究者在蝙蝠飞行的场所放置用细铁丝织成的网格,网眼只有蝙蝠展翅宽度的三分之一。令人瞠目结舌的是,蝙蝠能在接近铁丝网时,马上收起双翅,从网眼中穿过去。"

白桦问:"怎么知道蝙蝠是从鼻子和嘴发射,靠耳朵接受超声波的呢?"

笨笨熊说:"有人在实验中将蝙蝠的眼睛蒙起来,它照样能正常飞行。可是当将蝙蝠的耳朵、嘴和鼻子堵住后,它就变成了无头苍蝇,乱碰乱撞。"

听了笨笨熊的解释,白桦点了点头。

笨笨熊接着说:"蝙蝠的声呐系统具有很高的分辨能力和抗干扰能力。在居住着几百只蝙蝠的岩洞内,每只蝙蝠发出的超声波能互相不发生干扰。"

跳跳猴问:"这有什么意义呢?"

笨笨熊说:"只有这样, 每只蝙蝠才能根据自己发出的超声波的反射情况决定飞行路线啊。举个例子,无线电台发送的电波有长波、中波、短波、超短波,每一个波段又分了好多频率。正是因为这不同的频率互不干扰, 虽然有许多电台同时在广播,我们收音机收到的电台才不会和其他电台混在一起。"

跳跳猴仰头望着头顶密密麻麻的蝙蝠,说:"真了不起。"

就在这时,一些黏糊糊的东西劈头盖脸地落到了他脸上和嘴里。他用手一抹,举在眼前一看,是蝙蝠的粪便。

见状,笨笨熊和白桦乐得弯腰捧腹。

跳跳猴忙不迭地吐唾沫,想把嘴里的蝙蝠粪清理干净。

白桦说:"小兄弟,别吐了,吃下去吧。"

跳跳猴将沾满蝙蝠粪的手举在白桦的嘴跟前,说:"你也来吃一点吧。"

白桦推开跳跳猴的手,笑着说:"蝙蝠粪是一种中药,叫夜明砂,能明目呢。"

跳跳猴说:"胡扯。"

笨笨熊也笑着说:"是真的,《本草纲目》上都有记载呢。蝙蝠只给你吃它们的粪便,说明和你很有缘分呢。"

跳跳猴张了张嘴正要说什么,却突然停了下来,眉头也锁了起来。

白桦问:"小兄弟,在想什么呢?"

跳跳猴抬起脑袋,说:"哦,我是在想,超声波的工作原理,人类也有应用吗?"

白桦看了看笨笨熊。

笨笨熊说:"有啊。人类把超声波的原理应用在了医疗和工业上。在医疗上,人们用超声波来检测内脏的病变;在工业上,人们用超声波来检测工业产品内部的缺陷。"

神奇的感官

——侦察与反侦察

说蝙蝠捕捉昆虫身手敏捷，本领高强，作为猎物的昆虫也不是束手就擒。

比如说蝙蝠喜欢吃的飞蛾吧。这种小东西虽然傻得可爱，老是围着灯火转圈，却有一套装置，能够接受蝙蝠发出的超声波。当附近有蝙蝠时，它能准确地判断出敌人的方位，立即逃之夭夭。

逃命只是一种被动行为。在飞蛾足部关节上还有一种振动器，能发出咔嚓、咔嚓的响声。它在逃命的同时，还开动振动器发出声音，迷惑蝙蝠。此外，飞蛾身上的绒毛还可以吸收蝙蝠发射出来的超声波，使回声衰减，减弱蝙蝠声呐系统的探测作用。

近几年，现代军事刚刚兴起了电子干扰战术。但是，这干扰敌人的原理，小小飞蛾早已用在了与蝙蝠的对抗中。

除反侦察外，飞蛾也有一套发射和接受超声波的装置。它们会主动发出超声波，侦察周围是否有蝙蝠活动。一旦发现附近有蝙蝠，不待敌人发动攻击，就早早溜之大吉。

请看，这飞蛾竟然懂得反侦察，知道变被动为主动。

神奇的感官

回到旅店，跳跳猴、笨笨熊和白桦一直闷闷不乐。到吃中午饭的时间了，旅店老板在门外叫大家吃饭，三个人谁也不吭声。

感到奇怪，旅店老板推门进到房间。看到四个小房客只回来三个，回来的这三个又一个个愁眉苦脸，老板问大家怎么了。跳跳猴一五一十地向老板讲了李瑞失踪的事。

听了跳跳猴的话，老板连连叹气，接着说道："怪我没有交代清楚，怪我没有交代清楚。这山里不时有人被豹子咬伤或丧命，前天晚上，我应该告诉你们多多提防的。昨天晚上你们没有回来，我就很有些担心。果然，真的出事了。"

接下来的几天，跳跳猴三人就窝在旅店里。他们希望那天早上金钱豹的猎物不是李瑞，盼望李瑞能出乎意料地返回到旅店来。但是，一个礼拜过去了，奇迹始终没有发生。一行三人快快地告别了旅店老板，又踏上了旅程。

途中，跳跳猴问："我们该去哪里呢？"

笨笨熊说："我们到'海底世界'去看看吧。"

"哪里有海底世界呢？"跳跳猴问。

笨笨熊说："我只是听参加智者讲座的师兄说在芦花岛上有一个'海底世界'。但究竟在哪里，我也不知道。"

问了岛上的工作人员，才知道"海底世界"就在芦花岛岸边。

经人指点，跳跳猴一行来到岸边的一个隧道口。钻进隧道，里面是一个玻璃长廊。噢，玻璃穹窿外面的鱼真多啊。它们大小各异，色彩斑斓，泳姿优美。绝大部分的鱼的身体两侧都有一条线，从鱼头一直通向鱼尾。

笨笨熊对跳跳猴说："看见了吧，鱼身体两侧都有一条线。这条线，叫做侧线。多

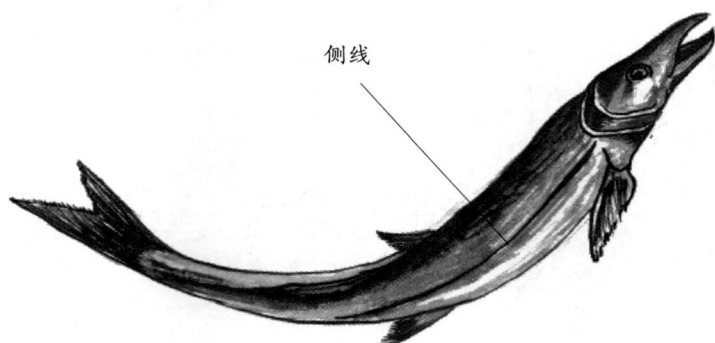

侧线

鱼的侧线

数鱼类有一对侧线,少数有两对甚至三对、五对侧线。"

跳跳猴问:"鱼的侧线有什么用途呢?"

笨笨熊说:"我们所熟悉的陆地有高山深沟,海底世界照样地形很复杂。所以,轮船如果不按照航线航行,就有可能触礁。可是,你看,眼前的这些鱼在礁石之间游得何等自如。在白天,阳光能照到海水的浅层,鱼的眼睛可以看到周围环境。在黑夜和阳光照射不到的深海,鱼的眼睛就不起作用了。这时,鱼就主要靠侧线来感受水流拍击礁石所引起的振动,对周围的地形作出判断,从而绕过暗礁和险滩。

"鱼不仅靠着侧线躲过礁石,还能感受到小鱼、小虾以及浮游生物在水中的运动。就是靠了这种感觉,以鱼虾以及浮游生物为食的鱼才能捕捉到猎物。有人曾经做过实验,他们把狗鱼的眼睛弄瞎后,它照样能捕捉猎物。但在把它的侧线切断后,它就再也不能觅食了。

"鱼在成群活动时,还能通过侧线了解同伴的动向,互相联络,以保证集体活动的一致性。"

白桦说:"这么说来,在鱼来说,侧线的作用和眼睛一样重要了。"

笨笨熊说:"比眼睛还要重要呢。深海的光线非常暗淡,眼睛的作用很有限。有些鱼长年生活在洞穴里、井里和地下水里,因为终年见不到阳光,眼睛退化,变得非常小,甚至消失。在这些鱼,对外界刺激的感受,主要是靠侧线,而不是靠眼睛了。"

白桦问:"我不明白,侧线为什么能感受振动呢?"

笨笨熊说："侧线的体表部分是一些小孔，这些小孔连通位于皮下的侧线管，侧线管的管壁上分布有许多感觉细胞。这些感觉细胞在接受到由侧线体表小孔传来的刺激后，可以将刺激转化为神经冲动，再传到大脑。"

这时，前方游来一条大鲨鱼。鲨鱼游得很快，在快要撞上一块礁石时，却突然掉头，避开了。

如果说侧线的功能相当于眼睛的话，这鱼的眼睛可真够大了，从头到尾，一边一个。怪不得，它们在水里游动得那么自如和优美。

神奇的感官

——海底世界的雷达

看过鱼的侧线,一行三人继续往前走。

笨笨熊说:"有的鱼甚至有像雷达一样的感受器呢。"

跳跳猴问:"什么是雷达?"

笨笨熊说:"雷达是英文 radar 的音译,本来的意思是无线电侦察和定位,一般指利用无线电波发现目标并测定其位置的设备。"

"动物也有雷达?"跳跳猴惊讶地问。

他认为,鱼有无线电侦察和定位的装置,太不可思议了。

笨笨熊说:"感到稀奇吧?稀奇的事情多着呢。"

白桦问:"雷达是如何工作的呢?"

笨笨熊说:"雷达由发射机、天线、接受机和显示器等组成。由发射机天线发射出去的无线电波在行进途中碰到障碍物后,一部分被反射回来,再被接收机天线所接受。电波的速度是恒定的,根据电波从发射出去到反射回来所需的时间,可以判定物体与天线之间的距离。根据收到反射波时天线所指的方向,可以判定物体的方向。根据距离和收到信号时天线的方向,可以判定出物体的高度。因此,用雷达可以对天空的飞机或其他目标进行监测。"

笨笨熊在讲解时,跳跳猴蹙起了眉头。

看到跳跳猴不甚了然,笨笨熊说:"举个例子吧。我们看到一口井,这口井是否有水?如果有水,水面到井口有多长距离?怎么才能知道呢?"

跳跳猴摇摇头。

白桦说:"拿一块石头扔下去。小时候,我们在白桦寨经常往井里扔石头呢。"

笨笨熊说:"对了。"

304

跳跳猴问:"扔一块石头怎么便能知道这些呢?"

笨笨熊说:"石头扔下去后,有水和没水的响声是不一样的。如果有水,根据听到石头落水扑通一声的时间可以估计出水面到井口的距离。听到这一声越晚,说明水面距离井口越远。"

听了笨笨熊的例子,跳跳猴弄明白了雷达的工作原理。他接着问:"什么鱼有雷达一样的装置呢?"

笨笨熊说:"象吻鱼、裸臀鱼以及喙鱼等都有雷达样的装置。"

笨笨熊一边随着跳跳猴和白桦行走,一边注视着玻璃穹窿外面。突然,他指着前面一条鼻子长长的鱼,叫道:"看,前面那条鱼就是象吻鱼。

"它的尾巴相当于雷达的发射机,它的背鳍则相当于一个接受器,能接受反射

象吻鱼

回来的无线电波。当尾巴发射出去的电波遇到附近的敌害,反射回来,被背鳍的接受装置收到后,就立即逃掉。靠着这套雷达装置,象吻鱼不仅能及时发现捕杀它的鱼类,还能发现远处的渔网。因此,一般情况下,人们很难用渔网捕捉到象吻鱼。"

正说着,眼前的象吻鱼一个急转弯,游走了。原来,从对面游来几条细长的没有尾鳍的鱼。

笨笨熊说:"我正想找它们,它们却不请自到了。你看,这就是我们刚才提到的也有雷达功能的裸臀鱼。"

跳跳猴问:"为什么叫做裸臀鱼呢?"

笨笨熊说:"你没有看见它没有尾鳍,光着屁股吗?"

跳跳猴吃吃地笑了起来。

笨笨熊继续说:"有人将两只大小形状颜色完全相同的不透明的瓶子放进水中,在其中一只瓶子中放进一根直径约两毫米的玻璃棒。奇怪的是,裸臀鱼竟然能将这两个瓶子区别开来。"

跳跳猴问:"它是靠什么将这两个瓶子区别开来的呢?"

笨笨熊说:"两个瓶子大小形状颜色一样,瓶子不透明,玻璃棒又没有气味,它不可能用视觉、味觉和嗅觉发现瓶中的玻璃棒,只能靠身上的雷达了。"

白桦说:"如此说来,这海底世界里有许多的雷达了。"

笨笨熊点了点头。

除了笨笨熊三人看到的象吻鱼和裸臀鱼,电鳗也有雷达功能。

电鳗生活在南美洲亚马孙河的河流中。由于它经常在泥水中生活,眼睛退化得基本不起作用。它了解外部世界,避敌和觅食,靠的都是雷达。有人在电鳗的水池中垂直放置两根裸露的导线,虽然鳗鱼在黑暗中游来游去,但从来不会碰上。当导线一通电,它就立即逃跑。说明它不仅能通过雷达作用准确地确定障碍物的位置,还能敏感地感受到电场。

跳跳猴问:"现代科技中的雷达,是受象吻鱼、裸臀鱼的启发发明的吗?"

笨笨熊挠了挠头皮,说:"这个,恐怕要找发明雷达的人问一问了。"

天色渐渐暗了下来,跳跳猴说:"天黑了,我们今晚去什么地方呢?"

笨笨熊说:"这隧道外面就是大海,去大海里去吧。"

跳跳猴诧异地说:"什么? 大海?"

笨笨熊肯定地说:"是。大海。"

跳跳猴说:"晚上大海里漆黑一片,怎么想到去大海里呢?"

笨笨熊说:"老弟,错了。晚上的大海就像是现代城市,是万家灯火呢。"

李瑞失踪

从蝙蝠洞出来，李瑞便率先向旅店走去。

笨笨熊说："我们看到了蝙蝠收工。你不想看一看它们什么时候出工吗？"

李瑞连忙说："要看的，要看的。"

说着，便返了回来。

这时，天大亮了。跳跳猴说："蝙蝠出工还早着呢，我们到山冈上去看日出吧。"

笨笨熊说："好主意。"

一行人在跳跳猴的带领下继续爬山。到得山顶，一轮红日刚刚从远处的地平线上升起，将半个天空染得通红通红。脚下的村庄上空笼罩着薄纱般的轻雾，农舍的房顶上升起了袅袅炊烟。在不远处的山道上，农夫赶着牛车不紧不慢地在往农田里送肥料，牛颈上的铃铛发出叮叮当当的响声。看着眼前的田园风光，大家陶醉了。

太阳一跳一跳地升起了一竿子高，村庄上空的薄雾不知什么时候无声无息地散去了。大家坐在山顶听白桦讲白桦寨的故事，听跳跳猴讲他出世以来在花果山的所见所闻。

傍晚时分，笨笨熊领着大家又来到了蝙蝠洞口。刚在洞口站定，忽然，洞里的蝙蝠像听了命令一样从洞里呼啦啦飞了出来。半个时辰过去了，洞里的蝙蝠还在一直往外飞，从洞口一直延伸到远处的森林，像是从洞中倾泻出来的一条河。

跳跳猴看得惊呆了，叹道："乖乖，一个山洞，竟然能藏下这么多的蝙蝠。"

天色彻底黑下来了。大概洞中的蝙蝠都飞出去了，洞口恢复了平静。

天黑了，看不清回旅店的路，大家只得待在山上。跳跳猴、笨笨熊和白桦坐在洞口，偎依在一起。李瑞呢，一个人倚靠在洞口的墙壁上。

跳跳猴说："李瑞兄弟，你怎么老是搞独立呢？"

李瑞没有吭声，只是吃吃地笑了笑。

白桦说:"这老弟一直是这样,我已经见怪不怪了。"

笨笨熊没有说话,心里却一直在盘算:这小子白天和大家说说笑笑,一到晚上便总是和大家保持着距离。这究竟是怎么回事呢?

漆黑的夜晚,周围没有一点灯火。蝙蝠都飞到远处的树林中去觅食了,四周死一般的寂静。开始,他们低声交谈着壮胆。后半夜,跳跳猴困得上下眼皮直打架,笨笨熊和李瑞脑袋耷拉下来,发出了轻轻的鼾声。只有白桦,不瞌睡,警惕地注视着周围的动静。

晚上的旷野,气温很低,跳跳猴和笨笨熊被冻醒了。白桦将两个小兄弟搂在自己身边,互相温暖着。接着,他对李瑞说:"小兄弟,过来挤在一起吧,这样可以暖和些。"

李瑞哆嗦着说:"不用了,天快要亮了。"

跳跳猴嘟囔着说:"不可思议。"

当东方露出熹微晨曦时,跳跳猴首先醒了过来。他惊讶地发现,原来靠在洞壁上的李瑞不见了。

他去哪里了呢?跳跳猴悄悄地起身,在洞口周围寻找。但是,转悠了大约十几分钟,没有看到李瑞的身影。

李瑞是不是钻到树林里和我们捉迷藏呢?跳跳猴钻进距离蝙蝠洞大约两三百米的树林继续搜索。但是,仍然没有李瑞的踪影。

这时,跳跳猴突然在一簇灌木丛旁发现了李瑞的上衣,一只袖子的根部撕开了一个大口子。

一种不祥的预感突然掠过跳跳猴的心头。不好,李瑞可能被人掳走了。他声嘶力竭地喊了起来:"李瑞,你在哪里? 李瑞,你在哪里? ……"

听到跳跳猴的喊声,笨笨熊和白桦醒了过来。他们揉着惺忪的睡眼,跌跌撞撞地循声向跳跳猴赶去。

见到跳跳猴,白桦气喘吁吁地问:"跳跳猴,你喊什么?"

跳跳猴指着地上李瑞的上衣焦急地说:"李瑞不见了。我找了半天,在这里发现了他的上衣。"

在笨笨熊俯身捡衣服的时候,他发现地上的落叶犁出了一条痕迹。

他斩钉截铁地说:"我们赶快找。他可能是被人劫走了。"

一行三人急急循着地上的痕迹向前走去。走不多远,便是一条河,地上的痕迹在河边的乱石滩上突然消失了。看来，李瑞有可能被人劫持着过了河。

跳跳猴甩开大步便要往河里冲。笨笨熊突然喊道："跳跳猴，慢！"

跳跳猴回过头来，惊诧地问："怎么了？"

笨笨熊指着河对面的树林说："你们看。"

跳跳猴和白桦顺着笨笨熊的手指望去，只见在河对岸稀疏的树林里，两只金钱豹正在争食什么东西。定睛仔细看去，金钱豹爪子下血肉模糊，还隐约可见白生生的肋骨。

看到这一幕，跳跳猴喊了一声："妈呀！"拔腿便往河里冲。

笨笨熊和白桦同时厉声喊道："跳跳猴，站住。"

跳跳猴在河里停了下来。

笨笨熊说："李瑞是没有命了。难道你也要过去送命吗？"

白桦说："小兄弟，不要莽撞了。我们在这里给李瑞默哀吧。"

听了笨笨熊和白桦的话，跳跳猴从河水里返了回来。一行三人朝着河对岸低下了头。

良久，笨笨熊抬起头来，对跳跳猴和白桦说："我们返回旅店去吧。"

跳跳猴和白桦跟在笨笨熊后面默不作声地向旅店走去。

他里和亚里

在夕阳收回最后一束余晖之前，跳跳猴一行从海底世界的玻璃隧道里钻了出来，来到海边的沙滩上。

这时，一个穿长袍的中年男子从海堤上朝着三个小伙子急急赶了过来，胳肢窝下夹着一个厚厚的本子。他一边小跑，一边喊道："喂，站住。"

一行三人站了下来，愣愣地望着来人。

中年男子气喘吁吁地来到三个小伙子面前，问道："你们是从海底世界里出来的吗？"

跳跳猴点了点头。

中年男子微笑着说："我是海底世界的管理员，请你们留下姓名和你们此前的行程。"

笨笨熊有点狐疑地问道："为什么呢？"

中年男子说："按照规矩，每个来这里参观的人都要登记姓名。前几天，有一个人在旅行时失踪。从那以后，来参观的人不仅要登记名字，还要登记曾经去过哪些地方，将要到哪里旅行。"

听了管理员的介绍，笨笨熊轻轻点了点头。

跳跳猴问："失踪的人是谁？"

管理员说："是一个旅店老板向我们说的，失踪者叫什么名字不清楚。"

跳跳猴说："这么说来，你说的失踪者就是我们的伙伴了。"接着，他把一行人叫什么名字，从哪里来以及李瑞失踪的情况向管理员说了一遍。

跳跳猴一边说，管理员一边在本子上飞快地记录。

听完跳跳猴的叙述，管理员问："接下来，你们将要去哪里呢？"

笨笨熊说："到海里去。"

管理员说："天就要黑了，怎么还到海里呢？"

笨笨熊说："就是要在晚上到海里去看那里的万家灯火。"

管理员说："噢，原来如此。从今以后，不要在野外宿营了。就在不远处的海边，有一家'芦花渡旅馆'，你们可以住在那里的。"

说完，便匆匆钻进海底世界的玻璃隧道中。

残阳将西天烧得一片通红，海面上也像火海一般，闪烁着火红的波光。

笨笨熊指着"燃烧"的海面对跳跳猴和白桦说："天快要黑了，我们下去吧。"

跳跳猴从白桦的背篓里抱出一只毛茸茸的小黄狗说："可是，小黄怎么办呢？"

笨笨熊说："噢，我忘记了小黄。"

白桦说："把背篓和小黄都暂放在岸边的树上吧。"

笨笨熊点了点头，说："可以。"

跳跳猴从白桦背上卸下背篓，爬上岸边的一棵树，挂在了树上。接着，和笨笨熊、白桦一起相继钻进了海里。

顺着海底潜行不久，便是一片五彩斑斓的珊瑚礁。礁石上的珊瑚树枝枝杈杈，形成了一片小树林。珊瑚枝的末端在海水中轻柔地摇曳着，好像在向他们招手表示欢迎。跳跳猴一行不由得慢了下来，趁着夕阳的余晖欣赏珊瑚礁的美景。

这时，一块巨大的礁石后面传出了略带沙哑的说话声："他里，通过这几天的考察，可以认定这些鱼身上的雷达很有实用价值。"

另一个尖细的声音说："我们返回时带一些回去，说不定可以开发出高科技产品。"

沉默了一会儿，刚才尖细的声音又响了起来："亚里，不知道沙里这几天在干些什么。"

听了这两个人的对话，笨笨熊想，说不定礁石后面对话的这两个人就是沙里的同伙，第一个说话的是亚里，接下来说话的是他里。

他里说："沙里这鬼精，自己在上面游山玩水，却把我们打发到海底来。"

亚里说："不过，我们的任务也结束了，可以回去交差了。"

他里说："其实，这海底的宝藏多着呢。比如说，我们每天晚上看到的各种发光的鱼，也应该是很有价值的。"

跳跳猴循着说话声悄悄绕到礁石后，笨笨熊和白桦紧紧地跟在后面。他们从两块礁石的缝隙里看见，在三棵珊瑚树之间拴着两只吊床，床上躺着两个相貌和沙里相似的人。

笨笨熊低声对跳跳猴和白桦说："想不到，这小子们竟然跑到海里来窃取我们的生物资源。要想办法让他们离开这个地方。"

跳跳猴问："有什么办法呢？"

笨笨熊说："我们已经见过了沙里，难道还想不出办法来吗？"

跳跳猴思索了一阵，对着他里和亚里喊道："他里，亚里，原来你们在这里啊！"

在海底竟然有陌生的声音喊他们的名字，他里和亚里一骨碌从吊床上滚下来。他们把脑袋从礁石的缝隙间探了出来，眨巴着眼睛望着眼前的三个陌生人。

其中一个人用沙哑的声音说："你们是谁？"

看来这个人是亚里了。

跳跳猴说："我是阿里。"

接着，他指了指身后的笨笨熊和白桦说道："这是我的弟兄们。"

他里警惕地望着笨笨熊一行，问道："你们怎么知道我们的名字？"

跳跳猴说："昨天，我们在动物园里见到了沙里。本来，我们应该在一起组合一支联合考察队的。"

听说眼前的人见过了沙里，他里说："是啊。我们自从来到地球，也一直在设法联系你们，可总是杳无音讯。这下可好了，有你们天王星的人领导，我们的地球生物考察将会大大加快进度了。"

跳跳猴说："你说得对。我们来到这里，是要告诉你们一个重要消息。"

他里问："什么消息？"

跳跳猴说："根据预报，这一大片海域近期要发生海啸，你们赶快上岸找沙里去吧。我们还有几个弟兄在前面的山里考察，待我们找了他们便去和你们会合。到那时，我们再作统一筹划。"

听了跳跳猴的话，他里和亚里感激地说："谢谢你来通知我们。我们马上离开这个地方。"

说着，便急匆匆地告别了跳跳猴三人，径直游向海面。

生物光

——万家灯火海世界

他里和亚里离开后,海底渐渐暗了下来。

跳跳猴问笨笨熊:"这两个傻瓜被我们骗走了,可是,我们然后真的要去找沙里他们吗?"

笨笨熊沉思了一下,说:"是要找的。我们要把他们逐出地球。"

白桦说:"对。绝不能任凭他们在我们的家园随意游荡。"

说完,一行三人借着从海面透下的微光在海里漫无目的地游逛。

少顷,周围更黑了。跳跳猴拉住笨笨熊说:"你不是说海底灯光闪烁,像一座不夜城吗?怎么漆黑一片呢?"

笨笨熊说:"别害怕,鱼会给我们照明的。"

话音未落,对面突然出现了两道白光,一闪一闪,忽明忽暗。

笨笨熊说:"你看,说曹操,曹操就到。"

跳跳猴问:"这光是什么东西发出来的呢?"他只能看到两道白光,至于是什么东西发出了光,他看不见。

笨笨熊说:"发出这种白光的是一种叫做光脸鲷的闪光鱼。闪光鱼除了有一双普通的眼睛外,还有一双能发光的眼睛,叫做闪光眼。在闪光眼上有一层黑色的皮膜,像人的眼睑一样。当皮膜将闪光眼遮上时,闪光便消失;当皮膜开启时,闪光便出现。我们跟在闪光鱼的后面,不要惊扰它,就让它当我们的手电筒吧。"

说着,笨笨熊拉着跳跳猴和白桦绕到了闪光鱼的身后。哟,闪光鱼的光真亮,周围两米左右范围内,竟然如同白昼。靠着那一闪一闪的亮光,跳跳猴发现他们掠过了奇形怪状的珊瑚,看到身边飘摇不定的海藻。

这时,前面游来一条大鱼。突然,闪光鱼的闪光突然熄灭了,周围一片漆黑。

跳跳猴死死地拉住笨笨熊的手。

笨笨熊说:"过一会儿,它会为我们再打开手电筒的。"

说话间,在旁边稍远处,又发出了一闪一闪的光亮。跳跳猴一行三人朝着亮处快速游了上去,又跟在了闪光鱼的身后。

跳跳猴问:"刚才,闪光鱼为什么把它的手电筒关上了呢?"他把闪光鱼发出的光形象地称为手电筒。

笨笨熊说:"你没看见刚才在它前面出现的那条大鱼吗?当闪光鱼发现危险来临时,会突然把闪光关掉,使捕食者看不清自己,然后,马上绕开。待脱离危险后,再开始发出闪光。"

跳跳猴说:"噢,原来如此。"

这时,白桦问:"鱼发光是为了什么呢?"

笨笨熊说:"鱼发光的主要目的是捕食小的海洋生物。在海洋中,许多生物都喜欢光亮。当它们看到闪光鱼发出的光围过来看热闹时,便成了闪光鱼的猎物。

"在太平洋,有一种会钓鱼的鱼,叫做钓鱼鱼。在它的前额上,有一根细而长的肉柱,活像一个钓鱼竿,在'钓鱼竿'的末端,有三只硬质的形似渔钩的爪子,每个爪子还有一小块能发光的结构。当周围的小鱼朝着发光物游来时,钓鱼鱼就将其捕获。你看,它有'钓鱼竿',有渔钩,还有鱼饵,叫它钓鱼鱼,是名副其实吧?"

白桦点点头。

笨笨熊继续说:"在大西洋的海底,还生活着一种叫做海洋羽毛的鱼。它身体细长,像一根钓鱼竿,一头插在海底淤泥中,另一头顶着一个圆盘状的东西,在圆盘的下面,是长长的触手。如果发现周围有猎物,钓鱼竿和钓鱼竿末端的圆盘就会发出光。小鱼趋光赶来,正好被发光圆盘周围的触手逮个正着。

"其次,鱼还通过发光来御敌。在地中海和日本海附近的深海中,有一种小乌贼鱼。它们在发现敌情时,便打开探照灯。"

跳跳猴问:"小乌贼鱼有探照灯?"

笨笨熊笑笑说:"这是个比喻。小乌贼鱼可以喷射出一种发光液体,习惯于暗环境的敌人突然看到被追捕的猎物发出一道光柱,会两目眩晕,受惊而逃窜。

"钓鱼鱼也通过发光来御敌。当它发现敌害时,它会将钓竿向前一挺,让钓竿末端的灯甩向来犯的敌人。来犯者看到突然有一团光朝自己袭来,往往受惊逃窜。

"闪光鱼遇到敌害时,是关掉灯光,使对方陷入黑暗;钓鱼鱼在遇到敌害时,是主动出击,将探照灯照到敌害的眼睛,使其头晕目眩,是一种以攻为守的战略。"

在植物学方面,白桦堪称专家,但关于海洋动物,却知之甚少。今天听了笨笨熊的讲述,长了不少知识。

正说着,跳跳猴发现旁边出现了几只发光的彩球,下面拖着几条细长的发光彩带。彩球一伸一缩,光带摇曳飘荡,像是朝鲜族姑娘在跳长袖舞。

跳跳猴指着彩球问:"那是什么呢?"

笨笨熊说:"水母。"

跳跳猴问:"水母还会发光吗?"

笨笨熊说:"许多水母都会发光。"

跳跳猴迷上了水母的优美舞姿,拉着笨笨熊,跟着水母慢慢游了起来。

跳跳猴一边游,一边问:"海里还有哪些鱼会发光呢?"

笨笨熊说:"多着呢,会发光的鱼还有星星鱼、电棒鱼、灯鱼、灯眼鱼以及探照灯鱼等。

"星星鱼的背部有一条狭长的发光装置。这种鱼需要间断地浮到水面上来吸收氧气。夜晚,它们时浮时沉,从水面上看,它发出的光就如同夜空中的星星闪烁不停。因此,人们把它称为星星鱼。

"电棒鱼和闪光鱼相似,可以随意控制是否发光。人们将两条电棒鱼放进暗室内相邻的两个水箱中,发现两条电棒鱼一闪一闪地发出光来,好像是在交谈。当将一块黑色隔板放在两个水箱之间后,两条电棒鱼都停止了闪光。这一实验说明,它们是用闪光来交流信息的。"

不知不觉,一行三人游到了海岸边,从水中钻了出来。看到跳跳猴三人回到岸上,树上背篓里的小黄兴奋地叫了起来。跳跳猴爬上树取了背篓,和笨笨熊、白桦一道沿着海边的沙滩漫步。

夜空漆黑,像一口倒扣过来的黑锅。但是,大家注意到海面上却闪烁着星星点点的光点。

走在沙滩上,白桦问:"是刚才我们看到的那些发光鱼游到海面了吗?"

笨笨熊说:"不是。在海面发光的主要是磷沙蚕以及浮游生物等。

"有一种浮游生物叫做夜光虫,这种生物的体内有许多发光微粒。虽然一个夜光虫发出的光很微弱,但当许多夜光虫在海面上聚集在一起时,就能发出明亮的光。人们甚至可以借助它们发出的光在船舷上读书看报。

"每当月圆后的几天的晚上,雌雄磷沙蚕会游到海面上,分别排出卵子和精子。磷沙蚕不仅本身可以发光,而且雌沙蚕在排卵时与卵子一起排出的分泌物也能发光。由于磷沙蚕数量很多,能使海面上一片光亮。

"不论是海里的鱼,还是水面上磷沙蚕,它们发出的光叫做生物光。"

通过这一次旅行,跳跳猴、白桦才知道海世界真的是万家灯火。

生物光
——飞来飞去的灯笼

上到岸上来,都感到疲乏了,他们就势躺在岸边的沙滩上。空中,不断吹来一阵阵凉风。

躺在地上,跳跳猴陷入遐想。他想到旅行前在大山里的生活,想到旅行中和外星人的遭遇。不大一会儿,他想到了白杨。在白桦寨逗留的日子里,白杨的清纯可爱给他留下了深刻的印象。

遐想中,一弯新月不声不响地出现在遥远的天际。这时,他才注意到天空中的繁星。他希望那天上的星星是放着光芒的珍珠,那弯弯的月亮是一只小筐子。他幻想着把珍珠装在小筐子里,送给白杨,并且努力想象着白杨看到礼物时那高兴的情景。

这时,白桦突然说话了:"笨笨熊,你能认出牛郎和织女星吗?"

笨笨熊说:"我找找看。"

话音刚落,旁边跑过来一群小孩,他们一边跑,一边喊:"抓住它,抓住它。"

跳跳猴从美妙的意境中回过神来,抬起上半身,诧异地问:"他们在抓什么呢?"

笨笨熊说:"你没看见飞来飞去的灯笼吗?"

跳跳猴定睛一看,真的,眼前,有许多光点在飞来飞去,就像一个个小灯笼。他问道:"那是什么呢?"

笨笨熊说:"萤火虫。"

目睹此情此景,跳跳猴想起了唐朝杜牧的诗《秋夕》:"银烛秋光冷画屏,轻罗小扇扑流萤。天阶夜色凉如水,卧看牵牛织女星。"

他想,难道这大诗人也是像我们这样躺在地上找牵牛星和织女星时看到了萤火虫,产生了诗兴吗?

少顷,笨笨熊说:"今晚,我们来研究一下萤火虫。"

跳跳猴说:"以前,我们曾经跟法布尔先生观察过萤火虫的。"

笨笨熊说:"那一次,我们只是看到萤火虫如何杀死蜗牛。今晚,我们介绍萤火虫是如何发出光来的。"

跳跳猴说:"好。我去抓几只来,好看个究竟。"

说完,他从地上爬了起来。看到几只萤火虫飞到一簇草丛上,停了下来,跳跳猴扑上去,抓了两只。他们来到一个路灯下,借着灯光仔细观察。

在灯光下,跳跳猴看到,萤火虫体长大约一厘米,并没有什么特别的地方。

跳跳猴问:"萤火虫是什么部位在发光呢?"

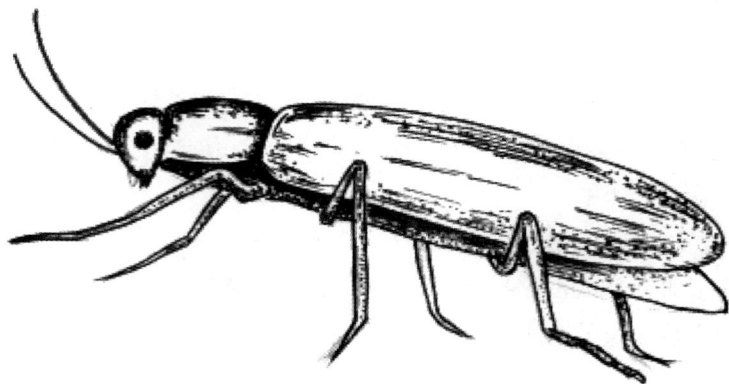

萤火虫

笨笨熊说:"这要在暗处才能看得清楚。"

他们离开路灯。噢,看到了,原来是屁股在发光,一闪一闪。

笨笨熊说:"雄性萤火虫和雌性萤火虫的结构不同,因此,雌雄萤火虫的发光部位也不同。雌性萤火虫发光的器官位于身体最后三节,前两节的发光面比较宽,第三节的发光部位比前两节小得多,只是两个小小的点。雄性萤火虫呢?与雌性不同,只有最后一节的两个小点可以发出光亮。

"另外,在常见的萤火虫中,雄性有翅膀,能飞;雌性没有翅膀,终身都处于幼虫状态,不能飞行。"

跳跳猴说:"这么说来,我们抓住的这只萤火虫是雄虫?"

笨笨熊点了点头。

顿了顿,跳跳猴问:"萤火虫发光有什么用处呢?"

笨笨熊说:"招引异性。"

跳跳猴问:"怎样招引异性呢?"

笨笨熊说:"雄性萤火虫在空中飞行闪光,就像铁路工人在打灯语,好像在喊:亲爱的,你在哪里?躲在草丛中的雌萤火虫见雄萤火虫飞来,便会发出一闪一闪的光,告诉雄萤火虫自己在什么地方。雄萤火虫发现雌萤火虫后即落下来,与雌萤火虫结成夫妻。在组成家庭后,屁股上的灯笼便完成了使命,不再发光。

"有意思的是,雄性萤火虫不仅可以点亮它的小灯笼,还可以自由调节灯的亮度,甚至在躲避敌害时,干脆把灯熄灭。也就是说,它的灯是带调光开关的。雌性萤火虫没有这种调光能力,即使周围有很大的声音或震动,仍然打着它的小灯笼。"

白桦问:"萤火虫是益虫还是害虫呢?"

笨笨熊说:"萤火虫成为成虫之前要经过卵、幼虫、蛹几个阶段。幼虫以蚯蚓、蜗牛、钉螺和昆虫为食。蜗牛、钉螺是传播血吸虫病的媒介,因此,萤火虫对控制血吸虫病的传播有一定作用。新西兰就曾经从英国引进萤火虫,以控制血吸虫病。从这个意义上来说,萤火虫是益虫。"

刚才在海里,看到了打着手电筒的闪光鱼,飘着光带的水母。上得岸来,又遇到了打着灯笼的萤火虫。这世界上,还有哪些动物可以发光呢?

其实,发光的动物还有很多。

新加坡有一种蜗牛的口下腹足能发出光来。

西印度群岛的可可虫两只眼睛像两只手电灯泡,全身也发散着明亮的光。

南美洲有一种叩头虫,头上发出的光通红通红,身体两侧有十一对绿灯。当受到惊扰时,叩头虫会把身体盘卷起来,红灯在中间,绿灯在四周,像火车的信号灯。所以,人们又把它叫做火车虫。

上面说的都是虫类。在非洲,有一种叫做"弯弯米克鲁迪"的小鸟。这种鸟的体内有一个发光器,发光器外是一层透明的外壳,发出的光像萤火虫一样,人们叫它为萤鸟。

有了这些光明使者,夜晚便不再单调和沉闷。

生物光

——动物发光之谜

跳跳猴一行见识了许多发光的生物，但是，生物为什么会发光呢？

至目前为止，人们发现生物发光的机制有以下三种。

一种是荧光素发光。一些生物体内含有一种荧光素，荧光素和含能量的物质结合起来，再与氧发生化学反应，即能发出光来。萤火虫等大部分发光动物都是利用荧光素发光的。

还有一种是蛋白质发光。在水母体内，有一种叫做埃喹啉的蛋白质。这种蛋白质在某些物质的作用下能发出强蓝光。

第三种是磷通过氧化产生氧化磷而发光。有时候，人们在墓地可以看到幽蓝的火光在飘移，人们将其称为"鬼火"。一些讲迷信的人听信别人的传言，认为那是鬼在打着灯笼到处活动。实际上，这是墓地中的尸体腐烂后释放出的含磷物质与空气发生化学反应后产生的磷火。一些发光树的发光也是磷在起作用。

生物发光的方式也有三种。

一种是细胞外发光。这种光是动物把发光物质排出体外后发出来的。磷沙蚕排出的含卵子的分泌物以及小乌贼喷射出的液体发出的光就是典型的细胞外发光。

另一种是细胞内发光。这种光是动物体内的发光细胞发出来的。闪光鱼和萤火虫发出的光就属于这一种。

第三种是细菌发光。这种光是与动物共栖的细菌发出来的。跳跳猴一行在海里看到的闪光鱼实际上是靠细菌发出光来的。

生物光的启示

不管什么道理和什么方式,生物发出来的光有一个共同的名字——生物光。

为什么要起一个专门的名词呢? 这生物光和其他光不同吗?

当然不同。

我们日常生活和工作中常见的光有火光和电灯光。

火光是可燃物质燃烧时发出来的。物质在燃烧过程中氧化产生的能量主要是热能,只有很小一部分转变成为光能。所以,虽然燃起一堆堆熊熊大火,照亮的范围也很有限。

爱迪生发明了电灯,将电能转化成为光能。电灯的发光效率比火要大得多,但仍有不少能量转化为热能。所以,当灯泡点亮一段时间后就会变得烫手。

生物光不同,虽然发光,但基本不产生热量。因此,生物光又叫做冷光或荧光。

由于生物发光时能量利用率高,引起了人们的极大兴趣。受生物光的启发,人们研制出了能发出荧光或磷光的材料。将这种颜料涂布在钟表、仪表、野外用的指南针、夜间作战用的军事地图和枪炮的瞄准器上,使这些装备可以在黑暗中使用。

在含瓦斯多的矿井中及深海中作业时,为了避免因灯泡发热引起爆炸及光源失效,都用利用了生物光原理的冷光灯来照明。

在荧光素与氧化合发光的过程中,需要有能量物质参与,而三磷酸腺苷是所有生物体体内都有的能量物质。利用这个原理,人们用荧光素、荧光酶以及氧制备出了生命探测器。

为什么荧光素、荧光酶以及氧能够探测生命呢?

如果被探测的物体中有生命活动存在,就一定会有三磷酸腺苷。而三磷酸腺苷与生命探测器中的荧光素、荧光酶以及氧气共同作用就会发生发光反应,发出生物光。这种探测方法非常灵敏,即使被探测的物体中只有很微弱的生命活动,比如,含有很少量的细菌,也能被检测出来。因此,这项成果应用在了探索宇宙生命、抢险救灾和医学研究中。

那些打着灯笼到处找情侣的萤火虫,和提着手电筒晃来晃去的闪光鱼大概不会知道,生物光这个新兴产业,竟然是受它们的启发开辟的。

伏打电池的由来

夜空中的"灯笼"还在飞来飞去，雄萤火虫还在苦苦地寻觅异性。一阵晚风吹来，草丛发出了窸窸窣窣的响声。

时间不早了，笨笨熊将萤火虫装在尼龙网袋中，一行三人靠着萤火虫发出的微光，朝着附近的一个镇子走去。

到了镇子上，他们在一家叫做"芦花渡"的旅馆住了下来。

旅馆的房间里放着一个大鱼缸。鱼缸里，几条鱼在悠闲自在地来回游动。跳跳猴闲不住，看见动物总想逗一下，便把手伸进鱼缸。不想，手刚伸进水里，便觉得浑身发麻，像触电的感觉。他"哎哟"一声，急忙把手从鱼缸缩了回来。

听到跳跳猴的叫声，笨笨熊和白桦忙问："怎么了？"

跳跳猴说："鱼缸里怎么有电？"

笨笨熊看了看鱼缸里的鱼，说："不是鱼缸里有电，是鳗鱼把你电击了。"

"什么？鱼能用电打人？"跳跳猴问。

笨笨熊一边上床，一边拖长声音说："当然，这还奇怪吗？"

跳跳猴急着对笨笨熊说："老兄，别摆架子了。告诉我，鱼怎么会有电？"

笨笨熊躺在被子里说："我要睡觉了。"

跳跳猴伸手去挠笨笨熊的胳肢窝，笨笨熊赶忙从床上坐起来，说："好兄弟，饶了我吧。告诉你还不行吗？"

跳跳猴说："好，饶了你。快快讲来。"

笨笨熊清了清嗓子，说："鳗鱼两侧的肌肉中有八千多枚肌肉薄片重叠排列着，每两片肌肉薄片之间都有一层胶质，每个由胶质间隔开来的肌肉薄片都相当于一个小电池。在肌肉薄片之间，有许多神经连接到神经中枢。当鳗鱼碰到猎物时，神经中枢便发出指令，让全身的小电池一起放电。"

跳跳猴问:"电压有多高呢?"

笨笨熊说:"通常可以达到300到500伏特,这么高的电压能使附近的鱼被电击而死亡。鳗鱼就是靠了这个武器来捕食猎物的。"

跳跳猴说:"怪不得刚才触电感那么强烈呢。"

白桦说:"没有壮烈,算你命大。"

听了白桦的话,跳跳猴做了一个鬼脸。

停了一会儿,笨笨熊接着说:"和鳗鱼相似的还有电鳐。电鳐头胸部以及腹面两侧有许多排列成六角柱状的细胞群,人们把这种六角柱体叫做电板柱。在电板柱之间,充满具有绝缘作用的胶状物质,每个由胶状物质隔开的电板柱便是一个小电池。小电池的表面分布有神经,电鳐在遇到敌害或捕猎时便通过神经发布放电的指令。

"电鳐放电的频率和效率很高,可在十至十六秒的时间里每秒钟放电150次。如果把单次放电比作打步枪,电鳐的放电要比机关枪厉害许多。虽说单个电板柱产生的电压很微弱,但好多电板柱一起放电,就可以产生很高的电压和功率。非洲最大的电鳐,能产生220伏的电压,功率可以达到3000瓦,可以使大鱼毙命。

"人们在发现鱼可以放电之后,对这种生物电进行了多方面的利用。古人曾利用鱼产生的电来治疗风湿病和癫狂病。即使是今天,在法国和意大利的海岸上,还常常可以看到老年人在海滩上用电鳐释放的电来治疗风湿病。"

跳跳猴说:"这相当于现在医院中的理疗,对吗?"

笨笨熊说:"对。1751年,法国有一个科学家在研究电鱼时被电鱼击昏,引起了人们对动物电的注意。意大利一个叫做伏打的物理学家通过对鳗鱼和电鳐放电现象的研究,发明了伏打电池。"

白桦问:"可以介绍一下伏打电池的发明过程吗?"

他早就听说过伏打电池,但是一直不知道是什么东西,更不知道其发明过程。

笨笨熊说:"伏打电池的发明起始于两个简单的实验。伏打用两种金属接成一个弯杆,一端放在嘴里,另一端接触眼睛。在将金属接触眼睛的瞬间,眼睛有光亮的感觉产生。

"他用舌头舔一枚金币和一枚银币,然后,用导线把硬币连接起来。在连接的瞬间,舌头产生发麻的感觉。

"以上两个实验证明,两种不同的金属接触会产生电,伏打把这种电称为接触电。

"后来，伏打继续对电进行研究。在发现电鳗和电鳐多层细胞之间间隔胶质可以产生高压电这一现象后，他模仿电鳗和电鳐的放电原理，用数十个银板和锌板叠加起来，在金属板之间夹浸液片，形成了能持续产生电流的电源。这就是最早的电池。为了纪念发明者，人们把这种电池叫做伏打电池。"

白桦说："噢，原来伏打电池是这样子的。"

笨笨熊接着说："伏打电池问世后不久，俄国科学院院士彼得罗夫和英国化学家戴维就各自独立地用伏打电池发明了电弧。1800 年，英国的尼科尔逊等用伏打电池电解了水，获得了氢和氧，证实了卡文迪什关于水由氢和氧组成的猜测。戴维用伏打电池提取出了钠、钾、镁、锶、钡等金属。后来，奥斯忒发现电池磁效应，法拉第发现电磁感应定律和电化学当量定律等，都是借助伏打电池实现的。

"为了纪念伏打的贡献，后人以他的名字命名了电源的电动势和电路中电势差的单位，即伏特。

"另一名意大利科学家伽伐尼，对动物电进行深入研究，为电生理学的建立奠定了基础。目前，医院开展的肌电图、心电图、脑电图等都是动物电现象在医学上的应用。"

跳跳猴感叹道："这么说，现代科技的许多进步是通过对生物现象的研究和仿照取得的。是这样吗？"

笨笨熊说："是这样。对生物现象进行研究和仿照是一门学问。这门学问，叫做仿生学。"

真的是你吗？

不知不觉，夜深了，大家准备睡觉。正在这时，有人在急促地敲门。

跳跳猴从床上爬了起来去开门。他一边向门口走，一边说："这么晚了，是谁呀？"

拉开门闩一看，跳跳猴惊得大张着嘴半天合不拢。眼前站着的人衣衫褴褛，但是，相貌和李瑞一模一样。他想，难道我真的是碰到了鬼？

看见跳跳猴两手扶着门一声不吭，笨笨熊问："小兄弟，是谁在敲门？"

跳跳猴仍然没有说话。

这时，站在门口的人说话了："跳跳猴，不认识我了？"

显然是李瑞的声音。

跳跳猴突然把门打开，一把把门外的人拉了进来，紧紧地抱在胸前，"哇"的一声哭了出来。一边哭，一边说："李瑞，真的是你吗？"

听到了李瑞的声音，看到跳跳猴的举动，笨笨熊和白桦也惊呆了。他们猛地从床上蹦了起来，和跳跳猴、李瑞紧紧地拥抱在一起。

许久，大家松开了手。

看到眼前的李瑞裤子撕开了几个口子，上衣和脸上沾满泥巴，笨笨熊问道："那天你在蝙蝠洞失踪后，弟兄们在周围搜寻了好久。是怎么回事呢？"

李瑞说："饿坏了，先弄点吃的。"

笨笨熊拍了一下脑门，说："对，对。先弄点吃的。"

跳跳猴和白桦跑出房间去找吃的，笨笨熊给李瑞打洗脸水。待洗过脸，跳跳猴和白桦拿着面包和香肠回来了。

狼吞虎咽地吃了几口后，李瑞用手背抹了一下嘴，长叹了一口气，接着向伙伴们讲起了那天在蝙蝠洞口的遭遇。

那天晚上,跳跳猴一行四人看过蝙蝠后在洞口宿营。在跳跳猴、笨笨熊和白桦睡着后,李瑞起身去洞口前面不远处的树林里小便。就在他解决问题要返回洞口的时候,突然发现面前出现了一双绿色的光点。经验告诉他,狼来了。他停了下来,琢磨如何对付这凶残的动物。就在他脑子高速运转思考对策的时候,两只光点逼近了,从那黑影来看,这是一只体型很大的狼。该怎么办?赶快跑回洞口去吗?不行,那样会连累弟兄们。想到这里,他撒腿便朝着蝙蝠洞的反方向跑。在学校时,他是长跑运动员,跑得很快。但是,跑了很长一段距离,回头一看,狼就在他身后不远的地方紧紧地跟着。就在这时,他被什么东西绊了一跤。刚站起来,狼马上追了上来,两只前爪搭在了他的肩膀上。他急中生智,一个弯腰转身把脊背上的狼挣脱。知道那恶狼还会上来纠缠,并且往往是从脖子下口,他把上衣脱掉裹在了脖子上。果然,狼从后面追了上来,朝着他脖子的部位狠狠地咬了下去。狼咬在了李瑞裹在脖子上的衣服上,拖着他走了好大一截。大概拖累了,在接近河边的时候,狼松了口。趁着这个机会,他迅速爬上了旁边的一棵树。那头狼在树下眼巴巴地看着他,直到天亮时才极不情愿地一步一回头地离去。

看着狼走远后,他从树上下来,想返回到蝙蝠洞。但是,他离开蝙蝠洞太远了,不知道蝙蝠洞在什么方向。想找个人问一问路,可是,走了好一截路程也没有碰到一个人。他漫无目的地沿着山路走,希望能遇到一个村庄,结果走进了一片森林。几天来,他晚上宿在树上,白天下来在树林里找点干果吃。两天前,终于在森林里遇见一个当地的中年汉子。了解到他的遭遇后,当地人将他带回家中给他饱饱地吃了一顿,接着便和他一起往各处打电话,打听跳跳猴、笨笨熊和白桦的行踪。

最后,李瑞说:“在打了无数个电话后,有人告诉我有三个小伙子住在了芦花渡旅店。在这三个人中,一个长着大耳朵,一个戴着宽边黑框眼镜,一个背着背篓。我确信,这三个人一定是你们了。因此,便问清楚地址一路赶了过来。”

听完李瑞的讲述,跳跳猴、笨笨熊和白桦都长吁了一口气。他们为李瑞大难不死庆幸,为李瑞冒着危险将狼引开蝙蝠洞口而深深感动,为李瑞的勇敢和机智所折服。

这时,远处传来了鸡叫声。跳跳猴四人一个个打起了哈欠。

笨笨熊说:“好了,我们都睡觉吧。”

可是,房间里只有三张床。怎么办呢?知道李瑞从来不和别人在一起睡,跳跳猴和白桦挤在一个被窝里,把自己的床让给了李瑞。

那一夜,大家都睡得特别沉。

如影随形的外星人

这小子怎么回事？

　　早上一觉醒来，已经是半上午时分。笨笨熊决定在芦花渡多住两日，好好休整一下。休息了两天，李瑞的体力恢复了许多，又买了新的牛仔服。大家决定，第四天早上一早便上路继续旅行。

　　在启程前一天的晚上，李瑞上厕所解手，紧接着，跳跳猴也要上厕所小便。但是，厕所门被李瑞插上了。

　　跳跳猴说："李瑞，开门。我也要上厕所。"

　　李瑞说："等一下，我正占着茅坑。"

　　跳跳猴说："不是还有小便池吗？我只是要小便。快开门，我憋不住了。"

　　李瑞说："请你再坚持一下。"

　　跳跳猴夹紧着两腿，弯着腰说："难道你既占着茅坑，又占着小便池吗？"

　　李瑞不吭气了。这时，跳跳猴看到厕所门上有一个窟窿。他想起来，他第一次上厕所时，发现门的插销就在门里侧窟窿下方。跳跳猴将手指从窟窿伸进去，拨弄插销。看到跳跳猴就要进来，李瑞急忙提着裤子从厕所跑了出来。

　　跳跳猴冲着李瑞喊了一声："搞什么鬼？"便冲了进去。

　　李瑞在厕所外的洗手池洗过手进到卧室前，听到笨笨熊对白桦说："李瑞这小子怎么回事？是不是有什么不可告人的秘密？"

　　李瑞突然停止了脚步，悄悄地站在窗外。

　　只听得白桦说："能有什么秘密呢？"

　　笨笨熊没有再吭声。

　　这时，跳跳猴小便完从厕所出来。李瑞急忙推开卧室门进了房间，笨笨熊和白桦也立即转移了话题。

　　李瑞一声不吭，上了靠墙的一张床。自从离开白桦寨以来，每一次到旅馆，李瑞总是先占据边上的一张床。久而久之，大家便习惯成自然地把边上的床留给他。此外，跳跳猴、笨笨熊和白桦睡觉时总是只留背心和内裤，李瑞呢？在就寝前一定要到厕所换上长袖睡衣和长裤管睡裤。一开始，跳跳猴、笨笨熊和白桦觉得他有点怪，时间长了后，大家便习以为常，见怪不怪了。可是，今天他在上厕所时插上门闩的事却使笨笨熊疑窦丛生。

熄灯后，笨笨熊一直在想，在李瑞身上是不是藏着什么东西不敢让大家看见呢？他刚才在厕所是不是在搞什么秘密活动呢？还有，他讲述的与狼遭遇的故事是真的吗？……想着想着，迷迷糊糊进入了梦乡。李瑞呢？发现笨笨熊对自己产生了怀疑，心里忐忑不安。他久久不能入睡，想着用什么办法治一下笨笨熊。

早上，李瑞首先醒了过来。看见笨笨熊还在呼呼大睡，眼镜在枕头边放着，他心里一喜：这小子高度近视，把他的眼镜藏起来，一定会出洋相的。他将笨笨熊的眼镜塞在枕头下，便若无其事地收拾床铺。

过了一会儿，笨笨熊醒了。他刚从床上坐起来，便到枕头旁摸眼镜。没有摸见，便喊道："我的眼镜呢？"

李瑞笑了笑，说："你放在什么地方了？"

笨笨熊说："我总是放在枕头旁边，是谁拿走了？"

一边说着，一边继续在枕头周围摸索。

李瑞看见笨笨熊的床头柜上有一堆东西，还放着一个暖水瓶，急中生智说："床头柜上有一堆东西，是不是在那里呢？"

"我从来不把眼镜放在床头柜上啊。"笨笨熊一边念叨，一边下床，到床头柜上去摸。

只听"啪"的一声，床头柜上的暖水瓶掉在了地下，摔了个粉碎。笨笨熊"哎哟"一声，立即弯下腰去抱两只脚。原来，暖水瓶里的热水洒在了他的脚上。

闻声，跳跳猴和白桦一骨碌从床上爬了起来，惊呼："怎么了？"

见笨笨熊烫了脚，跳跳猴和白桦立即把笨笨熊扶上床。看到笨笨熊哎哟哎哟地一直叫，李瑞想笑又不敢笑，立即去洗手池打来冷水给笨笨熊冷敷。

就在跳跳猴和白桦忙乱的时候，李瑞将笨笨熊的眼镜从枕头下面掏了出来，嗔怪地说："笨笨熊大哥，眼镜就在枕头旁，怎么你却找不到呢？"

笨笨熊一边呻吟，一边忙不迭地说："谢谢，谢谢。"

李瑞一语双关地说："谢倒是用不着，只是不要疑神疑鬼。"

笨笨熊说："什么意思？"

李瑞说："自己把眼镜放在了枕头底下，却怀疑别人拿走了。"

笨笨熊说："我只是随口说了一句。大家不要多想。"

白桦笑道："谁也没有多想。"

李瑞一边笑，一边说："我们几个傻呵呵的，可是有的人遇事总要往歪里想，以至于眼睛都出问题了。"

听了李瑞的话，笨笨熊意识到李瑞对自己有了意见。他想，难道昨天晚上和白桦说的话李瑞听到了吗？

怕你一句我一句争吵起来，笨笨熊苦笑了一下，不再说话。

幸好，暖水瓶里的水不是很烫，笨笨熊的脚只是发了红，没有烫起水泡。过了一会儿，笨笨熊便穿了鞋袜，正常活动了。

什么是仿生学？

白桦推开窗户，说："哇！今早上天气真好，我们出去转一圈吧。"

从刚才李瑞的话里，他听出了李瑞对笨笨熊有了意见。怕李瑞和笨笨熊纠缠不休，便提议出去转悠。

一行四人带了小黄从芦花渡旅馆出来，向街上走去。拐过一个弯，快走到果园时，发现在路边有一个不大的院落，门口挂着一块"仿生学研究所"的牌子。

"咦！还有仿生学研究所？"说着，跳跳猴率先跨进了大门。

一个银须老人正在给葡萄架浇水，见几个小男孩进来，便问道："有事吗？"跳跳猴问："您是做仿生研究的吗？"

老人放下手里的水壶，说："是的。你们是……"

笨笨熊说："我们正在进行生物旅行，对仿生学也很感兴趣。能请您给我们介绍一下吗？"

这仿生研究所地处偏僻，很少有人造访。今天一大早就有几个仿生学爱好者登门请教，老人感到意外和兴奋。

他问道："各位希望了解些什么呢？"

笨笨熊说："请先介绍一下什么是仿生学吧。"

老人说："仿生学是研究生物系统的结构和性质，为工程技术提供新的设计思想及工作原理的科学。"

大概觉得几位小朋友不好理解，老人又说："通俗点说，就是把植物和动物的某些特殊结构与功能应用到工业设计和技术革新上，生产出新的工业产品。"

李瑞问："仿生学研究是从什么时候开始的呢？"

老人说："其实，人类在很早以前就开始自觉或不自觉地模仿生物。大家知道鲁班吧？"

跳跳猴、笨笨熊、白桦和李瑞都点了点头。

老人接着说:"我们用来锯木头的锯子就是鲁班发明的。相传,有一次鲁班进深山砍树木时,一不小心,手被一种野草的叶子划破了。他摘下叶片轻轻一摸,原来叶子两边长着锋利的齿,他的手就是被这些小齿划破的。他还看到在一棵野草上有条大蝗虫,两个大板牙上也排列着许多小齿,蝗虫就是靠了这些小齿咀嚼叶片的。鲁班想,如果把砍树的工具也做成类似的形状是不是能很快砍倒树木呢?经过多次实验,他终于发明了锋利的锯子,大大提高了功效。鲁班是我国春秋战国时期人,距现在已经2500多年。再往以前,我们的祖先以及外国人还模仿生物发明了什么,谁也说不穷尽。

"仿生学这个词是1960年美国斯蒂尔在全美第一届仿生学讨论会上提出来的。因此,作为一门学科,仿生学是在1960年正式诞生的。

"经过半个世纪的发展,仿生学已经分出了力学仿生、分子仿生、能量仿生、信息与控制仿生等分支学科。"

笨笨熊问:"这些学科有什么不同呢?"

老人说:"力学仿生是研究并模仿生物体大体结构与精细结构的静力学性质以及生物体各组成部分在体内相对运动和生物体在环境中运动的动力学性质的一门学科。"

听了老人的话,笨笨熊轻轻摇了摇头。跳跳猴、白桦和李瑞皱起了眉头。

老人说:"不好理解吧?那就举几个例子吧。意大利都灵展览馆是一个巨形拱顶建筑,这个建筑的拱顶宽93.6米,长75米。这么大的房顶不会一遇震动就塌下来吗?不用担心。它从20世纪40年代建成,到现在已经60多年了,没有丝毫问题。那么,这个庞然大物采用了什么先进技术呢?其实很简单,整个建筑的结构是根据我们常见的树叶上的叶脉设计的。与都灵展览馆相似,1957年建造的罗马奥运会小体育宫,半圆形弯顶直径60米,是受葵花的启发设计的。

"分子仿生是研究与模拟生物体中某些分子的结构和作用的一门学科。还是举例来说。森林最怕火,一把火可以毁掉一大片树木。森林还怕害虫,害虫可以把树叶吃光,让树木生病,同样可以使森林遭到毁灭性破坏。森林发生火灾可以动员消防队去灭火。假如发生虫灾呢?人们不可能爬到树上把藏在树叶间和树皮里的虫子都抓光,打杀虫剂又会对环境造成污染。因此,森林虫灾比森林火灾还要棘手。舞毒蛾是一种重要的森林害虫,经过研究,雌性舞毒蛾可以向周围释放一种性引诱激素,这种激素可以招来大批的雄性舞毒蛾。科学家根据舞毒蛾性引诱激素的结构合成了一种类似的有机化合物,把盛这种化合物的诱捕器放在森林中。结果,那些雄性舞毒蛾像宗教徒朝圣一样争先恐后地赶来,生怕媳妇被别人抢走。结果呢? 等待它们的不是新娘子,而是坟墓。这样,舞毒蛾便轻而易举地被消灭了。"

听了老人幽默的讲述,大家都笑了起来。

李瑞说:"雄性死了,还有雌性舞毒蛾呢。"

坐在李瑞旁边的跳跳猴捅了捅他,低声说:"傻小子,男人都死光了,单靠女人能传宗接代吗?"

听了跳跳猴的话,笨笨熊、白桦、李瑞和老人都笑了起来。

少顷,老人问:"大家还有什么问题呢?"

笨笨熊说:"您刚才介绍了力学仿生和分子仿生,能量仿生和信息与控制仿生是干什么的呢?"

老人说:"噢,我忘记了。现在简单说一下。能量仿生是研究和模拟生物发电、生物发光等原理的一门学科。信息与控制仿生是研究与模仿动物的感觉器官、神经系统信息处理过程的一门学科。等一会儿我们参观仿生学成果的时候可以看到的。"

大有可为的仿生学

——蝴蝶的贡献

接着，老人领着大家来到了一个大厅，让大家自由参观。大厅的墙上书写着"大有可为的仿生学"几个大字，下面张贴着许多图片和说明。

卫星是当之无愧的高科技工业产品，但是，它的温度调节装置却是科学家向蝴蝶取经以后设计出来的。

在太空中，卫星朝太阳一面的温度可以达到200℃，背着太阳一面的温度会下降到-200℃，这么大的温差会影响卫星上精密仪器的正常运行。怎么才能解决这个问题呢？卫星设计人员为此大伤脑筋。

后来，人们发现蝴蝶身体表面有一层细小的鳞片。当气温上升时，鳞片会自动张开以减少阳光的辐射；当气温下降时，鳞片会自动闭合让阳光直射鳞片。通过这样的机制，蝴蝶可以把体温调节到正常范围。仿照蝴蝶的这一温度调节装置，科学家为人造地球卫星设计了控温系统，解决了卫星在太空中飞翔时受光面与背光面温差大的问题。

还有一个向蝴蝶取经的例子。

在第二次世界大战期间，德国军队包围了列宁格勒，企图用轰炸机摧毁苏联军队的军事目标。如何保护这些军事目标呢？部队的将军犯了愁。

苏联昆虫学家施万维奇经常在花丛中抓蝴蝶，但是色彩斑斓的蝴蝶钻在五彩缤纷的花朵中很难被发现。受这种现象的启发，他向军方建议用各种色彩把军事目标伪装起来。军方采纳了他的建议，在军事设施上覆盖了类似蝴蝶花纹的伪装。由于德国军队不能发现轰炸目标，列宁格勒的军事设施躲过了德国空军的打击。其后，人们根据这一原理开发出了迷彩服，大大减少了战斗中的伤亡。

大有可为的仿生学

——苍蝇的贡献

苍蝇的嗅觉非常灵敏，不管什么地方有臭鱼烂虾，它们就会从四面八方纷纷赶来会餐。人们想制造一种和苍蝇鼻子一样灵敏的仪器检测环境中的气味，但是，难度太大了，不能造出和苍蝇鼻子媲美的仪器。那么，能不能把苍蝇的鼻子利用起来呢？科学家将非常纤细的微电极插到苍蝇的嗅觉神经上并连接到分析器上。这样，苍蝇的嗅觉就可以转化成为电子信号。一旦某种气味物质浓度超过人为设定的阈值，就会发出警报。目前，这种仪器被安装在宇宙飞船的座舱里，用来检测舱内气体的成分。

苍蝇本来有一对后翅，在进化过程中，这对后翅退化成为平衡棒。当它飞行时，平衡棒以一定的频率进行振动，可以调节翅膀的运动方向，并且保持身体平衡。受这一现象的启发，科学家研制成功一代新型导航仪——振动陀螺仪。将这一导航仪应用在飞机上，可使飞机自动停止危险的滚翻飞行，在机体强烈倾斜时，还能自动恢复平衡，大大改进了飞机的飞行性能。

苍蝇的眼睛叫做复眼，由 4000 个独立成像的单眼组成，能看见几乎 360 度范围内的物体。受苍蝇眼睛的启发，人们制成了由 1329 块小透镜组成的，一次可拍 1329 张高分辨照片的蝇眼照相机。这种照相机在军事、医学以及航空航天领域得到广泛应用。

苍蝇的翅膀后面有一对楫翅，飞行时每秒钟振动 330 次左右。靠了这个楫翅，苍蝇可以急速变换飞行方向，并且可以垂直起飞。根据苍蝇的这种功能，人们研制出了振动陀螺仪，并正在仿造苍蝇的飞行原理设计一种蝇式飞机。

哇！平时令人生厌的苍蝇竟然对人类的高科技贡献了这么多！

大有可为的仿生学

——蜜蜂的贡献

蜜蜂的蜂巢是由一个个排列整齐的六棱柱形小蜂房组成，每个小蜂房的底部有 3 个相同的菱形。这一结构最节省材料，容量最大，最坚固。人们仿照蜂巢结构建造的夹层结构板，强度大，重量轻，不易传导声和热。目前，这种结构板被广泛应用于建造航天飞机、宇宙飞船以及人造卫星。

我们在陆地上旅行时，可以参考周围的标志性地形或者建筑。比如，看到门口有一棵老槐树和石磨，就知道到家了。远远望见高高的双塔，就知道到市里了。但是，在烟波浩渺的大海上航行，看不见树，看不见建筑，没有任何参照。那么，如何把握正确的航线呢？

科学家发现，蜜蜂的复眼中有对偏振光十分敏感的偏振片。靠了这种偏振片，蜜蜂可以准确判断自己所处的位置，即使飞好长距离去采蜜也能返回蜂巢。根据这一原理，人们研制成功了偏振光导航仪，应用在了航海中。

大有可为的仿生学

——航海与鱼类

海豚游泳的速度很快,原因是它们的体型呈流线形。受海豚体型的启发,人们将原来轮船、军舰水下部分由刀刃状改为流线型,结果,航行阻力减少 20%~50%,航行速度明显提高。

鲸鱼游得快,除了体型因素外,还和它体表有一层黏液有关。由于体表黏液的存在,可以降低前进的阻力。受此启发,人们合成了几种类似的黏液,涂在船的外壳表面。测试表明,涂了黏液的船前进阻力有所降低。

人们还将鱼尾巴的运动方式应用到船舶。以前,机帆船用螺旋桨作为动力。由于螺旋桨是旋转运动,常常被水中的杂草等缠绕,致使机帆船停止运行。在鱼尾巴的启发下,人们将机帆船的螺旋桨改造成来回摆动的板。采用这种设计,动力部分不会被水草缠绕,避免了因水草缠绕而导致的故障。

船鳍的发明则是由于一次偶然的发现。一天,人们在海上发现一条死鲸鱼,但当人们开着船企图把死鲸鱼捞起来时,这条鲸鱼却总是与船保持一定距离。原来,鲸鱼有一对宽大的胸鳍,活着的鲸鱼用胸鳍划水,死鲸鱼的胸鳍能把船靠近鲸鱼时产生的波浪转变成动力,驱使死鲸鱼在水面上运动。受鲸鱼胸鳍的启发,人们给军舰和渔船装上了类似鲸鱼胸鳍的船鳍。在安装船鳍后,增加了船舶航行的稳定性,而且利用了波浪的动力,提高了船的航行速度。

大有可为的仿生学

——三叉戟与鱼尾巴

鲨鱼游泳的速度可以达到每小时 70 公里,它为什么能游这么快呢? 科学家在显微镜下观察鲨鱼的鳞屑,发现其形状为扇形,而且有小槽。在传统的观念中,运动物体的表面越光滑,运动中产生的阻力越小。那么,鲨鱼鳞片上的沟槽有什么用呢? 科学家仿照鲨鱼鳞片制成模型,并与光滑鳞片的模型进行比较,结果发现带小槽的鳞片比光滑鳞片的摩擦损失要小 10%。这项新发现马上得到了技术应用。用这种仿生皮肤包裹空中客车的外表面,使每架飞机的年燃料消耗减少了 350 吨。如果将世界上所有的飞机都装上这种皮肤,节省的燃料价格可以达到数十亿美元,同时,二氧化碳和氮氧化合物的排放也将大大减少。

说起来可能许多人难以相信,三叉戟飞机之所以先进,是受了鱼尾巴的启示制造出来的。

鱼在水中游动,靠的是尾巴上的尾鳍。尾鳍摆动时产生的反推力可以使鱼的运动阻力大大减小,明显提高运动的效率。以前,飞机的发动机装在飞机的中部。这种设计,增加了飞机两侧的阻力,影响了飞机飞行速度的提高。飞机设计师想,鱼是在流体中运动,飞机也是在流体中运动。那么,仿照鱼的尾鳍,把飞机的发动机装在飞机的尾部,是否可以减小阻力从而提高飞机的运动速度呢? 根据这一设想,设计师把发动机改装到机尾。结果不出所料,改造后的飞机飞行阻力大大降低,飞行速度明显提高。这种改装后的飞机就叫做三叉戟。

水里的游鱼肯定不知道,那翱翔在天上的三叉戟竟然向自己取了经。

大有可为的仿生学

——响尾蛇导弹

屁布甲炮虫自卫时,可喷射出具有恶臭的温度达 100℃的液体,以迷惑和吓退敌害。可是,这么高温度的液体不会对炮虫产生损害吗? 科学家对炮虫进行解剖研究发现,这种甲虫体内有 3 个小室,分别储存着二元酚溶液、双氧水和生物酶。二元酚和双氧水流到第三小室与生物酶混合发生化学反应,可在瞬间成为 100℃的液体并迅速射出。

第二次世界大战期间,德国纳粹根据这一原理制造出了一种功率极大而且性能安全可靠的新型发动机。把这种发动机安装在飞航式导弹上,使导弹飞行速度大大加快。

美国军事科学家受甲虫喷射原理的启发,研制出了先进的二元化武器。这种武器将两种或多种化学物质分装在两个隔开的容器中,炮弹发射后,两个容器之间的隔膜破裂,两种化学物质发生化学反应。在到达目标的瞬间,生成致命的毒剂以杀伤敌人。

响尾蛇的眼睛又大又圆,但是,它"看"周围世界靠的是位于头部的一个热定位器。通过这种热定位器,响尾蛇能发现周围发散体温的动物,并判断出动物的大小及与自己的距离,从而准确无误地捕杀猎物。

科学家根据响尾蛇热定位器的原理研制出了一种导弹,提高了导弹打击目标的准确性。为了纪念响尾蛇对这种导弹的贡献,人们把这种导弹叫做响尾蛇导弹。

大有可为的仿生学

——野猪与防毒面具

第一次世界大战期间，德国军队在阵地上设置了 5730 个盛有氯气的钢瓶，顺着风向朝着英法联军的阵地释放。结果，使 5 万英法联军士兵中毒死亡，战场上的大量野生动物也中毒丧命。奇怪的是，这一地区的野猪竟然生存了下来。

为什么唯独野猪能生存下来呢？这一问题引起了科学家的极大兴趣。研究发现，野猪在闻到氯气的强烈刺激性气味后，就用嘴拱地，拱起的泥土对毒气起到了过滤和吸附作用。根据这一发现，人们用吸附力很强的活性炭并且仿照猪嘴的形状制成了防毒面具。

大有可为的仿生学

——萤火虫的启发

在某些矿井中，充满了爆炸性气体——瓦斯。如果在这种环境下使用电灯照明，偶然产生的电火花有可能点燃瓦斯，引起爆炸。

沉睡在海底的水雷是海洋的隐患，需要排除。但是，在光线微弱或光线照不到的海底排除水雷需要照明，而用电来照明会因为电磁场引发磁性水雷爆炸。

因此，瓦斯矿井和排除磁性水雷时的照明成为一个大问题。

萤火虫是靠荧光素和萤光酶发光的。根据萤火虫发光的原理，科学家将荧光素、萤光酶、三磷酸腺苷和水混合形成发光物质。由于这种物质在发光时不用电，不产生磁场，可在充满爆炸性气体的矿井中以及排除磁性水雷的过程中充当光源。

大有可为的仿生学

——风暴预测仪

海上的风暴是航海的大敌,以前,每年有不少渔民和水手在海上风暴中丧生。

如何才能对海上风暴进行准确预报呢? 研究发现,在风暴来临之前,会由于空气和波浪摩擦而产生频率为每秒 8~13 次的次声波。这种次声波人耳听不到,水母却能感觉到。这是为什么呢? 原来,在水母耳朵的共振腔中,长着一个细柄,柄内有一个小球,球内有一块小小的听石。当风暴前的次声波冲击水母耳朵中的听石时,它会听到一种咔咔的声音。这时,水母就会赶快从海岸附近游向大海深处避难。

仿生学家仿照水母耳朵的结构和功能设计了风暴预测仪。这种风暴预测仪能提前 15 小时对风暴作出预报,对航海以及渔业安全具有重要意义。

大有可为的仿生学

——电子蛙眼

青蛙的眼睛是由几种感受器组成的，具体来说有专门感受物体边缘的边缘感受器、专门感受活动昆虫的昆虫感受器、专门感受亮度变化的事件侦察器以及专门感受阴暗物体的光强减弱感受器。由于这四种感受器的共同作用,青蛙便能侦察清楚周围的情况,并能排除干扰,敏锐地发现捕食的目标。

根据蛙眼的视觉原理,科学家研制成功了一种能识别出特定物体形状的电子蛙眼。把电子蛙眼装入雷达系统,可以使雷达准确无误地识别出特定形状的飞机、舰船和导弹,特别是能识别出真假导弹,防止以假乱真。

电子蛙眼还广泛应用在机场以及交通要道上。在机场,它能监视飞机的起飞和降落,如果发现飞机将要发生碰撞,能及时发出警报;在交通要道,它能指挥车辆行驶,防止发生交通事故。

大有可为的仿生学

——蝙蝠与探路仪

盲人失去了视觉，看书和行路成了问题。后来，人们发明了盲文。利用手指的触觉，盲人可以进行阅读。但是，怎么解决行路的问题呢？

这时，人们想到了蝙蝠。

蝙蝠是通过超声波来代替眼睛的。根据发射出去的超声波反射回来的时间，蝙蝠可以判断出什么地方有障碍，什么地方有猎物。根据蝙蝠超声定位的原理，人们仿制了盲人用的探路仪。这种探路仪内装着一种超声波发射器，盲人带着它可以知道路上的电线杆、台阶和墙壁，从而决定行走路线。

如影随形的外星人

大有可为的仿生学

——长颈鹿与航天服

人们憧憬在宇宙飞行。但是,航天员在太空中飞行会因为失重而使血液循环出现异常。

怎么解决这个问题呢?

在对动物的研究中,人们发现长颈鹿腿部以及全身的皮肤和筋膜绷得很紧,有利于下肢的血液向上回流。受此启发,科学家为宇航员设计了一种宇航服。这种宇航服上有充气装置,可充入一定量的气体,从而使宇航员的血压在太空失重状态下保持正常。

大有可为的仿生学

——迟到的发现

人类在1903年发明了飞机，但是，随着速度的提高，飞机在飞行中常会发生剧烈振动，甚至会折断机翼导致飞机失事。经过长期研究，飞机设计师在机翼前缘的远端安放了一个加重装置才消除了振动。

生物学家在研究蜻蜓时，发现在每个翅膀前缘上方都有一块深色的角质加厚区，人们把这个区叫做翼眼或翅痣。如果把翅痣去掉，蜻蜓飞行时就会晃来晃去。实验证明，正是翅痣这一结构使蜻蜓在飞行时避免了振动。如果飞机设计师早点向生物学家请教，飞机的进步会提早很多年，飞机失事也会减少许多。

看了仿生学成果展览，跳跳猴感叹道："为什么生物竟有这么多可以让现代工业借鉴的东西呢？"

老人说："在漫长的进化过程中，各种生物体的结构和功能都在进行不断的改造。可以说，现存的每一种生物都是适者生存这个巨大的筛子筛选以后的幸存者，都是经过大自然亿万年考验的优胜者。许多生物具有极其复杂精巧的结构和令人惊奇的功能，因此，对生物进行仿生学研究便有可能得到某种启示，推动发明和技术革新。"

听了老人的话，跳跳猴感叹道："仿生学，确实是大有可为也！"

景阳冈

告别了仿生学研究所的老人,一行四人回到芦花渡旅馆,摊开路线图研究接下来的旅行路线。

路线图上,"芦花渡旅馆"位于芦花岛的末端。看来,芦花岛的旅行结束了。

白桦问:"接下来,我们要去哪里呢?"

笨笨熊说:"听结束旅行的师兄讲,在参观完芦花岛后,接下来要到梁山泊外的祝家庄、扈家庄和李家庄。这三个村庄分别位于相邻的三个山冈上,居中的是祝家庄,东边是李家庄,西边是扈家庄。"

可是,如何才能出得这芦花岛呢? 问了店家,才知道这芦花渡旅店所在的芦花渡便是通往梁山泊外的渡口。

跳跳猴一行收拾了行装,出得旅店,径直向渡口奔去。本想着,既然是渡口,当有船只往来接应。赶到渡口一看,却空荡荡一条摆渡也没有。是不是摆渡刚刚出发呢? 翘首远望,白花花水面上一个人影也看不到。

既然渡口是离开芦花岛的唯一通道,只有在这里耐心地等。

一个时辰过去了,没有看到渡船。

又一个时辰过去了,还是没有一点动静。

就在大家不耐烦的时候,旁边的芦苇荡传出窸窸窣窣一阵响声。循声望去,响动处,一个人撑着一叶扁舟从芦苇丛中钻了出来。船上的人,脱得赤条条,露出一身雪练也似白肉。

看到船上的人,跳跳猴想,看这相貌,定是浪里白条张顺了。他急忙趋上前去,问:"请问可是张顺好汉?"

那撑船的答:"正是。几位在此何干?"

跳跳猴说:"想要出这芦花岛,可行个方便,送我们过这水面吗?"

如影随形的外星人

张顺没有说话,只是将脑袋偏了一下,示意他们上船来。过了那水面,上得岸来,谢了张顺,一行人寻路向祝家庄奔去。

行了几日,一行人来到阳谷县地面。晌午时分,面前出现一个酒店,门前挑一面酒幌,上头写着五个字道:"三碗不过冈"。正好肚子饿了,一行人急匆匆进去点菜点饭吃。

李瑞一边吃饭,一边问店主人:"酒店外面的酒幌上写着'三碗不过冈',作何解释?"

店主人说:"俺家的酒,虽是村酒,却比老酒劲道。但凡客人来我店中,吃了三碗的,便醉了,过不得前面的山冈去,因此唤做'三碗不过冈'。"

听了这话,跳跳猴心中琢磨:怎么这店主人的话如此熟悉呢?莫非这"三碗不过冈"便是当年武松打虎前喝酒的酒店?

想到这里,便问店主人:"请问,这便是武松打虎前吃酒的酒店吗?"

店主人说:"那武松刚刚在这里喝过酒,往景阳冈去了。说来也奇,别的人喝三碗便摇摇晃晃,站都站不稳。那武松喝了十八碗酒,出门的时候竟然没有一丝醉意。"

说完,店主人还啧啧了两声。

一吃过饭,跳跳猴拽了笨笨熊、白桦和李瑞便走。

笨笨熊和白桦不解其意,齐声问:"急什么?"

跳跳猴说:"武松一会儿要在前面景阳冈打老虎了,我们赶快去看啊。"

白桦问:"武松何许人也?你怎么知道他要在景阳冈打老虎呢?"

跳跳猴说:"武松是《水浒传》中有名的打虎英雄啊!"接着,他把武松打虎的故事向大家绘声绘色地讲了一通。

约行了四五里路,来到冈下。只见一条山路弯弯曲曲地通到山上的树林中,路中间一棵大树刮去了一大块皮,上面写着:近因景阳冈大虫伤人,但有过往客商,可于巳、午、未三个时辰,结伙成队过冈,勿请自误。

看过告示,跳跳猴抬头向冈上一望,隐约看见一个大汉腋下夹着一根哨棒在山路上行走。跳跳猴指着大汉说:"想必,这位便是武松了。我们快跟上他。"

李瑞跟着跳跳猴便走,笨笨熊却在告示前一动不动。白桦呢?跟在跳跳猴后面走了几步便停了下来。他看看跳跳猴、李瑞,又看看笨笨熊。

见只有李瑞跟着他走,跳跳猴回过头来问笨笨熊:"老兄,怎么了?"

"山里有大虫，贸然入山，会丢掉性命的。"笨笨熊说话时，脸色变得煞白。跳跳猴说："不是前面有打虎英雄吗？"

笨笨熊嗫嚅道："但是，如果在我们追上武松前就窜出一只大虫呢？"

听了笨笨熊的话，跳跳猴哑然。

见跳跳猴不吭气，笨笨熊口气硬了起来："我们生物旅行还没有完成，不能拿性命不当一回事啊！"

这时，白桦说："这一路上，说不定真的要遇上老虎和狮子。武松敢独身一人过景阳冈，是因为他有打虎本领。我们呢？谁敢保证能够制服大虫？我想，要想安全完成生物旅行，须习得一些防身本领才是。"

见白桦和笨笨熊都不愿上山，跳跳猴和李瑞没了辙，怏怏地返了回来。

来到告示旁，李瑞说："有防身本领当然好，可是，去哪里拜师呢？"

看到李瑞被说服了，笨笨熊高兴地说："孙悟空神通广大，去找孙悟空吧。"

"孙悟空在灵山修行，距此处甚远，须驾飞云才行。白桦和李瑞不能驾云，可如何是好？"跳跳猴面露难色。

白桦思索一阵，对李瑞使了个眼色，然后对跳跳猴和笨笨熊说："你们去灵山拜孙悟空学艺，我和李瑞带小黄去和梁山好汉练习功夫。习得武艺后，我们还回到朱贵的酒店会面。何如？"

在芦花岛参观期间，白桦和李瑞便听人们说梁山的一百零八好汉个个都有一身好武艺。前几天，他们就曾私下议论在离开梁山前学点武功。

笨笨熊想了想，说："好吧。"

说走就走，跳跳猴和笨笨熊口中念念有词，脚底便生出一片白云。接着，"嗖"的一声，直直地升上天空。

和跳跳猴、笨笨熊分手后，白桦和李瑞带了小黄回到梁山。可是，梁山英雄那么多，拜谁为师呢？他们没有李逵的板斧，没有林冲的大刀，也没有武松的哨棒……想了半天，对了，张清的石子功颇为了得，又不需任何枪棒，就去向张清习练石子功吧。小哥俩找到张清，拜了师父，每日起早搭黑苦练。过了些时日，两人的石子功便很有了些起色。从此，他俩不管走到哪里，总是像张清一样，随身带着一个石子袋。

向孙悟空学艺

却说跳跳猴和笨笨熊飞了大约一个时辰,来到灵山上空。放眼望去,正如《西游记》所述,那灵山祥云缭绕,瑞霭氤氲,青松翠柏,鸟语花香,一派仙境。

笨笨熊和跳跳猴在一个寺院门前按下云头。正好,从寺院内走出一个僧人。

笨笨熊上前,作一个揖,问道:"请问高僧,从西天取经回来的孙悟空在此吗?"

僧人止步,回了一个礼,说:"在,正在殿里研究佛经呢。我领你们去吧。"

说罢,回过身来,带着笨笨熊、跳跳猴拾阶而上,进到寺内。

在大殿外,僧人朝门里偏了一下头,示意他们进去,然后,笑了笑,走了。

跨进大殿门槛,只见一个异样的僧人正坐在蒲团上诵读经书。说他异样,是因为他满脸金色的毛发,两眼闪闪发光。

跳跳猴想:这不是孙悟空吗?但是,他穿一身僧服,头上没有电视剧里看到的熠熠发光的金箍,腰里没有系着虎皮裙。

跳跳猴壮着胆子,走到僧人旁边,轻轻喊了一声:"齐天大圣。"

僧人抬起头,望着跳跳猴,眨巴着眼睛说:"这不是在花果山,别叫我齐天大圣。喊我孙和尚好了。"

僧人一句话,使跳跳猴确信眼前的人就是孙悟空。

孙悟空站了起来,问:"找我有事吗?"

笨笨熊说:"我们想跟您学习七十二变。"

孙悟空问:"学这个何用?"

笨笨熊说:"我们是出来进行生物考察的,整天和猛禽猛兽打交道,学了这些,为的是防身。"

孙悟空用毛茸茸的手挠了挠面部,笑着说:"好,暂且住下吧。"

跳跳猴说:"师父,您教我们一下,我们还要赶路呢。"

孙悟空说:"稍安毋躁。"

跳跳猴说:"您的七十二变,不就是祖师授了一些口诀后就学成的吗?"

孙悟空说:"此言差矣。我在灵台方寸山前后十年,祖师才授予我七十二变口诀。然后,再加上勤学苦练,方才习得诸般变化的本领。所以,你们需要先住下来,首先,我将缩身术传授给你们。"

笨笨熊扯了扯跳跳猴的衣服,低声说:"我们住下来。要学七十二变,心急不得。"

跳跳猴点了点头,对孙悟空说:"好,师父,我们听您的。"

接着,孙悟空将跳跳猴和笨笨熊安排在寺院的客堂内,吩咐他们每天跟随众僧听高僧讲经。

一个月过去了,跳跳猴和笨笨熊找到孙悟空。跳跳猴问:"师父,我们来到灵山已经一月,便可传授口诀吗?"

孙悟空用手将跳跳猴和笨笨熊拎了拎,说:"莫急,莫急。一个月后再来吧。"

跳跳猴和笨笨熊只好耐着性子每天听高僧讲经。

又一个月过去了,跳跳猴和笨笨熊又找到孙悟空。跳跳猴问:"师父,我们来到灵山已经俩月,便可传授口诀吗?"

孙悟空又用手将跳跳猴和笨笨熊拎了拎,说:"莫急,莫急。一个月后再来吧。"

不知是大山幽静的环境产生了影响,还是佛教的教义净化了心灵,笨笨熊和跳跳猴感到脑子渐渐清净了起来,身子也渐渐轻了起来。

第三个月过去了,跳跳猴和笨笨熊第三次找到了孙悟空。跳跳猴问:"师父,我们来到灵山已经仨月,便可传授口诀吗?"

孙悟空用手将跳跳猴和笨笨熊拎了拎,说:"好。看着我。"

说罢,孙悟空突然消失了。这时,一只蜜蜂在跳跳猴的头顶盘旋。跳跳猴在访问法布尔先生的时候被蜜蜂蜇过一次,痒痛难忍。自那以后,他一直怕蜜蜂。他左躲右躲,可是不管怎么躲,那只蜜蜂总是不远不近,在头顶上方两三寸的高度飞。不大一会儿,跳跳猴出了一身汗,喘起了粗气。突然,头顶的蜜蜂不见了。

孙悟空站在跳跳猴面前哈哈大笑。

这时,跳跳猴才明白,刚才的蜜蜂是孙悟空变的。

待跳跳猴喘息稍定,孙悟空说:"来,跟我来念口诀吧。"

孙悟空念一句,笨笨熊和跳跳猴跟着学一句。一会儿,笨笨熊、跳跳猴感到浑身疼痛,同时,身体在变小。他们知道,这是师父的缩身口诀在起作用,疼痛是需要付出的代价。他们强忍着,汗珠滴滴答答从身上滴了下来。念完口诀,小哥俩发现,他们的身体缩小了将近一半。

孙悟空对笨笨熊、跳跳猴说:"好,今天到此为止。余下的时日,需要你们每天自己习练。除了将身体缩小外,你们还可以变成不同的动物。比如,可以变成蜜蜂大小的飞虫,可以变成小鱼,还可以变得用肉眼看不见。"

听了孙悟空的话,笨笨熊、跳跳猴兴奋不已。

从那天开始,笨笨熊和跳跳猴每日苦练。大约又经过一个月,真的,笨笨熊和跳跳猴可以缩成随意大小了。

听说笨笨熊和跳跳猴学会了缩身术,一天晚饭后,寺院中的僧人围着小哥俩,要他们表演一下缩身。笨笨熊红着脸,躲了开来。跳跳猴呢? 觉得不好推却众僧的要求,便默默念起口诀。眼看着,他的身体变小了。一开始,鸟儿大小。接着,蜜蜂大小。众僧人发出一片喝彩声。再接着,跳跳猴身体更加紧缩,肉眼看不见了。

众僧看到眼前飞舞的蜜蜂突然不见了,一下子静了下来。奇怪的是,跳跳猴却能看见众僧人。不仅如此,眼前的事物都放大了好多倍。正在大家目瞪口呆,万分诧异的时候,跳跳猴倏然出现在众僧眼前。众僧长吁了一声,一齐鼓起掌来。

这时,跳跳猴发现,孙悟空也在人群中,拉着脸。

跳跳猴意识到自己可能做错了事,赶紧跪在师父面前。看到跳跳猴跪下,笨笨熊也糊里糊涂跟着跪了下来。

看到如此情景,众僧悄悄散去了。

跳跳猴低声问:"师父,我们做错事了吗? "

问话时,头也不敢抬。

孙悟空说:"你们说,学了缩身术,是用来防身的,怎好在别人面前卖弄呢? 知道吗? 当年我就是因为在大伙面前表演了一次缩身术,被名须菩提祖师从灵台方寸山撵回花果山的。今天,你们便也离开这里吧。"

跳跳猴和笨笨熊再三央求,希望留下来,再学一些时日。

孙悟空非常坚决地摇了摇头。

看到没有希望留下来,小哥俩扑通一声跪在地上,含泪向师父辞行。

孙悟空将小哥俩扶了起来,捋起衣袖,从胳膊上拔下一根毛,递给跳跳猴。

跳跳猴仰头望着孙悟空,露出不解的神色。

看到跳跳猴大惑不解的样子，孙悟空说："拿着。遇到危险时，你把它拿出来，吹一口气。"

跳跳猴明白了，这毫毛，吹一口气，便可变成一个孙悟空。有了这毫毛，什么危险都不怕了。

跳跳猴将师父给的毫毛郑重地装在上衣口袋里，再三地谢过师父，转身便要上路。

孙悟空说："你们不试一下吗？你们知道如何把我的替身还原成为毫毛吗？"

跳跳猴的脸一下子红了。他将毫毛从口袋中掏出来，吹了一口气。眼前突然出现了一个活脱脱的孙悟空，头戴金箍，腰系虎皮裙，手提金箍棒，和电视剧中的装束一样。这变出来的孙悟空朝笨笨熊和跳跳猴眨了眨眼，做了一个龇嘴的动作。

孙悟空说："要让他再变回毫毛，需要念一个秘咒。"

接着，他把秘咒悄悄教给了跳跳猴和笨笨熊。然后，对跳跳猴说："来，试一试。"

跳跳猴照着师父的秘咒念了一次。真的，那替身突然变成了一根毫毛，回到了跳跳猴的手掌中。

跳跳猴将毫毛又装回口袋中。

笨笨熊和跳跳猴又向师父再三道过谢，踏上一片云彩，飞向空中。在空中，小哥俩频频回头，直到师父的身影从视线中消失。

当跳跳猴和笨笨熊来到朱贵的酒店时，白桦和李瑞也正好到达。

多时不见，朱贵给他们备了酒肉。饮酒吃肉之间，笨笨熊向白桦和李瑞讲如何向孙悟空学习缩身术，李瑞则说张清的石子功如何了得……

酒足饭饱之后，朱贵问："几位小兄弟，接下来要去哪里呢？"

跳跳猴说："下一站，要到祝家庄、扈家庄和李家庄。"

朱贵饮下一大碗酒，说道："祝家庄里道路复杂，颇多机关，可要小心啊！"

要知跳跳猴一行下一站旅行有何惊险，且听下册分解。

生命档案（四）

生物科学研究院

山西出版传媒集团

山西人民出版社

图书在版编目（ＣＩＰ）数据

生物科学研究院 / 王怀秀，王如瑛著. -- 太原：山西人民出版社，2014.7

（生命档案；4）

ISBN 978-7-203-08607-9

Ⅰ.①生… Ⅱ.①王… ②王… Ⅲ.①生物学—儿童读物 Ⅳ.①Q-49

中国版本图书馆 CIP 数据核字（2014）第 146084 号

生物科学研究院

著　　者：王怀秀　王如瑛
责任编辑：刘小玲
助理编辑：张志杰
装帧设计：昭惠文化

出　版　者：山西出版传媒集团·山西人民出版社
地　　址：太原市建设南路 21 号
邮　　编：030012
发行营销：0351—4922220　4955996　4956039
　　　　　0351—4922127（传真）　　4956038（邮购）
E — mail：sxskcb@163.com　发行部
　　　　　sxskcb@126.com　　总编室
网　　址：www.sxskcb.com

经 销 者：山西出版传媒集团·山西人民出版社
承 印 厂：太原市金容印业有限公司

开　　本：787mm×1092mm　　1/16
印　　张：99.75
字　　数：1800 千字
印　　数：1—1000 册
版　　次：2014 年 7 月　第 1 版
印　　次：2014 年 7 月　第 1 次印刷
书　　号：ISBN 978-7-203-08607-9
定　　价：100.00 元（全四册）

情节介绍

当跳跳猴和笨笨熊访问达尔文归来时，小精灵第三次被外星人劫走，并且在地震中丧生。出于人道主义，跳跳猴等忍着悲痛保护外星人离开了余震不断的灾区，临别时还把讨来的饼子送给了巴里和达里。

在雾山的化学研究所，跳跳猴等了解了生命的特征以及生物的化学组成。

为了进入雾山的生物研究院，他们必须首先在几支小分队之间的竞赛中胜出并到智慧峰摘取智慧果。在跳跳猴与另一小分队竞相前往智慧峰的途中，发现山腰上有一个老人被摔伤。要救老人就可能落在竞争对手后面而得不到智慧果，但不救老人又于心不忍。经过思想斗争，跳跳猴还是去救了老人。被救的老人给跳跳猴指了一条通往智慧峰的捷径，结果跳跳猴先到达了智慧峰。

在进入生物研究院的细胞研究所后，跳跳猴等研究了细胞的结构和功能。跳跳猴又假扮沙里打入阿里的研究基地学习了新式仪器的操作，接着和同伴进行了组织、器官和系统的研究。

完成细胞研究所的任务后，为了弄清营养与代谢研究所的位置，跳跳猴等到藏经阁去找《雾山五章经》。不料，经书已被外星人盗走。李瑞打入外星人内部佯作为其翻译经书将《雾山五章经》弄到了手。

在地震中被跳跳猴一行营救的外星人达里将劫走的锦囊送还给跳跳猴一行，但就在他见到跳跳猴时，被跟踪而来的UFO击毙。

在营养与代谢研究所，跳跳猴一行研究了生物体吸取、运输营养物质以及物质代谢和能量代谢的过程。

在跳跳猴等在营养与代谢研究所逗留期间，白杨从白桦寨来到了雾山，和

生物科学研究院

她一同来的还有一个自称是当地人的女生张贝贝。

根据锦囊的指示,跳跳猴一行在完成营养与代谢的研究后去雾霁峰拜访智者。他们按照智者的安排在植物园做了一年园丁,又在动物园做了一年饲养员,接着来到了生命调控研究所。

在这里,他们通过研究了解了内分泌和神经如何对生命过程进行调控。

但是,在跳跳猴等向神经系统实验室转移时,外星人再次来抢小黄。为了夺回小黄,跳跳猴被外星人的UFO带走。虽然他带着小黄从UFO上逃了出来,但四处打听也不知道同伴们去了什么地方。笨笨熊等也心急如焚,知道跳跳猴喜欢看霁山电视台的《生物课堂》栏目,他们参加了这个节目,期望通过电视和跳跳猴取得联系。但是,跳跳猴每天晚上给小黄打开电视后便出去打听消息,没有机会看到笨笨熊他们。一天晚上,当跳跳猴要上床睡觉时,小黄硬是把他拉到电视机前。使他感到惊讶的是,同伴们在《生物课堂》正在向他场外求助。跳跳猴急忙跑到旅馆前台去打电话,但是,一个女人正在"煲电话粥"。就在《生物课堂》要结束的时候,跳跳猴接通了电视台的电话,终于和同伴们取得了联系。

在进入生殖研究所之前,小黄生崽了。当跳跳猴等抱着小黄母子进入研究所城堡前,发现外星人占据了城楼。笨笨熊等装作送菜的农民,混进了城内,把外星人撵出了城外。

接下来,跳跳猴一行对植物和动物的各种生殖方式进行了研究,并对胚胎发育以及衰老进行了探讨。

按照规定,跳跳猴和笨笨熊在进入遗传研究所之前去古代生物园采集绝迹的生物标本。在孙悟空的帮助下,他们驱走了猛兽,取得了恐龙和蕨类植物的DNA标本。

在遗传研究所,跳跳猴等研究了DNA的结构以及DNA复制、转录和翻译为蛋白质的全过程,还跟随智者访问了遗传学家孟德尔,了解了遗传定律。在此基础上,他们还对遗传病以及优生进行了探讨。

就在跳跳猴等离开遗传研究所的前一天,大家精心记录的旅行日记《生命档案》被外星人盗走了。

跳跳猴等分头追击分作三股的外星人。李瑞给外星人的茶水里加了巴豆粉,乘着外星人轮流上厕所的机会将《生命档案》抢了回来。另外,跳跳猴还俘获了一名外星人。外星人不甘心失败，试探着伺机进入生物工程研究所。跳跳猴和白桦将自己的雕像安放在城门里的树林里，吓退了想要进入研究所的外星人。为什么外星人总是能知道自己的行踪呢？跳跳猴等觉得蹊跷。他们对小黄进行仔细检查，结果在项圈里发现了一个金属片。意识到从小精灵体内取出来的和小黄项圈里的金属片是外星人安装的定位器，跳跳猴将它们弄了个粉碎。

在老师的带领下，跳跳猴等参观了基因工程、细胞工程以及发酵工程等生物工程，了解了生物工程技术的现状及发展趋势。

在长时间的相处中，白杨对跳跳猴产生了好感，意识到生物旅行即将结束，她托书童向跳跳猴转交一张约会的字条。阴差阳错，书童将字条交给了笨笨熊。虽然感到有点意外，笨笨熊还是如期赴约，结果与白杨闹了一场误会。

在跳跳猴一行向玉皇顶进发的途中，张贝贝向大家透露了一个天大的秘密：李瑞是一个女性。原来，李瑞就是生态行时要跟跳跳猴、笨笨熊一起旅行的那个女生。由于跳跳猴不同意带女生，李瑞便女扮男装混到跳跳猴、笨笨熊和白桦的小分队中。至此，跳跳猴等才明白李瑞为什么总是和他们分床而睡，为什么上厕所时硬是不给他开门。

在玉皇顶，同学们对生物科学领域的一些现象各抒己见，进行讨论，还参观了生物科学家成功之路的展览。

讲座结束时，一群外星人来到玉皇顶。就在跳跳猴等和外星人对峙的时候，智者带着阿里来到了现场。原来，那天跳跳猴俘获的是经过化装的阿里。阿里告诉智者，一直和跳跳猴等在一起的张贝贝是外星人。一开始，他们靠装在小精灵和小黄身上的定位芯片来跟踪跳跳猴一行。在这些定位芯片被毁坏后，正是靠了张贝贝的情报，他们才能准确了解跳跳猴等的计划和行踪。阿里被俘后，巴里和查里等便寻求沙里一伙的协助去营救。由于之前跳跳猴等曾对沙里假称是阿里一伙，并且假扮沙里打入到阿里的基地，当巴里和查里找到沙里时，他们两个被沙里一伙当做地球人的奸细抓了起来。当巴里把脑袋上的两个凸起露出来时，沙里一伙才知道是上了跳跳猴一伙的当。

在向大家讲述了这些原委后，智者告诉大家外星人来地球只是进行科学考察，没有恶意。他建议跳跳猴等和外星人一道去外星进行生物考察。

就在看完《生命档案》石书的时候，雷达梦醒。

生物科学研究院

—————— **智者** ——————

　　智者与地球同寿,见证了地球上生物产生和进化的历程。那突出的前额中蕴藏着无尽的知识,那细密的皱纹记载了他丰富的阅历,那银须长袍给人一种仙风道骨的感觉。在本丛书中,无所不知的智者为同学们讲述生物分类和生物学基础知识。

———— 跳跳猴 ————

跳跳猴由花果山中曾孕育了孙悟空的一块仙石变成。他诚实守信，乐于助人，讲义气，喜爱旅游和大自然中的生物，但性子急，做事粗心大意。在学校期间，曾有一段时间沉迷网络游戏。总体来说，是一个本质上不错，但有缺点的中学生。

与《尼尔斯骑鹅旅行记》中的尼尔斯相似，在与笨笨熊、白桦、李瑞及小精灵等的旅行过程中，跳跳猴经历了许多艰难险阻，不仅增长了知识，而且磨炼了意志。

—— 笨笨熊 ——

　　笨笨熊是智者的优秀学生,具有丰富的生物学知识。他性格沉稳,足智多谋,但胆子小,行动笨拙。在旅行途中,他向跳跳猴讲述生物学的知识,并就一些生物学课题与跳跳猴进行讨论。

—— 白 桦 ——

　　白桦和哥哥白松、妹妹白杨在白桦寨经营着一个很大的植物园。他憨厚、朴实，具有非常丰富的植物学知识。他与跳跳猴、笨笨熊结为弟兄，在旅行中为跳跳猴讲解植物学知识。

—— 李 瑞 ——

　　他热爱生物，一直期望着和伙伴进行生物旅行。在跳跳猴、笨笨熊和白桦从白桦寨出发开始绿色之旅时，李瑞加入了进来。他大大咧咧，爱开玩笑，偶尔搞恶作剧。在生物旅行过程中，跳跳猴、笨笨熊和白桦总觉得他的行为有点怪异。

——— 小精灵 ———

　　小精灵是自地球产生生命以来就出现的生物,他经历了鱼、鸟、哺乳动物等进化过程,通晓各种动物的语言,了解许多生物界的事件以及故事。正因为如此,外星人一直在寻找小精灵,希望通过他来了解地球生物,进而征服地球。

　　跳跳猴、笨笨熊及白桦解救了被外星人绑架的小精灵。在与跳跳猴、笨笨熊及白桦一起旅行的过程中,小精灵一直给他们讲动物的故事,但也因为小精灵,一行人几次遭受外星人的骚扰,引发了许多悬念和惊险。

——— 外星人 ———

跳跳猴和笨笨熊在一次露营时，遇到了由外星高等智慧生物组成的地球生物联合考察队。外星人盗走了跳跳猴和笨笨熊的路线图与锦囊。然后，为了夺回路线图和锦囊，跳跳猴、笨笨熊和外星人展开了反复斗争。

目 录

生
物
科
学
研
究
院

小精灵之死

　　天空一丝云彩也没有，正是中午时分，太阳将火辣辣的光线毫无遮拦地倾泻到山沟里和山坡上。好多天没有下雨了，地里的庄稼和树叶都无精打采地低着头，知了不知道躲在什么地方一刻不停地拼命地叫着。

　　就在这时，李瑞、白桦与小精灵从山下走了上来。来到一座小山岗的顶部，三个人一屁股坐了下来。

　　李瑞对白桦有气无力地说："白桦大哥，找点吃的吧，肚子饿得受不了啦。"

　　白桦说："我也饿啦。这样，你和小精灵在这里等着，我到镇上去搞点吃的来。"

　　小精灵说："让李瑞和你一起去吧，路上好有个照应。"

　　李瑞说："你不怕外星人再来劫持你吗？"

　　小精灵说："这么多天来一直没有外星人骚扰，看来，他们是被我们彻底甩掉了。"

　　白桦说："好吧。我和李瑞下去，我们会尽快回来。"

　　说完，他便带着李瑞往山下走去。

　　小精灵冲着他们的背影喊道："把小黄抱出来，它可以帮你们认路的。"

　　"有道理。"李瑞应了一声，从白桦的背篓里抱出小黄，放在地上。

　　两个人领着小黄隐没在山腰上的树林里。

　　大约过了一个时辰，白桦和李瑞带着讨到的几个饼子回到山顶。但是，小精灵不见了。

　　"小精灵。"白桦喊了一声。

　　没有回答。

　　"小精灵。"李瑞又喊一声。

　　还是没有回答。

生物科学研究院

以为小精灵在和他们捉迷藏,白桦大声说:"不出来,我们便把饭全吃了。"

等了一阵,还是没有动静。

正在白桦和李瑞为小精灵失踪万分焦急的时候,头顶飞来一片彩云。那彩云,不偏不倚,径直朝着他们落了下来。开始,白桦和李瑞以为是小精灵用了什么法术在与他们开玩笑。待那彩云落到身边,才看见,乘着彩云来的是跳跳猴和笨笨熊。

白桦一把把跳跳猴和笨笨熊揽在怀中,说:"你们总算回来了。"

跳跳猴从白桦的怀抱中仰起头,问白桦:"小精灵呢?"

白桦松开跳跳猴和笨笨熊,说:"我正在找他。刚才我下山去找饭时,让他在这里等着。回来时,便不见了。"

跳跳猴说:"还是让小黄帮我们找一找吧。"

白桦说:"是啊,我怎么忘记了小黄呢?"

说完,他拍了拍小黄的脑袋,说:"走,去找我们的小精灵。"

听了白桦的话,小黄低着脑袋,一边嗅着地面,一边向山上走去。

一行三人跟在小黄的后面,绕过山腰,来到了一个山洞前。

这时,小黄朝着山洞拼命地叫了起来。一种不祥的预感突然掠过大家的心头:小精灵一定是被外星人劫持到这里了。

没错,自从上次把小黄放回来后,外星人阿里、巴里、查里和达里便一直悄悄地尾随着小精灵。由于白桦、李瑞和小精灵一直形影不离,白桦又长得身材魁梧,外星人一直不敢对小精灵下手。刚才,白桦和李瑞离去后,他们终于得了机会,将小精灵劫到附近一个山洞里。然后,巴里和达里留下来看着小精灵,阿里和查里去开 UFO。这一次,他们决定要速战速决,在白桦一行来解救之前将小精灵载回外星去。

笨笨熊指着一块巨石对李瑞说:"你带小黄躲在那块石头后面,防止外星人把小黄抢走。"

李瑞点了点头,带着小黄躲在了山洞旁边的一块巨石后。跳跳猴、笨笨熊和白桦向洞口爬去。

这是一个天然的山洞,大约只有三四米深。洞口前的山坡上,长满了青草,草丛中,点缀着烂漫山花。

就在跳跳猴哥仨要进入山洞的时候,突然,山崩地裂,跳跳猴三人摔倒在地,骨碌碌滚下山坡。大约滚下五六米的时候,他们被山坡上的树拦了下来。这时,眼前的山洞也塌了下来,冒出一股灰尘。

他们立即意识到，地震了。

跳跳猴、笨笨熊和白桦飞快地爬向洞口，拼命地挖塌下来的土和石头。不时有强烈的余震发生，山顶滚落下来的石头将跳跳猴的腿擦掉了一块皮，鲜血一直往外渗。他扯一截裤管，将伤口扎紧，继续上阵。笨笨熊和白桦搬石头将指头磨破了，竟然没有察觉。大家心里只有一个念头：一定要把小精灵救出来。

黄昏时分，终于挖到了洞底。他们看到小精灵躺在洞底的右侧，在他的旁边蜷缩着两个鼻子很小的人，其中一个头顶有两个触角一样的突起。白桦一眼便认出来，那个头上长触角的人是外星人巴里，另外一个是外星人达里。

看到小精灵，三个人一起拥了上去。白桦将小精灵抱了起来，叫着："小精灵，可算找到你了。"

但是，小精灵没有反应，脑袋耷拉了下来。

不好，小精灵受伤了！跳跳猴三个哭着，喊着，摇晃着，小精灵还是没有一点反应。

显然，小精灵死了。

白桦把小精灵交给跳跳猴，拳头攥得咯嘣嘣地响，一步步逼近巴里和达里。他要把巴里和达里揍个稀巴烂，为他的好朋友小精灵复仇。

巴里和达里瑟瑟发抖，瞪大眼睛惊恐地看着白桦。

跳跳猴向前跨了一大步，拉住了白桦。他说："白桦兄，算了。人已死，不能复生，打他们一顿又有何用？在这大灾面前，人之间，或者说，地球人和外星人之间，还有必要计较恩怨吗？"

听了跳跳猴的话，白桦狠狠地瞪了巴里和达里一眼，转过身来，眼泪汪汪地抚摸着跳跳猴怀抱里的小精灵。

笨笨熊低声对白桦说："用布把他们的眼睛蒙上。"

白桦不解其意，迟疑了一下。很快，他点了点头，从背篓里翻出一件衬衣，撕成布条，将两个外星人的眼睛蒙了起来。

这时，脚下的地又猛地抖了一下。跳跳猴对大家大声喊："快走，我们需要赶快离开这里。"

他一边喊，一边将笨笨熊、白桦推出洞外，接着，拽着巴里和达里便往山下跑。李瑞见状，抱了小黄紧紧地跟在后面。

山上的石头像雪崩一样往下滚，山谷里尘土飞扬。跳跳猴一行闪过了一块又一块滚石，在山间艰难地行进。

笨笨熊一边警惕地望着从山上滚落下来的山石，一边对跳跳猴说："把小精灵埋在这里吧。这样，我们行动可以方便一些。"

跳跳猴坚决地摇了摇头，把小精灵抱得更紧了。小精灵与地球生物同寿，能够就这样死去吗？他不相信。

就在夜幕降临的时候，一行人来到一个石洞前。石洞不深，是从一块巨石上凿出来的。奇怪的是，虽然一路走来所有的山坡都山崩地裂，乱石滚滚，这石洞所在的山坡却毫发无损。大家挤进石洞，相对无言，只是默默地听着不时传来的隆隆声。整整一个晚上，跳跳猴用胸膛暖着小精灵的胸膛，用额头贴着小精灵的额头。他期盼着小精灵会慢慢地睁开眼，继续和他们一起旅行。

天快亮了，小精灵的体温越来越低，直至冰凉。理智告诉跳跳猴，小精灵的复活是不可能了。意识到这一点，跳跳猴将额头与小精灵贴得更紧。就在这时，他感到额头好像通了电流，紧接着，脑子里突然出现一束亮光。在那亮光下，他看到了没有树木和动物，一片死寂的地球，看到了或爬行或飞翔的庞然大物恐龙，看到了沧海变桑田……

"难道是小精灵将记忆移植给了我吗？"跳跳猴将小精灵放在石洞里的台子上，怔怔地看着。

看到跳跳猴将一直紧紧抱着的小精灵放了下来，笨笨熊说："我们用石块将石洞封起来吧。"

跳跳猴四人在石洞周围捡了许多石头，将石洞口封了起来。接着，他们在石洞外面肃立默哀。巴里和达里也低下了头，他们深深自责，正是因了自己的劫持，小精灵才丢掉了性命。

你们被复制了

默哀毕，跳跳猴一行怀着悲痛的心情上路了。就在天蒙蒙亮的时候，一行人来到一个小镇子上。

虽说是一个镇子，现在却只是一大片残垣断壁。从断墙和街道旁的广告牌上，依稀可以看出不少饭店和俱乐部之类的字样。看来，地震前这里是一个非常热闹的小镇，但现在却没有一个人影，没有一点响动，成了一座死城。

就在快要走出镇子的时候，笨笨熊发现一个塌掉的旅馆里有什么东西在太阳光下闪闪发光。定睛一看，原来是一面很大的玻璃镜子。

他走到李瑞身旁，低声说："躲到树林里。"

李瑞不解地问："为什么？"

笨笨熊用下巴指了指外星人，没有说话。李瑞会意，带着小黄躲到了树林里。

待李瑞躲开，笨笨熊将巴里和达里头上蒙着眼睛的布扯了下来，和白桦要过地震那天从小镇上讨到的两块饼子，塞给他们，说："两位小兄弟，现在没有危险了，我们各自行动吧。"

自从小精灵遇难以来，巴里和达里一直感到愧对跳跳猴他们。想不到，这几个小伙子不仅没有对他们进行报复，还把仅有的两个饼子送给他们。

巴里受宠若惊地说："你们也都饿了，还是你们吃吧。"

跳跳猴说："我们可以去村里讨饭吃，你们呢？由于相貌关系，怕是不太方便。"

听了跳跳猴的话，巴里和达里将饼子收了起来，再三表示感谢。

笨笨熊对巴里和达里说："分手之前，给你们看一样东西。"

巴里和达里好奇地问："什么东西？"

笨笨熊指着那面玻璃镜子说："站到那里去。"

巴里和达里乖乖地走到了镜子面前，把脑袋扭过来盯着笨笨熊。他们不知道笨

生物科学研究院

笨熊是什么意思。

跳跳猴和白桦心里嘀咕，这胖子又在搞什么鬼名堂？

笨笨熊对巴里和达里说："别看我，看前面。看里面有什么。"

巴里和达里回过头来一看，奇怪，那个亮闪闪的东西里面的人和自己一模一样。

巴里有点惊恐地对笨笨熊说："里面也有两个人，和我们的相貌差不多。"

笨笨熊说："什么差不多，那便是你们自己。"

"我们怎么会跑到里面去呢？"达里有点不相信。

笨笨熊说："不信吗？你举一下左手。"

达里顺从地举起了左手。他看见，面前那个和自己相貌相同的人也举起了左手。

大概是要印证一下笨笨熊所言是否真实，巴里左右摇了摇脑袋。他看见，面前那个和自己长得一样的人也左右摇了摇脑袋。

巴里和达里疑惧地望着笨笨熊，异口同声地问道："这是怎么回事呢？"

笨笨熊淡淡地说道："怎么回事？你们被我们复制了。"

达里问："什么？我们被复制了？"

笨笨熊点了点头，说："是，复制了。从今以后，不管你们在干什么，我们都会知道得一清二楚。好了，时候不早了，我们就此分手吧。不过，临别前，我有一句话要和你们交代。"

巴里和达里躬了躬身子，恭恭敬敬地说："您说，您说。"

笨笨熊一字一顿地说："希望不要再对我们搞什么破坏活动。"

巴里和达里说："一定，一定。"

这时，白桦和跳跳猴才明白，原来，笨笨熊是在蒙巴里和达里。

接着，笨笨熊转过头来对白桦、跳跳猴说："就要分手了，你们对外星人朋友没有什么话说吗？"

跳跳猴立即问道："上次你们拿我们的路线图时，可曾同时拿到一个锦囊吗？"

巴里满脸疑惑，问："什么锦囊？"

跳跳猴说："就是一个小布包。"

巴里说："是，是拿到一个小布包。这布包对你们有用吗？"

跳跳猴、笨笨熊和白桦不约而同地点了点头。

巴里没有再说话，他拉了达里朝着附近的山上走去。上山的路上，两人一步三回头，眼里噙满了泪水。

生命的特征

终于离开了震区，需要考虑继续生物旅行了。在放走巴里和达里后，跳跳猴等循着路线图继续行进。

两天后，一行人来到了坐落在雾山芦芽峰下的化学研究所。这是一座古典式的四合院，实验室里摆满了各种各样的化学分析仪器。不可思议的是，走遍了所有的实验室，却没有发现一个工作人员。看门的老人告诉他们，这里虽然叫作研究所，其实没有研究员，没有教授。来这里的人，都是自己动手进行研究的。

笨笨熊对大家说："看来，我们只能自己动手做实验了。"

李瑞问："做什么实验呢？"

笨笨熊说："自从生物旅行以来，我们看到了许多种类的微生物和形形色色的植物动物。但是，这些生物具有哪些共同特征呢？生物和非生物的区别在哪里呢？这些问题，需要先弄个明白。"

从那以后，跳跳猴一行每天分析各种生物标本的化学成分。整整一年过去了，他们总结出了生命的共同特征：

所有生物体的化学组成具有同一性。

所有物质的基本单位是分子，而分子又由一种或多种元素组成。在对生物和非生物的标本进行化学成分分析后，他们惊讶地发现，所有生物体，不论是肉眼看不见的细菌还是高大的植物动物，它们的化学成分竟然具有高度的一致性。这种一致性，既表现在元素层面，又表现在分子层面。

从元素层面看，地球上的元素有 118 种，但是，所有的生物物种，好像听了谁的号令，都将 C、H、O、N、P、S、Ca 七种元素作为它们的建筑材料。

从分子层面看，各种生物体都含有蛋白质、核酸、脂类、糖、维生素等有机物质。并且，生物体的这些有机物质具有高度的同质性。

高度的同质性是什么意思呢?

人体的蛋白质有成千上万种,所有生物的蛋白质种类更是不计其数。但是,构成各种生物体蛋白质的氨基酸,不外二十种。

人体的基因有三万多个,整个生物界的基因更是难以计数。但是,构成基因的基本组成单位即脱氧核糖核酸,只有四种。

为什么世间万千生物的化学组成会如此相似呢?

这只能说明地球上的生物具有共同的起源,也就是说,来自一个共同的祖宗。

第二,所有生物都是以细胞为结构与功能单位。

他们把细菌、真菌、植物和动物的标本放在显微镜下观察发现,不论是最简单的生物细菌,还是高等植物和动物的器官,其基本结构都是细胞。简单来说,如果把各种生物比作大大小小的建筑物,那么,细胞便可以比作建筑材料里的砖头。垒鸡窝狗窝要用砖头,建摩天大厦仍然要用砖头。

将完整的细胞进行培养,可以不断产生新的细胞,同时表现出生命现象;但是,一旦将细胞破坏,不仅不会有新的细胞产生,原有的细胞也崩解坏死。

为什么必须以细胞为单位才能表现出生命现象呢?

一个工厂要有好多人来干活,但是,并不是有了好多人便可以成为一个工厂。只有具备了工厂领导、生产技术人员、供应部门、销售部门以及厂房等,形成一个完整的体系,才能生产和销售出产品。

与工厂的道理相似。生物的化学组成是蛋白质、脂类和糖等,但是,并不是将这些东西集中在一起就是生命。只有具备管理细胞活动的细胞核、生产和加工蛋白质的各种细胞器以及维持细胞成分稳定的细胞膜等,形成一个完整的体系,才有可能表现生命活动。一旦这个体系被破坏,细胞即不再能繁殖,也不再是一个生命。

第三,所有生物都存在新陈代谢。

寒来暑往,大家发现窗外的小树一年中长高了不少,实验室后院的长颈鹿也能够得到原来够不到的树枝了。

它们是靠了什么长高长大的呢?

小树长大要从土壤中吸收水分和养料,长颈鹿呢?要靠每天吃草。也就是说,生物体要生存,便要不断从周围环境摄取物质。但是,就像做饭时会产生下脚料一样,摄入到生物体内的物质也会产生废物,这些废物排不出去也会产生麻烦。

这个摄取新的物质排出陈旧物质的过程叫作新陈代谢。如果一个生物体的新陈代谢停止,生命便宣告结束。

第四,所有生物都具有应激性。

来实验室不久,李瑞便将一个种了向日葵种子的花盆放在了窗台上。向日葵发芽后,幼芽便向着有阳光的地方弯曲;向日葵开花了,那花盘又每天朝着太阳转圈子。向日葵能对外界刺激发生反应,是不是所有生物都具有这种特性呢?

笨笨熊在一个玻片上放了两滴液体,一滴是草履虫培养液,里面含有草履虫喜欢吃的东西,另一滴是清水。他将草履虫放在草履虫培养液中,然后,在两滴液体之间造一条运河,将两个液滴联通起来。结果,草履虫躲在培养液中不肯进入清水中。笨笨熊在原来的清水中加入草履虫最喜欢吃的牛肉汁,原来深居简出的草履虫纷纷通过运河跑了过去。噢,小小的草履虫竟然也会对外界刺激发生反应。

笨笨熊把这种生物对外界刺激发生反应的性能叫作应激性。其实,手被针刺感到疼痛时缩回来,苍蝇追逐腐烂的肉,老鼠听到猫叫后仓皇逃窜都是生物应激性的表现。如果生物体对外界的任何刺激都无动于衷,便不能摄取食物,不能躲避敌害。结果,也便不能维持生命。

第五,稳态。

长期的研究发现,生物体内的物质组成以及生命活动保持着稳定状态。比如,在人类,血压有一个正常范围。血压低于正常叫作低血压,高于正常叫作高血压,都需要到医院看病。

但是,不同的生物物种,稳定状态各不相同。他们发现,越是高级生物,维持稳定的机制越完善,对外界环境也就越适应。比如,从进化角度来讲,恒温动物比变温动物高级。变温动物由于体温调节机制不够完善,夏天要躲到阴凉处去夏眠,冬天要钻到洞里去冬眠。恒温动物通过完善的体温调节机制,无论炎夏或寒冬都可以使身体温度保持稳定。因此,它们一年四季正常活动。

看来,不同程度的稳态也是生物的一个特征。

第六,适应。

在研究了许多现存的生物和已经灭绝的生物后,笨笨熊等发现,无论是植物、动物还是微生物,只有在其结构和功能适应生存环境时,才能生存下来。

比如,鱼有鳃,可以从水中摄取氧气,才能适应水中的生活。牦牛有厚厚的毛,才能适应高寒地带的特殊环境。恐龙之所以整体覆灭,是由于它们对当时的生存环境不能适应。

在纵览万事万物的存亡后,哲学家总结了一句话:凡是存在的就是合理的。在研究许多生物物种的生死后,达尔文总结了一句话:适者生存。

第七,生长发育和死亡。

李瑞种在花盆里的向日葵春天发芽,夏天开花,秋末冬初便花叶凋零,死去了。后院里,不时有动物幼崽出生,也常有年老动物死去。笨笨熊等想,难道所有生物都要死亡吗? 有没有不死的生物呢?

他们翻遍了资料室的书籍才明白,任何一个生物个体,从它新生的那一刻起便与死神签了约定,踏上了生长、发育,最后死亡的旅途。

可以说,所有人都希望永久保持生命。秦始皇对永生不死渴望至极,他一边忙着统一六国,规范度量衡,一边遍求长生不老药。但最终未能如愿,只得梦想着在陵墓里操练他的兵马俑。埃及的法老幻想死后转生,便下了工夫建造下一辈子的宫殿和保全尸体,结果,只是留下了一座座金字塔和一具具木乃伊。老百姓没有秦始皇和法老的本事,便编了长生不老的神话故事。但是,从古至今,有谁得道升天,成了神仙呢?

通常,人们说生物是有生命的物体。其实,把生物定义为生死之物可能更为严谨。

第八,繁殖和遗传。

生物和非生物还有一个重要的区别,就是生物可以繁殖。放在试验台上的那台显微镜,今天是一台,明天还是一台。就是到了明年,也不会生出一个小显微镜来。可是,后院动物饲养室的小白鼠呢? 笨笨熊他们刚来时只有一夫一妻,一年过去了,除了实验用去的之外,现在竟然还剩了一百多只。

一个生物物种之所以能生生不息,靠的是生物体的繁殖。

但是,小白鼠妈妈和爸爸只能生出小白鼠幼崽。推而广之,老虎只能生出老虎,大象只能生出大象。之所以这样,靠的是生物体的遗传。

人们常说,"龙生龙,凤生凤,老鼠儿子会打洞"。这句话,听起来普普通通,实际上蕴含了繁殖和遗传这个生物界最根本的法则。第一次说出这句话的人,不是一位伟大的生物学家,便是比生物学家还要伟大的哲学家。

上善若水

在弄明白生命的特征后，大家接着对细胞的化学成分进行分析。分析结果表明，细胞的化学成分有：水、无机盐、核酸、蛋白质、糖以及脂类等。其中，水是最主要的成分。

为什么所有生物都离不开水呢？研究表明，水之所以重要，是因了极性、流动性、内聚力、高比热、高蒸发热和热缩冷胀这六个特性。

极性。

水分子由一个氧原子和两个氢原子组成。氧原子带着两个负电荷，氢原子带着一个正电荷。这就使得水分子具有正极和负极，也就是说具有了极性。

这极性对生物有什么作用呢？

许多物质也是由带正电的和带负电的原子组成。当把这种物质溶解在水里，水分子中带负电的氧原子就会去拉扯带正电的原子，带正电的氢原子就会去拉扯带负电的原子。结果，便把化合物拆了开来，分解为离子。分散在水里的各种各样的离子互相碰撞，如果碰上中意的，便会互相吸引，拉起手来，结成伴侣。这样，新的化合物便形成了。

通过这种反应，生物体才能合成所需要的物质，才能产生生命活动所需的能量。

因此，没有水便没有生命。

流动性。

盖房子时砖头和砖头之间靠混凝土黏结，化学物质中原子和原子之间靠化学键互相连接。水分子中的氧原子和氢原子以氢键连接，这种键很脆弱，形成快，破裂也快，这就使得水具有流动性。

正是由于水的流动性，植物根部吸收的水才能到达茎和叶；动物的血液才能源源不断地为组织和器官供给营养。

内聚力。

水分子之间也有氢键相连接，也就是说，水分子和水分子总是手拉着手。就是靠了这种手拉手，能把树根吸收的水分拉到一百多米高的树顶。

高比热和蒸发热。

比热是使物质温度升高时所需要的热量。使 1 克空气上升 1℃需要 1.046J 热量，而使 1 克水上升 1℃需要 4.148 焦耳热量。水的比热大约是空气的 4 倍！

但是，比热高有什么意义呢？

水的比热大，可以在外界温度变化较大的情况下使水温保持相对稳定。这样，生活在水里的水生生物就可以有一个相对稳定的生存环境。要不然，夏天水发烫，冬天水结冰，水里的鱼虾便要遭殃了。

生物在新陈代谢过程中要产生热量，水的比热大，生物体中的水才能吸收较多的热量而使体温保持相对恒定。要不然，就会时而发烧神志不清，时而冷得浑身哆嗦。

蒸发热是指使 1 克水蒸发成为气体所需要的热量。在水温 100℃时，1 克液态水完全变成水蒸气需要 2259.36 焦耳热量。这个热量，可以使 245 克水升高 1℃。

水在蒸发时吸收热量多和生物又有什么关系呢？

蒸发，也就是出汗，是生物体散热的重要方式。水的蒸发热高，便可以使生物体有效地散热。有一种人，皮肤没有汗腺，不能通过蒸发散热，他们的生理功能会出现严重紊乱。

热缩冷胀。

一般的物质是热胀冷缩。也就是说，温度升高时，物体的体积增大；温度降低时，物体的体积缩小。但水呢？ 与众不同，在 4℃时密度最大，体积最小；高于 4℃或者低于 4℃时密度都要变小，体积都要增大。

水的这一怪脾气有什么意义呢？

水结成冰后密度变小，冰块就会浮在水表面，形成一层绝缘层，使冰下的水不至于结成冰。这样，就可以保证水生动物在其中生存。

如果水也和其他物质一样热胀冷缩，结冰后密度变大，就会使结成的冰沉到水底。这样，暴露在空气中的水又会受低温影响而结成冰。最后，整个河流、湖泊以及海洋中的水都会形成一个冰块。这样，水里的水生动物不就被冻在冰块里，住在"冰棺"里了吗?

总而言之,水的极性、流动性、内聚力、高比热、高蒸发热和热缩冷胀都对生物具有非常重要的意义。更重要的是,水是生物体中的主要成分。在人体,要占到体重的 70% 左右;在某些生物,水占体重的比例更高。可以说,没有水,就没有生命。

虽然对生物须臾不可或缺,它却无色、无味,甚至连形状也没有,从来不炫耀自己。因此,老子在《道德经》中说"上善若水,水善利万物而不争"。

圣人孔子对水也有特殊的感情,每次看到大水总要停下脚步行注目礼。一次,孔子又在专注地看滔滔东去的江水,子贡问老师为什么看大水那么出神。孔子答曰:"夫水,偏与诸生而无为也,似德;其流也埤下,裾拘必循其理,似义;其洸洸乎不屈尽,似道;若有决行之,其应佚若声响,其赴而仞之谷不惧,似勇;主量必平,似法;盈不求概,似正;淖约微达,似察;以出以入,以就鲜洁,似善化;其万折也必东,似志。是故君子见大水必观焉。"

在老子和孔圣人的心中,水不仅是生命之源,而且具备高尚的品格!

不只是调味品

在化学分析时，大家发现在生物体中有多种无机盐。

"生物体中为什么会有许多无机盐呢？"李瑞问。

"我们在吃饭时总要加食盐等调味品，当然体内要有无机盐了。"跳跳猴认为找到了原因。

笨笨熊笑了笑，说："我们还是来研究一下吧。"

在接下来的一个月中，大家做了一系列的实验。实验表明，有些无机盐是生物体的结构成分。比如，骨骼和牙齿便主要由钙、磷和镁组成。有了这些无机盐，骨骼才有硬度；缺少了这些成分，便是软骨头。

除骨骼、牙齿外，激素、维生素、蛋白质、核酸以及许多酶中都可以发现无机盐的踪影。将这些物质中的无机盐去掉，它们的生理活性就丧失殆尽。比如，铁是红细胞中血色素的重要成分，缺少了铁，会得缺铁性贫血。

进一步的分析发现，各种细胞内都有无机盐。把细胞内液体中的无机盐去掉，结果，细胞内的水分都跑到了细胞外，原本圆鼓鼓的细胞像泄了气的皮球一样塌陷了下来。这是为什么呢？原来，水有一个特性，总是向渗透压高的地方转移。无机盐可以使细胞内的液体保持一定的渗透压，去掉无机盐后，细胞内液体的渗透压下降，当然要跑到渗透压高的细胞周围了。

细胞内的无机盐还和生物电有关。就像我们的日常生活和生产离不开电一样，神经传导神经冲动、肌肉收缩以及许许多多的细胞活动都要靠生物电的作用。这生物电正是由于 Na^+、K^+ 等无机盐离子在细胞内外来回交换而产生的。

细胞内有无机盐，细胞外的液体里有没有呢？

跳跳猴取了血液中的血清进行化验，发现里面也有好多种无机盐。这些无机盐有什么作用呢？实验发现，正常的血清有一定的酸碱度，如果把血清中的某些无机盐去掉,血清的酸碱度就会发生剧烈波动。在酸度上升或者下降超过一定限度时,就会发生酸中毒或碱中毒,生物体的生命活动就会发生严重紊乱,甚至导致死亡。如果把细胞间液体中的无机盐去掉,细胞间液的渗透压会降低,水分便会向渗透压高的细胞内转移,将一个个细胞的肚子撑大,最后胀破。

　　看来,无机盐之于生物体,不只是调味品。和水一样,对生物体来说,无机盐也是不可或缺的成分。

生物科学研究院

糖类大家族

来到芦芽峰有一些时日了，一直没有时间游玩。早上，在太阳升起之前，跳跳猴叫了白桦、笨笨熊和李瑞，向芦芽峰峰顶爬去。

站在山顶，白桦指着不远处的一座山说："看，那是什么？"

顺着白桦手指的方向看去，只见轻纱般的薄雾下白花花一大片。是落雪吗？此时已非寒冬。是飞云吗？头顶晴空万里。究竟是什么呢？跳跳猴和笨笨熊回过头来望着白桦。

白桦笑了笑，说："不知道是什么吧？"

跳跳猴和笨笨熊点了点头。

白桦大声说："是梨花开了。"

跳跳猴说："可是，昨天，并无此番景象啊！"

白桦说："想必，这满山的梨树开花只是昨天晚上的事。"

听了白桦的话，跳跳猴突然想起唐朝诗人岑参的诗句："忽如一夜春风来，千树万树梨花开。"

就在这梨花盛开的季节，大家开始了对细胞有机物的研究。

有机物是含碳元素化合物的总称。在生物体内，主要的有机物有糖类、脂类和蛋白质。

糖分子中含 C、H、O 三种元素，是有机化合物中的大家族。生物体内的糖有三种形式：单糖、二糖和多糖。

单糖是不能水解的糖，主要的单糖有葡萄糖、果糖、核糖、脱氧核糖等。

葡萄糖和果糖分子中含六个碳原子，是生物体中最普遍的糖。它们都是动物细胞的重要供能物质，因此，当人血液中糖浓度下降时，就会能量不足，感到头晕、疲乏。

脱氧核糖和核糖分子中含五个碳原子，分别是脱氧核糖核酸和核糖核酸的骨架。脱氧核糖核酸和核糖核酸是重要的遗传物质，靠了它们，生物体才能生生不息。能在遗传物质中作为核心，足见这核糖和脱氧核糖的重要性。

二糖是水解后能够生成两分子单糖的糖，主要的二糖有蔗糖、麦芽糖、乳糖等。蔗糖和麦芽糖主要存在于植物细胞中。乳糖，如其名字所示，存在于乳汁中。它们为动物和人类提供了营养物质。

多糖是水解后能够生成多个单糖的糖。常见的多糖有淀粉、糖原和纤维素。

淀粉主要存在于土豆、红薯以及玉米、小麦等植物的种子中。人类主要从这些食物中获得糖。

纤维素主要存在于植物的根茎枝叶中。食草动物的糖便是来源于草或树叶的纤维素。

糖的结构和来源弄清楚了，跳跳猴却紧锁着眉头。

笨笨熊问："小兄弟，在想什么呢？"

跳跳猴从沉思中回过神来，望着笨笨熊说："我有一个重要问题。"

"什么重要问题？"笨笨熊饶有兴趣地问。

跳跳猴说："为什么人不能像食草动物那样从草或树叶的纤维素中获得营养呢？"

李瑞兴奋地说："是啊！如果人也能像牛羊吃草，人类就不必辛辛苦苦种庄稼了。"

听了跳跳猴和李瑞的话，白桦噗哧一下笑了出来。接着，他说："人怎么可以像牛羊一样去吃草呢？"

在他看来，人吃粮食，牛羊吃草是天经地义的事。

笨笨熊沉吟了一下，一本正经地说："这倒是一个值得研究的问题。"

接下来，大家又夜以继日地对人和食草动物的消化道进行实验。研究发现，将纤维素转化为糖需要一种酶，纤维素酶。可惜，造物主把这种酶只是分配给了食草动物。因此，奶牛可以吃进去的是草，挤出来的是奶。人呢？没有这个本事，只能老老实实地去种庄稼。

不管吃的是草还是粮食，都要在消化道内分解为糖才能被吸收。但是，人和动物如何储藏这些糖呢？对由消化道进入血液的葡萄糖进行追踪发现，进食后，血液中一部分葡萄糖在细胞内聚合起来形成了糖原。饥饿时，一些糖原又分解成了葡萄糖。如果把血液中的葡萄糖比作水，细胞中的糖原就好像是水库。水库可以在雨季储存雨水，旱季时开闸灌溉。人和动物的糖原呢，可以使刚进食或饥饿时血液中的葡萄糖保持稳定。

由葡萄糖聚合形成的糖原放在了哪里呢？放在了人和动物细胞的细胞质中。不过，不同脏器的细胞储存糖原的能力不同，肝脏和肌肉细胞中含糖原较多。肝细胞中的糖原叫做肝糖原，肌肉细胞中的糖原叫做肌糖原。

糖类的研究虽然完成了，跳跳猴却老在想：现在不是有转基因技术吗？如果把食草动物产生纤维素酶的基因转给人，人类就不用为粮食短缺发愁了，农夫也用不着锄禾日当午，汗滴禾下土了。

他一直为这个想法感到兴奋。

核酸与蛋白质

糖和脂类的化学组成是 C、H、O,蛋白质呢,在 C、H、O 的基础上又增加了 N 元素。就是因了这 N,蛋白质便有了好多独特的功能。

第一,蛋白质是细胞和细胞间质的重要组成成分。重要到什么程度呢? 从重量来说吧,细胞干重的一半是蛋白质,生物膜中蛋白质含量约占 60% 到 70%。

第二,蛋白质在新陈代谢中具有非常重要的作用。生命活动中每时每刻都在进行许多复杂的化学反应,这些化学反应需要酶来催化,而酶就是具有催化作用的蛋白质。

第三,有些神经递质、激素也是蛋白质。也就是说,蛋白质还参与神经、内分泌对生命活动的调控。

第四,有些蛋白质有运输作用。比如,红细胞中的血红蛋白可以运输氧气,血液中的白蛋白可以运输内分泌激素等。

第五,有些蛋白质有免疫作用。比如,动物和人体内能抵抗入侵微生物作用的抗体、补体以及一些淋巴因子,就是蛋白质。

总之,一切生命活动都离不开蛋白质。怪不得恩格斯说蛋白质是生命的存在形式。

蛋白质如此重要,是由什么构成的呢?

化学分析表明,蛋白质由许多氨基酸组成。在每一个氨基酸分子中,有一个氨基和一个羧基,羧基带酸性,因此,便把这种物质叫作氨基酸。进一步的分析发现,一个氨基酸的氨基总是与相邻氨基酸的羧基手拉手,就像人们围成圆圈跳舞时左手拉右手。这种拉手的方式比较特别,因此也有了个特殊的名字——肽键。由肽键将多个氨基酸连接起来,便形成多肽链。每条多肽链由 20 到数百个氨基酸组成。

毛衣的原料是毛线,但是,只有按照一定的设计才能用毛线织出毛衣来。同样道理，多肽链要按照一定的空间结构弯曲折叠才能形成有功能的蛋白质。如果多肽链之间的空间结构发生变化，就会失去生物活性。比如，酶失去催化活性，血红蛋白失去输送氧气的能力。这种现象称为变性。

多肽链要具备一定的空间结构才能形成有功能的蛋白质。但是，这个空间结构是谁来设计的呢？经过许多次实验，才弄明白这设计者是核酸。它不仅决定选用哪些氨基酸，决定谁和谁拉着手，还决定氨基酸手拉手以后形成的多肽链如何弯曲和折叠。

核酸最早是由瑞士 F.Miescher 于 1980 年从脓细胞的细胞核中分离出来的。由于这种物质呈酸性，并且来源于细胞核，所以得了核酸这个名字。核酸又分为核糖核酸和脱氧核糖核酸两种，核糖核酸简称为 RNA，脱氧核糖核酸简称为 DNA。

核酸决定着合成什么蛋白质，蛋白质又决定着细胞的代谢类型和生物体的结构特征。

因此，说核酸和蛋白质是细胞和生物体的核心成分一点也不过分。

高能燃料

　　脂类是中性脂肪、磷脂、类固醇和萜类等物质的总称。将四类物质统称为脂类，一定是它们有一些共性吧？跳跳猴等将这些物质放在水里，它们依然故我；放在乙醚、苯和氯仿中呢？却溶化得无影无踪。原来，它们都是脂溶性物质。

　　化学分析发现，中性脂肪由甘油和脂肪酸组成。甘油的结构只有一种，脂肪酸却有好多面孔。大多数脂肪酸可以在哺乳动物和人体内合成，亚油酸和亚麻酸却必须从外界摄取。大家把可以自己合成的脂肪酸叫作非必需脂肪酸；体内不能合成，只能从外界摄取的脂肪酸叫作必需脂肪酸。顾名思义，必需脂肪酸是身体必然需要的。非必需脂肪酸呢？并不是身体不需要，而是并非必须从自然界摄取才能得到。有点拗口吧？如果当初把非必需脂肪酸叫作非必须脂肪酸就好了。

　　汽车跑来跑去要靠发动机提供能量，而发动机的能量来自燃烧汽油或柴油。和汽车相似，生物的生命活动也需要能量，不过，这能量是来源于糖、氨基酸和脂肪的化学反应。就像每个人的能力大小不同一样，脂肪、氨基酸和糖贮存的能量也各不相同。实验表明，一克葡萄糖或一克氨基酸中的能量只有 16.4 千焦耳，一克脂肪中的能量约 37.7 千焦耳。也就是说，在生物体中，脂肪是当之无愧的高能物质。

　　人们要贮存煤炭或燃油作为能量储备，生物体也要贮存能量物质以备需要时动用。但是，贮存什么呢？糖、氨基酸，还是脂肪？当然要贮存含能量高的脂肪，这样，才能节省地方。于是，当吃进去的东西消耗不掉时，便转化成脂肪贮存下来。这些脂肪放在哪里呢？一般动物把它放在了皮下，就像穿了一层厚厚的皮衣。骆驼呢？与众不同，背在了脊背上。对，就是人们熟悉的驼峰。骆驼靠了高高的驼峰可以几天不吃东西在沙漠上行走，狗熊靠了厚厚的皮下脂肪可以不吃不喝，抱头大睡，度过漫长的寒冬。

　　除供给能量外，高等动物和人体的皮下脂肪能减少身体热量散失，维持体温恒定；内脏的脂肪还有减少内部器官之间摩擦和缓冲外界压力的作用。

在磷脂的化学结构中，除甘油和脂肪酸外，还有磷酸。磷脂的功能在于形成细胞的膜。如果缺少磷脂，所有细胞便没有了外衣。

类固醇不含脂肪酸，但是它的物理化学性质与脂肪接近。因此，习惯上把类固醇放在脂类中。类固醇是生物体内许多激素的原料，还是细胞膜的组成成分。

萜类，也不含脂肪酸，但是化学结构与脂肪接近。因为在生物体内的含量很少，便把它归在脂类这个大家族中。别看是少数民族，萜类是生物体中维生素 A、维生素 E 和维生素 K 的组成成分。缺了它，动物和人都会得病。

总起来说，脂类既是生物体的重要燃料，又是生物体的组成成分，还参与了激素和维生素的合成。

脑筋急转弯

细胞成分的研究结束后,大家离开化学研究所,按着路线图向雾山的生物研究院进发。

途中,跳跳猴说:"白桦大哥,再给大家讲个故事吧。"

白桦说:"对不起,肚子里没货了。"

接着,他把头转向李瑞说:"给大家出一个脑筋急转弯的题吧。"

跳跳猴问:"李瑞还有这一手吗?"

白桦说:"这是前几天我们在一起做实验时的新发现。"

听了白桦的话,跳跳猴高兴地说:"小兄弟,露一手。"

李瑞清了清嗓子说:"好,就来个脑筋急转弯,看谁脑筋转得快。大家都知道,乌龟和兔子曾经比赛过跑步,出乎意料,乌龟赢了兔子。兔子一直不服气。在一个动物运动会上,组委会又请了乌龟和兔子赛跑。裁判呢,是猪。谁可以告诉我,这一次是乌龟赢,还是兔子赢?"

笨笨熊和白桦低头思考着。

怕别人抢了先,跳跳猴急忙说:"我……"

他想说兔子会赢。他认为,在龟兔赛跑的寓言中是乌龟赢,李瑞今天又拿这个来考人,最好是把答案反过来,兔子赢。

但是,刚说了个"我"字,白桦给跳跳猴挤了一下眼睛。看到白桦给自己使眼色,跳跳猴把剩下的话咽到肚子里。

李瑞连忙问:"你说,谁会赢?"

跳跳猴说:"我才不会说呢。"

李瑞说:"你刚才说了一个'我'字,要接着说下去。"

跳跳猴说:"我就是要说'我才不会说呢'。"

李瑞追问："为什么？"

跳跳猴狡黠地笑了笑，说："裁判是猪，谁说谁便是猪。"

李瑞没有看到白桦给跳跳猴使眼色，佩服地点了点头，说："真的是猴精猴精。"

跳跳猴得意地笑了。

智慧树

边说边笑，跳跳猴一行不觉来到一个小村庄。村口的一棵大树上斜插着一面酒幌，树下，一个村姑正在弯着腰劈柴。

跳跳猴上前问道："请问到霁山怎么走？"

村姑直起腰，摇了摇头说不知道。

就在跳跳猴等拔腿要走时，村姑指了指身后的一个小房子说："到酒店里问一问吧。里面的食客南来北往，说不定能告诉你们的。"

走进酒店，只见里面摆着五六只饭桌。正是午饭时间，有十几个人在一边吃饭，一边聊天。问了几个食客去霁山的路径，他们都摇摇头说不知道。

这时，坐在对面桌子上的一位满脸络腮胡的男子一边用筷子击着一只空碗，一边唱道："各位行者请听清，不偏不倚向西行，趟过七七四十九条河，翻过九九八十一道岭。"

唱完，便埋头饮酒，不再吭声。

得了指引，一行人谢过歌者，出得饭店，趟过七七四十九条河，来到九九第八十一道岭。站在山岭上，只见前面有一片大大小小的山峦，绿树丛中散布着青砖碧瓦的建筑。山外有一圈河流，就像古时候城堡的护城河。那一片山虽不甚高，但山腰间祥云缭绕，颇有仙境的气象。

跳跳猴想，这是一座什么山呢？

正在疑惑之间，树林里走出一个樵夫，一脸络腮胡，肩上扛一根扁担，腰带上别一把板斧。

跳跳猴趋上前问道："大伯，面前这座山叫什么名字？"

樵夫停了脚步，回答："霁山。"

噢，这就是霁山。跳跳猴和白桦高兴得跳了起来。

笨笨熊接着问："您可曾到那里砍过柴吗？"

樵夫摇了摇头，说："不曾。你没看见周围的那一道河吗？听说，那里有许多学堂，只有经过了什么特殊考试的人才能进到那里去，比上大学还要难上好多倍呢。"

说完，钻进密密的树林中，不见了。

噢！历经千山万水，终于来到了这块一直向往的圣地了。

笨笨熊又掏出路线图，和眼前的霁山对照着看了起来。只见在霁山的半山腰又突起一座山峰，山峰顶部的树林间隐隐约约有一座红瓦白墙的建筑。在霁山下，有一个小山包，路线图把这座山包标为雾霁峰。在雾霁峰旁边，有一块四周齐愣愣的高地，在路线图上，这块高地的名字是舜王坪。

看了路线图，跳跳猴望着眼前的霁山问："可是，我们如何进到霁山呢？"笨笨熊说："我们先走到河边再说吧。"

接着，便领了跳跳猴等向山下走去。

到得山脚，只见河面足有七八十丈宽，河水波涛汹涌。看来，涉水而过是不可能的了。得找一个人问一下入霁山的路径，无奈满眼全是苍翠的树木。循着岸边走了大约半个时辰，仍然没有看到一个人影。

笨笨熊走得喘起了粗气，额头上沁出了细细的汗珠。他对大家说："弟兄们，休息一会儿吧。"

跳跳猴焦急地说："可是，我们还不知道如何过得这河面啊！"

笨笨熊抹了一下额头上的汗珠，说："说不定，以逸待劳才是最好的办法。"

话音刚落，只见远处的河边来了一个中年男子，大家都不约而同地停了下来。待那男子走近，只见他肩扛一杆猎枪，头戴一顶毡帽，两个腮帮乌青。

跳跳猴急忙上前，躬身施了一个礼，问道："请问到霁山有什么路径？"

那中年男子停了下来，指着旁边一座山峰，说："看见山顶的那棵树了吗？"

大家顺着那中年男子的手指看去，只见在山顶有一棵硕大的树。

中年男子接着说："那座山叫智慧峰，山顶的那棵树叫智慧树。智慧树上结着一颗很大的智慧果，智慧果里有进到霁山的口令。在那个地方按照口令大声喊，便会有人来接应你们的。"

李瑞问："那么大的一棵树，怎么只有一颗果实呢？"

中年男子说："听人说，每过三个月，便会有一颗果实成熟。但是，能不能上到山顶摘到那智慧果，就要看你们的造化了。"

跳跳猴一行谢过中年男子，便往山上进发。

大概走出五六十步，中年男子在后面大声喊道："且慢。"

听了中年男子的话，跳跳猴四人停了下来，回头望着。

中年男子大声说："听说在上山摘那智慧果之前，还要在山腰上的一个书院通过一个考试。只有考试合格的小分队才可以上去摘智慧果。"

说完，中年男子便肩扛着猎枪匆匆离开。

跳跳猴一行顺着山道向山上爬，行不多远，只见山道旁不远处的一个平地上坐落着一个小巧玲珑的青砖灰瓦四合院。想必这就是考试的书院了，跳跳猴一行加快了脚步。

就在走近书院门口的时候，从院子里走出来三个小伙子，个个垂头丧气。

李瑞上前问道："请问，这里是书院吗？"

一个小伙子点了点头，没有吭气。

跳跳猴接着问："考试好通过吗？"

另外一个小伙子苦笑了一下，说："看你们的运气吧。"

说完，一行三人便向山下走去。

看来，这三个人在考试中触了霉头，跳跳猴一行忐忑不安地跨进了书院门。在院门口，他们看见一个银须老者坐在一张藤椅上，一队人站在他的面前汇报着什么。

少顷，老者挥了挥手，说："下山去吧。"

又一队人垂着脑袋，从他们身边走过，朝山下走去。

看着一支支小分队被淘汰，跳跳猴一行的心情更灰暗了，他们待在院门口一动不动。

老者朝着他们喊道："是要上智慧峰的吗？"

跳跳猴点了点头。

老者说："过来吧，把你们此前的行程和成果汇报一下。"

跳跳猴一行一步步挪到老者面前，通了姓名。跳跳猴将他们穿过时空隧道访问早已作古的生物科学家，循着路线图考察植物和动物，两次从外星人手中解救小精灵等经历洋洋洒洒地汇报了一通。一开始，他还有点紧张。渐渐地，心情放松了。到最后，竟然手舞足蹈起来。

老者听得入迷了，在跳跳猴汇报的过程中，他一直大张着嘴巴。跳跳猴讲完后许久，老者才回过神来。他大手一挥，说："快上山去吧，刚才已经有一队人上去了。"

生物科学研究院

考试通过了,跳跳猴、笨笨熊、白桦和李瑞欢呼了起来。他们谢过老者,冲出院子,望山顶爬去。

路上,李瑞疑惑地说:"智慧树每隔三个月才结一颗果,怎么今天便放行了两支小分队呢?"

跳跳猴说:"赶快赶路吧。别想那么多了。"

他带着大家埋头爬山,在坡陡处还不时拽笨笨熊一把。

路越来越难走,一开始,是可以两三个人并排行走的盘山小道。行不多远,变成了仅容一人的很陡的山道,两侧是刀劈斧砍般的悬崖。

跳跳猴对笨笨熊说:"我们驾云上去吧。"

笨笨熊点了点头。

但是,小哥俩念了驾云飞行的秘诀后脚底却没有生出白云。这时,他们才明白,去摘那智慧果不能走捷径。

跳跳猴说:"你就待在这里,我上去吧。"

话音未落,便甩开大步向那山峰走去。那通向山顶的山道狭窄陡峭,走在上面就像走钢丝。山风吹来,身子摇摇晃晃,一不小心便会掉在两边的深渊中,跳跳猴只得将身子贴着地面匍匐前进。可是,山道上石头如犬牙一般,爬不多远,便将两手磨破,渗出殷红的鲜血。

大约行了半个时辰,跳跳猴看见前面不远处有两个小伙子正在奋力攀登。显然,那是书院老者所说的刚刚放行的小分队成员。他心里默默念叨,一定要超过他们,否则,就摘不到智慧果了。想到这里,便加劲往上爬。前面的人看见后面有人在追,也明显加快了前进速度。

正在这时,跳跳猴隐隐约约听到旁边有微弱的呻吟声。循声望去,只见在他右边五六十米处的一个陡坡上伏着一个须发皆白的老人。在老人的身边,撂着一个竹背篓。

不好,老人一定是受伤了。是下去救人还是赶路? 跳跳猴开始了激烈的思想斗争。如果下去救人,智慧果是肯定摘不到了,生物研究院也去不了了。如果赶路,或许能够摘得智慧果,但是老者可能要丧命于此了。犹豫了一下,他马上想:无论如何,救人要紧。

决心既下,跳跳猴便离开通往山顶的山道向老者走去。他一边走,一边大声喊道:"老先生,怎么了?"

老人抬起头来,竭尽全力地回答:"老夫不慎,从上面摔下来了。"

跳跳猴喊道:"你别动,我来救你。"

听到说话的声音,前面的两个小伙子回过头来看了一看。接着,又继续前进。

跳跳猴来到老者的身旁,只见左腿的裤子上渗出了殷红的血。挽起裤腿,发现小腿的皮蹭破了一大片,骨头尚无大碍。

跳跳猴问:"老先生,家住哪里?我背你回家。"

老者指了指山坡下,说:"寒舍就在山坡下。有劳了。"

跳跳猴不由分说把老者背在脊背上,扶着身旁的树木一步一挪地向山坡下走去。

半个时辰过后,跳跳猴背着老人来到了山脚下老者的家。说是家,实际上只是一间茅草屋,屋里也没有其他人。他将老者安顿在屋子里算是床的一个草垫子上,便匆匆向原路返回,他要继续争取去摘智慧果。

就在跳跳猴刚刚跨出茅草屋的门槛时,老者喊道:"要去哪里?"

跳跳猴回过头来,说:"上山去摘智慧果。"

老者从草垫子上爬了起来,走到门口,指着山谷里的一条小道说:"顺着这条小道往里走,有一个天梯。爬上天梯,就是那智慧树。我相信,走这条路,你会比前面那两个人先期到达的。"

"真的吗?"跳跳猴兴奋地跳了起来。

"去吧,孩子。祝你好运。"老人朝着山谷底部挥了挥手。那挥手的姿势和刚才在书院的那位老者一模一样。

跳跳猴谢过老者,甩开大步沿着老者指引的路往山谷里走。待走出五六十步,回头一看,奇怪,那茅草屋消失得无影无踪。

咦,这老者难道是神仙?跳跳猴一边大步赶路,一边好奇地想。想着想着,他来到了山谷底部。正如老人所说,在面前的山坡上,层层叠叠的石阶直直地通到山顶。啊!和刚才走钢丝般的山道相比,这石阶不知道好了多少倍。他顾不得再想老者是不是神仙,一步两个台阶噔噔地往上爬。

到了山顶,只见那智慧树伸出三个大树枝,浓密的枝叶将山顶盖了个严严实实。他急忙攀上大树去找那智慧果。第一个树枝,寻觅好半天没有果实。第二个树枝,寻觅好半天还是没有果实。难道这一趟辛苦白费了吗?他一边心里嘀咕着,一边爬上了第三个树枝。就在搜索到树枝末端的时候,他发现了枝头吊着一颗硕大的红苹果。噢,总算找到了,他欣喜若狂,摘了智慧果顺着原路往回返。

就在跳跳猴踏上石阶准备下山时，上山时在他前面的两个小伙子也来到了山顶。看到本来在他们后面又下山去救人的跳跳猴手里捧了一颗大苹果离开智慧树，一个小伙子大声喊道："怎么回事，他怎么能跑到我们前面？"

跳跳猴没有吭声，顺着石阶噔噔噔噔跑了下去。待来到山脚，他长嘘了一口气，仰起头来往上看。奇了，刚才齐齐整整的石阶变成了嶙峋巨石。两个小伙子站在山顶探出脑袋莫名其妙地向山下看着。

跳跳猴向山顶的两个小伙子挥了挥手，循着原路返回到和伙伴们分手的地方。远远看到跳跳猴手里擎了一颗大苹果，笨笨熊、白桦和李瑞大声叫喊着又蹦又跳地围了上来。

笨笨熊兴奋地问道："跳跳猴，得了吗？"

"得了，得了。"跳跳猴晃了晃手里的苹果，脸上泛着红光。

笨笨熊说："好，我们赶快到河边。"

接着，一行人甩开大步奔向刚才遇到中年男子的地方。路上，跳跳猴绘声绘色地向伙伴们讲述刚才发生的一切。

听了跳跳猴的故事，白桦和李瑞目瞪口呆。

笨笨熊拍了拍跳跳猴的肩膀说："小兄弟，这么说来，你是现代版的张良了。"

"什么，张良？"白桦和李瑞大惑不解。

说着说着，一行人来到了河岸边。跳跳猴大大咧咧地说："管他什么良，我们还是打开看看里面的口令吧。"

他将智慧果掰开，里面露出一个果核。只见果核上镌刻着"跳跳猴、笨笨熊"六个字。

"哇，怎么智慧果里会有我们两个的名字呢？"跳跳猴诧异地说。

"难道你们的名字便是口令吗？"李瑞也感到匪夷所思。

笨笨熊皱了皱眉头，说："试着喊一下吧。"

跳跳猴朝着霁山的方向大声喊："跳跳猴、笨笨熊。"

话音刚落，河对岸的树丛中便摇出一只小船，摇船的，是一个戴着斗笠的长须老者。

船刚靠岸，大家一拥而上。河面不算太宽，小船一会儿就摇到了霁山岸边。下船时，大家纷纷向船夫道谢。

船夫指了指岸边不远处的一个小山包，说："先奔那个小山去吧，每一批来访的人都是首先到那里的。"

说完，便将小船隐在了岸边的树丛里。

细胞学说

一行人按着船夫的指引行了一阵,面前出现了一座三层小楼。进到楼里,只见楼道里不时有穿着白衣的工作人员匆匆进进出出。突然,一个戴着宽边黑框眼镜的胖胖的小伙子停了下来,惊讶地望着笨笨熊。

紧接着,他喊道:"笨笨熊,是你吗?"

笨笨熊愣了一下,上前握住小伙子的手,惊喜地说:"王大为,是你?"

小伙子说:"是带大家来旅行的吗?"

笨笨熊点了点头,接着,扭过头来对大家说:"介绍一下,这位是王大为,细胞研究所的研究员,也常去参加智者的讲座。在讲座上,我们都叫他大熊猫。"

说完,王大为和笨笨熊都笑了。跳跳猴、李瑞和白桦一看,眼前的老兄臃肿的身材,黑眼镜眶,还真像是大熊猫,便跟着笑了起来。

笨笨熊向王大为介绍了三个伙伴后,问道:"这里便是细胞研究所吗?"

王大为说:"正是。"

接着,他指了指楼门口的一间实验室说:"来这里旅行的人都在这间实验室里自己做实验。抽时间,我们回头再聊。"

说完,便道了别,急匆匆上到二楼。

笨笨熊领着大家进到了楼门口的实验室。在实验室的办公桌上,摆放着各种各样的细胞剖面模型,有的是圆形,有的是梭形,有的是不规则形……

在实验室的墙壁上,张贴着细胞研究历史的图文。

细胞是在显微镜问世之后被发现的。1665 年,英国人胡克用自制的显微镜观察切成薄片的软木,发现软木是由许多密密麻麻排列在一起的蜂窝状小室组成的。英文中 cell 一词原意为"小室",胡克就将在显微镜下看见的这些小室状结构称为 cell。实际上,这些小室就是细胞。

1858年，德国医生和细胞学家微耳和提出细胞来自细胞的观点。意思是在现在的条件下，细胞只能来自细胞，不能从无生命的物质自然发生。

1880年，魏斯曼进一步指出，从生物进化的角度来看，所有生物的细胞都具有一个共同的祖先。

随着电子显微镜的应用，人们对细胞的认识更加深入，发现了细胞内的各种细胞器。

现在，人们对细胞的认识更加微观，深入到了分子水平。

经过三百多年的长期研究，逐渐形成了细胞学说。这凝聚了许多代人心血的细胞学说有些什么内容呢？

第一，所有生物都是由细胞构成，也就是说，细胞是所有生物的基本结构单位；

第二，新细胞只能由原来的细胞分裂而产生；

第三，所有的细胞都具有基本相同的化学组成和代谢活性；

第四，生物个体的整体生命活动不是各组成细胞活动的简单相加，而是相关细胞相互作用的总和。

看完了墙上的介绍，跳跳猴蹙着眉，好像在出神地思考着什么。

笨笨熊问："跳跳猴，有什么问题吗？"

跳跳猴说："我对细胞学说的第二点'新细胞只能由原来的细胞分裂而产生'，不太理解。"

笨笨熊说："说得具体一些。"

跳跳猴说："在地球上，一开始是没有细胞的。按照生命发生理论，细胞来自于蛋白质和核酸等生物大分子，生物大分子来自于氨基酸等有机物质，有机物质来自于无机分子。也就是说，在生命发生之初，细胞是来自于非细胞物质。我不理解，为什么以前细胞可以来自非细胞的物质，而现在新细胞就只能由原来的细胞分裂而产生呢？"

顿了顿，跳跳猴接着说："当然，现在的地球和生命形成之初的地球有诸多不同。但是，细胞只能来自细胞的结论，是在排除了由非细胞物质形成细胞的所有可能后得出的吗？有没有在某一个角落里，在某种特殊的情况下由非细胞物质形成细胞的可能呢？"

听了跳跳猴的话，笨笨熊先是摇了摇头，接着，又点了点头。

接着，李瑞说："在目前的地球上，非细胞物质是否可以形成细胞我没有证据，不敢妄下断言。但是，有两个现代生物技术，克隆技术和卵子重建技术，却使我对细胞学说的第二条也产生了质疑。"

笨笨熊说："请讲。"

李瑞说："在克隆技术，将体细胞的细胞核移植入去掉细胞核的卵子中，便形成一个新细胞。经过特殊的技术处理，这个'组装'起来的新细胞便可以分裂，形成一个完整的个体，成为克隆动物。这个现象，是否是对'新细胞只能由原来的细胞分裂而产生'这一说法的否定呢？

"在卵子重建技术，将卵子的细胞核移植入另一个去掉细胞核的卵子中，形成一个新的卵子。这个'组装'起来的新卵子，可以和精子结合后形成胚胎，发育成为一个完整的个体。这个现象，是否也是对'新细胞只能由原来的细胞分裂而产生'的否定呢？"

笨笨熊没有回答李瑞的问题，他自顾自地说道："还有，2010 年 5 月 21 日，英国《泰晤士报》报道，美国生物学家克雷格·文特尔领导的研究小组在实验室利用电脑设计出来的基因制造出了细菌。这些细菌的父母不是细菌，而是电脑。他们给这种制造出来的细胞起了一个名字，叫作 Synthia。到目前为止，新细胞已经分裂了 10 亿多次。"

"照你们的说法，细胞学说里的第二条是不是应该修改了？"说话时，白桦望着笨笨熊。

笨笨熊笑了笑说："大家海阔天空聊一阵算了。修改细胞学说，我们还不够那个重量级。"

李瑞拍了拍笨笨熊高高撅起的肚子说："老兄的重量级还不够吗？"

说罢，一行四人都笑了起来。

生
物
科
学
研
究
院

033

细胞膜

接下来，跳跳猴四人开始对细胞的结构进行研究。细胞太小了，在显微镜下也只是一点点大。要对细胞的每个结构进行研究，大家用了智者给的魔镜。在看了许许多多种类生物的细胞后，大家发现，细胞的基本结构有细胞膜、细胞质和细胞核。但是，也有例外。比如，细菌和植物细胞在细胞膜外还包上了一层厚厚的细胞壁。原核细胞呢？在细胞内没有细胞核。

研究的第一步，当然是细胞外面的细胞膜。在魔镜下，出现了一幅图像，上面是一个个圆圆的脑袋一样的东西，在每一个脑袋下面，有两条叉开的腿。看上去，就像一个个人挤在一起。在这人群中间，夹杂着一些或大或小的不规则的东西。奇怪的是，这些"人"在不停地移动，就像许多人在舞池中跳舞或者在公园中游园。化学分析表明，那些有脑袋有腿的分子是磷脂和胆固醇，它们之间或大或小不规则的东西是蛋白质。

磷脂分子有两个极端，像脑袋一样的结构为磷脂的亲水端，可以与水共处；像两条腿的这一端为疏水端，化学成分为脂肪酸，不喜欢和水待在一起。简单来说，磷脂分子有一个亲水的头和两条疏水的腿。由于两条腿的作用，使得细胞膜的脂质层具有流动性。

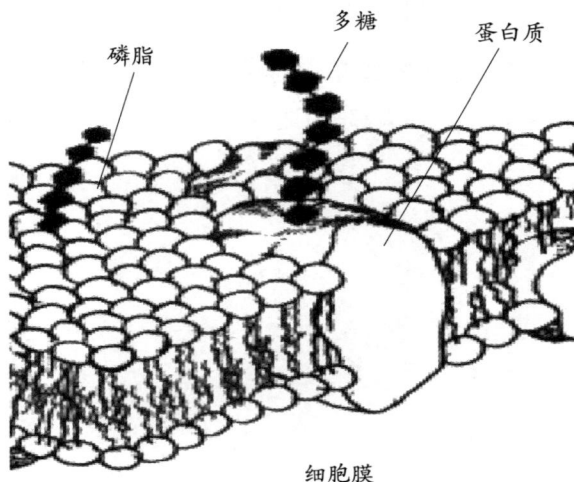

磷脂　　多糖　　蛋白质

细胞膜

在实验前，大家以为细胞膜就像橘子皮，是固体。想不到，它竟然是一层将细胞划分出内外的流动的液体。

细胞膜的流动性有什么用处呢？

跳跳猴四人对各种细胞进行了研究。营养物质要经过细胞膜从细胞外进入细胞内，细胞的代谢产物要经过细胞膜从细胞内排到细胞外。白细胞的细胞膜常常要通过变形包围和吞噬侵入的细菌；肌肉细胞在收缩和舒张过程中要缩短和伸长；红细胞在钻过毛细血管时要将身子缩小；精子在运动时要摆动鞭毛；呼吸道上皮在排出分泌物时纤毛要运动；还有，细胞在分裂时，要在细胞中部一分为二。这些都需要细胞膜具有流动性。

磷脂存在于所有类型细胞。胆固醇呢？只存在于动物细胞的细胞膜中。和磷脂相似，胆固醇分子也具有两个极端。具有极性的亲水端，与磷脂分子亲水端接近；非极性的疏水端，则与磷脂分子的疏水端接近。

磷脂可以使细胞膜具有流动性，胆固醇分子对细胞膜有什么意义呢？

温度下降时，磷脂膜的流动性会降低，胆固醇分子有助于在温度降低时保证细胞膜的流动性。

磷脂和胆固醇的作用清楚了，它们中间夹杂着的蛋白质是干什么用的呢？

有些蛋白质贯穿于细胞膜，也就是说一端在细胞膜外侧，另一端在细胞膜内侧。这些蛋白质，部分是用作运送物质的通道。如果把细胞膜比作围墙的话，这些贯穿细胞膜的蛋白质便是墙上的门。

有些蛋白质位于细胞膜的外侧或者内侧。它们在细胞膜内外来回穿梭，传递物质或信息。如果把细胞比作一座城池，这些跑来跑去的蛋白质便是这城池的搬运工或者信号兵。

流动的城墙

细胞膜的结构清楚了，接下来，需要研究细胞膜的功能。结构可以用魔镜看得到，这功能如何才能弄明白呢？一天傍晚，在讨论这个问题时，跳跳猴、白桦和李瑞都犯了难。

第二天早上，跳跳猴、白桦和李瑞来到实验室时，笨笨熊正在忙得不亦乐乎。原来，他一晚上都待在实验室。他告诉大家，细胞膜有屏障、物质交换、接收信号以及标志细胞的作用。

其一，是屏障功能。

正是由于细胞膜，才在细胞内容物与细胞外液之间划出了一个界限。这样，细胞内的东西不能随便出去，细胞外的物质也不能轻易闯进来。

其二，是物质交换功能。

细胞膜既是细胞内容物与细胞外环境之间的一道屏障，同时也是细胞内外物质交换的一个通道，可以对通过细胞膜的物质进行控制。

为什么要对通过细胞膜的物质进行控制呢？

细胞相当于一个生产车间，里面有各种"车床"以及生产出来的半成品和成品。细胞外液呢？是一个原料场。这产品和原料当然不能相混。

此外，我们的日常生活和生产活动离不开电，生物体的许多活动，比如，神经冲动的传导以及肌肉的收缩等，也需要电。我们用的电是从电厂生产的，生物体的电从哪里来呢？就靠每个细胞膜内外的电位差。细胞内外的电位差又从哪里来呢？就靠细胞内外电解质（如 Na^+ 和 K^+）的浓度差。而电解质的浓度差，是靠细胞膜对进出细胞的离子进行控制而产生的。

细胞膜如何对进出细胞的物质进行控制呢？

具体来说，有扩散、主动运输、内吞作用以及外排几种方式。

笨笨熊从桌子上取过一个盛着清水的烧瓶，然后用吸管将一滴红色液体滴入烧瓶中。红色的液体先是向下沉降，然后，渐渐向周围扩散开来。那红色的液体如天上的积云，翻卷舒展，不断幻化成各种形状。最终，烧瓶中的水都变成了均匀的淡红色。

他告诉大家，这是一个物质从高浓度处向低浓度处自然弥漫分布的过程，叫作自由扩散。细胞膜也有自由扩散功能，不过，细胞膜的扩散有单纯扩散和易化扩散两种类型。

笨笨熊又取了一个玻璃漏斗，用一个猪膀胱将漏斗广口端扎住，倒过来，从漏斗柄开口处注入了蔗糖溶液。然后，在漏斗柄上记好蔗糖溶液的刻度，再将漏斗广口端向下浸入一个盛有蒸馏水的烧瓶中。一会儿，漏斗柄中的蔗糖液液柱比一开始上升了三个厘米左右。

漏斗中的液体是怎么上升的呢？

原来，漏斗口上蒙的是膀胱膜，是一种和细胞膜类似的半透膜。它只能通过水分子等小分子，不能通过蔗糖等大分子。水之所以从烧瓶内经过半透膜进入漏斗内，是因为烧瓶内水的密度大。不论是溶质分子，还是水分子，它们从密度高的地方向密度低的地方转运的现象叫作单纯扩散。

有一些物质，比如葡萄糖，与细胞膜上一种被称为载体的球蛋白相结合，由载体携带穿越细胞膜。由于利用了工具，这种运输比单纯扩散更加容易。因此，叫作易化扩散。

不论单纯扩散还是易化扩散，都是物质从高浓度区向低浓度区转运，类似于一个圆球从坡顶向坡下滚动，不需要能量。还有一些物质，是从低浓度区向高浓度区转运。比如，有些海藻细胞中碘的浓度比周围海水高二百万倍，但是，水中的碘仍然向海藻细胞中集中。这种转运方式，叫作主动运输。

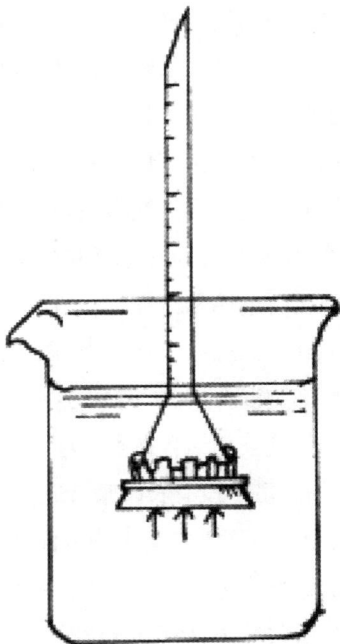

半透膜扩散试验

主动运输是细胞按照生命活动的需要，逆着浓度差摄取所需要的物质并排出代谢产物的过程。这个过程既需要蛋白作为载体，又需要消耗能量。这就好比向高层楼房运送物资，既需要电梯这个运输工具，又需要为电梯提供电力。

如果出入细胞的物质比细胞膜上运输通道大，细胞膜便将待转运物质包裹起来，形成小囊。然后吞入或排出细胞，这种现象，分别叫作内吞和外排。这就好比要把一台大型设备运到车间里来或者运出车间去，但是，车间的门太小。怎么办？只好把围墙打开。然后，再把打开的洞补上。

进一步的研究发现，除了屏障和转运物质的功能外，细胞膜还有接收信号以及标志细胞的作用。

先说接收信号。生物体，尤其是高等动物，其生命活动是靠神经和内分泌来进行调节和控制的。神经调控借助神经末梢释放的神经递质作用于目标细胞；内分泌调控通过内分泌细胞释放的激素作用于效应细胞。无论是神经递质，还是内分泌激素，要发挥调控作用，都要先通过细胞膜。

细胞膜上有许多种膜蛋白。其中，一部分专门接受神经递质或激素，叫作受体。受体对信号有专一性。比如，神经末梢释放的递质有乙酰胆碱，有肾上腺素，细胞膜上就分别有专门接受乙酰胆碱和专门接受肾上腺素的膜蛋白受体。举个例子，这些受体就像是一个单位的信息部门。不过，这信息部门也有分工。有的专门接受信件，有的专门接听电话和传真。

再说细胞标志和识别作用。取两只海绵，将其分解成单细胞。然后，将来自两个海绵的单细胞混合培养。结果，这些细胞又结合成了两只海绵。奇怪的是，原来来自甲海绵的细胞互相结合在了一起，来自乙海绵的细胞互相结合在了一起。也就是说，这些细胞虽然没有长眼睛，却能认出来谁是自家人。

这是怎么回事呢？对细胞表面的标志进行分析，发现两种海绵细胞表面蛋白质上结合的糖类成分不同。原来，就是这些结合了糖类的蛋白对细胞膜起了标志作用。通过这些标志，便可以认出谁是"老外"和谁是自己人。

识别异体和异种的细胞有什么意义呢？

当人们出国旅游或公干时，要在海关接受护照和签证查验，只有那些被认为对国家没有危害的人员才允许入境。如果来者不拒，国家就会有不安全因素。生物体也一样，它对每一个进入体内的访客都睁大着眼睛。当发现微生物入侵时，就会动员体内的白细胞将入侵的微生物吞噬，或采取其他方式进行对抗。如果微生物侵入了身体仍然毫不知觉,就会发生感染。这么说来,细胞膜上的糖蛋白就像是我们的身份证或护照。

生物体不仅通过细胞标志识别入侵的微生物,还对异体的或异种的细胞发生排斥反应。比如,输血血型不合时会发生输血反应;进行脏器移植后,会对所移植的脏器发生排斥。因此,在输血前要进行配血;在脏器移植前要进行配型,移植后还要长期应用抗排斥药物。输血和脏器移植是挽救生命的有效手段,却因了这一关卡受到了限制。

如果把生物体通过细胞识别抵御感染看作是保家卫国的话,排斥输血或脏器移植便是封建割据了。

听笨笨熊讲到这里,跳跳猴又想起了转基因。如果能够培养出没有细胞标志的心脏、肝脏……需要脏器移植的患者就不用排着长队等配型,不用在脏器移植后长年累月地用抗排斥药物。那该有多好啊!

其实,细胞膜之于细胞,就像城墙之于城堡。

细胞膜怎么能类似于城墙呢?

不信吗? 那就一一道来吧。

城墙的主要功能是保护城池免受入侵者的侵犯,这是屏障作用。

但是城里的人要生活,要靠城外送进粮食、蔬菜;城里工厂生产的产品以及生活垃圾要运到城外。所以,要在城墙上开城门。这是物质交换作用。

作为一个衙门所在地,里面的官员要经常接受上司的指令或管辖区域的信息。无论是来自上面的指令,还是来自下面的信息,都要经过守卫城门的士兵。这是接受信息的作用。

当军队驻扎在城池中时,城墙上会插上标有军队首领姓氏的大旗。比如,曹操的军队会打出"曹"字大旗,刘备的军队会打出"刘"字大旗。这是标志作用。

请看,细胞膜的作用不是和城墙的功能一一对应吗? 不过,城墙是固定不动的,细胞膜呢? 是流动的。

细胞质

了解了细胞膜的结构和功能后,大家开始对细胞质进行研究。

在魔镜下,细胞质好似一个湖泊。不过,这湖泊不是一汪清水,里面分布着许许多多奇形怪状的东西。因为是分布在细胞内的小器官,跳跳猴等把它们叫作细胞器。那么,细胞器周围的液体该叫什么名字呢?笨笨熊告诉大家,这些不定形的东西叫作细胞质基质。

细胞质基质并非纯净的水,里面溶解着细胞生化代谢所需的各种物质以及生化反应所需的酶。

细胞器的种类很多,需要一一进行仔细观察。

在细胞质内有许多囊腔状结构互相连通,形成一个网状的管道系统。这个系统叫作内质网。

再仔细看,内质网有两种。一种内质网上附着许多小颗粒状的核糖体,使内质网的表面显得粗糙不平,大家把它叫作粗面内质网。另一种内质网表面光滑,便把它命名为滑面内质网。

这粗面内质网和滑面内质网有什么不同呢?

研究发现,粗面内质网上的核糖体具有合成蛋白质的功能。所有的粗面内质网都和

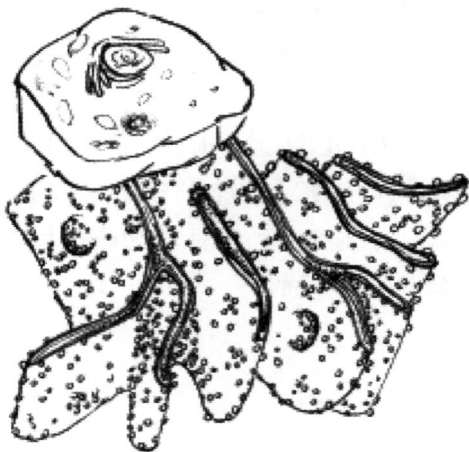

粗面内质网

细胞核连通,细胞核中发出合成蛋白质的信息,穿过核膜上的孔进入粗面内质网,指导粗面内质网中蛋白质的合成。

形象一点说,细胞核就像是一个设计室,粗面内质网就像是一个生产车间。设计室将图纸设计出来后,通过通道直接送到车间,由车间按照图纸加工产品。从设计图纸到生产产品,实行了封闭作业,这是不是出于保密的考虑呢?

只有粗面内质网才能合成蛋白质吗?

对细胞内的蛋白质进行追溯,发现一部分来源于粗面内质网上的核糖体,另外一部分来源于游离在细胞质内的核糖体。不过,这两种来源的蛋白质去向不同,粗面内质网中合成的蛋白质大都经过进一步加工输送到了细胞外,游离核糖体合成的蛋白质一般都留在细胞内,参与细胞内的新陈代谢。这么说来,粗面内质网是外贸产品加工厂,游离核糖体呢? 专门生产内销产品。

滑面内质网上没有核糖体颗粒,不能合成蛋白质。在不同的细胞中,滑面内质网有不同的功能。在睾丸和肾上腺细胞中,主要是合成胆固醇;在肌肉细胞中,可以贮存钙,以防止肌肉收缩;在肝细胞中,可以制造脂蛋白中所含的脂类,并有解毒作用;在脂肪细胞中,可以合成脂肪和磷脂……

进一步的观察发现,粗面内质网和滑面内质网的管腔是相通的。这难道有什么意义吗?对粗面内质网生产的蛋白质进行跟踪,它们有的与滑面内质网产生的脂类相结合,形成脂蛋白;有的被滑面内质网中的膜包裹起来,转移到高尔基体。原来,滑面内质网是粗面内质网的后加工车间和包装车间。

细胞器之二是高尔基体。为什么细胞器叫了一个人的名字呢? 1898 年,意大利人高尔基在神经细胞中发现了这种细胞器,因此,将其命名为高尔基体。除红细胞外,几乎所有的动植物细胞都含有这一种细胞器。

高尔基体由一系列扁平的小囊和小泡组成,是细胞分泌物加工和包装的场所。从内质网脱

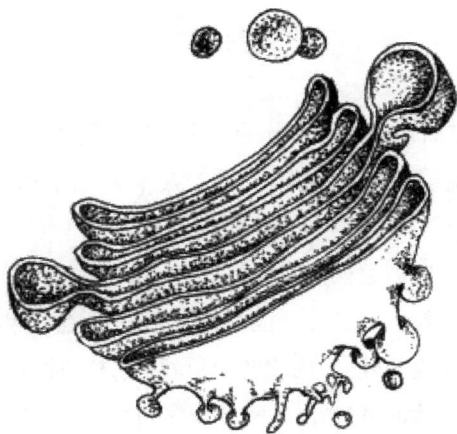

高尔基体

落下来的分泌小泡移至高尔基体,外面用高尔基体膜包裹起来,形成分泌泡。接着,分泌泡从高尔基体脱落,与细胞膜融合,其中的内容物被排到细胞外。因此,人们将高尔基体比喻为"包装车间"。

粗面内质网生产蛋白质,滑面内质网对蛋白质进行进一步的加工,高尔基体则对内质网生产出来的产品进行包装。举个例子,粗面内质网好比纺织厂生产布料,滑面内质网相当于服装厂将布料加工为内衣、外套、裤子……高尔基体呢?相当于把内衣、外套等产品装到包装箱中。你看,在小小的细胞内,竟然也有生产、加工、包装一整套生产线。

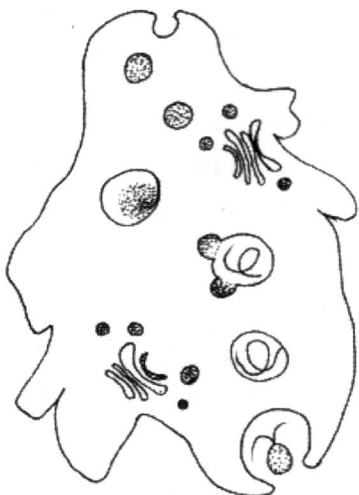

细胞器之三是溶酶体。溶酶体是由高尔基体断裂产生的小泡状结构,其中有四十种以上的水解酶,可分解蛋白质、多糖、脂类以及 DNA、RNA 等大分子。溶酶体存在于动物、真菌和一些植物的细胞中,其功能是消化细胞吞入的颗粒和细胞本身产生的碎渣。

溶酶体可以分为初级溶酶体和次级溶酶体两种。初级溶酶体刚从高尔基体脱落下来,其中的水解酶将被消化的物质分解成为小分子物质及残渣后,即形成次级溶酶体。然后,对细胞有用的小分子物质穿过溶酶体膜进入细胞质基质中,残渣则被排到细胞外。它在细胞内的作用,就像人体中的消化器官。不,这样说有点不完全,它还具备清洁环境和废物利用的功能。

溶酶体

细胞器之四是线粒体。

线粒体呈颗粒状或短杆状,大小与细菌相似。它由内外两层膜组成,外膜像是一个胶囊的外壳,内膜弯曲折叠。这样,使内膜的面积大大增加。在内膜上,有许多小颗粒状的 ATP 合成酶复合体,它们可以将细胞代谢过程中产生的能量合成并储存在 ATP 中。蒸汽机做功靠的是煤的燃烧,内燃机的动力来自于汽油或柴油的燃烧,而燃烧都是燃料与氧气的反应。在生物体的能量代谢中,虽然看不到烧煤或燃油产生的火苗或排烟，但究其本质，主要的机制也是来自于氧气参与的氧化反应。线粒体是细胞氧化反应的主要场所，生命活动所需要的能量大约95%来自这里。因此，线粒体被称作"动力车间"。

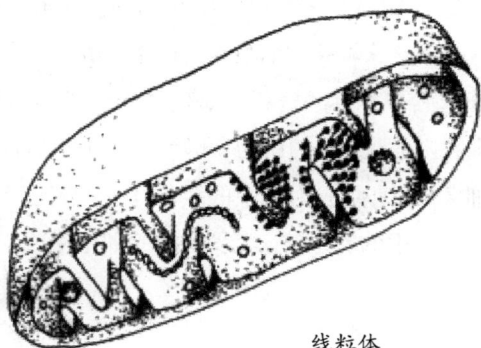

好多种细胞线粒体均匀地分布在细胞质基质中。但

线粒体

是，动物精子的线粒体缠绕在了尾巴的根部。这是为了什么呢？想了想，大家才明白，精子是生物体内唯一快速运动的细胞，它的尾巴运动需要大量能量，将线粒体缠绕在尾巴根部就可以就近供应能量。

在线粒体中，大家还发现了环状DNA和核糖体。DNA是遗传物质，能指导蛋白质合成，核糖体是蛋白质合成的场所。线粒体内的DNA和核糖体有什么作用呢？难道线粒体在自行合成蛋白质？带着这个疑问，大家对线粒体的活动进行了仔细观察。不出所料，线粒体可以根据自身DNA的遗传信息在自身的核糖体中合成蛋白质，组成线粒体的蛋白质约有10%是由线粒体本身的DNA编码合成的。也就是说，线粒体有自己的一套遗传系统。

遗传信息是保存在细胞核内的DNA分子中的，为什么线粒体又搞了一套呢？难道它是在另立中央？进一步的分析发现，真核细胞细胞核中染色体的DNA是双链双螺旋结构，线粒体的DNA呢？和细菌一样，呈环状。另外，线粒体的核糖体与细菌核糖体相似。如此说来，线粒体是否和细菌有某种亲缘关系呢？

细胞器之五是质体。质体是植物细胞的细胞器，分白色体和有色体两种。白色体主要存在于不见光的细胞中，可含淀粉，也可含蛋白质或油类。有色体含各种色素。植物的叶或绿或黄或红以及花的五彩缤纷，都是有色体中的色素所致。最重要的有色体是叶绿体。

与动物细胞的线粒体相似，叶绿体也有内外两层膜。其中，内膜弯曲折叠，形成一系列排列整齐的扁平囊，称为类囊体。光合作用的过程就是在类囊体上进行的。通过光合作用，叶绿体可以合成有机物，产生氧气，还能产生能量。在产生能量这一点上，叶绿体与动物细胞的线粒体相似。此外，叶绿体有环状 DNA，有核糖体，也能利用自身的 DNA 和核糖体合成蛋白质。在这一点上，也与动物细胞的线粒体相似。

这是否意味着动物细胞的线粒体与植物细胞的叶绿体在发生上有一定关系呢？

笨笨熊查了有关资料，原来，关于线粒体与叶绿体的来源，有的生物学家提出了一个吞噬假说。他们认为，开始，地球上只有原核细胞，一些比较大的原核细胞吞噬了细菌，细菌便成为其中的线粒体；一些比较大的原核细胞吞噬了蓝藻，蓝藻细胞便成为其中的叶绿体。含线粒体的细胞便成为动物的真核细胞；含叶绿体的细胞

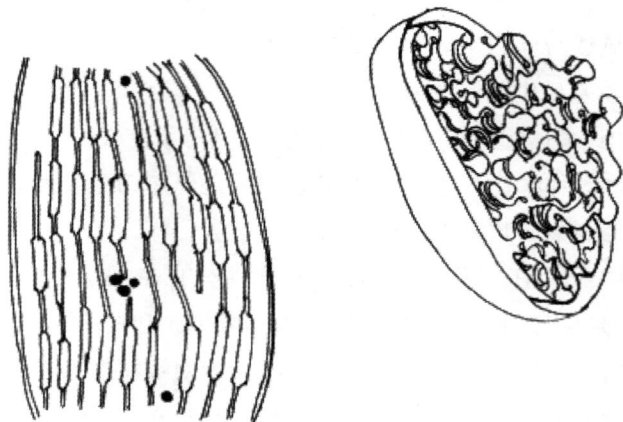

叶绿体

便成为植物的真核细胞。按照这种假说，植物细胞和动物细胞是靠吞并蓝藻和细菌形成的。如果这个假说成立，动物细胞内的线粒体和植物细胞内的叶绿体相当于俘虏兵。这些俘虏没有真正融进新的大家庭，还秘密地保留着自己的一套系统。

细胞器之六是微体。微体是细胞中一种与溶酶体很相似的小体，其中含有多种酶，但酶的种类与溶酶体不同。一种微体称为过氧化物酶体，其中含有氧化酶，可以使脂肪酸氧化分解。另外一些微体，对细胞内的有毒物质有解毒作用。

细胞器之七是中心体。中心体存在于大部分真核细胞中，但是种子植物和某些原生生物细胞中找不到它的踪迹。每个中心体由两个中心粒以及周围组织构成，从中心体发出许多微管，构成细胞内的骨架系统。因此，中心体又被称为微管组织中心。个子稍微大一些的动物都有骨骼系统，靠了骨骼，动物体才能得到支撑。同样道理，细胞虽小，也要有骨架结构，这样，它们才能保持一定形状。如果把细胞比作一

座楼房,那么,由中心体组织起来的骨架系统便相当于楼房里的钢筋。

其实,中心体真正重要的功能在于参与细胞增殖。细胞分裂时从中心体发出微丝,形成纺锤体,将细胞内的染色体拉到细胞的两端,使母细胞中的染色体平均分配到两个子细胞中。没有中心体,细胞的分裂便不可能。在知道中心体的这一功能后,人们通过干涉中心体来控制细胞分裂活动。

细胞器之八是鞭毛和纤毛。鞭毛和纤毛都有运动功能,基本结构也相同。鞭毛较长,见于精子、一些细菌以及滴虫等,靠着鞭毛的摆动,可以使整个细胞发生运动。纤毛一般密被在细胞表面,很短,其运动不会导致细胞的运动,往往与排除分泌物有关。

细胞器之九是细胞骨架。细胞骨架包括微管、微丝和中间纤维。

微管是一种宽约24纳米的中空长管状纤维,见于除红细胞外的所有真核细胞中。在细胞质中,微管分散存在,但在细胞四周较多,对细胞起着支持作用。在神经细胞的轴突中,微管很发达,除具有支持作用外,还有运输神经递质的作用。

微丝又叫肌动蛋白丝,具有收缩功能,骨骼肌细胞就是靠肌动蛋白丝来使肌肉收缩的。此外,通过微丝的收缩作用,还可以使细胞质发生流动,通过细胞质流动,白细胞及变形虫可以发生伪足样运动。

如果将细胞质中的微管比作人体具有支持作用的骨骼,微丝则可以比作人体中具有收缩、运动功能的骨骼肌。这么说来,小小的细胞竟然有骨有肉。

细胞器之十是液泡,普遍存在于植物细胞中和原生生物细胞内。植物细胞液泡中的液体称为细胞液,其中溶有无机盐、氨基酸、糖类以及各种元素。可以说,植物细胞的液泡类似于一个库房。其中,既有有用的营养物质及水分,又有细胞代谢过程中产生的废物。

细胞质的内容物太丰富了。在这里,有一套完整的生产、加工和包装的流水线;有洒扫庭除的保洁工;有提供能量的动力车间。俨然是一个小型工厂。此外,微管和微丝维持细胞的形状,使细胞获得运动能力;中心体参与细胞分裂,使细胞生生不息。这样,又使得细胞具备了生机和活力。

秘密图纸

　　细胞核位于真核细胞的中央，在显微镜下仔细看，这细胞核又有类似细胞膜、细胞质和细胞核的三种结构。它们的名字分别叫作核膜、核质和核仁。

　　核膜包围在细胞核外面，由内外两层膜构成。在核膜上，有大大小小的孔，不时有东西出出进进。看来，这核膜不仅是细胞质与细胞核的界限，又是细胞质与细胞核内物质交流的通道。

　　核质由网状纤维与液体组成。在网状纤维上，缠绕着或粗或细的丝状物，经常有或大或小的片段从细丝状物上脱落下来，进入与细胞核相连的粗面内质网内。这些丝状物是什么呢？

　　跳跳猴想起了科赫通过染色发现结核菌的实验过程。他建议笨笨熊对细胞核进行染色。

　　用苏木精对细胞核进行染色，其他结构依然故我，那些丝状物却染上了深蓝色。由于不知道这些丝有什么作用，笨笨熊等把它命名为染色质。

　　粗面内质网是合成蛋白质的细胞器，难道细胞核内的丝状物和合成蛋白质有关系吗？对细丝状物上脱落下来的片段进行跟踪，原来，粗面内质网生产的蛋白质就是以那些片段为图纸加工出来的。

　　在接下来的日子里，跳跳猴四人将研究目标锁定在了染色质上。经过了许许多多个日日夜夜的研究，大家发现，染色质主要由 DNA 和 DNA 所附着的蛋白质组成。DNA 上分布着许多叫作基因的片段，它们不仅可以指导蛋白质的合成，还能向分裂后产生的细胞传递遗传信息。如果把一个细胞比作一个工厂，那么，细胞核就好比机要室，其中的网状纤维就好比机要室里的资料架，染色质则是储藏着产品设计信息的秘密图纸。

　　既然是秘密图纸，当然要采取格外的保密措施。当不用某一部分图纸时，便把它紧紧地缠绕起来,就像把资料封存在柜子里一样。在显微镜下,这一部分 DNA 表现为染色较深的团块状。笨笨熊把它叫作异染色质。当用到某一部分图纸时,便把它松解开来,就像把卷宗里的资料掏出来一样。在显微镜下,这一部分 DNA 表现为细丝状。笨笨熊把它叫作常染色质。

但是,在有些细胞的细胞核中,那些或粗或细的丝状物不见了,只可以看见圆柱状或杆状的染色较深的结构。这是怎么回事呢?

查阅资料才知道,这个圆柱状或杆状的结构叫作染色体。其实,染色体便是DNA。但是,它为什么要变成这个样子呢?研究发现,染色体是染色质在细胞分裂时的特殊形态。一个细胞要分成两个了,秘密图纸当然也要分到两个细胞中。于是,便需要把图纸复制成同样的两份,装订起来。这装订起来的秘密图纸就是染色体。

接下来,跳跳猴等用电子显微镜对DNA 进行仔细观察。在电子显微镜下,他们看到了串珠样的结构,在"串珠"上,缠绕着许多细丝。

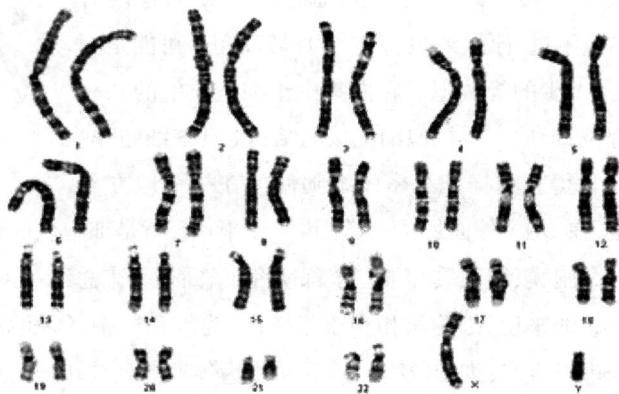

染色体

那细丝便是 DNA 链,串珠样结构叫作核小体,核小体由八个或四对组蛋白分子组成。DNA 链缠绕在组蛋白分子组合体的外边,并将核小体串联起来,就像一条绳子上串着串珠一样。

细胞核中还可以看到圆圆的核仁。核仁是由一个或几个特定染色体的一定片段构成的。其组成成分有 DNA、蛋白质及由 DNA 链上转录形成的 RNA。

RNA 有三种,它们的名字分别叫作 rRNA、tRNA 和 mRNA。在细胞中,核糖体是生产蛋白质的部位,相当于工厂中的车床,rRNA 就装配在核糖体上。tRNA 像一个小车,不停地向核糖体运送着什么东西。mRNA 呢? 将许多核糖体串了起来。从核糖体上不时有蛋白质脱落下来。如果把合成蛋白质比作生产产品,那么,mRNA

是产品的图纸，rRNA 相当于车床上的核心加工部件，tRNA 是向车床运送蛋白质原料——氨基酸的运输工具。蛋白质就是按照 mRNA 图纸信息，在许多核糖体组成的生产线上生产出来的。

噢，明白了。细胞核是掌控细胞遗传信息，实现细胞分裂繁殖的重要结构。但是，原核细胞没有细胞核。它们如何进行细胞分裂繁殖，如何使子孙后代保持祖辈的遗传特征呢？

对细菌等原核细胞进行研究发现，原核细胞只是没有由核膜包绕形成的细胞核，并不是没有DNA。不过，原核细胞的 DNA 比较简单。可能是由于 DNA 少的缘故吧，它们集中于细胞质中的某一个部位，形成一个拟似细胞核的结构。真核细胞呢？大概觉得就这样把秘密图纸随便放在一个地方不安全，在 DNA 外面加了一道围墙。这围墙，就是细胞核的核膜。

细胞膜、细胞质和细胞核都研究了，回过头来总结一下吧。

总的来说，细胞核相当于指挥部，为细胞质中各种活动发出指令；细胞质按照指令进行生产；细胞膜呢？接受和传达各种信息，同时负责物质转运。

哦，细胞那么小，小得肉眼看不见，竟然像一个小社会。

实验完成时，天色完全黑了下来。在回宿舍的路上，跳跳猴走在最后，他隐隐约约感到身后有窸窸窣窣的声音。猛然回头，好像看到一个黑影隐到了路旁的树林中。

他想追到树林里看个究竟，但又怕大家受到惊吓，便没有作声。

晚上，睡在床上，跳跳猴仍然在想着刚才看到的黑影。他想，难道是有人在跟踪吗？如果是，一定是外星人。想到这里，本来有点迷糊的他突然清醒了起来，生物旅行途中与外星人一次次的遭遇一幕幕浮现在脑海中。

旁边的白桦和笨笨熊都睡熟了，发出了轻轻的鼾声，跳跳猴却辗转反侧，久久不能入睡。

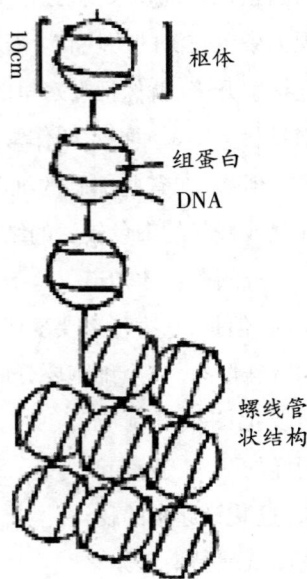

一分为二

细胞的结构弄清楚了，跳跳猴却陷入了沉思。他想，大型生物是由许多细胞组成的，但是，不管生物的躯体有多大，身体的细胞有多少，都是来自一个受精卵，这单细胞的受精卵是如何变成亿万个细胞的呢？

跳跳猴将一枚青蛙的受精卵放在显微镜下观察。只见那受精卵一个分裂成两个，两个分裂成四个，四个分裂成八个……

青蛙细胞是通过分裂增殖的，其他细胞呢？

跳跳猴、笨笨熊、李瑞和白桦在显微镜下对许多种生物的细胞增殖进行观察。他们发现，所有生物的细胞都是通过分裂进行增殖的。不过，在生物中，有两种细胞类型，原核细胞和真核细胞。这两种细胞的分裂方式有所不同。

原核细胞结构简单，它没有核膜，DNA 分子数量也少，只有一个。分裂时，DNA 分子附着在细胞膜上复制为两个，然后，细胞延长，两个 DNA 分子分别进入两个新形成的细胞内。

真核细胞结构比较复杂，DNA 分子数量多，有核膜，其他细胞器也多。因此，细胞分裂的过程也比较复杂。

细胞分裂是一个周期性的过程，从上一次分裂完成开始到下一次分裂完成叫作细胞周期。不同类型的细胞分裂周期长短不同。更新快的细胞，分裂较频繁，细胞周期便

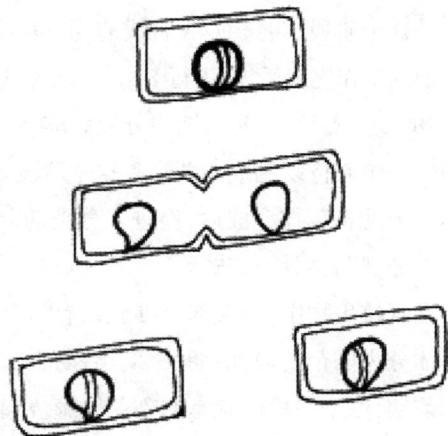

细胞分裂

相对较短。更新慢的细胞,较少分裂,细胞周期便相对较长。有一些细胞,如神经细胞,一旦形成后终生不再分裂,细胞周期与它们毫不相关。

细胞周期又可以粗粗分为准备和分裂两个阶段。在准备阶段,显微镜下看不到明显的动静,叫作分裂间期;在分裂阶段,显微镜下可以看到染色质的复制、细胞的一分为二,叫作分裂期。

一般来说,分裂期较为短暂,只占细胞周期的 5% 到 10%,分裂间期较长,约占细胞周期的 90% 到 95%。

先来看看准备阶段吧。如果把细胞分裂期比作是打仗,那么,细胞分裂间期则是战斗打响前的阶段。在这一时间内,细胞分裂前的准备工作在有条不紊地进行。

进行什么准备工作呢?

细胞分裂是将原来细胞中的染色质及其他细胞成分平均分配到两个子细胞的过程。要使新的细胞含有正常数量的染色质,进行正常的生理活动,就需要对将要被分配的物质,尤其是染色质,进行双倍的扩增。

举个例子说吧,弟兄俩小时候吃饭睡觉在一起,当他们长大结婚时,便需要分家。在分家之前,首先要盖两座房子,还要添置相应的生产工具和锅碗瓢盆等生活用品。细胞在分裂间期所做的事情,就相当于弟兄俩分家前的准备工作。这,当然不是一眨眼能够完成的事情。

其中,最重要的事情是准备两套 DNA,即进行 DNA 合成。但是,在合成 DNA 前,要先做一些准备工作,比如,积累合成 DNA 所需的原料,生产合成 DNA 所需要的酶。这个阶段,叫作 DNA 合成前期,也叫作 G1 期。

前期工作完成后,就进行 DNA 合成。这个阶段,叫作 DNA 合成期,也叫作 S 期。

DNA 合成后,就要为细胞分裂做准备,新复制的染色体开始螺旋化而缩短,原来的一个中心体复制成为两个。这个阶段,叫作 DNA 合成后期,也叫作 G2 期。

以上准备工作完成后,便进入分裂期,也叫作 M 期。在分裂期,又有有丝分裂和无丝分裂两种分裂方式。

在真核生物中,绝大部分细胞以有丝分裂方式进行细胞增殖。有丝分裂,又可以具体分为四个阶段,前期、中期、后期和末期。

前期,原来呈松散状态的染色质缠绕起来,形成在显微镜下能够看到的具有特殊形态的染色体。这个过程,相当于在分家前对物品进行包装整理,以便平均分配。每一个染色体由两个棒状结构交叉在一起,交叉点叫作着丝点。组成一个染色体的两个棒像孪生姐妹一样，形影不离。所以，人们把一条染色体中的两个棒，互称为姐妹染色体，将其中的一个棒称为染色单体。

在这一阶段，两个中心体跑到了细胞两端，分别向细胞中间发出微管。那微管集合在一起，中间粗，两头细，就像过去织布时用的纺锤。笨笨熊以形取名，把它叫作纺锤体。

但是，这东西是干什么用的呢？

进一步观察发现，到了分裂中期，在纺锤体的作用下，细胞中所有的染色体都排列到细胞中央。这个场面，就好像将待分配的物品包装起来，排列在一起。

后期，在纺锤体的作用下，每个染色体中的两个染色单体分别被拉向细胞两极。

末期，即细胞分裂的最后一个阶段，染色体周围出现了核膜，形成了两个细胞核。最后，细胞中央的细胞膜向内凹陷，将一个细胞分成两个新细胞。到这时，分家的弟兄俩有了属于自己的家。

在这个细胞分裂过程中，细胞内出现了纺锤丝，大家把这种分裂方式叫作有丝分裂。

在有丝分裂中，细胞在分裂前通过复制使 DNA 的量增加了一倍，当一个细胞分裂成为两个细胞后，DNA 的量仍然保持正常水平。在观察了许许多多种类的真核生物后，跳跳猴等发现，有丝分裂是真核生物细胞最普遍的增殖方式。

但是，也有例外的情况发生。青蛙的红细胞分裂时细胞核延长，接着，中段向内凹陷，分裂成为两个细胞核。然后，整个细胞从中间分裂成为两个部分。这样，就形成了两个子细胞。因为在分裂过程中没有出现纺锤丝和染色体，因此，大家把这种分裂方式叫作无丝分裂。

在对人类睾丸内精子和卵巢内卵子的分裂过程进行观察时，他们惊讶地发现，一开始，形成精子和卵子的祖细胞的染色体与人体的细胞相同，都是 46 条。但是，在经过分裂后，精子和卵子的染色体却变成了 23 条，少了一半。又对其他动物的生殖细胞形成过程进行观察，也存在这样的现象。为什么会减少一半染色体呢？跳跳猴、笨笨熊、李瑞和白桦都百思不得其解。不管是什么道理，先给这种分裂方式起一个名字吧。叫什么好呢？因为在分裂过程中减少了一半染色体，就把它叫作减数分裂吧。

因此，真核生物细胞的分裂方式有三种，有丝分裂、无丝分裂和减数分裂。不过，不管哪种方式，所有细胞分裂时都是一分为二。

性命攸关的程序

细胞分裂是一个非常复杂的过程，有分裂间期、分裂期。进入分裂期，又分为前期、中期、后期和末期，俨然一个系统工程。大凡工程，不论是修建一座楼房，还是造高速公路，都要有人设计和管理。细胞分裂这个过程是谁在设计和管理呢？

在经过了许多天日日夜夜的研究后，跳跳猴等才弄明白，细胞分裂的管理机构存在于细胞的染色质。

不过，真核细胞和原核细胞控制细胞分裂的机制不同。真核细胞的染色体是线形的，在染色体的两端，有一段叫作端粒的核苷酸序列。只有在端粒完整时，细胞才能正常分裂。

原核细胞染色质是环形的，叫作质粒。如果将质粒切开，使它变成线形，就不再能复制，细胞也就不能分裂。

酵母菌细胞内既有线形的染色体，又有环状的质粒。笨笨熊将酵母菌染色体两端的端粒部分用酶切下，接到线形的质粒的末端，本来失去复制能力的线形质粒又恢复了复制的功能。他又将原生动物四膜虫的染色体端粒嫁接到去掉端粒的酵母菌染色体上，也使本来失去复制能力的酵母染色体恢复了复制功能。将酵母的被切成线形的质粒分子接上四膜虫染色体端粒，也能恢复复制能力。

原来，启动细胞分裂的关键是质粒分子的环形结构以及染色体上的端粒。

接着，跳跳猴等将各种细胞在体外进行培养，对细胞分裂进行观察。

实验发现，一般细胞分裂 20 到 50 次就衰老死亡。实验还发现，正常细胞在分裂增殖过程中还对细胞数量进行控制。因此，心脏多大、四肢多长都有一个正常范围；皮肤受伤后，细胞增殖到伤口修复便自动停止。

这么说来，细胞的染色质不仅启动细胞分裂，还包含着控制细胞分裂次数和分裂数量的程序。

但是,肿瘤细胞却不遵守这个规矩。它们只顾一个劲地疯长。结果,便在身体上长出肿块。令人惊讶的是,一位名叫海拉的癌症患者的癌细胞在实验室条件下从1951年一直分裂至今,人们把这些细胞叫作海拉细胞系。就像农业上引种新品种一样,现在世界上许多生物学实验室都引进海拉细胞进行研究。有人报道,各个实验室培养出来的海拉细胞共约5000万吨。

生物在生长阶段细胞不断进行增殖,这样,婴儿才能长成大人,幼苗才能长成树木。但是,当动物的身高或身长不再增加时,细胞还在增殖吗?带着这个问题,跳跳猴等对许多生物进行了研究。他们发现,在正常情况下,生物体经常有细胞衰老或者死亡。同时,机体会通过细胞分裂及时对衰老或死亡的细胞进行补充。这个现象,类似于部队在战役后补充兵员。但是,如果生物体的细胞分裂增殖能力普遍下降,不能及时替代补充衰老及死亡的细胞,整个生物体的生理功能就会下降,这时,生物体就会表现出衰老。

噢,生物体的生长、衰老和生病都与细胞分裂有关,而细胞分裂的启动、次数以及终止又受程序控制。这个程序,对生物体来说,性命攸关。

在实验室夜以继日地干了好多天,总算把细胞分裂的实验完成了。傍晚时分,跳跳猴一行从实验室走出来。眼前是一面长满柏树的山坡,一棵棵柏树横竖成行。在山坡下,竖着一个牌子,上面写着"旅行者林"。很显然,这是来这里进行生物旅行的人栽种的树林。

笨笨熊捋起袖子说:"弟兄们,我们也在这里栽一些树吧。"

接着,他带了跳跳猴、白桦和李瑞从苗圃里取了柏树苗,在山坡的空地上栽起树来。

在白桦寨,也有一个旅行者林,凡是去白桦寨访问的旅客都要栽下几棵白桦树。在异乡的旅行者林栽树,白桦油然产生了一种"独在异乡为异客[①]"的感觉。他想:这个季节,寨子里的庄稼长势好吗?哥哥白松和妹妹白杨在忙些什么呢?当他们在田间劳作时,是否会产生"遍插茱萸少一人[①]"的感想,思念我这个流浪在外的游子呢?

---

①唐·王维《九月九日忆山东兄弟》:独在异乡为异客,每逢佳节倍思亲。遥知兄弟登高处,遍插茱萸少一人。

如果把生物体比作一个国家

关于细胞的研究结束了。实验证明，细胞是生物体的结构和功能单位。那么，生物体和细胞是一个什么关系呢？

如果把生物体比作一个国家，那么，可以把细胞比作这个国家中的一个企业。

然后，细胞和细胞再通过细胞连接起来，形成一个个器官，如心脏、小肠、肌肉……这每一个器官，相当于同一类型企业组成的集团。它们各有各的功能，心脏管泵血，小肠管食物的消化和吸收，肌肉管运动……

高级生物相关的器官又联合起来，形成不同的系统。比如，心脏和血管形成循环系统，口腔、食管、胃、肠管和肝胆等形成消化系统……这每一个系统，相当于相关集团形成的行业。循环系统管全身的血液循环，相当于一个国家的公路、铁路及航空等交通行业；消化系统管食物的消化和吸收，相当于一个国家的农业……

不知不觉，天色暗了下来。大家看了看栽下的一大片树苗，起身踏上返程。爬山时，跳跳猴向白桦低声讲述了那天晚上在回宿舍路上看到的黑影。

听了跳跳猴的讲述，白桦长吁了一口气，说："我看，不能排除外星人跟踪的可能。"

跳跳猴说："但是，在弄清真相之前，我们最好不要告诉其他人。"

白桦深深地点了点头。

细胞连接

这么说来,在多细胞生物中,细胞并不是独立存在的。那么,这些细胞是如何连接在一起的呢?

接下来的研究发现,细胞之间的连接物质有细胞间质、桥粒、紧密连接、间隙连接以及胞间连丝几种形式。不同类型的细胞,它们的连接方式各不相同。

细胞间质是细胞之间的一些无定形物质。从血液运输来的营养物质在渗透出血管后,要通过细胞间质进入到细胞中;细胞和细胞之间的物质交流,要通过细胞间质;细胞的代谢产物在进入血液之前,也要经过细胞间质。

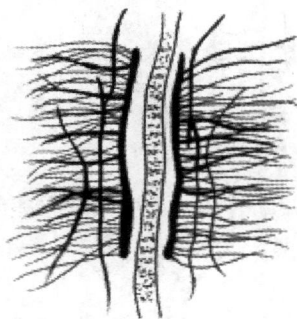

细胞间质连接

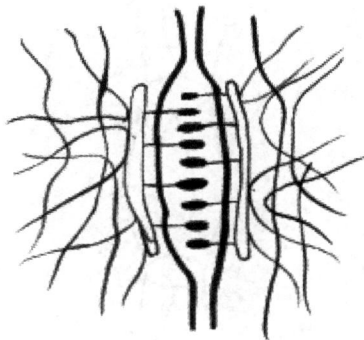

桥粒连接

许多上皮细胞之间以颗粒结构连接,就像在细胞和细胞之间架设了一座座桥,大家把这种结构称为桥粒。桥粒与细胞中的中间纤维相连,使相邻细胞的细胞骨架间接地形成骨架网,很像工业上金属部件之间的铆钉或焊接点。如果上皮细胞之间没有这些铆钉或焊接点,生物体就会成为一盘散沙。

脑血管内壁及肠壁上皮细胞连接非常紧密,细胞和细胞之间没有缝隙,大家把这种连接方式叫作紧密连接。

脑血管内壁细胞之间为什么要紧密连接呢？是由于脑血管供应的组织身份特殊。就说蜜蜂吧,成千上万的工蜂吃的是自采自酿的蜂蜜和花粉,贵为蜂群之王的蜂王吃的是工蜂为其特制的蜂王浆。一个道理,脑组织中有许多神经中枢,管理着生物体的许多重要生命活动,供应这些中枢的营养物质当然要有讲究。为了对进入脑组织的物质有所选择,便将脑血管内皮细胞紧密地连接起来。由于进入脑组织的每一个分子都由细胞来把关,便使得脑细胞周围的化学成分保持稳定。这样做,是为了保证脑组织这一重要器官的生理功能。

贵族有一群厨师仆人伺候可以理解,与食物甚至粪便为伍的肠壁上皮细胞为什么也要紧密连接呢？原来,这肠壁上皮细胞是生物体吸收营养的最前沿,如果细胞之间像乡村菜地的篱笆一样留着好多空隙,肠道中的食物残渣和毒素就会从细胞之间进入血液。

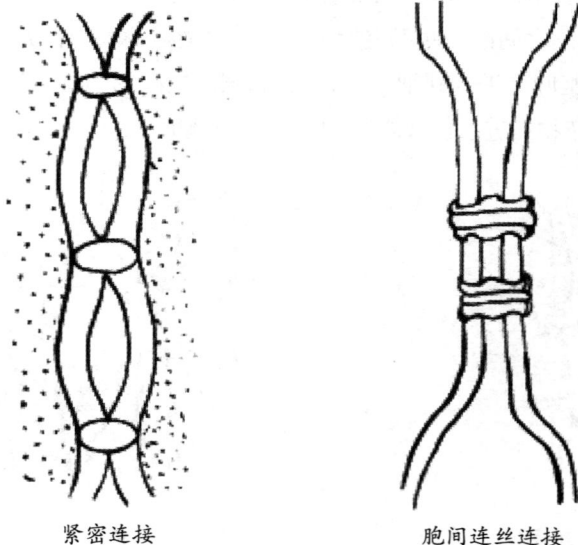

紧密连接　　　　　　　　　胞间连丝连接

细胞连接

其实,桥粒和紧密连接是细胞连接的特例,最常见的细胞连接方式是间隙连接。在相邻的两个细胞之间,有很窄的间隙,其宽度不超过 2 至 4 纳米。在间隙之间,有通道将两细胞的细胞质沟通。通过间隙连接进行沟通的物质有两种,一种是具有营养作用的营养物质或能量物质,再一种是对细胞功能具有调控作用的激素。通过这种细胞质的交流,不仅可以在物质上互通有无,还可以使许多细胞同时发生同一性质的反应,以协同实现某一种功能。

植物细胞没有上述桥粒、紧密连接及间隙连接,但在细胞壁上有孔,形成胞间连丝。就是靠了这些胞间连丝,水分和营养物质才能从树根一直运输到上百米高的树梢。

不管是植物还是动物,靠了这形形色色的细胞连接,多细胞生物才形成一个整体,才能协调完成生命活动。

细胞连接的实验结束了,大家走出实验室,想到山脚下去轻松轻松。本来就居住在大山中,因此,出门就是大自然。大概是在实验室里圈了好多天的缘故吧,今天,大家感到阳光是那么明媚,燕子的叫声是那么好听,好像空气也是甜丝丝的。

山不算陡,但是没有路,密密匝匝的松树间夹杂着一簇簇的灌木丛。跳跳猴走在最前面,为大家带路。林间,不时窜出一两只松鼠。它们嗖嗖地爬上树,然后,回过头来,好奇地打量着脚下的一行人。

来到山脚时,大家看到山谷里有一汪明镜似的湖泊。湖里,色彩斑斓的鱼在悠闲地戏水。树上,不知名的鸟儿在赛着歌喉。岸边的山峰和树倒影在湖水中,呈现出一幅鱼在树上游、鸟在水中歌的奇景。

好像是对游客表示欢迎,一条硕大的彩色鱼从湖面跳了出来,随即又重重地坠在了湖水里。波纹一圈圈扩大,水里的倒影摇曳了起来,被揉成了一团乱麻。大家目不转睛地看着湖面,渐渐地,湖水里山峰和树的倒影又清晰了起来。

卧底学艺

在研究细胞连接时，跳跳猴等发现同一器官的细胞绝大多数具有相似的形状。比如，皮肤的表皮细胞呈扁平状，肌肉的细胞为梭形，气管的上皮细胞都带着微绒毛。他们知道，这些具有相同结构和功能的细胞属于同一组织。但是，对组织怎么进行研究呢？笨笨熊、跳跳猴、白桦和李瑞都犯了愁。

跳跳猴突然想起，小精灵曾经告诉他外星人的基地有一个专门研究组织的实验室。他想，来到地球的外星人还有沙里、他里和亚里，他们还没有和阿里为首的一伙会过面，何不假扮成沙里到阿里的基地去考察一番呢？或许，利用这个机会，还可以将控制在阿里等手里的锦囊搞回来。

他把自己的想法和大家说了一遍。

"你能哄得了阿里那小子吗？"白桦和李瑞表示怀疑。

笨笨熊说："跳跳猴和我曾经跟着孙悟空学过缩身和变身，要变成沙里的模样是没有问题的。"

接着，他对跳跳猴说："但是，要到外星人的基地去卧底，要加倍小心啊！"

得到了笨笨熊的允许，跳跳猴兴奋地说："弟兄们听我的好消息吧！"

话音未落，他已经一溜烟地冲出了实验室。

跳跳猴按照沙里的模样化了装，驾一片云彩直奔外星人基地。在接近基地时，他在空中看见洞口站着两个荷枪实弹的外星人。原来，自上次营救小精灵后，外星人在基地洞口加了岗哨。

他在离开洞口不远处的树林里按下云头，大模大样地走向洞口。

哨兵将他拦了下来，叽里咕噜地大声喝问一声。跳跳猴心想，糟了！这家伙讲的是外星语，我怎么没有想到这一点呢？一着急，身上冒出一股冷汗。急中却能生智，这时，跳跳猴突然想起在地震后与巴里、达里同行的几天里曾经和他们学过外星语。在脑海中迅速搜索一遍,他突然明白哨兵问话的意思是:"干什么的?"

跳跳猴站了下来,用外星语回答:"我要见阿里。"

"你认识阿里?"哨兵感到奇怪。

跳跳猴点了点头。

哨兵摁了岗哨旁边的一个按钮,少顷,阿里出来了。

他向跳跳猴问道:"你是谁?"

跳跳猴说:"我叫沙里,来自海王星。"

"是吗?总算见到你了!"阿里急忙向跳跳猴伸出双手。

跳跳猴一边和阿里握手,一边说:"一年以前,我们便来到了地球。虽然一直在找你们,但总是弄不清东南西北。今天,是循了你们的无线电信号找过来的。"

阿里问:"和你一起的弟兄们呢?"

跳跳猴说:"我是先来探路的。说好在我找到你们后回去叫他们。"

阿里兴奋地说:"这下好了,我们的队伍壮大了。这是我们的研究基地,专门对地球生物进行研究的,跟我来参观一下吧。"

接着,便带了跳跳猴钻进了山洞。

和阿里的对话全是外星语。跳跳猴的对话不是很流畅,又是初次与来自海王星的同伙见面,起初,阿里对眼前的沙里有点怀疑。但是,想到不同星球的人讲话时难免有口音,又看不出其他破绽,阿里的戒心渐渐消除了。跳跳猴呢?心里庆幸无心中和巴里、达里学的外星语竟然在这时派上了用场。

山洞很大,在主洞两侧像穿糖葫芦一般排列着许多小洞。在侧洞里,摆放着各式各样的仪器,几个外星人在仪器旁紧张地忙碌着。

正在这时,一个外星人来找阿里。阿里指着跳跳猴对他的部下说:"这位是从海王星来的沙里,给他介绍一下我们的仪器和实验。"

阿里的部下连连点头应诺。

接着,阿里转过身来对跳跳猴说:"有点事,我要走几天。回来后我们再好好叙谈。"

说完,便匆匆离开了实验室。

原来,阿里的这个基地也是刚刚建立,还没有进行实验。跳跳猴每天跟着外星人在实验室调试仪器,找基地周围的一些植物和动物标本进行预试验。他把各种仪器的使用和外星人研究生物组织的方法都默默记在了心里。

三天以后,阿里回来了。怕在基地时间长露出马脚,跳跳猴便跑到阿里的办公室向阿里辞行。

阿里说："让你的弟兄们赶快过来吧，这样我们好统一行动。"

跳跳猴忙不迭地说："当然，当然。我们早就盼望着能找到你们。在您的领导下，我们在地球的旅行和研究一定会更加富有成果。我这就回去叫他里和亚里。"

阿里点了点头，说："好，我期待着我们会师。"

植物组织

跳跳猴踏一片白云,急急忙忙回到雾山的细胞研究所。他向伙伴们兴高采烈地介绍了如何假扮沙里,如何外星语竟然派上了用场,如何骗得阿里的信任,如何了解组织学的研究方法。接下来,大家立即投入到组织学的研究中。

跳跳猴等发现,在多细胞生物中,结构和功能相似的细胞总是聚集在一起,所谓的物以类聚。他们把具有相似结构及功能的细胞叫作组织。生物的细胞虽然难以计数,但是可以分成几个类型。

在植物中,有分生组织和永久组织。

细胞在分裂过程中,类型会发生转化。比如,一棵苹果树的种子在长成一棵苹果树后,一部分细胞形成了叶,一部分细胞形成了花,还有一些细胞形成了果,这种细胞类型的转化叫作分化。但是,在植物中,一部分细胞不进行分化,只是持续不断地分裂和生长,跳跳猴等把这些细胞构成的组织称为分生组织。分生组织主要位于植物的根尖和茎尖,由于分生组织的细胞不断分裂,根系便不断延伸,枝条也年年发新芽。

一部分细胞陆续分化而失去分裂能力,成为有特定功能的细胞组织,即永久组织。由于在永久组织出现了细胞分化,便又细分出了几种组织类型:表皮组织、薄壁组织、机械组织以及维管组织。

植物的根、茎、叶等的表面都有一层表皮组织,作用是防止水分过度蒸发及保护深层组织。

薄壁组织由薄壁细胞组成,是根、茎、叶、花、果以及种子的主要成分。其中,叶片中的薄壁细胞含叶绿体,是进行光合作用的主要部位;根、茎中的薄壁组织有储存营养物质的功能。

机械组织分布在根、茎以及叶柄中,对植物体有机械支持作用。靠了这机械组织,植物才能长高长大。

维管组织又叫作输导组织,包括木质部和韧皮部。木质部将根部吸收的水和溶于水中的物质运输到茎和叶。韧皮部将经过光合作用合成的有机物运输到根部和茎部保存,或运到分生组织供植物生长,还可将根部贮存的营养物质经过消化,向上运输到茎和叶。维管组织是高等植物特有的组织,有了维管组织,植株内的水分、无机盐以及营养物质才能实现远距离运输。

如果和动物相比,植物的表皮组织相当于皮肤,机械组织相当于骨骼,维管组织相当于血管,薄壁组织呢? 相当于呼吸和消化系统。

动物组织

在动物体内,有上皮组织、结缔组织、肌肉组织以及神经组织四种类型。

上皮细胞紧密排列,覆盖在身体表面以及体内各种管腔的内表面。不同器官的上皮有不同的作用。覆盖在身体表面的上皮可以防止微生物侵入体内;消化道的上皮有清洁作用。视网膜、鼻腔表皮和舌上的味蕾是具有特殊功能的上皮细胞,称为感觉上皮,分别感受视觉、嗅觉和味觉;分泌腺的上皮细胞称为腺上皮,可以分泌消化液或者内分泌激素;精细胞和卵细胞的上皮称为生殖上皮,具有生殖功能。

肌肉组织由肌肉细胞组成。根据肌纤维的结构和机能特点,又可将肌肉组织分为横纹肌、平滑肌和心肌三种。

横纹肌上有一条一条的横纹,因此,被叫作横纹肌。它们附着在骨骼上,可随动物的意志收缩和舒张,导致肢体的运动。由于这个原因,人们又把它叫作随意肌。

平滑肌没有横纹,表面平滑,因此,被叫作平滑肌。它们分布在胃、肠、血管、子宫等内脏器官中,其运动不受动物的意志支配,而是受植物神经和激素的调控。由于这个原因,人们又把它叫作不随意肌。

心肌呢?与横纹肌及平滑肌不同,可以自主收缩和舒张。由于这一点,心脏才能夜以继日地不停地跳动,为全身各组织器官源源不断地提供血液。

神经组织,由神经细胞和神经胶质细胞组成。神经细胞有感受刺激和传导兴奋的功能,这样,动物就能及时感受刺激,并对刺激作出反应。神经胶质细胞对神经细胞有支持、保护和营养功能,以保证神经细胞能够正常发挥作用。

除了上皮组织、肌肉组织和神经组织,还有好多种类的其他组织。好了,不用一一细分了,就给它们一个统一的名字,叫作结缔组织吧。

结缔组织的家族比较大,包括血液和淋巴、疏松结缔组织、致密结缔组织、弹性结缔组织、网状结缔组织、脂肪组织、软骨及硬骨等组织,一个地道的杂牌军。不过,既然把这些小股部队归在一起,也是因为它们有共同点。它们细胞间质丰富,细胞分散在细胞间质中。

血液和淋巴循环于心血管系统和淋巴管道中,为全身组织器官输送氧气、营养物质以及激素,同时从各组织器官运走代谢产物,其中的免疫细胞还发挥免疫功能。形象点说,那大大小小的血管和淋巴管像是运河,不过,这运河中不仅有运送货物的船只,还有持着刀枪的战士在巡逻。

疏松结缔组织广泛分布于身体各部,填充在各器官内部的间隙中。它的作用,简单来说有点像鸡蛋箱里的锯末,可以防止器官因为震动而损伤。此外,这种组织中还有外膜细胞、成纤维细胞、巨噬细胞、浆细胞、肥大细胞等细胞成分。外膜细胞沿血管外壁分布,能分化成为成纤维细胞或其他细胞。成纤维细胞可以产生多种纤维成分,对器官起支持和固定作用。肥大细胞能分泌一种物质,防止血液凝结。白细胞、巨噬细胞能吞食细菌、死细胞和其他侵入的颗粒。浆细胞针对入侵的抗原产生抗体。总的来说,疏松结缔组织对器官起支持、机械防护以及免疫防御作用。

致密结缔组织由排列致密的胶原纤维组成,主要分布于骨膜及肌腱。肌腱是连接骨骼肌和骨骼的组织,通过肌腱,骨骼肌才能使骨骼发生运动。

弹性结缔组织主要由平行排列的弹性纤维组成,具有很强的弹性,分布于韧带以及大动脉等部位。韧带用于维持器官的正常位置,没有韧带的固定作用,内脏就会下垂或东倒西歪。大动脉壁中的弹性纤维使得血管壁具有弹性。心脏收缩时,心肌的力量推动血液流动,同时血管扩张;心脏舒张时,由于弹性纤维的作用血管回缩,利用血管扩张时蓄积的势能挤压血液流动。

网状结缔组织主要由互相交织的网状纤维组成,分布于淋巴结、肝、脾等器官中。它们在器官中形成支架,相当于建筑楼房时的钢筋,对整个建筑物的结构起支撑作用。

脂肪组织的细胞中富含脂肪,主要分布于皮下以及肠系膜中。动物在营养过剩的时候脂肪便会增多,为的是把多余的营养储存起来,以备荒年。因此,脂肪就像国家建立的石油储备仓库,是一种能量的储备方式。此外,皮下脂肪还可以对外力起缓冲作用。

软骨坚固而有弹性,分布在硬骨关节面、耳郭、鼻、喉、气管脊椎骨之间以及肋骨末端。关节面之间的软骨可以减轻两个关节面的碰撞,其它部位的软骨可以使所在器官既具有一定的强度,又保持一定的弹性。有一些动物,如乌贼及鲨鱼,全身的骨组织均为软骨。

　　硬骨的细胞间质坚硬,主要成分为碳酸钙、磷酸钙等盐类,起着保护脏器和运动的作用。以人为例,脑组织是中枢神经所在地,相当于一支军队的司令部,因此,便用坚硬的颅骨保护起来。心脏和肺脏是管循环和呼吸的重要脏器,呼吸和循环出现问题,马上就要毙命,于是,便用栅栏样的肋骨将其围护起来。但是,子宫、卵巢为什么也要小心翼翼地盛在骶骨、髋骨和耻骨等围起来的骨盆里呢? 原来,这些脏器虽然对生命来说可有可无,却是孕育小生命的摇篮。关乎到下一代的脏器,能不精心加以保护吗? 颅骨、肋骨和骨盆的作用是保护脏器,胳膊、腿、脚和手的骨骼呢?在运动及劳动中起杠杆作用。没有四肢的骨骼,人便不能行走,不能干活。

组织、器官和系统

在研究完细胞和组织后,大家又开始对动物的心脏、肺脏、皮肤、眼睛和鼻子等器官进行分析。

在每一个器官中,有多种组织。比如,一块肌肉便是一个器官,功能是收缩。它的主要成分是肌肉组织,但其中还分布着神经和血管。没有神经组织,肌肉就不可能启动收缩;没有血液供应,肌肉收缩就没有能量来源。消化道的肠管也是器官,功能是对食物进行消化和吸收。它的主要成分是肠管平滑肌,但在肠黏膜表面有上皮组织,黏膜下有血管、淋巴管,肠壁中还有神经。没有神经组织,肠管就不能进行蠕动,从而不能进行机械消化;没有上皮组织,肠管就不能行使吸收功能;没有血管、淋巴管,肠管的生理功能就没有能量保证,肠管中的营养物质也不能被吸收入血液和淋巴液。

生物体的某些功能是由多个器官协调完成的。比如,食物的消化以及营养物质的吸收是由口、食管、胃、小肠、大肠整个消化道以及分泌消化液的肝脏、胰腺等器官实现的;鼻、喉、气管、支气管、肺等器官共同配合,才能共同完成通气和换气功能。这些共同完成一种或几种生理功能的多个器官便称为系统。

不同系统共同协调,才能实现整体的生命活动。以人体为例,有呼吸系统通气及换气,才能从大气中获得氧气,排出二氧化碳,满足能量代谢对氧气的需要;有消化系统对食物进行消化吸收,才能获得营养物质,满足身体生长及生命活动对能量的需要;有泌尿系统,才能将血液中的代谢废物从尿液排出,避免代谢废物在体内堆积;有内分泌系统,才能对各器官的功能以及各种代谢活动进行调节,以保证血糖、血压等的稳定;有神经系统,才能感受并对各种刺激作出及时反应,并对心血管、呼吸、消化等内脏活动进行调节……

总结一下吧。在多细胞生物体内,细胞分化出了不同类型。相同类型的细胞以及细胞间质结合在一起形成组织;有关的组织结合在一起形成具有某种或某几种功能的器官;在功能上相关的器官互相联系形成一个系统,以完成一个功能组合;所有系统互相协调,共同完成生物体的生命活动。

内环境

自从来到细胞研究所以来,跳跳猴等研究了细胞、组织、器官和系统。按照路线图的说明,细胞研究所的实验结束了。

早上,跳跳猴、李瑞和白桦忙着打包行李,准备启程,笨笨熊却坐在桌子旁呆呆地想着什么。就在大家将行李整理妥当的时候,笨笨熊站了起来,向大家摆了摆手,说:"且慢! 我觉得我们还有一些事情要做。"

"做什么呢?"跳跳猴眨巴着眼睛,不解地问。

笨笨熊说:"我们虽然研究了细胞,但不要忘记,任何一个细胞都是生存在环境之中。因此,我认为,还需要对细胞周围的环境进行一番探索。"

听了笨笨熊的话,跳跳猴、李瑞和白桦都点了点头,将打包好的行李又解了开来。

一开始,研究的对象是单细胞。

单细胞生物直接从周围环境中摄取物质,并将代谢废物排泄到周围环境中。也就是说,在单细胞生物中,细胞直接与外界环境进行交流,它的环境就是周围的自然环境。当周围环境营养充分以及温度等其他条件适宜的时候,它们便生长繁殖;当周围环境营养不足以及温度等其他条件不适宜的时候,它们便停止生长繁殖,甚至死亡。

多细胞生物的情况要复杂得多。

多细胞生物的细胞与血液及组织液进行物质交流。也就是说,对多细胞生物体来说,它的环境是周围的自然环境;对其中的细胞来说,它的环境是生物体内的体液。为了和周围的自然环境相区别,笨笨熊把生物体内的体液称为生物体的内环境。

大家发现,许多多细胞生物细胞的内环境非常稳定。比如,人体血液的酸碱度总是在 7.35—7.45 之间,低于 7.35 便会发生酸中毒,高于 7.45 便会发生碱中毒。无论酸中毒还是碱中毒,都会出现一系列症状,甚至危及生命。再如,人体血液中葡萄糖浓度总是在 80~120mg/100ml 范围内波动。低于 80mg/100ml 便会出现出汗、头晕等低血糖症状；高于 120mg/100ml 便会出现多饮、多尿等糖尿病症状，久而久之还会损害许多脏器的功能。

为什么生物体要将酸碱度和血糖等限制在如此狭窄的范围内呢？通过一系列的实验，大家才明白，生物体的代谢要依靠许多酶的参与，而酶的功能对酸碱度、渗透压、温度以及代谢物的水平都有严格的要求。低于或高于一定限度，它会不高兴，或者罢工，或者出现故障。结果，导致生物体发生疾病。但是，细胞不断地将在代谢活动中产生的热和二氧化碳释放到它周围的内环境中，同时又从内环境中吸收氧气和营养物质，这些都会使内环境的化学性质发生变化。此外，生物体所在的外界环境在经常变化，也会对内环境发生影响。为了保证生命活动的正常进行，生物体就需要对内环境进行调节，使内环境保持稳定。

那么，是谁在维持内环境的稳定呢？

反反复复做了许多次试验后，跳跳猴等才明白，维持内环境稳定的是一只无形的手。这只无形的手，就是反馈。

什么是反馈呢？

按照定义，所谓反馈，就是一个系统本身工作产生的效果反过来又作为信息进入该系统，与该系统指标的参照点进行对比，然后，根据参照点的水平对该系统的运行进行调整。

这定义文绉绉的，还是举例说明吧。

人的体温总是维持在 37℃ 左右。重体力劳动时，身体产生很多热量，血液温度上升。当下丘脑发现血液温度超过正常后，就会发出指令，让皮肤血管扩张，让汗腺出汗。通过这些措施，可以使散热增加，体温恢复到正常水平。

当人处于寒冷环境中时，皮肤中的温度感受器会将寒冷的感觉传入下丘脑的体温调节中枢。中枢经过分析、综合，就会发出指令，让皮肤血管收缩，让毛孔闭合，还让骨骼肌不自主地战栗。通过这些措施，可以使散热减少，产热增加，也使体温维持在正常水平。

人体组织中氧气和二氧化碳的浓度也保持着稳定。

在重体力劳动时，体内代谢旺盛，会造成缺氧和二氧化碳储留。这一信息刺激呼吸中枢，使呼吸加深加快，将过多的二氧化碳排出，同时增加氧气的摄入。结果，使体内氧气以及二氧化碳的浓度保持在适宜的水平。

除了体温以及氧气和二氧化碳浓度外,酸碱度、渗透压以及血压等等都需要维持在稳定水平。而维持这些指标稳定的基本原理都是反馈。

人是高等动物,身体里的器官复杂而精密,自有一套维持内环境稳定的办法,那些四肢发达头脑简单的小动物也需要维持内环境稳定吗?跳跳猴等对许多动物进行了实验。他们发现,所有生物都有维持内稳的机制。不过,不同的生物,维持内稳的方式不同。

还是从体温的调节来说吧。

有些动物,通过改变身体结构使体温保持稳定。

有一种黑色的叫作拟步行虫的甲虫,它的肤色会随着环境而变化。如果生活在日光照射强烈的环境中,背部的毛和白垩蜡质便变得很发达,颜色明显变淡。这样,可以减少对日光的吸收,防止体温过度上升。如果生活在高山或雪地,则身体变为黑色。这样,可以较多地吸收太阳光中的热量,有助于使体温升高。此外,在这种甲虫背部的翅和肉体之间有一层空气,形成一个隔离层。这样,可以减少热的辐射,有利于保持体温稳定。

骆驼的背部有厚厚的脂肪层。这脂肪层能对阳光起到隔离的作用,使阳光中的热量不致过多地进入体内。

有些动物,通过行为对体温进行调节。

很多爬行动物在天冷时会找避风处晒太阳;中午气温太高时,则躲到阴凉处或爬到高高的通风处降温。

达尔文考察过的南美加拉帕戈斯群岛上有一种海鬣鳞蜥,这种动物调节体温的行为非常高明。每天早晨太阳升起时,它们将身体与日光照射的方向垂直,这样,可以最大限度地接受日光的照射,使体温快速上升;等到体温上升到正常活动温度后,便将头直对太阳,这样,可以使日光和身体平行,减少吸热量;当需要降温时,前肢把身体前部支起,使海风从腹面吹过,这样,可以将身体的热量带走。有一种分布在美国西南沙漠中的松鼠,通过合理安排一天的活动来适应周围环境。它们早晨从洞穴中出来活动,晒太阳,觅食;中午钻入地穴中避暑;正午过后气温适宜时,再次爬出洞来到处找吃的;夜间又进入洞穴防寒、睡觉。

蜜蜂是一种社会性昆虫,它们还可以通过行为创造适于生存的外部环境。冬天,蜂箱内的蜜蜂奔走不停。通过这种方式,可以提升体温。每个蜜蜂的体温增加后,蜂箱内的温度就会明显上升。据观察,一个有 5 万到 8 万只蜜蜂的蜂群,可以通

生物科学研究院

过这种运动在一小时内使蜂箱内温度上升 10℃。当外界一片冰天雪地时,蜂箱中的温度仍然保持在 14℃,甚至可以达到 30℃。

幼蜂孵化时对温度要求很高。低于 33℃,幼蜂发育慢而且不正常;高于 35℃,幼蜂便会死亡。负责育幼的工蜂非常清楚这个道理,当温度太低时,它们就爬在幼虫室上用身体来保温;当温度太高时,它们就扇动翅膀促使空气流动,与我们在夏天扇扇子一个道理。

动物虽然有调节控制体温的能力,但这种能力有一定限度。因此,有些动物在冬天便钻到洞里睡大觉。许多昆虫不会打洞,便在寒冬的朔风中瑟瑟发抖地死去。死去不就绝种了吗? 别担心,它们会在冬天来临前交配产卵,以蛹的方式将生命留存到第二年的春天。

在酷热的夏天,蝙蝠、蜂鸟等白日潜伏不动,等到夜间气温下降时才出来活动。高温干旱季节,蜗牛藏在硬壳内,用唾液腺分泌的黏液封住壳口。下雨后气温降低时,它们才破开封口,伸出脑袋,背着它的小房子四处走动觅食。

鸟类有长距离飞行的本领,在冬季,它们会飞行到温暖的地区去越冬;到夏季,又飞到凉爽的地区去避暑。

在维持内环境稳定方面,生活在地球上的万千生灵各有各的神通。

内稳的进化

在实验中,跳跳猴等发现,越是高等的动物,维持内稳的机制越是完善。难道内环境的稳定也是进化的结果吗?

大家到研究所的图书馆查阅有关的资料。内环境有许多方面,有关的文献汗牛充栋,光是翻目录都需要好多天。就从比较简单的水盐代谢来看看进化过程吧。

原生动物虽然是单细胞,也要对水盐代谢进行调节。但由于整个生物只有一个细胞,进行水盐代谢的结构只是细胞内的一个细胞器——伸缩泡。细胞中过多的水和溶于水中的代谢废物会从细胞质进入伸缩泡储存起来,当储存量超过库房的容量时,则将内容物排出细胞外。通过伸缩泡周期性的涨大和缩小,可以使细胞的水量和盐分浓度保持相对稳定。

到了涡虫、轮虫,进化出了原肾管。原肾管深入到组织器官之间,能够排出体内过多的水分,同时把原肾管内液体中的有用离子重新吸收利用。

到环节动物和软体动物,出现了后肾管。后肾管不再深入到身体各组织,而是通过与血液、体腔液进行物质交换而对水盐代谢进行调节。后肾管调节水盐代谢的效率较原肾管有所提高,经过后肾管排泄的液体,成分与血液、体腔液大不相同,称为尿液。

到昆虫,出现了马氏管。马氏管浸浴于血液之中,有回收水分和盐分的功能,能以极少的水分排泄代谢废物。就是靠了这一小小的进化,一些昆虫能生存在干燥的粮食中。

到脊椎动物,身体各部的代谢废物由血液运送到肾。肾血管逐级分支,形成肾小球。肾小球中血液的部分液体成分被过滤到包裹在肾小球外的肾小囊中,称为原尿。原尿向下流经肾小管和集合管时,大量水分及营养物质被重吸收到肾小管周围的血管中。留存在肾小管中的代谢废物高度浓缩,输送到膀胱,排出体外。这样,就

生物科学研究院

可以以较少的水分将代谢废物排出体外。除排泄代谢废物外,肾小管还可以对机体内环境的无机盐含量以及酸碱度进行调节。当血液酸度增高时,肾小管将 H^+ 分泌到原尿中;血液酸度降低时,肾小管将 HCO_3^- 及其他能与 H^+ 结合的离子分泌到原尿中。因此,在脊椎动物,肾脏不仅可以对水和无机盐进行调节,还实现了酸碱度的稳定。

从单细胞到脊椎动物的进化过程中,调节水盐代谢的器官越来越复杂。作为其结果,内环境也越来越稳定。

藏经阁

有关内环境的实验完成了,跳跳猴一行踏着夕阳的余晖向住处走去。他们走过一片寸草不生的沙石滩,接着,爬上了一座小山包。山坡上长满了翠柏古松,脚下的山谷里有一座果园。正是金秋时节,一株株桃树和苹果树上挂着又大又红的果实,一只母猴带着几只小猴子在树上采桃摘果。

看着眼前的景色,跳跳猴问笨笨熊:"参天大树由小树苗长成,万千动物也是从小渐渐长大。但是,这些植物和动物是靠了什么从小变大呢?"

笨笨熊不假思索地说:"当然靠的是营养物质。"

跳跳猴继续问:"植物和动物是怎么吸收营养物质的呢?"

笨笨熊说:"我想,这便是我们下一站要研究的内容。"

李瑞插话问:"对了,下一站是什么地方呢?"

笨笨熊说:"当然是代谢研究所了。"

跳跳猴问:"你知道代谢研究所在哪里吗?"

"是啊,我们还不知道其余的研究所在哪里呢。"笨笨熊一边说,一边挠着头皮。

沉默了一会儿,跳跳猴说:"去问一问研究所养实验动物的饲养员,他兴许会知道的。"

笨笨熊拍了一下跳跳猴的肩膀,兴奋地说:"还是你有办法。"

将近黄昏时,跳跳猴一行来到动物饲养室。

老人正在给小白鼠添加饲料,听到有人进来,他抬起了头。

跳跳猴问:"老师傅,您可知道各个研究所的所在吗?"

老人拍了拍手上的饲料碎屑,说:"从我们这里出去往左走大约一里地,有一个阁楼。在那个阁楼顶层的房梁上,有一个小洞。在那个小洞里,有一个用红布包了的书。在那本书里,便介绍了各个研究所的位置和许多生物学知识。人们都把这本书称为经书，把那座阁楼叫做藏经阁。"

笨笨熊问："您怎么知道那藏经阁里藏着一本经书呢？"

老人说："是来这里的旅行团告诉我的。来霁山参观的人都要到那里取经书，在参观结束后再把经书放回藏经阁的房梁上。"

就在老人给大家说话的时候，跳跳猴发现饲养室窗户的外面闪过了一个黑影。

第二天一早，跳跳猴一行四人带着小黄来到了藏经阁。那阁楼是一个三层古典建筑，朱红外墙，飞檐斗拱。一上到阁楼三层，跳跳猴便像猴子一样嗖嗖地爬上了房梁。但是，把房梁从头看到了尾，没有看见老人所说的洞。是用盖子将洞口盖上了吗？跳跳猴用手在房梁上仔细摸了一遍，没有感觉到任何缝隙。

看到跳跳猴在房梁上来回摩挲，笨笨熊问："跳跳猴，看到了吗？"

跳跳猴摇了摇头。

李瑞对笨笨熊低声说："是老人说了谎话吗？"

笨笨熊没有吭气，皱起眉头思索着。

白桦朝跳跳猴喊："在房梁上敲一敲。"

"什么意思？"跳跳猴不解。

"难道你不懂啄木鸟啄木的道理吗？"白桦说。

"噢，明白了。"跳跳猴应了一声，在房梁上面和左右侧面梆梆梆地敲了起来。

突然，在房梁中间的侧面发出了"空……空……"的声音。仔细一看，发出声音的地方钉着一个钉子。揪住钉子往起一拔，一个盖子被揭了起来。噢，终于找到了，跳跳猴心中一喜。但是，偏着头一看，里面空空如也。

跳跳猴向下面喊道："这洞里是空的。"

李瑞说："难道经书被人偷走了？"

笨笨熊想了想，说："让小黄来帮忙吧。"

跳跳猴跳下，抱了小黄重新窜上房梁。在让小黄嗅了气味后，又顺着柱子咪溜一下来到地面。小黄在地上一边嗅，一边走。大家跟着小黄出了藏经阁，过了一座小桥。这时，小黄朝着对面的山叫了起来。朝对面看去，只见在远处山坡上的树丛中闪过一个人影，体形酷似外星人。

笨笨熊咬牙切齿地说："又是外星人来捣乱。白桦大哥，你带小黄回去，免得它叫起来暴露目标。跳跳猴和李瑞，我们一起过去看个究竟。"

白桦带着小黄回到了实验室，笨笨熊、跳跳猴和李瑞钻进树林朝刚才外星人出没的山坡走去。在快要到达目的地时,他们发现山坡上有一个山洞,山洞口不时有外星人出出进进。笨笨熊示意跳跳猴和李瑞隐在一棵大树后。

这时,他们听到一个外星人说:"头儿在干什么呢?"

另一个外星人说:"在山洞里大动肝火呢?"

"为什么?"

"昨天晚上,我在跟踪白桦一行时,听动物饲养员说在藏经阁里有一本书,书里有霁山各个研究所的位置说明。头儿早就想弄清楚这些研究所的位置,当我给他汇报后,他高兴得跳了起来。昨天晚上,巴里和查里受命将那本书从藏经阁偷了回来。原以为这书里有各个研究所的路线图,想不到,里面没有一幅图,全是一些奇形怪状的汉字。头儿看不懂那些方块字,因此便在洞里大发雷霆。"

听了这一段话,跳跳猴对笨笨熊低声说:"原来,这些家伙不认得我们的汉字。"

笨笨熊眉头一皱,说:"有了。"

跳跳猴问:"有什么了?"

笨笨熊说:"外星人认识你和我,不认识李瑞。我们回去,让李瑞留在这里,设法混进他们里面。"

李瑞问:"混进去干什么呢?"

笨笨熊说:"你假意帮助他们翻译,趁机把那经书搞出来。"

李瑞竖起大拇指,说:"妙。"

说罢,跳跳猴和笨笨熊消失在山洞旁的树林中,李瑞提了个口袋在山洞口前面的树林里转悠,装着采蘑菇。

不大一会儿,一个戴着帽子的外星人迎了上来。他对李瑞说:"朋友,在干什么?"

李瑞扬了扬手里的口袋,说:"采蘑菇。"

外星人问:"你可识字吗?"

李瑞问:"你是说汉字吗?"

外星人点点头。

李瑞说:"本人上过中学,一般的字尚可识得。"

少顷,他又故作惊讶地问:"你问这些干什么?"

外星人指了指山洞,说:"请到里面说话。"

李瑞跟着外星人进到洞内,只见洞里有三个身材矮小的人,都戴着帽子。原来,自从来到雾山后，为了避免被地球人认出来，这些外星人都化了装。他们将原本塌陷的鼻子隆起来，用帽子把头顶的触角盖起来。领李瑞进洞来的外星人和伙伴叽里咕噜说了几句，便有饮料端了上来。

一个外星人笑容可掬地对李瑞说："一个朋友送给我们一本书，但我们都是乡野村夫，不识得字。敢劳大驾为我们读一下吗？"

说着，递上一本薄薄的书。李瑞接过来一看，封皮上写着《雾山五章经》。正像动物饲养室老人所说，这本书的前一部分是各个研究所位置的说明，后面是生物学知识的介绍。

啊！就是它。李瑞抑制着内心的喜悦，对外星人说："这本书介绍的是雾山各个生物研究所的位置。"

外星人点头哈腰地说："太好了，可是这里却没有一张图。您可以根据介绍把各个研究所的位置画出一个图来吗？"

李瑞说："可以，请拿纸和笔来。"

外星人赶忙把笔和一大沓纸奉上。

李瑞说："本人看书时喜欢安静，旁边有人时便只顾说话了。诸位可以回避一下吗？"

外星人忙不迭地说："当然，当然。"

说着，便退出山洞，将房门掩上。

李瑞在纸上胡乱写了一气，虽然都是汉字，但是连起来不成句子。待到写了三四十张，与经书厚薄相当后，他将原来的封皮拆下，包在刚才写的纸张外面，将原来的经书揣在怀里。

一切停当后，他朝洞外喊："来人！"

话音刚落，一直守在洞口的外星人便窜了进来，问道："有何吩咐？"

李瑞说："这本书都看过了，但是其中有十几个字不识得。我需要回家拿一本字典，你看如何？"一边说，一边将手里的书翻得哗哗作响。

外星人说："有劳大驾。只希望能快去快回。"

李瑞说："寒舍就在这山谷里不远处，我想，半个时辰就可返回。"

外星人一边连连道谢，一边递上一袋蘑菇，说："刚才几个弟兄在山里采了一些蘑菇，权作酬劳。"

李瑞说："谢了。"

说完,他接过蘑菇,一溜烟地跑下了山。

一进研究所宿舍,李瑞便把《雾山五章经》从怀里掏了出来。他一边摇晃着经书,一边兴奋地喊:"弟兄们,我得手了。"

跳跳猴一把将经书夺了过来,铺在桌子上。原来,雾山的生物研究院有细胞研究所、营养与代谢研究所、生命调控研究所、生殖研究所、遗传研究所,还有一个新建的生物工程研究所。按照经书的描述,它们分散在雾山的各个山岔中。

笨笨熊把经书收了起来,对大伙说:"弟兄们,马上出发,到营养和代谢研究所。"

一行人立即离开细胞研究所,踏上了旅程。

外星人达里之墓

途中，跳跳猴一行在一座山的半山腰遇到一个凉亭。说不来是什么原因，这时，笨笨熊的两条腿就像灌上了铅，怎么也拖不动。

他说："我们就在这里休息一会儿吧。"

说着，便坐在了凉亭的栏杆上。跳跳猴、白桦和李瑞也在他的旁边坐了下来。

却说巴里、达里和跳跳猴一行分别后，日夜兼程返回到外星人总部。这时，阿里和查里正准备去接巴里、达里和小精灵三人。看到巴里和达里两个人回来，他们从UFO的舱门口返下来。巴里把山里发生了大地震，小精灵被砸死以及跳跳猴一行一路照顾他们等等向阿里汇报了一番。

得知小精灵被砸死，阿里怏怏不乐地关上UFO的舱门，回到了附近的一个山洞里。那山洞是外星人在地球的总部，里面有实验室、机要室和几间卧室。

在外星人这个团队中，巴里的分工是管理机要。上次外星人得了锦囊后，便由巴里保管在机要室。待阿里回到卧室，巴里便急急来到机要室，打开资料柜。噢，锦囊还在！他急忙抓起来，冲出机要室，和匆忙赶来的达里撞了个满怀。

巴里压低声音对达里说："快，快把这锦囊还给跳跳猴他们。"

达里说："可是，我怎么能知道他们在哪里呢？"

巴里说："打开遥感器，你会监测到他们在哪里的。"

达里点了点头，扭过身，大步流星冲出了洞口，消失在浓密的树林中。

却说阿里回到卧室后，心情十分烦闷，便一头栽倒在床上蒙头大睡。来到地球之初，就好比入了迷宫，不知该向何处去；天赐良机，从地球人手里窃了路线图，却又被白桦骗了去；好容易得了一个活标本小精灵，又被砸死了。以后，在地球考察之行该如何进行呢？

整整一天，阿里闭门不出，躺在床上生闷气。第二天，他突然想：巴里和达里绑架了小精灵,地球人为什么还会优待他们呢? 莫非巴里和达里成了地球人派回来的奸细?

为了弄个清楚,他召巴里和达里来问话。巴里来了,却不见达里。

阿里问:"达里呢?"

巴里迟疑了一下,接着,实话实说:"地球人非常需要我们得了的锦囊,我让达里给他们送去了。"

"原来,真的是地球人派来的奸细啊!"阿里一边咆哮,一边跳起来在巴里的脸上狠狠扇了一个耳光。接着,叫了查里,登上 UFO,飞走了。

按照巴里的吩咐,达里打开了身上带着的遥感器。奇怪,仪器真的收到了清晰的信号。这遥感器是用来接受小精灵行踪的信号的,小精灵死了,怎么还能收到移动的信号呢? 不过,达里没有时间多想这个问题,他只顾朝着发出信号的方向急急赶路。走了一天,达里循着信号来到了一个凉亭下方的一片开阔地。

凉亭中,跳跳猴正在和大家海阔天空地闲聊。突然,他发现下面的空地上有一个人影,定睛一看,好像是达里。

他从栏杆上突然站了起来,朝笨笨熊、白桦和李瑞喊了一声:"看,达里!"

话音未落,便朝着达里冲了下去。达里也看到了跳跳猴,又蹦又跳地朝跳跳猴跑了过来。就在他们相距大约一百步左右的时候,空中两道炫目的光线射到达里身上,达里扑通一声倒在地上。跳跳猴仰头一看,发出光线的是外星人的 UFO。跳跳猴不顾一切地扑向达里,只见达里的脑袋和胸部被烧焦,左臂向前伸出来,手里紧紧地握着一个东西。跳跳猴使劲叫达里,没有一点反应。他掰开达里的手,噢! 是被外星人窃走的锦囊。他立即将锦囊装在内衣口袋里。这时,他感到头顶有一股气流,抬头一看,UFO 正在降落。很显然,UFO 是来追捕达里的。跳跳猴背起达里,迅速钻进密密丛丛的树林里。

看到跳跳猴背了达里钻进树林, 没有了目标,UFO 在树林上空盘旋了一阵,无声无息地飞走了。

跳跳猴背着达里,迅速爬上了凉亭。大家七手八脚地把达里从跳跳猴的脊背上抬了下来。

放下达里,跳跳猴哇的一声哭了出来。他一边号啕大哭,一边说:"为了给我们送锦囊,达里死了,被 UFO 射出的光击毙了。"

接着,他掏出锦囊,给笨笨熊和白桦看。笨笨熊和白桦默默地点了点头,流出了眼泪。

少顷，笨笨熊提议："我们把达里葬在这亭子里吧。估计我们在霁山要待些时日，这样，我们可以经常来看看他。"

跳跳猴和白桦点头同意。

四个人把凉亭中间的一块石板搬了起来，掘了一个坑。跳跳猴将达里放进了坑里，在上面盖了松树枝和柏树枝，再覆上土，堆成一个坟头。

完了，跳跳猴擦擦额上的汗水和两颊的泪水，说："找一块石头做墓碑吧。让别人知道一个名叫达里的外星人曾经舍了性命帮助我们。"

白桦瞅了瞅刚才搬起来的石板，说："这块石板不是正好吗？"

笨笨熊和跳跳猴点头称是。白桦将石板的下面反过来，跳跳猴用手帕擦拭着上面的土。

突然，他指着石板，说："奇了，你们看。"

大家一看，石板上，镌刻着"外星人达里之墓"七个隶体大字。

看了这几个大字，跳跳猴一行都愣了。

许久，跳跳猴喃喃地说："这，难道是天意吗？"

接下来，没有人说话，只是配合着把石板竖在坟前。然后，在石碑前低头默哀。

默哀毕，跳跳猴把锦囊从口袋里掏了出来，递给笨笨熊。

笨笨熊说："打开看看。现在是需要锦囊的时候了。"

跳跳猴将锦囊小心翼翼地打开。大家看到，里面是一个丝绢，上面写着："辞别芦芽峰，便往舜王坪；欲知我何在，可访雾霁峰。"

跳跳猴兴奋地说："《霁山五章经》中所述的营养与代谢研究所就在舜王坪，我们的行动与智者的安排不谋而合。"

李瑞接着说："重要的是，接下来，我们便可以去访问智者了。"

笨笨熊朝大家挥了挥手，大声说："上路！"

真奇怪，刚才，他一步也迈不动，嚷嚷着要休息。现在，他甩开大步，一眨眼就走出去好远。

通往舜王坪的水帘洞

来到目的地后，大家发现舜王坪的四周，如刀劈斧砍，足有六七层楼房高。

笨笨熊蹙起眉头说："这么高，怎么上去呢？"

跳跳猴说："既然上面有研究所，总是有办法上去的。大家在这里等着，我去打探一下路径。"

说完，便迈开大步围着舜王坪转了起来。没走多远，他听到了哗哗的流水声。循着水声走去，只见从石壁的半中间垂下一瀑水帘。跳跳猴一纵身，穿过水帘，跳了进去。四处打量，发现那水帘洞里有一排石阶，顺着石阶望上去，可以看到一束光柱。想必，那光柱便是来源于舜王坪的顶部。

跳跳猴钻出水帘洞，朝着大家喊："进来啊，这洞里便有通到上面的路。"

听了跳跳猴的话，白桦第一个跳了进来，接着，笨笨熊和李瑞也跳了进来。

顺着台阶爬了大约半个时辰，一行人来到了洞口。放眼望去，是一块平展展的草地，在草地的中央，有一个二层楼的建筑。楼的四周是高大的树木，树枝将楼顶几乎盖了个严严实实。

一行人到达楼前时，一个银须老人将他们拦了下来。

老人问："你们从哪里来？"

"水帘洞。"跳跳猴回答。

"你们如何得知水帘洞？"老人露出诧异的神色。

正在这时，一个二十四五岁的女性从外面急匆匆地向楼里走去。听到老人在盘查一群小孩，她回过头来望了一眼。

突然，她惊叫了起来："笨笨熊，是你吗？"

笨笨熊也惊讶地说："噢，是李婧老师？"

李婧点了点头。

在智者的学习班上，笨笨熊曾多次见到过李婧。那时，他只是知道李婧是一个研究所的负责人，但不知道竟然就在霁山中。

李婧问："你怎么会来到这里呢？"

笨笨熊说："我们是按照智者的安排来进行生物旅行的。"

接着，他回过头来对大家说："这位，就是我们的老师李婧。"

然后，又向李婧介绍了跳跳猴、白桦和李瑞。

自养与异养

在跟着李婧参观营养与代谢研究所后,跳跳猴等便立即投入实验中。

细胞是生物体的基本单位,研究代谢,仍然从细胞入手。大家发现,细胞代谢包括两个方面,物质代谢和能量代谢。奇怪的是,物质代谢和能量代谢如影随形。在物质代谢过程中必然伴随着能量代谢;反过来,能量代谢必然以物质代谢为基础。

这物质代谢包括营养物质的摄取、气体交换、物质在生物体内的运输以及细胞代谢等几个部分。

营养物质的摄取有两种方式。有些生物,自力更生,自己合成所需要的营养。说得通俗一点,就是自己养活自己。这种方式,大家将其称为自养。有些生物,仰仗其他物种,从异体或异种的生物体获得营养。说得通俗一点,就是靠别的生物来养活自己。这种方式,大家将其称为异养。

自养生物又可以分为光合自养和化能自养两种亚类型。

绿色植物和少数种类的细菌以环境中 H_2O、CO_2 及其他元素作为物质来源,以光为能量来源。这样的代谢类型属于光合自养。

有些细菌以环境中的 H_2O、CO_2 等作为物质来源,以某些无机物氧化过程中释放的能量作为能量来源。这样的代谢类型属于化能自养。

在自然界中,绿色植物的光合自养具有十分重要的地位。

有了绿色植物的光合自养,才产生了氧气。地球的大气中有了氧气之后,需氧生物才得以发生和进化。

有了绿色植物的光合自养,才能将自然界 H_2O、CO_2 等简单物质转变成为蛋白质、脂肪、糖等有机物质,才为食草动物提供了食物。有了食草动物,食肉动物才能生存。

因此,绿色植物是地球上的生物之母,光合自养是地球上生物圈中最基本,也是最重要的代谢类型。

异养生物必须从外界获取蛋白质、脂肪和多糖等有机物。这些有机物都是大分子，只有被消化分解才能被吸收。因此，异养生物都具备消化和吸收机制。高级异养生物有复杂的消化系统，低级异养生物有消化吸收器官，即使是最低级的单细胞异养生物也有负责消化和吸收的细胞器。

和自养相似，异养也分为两个亚型，吞噬营养和腐食性营养。

吞噬营养是动物的营养方式。它们把固体有机食物吞到肚子里，将食物中的大分子消化为小分子，再吸收入体内。

腐食性营养是细菌、真菌以及一些原生生物的营养方式。它们太小了，而且没有嘴，不能吃东西。那么，靠什么生活下去呢？原来，它们以体表吸收外界被溶解的有机物，或分泌消化酶将食物大分子在体外水解，然后通过体表吸收。

营养类型还和五界分类有对应关系。大体来说，植物是自养型，动物是吞噬营养型，真菌是腐食营养型。但是，有些生物却有点特殊。

什么特殊呢？

猪笼草在分类上属于植物，但是，它们除进行光合作用外还能够捕捉并消化昆虫，也就是说，在自养的基础上发展了异养功能。绦虫在分类上属于动物，但是，它失去了吞噬功能，发展了腐食营养功能。原生生物呢？营养类型比较杂，有的是自养，有的是吞噬异养，还有的是腐食营养。有些原生生物，如金黄滴虫，甚至三种营养方式都有。大概，它们想要朝异养生物的圈子里挤，但一时不能脱胎换骨，便来了个兼收并蓄。

能屈能伸的保卫细胞

看来，自养是营养摄取的原始方式，就从自养开始深入研究吧。

一早，跳跳猴一行来到实验室外的植物园采集研究用的植物标本。

园内，植物郁郁葱葱，空气中散发着鲜花的芳香。大家禁不住贪婪地大口吸气。

跳跳猴从各种植物上采集叶子，在显微镜下观察。他们发现，虽然不同植物的叶子形状各异，但所有叶子的内部结构基本相同。它们都是由表皮组织、基本组织和维管组织组成。

在树叶的上下表面，是一层扁平透明，彼此紧密连接的表皮细胞。

树叶在光合作用中要吸收二氧化碳，一个个表皮细胞挨肩擦踵地挤在一起，二氧化碳怎么能进去呢？

提高了显微镜的放大倍数后，大家发现在叶面的表皮细胞之间散在分布着许多小孔。小孔的两边各有一个细胞，就像把着大门的保安，跳跳猴把它叫作保卫细

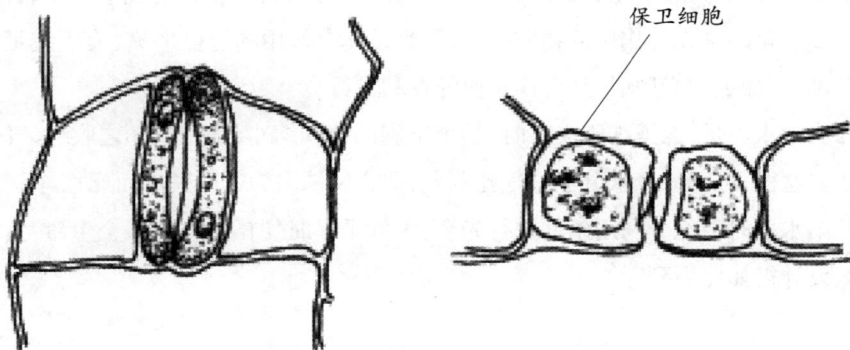

保卫细胞

缺水时气孔缩小

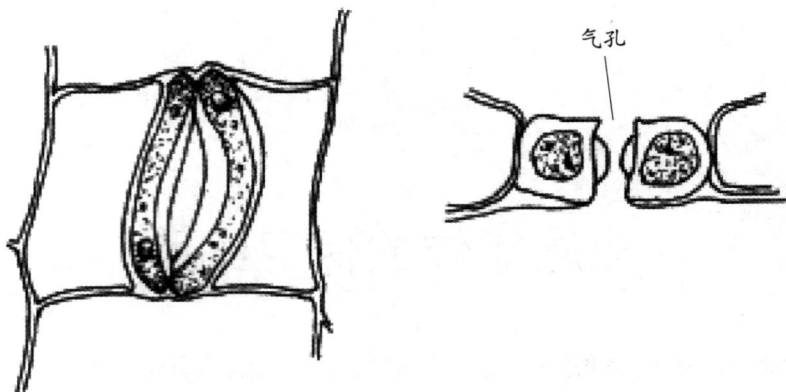

气孔

雨水充沛时气孔增大

胞。仔细的观察证实，叶子就是通过气孔来吸收空气中的二氧化碳的。作个比喻，植物的气孔就相当于人的鼻孔，是呼吸器官。不过，人呼吸，是为了利用空气中的氧气；植物呼吸，是为了利用空气中的二氧化碳。

不过，气孔侧面的保卫细胞结构很特殊。靠近气孔的细胞壁比较厚，背着气孔的细胞壁则比较薄。

保卫细胞长这个样子有什么意义呢？大家连续好多天对这两个把门的细胞进行观察。

功夫不负有心人，经过了几天的认真观察，谜团终于解开了。

当水分充沛，保卫细胞吸水膨胀时，较薄的外侧细胞壁容易伸长，引起整个保卫细胞向外侧弯曲，于是，气孔便开放。这样，就可以大量吸收空气中的二氧化碳。水和二氧化碳是光合作用的物质基础，阳光是光合作用的能量来源。有了充足的物质基础，再加上阳光照射，光合作用便能顺利进行。

当雨水不足，保卫细胞失水时，整个细胞的体积缩小，细胞壁随之收缩，气孔便关闭。这样，可以减少水分经过气孔蒸发，防止植株因为过度失水而死亡。

雨水多时便充分利用条件进行光合，天气干旱时便韬光养晦保全生命，大自然怎么设计得如此周到呢？

来自土壤的营养

树叶是通过气孔吸收二氧化碳的,树根是如何吸收水和矿物质的呢?

要明白这一点,首先需要了解一下根的结构。

笨笨熊采了一株蒲公英,在根毛上切下一截,放在多头显微镜下和大家一起观看。

在显微镜下,根的横切面从外向内可以分为三个部分,即表皮、皮层和中柱。

表皮细胞的细胞壁向外突起延长,形成细管状的根毛。根毛的壁很薄,正因为其壁薄,才有利于吸收土壤中的水分和矿物质。

皮层由多层薄壁细胞组成。在皮层的外侧,细胞排列疏松,细胞之间有间隙。在皮层的内侧,有一层叫作凯氏带的结构。在凯氏带中,细胞紧密相连,没有一点缝隙。

经过表皮层吸收的液体经过皮层外侧时沿着细胞之间的间隙流动,不进入细胞质,笨笨熊把它叫作质外体途径;经过凯氏带时进入到细胞的细胞质中,顺着皮层细胞之间的胞间连丝进行运转,笨笨熊把它称为共质体途径。

共质体途径有什么意义呢?

实验发现,在经过凯氏带时,有些物质被吸收,有些物质则被拒之门外。也就是说,凯氏带对吸收的物质进行了筛选。这一现象,就像人类脑血管内皮细胞之间的紧密连接。由于不同植物的凯氏带摄取的物质

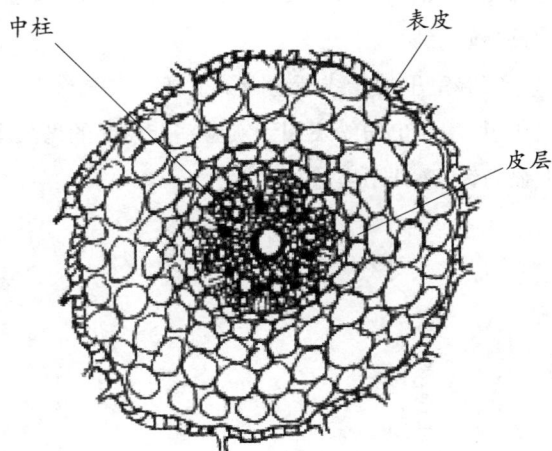

根横切面

不同,苹果树结出来的是苹果,桃树结出来的是桃子。

内皮层下是中柱,中柱主要是对经过凯氏带筛选后的物质进行运输。中柱内细胞的细胞质和细胞核逐渐消失,细胞之间失去横壁,形成了中空的长管,叫作导管。由根吸收的水和矿物质通过导管向上运输到茎和叶。

这么说来,从根毛到树叶,有一条自下而上的运输线。

根可以吸收水和矿物质。是哪些矿物质呢?

通过查阅资料,大家了解到,科学家在一百多年以前就对这个问题进行了研究。

19世纪后期,现代植物生理学的奠基人,德国的Sachs,用蚕豆、玉米和荞麦的种子做水培养的实验,观察这些植物的种子在纯水中和在含有各种无机盐溶液中的萌发与生长情况。他发现,在纯水中,种子虽然能萌发,但不能生长或很快死亡。在含有KNO_3、$NaCl$、$CaSO_4$和$Ca_3(PO_4)_2$的溶液中可以生长,但叶片呈白色,而不是绿色。如果缺少以上一种或两种盐类,幼苗会很快停止生长或出现某种缺陷,如新根不能发育等。如果在含有KNO_3、$NaCl$、$CaSO_4$和$Ca_3(PO_4)_2$的溶液中加入少量氯化铁,叶子的颜色就会由白色变成绿色。因此,他得出结论,植物要正常生长,除水之外,还需要含有KNO_3、$NaCl$、$CaSO_4$、$Ca_3(PO_4)_2$以及氯化铁。如果缺少铁元素,叶绿素便不能产生,叶片就会呈白色,光合作用就不能进行。到了19世纪末,Sachs和其他植物生理学家确定了磷、硫、钾、氮、钙、铁、镁七种元素是植物生长必需的元素。

但是,对植物体的化学成分检验发现,除上述七种元素外,植物生长还需要微量的硼、锰、铜、锌、钼。虽然对这些元素的需要量不大,但当缺乏时,就会出现特定的营养缺乏症。

实验室里的光线渐渐暗了下来。大家抬头一看,太阳落山了,西边的天空一片铅灰色,鸟儿也纷纷飞回到实验室外树上的鸟巢中,叽叽喳喳地叫着。笨笨熊等关上显微镜,离开了实验楼。

短板效应

植物通过叶子的气孔吸收二氧化碳,从根系吸收水和矿物质。动物从食物中摄取哪些营养物质呢?

实验发现,动物除饮水外,还从食物中摄取糖类、脂类、蛋白质、维生素和矿物质五大类营养物质。

糖类是人类食物中的主要供能物质,主要来源于植物性食物,人体所需的能量至少有一半来自糖类。

蛋白质是动物的主要结构物质,也就是说,是构成细胞以及细胞间质的主要成分。动物在摄入食物后,要将蛋白质消化为氨基酸。然后,再根据身体的需要将氨基酸合成各种蛋白质。

动物蛋白质有无数种,但天然存在于蛋白质中的氨基酸却只有20种。在这20种氨基酸中,有12种可以从食物中直接摄取,也可以在体内由其他物质合成,笨笨熊把它们叫作非必需氨基酸。赖氨酸、色氨酸、苯丙氨酸、蛋氨酸、亮氨酸、异亮氨酸、苏氨酸及缬氨酸只能从食物中摄取,不能自己合成,笨笨熊把它们也叫作必需氨基酸。

为了观察动物的营养与代谢规律,跳跳猴等饲养了许多种动物,饲养员是白桦。他每天给饲料槽里堆满食物,可是,一个多月下来,别的动物吃得滚瓜溜圆,小白鼠和大白鼠却表现出蛋白质营养不良。

这是怎么回事呢?

对蛋白质进行化学分析发现,氨基酸的种类和各种氨基酸的比例是固定的。因此,蛋白质合成决定于必需氨基酸中量最少的氨基酸。如果有一种必需氨基酸摄入不足,即使其他氨基酸的量再多,蛋白质的合成也要受到限制。

这种现象叫作水桶效应。

什么是水桶效应呢？

过去，水桶是用许多木板拼成的。只有木桶四周的木板都一样长，才能将水盛满。如果木桶壁的一块木板比其他木板短一截，桶里的水便只能盛到最短木板的高度。也就是说，短木板的长度决定了整个水桶盛水的容量。

实验还发现，所有动物性食品，既含有必需氨基酸，又含有非必需氨基酸。因此，食用动物性食物，不容易发生必需氨基酸缺乏。植物性食物呢？有的会缺乏某种氨基酸成分。比如，玉米中的蛋白质缺乏色氨酸、赖氨酸和半胱氨酸，大米等谷类中的蛋白质缺乏赖氨酸。小白鼠和大白鼠之所以出现蛋白质营养不良，是因为白桦老用单一的食物饲养这些可怜的小动物。

因此，要避免必需氨基酸的缺乏，就需要食用动物性食物。如果以植物性食物为主，就需要注意避免食谱单一。

糖类和脂肪都可以在体内贮存。蛋白质呢？就像发出来的电不能在电网上蓄积一样，不能存储。因此，动物需要每天从食物中摄取蛋白质。

此外，在饥饿时，血中的葡萄糖含量就会降低。葡萄糖是动物的主要供能物质，呼吸、心跳都要靠它来提供能量。燃料不足了，但呼吸、心跳等基本生命活动不能不维持，怎么办呢？只好拆东墙补西墙。这时，动物会将蛋白质分解转化为葡萄糖。由于蛋白质是细胞的主要结构成分，并且在细胞代谢中承担许多重要的功能，结果，就会造成身体结构的损伤及代谢活动的紊乱。

笨笨熊等的实验表明，要避免蛋白质营养不良，就需要注意合理搭配饮食，并且注意饮食规律。

生物科学研究院

功过话脂肪

糖的主要功能是供应能量,蛋白质是细胞的主要结构物质。脂肪有什么作用呢?实验发现,脂肪的功能有三个方面。

第一,脂肪是身体的结构成分。比如,皮肤下面有皮下脂肪,可以起到防止机械损伤以及减少体温散发的作用。因此,骨瘦如柴的人摔一跤就会骨折,肥胖的人摔倒后爬起来拍拍屁股照样走路。瘦人一到冷天就冻得哆哆嗦嗦,胖子好像穿了一层厚厚的皮衣,寒风中照样袒胸露肉。此外,每个细胞的细胞膜含有磷脂和胆固醇,这两种成分也是脂肪家族的成员。

第二,脂肪对动物的发育具有重要影响。跳跳猴将一批幼鼠用不含脂肪的饲料喂养,结果,有的出现发育障碍,有的甚至死亡。

第三,脂肪是重要的能量物质。虽然糖类、蛋白质、脂肪都可以供能,但是,脂肪的能量是糖类或蛋白质的两倍还要多。从供能的角度来说,糖类和蛋白质相当于柴草,脂肪则相当于煤炭或石油。

动物不能贮存蛋白质,糖类虽然能贮存,但只能采取肝糖原或肌糖原的形式,储藏量不大。脂肪呢?可以在皮下、腹腔或者器官内大量储藏。靠了这储藏的脂肪,冬眠动物可以度过漫长的寒冬,骆驼能在沙漠上几天不吃不喝。因此,体内贮存高能量的脂肪是人类以及动物适应饥饿的一种进化。

但是,如果大量储存脂肪,形成过度肥胖,则会加重身体的负担。一个体重130斤的人上三层楼,脸不变色心不跳,一个体重180斤重的人呢,上两层就上气不接下气。为什么?因为他比那瘦子整整多了一袋子面的分量。不仅如此,脂肪多的人容易发生动脉硬化以及高血压。因此,在现代,大腹便便不再代表富有,女性把苗条作为时尚。

ABCDE······

接下来的研究课题是维生素。

维生素,顾名思义,是维持生命的要素。凡是生物生长需要,但不能自己合成,必须从外界摄取的极少量的有机物质,便叫作维生素。

对人体来说,比较重要的维生素有维生素 A、B、C、D、E、K 几种。其中,维生素 B、C 是水溶性,维生素 A、D、E、K 是脂溶性。

维生素 B 是一个家族,包括维生素 B1、B2、B5、B6、B12、叶酸以及烟酰胺等几种。因此,一般将维生素 B1、B2、B5、B6、B12、叶酸以及烟酰胺等称为 B 族维生素。B 族维生素的功能相似,大体来说,都是酶的辅助成分(即辅酶)的组成部分。由于辅酶在细胞代谢中发挥重要作用,因此,B 族维生素缺乏会引起各种各样的疾病。

虽然同一个家族有它的共性,但其中的每个成员却各具个性。

维生素 B1 主要存在于种子的外皮和胚芽中,米糠和麸皮中含量很丰富。前些年,人们以为粮食加工越精营养越丰富,因此,食不厌精。结果,不少成天吃精米和精面的人出现了神经系统和心血管系统症状,其原因就是缺乏了维生素 B1。这种病,叫作脚气病。近几年,人们认识到了这一条,黑乎乎的全麦面包和全麦馒头虽然其貌不扬,却成为餐桌上的时尚食品。

维生素 B2 主要存在于奶类及其制品、动物肝脏与肾脏、蛋黄、鳝鱼、胡萝卜、酿造酵母、香菇、紫菜、茄子、鱼、芹菜、橘子、柑、橙等食品中。维生素 B2 的欠缺会导致口腔、唇、皮肤、生殖器的炎症和机能障碍,称为维生素 B2 缺乏病。

维生素 B6 主要存在于酵母粉、米糠、肉类、家禽、鱼与马铃薯、甜薯、蔬菜中。维生素 B6 缺乏时,会出现食欲不振、呕吐、下痢等毛病。严重缺乏时会出现粉刺、贫血、关节炎、肌肉痉挛、忧郁、头痛、掉发、易发炎、学习障碍、衰弱等。

维生素 B12 不存在于植物中,但鱼、蛋、肉、肝中含量丰富。奇怪的是,这种维生素可以由肠道细菌合成,一般情况下可以满足供应。B12是红血球生成不可缺少的重要元素,如果严重缺乏,将导致贫血。贫血有几种类型,因为缺乏维生素 B12 引起的叫作恶性贫血。

叶酸存在于叶类蔬菜、水果和豆类食品中。人类或其他动物缺乏叶酸可引起巨红细胞性贫血以及白细胞减少症。此外,孕妇缺乏叶酸还可导致无脑儿等胎儿畸形。

维生素 C 主要存在于蔬菜及水果中。多数动物都可以利用葡萄糖或其他原料合成维生素 C,但造物主没有赋予人、猿、豚鼠以及某些昆虫这一功能。人类如果维生素 C 摄入不足,会经常出现牙龈出血或受伤后出血不止,好像在血液里有了什么坏东西。因此,有人把这种病叫作坏血症。维生素 C 呈酸性,补充维生素 C 后,坏血症即可纠正。因此,人们又把维生素 C 叫作抗坏血酸。

维生素 A 主要存在于蔬菜、水果,特别是胡萝卜及鱼肝油中。维生素 A 缺乏时,眼、皮肤、呼吸、消化以及泌尿生殖系统的上皮细胞会变硬,抗感染能力降低。各种腺体会因为上皮细胞的病变而萎缩,骨骼的生长也会发生障碍。如果维生素 A 缺乏发生在青少年及幼儿,可以出现眼睛干燥,严重者可以出现失明。成人呢?白天看东西尚无大碍,但一到晚上便明显视力下降,医学上把这种现象叫作夜盲。

维生素 D 主要存在于蛋黄以及鱼肝油中。维生素 D 可以促进小肠对 Ca^{2+} 的吸收,儿童食物中如果缺乏维生素 D,会出现佝偻病,表现为骨骼畸形、鸡胸等。人们通常认为这是由于食物中缺钙。实际上,佝偻病并不是因为食物中缺钙,而是由于体内维生素 D 不足,食物中的钙不能被充分吸收。因此,对佝偻病的治疗,关键是补充维生素 D。怎么补呢?吃蛋黄和鱼肝油。阳光中的紫外线能使皮肤中的固醇类物质转化为维生素 D,晒太阳是既省钱又健康的好办法。

维生素 E 最早在植物中发现。用不含维生素 E 的饲料饲养大鼠,大鼠的生育能力即丧失;用含维生素 E 的饲料饲养大鼠,大鼠的生育能力就可以恢复。这说明,维生素 E 对维持生育能力具有重要作用,因此,人们又把维生素 E 叫作生育酚。

维生素 K 对止血有重要作用。如果维生素 K 缺乏,可以出现凝血障碍,伤口容易出血。

这些维生素虽然在体内含量很少,却有非常重要的作用。缺了它们,轻的生病,重的丧命,因此,英文中的维生素叫作 Vitamin(维他命)。

生物科学研究院

消化道的变迁

　　动物从外界吸收的营养素有蛋白质、脂肪、糖和维生素,但是,它们是如何摄取这些营养素的呢?

　　对许许多多动物进行研究后发现,动物消化食物的方式有两种,细胞内消化和细胞外消化。

　　细胞内消化是一种原始的消化方式。单细胞的原生动物和海绵都是将食物颗粒吞入细胞内进行消化的。进入细胞内的食物形成食物泡,与溶酶体结合成为次级溶酶体。食物在次级溶酶体中被消化成为小分子,然后,陆续透过溶酶体膜,进入细胞质,被细胞所利用。未被消化的食物残渣呢?会像动物排泄大小便一样,被集中起来排出细胞。

　　细胞内消化虽然是低等动物的消化方式,但即使在高等动物体内,这种消化方式也一直被保留了下来。比如,人对食物的消化虽然是细胞外消化,但人体细胞内的溶酶体仍然有消化功能。

　　在进化过程中,比较高等的动物分化出了消化器官。这时,细胞内消化便转变为细胞外消化。但是,这一转变是一个逐渐进化的过程。

　　腔肠动物水螅是最早出现细胞外消化的动物,但同时还保留着细胞内消化的方式。当食物进入胃水管腔后,体壁上下蠕动,使食物破碎,同时胃层的腺细胞分泌消化酶到胃水管腔中,将食物大分子分解成为小分子。这一个过程,叫作细胞外消化。但是,这种细胞外消化很不彻底,大部分只是被机械地研碎,只有一小部分食物能被消化成小分子而吸收。那些被水解的食物碎渣最终被胃层细胞伸出伪足吞入,形成食物泡,再进行细胞内消化。看来,对于水螅来说,还是原始的消化方式更加管用。

　　涡虫的细胞外消化有了进一步的发展,有了一个专门消化食物的通道。但是,这个叫作消化道的结构是一个死胡同,只有一个叫作咽的开口,摄取食物和排出食物残渣都经过这里。这是动物界中比较低级的消化系统。

蚯蚓将死胡同的末端开了一个口，有了专门摄取食物的口和用来排泄食物残渣的肛门。这样，就使食物在消化道内按照一定的方向运行，有利于提高消化和吸收的效率。蚯蚓的消化道还进化出了嗉囊和砂囊，嗉囊用于储藏食物，砂囊用来研磨食物，砂囊后的肠道才是进行化学消化的场所。也就是说，在蚯蚓的消化道中，有贮藏食物、机械消化以及化学消化的分工。

绝大多数种类动物消化道的结构依次是口—食管—胃肠道—肛门。口用来摄取食物，食管将食物传送到胃，胃对食物进行储存及初步消化，肠道对食物进行消化和吸收，最后，食物残渣经肛门排出。

哺乳动物和人口腔中的牙齿可以将食物破碎，使食物容易被胃肠道进一步消化。鸟类口腔中没有牙齿。没有牙齿，吃下去的谷子和玉米怎么被破碎呢？别着急，有办法。它们在吃食物时，还要吃下去一些沙子或石头。这些沙子和石头可以对食物进行研磨和破碎，起到了人和哺乳动物牙齿的作用。

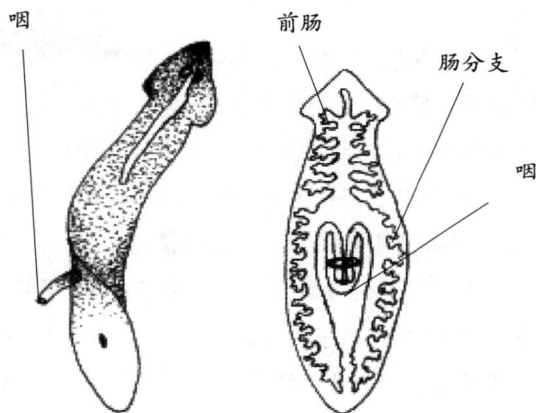

涡虫的消化系统

牛羊等反刍类动物的胃比较特殊，分为四个室，即瘤胃、网胃、瓣胃和皱胃。

反刍动物以食草为生，草的主要成分是纤维素，但反刍动物自己没有消化纤维素的酶。怎么办呢？许多细菌和微生物是消化纤维素的专家，瘤胃和网胃便请了好多细菌和微生物来帮忙。另外，瘤胃和网胃还有储存食物的作用。有草吃时，抓紧机会，将草粗略咀嚼之后即吞入胃中；闲来无事，便把瘤胃、网胃中没有消化的大块食物返回口腔细嚼慢咽。瓣胃把粗糙的食物阻拦下来，进行继续消化；把较稀的食物连同微生物输送入皱胃和小肠。然后，食物及微生物一齐被消化并由小肠吸收。骆驼也是反刍动物，为了适应沙漠的缺水环境，它的瓣胃特化成了瘤胃周围的水囊。

从胃下来是肠道。肠道分小肠和结肠。

小肠肌肉发达，能做节律性运动。通过小肠运动，一方面使食物和消化液混匀；

另一方面将经过消化吸收的食糜推向结肠。小肠的长度随动物的种类不同而不同。一般来说，草食动物最长，肉食动物最短，兼食植物性食物和动物性食物的动物介于两者之间。

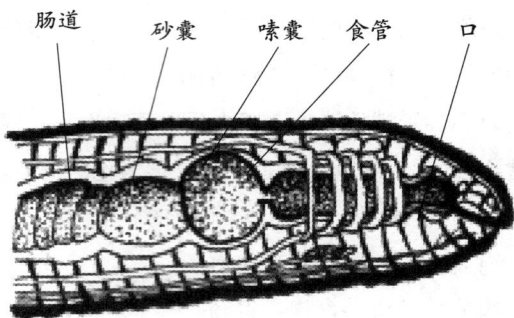

蚯蚓的消化系统

小肠黏膜向管腔内折入，形成许多隆起，上面又分布着许多类似手指形状的绒毛，绒毛上又长出更小的微绒毛。由于黏膜上的这些附属结构，小肠内壁的面积大大增加，食物被消化后的营养物质通过绒毛及微绒毛被吸收入血。因此，小肠不仅是主要的消化器官，而且是主要的吸收器官。

小肠之后是盲肠。盲肠的顶端有一个形状类似蚯蚓的附属物，叫作阑尾。人的盲肠较小，马和兔子的盲肠却很大。在驴、马和兔子的盲肠中，有多种细菌和原生动物帮助草食动物消化纤维素。

盲肠下来是结肠，即人们通常所说的大肠。大肠的功能主要是吸收水分，使大便成型。如果大肠受到某种刺激，蠕动加快，大肠内容物中的水分没有来得及被吸收就排出，就会出现腹泻。反之，如果大肠蠕动太慢，大肠内容物中的水分被过度吸收，就会出现便秘。

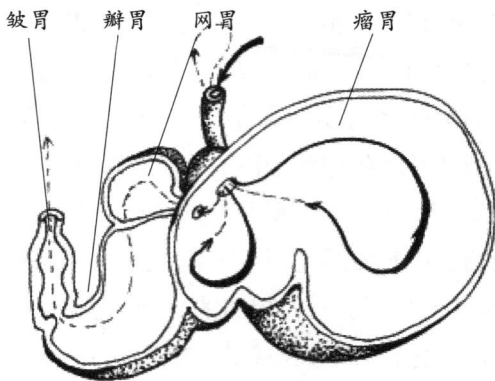

反刍动物的胃

人类消化系统占据了身体的很大部分，它始于头部的口腔，终于躯干末端的肛门，弯弯曲曲的胃肠几乎填满了整个腹腔。大概是因了这一缘故，人们常说："民以食为天。"其实，人在解决吃饭问题后还要追求财富和成就，动物呢？一辈子的奋斗目标就是吃饱肚子，别无他求。因此，人们又有"人为财死鸟为食亡"的古训。不管怎么样，无论是人，还是动物，吃饱肚子都是第一要务。

金属笼里的肉块

在对消化过程的研究中，笨笨熊等把重点放在了高等动物上。他们发现，狗在摄取食物后，消化道中的食物块不仅由大变小，化学成分也发生了变化。比如，蛋白质逐渐分解成为氨基酸，淀粉逐渐分解成为葡萄糖，脂肪变成了甘油和脂肪酸。

是什么让蛋白质、脂肪和淀粉发生分解的呢？

虽然在实验室忙了好多个通宵，大家仍然不得要领。

还是看一下《雾山五章经》吧。

很早以前，人们普遍认为动物对食物的消化是一个机械过程，也就是说，是一个消化道将食物逐级磨碎的过程。为了对这个观点证实或证伪，1773 年，意大利科学家斯巴兰扎尼设计了一个巧妙的实验。他将肉片放入一个小的金属笼内，让鹰把这个装有肉块的金属笼吞下。他想，如果消化仅仅是一个将食物磨碎的过程，那么，装在金属笼子中的肉块应该完好无损。但是，当他把在鹰的消化道中停留了一段时间的小笼子取出来时，他发现笼子完好无损，里面的肉块却消失了。很显然，是消化道中的消化液对肉块发生了化学作用。

但是，是什么东西在起作用呢？当时不清楚。到了 1836 年，德国科学家施旺从胃液中提取出了能够消化蛋白质，我们现在称之为胃蛋白酶的物质。在胃里，蛋白质就是靠胃蛋白酶进行初步消化的。

原来，食物在动物消化道中的消化分为两个方面，一方面是机械消化，另一方面是化学消化。蛋白质变成氨基酸，脂肪分解为甘油和脂肪酸，淀粉降解为葡萄糖，都是靠了酶的化学消化作用。

但是，酶在生物体内的作用不仅仅是消化食物。

1926 年，美国科学家萨姆纳从刀豆种子中提取出脲酶，并且通过化学实验证实脲酶是一种蛋白质。其后，科学家们相继提取出多种酶的蛋白质结晶，并且指出，酶是一类具有生物催化作用的蛋白质，它参与细胞代谢过程中的许许多多化学反应。

20 世纪 80 年代，美国科学家切赫和奥特曼发现少数 RNA 也具有生物催化作用。自此,科学家将酶定义为活细胞产生的一类具有生物催化作用的有机物。

消化酶的作用

食物化学消化的主角是酶,那么,就认真研究一下酶在消化中的作用吧。

以人为例,唾液腺分泌的唾液中含有消化淀粉的淀粉酶,能将淀粉分子消化成为二糖,即麦芽糖。如果将馒头在口中咀嚼时间稍微长一些,会觉得逐渐产生一种甜味,就是由于馒头中的淀粉在淀粉酶的作用下转变成了麦芽糖。但是,一般情况下,食物在口腔中停留时间比较短,淀粉酶不能发挥很大的作用。很多肉食性哺乳动物,由于所摄入的食物不含淀粉,唾液中不含淀粉酶。

食物进入胃以后,胃液中的胃蛋白酶对其中的蛋白质进行化学性消化。胃蛋白酶,顾名思义,是消化蛋白质的。但是,它不能将蛋白质水解成为单个的氨基酸,只能在蛋白质的某些部位发生作用,将其水解成为几个氨基酸连在一起的多肽片断。

哺乳动物的胃液中还有另一种酶,称为凝乳酶,能使乳液中的蛋白质凝聚成乳酪。乳酪容易被各种蛋白酶所消化,也就是说,凝乳酶帮助蛋白酶消化乳液中的蛋白质。

胃液可以消化食物,但是,它是每时每刻都在分泌吗?

为了弄清这个问题,1889 年,俄国生理学家巴甫洛夫在狗的身体里埋了一根管子。这根管子一头在狗的胃里,另一头露在身体外面。这样,狗在分泌胃液时,胃液会顺着管子流出来。

巴甫洛夫发现,当食物进入狗的胃和小肠上部时,能够触发胃液的大量分泌。即使将狗的胃神经切除,胃液仍然顺着管子流出来。既然切除神经后仍然可以分泌胃液,说明胃液的分泌不是受神经支配,而是受内分泌调节。当时,由于条件的限制,巴甫洛夫未能证实这个设想。后来的实验发现,胃黏膜上确实有一些细胞有内分泌功能。在食物进入胃后,这些细胞会分泌一种叫作促胃液素的激素。促胃液素进入胃壁的血管,随血液循环全身,在重新进入胃组织时,即刺激胃液分泌。

巴甫洛夫每次给狗喂食时，都要打铃。经过一段时间后，仅仅打铃，不给食物，狗也会出现明显的胃液分泌。很显然，在多次将铃声与喂食结合之后，狗把铃声和开饭联系了起来。这说明，神经系统在胃液分泌中也起了很重要的作用。后来，人们把通过信号触发神经反应的现象叫作条件反射。

人对食物的条件反射更为明显。曹操的军队在行军中口渴难忍，士兵的脚步都慢了下来。为了鼓舞士气，曹操用鞭子向前一指，告诉大家前面有一片梅林。什么是梅呢？就是又酸又甜的杏。听说前面有梅林，士兵们顿时个个满嘴生出了津液，抖擞起了精神。

但是，欺骗不能再三重复。如果许多次只打铃，不喂食，狗对铃声的条件反射便会慢慢消失。如果曹操一而再再而三地欺骗士兵，军士们不仅不会望梅止渴，反而会对曹统领失去信任。

常言道，胃是酒囊饭袋。那么，食物的消化过程应该在这里完成。但是，笨笨熊等的实验发现，从口腔、食管到胃，淀粉只被唾液淀粉酶水解成为麦芽糖，蛋白质仅仅被分解成为由多个氨基酸组成的多肽，脂肪完全没有被消化。

那么，接下来看看肠子吧。

小肠中的消化液来源于胰腺、小肠腺、小肠绒毛表面的上皮细胞以及肝脏。胰腺分泌的胰液经胰液管进入十二指肠，其中含有胰淀粉酶、胰蛋白酶以及胰脂酶。胰淀粉酶可以将食物中的淀粉水解成为双糖，胰蛋白酶可以将蛋白质分解成为多肽或单个的氨基酸，胰脂肪酶在肝脏分泌的胆盐的作用下，将脂肪消化为甘油和脂肪酸。

胆盐来源于肝脏分泌的胆汁，分子的一端易于与水结合，叫作亲水端；一端易于与脂类结合，叫作亲脂端。肠管内食物中的脂肪被胆盐中的亲脂端东拉西扯，形成一个个的小脂肪滴。这一作用叫作乳化作用，经过乳化的小脂肪滴容易被胰脂肪酶消化。噢，胆盐不仅和胰脂肪酶协同作战，而且还采取了各个击破的战术。

在小肠绒毛的基部，有许多体积很小的小肠腺。小肠腺可以分泌消化双糖的多种酶，比如，蔗糖酶能将蔗糖水解成为一个葡萄糖和一个果糖，乳糖酶能将乳糖水解成为一个葡萄糖和一个半乳糖，麦芽糖酶能将麦芽糖水解成为两个葡萄糖。小肠腺还可以分泌消化蛋白质的酶，能将蛋白质消化的半成品多肽彻底分解成为单个的氨基酸。

在小肠内，除小肠腺外，小肠绒毛上皮也能分泌二肽酶和水解双糖的酶。二肽酶将两个氨基酸组成的二肽分解成为单个氨基酸，水解双糖的酶将双糖分解为单糖。

总的来说，在小肠内，蛋白质、脂肪和糖类三大营养物质都得到了彻底的消化，并被吸收。因此，食物消化和吸收的主要场所不在口腔，不在食道，不在胃脏，而是在那弯弯曲曲的小肠。

那么，小肠后面粗粗的大肠是干什么的呢？既然小肠已经把食物的精华吸收掉，它的作用便是处理渣滓。它把食物残渣中的水分吸收掉，将成形的大便推送到消化道的出口——肛门。

综合加工厂

食物中的营养被肠道吸收到了血液中，但是，这些血液被运送到哪里了呢？

顺着肠壁上的血管找吧。

在肠管上，爬着一支支小血管。它们像一条条小溪一样，逐渐汇聚成了肠系膜上静脉和肠系膜下静脉。这两条静脉又汇合成了一条粗粗的血管，钻进了肝门中，大家把它叫作门静脉。这门静脉进入肝脏后越来越细，变成毛细血管，然后，又渐渐变粗，成为肝静脉。最后，肝静脉钻出肝门，汇入下腔静脉，回流到心脏中。

分析肝动脉里的血液，里面的化学成分和浓度与门静脉大大不同。门静脉里的血在肝脏中变了什么魔术呢？

经过反反复复的实验，大家才知道，肝脏对食物消化后吸收的物质能进行调节、储存、解毒，并且能合成体内需要的成分。

首先，肝脏对消化道吸收的营养物质有调节作用。门静脉中血液的营养成分波动很大，各种营养成分在一日三餐后急骤升高，空腹时又明显下降。但是，由肝脏输出的肝静脉中的血液，营养成分却非常稳定。这是为什么呢？仔细的研究发现，进餐后，肝脏会将多余的成分储存下来；空腹时，肝脏又动员库存进行补充。就像一座水库，降雨多时，将水蓄积起来；天旱时，开闸灌溉农田。这样，便保证了进入身体大循环血液的成分稳定。

进一步的研究发现，肝脏对各种物质浓度的调节，靠的是对糖类、脂类以及蛋白质的转化作用。

饭后，门静脉中葡萄糖浓度明显升高。这时，肝脏会把多余的葡萄糖转化为肝糖原，贮存在肝脏中。但是，肝脏中贮存肝糖原的量是有限的。因此，如果门静脉血液中葡萄糖超过一定限度，肝脏就会将超量的葡萄糖转化成脂肪，由血液运输到身体各处的脂肪组织中贮存。因此，食量过大的人，常常会表现为肥胖。

在空腹时,入肝的门静脉血液中葡萄糖含量低于正常。这时,肝脏会把贮存的肝糖原水解成为葡萄糖,保证出肝的肝静脉血液中葡萄糖含量保持在正常范围。

脂肪是动物对过剩营养物质的一种储存形式。饥饿时,脂肪组织中的脂肪会被分解成为甘油和脂肪酸。其中的脂肪酸随血液进入肝脏,合成脂蛋白,再随出肝血液进入组织中进行分解代谢,产生能量。因此,长期饥饿或控制饮食的人,皮下脂肪会减少。

餐后,门静脉血液中的氨基酸浓度较高,肝脏会把多余的氨基酸留存下来,再逐渐释放到血液中,在组织中合成各种结构蛋白、酶,或者激素。当氨基酸超过需要的量时,肝脏会把过量的氨基酸转化为葡萄糖,然后,再合成为糖原,储存在肝脏中。如果肝糖原的库房已经贮存满肝糖原,便将氨基酸转化为脂肪,运出肝外,在肝外组织中储存。

第二,肝脏还是一个加工厂。多种血浆蛋白,如血液中的纤维蛋白原,凝血酶原、白蛋白、球蛋白以及胆固醇,都是在肝脏中产生的。在胚胎时期,肝脏还能产生红细胞,是造血器官。

第三,肝脏还是一个仓库。它不仅可以储存肝糖原,还可以储存维生素 A、D、K、E 及 B 族维生素中的硫胺、烟酸、核黄素、叶酸以及 B12。

第四,肝脏还有解毒作用。从消化道入肝的门静脉中,有丰富的营养物质,同时有从消化道吸收的一些毒素。这些毒素在进入肝脏后即被肝脏解毒,避免对全身的脏器产生毒性作用。

第五,肝脏中有一种枯否氏细胞,有吞噬作用,可以吞噬衰老的红细胞。

这么多作用怎么才能记住呢?

形象点说,肝脏像是一个仓库,丰收时,囤积粮食;歉收时,开仓赈灾。又像是一个调配站,可以使氨基酸、葡萄糖以及脂肪相互转化,将这些物质的血浓度保持在一定范围。还像一个加工厂,可以生产多种物质,供给身体需要。更像一个污水处理厂,可以将有毒物质进行解毒和转化。

噢,还是有点不好记。

说得再简单一些,这肝脏就像一个综合加工厂。靠了这综合加工厂的诸多功能,才保证了血液纯净,并使各种物质处于稳定水平,从而保证身体的生化代谢以及生理功能正常进行。

实验结束了,天色渐渐暗了下来。就在跳跳猴透过窗户眺望西山的落日时,他隐隐感到有一个人站在窗户外。由于过去曾有过类似的体验，他猛地冲到窗户跟前，想趁对方不备看个究竟。但是，那黑影在窗户外倏然消失了。跳跳猴急忙将身子探出窗外左右观看，仍然杳无一人。不过，这一次，他肯定刚才窗户外面确实有人。

从窗户缩回身子后，他怔怔地想，是不是外星人又来了呢？

气体交换

想归想,由于没有什么意外发生,大家便按部就班进行下一步的研究——气体交换。

什么叫气体交换呢? 除厌氧生物外,所有的生物不仅需要从食物摄取的营养物质,还需要空气中的氧气,再把代谢产生的二氧化碳排出去。这个过程,就叫作气体交换。

但是,气体交换是如何进行的呢?

实验发现,氧气和二氧化碳都需要溶解在水溶液中才能进出细胞。所以,生物体的气体交换只能在湿润的膜表面进行。

不过,不同的生物气体交换方式不同。

单细胞生物都生活在水环境中,它们靠细胞表面吸收溶解在水中的氧气,并将细胞代谢产生的二氧化碳排出到水中。

涡虫、蚯蚓以及笄蛭涡虫等多细胞动物靠身体表面与外界进行气体交换。可以说,它们的身体外表面既是皮肤,又兼具呼吸作用。

沙蚕也是靠身体表面的皮肤进行呼吸。但它的肉足中有丰富的血液供应,气体交换功能较其他部位的皮肤要强好多。

由于只有溶解在水中的气体才能被生物利用,通过皮肤呼吸的陆生动物便要经常保持皮肤湿润。它们平时潜藏在湿润的泥土、石缝中,只有在阴雨潮湿的夜晚才出来活动。所以,我们只有在雨后才能看到满地乱爬的蚯蚓。另外,由于通过皮肤摄取的氧气比较少,靠皮肤呼吸的动物都是小个子。

有些海藻,如海带,虽然叶片宽大,但较薄,细胞层次少,所有细胞都能与海水接触。这些海生生物的每个细胞都能从海水中吸收氧气,并向海水中排出二氧化碳。

随着生物进化,生物的体积增大。较大的水生动物绝大多数细胞不能与海水直

鳃

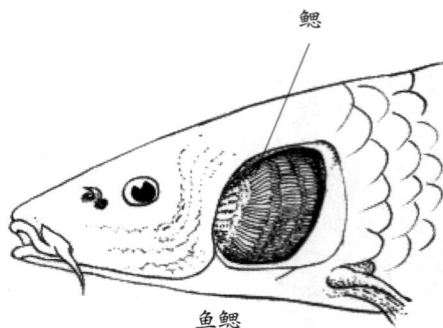

鱼鳃

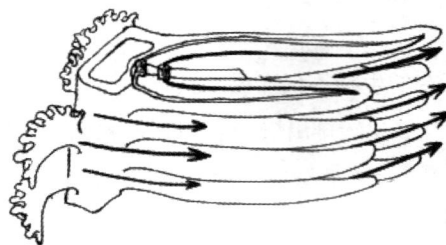

鱼鳃中的血液循环示意图

接接触。陆生植物和动物的周围虽然都是空气，但由于需要防止体内水分丢失，植物的表面出现了蜡质和角质层，动物体表出现了角质层。这些结构使得生物体不能通过体表进行气体交换。

怎么办呢？

陆生植物的叶片出现了气孔，通过这些气孔，它们可以大口大口地呼吸。陆生动物也各显神通，长出了各种各样的呼吸器官。

海绵、水螅、水母等水生多细胞生物身体里有水管系统。海水经过水管系统从细胞间隙通过时，便从水里吸收了氧气。

鱼呢？在脑袋的两边长出了鳃。

水的含氧量比空气要少得多，它们是如何通过那小小的鳃从水中获得氧气的呢？

别看那鳃体积不大，由于由一排排的小鳃组成，表面积却颇为了得。另外，鳃里面有丰富的血管，鳃中的血液与鳃周围的水之间只隔着血管壁细胞和鳃表面的上皮细胞。由于血液丰富，而且血液与水之间的间隔很薄，使得水中的氧气很容易进入血液中，血液中的二氧化碳很容易排出到水中。

和鱼不同，海参将呼吸器官深深地藏在了体腔中。从这个呼吸器官上，分出许多小支的树状管。笨笨熊把这树状管叫作呼吸树。

这枝枝杈杈的东西是怎么呼吸的呢？

原来，海参的体腔每时每刻都在扩大和收缩，这种运动驱使水在呼吸树内流入和流出。在这个过程中，便实现了体液和水中气体的交换。

鱼和海参是从水中吸取氧气的。有一些水生昆虫，虽然生活在水中，仍然是从空气中，而不是从水中摄取氧气。

龙虱是鞘翅目昆虫，当它游到水面时，便将空气贮存在鞘翅下面，然后带着贮存的气泡潜入水中。由于气泡中氧气逐渐被龙虱利用，氧分压逐渐降低，水中溶解

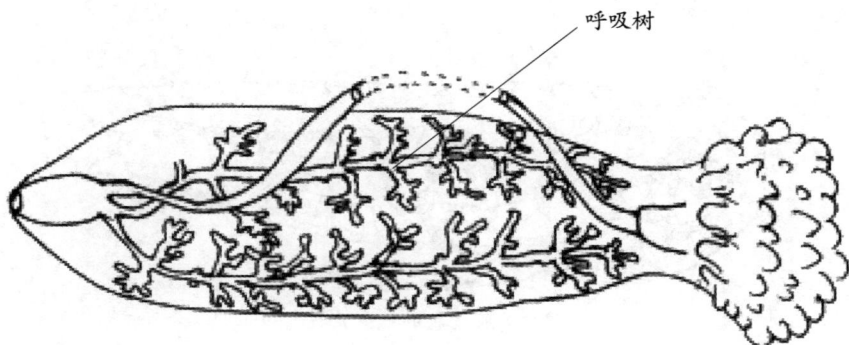
海参的呼吸树

的氧气就透过气泡的膜扩散到气泡中。由于这一机制,龙虱浮出水面换一次气,就可以在水中潜伏很长时间。

有一种叫作水叶甲的水生昆虫身体表面有一层细毛,当它从水面钻进水中时,细毛之间常储存着一层空气。在水中,它就从细毛之间储存的空气中获得氧气。此外,溶解在水中的氧气也可以进入到细毛之间的空气层中,对消耗的氧气进行补充。但是,水叶甲只能生存在含氧量高的水中,否则,它不但不能从水中获得氧气,细毛间空气中的氧气反而会扩散到水中。

蚯蚓和涡虫等在湿润的环境中利用皮肤进行呼吸,海绵、水螅、水母、海参和鱼可以通过水管系统、呼吸树和鳃从水里摄取氧气,陆地上的动物怎么办呢?

为了适应陆地的干燥环境,它们进化出各种各样的呼吸器官。

蜘蛛的呼吸器官是腹部体表内陷而形成的小囊,在小囊内有并列的小叶成书页状,人们将其称为书肺。蜘蛛的书肺内陷后,有利于保持表面湿润;另外,书肺呈折叠状,虽然所占空间不大,但表面积很大,有利于提高气体交换的效率。

陆生节肢动物的主要呼吸器官开始于胸部和腹部两侧的气孔。气孔向内凹陷,成为气管。气

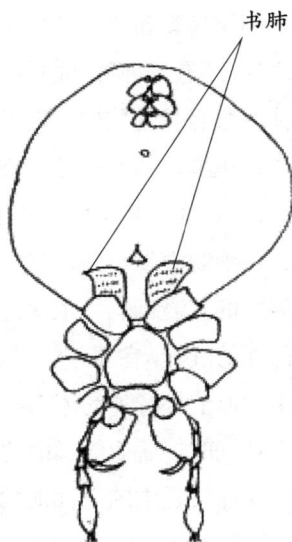
蜘蛛的书肺

生物科学研究院

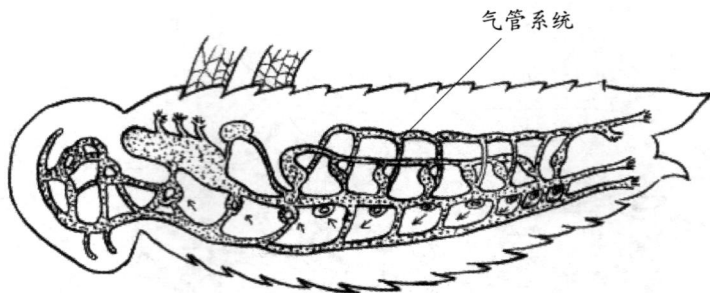

节肢动物的气管系统

管一再分支，最后形成深入到组织细胞之间的小气管。但是，这种依靠气管系统输送气体并直接通过气管分支为组织细胞供应氧气的方式只是适应于氧气需要量不大的小型动物。

大型的或对氧气需要量大的动物，在输送气体的气管及组织细胞之间多出了一个换气的器官——肺。如果把通过气管系统进行呼吸看作是游商小贩沿街叫卖，通过肺脏进行呼吸则是集贸市场大宗批发。这样，呼吸的效率显著提高。

但是，肺脏也经历了一个进化过程。

两栖动物中的青蛙和蝾螈肺脏比较简单，与空气的接触面积不大，换气效率较低。因此，除肺之外，还要靠皮肤的呼吸来补偿。

到了鸟类和哺乳动物，肺进化到了高级阶段。在鸟类的呼吸系统中，除气管和肺之外，还有一种特殊的结构，叫作气囊。气囊薄而透明，和支气管及肺相通，伸入到体腔甚至骨髓腔中。气囊的外面没有毛细血管包裹，不能进行气体交换。

那么，气囊起着什么作用呢？

仔细观察发现，吸气时，空气从气管进入后面的气囊，然后，依次进入前面的肺和肺前面的气囊。在空气经过肺时，就和肺血管中的血液进行了气体交换。

呼气时，后面气囊中的空气被挤入肺脏，前面气囊中的空气则循气管呼出。这样，无论是吸气时，还是呼气时，都有新鲜空气进入肺脏。

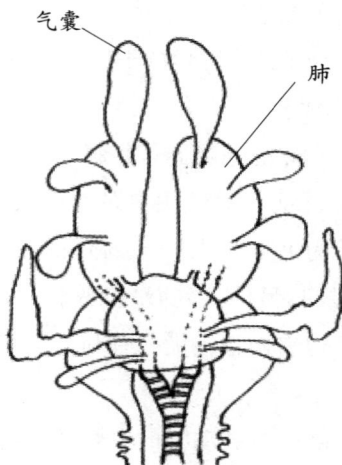

鸟类的肺和气囊

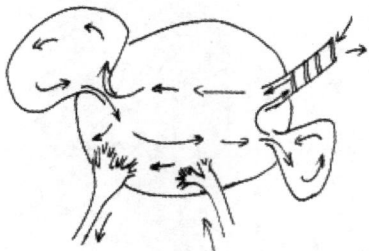
气流在气囊中的流动方向

呼吸一次,发生两次气体交换。这样可以满足鸟类飞翔时由于剧烈运动对氧气的大量需要。当鸟的飞行高度较高时,由于高空的空气稀薄,含氧量少,气囊贮存空气就显得更加重要。这么说来,这气囊相当于登山运动员脊背上背着的氧气袋。

另外,气囊的存在使鸟的体重与体积的比例降低,身体变轻,有利于被空气托起,飞到高空。这么说来,这气囊又相当于一个氢气球。

哺乳动物是进化程度最高的动物,它们是怎么呼吸的呢?

人也属于哺乳动物,就以人为例来探讨一番吧。

人在吸气时,空气从鼻孔依次通过咽—喉—气管—支气管,最后进入肺泡,肺泡中的空气与血液进行气体交换。在呼气时,肺泡内已经发生过气体交换的气体循原路返回,被呼出来。

鼻、咽、喉、气管、支气管是气体进出的通道,叫作呼吸道,具有通气功能。肺脏由无数肺泡组成,在每个肺泡的外面,包裹着一层毛细血管,具有换气功能。如果把肺内的肺泡都展开来,表面积很大,可以达到50到100平方米,比全身皮肤的面积还要大得多。肺泡壁非常薄,常常只有一层细胞,毛细血管也只有一层细胞。正是由于肺泡的总面积大,而且肺泡壁和毛细血管壁薄,保证了肺脏高效率地进行气体交换。

109

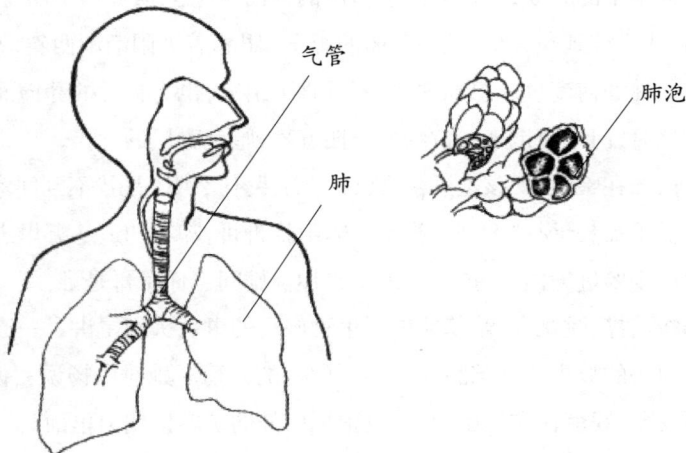
气管
肺
肺泡
人的呼吸道

白杨来了

自从跳跳猴一行离开白桦寨，跳跳猴和白桦经常给白杨写信介绍他们在旅途中的所见所闻。在前几天的信中，他们告诉白杨过几天要转移到营养与代谢研究所。信中还附了一张雾山的草图，标出了营养与代谢研究所的位置。

白杨来信说，她也要来雾山看一看。白桦告诉她，他也希望和妹妹相聚，但是，雾山很难进来。他还告诉妹妹，待雾山的研究一结束，他会立即赶回白桦寨。

白杨虽然看起来纤弱文静，却有一股倔脾气。她没有再给跳跳猴和哥哥回信，只身一人上了路。说实话，她来雾山，为的是看哥哥和白桦寨外面的世界，更为的是看跳跳猴。跳跳猴在白桦寨逗留时，白杨就对小伙子产生了一种说不清的感觉，后来，又经常收到被跳跳猴称为旅行报告的来信。她不仅从信中绘声绘色的报告中领略到旅途的风光，还从字里行间感到了一种关爱和温暖。不知不觉，起初对跳跳猴蒙眬的好感悄悄升华成为一种爱慕。

在接近中午的时候，白杨来到了雾山的外面。但是，诚如信中所说，雾山周围是一条大河，从早等到晚，也不见一条船的影子。眼看着太阳渐渐西斜，不禁发愁晚上在这深山老林如何度过。想到这些，不觉垂下泪来，也为自己的莽撞而感到自责。

正在这时，河岸边走来一位约摸十四五岁，脸色黝黑的女孩。

看见白杨在啜泣，女孩走进身旁，说："哟，哭什么呢? 是找不到回家的路了吗?"

白杨摇了摇头，说："不是。我要去雾山找哥哥，却不知道从哪里进山。"

听说白杨要进雾山，女孩立刻来了兴趣。她问："你哥哥是谁?"

白杨将白桦、跳跳猴、笨笨熊进行生物旅行的事从头到尾讲了一通。

听了白杨的故事，女孩脸上露出了欣喜的表情。她对白杨说："你哥哥真了不起。不要发愁，我就住在雾山，每日负责把山外的访客接到山里面。"

听了女孩的话，白杨兴奋地叫了起来："真的?"

女孩说："难道我会骗你？不过，在我接你进山时，要委屈你把眼睛蒙上。过不了十分钟，你就会发现你在霁山里了。那时，你便可以亮开眼睛。"

听了女孩的话，白杨心生疑窦：接我进山为什么要蒙上眼睛呢？但想到女孩能帮助自己进到霁山，便连连点头，嘴里还不住地称谢。

就在白杨连声说谢谢的时候，女孩用一块黑布将她的眼睛蒙了起来。白杨被女孩拉着走了五六十步，感到被拽上了一个什么东西里。她想拉开眼障看一下，马上被女孩制止了。紧接着，她感到自己乘坐的东西飞了起来。飞行中，她的心脏咚咚咚跳个不停，心想，这女孩是否会把我拉到其他地方？会不会是一次绑架？正在胡思乱想，她感到乘坐的飞行器降到了地面上。

在被拉着走了大约几分钟后，女孩把蒙眼的布条撕了下来，说："我们到了。"

白杨睁开眼睛一看，周围是一片密密麻麻的树林。

女孩从怀里掏出一本书，说道："今早上，我在山坡上捡到一本书。我自幼一直帮父母亲打工，没有上过学，不认得字。你是文化人，看看里面写了什么。"

白杨接过书，只见封面上写着《霁山五章经》。翻了翻，里面虽然写满了汉字，却没有一句能够读得通。

她把书还给女孩，说道："这可能是谁家的小孩练习写字的本子，没有一个句子能够念得通。"

听了白杨的话，女孩"啊"地大叫一声，立即把那本书撕了个稀巴烂。

少顷，女孩调整了一下情绪，缓缓地说："你说你要找你哥哥，你可知道他们现在何处吗？"

白杨从口袋里掏出一张信纸，说道："他说他们在营养与代谢研究所。这是他给我画的地图。"

女孩接过来看了一下，高兴地说："太好了。有这张图，我们一定能找到你的哥哥。我叫张贝贝。我想做你的干妹妹，从今以后和你在一起，可以吗？"

白杨迟疑了一下，但想到张贝贝帮自己进到霁山，便点点头答应了下来。

张贝贝领着白杨大步流星地走了大约一个时辰，接着，钻进一个水帘洞，顺着台阶来到一个高地上。眼前，是一幢掩映在绿树丛中的二层楼建筑。

张贝贝指着眼前的楼房说："按照信中的图纸，你哥哥他们应该就是在这里了。"

话音未落，白杨便拉了张贝贝冲进楼房。刚进楼门口，便和一个人撞了个满怀。定神一看，白杨大叫一声："哥哥！"便搂住那人的脖子。

生物科学研究院

和白杨相撞的正是白桦。他扶着白杨的脑袋看了一下,惊奇地叫道:"白杨,真的是你?"

白杨一边咯咯地笑,一边说:"怎么,不认识我了?"

白桦朝实验室喊了一声:"弟兄们,你们看谁来了!"

听到喊声,跳跳猴、笨笨熊和李瑞从房间呼啦啦跑了出来。

看着眼前的白杨,跳跳猴简直不敢相信自己的眼睛。他惊奇地问道:"白杨小姐,你是怎么来到这里的?"

白杨指着张贝贝说:"这位是张贝贝,是她把我接进来的。"

接着,便将她如何只身赶路,如何被张贝贝带到雳山的过程一五一十地说了一遍。

听了白杨的叙述,跳跳猴竖起大拇指说:"白小姐真了不起。"接着,又向张贝贝道了谢。

在白杨、白桦和跳跳猴吱吱咯咯又说又笑的时候,笨笨熊却皱起了眉头。他想,雳山的进入卡得非常紧,这张贝贝怎么就能将白杨带进来呢?并且,为什么张贝贝要将白杨的眼睛蒙上呢?

李瑞在想,被张贝贝撕掉的书是否是我胡写乱画留给外星人的那本呢?如果是,这张贝贝是如何捡到的呢?是外星人感到没用把书丢在了山坡上吗?

草履虫的食物泡

晚上,白桦和跳跳猴问起白松的近况,问起外星人是否又到白桦寨去骚扰。在回答了哥哥和跳跳猴的问题后,白杨兴致勃勃地给白桦、跳跳猴、笨笨熊和李瑞讲述他们离开白桦寨后寨子里发生的事情。当挂钟的时针指到两点的时候,大家才一个个打着哈欠回到各自的房间睡觉。

第二天早上,吃过早饭,白桦对白杨说:"你和张贝贝在附近转悠转悠,待我们完成实验后回来接着聊。"

白杨嘟着嘴说:"难道我不可以和你们一起去吗?"

白桦回过头来看着笨笨熊和跳跳猴。

"白小姐本来是我们的老师,能再听到老师的教诲,真是求之不得。"跳跳猴笑嘻嘻地说。

听了跳跳猴的话,笨笨熊点了点头。

张贝贝连忙拉起白杨的手,说道:"这么说,我也可以和你一起去了?"

白杨高兴地说:"那当然了。"

说完,一行人直奔实验室。

无论是被吸收的营养物质,还是气体中的氧气,都要运输到组织细胞中参与新陈代谢。在生产和生活中,运输靠的是公路、铁路……火车和汽车……在生物体里运输靠的是什么呢?

首先看看单细胞草履虫吧。

大家发现,培养皿里的草履虫将食物慢条斯理地吞了进去,然后,包裹起来,形成了一个食物泡。那食物泡就像一只小船,在细胞质里飘荡。渐渐地,那食物泡缩小了。最后,彻底消失了。原来,那食物泡将里面的营养物质分发给了需要的地方。

单细胞生物当然要把营养物质分散到细胞内需要的地方,多细胞生物呢?也需要将所吸收的物质在细胞内运输吗？

研究发现，在多细胞生物，营养物质的运输有两个层次。一个层次是整体水平，另一个层次是细胞水平。生物体首先将营养物质运输到组织中，接着，细胞从组织液中各取所需。

可是，在多细胞生物的细胞中看不到草履虫一样的食物泡。细胞所吸收的物质是如何运输的呢？

仔细观察发现，在细胞内，微管和微丝在不停地忙碌着。原来，营养物质的运送靠的是细胞质的流动，而细胞质的流动靠的是细胞中的微管和微丝的活动。

上上下下的运输线

细胞层次的物质运输清楚了,整体层次的运输是怎么回事呢?

多细胞生物有植物和动物之分,先来看看植物吧。

木本植物和草本植物的结构不同,它们的运输方式也不尽相同。

木本植物从树叶合成的有机成分顺着韧皮部的管道系统运到果实、树枝、树干和树根。运到果实,桃李变大变红;运到树枝,枝头发出新梢;运到树干,每年长一个年轮;运到树根,根系在地下慢慢扩大它的地盘。那管道系统由许多活的管状细胞上下连接而成,在上下相连的横壁上,有许多筛状的小孔。笨笨熊把这个管道系统叫作筛管。

跟踪被树根吸收的水和其他物质,发现它们也进入了木质部的管道中。不过,和筛管不同,这管道由失去了细胞质和细胞核的死细胞构成,上下相邻细胞之间没有间隔。它们从细细的根毛开始,一直通到了每一片树叶中。跳跳猴把这个管道叫作导管。

树叶、树枝、树干和树根的筛管互相连通,形成了一个自上而下的运输系统;树根、树干、树枝和树叶的导管畅通无阻,好像一个从下至上的灌溉网络。

草本植物的茎的横截面从外向内依次是表皮、机械组织、薄壁细胞和维管束。其中,和物质运输有关的结构是维管束。

草本植物的维管束分散在薄壁细胞之间,由韧皮部和木质部组成。与木本植物相同,草本植物也是靠木质部导管将根

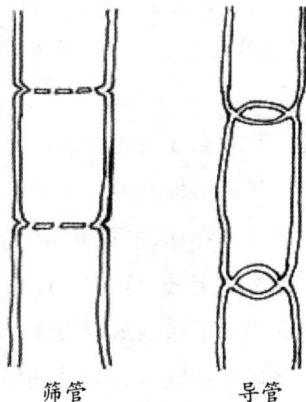

筛管　　　　　导管

部吸收的水和矿物质运送到叶面,靠韧皮部将叶面经光合作用合成的有机物质运送到其他部位,满足植物生长、结籽等的需要。

木本植物和草本植物内养分的运输途径搞清楚了,大家来到实验室旁边的树林里散步。

在一株高耸入云的红松跟前,跳跳猴停了下来,仰着头望着树顶。

白杨走过来,问道:"你在看什么呢?"

"我在想,这么高的树,根部吸收的水分、无机盐以及营养物质是如何爬到树梢的呢?"说话时,跳跳猴仍然目不转睛地望着树梢。

笨笨熊说:"这倒是一个值得探讨的问题。"

说着,他从口袋里掏出了《雾山五章经》。

对这个问题,有不少人进行过探索,提出了不同假说。

表皮　　机械组织　　薄壁细胞　　维管束

草本植物横截面

有人将某些植物切断,发现切口处流出汁液。在切口处连接细管,液柱可达一米或更高。因此,认为水是由根部产生的一种压力压上来的。清晨空气湿润,蒸腾作用微弱或完全停止。此时,植物叶片的边缘常常出现水珠,即所谓的露水。在植物学上,把这种现象称为吐水。有人认为,植物吐出来的水,也可能是根部的压力压上来的。但是,根压是有限制的。大多数植物,包括高大的乔木,根压不超过 100kPa~200kPa,而 100kPa 只能使水柱上升 10.4 米。对高过 20 米的树,100kPa~200kPa 的根压是不足以将根部的水压到树冠的。并且,有一些高达 80 米以上的松、柏科植物测不出根压的存在,但蒸腾作用却能正常进行。这些事实说明,单纯用根压来解释水在植株内的上升,是不充分的。

有人提出了茎内负压假说。提出这个假说的根据是,在炎热的夏天,植物叶面的蒸腾作用很活跃,水从植株根部源源不断地向叶面流动。这时,如果在茎部切一个小口,深度达到木质部,水并不会从伤口外流。相反,滴在伤口处的水会被迅速吸

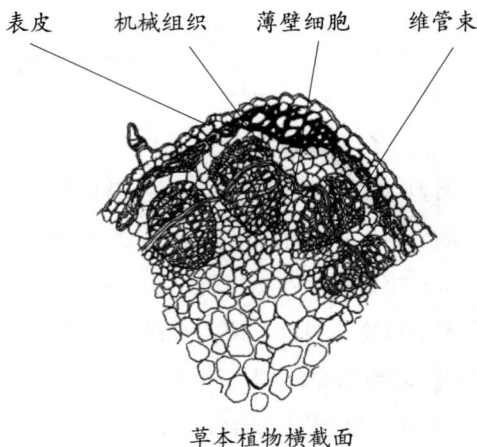

收。这一现象提示,蒸腾作用使茎的木质部产生了负压。但是,即使木质部的压力为零, 大气产生的 100kPa 的压力也只能使木质部的水上升 10.4 米。对于高度大于 10.4 米的植株,用茎内负压的假说来解释水的运输又遇到了困难。

有的科学家又提出了内聚力假说。这种假说认为,植株内的水分子之间相互以氢键连接,从根部到叶面形成了一个连续的柱。原来位于植株顶端叶面的水分子从气孔蒸发时,会将它下面的水分子拉上来,替补它的位置。然后,下面所有的水分子都会向前挪一个位置。根据计算,从根到叶面的水柱内聚力的强度,理论值高达 1.5GPa。这么大的内聚力,足以将水柱拉到 100 米高的树顶。

内聚力假说提出来后,有些人不大相信。但是,进一步的观察和实验证实了这种假说,使内聚力假说成为一种学说。

什么观察和实验呢?

在中午烈日高照,蒸腾作用旺盛时,植物的茎部往往要比早晨和晚上细一些,这和用负压从橡皮管中向外抽水时橡皮管变细的现象很相似。这一现象表明,木质部的水是由于蒸腾作用被叶面的水拉上去的。

为了证实这一想法,有人在一个玻璃管顶端装一个能渗水的陶土外套,将玻璃管内装满水,浸在含汞的杯子中。没有日光暴晒,空气湿度很高时,水不能从陶土套上蒸发出去,汞也不能升上玻璃管。将这一装置放在通风干燥的环境下进行日光照射,水就会从陶土套上向外蒸发。结果,管内水柱上升

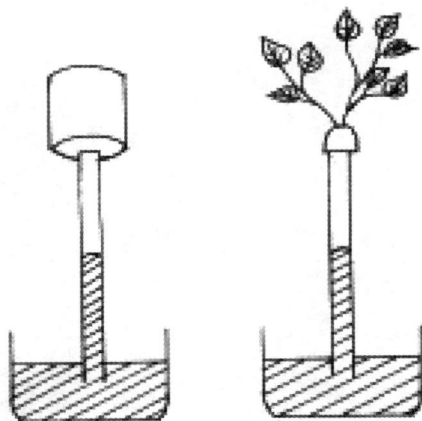

蒸腾作用模型

时,汞也会随之上升。如果蒸发很快,汞柱可以超过 76 厘米。用一个带叶子的枝条代替陶土套紧紧地插在玻璃管上方,放在日光下照射,汞柱上升的高度可以达到 100 厘米。这一实验证明,汞柱的上升是由于水柱的上升,水柱的上升是由于玻璃管顶部水分的蒸发。

水分从根部向植株上部运输是靠了水分子之间的内聚力,经过光合作用合成

的有机物是如何运输到其他部位的呢?有机物是通过韧皮部来运输的,有人在蚜虫口器刺入树枝后将身体切去,只留下插在韧皮部的口器。结果,树汁从口器源源不断地流出,可达数天之久。这说明,韧皮部的树汁是有一定压力的。根据这一观察,人们提出了有机物在韧皮部运输的压力流假说。17世纪时,有一位科学家在柳树的树枝上剥去一圈树皮,露出了木质部。过一段时间后,他发现切口上方的树皮明显增厚,形成了一个瘤状结构。

为什么会形成瘤状结构呢?

韧皮部被环形剥除后,有机物向下运输的通道被切断了,便堆积在切口上方,形成了瘤状物。这一现象也说明,有机物在韧皮部的运输中,是有压力机制存在的。

从水管到血管

植物的物质运输靠的是压力和水分子的内聚力,动物靠的是什么呢?

在进行了大量动物实验并查阅了《雾山五章经》后,笨笨熊等了解到,随着动物的进化,动物的运输方式也有一个进化过程。总的来说,从低级的水管系统进化到了高级的血液循环系统。

水管系统见于海绵和腔肠动物。海绵的水管系统有入水孔和出水孔,在出入水孔之间有许多领细胞。领细胞鞭毛的摆动可以使水从入水孔流入,从出水孔流出,形成一个连续的水流。通过这一连续不断的水流,海绵可以获得氧气,获得食物,同时排出代谢废物。

但是,靠水流运送物质,只适用于简单的水生动物。随着动物的进化,大型动物和陆生动物在体内建立了封闭的运输系统——血液循环系统。在这些动物体内,血

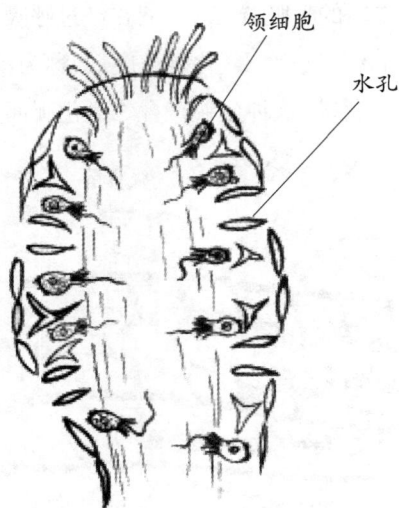

领细胞

水孔

海绵的水管系统

领细胞放大图

液将氧气和营养物质运输到身体各处的组织细胞，同时将组织细胞的代谢产物运走。这一变革，使动物的组织器官进一步独立于外部环境。

和消化和呼吸相似，血液循环系统也经历了一个进化过程。

最早出现的，也是最初级的血液循环系统见于纽虫。

纽虫没有心脏，血管内的血液靠血管收缩而流动，血管的收缩方向不确定。因此，血管内血液的流动也有很大的随机性，或者向前，或者向后。

到了蚯蚓，血液的流动有了方向。位于消化管背面正中的血管叫作背血管，血液从后向前流；位于消化管腹面正中的血管叫作腹血管，血液从前向后流；位于腹神经索下方的血管叫作神经下血管，血流方向是从前往后。这三支血管都分出许多细小血管，分布到消化管、皮肤和其他器官。在身体前部，背腹血管之间有四到五对弓形血管。和其他血管不同的是，这几支血管具有收缩能力。正是由于它们的收缩和舒张，推动血液在血管内流动。可以说，这便是进化过程中心脏的雏形。

低等水生动物直接从水中，蚯蚓等通过皮肤获得氧气。到了脊椎动物，氧气的消耗量大大增加。适应这一需要，出现了专门的呼吸器官。血液在经过呼吸器官时接受新鲜氧气，释放二氧化碳，这种血液富含氧气而二氧化碳浓度低，称为动脉血。血液在经过组织细胞时释放氧气，接受二氧化碳，这种血液富含二氧化碳而氧气浓

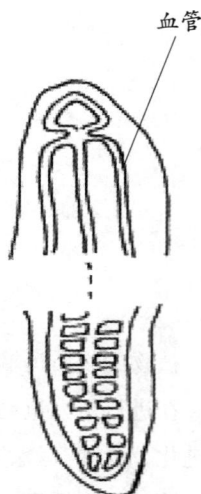

血管

纽虫的循环系统

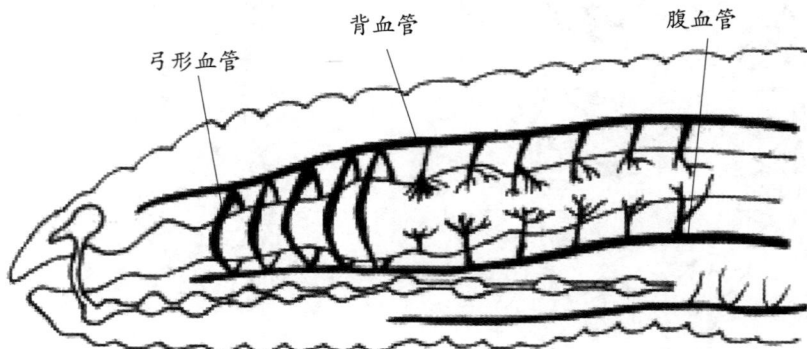

弓形血管　背血管　腹血管

蚯蚓的循环系统

度低,称为静脉血。含动脉血的血管称为动脉,含静脉血的血管称为静脉,连接动脉和静脉,管径很细,与组织细胞广泛接触的微小血管称为毛细血管。这样,在脊椎动物中,血液循环系统包括了血液、心脏、动脉、静脉以及毛细血管。

不过,脊椎动物的家族太大了,从这个家族的底层到顶层,心脏经历了一个逐渐进化的过程。

鱼类的心脏比较简单,从前往后的结构依次为静脉窦、心房、心室和动脉锥。

身体的血液从静脉回流,依次流入静脉窦、单一腔室的心房和心室、动脉锥,然后,进入鳃。在鳃内,血液与周围的水进行气体交换,放出二氧化碳,吸收氧气。经过气体交换的血液进入动脉,流向全身各组织细胞之间。

鱼类向陆生动物进化的中间阶段是两栖类。它们在心房的中间垒了一个隔墙,分出了左心房和右心房。

从身体各组织器官回流心脏的静脉血液经静脉窦进入右心房,从右心房进入心室。心脏收缩时,心室的血液被压往动脉锥。

动脉锥发出两组血管。一组血管是大动脉和颈动脉,其中的动脉血在经由组织时为组织细胞供应营养物质

和氧气,并接受组织细胞释放的二氧化碳和代谢产物,成为静脉血。静脉血顺着静脉依次回流入静脉窦—右心房—心室,这个循环,称为体循环。

另一组血管是肺动脉和皮动脉。肺动脉入肺后,一再分支变细,成为毛细血管网。其中的血液与肺泡中的气体进行气体交换,放出二氧化碳,吸收氧气,经过气体交换的血液经肺静脉流回左心房,进入心室。皮动脉入皮肤后,也一再分支变细,成为毛细血管网。其中的血液经过皮肤与空气进行气体交换,放出二氧化碳,吸收氧气,经过气体交换的血液经皮静脉流回左心房,进入心室。这个循环,称为肺皮循环。

体循环为组织器官提供营养物质和氧气,并运走组织器官产生的二氧化碳和代谢产物。肺皮循环进行气体交换,将静脉血转换为动脉血。

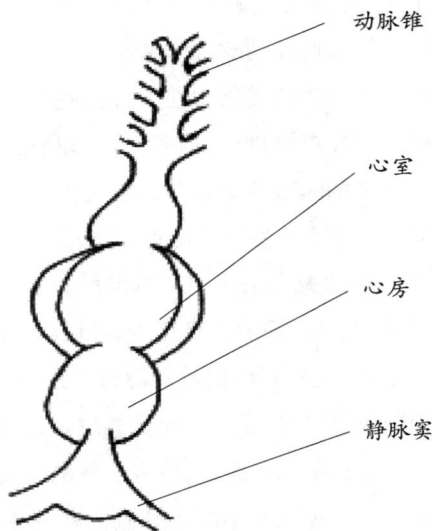

动脉锥

心室

心房

静脉窦

鱼类的心脏

121

到爬行类动物,它们模仿两栖动物在心房中垒隔墙的做法,在心室中也垒起了一道隔墙,这个隔墙,叫作室间隔。

来自右心房的静脉血进入心室纵隔右侧,来自左心房的动脉血进入心室纵隔左侧。但是,除鳄鱼外,其他爬行动物的室间隔只是垒了半截,没有完全分隔成左右心室。不过,即使是半截隔墙,也在一定程度上减轻了静脉血和动脉血的混合。

在动物的进化过程中,这心室的隔断工程一直在缓慢进行。到了鸟类和哺乳动物,心室中的隔墙从地板垒到了天花板,心室被完全分为右心室和左心室。

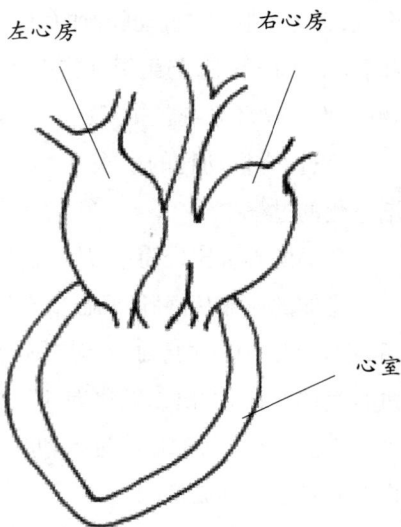

两栖类心脏

血液从右心室进入肺动脉,经过肺毛细血管,再经肺静脉回到左心房的过程,是吸收氧气,释放二氧化碳的过程,人们将其称为肺循环,也称为小循环。血液从左心室进入主动脉,沿着动脉分支进入组织,再经过静脉回到右心房的过程,是向组织释放氧气,接受二氧化碳的过程,人们将其称为体循环,也称为大循环。

经过了如此改造,进入心室的血液不会互相混合,体循环和肺循环彻底分了开来。由于体循环中的动脉血含氧量高,为组织细胞提供氧气的能力也大大提高。

回顾一下动物的物质运输系统,海绵动物和腔肠动物生活在水中,它们通过水管从周围的水中摄取营养物质。纽虫进化出了具有弹性的血管,但是,仅仅靠血管收缩,推动血液的动力太弱了。怎么办? 蚯蚓想了一个办法,在血管系统中安装了一个泵。有了泵,血液流动顺畅了,但是,体型较大的动物身体里的细胞不能与空气直接接触,氧气不足又成了一个问题。从鱼开始,在血管系统中又加上了一个氧气站。这氧气站,在鱼是鳃,

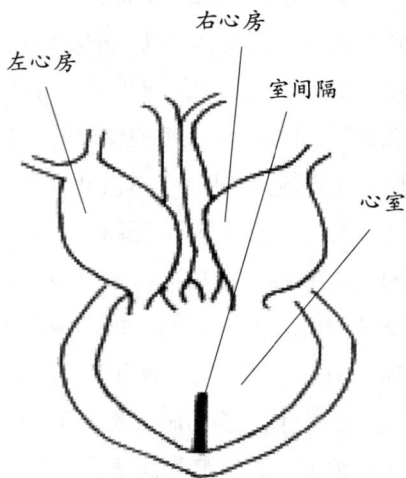

爬行类动物心脏

在青蛙等两栖动物是肺皮循环。虽然有了泵房和氧气站,但含氧的动脉血和含二氧化碳的静脉血在心脏中混在一起,一部分含二氧化碳的血液又顺着动脉进入组织器官,血液的带氧功能大大打折扣。怎么解决这个问题呢？还是鸟类和哺乳动物有智慧,它们在心房、心室中垒隔墙。这样,回到右心的静脉血进入呼吸器官释放二氧化碳并吸收氧气,富含氧气的血液通过左心的收缩进入全身组织和器官,血液运送氧气的效率显著提升。

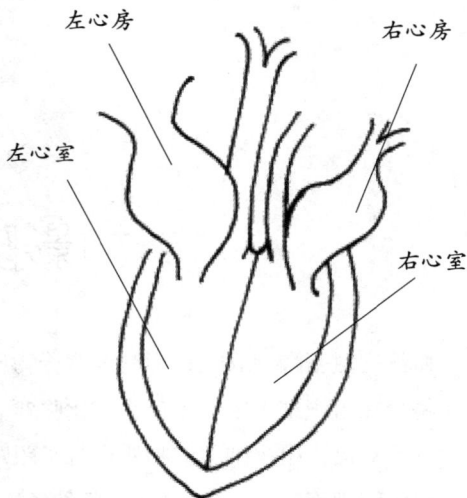

鸟类和哺乳动物的心脏

但是,氧气在液体中的溶解度很小,靠血液中溶解的氧气根本不能满足需要。怎么办呢？携带氧气的各种运载工具——呼吸色素应运而生。大多数无脊椎动物携带氧气的呼吸色素溶解在血浆中。不过,不同的无脊椎动物呼吸色素的类型不同。有些软体动物的呼吸色素是含铜的血清蛋白,血液呈青色;蚯蚓的呼吸色素是含铁的血红蛋白,血液为淡红色。大概嫌血液运载氧气太麻烦,大部分昆虫就像矿井的通风管道一样,直接把气管深入到组织细胞中。由于没有呼吸色素,昆虫的血液没有颜色。

无脊椎动物呼吸色素游离在血液中,一个个色素分子就好像一只只小木船,运载能力非常有限。怎么克服这个问题呢？经过几百万年的修炼,脊椎动物将血红蛋白装在了红细胞中。打个比方,就像是把小船改造成了万吨货轮。这样,运送氧气的能力直线上升。

总的来说,血液是氧气、二氧化碳以及其他营养物质和代谢产物的载体,靠了那奔腾不息的血流,动物体才能获得氧气和营养物质,才能排泄二氧化碳和代谢废物,才能维持生命活动。

如影随形

血液把氨基酸、脂肪、葡萄糖等营养物质和氧气运送到了组织细胞。那么，这些物质将会在组织细胞中发生什么变化呢？

大家对进入组织细胞的物质进行了跟踪。

在组织细胞中，氨基酸合成了各种各样的蛋白质，脂肪和葡萄糖呢？不见了，消失得无影无踪。

它们究竟跑哪里去了呢？虽然夜以继日地做了几天的实验，仍然不得要领。无奈，只好再次查阅《霁山五章经》。

原来，进入细胞的脂肪和葡萄糖在细胞内发生了生物化学反应，变成了二氧化碳和水，同时释放出了能量。也就是说，在物质代谢的同时发生了能量代谢。

其实，能量总是与物质变化相伴产生。不过，日常生活和生产中的能量大多是以燃烧的方式产生，比如，煤气燃烧产生热能用于煮饭；汽油燃烧转变为动能，推动汽车运动；煤燃烧转化为电能……不管被燃烧的物质是汽油、柴油、煤油、煤、木头还是煤气，都是一个由氧气参与，生成二氧化碳的过程。这一过程称为氧化。

细胞内的物质代谢和能量代谢是如何进行的呢？

细胞内的能量代谢也有氧气参与，在释放能量的同时也生成了二氧化碳。但是，看不到熊熊火焰，也看不到黑烟滚滚。为了区别这两种氧化过程，人们把发生于生物体外的氧化叫作非生物氧化，把发生于生物体内的氧化叫作生物氧化。

不冒烟，没有火焰，怎么能产生能量呢？按照习惯思维，大家难以理解。

按照《霁山五章经》的实验步骤做一下实验吧。

笨笨熊拿来两个一样大的玻璃瓶，往第一个瓶中装进了正在发芽的大豆，第二个瓶子中装进了等量的煮过的大豆。然后，用软木塞将两个玻璃瓶的瓶口盖了个严严实实。

第二天一早，透过玻璃看见，第一个瓶子中的豆芽长得更长了，第二个瓶子中的豆子还和以前一样。

笨笨熊将一个棉签在酒精中蘸了一下，划火柴，点着，打开第一个瓶子的盖子，将正在燃烧的棉签伸进瓶子中。奇怪，火苗一下子熄灭了。

接着，他取出棉签，又划火柴点着，打开第二个瓶子，将正在燃烧的棉签伸进瓶子中。和刚才不同，火苗没有马上熄灭掉。

很显然，第一个瓶子中没有氧气，第二个瓶子中有氧气。

第一个瓶子中的氧气哪里去了呢？

原来，第一个瓶子中的氧气被正在发芽的活的大豆细胞吸收了。第二个瓶子中的大豆是煮过的，细胞死掉了，不会吸收氧气，因此，瓶子中的氧气没有被消耗掉。

接着，大家又按图索骥做第二个实验。

笨笨熊把装着发芽大豆的瓶子换上一个有两个孔的木塞。一个孔装漏斗，先将漏斗孔塞上；另一个孔装一个带旋钮开关的玻璃管，通往盛澄清石灰水的试管，先将玻璃管上的旋钮开关关掉。准备停当，又待了一会儿，将漏斗的塞子去掉，将玻璃管的旋钮开关打开，向漏斗中加清水。

奇怪，试管内原来澄清的石灰水变浑浊了。

这是怎么回事呢？

原来，大豆在发芽过程中产生了二氧化碳。向大豆瓶子中加水时，瓶子中的二氧化碳被挤到了试管中。然后，二氧化碳与石灰水反应，生成了浑浊的碳酸钙。

第一个实验显示，发芽的大豆可以消耗氧气，第二个实验显示发芽的大豆可以排出二氧化碳。消耗氧气，产生二氧化碳，好似动物和人类的呼吸。但是，这种呼吸不是由肺、气管这些呼吸器官，而是由细胞进行的。因此，人们把在细胞水平发生的，消耗氧气并产生二氧化碳的生物氧化过程又叫作细胞呼吸。

大豆在呼吸过程中吸收了氧气，产生了二氧化碳，这说明发芽大豆发生了物质代谢。但是，在此期间产生的能量何在呢？

按照《雾山五章经》的实验步骤，笨笨熊拿来了两个暖水瓶。他在第一个暖水瓶中装满发芽的大豆，第二个暖水瓶中装满煮熟的大豆。两个瓶子中都插上温度计。

约摸三个小时后，第一个暖水瓶的温度升高了许多，第二个暖水瓶的温度没有变化。

噢，确实，细胞在呼吸过程中发生了能量代谢。这物质代谢和能量代谢，如影随形。

有氧呼吸和无氧呼吸

通过吸收氧气和释放二氧化碳进行物质代谢和能量代谢,这是细胞代谢的唯一方式吗?在完成上述实验后,笨笨熊等一直在思考着这个问题。

继续的实验发现,细胞呼吸分为两种,一种是需要氧气参与的有氧呼吸,一种是不需要氧气参与的无氧呼吸。

有氧呼吸是指细胞在氧气的参与下,把有机物彻底分解,产生二氧化碳和水,同时释放出大量能量的过程。细胞进行有氧呼吸的主要场所是线粒体。

在生物体内,一摩尔的葡萄糖在彻底氧化分解后共释放出 2870 千焦耳的能量,其中,1161 千焦耳左右的能量储存起来,其余能量以热能的形式散失。

无氧呼吸是指细胞在无氧条件下,把葡萄糖等有机物质分解成为不彻底的氧化产物,同时释放出少量能量的过程。细胞进行无氧呼吸的场所是细胞质基质。

在生物体内,一摩尔的葡萄糖经过无氧呼吸共释放出 196.65 千焦耳的能量。其中,61.08 焦耳能量储存起来,其余能量以热能的形式散失。

可见,无氧呼吸释放的能量比有氧呼吸要少得多。

既然无氧呼吸释放的能量比有氧呼吸少得多,为什么要采取无氧呼吸呢?

在地球形成的初期,原始大气中不含游离氧,那时的生物只能通过无氧呼吸维持生命活动。随着蓝藻和绿色植物的出现,大气中出现了游离氧,地球上才出现了能够进行有氧呼吸的生物。这么说来,无氧呼吸是有氧呼吸的老祖宗。这些生物虽然有利用氧气呼吸的本领,但是,仍然保留着无氧呼吸的传统。

可是,这储存的能量放在了哪里呢?

我们要将电储存起来,便要用蓄电池。在生物体储存能量,用的是 ATP。

ATP 是什么呢?

ATP 是三磷酸腺苷的简称,所谓三磷酸腺苷,就是在腺苷上连接着三个磷酸。

三个磷酸之间由磷酸键连接,细胞呼吸产生的能量就储存在两个磷酸键中。因为这两个磷酸键中储存着很高的能量,人们把它叫作高能磷酸键。

第二个磷酸和第三个磷酸之间的高能磷酸键在一定的条件下很容易水解,也很容易形成。水解时,三磷酸腺苷成为二磷酸腺苷,简称为 ADP,同时伴随能量的释放。ADP 可以接受能量,同时与另一个磷酸结合,形成 ATP。因此,由 ADP 变成 ATP 是一个储存能量的过程,类似于蓄电池在充电;由 ATP 变成 ADP 是一个释放能量的过程,类似于蓄电池在放电。因为能量由有机物氧化过程产生,通过磷酸化过程储存,因此,把产生能量,储存能量的过程称为氧化磷酸化。

高效率的燃烧

生物氧化的实验结束了,但是,这生物氧化和非生物氧化究竟有什么区别呢?

观察和实验结果表明,非生物氧化往往伴随着燃烧,可以看到熊熊的火焰,能量在燃烧时集中释放。俗话说,水火不相容。往火堆上泼一盆水,火焰被扑灭,氧化过程也终止。

生物氧化呢?是在生物体内逐步完成,能量也不声不响地缓慢释放。和非生物氧化相反,生物氧化必须在水环境中进行。

另外,在非生物氧化过程中,一般只有 25% 的能量用来做有用的功,其余的 75% 以热量的形式散失。太可惜了! 生物氧化呢? 约有 38% 的能量可以储存在 ATP 中。

原来,生物氧化,虽然不见烟火,却是一种高效率的燃烧。

一把钥匙开一把锁

在生物氧化的实验中，大家发现有一种蛋白质起着魔术师般的作用。除去这些蛋白质，生物化学反应便戛然而止。加了这些蛋白质，生物化学反应便像闪电一般在瞬间完成。

这是一些什么样的物质呢？

拜读《霁山五章经》后才知道，这种蛋白质叫作酶。它们在生物化学反应中起了催化作用。

何谓催化作用呢？

所谓催化作用，是指对化学反应的促进作用。化学反应可以分为无机化学反应和有机化学反应两大类。能够催化无机化学反应的物质叫做无机催化剂，能够催化有机化学反应的物质叫做有机催化剂。酶，就是有机催化剂。

那么，酶与无机催化剂有何不同呢？

笨笨熊等按照《霁山五章经》的实验指导饶有兴趣地进行了实验。

过氧化氢被分解时可以产生水和氧，属于无机催化剂的三价铁离子以及属于有机催化剂的过氧化氢酶都可以催化这一过程。在生物体内，肝脏是过氧化氢分解的主要场所，肝细胞内含有丰富的过氧化氢酶。

笨笨熊从实验台上拿过一个试管架，试管架上有两个盛着等量过氧化氢溶液的试管。他向第一个试管内加入两滴肝脏研磨液，向第二个试管内加入两滴3.5%的氯化铁溶液。然后，用试管塞塞紧试管，轻轻地摇晃其中的液体。

少顷，加肝脏研磨液的试管冒出了很多气泡。

笨笨熊将一支卫生香点燃，把火苗吹熄，打开加肝脏研磨液的试管，将卫生香伸进去。这时，卫生香原本暗红的末端忽然明亮了起来，并且蹿出了火苗。

他把卫生香从第一支试管中抽出来，在空中摇了摇，将火苗熄灭，拔开加氯化铁溶液试管的塞子,将卫生香伸进去。这时,卫生香的末端亮了起来,但是,没有窜出火苗。

第一支试管助燃的效果好,说明肝脏研磨液催化过氧化氢生成氧气的效果比氯化铁好。

好多少呢?

据《霁山五章经》所述,每滴氯化铁溶液中三价铁离子的数量大约是每滴肝脏研磨液中过氧化氢酶分子数的25万倍。哇!相当于过氧化氢酶分子数25万倍的氯化铁催化效果反倒逊色很多!别激动,一般来说,酶的催化效率是无机催化剂的1千万倍至1万万亿倍。

酶不仅催化反应具有高效率,而且对所催化的反应具有特异性。

按照《霁山五章经》的指导,笨笨熊从实验台上取下一个试管架,在第一个试管中加入2毫升可溶性淀粉溶液,在第二个试管中加入2毫升蔗糖溶液。这两种溶液有什么不同吗?淀粉和蔗糖都是糖类,只是蔗糖是由葡萄糖和果糖两两配对组成的二糖,淀粉是由葡萄糖互相连接形成的多糖。

接着,用移液管向两个试管中各加入2毫升淀粉酶溶液,摇匀后,将试管架放在水浴锅中加热5分钟。

然后,笨笨熊用移液管向两个试管中各加入2毫升斐林试剂,摇匀,将两支试管放在烧杯中的沸水中煮沸。这斐林试剂能与葡萄糖发生化学反应,生成砖红色的氧化亚铜。

像变戏法一样,第一个试管中的液体变成了红色,第二个试管中的液体却没有任何变化。

这是怎么回事呢?

原来,第一支试管中的淀粉在淀粉酶的作用下产生了葡萄糖,葡萄糖与斐林试剂发生反应生成了砖红色的氧化亚铜。第二个试管中蔗糖的分子中虽然有葡萄糖,但淀粉酶不能将葡萄糖分解出来,因此,没有发生颜色反应。

实验证明,一种酶只能催化一种化学反应或一组密切相关的化学反应。通俗地说,就是一把钥匙开一把锁。

酶为什么能高效率地催化化学反应,并且对催化的化学反应有高度的专一性呢?

在酶所催化的化学反应中,有三种成分。一是反应物,也叫做底物,即参加化学反应的物质。在上面实验中的第一个试管中,就是淀粉。二是酶,在上面实验中,就是淀粉酶。三是产物,在上面实验中,就是葡萄糖。

在酶促反应中,底物与酶结合起来,形成酶—底物复合物。化学反应后,生成的产物与酶分离开来,酶又恢复游离状态,重新参加反应。也就是说,在酶促化学反应中,酶可以重复参与化学反应。因此,酶的催化作用具有高效率。

在酶的分子结构中,有一个称为活性中心的部分,其空间结构与底物具有高度互补性。也就是说,底物正好能被容纳在其中。只有正好能嵌进活性中心的底物才能被酶催化,很快发生反应。其他不是底物的物质呢?不能进入活性中心,不能被酶催化发生反应。

如果形象一点说,生物化学反应中的酶就像钥匙。一把钥匙开一把锁,一种酶催化一种化学反应。

不过,酶的脾气却有点怪,只有温度和酸碱度适合才开始干活。温度过高或过低,酸碱度过酸或过碱,都会降低酶的活性。

小柳树为什么能长大

动物从植物中摄取蛋白质、脂肪和糖，因此，小牛和小羊一天天长大。但是，植物中的蛋白质、脂肪和糖是怎么来的呢？举个例子来说，小树是怎么变成大树的呢？

在研究了动物和人的生化反应后，跳跳猴等一直在思考这个问题。

其实，古人也为这个问题伤过脑筋。

1648 年，比利时科学家海尔蒙特把一棵 2.5 千克重的柳树苗栽到一个木桶里，并且把桶里的土壤都称了重，记录了下来。

为什么要把桶里的土壤称重呢？

他想知道，树木在生长过程中增加的重量是不是来源于土壤的损失。

为了排除水之外的其他物质对树木生长发生的作用，他只用纯净的雨水浇灌树苗。为了排除外界的土进入桶内以及桶内的土发生流失，他制作了桶盖，将桶里的土严严实实地盖了起来。

五年之后，树苗长成了一棵大树。他把柳树从桶里拔了出来，将柳树根上的泥土清理到桶中。分别称了称柳树和桶里的土，与实验开始相比，柳树的重量增加了80 多千克，桶里土壤的重量减少了不到 100 克。

是什么因素使柳树增加了 80 多千克呢？海尔蒙特认为，几年来，他不断给柳树浇水，因此，一定是平时浇的水使柳树增加了重量。不过，海尔蒙特没有进一步做实验，他的想法只是停留为假设。

到 1771 年，英国科学家普利斯特利做了一个实验。他把点燃的蜡烛和一只白鼠分别放在密闭的玻璃罩中，结果，蜡烛燃烧不久熄灭了，小白鼠也很快死去了。由此，他得出结论，蜡烛燃烧和小白鼠的生命都需要新鲜氧气。在一个密闭的有限的空间，空气得不到补充，蜡烛会熄灭，动物会死掉。

然后，他把一盆绿色植物和一支点燃的蜡烛一同放到一个密闭的玻璃罩中。奇怪,蜡烛长时间没有熄灭。难道植物能产生氧气?为了弄清楚这个问题,普利斯特利又把一盆绿色植物和一只小白鼠一起放到一个密闭的玻璃罩中。结果发现,绿色植物生长正常,小白鼠也没有死去。于是,他得出结论,绿色植物确实能产生新鲜空气,这新鲜空气,可以供给蜡烛燃烧,可以维持小白鼠的生命。

以上研究被报道后,许多人重复普利斯特利的实验。有的结果相同,有的结果相反。

普利斯特利的实验结果是偶然的吗?1782年,瑞士日内瓦的牧师J.Senebier实验证明,植物在阳光照射下吸收二氧化碳,释放氧气。这个过程,后来被人们称为光合作用。如果没有阳光,光合作用不能进行,氧气自然不能产生。在人们重复普利斯特利的实验时,有的在室外,有的在室内,无怪乎结果不尽相同。这时,人们才明白,玻璃罩中的蜡烛之所以不熄灭,小白鼠之所以不死亡,是由于其中的绿色植物在阳光照射下产生了氧气。

但是,为什么进去的是二氧化碳,出来的却是氧气呢?1804年,N.J.deSaussure经过潜心研究后发现,植物在光合作用过程中变了一个魔术。它将氧元素合成氧气释放到大气中,把碳悄悄地留在了身体中。碳可以和氢、氧等元素合成有机化合物。噢,明白了,正是由于这一结果,海尔蒙特的小柳树才能腰杆变粗,个子长高,枝叶繁茂。在海尔蒙特柳树实验后的160多年,柳树生长之谜才完全揭开。

大约2500年前,老子就在《道德经》中说:"天下万物生于有,有生于无。"这位圣人不仅比N.J.deSaussure早2300年发现了有形物质产生于无形物质,而且用寥寥11个字将其总结为一种普遍规律。

天竺葵变戏法

水和二氧化碳是柳树生长的主要因素，可是，柳树的每个细胞都是由蛋白质、纤维素等有机物质组成的。这水和二氧化碳是如何转变成这些有机物质的呢？

按照《雾山五章经》，跳跳猴等进行了一系列实验。

他把一束叫做金鱼藻的绿色植物放在一个玻璃漏斗中，将漏斗倒扣在盛有清水的杯子中，再把盛满清水的试管套在漏斗的短柄上。然后，把杯子端在室外的阳光下。

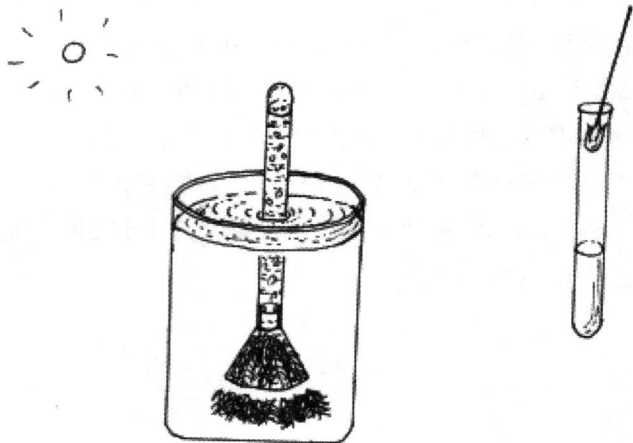

金鱼藻实验

大家注意到，试管中的水里不断有小气泡冒上来。约摸一个小时后，跳跳猴用指头把试管口堵起来，将试管从水里取出。然后，把一支快要熄灭的卫生香伸进试管中。

本来颜色暗红的卫生香突然一亮，冒出了火焰。

实验证明，金鱼藻在阳光作用下产生了氧气。

跳跳猴又将一盆天竺葵放到暗室中。第二天,大家把天竺葵搬到阳光下,用一片黑纸片把天竺葵的半个叶片的上下两面遮盖了起来。几个小时后,将这一片叶子摘了下来,去掉遮光的纸片,将叶片放到盛有酒精的小烧杯里,隔水加热。然后,用清水漂洗叶片,再将叶片放到培养皿中,向叶片上滴加碘液。少顷,用清水冲洗碘液。

大家发现,原来被黑纸片遮盖的部分颜色没有变化,没有被纸片遮盖的部分变成了蓝色。

这是怎么回事呢?难道天竺葵会变戏法?

查了《霁山五章经》才知道,在原来的叶子中,有通过光合作用合成的淀粉。把天竺葵在暗室中放一天,是为了让天竺葵在不见阳光没有光合作用的情况下将叶片中的淀粉运走,耗尽。再移到阳光下时,将一个叶片的一半用黑纸片遮盖起来,是为了让被遮盖的地方不发生光合作用。将叶片放到酒精中可以使叶片中的叶绿素溶解脱失。碘液可以与淀粉发生反应生成呈蓝颜色的物质。

实验证明,接受阳光照射的叶片可以发生光合作用,合成淀粉。因此,与碘反应表现为蓝色。被黑纸片遮盖的叶片没有受到阳光的照射,不能发生光合作用。没有光合作用就不会产生淀粉,因此,在加碘液后,不会出现蓝色。

这说明,阳光是光合作用的必要因素。

按照实验设计,跳跳猴将一盆花与一盛有氢氧化钠的玻璃罐一同扣在第一个玻璃罩下,放到暗室中;又将一盆花与一盛有清水的玻璃罐一同扣在第二个玻璃罩下,也放到暗室中。

第二天,将两个玻璃罩中花的叶子摘下来,分别放在盛有酒精的小烧杯中,隔水加热,用清水漂洗。再把叶片分别放在培养皿中滴加碘液。

结果,来自第一个玻璃罩中的叶片颜色没有发生变化,来自第二个玻璃罩中的叶片变成了蓝色。

为什么两个玻璃罩中的叶片在加碘后颜色不同呢?

原来,第一个玻璃罩中的氢氧化钠液吸收了容器中的二氧化碳,第二个玻璃罩中的清水不能吸收容器中的二氧化碳。第一个玻璃罩中的二氧化碳被消耗,光合作用不能进行,淀粉便不能生成,因此,叶片加碘后颜色没有变化;第二个玻璃罩中的二氧化碳没有被消耗,光合作用能够正常进行,生成了淀粉,因此,叶片加碘后变为蓝色。

这说明,二氧化碳是光合作用的必要条件。

总结一下吧。光合作用,除了需要水和二氧化碳外,阳光也必不可少。

生物科学研究院

什么是光合作用

近来,跳跳猴等频繁接触到光合作用这个名词,但是,究竟什么是光合作用呢?

总结上面的实验,光合作用是绿色植物利用光能,把二氧化碳和水转化成储存着能量的有机物,并释放出氧气的过程。

具体来说,光合作用可以分为两个阶段:光反应阶段和暗反应阶段。

光反应阶段需要阳光的参与,反应场所在叶绿体囊状结构的薄膜。在这个阶段,叶绿体中的色素尽情地吸收太阳的光能。利用太阳光的能量,水分子被分解成氧和氢。氧直接以分子的形式释放到大气中,氢则被传送到叶绿体的基质,参与下一步的暗反应。在光反应过程中,还产生了许多能量。一部分能量用于植物的代谢和生长,剩余的能量在有关酶的催化作用下储存在 ATP 中。也就是说,像蓄电池将电储存起来一样,这叶绿体将光能转换成了化学能。

暗反应阶段将战场转移到了叶绿体的基质中,专拣太阳睡觉的时候悄悄进行。在这个阶段,从外界吸收的二氧化碳与植物体内的五碳化合物结合,这个过程叫做二氧化碳的固定。一个二氧化碳分子与一个五碳化合物分子结合后,很快形成两个含有三个碳原子的化合物,简称为三碳化合物。其中,一些三碳化合物经过一系列变化形成糖类,另一些三碳化合物经过复杂的变化又形成五碳化合物,从而使暗反应阶段的化学反应持续不断地进行。

总的来说,光反应阶段产生能量及氧气,暗反应阶段形成有机物。

自从产生人类以来,人们就一直在探索自然界。我们的地球上有什么呢?有山水树木,有鸟兽鱼虫,有霹雳闪电,有飓风地震……从古至今,多少科学家穷其一生,也只是看到了自然界这个巨大冰山的一个小角。最后,科学家终于认识到:不管自然界如何浩繁,只有两样东西,一个是物质,一个是能量。

早在两千多年前,我国的古代哲学家就说,世间万物无论多么复杂,都可以分为阴和阳。阴是什么呢？是有形的物质；阳是什么呢？是无形的能量。我们再来做一下拆字游戏，"阴"字的右边是月亮，"阳"字的右边是太阳。这两个字的组成便告诉我们，物质是在月亮值班时积累，能量是在太阳照射下产生。请看，简简单单两个字，竟然告诉我们物质和能量如何产生。难道公元前的中国人便认识了光合反应？如果可以这样认为，那么，发现光合作用的时间应该上溯到两千多年前，光合作用的经典著作应该是《黄帝内经》。

　　不管我们的先哲是否发现了光反应和暗反应，让我们返回来认识一下进行光合作用的植物吧。这绿色的植物就像一个换能器，它把阳光中的太阳能转化成为有机物及 ATP 中的化学能；又像一个储能器，把无形无质的太阳能储存在有机物及 ATP 中，就像把电能储存在蓄电池中。靠了它，我们的地球才生意盎然，郁郁葱葱；靠了它，我们的地球才积累了氧气，需氧生物才能繁衍和生存。

彩色塑料大棚

光合作用需要二氧化碳、水及阳光。对地面上栉风沐雨并且每天晒太阳的树木花草来说，阳光有的是，水有的是，二氧化碳有的是。在深海里的植物呢？水是不缺，但是，它们能晒到太阳吗？能吸收到二氧化碳吗？能进行光合作用吗？

研究发现，水不仅可以溶解氧，而且可以溶解二氧化碳。有了水，有了二氧化碳，这就为水生植物的光合作用提供了物质保证。

阳光由赤、橙、黄、绿、青、蓝、紫七色光组成。这不同的光，钻水的本领各不相同。红光只能透入海水的表层，橙黄色光和绿、蓝、紫光则能钻到海水的深层。生活在海里的藻类，对阳光的不同成分也各有喜好。这样，海洋植物便也分了层。绿藻偏爱红光，生活在海洋表面；蓝藻吸收橙黄色光，分布在海洋中层；红藻具有藻红蛋白，能利用叶绿素不能吸收的蓝、紫光而进行光合作用，生活在最深层。

水、二氧化碳和光都有了，海洋中的植物当然能够进行光合作用。

在海洋里，不同植物吸收阳光中的不同成分。那么，陆地上的植物进行光合作用是吸收阳光中的全部成分呢，还是其中的部分成分呢？

跳跳猴等的研究证明，植物在进行光合作用时，叶绿素一般是较多地利用红光、蓝光和紫光，很少利用绿光。不同的单色光对光合作用的影响也不同。比如，蓝紫光可以激活叶绿体的活性；红光不仅可以增强叶绿素光合作用的能力，促进植物的生长，而且能提高植物对糖的合成；蓝色光呢？能增加植物对蛋白质的合成。

既然不同颜色的光对植物的光合作用有不同的影响，那么，我们是否可以人为地制造色光来提高作物的产量呢？

做个实验吧。

跳跳猴等用黄色、红色、蓝色等颜色的塑料薄膜架起了塑料大棚，里面栽种了许多种植物。太阳光在通过塑料薄膜时，某些颜色的光即被过滤掉。实验证明，用红色薄膜培育棉苗,可以促进植株生长,减少病虫害,提高棉花产量;用黄色塑料薄膜罩在茶树上,可以提高茶叶产量,并使茶叶的香味更加浓郁;用红色塑料薄膜覆盖甜瓜,可以使甜瓜的糖和维生素含量提高,并且提前半个月上市卖个好价钱;小麦在红光下生长加快,产量提高;辣椒在白光下生长较好,在红光下生长更好;茄子在紫色薄膜覆盖下结的果实既大又多;将番茄用紫色、橙红色和黄色薄膜覆盖,可以使产量大幅度提高。

玻璃罩里的豆苗

经过许多时日的研究,植物的光合作用弄清楚了。大家又产生了一个问题:动物和人都需要氧气才能生存,植物需要不需要氧气呢?

怎么来解决这个问题呢?

植物在光合作用过程中会产生氧气,要做这个实验,便要阻止光合作用的发生。跳跳猴等将两株栽种在花盆中的豆苗搬到暗室中,在其中的一盆外面罩上了玻璃罩。两天后,大家发现,没有罩玻璃罩,暴露在空气中的豆苗依然如故;罩了玻璃罩,与氧气隔绝的豆苗枯萎了。

原来,和动物一样,植物也需要氧气。

植物用氧气干什么呢?进一步的研究发现,植物在通过光合作用合成有机物质和氧气的过程中需要能量。能量从哪里来呢?需要经过能量代谢过程提供。而能量代谢主要是氧化过程,是依赖氧气的化学反应过程。因此,断绝了氧气供应,就会断送它们的性命。

天然化肥厂

实验完成了，大家把两盆豆苗搬到暗室外面来。李瑞揭掉豆苗外面的玻璃罩，把盆子里的豆苗拔了起来。

跳跳猴问："你为什么把豆苗拔起来？"

李瑞说："我想看看，豆苗的根是否也枯萎了。"

这时，大家看到在豆苗的根部附生着一串一串的球状物。

"哇！那是什么？"跳跳猴、李瑞和笨笨熊都同时叫了起来。过去，他们观察过许多种花草树木的根，从来没有看到过这种疙里疙瘩的东西。

看到跳跳猴、李瑞和笨笨熊吃惊的样子，白桦笑了笑，不紧不慢地说："大惊小怪什么？那是根瘤，里面住满了根瘤菌。"

"根瘤菌？根瘤菌是干什么用的？"李瑞追问。

"固定氮气。"

"为什么要固定氮气呢？"跳跳猴问。

白桦说："植物合成的有机物有糖类、脂肪以及蛋白质等。其中糖类、脂肪的元素组成是 C、H、O，这些元素可由光合作用中的水以及二氧化碳供应。蛋白质的元素组成除 C、H、O 外，还必须有 N。"

"大气中有的是氮气啊！"跳跳猴提出了疑问。

白桦说："大气中的 78% 是氮气，可谓丰富，但是空气中的氮随风飘忽，不能直接被植物吸收。有两种微生物，可以把空气中的氮固定下来，被植物所利用。"

"哪两种微生物呢？"跳跳猴问。

白桦说："一类是共生固氮微生物，一类是自生固氮微生物。

"共生固氮微生物比较典型的是根瘤菌。根瘤菌在土壤中分布广泛，但只有侵入到豆科植物的根内才能具备固氮能力。它们在侵入大豆根部后，不断繁殖，形成了根上的瘤状结构。根瘤菌将通过生物固氮作用形成的氮供给植物,豆科植物将通过光合作用合成的有机物供给根瘤菌,形成了互利共生关系。

"根据分析,豆科植物从根瘤中获得的氮素占其需要量的30%到80%。所以说,一个根瘤就是一个小氮肥厂。衰老的根瘤破溃后,里面的根瘤菌以及含氮化合物便遗留在土壤中,使土壤的肥力增加。

"自生固氮微生物是指在土壤中能独立进行固氮的微生物。这种细菌有较强的固氮能力,并且能够分泌生长素,促进植物的生长和果实的发育。

"目前,农作物摄取的氮元素有两个来源,一个是施用化肥,一个是生物固氮。在20世纪80年代,全世界每年施用的氮肥大约有8000万吨,而自然界通过生物固氮提供的氮素则高达4亿吨。"

"这生物固氮要比施用化肥效率高很多啊!"跳跳猴感叹道。

白桦说:"是。因此,人们在农业生产实践中采用多种生物固氮方法。在白桦寨,我们在播种豆子前把根瘤菌搅拌到豆科作物种子中。这样,可以使生长出来的豆科作物容易结瘤固氮。另外,用豆科作物做绿肥,可以明显增加土壤中氮的含量;用新鲜的豆科植物饲养家畜,再将家畜的粪便还田,既可以使土壤肥沃,又可以获得更多的粮食和畜产品。"

在白桦寨,白桦重点研究和推行生物固氮技术,怪不得他说起生物固氮来头头是道。

跳跳猴问:"只有豆科植物可以与根瘤菌共生固氮吗?"

白桦说:"是的。"

跳跳猴说:"要是其他作物也可以与根瘤菌共生固氮该有多好啊。"

听了跳跳猴的话,白桦点了点头,接着,又茫然地摇了摇头。在他看来,其他作物是不可能和根瘤菌共生固氮的。

实际上,科学家已经在尝试将固氮菌体内的固氮基因转移到非豆科农作物细胞内。如果这个项目获得成功,非豆科农作物便有可能在固氮基因的调控下合成出固氮酶,将大气中的氮固定下来。这一技术属于基因工程范围,称为固氮基因工程。

山雨欲来风满楼

这时,空中响起一声炸雷,大家抬头一看,天上布满了乌云。接着,空中划过一道又一道弧光,每出现一次弧光,紧跟着就是或远或近的雷声。

白桦抬头看了看天空,接着说:"对了,雷雨时的闪电也可以将大气中的一部分氮气固定。"

"微生物和雷电将空气中的氮气固定下来,那空气中的氮不就减少了吗?"跳跳猴颇有点杞人忧天。

白桦说:"自然界的氮主要存在于空气和土壤中。氮在空气和土壤之间周而复始,形成了一个氮循环。"

"怎么循环呢?"跳跳猴追问。

白桦说:"动物的尸体、排泄物和枯萎植物被掩埋在土壤中,其中的含氮物质被土壤中的微生物分解后形成氨。氨经过土壤中硝化细菌的作用转化成硝酸盐,硝酸盐被土壤中的细菌转化为氮气,放到大气中。雷雨时的闪电以及固氮微生物将大气中的一部分氮气固定,被植物吸收和利用。这样,大气中的氮被植物利用,植物中的氮被动物利用,动植物的氮又回到土壤中,土壤中的氮又转化为氮气释放到大气中,形成了一个循环。这个循环,便称为氮循环。

"农作物每年从土壤中吸取大量的氮元素,如果土壤中的氮得不到补充,土地肥力就会下降。因此,生物固氮和氮循环,在补充土壤氮含量方面具有非常重要的作用。"

噢,在自然界,这氮元素也有一个如环无端的大循环。

乌云压得更低了,又刮起了风,一派山雨欲来风满楼的气势。

看来,要下暴雨了,大家急急往宿舍奔去。

晚上,大家围坐在一起聊天。李瑞说:"在舜王坪,我们了解了生物的物质转运和代谢。物质的转运需要许多器官的协调，物质的代谢涉及不同种类细胞的分工和合作。是一种什么力量在指挥这些细胞和器官进行合作和协调呢？"

笨笨熊说："在锦囊的指示中，有'欲知我何在，可访雾霁峰'一句。看来，我们下一步应该去拜访智者了。我想，到雾霁峰，应该会讲到这个问题的。"

得知接下来访问的对象便是智者，大家非常兴奋，一个个忙着收拾行李，准备第二天早早启程。

三访智者

第二天一早,跳跳猴一行离开舜王坪,钻出山谷,直奔雾霁峰而去。

行了大约三个时辰,来到一座山前。只见山顶奇峰怪石,云雾缭绕;山坡修竹乔松,奇花异草。山腰上苍苍郁郁松竹之间,闪出两个院子。每个院子的北面,搭着几间茅草屋。在东边一个院子的院门口,一个书童打扮的男孩在张望着什么。

跳跳猴近前来,施了礼,问道:"这里可是智者的住处吗?"

男孩打量了跳跳猴一行一下,说:"正是。请问,你可是跳跳猴吗?"

跳跳猴说:"没错。"

跳跳猴一边答应,心里一边盘算,一个从未谋面的男孩,如何知道我的姓名呢?

这时,男孩说:"智者出门去考察沙漠去了。临走前,他告诉我,就在今天,有一个叫跳跳猴的会带着几个人来,让我在这里等着。他让我告诉你们花一年的时间和园丁一起培育植物园的各种植物,并且做好园丁日记。"

说完,男孩领着跳跳猴一行向东走,越过一道山梁,来到位于山沟里的植物园。这里,天南海北的植物,松树、柏树、苹果树、椰子树……应有尽有。植物园里的一个老农安顿跳跳猴一行在植物园里住了下来。老农告诉他们,植物园虽然很大,但园丁只有他一个。平常,植物的灌溉修剪主要是靠不断来访问智者的学生。每一批学生来到这里,都要在这里待上一年,这样,他们便可以对所有植物春夏秋冬的生长以及管护有所了解。

跳跳猴等在植物园劳作了整整一年。第 366 天,一行六人捧着他们的园丁日记来到雾霁峰拜见智者。

书童将园丁日记留下,告诉他们:"智者回来过了,但只待了一天。今天早上,又到极地去考察动物了。临走前,他让我告诉你们花一年的时间到他的动物园做饲养员,并且要做好饲养日记。"

说完，便领着跳跳猴一行向西走，越过一道山梁，来到位于山沟里的动物园。这里，大大小小的动物，大象、狮子、昆虫……目不暇接。动物园里的一个小伙子安顿跳跳猴一行在动物园里住了下来。小伙子告诉他们，动物园虽然很大，但饲养员只有他一个。平常，动物的饲养主要是靠不断来访问智者的学生。每一批学生来到这里，都要在这里待上一年，这样，他们便可以对所有动物一年四季的生长以及繁殖活动有所了解。

跳跳猴等在动物园工作了整整一年。第366天，一行六人捧着他们的饲养日记来到雾霁峰拜见智者。

书童将饲养日记留下，告诉他们："智者回来过了，但只待了一天。今天早上，又去植物园和动物园去了，估计三个月左右就可以回来。临走前，他让我告诉你们，将你们来到雾霁峰之前的生物旅行过程写下来。"

说完，便将跳跳猴一行安顿在旁边一个院子的茅草屋里。

不几日，跳跳猴等写好了生物旅行记。接下来的日子，一行人便在雾霁峰周围游览。一日傍晚，大家信步来到山谷中。在山谷的尽头，有一个很大的池塘，高高低低的荷叶将整个水面遮了起来，其间点缀着或含苞或绽放的莲花。池塘边的一棵树上，系着一只小船。

跳跳猴对大家说："我们乘这条小船到这池塘里游览一番，如何？"

白桦、笨笨熊、李瑞、张贝贝和白杨齐声叫好。话音未落，跳跳猴便率先跳上了船。

这是一只画舫，船篷四周窗户上的油漆斑斑驳驳地脱了下来，推门入室时，发出吱吱嘎嘎的响声。待进到船内，只见沿窗户有一圈檀木台面，上面蒙了一层厚厚的尘土。跳跳猴用袖子将台子上的灰尘拂掉一片，正待坐上去时，发现上面隐隐约约现出字迹。俯下身来仔细看，篇首有几个大字"生物进化大事记"。

他兴奋地朝刚刚上船的同伴喊道："大家快来看，这里面竟然有宝贝！"

"什么宝贝？"笨笨熊等应声而入。

跳跳猴忙不迭地将整个台面的尘土用袖子拂掉，俯身细看。原来，这台面上竟然镌刻着开天辟地以来生物进化的所有大事：生命如何发生，飞鸟怎样长出翅膀，恐龙缘何灭绝……就在读到末尾的时候，天色暗了下来。一行人围坐在画舫中间海阔天空地闲聊，聊地球的高龄，聊生物的神奇，聊他们的旅行。聊着聊着，跳跳猴、笨笨熊、白桦、李瑞、白杨和张贝贝一个接一个打起了哈欠，他们席地而卧，进入了梦乡。在梦中，他们回到了寂寥的古生代，看到水生动物爬上海岸，目睹了猿猴艰难地练习直立行走,恍惚中,还与达尔文一起挖掘化石……

画舫在池塘中漫无目的地自由飘荡。奇怪,船里只有六个小孩,那画舫却吃水很深。是因为那檀木台面上记载了厚重的生物进化史吗?还是因为大家所做的梦分量太沉?

就在朝阳越过山顶打量这池塘中的画舫的时候,大家一个个揉着惺忪的睡眼醒了过来。

一行人来到画舫两侧,捧一掬凛冽的池水洗过脸。跳跳猴站在船头,点了一篙,船儿便窸窸窣窣拨开荷叶驶进了荷林中。那高出水面的荷叶高过了头顶,一行人就像钻进了青纱帐中。

白杨高兴地说:"啊!行在碧水上,游在荷林中。太有诗意了。"

行走中,只见前面不远处的荷梗和荷叶在摇晃不停。跳跳猴想,是起风了吗?但是,看看左右,那荷叶纹丝不动。正在疑惑,荷叶摇动处传来一阵歌声。噢,原来池塘中还有人。正所谓"乱入池中看不见,闻歌始觉有人来"①。

跳跳猴用竹篙拨开荷梗,只见一个木盆内坐着智者的书童。

张贝贝惊讶地问:"你为何也在这里呢?"

书童说:"我来告诉你们,智者回来了,正在院子里等着你们呢。"

跳跳猴一行连忙向书童道了谢,返上岸来,捧了写好的游记去拜见智者。

智者正在院子里一棵树下品茶,在旁边的石头桌子上,摊着跳跳猴一行的园丁日记和饲养日记。

看到跳跳猴一行进来,智者点点头,示意他们坐下。然后,问道:"你们一路走来,有什么见闻呢?"

跳跳猴向智者汇报起了他们旅行的过程。当聊起了小精灵和外星人达里时,跳跳猴的眼圈不禁红了起来。

听了跳跳猴的汇报,智者低头深思了片刻。然后,他抬起头来说:"自从来到雾山以来,你们学习了细胞学和生物体的代谢。接下来,还需要了解生命如何被调控,学习生殖与遗传,召开生物学论坛。不过,在进入遗传研究所之前,你们还需要去一趟古代生物园,采取一种古代植物和一种古代动物的标本。只有将古代生物标本交给遗传研究所,才能获得这门课程的入场券。"

说罢,智者唤过书童,让书童给跳跳猴一行指点去生命调控研究所的路径。

①唐·王昌龄《采莲曲》:荷叶罗裙一色裁,芙蓉向脸两边开。乱入池中看不见,闻歌始觉有人来。

弯弯曲曲的小河

辞别了智者，跳跳猴一行按照书童的指点，顺着盘山道，向位于雾霁峰山顶的生命调控研究所走去。

通往生命调控研究所的路伴着一条弯弯曲曲的小河，河两岸的垂柳将河面遮了个严严实实。从密密匝匝的柳丝后面，飘来一曲男子唱的山歌，那歌声，悠扬婉转。男子的歌声刚落，又传来一曲女子的歌声，那歌词，含情脉脉。原来，是一对男女在对歌。大家停了下来，循着歌声找那唱歌的人。无奈那垂柳太密，只闻其声，不见其人。就在大家准备离开的时候，那厚厚的柳丝帘被掀了开来，钻出一条小船。船头，一个小伙子撑着篙；船尾，一个姑娘在绣花。看到路上有许多人在看着他们，小伙子急忙用篙点了一下，倏地一下隐入柳丝后。

大家相视一笑，继续赶路。

顺着小河拐了十八个弯，一行人眼前出现了一座白色二层建筑。原来，这里便是生命调控研究所。

在这里，跳跳猴一行观察了各种各样的植物。它们春天发芽、开花，秋天结果，冬天卸掉一身盛装盖着雪被睡觉。第二年，又开始一个新的循环。

他们还观察了形形色色的动物。它们有的终年忙忙碌碌维持生计，有的冬天钻进洞里做梦；有的长年生儿育女，有的有固定的生育季节。

是什么在指挥着这些周期呢？是什么造成了这些差异呢？

研究结果表明，在植物和动物中，有一种神秘的物质。这种物质深入到每一个细胞，导演着植物的生根、发芽、开花和结果，影响着动物的睡眠、摄食和生育。跳跳猴他们把这种物质叫作激素。

在动物体中，还有一种东西网络全身，指挥着所有器官和肢体的活动。高等动物进化出了大脑，它指挥着那个遍布全身的网络，还主持着思维活动。跳跳猴他们把大脑和网络称为神经系统。

生物的生命活动，就是靠了激素和神经在进行调控。

什么是激素

植物和动物的生命调控都要靠激素，研究就从激素开始吧。

但是，该怎么来定义激素呢？植物激素和动物激素有共同的地方吗？

跳跳猴等研究发现，激素是由某些特殊细胞合成的。高等动物主要从内分泌器官——内分泌腺分泌。植物没有类似高等动物的内分泌腺，由生长旺盛的组织，如茎尖和根尖的分生组织产生。

激素也是一个大家族。有趣的是，在这个大家族中，不同成员的性格各不相同。有的分泌出来后在附近转悠，只是影响邻近的细胞；有的生产出来后远走他乡，被运输到全身发挥作用。

特殊的是，这些物质都非常短命，在完成任务后便立即消失得无影无踪。

生命虽然短暂，但它们一个个身手非凡，在很低浓度就能引起很强的反应。因此，血液或组织中激素的含量非常微小。

另外，很多激素的作用具有特异性，也就是说，一种激素只对某种或某几种细胞产生效应。

正是由于激素的短效性以及特异性，才保证激素作用的精确性。

在弄清楚激素的性质后，可以下一个定义了。在本质上，激素是特定细胞合成的，能使生物体发生一定反应的有机化学物质。

胚芽鞘为什么会弯曲

植物是靠激素来调节生长的,那么,植物的主要激素有哪些呢?研究了许多天,跳跳猴等一无所获。那些设计好的研究对象,即生即灭,神秘莫测。

达尔文是进化论的创始人,其实,植物激素也是这位大师发现的。

植物有一种癖好,喜欢晒太阳。哪里有阳光,它们就探头探脑挤过去凑热闹。对这种现象,一般人熟视无睹。但是,达尔文却在想:是什么使它们歪着脑袋去找阳光呢?

1880年,达尔文用一种禾本植物虉草研究植物的向光性。虉草是单子叶植物,种子萌发时,胚芽的第一片叶子像筒子一样包在幼苗的外面,称为胚芽鞘。他将一部分幼苗胚芽鞘的顶部套上不透光的锡纸,放在窗户前的阳光处;将另一部分幼苗不套锡纸,也放在窗前阳光处。八小时后,套锡纸的幼苗垂直向上生长,不套锡纸的幼苗则弯向窗外,向着光线的方向生长。将套在幼苗上的锡纸取走,八小时后,原来垂直向上生长的幼苗也向外弯曲。

进一步的研究发现,如果将胚芽鞘顶端切除,胚芽鞘就不再向窗外弯曲。由此,达尔文得出结论,胚芽鞘的顶端在接受光刺激后会产生一种物质。这种物质从顶端向下传递,从而引起下面的部分弯曲。

但是,引起胚芽鞘弯曲的究竟是一种什么物质呢?达尔文先生当时年近八十,没有足够的精力去寻根究底。

大约30年后,丹麦人鲍森·詹森将燕麦胚芽鞘的顶端切去,将一块明胶放在切口上,把切下的胚芽鞘尖放在明胶块上,再用光线从侧面向胚芽鞘的顶端照射。结果,明胶块下面的残留胚芽鞘向光线来源的方向弯曲。

从侧面向胚芽鞘背光的一半横插一片云母,把顶端和背光的一半隔开,胚芽鞘就不向光弯曲。但是,在向光的一半横插一片云母,胚芽鞘仍能弯曲。

这说明,使胚芽鞘弯曲的物质是沿着胚芽鞘背光的一面向下运输的。这样,背光的一侧就会生长得快一些。由于幼苗向光一侧生长速度慢于背光一侧，就导致幼苗弯向阳光的方向，出现向光性生长。但是，至此为止，有一种物质导致了植物向光生长，还只是一种假说。

1928年，荷兰科学家温特最后发现了这种导致植物向光生长的物质。他把燕麦胚芽鞘顶端切下，放在明胶块上。一到两小时后，去掉明胶块上的胚芽鞘尖，把这块明胶放在切去顶端的胚芽鞘切面上。结果，胚芽鞘在光照时发生了向光弯曲。将这块明胶放在胚芽鞘切面的一侧，只盖住切面的一半，不用光照，胚芽鞘就向放明胶块的对侧弯曲。把没有接触过胚芽鞘尖端的明胶小块放在切去尖端的胚芽鞘切面的一侧，这个胚芽鞘既不生长，也不弯曲。通过观察和研究，温特得出结论，胚芽鞘尖确实能产生一种物质，这种物质既能促进胚芽鞘生长，又能导致胚芽鞘在生长时发生向光弯曲。他将这种物质命名为生长素。

后来，温特和蒂曼做了进一步的实验。他们收集大量的燕麦胚芽鞘，取下顶端，按照不同的量放在琼脂块上，使琼脂块从胚芽鞘获得不同量的生长素。然后，将琼脂块切成小块，把每一个小块放在一个去顶的胚芽鞘切面的一侧，观察胚芽鞘弯曲的程度。实验发现，胚芽鞘弯曲的程度随琼脂块生长素含量的增加而增加。

到1934年，科学家郭葛等人从一些植物中分离出了这种物质。经过鉴定，得知这种植物生长素是吲哚乙酸。至此，人们才撩开植物生长素的面纱，看到了它的真面目。

在藓草上套锡纸套，在胚芽鞘的切面上放明胶块，看起来都是一些很简单的实验。但就是这些匠心独具的实验，弄清了一连串的规律，发现了第一种植物激素——生长素。

并非韩信用兵

作为植物激素，生长素有哪些作用呢？

跳跳猴等的实验发现，生长素的作用很多。

首先，如其名字所示，生长素有促进植物生长的作用。他们对小树使用生长素，树木的生长速度明显加快。他们在枝条的断面上涂上生长素，切面上的形成层细胞分裂产生大量薄壁细胞，形成组织块。这种组织块叫做愈伤组织，可以分化而生出不定根。

奇怪的是，生长素促进植物生长的作用只出现于低浓度时。加大生长素的浓度，植物生长反而被抑制，甚至悄悄地死亡。原来，生长素对植物的作用并非韩信用兵。这一现象，是"物极必反"哲理的典型例证。

为什么提高生长素的浓度反而会抑制植物的生长呢？跳跳猴等做了好多实验。他们发现，高浓度的生长素诱导细胞合成了抑制植物生长的激素——乙烯。

其次，生长素使植物生长产生向性。

做实验时，跳跳猴不小心将温室里的一盆花碰翻。过了几天，大家进到温室做实验时，发现一盆花躺在地上，花盆掉下一大块碎片。

白桦问："是谁将这盆花碰倒的？"

跳跳猴没有回答，只是向白桦伸了伸舌头。

白桦一边将花盆扶起来，一边说："原来是你啊！这一个礼拜的花罚你来浇。"跳跳猴大大咧咧地说："小事一桩。"

这时，笨笨熊"咦"了一声。

李瑞问："怎么了？"

笨笨熊说："你们看，这盆花的脑袋歪了。"

跳跳猴不以为然地说："这有什么稀奇的，人也有歪脑袋的。"

笨笨熊对白桦说："照原样把花盆再放倒。"

白桦皱起眉头问："什么？再放倒？"

笨笨熊说："对，再放倒，照原样。"

白桦不解地将花盆照原样躺倒。这时，大家发现，花的茎叶弯向了上方，根呢？与茎叶的方向相反，弯向下方。

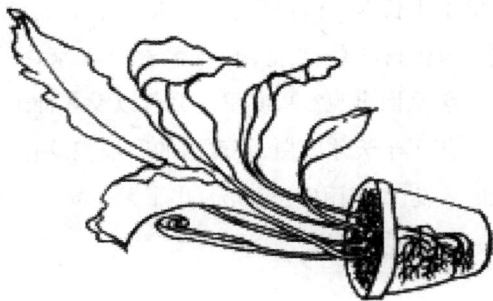

碰翻了的花盆

"我看，这里面有文章。"笨笨熊认为，许多看似没有价值的现象往往隐藏着重大的课题。

"难道是生长素在起作用？"跳跳猴自言自语。

笨笨熊说："很可能。"

接下来，他们测量植物茎及根中的生长素。结果表明，茎尖靠地面的一侧生长素含量高于对侧，因而比对侧生长快，结果，茎部便向上弯曲。根对生长素的敏感性高于茎部，很少量的生长素就可以促进根的生长，但当生长素浓度高到能刺激茎生长时，对根部的生长反而表现为抑制作用。因此，将花盆平放时，根部靠下一面的生长素浓度高于靠上的一面，对生长的抑制作用更强，结果，根便向下弯曲。

第三，生长素有顶芽优势作用。什么意思呢？植物发出来的芽有两种，枝条顶部的叫做顶芽；枝条侧面的叫做侧芽。生长素不大喜欢走旁门左道，总是顺着枝条往顶端跑。结果，树枝才能长长，树干才能长高。

第四，生长素有促进果实发育的作用。通常，没有受粉的花不再产生生长素，心灰意冷地纷纷落下，正所谓"无可奈何花落去"。受粉的花在持续分泌的生长素作用下兴致勃勃地继续发育，形成果实。果实中形成种子后，也能合成生长素，继而促进周围的果肉和果皮生长。利用这一原理，农业上用一定浓度的生长素类似物溶液喷洒棉株，可以达到保蕾、保铃和增加棉花产量的效果。这么说来，是修成正果还是在啜泣声中被黛玉葬去，幕后的操纵者仍然是生长素。

子房接受了花粉带来的生长素便可以形成果实。那么，不用花粉这个媒婆，直接在子房上涂抹生长素会出现什么结果呢？跳跳猴在没有授粉的西红柿雌蕊柱头上涂上生长素类似物溶液。几天后,他惊讶地发现,那子房变成了红扑扑的西红柿。更令人惊讶的是,当他摘下西红柿让大家看时,大家发现,这颗西红柿里没有种子。

怎么回事呢?果实里怎么可以没有种子?

想了半天才明白,胚珠内的卵细胞没有经过受精,怎么会有种子呢?受这种现象的启发,人们用生长素培育出了无籽黄瓜、无籽西瓜、无籽西红柿以及无籽辣椒……

是什么使水稻患上了恶苗病

除生长素外,影响植物生长、开花、结果的激素还有赤霉素、细胞分裂素、光敏激素等。

人类有各种各样的疾病,植物的疾病也形形色色。水稻有一种疾病,叫做恶苗病。患这种病的水稻茎干很高,但不能开花结籽。染了这种病的稻田,不产稻谷,只生长稻草。

是什么原因使水稻患上了恶苗病呢?科学家对此进行了深入研究。1926年,日本人黑泽明从患恶苗病的水稻中分离出了一种叫做赤霉菌的真菌。给水稻幼苗施加培养赤霉菌的培养液,水稻幼苗也明显长高。因此,黑泽明认为,患恶苗病的水稻之所以长得很高,是由于赤霉菌的分泌物所致。1935年,科学家获得了这一分泌物的结晶,命名为赤霉素。现在知道,赤霉素不仅存在于赤霉菌中,也普遍存在于植物各种器官和组织之中。

赤霉素有哪些作用呢?

突出的作用是刺激细胞延长。在矮秆菜豆顶芽上加几滴稀释的赤霉素液,菜豆茎秆即大大延长。对矮秆突变玉米做实验,也得到同样结果。但是,如果将赤霉素滴到正常高度的玉米顶芽上,却像什么事情也没有发生一样。怎么回事呢?难道这赤霉素长了脑袋,知道谁的个子已经长够,谁还需要往高长?对这个问题,跳跳猴等百思不得其解,做了好多天实验,也没有得出结论。很可能,在正常高度的玉米中,有另外一种激素在和过量施加的赤霉素悄悄对抗。

种子萌发时,幼苗分泌赤霉素,使胚乳外面的细胞产生消化酶,将胚乳中的淀粉水解,以供生长需要。

此外,赤霉素还能促进花粉萌发和花粉管的生长,并有抑制种子生成的作用。所以,园艺和农业上也用赤霉素培育无籽果实。

留住青春

生长素和赤霉素可以用来培育无籽果实，真神奇！

其实，文献里还有更神奇的事情。

20世纪初，德国植物学家哈伯兰德将植物韧皮部细胞打碎，放在马铃薯块茎的伤口上，结果，伤口附近的薄壁细胞出现分裂现象。40年代，美国植物学家J.Van Overbeek发现椰乳能刺激离体培养的曼陀罗幼胚生长。20世纪50年代初，美国斯库格和米勒发现椰乳或酵母提取液能促使植物细胞发生分裂。以上事实表明，有一种物质可以促使细胞发生分裂。但这种物质是什么呢？一直不清楚。到1955年，终于分离出了这种可以促进细胞分裂的物质，人们把它命名为细胞分裂素。

细胞分裂素的主要作用是刺激细胞分裂，从而促使植株生长、种子萌发、开花以及果实发育。此外，还能延缓器官衰老。比如，将树叶从树上摘下后，会很快枯萎。但如果用细胞分裂素溶液浸泡，可在相当长的时间内保持绿色，蛋白质合成能继续进行，糖类分解大大延迟。利用这一作用，人们将细胞分裂素用于蔬菜以及水果的保鲜。

在了解了细胞分裂素后，跳跳猴等突发奇想：细胞分裂素可以使植物保鲜，那么，有没有可能使人类留住青春或者延缓衰老呢？在大家的想象中，用了细胞分裂素，古稀老妇变成妙龄少女，百岁老人走起路来风风火火，速度不亚于年轻人……

水果袋为什么要开孔

生长素、赤霉素和细胞分裂素可以促进细胞分裂和植物生长,乙烯呢? 反其道而行之。

1910年,人们发现,如果将豌豆幼苗放在含有一百万分之一乙烯的空气中,幼苗生长就要受阻。将豌豆幼苗切成小段,放在不同浓度的乙烯中,乙烯浓度越高,茎的生长越受限制。20世纪30年代,人们发现,植物本身能合成乙烯,在生长素含量高的部位乙烯含量也高。正是靠了生长素和乙烯相反相成的作用,植物的生长才能得到调控。

另外,乙烯还有促进水果成熟的作用。将水果密封在袋子中,由于水果产生的乙烯在袋子中浓度越来越高,水果很快由青变红。人们常用这种方法催熟水果。但是,假如水果在高浓度乙烯中放置时间过长,就会腐烂。因此,远距离运输水果、蔬菜时,要在包装的塑料袋上开孔,以防止乙烯积累。待到达目的地后,再施以乙烯,催其成熟,以便销售和食用。

花开有时为哪般

　　植物有一个重要特点，就是开花和结果。在自然条件下，几乎所有植物的开花都具有季节性。比如，迎春花在早春开花；腊梅于寒冬绽放……有些草本植物开花有时间性。比如，牵牛花约凌晨 4 点；野蔷薇花约凌晨 5 点；午时花约中午 12 点；月光花约晚上 7 点；待霄草约晚上 8 点……

　　为什么植物开花会有时间性和季节性呢？20 世纪 20 年代，美国 W.W.Carner 和 H.A.Allard 对这一现象开始研究。在研究过程中，他们得到一株高达三米的烟草突变株，这株烟草有点特立独行，在 11 月中旬正常烟草已经收了种子时才在温室中开花。

　　与正常烟草开花时间相比，11 月日照短，夜间长。这一株突变株在 11 月开花，是否是需要短日照呢？W.W.Carner 和 H.A.Allard 在夏季把这株突变烟草每天提前放入黑暗中，以缩短日照时间，延长黑暗时间。果然，这株突变烟草在夏天开了花。然后，他们又在冬季把这株突变烟草放在温室中，每天用灯光延长光照时间，缩短黑暗时间，结果，它不开花。

　　看来，是否开花和光照时间可能真的有关系。接着，W.W.Carner 和 H.A.Allard 用一种黄豆做实验。他们从五月到七月每隔两周播种一批种子，虽然这些黄豆的生长期前后相差两个月，但它们全部是在九月才开花。

　　通过以上实验，W.W.Carner 和 H.A.Allard 得出初步结论，是光照和黑暗控制着开花。也就是说，大自然中的植物是不是开花，太阳说了算。

　　根据这一特性，人们把植物分为三大类。

　　第一类是长日照植物。这种植物每天日照时间长于临界时间时才开花，短于临界时间时就不开花。天仙子、小麦、菠菜、燕麦等都是长日照植物，它们的临界日照时间分别是 11.5 小时、12 小时、13 小时、9 小时。

第二类是短日照植物。这种植物每天日照时间短于临界时间时才开花，长于临界时间时就不开花。苍耳、菊花、一品红、草莓、大豆以及烟草等都是短日照植物，它们的临界日照时间分别是 16 小时、15 小时、12.5 小时、10.5 小时、13.5 小时以及 14 小时。

第三类是中性植物。这些植物没有临界日照时间，日照时间长些、短些都可以开花。属于这一类植物的有黄瓜、凤仙花、杜鹃花、玉米、蒲公英以及石竹等。

20 世纪 30 年代，有人发现，植物是否开花还和黑暗与光照的间断有关。在白天光照期间将短日照植物苍耳移入暗室，过一定时间取出继续光照，仍能正常开花；在每天夜间黑暗期中插入一段光照，即使为时很短，它也不开花。长日照植物大麦呢？正好相反。即使不给它长时间光照，只要每天夜间短时间照明，照样兴致勃勃地绽放花朵。

实验结果表明，光照和黑暗控制着植物是否开花。但是，环境的明暗应该属于外因，内因是什么呢？

经过研究，科学家发现在植物内部有一种叫做光敏色素的激素在做内应。

进一步的研究发现，光敏色素不仅影响开花，还参与种子萌发和植物的生长。春天，光照一天天延长，光敏色素便调度和种子发芽有关的激素，启动种子发芽的过程。夏天，光照充足，是光合作用的好时光。它会激励和光合作用有关的激素，争分夺秒地利用阳光。

这光敏色素也知道机不可失，时不再来。

"红花还得绿叶配"新解

人们常说红花还得绿叶配,意思是红花配上绿叶才更加好看。实际上,红花和绿叶之间的关系不止是这一个层面。

20世纪30年代,苏联的柴拉轩将一批短日照植物菊花植株上部的叶子去掉,按照长日照时间处理没有叶子的上部,按照短日照时间处理有叶子的下部。没几天,植株开花了。反过来,按照短日照时间处理没有叶子的上部,按照长日照时间处理有叶子的下部。好多天过去了,植株仍然不开花。由此,他得出结论,日照长短通过叶子影响开花。

在这个实验的启发下,其他科学家又进行了光照叶子对开花影响的实验。例如,苍耳是短日照植物,光照12小时可以开花,光照超过18小时就不开花。如果把叶子去掉,即使给以12小时日照,也不开花。但只要留下一片叶子,给以12小时日照,就能开花。由此,人们假设,叶子是植物开花的必要条件。

有人将两株苍耳嫁接到一起,两者之间用遮光屏隔开,一株给以12小时短日照,另一株给以18小时长日照。不久,短日照植株开了花,接着,长日照植株靠近嫁接的地方以及其他部位也陆续开了花。进一步,又有人将五株苍耳顺次嫁接到一起。结果,只要一端的一株苍耳的叶片接受短日照,所有五株苍耳都能开花。

除光合作用外,绿叶还通过感受光照和黑暗控制开花。这,才应该是"红花还得绿叶配"的新解吧。

鸡冠为什么会萎缩

激素对植物的作用大概明白了，跳跳猴等转入了对动物激素的研究。他们发现，激素对动物生理活动的调控有了进一步的进化。

首先，动物的激素种类比植物激素要多很多。

第二，每种动物激素一般只作用于一定的靶器官或靶细胞，也就是说，具有高度的特异性。

第三，除分散的细胞可以产生激素外，还有专门产生激素的器官，即内分泌腺。

人们在动物体内发现激素的作用始于 1849 年德国生理学家 Berthold 的实验。他将幼年雄鸡的睾丸切除，结果，本来发育良好的鸡冠出现萎缩。

鸡冠为什么会萎缩呢？

为了弄清楚这个问题，Berthold 做了进一步的实验。他将一只正常幼年雄鸡的睾丸移植到这只去睾丸的幼年雄鸡体内，不久，鸡冠恢复正常雄鸡的形状。因此，他认为，睾丸能分泌某种物质，这种物质随血液流到全身，决定雄性第二性征的发育。在这一先驱实验之后，人们加快了对动物内分泌的研究。

研究发现，低等的无脊椎动物就有激素在控制其生命活动。人们将一只性成熟涡虫身体的前三分之一接到第二只性未成熟涡虫身体的后三分之二上，结果，第二只涡虫的生殖腺及交接器很快发育成熟。这说明，前三分之一性成熟部分产生了某种激素，对后三分之二的发育产生了影响。

沙蚕是一种环节动物，属于无脊椎动物。将幼年沙蚕后部体节切去，能重新长出新体节。但如果在切除后部体节的同时除去脑神经节，沙蚕只能对伤口进行修复，长出尾须，不能长出新体节。如果在除去脑神经节后，将另一个幼年沙蚕的脑神经节植入体腔中，不与神经系统连接，沙蚕仍能表现出再生能力。可见，脑神经节在再生过程中起重要作用，但脑神经节的这种再生作用是通过激素，而不是通过神经。

　　沙蚕在性成熟时，肌肉发达，体节宽大，游泳能力强。在生物学上，将这种类型的沙蚕叫作异型化。如果将性未成熟沙蚕的脑神经节摘除，沙蚕的性发育就加快，迅速异型化。如果在摘除脑神经节的沙蚕体内植入一个来自性未成熟沙蚕的脑神经节，沙蚕的性发育就要受到抑制。如果植入一个性成熟沙蚕的脑神经节，沙蚕的性发育就不受影响，可以继续发育成为异型沙蚕。实验证明，沙蚕的脑神经节在不同时期有不同的功能，幼年沙蚕的脑神经节可以分泌一种能够抑制性发育的激素。

　　在无脊椎动物的甲壳类，皮肤颜色可以随外界变化而发生变化。19世纪70年代，人们发现，如果把小长臂虾、龙虾等的眼柄以及眼睛摘除，皮肤颜色就不能随外界变化而变化。但是，如果把眼柄提取物注射给切除眼睛以及眼柄的虾，皮肤颜色又可以发生变化。看来，甲壳类皮肤颜色变化是由眼柄中分泌的激素引起的。

　　甲壳类和昆虫等节肢动物在生长过程中要蜕皮。研究发现，蜕皮这一生理过程也是由激素控制的。在虾、蟹等的眼柄中，有些神经细胞可以分泌抑制蜕皮的激素；触须或小颚基部的蜕皮腺可以分泌促进蜕皮的激素。这两种作用相反的激素协同作用，使幼虫按期蜕皮，同时产生新的外骨骼，以适应生长和发育的需要。

　　无脊椎动物大多数激素来自神经系统。脊椎动物大概靠神经系统分泌激素有点不堪重负，逐渐分化出了专门的内分泌系统。原来，神经系统和内分泌系统是一家人。

三根通天柱

脊椎动物较无脊椎动物向前进化一步，激素调控也较无脊椎动物更为复杂。

在人体内主要的内分泌腺有甲状腺、肾上腺、性腺、垂体以及下丘脑等。

甲状腺产生的激素叫做甲状腺素，它主管身体的新陈代谢。通俗地说，它管理着物质的合成和分解，同时为身体提供能量。此外，它还参与体格发育以及智力发育。

当甲状腺功能亢进时，机体的代谢率会升高，表现为血压增高、心率加快、情绪易于激动、眼球突出等。由于代谢率增高，体内物质分解代谢旺盛，可以出现消瘦。因此，和甲状腺功能亢进的人在一起，要特别注意别惹他生气。怎么知道在一起的人是不是甲状腺功能亢进呢？病情轻微的看不出来，需要到医院去化验。但是，如果眼睛突了出来，身体又消瘦，就要特别小心。眼睛瞪得都快要掉出来了，不回避是会有麻烦的。

当甲状腺功能衰退时，基础代谢率会下降，生长、发育、精神、智力以及生殖系统都要受到影响。由于体格、生殖器官以及智力发育主要发生于小儿时期，因此，如果从小就患甲状腺功能不全，便会出现体格矮小、智力低下、生殖器官不发育等表现，临床上称为呆小症。碘是甲状腺素中的重要成分，如果饮食中缺乏碘，会导致甲状腺功能低下。成人因缺碘导致的甲状腺功能低下表现为甲状腺肿大以及怕冷等。即使在赤日炎炎的夏天，他们仍然会穿着厚厚的棉袄站在墙根晒太阳。

肾上腺位于肾脏上端，分为皮质和髓质两部分。别看皮质和髓质同位于肾上腺内，实际上，它们的功能各不相同。

髓质和神经细胞同一来源。它分泌的激素有两种，肾上腺素和去肾上腺素。这两种激素的生理作用使心跳加快、血压上升、代谢率提高、骨骼肌血管扩张、瞳孔放大、毛发直立，同时胃肠蠕动受抑制，肠壁平滑肌中血管收缩。

这种反应在什么时候出现呢？格斗。心跳加快、血压上升、骨骼肌血管扩张可以使肌肉更加有力量；瞳孔放大有利于观察对方的反应和发现下手的部位。为什么要限制胃肠活动呢？正在打架，哪里顾得上消化？因此，把供应消化道的血液都调度到骨骼肌里来。毛发直立对人没有什么作用，可能是动物格斗时的反应遗传下来的。有兽毛的动物毛发直立可以使身体变大，雄狮将鬃毛竖起来更加威风凛凛。这些现象出现在对外界刺激作出反应时，因此，人们将其统称为应激反应。

肾上腺皮质在结构上可以分为三个带，球状带、束状带以及网状带。肾上腺皮质在内分泌系统中具有非常重要的地位。它分泌的激素有五十多种，分为三类，功用各不相同。

第一类是球状带分泌的糖皮质激素，作用是使蛋白质和氨基酸转化成为葡萄糖，使血糖升高。此外，还有对抗毒素的功能。

第二类是束状带分泌的盐皮质激素，作用是促进肾小管吸收 Na^+ 和排出 K^+，防止盐丢失。

第三类是网状带分泌的性激素，男人的网状带可以分泌雌激素，女人的网状带可以分泌雄激素。这些激素虽然含量很少，但具有不可替代的生理功能。

别因为肾上腺趴在肾脏上便把它当作附属器官，肾上腺皮质分泌的激素对维持基本的生命活动具有非常重要的作用，如果肾上腺皮质失去功能或被切除，会出现血液电解质紊乱、血容量减少、血糖降低、血压降低等病变，甚至导致死亡。

中医将两肾称为命门。所谓命门，便是生命之门的意思。它被认为是人身阳气的根本，生命活动的动力，对各脏腑的生理活动，起着温煦、激发和推动作用。看来，中医的命门实际上包含了肾上腺皮质的作用。

性腺在男性为睾丸，在女性为卵巢。性腺分泌的性激素参与性欲、性功能、第二性征以及生育功能。

甲状腺、肾上腺以及性腺共同控制生长发育和代谢，这些都是基本的生命活动。但是，这些内分泌腺并不是各行其是。在脑组织中，有一个豌豆大小的结构，叫做垂体。它分泌促甲状腺素、促肾上腺皮质激素以及促性腺激素。促甲状腺素刺激甲状腺分泌甲状腺素；促肾上腺皮质激素刺激肾上腺皮质分泌肾上腺皮质激素；促性腺激素刺激性腺分泌性激素。想不到，这小小的垂体竟然是甲状腺、肾上腺和性腺的顶头上司。

山外有山，天外有天，在垂体上面，还有一个叫做下丘脑的结构，分泌促甲状腺激素释放激素、促肾上腺皮质激素释放激素以及促性腺激素释放激素。促甲状腺激素释放激素刺激垂体分泌促甲状腺激素；促肾上腺皮质激素释放激素刺激垂体分泌促肾上腺皮质激素;促性腺激素释放激素刺激垂体分泌促性腺激素。这一段话,念起来很有点拗口。说得简单一些,就是下丘脑管着垂体。

从下丘脑到垂体再到甲状腺、肾上腺皮质以及性腺,形成了三条从上到下的轴。

人们把这三个轴分别称为下丘脑—垂体—甲状腺轴、下丘脑—垂体—肾上腺皮质轴以及下丘脑—垂体—性腺轴。这三个轴就像三根通天柱,影响着全身各个器官,使生命活动有条不紊。

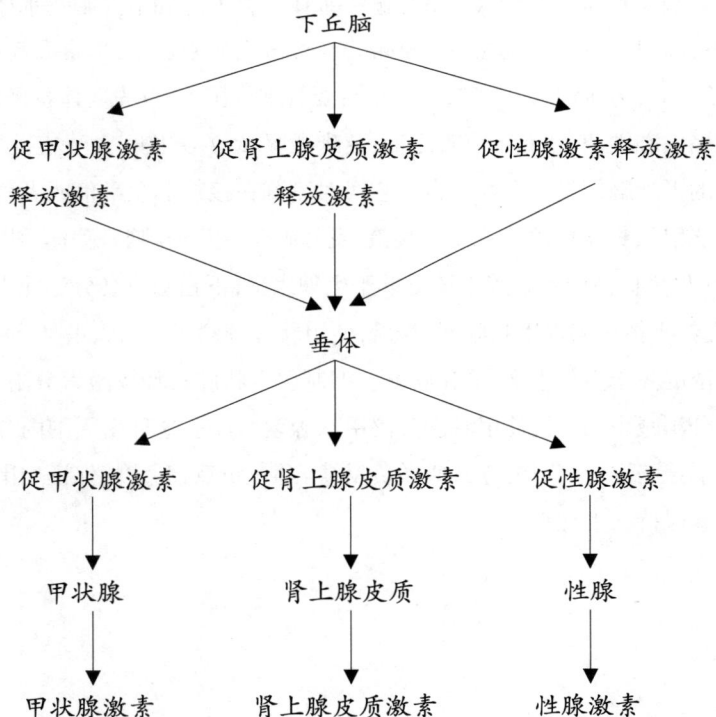

下丘脑

促甲状腺激素
释放激素　　　促肾上腺皮质激素
释放激素　　　促性腺激素释放激素

垂体

促甲状腺激素　　　促肾上腺皮质激素　　　促性腺激素

甲状腺　　　肾上腺皮质　　　性腺

甲状腺激素　　　肾上腺皮质激素　　　性腺激素

微服私访

但是，还有一个问题。在这三个轴中，下丘脑又是由谁来控制呢？

在下丘脑—垂体—甲状腺、下丘脑—垂体—肾上腺和下丘脑—垂体—性腺三个轴中，下丘脑身居高位，就像一个皇帝。在许多人的心目中，皇帝高高在上，无人超越，生杀予夺，为所欲为。其实，一个皇帝要管理好国家，首先要体察民情，了解民意。李世民虚心纳谏，才有了贞观之治；乾隆微服私访，方换得大清盛世。

我们的下丘脑便是一个好皇帝。它时时刻刻在接待群众来信或者脱下龙袍去微服私访。然后，根据社情民意制定政策，发号施令。以下丘脑—垂体—甲状腺轴为例来说吧。如果血液中甲状腺素浓度低于生理水平，下丘脑就会分泌促甲状腺素释放激素，促使垂体分泌促甲状腺素，最后，使甲状腺分泌甲状腺素增加。如果血液中甲状腺素浓度高于生理水平，下丘脑就会抑制促甲状腺素释放激素分泌，使垂体促甲状腺素分泌减少，最后，使甲状腺分泌甲状腺素减少。这种由周围内分泌腺分泌的激素对下丘脑进行调节的方式叫做负反馈。通过负反馈，才能保证周围内分泌腺分泌的激素保持在生理水平。

胰岛素的故事

下丘脑—垂体—甲状腺轴、下丘脑—垂体—肾上腺皮质轴以及下丘脑—垂体—性腺轴就像是一座建筑物的支柱,在内分泌调控中发挥着非常重要的作用。除此之外,还有许多其他内分泌激素对生命活动进行调节和控制。

这些激素的成员有胰岛素、甲状旁腺素、降钙素、前列腺素、瘦素……噢,太多了,很难尽数列举,并且还经常有新的成员被发现。在这里,只是说一说排在前面的胰岛素吧。

说起胰岛素,还有一段故事。

一开始,人们只是知道胰脏分泌胰液,有帮助消化的作用。1886 年,为了研究胰脏的消化作用,G.Mering 和 O.Minkowski 两位生理学家将一批狗的胰脏切除。结果,这批狗的尿量大大增加,并且相继死去。他们同时发现,切除胰脏的狗排出的尿招来了许多蚂蚁,而正常狗的尿不招引蚂蚁。怎么回事呢?对尿液进行分析,发现切除胰脏的狗尿中含糖很多。

切除胰脏的狗出现的症状和糖尿病患者非常相似,那么,人患糖尿病是不是可能胰脏出了问题呢?

自此,人们开始将对糖尿病的研究重点转移到了胰脏上。

但是,胰脏的哪一部分与糖尿病有关呢?研究发现,胰脏中有两种结构。一种分泌消化液,帮助肠道消化蛋白质、脂肪和淀粉,属于外分泌腺。另一种是胰岛。结扎狗的胰管后,胰脏的外分泌腺就逐渐萎缩,失去功能,但胰岛并不萎缩,也不出现切除胰脏后的糖尿病表现。应用排除法进行推理,糖尿病应该与胰脏中的胰岛有关。

1922 年,加拿大多伦多大学的 F.G.Banting 和 C.H.Best 将狗的胰液管结扎。待胰脏萎缩,只剩胰岛保持正常时,将胰脏取出,用等渗盐水制成滤液。将一批狗切除胰脏,分为两组。一组狗注射胰岛滤液,一组狗不注射胰岛滤液。结果,注射组没有出现糖尿病的症状，未注射组发生了糖尿病。由此，他们得出结论，胰岛中含有防止糖尿病的物质。他们把这种物质叫作胰岛素。

1926年，美国的J.J.Abel提纯了胰岛素，得到了胰岛素结晶。1954年，F.S.Anger以及他的同事测出了胰岛素分子的氨基酸序列。

1965年，中国科学院生物化学研究所的科学家人工合成了胰岛素。现在，人们应用人工合成的胰岛素可以有效控制糖尿病，使这个在过去束手无策的疾病有了针对性的治疗方法。

相反相成

胰岛素的作用是促进葡萄糖合成糖原,或转化为脂肪,或增强葡萄糖的氧化分解。此外,还能限制糖原分解为葡萄糖。总的作用,是使血液中葡萄糖水平降低。

照此说来,在胰岛素的作用下,血液中葡萄糖浓度会变得很低。可是,人体血液的葡萄糖浓度总是稳定在 80~120mg/dl 之间。是否还有其他因素在参与葡萄糖浓度的调节呢?

经过反复实验,大家发现在血液中还有一种激素,叫做胰高血糖素。胰高血糖素可以使肝糖原分解为葡萄糖,促使脂肪组织中的脂肪水解并转化为葡萄糖。总之,其作用如其名称所示,是提高血液中葡萄糖的水平。

胰岛素和胰高血糖素,一个降血糖,一个升血糖,共同调节血液中葡萄糖的浓度,使血糖维持在生理水平。

血糖的调节是如此,其他的内分泌腺有没有类似的现象呢?

进一步的研究发现,在甲状腺旁有一个甲状旁腺,分泌甲状旁腺素,可以提高血钙水平。在甲状腺内,还有一些细胞分泌降钙素,可以降低血钙的水平。甲状旁腺素和降钙素互相拮抗,使血钙维持在适当水平。

噢!相反相成是内分泌系统普遍使用的战术。

偷什么东西不犯法

内分泌实验结束了，接下来要到另外一个山沟里的神经学实验室去研究神经系统。

路上，跳跳猴对李瑞说："小兄弟，给大家出一个脑筋急转弯的题吧。做了这么多天的实验,脑子都不会转弯了。"

李瑞笑了笑，说："好吧。"

接着，他压低声音，神秘兮兮地说："你们说，偷什么东西不犯法？"

白桦和笨笨熊苦苦思索，但是，好长时间想不出答案。

跳跳猴想，偷本来就是一种犯法行为，偷什么能不犯法呢？想了半天，想不出来。他不由得看了看李瑞。

这时，他看见李瑞偷偷地笑了。

看着李瑞在笑，跳跳猴一拍大腿，大声说："偷笑。偷笑不犯法。"

笨笨熊和白桦看着李瑞，他们想知道跳跳猴的这个答案是否正确。李瑞朝着笨笨熊和白桦点了点头。

白桦狠狠拍了拍跳跳猴的肩膀，说："你这小子，还真有两下子。"

"再来一个。"笨笨熊不服气，身手功夫比不过跳跳猴，怎么脑子的活儿也输给了他呢？

李瑞笑了笑，说："好，就再来一个。汽车在公路上飞跑，为什么有一只轮胎不转？"

李瑞话音刚落，笨笨熊脱口而出："那只轮胎是备胎。"

跳跳猴拍着笨笨熊的肩膀，对白桦说："笨笨熊老兄才真有两下子呢，题还没有出完答案便出来了。"

李瑞低声说："猴精猴精是正常的，怎么熊也如此厉害呢？"

一路上，他体会到笨笨熊总是用一种不信任的目光看自己，便趁机报复一下。

白桦没有察觉李瑞的用意，笑呵呵地说："我们的熊不是一般的熊。"

听了白桦的话，跳跳猴开心地大笑了起来。笨笨熊瞥了李瑞一眼，无可奈何地苦笑了一下。

跳跳猴失踪

　　自从来到雾霁峰，大家就发现小黄的肚子一天天大了起来。是什么时候怀孕的，谁也不知道。怕小黄走长路累着，一路上，跳跳猴一直抱着小黄，还不时地喂吃喂喝。不知不觉，他落在了大家的后面。

　　当笨笨熊、白桦、李瑞、白杨和张贝贝到达目的地后，发现跳跳猴和小黄没有跟上来。

　　原来，在途中的一个转弯处，两个外星人突然冲了上来，冷不丁把小黄从跳跳猴的怀里抢了过去。待他反应过来，外星人已经钻进了旁边的树林中。跳跳猴立即追赶，但由于树木稠密，外星人个子又小，竟然看不见追击的目标。他嗖嗖地爬上一棵树，极目远眺，发现抱着小黄的外星人正朝旁边一片开阔地上的 UFO 奔跑。来不及下树，跳跳猴便抓着树枝从一棵树荡到另一棵树，一眨眼工夫来到 UFO 旁边的树顶上。就在外星人冲进 UFO，舱门要关上的时候，跳跳猴大喊一声，不偏不倚地落到了舱门口。他将舱门使劲拨了开来，挤了进去。看见跳跳猴挤了进来，两个外星人冲过来，紧紧地扭住他的胳膊。就在这时，UFO 起飞了。他发现，UFO 上还有两个外星人，一个在驾驶舱驾驶，一个紧紧地抱着小黄。论力气和功夫，跳跳猴完全可以敌得过拧他胳膊的人。但是，他知道，在飞行器上打斗，弄不好会机毁人亡。他没有喊叫，没有挣扎，只是默默地注意着驾驶员如何操作。待看明白后，他猛地一个转身，将控制他的两个外星人击倒，冲进驾驶舱，把驾驶员推出去，驾驶 UFO 继续飞行。四个外星人在驾驶舱外哇哇乱叫，但在领教了跳跳猴的功夫后，谁也不敢靠近。跳跳猴驾驶着 UFO 降落到山谷间的一块平地上。接着，他冲出驾驶舱，从外星人手中抢过小黄，迅速离开了 UFO。

　　顺着山道走了很远，跳跳猴来到了一个小镇上。他想尽快回到神经研究所去，但是向好多人打听路径，都摇摇头说不知道。

跳跳猴苦恼极了，他在镇子上的一个小旅馆住了下来，白天黑夜出去打听。

却说笨笨熊一行发现跳跳猴和小黄失踪后，沿着原路返回去寻找。但是，直至返回到内分泌实验室，仍然没有看到他们的踪影。

无奈，笨笨熊一行只得再返回到神经实验室。晚上，大家都集中在笨笨熊、白桦和李瑞的宿舍，一整夜没有睡觉。白杨躲在墙角，暗自垂泪。他们期望着跳跳猴突然出现，甚至希望是跳跳猴在和他们恶作剧。

但是，天大亮了，仍然没有任何动静。

神经元和神经膜

跳跳猴失踪后，笨笨熊领着大家开始了对动物神经系统的研究。大家一边做实验，一边在心里默默祈祷。

研究发现，不论是低等动物还是高等动物，不论神经系统简单还是复杂，所有神经组织都由神经元和神经胶质细胞组成。

从神经元的细胞体上，长出了许多突起。突起分两种，轴突和树突。树突就像一棵树的树枝，短而分支多，树突和细胞体的表面具有接受刺激的功能。轴突就像一棵树的树干，一般只有一个，可以把从树突和细胞体表面接受的神经冲动传送到其他神经元或效应器。

动物除神经元外的其他细胞一般呈圆形，只有几个微米大小。神经元呢？细长细长。究竟有多长呢？人神经元的长度可以超过一米，长颈鹿脊髓中神经元的纤维可以从脊髓一直通到后肢趾尖，鲸的神经元轴突可以达到十米。

许多神经元，在轴突的外面还包绕着施旺氏细胞，形成神经膜。

在细胞外又包上了一层细胞，是为了什么呢？

实验发现，这包在神经元外面的神经膜还真有点用处。

其一是保护作用。笨笨熊用显微操作的方法将小白鼠支配后肢的

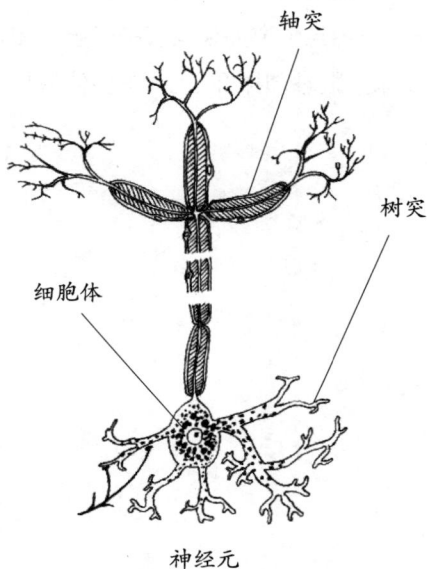

神经元

许多个神经元的轴突弄断,马上,断裂处以后的神经冲动消失了,小白鼠后肢的运动也受到了影响。可是,过几天,小白鼠的运动又恢复如常。仔细观察发现,沿着神经膜包绕所形成的隧道长出了新的轴突。原来,在神经轴突外面穿一层衣服是为了保护神经轴突免受损伤,或者在受到损伤后进行修复。

其二是加快传导作用。轴突上的神经膜呈节段状分布,类似于藕根的形状。相邻两节之间形成空隙,两个空隙之间的部分称为郎飞氏节。神经冲动在传导时,是从郎飞氏节之间的上一个空隙跳到下一个空隙。这就大大加快了神经冲动的传导速度。

其三是绝缘作用。实验中,李瑞突发奇想,神经膜可以保护神经轴突并为神经轴突修复提供隧道,如果将神经膜去掉,将会出现什么情况呢?他把小白鼠后肢神经里相邻神经轴突外面的神经膜剥掉。结果,小白鼠后肢的活动出现了不协调。

这是什么道理呢?

神经纤维相当于一根根包着塑料外套的电话线,肉眼所见的神经实际上包含了许多的神经纤维,类似于包含着许多电话线的电缆。在神经中,每一根神经纤维分别传导来自本神经元的神经信号。比如,在小白鼠支配后肢的神经里,有的纤维指挥后肢屈曲,有的指挥后肢伸展,有的指挥爪子松开,有的指挥爪子紧握……

电话线如果没有塑料外套,相邻电话线的电话信号就会互相干扰。比如,青年男女在通过电话谈情说爱时,有可能被第三者听到;国家或公司的机密也很容易被泄露……神经轴突如果没有神经膜,相邻神经纤维传导的信号就会互相影响。比如,本来要握拳却摊开了手掌,要伸腿却将下肢弯曲……

贵族和仆人

实验发现，在中枢神经系统中，除神经元外，还有一种神经胶质细胞。神经胶质细胞分为两种，一种称为少突胶质细胞，它们和外周神经的施旺氏细胞一样，在神经轴突外形成髓鞘，起绝缘作用，防止相邻神经纤维中的信号互相干扰。另一种称为星状胶质细胞，它们为神经元提供营养，并排泄代谢产物。

为什么这神经元还有仆人在伺候吃喝拉撒呢？

进一步的研究发现，人体的生殖细胞也有类似情况。在男性体内，支持细胞为进出生精细胞的物质进行加工和转运。在女性体内，卵泡膜细胞和颗粒细胞为进出卵母细胞的物质进行把关和选择。通过这种机制，才能保证精子、卵子在稳定的环境中完成分裂和发育，在很大程度上避免在分裂、发育过程中出现错误。

一样道理，有星状胶质细胞服侍，可以使神经元的环境更加稳定。这样，才有助于神经系统功能的正常进行。试想，中枢神经是动物的司令部，能不为那些发号施令的首长配备参谋和收发报人员吗？

原来，在生物体内，也有贵族和仆人之分。

电话网络

根据部位，神经组织可以分为中枢神经和周围神经，位于脑和脊髓中的神经称为中枢神经，脑和脊髓之外的神经称为周围神经。

中枢神经和周围神经各有什么功能呢？

实验发现，中枢神经相当于军队的司令部，它的任务是处理来自四面八方的信息，并且发出指令。周围神经相当于传令兵，它的职责是传达指挥部发出的命令。

无论中枢神经还是周围神经，都有一个共同的生理功能，就是传导神经冲动。

神经是如何传导神经冲动的呢？

早期的神经生理学家将神经纤维比作电线，将神经冲动的传导比作电流。但是，笨笨熊等的实验发现，这种比方不完全正确。

神经冲动的传导分为神经纤维内的传导以及神经元和神经元之间的传导两种类型。

实验证明，神经冲动在神经纤维内的传导是一个电化学过程。

什么是电化学过程呢？

在生物体的细胞中，随时都有许多带电离子通过细胞膜进出细胞。各种带电离子在神经元进出，可以造成神经纤维表面电位变化，这种由于化学因素导致的电位变化的过程便是电化学过程。由于神经纤维上各个部位的电位不同，在高电位和低电位之间便形成电流。神经冲动在神经纤维上的传导，本质上就是电流在神经纤维中的传导。

但是，为什么说神经冲动在神经纤维的传导和电流在电线的传导不同呢？

工业上的电流来自发电厂，在向用户长途输送的过程中会有损耗。神经纤维呢？是靠自己发电，传导的神经信号不会衰减。正因为这样，长颈鹿从脑子发出的命令才能不折不扣地传达到尾巴梢。

工业上的电流总是从高电压处向低电压处输送，是单向流动。神经纤维呢？由于高电位点与低电位点相对位置可以变化，神经冲动的传导呈双向。

再来看看神经冲动在神经元和神经元之间的传导。神经轴突的末端分为许多分支，各分支的末端膨大形成小球。神经元靠轴突上这些膨大的小球与其他神经元的树突或细胞体发生接触，这个接触点称为突触。

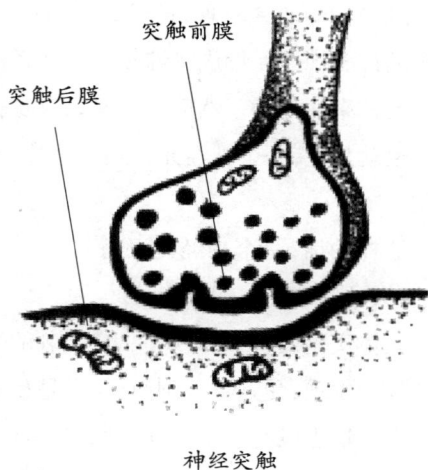

神经突触

在突触这个结构中，轴突末端称为突触前膜，与突触前膜相邻的神经细胞体的表面或树突称为突触后膜。突触前膜和后膜之间有一个空隙，称为突触间隙。

实验发现，按照神经冲动通过突触的方式，有电突触和化学突触两种类型。

所谓电突触，是指神经元靠电来传导神经冲动。电突触突触前膜和后膜之间的间隙很小，神经冲动很容易跨过去，其特点是神经冲动可以双向传导。腔肠动物、蚯蚓、虾、软体动物等无脊椎动物主要是电突触。

脊椎动物也有电突触，但不是主要的，更多的是化学突触。

所谓化学突触，是指神经元靠化学物质来传导神经冲动。化学突触突触前膜和后膜之间的间隙比较宽。由于上一神经元的冲动要转化为神经递质才能作用于下一神经元，传导比较慢。此外，神经冲动传导呈单向，只能从突触前膜传导到突触后膜。

在实验中，大家发现，突触前膜释放到突触间隙中的神经递质在作用于突触后膜后，会很快被分解或被突触前膜重新吸收回去。

为什么要将神经递质分解或吸收回去呢？

跳跳猴给小白鼠肌肉中注射了一种物质，阻止释放到突触间隙的神经递质被分解或被吸收。结果，突触后的神经持续兴奋，神经支配的肌肉一直处于收缩状态，不能舒张。

噢，明白了，神经递质只有在起作用后被及时分解或重吸收，才能保证神经调控的准确性以及灵活性。

　　进一步的研究发现,神经元之间不是单线连接,而是像一张网,每个神经元与周围的许多神经元形成错综复杂的联系。高等动物一个神经元接受一百到一万个神经元传来的冲动。然后,它又以自身轴突的多个分支和其他神经元形成许多突触。也就是说,一个神经元就是一个整合器,笨笨熊把这种现象称为神经元的整合作用。

　　这样的话,一个神经元兴奋后,会不会牵一发而动全身,将神经冲动扩散到全身的神经网络呢?

　　人体实验发现,用针刺左手,被刺的人只是把左手收回,不会同时把下肢抬起。仪器检测发现,受到某种刺激后,只是相关的神经发生兴奋,其他神经一如往常,好像什么事情也没有发生一样。原来,虽然全身的神经元之间有千丝万缕的联系,但神经元和神经元之间的突触却知道哪里应该开通,哪里应该关闭。举个例子,虽然全国农村、城市的电话线形成了一个网络,但是,在给某一个人打电话时,电话信号只是到达被呼叫方的电话机上。

　　原来,一束束神经,就像那一根根电话线电缆;全身的神经系统,就像那整个电话网络。

小腿为什么弹起来

经过了许多天的实验,大家认识到,神经的基本功能是感受刺激并对刺激做出反应。大家把从接受刺激到发生反应的过程叫作反射,把从接受刺激到发生反应的全部神经传导途径称为反射弧。

反射弧是神经系统的基本功能单位。反射有简单和复杂之分,相应地,反射弧也有简单和复杂之分。

低等无脊椎动物的反射弧只有一个神经元传导冲动。比如,水螅、海葵等腔肠动物的体表感觉细胞在接受刺激后,将神经冲动直接传送到效应细胞。传到表皮肌细胞则引起身体收缩,传到刺细胞则引起刺丝囊放射。这是最简单的反射活动。

一般的反射弧在感受器和效应器之间有两个或两个以上的神经元。最简单的是一个感受神经元,一个运动神经元。膝腱反射就是人体最简单的反射之一。

按照《霓山五章经》膝腱反射的说明,白桦让李瑞坐在凳子上,左腿架在右腿

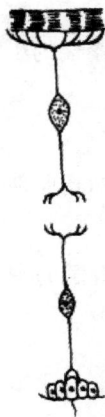

一个神经元的反射弧　　　　两个神经元的反射弧　　　　三个神经元的反射弧

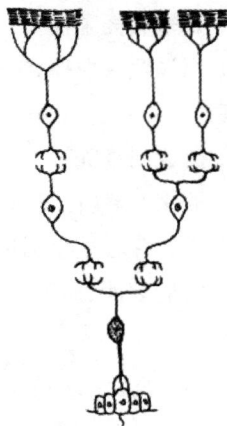

上。他用一个叩诊锤敲李瑞的膝盖下方,李瑞的左腿腾地一下弹了起来。

仪器检测发现,在用叩诊锤敲打李瑞膝盖下方的膝腱时,刺激了感觉神经元在肌肉中的感受器,神经冲动传递到脊髓中的运动神经元。运动神经元受到刺激后发生兴奋,神经冲动沿着轴突传递到与膝腱相连的肌肉,引起肌肉收缩,结果导致小腿弹跳。

做完膝腱反射,白桦把叩诊锤交给了笨笨熊。他说:"你也来敲一下。"

笨笨熊接过叩诊锤,在李瑞的膝腱上敲了一下。咦,奇怪,李瑞的小腿仅仅轻微抬了一下。要是不注意,很难看得出来。

感觉神经元　　　运动神经元　　　肌肉放大图

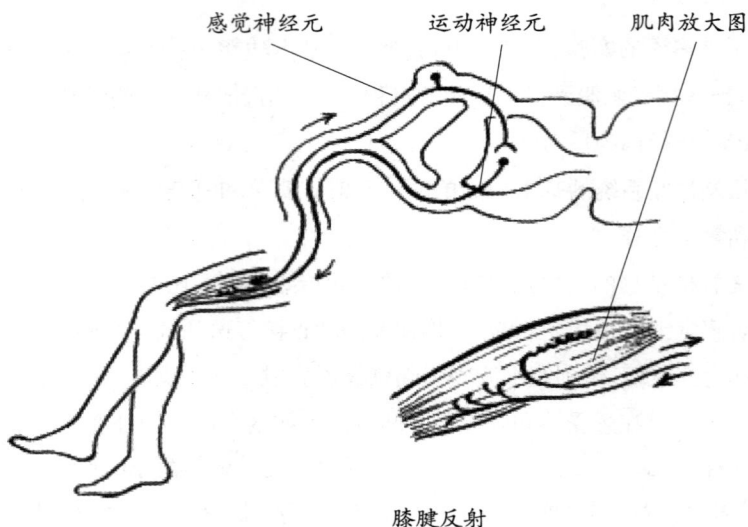

膝腱反射

笨笨熊摇了摇头,又把叩诊锤交给了白杨。

白杨照着白桦和笨笨熊的样子在李瑞的膝腱上叩了一下。哇!李瑞的小腿弹起老高。

怎么回事呢?

原来,李瑞在笨笨熊叩他的膝腱时,故意不让小腿弹起来。在白杨叩他膝腱的时候呢?存心把小腿抬得老高。

实验表明,膝腱反射的基本反射弧在脊髓,但是,大脑也可对脊髓的中枢产生影响。

青蛙实验

即使是反射弧在脊髓的反射大脑也要参与，神经反射没有大脑是不是可以发生呢？

笨笨熊从动物室拿来一只青蛙，去掉头，用一个钩子将去头的青蛙吊起。

待青蛙稳定后，他将青蛙四条腿的下部浸在稀醋酸中。突然，浸在稀醋酸中的蛙腿缩了回去。

实验证明，去掉头的青蛙仍然可以发生反射。

那么，将青蛙泡在稀醋酸中的腿固定起来会有什么反应呢？跳跳猴将去头青蛙的左腿固定在架子上，用稀醋酸浸泡被固定的下肢。这时，青蛙的右下肢弯向左下肢，好像在试图排除刺激物。

怪了，青蛙已经去了头，没有了意识，它怎么会用右腿去试图解除左腿的刺激呢？

进一步的实验发现，在青蛙的缩腿反射弧中，除感觉神经元与运动神经元外，还有介于两者之间的中间神经元。在这个实验中，青蛙左腿

青蛙实验

的感觉神经元感受到醋酸刺激后，神经冲动传入到脊髓中同侧的运动神经元。但是由于左腿被固定，不能收缩，便通过中间神经元传到对侧运动神经元，支配右腿发生反应，试图将刺激物排除。在活体青蛙，感觉神经元的冲动还通过轴突上的分支向上传到脑组织，使其产生疼痛或其他感觉。这时，青蛙会结合其他感觉器官传入的冲动，经过综合分析，作出逃离或其他反应。

从网状神经系统到人类大脑

　　研究了许多动物后,大家发现,从低级动物到高级动物,神经系统也经历了一个由简单到复杂的进化过程。

　　动物界最早出现的神经系统是腔肠动物的网状神经系统。

　　对于腔肠动物水螅,神经细胞分散在全身各处,它们伸出纤维,互相连接,形成一个遍布全身的神经网。在这个网中,没有中枢和周围之分。

　　水螅的感觉神经元接受外来刺激后,可将神经冲动直接传导到效应细胞,引起局部反应,也可通过神经网传导到较远的效应细胞,引起全身反应。腔肠动物的神经突触大多是电突触,但也有化学突触。因此,神经冲动在神经网上呈多方向传导。

　　这种电突触所导致的多向传导有什么意义呢?

　　在多向传导中,只要身体某处受到的刺激够强,就能将神经冲动向四面八方辐射传导,发动全身的反应,所谓牵一发而动全身。由于低等动物的神经系统没有中枢,没有思维,这种由于强刺激所导致的多向传导有助于这些低等动物及时躲避危险。

　　随着动物的进化,神经系统逐渐集中,这个过程可以分为几个阶段。

　　首先是初步集中。这一阶段在涡虫中表现得较为典型。它的神经系统一方面还保留着网状的特性,神经细胞基本呈散状分布;另一方面出现了集中趋势,很多神经细胞集中成两个神经索和头部的脑。感受器接受的刺激要先进入脑,再传导到运动神经,支配身体各部的肌肉。虽然这个阶段的脑只是一个传送信息的中

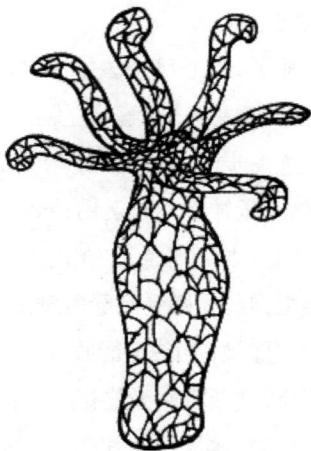

水螅网状神经系统

转站，但起码起到了一个对传入信息及传出指令进行整合的作用。相对于网状神经系统，已经是一个明显的进步。

第二阶段是链状神经系统。

蚯蚓属于环节动物。对于蚯蚓，神经细胞集中成神经节，神经纤维聚集成束形成神经，前后神经节以神经相连形成链状的神经索。链状神经系统分为中枢和周围两部分，脑和腹神经索属于中枢神经，从脑和各神经节发出的神经属于周围神经。

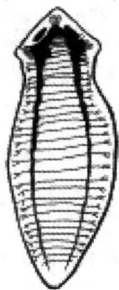

涡虫神经系统模型

蚯蚓的脑较涡虫的脑有所进步，它有没有思维功能呢？

笨笨熊将蚯蚓放在一个"丫"型的玻璃管的柄中，将头朝向两个叉管。左叉管中通弱电，右叉管中有食物。每当蚯蚓进入左叉管中，就要受到电击，这时，蚯蚓会退回来。反复多次后，大多数受试蚯蚓不再走向有电流的左叉管，而走向有食物的右叉管。这说明，多次的刺激使蚯蚓产生了记忆，知道如何回避不良刺激，并且找到食物。简单来说，它具备了学习能力。

如果将受过训练的蚯蚓的脑除去，大多数蚯蚓仍然回避左叉管而向右叉管爬行。这说明，蚯蚓的记忆可以储存在腹神经节中。

但是，如果去脑的蚯蚓长出新脑后，原来的记忆全部消失，必须再进行训练才能重新产生记忆。可见，脑对神经节有控制作用。

昆虫属于节肢动物。与蚯蚓相比，昆虫的神经节明显向头部集中，形成了脑的雏形。位于头部的脑对感觉神经元传入的冲动进行分析，然后发出指令，指挥肢体

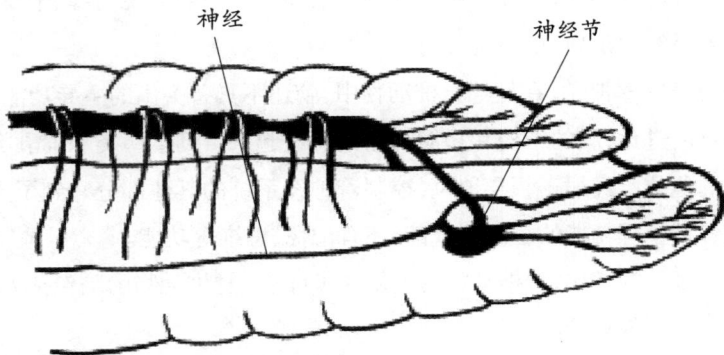

神经　　　　　神经节

蚯蚓的链状神经索

183

的运动，以对外界刺激作出相应的反应。也就是说，在昆虫，神经系统高度集中形成的脑已经成为全身的主宰。

由于节肢动物的神经系统较环节动物更为复杂和集中，获得了学习、记忆和协调肢体运动的功能。昆虫的许多行为，如飞翔、步行、跳跃，都需要多种肌肉的协调。没有发达的神经系统，这些行为是不可能实现的。

与无脊椎动物比较，脊椎动物有明显的进步。脊椎中的脊髓和脑形成了中枢神经系统，从脑发出的脑神经以及从脊髓发出的脊神经形成了周围神经系统。

在脑和脊髓组成的中枢神经系统外面，分别包裹着脑壳和椎管，这些骨骼对中枢神经系统起到很好的保护作用。从这一点，也可以看出中枢神经系统在脊椎动物的重要性。

虽然脑和脊髓都属于中枢神经系统，但有高下之分。脊髓中的中枢多为低级中枢，脑组织中的中枢则多为高级中枢。

具体来说，脊髓有哪些功能呢？

传导和反射。

所谓传导，是指感觉神经的冲动经过脊髓向上传到脑组织和脑组织发出的指令通过脊髓传到各器官的过程。如果把大脑比作一个部队的司令部，脊髓就相当于司令部与连队间往来传送信息的通信系统。如果脊髓的传导功能发生故障，比如截瘫，肢体即使受到刺激，神经冲动也不能上传到大脑；大脑即使发出指令，冲动也不能传导到肢体。

除传导神经冲动外，脊髓中还有许多反射中心。一般来说，脊髓中反射中心所参与的反射是简单反射，如膝腱反射。

脑是高级中枢神经。在低等脊椎动物中，脑还不具备突出的主导功能。但是，随着脊椎动物的进化，脑的结构和功能都渐渐发展起来。到了鸟类和哺乳类，脑在神经系统中的地位已经居于领导地位，控制着神经系统的其他部分。到了人类，脑不仅是调控各种生理功能的最高司令部，还有记忆、思维等功能。

与无脊椎动物相比，脊椎动物的脑复杂了许多。脊椎动物的脑包括大脑、丘脑、下丘脑、中脑、小脑和延髓。

在进化过程中，原始形式的大脑体积较小，只有嗅觉功能。鱼类的大脑基本上处

昆虫的神经系统

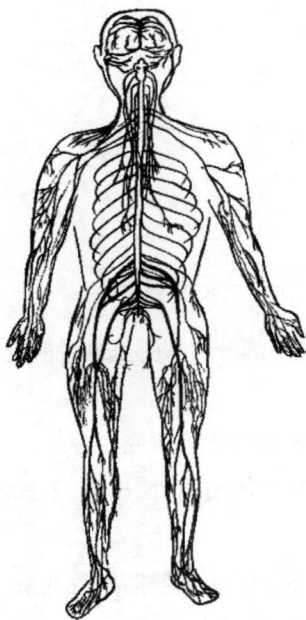

人的神经系统

于这一阶段。切除鱼的大脑，只是丧失了嗅觉，对其他外界刺激仍能作出正常反应。

到了两栖类，大脑的功能仍以嗅觉为主，但同时具备了协调功能，可对从嗅觉感受器及脑的其他部分传来的冲动进行协调整合。

到高等爬行类，大脑出现了新的结构，叫做新皮质。

到哺乳类，新皮质进一步发育，体积增大，皱褶增加，使得大脑的表面积大大增加，成为身体各部分感觉和运动的控制与协调中心。

在脊椎动物的进化过程中，不但大脑的体积和表面积越来越大，而且作用越来越重要。

在最早的脊椎动物，中脑最重要，是感觉和运动的控制中心。以后，丘脑发展起来，代替了中脑的一部分作用，并逐渐取代中脑成为控制中心。大脑新皮质发展后，又取代丘脑和中脑，成为最高的控制中心。

如果将青蛙的大脑全部切除，其行为仍能基本保持正常。将大鼠的大脑皮质切除，其行动也没有显著缺陷。猫比青蛙及大鼠的进化程度要高，但在去掉大脑皮质后，仍能缓慢行动、吞咽，只是表情木然。到了灵长类，如猴子和人，如果将大脑去掉，会完全丧失生活能力。猴子尚能对光发生微弱反应，人则成为全盲，虽然还能呼吸及吞咽，但很快就会死去。

回顾一下，在神经系统的进化过程中，首先经历了一个从分散到集中，从无脑到有脑的过程。在出现脑组织后，又不断进行内部改造。一般来说，新的结构对旧的结构有支配和控制作用。

如果把神经系统比作社会，把脑组织比作社会的政府，那么，从水螅到人，先是实现了从无政府到有政府的变革，然后，又在政府内部进行机构改革。改革的趋势呢？是推陈出新，后来居上。最新产生的权力机构——大脑皮层对生物体的生命活动实行整体调控。

司令部

高等动物的神经系统分为中枢神经和周围神经两部分。从哪里着手研究呢?从中央到地方,就从中枢神经开始吧。

人类的中枢神经最复杂,笨笨熊等将人类的中枢神经作为研究内容。

在人类的神经系统,大脑皮质很发达,脑组织的其他结构,如丘脑、下丘脑等,都隐藏在大脑半球下。

这大脑皮质又可以分为两部分。皮质的表面富含神经元,色略灰,称为灰质;灰质下是由神经元发出的来来往往的神经纤维,颜色发白,称为白质。

大脑皮质表面坑坑洼洼,高低不平。这突起的部分叫做回,回与回之间的凹陷叫做沟。

大脑皮质沟沟坎坎有什么意义呢?

出去旅行前,要将所带的衣服装在行李箱。可是,衣服大,行李箱小,怎么办?很简单,把衣服叠起来。人的大脑皮质展开来有 0.5 平方米,这么大的面积要塞在小小的颅腔内,也只好采取折叠的方式,这样,便产生了大脑的沟与回。

大脑皮质的不同部位有不同功能。根据功能定位,可以将大脑皮质划分为感觉运动区以及联络区。

先说感觉运动区。

在大脑皮质的后部有视

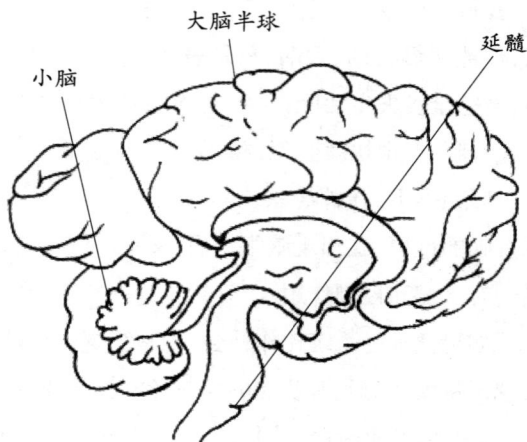

人脑纵切面

区。用电刺激视区,受试者会产生光亮的感觉。如果视区损伤,尽管眼睛没有问题,视觉也会丧失。如果头后部受到震动,由于视区受到刺激,常常出现眼冒金星的感觉。

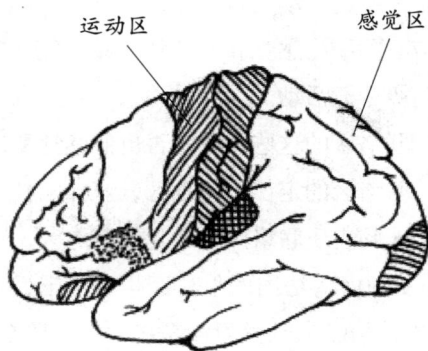

大脑皮质定位

大脑皮质侧面是听区。听区受伤,可以导致听力丧失。

大脑半球的侧面各有一条从上到下的沟,叫做中央沟。这条沟是大脑感觉区和运动区的分水岭。沟后的脑回叫做中央后回,感知来自皮肤感受器的触觉、压力以及冷暖等感觉,称为身体感觉区。沟前的脑回叫做中央前回,管理全身各部位肌肉的运动,称为身体运动区。

在身体感觉区和运动区中,每一个部位又有精确的分工。有的部位主管手,有的部位主管脚。但是,各部位的大小不是与所管辖身体部位的大小成比例。身体背部大约占了体表面积的 1/4,但在中央前回里控制背部肌肉的区域很小;手和口体积很小,但中央前回控制手和口肌肉的面积很大。感觉也是这样,虽然手指面积在全身面积中比例很小,但中央后回主管手指的感觉区的面积相当于躯干和下肢的感觉区的总和。

为什么会这样呢?

从运动来说,手指的活动最频繁,最精细。钢琴家在弹钢琴时,要在很短时间内按照乐谱精确地击打许多琴键;外科大夫在进行显微手术时,手的动作不能发生丝毫差错。这么复杂的动作,当然要有许多神经元来控制。所以,中央前回中支配手的部位要比支配背部、下肢的部位还要大。

再说感觉吧。手指是身体中对触觉最敏感的部位。盲人失去了视觉,不能靠眼睛读书,但可以以手代眼,通过触摸盲文书上突起的小点来获得文字信息。如此精细的感觉,当然需要许多感觉神经元来接受和分析。所以,中央后回中支配手的部位要比支配整个下肢和躯干的部位大得多。

除感觉区和运动区,剩下的脑组织是干什么的呢?是联系感觉区和运动区的联络区。联络区中的神经元不直接和感觉器官或肌肉相连接,而是与大脑各区的神经元相联系,叫做中间神经元。这么说来,这联络区起了一个中介的作用。来自各感觉器官的神经冲动经过中介,再传递到运动神经,才能使身体对外界刺激作出相应的反应。除联络感觉和运动外,联络区还能进行记忆、推理、学习、想象以及心理活动等高级智慧活动。

联络区的这些功能是否也像感觉和运动区一样,有固定位置呢?

联络区的定位比感觉区、运动区的定位复杂得多。但是,通过实验研究,已经找出了大脑皮质联络区中的几个功能区。

1860年,法国的外科医生布洛卡发现一位病人不会说话,但能通过手势表达思想。这说明,他的思维是正常的。那么,是不是这位病人的发声器官发生了病变呢?检查的结果,他的舌、喉、唇等与发声有关的器官都是正常的。在病人死后,对病人尸检时发现,他的大脑半球中央沟前有一部分发生了损伤。布洛卡认为,这一部分就是控制语言功能的语言区。后来,这一区域被命名为布洛卡区。

在布洛卡区附近,有一个区域控制口唇、舌头以及声带的运动区。说话是由思维支配的,所谓言为心声。那么,布洛卡区就是将大脑皮质思维活动与控制发声器官的部位联系起来的联络区。如果布洛卡区受到损伤,就相当于通信系统发生故障,虽然思维没有问题,发声器官没有问题,也不能正常说话。

在布洛卡区的后方还有一个与语言有关的联络区,叫做魏尼克区。如果魏尼克区受到损伤,可以说话,但是没有意义,所谓的词不达意。同时,对语言和文字的理解也发生障碍。

丘脑是感觉整合中心,来自脊髓和脑后部的感觉冲动要通过丘脑进行整合,再进入大脑。

在丘脑的深部,有由神经细胞体和纤维组成的一个很复杂的神经网,称为网状激活系统,能够对感觉神经元传入的各种冲动起到筛选和过滤的作用。

为什么对感受器接收到的信息还要进行筛选过滤呢?

人体的各种感受器每时每刻都在接受大量信息。比如,耳朵要收集听觉信息,眼睛要收集视觉信息,鼻子要接受嗅觉信息。即使站在地上一动也不动,脚板也要收集触觉信息。如果这些信息不经过筛选过滤,都进入大脑,大脑就会应接不暇。例如,学生在上课时会因为街上的喇叭声分心,不能集中精力听课;医生手术时会因为周围的声音、气味等干扰,不能集中注意力手术。网状激活系统的作用就是对由各感觉器官输入的各种信息进行筛选,使某些刺激加强,某些刺激抑制。这样,才能把注意力集中在正在从事的事情上,而不被纷扰嘈杂的环境所干扰。

网状激活系统不仅对上传信息进行过滤,对由大脑发出的运动冲动也要进行加工整理,强化某些冲动,抑制另一些冲动,使得运动神经元支配的肢体运动更加协调和精确。

在丘脑下部,大家还发现一个叫做下丘脑的结构。实验发现,这个结构是内脏机能的重要控制中心。

下丘脑这么小,能够控制非常复杂的内脏活动吗?

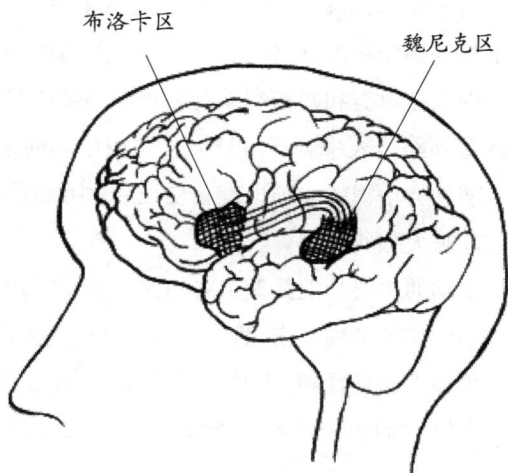

布洛卡区和魏尼克区

俗话说,人不可貌相,海水不可斗量。下丘脑虽然个子不大,功能却不少。

刺激下丘脑的不同部位,可以引起饥饿、口渴、冷、热、疼痛等感觉。这说明下丘脑与消化、体温调节以及感觉等功能有关。狗没有汗腺,通过伸舌喘息散热。有人将狗的下丘脑前部损伤,结果,在炎热的夏天,狗不能伸舌喘息,导致体温升高。动物在天气寒冷时,可以通过不自主的战栗来产热。有人在实验时将狗的下丘脑后部损伤,结果,在严寒的冬天,狗不能发生战栗反应,导致体温下降。

下丘脑还有控制喜怒哀乐等情绪的功能。刺激猫的下丘脑,可以使猫出现毛发直立、弓背、瞳孔放大等愤怒、紧张的表现。

一切高等动物都有睡眠与清醒交替的周期性节律。实验发现,睡眠和清醒这两个过程由下丘脑的不同部位所分管。睡眠中心在下丘脑前部,清醒中心在下丘脑后部。睡眠中心兴奋时就会阻止网状激活系统向大脑传送刺激,使大脑安静,进入睡眠状态;清醒中心兴奋时就会允许网状激活系统向大脑传送刺激,使大脑激活,保持清醒状态。

下丘脑的功能不少吧?其实,它真正重要的功能是内分泌。人体有下丘脑—垂体—甲状腺轴、下丘脑—垂体—肾上腺皮质轴以及下丘脑—垂体—性腺轴。在这三个对人体非常重要的内分泌轴中,下丘脑处于最高端,也就是说,通过垂体对甲状腺、肾上腺皮质和性腺起着控制作用。此外,下丘脑还能分泌催产素和加压素等激素。

这么说来,下丘脑既是一个内分泌器官,又是一个神经器官。在下丘脑,我们看到了神经调控和内分泌调控是如何完美地结合在一起。

中脑在鱼类和两栖类动物的神经系统中具有非常重要的地位。各种感觉信息从感觉神经传入中脑,经过整合,再由中脑向运动神经元发出指令,控制全身的运动。哺乳类动物的大脑出现新皮质后,中脑保留了视觉和听觉反射中心,其他的许多功能被大脑所取代。

小脑的主要功能是调节各肌肉的活动,以保持身体的正常姿势以及动作的协调。小脑如果受到损伤,肌肉的运动就会失去协调,身体也将失去平衡。

小脑下面是延髓。其中有呼吸中枢、心血管中枢以及控制吞咽、咳嗽、呕吐等活动的中枢。众所周知,没有呼吸,没有心跳,就会死亡,因此,延髓是维持基本生命活动的最重要的神经结构。

在小脑前面,延髓上面,还有一个称为脑桥的结构,其功能主要是联系延髓和脑组织其他结构以及协调小脑左右两半球的活动。

总的来看,人脑是动物界神经系统进化的最高阶段,它不仅对呼吸、循环、消化、泌尿、体温等基本生命活动进行着调节和控制,主管全身的感觉和运动,还具有学习、记忆、思维等复杂的高级功能。形象一点说,是整个人体活动的司令部。

指挥和通信系统

　　周围神经指的是进入脑和脊髓的感觉神经以及由脑和脊髓发出的运动神经。根据发出神经的部位，把周围神经分为脑神经和脊神经。从脑组织发出来的神经有12对，主要分布于头部。从脊髓发出来的神经有31对，顺序分配到头以外的部位。

　　每一条脊神经分为从脊髓背面发出的背根和从脊髓腹面发出的腹根。背根中为进入脊髓的感觉神经纤维，功能是向中枢传送感觉冲动；腹根中为脊髓发出的运动神经纤维，功能是向各个器官传送运动指令。因此，脊神经是既含感觉神经纤维又含运动神经纤维的混合神经。

　　感觉神经纤维进入脊髓后，要交叉到对侧，沿着脊髓上行，到达脑组织的相应中枢。中枢发出运动神经后，要在脑组织交叉到对侧，然后，沿脊髓下行，到达五脏六腑和肌肉等器官。

　　为什么放着直直的路不走，偏要拐个弯呢？笨笨熊等百思不得其解。

　　先不管这个问题了，来看看从中枢出来的周围神经吧。

　　在周围神经系统中，分配到肢体的感觉神经及运动神经称为躯体神经，分配到内脏的神经称为自主神经，又称为植物神经。

　　为什么要把支配内脏的神经叫作自主神经？又为什么要把自主神经称为植物神经呢？

　　自主神经的功能是调节心脏、胃肠等脏器的活动，保证基本生命活动的正常进行。这种神经的活动不受意识控制。比如，心跳不能想快就快，想慢就慢；胃肠道的消化吸收睡觉时也在进行，不能随意终止或加强。因此，人们把它称为自主神经。

　　有的人大脑受到严重创伤，没有意识，不能运动。但是，他们心脏仍然在跳，能拉屎撒尿，我们将这种患者称为植物人。植物人的基本生命活动就是由自主神经来

生物科学研究院

191

调控和维持的,因此,人们又把自主神经叫做植物神经。

自主神经又可以分为交感神经和副交感神经。在人体,交感神经从胸椎、腰椎段的脊髓发出,共18对;副交感神经从脑及骶部脊髓发出。交感神经和副交感神经有两个神经元,第一个神经元位于脑和脊髓中,第二个神经元位于神经节中。

都是自主神经,为什么要叫交感神经与副交感神经两个名字呢?

既然叫了两个名字,应该是有它的道理的,先来看看它们的功能吧。

交感神经与副交感神经对器官作用比较表

系统	器官	交感神经	副交感神经
循环系统	心脏	心率加快,收缩力增强	心率减慢,收缩力减弱
	冠状动脉	舒张	轻度收缩
	躯干、四肢动脉	收缩 舒张	无作用
		收缩	
呼吸系统	支气管平滑肌	舒张	收缩
消化系统	胃肠道平滑肌	抑制蠕动	增强蠕动
	胃肠道括约肌	收缩	舒张
泌尿系统	膀胱	膀胱壁舒张,括约肌收缩	膀胱壁收缩,括约肌舒张
眼睛	瞳孔	散大	缩小

看出来了,交感神经和副交感神经作用正好相反。在这个意义上,副交感神经应该叫做负感神经。正是靠了这种一正一负的机制,才能使内脏的功能活动不偏不倚,保持稳定。这种方式,就像甲状腺素和甲状旁腺素对血钙的调节,胰岛素和胰高血糖素对血糖的控制,所谓相反相成。

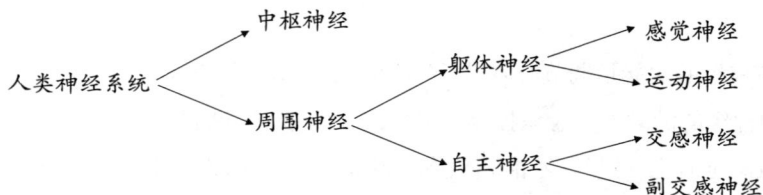

人类神经系统
- 中枢神经
- 周围神经
  - 躯体神经
    - 感觉神经
    - 运动神经
  - 自主神经
    - 交感神经
    - 副交感神经

人类的神经系统很复杂,需要进行一下总结。

概括起来,神经系统可以分为中枢神经和周围神经两部分。周围神经又可以分为主管感觉和运动的躯体神经以及调节内脏活动的自主神经。

躯体神经又分感觉神经和运动神经。感觉神经向感觉中枢传导感觉器官感受到的刺激；运动神经向各个器官发送运动中枢发出的指令，产生觅食、躲避危险等活动。

自主神经又分为交感神经和副交感神经。它们不依赖于意识和思维，通过相反相成的机制对内脏活动进行调节，维持生物体的基本生命活动。

总的来说，中枢神经和周围神经组成了一个指挥和通信系统。

场外求助

　　却说跳跳猴虽然每天在镇子上打听去神经研究室的路径，但所有的人都摇摇头说不知道。他老在想，是因为那天 UFO 飞了好远吗？是因为神经研究室太神秘，一般人不知道吗？

　　镇子上的商铺和饭店都问遍了，一天，他跑到离镇子很有一段距离的乡村去问询。但是，仍然没有结果。晚上，刚刚吃过晚饭，他便怏怏不乐地准备睡觉。奇怪，小黄咬着他的衣服不让他上床，并把他拉到电视机前的沙发上。他呵斥了小黄一句，从沙发上站起来，又朝床走去。更加奇怪的是，小黄咬着他的裤腿，又把他拉到沙发上。

　　跳跳猴拿小黄没有办法，便百无聊赖地打开了电视。过了一会儿，电视节目《生物课堂》开始了。令他惊讶的是，《生物课堂》的嘉宾竟然是笨笨熊一行。

　　笨笨熊他们怎么会来《生物课堂》做嘉宾呢？

　　原来，在跳跳猴失踪后的第二天晚上，大家凑在一起讨论如何寻找跳跳猴。白桦和李瑞说跳跳猴是被外星人抓了去，要找外星人去算账。白杨和张贝贝说以跳跳猴的身手两三个外星人不是对手，很可能是因为照顾小黄落在后面迷了路，要到沿途的山沟山坡去寻找……笨笨熊呢？坐在墙角一声不吭，默默地思考着。

　　夜已经很深了，大家仍然没有形成一致意见。

　　白桦对笨笨熊说："老弟，还是你来拿个主意吧。"

　　笨笨熊站起来，不紧不慢地说："我想，跳跳猴迷路的可能性不大。即使被外星人抓了去，也会有办法逃脱。他喜欢看电视里《生物课堂》栏目，我们最好通过《生物课堂》和他取得联系。"

　　《生物课堂》是霁山电视台的一档栏目，主持人经常邀请嘉宾对有关生物的问题进行讨论。自从来到霁山后，大家便经常收看这个栏目。尤其是跳跳猴，每次播出

《生物课堂》，他总是坐在最前面，恨不得钻到电视里面去。

听了笨笨熊的建议，大家都一致叫好。次日，白桦就联系了雾山电视台。第一次，笨笨熊在《生物课堂》讲了他们在白桦寨的见闻。第二次，白桦讲了他们与外星人的斗争。这两次《生物课堂》，笨笨熊都要求电视台在电视上打出了漂移字幕："跳跳猴，你在哪里？我们现在在位于三岔沟的神经研究室。大家期待着与你团聚。"在字幕的后面，还公布了神经研究室的联系电话。但是，两天过去了，没有跳跳猴的任何音讯。

在这两次《生物课堂》播出前，跳跳猴开了电视便出去向人们打探消息，小黄在电视里看到了笨笨熊几个人。今天，看到《生物课堂》开播跳跳猴要上床睡觉，小黄便生拉硬拽把他拉到沙发上看电视。

今天，主持人让笨笨熊等讲他和跳跳猴在国外访问生物科学家的经历。当笨笨熊讲到采访研究黄热病的布鲁斯时，他谈到有一个美国士兵志愿进行了人体试验并为此付出了年轻的生命。

主持人问："这个士兵叫什么名字？他应该载入史册。"

笨笨熊说："我要求我的同事跳跳猴场外援助，可以吗？"

实际上，笨笨熊知道这个士兵的名字。只是两次《生物课堂》过去了，仍然没有跳跳猴的消息，他想通过场外援助与跳跳猴联系上。

主持人马上说："可以，你打电话吧。"

笨笨熊说："我没有他的电话。"

话音刚落，现场的观众哄堂大笑。既然朋友没有电话，怎么能场外援助呢？

笨笨熊向在场的观众解释说："我们的这位朋友在一次转移时失踪了。他是一位与外星人斗争的英雄，这次失踪很可能是被外星人劫持了。"

听了笨笨熊的一席话，现场的观众都鸦雀无声。

这时，电视台将《生物课堂》的热线在电视屏幕上打了出来。主持人反复说："跳跳猴朋友，如看见我们的节目，请尽快打进电话来。"

看到电视里的场景，跳跳猴激动得抓耳挠腮。但是，房间里没有电话。他跑到旅馆的服务台，不巧，仅有的一部电话正在被一个头上堆着高高发髻的中年妇女占用着。

中年妇女问："贝贝怎么样？今天洗澡了吗？"

跳跳猴走近前去，问道："可以让我用一下吗？"

中年妇女白了他一眼，继续说："今天带贝贝去遛弯了吗？对了，改天去超市要记得买狗粮。"

原来，这位女人是在和家里人谈论宠物狗。

跳跳猴让服务员把服务台的电视节目调到《生物课堂》。电视中，主持人着急地说："平时，我们等场外援助电话最多半分钟。今天我们已经等了五分钟，不能再等了。"

笨笨熊不住地搓着手，恳求道："主持人，再等一等。"

根据安排，这是他们最后一次参加生物课堂。

主持人抬起手腕看了看表，说："《生物课堂》栏目还有一分钟就要结束了，但愿你的朋友能在这最后一分钟内打进电话来。"

跳跳猴指着电视向打电话的女士说："电视里的人等着我打电话，节目马上就要结束了，方便一下可以吗？"

打电话的女士抬起头看了一下电视，说："你怎么不早说清楚呢？"

接着，立即把电话递给了跳跳猴。

就在离节目结束还有三十秒的时候，《生物课堂》场外援助的热线电话响了。笨笨熊、白桦、李瑞、张贝贝和白杨都站了起来。

话筒里传来跳跳猴的声音："我是跳跳猴。在黄热病研究中献出生命的美国士兵叫拉吉尔。"

听到跳跳猴的声音，笨笨熊、白桦、张贝贝、白杨和李瑞都流出了热泪，疯狂地跳了起来，现场观众也热烈地鼓起了掌。

笨笨熊激动地向跳跳猴说："我们现在在三岔沟的神经研究室，希望你带着小黄尽快赶回来。"

就在这一句话刚刚讲完的时候，《生物课堂》栏目结束了。

终于和同伴们联系上了，跳跳猴连忙跑回房间去准备第二天的行装。根据智者的安排，接下来需要到生殖研究所。

小黄生崽了

话说跳跳猴通过《生物课堂》与笨笨熊等取得了联系后,第二天早上便带了小黄急急向神经研究室赶去。

黄昏时分,跳跳猴来到了位于雾山的三岔口。还在山脚下,他便透过树林看见笨笨熊等在半山腰的研究所外站着。

他一边挥着手,一边大喊:"弟兄们,我回来了! 我回来了!"

听到喊声,笨笨熊一行像离弦的箭一样冲了下来。大家围着跳跳猴问这问那,跳跳猴将他如何因为抢夺小黄而被困在UFO,如何带着小黄摆脱外星人的控制,如何被小黄拖到电视前看电视而发现了《生物课堂》里的伙伴等从头至尾叙述了一遍。

白桦把小黄一把抱了起来,抚摸着它的脑袋和脊背说:"这小家伙还为我们立了大功呢!"

"来,我也和大功臣亲密接触一下。"李瑞一边说,一边把手伸向白桦的怀里。

当他把小黄吃力地抱过来时,他说:"哟,几天没有抱,竟然变得这么沉了。"

白桦摸了摸小黄滚圆的肚子,说道:"看来,它下崽子就在这两天了。"

回到宿舍后,跳跳猴在房间的一个墙角垫了厚厚的干草,为小黄铺好了被褥。接着,大家围在一起海阔天空地聊天,一直聊到深夜才各自回到房间休息。

在跳跳猴失踪的日子里,大家每天晚上总是睡不着觉。可是今天,大家睡得很沉。第二天早上天刚麻麻亮,跳跳猴在蒙蒙眬眬中听到吱吱吱吱的声音。从床上爬起来一看,哇! 在狗窝里多出了两个毛茸茸的小黄狗。

跳跳猴一下子蹦下地来,大声喊道:"弟兄们,我们的小黄生崽了。"

听到喊声,白桦、笨笨熊和李瑞也从被窝里钻了出来。他们围在小黄母子三个周围,看着这个新组建的家庭。

不知不觉,天大亮了。跳跳猴来到白杨和张贝贝房间的窗户底下,喊道:"两位小姐，我们的小黄生了。"

他想把这个喜讯告诉队伍里的两个女生，尤其是白杨。

白杨和张贝贝在睡梦中被跳跳猴吵醒了。张贝贝气呼呼地说："跳跳猴，吵什么？"

跳跳猴又喊道："告诉你们，小黄生了。"

白杨睡眼蒙眬地问："生了什么？"

跳跳猴一边哈哈大笑，一边说："小黄能生什么，能生一个骆驼吗？"

这时，白杨和张贝贝才明白过来，小黄生小狗了。

张贝贝在屋里问："生了几个？"

跳跳猴笑着说："两个。"

白杨说："你先回去，我们就来。"

少顷，张贝贝和白杨来到了跳跳猴他们的房间，在笨笨熊和白桦的中间蹲了下来。小黄把两个孩子搂在自己的肚子下面，昂着头看着自己的几个主人。

白杨望着两个毛茸茸的小家伙，充满深情地说："多可爱啊！"

跳跳猴说："给它们起个名字吧。"

张贝贝撅起嘴说："偏心眼，怎么把命名权独家授给了白杨呢？"

跳跳猴说："平均分配，你和白杨一人起一个。"

张贝贝笑着说："这还差不多。"

张贝贝想了想，指着趴在小黄肚子上的一只小狗说："我管这个叫小贝吧。"

白杨指着钻在妈妈肚子下面的一只笑着说："那么，我管这只叫小杨了。"

李瑞调侃道："张贝贝起名的叫小贝，白杨起名的叫小杨。这两只小东西是你们的孩子呢，还是弟弟妹妹呢？"

张贝贝不假思索地说："它们是公是母还不知道，就算作我们的孩子吧。"

李瑞说："这可是你亲口说的啊。"

张贝贝大大咧咧地说："当然是我亲口说的。"

李瑞狡黠地笑了笑，说："孩子是小狗，那么，你们是什么呢？"

这时，张贝贝才明白中了李瑞的圈套，她在李瑞的脊背上狠狠地捶了一下。白杨也吱吱咯咯笑着上前要揍李瑞。李瑞大喊着救命逃出了房间。

张贝贝蹲在小黄旁边，一边抚摸着刚刚起了名字的小贝，一边说道："奇怪，这小生命是怎么形成的呢？"

笨笨熊说："正好，我们要到生殖研究所了。到那里去弄个明白吧。"

智取古城堡

跳跳猴把小黄一家三口放在白桦的背篓里，大家一起上路了。一路上，一行人说说笑笑，不时停下来看一看小黄和它的孩子们。

不知不觉，便来到了一座城堡前。那城堡，四周是巨石垒砌的高墙，墙外是一圈护城河。城门上，吊桥高拽。奇怪的是，跳跳猴看见城门上站着的几个人竟然是外星人。

他有点不相信自己的眼睛，回过头来对白桦说："怎么城堡上有外星人呢？是我的眼睛有问题吗？"

白桦朝城堡上仔细看了一会儿，断然地说："没问题，是外星人。"

接着，他回过头来告诉了李瑞、白杨、张贝贝和笨笨熊。

看来，外星人抢先一步来到了这里。可是，《雾山五章经》已经不在外星人手里，他们是如何知道生殖研究所这个地方的呢？跳跳猴等怎么也想不通。

不管外星人是如何进来的，当务之急，是要把他们撵出去。但是，要将外星人撵出去，首先要进到城堡，怎么才能进得去呢？跳跳猴几个低下脑袋，陷入了沉思。

不经意间，笨笨熊看到了附近有一辆看似丢弃的带着车厢的三轮脚踏车，他眉头皱了一皱，把大家召拢来，如此这般地说了一顿。

他们将三轮车推进树林里，白桦、白杨和张贝贝在头上扎一块羊肚手巾，装作农夫和农妇的模样。跳跳猴、李瑞和笨笨熊在树上折了几根粗粗的树枝，钻进三轮车厢。准备停当，白桦踏着车，白杨和张贝贝推着车，朝着城门走去。

到得城门下，白桦向着城门上高声喊："喂，我们是来送菜的，请放吊桥。"

喊完，又故意大声说："每天都不拽吊桥，怎么今天把吊桥给拽起来了。"

那城门上的外星人朝下仔细看了又看，是菜农的模样，便把吊桥吱吱呀呀地放了下来。

过得吊桥，白桦放下三轮车，跳跳猴、笨笨熊和李瑞从车厢里蹦了出来。白杨和笨笨熊守在城门里侧，跳跳猴、白桦、李瑞和张贝贝挥舞着枝枝杈杈的树枝冲上了城楼。

上得城楼来，只见有两个外星人在城垛口处站着朝外张望，还有一堆外星人围在一起，好像在讨论着什么。见跳跳猴他们手里执着家伙突如其来地冲了上来，不知究竟是什么人，有多少人，外星人慌做一团。

跳跳猴大声喊："快给我滚出城去，不听者，格杀勿论。"

外星人定了定神，看见上来的只有四个人，便每人握一只短棒，吱吱哇哇地围了上来。一个外星人用短棒击中了跳跳猴的左上臂，击打处冒出了一股青烟，跳跳猴感到一股电流穿过全身。原来，这些外星人为了防卫，每人佩一只电棒。跳跳猴舞着树枝左冲右突，接连将两个外星人的电棒挑得飞到了城堡外的护城河里。外星人以为跳跳猴手里这枝枝杈杈的东西是新式武器，便连连后退。白桦和李瑞从随身携带的石子袋里掏出石子，用了和张清学的石子神功，弹无虚发，一连击中了三个外星人的眼睛。外星人被跳跳猴他们的气势吓坏了，缩在一起，停止了进攻。张贝贝呢？握着树枝虚张声势，不停地喊叫着，偶尔喊几句跳跳猴、白桦和李瑞都听不懂的话。

这时，跳跳猴大声喊："要活命的，快下城楼，滚出城去。"

看到跳跳猴等只是要他们离开这座城堡，外星人一个接一个抱着脑袋冲下城楼。他们看了看堵在城门里侧的笨笨熊和白杨，便望城门外逃去。跳跳猴把吊桥拽了起来，和白桦、李瑞、张贝贝一起从城楼上跑下来。

白杨一眼看到跳跳猴的左上臂有点异样，惊叫道："跳跳猴，你的胳膊怎么了？"

跳跳猴一看，外星人击打处，皮肉被烧焦了。他淡淡地笑了笑，说："没事的，笨笨熊，我们先去研究所吧。"

一行人弃了刚才与外星人打斗用的树枝，按照《霁山五章经》的图示，朝生殖研究所走去。

研究所是一座古式的二层楼，粉墙黛瓦。当他们来到大门外时，便碰上了研究所的所长。所长叫张睿，30多岁，也是笨笨熊的师兄。其实，他是知道笨笨熊一行今天要来，专门等在这里的。

互相介绍之后，大家便随了张睿进到研究所的办公室。

看到跳跳猴的左臂有伤口，张睿问："你的胳膊是在哪里受伤的呢？"

跳跳猴说："城堡上。"

生物科学研究院

"什么？就在我们的城堡上？"张睿非常惊讶。

跳跳猴点点头，说："是的。就是几分钟前发生的事情。"接着，他把刚才与外星人的遭遇讲了一遍。

张睿本来是外科医生，后来，随智者专攻生殖学。他检视过跳跳猴的伤口，焦肉中可以看到白森森的骨头。

他忧心忡忡地说："此为高压电流烧伤，需要尽快清创。若治不及时，此臂恐无用矣。"

跳跳猴说："那就动手吧。"

张睿犯难了，说："我这里只有用来做试验用的手术器械，没有麻醉药和麻醉医生啊。"

跳跳猴大大咧咧地说："那又何妨。关云长中了曹仁的毒箭后，华佗为其刮骨疗毒，不也没有用麻药吗？"

说着，伸出胳膊。

张贝贝会意，两只手死死地把跳跳猴的胳膊按住。白杨站在跳跳猴的面前，眼里噙着泪水。

跳跳猴笑了笑，说："今日，有两位女生相伴，应无丝毫疼痛也。"

张睿拿来手术包，切去伤口腐肉，直至于骨；接着，用刀刮骨，悉悉有声。笨笨熊、白桦和李瑞在旁边屏住了气息，张贝贝和白杨含着眼泪，小声鼓励着。

手术大概进行了一个时辰，那跳跳猴竟然连眉头也没有皱一下。

待缝好创口，跳跳猴站了起来，对着张睿说："谢谢了。"

看到跳跳猴没有丝毫痛苦的表情，白桦笑着说："今天我才知道，有美女相伴，远胜于麻药。"

白杨和张贝贝在白桦的脊背上重重地捶了一下，长长地舒了一口气。

无性生殖

在安排住宿后，跳跳猴一行朝生殖实验室走去。

途中，经过一个果园。园中的梨树、桃树等已经抖光了树叶，只留下光秃秃的树枝，在寒风中发着呜呜的叫声。山坡上的松柏呢？仍然穿着一身绿装，好像浑然不知冬天已经来临。

行进中，跳跳猴听见震耳欲聋的声音，拐过一个弯，发现一挂瀑布从上面倾泻了下来，跌入深不见底的山谷中。瀑布侧边的水流冲击到崖壁的岩石上，飞珠溅玉，继而成为雾霭，在阳光的照射下，形成一道彩虹。

爬到峰顶，看到一个很大的天池，刚才看到的瀑布就是从这天池流出来的。在天池的旁边，坐落着一栋乳白色的二层建筑。按照《雾山五章经》的描述，这里便是生殖实验室。在把小黄母子仁安顿在动物房后，大家便投入到实验中。

经过好多天的观察，大家发现每一种生物都有自己的繁殖方式。世界上的生物种类数不胜数，生殖方式也不计其数。但是，总的来说，可以分为无性生殖和有性生殖两大类型。

什么是无性生殖和有性生殖呢？

一切不涉及雄性配子和雌性配子受精过程的生殖都叫做无性生殖，这种方式大都见于低等生物。通过雄性配子和雌性配子受精而实现的生殖叫做有性生殖，这种方式大都见于高等生物。

无性生殖是生殖的低级形式，先来看看无性生殖是怎么回事吧。

具体来说，无性生殖表现为四种形式，裂殖、出芽、孢子生殖和再生作用。

裂殖，就是分裂生殖，是由一个生物体直接分裂成为两个大小和形状基本相同的个体的过程。以这种方式进行繁殖的生物有变形虫、草履虫以及细菌。

出芽生殖是在母体上长出芽体并成为新个体的过程，以这种方式进行繁殖的生物有酵母菌和水螅。以酵母菌为例,细胞核分裂,一个子核进入细胞表面突出的"芽"中,形成一个小的子细胞,人们把这种现象称为"出芽"。在这"芽"上再出"芽",可以形成第二代、第三代更小的芽。芽脱落下来即成为新的酵母菌。

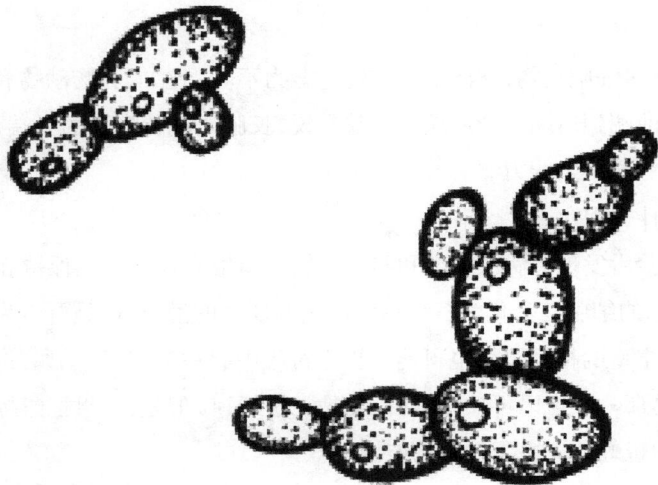

酵母细胞的出芽

孢子是无性生殖细胞,它们随风飘散,四海为家,当遇到适宜的环境时,即发育成新的个体。以这种方式繁殖的生物有真菌和藻类。

最后一种无性生殖方式是再生。有些植物,如秋海棠,仅仅一片叶子就可以发育成为根、茎、叶俱全的小树。马铃薯的块茎上有许多芽眼,将马铃薯的块茎切成带芽眼的小块,埋在地下,每个芽眼都可以长出幼苗。农民种植马铃薯就是采取这种方式。

但是,细胞的再生作用需要以细胞核为前提。

有一种生物,叫做伞藻。它高约五到七厘米,基部有假根,茎顶有伞状的生殖器官。表面上看起来,是一个根、茎、叶俱全的高等植物。实际上,它只是一个细胞,细胞核通常位于假根中。伞藻的再生能力很强,把它的伞切去,可以再生出一个伞,形成一个正常生长的伞藻。如果切去伞和假根,无核的茎有时也能再生新伞和假根,甚至再生两个新伞,但是,会很快死亡。

这是为什么呢?

如果保留含有细胞核的假根,细胞核中的 DNA 可以复制新的 DNA,由 DNA 转录产生 RNA，由 RNA 翻译产生再生所需要的蛋白质，最终形成一个新的，具有正常生命力的植株。如果把假根去掉，由于没有 DNA，便成为无本之木，虽然可以长出茎、伞和假根，类似于一个正常的伞藻，但很快就会萎蔫，死亡。

同样道理，把低等动物喇叭虫切成两部分后，只要有核存在，也能再生成完整的个体。

但是，在多细胞动物，不同部位的再生能力不同。比如，腔肠动物和涡虫的再生能力从身体前端到后端逐渐递减。也就是说，长脑袋或长嘴巴的一端再生能力强，相反方向的一端再生能力弱。

这是为什么呢？

反复实验后发现，涡虫头部和腔肠动物的口端有很多仍然保持胚胎状态的细胞。胚胎状态的细胞有分化为各种神经组织和器官的潜能，这是再生为完整个体的基础。此外，丰富的神经组织也可能在再生过程中起一定作用。比如，将蚯蚓切成两段，含头部的那一段可以再长出尾巴，又是一条蚯蚓。但是，如果把蚯蚓的腹神经摘除，被切断的蚯蚓就失去了再生的能力。

大家明白了，对单细胞生物的再生来说，细胞核是基础。对多细胞生物的再生来说，细胞的分化程度决定潜能，神经组织也发挥一定作用。

有性生殖

在完成无性生殖的研究后，大家游览天池。原来，这生殖实验室的所在，是霁山的第二高峰。在霁山旁边，还有一座更高的山，生物工程研究所就坐落在那里。那座山叫做什么，他们不知道，只是知道那山峰叫做玉皇顶。

接下来的研究内容，是有性生殖。

所谓有性生殖，就是卵子和精子融合成为受精卵，再发育成为新的个体的过程。

生物体中细胞的种类非常多。以人来说，有覆盖在皮肤表面的上皮细胞，有肌肉里的肌肉细胞，有脑和脊髓中的神经细胞，还有血液中的血液细胞……在血液细胞中，又可以分为红细胞和白细胞。但是，从有无生殖能力来说，可以大致分为两种，一种是生殖细胞，一种是体细胞。生殖细胞有几个层次，以男人来说，有精原细胞、初级精母细胞、次级精母细胞及精子；以女人来说，有卵原细胞、初级卵母细胞、次级卵母细胞及卵子。精子和卵子统称为配子。

体细胞和生殖细胞有什么不同呢？

无论是生殖细胞，还是体细胞，在细胞分裂前，细胞核内的 DNA 都要进行复制。体细胞 DNA 复制一次，只进行一次分裂，这样，两个子代细胞内的 DNA 量仍然保持正常。生殖细胞呢？初级精母细胞或初级卵母细胞 DNA 复制一次，要进行两次分裂。这样，每个配子的 DNA 量只有正常细胞的一半。

为了区别这两种细胞分裂，把体细胞的分裂称为有丝分裂，把初级精母细胞或初级卵母细胞分裂为配子的过程称为减数分裂。

减数分裂有两次，从初级精母细胞分裂为次级精母细胞或从初级卵母细胞分裂为次级卵母细胞的过程称为第一次减数分裂，一般用减数分裂 I 表示；从次级精母细胞分裂为精子或从次级卵母细胞分裂为卵子的过程称为第二次减数分裂，一般用减数分裂 II 表示。

第一次减数分裂分为前期、中期、后期、末期四个期。

前期比较复杂，同时在遗传学上具有重要意义，这一期又可以分为细线期、偶线期、粗线期、双线期和终变期五个期。

在细线期，平时散布于细胞核中的DNA链聚集成光学显微镜下可以看见的染色体。由于此时DNA经过了复制，每一个染色体由两个染色单体构成。这两个染色单体通过着丝粒连接在一起，像姐妹一样形影不离，叫做姐妹染色体。

在偶线期，染色体逐渐变短变粗，并且两两配对，这一过程称为联会。联会是减数分裂中的一个重要过程，只有同源染色体才能成双成对地配在一起。

什么叫做同源染色体呢？

以人类为例。人类的体细胞和初级精母细胞、初级卵母细胞有46条染色体。这些染色体，乍看起来长短形状各不相同。但仔细观察，可以把它们分为23对。第1对到第22对，每一对的大小和相貌一模一样，跳跳猴等给它们起个统一的名字，叫做常染色体。剩下的两个染色体，在女性完全相同；在男性呢？一大一小。人们把女性的这两个染色体命名为XX，把男性的命名为XY。经过反复研究后才知道，这XX和XY和人体的性别有关系。正是由于XX、XY的不同，男人肌肉发达，女人皮肤细腻；男人的睾丸产生精子，女人的卵巢生产卵子。因此，XX和XY被叫做性染色体。

在每一对染色体中，一个来自父亲，一个来自母亲，这分别来自父亲和母亲的成对的染色体就叫做同源染色体。平时，它们散居在细胞核的各个地方，各自忙着自己的事情。在联会期，46个染色体两两相配，形成23对，就像23对新郎和新娘在举行集体婚礼。别看这些染色体没有眼睛，只有同源染色体才互相约会。人们把同源染色体两两配对形成的复合体称为二价体。

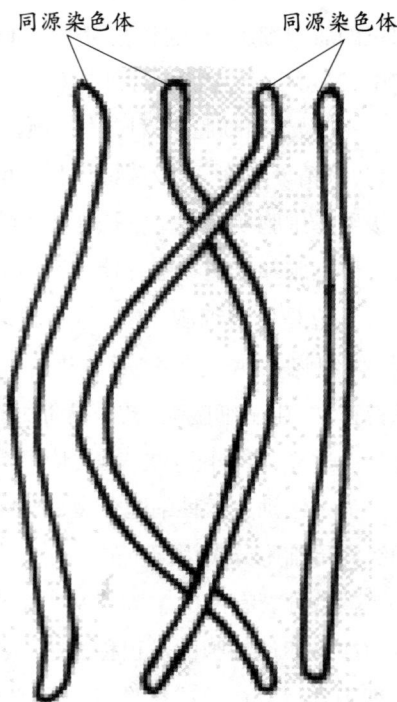

同源染色体交叉

206

在偶线期后是粗线期。在这一期,每条染色体纵裂为两条染色单体。由于每个染色体有两个染色单体,联会在一起的两个染色体就有四个染色单体,人们将其称为四分体。

粗线期后是双线期。在双线期,两个同源染色体之间互相交叉。

在一个四分体中,交叉的位置多少不一。一般说来,长的染色体交叉多,短的染色体交叉少。两个染色体交叉的部位会发生断裂,并且嫁接到对方的染色体上。通过这种方式,同源染色体中的两个染色体便发生了遗传物质的交换。在双线期之前,可以说甲染色体是来自父亲的,乙染色体是来自母亲的。但在双线期后,两个同源染色体的 DNA 发生了交换,我中有你,你中有我,很难说哪个染色体来自父亲,哪个染色体来自母亲。

双线期后是终变期。在终变期,遗传物质发生过交换的同源染色体之间的绞缠解开,染色体变短变粗。至此,减数分裂周期的前期完成。

如果把第一次减数分裂前期生殖细胞里的染色体比作人,细线期就好像少男少女长大成人,偶线期是青年男女在热恋中。双线期呢?就像男女双方结婚生了一对子女。这一对子女既像父亲,也像母亲。

减数分裂周期中的前期男女有别。男性青春期后初级精母细胞分期分批减数分裂,其中,第一次减数分裂的前期持续二十几天。女性在新生儿期所有初级卵母细胞就已经进入了第一次减数分裂前期中的双线期,直到十四岁左右时,卵细胞才分批继续双线期后的减数分裂过程,每个月形成一个成熟卵子并从卵泡排出。也就是说,有些初级卵母细胞第一次减数分裂的前期要从新生儿期持续到青春期开始出现排卵时,有些初级卵母细胞第一次减数分裂的前期要从新生儿期持续到绝经期。

在前期后,相继是中期、后期和末期。

中期,细胞内的染色体都聚集到细胞中央的赤道面上。这时,同源染色体,也就是来自父方的染色体和来自母方的染色体,仍然是两两配对。

后期,两个同源染色体分别向细胞两极移动。结果,原来细胞中的染色体被均等地分配到细胞两端,成为两组染色体。

末期,染色体将螺旋解开,变成细丝状。但仍然可见染色体的形态。细胞质和细胞膜分成两部分,成为两个子代细胞。

在第一次减数分裂完成后,初级精母细胞成为次级精母细胞,初级卵母细胞成为次级卵母细胞。

在初级精母细胞和初级卵母细胞中,每个细胞内有23对染色体,染色体成双成对,称为双倍体。第一次减数分裂后,染色体减半,次级精母细胞和次级卵母细胞中有23个染色体,称为单倍体。

第一次减数分裂完成后,次级精母细胞和次级卵母细胞即急匆匆开始第二次减数分裂,不再进行DNA复制。

第二次减数分裂也分前期、中期、后期和末期,但前期很短。由于这时细胞内没有同源染色体,因此,和第一次减数分裂不同,不进行染色体联会以及DNA片段的交换,只是每一条染色体的姐妹染色体互相分开。次级精母细胞经过第二次减数分裂成为精子细胞,精子细胞再经过形态变化,长出尾巴,成为蝌蚪样的精子。次级卵母细胞呢? 要在受精后才能开始第二次减数分裂。

总的来看,通过两次减数分裂,一个二倍体的原始生殖细胞变成四个单倍体的生殖细胞。

为了产生一个新生命,竟然要经过这许多的过程。体细胞的分裂和生殖细胞有些什么不同呢?

经过研究,大家发现:

第一,体细胞的分裂是DNA复制一次,细胞分裂一次,形成两个二倍体的细胞。配子的分裂是DNA复制一次,细胞进行两次分裂,形成四个单倍体的细胞。

第二,体细胞分裂时,每一染色体复制为二,分别分配到两个子细胞中,同源染色体中的两个染色体不进行联会以及DNA片段的交换。这就像将一份稿子复印成两份,一人保存一份。生殖细胞第一次减数分裂时,来自父方的染色体与来自母方的染色体要进行联会以及DNA片段的交换,然后,同源染色体中的两个染色体再随机分配到两个子代细胞中。这样,经过第一次减数分裂形成的两个子细胞中的染色体便互不相同。

天文数字

　　无性生殖有裂殖、出芽和孢子繁殖几种,这些方式不涉及减数分裂,细胞分裂简单而又高效。进化以后的有性生殖呢? 要经过两次减数分裂,第一次减数分裂的前期又要历经细线期、偶线期、粗线期、双线期和终变期等阶段,过程漫长,手续繁杂。大自然为什么要舍简就繁,让进化程度较高的生物有性生殖呢?

　　研究发现,通过无性生殖产生的后代,遗传特征和上一代一模一样,都是不男不女的中性人。通过有性生殖产生的后代呢? 子女既像母亲,又像父亲。也就是说,有许许多多的可能性。

　　有多少种可能性呢?

　　跳跳猴等进行了仔细的研究。假如一个生殖细胞中有两对染色体 Aa 和 Bb,A 和 a 是同源染色体,A 来自父方,a 来自母方;B 和 b 是同源染色体,B 来自父方,b 来自母方。在发生第一次减数分裂时,A 和 a,B 和 b 肯定要分别分配到两个细胞中。但是,在组合时,存在几种可能。可能 A、B 分配到一个子代细胞中,a、b 分配到另一个子代细胞中;也可能 A、b 分配到一个子代细胞中,a、B 分配到另一个子代细胞中。如果有两对染色体,在减数分裂时可以产生 $2^2=4$ 种染色体组合;如果有 3 对染色体,减数分裂时可以产生 $2^3=8$ 种染色体组合。

　　那么,人类生殖细胞的染色体可能有多少种组合呢? 人的初级精母细胞中有 23 对染色体,那么,在减数分裂形成精子时,就有 $2^{23}=8388608$ 种染色体组合。初级卵母细胞分裂成为卵子,也有同样数目的染色体组合。如此算来,精子和卵子融合形成受精卵,产生的染色体组合类型就应该是 $8388608×8388608$。这会是一个多大的数字呢? 几万亿! 真是一个天文数字! 不同的染色体组合会使智力、体质和相貌等方面产生不同的特征。就是因了这种机制,有性生殖便增加了生物多样性。

　　这还只是染色体组合层面。如果再考虑到第一次减数分裂前期同源染色体 DNA 片段交换的因素,即基因组合层面,可能的组合类型便是天文数字的许多次方。

人类还能创造哪些奇迹

一般来说,低等生物通过无性方式进行繁殖,高等生物通过有性生殖繁衍后代。

但是,植物有不少例外。比如,椰子树没有种子,它繁衍后代不涉及雌雄配子受精;杨树、柳树可以通过插枝来形成新的植株。它们虽然属于高等植物,却采取了无性生殖方式。

哺乳类动物是最高级的动物,生殖方式是有性生殖。但是,近年来,人类竟然通过克隆技术使它们返璞归真,回归到了无性生殖的初级阶段。

什么是克隆呢?

所谓克隆技术,是指将体细胞的细胞核移植到去掉细胞核的卵细胞中,经过一定处理,激活该细胞的分化潜能,从而发育成为一个新的个体。这个过程不涉及精子和卵子的受精,产生的个体在遗传学上与提供细胞核的个体完全相同,是一个无性生殖过程。

利用生物科学技术,人类竟然能逆转大自然的安排,使高等生物通过无性方式实现繁殖。今后,利用生物科学技术,人类还能创造哪些奇迹呢?

从无性生殖到有性生殖

低等生物无性生殖，高等生物有性生殖。那么，从无性生殖到有性生殖，应该有一个进化过程吧？

跳跳猴等对生物的生殖方式进行了复习和研究。

在 20 世纪 40 年代以前，细菌被认为是没有性别的。后来，经过研究发现，有些大肠杆菌除了染色体 DNA 外，还有一种小的环状 DNA 分子。这种 DNA 分子与细菌性别有关，称为性因子，或称为 F 因子或 F 质粒。有 F 因子的菌株称为 F+株，没有 F 因子的菌株称为 F−株。两种细菌之间可以形成接合管，F+株细菌中的 F 因子 DNA 双链分开一条单链，从接合管进入 F−株细菌，复制成一 DNA 双链的 F+因子。原来 F+株细菌中保留的 DNA 单链 F+因子也复制为 DNA 双链，成为一个完整的 F+因子。这样，F−株细菌获得了 F 因子，不动声色地改变了性质，变成了 F+细菌。

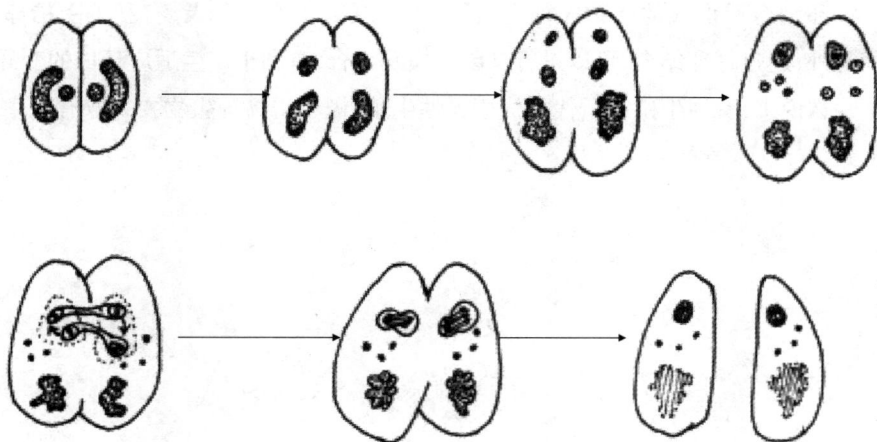

纤毛虫的接合生殖

虽然不像人一样明确分成男人和女人,但F+细菌和F-细菌表现了初步的性分化。虽说它们的繁殖不是通过雌雄配子的结合,但是,F+细菌和F-细菌之间发生了性因子的交流。就像在试探雌雄配子结合,但一开始有点羞羞答答。可以说,性因子的交流是从无性繁殖向有性繁殖进化的第一步。

纤毛虫比大肠杆菌进了一步,出现了不同的交配型。在进行繁殖活动时,只有不同交配型的细胞才能结合。此外,细胞分裂出现了减数的方式。可以说,纤毛虫的生殖有点儿有性生殖的味道。

但是,在纤毛虫,只是有不同的交配型,还没有分化出雌性与雄性。离真正的有性生殖,还有一小段路程。

什么才算真正意义上的有性生殖呢?

进化到配子生殖阶段,有性生殖才算正宗。

什么是配子呢?

配子是单倍体的有性生殖细胞,在雄性为精子,在雌性为卵子。精子和卵子结合成为受精卵,便可以实现繁殖。但是,很多无脊椎动物的卵子不必受精就可以发育成为成虫。这种生殖方式称为孤雌生殖。但是,在环境恶劣的情况下,比如气温下降时,会转而通过受精繁衍子孙。

为什么平时自力更生,在环境恶劣时便求助于精子呢?

精卵结合后形成的受精卵外壳较厚,可以抵御寒冷的冬天,有利于受精卵越冬。另外,通过精卵结合,可以进行基因交换及组合,有利于产生适应环境的变异。

这么说来,有性生殖的子代要优于无性生殖,怪不得高等生物要采取有性生殖的方式。

奇怪的后蟧

地球上的人口虽然众多,实际上只有两种人:男人和女人。如果一个人长得又像男人又像女人,则成为两性畸形,需要去看医生。

但是,跳跳猴等发现,在植物和低等动物,要确定它们的身份要颇费一番脑筋。

大部分种子植物雌蕊和雄蕊生长在同一花朵中,这种现象叫做雌雄同株同花。

有些植物是在同一植株上有两种花,即只有雄蕊的雄花和只有雌蕊的雌花,这种现象叫做雌雄同株异花。雌雄同株异花的植物有黄瓜、蓖麻等。

有些植物雄花和雌花分别生长在不同的植株上,即有的植株只开雄花,有的植株只开雌花。这种现象叫做雌雄异株,属于这一类的植物有银杏、啤酒花等。

还有些植物,既有雌雄同株,也有雌雄异株。

好些低等动物既有睾丸又有卵巢,也就是说,它们既可以产生精子,又可以产生卵子。用医学的观点来看,是真正的两性畸形。

有些瓣鳃类动物,如蛤、蚌等,睾丸先成熟,放出精子,然后睾丸退化,卵巢成熟产卵。也有少数个体在卵巢成熟后继续产生精子,这些动物是真正意义上的既当爸,又当妈。

无脊椎动物中雌雄同体的也比较多,大多数寄生虫都是雌雄同体。但是,许多雌雄同体的动物,比如涡虫,蚯蚓等,都是异体受精。

后蟧比瓣鳃类动物还要有意思。这种动物的雌虫较大,全长约一米。雄虫很小,长约一到三毫米,栖居于雌虫的子宫或体腔中,器官大多退化。为什么雄虫钻到了妻子的肚子里了呢?原来,后蟧在幼虫阶段没有确定性别。如果幼虫一直在海水中生活,即发育成为雌虫;如果幼虫不是自由活动,而是附着于成长的雌虫身体上,就会在雌虫分泌的某些促雄物质的刺激下发育成为雄虫。这么说来,后蟧的性别完全是由环境来决定的。

生物科学研究院

深深的闺房

　　姹紫嫣红的花是植物的生殖器官。那么，这个特殊的器官是一个什么构造呢？它们的配子藏在哪里呢？

　　花的种类太多了，就把被子植物作为观察对象吧。

　　被子植物的花长在花柄顶部膨大的花托上，由花被、雄蕊群和雌蕊群组成。

　　花被包括花萼和花冠两部分。

　　花萼由不同数目的萼片组成，多为绿色。大多数植物，如苹果、梨等，果实成熟时萼片脱落。但有一些植物，如茄子、柿子、西红柿、辣椒等，果实成熟时，花萼仍然保留在果实基部。

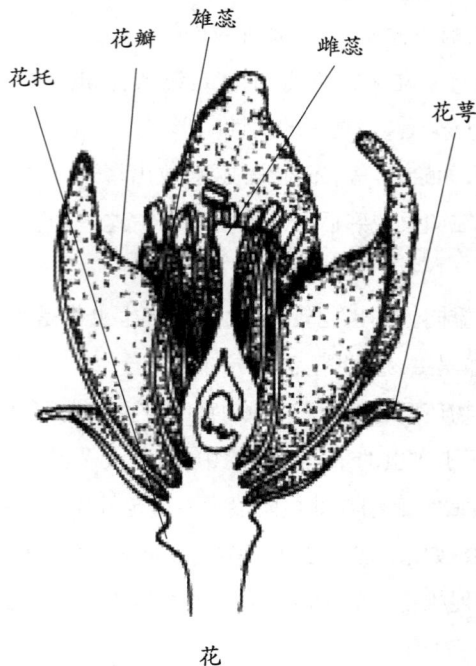

花

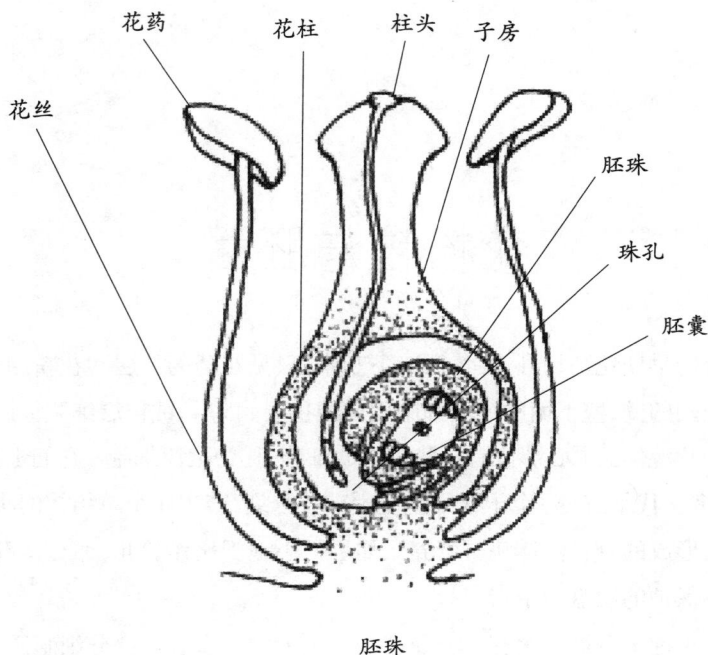

花药 花柱 柱头 子房

花丝

胚珠

珠孔

胚囊

胚珠

花冠由色彩缤纷的花瓣组成。

雄蕊分为花丝和花药两部分。花药产生小孢子，小孢子发育成为花粉粒，其中含有雄性配子——精子。在一般花朵中，多个雄蕊组成一个雄蕊群。

雌蕊顶端为柱头，是接受花粉的部位。柱头下为花柱，再下为子房。子房，如其名称所示，结构如同一间房子，其中有胚珠及胚囊。胚囊中含有雌性配子——卵子；胚珠顶部有一小孔，称为珠孔，是花粉粒中雄性配子进入胚囊，与卵子结合的通道。

这胚囊就像是旧社会的姑娘，藏在深深的闺房中。来相亲的小伙子要先进入黑黢黢的花柱隧道，钻进珠孔，才能见到他心仪的人。

花粉粒与胚囊

将雄蕊的早期花药切开，在显微镜下观察，只见花药的外层和花粉的表皮细胞共同构成花药的壁，壁下面的一层细胞构成绒毡层。以后，绒毡层细胞彼此融合，形成黏稠的胶状液体。中心部位有一些较大的细胞，称为孢原细胞。它们进行有丝分裂，产生许多子代细胞。每个子代细胞发生减数分裂，产生四个单倍体的小孢子，它们靠绒毡层形成的胶状液体获得营养。如果把小孢子比作胎儿，那么，绒毡层就是提供营养和保护的胎盘与子宫。

每一个小孢子经过一次有丝分裂产生一个大的、占有大部分细胞质和细胞器的营养细胞和一个小的、只有薄薄一层细胞质的生殖细胞。生殖细胞包埋在营养细胞中，分裂为两个细胞，成为精子。这样，就形成了一个含有三个细胞的成熟的花粉粒，称为雄配子体。但是，在不同植物中花粉粒的构成不完全相同。小麦、玉米、水稻、向日葵等的花粉粒含有三个细胞；棉花、桃、李等的花粉粒中只有两个细胞，其中的生殖细胞不分裂，要等到花粉粒传到柱头上才分裂成为两个配子。

花粉粒很小，直径一般在15微米到50微米之间，容易被风力传送，或由昆虫携带。不同植物的花粉粒形态不同，但它们的表面都有小孔。当花粉到达雌蕊的柱头时，就会从小孔伸出花粉管，花粉里的精子便顺着这个管道溜到卵子所在的子房中。

精子的产生如此复杂，卵子的形成也颇费周折。

在子房中有胚珠。胚珠顶部靠近珠孔的一端，有一个细胞核很大的大细胞，称为孢原细胞。孢原细胞发育成为大孢子母细胞。每一个胚珠中只有一个大孢子母细胞，这与雄蕊的花药中有很多小孢子母细胞不同。

大孢子母细胞发生减数分裂，产生四个排成一直行的单倍体细胞。靠近珠孔的三个细胞退化，只有最深处的一个发育成为大孢子。因此，胚珠实际上是一个大孢子囊。

单倍体的大孢子在胚珠中逐渐长大，细胞核连续分裂三次，成为八个核，分别排列到靠近珠孔的一端和相反的一端，每端各四个。然后，两端各有一个核移向细胞中心，共同构成含有两个细胞核的中央细胞。位于珠孔一端的三个核各自围以细胞质，成为三个细胞。其中一个较大，为卵细胞，另外两个较小，称为助细胞。远端的三个细胞核也发展为三个细胞，称为反足细胞。这个含有七个细胞的结构称为胚囊，或称为雌配子体。

胚囊中各个细胞对卵细胞的发育都有作用。中央细胞发展成胚乳，为胚的发育提供养分。助细胞可能有为卵细胞传送营养物质的作用，很多植物受精时花粉粒伸出的花粉管是穿过助细胞而进入胚囊中的。因此，有人认为，助细胞可能分泌某种物质，对花粉管的走行具有引导作用。反足细胞呢？作用不太清楚，可能有运输物质的功能。

噢，植物配子的形成竟然比人类还要复杂，大自然在设计这一切时一定很费了一些工夫。

禁止入内

但是，花粉怎样使雌蕊受精呢？

花可以分为风媒花和虫媒花两种。风媒花质轻，可随风飘荡，再散落到雌蕊的柱头上。虫媒花呢？请了蜜蜂和蝴蝶做媒婆，靠这些昆虫把花粉带到雌蕊柱头上。花粉经过风媒或虫媒，落到柱头上的这一过程叫做传粉。

花粉传到柱头上后，被柱头表皮细胞分泌的一层亲水蛋白质粘住。花粉伸出花粉管，穿过花柱、珠孔，进入胚囊，形成了一条输送精子的管道。花粉中的营养核和两个精子核顺着花粉管进入胚囊。接着，营养核消失，一个精子与卵细胞融合形成二倍体的受精卵，另一个精子和中央细胞融合成三倍体的胚乳核。胚乳核将来发育成为种子的营养物质，即胚乳。

被子植物的受精是两个精子分别与卵细胞及中央细胞融合，与卵细胞结合后形成合子，与中央细胞融合后，为合子的发育提供营养。这种受精方式称为双受精。

在开花季节，柱头上总是黏附着许多种植物的花粉。但是，只有同种植物的花粉才能在柱头的刺激下继续发育。

这是为什么呢？

这是花粉与柱头互相识别的结果。正是因为这个识别过程，才能防止异种植物的花粉使雌蕊受精，保证植物物种的稳定性。实际上，在动物界，不同物种的配子也不能受精。这就是所谓的生殖隔离。

那么，花粉和柱头是如何识别的呢？

在花粉外壁上，有一种来自花药绒毡层的糖蛋白分子，是识别分子。雌蕊柱头表面有一层蛋白质，上面有特异的受体部位，能和同种植物花粉的识别分子结合。受体与识别分子结合后，柱头就分泌某些激活物质，促进花粉的继续发育。如果落到柱头上的花粉来自异种植物，柱头不但不分泌激活物质，还会因为异种蛋白的刺激而产生一薄层物质。由于这一薄层物质的作用,花粉即使长出花粉管也不能穿过柱头,因而不能进入子房。

这花粉上的糖蛋白分子就好像来访者的身份证,那雌蕊柱头上的受体就像站在闺房门口的卫兵,他要求每一个来访者出示身份证件。如果上门的是姑娘定过亲的小伙子,便打开房门,迎进洞房;如果来访者没有通过查验,便亮出"禁止入内"的牌子,关上洞口。

哇!授粉过程不仅井然有序,还设计了机关防止串种。

急性子和慢性子

授粉的过程明白了，但是，授粉后形成的种子是如何发芽、生根，最后成为一株植物的呢？

跳跳猴等发现，有些植物的种子，比如小麦，是急性子，成熟后就可以萌发。因此，如果小麦在成熟后遇上阴雨天气，不能及时收割回来，就会在麦穗上长芽。但是，多数植物的种子，比如苹果和桃，遇事不着急，成熟后需要经过一段休眠时间才能萌发。

这是为什么呢？

研究发现，许多种子在最初形成时，有化学抑制物生成。等到大部分抑制物被分解，其他条件也适合时，种子才萌发。这其实是植物对环境的一种适应。

为什么说是对环境的适应呢？

如果粮食作物的种子在秋天成熟后马上就发芽，紧接着是深秋和寒冬，幼苗就会被冻死。如果沙漠中的植物在种子成熟后马上就发芽，又不巧遇上干旱季节，幼苗就会被旱死。因此，它们静观其变，等待时机，只有在条件适合时才发力。想不到，植物竟然也懂得韬光养晦和蓄势待发。

当种子内的抑制物被分解，温度、湿度以及其他条件都适合时，种子吸水膨胀，化学反应活跃，呼吸作用加强，胚细胞不断分裂。接下来，种子便开始萌发。以双子叶植物为例，种子胚结构中的胚根向地下生长，成为幼苗的主根，胚轴向上伸长，将子叶推向地上。这时，便成为一个具备根、芽和子叶的幼苗。再以后，幼苗的地上部分发育成为茎，茎上长出叶。有了茎和叶，就可以进行光合作用。有了光合作用，植株就能自力更生合成有机物，不断生长、开花和结果。接下来，开始下一轮的传宗接代历程。

从恒温箱出来的"小蝌蚪"

植物的生殖清楚了,动物的生殖是一个什么样的过程呢?

人是最高级的动物,就来探讨一下人类的生殖过程吧。

要认识生殖过程,首先需要了解生殖器官。

男性生殖器官包括睾丸、附睾、输精管、精囊,前列腺以及阴茎等部分。

睾丸是产生精子的器官,也是产生雄性激素的器官。在胎儿时期,睾丸是位于腹腔内的,在出生前后,原来位于腹腔内的睾丸从腹股沟管一路下行进入阴囊。

为什么不待在腹腔内呢?

原来,睾丸喜欢凉快,它的适宜温度较体温低一到二摄氏度。如果睾丸待在腹腔内,温度过高,就不能产生精子,不仅如此,还有睾丸细胞恶变,形成睾丸癌的可能。

阴囊只是一层薄薄的结构,外界的温度一年四季却有很大差别,它怎么能使睾丸的温度恒定在低于体温一到二摄氏度的范围呢?

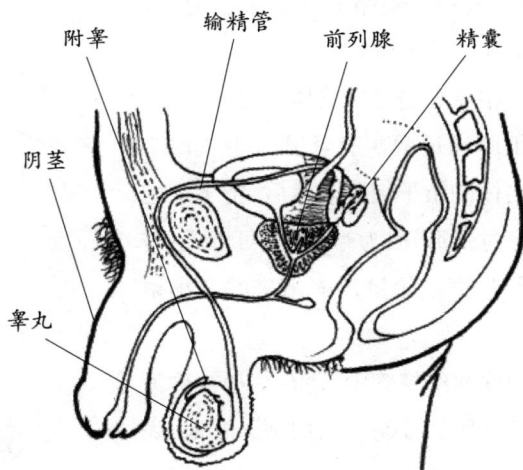

男性生殖器官

认真的观察发现,在阴囊皮肤的下面是一层薄薄的肌肉。夏季,天气炎热,阴囊会松弛,表面积扩大,增加散热;寒冷时,阴囊会紧缩,表面积缩小,减少散热。它恒温的效果,丝毫不亚于电动恒温箱。

有些男孩在出生后睾丸仍然躲在腹腔内或腹股沟内,下不到阴囊中,这种情况叫做隐睾。如果不及时治疗，就会因为周围温度过高影响睾丸的发育，继而影响精子的数量和质量。

为什么隐睾会影响精子呢？

精子的生产车间是睾丸内的曲细精管。这么说来，睾丸是生产车间所在的工厂。工厂还没有搬迁到位，生产车间当然不会开工。

接下来，到精子的生产车间看一看吧。

曲细精管可以分为许多层。从外向内，依次是基底膜、精原细胞、初级精母细胞、次级精母细胞、精子细胞、精子。这一个顺序也正好是精子生成的顺序。

精原细胞是二倍体细胞，一个精原细胞通过两次有丝分裂生成四个单倍体的精子细胞。然后，精子细胞再经过变形，成为蝌蚪样。可以说，精子是从恒温箱里培养出来的"小蝌蚪"。

在曲细精管中，还有一种被称为支持细胞的细胞。它们顶天立地，底部坐落在基底膜上，顶部在曲细精管的管腔面。

支持细胞起什么作用呢？

反复实验后发现，支持细胞的作用有几个：一是对各级生精细胞起支架作用，二是为各级生精细胞提供营养，三是产生雄激素结合蛋白。雄激

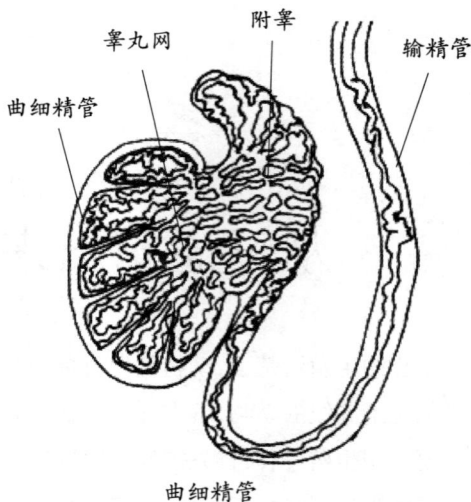

曲细精管

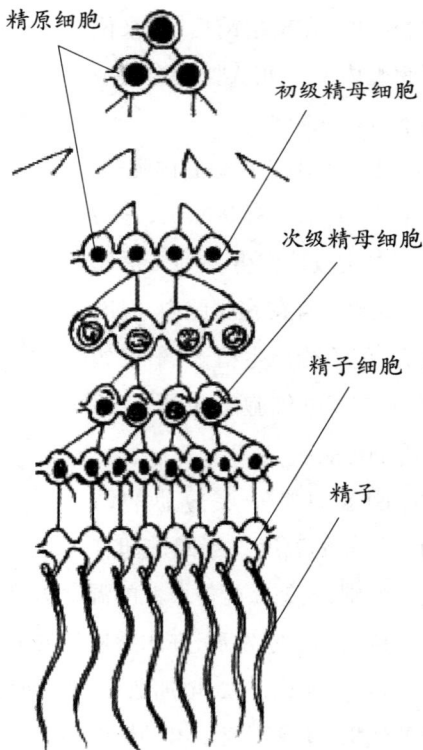

精子发生

素结合蛋白可以大量结合睾丸间质细胞产生的雄激素，使曲细精管中雄激素的浓度大大高于血液。只有在高浓度雄激素的环境中，精子生成过程才能正常进行。因此，没有支持细胞，精子便不能正常生成。

精子长什么样子呢？不同物种的动物，精子长相也不同。线虫的精子没有尾巴，靠变形运动进行移动。除线虫外，其他动物的精子都像蝌蚪，具有头、中段和尾巴。通过尾巴摆动，精子可以像蝌蚪一样快速运动，去寻找等在约会地点的卵子。

精子是人体细胞中唯一带着尾巴的细胞。但是，除了尾巴之外，精子还有以下特征。

第一，精子染色体比其他细胞致密。这有什么意义呢？将染色体紧紧缠绕起来，可以保证染色体中的遗传信息在受精前保持稳定，不会因为周围条件的变化而被修改。

第二，精子细胞变成精子时丢掉了多余细胞质。部队在急行军时往往要把辎重扔掉，为的是轻装后可以提高行军速度。精子是动物体内唯一快速运动的细胞，头部细胞质少，可以使精子轻装前进。

第三，精子头部较尖。我们平时说某人钻营时，常用削尖脑袋来形容。精子将自己的脑袋削得又小又尖，便是为了能顺利钻进卵子，使卵子受精。

第四，精子在顶端有一个泡。这个泡就像一顶帽子，扣在脑袋上，因此，又叫做顶体或顶体帽。顶体中有各种水解酶，当精子接近及接触到卵子时，会将顶体泡中的各种酶释放出来，将卵子外面的放射冠和透明带消化掉，为精子进入卵子打出一个通道。如果把卵子比作一个城池，那精子的顶体帽便是精子攻城的武器。

第五，精子的中段缠绕着一串线粒体。线粒体是细胞内能量代谢的细胞器，负责为细胞活动提供动力。精子是动物体内唯一快速运动的细胞，当然需要有丰富的线粒体。精子运动靠尾巴，线粒体分布在紧邻尾巴的中段，就像发电厂建在了用电工厂的附近，可以省去在输送过程中能量的损耗。

看来，造物主在设计精子时颇费了一番思量。

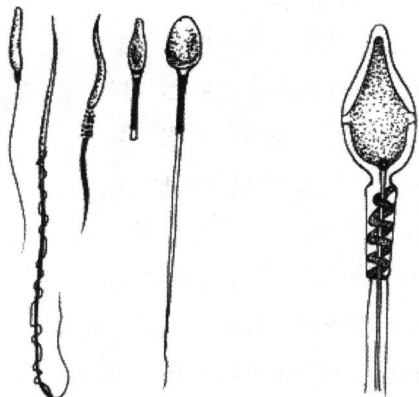

各种动物的精子

只有新娘能走进洞房

昨天，纷纷扬扬下了一天小雪。今天，雪后放晴，整个霁山银装素裹。

就在这洁白晶莹的世界中，大家开始研究女性生殖系统。

女性生殖器官由卵巢、输卵管、子宫与阴道组成。

卵巢位于盆腔中子宫两侧，紧邻着输卵管的开口。阴道、子宫和输卵管是生殖管道，卵巢是干什么的呢？

对成年女性的卵巢进行观察，只见切面上有许多卵泡。不过，这些卵泡有的大，有的小；有的有卵泡液，有的没有卵泡液。

取一个接近成熟的卵泡在显微镜下观察，可以看到卵泡的中央是卵子，卵子周围是颗粒细胞以及卵泡液，再往外是卵泡壁。

与成年女性不同，初生女婴卵巢内都是小卵泡。里面的卵子，是清一色的初级卵母细胞。奇怪的是，既然女孩的身体年年在发育，卵泡内的卵子呢？到青春期之前

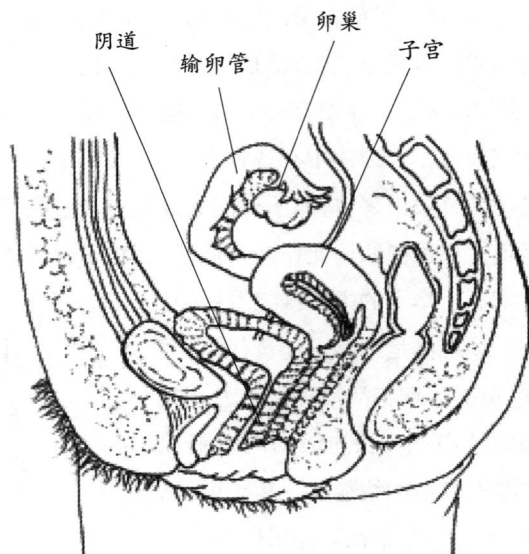

女性生殖器官

一直在睡觉。青春期后，每28天左右，有几个小卵泡像是听了起床号一样，从休眠状态苏醒过来开始发育。但是，只有一个或者两个卵泡能够成为成熟卵泡，其中的初级卵母细胞成为次级卵母细胞。其他几个卵泡，则中途闭锁。

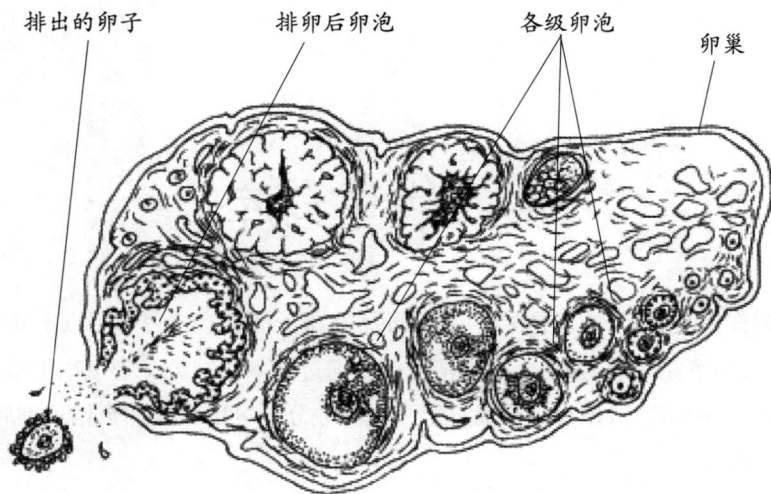

排出的卵子　　　　排卵后卵泡　　　　各级卵泡　　　　卵巢

卵巢及卵泡

如果把成熟卵泡比作新娘,其他几个中途闭锁的卵泡则是伴娘。她们陪伴着新娘参加结婚典礼,但是,只有新娘能走进洞房。

初级卵母细胞经历了一个什么样的过程发育成为次级卵母细胞呢?

初级卵泡中的初级卵母细胞苏醒后,卵细胞周围的颗粒细胞增多。为什么颗粒细胞要增多呢?主人要出征了,仆人当然要紧急动员起来准备粮草。随着颗粒细胞的发育,卵泡中出现卵泡液,卵泡变大。在此期间,初级卵母细胞完成第一次减数分裂,变成两个单倍体细胞。不过,形成的两个细胞中,一个较大,富有细胞质和卵黄,称为次级卵母细胞;另一个细胞很小,细胞质很少。这个小细胞并不离开次级卵母细胞,而是附着在次级卵母细胞的动物极上,因此,称为极体。

次级卵母细胞从卵泡中排出,进入输卵管。如果这时精子进到卵子内,次级卵母细胞即启动第二次减数分裂,又释放出一个极体。此时,卵母细胞成为受精卵,一个新的生命宣告诞生。

至此为止,卵母细胞释放了两个极体。为了避免混淆,人们把第一次减数分裂过程中释放的极体称为第一极体,第二次减数分裂过程中释放的极体称为第二极体。

生产线与仓库

跳跳猴等发现，虽然都是配子，但是卵子和精子的生产过程有两点不同。

首先，精子在分裂时，一个初级精母细胞通过第一次减数分裂可以形成两个次级精母细胞，两个次级精母细胞通过第二次减数分裂可以形成四个精子细胞，最后形成四条精子。

卵细胞在分裂时，一个初级卵母细胞通过第一次减数分裂形成一个次级卵母细胞和一个第一极体，一个次级卵母细胞通过第二次减数分裂形成一个卵子和一个第二极体。也就是说，一个初级卵母细胞只形成一个具有受精能力的卵细胞。

其次，男性的精子是持续产生的，只要进入性成熟期，精原细胞便持续不断地进行分裂。就像一条生产线，有源源不断的产品生产出来。

女性呢？在出生时，卵巢中的所有卵原细胞都已经转化为初级卵母细胞。青春期后，每个月都有几个初级卵母细胞继续发育，或者发育成为次级卵母细胞，或者中途闭锁。就像一个停止生产的工厂的仓库，其中的库存产品只是逐渐减少。等到一定程度，比如说，妇女的绝经期，卵巢中的卵泡便基本消耗殆尽。这时，妇女便不再具有生育能力。

XX 与 XY

除了生产过程,卵子和精子还有哪些差异呢?

第一点,当然是性染色体不同。以人来说,精子有 22 条常染色体,性染色体或者为 Y,或者为 X。卵子有 22 条常染色体,性染色体为 X。也就是说,精子和卵子根本的差别在于 X 和 Y 的不同。

第二点,从外形上来看,精子细胞质少,卵子细胞质多。精子细胞质少,有利于轻装上阵,快速运动;卵子细胞质多,才能供给受精卵发育所需的营养物质。

第三点,卵子呈圆形,不能运动;精子有尾巴,能运动。正是靠了这种运动能力,精子才能历经女性生殖道全程,到达卵子所在的部位,使卵子受精。

原来,从配子开始便有了男女之别。卵子储备了足够的营养物质,为早期胚胎的发育做好了准备。精子呢?造物主给它装了尾巴和武器,注定要过五关斩六将,去找形成未来生命的另一半。

难道它们会算预产期

卵细胞成熟后，便要排卵。在排卵期进行交配，卵子就有可能受精，雌性就有可能怀孕。大多数哺乳动物在每年的特定季节排卵，同时，生殖道还为卵子受精和胚胎着床做好了准备。这一时期称为发情期。

为什么这些动物只有在特定季节才发情呢？

研究发现，经过长短不一的妊娠期，这些动物产子时都避开了寒冬。如果不在特定的季节进行交配，那么，有一部分雌性动物就会在寒冷而缺少食物的冬季产子，产下的后代往往不能成活。

难道它们会算预产期？

进一步的观察发现，其他动物的生殖也有季节性。就说昆虫吧，夏天，它们在空中漫天飞舞；冬天，便一个个销声匿迹。偌大的队伍怎么会消失得干干净净呢？原来，赤身裸体的昆虫自知敌不过寒冷，便在冬天到来之前产下有着厚厚外壳的卵，默默地死去了。

原来，动物之所以在特定季节繁殖，是对自然环境的适应。

从野外到室内

精子和卵子融合成为受精卵或称合子的过程称为受精。总的来说,动物的受精方式有两种,体外受精和体内受精。

所谓体外受精,是雌性动物与雄性动物分别将卵子与精子排到体外,卵子的受精在身体之外完成。只有利用水介质,体外受精才能实现。因此,以体外受精方式进行繁殖的动物都是水生动物。不过,不能反向推断说水生动物都是体外受精。比如,海洋中的庞然大物鲸鱼就是体内受精。

体外受精时,精子与卵子被排到江河或汪洋大海中。只有有缘分的精子和卵子才能相遇和结合,大部分则随波逐流,消失得无影无踪。

但是,生活在陆地上的昆虫、爬行类、鸟类和哺乳动物怎么办呢? 没有水作为受精介质,只能把受精转到体内进行。

从体外受精到体内受精,精子与卵子约会的地点从野外转到了室内。这样,减少了精子和卵子的损耗,受精效率大大提高。

由于体内受精要求雌雄动物进行交配,因此,以体内受精方式生殖的动物便进化出了交配器官。但是,怎么知道对方是雄是雌呢? 别着急,大自然早就想到了这个问题。它让公鸡头上顶着红红的鸡冠,让雄孔雀长出彩色的屏……

请出示身份证

不论是体外受精，还是体内受精，结果都是精子和卵子融合成为受精卵。和植物的受粉相似，动物的受精也存在一个卵子和精子的识别过程。

跳跳猴等对棘皮动物海胆的受精过程进行了观察。

海胆的卵子细胞膜外面有一层厚膜，称为卵黄膜，上面有能与海胆精子结合的受体；在卵黄膜外面，还有一层胶状厚膜。遇到卵子时，精子排放顶体酶，使卵子的胶状膜溶解，暴露出卵黄膜上的受体。然后，精子前端伸出的突起和卵黄膜上的受体相结合。这个过程，就像卵子对来访的精子查验身份证。在验证了来访者的身份，确认是自己人之后，精子才能获准进入卵子，实现受精。

这有什么意义呢？

在海洋里，好多体外受精的动物都将卵子和精子排到水中。如果没有这个查验身份证的程序，不同物种的卵子和精子便会结合。那样，将会出现难以计数的怪胎。这怎么可以呢？法力无边的大自然绝不会容忍自己管辖的生物大家族出现失控。

原来，这查验身份证的程序是大自然管理生物秩序的一道重要关卡。

层层选择

研究还发现,生殖是一个层层选择的过程。

首先,是动物对配偶的选择。猛兽通过决斗选择配偶,只有体格健壮,在决斗中取胜的雄性才能与雌性交配;孔雀通过比美选择配偶,只有羽毛艳丽的雄性才能得到雌性孔雀的青睐。

在被选中的雄性与雌性交配后,千千万万个精子还要群雄逐鹿,展开竞争。只有那些身手敏捷的精子才能到达卵子周围,与卵子亲密接触;只有功能最健全的那个精子才能进入卵子,使卵子受精。

要经过两轮选择啊!

还有呢!卵子受精后,成为胚胎。如果这个胚胎的基因稍有缺陷,就会使胚胎发育中止,出现流产。

通过这一轮又一轮的选择,优秀基因才可以遗传下来,劣质基因才能被淘汰,物种方可适应自然环境而得以生存。

只进一个

　　虽然到达受精部位的精子不止一个，但只有一个精子能使卵子受精。卵子是通过什么机制防止两个以及两个以上的精子进入卵子的呢？

　　跳跳猴等对卵子受精过程进行了仔细观察。

　　在卵细胞的细胞膜外，还有一层胶状物质形成的一个带状结构，叫做透明带。它像一层玻璃幕墙，将卵细胞包裹得密不透风。为什么要在卵细胞外包一层幕墙呢？卵子是新生命的种子，当然要遮风避雨，给它营造一个安全的环境。不过，这透明带和卵细胞并不是紧密接触，在透明带和卵细胞膜之间有一个间隙，叫做卵黄周间隙。

　　在卵细胞膜下的细胞质里，有一些含酶的小颗粒，叫做皮质颗粒。精子穿入卵子细胞膜时，卵细胞立即将皮质颗粒释放入卵黄周间隙。这些皮质颗粒在酶的作用下可使卵细胞膜表面结构发生变化，即使再有精子进入卵黄周间隙，也不能进入卵细胞内，就像在入口处竖了一个告示牌："只进一个"。

　　就是通过这个机制，避免了两个以上的精子进入卵子。

胚胎结构

卵子受精后,受精卵便开始分裂过程。一个分裂为两个,两个分裂成四个,四个再分裂成八个……这些早期的细胞分裂称为卵裂,卵裂形成的细胞称为卵裂球。当人类胚胎内卵裂球在 16 到 32 个的时候,胚胎呈实心。往后,随着卵裂继续进行,在卵裂球数量增多的同时,胚胎内还出现了液体,形成一个内部有腔的球状胚。这个时期的胚胎称为囊胚。

在囊胚之后,胚胎细胞逐渐分化,出现了内胚层、外胚层以及中胚层三个胚层。这三个胚层再逐渐分化,分别形成不同的组织和器官。

对于哺乳动物,外胚层可以形成皮肤的表皮层,毛发,指甲,汗腺,神经系统,感觉器官的感觉细胞,眼角膜及晶状体,口腔、鼻孔以及肛门的上皮细胞,牙齿的珐琅质;内胚层形成消化道内腔上皮,气管、支气管及肺泡上皮,肝细胞,胰分泌上皮,甲状腺,甲状旁腺,胸腺,膀胱、尿道的内皮;中胚层形成肌肉,皮肤真皮层,结缔组织,肾、睾丸和卵巢等。

在胚胎发育过程中,还会产生一些附属结构。对于陆生的脊椎动物,胚胎外面有羊膜、绒毛膜、卵黄囊和尿囊等。

这些附属结构有什么作用呢?

羊膜包裹在胚胎外面。在羊膜和胚胎之间的羊膜腔中充满着液体,称为羊

受精卵

实心胚

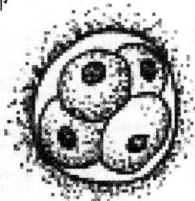

囊胚

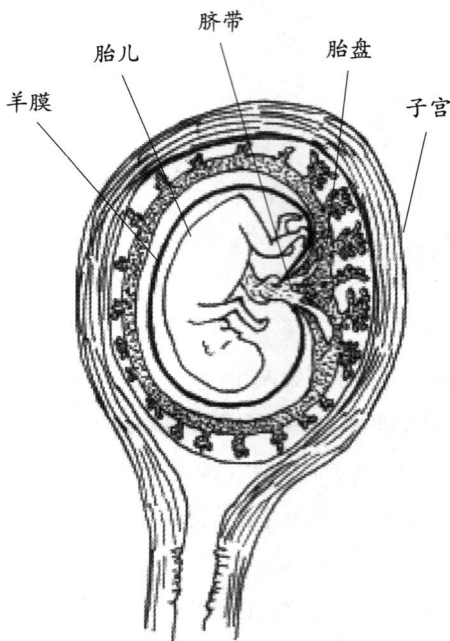

胎儿及附属结构

羊膜　胎儿　脐带　胎盘　子宫

水。这羊水，就像是胎儿的私人游泳池。不过，胎儿在里面不是蛙泳，也不是自由泳，只是伸胳膊蹬腿。这样，有利于肢体的发育和功能的形成，还对胎儿具有防震和保护作用。

羊膜之外有绒毛膜。绒毛膜从胚胎外周的滋养层细胞发育而来，具有吸收营养的作用。对于卵生动物，胚胎发育所需要的营养物质都来自卵内，绒毛膜很薄。人和其他胎盘哺乳动物胚胎需要从母体吸收营养，绒毛膜很厚。许多绒毛状突起长入子宫壁中，和母亲的子宫壁共同形成胎盘。母亲的血管在胎盘开放，形成血池。血池中的营养物质及氧气通过绒毛膜的屏障进入胎儿的血液循环，保证胎儿发育的需要。同时，胎儿的代谢产物通过绒毛膜进入母亲的血池，再通过母亲的血液循环及泌尿系统排出体外。

尿囊是胚胎消化管的外延物。在爬行类和鸟类，尿囊的作用是收集胚胎含氮的代谢废物，即尿酸结晶。等到孵化，即幼体破壳而出时，尿囊及其中的废物即被遗弃。胎生动物的胚胎代谢废物由母体排泄系统进行排泄，因此，尿囊很小，没有功能，是进化过程中遗留下来的结构。

在卵生的脊椎动物，卵中有一卵黄囊，其中充满卵黄，为胚胎发育提供营养物质。在胎生动物，胚胎从母体吸收营养物质以满足发育的需要，没有必要在卵中储备营养物质。因此，卵黄囊退化成一个很小的器官，没有功能。

对于胎生动物，羊膜的一部分变细，将已经缩小的尿囊和卵黄囊以及动脉和静脉包围起来，形成脐带。脐带是连接胎儿和胎盘的运输线，胎儿由此从胎盘获得营养物质，并将代谢产物排泄到胎盘中。

在胚胎附属结构的支持下，受精卵才能完成分化和发育过程。

从蝌蚪到青蛙

跳跳猴等发现，动物的生殖方式有卵生、胎生和卵胎生。

一般的鸟类、爬虫类、大部分的鱼类和昆虫是卵生。但是，卵生和卵生大不相同。从鸡蛋里爬出来的是小鸡，从蛇蛋里钻出来的是小蛇。它们在破卵而出的时候便和父母一样，只是个子小一些。还有好多动物，从受精卵到成虫要经过一个变态过程。即先发育成为有独立生活能力的幼虫，再由幼虫发育成为成虫。

这卵生的变态动物，还可以分为好多种。

在昆虫中，蚊、蝇、蝶、蜂、金龟子等的发育要经过卵、幼虫、蛹、成虫四个阶段。这种变态称为完全变态。

有些昆虫幼虫不经过蛹的阶段，直接发育成为成虫。这种变态称为不完全变态。不完全变态又可分为两种类型，即渐变态和半变态。

蝗虫、蟋蟀、蝼蛄、椿象等都是渐变态昆虫，其幼虫称为若虫。若虫的生活习性和成虫一样，形态也和成虫相似，只是翅膀没有长出来，生殖器官没有成熟。经过几

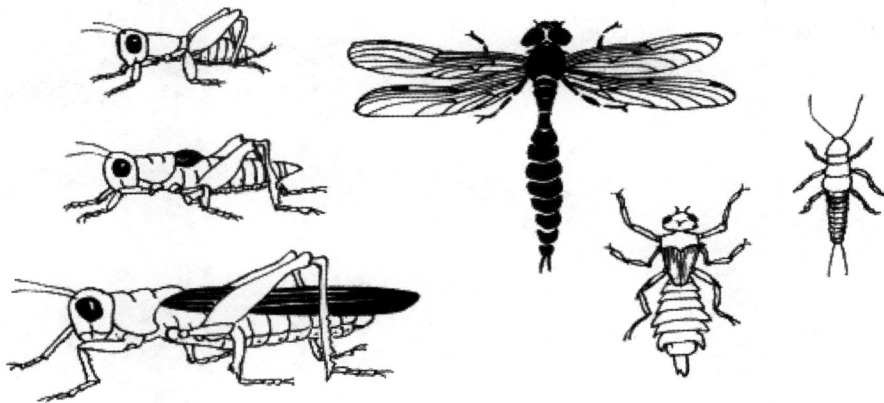

不完全变态

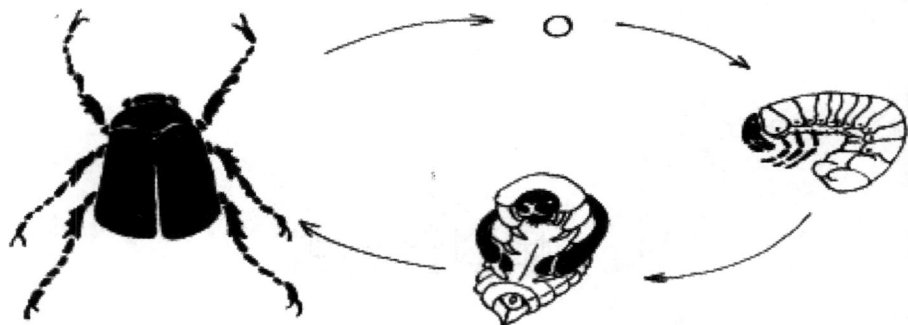

完全变态

次蜕皮，若虫长出翅膀并且生殖器官发育成熟后，即为成虫。

蜻蜓、豆娘、石蝇等都是半变态昆虫。它们在水中产卵，幼虫在水中生活，称为稚虫。和若虫不同，稚虫的形态和成虫有很大差别。它们在水中生活几年，经过多次蜕皮，原来适应水环境生活的鳃退化，长出适应陆地环境的气管系统，再长出翅膀。这时，它们才成为成虫，转入陆地生活。

两栖类的变态比较复杂，比如，蝌蚪在变为青蛙的过程中尾巴消失，附肢生成，内脏也要发生相应变化。

除昆虫和两栖类之外，很多动物，如腔肠动物、软体动物、环节动物、棘皮动物等，都有变态过程。

看出来了吗？有变态过程的都是低等动物，还没有准备好便早早来到世界上，只好一边经营生计，一边改造自身。

大厦是如何建成的

昨晚下了一场鹅毛大雪。早上，虽然空中不再飘雪花，但整个天空都阴沉着脸。放眼望去，漫山遍野，银装素裹。整个霁山，盖着雪被子沉沉地睡去了。与静谧的原野形成对比，实验室里，跳跳猴等却在紧张地探讨生命的奥秘。

生物体，尤其是高等动物，具有细胞、组织、器官、系统等层次。但是，无论这些生物体多么复杂，原本都是来自一个受精卵。

一个受精卵，是如何形成一个具有五脏六腑，四肢百骸的动物的呢？

这个问题，大家百思不得其解。

拜读了《霁山五章经》才知道，对于胚胎发育，人类经历了一个长期的认识过程。

大约在 16 世纪到 18 世纪，有些人认为卵子或精子中就存在着一个非常幼小的生物。所谓胚胎发育，不过是卵子或精子内这个幼小生物的长大而已。比如说，N.Hartsoeke 就认为人的精子中蹲着一个具有人的形状，但体积非常小的小人。这种理论叫做先成论。

18 世纪后，人们认识到生物体所有组织、器官，是从受精卵逐渐发育而形成的。这种观点叫做渐成论或后成论。

但是，一个受精卵是如何在特定的时间，在特定的位置形成特定的器官的呢？

20 世纪 20 年代，著名德国实验胚胎学家 Hans Spemann 用头发将蛙的受精卵横缢成有核和无核两半，两半之间只有很细的细胞质相连。结果，有核的一

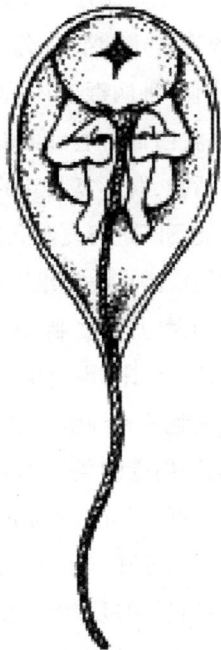
精子内的小人

半能够分裂,无核的一半停止分裂。当有核的一半分裂到 16 至 32 个分裂球时,如果一个分裂球的核挤到原来无核的一半,这一半也开始分裂。如果在这时将头发拉紧,使左右两半彻底分开,分开的两个部分都能发育成为正常胚胎,只是原来无核的一半发育得慢一些。

看来,细胞分裂的关键在于细胞核。

为什么细胞核在细胞分裂中有如此重要的作用呢? 进一步的研究发现,受精卵发育成为一个完整个体的过程,可以用建造一座大厦来比喻。要盖一座大厦,首先要有建筑计划,对大厦的位置、结构以及工程的进度作出规定。在受精卵中,这份建筑计划被秘藏在细胞核里的染色体中。因此,没有细胞核中的染色体,受精卵便不可能分化发育成为一个个体。

细胞核里的指令可以启动细胞分裂,除此之外,细胞质对细胞分裂有没有作用呢?

黑斑蛙红细胞的细胞核很不活跃,不但不能使所在的红细胞分裂,而且没有可测出的代谢活动。我国生物学家童第周将黑斑蛙红细胞的核移植到去掉细胞核的黑斑蛙卵中,细胞便开始分裂,并且发育成为正常的蝌蚪。这说明,就像光有建筑图纸,没有建筑用地以及材料不可能建成大厦一样,仅仅有细胞核中染色体的遗传信息,没有特定的细胞质,细胞便不可能进行分裂。

有一种病毒,叫做仙台病毒,它能附着在细胞表面使细胞膜的黏性增高。利用这种特性,仙台病毒可以使不同种的细胞融合在一起。鸟类的红细胞有核,但细胞核不活跃,既不复制新的 DNA,也不转录 RNA。一种癌细胞,叫做海拉细胞,它的细胞核能不断进行复制和转录。用仙台病毒作用于鸡红细胞和海拉细胞,可以使鸡红细胞核浸浴在海拉细胞的细胞质中。这时,鸡红细胞核好像从睡梦中醒过来一样,迅速膨大,开始复制 DNA,转录 RNA。

这么说来,没有细胞质的保障,细胞分裂也不能进行。

细胞核和细胞质本身就是细胞的成分, 它们对细胞分裂的影响可以看作是内因,细胞周围的条件对细胞分裂有没有影响呢?

一百多年前,H.Driesch 在海胆受精卵分裂为二至四个分裂球时通过强烈振荡将分裂球分开,让它们分别发育。结果,每个分裂球都能发育成为完整的,但略小一些的海胆。但是,如果在一个分裂球上附着有一个没有振荡下来,但已经被破坏的分裂球,这个健康的分裂球就只能发育成为一个不完整的胚胎。

也是在一百多年以前, 德国的 W.Roux 在蛙或蝾螈的受精卵分裂成两个细胞时,用烧红的针尖刺杀其中的一个。结果,被烧杀的细胞不再分裂;与被烧杀的细胞紧邻的健康细胞继续分裂,但只能发育成为半个胚胎。

以上两个实验表明,不正常分裂球对健康分裂球的分裂具有重要影响。

还有,早期胚胎的每一个细胞都是全能干细胞。如果把这些细胞单独拿出来,每一个都能发育成为一个完整的个体。但是,如果这些细胞聚集在一起,其中的细胞便朝着不同的方向分化。最后,只能形成一个个体。

总之,在细胞分裂机制中,细胞核起着核心作用,细胞质为细胞核中遗传信息的表达提供条件,细胞周围的环境对细胞分裂也有一定影响。

诱导

　　受精卵一分为二，二分为四，四分为八……形成了不同的细胞类型，然后，又形成不同的器官和系统。但是，是什么机制决定分裂球朝着不同的方向分化呢？

　　跳跳猴等对蛙眼的形成进行实验。他们发现，青蛙胚胎中的视泡可以使盖在它上面的外胚层分化成为晶状体基板。然后，晶状体基板内摺，脱离外胚层，发育成为晶状体。

　　如果毁去视泡，晶状体就不能形成；如果将视泡切下，移植到胚胎的其他部位，该部位的外胚层就内摺并发展成为晶状体，而头部失去视泡的外胚层不能发育成为晶状体。如果在外胚层与视泡之间放一个没有通透性的障碍物，外胚层也不能分化成为晶状体。显然，视泡释放了某种或某些物质，诱导相邻的组织分化成为晶状体。如果将小眼睛蛙的外胚层移植到大眼睛蛙胚胎的视泡上，所形成的晶状体和眼杯都变成中等大小。

　　可见，相邻的细胞之间存在诱导。

　　进一步的研究发现，在蛙眼发生的过程中，不仅视泡对外胚层有诱导作用，外胚层对视泡也有诱导作用。

　　但是，胚胎各组织器官之间的诱导是一个很复杂的过程，不同的动物相邻组织器官诱导的机制不尽相同。跳跳猴等用其他蛙重复上述实验，就不能得出同样的结果。

　　胚胎相邻组织器官的诱导作用在体外也得到了印证。在曾经培养过中胚层的培养基中，外胚层能分化产生神经细胞和黑色素细胞。在没有培养过中胚层的培养基中，外胚层就不能分化为神经细胞和黑色素细胞。这说明，中胚层向培养基中释放了某种或某些物质，这种物质继而对培养在其中的外胚层产生了诱导作用。

　　实验结束后，时近黄昏，张贝贝迫不及待地跑出了实验室。大家收拾了实验仪器后，一轮满月已经悄无声息地挂在空中。跳跳猴、笨笨熊、白桦和李瑞回到了自己的住处，白杨一个人踏着月光向她和张贝贝的宿舍走去。在离房间不远处，她看到了窗户上张贝贝的身影。白杨想，这家伙独自一个人急急忙忙跑回来干什么呢？待我看她个究竟。想到这里，她放慢了脚步，蹑手蹑脚地靠近房门口，突然推开房门。张贝贝在写字台前坐着，发现白杨进来，她连忙把一个什么东西塞在了书包里，接着，慌慌张张地将一团头发盖在了脑袋上。

　　张贝贝对白杨不自然地说："怎么像鬼一样不声不响地钻了进来？"

　　白杨笑了笑说："影响了张小姐的好事吗？"

　　张贝贝连忙说："没有，没有。只是把我吓了一跳。"

　　白杨和张贝贝一对一答地说着话，心里却在想：怎么？难道张贝贝一直戴着假发？

生、长、壮、老、已

前些天，跳跳猴等研究了胚胎的发生。接着，大家又对人的生命过程进行了跟踪研究。

婴儿出生时，牙齿没有长出来，囟门没有闭合，身体各部分的比例也和正常人有差别。

以后，牙齿渐次长出，体格渐渐长大，同时身体各部分的比例逐渐趋向成人。

到青春期，生殖器官发育成熟，具备生育能力，出现第二性征。

一般到 20 岁左右，青春期结束，在激素的作用下，长骨两端的骨骺线骨化，长骨长度不再增长，身高不再增高。此后，各器官的功能进入成熟期。

然后，随着年龄的增加，器官的结构和功能分别出现萎缩和衰退。研究发现，从 36 岁到 75 岁，脊神经的神经原可能要减少 37%，神经传导速度可能要减慢 10%；脑的供血量可能要减少 20%，肺活量可能要减少 44%，味觉可能要丧失 64%。此外，老年人对外界刺激的应变能力将大大衰退，反应迟缓，对环境变化的适应能力也要降低。这些都是衰老的征象。

生命的终点是死亡。有的死亡是由于意外事故；有的死亡是由于疾病；有的死亡是由于器官老化，功能衰竭。

无一例外，每个生命都要经历一个新生、发育、衰老直至死亡的过程。中医学把这个过程简练地称为生、长、壮、老、已。

衰老之谜

为什么会发生衰老及死亡呢?

这个问题太深奥了,跳跳猴等百思不得其解。无奈,大家只好拜读《霁山五章经》。

其实,衰老和死亡的机制是众多科学家感兴趣的课题。大家众说纷纭,提出了几种观点。

有人认为,一个生物体之所以会衰老,是由于细胞外的原因。因为在体外培养情况下,只要条件适合,细胞就可以一直分裂下去。这在单细胞生物中是常见的现象。比如,细菌可以持续不断地一分为二、二分为四……

有人认为,生物之所以会衰老,是由于细胞本身有一定寿命,细胞分裂有一定限制。L.Hayflick 和 P.Moorhead 用人的成纤维细胞进行体外培养,发现经过 40 到 50 次分裂后细胞就会变大,细胞周期就会从 2 小时延长到 24 小时以上,最终不再分裂而死亡。

有些实验进一步证明,成纤维细胞的分裂次数是固定的。如果将已经分裂 20 次的成纤维细胞冷冻保存几年之后取出,它们将继续分裂 30 次左右。也就是说,冷冻前后的总分裂次数在 50 次左右。如果将已经分裂 10 次的成纤维细胞核移入已经分裂 30 次的去掉细胞核的成纤维细胞中,这一成纤维细胞会再分裂 40 次,核移植前后的总分裂次数也在 50 次左右。

但是,癌细胞是一个例外。同样是成纤维细胞,如果发生了癌变,就可以无限制地分裂,不再衰老与死亡。比如,海拉细胞是来自一位名叫 Henrietta Lacks 的患宫颈癌的患者的癌细胞。这位患者已经去世了 50 多年,但她留下的癌细胞一直在分裂繁殖,甚至没有减慢分裂的迹象。

有人认为,生物体的衰老是由于细胞中的溶酶体发生了变化。溶酶体的老化使其中的水解酶释放了出来,使细胞受到破坏,从而导致细胞的衰老。

有人认为,生物体的衰老和免疫功能失调有关。理由是六十岁以上的人主管免疫的胸腺几乎失去全部功能,此外,老年人的免疫功能出现紊乱,容易罹患类风湿性关节炎等自身免疫性疾病。但是,免疫功能的下降是生物体衰老的原因还是结果,不容易确定。

有人认为,生物体的衰老是由于代谢废物积累所致。

还有人认为,生物体的衰老是由于细胞基因突变。在老年人,由于代谢废物积累,细胞基因突变增多。

哇!这假说太多了,究竟哪一个是正确的呢?很可能,生物体的衰老是多方面原因综合作用的结果。

一门非常神秘的学问

有关生殖的实验结束了,笨笨熊、跳跳猴和白桦忙着整理实验仪器,准备离开实验室。李瑞却坐在实验台前,望着天花板发愣。

跳跳猴朝着李瑞喊:"喂! 在想什么呢?"

李瑞回过神来,说:"我在想,为什么马生下来的是马,牛生下来的是牛呢?"听了李瑞的话,跳跳猴扑哧一声笑了出来。接着,他说:"难道马能生下牛,牛能生下马?"

笨笨熊接过话题说:"马生下来的是马,牛生下来的是牛,是遗传使然。遗传是一门非常神秘的学问,这个内容,由智者在遗传研究所亲自来给大家讲解。"

原来,在生物博物馆听完讲座离开智者前,智者单独告诉笨笨熊他会给大家讲授遗传。

听说智者亲自授课,大家异常兴奋。跳跳猴急切地希望再次见到老人家,白桦和李瑞呢? 缠着跳跳猴和笨笨熊问智者什么模样,为什么他年龄竟然有几亿岁。

古代生物园历险记

话说结束生殖研究所的研究后，跳跳猴等便急忙打点行装准备向遗传研究所进发。遗传学是生物学中的神秘殿堂，能够直接聆听智者讲授这一门学问，大家感到莫名的兴奋。

就在整装待发的时候，笨笨熊向伙伴们说："现在我们要兵分两路了。"

听了笨笨熊的话，大家都愣了。不是说好要到遗传研究所吗？怎么要兵分两路呢？

看着伙伴们一个个惶惑不解的样子，笨笨熊笑了笑说："智者告诉我，在到遗传研究所之前，首先要到古代生物园去采集现在已经灭绝的一种植物标本和一种动物标本。"

张贝贝说："既然已经灭绝，怎么能够采集到呢？"

笨笨熊说："所以，要到古代生物园去啊！"

"你是说，在现在这个世界上，有一个古代的生物园？"张贝贝仍然大惑不解。

笨笨熊点了点头，说："你说得对。"

李瑞说："那我们一起去啊，为什么要兵分两路呢？"

笨笨熊望着白桦、李瑞、白杨和张贝贝说："去古代生物园，需要穿过时空隧道，只有我和跳跳猴两个能去。你们先朝遗传研究所走，我们随后便来。"

听了笨笨熊的话，白桦、李瑞、白杨和张贝贝都点了点头。

说罢，笨笨熊双手合十，口中念念有词。突然，他和跳跳猴两人脚底生出一片彩云，腾地一下升到天空。紧接着，倏然不见了。

第一次看到笨笨熊和跳跳猴这等法术，张贝贝和白杨惊得目瞪口呆。

大概是由于要回到遥远的古代，这次，在时空隧道中飞行了很长时间才到达尽头。

穿出时空隧道,小哥俩按下云头。面前是一道由粗大的干枯树枝编织成的门,像篱笆一样。门两侧浓绿的树木组成一堵墙,顺着山势绵延起伏,伸展到很远的地方。

笨笨熊说:"根据我师兄的描述,这门和围墙里面应该就是古代生物园了。"

篱笆门旁边有一条细缝。笨笨熊和跳跳猴侧着身子,钻了进去。

正在暗自庆幸毫无阻拦便进到古代生物园,从篱笆门两边走上来两个人。不,不是人,虽然有脑袋,有胳膊和腿,但脑袋接近于正方体,头顶上还插着两根天线一样的东西,胳膊和腿的动作机械而缓慢,很像体操中的分解动作。

怔了一下,跳跳猴突然意识到眼前的两位应该是机器人。

两个机器人走上前,将笨笨熊和跳跳猴拦了下来。它们不说话,两只眼睛眨一下,就发出类似照相机按下快门时咔嚓的响声。在将小哥俩从上到下扫了一遍后,又将他们领到一个体重秤上称了体重。然后,将胳膊抬起,指向生物园里面。

跳跳猴不知何意,望着笨笨熊。

笨笨熊说:"走啊,我们被放行了。"

说完,笨笨熊拔腿朝着公园内疾步行走。

怀着忐忑不安的心情,跳跳猴赶快跟上笨笨熊。

"刚才,我以为我们要被拒之于生物园外呢。"跳跳猴气喘吁吁地说,"对了,你来过这里吗?可以对生物园做一个介绍吗?"

笨笨熊说:"我没有来过这里。只是听我的师兄说这个生物园很大,越往里走,那里的生物年代越久远。在生物博物馆离开智者前,他告诉我,希望我们能采集到生长在两亿年前的,现在已经灭绝的蕨类植物。"

"不是还需要采集动物标本吗?"跳跳猴问。

笨笨熊说:"是的。至于动物,希望能够带回一个恐龙蛋。知道吗?绝大多数蕨类植物在两亿年前便灭绝了。恐龙呢?生存在 2 亿年前到 7000 万年前。看来,我们需要走到两亿年前的地段。我想,这可能是一个不短的路程。"

跳跳猴看到,四周的植物郁郁葱葱,只是绝大部分都未曾见过。树冠将阳光遮了个严严实实,虽然是白天,树林中却是一片阴森。地上没有路,只得在树木之间拨开灌木丛前进。走了一会儿,小哥俩便气喘吁吁,身上被荆棘划了许多口子。

这时,跳跳猴大声说:"我们太傻了。"声音中带着一种兴奋,像是哥伦布发现了新大陆。

"为什么说我们太傻了？"笨笨熊问。

跳跳猴说："我们为什么就没有想到驾着云彩飞呢？"

笨笨熊说："是啊，怎么就没有想到这一点呢？"

说着，两个人靠在一起，准备乘白云升到天空。

但是，脚底生不出云来。

跳跳猴灵机一动，说："可能是这里树木太密了，要找一个开阔的地方才行。"

笨笨熊说："有道理。"

小哥俩费了很大力气，找到了一小块空地。接着，两个人靠在一起，准备起飞。但是，出乎意料，脚底还是生不出白云来。

"我想，在这个古代生物园里，我们踏云飞行的本领恐怕是不灵了。"笨笨熊沮丧地说。

跳跳猴急中生智，说："那就变蜜蜂，我们变成蜜蜂飞。"

笨笨熊狠狠拍了一下跳跳猴的肩膀，说："你太有才了。关键时刻总能拿出点子来。"

说完，两个人念起缩身秘诀。

但是，奇怪，身体没有发生一点变化。

小哥俩又念了几次，身体还是纹丝不动。

"看来，缩身术在这里也不起作用了。"笨笨熊的语气更加沮丧了。

天色渐渐暗了下来，原本浓绿的树木现在看起来只是一棵棵黑黢黢的影子。树林里很静，偶尔传来一两声凄厉的叫声，说不来是野兽还是飞鸟。

这时，跳跳猴发现在不远处的树干间隐隐约约出现几个绿色的光点。是萤火虫吗？不对，怎么这些光点都是成双成对的呢？

跳跳猴拉了拉笨笨熊的胳膊，指了指前面的光点。

笨笨熊看了，压低声音说："是野兽的眼睛。但是，在这古代生物园里会有些什么野兽呢？"

接着，笨笨熊环顾四周。他发现，不只是前面，他们的周围全是或灭或亮的绿色光点。

他低声说："不好，不仅是前面，周围全是呢。"说这话的时候，声音发着颤。

跳跳猴环顾左右。真的，笨笨熊的话并非危言耸听。这时，他突然想起了大漠侠狼的故事，不禁打了个寒战。

笨笨熊的脑子飞快地转了起来。不行,要赶快想办法,不然,要壮烈牺牲在这里了。在古代生物园里,说不定有什么凶猛的动物呢。

急中就能生智。他突然想到了孙悟空,想到了孙悟空送给他和跳跳猴的一根毫毛。

"快,快,把孙悟空送的毫毛拿出来。"说不来是由于兴奋还是紧张,笨笨熊说话时结结巴巴。

跳跳猴迅速从口袋里掏出一个小塑料袋,打开,放在手心里,吹了一口气。突然,眼前出现了一个活脱脱的孙悟空,头上的金箍和金箍棒的两端放出金光。

孙悟空一边挠着腮帮,一边说:"两位师傅,有什么吩咐?"

笨笨熊摆着双手,连连说:"不敢当,不敢当。"

孙悟空说:"当年,我护送唐僧到西天取经,他是我的师傅。今天,你们到这里来考察和采集标本,也可以算是我的师傅了。"

跳跳猴说:"这里山高林密,周围没有一个人,刚才又看到四周有许多野兽,我们害怕。"

孙悟空挥了挥手,说:"当年送师傅到西天取经,路上遇到了无数妖魔鬼怪,都被老孙一一降伏。这里只是有一些野兽,有我老孙在,何需担心!"

接着,孙悟空招招手,说:"跟我来。"

借着金箍棒发出的微光,孙悟空领着小哥俩走到了一个十几平方米大小的空地上。他让笨笨熊和跳跳猴站定了,然后,用金箍棒在三人周围的地上画了一个圈。顿时,画出的圈放出了金色光芒,把周围的树林照得像白昼一样。刚才看到的绿色荧光顿时消失得无影无踪。

孙悟空眨巴着眼睛说:"现在用不着害怕了。只要我们待在这个圈子里,任凭什么野兽,什么妖怪,都进不来。"

整整一个晚上,跳跳猴缠着孙悟空讲故事,问他是怎么从一个石头变成一个猴子的,问他被压在五行山下时是不是很难受,蟠桃园里的蟠桃和花果山的桃子有什么区别,真的好吃吗,在铁扇公主的肚子里看到了什么。另外,还有哪些故事吴承恩没有写在《西游记》中……

说话间,不觉天亮了。一行三人启程向目的地进发。

一路上,孙悟空用金箍棒架起各种叫不上名字来的藤为笨笨熊和跳跳猴开路。越往里走,周围的树木越密,树干大都有几十米高。

笨笨熊停了下来，指着周围的树对跳跳猴讲了起来："这种树就是生长在两亿到四亿年前的蕨类植物。和我们现在常看到的种子植物不同，蕨类植物只有根、茎、叶，不开花，不结果。"

说完，笨笨熊掏出魔镜，想要把树从头到尾看个详细。但是，这魔镜就像是一个普通的玻璃片，丝毫没有了魔力。

他摇了摇头，说："魔镜也不起作用了。"

跳跳猴说："魔镜不能用，我便爬上去看一看。"

说完，他像猴子一样嗖嗖地爬到了树顶，把树枝、树叶看了个够。然后，哧溜一下，顺着树干溜了下来。

喘息未定，跳跳猴问："蕨类植物不开花，不结果，那它靠什么传宗接代呢？"

笨笨熊说："孢子。因此，蕨类植物也叫做孢子植物。"

顿了顿，他接着说："蕨类植物有两种，草本和木本。在2亿多年以前，地球上生长着许多高达十几米的木本蕨类植物。但是，后来由于环境变化，木本蕨类植物大都灭绝了。它们被埋在地下，经年累月，成为现在我们从地层中开采的煤。现在生长在我国南方的桫椤是非常珍贵的木本蕨类植物的孑遗，它的珍贵程度比得上动物中的国宝——大熊猫。

"眼前的这种木本蕨类植物现在世界上已经见不到了，我们挖一棵小树带回去吧。"

跳跳猴和笨笨熊一起蹲下，挖了一棵约摸十几厘米高的小树，接着，带着小树继续赶路。

行不多远，来到一个大湖边。跳跳猴看见，在湖中，不时露出动物庞大身躯的一部分。

跳跳猴拉了拉笨笨熊的胳膊，指着湖里说："看，湖里好像有鲸鱼。"

笨笨熊看了看，说："不是鲸鱼。湖里怎么会有鲸鱼呢？"

跳跳猴问："那是什么？和鲸鱼差不多一样大呢。"

笨笨熊说："是恐龙。"

"是恐龙？"一听说眼前的动物就是神秘的恐龙，跳跳猴顿时感到一种莫名的兴奋。

就像有意展示给笨笨熊和跳跳猴观摩，一只恐龙从湖里钻了出来。它十几米长，张开大嘴，可以看见里面像钢刀一样的牙齿。

笨笨熊说:"这种恐龙叫做鱼龙,以吃鱼为生。生活在水中的恐龙还有蛇颈龙。"

这时,地上掠过一片黑影。跳跳猴抬头一看,天空飞过一只硕大的"鸟",它的两个翅膀展开足足有6米多宽。与鸟的形状不同的是,后面拖着一个长长的尾巴。

跳跳猴平生没有见过这么大的飞行动物,惊得大张着嘴。少顷,他喃喃地说:"这是一种什么鸟呢?"

大概孙悟空也没有见过这等生灵,他提起金箍棒,左手在额头上搭起凉棚,仔细观察着这个天空中的庞然大物,直到那大"鸟"在视野中消失。

笨笨熊扑哧一声笑了,说:"这也是一种恐龙,叫做飞龙。还有一种在天空飞行的恐龙,叫做翼龙。翼龙比飞龙还要大,两个翅膀展开有11米宽。不过,也有人说,从生物分类学的角度,鱼龙和翼龙不是恐龙。"

听了笨笨熊的话,跳跳猴想:在我国的民间传说中,龙可以飞上天空,呼风唤雨;能够钻到水中,兴风作浪。这水中的恐龙和天上的恐龙是不是我们神话中龙的原型呢?

边想边走,跳跳猴跟着笨笨熊和孙悟空来到一大片森林旁。这时,一只恐龙从树林中走出来,向湖泊中走去。跳跳猴看见,这只庞然大物和刚才看到的水里与空中的恐龙不同,它嘴扁而阔,酷似鸭子。

笨笨熊介绍:"这种恐龙叫做鸭嘴龙,以食植物为生。"

话还没有说完,在鸭嘴龙后追来一只体型硕大的恐龙,身长接近20米,身高超过了两层楼。鸭嘴龙迅速钻到湖泊中,追在后面的恐龙站在湖边,定定地看着。

笨笨熊说:"这只恐龙叫做霸王龙,以吃植食性恐龙为生。"

大概是听到了笨笨熊的讲话声,霸王龙朝笨笨熊这边看了看,径直冲了过来。

笨笨熊和跳跳猴尖叫一声,抱在了一起。

孙悟空大叫一声,迎了上去。突然,孙悟空的身体高大了起来,高出霸王龙许多。看到比自己高大的动物,霸王龙突然停了下来,张着血盆大口,露出刀一样的牙齿,向面前的怪物示威。孙悟空趁势将金箍棒横着放在它的嘴里。霸王龙使劲一咬,咯嘣响了一声。大概这一咬疼得厉害,霸王龙立即松开嘴,吼叫一声,快步钻回了森林中。

孙悟空又变回正常大小,笑嘻嘻地对笨笨熊和跳跳猴说:"两位师傅,受惊了吧?"

笨笨熊说:"幸亏了行者,不然我们就牺牲在这古代生物园里了。"说这话时,他的心仍然在嗓子眼里跳个不停。

跳跳猴打趣地说："要是生物学家在2亿年前的生物园里发现两具人的遗骸，会认为人类曾经与恐龙生活在同一年代呢。"

这时，笨笨熊的情绪稍微稳定了一些，也跟着幽默起来："那样，说不定会在生物界引发一场争论。到时，只好请孙悟空来告诉他们事情的真相了。"

可能是对笨笨熊和跳跳猴讲的内容听不懂，孙悟空只是迷惘地眨了眨眼睛。

经历了这场危险后，笨笨熊和跳跳猴总是跟在孙悟空的后面，寸步不离。

孙悟空边走边问："接下来，你们还要干什么呢？"

笨笨熊说："我想找一颗恐龙蛋，带回去。"

孙悟空应了一声"好"。接着，他一边走，一边四下观看。

不愧是火眼金睛，不一会儿，孙悟空就在树林中发现了一窝恐龙蛋。笨笨熊和跳跳猴将一颗恐龙蛋小心收了起来，装在了行囊中。

植物和动物标本都有了，笨笨熊一行顺着原路往回返。

快到篱笆门口时，笨笨熊对孙悟空说："我们进来时，经过了检查，是两个人，现在要出去了，您还得再变成毫毛。否则，怕是通不过检查的。"

孙悟空说："好的，需要我时再对毫毛吹一口气便成。"

笨笨熊念起了咒语，孙悟空变成了一根毫毛。跳跳猴将毫毛又装进了口袋中。

出门前，两个机器人将跳跳猴和笨笨熊拦了下来。其中的一个指着跳跳猴手中的小树，示意他放下来。

跳跳猴说："我们只是采集标本，是为了研究用的。"

机器人没有吭声，只是摇了摇头。

无奈，跳跳猴只得将手里的小树交了出来。

接着，机器人又对跳跳猴和笨笨熊称体重。大概是发现重量和进到古代生物园时不同，他示意笨笨熊打开背上的行囊。

笨笨熊打开行囊，里面露出了一颗恐龙蛋。机器人打着手势，示意把恐龙蛋留下。

笨笨熊说："我们只是采集标本，是为了研究用的。"

机器人没有吭声，只是摇了摇头。

无奈，笨笨熊只得将行囊中的恐龙蛋掏了出来，放在地上。

接着，像进来时那样，机器人又将他们上上下下扫视了一番，重新称了体重。然后,伸开胳膊,示意他们从篱笆门出去。

出得门来,跳跳猴一下子瘫坐在了地上,说:"费尽周折弄到了标本,却被扣留了,这可如何是好?"

笨笨熊也沮丧地低下了头。

过一会儿,他突然扬起眉毛说:"孙悟空说,有需要时,再对毫毛吹一口气便成。快把毫毛掏出来。"

听了笨笨熊的话,跳跳猴掏出毫毛,吹了一口气。

孙悟空又活灵活现地站在了跳跳猴和笨笨熊面前,他眨巴着眼睛问道:"两位师傅,有事吗?"

笨笨熊将事情如此这般向孙悟空讲了一番。最后,他说:"跟我们再进去一趟吧。但这一次不是取恐龙蛋,只要能取到恐龙一点点皮肉就行;不是挖一棵树,只要拿一片树叶,或树皮的碎屑就行。"

孙悟空一手提着金箍棒,一手挠着腮帮,问道:"我猜想,你们是要在现在的地球上恢复恐龙和已经灭绝的树种。但是,不取恐龙蛋能孵出恐龙来吗?只拿到一片树叶便能长出树来吗?"

笨笨熊说:"只要有一点皮肉和一片树叶,我们就能从中提取出 DNA 来。有DNA,人类就有可能将恐龙复制出来,将树培养出来。"

孙悟空不知道什么是 DNA,只是眨巴着眼睛。

看到孙悟空茫然的样子,跳跳猴和笨笨熊以为这神通广大的行者也没了辙,小哥俩叹了一口气,垂下了脑袋。

沉默了一会儿,悟空说:"要是这样子的话,有办法。"

"有什么好办法呢?"跳跳猴和笨笨熊急切地问。

孙悟空将金箍棒伸在笨笨熊的面前,说:"刚才,我把金箍棒塞在恐龙的嘴里,你仔细看,可曾留下一些皮肉吗?"

笨笨熊心中一喜,是啊,恐龙咬过金箍棒,难免留下一些组织。他低下头仔细看,不假,金箍棒上确实有血迹,血迹旁边,还有一缕肉丝。

笨笨熊将金箍棒上的肉丝小心取下,包在一个密封的塑料袋内。

跳跳猴皱着眉头,心想,恐龙的标本问题解决了,蕨类植物呢?

真所谓眉头一皱,计上心来。他突然想到,我曾经爬过树,是不是在衣服上沾了树叶或者树皮呢?

低下头一看，在上衣的口袋里，有半片树叶，正是他爬过的那一株树的。

跳跳猴说："好，我这里还有半片树叶。"

说着，将树叶从口袋里掏出来，交给笨笨熊。笨笨熊将树叶也小心包了起来。

这时，笨笨熊和跳跳猴长吁了一口气，脸上露出了灿烂的微笑。

孙悟空见状，说："两位师傅还有什么任务吗？"

笨笨熊说："我们在古代生物园的旅行结束了，接下来，要回到雳山的实验室。非常感谢你的帮助。"

说完，便闭起眼睛。他准备念咒语，将孙悟空再变回毫毛。

这时，孙悟空说："如果两位没有用我老孙的地方的话，我就要回去了。"

小哥俩看见，眼前的孙悟空踩一片云彩，倏的一下升到了空中。突然，不见了。

笨笨熊和跳跳猴的脚底也生出一片白云，飞到空中，飘飘悠悠，去追赶白桦他们。

什么物质在传递遗传信息

在接近遗传研究所的城堡处，跳跳猴和笨笨熊望见了在路上匆匆行走的白桦一行。小哥俩按下云头，在白桦前面五六十步的地方落在了地面上。

看到跳跳猴和笨笨熊从天而降，李瑞、张贝贝和白杨欢呼了起来。他们迈开大步赶上前来，问他们在古代生物园采集到了什么植物和动物标本。跳跳猴做了回答，接着，他绘声绘色地讲述了在古代生物园的所见所闻，讲述了孙悟空如何如何帮助他们脱离险境。

说着说着，一行人来到了城堡前。只见城堡周围是一圈厚厚的城墙，城门前有两排武士手持大刀、蛇矛、画戟等武器把守。

看到眼前的阵势，笨笨熊和跳跳猴心里打起了鼓：有这么多武士在把守，我们又没有任何证件，如何才能进到城堡里呢？

正在寻思，一名军官模样的武士走上前来大声喝问："诸位要到哪里去？"

跳跳猴上前一步，双手抱拳，说道："遗传研究所。"

武士问道："从哪里来？"

跳跳猴又双手抱拳，恭恭敬敬地说道："古代生物动物园。"

武士又问："可曾得了智者吩咐的生物标本？"

笨笨熊立即从口袋里掏出装有标本的塑料袋，连连说道："得了，得了。"

武士将笨笨熊手里的标本接了过来，脑袋朝城门偏了一下，示意他们进去。

看见长官放行，把守城门的武士将城门吱吱呀呀地打开。跳跳猴等忙不迭地向长官和把守城门的武士道谢，三步并作两步进了城堡中。

虽说是城堡，里面却是大片的草坪和树林。行了大约一个时辰，才望见一座古色古香的四合院建筑。进到里面，发现和其他研究所一样，房间里摆满了各种各样的仪器，却不见一个实验人员，也不见智者的踪影。问了门房的老人，才知道这里也是要自己做实验。至于智者,从来都是来无影去无踪。

接着,大家开始了对遗传的研究。大家知道,通俗地讲,遗传指的是龙生龙凤生凤。但是,准确地讲,遗传的定义是什么呢?

拜读了《雾山五章经》才弄明白,所谓遗传,指的是子代的生物学性状与父本、母本保持延续的现象。

对遗传,人类经历了一个比较漫长的认识过程。

19 世纪末叶,生物学家通过对细胞的有丝分裂、减数分裂和受精过程的研究认识到,细胞中的染色体在遗传中起了关键作用。但是,染色体中有 DNA 和蛋白质,这两种物质是哪一种起了遗传作用呢?围绕这个问题,生物学家进行了激烈争论,提出了种种猜测。当时,大家对蛋白质的研究比较多一些,认为蛋白质无所不能。因此,大多数学者认为,是蛋白质在生物的遗传中起了决定性作用。

1928 年,英国科学家格里菲思用两种肺炎双球菌感染小鼠。一种细菌有荚膜,可以使人患肺炎或使小鼠患败血症,有毒性;另一种细菌没有荚膜,不会使人患肺炎或使小鼠患败血症,没有毒性。

他将有荚膜的肺炎双球菌注射入第一组小鼠体内,小鼠患败血症死亡;将无荚膜的肺炎双球菌注射到第二组小鼠体内,小鼠没有死亡。

将经加热杀死的有荚膜的肺炎双球菌注射入第三组小鼠体内,小鼠没有死亡;将活的无荚膜的肺炎双球菌与经过加热杀死的有荚膜的肺炎双球菌混合后注射入第四组小鼠体内,小鼠患败血症死亡。并且,格里菲思从第四组小鼠的尸体中分离出了有荚膜的肺炎双球菌。

注射的活的肺炎双球菌是无荚膜的,不致病的,怎么会使小鼠患败血症死亡呢?注射的有荚膜的肺炎双球菌是经过加热杀死的,怎么能在死亡的小鼠中出现活的有荚膜的肺炎双球菌呢?

进一步的研究证实,是原来无荚膜的肺炎双球菌转化成了有荚膜的肺炎双球菌。但是,这些本来无荚膜的肺炎双球菌是如何转化成为有荚膜的肺炎双球菌的呢?

一定是某种因子促成了这一转化。那么,促成转化的因子可能是什么呢?

1944 年,美国科学家艾弗里和他的同事从有荚膜的肺炎双球菌中提取出了 DNA、蛋白质和多糖等物质,然后,将这三种物质分别加入含无荚膜的肺炎双球菌的培养基中。结果发现,只有加入 DNA 的那一组无荚膜肺炎双球菌转化成为有荚膜肺炎双球菌,并且,加入 DNA 浓度越高,转化效果就越明显。如果用 DNA 酶处理从有荚膜肺炎双球菌中提取的 DNA，使 DNA 分解，就不能使无荚膜肺炎双球菌长出荚膜。

通过实验，艾弗里得出结论，促使无荚膜肺炎双球菌产生荚膜的因子是有荚膜肺炎双球菌的 DNA。也就是说，遗传物质是 DNA，不是蛋白质。

艾弗里的实验首先证明了 DNA 是遗传物质，但是，艾弗里实验中提取的 DNA 纯度不是很高，其中，至少有 0.02% 的蛋白质。这使得艾弗里的实验结果的权威性受到了影响。

为了排除这一不确定因素，1952 年，赫尔希和蔡斯用一种病毒——大肠杆菌 T_2 噬菌体进行了新的实验。

T_2 噬菌体是一种专门寄生在大肠杆菌体内的病毒，其组成成分有蛋白质和 DNA。噬菌体在感染细菌后，会利用细菌体内的物质来合成自身的组成成分，从而实现增殖。那么，在噬菌体中，遗传物质究竟是 DNA 呢？还是蛋白质呢？

赫尔希和蔡斯首先在分别含有放射性同位素 ^{35}S 和放射性同位素 ^{32}P 的培养基中培养细菌，用 T_2 噬菌体分别侵染上述细菌，制备出 DNA 中含有 ^{32}P 或蛋白质中含有 ^{35}S 的噬菌体。接着，再用被 ^{35}S 或 ^{32}P 标记的 T_2 噬菌体去感染未被标记的细菌。然后，将细菌培养液离心。离心后，质量较轻的 T_2 噬菌体颗粒分布在上清液中，质量较重的被噬菌体感染的细菌沉淀在离心管底部。实验发现，在噬菌体蛋白质中含有 ^{35}S 的一组，上清液中的放射性远远高于沉淀物；在噬菌体 DNA 中含有 ^{32}P 的一组，试管底部沉淀物的放射性远远高于上清液。这说明进入细菌体内的是噬菌体的 DNA 而不是蛋白质，也就是说，启动噬菌体合成的遗传物质是 DNA。

赫尔希和蔡斯还发现，从细菌体内释放出来的大量 T_2 噬菌体中，可以检测到 ^{32}P 标记的 DNA，却不能检测到 ^{35}S 标记的蛋白质。

这又说明什么呢？

更说明在噬菌体中起遗传作用的是 DNA。

何以见得？

细菌释放出来的噬菌体是新合成的。在新合成的噬菌体中，可以检测到 ^{32}P 标记的 DNA，检测不到 ^{35}S 标记的蛋白质。这说明，是 DNA 而不是蛋白质参与了新的噬菌体的形成。

艾弗里肺炎双球菌实验以及赫尔希、蔡斯的噬菌体实验确切地证明了 DNA 是真正的遗传物质。但是，烟草花叶病毒等的组成不是 DNA 和蛋白质，而是 RNA 和

生物科学研究院

蛋白质。绝大多数生物由 DNA 转录为 RNA,再由 RNA 翻译为蛋白质。这些含 RNA 的病毒呢?反其道而行之,由 RNA 逆转录为 DNA,再由 DNA 进行复制。在绝大多数生物,先有 DNA 才有 RNA;在 RNA 病毒呢? RNA 成了 DNA 的母亲。为了和其他生物相区别,人们把它们叫作 RNA 病毒。

遗传具有非常神奇的力量。白种人的后代总是白种人,黑种人的子孙都是黑皮肤。炎帝和黄帝,虽然已经故去两千多年,我们的身上仍然保留着他们的基因。

沃森和克里克的故事

DNA 有遗传功能,是细胞内最重要的物质。但是,DNA 是一个什么样的结构呢?

在 20 世纪 40 年代到 50 年代,人们已经知道 DNA 是由四种脱氧核苷酸组成的一种高分子化合物,每个脱氧核苷酸由连在脱氧核糖上的磷酸与碱基组成。

碱基有四种,腺嘌呤、鸟嘌呤、胸腺嘧啶和胞嘧啶。根据四种碱基英文名称的字头,将腺嘌呤简称为 A、鸟嘌呤简称为 G、胸腺嘧啶简称为 T、胞嘧啶简称为 C。由于四种脱氧核苷酸的差异在于碱基,因此,人们根据碱基将这四种脱氧核苷酸分别称为腺嘌呤脱氧核苷酸、鸟嘌呤脱氧核苷酸、胸腺嘧啶脱氧核苷酸和胞嘧啶脱氧核苷酸。很多个脱氧核苷酸聚合成链状,即成为 DNA。

但是,在那时,人们不知道这种高分子化合物是以什么结构形式存在,不理解为什么四种脱氧核苷酸就能决定千变万化的遗传性状。因此,许多科学家都投入到对 DNA 分子结构的研究中。

在这方面取得突破的是美国的生物学家沃森和英国物理学家克里克。

1951 年春天,在意大利那不勒斯举行的生物大分子结构会议上,沃森看到了英国著名生物物理学家维尔金斯 DNA 的 X 射线衍射幻灯片,引起他研究 DNA 结构的极大兴趣。1951 年秋天,沃森来到英国剑桥大学卡文迪什实验室,和克里克一起研究 DNA 的结构。

当时,人们已经认识到 DNA 是由脱氧核苷酸组成的呈螺旋结构的长链。根据这一认识,结合想象,沃森和克里克像小孩摆积木一样构建了一个三链结构模型。在这个模型中,他们把磷酸、脱氧核糖摆在螺旋内部,把碱基放在了螺旋外周。

但是,在对这个假想结构进行验证时,以维尔金斯为首的一批科学家发现这个模型与当时 DNA 实验的一些数据有出入。

接着,沃森和克里克构建了一个双链结构模型。在这个模型中,他们将磷酸与脱氧核糖放在螺旋外面,将碱基摆在螺旋内部。

这个模型,在 DNA 链的数目以及碱基、脱氧核糖、磷酸的位置方面符合了 DNA 的实际结构。但是,他们将两条 DNA 链碱基之间的联系理解为同配方式,即 A 和 A 配对,T 和 T 配对。与他们在同一个实验室工作的化学家多诺林从化学角度指出了这种配对方式的错误。于是,第二个 DNA 结构模型又失败了。

1952 年春天,奥地利著名生物化学家查哥夫访问剑桥大学。他告诉沃森和克里克,DNA 中腺嘌呤(A)的分子数总是等于胸腺嘧啶(T),鸟嘌呤(G)的分子数总是等于胞嘧啶(C)。

根据查哥夫提供的这一信息,沃森和克里克敏锐地认识到腺嘌呤与胸腺嘧啶、鸟嘌呤与胞嘧啶应该是配对关系。这意味着腺嘌呤总是与胸腺嘧啶相连接,鸟嘌呤总是与胞嘧啶拉着手。于是,他们在第二个 DNA 结构模型的基础上对碱基配对规律进行了调整。当他们把这个模型与对 DNA 拍摄的 X 射线衍射图进行比较时,发现两者完全符合。这样,沃森和克里克终于发现了 DNA 遵照碱基互补原则配对,双链双螺旋的结构。

这一发现,不仅展示了 DNA 分子的组成及立体结构,而且为 DNA 如何进行复制、转录和翻译,如何实现生物性状的遗传提供了理论依据。这一发现,还催生了分子生物学这一新学科,使生物学的发展又上了一个新的台阶。由于这一发现对生物科学的重大贡献,沃森、克里克和维尔金斯三人于 1962 年共同荣获诺贝尔生理学或医学奖。

但是,DNA 上只有四种脱氧核苷酸,这四种脱氧核苷酸怎么能表达出许多种蛋白质,决定生物体非常复杂的性状呢?

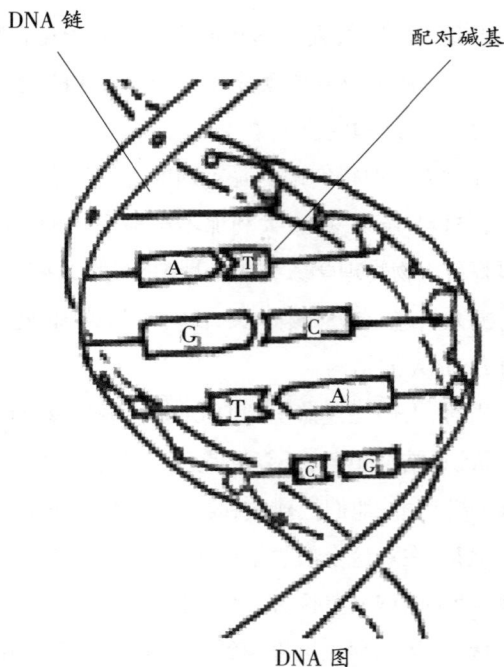

DNA 链

配对碱基

DNA 图

这是一个排列组合的问题。比如，英文字母只有 26 个，但是，这些字母按照不同方式排列形成的英文单词现在就有几十万个，每年，还有许多新的单词在产生。简谱只有 1、2、3、4、5、6、7，但用这 7 个符号谱出的曲子无穷无尽。DNA 分子中的碱基虽然只有四个，但在生物体内，一个最短的 DNA 分子约有 4000 个碱基对。按照排列组合的公式计算，在这个最短的 DNA 分子中，4000 个碱基对可能的排列方式就有 4^{4000} 种。在长的 DNA 分子中，碱基对可能的排列方式就更多了。在 DNA 分子中，具有特定核苷酸顺序，储存着特定遗传信息的片段，就是基因，可以指导各种性状的表达。因此，DNA 分子上碱基排列的多样性便决定了生物体表型的多样性。

可以说，DNA 上的四个碱基，就像是四个音符，将这四个音符按照不同方式组合，可以弹奏出变幻无穷的乐曲；DNA 上的四个碱基，就像是四种色彩，将这四种色彩按照不同比例调和，可以描绘出五光十色的画面。

从 DNA 到蛋白质

DNA 的结构明白了,但是,DNA 上一段段的基因是如何表达为蛋白质的呢?

跳跳猴等经过反复实验发现,从基因到蛋白质,需要经过三个阶段。

第一,是将 DNA 分子进行拷贝,形成两个一模一样的 DNA 分子。这个过程,就像把一份文稿复印成为两份,称为复制。为什么要复制呢?细胞分裂时一分为二,每个细胞内都要有一套 DNA,只能把原来的 DNA 复制一份。

第二,是将 DNA 分子中基因片段的遗传信息转移抄录,形成 RNA。这个过程,就像读书时把文稿中有用的信息摘录下来,称为 DNA 分子的转录。为什么要转录呢? 在一条 DNA 分子中,有的是指导蛋白质合成的基因,叫做外显子;有的是与蛋白质合成无关的信息,叫做内含子。在外显子中,有的现在需要表达,有的现在不需要表达。因此,在蛋白质表达前,只需要将需要的基因从 DNA 分子中摘录出来。

第三,是按照 RNA 分子上的遗传信息表达为蛋白质等物质。这个过程,就像把电报中的密码变为有用的,一般人能够看得懂的文字。因此,人们将其形象地称为翻译。

世界上生物万千种,从最简单的细菌到最复杂的人类,基因表达都遵循复制、转录和翻译这一规律。人们把这一规律称为基因表达的中心法则。

所谓中心法则,就是基因表达的基本规律。但是,RNA 病毒却反其道而行之,把 DNA 和 RNA 的关系翻了过来。RNA 自我复制,并且在逆转录酶的作用下合成 DNA。因此,中心法则可以用下面的图进行表达。

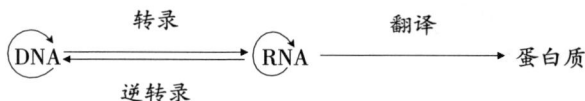

DNA ⇄ RNA ——翻译——→ 蛋白质
（转录 / 逆转录）

保留一份拷贝

大体来说，从 DNA 到蛋白质要经过复制、转录和翻译三个阶段。但是，具体来讲，这每一个步骤是一个什么样的过程呢？

先说复制吧。

DNA 的两条链通过碱基之间的氢键连接在一起。如果把 DNA 的双链结构比作梯子，两条链就是梯子两边的长杆，碱基之间的键就是连接两条长杆的踏板。平时，DNA 的两条链紧紧地缠绕在一起。为什么要缠起来呢？DNA 里储藏着生物体的密码，当然要把它们包裹起来，妥为保管。在复制开始时，DNA 分子在解旋酶的作用下把两条链解开。然后，以解开的每一条链为模板，按照碱基互补的原则各自合成与母链互补的

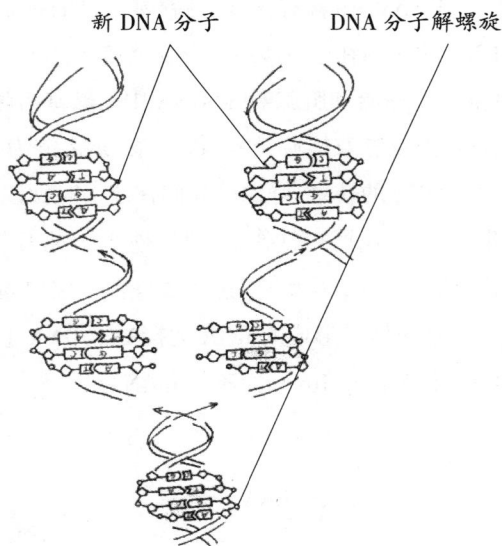

新 DNA 分子　　DNA 分子解螺旋

DNA 分子的复制

一段子链。随着 DNA 螺旋的打开，新合成的子链也不断延伸，同时，每条子链与对应的母链盘绕成双螺旋结构，从而各形成一个新的 DNA 分子。这样，复制结束后，一个 DNA 分子就形成了两个完全相同的 DNA 分子。新复制出的两个子代 DNA 分子，通过细胞分裂分配到子细胞中。

由于新合成的两个 DNA 分子都保留了原来 DNA 分子中的一条链并与原来 DNA 分子相同，因此，这种方式称为半保留复制或拷贝。

做好读书笔记

再说转录。

转录在细胞核内进行,是以 DNA 的一条链作为模板,合成 RNA 的过程。

RNA 是由含有核糖、磷酸以及四种碱基的核苷酸组成的链状结构。RNA 与 DNA 的区别在于,DNA 中为脱氧核糖,RNA 中为核糖;DNA 中的碱基为腺嘌呤、鸟嘌呤、胞嘧啶和胸腺嘧啶,RNA 中的碱基为腺嘌呤、鸟嘌呤、胞嘧啶和尿嘧啶。此外,DNA 为双链双螺旋结构;以一条 DNA 链为模板转录形成的 RNA 为单链状结构。

DNA 的转录,好像是我们在读书时做读书笔记。不过,这种笔记不是照抄。它把 A 抄作 U,把 C 抄作 G,把 T 抄作 A,把 G 抄做 C。这种现象,就好像胶卷上的图像,白衬衣变成黑颜色,黑头发好似一层白霜。

通过转录形成的 RNA 上接受了 DNA 上的遗传信息,因此,将通过转录形成的 RNA 称为信息 RNA,简称为 mRNA。

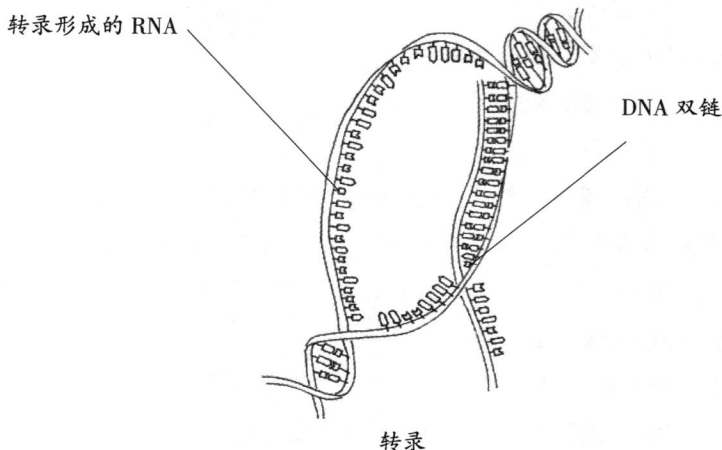

转录

把密码翻译出来

在复制和转录后,便以信息 RNA 为模板翻译出蛋白质。

蛋白质是由 20 种氨基酸组成的,但是,信息 RNA 上的碱基只有四种。在翻译过程中,信息 RNA 上的碱基是如何指导蛋白质合成的呢?

如果一个碱基决定一个氨基酸,那么四种碱基只能决定四种氨基酸。这个假想不可行。

如果两个碱基决定一种氨基酸,那么四种碱基只能决定 4^2 种氨基酸,也就是 16 种氨基酸。这个假想也不可行。

然后,生物学家设想每三个碱基作为一个密码决定一个氨基酸。按照这个设想,四个碱基可以决定 4^3 种氨基酸,也就是 64 种氨基酸。

经过反复的研究,终于证实了三个碱基决定一种氨基酸的学说,并把信息 RNA 上决定一个氨基酸的三个相邻的碱基叫做一个密码子。1967 年,科学家们破译了全部遗传密码子,并且明确了三联密码子与氨基酸的对应关系。

从下表可以看出来,有的氨基酸可以由几种密码子决定,比如,UUU 和 UUC 都决定苯丙氨酸,CUU、CUC、CUA、CUG 都决定亮氨酸。

三联密码可以决定 64 种氨基酸,为什么现在生物界蛋白质里的氨基酸只有20 种呢?说不定,这是大自然的良苦用心。就像计算机里预留扩展槽,需要时增加内存条一样,说不定在什么时候,CUC、CUA、CUG 会分别表达为二亮氨酸、三亮氨酸和四亮氨酸。那时,蛋白质将会更丰富,生物的种类将在现在的基础上翻好多番。

氨基酸与密码子对应关系表

第一个碱基	第二个碱基				第三个碱基
	U	C	A	G	
U	苯丙氨酸	丝氨酸	酪氨酸	半胱氨酸	U
U	苯丙氨酸	丝氨酸	酪氨酸	半胱氨酸	C
U	亮氨酸	丝氨酸	终止	终止	A
U	亮氨酸	丝氨酸	终止	色氨酸	G
C	亮氨酸	脯氨酸	组氨酸	精氨酸	U
C	亮氨酸	脯氨酸	组氨酸	精氨酸	C
C	亮氨酸	脯氨酸	组氨酸	精氨酸	A
C	亮氨酸	脯氨酸	组氨酸	精氨酸	G
A	异亮氨酸	苏氨酸	天冬酰胺	丝氨酸	U
A	异亮氨酸	苏氨酸	天冬酰胺	丝氨酸	C
A	异亮氨酸	苏氨酸	赖氨酸	精氨酸	A
A	甲硫氨酸	苏氨酸	赖氨酸	精氨酸	G
G	缬氨酸	丙氨酸	天冬氨酸	甘氨酸	U
G	缬氨酸	丙氨酸	天冬氨酸	甘氨酸	C
G	缬氨酸	丙氨酸	谷氨酸	甘氨酸	A
G	缬氨酸	丙氨酸	谷氨酸	甘氨酸	G

生物科学研究院

生产线

mRNA 上的密码只是决定了氨基酸的种类和顺序，要生产出蛋白质，还需要一套生产线。

mRNA 由细胞核进入细胞质后，便与核糖体结合起来。核糖体由核蛋白与一种叫做 rRNA 的 RNA 组成，是合成蛋白质的场所。在核糖体与 mRNA 这个复合体中，mRNA 相当于图纸，核糖体相当于装配机器。按照图纸的设计一步步加工下来，便形成一个完整的产品。这么说来，mRNA 又相当于一条生产线。

图纸和装配机器有了，加工原料是如何运输的呢？

在细胞质中，还有一种叫做 tRNA 的 RNA。这种 RNA 是运载氨基酸的工具，它一端是携带氨基酸的部位，另一端有三个碱基，与 mRNA 上的三联密码子按照碱基互补的原则进行配对。什么意思呢？举几个例子来说明吧。如果它的三个碱基是 AAA，那么它就装载苯丙氨酸，送到 mRNA 中 UUU 的位置上；如果它的三个碱基是 AGA，那么它就装载丝氨酸，送到 mRNA 中 UCU 的位置上……

形象一点说，tRNA 就像建筑工地上运送材料的小平车。不同的是，小平车既可以拉砖头，也可以拉水泥。tRNA 呢？专车专用，每一种只能运输特定种类的氨基酸。转运到核糖体的氨基酸通过肽键一个个连接起来，形成肽链。

毛线按照设计方案织造才能织成毛衣。氨基酸连接起来的肽链就像是毛线，经过折叠和盘曲，形成一定的立体结构，才能成为具有一定功能的蛋白质分子。

综上所述，DNA 分子中脱氧核糖核苷酸的顺序决定了 mRNA 中核糖核苷酸的顺序；mRNA 中三联密码子的顺序决定了肽链中氨基酸的排列顺序；肽链中氨基酸的排列顺序决定了蛋白质的结构；蛋白质的结构决定了蛋白质的功能。

DNA 复制、转录和翻译的研究结束后，天色尚早。大家走出实验室，结伴游览天池峰。

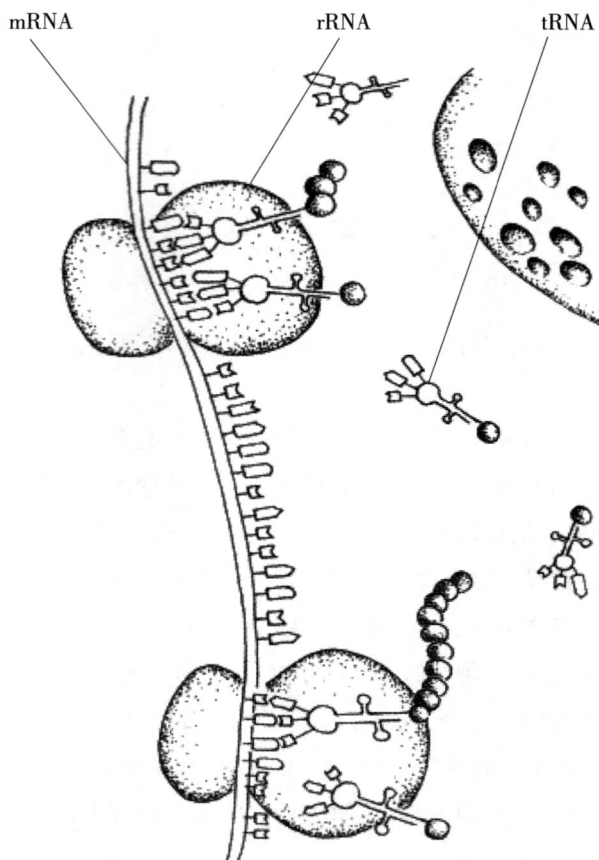

蛋白质合成图

站在天池峰下往上看,哇,从山顶到山脚,一块巨冰在夕阳的映照下发出熠熠寒光。冰瀑下面,抖掉了树叶的树枝也变成了晶莹透亮的冰棍。除了失却以往"飞流直下三千尺"的气势外,跳跳猴还感到有点什么异样。是什么呢?想半天,噢,和上次路过此处时相比,这里显得格外地寂静。原来,往日震耳欲聋的咆哮声被冻结在这巨大的冰瀑中。

编码区与非编码区

蛋白质的结构是由 DNA 上的基因决定的,但是,生产什么蛋白质,什么时候生产,是谁在发号施令呢?

生物分为原核生物和真核生物,就从原始的原核生物开始研究吧。

在经过反复实验后,大家发现,原核细胞的基因是由成百上千个核苷酸对组成的,每一个基因可以分为不同的区段。有的区段能够转录为 RNA,进而以 RNA 为模板合成蛋白质,它们被称为编码区。有的区段不能转录为 RNA,因而不能编码蛋白质,它们被叫做非编码区。

非编码区不能编码蛋白质,难道它是无业人员,无所事事吗?

进一步的研究发现,在非编码区上,有调控遗传信息表达的核苷酸序列。它虽然不能编码蛋白质,但对遗传信息的表达是不可缺少的。

如果说编码区相当于一个工厂中的生产车间,非编码区则相当于这个工厂的厂长办公室或经理办公室。办公室虽然不直接生产产品,却对车间的生产进行管理和控制。

非编码区是如何实现对编码区的调控的呢?

在 DNA 转录为 RNA 的过程中,需要 RNA 酶的催化。在非编码区上,有 RNA 酶的结合位点。在转录开始之前,RNA 聚合酶首先识别非编码区中的 RNA 聚合酶结合位点,并与其结合。形象一点说,RNA 聚合酶就像一把钥匙,非编码区的 RNA 酶结合位点就像是一把锁子。俗话说,一把钥匙开一把锁。只有 RNA 聚合酶结合到特定的非编码区的 RNA 酶结合位点上,才能启动相应编码区核苷酸序列的转录,继而由 RNA 翻译为特定的蛋白质。

外显子与内含子

真核细胞的基因表达与原核细胞不同。

在真核细胞的非编码区，同样有具有调控作用的核苷酸序列。但是，与原核细胞不同，真核细胞的编码区是不连续的。也就是说，能够编码蛋白质的序列被不能编码蛋白质的序列分隔开来。其中，能够编码蛋白质的序列叫做外显子，不能编码蛋白质的序列叫做内含子。

内含子的功能是什么呢？

内含子对基因的转录有某种增强作用。此外，由于内含子的隔离，可以增加基因表达的多样性……

内含子怎么会增加基因表达的多样性呢？

比如，一个编码区通过转录只能形成一条 RNA，然后，只能表达为一种蛋白质。如果在这个编码区中插入两个内含子，就形成了三个外显子。这三个外显子会通过转录形成三个 RNA 片段。它们有可能各自被翻译成一种蛋白质，也有可能第一、第二片段联合，或第二、第三片段联合，或第一、第三片段联合，或三个片段联合被翻译成蛋白质。这样，便可以合成七种蛋白质。如果再考虑到 RNA 片段的排列顺序，就可以组成 15 种 RNA 序列，翻译成 15 种蛋白质。

一般来说，在真核细胞中，每一个能够编码蛋白质的基因都含有若干个外显子和内含子。这样，真核生物的性状便比原核生物要更加复杂，更加多样化。

如果 DNA 中的外显子是钢琴上的琴键，那么，调控基因便是那弹钢琴的手。靠了那只手，才将音符组合起来，弹奏出各色各样的曲子。

破译天书

实际上，基因不仅决定了生物体的组织结构，还决定了容易罹患哪些疾病。可以说，一个人在出生的时候，甚至在受精卵形成的时候，就已经决定了这一辈子容易得哪些疾病，有可能长寿还是短寿，体质是强还是弱。

看来，基因这个东西，正如其名称所示，是生物最基本的因子。解读基因，就是探究生物最核心的机密。正是基于这个认识，20 世纪 90 年代，由美国科学家首先提出了人类基因组计划。

什么是人类基因组计划呢？

先说人类基因组吧。

所谓人类基因组，就是指人体 DNA 分子所携带的全部遗传信息。人有 46 条即 23 对染色体，其中，第 1 到第 22 对是常染色体，第 23 对是性染色体。性染色体在女性为 XX，在男性为 XY。研究基因组，应该研究 22 条常染色体以及 X 和 Y 性染色体。

在这 24 条染色体上，一共有大约 30 亿个碱基对，3 万到 35,000 个基因。所谓人类基因组计划，就是对人类基因组上的所有核苷酸序列进行测定，再在整个核苷酸序列中确定基因片段。打个比方，一个染色体就好比一条生产线，这条线上依序排列着许多员工。测定核苷酸序列，就好像登记生产线上员工的顺序，张三挨着李四，李四下面是王五……确定基因片段，就好像了解哪些员工是完成同一个任务的小组，有的小组负责焊接，有的小组进行组装……由于人类 DNA 中储存着人体所有的遗传信息，对人类基因组进行研究，实际上就是破译人类生物学的天书。

别看 24 条染色体连细胞核的一半都不到，解读它却是一个大工程。中国的万里长城工程虽然浩大，是生产力很不发达时期的中国人自己完成的。基因组研究呢？却需要在 20 世纪末期美国、英国、法国、德国、日本和中国六个国家分工合作。

2000 年 6 月 26 日，人类基因组草图绘制工作全部完成。但是，这仅仅是基因组研究的第一步，要真正弄清人体的基因，还有好多好多工作要做。

科学家们认识到，人类基因组研究的理论和技术上的进展对于许多疾病的诊断和治疗具有重要作用。此外，对于进一步了解基因如何表达，细胞怎样生长分化以及生物的进化都具有重要的意义。同时，这一计划的实施，将推动生物高新技术的发展，并产生巨大的经济效益。

但是，人类基因组计划测定的是一个白种人的基因组。中国人具有自己特殊的遗传背景，容易患的疾病也与白种人大不相同。因此，2007 年，我国启动了"炎黄计划"。

什么是炎黄计划呢？

所谓炎黄计划，就是绘制炎黄子孙的遗传图谱。通过这张图谱，可以了解中国人的基因组序列，不仅可以弄清楚是哪些基因决定了我们的黄皮肤和黑头发，还为我国人民疾病预防和治疗从基因层面提供资料，对保障中国人的健康具有重大意义。

DNA，就像是一部由密码写成的天书。现在，人类已经开始破译这部天书了。待到人类读懂这部天书后，生物科学将会发生什么样的变化呢？

紫茉莉

在认识了基因之后,大家对植物遗传进行研究。

首先,跳跳猴等用紫茉莉进行实验。紫茉莉的枝条一般都是绿色的。但也存在花斑植株的变异类型。在花斑植株上,有绿色的、白色的和花斑状的三种枝条。用显微镜对紫茉莉的叶肉细胞进行观察,可以看到绿色叶的细胞内含有叶绿体;白色叶的细胞内只有白色体;花斑叶中则含有三种不同的细胞:只含有叶绿体的细胞,只含有白色体的细胞,以及同时含有叶绿体和白色体的细胞。

他们分别用绿色、白色和花斑紫茉莉的花粉给绿色、白色和花斑紫茉莉授粉,将结出的种子种植后观察植株的颜色。

实验结果显示,如果接受花粉的枝条是绿色,子代紫茉莉枝条都表现为绿色;如果接受花粉的枝条是白色,子代紫茉莉枝条都表现为白色;如果接受花粉的枝条是花斑,子代紫茉莉枝条都表现为或绿色,或白色或花斑。

看出来了,子代紫茉莉的颜色取决于接受花粉的枝条的颜色。也就是说,子代

接受花粉的枝条	提供花粉的枝条	种子发育成的植株
绿色	绿色 白色 花斑	绿色
白色	绿色 白色 花斑	白色
花斑	绿色 白色 花斑	绿色、白色、花斑 绿色、白色、花斑 绿色、白色、花斑

的性状是由母本决定的。他们把这种遗传现象叫做母系遗传。

进一步的实验发现，除紫茉莉外，植物中藏报春、玉米、棉花等叶绿体的遗传，以及高粱、水稻等雄性不育的遗传，微生物中链孢霉线粒体的遗传，都表现出了母系遗传现象。

这是怎么回事呢？难道除了细胞核中的染色体外还有别的遗传物质？

细胞学研究表明，卵细胞中含有大量细胞质，而精子中只含有极少量的细胞质，也就是说，受精卵中的细胞质几乎全部来自卵细胞。看来，这母系遗传的原因在于细胞质。

是细胞质中的什么物质导致了细胞质遗传呢？

用电子显微镜观察衣藻、玉米等植物叶绿体的超薄切片，发现在叶绿体的基质中有 DNA。进一步的实验发现，动物细胞的线粒体中也含有 DNA。这些 DNA 都能进行自我复制，并通过转录和翻译控制某些蛋白质的合成，紫茉莉枝条的颜色就是由母本叶绿体中的 DNA 决定的。

原来，细胞质里的 DNA 也在遗传这个舞台上扮演了角色。

杂交育种

细胞质遗传有什么意义呢?大家都兴致勃勃地投入到新课题的研究中。就在这时,张贝贝说她头痛得厉害,提前回到了宿舍中。

研究发现,在人类中,有些病就是由细胞质遗传而传递下来的。由于细胞质遗传实际上就是线粒体 DNA 的遗传,因此,这些疾病又叫做线粒体遗传病。

在植物中,细胞质遗传的意义就更重要了。

为什么在植物中,细胞质遗传的意义更重要呢?

在农业生产上,用一个品种和另外一个品种杂交产生的杂交种增产效果很明显。此外,杂交种作物生长整齐,植株健壮,抗虫抗病能力强。人们把这种优势称为杂种优势。但是,杂种优势往往只表现在杂交后的第一代。从第二代开始,这些杂交优势就会下降。因此,要保持作物的杂种优势,只能种植第一代杂交种。

要进行杂交,就要将作为母本的植株中的雄蕊去掉,防止自花受粉,这个过程叫做人工去雄。对玉米等雌雄同株异花的植物,人工去雄还比较容易。对水稻、小麦等雌雄同花,而且花又很小的作物,人工去雄就非常困难。如果将通过杂交方法生产的杂交种子直接用于大田生产,需要年年制作大量种子,困难就更大。

面对这个难题,人们想,如果杂交母本的雄蕊本来就不能产生正常可育的花粉,不就可以省去人工去雄的过程了吗?

经过艰苦的寻觅,科学家们终于在自然界中找到了这样的植株。这些植株雄蕊不能产生可育的花粉,但是,雌蕊可以接受其他植株的花粉而产生种子。在遗传学上,这种现象叫做雄性不育。具有可遗传的雄性不育性状的一组植株叫做雄性不育系,简称为不育系。有了雄性不育系,就免去了大量的人工去雄工作,使得将杂交种进行大面积推广成为可能。

植物为什么能够发生雄性不育的现象呢?

研究表明,小麦、玉米和水稻等作物雄蕊是否可育是由细胞核和细胞质中的基因共同决定的。其中，细胞核的不育基因用 r 表示，可育基因用 R 表示。可育基因 R 对不育基因 r 为显性。细胞质的不育基因用 S 表示，可育基因用 N 表示。整体来说，细胞核可育基因 R 能够抑制细胞质不育基因 S 的表达；细胞质可育基因 N 能够抑制细胞核不育基因 r 的表达。因此，当细胞核可育基因 R 存在时，不论细胞质中有不育基因 S 还是可育基因 N，植株都表现为雄性可育。当细胞质可育基因 N 存在时，不论细胞核中有可育基因 R 还是不育基因 r，植株也表现为雄性可育。只有当细胞核的基因为 rr，细胞质基因为 S 时，植株才表现为雄性不育。

但是，问题来了。雄性不育系的作物如何留种呢？也就是说，用什么品种作为父本，才能使杂交产生的子代具有雄性不育的特性呢？

用基因型为 N(rr) 的品种作为父本，与基因型为 S(rr) 的雄性不育系母本杂交，子代的基因型就是 S(rr)，表现为雄性不育。在这里，基因型为 N(rr) 的品种，既能使母本结实，又使后代保持了不育的特性，因此，叫做雄性不育保持系，简称为保持系。

在大田中推广应用的杂交种应该是雄性可育的，否则，就不能自交结实，就没有产量。那么，用什么品种与雄性不育系杂交才能产生雄性可育的杂交种呢？

用基因型为 N(RR) 的品种作为父本，与基因型为 S(rr) 的雄性不育系杂交，子代的基因型是 S(Rr)，具有可育性。这种能够使雄性不育系的后代恢复可育性的品种叫做雄性不育恢复系，简称为恢复系。用这样的种子在田间大面积播种，长成的植株既可以通过传粉而结实，又可以在某个方面表现出优势。

在杂交育种中，雄性不育系、雄性不育保持系和雄性不育恢复系必须配套使用，这就是农业科学上所说的三系配套。

我国科学家利用三系配套的方法培育出了小麦、大麦、谷子、玉米、水稻等多种优势杂交种。特别是水稻杂交，自 20 世纪 70 年代我国大面积推广杂交水稻以来，每公顷水稻的产量增加约 7600 公斤，产生了巨大的经济效益。

在三系法之后，农业科学家又发明了两系法水稻杂交。所谓两系法杂交，关键是培育光温敏感型雄性不育系。什么是光温敏感型雄性不育系呢？有些植物，是否能繁育后代受光照和温度的影响。比如，水稻在长日照、温度超过 23℃时表现为雄性不育，而在短日照，低于临界温度时表现为雄性可育。这种特性使它本身可以自交繁育，从而省略了三系法中的保持系。与三系法相比，两系法具有程序简化，周期短，杂种优势更强，增产潜力更大等优点。2000 年，我国两系法杂交水稻种植面积已经达到 1000 多万公顷，每公顷最高产量达到 17085 公斤，米质也明显提高。

细胞质遗传竟然有如此重大的实用价值,白杨兴奋万分。实验一结束,她便兴冲冲地往宿舍赶,想着把新的实验成果告诉张贝贝。当走到宿舍门前时,她隐隐约约听到一种类似发电报的嘀嘀嗒嗒的声音。当她要进房间时,发现门从里面关上了。

　　白杨一边敲门,一边大声喊道:"贝贝,开门。告诉你一个好消息。"

　　房间里嘀嘀嗒嗒的声音戛然而止。少顷,门打开了。

　　白杨说:"我刚才听到嘀嘀嗒嗒的声音,你是在发电报吗?"

　　张贝贝神色慌张地说:"没,没。头痛得厉害,我在玩游戏机解闷。"

　　说着,她摇了摇手里的掌上游戏机。

　　白杨笑着说:"和你开个玩笑,看把你吓的。"

　　接着,她向张贝贝介绍了细胞质遗传在农业科学上的应用。

虚拟植物园

在了解到细胞质遗传在农业科学中的应用后,跳跳猴等开辟了试验田。他们整天在试验田里鼓鼓捣捣,期望着某一天早上,一个产量更高的品种能在他们手里诞生。

一天, 就在大家在试验田里埋头试验的时候, 跳跳猴听到一阵窸窸窣窣的声音。循声望去,哇! 智者站在了他的眼前。

他惊喜地说:"弟兄们,智者来我们试验田了! "

笨笨熊抬头一看,真的,智者正笑吟吟地望着他们。白桦、白杨、李瑞和张贝贝是第一次看到智者,只见面前的老者银须盈尺,前额高高突起,上面刻画着又细又密的皱纹。

大家齐声向智者问好,接着,围在智者的周围,聊在霁山的学习情况,聊在古代生物园的见闻,还聊起了与外星人的遭遇。

聊了许久,话题转到了遗传上。

跳跳猴问:"在遗传过程中有什么规律可循吗? "

智者说:"有。就像物理化学中有许多定律一样,遗传学有三大定律,叫做分离定律、自由组合定律以及连锁交换定律。"

李瑞问:"什么是分离定律呢? "

智者说:"分离定律和自由组合定律是奥地利科学家孟德尔发现的。

"孟德尔从小喜爱自然科学,但由于家境困难,青年时代进入修道院做修道士。后来,他到维也纳大学学习物理学、数学和自然科学。三年后,又返回到修道院。虽然身处神学机构,但他一直醉心于对自然界真理的探索。他用修道院的一小块园地种植了豌豆、山柳菊、紫茉莉、草莓、玉米等植物,并且进行了多种植物的杂交试验。

"经过八年的潜心研究,他在豌豆杂交试验方面获得了成功。1865 年,他在当地的自然科学研究学会上宣读了他《植物杂交试验》论文,第一次提出了遗传的分离定律和自由组合定律。然而，当时人们对孟德尔的研究成果和这篇具有划时代意义的论文没有给予足够的重视。1900年，也就是孟德尔发表论文35年后，三位植物学家分别用不同的植物证实了孟德尔的发现。这时，分离定律和自由组合定律才受到科学界的重视和公认。"

李瑞说："一个揭示生物遗传规律的重大发现竟然在书架上沉睡了35年，太遗憾了。"

智者说："是的，不能不说是一个遗憾。

"好，我们来介绍分离定律。一开始，孟德尔种植了许多植物进行遗传学实验，最后，选定了豌豆进行深入研究。他的分离定律和自由组合定律两个重大发现都是对豌豆实验的结果。"

跳跳猴问："为什么选定豌豆呢？"

智者说："在科学实验中，实验对象的选择是否适宜非常重要。实验对象选择适宜，实验就容易成功；实验对象选择不当，实验就不容易成功。

"孟德尔选择豌豆作为实验对象，原因之一，是由于豌豆是自花授粉植物，而且是闭花受粉植物。"

跳跳猴问："什么是闭花受粉呢？"

智者说："豌豆在花还没有开放的时候就完成了授粉，这种情况，就叫做闭花受粉。闭花受粉可以避免外来花粉的干扰，因此，选择闭花授粉的豌豆进行人工杂交试验，结果可靠而且容易分析。

"孟德尔选择豌豆作为实验对象，原因之二，是豌豆有几个品种。例如，有高度在1.5到2米的高茎品种，有高度在0.3米的矮茎品种；有结圆粒种子的品种，有结皱粒种子的品种。这些性状一眼就能看出来，并且能够稳定地传给后代。因此，用豌豆进行杂交，实验结果很容易观察和分析。在这许多性状中，孟德尔选择了七对相对性状进行杂交试验。

"我想，要想了解孟德尔的遗传定律，最好还是去拜访一下孟德尔先生吧。"

白桦问："孟德尔先生早已作古，如何便能见到呢？"

智者说："生物界的学者，无论在世还是作古，国内还是国外，都可以将他们请到雾山来的。"

接着，智者领着同学们来到了一座实验室。实验室的门上，写着"虚拟植物园"几个大字。

生物科学研究院

与外面乍暖还寒的早春景象不同,这虚拟实验室里,各种树木花草郁郁葱葱。

远远地,大家看到一位中年男性正在一块豌豆地里弓着身子仔细看着什么。

智者小声说:"看到了吧,这就是当年的孟德尔先生。"

听到了智者的声音,孟德尔抬起头来。当他看清楚来访的是智者时,便大声说:"原来是你啊,有何贵干呢?"

看来,智者和孟德尔先生是老相识。

分离定律

和孟德尔寒暄几句后，智者直接进入主题："给孩子们讲讲你的分离定律和自由组合定律吧。"

孟德尔说："好吧。"

说着，他从不同的豌豆植株上摘下豆荚，掰开，一边让智者和同学们看，一边说："你们看，豌豆的种子各不相同。从种子形状来说，有的圆滑，有的皱缩；从子叶颜色来说，有的呈黄色，有的呈绿色；从种皮来说，有的呈灰色，有的呈白色；从豆荚外形来说，有的饱满，有的不饱满；从豆荚颜色来说，有的呈绿色，有的呈黄色。"

接着，孟德尔又指着豌豆的植株，说："从花的位置来说，有的在茎顶，有的在叶腋；从植株的高矮来说，有的为高茎，有的为矮茎。"

智者在旁边说："一株豌豆会同时具有以上七对性状中的七种。为了便于分析，开始时，孟德尔先生将实验设计得比较简单。每一次实验，针对一对性状进行研究。比如，为了观察对子代植株高矮的影响，他用纯种高茎豌豆与纯种矮茎豌豆做亲本进行杂交。结果，不论将高茎豌豆作为父本还是母本，杂交后产生的第一代总是高茎。"

跳跳猴问："为什么在子代都是高茎，没有矮茎呢？"

孟德尔说："你问得好。开始做实验发现这个现象时，我也感到奇怪。当时我想，如果让子代高茎植株进行自交，后代会出现什么情况呢？

"接下来，我用子一代高茎植株进行自交。结果，在子二代植株中，既有高茎，又有矮茎。实验证明，亲本的矮茎性状在高茎植株中并没有消失，只是隐而未现。我把在杂种第一代中显现出来的性状，比如高茎，叫做显性性状；把在杂种第一代中没有显现出来的性状，比如矮茎，叫做隐性性状。

"在这一组豌豆杂交实验中，我共得到 1064 株子代植株。对这些植株的高矮茎进行统计分析，发现 787 株是高茎，277 株是矮茎，高茎与矮茎的比例接近 3:1。我

生
物
科
学
研
究
院

把这种在杂交子一代表现为同一性状，但在杂交第二代同时显现出显性性状和隐性性状的现象叫做性状分离。"

说完，孟德尔从豌豆地里走出来，领着智者一行回到他的实验室。

在实验室坐定后，孟德尔说："在对豌豆高矮茎杂交实验后，我又对其他六对性状进行实验。这是我对豌豆七对性状进行实验的结果。"

说着，他从抽屉里拿出一张表。

子二代性状						
性状	显性		隐性		显性:隐性	
种子的性状	圆粒	5474	皱粒	1850	2.96:1	
茎的高矮	高茎	787	矮茎	277	2.84:1	
子叶的颜色	黄色	6022	绿色	2001	3.01:1	
种皮的颜色	灰色	705	白色	224	3.15:1	
豆荚的形状	饱满	882	不饱满	299	2.95:1	
豆荚的颜色(未成熟)	绿色	428	黄色	152	2.82:1	
花的位置	腋生	651	顶生	207	3.14:1	

孟德尔接着说："与高矮茎实验相似，在这六对性状中，都是子一代表现出显性性状，子二代出现性状分离现象，并且显性性状和隐性性状的比例大致都是3:1。"

跳跳猴问："为什么子二代出现性状分离，并且在子二代中显性性状与隐性性状的比例都接近3:1呢？"

孟德尔说："进一步的研究发现，生物体的每一个性状都是由一对遗传因子控制的。"

跳跳猴弄不懂什么是遗传因子，蹙起了眉头。

看到跳跳猴大惑不解的样子，智者对大家说："孟德尔先生说的遗传因子，就是现在我们所说的基因。生物的每一个形状，比如，豌豆的高茎和低茎，是由同源染色体上位置相等的两个基因决定的。由于这两个基因分别分布在同源染色体相等的位置上，人们把它们称为等位基因。"

这时，跳跳猴才明白，在孟德尔时代还没有基因这个名词。

孟德尔继续说："如果我们用 D 来表示决定高茎的遗传因子，用 d 来表示决定矮茎的遗传因子，那么，在纯种的高茎豌豆体细胞中，决定茎高的一对遗传因子便是 DD,在纯种的矮茎豌豆体细胞中,决定茎高的一对遗传因子便是 dd。决定同一性状的一对遗传因子相同的生物个体,比如上面讲的 DD 或 dd,叫做纯合子。

"在繁殖过程中,原始生殖细胞中的一对遗传因子会被分配在两个生殖细胞中。这种现象,叫做分离。这种遗传规律,称为分离定律。

"用纯种高茎豌豆与纯种矮茎豌豆杂交时,子一代豌豆决定茎高性状的遗传因子为 Dd,这种控制同一性状的两个遗传因子不同的生物个体叫做杂合子。由于遗传因子 D 为显性,遗传因子 d 为隐性,遗传因子为 Dd 的豌豆表现出来的性状为高茎。"

孟德尔一边说,一边在纸上画了一个图。

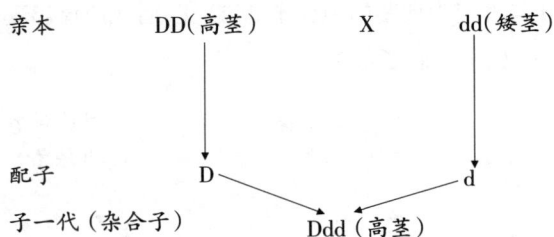

```
亲本        DD(高茎)      X      dd(矮茎)


配子          D                    d
子一代(杂合子)      Ddd(高茎)
```

孟德尔接着说:"刚才说的是杂交子一代的情况。在子一代豌豆产生配子时,遗传因子 D 和遗传因子 d 又会发生分离。雄配子和雌配子所含的遗传因子或者是 D 型,或者是 d 型,并且具有这两种遗传因子的配子数目相等。这样,子一代配子受精后形成的子二代会形成什么遗传因子组合呢?"

说这话时,孟德尔的眼光注视着跳跳猴。

跳跳猴摇摇头。

孟德尔在纸上又画了一个图。

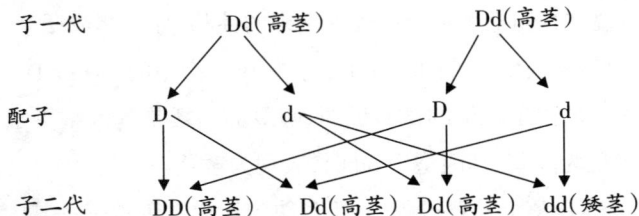

```
子一代        Dd(高茎)              Dd(高茎)

配子      D        d        D        d

子二代  DD(高茎)  Dd(高茎)  Dd(高茎)  dd(矮茎)
```

接着,孟德尔说:"你们看,子二代的遗传因子类型是 DD、Dd、Dd、dd。由于 D 为显性,d 为隐性,所以 DD、Dd、Dd 都表现为高茎,只有 dd 表现为矮茎,高茎与矮茎的比例是 3:1。

"大家看到了吧?在豌豆杂交实验中,之所以在子二代出现性状分离,并且显性性状与隐性性状的比例接近 3:1，都是分离定律在起作用。"

说到这里，大家茅塞顿开。

孟德尔接着说："一个正确的理论不仅要能说明已经得到的实验结果，还应该能预测相关的实验的结果。我从上面的实验中总结出了分离定律，但是，这个定律是否正确呢？为了验证分离定律是否正确，我又进行了一个测试杂交设想的试验，我把它叫作测交试验。"

跳跳猴问："测交试验怎么做呢？"

"我先问你一个问题吧。"孟德尔的目光注视着跳跳猴，"按照分离定律，由表现为高茎的杂合子 Dd 与表现为矮茎的纯合子 dd 杂交，后代应该出现什么性状呢？"

跳跳猴拿起笔，在白板上画了起来。

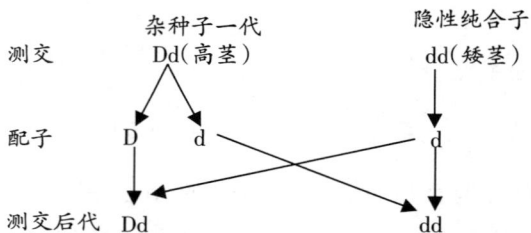

画完，跳跳猴说："测交的结果应该有一半遗传因子为 Dd，另一半遗传因子为 dd。"说完，仰着头望着孟德尔先生。

孟德尔说："我用子一代高茎豌豆 Dd 与矮茎豌豆 dd 杂交，得到 64 株后代，其中 30 株为高茎，34 株为矮茎，高茎与矮茎基本各占一半。也就是说，测交试验的结果证实了分离定律。"

这时，智者说："我们把生物个体表现出来的性状，如高茎或矮茎，黄色或绿色，叫做表现型；把与表现型有关的基因组成，如决定高茎的 DD 或 Dd，决定矮茎的 dd，叫做基因型。孟德尔先生的试验证明，豌豆的高矮是基因型决定的，基因型为 DD 或 Dd 时，表现为高茎；基因型为 dd 时，表现为矮茎。

"但是，生物体在整个发育过程中，不仅决定于内在因素——基因，还受外部环境条件的影响。比如，同一株水毛茛，裸露在空气中的叶表现为扁平状；浸泡在水中的叶则成丝状。同样一种农作物，在肥料充足、光照好的地方就生长苗壮；肥料不足，光照不好的地方则植株瘦小。这说明，基因在表达过程中，由于环境条件不同，会出现不同的生物性状。"

白+红=粉红

智者接着说："对了，还要说明一个问题，就是基因的显性问题。

"在上面介绍过的豌豆试验中，D决定高茎性状，d决定矮茎性状。当基因型为DD时，当然表现为高茎；当基因型为dd时，当然表现为矮茎。当基因型为Dd时，由于D对d来说是显性，会表现为高茎，与基因型为DD的植株高度基本相同。这种显性叫做完全显性。

"在生物界中，遗传的完全显性现象是比较普遍的。但是，有时候，杂种子一代所表现的显性是不完全的。这种不完全分为两种情况，一种是不完全显性，另一种是共显性。

"所谓不完全显性，是指显性纯合子和隐性纯合子杂交，杂交子一代的性状介于显性纯合子和隐性纯合子之间的情况。比如，将紫茉莉纯合的红色花(RR)亲本和纯合的白色花(rr)亲本杂交，杂交子一代的表现既不是红色花，也不是白色花，而是介于红色和白色之间的粉色花。"

顿了顿，智者又说："如果我们把杂种子一代进行自交，杂种子二代会出现什么表现型呢？"

智者将头转向跳跳猴。跳跳猴略微思考了一下，又抓起笔在白板上画了起来。

完毕，跳跳猴说："红：粉红：白的比例是1∶2∶1，是这样吗？"

智者赞许地点了点头，说："没问题。"

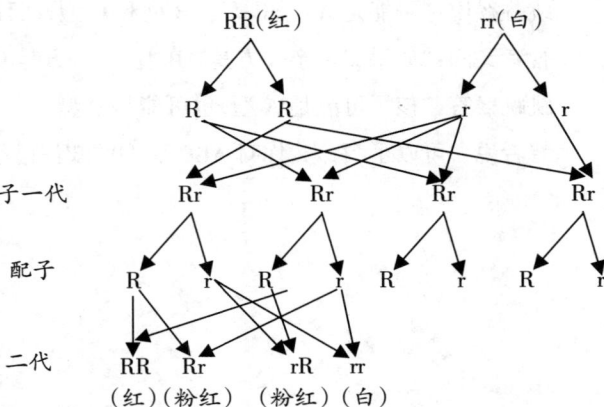

他们的孩子应该是什么血型

少顷，智者接着说："上面说的是不完全显性，下面介绍共显性。所谓共显性，是指两个亲本的性状同时在子一代个体显现出来。比如，红毛马和白毛马交配，子一代是红毛和白毛掺杂在一起的杂色毛马。这说明，决定红毛的基因和决定白毛的基因互不遮盖，爸爸和妈妈的毛色后代的身上同时得到了表现。

"人的 ABO 血型系统中有 A 型、B 型、AB 型和 O 型四种，决定人的 ABO 血型的基因有 IA、IB 和 i 三种。其中，IA、IB 对 i 为显性，而 IA、和 IB 之间无显隐关系。对于每一个人来说，只可能有其中的两个基因。跳跳猴，根据上面所说的道理，你可以告诉我 A 型、B 型、AB 型和 O 型血的人可能的基因是什么吗？"

跳跳猴思考了一下，说："A 型血的人可能的基因型为 IAIA 或者 IAi，B 型血的人可能的基因型为 IBIB 或者 IBi，AB 型血的人基因型只能是 IAIB，O 型血的人基因型只能是 ii。"

智者点点头，接着说："对，AB 型血型就属于共显性。你再告诉我，如果父母亲的血型分别是 A 型和 B 型，他们的孩子可能会是什么血型呢？"

跳跳猴说："可能是 A 型、B 型、AB 型和 O 型，四种血型都可能。"

智者又问："如果父母亲一方是 AB 型，另一方是 O 型呢？"

跳跳猴答："孩子可能是 A 型，也可能是 B 型。"

智者说："可以了，看来，你对 ABO 血型的知识已经掌握了。"

层层淘汰

跳跳猴问："老师，分离定律在实践中有什么应用价值呢？"

智者说："分离定律在农业科学中具有重要价值。近年来，杂交育种成为实现粮食高产稳产的重要手段。人们首先按照育种的目标选择亲本进行杂交，然后，根据杂交子代的遗传表现选择符合要求的品种。有时候，要经过几代的选择才能制出用于大田推广的优良种子。"

跳跳猴问："为什么要经过几代的选择呢？"

智者说："比如，小麦有一种病，叫做秆锈病。如果染上这种病，小麦的产量就会降低。有些小麦对秆锈病具有抵抗力，这种特性是由显性基因控制的。人们希望能得到产量又高，又能抗小麦秆锈病的优良品种，便用高产小麦品种与抗小麦秆锈病的品种进行杂交。在杂交子一代，所有植株都具有抗秆锈病的特性。但是，就抗秆锈病来说，所有植株的基因都是杂合子。在子二代，根据分离定律，部分植株抗秆锈病基因为纯合子，具有抗秆锈病特性；大部分植株抗秆锈病基因为杂合子，也具有抗秆锈病的特性；少部分植株为不含抗秆锈病基因的纯合子，不具有抗秆锈病的特性。不含抗秆锈病基因的纯合子由于不具有抗秆锈病的特性，容易识别出来，制种人员会把这些植株淘汰。但是，由于含抗秆锈病基因的杂合子也具有抗秆锈病的特性，不容易被识别。为了获得稳定的具有抗秆锈病基因的品种，必须让具有抗秆锈病基因的小麦植株继续进行自交。通过一次次的自交，可以逐渐将那些不含抗秆锈病基因的植株淘汰掉，从而获得抗秆锈病基因的纯合子。然后，才能将这些植株的种子用于大田生产。因此，优良品种的制种过程要经过好几代。"

听了智者的讲解，大家才知道孟德尔先生发现的分离定律在杂交育种中得到了实际应用。这一应用，不知增加了多少粮食产量，解决了多少人的饥饿问题。

自由组合定律

智者说："孟德尔先生在发现分离定律后，接着对两对相对性状的遗传规律进行研究，发现了遗传的第二个基本规律，即基因的自由组合定律。孟德尔先生的研究，还是让孟德尔先生来介绍吧。"

孟德尔先生说："好吧，我用纯种黄色圆粒豌豆和绿色皱粒豌豆作为亲本进行杂交，结果，无论正交还是反交，结出的种子都表现为黄色圆粒。说明在黄色和绿色这一对性状中，黄色基因为显性基因；在圆粒和皱粒这一对性状中，圆粒基因为显性。

"接着，我又用子一代植株进行自交。在产生的子二代中，不仅出现了黄色圆粒和绿色皱粒，还出现了绿色圆粒和黄色皱粒。这说明决定两种颜色的两个基因和决定两种外形的两个基因之间发生了自由组合。

"我觉得这是一个很有趣的现象，便对子二代各种性状植株的数量进行统计和分析。结果，黄色圆粒、绿色圆粒、黄色皱粒和绿色皱粒的数量依次为315、108、101和32。也就是说，这四种表现型的数量比接近9:3:3:1。"

跳跳猴问："这个9:3:3:1的比例与遗传规律有关系吗？"

这时，智者在旁边解释说："我们对豌豆的外形和颜色分别做一下分析吧。先撇开豌豆的颜色不管，在豌豆外形方面，圆粒种子的数量为315+108，等于423；皱粒种子的数量为101+32=133。圆粒和皱粒的比例接近3:1。撇开种子的外形不管，在豌豆颜色方面，黄色种子数量为315+101，等于416；绿色种子的数量为108+32，等于140。黄色和绿色的比例也接近3:1。也就是说，在杂种二代中，在黄色和绿色，圆粒和皱粒这两对性状中，显性基因决定的性状与隐性基因决定的性状的数量比都是大约3:1。这说明，豌豆的外形和颜色的遗传都符合前面讲过的基因分离定律。"

白桦问："但是，孟德尔先生刚才讲的自由组合是怎么回事呢？"

智者笑笑，说："我们假设，豌豆的黄色和绿色分别由 Y 和 y 控制，豌豆的圆粒和皱粒分别由 R 和 r 控制。这样，纯种黄色圆粒豌豆的基因型是 YYRR，它的配子基因型是 YR。纯种绿色皱粒豌豆的基因型是 yyrr，它的配子基因型是 yr。这两种豌豆杂交后，子一代的基因型就是 YyRr。由于 R 对 r 为显性，Y 对 y 为显性，子一代的表现型都是黄色圆粒。根据基因分离定律，子一代产生配子时，每一对基因都要彼此分离，也就是说，Y 和 y 要分离，R 和 r 要分离。同时，不同对的基因之间要发生自由组合。也就是说，Y 可以与 R 组合，也可以与 r 组合；y 可以与 R 组合，也可以与 r 组合。这样，子一代产生的雄性配子和雌性配子的基因型都有 YR、Yr、yR 和 yr 四种，并且这四种基因型的数量基本相同。

"由于受精时雌雄配子的结合是随机的，因此，结合的方式有 16 种，这样吧，我们还是画个图吧。"

接着，智者在纸上画了一个图。

	YR	yR	Yr	yr
YR	YY RR 黄色圆粒	Yy RR 黄色圆粒	YY Rr 黄色圆粒	Yy Rr 黄色圆粒
yR	Yy RR 黄色圆粒	yy RR 绿色圆粒	Yy Rr 黄色圆粒	yy Rr 绿色圆粒
Yr	YY Rr 黄色圆粒	Yy Rr 黄色圆粒	YY rr 黄色皱粒	Yy rr 黄色皱粒
yr	Yy Rr 黄色圆粒	yy Rr 绿色圆粒	Yy rr 黄色皱粒	yy rr 绿色皱粒

画完图，智者说："你们看，四种雄性配子与四种雌性配子形成的 16 种基因型中，9 种表现为黄色圆粒，3 种表现为绿色圆粒，3 种表现为黄色皱粒，1 种表现为绿色皱粒，与孟德尔先生的实验结果相同。也就是说，孟德尔先生关于雌雄配子受精时非等位基因自由组合的假设与实验结果是符合的。

"为了证明自由组合理论是否正确，孟德尔先生用基因型为 YyRr 的子一代植株与基因型为 yyrr 的隐性纯合子进行测交试验。按照孟德尔先生的假设，子一代能够产生基因型为 YR、Yr、yR 以及 yr 的四种配子，并且这四种基因型的配子数目相等，而隐性纯合子只产生含有隐性基因的配子 yr。按照自由组合的理论，测交的结果应当产生四种类型的后代，即基因型为 YyRr 的黄色圆粒、基因型为 Yyrr 的黄色皱粒、基因型为 yyRr 的绿色圆粒以及基因型为 yyrr 的绿色皱粒，并且它们的数量应当相似。孟德尔先生，您可以介绍一下您的测交试验的结果吗？"

孟德尔从抽屉中拿出一张表，说："这就是我做的测交试验的结果。"

		黄色圆粒	黄色皱粒	绿色圆粒	绿色皱粒
实际子粒数	子一代作母本	31	27	26	26
	子一代作父本	24	22	25	26
不同性状的数量比		1:1	1:1	1:1	1:1

接着，孟德尔说："我用子一代作为母本进行了一次测交试验，又用子一代作为父本进行了一次测交试验。结果，无论以子一代作为母本还是父本，试验结果都符合预期的设想。也就是说，四种表现型的实际子粒数量比例都接近于 1:1。这样，就证明了子一代在形成配子时不同对的基因是自由组合的。"

李瑞问："分离定律和自由组合定律是一个什么关系呢？"

智者说："分离定律指的是生殖细胞分裂形成配子时，一对同源染色体会分配到两个配子中。由于位于同源染色体上的两个等位基因是决定同一性状的，两个同源染色体被分别分配到两个配子中，就可以保证在每一个配子中都有对生物的每一个性状进行控制的基因。

"自由组合定律呢？说的是生殖细胞分裂形成配子时，非同源染色体之间自由搭配，形成一个组合，进入到配子中。由于自由组合的可能性很多，这样，就保证了子代的生物多样性。"

讲到这里，李瑞蹙起了眉头。

看到李瑞大惑不解的样子,智者说:"这样吧。举个简单的例子。

"比如说,某一个生物的细胞有三对染色体,我们以 A、B、D 代表父源染色体,以 a、b、d 代表母源染色体。A 与 a,B 与 b,D 与 d 分别为同源染色体。

"在生殖细胞分裂成为配子时,A 与 a,B 与 b,D 与 d 一定分开,这样,每个配子中只保留同源染色体中的一条染色体。这便是分离定律。

"在每个配子中,只有三条染色体。是哪三条染色体呢?可能是 A、B、D;可能是 a、b、d;可能是 A、b、D;可能是 a、B、d;可能是 A、B、d;可能是 a、b、D;可能是 a、B、D;也可能是 A、b、d。这便是自由组合定律。"

讲到这里,李瑞如茅塞顿开,频频点头。

智者对大家说:"我想,对孟德尔先生的采访可以结束了,我们还是回实验室去吧。"

话音刚落,孟德尔在大家的面前倏然消失了。

智者一行离开了植物园,向实验室走去。

附:孟德尔生平

孟德尔(G.Mendel,1822—1884),奥地利现代遗传学奠基人。

孟德尔出生在多瑙河畔一个贫苦农民家庭。幼年时,他经常随爱好园艺的父亲在花园劳作,对种植花木产生了浓厚的兴趣。21 岁那年,由于家境贫困,从神学院毕业的孟德尔,进了奥地利布隆修道院,当了一名修道士。1851 年,被派到维也纳大学学习物理学、数学和自然科学。1854 年,返回布隆修道院任职,并在修道院所办的学校讲授自然科学。1857 年开始做豌豆遗传实验。1865 年,在布隆的一次学术会议上公布了他的实验结果,并于 1866 年在布隆博物学会的会刊上发表了《植物杂交实验》的论文,提出了分离定律和自由组合定律两大遗传学定律。但是,当时生物学界的热点话题是达尔文的进化论,孟德尔的遗传学研究成果在论文发表后在书架上束之高阁。直到 1900 年,荷兰的 de Veries、德国的 K.Correns 和奥地利的 E.von Tschermak 分别发现了和孟德尔的研究成果相同的遗传规律。从此,孟德尔的研究才引起遗传学界的高度重视,孟德尔的分离定律和自由组合定律奠定了遗传学的坚实基础。

他们的父母亲应该是什么基因型

一路上，跳跳猴皱着眉头回忆着采访孟德尔先生的过程。刚回到实验室，跳跳猴便向智者问道："自由组合定律有什么实际应用价值吗？"

智者说："基因的自由组合定律在动植物育种工作中和医学中具有非常重要的意义。杂交育种就是利用基因的自由组合定律，使不同品种的父本和母本的优良基因组合到一起，从而创造出优良品种。

"举个例子吧。有的水稻无芒，不抗病；有的水稻有芒，抗病。有芒对无芒是显性，抗病对不抗病是显性。人们希望能得到无芒、抗病的新品种，便把无芒、不抗病的品种与有芒、抗病的品种杂交。根据自由组合定律，杂交子二代中无芒、抗病的植株应该占总数的 3/16，其中 1/3 是纯合子，2/3 是杂合子。但是，在表型上无芒、抗病的植株中，很难凭肉眼判断哪些是纯合子，哪些是杂合子。要得到无芒、抗病的纯合子，还需要对这些植株进行自交和选育，淘汰那些在自交过程中表现出有芒和不抗病的植株。经过几代的选育，才能得到稳定遗传的无芒、抗病的品种。因此，在育种中，分离定律和自由组合定律都得到了应用。

"在医学上，可以根据自由组合定律对遗传病的遗传情况作出推测。例如，多指是常染色体显性遗传病，是由显性致病基因 P 控制的。先天型聋哑是常染色体隐型遗传病，是由隐性致病基因 d 控制的，只有在同源染色体上的两个等位基因都是致病基因 d 时，才会表现为先天性聋哑。有一对夫妻，丈夫手上长了六个指头，是多指患者，妻子表面上看不出什么异常。他们生了一个手指正常，但患先天型聋哑的孩子。那么，根据自由组合定律，单讲多指及先天性聋哑这两对等位基因，父亲应该是什么基因型？母亲应该是什么基因型？"

跳跳猴不假思索地说："父亲应该是 PpDd，母亲应该是 ppDd。对吗？"

智者点了点头，接着问："理论上讲，这一对父母亲的孩子可能有哪些表现型

呢？"

跳跳猴马上接着说："四种。一种是多指，一种是先天性聋哑，一种是同时有多指和先天性聋哑，还有一种可能是表现型完全正常。"

听了跳跳猴的回答，智者满意地点了点头。

连锁和交换定律

今天，智者将大家领到了他的遗传实验室。实验室里，有许多瓶瓶罐罐，里面装着各色各样的动物标本。

站在试验台前，智者说："今天，我们接着介绍遗传的第三个基本规律，连锁和交换定律。连锁和交换定律是由美国的遗传学家摩尔根提出来的。他使用的试验对象是一种动物，果蝇。"

跳跳猴问："摩尔根先生为什么使用果蝇作为试验对象呢？"

智者说："我们已经说过，研究生物学问题，选择试验对象非常重要。摩尔根先生研究的重点是染色体遗传，这种研究最好选择繁殖快，染色体数目少的生物，这样，才可能缩短研究周期，而且容易得出结论。果蝇容易得到，易于培养，约两周繁殖一次，可以使研究周期缩短。此外，果蝇染色体只有 4 对，并且形态不同，易于区别。更重要的是，果蝇的变异性状特别多，身体颜色有灰、黑两种，眼睛颜色有红、白两种，翅膀有长、短两种。这些特点都使果蝇适于作为遗传试验对象。因此，摩尔根选择果蝇作为染色体遗传试验的对象是正确的，明智的。

"下面，我们介绍一下摩尔根的遗传试验。在果蝇的性状中，灰体对黑体是显性，长翅对残翅是显性。摩尔根用灰身残翅的雄果蝇与黑身长翅的雌果蝇交配，得到的子一代全是灰身长翅。这是符合孟德尔的分离定律与自由组合定律的。如果让子一代灰身长翅雄果蝇与黑身残翅的雌果蝇交配，按照自由组合定律，会出现什么后代呢？"

跳跳猴说："灰身长翅，灰身残翅，黑身长翅以及黑身残翅。"

智者接着问："这 4 种表现型的比例应该是多少呢？"

跳跳猴毫不犹豫地说："1:1:1:1。"

智者说："根据自由组合定律，你的推测是对的。但是摩尔根的试验结果只有灰身残翅与黑身长翅两个类型,与亲代的类型完全相同。

"这是怎么回事呢?摩尔根感到费解。接着,他又扩大试验规模,结果,得到的灰身残翅为 41.5%,灰身长翅为 8.5%,黑身残翅为 8.5%,黑身长翅为 41.5%。"

"为什么灰身残翅和黑身长翅要比灰身长翅和黑身残翅多许多呢?"跳跳猴蹙起了眉头。

智者说:"经过思考,摩尔根初步认为,爸爸是灰身残翅,决定灰身的基因 B 与决定残翅的基因 v 连在一起。妈妈是黑身长翅,决定黑身的基因 b 与决定长翅的基因 V 连

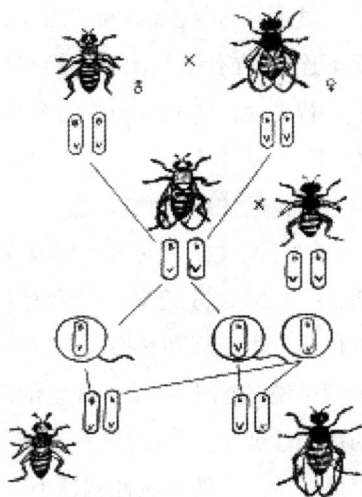

果蝇的连锁遗传

在一起。在子一代果蝇中,由于具备决定灰身残翅与黑身长翅的基因,而且灰身对黑身是显性,长翅对残翅是显性,因此,表现出来的性状是灰身长翅。

"在子一代的生殖细胞发生减数分裂形成配子时,有两种可能。一种是载有 B 和 v 基因的染色体以及载有 b 和 V 基因的染色体不发生交换,产生含 B、v 基因的配子和含 b、V 基因的配子。另一种是载有 B 和 v 基因的染色体以及载有 b 和 V 基因的染色体发生交换,产生含 B、V 基因的配子和含 b、v 基因的配子。这些配子使基因型为 bv 的黑身残翅卵子受精后,会产生灰身残翅、灰身长翅、黑身残翅和黑身长翅四种子二代果蝇。

"但是,由于 B 和 v 以及 b 和 V 在染色体上连在一起,不容易分离,分别含 B、v 基因和 b、V 基因的配子数量就会大大增多。这两种配子与基因型为 bv 的黑身残翅果蝇的配子受精时,会产生 Bbvv 和 bbVv 两种受精卵。Bbvv 表现出来的性状为灰身残翅,bbVv 表现为黑身长翅。因此,灰身残翅和黑身长翅的果蝇要大大多于灰身长翅和黑身残翅。

"摩尔根的试验表明,在发生减数分裂时,有些染色体上的基因会通过交换而转移到同源染色体上,有些染色体上的基因则连锁在一起进入配子中。这种规律,就叫做遗传的连锁交换定律。"

讲到这里,大家才明白连锁和交换定律是怎么回事。

过了一阵,跳跳猴问:"假如我们在一条染色体上选择两个基因,它们在什么情况下连锁,在什么情况下交换有规律吗?"

智者说:"研究发现,两个基因交换的频率和这两个基因在染色体上的距离有关。"

白杨问:"什么意思呢?"

智者说:"如果这两个基因位于染色体的两端,只要这个染色体发生断裂和交换,这两个原来处于同一染色体的基因就会分开。如果这两个基因紧紧相邻,只要染色体发生断裂和交换的位点不在这两个相邻基因之间,这两个基因就不会分开。也就是说,位于同一染色体上的两个基因距离越远,通过染色体联会交换而被分开的可能性就越大。反之,位于同一染色体上的两个基因距离越近,通过染色体联会交换而被分开的可能性就越小。"

听了智者的解释,白杨连连点头。

智者接着说:"按照这一原理,我们可以根据同一染色体上各基因交换率的大小,把染色体上的基因排出顺序来,绘成染色体的基因图。"

李瑞问:"这有什么用处呢?"

智者说:"假如把每 100 个受精卵中某一染色体某两个基因之间的片段发生交换的频率作为这两个基因的交换率,基因 A 与 B 之间的交换率为 10%,基因 A 与基因 C 之间的交换率是 26%,基因 B 与基因 C 之间的交换率是 16%,那么,基因 A、B、C 在染色体上就可能是按照 A、B、C 的顺序排列。假如再有一个基因 D,它与基因 C 的交换率是 11%,而与基因 B 的交换率为 27%,那么,基因 D 的位置应该在基因 C 之后。也就是说,通过对基因交换频率的研究,可以得知各基因在染色体上的排列顺序,进而得知各基因在染色体上的位置。

"当然,同源染色体上各基因的交换除受距离这一因素的影响外,还有一些其他影响因素。有时,因为某种因素,某一区域更容易发生基因交换,这一区域的交换率就高一些;有时,因为某种因素,某一区域更不容易发生基因交换,这一区域的交换率就低一些。"

跳跳猴说:"人类的染色体有 3 万多个基因,要通过基因交换频率来研究一个个基因的位置,需要多少时间和人力啊!"

智者笑了笑说:"正因为基因组研究是一项浩大的工程,所以才需要许多国家通力合作。"

附：摩尔根生平

摩尔根（T.H.Morgen，1866—1945），美国实验胚胎学家、遗传学家。

摩尔根 1866 年 9 月 25 日出生于美国肯塔基州，1880 年进入肯塔基州立学院学习生物学，1886 年获动物学学士学位，去霍普金斯大学深造。1890 年获哲学博士学位。1891 年至 1945 年历任布林马尔大学、哥伦比亚大学和加利福尼亚理工学院生物学教授。1919 年当选为伦敦皇家学会会员。1924 年获达尔文奖章，1933 年获医学和生理学诺贝尔奖。

摩尔根 1894 年至 1902 年研究实验胚胎学，著有《实验胚胎学》一书。

1903 年至 1910 年研究进化论。

1910 年至 1935 年集中研究果蝇的遗传，著有《孟德尔遗传学的原理》和《基因论》。

1935 年至 1945 年，通过一系列科学实验，证实了孟德尔的两个遗传规律，证明了染色体是基因的载体，发现了遗传学的第三个基本规律——基因连锁和互换规律，发现了基因呈直线排列，并发现了基因的定位方法。

白杨发怒了

讲完连锁和交换定律，放一天假。

一大早，跳跳猴和白桦、笨笨熊、李瑞去爬山。连续下了两天大雪，整个大山被埋在了厚厚的白雪下面，连树枝也穿上了一层雪衣。

跳跳猴一边在山坡上走，一边注意着雪地上各种动物的脚印。他告诉伙伴们这些脚印是兔子的，那些脚印是狐狸的，还有一些脚印是野鸡的。他还说他以前经常在雪后上山去打猎。循着雪地上的脚印，可以很轻松地找到猎物。

正说着这些，笨笨熊猛然发现面前不远处的雪地上有几个小碗大小的圆形印迹。他指着前面问跳跳猴："小兄弟，这些是什么动物的脚印呢？"

跳跳猴俯下身子仔细看了一会儿，然后直起身子来说："是老虎的。"

笨笨熊以为跳跳猴在故弄玄虚，说："你吓唬谁呢？"

跳跳猴正色道："不是吓唬人，是真的。"

白桦蹲下来认真看了一会儿，肯定地说："跳跳猴兄弟说的没错，是老虎的。"

听说确实是老虎的脚印，笨笨熊的脸唰的一下变得煞白。他结结巴巴地说："我们快下山，我们快下山。"

看到笨笨熊那恐惧的样子，跳跳猴说："看你那熊样，一个老虎脚印就把你吓得魂不附体了。"

笨笨熊顾不得回应跳跳猴，只顾朝着山下逃。不想，腿一软，栽倒在地，骨碌碌向下滚了好远。

跳跳猴和白桦赶忙上前，将笨笨熊扶起来，架着他向住处返回。回到住处，他们来到白杨和张贝贝的宿舍，将这一发现告诉她们。

张贝贝说："真的吗？我真想去看看雪地上老虎的脚印是什么样子呢。顺便，拍几张照片。"

说着,便忙着找相机。

白杨问张贝贝:"别瞎忙了,谁会和你上去呢?"

张贝贝望着跳跳猴,说:"你陪我去一趟可以吗?"

跳跳猴含笑点了点头。

白杨大声吼道:"不行。"

这一吼,把大家吓了一跳。朝白杨望去,只见她脸色非常严肃,两眼还噙着泪水。

张贝贝连忙说:"好,好,不去了。要是跳跳猴有点闪失,老虎不吃我,你也要把我吃掉呢。"

看到白杨这么在意自己,跳跳猴心头滚过一阵莫名的感觉,心跳不由得快了起来。他哄白杨道:"别那么认真,我们说着玩的。"

看跳跳猴和张贝贝放弃了上山的计划,白杨嫣然一笑。

是什么决定了性别

第二天一早，智者向大家讲性别决定与伴性遗传。

他说："很多种类的生物都存在雌性与雄性之分。雄性与雌性不仅生殖系统截然不同，外形上也有很大差异。比如，雄孔雀有美丽的彩屏，雌孔雀尾巴又短又小。雄鸡有又大又红的鸡冠和艳丽的羽毛，雌鸡鸡冠较小，羽毛色调暗淡。此外，雄性与雌性的代谢特点以及性格等也有明显差异。比如，对于人类，男性的红细胞数量较女性多；对于动物，雄性一般勇猛好斗。

"是什么因素决定了雌雄生物之间的这些差异呢？是染色体。我们以人类为例来说明这个问题吧。男性和女性有 22 对染色体形态相同，叫做常染色体。有一对染色体形态有显著差别，叫做性染色体。男女之间的千差万别都是这一对性染色体所决定的。"

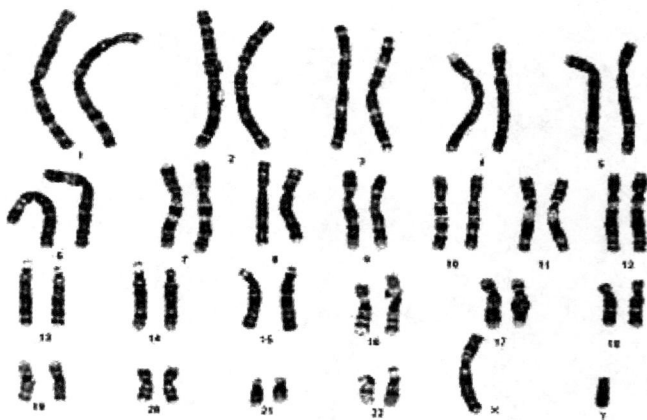

人类染色体图

说着，智者拿出一张人类染色体图片。

智者接着说："从图中可以看出，女性的一对性染色体形状相同，用 XX 表示，男性的一对性染色体形状不同，用 XY 表示。

"男性的精子有两种，有的含有 X 染色体，叫做 X 精子；有的含有 Y 染色体，叫做 Y 精子。女性的卵子只有一种，都含 X 染色体。

"如果 X 精子与卵子结合，会形成含 XX 染色体的受精卵，将来发育成为女性；如果 Y 精子与卵子结合，会形成含 XY 染色体的受精卵，将来发育成为男性。也就是说，是精子决定了生男生女。其实，不只是人类，很多种类的昆虫、某些鱼类和两栖类、所有的哺乳动物以及很多植物的性别都是雄性说了算，这种由 X 染色体和 Y 染色体决定性别的方式叫做 XY 型性别决定。

"在鸟类和蝶类，雌性的两个性染色体相貌各异，分别用 Z 和 W 表示；雄性的两个性染色体一模一样，用 ZZ 表示。如果 Z 卵子与精子结合，会形成含 ZZ 染色体的受精卵，将来发育成为雄性；如果 W 卵子与精子结合，会形成含 ZW 染色体的受精卵，将来发育成为雌性。也就是说，是卵子决定后代的雌雄。这种另类的传代方式叫做 ZW 型性别决定。"

道尔顿的故事

智者继续说:"性染色体不仅决定了生物的性别,而且还和一些遗传病有关,我们把与某种性别相伴发生的遗传病叫做伴性遗传病。"

白桦问:"哪些病是伴性遗传病呢?"

智者说:"伴性遗传病有好多种。红绿色盲就是其中的一种。"

白桦问:"什么是红绿色盲呢?"

智者说:"就是不能辨别红色和绿色。"

听了智者的话,白桦点点头。

智者接着说:"关于红绿色盲的发现,还有一个故事。18世纪,英国著名的化学家兼物理学家道尔顿在圣诞节前买了一双在他看来是棕灰色的袜子,送给他母亲。母亲看了之后对道尔顿说:'你买的这双樱桃红色的袜子,让我怎么穿呢?'道尔顿想,我明明买的是棕灰色的袜子,怎么能变成樱桃红色的呢?他拿着袜子让别人看,结果,除了弟弟也认为是棕灰色的外,其他人都说袜子是樱桃红色的。道尔顿是个有心人,他没有轻易放过这个生活中的小事,而是意识到自己和弟弟患了一种不能辨别红颜色的病。他把这种病叫做色盲,还写了篇论文《论色盲》。他是世界上第一个发现色盲症的人,也是世界上第一个被发现的色盲症患者,还是第一个把色盲症作为学术问题提出来的人。后来,人们为了纪念他,又把色盲症称为道尔顿症。

"道尔顿所患的色盲症叫做红绿色盲,是由位于 X 染色体上的隐性基因所控制的。患这种病的人,男性多于女性。"

跳跳猴问:"为什么男性患色盲要多于女性呢?"

智者说:"决定红绿色盲的基因是隐性基因, 位于 X 染色体上。女性有两条 X 染色体,如果只有一条 X 染色体上有这种基因而另一条 X 染色体正常,便不会表现出异常;只有两条 X 染色体上都有这种基因,才会表现为色盲。男性呢?只有一条

X染色体。只要X染色体上有这种基因,就会表现出红绿色盲。"

顿了顿,智者问:"根据这个规律,一个色觉正常的纯合子妻子和一个红绿色盲丈夫生育的后代会是什么情况呢?"

说完,智者望着跳跳猴。

跳跳猴说:"他们的儿子色觉以及基因都正常;女儿的色觉正常,但是携带有红绿色盲基因。"

智者点了点头,接着问:"一个携带有红绿色盲基因的妻子和一个色觉正常的纯合子丈夫生育的后代会是什么情况呢?"

跳跳猴支支吾吾说不上来,脸红了。好在他的皮肤比较黑,还不大看得出来。

笨笨熊接过来说:"儿子有一半色觉和基因正常,一半红绿色盲;女儿一半色觉和基因正常,一半携带有红绿色盲基因。"

智者接着问:"一个携带有红绿色盲基因的妻子和一个红绿色盲的丈夫生育的后代又会是什么情况呢?"

笨笨熊说:"儿子有一半表现为红绿色盲;女儿一半表现为红绿色盲,另一半携带有红绿色盲基因。"

智者又点了点头,说:"最后,一个红绿色盲妻子和一个正常的丈夫生育的后代又会是什么情况呢?"

笨笨熊说:"所有儿子都表现为红绿色盲,所有女儿都是红绿色盲基因的携带者。"

听了笨笨熊的回答,智者满意地笑了。

讲完伴性遗传,智者和大家来到研究所门口。跳跳猴和李瑞急不可耐地跑到院子里打起了雪仗,智者、笨笨熊、白桦、张贝贝和白杨站在门口赏雪景。

基因突变

停止下雪两天后，大家清扫书院里的雪。

张贝贝一边抢着大扫帚，一边说："我们堆一个雪人吧。"

白桦立即响应："好啊。可是，要让雪人长什么样子呢？"

跳跳猴挠了挠头皮，说："堆一个小精灵。"

"小精灵？就是和你们一起旅行的小精灵？"张贝贝兴奋地问。

"对。"跳跳猴忧伤地点了点头。

看见跳跳猴的神情，白杨向张贝贝使了一下眼色。张贝贝吐了一下舌头，低下头，继续默默地扫雪。

大家把雪堆在一起，跳跳猴给雪堆塑形。快要上课的时候，小精灵塑成了。跳跳猴、笨笨熊、李瑞和白桦在小精灵塑像面前默哀良久。白杨和张贝贝呢？第一次通过塑像认识了跳跳猴为之动容的小精灵。

这时，智者来到了书院。看到小精灵的塑像，也深深地鞠了一躬。

来到教室，智者缓缓地说："在地球上，有许许多多类型的生物。为了便于认识这些生物，生物学家用界、门、纲、目、科、属、种对生物进行分类。这种生物和生物之间的差异，是由于变化所导致的，我们把这种由于变化所引起的生物之间的差异叫做变异。

"变异有两种，一种是由于环境因素的影响造成的。比如，同样的农作物，合理施肥，光照充足时，便生长苗壮，子粒饱满；施肥不足，缺乏光照时，便长得又小又弱，子粒又小又瘪。由于生物体的遗传物质没有发生变化，这种差异不会遗传下去，我们将这种变异称为不可遗传的变异。

"另一种是由于生殖细胞内的遗传物质改变所引起的，能够将变异的基因遗传给后代，我们将这种变异称为可遗传的变异。"

白杨问:"哪些情况导致可遗传的变异呢?"

智者说:"可遗传的变异有三种原因:基因突变,基因重组和染色体变异。"

接下来,他对可遗传的变异一一进行了介绍。

先说基因突变。所谓基因突变,就是基因中的碱基对增添、缺失或替换引起的基因结构的改变。由于基因结构发生了改变,就有可能使表达出来的蛋白质发生变化,从而使生物出现性状或功能的变异。

举个例子吧。有一种病叫做镰刀型红细胞贫血症。正常人的红细胞性状近似圆饼,镰刀型红细胞贫血症患者的红细胞却弯曲成镰刀状。这种红细胞容易破裂,常常发生溶血性贫血。一开始,人们不清楚这种病的病因是什么,分子生物学的研究表明,这种病是由于控制血红蛋白分子的 DNA 碱基序列中的 $\frac{CTT}{GTA}$ 变成了 $\frac{CTT}{GAA}$,也就是说,有一个碱基对由 $\frac{T}{A}$ 变成了 $\frac{A}{T}$。就是仅仅这一个碱基对的变异,便引起全身血液红细胞的变化。真可谓失之毫厘,差之千里啊。

那么,哪些因素可以导致基因突变呢?

大致有三类。一类是物理因素,如 X 射线辐射,激光等;一类是化学因素,如亚硝酸,碱基类似物等;还有一类是生物因素,包括病毒和某些细菌。因此,为了防止基因突变,需要注意避免射线的辐射,避免接触或食用有害物质,避免可以引起基因突变的病毒或细菌感染。

但是,尽管我们小心谨慎,仍然不能杜绝基因突变的发生。有些基因生性调皮捣蛋,一不小心,便要要个花样给人看看。

其实,对基因突变,要一分为二地看。

大部分基因突变对生物是有害的。为什么这样说呢? 这是因为,任何一种生物都经过了优胜劣汰的过程,属于适者生存中的适应环境者。如果发生基因突变,就有可能破坏这种生物与自然界的协调关系。例如,植物中的白化苗就是基因突变形成的。这种苗由于缺乏叶绿素,不能进行光合作用制造有机物,因此,必然会被淘汰。

但是,也有少数基因在突变后对生物有利。比如,植物发生抗病性突变后对疾病的耐受性增加,发生耐旱性突变后可以适应干旱的环境。这些,都有利于生物的生存。正是由于某些基因突变是有利的,生物才能得到进化。

为了获得这种对生物有利的进化,人类利用 X 射线、γ 射线、紫外线、激光等物理因素或亚硝酸、硫酸、二乙酯等化学因素处理生物,诱导生物发生基因突变。然后，从发生突变的生物中选择培育出符合人类需要的优良品种。这种培育新品种的技术叫做人工诱变育种，利用这种技术，我国已经培育出了数百个抗病力强、品质好、产量高的农作物新品种。

人工诱变育种不仅可以用在农业生产上，还可以用在微生物上。我们常用的青霉素是一种叫做青霉菌的微生物产生的。一开始，人们利用野生的青霉菌生产青霉素，产量只有 20 单位/毫升。经过对青霉菌进行 X 射线、紫外线照射以及其他处理，它的生产能力增加了几千倍，青霉素产量达到 50,000~60,000 单位/毫升。

近年来，随着航天事业的发展，人类还利用航天诱发基因突变。起初，科学家在人造卫星上搭载植物种子，目的是对植物在太空特殊环境下生长发育和遗传变异规律进行研究。1980 年，美国科学家将经过太空搭载的西红柿种子种在地球上，结果，产量增加了 30% 至 60%。这一结果引起了各国科学家的浓厚兴趣，从此，诞生了一门新的学科——太空育种。

我国的太空育种一直处于领先地位。仅从 1987 年到 1996 年，就将 51 种植物，3000 多个农作物品种的种子送上太空，获得了许多变异品种。江西省将卫星搭载的"农垦 58"水稻种子进行试种，穗长粒大，亩产达到 600 甚至 750 公斤。这种水稻不仅产量高，而且富有营养，蛋白质含量比原来增加 8% 至 20%，生长期平均缩短 10 天。小麦经过太空搭载后，具有了抗赤霉病的特性，蛋白质含量较原来增加 4%，产量增加 8%……

植物种子在太空为什么会发生变化呢？

太空中有来自许多星球的各种射线，植物种子被射线中的高能粒子击中后，会诱发基因突变。

此外，太空中的重力很小，微重力环境可以使植物种子对染色体诱变因素的敏感性增加，并抑制基因在突变后的修复。

还有，航天器在发射及着陆时产生的强烈震动和冲击波，也可能诱发植物种子的遗传性能发生变异。

除了诱发变异外，太空育种还可以大大缩短育种时间。常规育种一般要经过五六代或更多代的连续选育才能将植物的优良性状稳定下来。比如，要在水稻、小麦中培育一个优良品种，少则需要八九年，多则需要十几年。至于花木、果树等多年生植物，由于生活周期长，采用杂交育种所需要的时间就更长了。太空育种呢？只需要花一年左右的时间就可以培育一个新品种。

种子在太空受辐射能产生变异，那么，可不可以在地球上用辐射来制种呢？

辐射确实已经应用在了制种上。但是，需要知道的是，辐射有一个适宜的量。如果剂量过小，不会起作用。如果剂量过大，就会使被照射的生物体死亡。举例来说吧。如果以 100 伦琴 X 射线照射小麦干种子，可以促进小麦生长；如果用 600 伦琴照射小麦种子，小麦生长就会受到抑制；如果用 20,000 到 30,000 伦琴照射，就会使一部分麦苗死去，一部分活下来的植株发生各种变异；如果用 50,000 到 60,000 伦琴照射，全部麦苗都会死亡。

人为的辐射可以导致生物的变异和死亡，那么，非人为情况下生物的变异和某些物种的灭绝是否与辐射有关系呢？

基因重组

　　所谓基因重组,是指控制不同性状的基因的重新组合。基因重组有两个途径,一个途径是有性生殖,另一个途径是利用现代科技的基因重组技术。

　　在有性生殖中,基因重组有三个层次。

　　第一个层次是生物体在通过减数分裂形成配子时非同源染色体的自由组合。

　　第二个层次是生殖细胞在减数分裂形成四分体时,一对同源染色体之间发生基因交换。

　　第三个层次是雌性配子与雄性配子结合。

　　由于上述几个层次的基因重组,使得子代的基因组合有难以计数的可能性。

　　通过有性生殖产生的变异非常大。大到什么程度呢?还是举个例子来说吧。当具有 10 对相对性状的父本和母本进行杂交,而且控制这 10 对性状的等位基因分别位于 10 对同源染色体时,即使只考虑染色体的自由组合这一个层次,子代可能出现的表现型就有 2^{10} 种,即 1024 种。在生物体内,尤其是高等动物体内,基因的数目非常多,因此,通过有性生殖基因重组产生的后代便有各种各样的表现型。按照优胜劣汰和适者生存的进化原则,具有有利变异的生物便生存下来,并且发展壮大,形成新的物种或亚种。这一途径,对于生物进化具有非常重要的意义。

　　利用现代科技进行基因重组,是把某种基因通过一种叫做载体的特殊工具运送到生物细胞中,使外来的基因与细胞内的基因组合在一起。为什么要将外来基因和细胞内的基因组合在一起呢? 在生物,每一个细胞都是一个加工厂,如果我们要利用细胞按照目标基因生产某些生物制品,就需要像杜鹃鸟借窝下蛋一样,把目标基因混到细胞内的基因中。本来,细胞生产的各种产品是为生物体本身服务的。在基因重组技术,它们却是按照外来订单进行加工。利用这种技术,人类生产出了卵泡刺激素、黄体生成素、绒毛膜促性腺激素以及生长素等激素。这些基因重组产品纯度高,在临床医学中得到广泛应用。利用这种技术,人类还把抗虫基因转入棉花细胞中。得到的转基因棉花植株能有效防止棉铃虫的危害,大大提高了棉花产量。

染色体变异

　　染色体变异是指染色体的结构或者染色体的数目发生了变化。

　　染色体的结构变异有许多种类型，常见的有4种。一种是染色体中缺失了某个片段；一种是染色体中增加了某个片段；一种是染色体中某一片段头朝下，脚朝上，位置发生颠倒；一种是染色体的某一片段迷失了方向，跑到了另一条非同源染色体上。染色体的变异，最终会影响到基因的表达。因此，结果便是生物体器官结构或功能的异常。

　　在人类中，有一些疾病就是由于染色体结构异常所引起的。比如，有一种病叫做猫叫综合征，表现为哭声似猫叫，头小，眼距宽，外斜视，睑裂下斜，内眦赘皮等。这种病是由于5号染色体短臂部分基因缺失所导致的。

　　一般来说，每种生物染色体的数目是稳定的。但是，在某些特定的环境条件下，生物体的染色体数目会发生改变。

　　在人类中，有一种病叫做先天愚型，表现为智力低下，眼距宽，鼻梁低等。这种病是由于多出来一条21号染色体所导致的。人体细胞正常有46条染色体，某些受精卵呢？染色体数目成倍增加，包含69或92条染色体。不过，这种染色体的变异太大了，多一条染色体尚且出现好多问题，会早早夭折，多一组或两组染色体的受精卵会早早发生流产，因此，我们很难看到这种孩子出生。

单倍体和多倍体

作为染色体数目变异的特殊情况,是染色体组的变异。

什么叫做染色体组呢?

不同种的生物,染色体的数目可能不同。在大多数生物的体细胞中,染色体都是由两两成对的同源染色体组成。比如,果蝇有 3 对常染色体和 1 对性染色体。如果把这 4 对染色体比作 4 对夫妻,那么,可以把每一对夫妻拆开分别分到两个组。这样,每一组包括 3 条常染色体和 1 条性染色体。人类有 23 对染色体。按照同样的分配方法,这 23 对染色体可以分为两组,每一组包括 22 条常染色体和 1 条性染色体。两组中的每一组都是非同源染色体,携带着控制该生物生长发育、遗传和变异的全部信息。这样的一组染色体就叫做染色体组。

细胞中含有两个染色体组的,叫做二倍体,含有三个染色体组的,叫做三倍体,以此类推。二倍体以上的叫做多倍体。在自然界中,几乎全部动物和过半数的高等植物是二倍体。

与二倍体植株相比,多倍体植株一般茎干粗壮,叶片、果实和种子都比较大,糖类、蛋白质等营养物质的含量都有所增加。例如,四倍体葡萄的果实比二倍体要大得多,四倍体番茄的维生素 C 含量比二倍体几乎增加一倍。因此,人们常常采用人工诱导多倍体的方法来培育优良品种。

如何人工诱导呢?

人工诱导多倍体的方法很多。目前最常用而且最有效的方法是用秋水仙素来处理萌发的种子或幼苗。

这是什么道理呢?

细胞在分裂前,染色体在原来基础上增加了一倍。当秋水仙素作用于正在分裂的细胞时,能够抑制纺锤体形成,导致染色体不分离,从而导致细胞内染色体数目加倍。目前，人类已经利用人工诱导多倍体的方法培育出不少新品种。

抑制细胞分裂可以产生四倍体，有三倍体的植物吗？

有。市场上销售的无籽西瓜就是三倍体。

无籽西瓜既然没有子，是怎么繁殖的呢？

人们平常食用的有籽西瓜是二倍体。在二倍体西瓜的幼苗期，用秋水仙素处理，可以得到四倍体植株。然后，用四倍体植株和二倍体植株进行杂交得到的种子细胞中便含有三个染色体组，为三倍体。当三倍体植株开花时，用二倍体花粉给三倍体雌蕊授粉，便会结出西瓜。由于三倍体植株的染色体为三组，在减数分裂过程中，同源染色体不能两两联会，同时，三组染色体也不能平均分配在两个配子中。因此，不能形成正常的生殖细胞，西瓜内不会形成种子。由于无籽西瓜吃起来不需要吐子，因此，深受消费者的欢迎。

这么说来，在生物界中，除了二倍体这个多数民族外，还有四倍体和三倍体少数民族。那么，是否有单倍体生物呢？

有，雄蜂便是一种单倍体生物。蜂王和工蜂的体细胞中有 32 条染色体，是二倍体，而雄蜂的体细胞中只有 16 条染色体。

在自然条件下，玉米、高粱、水稻、番茄等高等植物都是二倍体，但是，偶尔也会出现单倍体植株。这些单倍体植株一般长得弱小，而且没有繁殖能力。别看它们是病秧子，在育种中却身价不菲。育种工作者常常将这些植株的花药进行离体培养，获得单倍体植株，然后，通过人工诱导使染色体数目加倍，重新恢复到正常植株的染色体数目。

这有什么意义呢？

自然授粉时，植株接受了别的植株的花粉，发生了杂交，这种植株同源染色体上的等位基因是杂合的。将这种种子种植后形成的子代，有可能发生性状分离，不容易得到纯系品种。用花药培养及人工诱导方法得到的染色体数目正常的植株，由于每对染色体上成对的基因都是纯合的，自交产生的后代便不会发生性状分离。农作物制种以年为周期，用常规的杂交育种方法培育新品种，需要连续几年在性状分离过程中淘汰那些杂合植株。利用单倍体植株培育新品种，只要两年时间，就能得到一个稳定的纯系品种。与常规的杂交育种方法相比，明显地缩短了育种周期。

在讲完基因突变、基因重组和染色体变异后，智者说："以上，我们说了生物变异。正是由于生物变异，才使生物出现多样化，才导致了生物进化。"

　　智者讲课快要结束时,天渐渐暗了下来。这时,跳跳猴发现教室的窗户外面有一个黑影闪了一下。下课后,他连忙打开窗户向外看,没有一个人。

　　看到跳跳猴急匆匆打开窗户向外张望,白桦问:"小兄弟,怎么了?"

　　跳跳猴装作若无其事的样子,说:"没有事。"

　　他一边说,一边关上窗户。

形形色色遗传病

晚上，跳跳猴一直琢磨着教室窗户外面的黑影。他想，自从来到霁山后，不止一次发现教室外有异常情况，是不是外星人在偷听课呢？其他几个伙伴睡得很香，笨笨熊还发出轻轻的鼾声，跳跳猴却辗转反侧，彻夜未能入睡。上课前，他一个人来到教室窗户外。他看到，在墙根下，有许多杂乱的脚印。

难道是外星人跟踪到了这里吗？怀着忐忑不安的心情，跳跳猴回到了教室。这时，智者已经开始讲课了。

智者说："在介绍了遗传的基本规律以及基因变异之后，我们来了解一下遗传病。人类遗传病通常是指由于生殖细胞基因变异或染色体变异而引起的疾病，主要类型有单基因遗传病、多基因遗传病和染色体异常遗传病。

"单基因遗传病是指受一对等位基因控制的遗传病。目前，世界上已经发现的单基因遗传病大约有 6600 多种，据估计，这类遗传病仍在以每年 10~50 种的速度递增。

"具体来说，单基因遗传病又可分为 4 种。

"一种是常染色体显性遗传病，由常染色体上显性基因异常所导致。常见的常染色体显性遗传病有多指、并指以及短指等。

"一种是常染色体隐性遗传病，由常染色体上一对等位基因都是隐性致病基因所导致。常见的常染色体隐性遗传病有侏儒、多毛症、白化病等。

"一种是 X 连锁隐性遗传病，由 X 染色体上隐性致病基因所导致。红绿色盲、血友病等属于 X 连锁隐性遗传病。

"一种是 X 连锁显性遗传病，由 X 染色体上显性基因异常所导致。小儿科的抗维生素 D 佝偻病就属于 X 连锁显性遗传病。

"不同的遗传病，有不同的发病规律。

"常染色体显性遗传病来自于父亲或母亲,理论上会连续几代传递,患者的同胞兄弟姐妹中约有一半的人会发生同样的病。"

顿了顿,智者接着说:"如果是常染色体隐性遗传病,会有哪些遗传特点呢?"

说这话时,智者将目光转向笨笨熊。

笨笨熊想了一想,说:"在常染色体隐性遗传病,一般双亲不表现出疾病,但是,他们都是致病基因的携带者。患者的同胞兄弟姐妹中约有 1/4 发病,1/2 是携带者,1/4 是正常人。隐性遗传病一般不会连续几代传递。"

智者满意地点点头,接着说:"X 连锁隐性遗传病比较复杂。导致这种病的基因是隐性基因,而且位于 X 染色体上。女性具有两个 X 染色体,因此,在女性,两条 X 染色体上都具有异常隐性基因时才会表现出病态。如果只有一个 X 染色体上具有异常的隐性基因,就不会表现出异常,称为携带者。男性只有一个 X 染色体,因此,在男性,只要这个 X 染色体上具有异常的隐性基因,就会表现出病态。所以,X 连锁隐性遗传病男性患者远远多于女性患者。"

讲到这里,智者望着笨笨熊问:"正常男性与女性携带者婚配时,会产生什么后果呢?"

笨笨熊说:"所生子女中儿子 1/2 发病,女儿 1/2 为携带者。患者的哥哥、弟弟、外祖父、舅父、姨表兄弟、外甥、外孙等可能是患者。"

智者又问:"男性患者与正常女性婚配呢?"

笨笨熊回答:"所生子女中儿子都正常,女儿都是携带者。"

"为什么男性患者与正常女性婚配,所生子女中儿子都正常,女儿都是携带者呢?"跳跳猴蹙起了眉头。

智者问笨笨熊:"你可以给跳跳猴解释一下吗?"

笨笨熊说:"男性患者 X 染色体具有异常隐性基因,他的妻子 X 染色体是正常的。儿子的 X 染色体来自于母亲,所以儿子是正常的。女儿的两条 X 染色体有一条来自于父亲,带有异常隐性基因,因此,女儿都是一条 X 染色体上具有异常隐性基因的携带者。"

跳跳猴恍然大悟。

接着,智者望着跳跳猴问:"男性患者与女性携带者婚配,所生子女中,会出现什么结果呢?"

跳跳猴想了想,说:"男性患者与女性携带者婚配,所生子女中,儿子有 1/2 发病,1/2 正常;女儿有 1/2 发病,1/2 为携带者。"

"好,好。掌握得不错。"智者脸上露出欣喜的神色,"X 连锁显性遗传不多见,由于女性 X 染色体数目是男性的两倍,因此,它的遗传规律是女性患者多于男性,患者父亲或母亲中必然有一人是本病患者。男性患者与正常女性婚配时,女儿都发病,儿子都正常。女性患者与正常男性婚配时,子女的发病概率都是 1/2。最后,由于是显性遗传,可以出现连续几代的传递。

"以上提到的四种遗传病,都是由一个基因异常所导致的,叫做单基因遗传病。除单基因遗传病外,还有一些病,如我们常见的唇裂、腭裂、唇腭裂、脑积水、脊柱裂、冠心病、支气管哮喘、类风湿性关节炎以及原发性高血压等,是由多个基因异常所导致的,叫做多基因遗传病。

"多基因遗传病往往受环境条件的影响。也就是说,在具有易感基因的基础上,加上有关环境因素的作用,便有可能出现病态。如果消除了有关环境因素,则有可能避免发病。比如,虽然有导致冠心病的易感基因,但如果注意饮食结构、加强锻炼,就有可能避免冠心病的发生;虽然胚胎有导致脊柱裂的易感基因,但如果母亲在怀孕期间服用叶酸,就有可能使胎儿避免发生脊柱裂。

"刚才,我们介绍了单基因遗传病和多基因遗传病。下面,介绍染色体异常遗传病。

"人类正常有 46 条染色体,如果女性缺少了一条 X 染色体,染色体核型成为 45,XO,就会出现身材矮小,颈部有蹼状物,外生殖器发育不良,第二性征不发育等表现。这组异常,被称为 Turner 综合征。

"如果男性多一条 X 染色体,就会出现皮肤细腻,睾丸小,男性第二性征发育不良,生育能力低下等表现。这组异常,被称为克氏综合征。

"如果男性多一条 Y 染色体,就会出现身材高大,性格粗暴,性腺功能减退等表现。这组异常,被称为超雄综合征。

"目前发现的人类染色体异常遗传病有 100 多种,这些病几乎涉及每一对染色体。由于每一条染色体上分布着许多基因,染色体的缺少或增加会引起遗传物质很大的改变,因此,染色体异常遗传病往往导致严重的后果,往往在胚胎时期就引起自然流产。"

顿了顿,智者接着说:"在以前,威胁人类健康的主要疾病是传染病。随着人们对微生物的了解不断增加,抗生素的应用以及免疫接种的推广,传染病的流行以及对人类健康的危害得到了控制。在这种情况下,遗传病对人类健康的威胁凸显了出来。

"在我国,大约有 20% 到 25% 的人患有或轻或重的遗传病。有关资料表明,我国每年出生的新生儿中大约 1.3% 有各种先天缺陷,据估计,其中 70% 到 80% 是由于遗传因素所致。在 15 岁以下死亡的儿童中,大约 40% 是由于各种遗传病或其他先天性疾病所致。自然流产儿中,大约 50% 是染色体异常所致。仅仅先天愚型一种遗传疾病,我国每年增加患者 2 万多人,全国患该病的病人有 100 多万。这些遗传病不仅使患者的生活质量降低,而且给家庭和社会带来沉重的负担。"

优生

今早上,智者的书童从雾霁峰到了霁山。听他说,是乘着狗拉爬犁从冰上过来的。上课时,他就和大家坐在一起。

智者一来到教室,白杨便问:"如何才能减少遗传病的发生呢?"

智者说:"接下来,我们就要讲这个内容,即优生。"

白杨问:"什么是优生呢?"

智者说:"优生,顾名思义,就是优质生育,就是避免有遗传病或出生缺陷的患儿出生。"

白杨问:"遗传病和出生缺陷不一样吗?"

智者说:"不一样。刚才已经说过,遗传病是由于遗传物质异常而引起的疾病。有些遗传病在出生时就可以看出来,表现为出生缺陷,如多指、并指、唇裂、腭裂等;有些遗传病要等到一定年龄阶段才表现出异常,比如,重症肌无力一般在 15 岁到 35 岁发病。

"出生缺陷是新生儿在出生时各种遗传病、先天性和产伤性疾病的总称。虽然大部分出生缺陷是由于遗传因素所致,但有一部分出生缺陷是由于胎儿在发育过程中受到病原微生物感染或化学物质、物理因素影响而导致的畸形,有一部分是新生儿在分娩过程中损伤所导致的异常。"

听了智者的解释,白杨点了点头。以前,她一直认为出生缺陷就是遗传病。

智者接着说:"下面我们说优生,优生的主要措施有六条。

"第一条是禁止近亲结婚。"

跳跳猴说:"为什么要禁止近亲结婚呢?"

智者说:"据估计,一般来说,每个人都携带有 5 至 6 个不同的隐性致病基因。具有血缘关系的人,由于遗传的关系,具有相同隐性致病基因的概率比较大;没有血缘关系或者血缘关系很远的人,具有相同隐性致病基因的概率比较小。

"因为只有在两个等位基因都是隐性致病基因时异常性状才会表现出来,与没有血缘关系或者血缘关系很远的人结婚,两个等位基因都是隐性致病基因的可能性很小,就能在很大程度上避免子女隐性遗传病的发生。而与血缘关系近的人结婚,两个等位基因都是隐性致病基因的可能性比较大,子女发生隐性遗传病的概率就明显增大。

"研究资料表明,表兄妹结婚,他们的后代患苯丙酮尿症的风险比非近亲结婚者高 8.5 倍,患白化病的风险比非近亲结婚者高 13.5 倍。但是,在解放前,人们认为近亲结婚是亲上加亲,表兄妹之间的婚姻盛行,结果造成隐性遗传病发病率的升高。因此,禁止近亲结婚是预防隐性遗传病发生的简单有效的方法。"

跳跳猴问:"禁止近亲结婚就是禁止表兄妹结婚吗?"

智者说:"我国婚姻法规定,直系血亲和三代以内的旁系血亲禁止结婚。"

跳跳猴问:"什么是直系血亲和三代以内的旁系血亲呢?"

智者说:"所谓直系血亲,就是指从自己算起,向上三代和向下三代,具体来说,包括父母、祖父母、子女、孙子女。所谓三代以内旁系血亲,是指与祖父母或外祖父母同源而生的,除直系亲属以外的其他亲属。具体来说,就是指同胞兄妹、表兄妹、堂兄妹、叔侄或姑侄关系、姨母外甥或舅父外甥关系。

"第二条是进行遗传咨询。所谓遗传咨询就是遗传学医生在了解咨询对象病史、家族史以及身体检查结果的基础上,告诉两人是否可以结婚,婚后是否可以生育,如果生育的话出生遗传病患儿的风险有多大。如果咨询对象已经怀孕,则告诉他们是否需要终止妊娠,是否需要在妊娠过程中进行检查。

"第三条是提倡适龄生育。女性的生育有一个最佳年龄阶段。统计数字表明,与24 至 34 岁妇女所生子女相比,20 岁以下女性所生子女先天性疾病发病率增加约50%,40 岁以上妇女所生子女 21 三体综合征发病率要增加 10 倍。也就是说,过早或过晚妊娠都会增加遗传病或先天性疾病的发生率。因此,适龄生育对于预防遗传病和防止先天性疾病患儿出生具有重要的意义。

"第四条是产前诊断。所谓产前诊断,是指在胎儿出生之前通过羊水检查、胎盘绒毛细胞检查、B 超检查、孕妇血细胞检查以及基因检测等手段,确定胎儿是否患有某种遗传性疾病或先天性疾病。如果产前检查发现问题,可以及时采取措施,防止患遗传性疾病或先天性疾病的胎儿出生。这种方法,属于亡羊补牢。

"以上四条，是实现优生的常规的，也是传统的措施。还有两条，雌雄精子分离以及胚胎植入前遗传学诊断，是近年来随着医学科学的发展而出现的新技术。

　　"先说雌雄精子分离吧。问一个问题。如果通过遗传咨询认为女方携带有 X 连锁隐性致病基因，怎样才能既避免 X 连锁隐性遗传病患儿出生，又实现夫妇生育的愿望呢？"

　　说完，智者看着跳跳猴和笨笨熊，等待着他们回答。

　　笨笨熊和跳跳猴答不出来，显出不好意思的神情。

　　智者接着说："就是要避免怀孕男性胎儿，选择怀孕女性胎儿。"

　　跳跳猴问："这可能吗？"

　　智者说："由于胎儿的性别决定于精子的类别。在人工授精技术问世之后，人们开始尝试在实验室对 X 精子与 Y 精子进行分离。

　　"1973 年，美国 Ericsson 医生在《Nature》杂志发表文章，称用两种不同浓度的白蛋白形成的白蛋白柱可以将大部分 Y 精子分离出来。这一篇论文在国际医学界引起了不小的轰动，许多科学家按照 Ericsson 医生报道的方法在实验室进行重复试验。但是，不同试验者的试验结果大相径庭。就这样，围绕白蛋白柱分离精子法，全世界的生殖医学界一直在争吵。

　　"1983 年，日本的 Kaneko 称用几种不同浓度的 Percoll 形成的 Percoll 柱可以将大部分 X 精子分离出来。文章发表后，许多科学家也纷纷进行重复试验。但是，不同研究者的试验结果差异很大。就这样，围绕 Percoll 柱分离精子法，全世界的生殖医学界也一直在争吵。"

　　跳跳猴说："为什么用同一种方法，大家得出的结论会不同呢？科学试验应该是可以重复的啊。"

　　智者说："问题出在判断精子性别的方法上。那时，人们用一种叫做阿的平的东西对精子进行染色。人们认为，能被阿的平染色的，就是 Y 精子；不能被阿的平染色的，就是 X 精子。后来才发现，阿的平并不能与 Y 精子特异结合。也就是说，能够被阿的平染色的不一定是 Y 精子。你们想，判断是非的标准错了，能得出正确一致的结论吗？"

　　笨笨熊和跳跳猴连连点头称是。

　　智者接着说："1993 年，中国医生王怀秀在澳大利亚阿德莱德大学生殖医学中心教授 C.D.Matthews 的指导下，用 DNA 探子原位杂交法对以上两种精子分离法进行验证。结果证明，Ericsson 报道的白蛋白柱分离精子法以及 Kaneko 报道的 Percoll 柱精子分离法都不能将 X 精子与 Y 精子有效分离开来。这一研究，结束了 20~30 年来国际医学界围绕白蛋白柱及非连续 Percoll 柱分离雌雄精子效果的争论，对这两种雌雄精子分离法得出了科学的结论。"

跳跳猴问："那用什么方法才能将 X 精子与 Y 精子分离开来呢？"

智者说："对精子进行深入研究发现，人类 X 精子染色体较 Y 精子染色体质量要多约 3%，这可能是由于 X 染色体较 Y 染色体体积稍大所致。用一种荧光素对精子染色体进行染色，然后，让一个个精子排着纵队通过流式细胞分选仪的检测器。由于检测器发出的紫外光激发被荧光素染色的精子后产生的荧光与染色体量成正比，那么，流式细胞分选仪便能根据精子发出荧光的量将 X 精子与 Y 精子分离开来。应用 DNA 探子原位杂交法对经过流式细胞分选仪分选的精子进行分析，结果表明，X 精子分离纯度为 82%，Y 精子分离纯度为 75%。Johnson 用经分选仪分选的动物精子进行人工授精，出生的 150 只后代形态以及功能都没有发现异常。目前，已经将用流式细胞分选仪分选的精子应用在动物人工授精上。当然，对于动物，我们一般希望生育雌性多一些。这样，有利于加快动物的繁殖速度。如果应用在奶牛上，还可以提高牛奶产量。由于这种精子分离法还不能保证 X 精子或 Y 精子纯度达到 100%，目前，还没有将该方法应用到人类。

"好。最后介绍胚胎植入前遗传学诊断。胚胎植入前遗传学诊断是在体外受精基础上发展起来的一门新技术。1978 年，英国医学科学家 Edward 和 Steptoe 采用体外受精——胚胎移植技术使一位妇女成功怀孕并分娩。在体外受精技术的基础上，科学家又发明了在将胚胎移植入子宫前对胚胎进行遗传学诊断的技术。如果经过遗传学诊断发现该胚胎具有导致遗传性疾病的基因，就不将该胚胎移植入子宫。应用这一技术，可以避免某些异常基因导致的遗传性疾病。"

天色不早了，教室内暗了下来。

智者说："好了，天黑了，关于遗传优生的内容也正好介绍完了。接下来，你们要到玉皇峰的生物工程研究所去参观。在那里，你们可以看到许多尖端生物工程技术。然后，我还要和你们一起在玉皇顶召开生物科学论坛。"

《生命档案》追踪

到此为止，对生物学的研究告一段落。接下来，是要到生物工程研究所考察人类所发明的生物工程技术。晚上，跳跳猴等一起在宿舍整理进行生物旅行以来的笔记。直到子夜时分，大家才入睡。

第二天早上天还没有大亮，跳跳猴就起床整理行囊。就在这时，领着小狗在院子里溜达的小黄叫了起来。跳跳猴急忙跑出去，只见院子里闪过一个黑影。小黄一边朝着跳跳猴的房间跑，一边不住地狂吠。跳跳猴不明白发生了什么事，只是跟着小黄往房间跑。就在他快要冲到房间门口时，一个黑影从宿舍里闪了出来。借着熹微晨曦，依稀可以看出是一个外星人。

咦，外星人怎么一大清早跑到了我的房间里呢？冲进房间一看，他发现桌子上装着《生命档案》的箱子不见了。跳跳猴刷的一下惊出了一身冷汗。

他跑到院子里大声喊："外星人把我们的旅行日记抢走了！"

听到喊声，笨笨熊、白桦、李瑞、张贝贝和白杨都很快穿好了衣服，冲到了院子里。跳跳猴向大家简短地说了刚才发生的事情。

笨笨熊想了想，说道："让小黄领着我们赶快追。这旅行日记是地球生物的档案，我们拼死也要追回来。"

跳跳猴摸着小黄的脑袋说："老朋友，带我们走一趟。"

小黄似乎听懂了跳跳猴的话，撒开四蹄，顺着山路窜了出去。

跳跳猴等跟着小黄一路追踪，大约一个时辰后，来到一块开阔地带。这时，他们看见远处有六个和外星人身材相似的人在急匆匆地赶路。

跳跳猴大声喊道："站住！"

那六个人停下来回头看了一会儿，接着，三个人分开来朝着不同的方向继续向前跑，另外三个人结伴钻进了旁边高粱地之间的小道上。

　　看到对方用了分兵法,笨笨熊将计就计,让跳跳猴、白桦和张贝贝分别追踪分开来的三个人,自己和李瑞、白杨去追在一起的三个人。为了避免被对方察觉,笨笨熊三人钻进了小道旁边的青纱帐中。

　　由于在庄稼地里行走困难,在他们钻出青纱帐时,前面的三个人不见了。难道他们也钻进了高粱地?笨笨熊正在思索,前面走过来三个头上箍着羊肚毛巾,肩上扛着锄头的小伙子。他们一边走,一边嘻嘻哈哈地又说又笑。

　　笨笨熊上前问道:"请问你们刚才看见三个小个子没有?"

　　三个小伙子停了下来,其中一个高个子说:"看见了。"

　　笨笨熊问:"他们去了哪里?"

　　高个子指着前面不远处路旁的几间瓦房说:"进了那家饭店。"

　　笨笨熊连忙追问:"他们拿着什么?"

　　高个子说:"手里抱着一个小箱子。"

　　笨笨熊稍作思索,说道:"前面那几个人是外星人,他们抢走了我们的资料。为了不让他们把我们认出来,可以把你们的羊肚毛巾和锄头借我们用一下吗?"

　　得知面前的几个小朋友是要向外星人追讨抢去的东西,三个农民慨然应允。他们立即将头上的羊肚毛巾揪了下来。

　　在他们把锄头和毛巾递给笨笨熊三人时,高个子问:"我们能帮什么忙?"

　　笨笨熊想了一下,说道:"各位就在饭店门口等着吧。如果有需要帮忙的地方,再叨扰各位。"

322

　　说完,三个人在头上箍了毛巾,扛了锄头,甩开大步朝着饭店走去。

　　走进饭店,只见房间里只有两张桌子,在一张饭桌的旁边坐着三个人。出乎笨笨熊意料的是,他们头上长着浓密的头发,看不到外星人头上特征性的两个角。笨笨熊心想,追了半天却跟错了人,这可如何是好?可是,再仔细一看,眼前的三个人个头和外星人差不多,鼻子也比地球人明显要小。

　　莫非这些家伙们怕我们认出来化了装?不管怎样,先察看一番再说。笨笨熊一边盘算,一边大声朝店家喊道:"老板,先来一壶茶。"

　　接着,便招呼白杨和李瑞把锄头靠在窗户下,在另外一张桌子旁坐了下来。李瑞瞥了一眼三个小个子的桌子底下,发现了装《生命档案》的小木箱。

　　他向笨笨熊低声说:"我看到了我们的小木箱。"

　　笨笨熊也低声说:"看来,他们确定无疑是外星人。只是这小子们今天化了装,将头上的触角盖了起来。"

原来,这三个人确是外星人。昨天晚上,笨笨熊一行五人聚在跳跳猴的房间整理他们的旅行日记时,六个外星人悄悄来到跳跳猴的窗户外面。用舌头舔破窗户纸后,他们看见跳跳猴、笨笨熊等正在一个厚厚的本子上写着什么。屏住呼吸听了一阵,得知那厚厚的本子是跳跳猴等生物旅行的笔记。领头的外星人告诉他的部下,这本书集地球生物学之大成,一定要弄到手。但是,看到房间里人比较多,不便贸然下手,便藏在院子的一个角落里伺机行动。

深夜,他们发现除跳跳猴外其他人都陆续离开了房间。但是,他们知道跳跳猴的功夫颇为了得,仍然不敢入室抢劫。他们蜷缩在墙角,期望趁着跳跳猴上厕所的机会下手。但是,整整一个晚上,跳跳猴没有从房间出来,外星人一个个急得抓耳挠腮。凌晨,就在外星人感到绝望,计划离开的时候,小黄带着小狗到院子里溜达,发现了墙角的外星人,叫了起来。接着,跳跳猴跑了出来。趁着这个机会,领头的外星人溜进房间。他看见昨天晚上跳跳猴等摆弄的厚厚一本书装在了一个小木箱里,盖子开着。他急忙抱了箱子跑了出来,朝躲在墙角的几个部下招了一下手,一起翻过院墙。

在得到《生命档案》后,他们一路奔跑。发现跳跳猴等追上来,头儿吩咐部下分开来跑。同行的这三个人从高粱地之间的小路出来后,看看后面没有人追上来,心里很是得意。由于跑了十几里地又饿又渴,道旁正好有一家饭店,便计划吃点饭后再继续赶路。当笨笨熊、李瑞和白杨进到饭店时,他们只当是农民上地路过进来喝茶,丝毫没有在意。

就在外星人一边说笑,一边饮茶时,笨笨熊低声对李瑞和白杨说:"如果硬来,我们不一定能赢。看来,我们得想个办法。"

李瑞神秘地说:"有了。"

笨笨熊问:"有了什么?"

李瑞凑到笨笨熊和白杨的耳边嘀嘀咕咕地说了起来。末了,笨笨熊欣喜地低声说:"好,就这么办。"

李瑞站起身,来到饭店的吧台。磨蹭了一阵后,他端了两个菜回到了饭桌上。

外星人渴坏了,一杯接一杯地要茶水喝。不一会儿,一个外星人捂着肚子向厕所跑去。少顷,另一个外星人也捂着肚子跑到了厕所。这时,笨笨熊和李瑞一起扑上去,将留在桌子旁的外星人死死地压住。白杨将桌子底下的小木箱提起来,冲向门外。看到白杨拿到了《生命档案》，笨笨熊和李瑞放开外星人也冲了出去。

三个青年农民在饭店门口等着，看到白杨三个人跑了出来，他们急切地问道："可得了那被抢走的东西？"

白杨高兴地连连说道："得了，得了！"

笨笨熊将自己头上的羊肚毛巾揪下来递给高个子农民，说："谢谢你们了，锄头在里面放着，麻烦你们自己去取一下。"

说完，便拽着李瑞和白杨跑。李瑞和白杨一边跑，一边把头上的毛巾抓下来，扔向身后的高个子农民。接着，三个人消失在了饭店旁边的青纱帐中。

却说笨笨熊等得了《生命档案》后，留在饭桌旁的外星人朝着厕所大声喊道："资料被人抢走了！资料被人抢走了！"

正在上厕所的一个外星人提着裤子跑了出来，问道："什么？你说什么？"

刚才大声叫喊的外星人来不及说话，也捂着肚子跑进了厕所。就这样，三个外星人像走马灯一般轮流着上厕所。

笨笨熊等三人在青纱帐里跑了好一阵，来到了一条河边。他们找了一些干柴点燃，一股白烟直直地升上天空。

为什么要点火呢？原来，在大家分开追踪外星人的时候，笨笨熊就吩咐大家，不管谁先得了《生命档案》，都要点起篝火。

却说跳跳猴、白桦和张贝贝在外星人后面一直紧追不舍。就在他们快要追上前面的外星人时，发现天空冒起了白烟。他们不约而同地放弃了追赶，朝着冒白烟的地方集中。

来到篝火旁，跳跳猴好奇地问笨笨熊："老兄，你们是如何得手的？"

笨笨熊指了指李瑞说："全靠我们的智多星。"

跳跳猴拍了拍李瑞的肩膀说："告诉我们，你用了什么好计策？"

李瑞如此这般地向大家讲了在饭店的经过。原来，他在吧台点菜的时候在给外星人加茶水的茶壶里放进了巴豆粉。

跳跳猴问："你哪来的巴豆粉？"

李瑞神秘兮兮地拍了拍自己的口袋。

跳跳猴难以置信地问："你平时随身带着这些玩意儿？"

李瑞笑了笑，说："我随身带着的玩意儿多着呢。"

说笑一阵，怕外星人追上来纠缠，一行人急急返回遗传研究所。怕《生命档案》

再遭不测，跳跳猴将那厚厚的一本书绑在身上，把原来装书的小木箱扔在了院子里。

李瑞连忙跑出去，将小木箱从院子里捡了回来。

跳跳猴不解地问："要个空箱子有什么用？我们就要到生物工程研究所了，难道你还想招惹外星人？"

李瑞没有说话，只是神秘地笑了笑。

树林里的雕像

话说跳跳猴等在夺回《生命档案》后，在遗传研究所歇息一晚。第二天早上，一行人结伴朝生物工程研究所进发。

生物工程研究所在玉皇峰的半山腰，海拔比天池还要高。从那里再往上，便是智者说的玉皇顶了。

路上还积着厚厚的雪，踩下去有膝盖那么深。出发没走几步，笨笨熊一脚踩空，差点儿滚到路旁的悬崖下，幸亏跟在后面的跳跳猴眼疾手快，将他拉住。

白杨胆子小，惊出了一身冷汗。她说："要不，我们等雪融化以后再走吧。"

笨笨熊说："不行。智者昨天晚上已经到了玉皇顶，我们必须按照计划进行。"

跳跳猴走到笨笨熊的前面，对大家说："我来带路。"

白杨说："可是，假如你滑下去呢？"说话时，露出非常担忧的神情。

跳跳猴拍了拍胸脯说："孙悟空有一双火眼金睛，本人虽然没有行者的功夫，眼光却也能穿透这白雪，识得下面的路径。"

说完，便甩开大步，其余人踏着他的脚印走。又有许多天没有接触大自然了，虽然走得艰难，大家却感到特别开心。

临近中午时分，一行人来到了生物工程研究所。和遗传研究所类似，这里也是城堡式建筑，只是四周没有护城河，因此，也便没有吊桥。城门白天开放，晚上关闭。

就在大家进城门的时候，跳跳猴发现一个外星人混在入城的人群中向城堡走来。原来，外星人不甘心《生命档案》被夺走，又来伺机抢劫。跳跳猴突然冲到外星人面前，大喝一声。外星人抬头看了一下，是跳跳猴，抱着脑袋回头便跑。

看到眼前的一幕，大家都在城门前站了下来。他们想看一看是否还有别的外星人混在人群中。

不一会儿，六个外星人发了疯一般地叫喊着冲了上来。

跳跳猴朝大家喊道："弟兄们！今天，我们和这些家伙们拼了！"

战斗中，跳跳猴俘获了一个外星人。看见自己的弟兄被跳跳猴扭着胳膊，三个外星人尖叫着近前解救。这时，李瑞抱着原来装《生命档案》的箱子喊着叫着离开跳跳猴等向城门里面跑。见状，另外两个外星人冲了上来，一把抢过箱子撒腿就朝着山下跑。

李瑞在后面边跑边喊："把箱子还给我！把箱子还给我！"

看到装《生命档案》的箱子又被抢了回来，围攻跳跳猴的三个外星人丢下被俘虏的同事，跟在同伴的后面向山下跑。

来到山坡上的一个僻静处，五个外星人迫不及待地将箱子打开。盖子一开，从里面蹦出一个又一个活蹦乱跳的癞蛤蟆。外星人猝不及防，一个个尖叫着躲开老远，大呼上当。

箱子里怎么会有癞蛤蟆呢？原来，在从外星人手里夺回《生命档案》后，李瑞就料到他们一定不会甘心。所以，当跳跳猴将空箱子扔到院子里的时候，他便捡了回来，里面装了实验用的癞蛤蟆。他想用里面没有资料的箱子退兵，同时用癞蛤蟆捉弄一下那些一而再再而三来抢劫的家伙们。

外星人退下去了，笨笨熊吩咐跳跳猴和白桦在城门观察一阵，接着便和李瑞、白杨、张贝贝押着被俘获的外星人朝研究所办公室走去。

跳跳猴和白桦隐在城门里侧，一会儿探出脑袋看一看城门外的动静。

过了一个时辰，外星人没有出现。

又过了一个时辰，外星人还是没有出现。

白桦说："要去实验室参观，便不能在城门把守，这样，外星人就有可能钻进来捣乱；要阻止外星人进来，便需要每天把守城门，这样，便不能到实验室去学习。如何是好呢？"

跳跳猴也陷入了沉思。

思索良久，跳跳猴的脑海中浮现出了诸葛亮用空城计退司马懿的故事。他笑着对白桦说："有了。"

白桦问："有什么了？"

跳跳猴说："我们按照我们俩的形象做两个雕塑，放在城门口，外星人不是就望而却步了吗？"

白桦拍了拍跳跳猴的肩膀，说："原来，你还颇有计谋。"

　　白桦在白桦寨时曾经做过木匠和泥水匠，寨子中庙里菩萨的雕塑就是他的作品。他自告奋勇去做雕塑，跳跳猴则守着城门。

　　城门里墙角处堆着许多废木料，白桦找了两截木头做骨架，用水和了泥，不到一个时辰，便做好了跳跳猴和自己的塑像，两尊雕塑的手里，还持着大刀和长矛。他们把塑像放在城门里甬道旁的树林里，然后，躲在隐蔽处观察动静。

　　他们看见，有两个外星人在城门外探头探脑想要进来。但是，看到手持武器的白桦和跳跳猴，便怏怏地下山去了。

　　跳跳猴找到城楼的守门人，向他讲了刚才发生的事情，要他注意矮个子和小鼻子的外星人。

　　接着，小哥俩便急急去追笨笨熊一行。

项圈上的定位器

　　却说笨笨熊等一路打听，七拐八绕来到城堡中心的一个宫殿里，把俘获的外星人交给城堡的堡主。堡主是一个须发皆白的老人，在他做堡主的一百多年中，整个雾山一直很平静。今天，生物工程研究所竟然混进了外星人，这着实使他大吃一惊。他命人把外星人关到密室中，并增派了门卫，加强了城门的警戒。

　　从外星人手里夺回了《生命档案》，又俘获了一个外星人，大家感到由衷的高兴。晚上，跳跳猴、白桦、李瑞、白杨和张贝贝在宿舍又唱又跳，兴高采烈地庆祝胜利，只有笨笨熊坐在房间的一个角落沉思。他想，这一路旅行，为什么外星人总是能发现我们的行踪呢？想了半天，找不出任何头绪。这时，小黄摇着尾巴走了过来。他脑子里突然闪过一个念头：外星人曾经在小黄的耳朵里塞了微型录音器，他们有没有可能在小黄身上安装用来定位的装置呢？

　　想到这里，他把正在说笑的跳跳猴和白桦叫了过来。

　　跳跳猴问："老兄，有什么吩咐呢？"

　　笨笨熊指着面前的小黄说："我们仔细检查一下小黄的身体，看有没有什么异样。"

　　跳跳猴大惑不解地问："怎么突然冒出这么一个想法来呢？"

　　笨笨熊说："我们来到雾山后，外星人也跟了进来。我感到特别蹊跷。"

　　"蹊跷是蹊跷，但你为什么会怀疑到小黄呢？"跳跳猴颇有点为小黄打抱不平。

　　笨笨熊说："难道你忘记了我们从小黄的耳孔里发现的微型录音器吗？小黄是外星人悄悄塞给白桦大哥的，他们有没有可能同时在小黄身上安装了定位装置呢？"

　　听了笨笨熊的话，跳跳猴恍然大悟。他将小黄从头到尾巴梢仔细揣摸了一遍，没有摸到什么异样的东西。

　　白桦说："看看项圈。上次他们就是把微型录音器装在项圈上的。"

　　跳跳猴点了点头，将小黄脖子上的项圈卸了下来。三个人仔细看了一遍，没有

生物科学研究院

任何异常。接着，跳跳猴把项圈拿在手里一边把玩，一边想着还需要检查什么部位。突然，他感到皮革项圈中有一块地方有点发硬。

他把项圈举起来，说："咦，怎么有一块有点硬呢？"

笨笨熊眼睛一亮，说："是吗？割开来看看。"

白桦立即从腰间解下随身带着的小刀，递给跳跳猴。跳跳猴用小刀在感觉异常的地方拉了一下，突然，从开口处掉出一块闪着光泽的金属片。

跳跳猴突然惊叫了起来："哇！这金属片和从小精灵身体里取出来的一模一样啊！"

白桦说："是啊，一模一样！"

笨笨熊两眼盯着金属片，自言自语道："这究竟是什么东西呢？"

听到跳跳猴和白桦的叫声，李瑞、张贝贝和白杨停止了说笑，也围了过来。

看到跳跳猴手里的金属片，张贝贝惊讶地问道："从哪里来的定位芯片？"

笨笨熊突然抬起头来，望着张贝贝问道："你怎么知道这是定位芯片？"

张贝贝有点惊慌失措，连忙避开笨笨熊的目光，嗫嚅道："我只是随便说说。"

说着，便离开人群，悄无声息地躲到了一个墙角。

听了张贝贝的话，跳跳猴突然将手里的金属片掰成了两半。紧接着，又从口袋里掏出从小精灵身体取出来的金属片掰了个粉碎。他一边掰，一边骂道："张贝贝说得没错，这一定是外星人埋下的定位芯片。这该死的家伙们，不仅抢夺我们的路线图和旅行日记，还利用这东西跟踪我们。"

看到跳跳猴在掰金属片，笨笨熊连忙说道："别，别，别掰掉。"

但是，已经晚了。就在笨笨熊结结巴巴阻止的时候，跳跳猴已经把手里的金属碎片扔到了旁边的火炉里。

跳跳猴余怒未消，说道："难道要让外星人继续跟踪我们？"

笨笨熊说："我们应该把这些金属片留下来弄个清楚的。"

听了笨笨熊的话，跳跳猴知错地低下了头。

笨笨熊叹了一口气，望着躲在墙角的张贝贝。这时，一个念头油然从心头升起：她怎么一看到这金属片就毫不犹豫地认定是定位芯片呢？

但是，想了半天，想不出所以然。

基因工程技术

第二天早上吃过早饭,大家便结伴向实验室走去。大约走了半个时辰,眼前出现一大片草地。在草地的中央,矗立着几组现代化的建筑。

这时,一个戴着眼镜的男青年大步流星迎了上来。他一边走,一边大声喊道:"笨笨熊,你们终于来了。"

笨笨熊先是愣了一下,接着,喜形于色地迎了上去。

他指着男青年对大家介绍说:"这位是生物工程研究所的申博士。"

接着,他又向申博士介绍了自己的伙伴。

看见跳跳猴后,申博士诧异地问道:"你也和笨笨熊一个小分队?"

笨笨熊吃惊地说:"你见过我这位小兄弟吗?"

申博士说:"是啊。上一次在智者那里听讲座,他进来之后智者才开始讲课的。"

这时,跳跳猴和笨笨熊才知道,原来,申博士也参加了他们开始生物旅行前的那次讲座。

按照智者的安排,申博士负责给跳跳猴他们讲解生物工程。寒暄一阵,申博士便领了大家朝着面前的建筑物走去。他告诉大家,在生物工程研究所下面,分设有基因工程实验室、细胞工程实验室和发酵工程实验室。参观的第一站,是基因工程实验室。

跳跳猴问:"什么叫做生物工程呢?"

申博士说:"生物工程也叫生物技术,是以现代生命科学为基础,应用先进的生产工程技术,利用生物体制造人类所需要的各种产品的一门综合性学科。具体来说,生物工程包括基因工程、细胞工程以及发酵工程。"

跳跳猴又问:"那,什么叫做基因工程呢?"

申博士说:"细胞生产的各种蛋白质都是基因表达的产物,要想得到某种蛋白质,当然要在基因上做文章。比如,我们要利用细菌生产生长素,就要把生长素的基因剪切下来,组合到细菌的 DNA 中。这个过程叫做基因重组,这种经过组合的基因叫做重组基因。虽然细菌的基因发生了改变,但它们浑然不觉,利用细胞内的设备和材料为我们源源不断地生产出生长激素。这种偷梁换柱的技术,就叫做基因工程。目前,基因工程进展很快,研究应用领域包括微生物、植物以及动物等。"

说着,他们来到了基因工程实验室。

实验台上,摆放着许多认识和不认识的仪器。几个工作人员在不停地处理标本,操作仪器,一些仪器的仪表板上闪烁着红灯和绿灯。

申博士说:"基因工程的第一步是要把 DNA 从活细胞中取出来,然后,把我们想要利用的基因片段,即目标基因剪下来。"

"用什么剪子呢?"跳跳猴好奇地问。在上次被外星人用电击伤后刮骨疗毒时,他看到了许多手术器械,其中有直剪,有弯剪,还有蚊式剪,他不知道剪基因时用的是什么剪子。

申博士看了看跳跳猴,说:"DNA 分子的直径只有 2nm,大约是头发直径的十万分之一。另外,DNA 分子的长度很短,比如,流感嗜血杆菌的 DNA 长度只有 0.83μm。要在如此小的 DNA 分子上进行剪切,当然不能用剪刀去剪,而是要用具有特异性的限制性内切酶来切割。"

跳跳猴问:"什么是限制性内切酶呢?"

申博士说:"限制性内切酶又称为基因剪刀,主要存在于微生物中。之所以在名称中有限制两个字,是由于这种酶只能在特定的切点上切割 DNA 分子。例如,从大肠杆菌中发现的一种限制性内切酶只能识别 GAATTC 序列,并且特异性地在 G 和 A 之间将这段序列切开。因此,针对不同的目标基因,需要用不同的限制性内切酶。

"但是,DNA 上的基因很多,比如,人的染色体上就有 30,000 多个基因。要从 DNA 链上许许多多的基因中获得特定的基因,就像在大海中捞针一样,是非常困难的。通过长期实践,科学家摸索出了两种制备特定基因的方法,一种是从供体细胞的 DNA 中直接分离基因,另一种是人工合成基因。

"20 世纪 80 年代以后,随着 DNA 核苷酸序列分析技术的发展,人们已经可以通过 DNA 序列自动测序仪对提取出来的目的基因进行核苷酸序列分析,并且通过一种扩增 DNA 的技术,使目的基因片段在短时间内成百万倍的扩增。这种新技术的出现,对基因工程的发展起了很大的推动作用。"

申博士带着大家一边走，一边说，来到一幅挂图前。他指着墙上的挂图说："被内切酶切下来的 DNA 双链的切口往往不是整齐的，而是像这张图片所示的，一长一短，我们把这种切口叫做黏性末端。

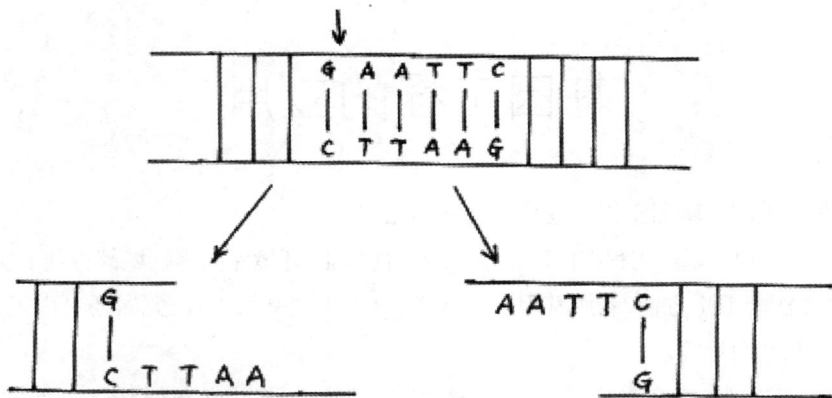

黏性末端

"将目的基因切下来后，需要把它送到受体细胞内。就像要把原料运到车间要有运料车一样，要使目的基因进入受体细胞，需要利用一种载体。基因工程中常用的载体是质粒。"

白杨问："什么是质粒呢？"

申博士说："质粒是存在于许多细菌及酵母菌等生物中染色体外的，能够自主复制的环状 DNA 分子。大肠杆菌质粒很小，只有普通细菌染色体 DNA 分子的百分之一左右，能够与宿主细胞和平共处。因此，在基因工程中得到了广泛应用。

"好了。目的基因和载体都有了，下来的工作就是将目的基因结合到载体上。要将目的基因结合到载体上，需要用限制性内切酶将质粒切开，形成黏性末端。和剪切目标基因一个道理，这切质粒的酶不是随便抓一个来就行，它要使质粒黏性末端的碱基序列与目的基因黏性末端的碱基序列正好互补。然后，加入 DNA 连接酶，使目的基因和载体结合成为一体，形成一个重组的 DNA 分子。

"在将目的基因与载体结合后，下一步就是把目的基因与载体的复合体导入受体细胞。基因工程常用的受体细胞有大肠杆菌、枯草杆菌、土壤农杆菌、酵母菌和动植物细胞等。"

基因工程的应用

张贝贝问："基因工程有些什么实际用途呢？"

申博士说："基因工程在医药卫生、农业、食品业、环境保护等领域都得到了应用。

"在医药卫生方面，利用基因工程技术，可以生产基因工程药品，还可以进行基因诊断和基因治疗。

"在药品中，许多产品，如阿司匹林、磺胺类药等，是化学制剂；还有一些产品，如胰岛素、卵泡刺激素等，是生物制剂。在以前，生物制剂是从生物体的组织、细胞或血液中提取的。由于所提取的物质在生物体中含量本来就低，加之提取效率不高，产量很低，价格十分昂贵。利用基因工程生产生物制剂不仅质量高，而且成本低。目前，通过基因工程生产的生物制剂有胰岛素、人生长激素、表皮生长因子、肿瘤坏死因子、猪生长激素、牛生长激素、纤维素酶、红细胞生成素、抗血友病因子、干扰素、白细胞介素、溶血栓剂、凝血因子、人造血液代用品以及预防乙肝、狂犬病、百日咳、霍乱、伤寒、疟疾等疾病的疫苗。

"基因工程技术在基因诊断方面的应用越来越广泛。通过研究，人类已经弄清楚了许多细菌和病毒 DNA 上的碱基序列。如果设计一段和某种细菌或病毒基因碱基序列互补的基因，就会和细菌或病毒的基因发生杂交。把这种人工基因加到生物体的血液或组织中，就可以得知所检测的标本中有没有这种细菌或病毒。通过这种方法，可以迅速、灵敏地检测出肝炎患者血液中肝炎病毒的 DNA，为肝炎提供一种早期、快速、简便、敏感的诊断方法。此外，基因工程技术还在肠道病毒感染、单纯病毒感染、镰刀状红细胞贫血症、苯丙酮尿症以及肿瘤等疾病的诊断中得到了应用。

"基因治疗是把正常的基因导入到基因异常的人体的细胞中，从而纠正由于基因异常所导致的疾病。许多疾病是由基因决定的，比如，有多指的基因就会在手上长出六个指头；两个同源染色体上都有白化病基因就会皮肤白，头发黄，眼睛总是怕光；男性的 X 染色体上有红绿色盲基因就会辨不出红灯和绿灯……这些病，统统叫做基因遗传病。基因治疗的问世，意味着有可能对基因所决定的疾病从根本上进行控制，有可能对人体素质进行提升。人们对艾滋病避之犹恐不及，如果把决定患艾滋病的基因从染色体上敲掉，这种世纪绝症便会销声匿迹；许多人叹息自己脑子笨，如果把聪明基因嫁接到他们的 DNA 上，说不定便可以成为诺贝尔奖获得者……虽然这些在目前还只是设想，但是，古代人谁能想象得到他们神话中的千里眼和顺风耳在今天会成为现实呢？"

听了申博士这一些话，跳跳猴等心驰神往。

顿了顿，申博士接着说："在农业方面，通过基因工程，可以增加粮食作物的产量，还可以培育出具有各种抗性的作物品种。"

跳跳猴问："什么叫做抗性呢？"

申博士说："所谓抗性是指作物抗虫、抗病毒、抗除草剂、抗盐碱、抗干旱以及抗高温等特性。自然界中细菌的种类非常多，从细菌体内几乎可以找到植物所需要的各种抗性。目前，科学家已经培育出抗虫的烟草、番茄、马铃薯、玉米、大豆、油菜、棉花等作物，还培育出了抗黄瓜花叶病毒、苜蓿花叶病毒的作物以及抗除草剂的植物。1993 年，我国农业科学院的科学家将细菌中的抗虫基因转移到棉花植株，成功培育出抗棉铃虫的转基因抗虫棉。

"氮元素是蛋白质的重要组成成分，是植物的必需营养素。自然界中的氮元素非常丰富，但主要分布在空气中。它们随风飘荡，行踪不定，不能被植物所利用。有一种叫做根瘤菌的细菌可以将空气中游离的氮气固定下来，供植物吸收利用。哈佛大学教授奥萨贝从根瘤菌中取出固氮基因，转移到植物的细胞中。改造后的植物也具有了从空气中摄取、固定氮气的功能，等于是给植物建立了氮肥厂。这样，不仅可以大大降低农业成本，还可以避免长期大量施用化肥对土壤造成的副作用。

"基因工程还可以用于环境保护。"

跳跳猴问："基因工程怎么用于环境保护呢？"

申博士说："用 DNA 探针可以检测出饮用水中病毒的含量，对饮用水进行监测。另外，随着石油制品，如汽油、柴油等的广泛应用，石油制品对地球的污染日益严重。一种叫做假单孢杆菌的细菌能够分解石油，但是，每一种假单孢杆菌只能分解石油中的某一种成分。科学家用基因工程技术，把三种能分解不同石油成分的假单孢杆菌的基因转移到另一种假单孢杆菌体内，创造出了能同时分解四种石油成分的超级假单孢杆菌,大大提高了假单孢杆菌分解石油的效率。目前,科学家还用基因工程方法培养出了能吞噬汞和降解土壤中 DDT 的细菌以及能净化镉污染的植物。

"基因工程还可以用来生产转基因食品,为人类开辟新的食物来源。"

跳跳猴问:"什么叫做转基因食品呢?"

申博士说:"转基因食品是利用现代分子生物学技术,将某些生物的基因转移到其他物种中,使该物种生产出符合人类要求的食品。转基因食品有四类:植物转基因食品、动物转基因食品、微生物转基因食品以及疫苗食品。

"我们知道,植物可以产生乙烯,乙烯浓度过高时,可以使蔬菜或水果腐烂。如果利用基因工程技术抑制植物体内乙烯的合成,蔬菜和水果就不容易腐烂。科学家已经将该项技术成功应用于番茄,解决了番茄不能长途运输和长期贮藏的问题。

"澳大利亚科学家将人生长激素基因转移到猪的基因组中,培育的猪生长速度快,肉质鲜美。将某些特定的基因转移到动物体内,还可以使该基因得到表达。通过这种方式,我们可以得到想要得到的激素和抗体等。

"科学家将鸡蛋白基因转移到大肠杆菌和酵母菌中,获得了鸡蛋蛋清中的主要成分——卵清蛋白。进一步,人们有可能利用基因工程从微生物中获得人类所需要的糖类、脂肪和维生素等产品。到那时,人类的食物结构将会发生变化。

"以前,人们通过注射疫苗或丙种球蛋白等增强人体的免疫能力,将来,人类有可能通过食用转基因蔬菜或粮食获得免疫能力。

"美国细胞生物学家利用土壤农杆菌把霍乱弧菌所产生的霍乱毒素的无毒性的 β 链基因转移到苜蓿细胞中,这种转基因苜蓿中就含有了霍乱疫苗。人类长期食用这种苜蓿,就可以获得对霍乱的免疫能力。

"乙型肝炎是一种传染病,我国乙型肝炎发病率很高。遗憾的是,在患乙型肝炎后,没有有效的治疗方法。因此,乙型肝炎的预防非常重要。现在市场上有乙型肝炎疫苗,但价格较高,难以大面积推广应用。科学家将乙型肝炎病毒表面抗原基因转移到烟草中,已经在转基因烟草中成功表达出乙型肝炎表面抗原疫苗。由于烟草不宜推广使用,目前,科学家在用莴苣替代烟草进行试验。如果获得成功,人们就可以通过食用转基因莴苣获得对乙型肝炎病毒的免疫力。如今,食用疫苗已经成为基因工程研究的一个热点。"

跳跳猴说:"可是,有不少人对转基因食品的安全性表示担心。"

申博士说:"转基因食品是否安全,不能一概而论。1993年,经济合作组织提出了转基因食品评价原则。这个原则规定:在转基因食品上市前,要对该食品的各种主要营养成分、主要抗营养物质、毒性物质及过敏性成分等物质进行测定。如果测定结果与同类传统食品无差异,则认为不存在安全问题。因此,市面上的转基因食品应该是安全的。

"因为转基因食品具有巨大的前景,近年来,转基因食品产业得到长足发展。单以美国为例,转基因玉米的种植面积在1996年为16万公顷,1997年为120万公顷,2000年为1030万公顷。2000年上半年,我国进入中间试验和环境释放试验的转基因作物分别达到48项和49项。

"人们说,19世纪是塑料的世纪,20世纪是计算机的世纪。21世纪呢? 将是生物技术的世纪,是基因工程迅速发展并取得巨大效益的世纪。我们正在进行的几个课题,都是研究基因工程技术。希望这些课题取得成果后,能对基因工程的发展有所推进,能够产生巨大的社会效益以及经济效益。"

申博士滔滔不绝的讲解把同学们带入了一个神秘的世界,在那里,经常有新的物种诞生,人体的许多生命物质都可以通过植物或微生物来生产,人们不仅通过食用植物、动物获得营养,而且通过食用转基因植物和动物来预防和治疗疾病。

网吧

基因工程研究所参观结束后，申博士有事外出，要两天以后才能回来。笨笨熊告诉大家第一天放假休息，第二天各自整理基因工程研究所的参观笔记。

听说放假，跳跳猴一蹦三尺高，拉了白桦就往生物工程研究所附近的一个小镇跑去。

跳跳猴早就听说玉皇峰下有一个小镇。趁着放假这难得的机会，他想看看这小镇是一个什么世界。

镇子不大，但很繁华，使他眼前一亮的是，街上有一个网吧。自从开始旅行以来，他再也没有玩过网络游戏，今天看到网吧，手不由得痒痒了起来。他拉着白桦冲了进去，一副相见恨晚的样子。

网吧中有很多人，发出噼噼啪啪敲击键盘的声音。跳跳猴和白桦找了两个位置，坐下来，很快进入了角色，在电脑上杀得昏天黑地。

不知道过了多久，跳跳猴抬起头来望了望窗外。哎哟，天已经黑了。他不由分说，把白桦从座位上拉起来，匆匆忙忙付了费，飞快地赶回宿舍。

所幸，跳跳猴和白桦两个人一个宿舍。所以，对他们深夜归来，其他同学一概不知。第二天早上天刚麻麻亮，跳跳猴又要拉白桦去网吧，白桦说不愿再去，跳跳猴便一个人跑到了镇子上。

两天没有看到跳跳猴，笨笨熊心里有点空落落的感觉。晚饭后，他来到跳跳猴和白桦的宿舍。白桦一个人伏在桌子上写着什么，却不见跳跳猴的踪影。

笨笨熊问道："跳跳猴哪里去了呢？"

白桦回答："去镇子上去了。"

"什么时候去的？"

"早上。"

"他说什么时候回来？"

"应该快要回来了吧。"

笨笨熊坐了下来，一边和白桦海阔天空地聊天，一边等待着跳跳猴。可是，墙上的挂钟响了十二下，仍然不见跳跳猴回来。

笨笨熊站了起来，说道："怎么还不回来呢？"

白桦也忐忑不安地站了起来。

"告诉我，他究竟干什么去了？"笨笨熊突然严肃了起来。

"到镇子上的网吧去了。"白桦回答。

"他告诉你的吗？"

"昨天，他和我到镇子上转悠时发现了一家网吧，便在那里玩了一天。今天一大早，他又急急忙忙去了。"

"这小子的网瘾又犯了。"笨笨熊一边说着，一边在地上焦躁不安地踱着步。

少顷，笨笨熊说："我们去镇子上找他去。"

白桦答应一声"是"，便领着笨笨熊钻进了黑暗中。当哥俩来到镇子上的网吧时，发现偌大一个大厅里只有三个人在玩电脑。跳跳猴坐在一个角落里，忘情地敲击着键盘，白桦和笨笨熊站在他跟前好半天他也浑然不觉。

看到跳跳猴如醉如痴的样子，笨笨熊发怒了。他大喊了一声："跳跳猴。"

正在网上激战的跳跳猴被这一声怒吼吓得从座位上弹了起来，望着眼前的白桦和笨笨熊发愣。他仍然沉浸在网络游戏中，忘记了现在是在什么地方，不知道为什么笨笨熊和白桦会突然出现在他的眼前。

看到跳跳猴傻愣愣的样子，笨笨熊更加生气了。他左手指着墙上的挂钟大声喊道："你看几点了！"

在大声叫喊时，他用右手狠狠推了一下跳跳猴。跳跳猴没有防备，一个趔趄倒在了地上。从地上爬起来后，他才知道现在已经是凌晨时分，才知道自己是在网吧，才知道白桦和笨笨熊是专程来寻他回家的。自从生物旅行以来，他是第一次看到笨笨熊发这么大的火。他感到无地自容，但又感到笨笨熊不应该小题大做，尤其不应该当着白桦的面羞辱自己。于是，他气冲冲地从网吧冲了出去，直奔宿舍。

却说白杨两天没有见到跳跳猴，心里感到一种说不出来的不自在，便约了张贝贝来到跳跳猴的宿舍去看个究竟。结果，跳跳猴和白桦都不在。感到奇怪，姐妹俩便商量好去告诉笨笨熊。更加想不到的是，笨笨熊也没有踪影。发生了什么事情呢？张贝贝感到纳闷。白杨呢？更多的是为跳跳猴和白桦的安全担心。她俩喊了李瑞站在跳跳猴和白桦的窗户下守候着。

跳跳猴甩开大步，将白桦和笨笨熊远远地抛在了后面。当天色麻麻亮时，他回到了宿舍。令他惊讶的是，白杨、张贝贝和李瑞在窗户外面站着。他心里明白，他们是在等自己。想到因为玩网游竟然让笨笨熊大为光火，让笨笨熊和白桦半夜三更跑到镇子上，让白杨、张贝贝和李瑞站在宿舍外面等自己，他感到深深的愧疚，感到无颜面对大家，尤其无颜面对白杨。他突然产生了一个念头：离开这里。

看到跳跳猴跟跟跄跄地从外面回来，白杨脱口喊道："你们跑哪里去了？"

跳跳猴没有吭声，冲进了房间里。看到一向开朗的跳跳猴如此异常，白杨、张贝贝和李瑞都十分诧异。他们跟到宿舍，发现跳跳猴正在整理行李。

看到眼前的情景，白杨、李瑞和张贝贝都惊呆了。

良久，白杨问："你要干什么？"

跳跳猴头也不抬地说："打道回府。"

白杨接着问："发生了什么事情？"

跳跳猴沉默，仍然在不停地收拾行李。

白杨突然大声喊道："告诉我，到底发生了什么事情？"

看到一向温柔的白杨发了火，跳跳猴两手垂下，呆呆地站在那里。灯光下，可以看到他眼眶里噙满泪水。

白杨想，跳跳猴一定是受了什么委屈。她走上前去，温柔地问道："究竟发生了什么事情？"

跳跳猴歉疚地说："是我不好。"

接着，他把两天来去网吧玩游戏，白桦和笨笨熊深夜去镇子上去找自己的事情从头到尾说了一遍。最后，他说他没有颜面再在这里待下去。

听了跳跳猴的叙述，白杨长舒了一口气。少顷，她说："你就忍心离开大家吗？"

说话时，她深情地望着跳跳猴。

跳跳猴看了一眼白杨，又赶快把头扭过去。

白杨拉起跳跳猴的手，说："这么没出息。难道就不能改掉这个毛病？"

这一句看似嗔怪的话，就像一股暖流淌遍了跳跳猴的周身。是啊，旅行中的艰难险阻都过来了，难道网瘾就戒不掉吗？做不到这一点，还算男子汉吗？

想到这里，他很认真地点了点头，将捆绑好的行李重重地扔在了床上。

跳跳猴不走了,白杨、张贝贝和李瑞欢呼了起来。

　　就在这时,笨笨熊和白桦也风风火火推开门,进到了宿舍。看到跳跳猴捆绑好的行李,看到大家欢呼的场面,笨笨熊心里明白发生了什么。他为自己过激的行为感到内疚,上前轻轻拉起跳跳猴的手。

愈伤组织

　　不觉，天已大亮。就在笨笨熊、李瑞、白杨和张贝贝准备离开跳跳猴宿舍回去休息的时候，申博士喊了大家去参观细胞工程实验楼。

　　细胞工程实验楼是一个双子座结构的建筑。一座是植物细胞工程实验楼，另一座是动物细胞工程实验楼。

　　大家首先进到植物细胞工程实验楼。走廊里，不时有人夹着资料匆匆走过。透过实验室的窗户，可以看到许多工作人员在紧张工作。

　　申博士站在走廊里对大家讲道："所谓细胞工程，是指应用细胞生物学和分子生物学的原理与方法，按照人们的意愿改变细胞内的遗传物质或获得细胞产品的一门综合科学技术。细胞工程可以分为植物细胞工程和动物细胞工程。

　　"我们现在所在的地方，是植物细胞工程实验楼。植物细胞工程通常采用的技术手段有植物组织培养和植物体细胞杂交等。

　　"先说一下植物组织培养。美国科学家怀特和高斯雷特从胡萝卜和烟草切下部分组织，在试管里培养，长出了小植株。这一实验，开创了组织培养技术的先河。

　　"植物细胞有体细胞和生殖细胞之分。体细胞为双倍体细胞，生殖细胞为单倍体细胞。从植株上切下的体细胞能培育出完整植株，生殖细胞是否可以呢？1964年，有人将曼陀罗的花粉取下来，在特殊培养基中进行培养，也成功培育出了完整植株。

　　"细胞的体积很小，只需要从植物上取很小的组织就有可能分离出许多细胞，从而培育出许许多多植株。因此，植物组织培养法使植物的繁育效率大大提高。

　　"现在，世界各国用组织培养法培育出来的植物达几千种。1978年，美国东茂林研究所研究成功组织培养微型繁殖法。他们用约1厘米长的苹果枝条的茎尖，在一年之内就培育出了约100万株苹果树幼苗。你们可能知道，苹果树靠种子繁育往往不能保持原来的品质。因此，人们通过嫁接保持优良品种的品质。但是，嫁接需要消耗大量技术人员的劳动。组织培养技术不仅加快了苹果树的繁育速度，而且由于组织培养的细胞来源于植株，能够像嫁接一样将原来品种的品质继承下来。

"除了育苗快之外，在组织培养法中，由于培养条件是人为控制，还可以避免病毒污染。"

白杨问："植物组织培养需要哪些条件呢？"

申博士指着身旁的一间实验室说："我们到细胞培养室看一下吧。"

他领着跳跳猴一行进到房间里，从一台培养箱中取出一只培养瓶。大家看到，在瓶子的培养液中，漂浮着一团形状不规则的东西。

申博士说："我们在这里进行植物细胞培养。当细胞生长到一定程度时，会形成这种不规则的细胞团块，叫做愈伤组织。"

白杨接着问："为什么叫愈伤组织呢？"

申博士说："大概是植物受伤处在愈合时容易出现这种组织的缘故吧。在人工培养条件下，也可以形成愈伤组织。这种组织中的细胞发生了去分化，重新获得了全能性。"

这时，笨笨熊皱起了眉头。

看到笨笨熊不解的神情，申博士说："举个例子吧。把一粒玉米种子种下去，它便生根、发芽、开花，这个过程便叫做分化。种子里的细胞有变成根、芽和花的潜能，我们把这些细胞叫做全能细胞。我们从玉米叶子上取一些细胞进行培养，它会首先形成愈伤组织，接着，分化出根和芽，形成试管苗。将试管苗移植到土壤中，可以发育成为完整的植株。这说明，和玉米种子相似，愈伤组织里的细胞也有全能性。我们把玉米叶子细胞变成愈伤组织重新获得全能性的过程叫做去分化。"

跳跳猴问："为什么植物细胞脱离开植株后，就可以去分化呢？"

申博士说："在完整的植株中，相邻细胞互相制约，细胞的全能性受到抑制，每一个部分的细胞只是完成它特定的职能。比如，树根里的细胞负责从土壤中吸收水分和养料，树叶里的细胞专管吸收二氧化碳和阳光进行光合作用。当细胞脱离植株形成愈伤组织后，这种细胞和细胞之间的制约被解除，每个细胞都获得了全能性。因此，植物细胞在离开植株后便会去分化。

"其实，人类社会也有类似的现象。就拿医生来说吧。如果把许多医生集中在一个医院，他们就会进行分工，有的搞外科，有的搞内科……在规模很大的医院，还会分得更细，比如，外科又分骨科、泌尿科、妇产科……内科又分消化科、心血管科、内分泌科……这就相当于生物学里的分化。可是，在只有一个医生的农村卫生所，这个医生便既要看内科，还要做手术，医生的活儿全能干。这就相当于生物学里的去分化。"

听了申博士的话，大家第一次认识到生物界和社会有好多道理是相通的。

人工种子

白桦问："植物组织培养技术有什么价值呢？"

申博士说："通过大规模的植物组织培养，可以生产药物、食品添加剂、香料、色素和杀虫剂等。例如，从大量培养的紫草愈伤组织中提取的紫草素可以治疗烫伤和割伤，还可以作为燃料和化妆品的原料。用植物组织培养的方法还可以制成人工种子。此外，转基因植物的培养也要用到植物组织培养的方法。"

跳跳猴问："人工种子是怎么回事呢？"

申博士说："我们去人工种子实验室看看吧。"

说完，便领着同学们走出细胞培养室。

申博士一边走，一边对跳跳猴说："所谓人工种子，是用组织培养方法将植物的茎或叶等器官诱导产生胚状体或芽，再在外面包上一层胶状体。为了提高人工种子的活力，还可以在胶状体中加入除草剂或农药等。由于胶状体遇热容易融化而粘在一起，所以，在凝胶外面还要包上一层种皮。当将人工种子播种到土壤中后，凝胶外面的种皮会通过生物降解作用而自动脱落。这样，人工种子就会生根、发芽，成为植株。"

说着，一行人进到了人工种子实验室。申博士指着实验室墙壁上的一个传递窗说："隔壁的组织培养实验室将培养出来的一部分胚状体或芽从传递窗递过来，在这里进行凝胶及种皮包装。"

接着，他指着窗外的一片温室，说："你们看，这是人工种子实验室的温室，用来对人工种子进行种植试验。"

张贝贝问："人工种子有什么好处呢？"

申博士说："由于人工种子的细胞来源于植株的茎、叶等组织，它的遗传特征与母本是完全相同的。这样，可以保证优良品种世代相传，可以避免被其他品种授粉而使优良品种发生变异。

　　"有些植物繁殖能力差、结籽困难或发芽率低。通过人工种子,可以解决这些问题。

　　"另外,人工种子可以大大缩短育种时间,提高育种效率。普通育种受作物生长周期的限制,需要一年时间,并且一个植株生产的种子数量也有限制。利用人工种子技术,取植株的少量组织,可以在短时间内生产出十多万个胚状体,即十多万粒人工种子。

　　"还有,像刚才所说的,人们可以在人工种子外的凝胶层中加入有用的微生物、除草剂及农药等。这样,植株在生长出来后,就具备抗杂草、抗病虫害的能力。

　　"最后,人工种子体积比天然种子小,有利于贮藏以及运输。"

　　听了申博士的讲解,张贝贝感慨地说:"人工种子有这么多好处啊!"

实验室里培育出来的新物种

顿了顿,申博士接着说:"刚才,我们说的是植物组织培养。下面,介绍植物体细胞杂交。植物细胞杂交实验室在楼上,我们上去参观一下吧。"

在上楼的途中,申博士继续说:"我们知道,植物细胞不仅有细胞膜,在细胞膜外还有细胞壁。要使植物细胞杂交,就要使细胞融合。而要使细胞融合,便要用纤维素酶和果胶酶等溶解细胞壁。去掉细胞壁的植物细胞叫做原生质体,把两个细胞的原生质体放在一起,再通过一定的方法,就可以将它们融合在一起。"

进到实验室后,跳跳猴问:"你说一定的方法,是什么方法呢?"

申博士说:"有物理法和化学法两种方法。两个原生质体融合在一起后,成为一个具有两个细胞核的原生质体,叫做异核体。好。我们先看一下标本吧。"

接着,申博士从一个盒子中拿出几张玻片,说道:"这是我们细胞工程中几个步骤的标本,我们按顺序来看一下。"

他将一张玻片放在一架多头显微镜下,一边看,一边说:"你们看,第一张片子是两个完整的植物细胞。请注意,每个细胞外面都有一层像城墙一样的结构,细胞壁。

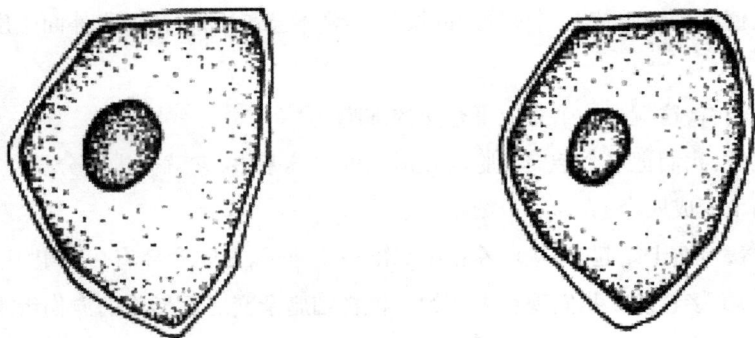

"再看第二张。这是两个去掉细胞壁的细胞。

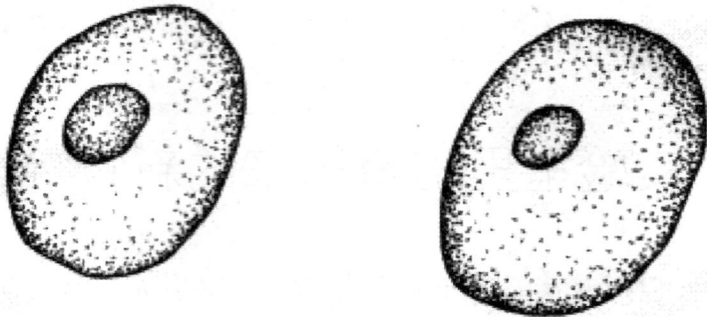

"再看第三张。这个细胞是两个原生质体合在一起形成的,就是我们刚才说的异核体。虽然两个细胞合在了一起,但这时只是细胞质合在了一起,细胞核还没有融合起来。

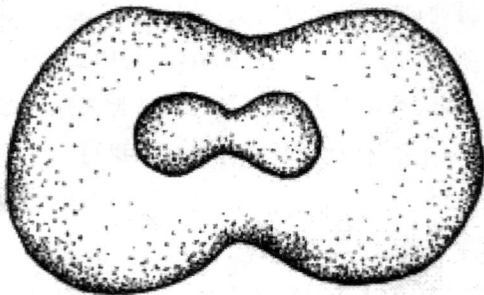

"大家知道,细胞的遗传信息在细胞核里的染色体上。细胞核没有融合在一起,就没有发生基因的整合,没有达到杂交的目的。这就需要把异核体放在特殊培养基中,使两个细胞核在同步分裂的情况下融合起来,同时在细胞外面生出新的细胞壁。

"你们看,这就是一个完成了杂交的细胞。

"然后,我们把这个杂交细胞放在适当的培养基中,它就会进行分裂,一个变成两个,两个变成四个,成为一个细胞团。"

说着,申博士站起来,从培养箱中拿出一个瓶子,瓶子底部有一团组织。

申博士接着说:"我们现在看到的是植物细胞杂交之后形成的愈伤组织。将愈伤组织进行培养,就可以成为一株新的植物,成为经过细胞工程改造的新的物种。

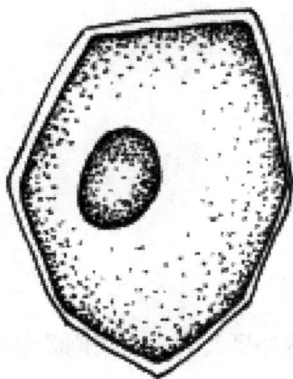

"美国明尼苏达大学植物病理系用低等植物食用菌蘑菇同高等植物十字花科的卷心菜进行细胞杂交,育种成功。中国留美青年学者朱培坤用机械损伤方式加快两种植物细胞遗传物质的融合,先后培育出大蒜和青菜、胡葱和青菜、玉米和青菜、马铃薯和白菜、大豆和白菜等多种植物杂交品种。美国康涅狄格州一家遗传研究所的工作人员将土豆和西红柿细胞进行融合,培育出了新的土豆品种,这种土豆具有西红柿的抗病毒能力,而且产量大幅度增加。

"中国科学院植物研究所等单位用烟草、牵牛、胡萝卜等原生质体成功培育出自然界从来没有过的4种新植物。中国科学院成都生物研究所将菠菜细胞与烟叶细胞融合,培育出了新的烟叶品种。这种烟叶外形像菠菜,叶子肥大无柄,叶片又密又多,产量增加50%。更可喜的是,这种烟叶中焦油等有害物质含量下降,植株抗病能力显著增强。

"此外,通过植物细胞工程,已经生产出了生物碱、具有抗癌活性的紫杉醇、强心苷、激素、多种维生素、抗过敏剂、青蒿素、植物生长调节剂、抗白血病因子、甜味素、抗肿瘤因子等产品。"

跳跳猴说:"听说,通过细胞工程培育出了地下结马铃薯、地上结番茄的品种,是真的吗?"

申博士说:"科学家们确实应用植物体细胞杂交的方法培育出了番茄马铃薯杂种植株。但是,这个植株没有像人们预想的那样地下结马铃薯,地上结番茄。这说明,仅仅完成杂交,还不一定能真正兼具两种植物的特性。"

愈伤组织

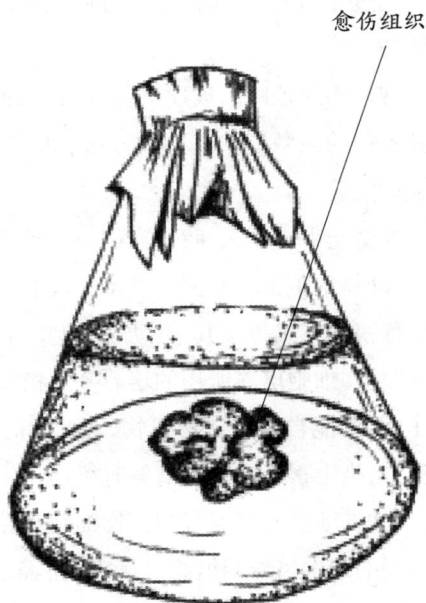

愈伤组织

细胞培养

　　来到生物工程研究所几天了，跳跳猴一直在提防着外星人。早上，天刚蒙蒙亮，便叫了白桦来到城门。他们看到，两尊塑像还威风凛凛地站在城门里的甬道旁。树上，两只喜鹊朝着他们喳喳地叫着，好像是在议论为什么走来的人和一直站在那里的人如此一模一样。

　　看到跳跳猴和白桦到来，守门人告诉他们，昨天，曾有两个矮个子、小鼻子的人在城门外探头探脑，但是，一看到那树林里的雕像，便慌慌张张离去了。

　　白桦重重拍了一下跳跳猴的肩膀，兴奋地说："小兄弟，外星人还是中计了。"

　　谢过守门人，小哥俩急急赶回住处。今天，申博士要领大家参观动物细胞工程实验楼。

　　透过参观走廊的玻璃窗，可以看到实验室里摆放着一台台培养箱，实验台上有各种各样的显微镜和说不上名称的仪器。几个穿着隔离服的实验人员在忙忙碌碌地做实验。

　　申博士讲："今天，我们介绍一下动物细胞工程。

　　"动物细胞工程常用的技术手段有动物细胞培养、动物细胞融合、单克隆抗体、胚胎移植和克隆等。其中，动物细胞培养技术是其他动物细胞工程技术的基础。

　　"动物细胞培养所用的培养基与植物细胞培养不同。由于动物细胞不能发生光合作用，不能自己合成有机物，因此，除无机盐外，培养基中还需要含诸如葡萄糖、氨基酸、维生素及动物血清等有机物。

　　"动物细胞的培养有和植物细胞培养不同的规律。将动物组织中的细胞分离出来进行的初次培养叫做原代培养。将经过原代培养的细胞转移到新的培养基中，继续进行培养，叫做传代培养。

　　"原代培养的细胞一般传10代左右生长就会停滞，大部分细胞死亡。有极少数细胞可以继续培养,传到 40~50 代。这种能传到 40~50 代的细胞叫做细胞株。

"当传到 50 代以后时,大部分细胞株生长停滞及死亡。有极少数细胞株遗传物质发生改变,有可能在培养条件下无限制地传代下去。这种传代细胞叫做细胞系。"

跳跳猴问:"动物细胞培养有什么实用价值呢?"

申博士说:"动物细胞每时每刻都在生产蛋白质以及相关的生物化学物质,因此,每一个细胞都是一个生物制品加工厂。通过动物细胞培养,可以生产许多有重要价值的蛋白质生物制品,如病毒疫苗、干扰素以及单克隆抗体等。将待检测的物质加入动物细胞的培养基中,可以根据细胞是否出现染色体的变异判断所加物质是否存在毒性。将表皮细胞进行培养形成皮肤,可以用来覆盖由于烧伤或外伤所形成的皮肤缺损。近年来,科学家在探索器官培养。把经过培养形成的器官移植到体内,可以替代毁损或功能严重衰竭的器官……我相信,将来,动物细胞培养技术将会有更广泛的应用。"

单克隆抗体

申博士接着说："除了细胞培养，还可以把不同物种的细胞融合起来。"

白杨问："植物细胞融合是为了创造新的物种，对品种进行改良。对动物细胞进行融合，是为了什么呢？"

申博士说："动物细胞融合技术最重要的用途，是制备单克隆抗体。"

白杨又问："什么是单克隆抗体呢？"

申博士说："下面，我们就来讲这个问题。抗体是体内 B 淋巴细胞在细菌或病毒等抗原刺激下产生的具有特异性免疫功能的球蛋白，所以，又称为免疫球蛋白。抗体和相应的抗原能特异结合，促进白细胞吞噬抗原，或者使病原微生物失去致病性。

"自然界的抗原种类非常多，针对这些抗原，动物体内的 B 淋巴细胞可以产生多达百万种以上的抗体。研究发现，每一个淋巴细胞只分泌一种特异性抗体。如果把抗体比作淋巴细胞的武器的话，那么，在淋巴细胞这支部队中，有的举着大刀，有的扛着长矛，有的手持板斧……以往，为了获得某种抗体，人们用特定抗原给动物反复注射，然后从动物的血清中将这种抗原刺激产生的抗体分离出来。这种方法，就像从持大刀、长矛和板斧的杂牌军中把某种型号的大刀找出来，不仅会漏掉许多目标，还会夹杂不少不符合要求的冒牌货。也就是说，分离出来的抗体产量低，纯度差。

"如果对产生某特异抗体的淋巴细胞进行繁殖和培养，就可以获得纯度很高的特异抗体。这种通过 B 淋巴细胞无性繁殖而产生的特异的抗体，就叫做单克隆抗体。

"但是，在体外培养的条件下，一个 B 淋巴细胞不可能无限繁殖。因此，如何使 B 淋巴细胞大量增殖，就成为制备单克隆抗体的技术关键。

"小鼠骨髓瘤细胞能在体外培养条件下大量增殖。阿根廷科学家米尔斯坦和德国科学家柯勒设想，如果将小鼠骨髓瘤细胞和 B 淋巴细胞融合在一起，所得到的融合细胞是否可以获得大量增殖的特性呢？

"1975 年,根据这个设想,他们将某种抗原注射入小鼠体内,从小鼠脾脏中获得针对该抗原产生抗体的 B 淋巴细胞。然后,将 B 淋巴细胞与小鼠骨髓瘤细胞在灭活的仙台病毒或聚乙二醇的诱导下融合,形成融合细胞。这种融合细胞不仅保留了 B 淋巴细胞分泌特异抗体的能力,还具有骨髓瘤细胞在体外培养条件下大量增殖的特性。通过这种细胞融合技术,人们便能提取出大量的单克隆抗体。

　　"与传统的从生物体内提取的抗体相比,单克隆抗体具有特异性强、灵敏度高的优势,在疾病的诊断、治疗和预防方面具有非常重要的价值。由于米尔斯坦和柯勒的研究不仅对生物学基础理论的发展做出了巨大贡献,而且在实践中也有很高的实用价值,这两位科学家在 1984 年获得了诺贝尔生理学或医学奖。"

从试管里出来的婴儿

在参观走廊里，申博士领着大家且说且走。

来到一个实验室外面时，申博士说："这是体外受精实验室。我们将动物的卵子和精子在体外受精，然后，用培养出来的胚胎进行胚胎移植。

"在畜牧业，推广优种牲畜品种是提高效益的一个重要途径。但是，优种牲畜自然繁殖速度很慢。在体外受精——胚胎移植技术问世后，人们将这一技术应用到优种牲畜的繁育上。"

跳跳猴问："胚胎移植怎么能加快优种牲畜的繁育速度呢？"

申博士说："在正常情况下，一般牲畜，如牛、羊，每次怀孕只有一胎。如果用激素对雌性动物进行刺激，可以促使多个卵泡发育。将这些卵子在体外受精，并把形成的若干胚胎分别移植到姐妹的体内，便可以使优种牲畜的繁育加快速度。

"将体外受精技术应用于人类，叫做试管婴儿。"

跳跳猴问："人类为什么要体外受精呢？"

申博士说："许多夫妇在婚后不能生育，体外受精——胚胎移植技术给这些不育夫妇带来了福音。"

白杨问："为什么把人类的体外受精技术叫做试管婴儿呢？"

申博士说："在体外受精——胚胎移植技术的开始阶段，卵子的受精过程是在试管内进行的。因此，人们把这种技术叫做试管婴儿。"

张贝贝好奇地问："这么说来，婴儿是在试管内长大的吗？"

申博士说："实际上，在试管婴儿技术，只是卵子的受精以及受精后胚胎的早期发育在体外进行。这个过程，大概只有三天到五天。然后，必须把胚胎移植到子宫，使胚胎在子宫内发育。"

跳跳猴说："许多人以为，所谓试管婴儿，就是从培养箱里抱出一个活蹦乱跳的婴儿呢。"

申博士说:"人们已经朝着这个方向努力了。但是,要做到这一点,要为培养箱中的胚胎及胎儿提供他所需要的全部营养以及所需要的激素,此外,还要为胚胎及胎儿提供类似于子宫的环境。这些,需要医学理论以及相关科学技术的支撑才能实现。"

这时,跳跳猴脑海中浮现出了一个场景:护士打开实验室培养箱的门,抱出一个又一个哇哇啼哭的婴儿……想到这里,他不由自主地笑了。

听了申博士的描述,张贝贝也陷入沉思。良久,她抬起头来问道:"体外受精需要精子和卵子,如果患者没有精子和卵子怎么办呢?"

申博士说:"先说精子吧。如果精液中没有精子,但是睾丸中可以找到一定数量的精子,可以采用一种叫做卵子胞浆内单精子显微注射的技术将精子注射到卵子内实现受精。如果睾丸内精子数量很少或者没有精子,但有产生精子的生精细胞,可以通过生精细胞培养技术获得精子。20 世纪 90 年代,有些学者在这方面做过一些尝试,并用培养获得的精子实现了生育。不过,通过生精细胞培养产生的精子比例比较小,精子成熟度也比较差。从 2009 年至 2012 年,中国医生王怀秀等对生精细胞培养方法进行改进,形成成熟精子的比例显著提高。这是生精细胞培养技术的一个可喜进步。需要说明的是,在目前的培养系统中,生精细胞存活的时间比较短。"

"为什么呢?"张贝贝蹙起了眉头。

申博士说:"分析原因,是因为目前所用的培养液不是很适合生精细胞的生存。意识到这一点,王怀秀医生等接着对生精小管内液体成分进行研究,期望改进生精细胞培养液,提高生精细胞培养的效果。"

顿了顿,申博士接着说:"再说卵子。女性在绝经期,卵巢内没有明显的卵泡发育。因此,人们认为绝经期以后的妇女不再有生育的机会。实际上,绝经期后的妇女卵巢内还有大约 1000 个左右的小卵泡。现在,有学者试图对这些小卵泡进行培养,期望通过培养获得可以用于体外受精的卵子。如果这一设想实现,将是人类辅助生殖技术的一大进步。"

听了申博士的话,张贝贝频频点头。

多莉羊与玻莉羊

申博士接着说："现在讲一下克隆。所谓克隆，就是无性繁殖。对于动物，就是将一个细胞的细胞核移植到去掉细胞核的卵子内，然后，通过技术手段，使其发育成为一个完整个体。

"人类在 20 世纪中期就进行动物克隆的研究。1952 年，科学家就用青蛙开展细胞核移植实验，并获得了蝌蚪和成体蛙。1963 年，我国科学家童第周等用金鱼进行细胞核移植实验，获得成功。然后，1984 年，克隆出羊，1989 年，克隆出牛。到 1995 年，在许多哺乳动物中都获得克隆成功。但是，此前的克隆技术是将胚胎细胞核移植到去掉细胞核的卵子中。

"1997 年 2 月，英国罗斯林研究所公布多莉羊出生。多莉羊的独创之处在于克隆技术中所用的细胞核不是来自于胚胎细胞，而是来自于体细胞。知道多莉羊的意义吗？"

大家不约而同地摇了摇头。

申博士说："胚胎细胞本来就是全能细胞，因此，用胚胎细胞核克隆出动物是不足为奇的。体细胞呢？经过了定向分化，有了明确的分工。比如，肌肉细胞只是收缩和舒张，神经细胞仅仅和神经冲动打交道……多莉羊的诞生说明，高度分化的动物体细胞的细胞核，仍然保持着全能性。"

跳跳猴说："这么说来，动物的体细胞也像植物细胞一样可以发生去分化。"

申博士点点头说："说得对。在多莉羊之后，许多国家的科学家都用体细胞核进行移植的研究，先后在牛、猪、猴等动物中获得成功。

"同年 7 月，罗斯林研究所和 PPL 公司宣布，用基因改造过的胎儿成纤维细胞克隆出了世界上第一头带有人类基因的转基因绵羊——玻莉。这一成果证明了克隆技术在培育转基因动物方面具有巨大的应用价值。

"1998年1月，美国维斯康星—麦迪逊大学以牛去掉细胞核的卵子为受体，成功克隆出牛、羊、猪和猕猴五种哺乳动物的胚胎。这一结果显示，某个物种的未受精卵，可以同取自多种动物的成熟细胞核相结合。

"近年来，人类在克隆技术领域获得了长足进展，至1999年底，已经用多种体细胞核克隆出了哺乳动物。2000年，我国西北农林科技大学用成年山羊体细胞核克隆获得成功。2008年，美国通过克隆技术获得了人类胚胎。"

跳跳猴问："克隆技术有什么用途呢？"

申博士说："第一，由于克隆产生的动物遗传特征与细胞核来源的动物完全相同，可以利用克隆技术培育优良畜种和生产纯种实验动物。

"第二，由于在克隆技术可以对基因进行操作，可以利用克隆技术生产转基因动物。

"第三，由于克隆可以产生胚胎干细胞，而胚胎干细胞具有分化成为多种细胞的潜能，有可能利用克隆技术进行细胞和组织替代疗法。"

"什么叫做细胞和组织替代疗法呢？"跳跳猴急忙插话。

申博士说："还是举例来说明吧。假如一个人的造血出了问题，就会发生再生障碍性贫血。通过克隆培养出具有造血功能的干细胞，把这种细胞输入体内，有可能使患者的造血功能得到恢复。这种办法叫做细胞替代疗法。假如一个人心脏上的冠状动脉发生了阻塞，心肌就会坏死。通过克隆培养出心肌组织移植到发生坏死的地方，有可能使心肌恢复收缩功能。这种办法叫做组织替代疗法。"

听了申博士的讲解，跳跳猴感叹道："真神奇啊！"

申博士笑了笑，接着说："利用克隆技术，还可以复制濒危动物物种，保存动物物种资源。"

听了申博士的讲解，白杨陷入了沉思。

看到白杨蹙着眉头，张贝贝问："喂，在想什么呢？"

白杨说："现在，通过细胞工程，人类能够改造植物，能够克隆动物；将来，通过细胞工程，人类还能创造哪些奇迹呢？"

说完，她望着申博士。

申博士耸了耸肩膀，说："Who knows？"

新型生产力

细胞工程参观结束后，第二天下午，申博士领着大家参观发酵工程实验楼。

发酵工程实验楼是一个两层建筑，离细胞工程实验楼好远。周围，是高耸入云的青松翠柏。

进到实验楼，申博士说："虽然有些微生物可以使人和动植物患病，但多数对人类是有益的。我们今天要参观的发酵工程就是利用了微生物。"

跳跳猴问："什么是发酵工程呢？"

申博士说："所谓发酵工程，是指采用现代工程技术手段，利用微生物的某些特定功能，为人类生产有用的产品的一种新技术。

"要了解发酵工程，首先，需要了解微生物的代谢特点、生长规律以及对营养的需求。

"从营养学的角度来说，对微生物最重要的元素是 C 和 N，人们把能为微生物提供 C 元素和 N 元素的物质称为碳源物质和氮源物质。此外，微生物的生存和生长还需要生长因子、无机盐和水。我们把碳源物质、氮源物质、生长因子、无机盐和水称为微生物的五大类营养要素物质。"

跳跳猴问："什么是生长因子呢？"

申博士说："除碳源物质、氮源物质、无机盐和水外，有些微生物需要补充一些维生素或氨基酸等才能正常生长。这些微生物生长不可缺少的，微量的有机物质就叫做生长因子，主要包括维生素、氨基酸和碱基等。"

听了申博士的解释，跳跳猴点了点头。

申博士接着说："每一种微生物都需要上述五种营养素。但是，就像有些动物吃草，有些动物吃肉，有些动物兼食植物和肉食一样，由于代谢类型的差异，不同的微生物对各种营养素的要求不同。因此，针对不同的微生物，需要配制含不同成分的培养基。

　　"根据培养基的化学成分，可以将培养基分为合成培养基和天然培养基两大类。合成培养基是用确定的化学物质配制而成的，常用于对微生物进行分类和鉴定；天然培养基是用天然物质配制而成的，如玉米粉、牛肉膏等，常用于工业生产。

　　"根据物理性质的不同，可以将培养基分为液体、固体和半固体几种类型。液体培养基常用于工业生产，固体培养基常用于微生物的分离以及计数，半固体培养基常用于观察微生物的运动以及鉴定菌种。

　　"根据培养基的用途，可以把培养基分为选择培养基和鉴别培养基。选择培养基用于对微生物进行分离、纯化，鉴别培养基用于对微生物进行鉴别。"

　　跳跳猴问："如何将微生物分离开来，又如何对微生物进行鉴别呢？"

　　申博士说："比如，当培养基中含有霉菌和细菌，我们希望将霉菌分离出来时，就会在培养基中加入青霉素。由于青霉素可以抑制细菌的生长，不影响霉菌的生长，就可以将霉菌纯化出来。

　　"至于鉴别，是在培养基中加入某种指示剂或化学物质，通过与某种微生物特异的代谢产物发生反应，而对培养基中的微生物进行鉴定。比如，大肠杆菌的代谢产物可以使伊红和美蓝发生化学反应，出现颜色变化。要了解饮用水中或乳制品中是否含有大肠杆菌，可以在培养基中加入伊红和美蓝。如果有大肠杆菌，菌落就会呈深紫色。"

　　顿了顿，申博士继续说："发酵工程的目的是获得微生物的代谢产物，为了达到这一目的，就需要使微生物大量增殖。在对微生物培养过程中，一般要经历调整期、对数期、稳定期以及衰亡期几个期。

　　"刚刚接种到培养基上的细菌，一般不会立即分裂繁殖，而是首先对新环境进行适应，合成细胞分裂所需要的酶及其他物质，为细胞分裂作准备。这个时期叫做调整期。

　　"然后，细菌进入快速分裂阶段，以对数速度进行繁殖。"

　　白桦问："什么叫做对数速度呢？"

　　申博士说："细菌采取裂殖方式繁殖，也就是说，一个变两个，两个变四个，四个变八个。如果用数学来表达，就是对数形式 $2^0, 2^1, 2^2, 2^3 \cdots\cdots$

　　"以对数速度增殖的时期称为对数期。人们常把处于对数期的细菌作为传代培养的种子，对细菌进行扩大培养。

"经过对数期后,细菌的数量达到最高峰。随着营养物质的消耗以及有害代谢产物的积累等,细菌的分裂速度下降,分裂和死亡基本达到平衡。这个时期称为稳定期。处于稳定期的细菌产生大量的代谢产物,发酵工程的产品主要产自稳定期。

"随着培养的继续,由于营养物质进一步消耗以及有害代谢产物的进一步积累,细菌的死亡速度超过繁殖速度,细菌总量下降。这个时期称为衰亡期。

"为了提高所希望获得细菌代谢产物的产量,人们对微生物培养工艺进行了改进,在培养过程中不断添加新培养基,同时不断排放旧的培养基,以保证营养物质的供应,并防止代谢产物的积累。"

跳跳猴说:"在这里,细菌成了生产力。"

申博士笑了笑,说:"对,新型的生产力。"

朝阳升起

晚上，申博士领着大家来到了一个大的房间。房间中，有几个大型的金属罐，在金属罐之间，分布着密密麻麻的管道。

站在金属罐前，申博士说："刚才说了微生物的培养基、微生物的代谢以及生长规律，现在，介绍一下微生物发酵工程产品的应用。

"在医药工业领域，通过发酵工程生产出了抗生素、维生素、激素、疫苗、单克隆抗体、白细胞介素—2、抗血友病因子、药用氨基酸以及核苷酸等。这些药品已经广泛应用在临床医学中。

"在食品工业领域，通过发酵工程可以生产啤酒、果酒、食醋以及食品添加剂等。需要说明的是，随着人口增长以及耕地的减少，粮食短缺已经成为一个不可忽视的社会问题。研究表明，微生物含有丰富的蛋白质。比如，细菌的蛋白质含量占细菌干重的60%~80%，酵母菌的蛋白质含量占菌体干重的45%~65%。由于微生物生长速度很快，许多国家以淀粉或纤维素的水解液、制糖工业的废液以及石化产品等为原料，利用发酵工程技术大量培养微生物，从微生物菌体内获取蛋白质。用这种微生物蛋白质作为动物饲料，可以使家畜、家禽增重加快，产奶或产蛋量显著提高，有些微生物蛋白还可以作为食品添加剂。"

跳跳猴说："现在，食草动物吃草，人以植物和动物为生。今后，看来这个食物链的结构要改变了。"

申博士对跳跳猴笑了笑，说："很有可能。"

发酵工程参观完了，申博士领着大家来到实验楼外。这时，一轮朝阳从东方的山顶喷薄而出，将天空的云彩染得姹紫嫣红。

站在实验楼的门口，申博士说："在人类历史上，有几次重大的技术革命。几百年前，以蒸汽机为标志的工业革命被称为人类的第一次技术革命。靠了这种革命，一节火车头可以拖五六十节载满货物的火车皮，几十吨的铁块像面团一样在汽锤下被揉来揉去。几十年前，以计算机和互联网为标志的电子与信息技术革命被称为人类的第二次技术革命。利用这种技术，天涯海角的人们可以坐在各自的办公室里面对面地开会；偌大的一个世界被叫做地球村。科学家们预言，以重组 DNA 和基因克隆为标志的生物技术是人类历史上第三次技术革命。我相信，生物技术将成为未来经济发展的新动力，在农业、动物饲养业、能源、生物法处理环境污染、药物和医学等领域形成巨大的产业。与以往的技术革命不同的是，生物技术革命不但可以用来改造客观世界，还可以用来改造人类自身。"

听了申博士的话，跳跳猴想，生物技术，不就像眼前刚刚从东方升起的朝阳吗？

误会

生物工程研究所的参观结束了。按照计划，应该上玉皇顶去见智者。但是，就在大家要出发时，智者的书童通知大家去玉皇顶的时间推迟一天。闲来无事，大家便去生物工程研究所的图书馆看书。

在图书馆宽敞的大厅里，整整齐齐排着几十个书架，上面塞满了各种书籍。跳跳猴在书架上随便抽了一本书，便在靠窗户的一个座位上坐下来翻阅。在书架前浏览的白杨瞅了一眼跳跳猴，不由得陷入了沉思。自从在白桦寨见到跳跳猴后，不知什么原因对小伙子产生了一种好感。跳跳猴离开白桦寨后，她总是隔三岔五收到他的来信。通过这些来信，她不仅丰富了生物学知识，还了解到了跳跳猴等和外星人的斗争经历。不知不觉，原先对跳跳猴的好感升华成为一种爱慕。来到霁山后，她也感到跳跳猴对自己有一种特殊的感情。她想向跳跳猴表白自己的心情，但是总是没有单独相处的机会。明天就要上玉皇顶了，紧接着，整个生物旅行就要结束了，再不和跳跳猴说个明白就没有机会了。可是，该怎么张口和那小子说呢？白杨一边想，一边机械地在书架前挪动着。无意间，她看到书架上摆着一本《曾国藩家书》。她心里一亮，对，写封信，写封信夹在书里推荐给他看，约他晚上出来谈一谈。

想到这里，她的心怦怦地跳了起来，两颊顿时飞上了红云。她趴在书架上写了一个字条，夹在《曾国藩家书》里面，向正在书架中间巡视的一个书童招了招手。

书童走了过来，非常礼貌地问道："有事吗？"

白杨把书递给书童，说道："请你把这本书递给坐在窗户旁的那个小伙子。"

说这话时，她两眼盯着手里的书，不敢朝窗户那边看一眼。说完，便赶快钻到了书架后面。

书童朝窗户旁看了一眼，是有一个小伙子在那里看书，便拿了书径直走了过去。他把书轻轻放在小伙子面前，说道："一个小姐让我把书送给你。"说完，便离开

363

座位，消失在密密麻麻的书架中。

在窗户旁坐着的是笨笨熊。他看了看书的封面，是《曾国藩家书》。他一边随便翻着书，一边想，伙伴中只有张贝贝和白杨两位女性，是哪一位托书童送来的呢？为什么不能自己送过来呢？正在想着，突然从书里掉出一个字条。他把字条从桌子上捡起来，只见上面写着：

今晚8点，在花园里的凉亭见面。白杨

笨笨熊平时就暗暗喜欢白杨，喜欢她的漂亮，还喜欢她的温柔。看到字条，他想，自己虽然对白杨有好感，但是从来没有向她表露过。白杨呢？平时和自己一本正经，倒是和跳跳猴有点亲近。难道白杨和跳跳猴的亲近是表面文章，实际上一直在暗恋着自己吗？想到这里，笨笨熊连忙将那书和字条贴在胸膛，走出图书馆去勘察凉亭的位置。路上，他一直在告诫自己，初次约会，可不能出差错啊！

从宿舍到凉亭，需要经过一条小河。河不深，没有桥，只有几块供人们过河踩的石头。看好地形后，他放心地回到了宿舍，想象着晚上见面的情景。

晚上，大约七点半，夜幕降临的时候，笨笨熊早早来到玉皇顶花园中的凉亭。他一遍又一遍地背诵着字条上的留言，两眼直勾勾地望着从宿舍到花园的小路。

8点整，夜幕降临的时候，白杨来到河边。看到花园凉亭中有一个魁梧的身影，姑娘的心脏不由自主地狂跳了起来。

就在她踏着石头过河时，一失脚，尖叫了一声，跌在了河里。接着，右踝关节钻心地疼。

笨笨熊急忙冲到河心，将白杨抱起来，大步流星朝凉亭走去。一边走，他一边关切地问："摔着了吗？"

听得是笨笨熊的声音，白杨十分尴尬。到了凉亭，见白杨用手搓着踝关节，笨笨熊便要帮着按摩。白杨将笨笨熊挡了回去，忍着痛站起来，朝来路返回去。笨笨熊上前搀扶，又被白杨狠狠地推了一把，重重地跌在了地上。

从地上爬起来，想起白杨的字条，笨笨熊一头雾水。他想：怎么回事呢？怎么突然变成了这样的态度呢？

白杨一瘸一拐地走回了宿舍，趴到床上抽泣了起来。

张贝贝和白杨一个宿舍，看到白杨无端地哭泣，张贝贝问："怎么了？"

白杨只顾抽泣，不吭气。张贝贝一把把白杨拉了起来，说："受什么委屈了，我给你出气。"

被张贝贝逼得紧，白杨把她写字条给跳跳猴，但去赴约的是笨笨熊这件事给张贝贝讲了一遍。

听了白杨讲的故事，张贝贝又好气又好笑地说："这是怎么回事呢？我去问个清楚。"

说完，张贝贝冲出宿舍，来到了跳跳猴的住处。跳跳猴正躺在床上看书，看到张贝贝风风火火冲了进来，便拖长声音问："张贝贝小姐，有何贵干？"

张贝贝怒气冲冲地喝道："跳跳猴，你给我起来。"

看到张贝贝怒不可遏的样子，跳跳猴从床上一骨碌滚了下来，惊讶地问道："是什么事把小姐给惹恼了？"

张贝贝说："你做的好事。白杨在房间里哭呢。"

"怎么回事？"跳跳猴急忙问。

接着，张贝贝把事情的经过向跳跳猴一五一十地讲了一通。听了张贝贝的一通话，跳跳猴明白了。那天，跳跳猴本来在靠窗户的座位上看书。笨笨熊在书架上找到了一本《惊人的假说》，是发现 DNA 结构的克里克写的。翻了翻很有意思，便拿着书来到跳跳猴的座位旁。

他对跳跳猴说："小兄弟，我找到一本很有意思的书。"

跳跳猴从笨笨熊手里把书接过来，翻了翻。原来，克里克在发现 DNA 结构后，又转而去研究眼睛，并且提出了不少新的观点。

跳跳猴说："让兄弟先看一下吧。"

笨笨熊指着不远处的一个书架说："书架上还有一本呢。"

跳跳猴起身去了，笨笨熊则在跳跳猴原来的座位上坐了下来。正在这时，图书馆的书童受白杨之托过来送书。

跳跳猴平日里非常喜欢白杨，也隐隐约约感到白杨对自己有好感，但是，怕自己莽撞伤害到白杨，便不敢随便表白。今天，事情挑明了，反而感到莫名的兴奋。

他嬉皮笑脸地对张贝贝说："好大姐，照顾照顾，在白杨面前多说说我的好话。本人多谢了。"

说完，拉起张贝贝奔到宿舍，向白杨一个劲地赔不是。接着，又把白天笨笨熊坐了自己座位的事原原本本说了一次。

看到跳跳猴那诚恳的样子，听了跳跳猴讲的故事，白杨转怒为喜，扑哧一下笑出了声。她从床上站了起来，用两只拳头在跳跳猴的脊背上捶鼓一样地敲打着。

第二天早上一起床，大家便结伴向玉皇顶进发。在玉皇顶，智者要给大家举行讲座，还要对某些生物科学的话题进行讨论。

登上玉皇顶

话说玉皇顶是霁山的最高峰,站在研究所的城堡下,仰头望去,只见那玉皇峰翠柏苍松,壁立千仞,层层叠叠的石阶像一条玉带悬挂在山上。从城堡往上不远处,便有七彩祥云缭绕,将那玉皇顶隐在了彩云中。

行进途中,跳跳猴和白杨兴高采烈地走在最前面。笨笨熊呢?从早上一起床,脑海里就不时浮现出昨天晚上与白杨约会的情景。每当想到这些,他就感到特别地不好意思。他生怕与白杨四目相对,因此,便默默地走在最后面。开始,大家一边爬山,一边说笑。后来,山势越来越陡,空气也渐渐稀薄起来。笨笨熊挥汗如雨,落下好远。白杨呢? 上气不接下气,说什么也不能继续走了。

坐在石阶上休息一阵后,白桦说:"继续走吧!我来扶笨笨熊。张贝贝,你来拉白杨。"

张贝贝朝跳跳猴努了努嘴,说:"给人家一点机会吧。"

一句话,把白杨的脸羞得通红。

跳跳猴二话不说,笑嘻嘻地拉起白杨便走,白桦左手搀着气喘吁吁的笨笨熊跟在跳跳猴身后。

又行了许久,一行人来到了那云雾中。眼前的一切,变得蒙蒙眬眬,亦真亦幻。

白桦大声吩咐道:"大家都拉起手来,以免走散。"

说完,他伸出右手去拉李瑞。

张贝贝把李瑞拉了过去,笑了笑说:"让我来吧。"

白桦看了看前面的跳跳猴和白杨,又看了看旁边的手挽手的张贝贝和李瑞,笑了起来。

张贝贝问:"大哥笑什么?"

白桦低声说:"噢,原来,你们也在拍拖啊!"

张贝贝做了一个鬼脸，指了指李瑞说："你才想和人家拍拖呢。"

白桦大大咧咧地说："傻姑娘，我和这小子怎么拍拖呢？"

张贝贝说："傻大哥，你以为李瑞是小子吗？"

李瑞使劲地拽张贝贝的胳膊，示意她不要说。

听了张贝贝的这句话，白桦愣在了那里。

看到白桦傻呆呆的样子，张贝贝笑了。她凑到白桦的耳朵边，低声说："我告诉你一个天大的秘密。"

白桦也低声说："什么秘密？快讲。"

张贝贝一字一顿地耳语道："李——瑞——是——个——女——生。"

"什么？这是真的？"听了张贝贝的话，白桦目瞪口呆。

张贝贝咯咯地笑了起来，大声说："难道我还会骗你吗？"

虽然张贝贝的声音很低，但还是被笨笨熊听见了。他下意识地看了看身旁的李瑞。

白桦扭过头来望着笨笨熊，好像在征询他的答案。

这时，旅行途中李瑞一直和他们分床而睡以及上厕所时死活不给跳跳猴开门的情景像过电影一样出现在笨笨熊的脑海里。他点了点头，对白桦缓缓说道："这是可能的，我早就对李瑞的身份表示怀疑。"

可是，他一直不明白李瑞为什么要女扮男装，不明白为什么张贝贝能了解真相。因此，眉头还是紧紧地蹙着。

看到笨笨熊大惑不解的样子，张贝贝说："你们要知道其中的奥秘吗？"

白桦和笨笨熊异口同声地说："当然，当然。"

接着，白桦向上面的跳跳猴和白杨喊道："跳跳猴、白杨，快下来。"

跳跳猴和白杨在前面不远处，听到白桦的喊声，跳跳猴问："下去干什么？"

白桦兴奋地说："听张贝贝说评书。"

"什么评书？"张贝贝从来没有说过什么评书，怎么今天在大家气喘吁吁爬山的时候说起了评书呢？跳跳猴丈二和尚摸不着头脑。

白桦回答："快下来，说的是花木兰。"

听了白桦的话，跳跳猴和白杨犹如坠入八百里云雾中。不过，白桦平时很少开玩笑，跳跳猴便拉着白杨向下返回。

看到人齐了，张贝贝一边走，一边向大家娓娓道来。李瑞跺了几下脚，不愿意让张贝贝讲。但是看到张贝贝那兴致勃勃的样子，便红着脸将头扭了过去。

　　原来，李瑞是跳跳猴和笨笨熊生态旅行时夏令营中的一名学生。一次，她和跳跳猴、笨笨熊一起听生物旅行小分队的讲座。当得知跳跳猴和笨笨熊也要到世界各地考察生物时，她提出和他们一起旅行。跳跳猴告诉她他们不带女生，拒绝了她的要求。李瑞气坏了，她一字一板地告诉跳跳猴一定要实现自己的心愿。后来，李瑞一直打听跳跳猴和笨笨熊的行踪。当得知这小哥俩从国外访问回来又去了白桦寨时，便女扮男装跟了去。她在白桦寨客堂的窗下听了整整一晚上跳跳猴、笨笨熊和白桦的聊天，第二天早上，又亲眼目睹了弟兄三人在客堂后桃园里的结义仪式。就在跳跳猴弟兄三人要穿过白桦寨通往外面的隧道前，她追了上去，苦苦央求和他们一起旅行。因为自己是女儿身，她在旅行途中一直不和三个秃小子在一起睡觉，在野外宿营时也总是和他们分开一截距离。

　　当张贝贝来到雾山后，由于性格相近，两人便在一起交往多一些。熟悉了之后，李瑞憋不住，便把自己是女生以及她女扮男装的来龙去脉向张贝贝交了底。

　　听了张贝贝的讲述，跳跳猴在李瑞肩膀上揍了一拳，嘴里嚷道："好你小子，竟然骗了弟兄们这么长时间。告诉我们，还有什么隐瞒着大家？"

　　李瑞双手合十，向着跳跳猴、笨笨熊、白桦和白杨转了一圈，边笑边说："诸位，对不起了。本人再没有半丁点儿秘密。"

　　白桦笑着说："原来，我们这一路一直在和美女同床共枕啊！"

　　白杨搂着李瑞说："可惜，今后你们没有这艳福了。"

　　笨笨熊没有又说又闹，但一直蹙着的眉渐渐舒展了开来。

　　说笑中，大家来到了一块平台。在那平台的中央，有一座四合院式的建筑。在那院子的门口，站着笑呵呵的智者。

　　这里，便是智者所在的玉皇顶。

生物科学——现代科技的珠穆朗玛峰

说来奇怪，山下的生物工程研究所是冰天雪地，玉皇顶却没有一点冬天的痕迹。路边枯黄的草丛中依稀可见淡绿的嫩芽，燕子不时从天空中轻盈地划过。显然，已经是春天了。

智者将大家迎进了院子中，紧接着，便领着大家参观并给大家介绍。在这个不大的院子中，有图书馆、办公室，还有会议室。图书馆里，有一排排装满了书的书架。在办公室的中央，是一台台正在运行的电脑。

智者问大家："知道为什么让大家来到这里吗？"

同学们都摇摇头。

他指着四壁的书架，说："世界上生物科学的资料都汇聚在了这里。"

接着，他又指着电脑桌上的一排电脑说："每一项生物科学的进展都及时传输到了我的计算机中。"

听了智者的介绍，大家都惊得目瞪口呆。

顿了顿，智者说："接下来，你们可以在这里查阅所有的图书和电脑资料。晚上，我们开一个座谈会。如何？"

大家一致热烈鼓掌。

接着，大家便钻到图书馆和办公室。他们在图书馆看到了李时珍的《本草纲目》、法布尔的《昆虫记》和达尔文的《物种起源》……在电脑中查到了沃森和克里克研究发现的 DNA 立体模型与人类基因组图谱……

傍晚，大家来到了智者的办公室。

刚刚坐定，智者便说："我从事生物学研究和教学许多年了，在长期的科研和教学生涯中，我越来越感到生物学是一门神秘、神奇、神圣的学科。

"为什么这样说呢？

生物科学研究院

"将一颗种子撒到土壤中，只要具有适宜的条件，就会生根、发芽、开花、结果，繁殖子代。这种魔术般的变幻，我们不应该感到神秘吗？

"一种植物，树叶什么形状，叶片如何排列，以及花的颜色与形状，能够一代一代遗传下来，分毫不差。这种遗传的力量，我们不应该感到神奇吗？

"生物自产生以来，不断进化，实现了生物多样化，使我们的地球家园生机盎然。这种自我进化的力量，我们不应该感到神圣吗？"

大家都不约而同地点点头。

智者接着说："近代，科学技术取得突飞猛进的发展，带动人类的生产和生活方式发生了巨大变化，推动了社会的发展。因此，我们说，科学技术是第一生产力。

"科学技术有许多门类，如果把现代科技比作喜马拉雅山，生物科学则是山脉中的珠穆朗玛峰。

"为什么这样说呢？

"计算机能在一秒钟内进行数亿次计算，能够控制导弹的轨迹，指挥宇宙飞船的飞行。但是，计算机没有思维，只能按照人类编写好的程序运行；如果不给它输入程序，只是一堆废铁。与具有智能的动物相比，即使是非常高级的巨型计算机，也只能相形见绌。

"航天科学家可以准确控制远在太空的空间站，物理学家对物质的研究深入到中子、质子和电子。但是，对生物，即使是最简单的细菌，甚至比细菌还要简单的病毒，人类还远远没有认识清楚。不是这样吗？艾滋病在地球上肆虐了许多年，人们至今对它束手无策。2003年的非典型性肺炎，在突然袭来时，人们猝不及防，诚惶诚恐；当它悄然消退时，人们又不知其所以然。

"人类能制造出非常复杂的巨型计算机和宇宙飞船，但至今为止，哪一个人制造出了细胞？更不用说制造由许多细胞组成的多细胞生物。

"你们看，生物科学不是科学技术的珠穆朗玛峰吗？"

听了智者的话，大家又不住地点头。

智者接着说："正像世界最高峰珠穆朗玛峰引来许多登山勇士攀登一样，耸立于科学技术之林的生物科学也留下了众多科学家的辉煌足迹。

"20世纪末，一家国际最著名的周刊评选20世纪政治、经济、文化、历史、战争和科学领域的100件大事，几件涉及自然科学的大事大部分属于生命科学领域。

"1928年~1942年，弗莱明发现青霉素，拯救了不计其数的生命。

"1953年,沃森和克里克提出了DNA双螺旋结构模型,奠定了现代分子生物学的基础,获得了诺贝尔奖。有的学者高度评价DNA双螺旋结构模型的发现是诺贝尔奖中的诺贝尔奖。

　　"1973年,美国斯坦福大学教授Cohn和美国加州大学教授Boyer分别完成了DNA体外重组,打开了基因工程学大门。

　　"1997年,苏格兰生物学家Wilmut完成了首例哺乳动物体细胞克隆。克隆羊'多莉'的出生,告诉人们体细胞也具有全能性。

　　"2000年6月26日,人类基因组工作框架图完成,标志着功能基因组时代的到来。

　　"2001年,人类在干细胞研究方面又取得重大突破……

　　"面对生物科学的巨大进步,我们难道不应该感到振奋吗? 今天,谁也不能确切地预测生命科学将来会发展到什么程度。但是,有一点是肯定的,21世纪,生命科学一定会取得更加重大的突破,将会对人类社会的发展做出更大的贡献。目前,人类最多只是爬到了生物科学这座山峰的半山腰,大家不准备接过前辈的接力棒,向着巅峰前进吗?"

　　智者充满激情的讲话引起了大家一阵热烈的鼓掌。

　　智者接着说:"科学的进步要靠学说的建立。但是,学说的建立往往源于对现成理论的质疑,源于对各种现象的假定解释,源于不同观点的碰撞。

　　"今天,在结束所有生物学课程之后,大家对生物学领域的问题进行一次讨论吧。对生物学领域的现象,谁有什么观点,有什么见解,不管成熟还是不成熟,都可以讲出来。

　　"今天的话题,有可能成为大家今后进行研究的课题;今天某个同学的观点,有可能对你今后的研究有所启发。"

　　说完,智者离开了办公室。

语言是人类的专利吗

沉默一阵后,跳跳猴首先发言:"在与笨笨熊、白桦旅行时,我们发现海豚、鹦鹉、鸡以及大象会说话;蟋蟀、蠹斯、吼猴以及鲸鱼会唱情歌。我们是否可以认为动物具有语言能力呢?"

笨笨熊说:"要讨论这个问题,首先要明确语言的定义。"

跳跳猴说:"那么,语言的定义是什么呢?"

笨笨熊推了推眼镜,说:"1979 年版的《辞海》讲,语言是'人类最重要的交际工具,它同思维有密切的联系,是思维的工具,是思想的直接现实,是人区别于其他动物的本质特征之一。语言是以语音为物质外壳,以词汇为建筑材料,以语法为结构规律而构成的体系'。"

跳跳猴说:"在这个定义中,将语言规定为人类的交际工具,并且将是否有语言功能作为人与其他动物的本质区别之一。难道语言真的是人类的专利吗?"

大概对这个话题没有思想准备,笨笨熊、白桦、李瑞、张贝贝和白杨面面相觑。

看到大家不发言,跳跳猴继续说:"我认为,语言的功能是传递和交流信息。因此,人们把聋哑人用手势传递信息的方式叫做哑语。动物是不是有语言,应该看动物发出的声音是否起到了交流传递信息的作用。"

张贝贝清了清嗓子,说:"我认为,动物发出的声音并没有什么信息在里面。比如,青蛙每到晚上就呱呱呱地叫,肯定不是围绕什么主题在进行讨论;麻雀每天黄昏叽叽喳喳叫个不停,也不是在商讨什么大事情。"

白杨说:"青蛙、麻雀和百灵鸟的叫声是否有意义,我没有考证,不敢妄言。但是,不少动物的叫声确实向同类或人传递了信息。比如,公鸡在黎明时分要打鸣,人们听到鸡叫,便知道天快要亮了;布谷鸟在春天播种时节要发出'布谷,布谷'的叫声,农民听到布谷鸟的叫声,就知道应该播种了。"

张贝贝说:"也许,这些动物的叫声只是一种生理现象。比如,黎明时分,公鸡体内某种激素升高到一定水平,便不由得要高歌一曲。"

白桦说:"我家养着几只鹅,它们在遇到生人时就会发出响亮的嘎、嘎、嘎的声音,向主人报警。这,能用激素水平变化来解释吗?"

没有人回答白桦的问题。不过,这时的阵营已经清楚了。跳跳猴、白杨和白桦是正方,张贝贝是反方。

白桦接着说:"在人类历史上,曾有一群白鹅救了一个城市的故事。"

"是吗?"几个同学不约而同地问。显然,大家对鹅居然能够救一个城市感到新奇。

白桦说:"公元前390年,罗马一个要塞的守城士兵因欢度节日喝得大醉。敌人来攻城时,士兵都在酣睡。城里的一群鹅察觉到了城外又多又乱的脚步声,大叫了起来。全城的人都被吵醒了,士兵和居民一起参加战斗击退了敌人。为了纪念鹅对这个城市的贡献,人们在该市建立了一个纪念碑,碑上有鹅引颈大叫的造型。"

跳跳猴说:"我认为,动物的叫声不仅可以向人类传达某种意义,更主要的是在同类之间交流信息。比如,蟋蟀和蝈斯唱情歌,会招来异性;两群吼猴相遇发出吼声,是警告对方不得越过边界;已经成家的母猿发出叫声,是告诉同类,我已结婚。

"许多动物的声音有召集同类的作用。通过长期观察,一个粮食仓库的管理员发现老鼠用不同的语言表达不同的意思。比如,它们用柔和的吱吱声召唤同类出洞觅食,用急促的声音报警。一听到报警声,所有在房间觅食的老鼠便抱头鼠窜,逃回洞中。通过反复练习,这个保管员掌握了基本的鼠语,他能发出召唤声,将老鼠从洞中引出来。应用鼠语,他消灭了大量老鼠,减少了粮食损失。"

白杨说:"在人类,不同国家的人讲不同的语言。在动物,也有类似的情况。比如,乌鸦就有方言,有普通话,还有世界语。"

"真有这么复杂吗?"张贝贝有点儿不相信。

"不骗你。"白杨一脸严肃,"与其他种类动物一样,乌鸦在发现敌情后会发出报警的声音,以通知同伴尽快躲避危险。有人播放美国宾夕法尼亚州乌鸦报警声音的录音,当地的乌鸦听了后立即慌忙逃窜,法国的乌鸦却无动于衷。进一步的实验发现,距离宾夕法尼亚州七百到八百公里的缅因州的乌鸦却具有双语的本领。"

跳跳猴插话:"什么叫做双语的本领呢?"

白杨说:"缅因州的乌鸦除能听懂本地乌鸦的报警声外,还能听懂北欧乌鸦的报警声。"

"这是为什么呢？"跳跳猴一脸迷惑。

白杨说："缅因州的乌鸦有时会横渡大西洋，飞到北欧。与北欧的乌鸦共同生活一段时间后，再飞回缅因州。由于它们在两地之间迁徙，所以对两地的方言都精通。"

跳跳猴笑笑说："就像它们经常出国，又学会了一门外语。但是，乌鸦的叫声仅仅可以报警吗？"

白杨说："不只是报警。有人将乌鸦平时集合同类时发出的声音录下来，在野外播放，结果，许多乌鸦都闻讯赶来。这说明所录制的声音是乌鸦的集合令。至于乌鸦是否可以低声呢喃谈情说爱，或者东家长西家短传播小道消息，现在尚无定论。"

跳跳猴说："我认为，有些动物通过声音，向同类，向人传递了某种信息，有些动物还可以通过不同的声音表达不同的意思，应该说是实现了语言的功能。'鸟语花香'这句成语就对鸟具有语言能力给予了承认。"

动物是否具有语言功能，你怎么看？如果方便，请发电邮到 shengming-dangan@sina.com。我将和你就有关问题进行讨论，或者介绍其他同道共同争鸣。

意识是人类的专利吗

白杨说:"我一直在想动物是否存在意识。对此,各位有何高见?"

张贝贝说:"要说动物是否存在意识,首先要弄明白'意识'是一个什么概念。对不对呢?"

这时,同学们都不约而同地盯着笨笨熊。在大家看来,笨笨熊是一个活词典。

笨笨熊说:"根据定义,意识是'存在于人的头脑中,由各种概念构成的具有认识事物和控制身体的行为能力的观念形式'。"

"这样看来,好像只有人才有意识,意识是人类的专利。对于这一点,我不能苟同。"跳跳猴又对定义提出了挑战。

笨笨熊问:"为什么呢?"

跳跳猴说:"动物知道哪些东西可以吃,哪些东西不可以吃,这是不是说明动物有认识事物的能力呢?"

笨笨熊点点头。

跳跳猴接着说:"动物知道如何躲避危险,如何捕杀动物或寻找食物。在觅食和避险过程中,动物要进行快速、复杂的运动。这是不是说明动物有控制身体的行为能力呢?"

笨笨熊又点点头。

跳跳猴说:"某些动物,比如猩猩,不仅具有认识事物的能力,能够控制自己的身体行为,甚至还能利用工具进行某些活动。我们能认为这些动物没有意识吗?我们能在意识的定义中首先就冠以'存在于人的头脑中'这一限制性状语吗?"

张贝贝说:"猩猩是灵长类动物,你别拿猩猩来以偏概全。"

这次,张贝贝仍然是作为反方参加辩论。

跳跳猴说:"好,我们来看一下不是灵长类动物的乌鸦。在英国 BBC 动物智力的选秀节目中，人们在一只秃鼻鸦的翅膀下面放了虫子，看它有没有办法把虫子抓出来。乌鸦虽然感到身上有点难受，但因为爪子和嘴都够不着虫子，一副无可奈何的样子。就在这时，它看到面前有一截人们丢弃的冒着烟的雪茄烟头。它走了过去，张开翅膀，把虫子藏身的地方对准烟头，硬是把藏在它翅膀下面的虫子给熏了出来。

"英国剑桥大学的比较认知学教授妮可·克莱顿对乌鸦进行过长期观察。她发现一种叫做西丛鸦的鸟经常从学生的饭盒里偷饭吃，甚至把一时吃不掉的食物藏起来。更加令人惊讶的是，它们还具有反侦察能力。如果怀疑有人或同类发现了它的偷盗行为，为了防止被藏的食物丢失，它们通常会很快回到食物藏匿点，重新转移赃物。

"顺便说一下，乌鸦的记忆力更加惊人。北美星鸦能在方圆 12 平方英里的数百个地点储存 3 万多颗种子，并且在 285 天后仍然记得。这一点，灵长类动物甚至人类都难望其项背。"

听了跳跳猴的话，大家都频频点头。张贝贝从心底里承认某些动物具有意识，但是，又不好意思服输。她低声对白杨说："乌鸦是鸟类，也算是高等动物。"

言外之意，低等动物应该是没有意识。

白杨不置可否，只是淡淡地笑了笑。

听到张贝贝的悄悄话，跳跳猴说："我们再来看一看分类为昆虫的蚂蚁。2009年，法国昆虫学家 Audrey Dussutour 博士研究发现，当蚂蚁离开蚁巢沿着狭窄的道路去觅食时，会自动为那些满载而归的蚂蚁让路。在返回蚁巢的途中，空手而归的蚂蚁也会给负重而行的兄弟们让行。这一方面说明蚂蚁懂得带着食物回来的同伴应该给予尊重，同时也是为了避免交通堵塞。为什么让路可以避免交通堵塞呢？有人观察发现，当一群空着手的蚂蚁和带着食物的蚂蚁共同通过一条三米长的拥挤路段时，如果空手的蚂蚁礼貌让行，需要 32 秒；如果试图超过前面的负重者，则需要 64 秒。"

这时，跳跳猴发现，一向不甘示弱的张贝贝低下了头。

顿了顿，跳跳猴接着说："但是，我们也要承认，动物和人的意识水平有所不同。意识这个东西，一方面决定于遗传因素，另一方面受后天因素的影响。

"比如，动物虽然有意识，但是由于遗传的限制，不可能有很高智力，其意识水平主要限于寻找食物以及躲避危险。一些高等动物，如猴子、老虎等，虽然通过训练可以在马戏团表演，但大多数是对人的简单命令或手势与喂食物形成了条件反射。

"人类的遗传虽然为智力奠定了基础,但如果将人与社会隔离,其智力就得不到充分开发。比如,1920 年,印度的一位牧师在狼窝里发现了一个 8 岁的女孩,人们把她叫做狼孩。狼孩智力低下,并且只能像狼一样用四肢爬行。经过悉心照料与教育,用 2 年时间才学会站立,用 6 年时间才学会直立行走。到 17 岁临死时,仅具有相当于正常 4 岁儿童的心理发展水平。"

动物是否具有意识,你怎么看? 如果方便,请发电邮到 shengmingdan-gan@sina.com。我将和你就有关问题进行讨论,或者介绍其他同道共同争鸣。

生物科学研究院

378

关于神经系统的思考

——神经交叉的意义

李瑞说："我有一个问题，百思不得其解。"

跳跳猴笑着说："你不是很善于脑筋急转弯吗？怎么会百思不得其解呢？"

李瑞正色道："别嬉皮笑脸。"

跳跳猴做了一个鬼脸，不再吭气了。

李瑞问："感觉神经在向大脑走行过程中要交叉，从大脑发出的运动神经在向肌肉走行过程中也要交叉。这种交叉有什么意义呢？"

说完，她望着笨笨熊，希望从笨笨熊那里得到答案。

笨笨熊说："其实，颅腔中的视神经向视觉中枢走行过程中也发生交叉，叫做视交叉。既然你提到了神经交叉这个问题，我就把我的看法讲一下。

"我认为，神经交叉这一现象，在不同的层面，具有不同的生理意义。

"神经系统的重要特征就是神经元之间发生广泛联系，不仅本反射弧内感觉器官—传入神经—中枢—传出神经—效应器之间有联系，不同反射弧之间也有很复杂的联系。正是靠了这种联系，才能实现对整个人体各种生理活动的调节。我想，神经在走行过程中发生交叉，可以更多地与其他神经元发生联系，从而使身体的活动更加协调。

"人的感觉分为浅感觉和深感觉两种，浅感觉指的是温度觉、触觉、痛觉。传导浅感觉的神经纤维进入脊髓后角，其第二级神经纤维交叉到对侧，沿脊髓上行。深感觉指的是来自关节等的位置觉。传导深感觉的神经纤维进入脊髓后，在同侧沿脊髓上行，在延髓部位交叉到对侧，到达相应的中枢。也就是说，浅感觉传导通路在进入脊髓后就发生交叉，深感觉传导通路在进入脑组织后才发生交叉。这样，如果一侧脊髓发生损伤的话，可以使损伤部位以下同侧保留浅感觉，对侧保留深感觉，不至于一侧肢体深感觉及浅感觉均丧失。"

听了笨笨熊的观点，李瑞连连点头。

笨笨熊接着说："视觉传导通路比较特殊。左眼的颞侧视网膜以及右眼的鼻侧视网膜发出的视神经进入左大脑半球的视觉中枢，右眼的颞侧视网膜以及左眼的鼻侧视网膜发出的视神经进入右大脑半球的视觉中枢。"

跳跳猴问："就是说，只有鼻侧视网膜发出的视神经发生了交叉，颞侧视网膜发出的视神经没有发生交叉，对吧？"

笨笨熊点点头，接着说："左眼颞侧视网膜和右眼鼻侧视网膜感觉到的是前方右侧的视觉信息，这些信息进入大脑左侧的视觉中枢。支配右手的运动中枢也位于左侧大脑半球。这样，左侧大脑半球视觉中枢收集到右侧的视觉信号后，会就近作用于同侧的运动中枢，使右手对发生于右侧视野的事件及时作出反应。

"同样道理，右眼颞侧、左眼鼻侧视网膜感觉的是前方左侧的视觉信息，这些信息进入大脑右侧的视觉中枢。支配左手的运动中枢也位于右侧大脑半球。这样，右侧大脑半球视觉中枢收集到左侧的视觉信号后，会就近作用于同侧的运动中枢，使左手对发生于左侧视野的事件及时作出反应。"

跳跳猴说："以前，我一直弄不懂为什么只有鼻侧的视神经发生交叉而颞侧的视神经不发生交叉。今天，终于明白了。"

笨笨熊接着说："还有，当强光照射眼睛时，瞳孔会收缩，以限制进入眼睛的光线；光线较暗时，瞳孔会放大，以便看清物体。视神经的交叉可以使两侧眼球的瞳孔同步扩大或缩小，以免两侧瞳孔一大一小，影响视觉效果。

"最后，眼球能够旋转，以追踪所注视的物体。视神经交叉可以保证眼球旋转时能够同步，防止眼球旋转不同步时造成复视。"

跳跳猴问："老兄，你的这些理论是从什么书上看到的呢？"

在跳跳猴看来，笨笨熊善于引经据典，他的每句话都一定是有出处的。

笨笨熊说："以上观点，是本人胡思乱想所得。"

听了笨笨熊的话，跳跳猴对他的勤于思考深深佩服。

#人类神经系统的交叉具有什么意义，你怎么看？如果方便，请发电邮到 shengmingdangan@sina.com。我将和你就有关问题进行讨论，或者介绍其他同道共同争鸣。

关于神经系统的思考

——路线决定一切

笨笨熊继续说："除神经系统的交叉外，我对神经系统还有几点思考，今天，我想讲出来。"

跳跳猴和白桦几乎同时说："快讲来听听。"

笨笨熊说："第一点，路线决定一切。"

跳跳猴问："是在讲政治吗？"

笨笨熊说："我是在讲神经信息的传导。神经的主要功能是对信息进行处理和传输。我们每天接受许多信息，有来自体表的痛觉、温冷觉、触觉、视觉、听觉、味觉；有来自体内的各种内脏感觉；有来自各种生命指标的信息，如血压、体温……此外，还有从中枢发往各种效应器的传出信号。可见，神经所传导的信息种类繁多。但是，所有这些信息在传输过程中形式却很简单，只是表现为神经纤维上的动作电位。

"但是，同样的动作电位，由于传导的路线不同，产生的效果就不同。先说感觉，如果神经冲动是从视网膜传导到视神经，再传导到视觉中枢时，感觉到的是图像；如果神经冲动是从耳蜗传导到听神经，再传导到听觉中枢时，感觉到的是声音。再说运动，运动冲动从支配手的中枢传导到手指，便表现为手的运动；运动冲动从支配脚的中枢传导到脚，便表现为脚的运动。"

跳跳猴说："你刚才讲的我不是很明白，能再重复一次吗？"

笨笨熊说："这样吧，我以计算机为例来说明吧。计算机能够完成非常复杂的工作，但是它的基本信号只有两种，即电路的通和断，表现在数字上，就是 0 和 1。计算机是如何靠这两种简单的信号去完成非常复杂的任务的呢？两条，靠 0 和 1 的不同组合以及传输线路的不同。以计算机和外围设备打印机的信号传输为例，如果打印机通过第十三根线向计算机发送信号，其作用是告诉计算机打印机已经联机，已经准备好接收数据。如果打印机利用第十二根线向计算机发出信号,其作用是通知计算机打印机缺纸。"

听到这里,跳跳猴连连点头。

＃关于神经的传导，你有什么思考？如果方便，请发电邮到 shengmingdan-gan@sina.com。我将和你就有关问题进行讨论，或者介绍其他同道共同争鸣。

关于神经系统的思考

——学习建立中枢

笨笨熊接着说:"第二点,中枢是通过学习建立的。"

"中枢可以通过学习建立吗?"跳跳猴感到非常惊讶。在他看来,脑子里的神经中枢就像胳膊和腿一样,是结构性的东西,怎么能通过学习来建立呢?

笨笨熊说:"人体内有好多中枢。有些中枢是与生俱来的,如呼吸中枢、体温中枢、心血管中枢等。这些中枢对维持人体的生命活动具有重要作用。

"但是,我认为,还有些中枢是后天通过学习形成的。"

跳跳猴打断笨笨熊的话,说:"有根据吗?"

笨笨熊说:"容我慢慢道来。研究发现,大脑中央前回的四十四区受损时,可以引起运动性失语症。这种病人虽然能看懂文字,能听懂别人的谈话,但却丧失说话的能力,只能发出单个的音节。

"当额叶的额中回后部受损伤时,会引起失写症。这种病人虽然能听懂别人的讲话,能看懂文字,也能讲话,手指可以活动,但却丧失写字和绘画的能力。

"当颞上回后部受伤时,会引起听觉性失语症。这种病人可以讲话、书写并看懂文字,也能听到声音,但却听不懂别人说话的含义,因而回答不出别人提出的问题。

"当顶下叶的角回附近受伤时,会引起失读症。这种病人的视觉良好,其他语言机能也健全,但是看不懂文字的含义。

"从上面的研究结果可以看出:

"第一,许多功能都有专门的中枢负责,中枢的分工是很精细的;

"第二,有些中枢,比如阅读中枢以及书写中枢,可能是在后天学习过程中逐渐建立起来的。"

跳跳猴问："何以见得？"

笨笨熊说："文盲不能进行阅读和书写，他们的脑子中或者没有阅读中枢和书写中枢，或者应该是这些中枢的部位是未被开垦的荒草地。经过扫盲学习，学会了认字和写字，自然是阅读中枢和书写中枢起了作用。也就是说，学习可以建立中枢。

"如果上述推断被证实的话，我们就可以举一反三，钢琴家可能有钢琴弹奏中枢，画家应该有绘画中枢，经常使用电脑的人可能有电脑中枢。也就是说，人脑的功能是可以扩展的，就好像电脑扩展槽内可以增加芯片从而扩展功能一样。

"通过学习建立的中枢所实现的功能有一个从生到熟，再到自然而然的过程。从生到熟可能是中枢正在建立。如果达到自然而然的状态，说明这个中枢已经基本完善了。

"举个例子吧。开始学习骑自行车时，要专心致志。即使非常用心，也免不了要摔跟头。通过反复学习，熟练之后，骑自行车就进入自然而然的状态，甚至可以在骑自行车时与别人聊天、听音乐，骑自行车反倒成为一种下意识的动作。这说明什么呢？只能说明通过反复学习，建立了骑自行车的中枢。

"再举一个例子。开始练习打字时，尤其是练习盲打时，很费劲，而且常出错。到很熟练时，让打字者手指离开键盘，说出每个手指与哪个字母的键相对应，不容易说出来。但一把手指放到键盘上打字时，可以自然而然地，不假思索地，将文稿打出来。这说明什么呢？我想，很可能是通过长时间打字后，建立了打字中枢。打字中枢和视觉中枢以及支配手指的运动中枢建立了通路，所以，看到文稿上的 a，就自动接通了支配与 a 键相应的手指的反射通路；看到 tion 组合，神经中枢就形成了一个类似计算机的批命令，自动将与 t.i.o.n 键相应的手指的反射通路按顺序接通。"

笨笨熊讲到这里，跳跳猴心里想：是啊，我也有这样的体会。

最后，笨笨熊总结道："总之，我认为，与基本生命活动有关的中枢，比如，呼吸中枢、心血管中枢等，是生来就有的；有关技巧、技术的中枢，比如，书写中枢、阅读中枢等，是通过学习建立起来的。"

中枢是否可以通过学习建立，你怎么看？如果方便，请发电邮到 shengming-dangan@sina.com。我将和你就有关问题进行讨论，或者介绍其他同道共同争鸣。

生物科学研究院

关于神经系统的思考

——劳动对语言中枢的影响

笨笨熊接着说:"第三点,我认为,语言中枢的建立和劳动是有一定关系的。一个以右手劳动为主的人,左大脑皮质四十四区发生损伤时会产生严重的运动性失语,右脑上述部位病变时却不会有问题。"

跳跳猴问:"为什么呢?"

笨笨熊说:"以右手劳动为主的人,左侧大脑的语言机能占优势。"

跳跳猴正要讲话,笨笨熊说:"你又要问为什么,是吧?"

跳跳猴点点头。

笨笨熊说:"别着急,我会讲的。由于支配右手的运动中枢在左侧大脑皮质,并且和同侧的说话中枢之间有复杂的结构联系,因此,以右手劳动为主者,左大脑皮质的运动中枢经常兴奋,相邻的说话中枢经常受到刺激。与右侧大脑相比,左侧大脑的语言机能便占了优势。当左侧大脑支配右手的运动中枢发生损伤时,与之相邻并有着千丝万缕联系的左侧说话中枢便会受到影响,发生严重的运动性失语。从这个现象,我认为,劳动,尤其是手的精细劳动,刺激了语言机能的发展。说得简单一些,就像恩格斯说过的,'劳动创造了人类'。"

\# 你同意笨笨熊的说法吗?如果方便,请发电邮到 shengmingdangan@sina.com。我将和你就有关问题进行讨论,或者介绍其他同道共同争鸣。

内化作用？我没有听说过这个词啊！

跳跳猴问："动物的构造是由基因所决定的。但是，按照达尔文先生的观点，动物的变异，有的是由于环境的影响，有的是由于行为的影响。我一直不明白，环境和行为怎么会影响到基因，继而使基因表达出来的身体构造出现变化呢？"

笨笨熊沉吟一阵，说："我早就在思考这个问题。我认为，基因决定身体结构，动物的行为又对基因的状态产生影响。"

跳跳猴问："此话怎讲？"

笨笨熊说："以野鸭驯化为家鸭为例。我认为，由于在家养状态下鸭子较少飞翔，较多行走，翅骨上细胞的基因表达便相对不活跃，腿骨上细胞的基因表达便相对旺盛。也就是说，身体某一构造的功能可以对该构造中细胞的基因表达起促进或抑制作用。如果这种功能的变化是长时间持续的，在日积月累过程中，该物种某基因被激活或被抑制的状态就会固定下来，从而在身体结构上表现出差异，即变异。这种基因被激活或被抑制的状态，还会遗传下来，以至于家鸭的子代从鸭蛋中一孵化出来，就表现出了家鸭的特征。我将这种现象叫做环境或行为对基因的内化作用。"

跳跳猴说："内化作用？我没有听说过这个词啊。"

笨笨熊说："刚才我不是说过了吗？内化作用这个词，是我杜撰出来的。我想，不仅仅野鸭变家鸭的过程是内化作用所致，所有用进废退导致的身体构造变化都是由于内化作用所致。"

跳跳猴笑笑，说："我期待着你关于内化理论的著作问世，对进化论的发展做出贡献。"

笨笨熊说："不敢。内化作用只是我对用进废退现象的一个假想，连假说都算不上。是否如此，还需要进行大量的、细致的观察和研究。"

你同意笨笨熊的说法吗？如果方便，请发电邮到 shengmingdangan@sina.com。我将和你就有关问题进行讨论，或者介绍其他同道共同争鸣。

关于本能的思考

跳跳猴说："你刚才说，行为可以通过内化作用对动物的身体结构产生影响。我认为，行为对动物的本能也可以产生影响。某些行为，如果反复强化，便有可能转变为本能，并且被遗传下来。"

"讲来听听。"笨笨熊表现出浓厚的兴趣。

跳跳猴说："要说明这个观点，需要借用程序这个概念。"

笨笨熊问："程序？就是计算机学中的程序？"

跳跳猴说："对。我认为，动物的行为和计算机的运算机制非常相似。计算机要完成一个任务，要有计算机硬件以及与任务相应的程序，即软件。比如，我们要打字，必须有计算机主机、监视器以及键盘等硬件，同时，还要有文字处理程序，如Microsoft word。

"与此相似，我们要完成一种行为，除神经系统和运动系统参与外，还需要与所实现行为相对应的一系列指令。在这种情况下，人的神经系统和运动系统相当于计算机的硬件，与行为有关的指令相当于计算机中的软件，即程序。"

白杨说："可是，我还是对程序的含义不大清楚。"

跳跳猴看了白杨一眼，说："根据辞海的定义，程序是指按时间先后或依次安排的工作步骤。如果说得现代一些，程序实际上就是一个信息流，即信息按照一定顺序排列形成的特殊组合。

"比如说，我们照着稿子打字，首先是眼睛看稿子的内容，视神经将稿子的视觉信号传到视觉中枢。然后，视觉中枢发出的神经冲动通过神经纤维传送给支配手指的运动中枢，运动中枢发出的信号又通过支配手指的运动神经传送到手指，支配手指的打字动作。在这个打字过程中，神经冲动信号从视网膜细胞依次传到视神经——视觉中枢——手指运动中枢——手指。这一个信息流就构成了打字程序。

"你看,我把动物的行为说成是由程序控制的,可以吗?"

笨笨熊和白杨同时点点头。

跳跳猴接着说:"现在有很多仪器中都装了计算机芯片。这些机器或仪器的名称前面都冠以'程控'俩字,比如程控电话、程控机床、程控降温仪等。意思是说这些机器或仪器的功能是程序控制的。这些程控机器中的程序有两种。一种是内置程序,是机器出厂时就编制好,已经设置到机器中的,是程控机器所必须具有的。另一种是可编制程序,是用户根据需要临时用计算机编制并使用的。如果在使用过程中发现某些可编制程序很有价值,比以往的内置程序功能还要好,设计人员可能就会将它作为内置程序设置到机器中。这样,可编制程序就变成了内置程序。

"与此类似,人的大脑中也有内置程序和可编写程序。"

笨笨熊问:"何以见得?"

跳跳猴说:"人的大脑中有内置程序和可编写程序,是我的想法,是和程控机器的一个类比。我把支配本能行为的一系列神经信号比作内置程序,因为它是与生俱来的。把先前没有,根据目前情况临时建立的一系列神经信号比作可编写程序,因为它是即时形成的。但是,正像程控机器中可编写程序可以转变成内置程序一样,对于人,或者广义些说,对于动物,后天形成的,与某些行为相应的一系列神经冲动信号,如果对动物的基本生命活动很重要,因而经常被重复的话,便有可能固定下来,形成类似于计算机的内置程序,也就是说,形成本能。"

笨笨熊说:"根据你的观点,动物根据具体刺激做出相应反应的一系列神经冲动信号相当于可编写程序,而本能相当于内置程序。某些可编写程序可以转化为内置程序,成为本能,并被遗传下来。是这样吧?"

跳跳猴说:"对。"

笨笨熊继续说:"我可以理解本能是可以变异的,是可以受自然选择的影响的。但是,可编写程序如何转化为内置程序,内置程序又如何被遗传下来,就不大理解了。"

跳跳猴说:"这就涉及到了内化的问题。刚才说过,所谓程序,就是一个特定的信息流,具体到动物的脑子来说,就是在感受器官—相关神经中枢—效应器官这一通路上的神经冲动信号。

"还是以打字为例吧。我一开始打字时,眼睛瞅着键盘,一个字母一个字母地敲,半天敲不了一行字,还老要出错。为什么?因为打字这个程序要走的通路不畅通,具体来说,就是文字信号在眼睛—视神经—视觉中枢—手指运动中枢—手指这个通路上的流动不流畅。但是，经过反复练习，就熟练了。只要看着稿子，不用看键盘，很快可以将一页稿子打出来。为什么？因为信息流所要经过的道路打通了。就像鲁迅先生所说的，世上本来没有路，走的人多了，便成了路。

"我有一个体会，你要我把两只手举起来，让我说在打字时每个指头在键盘上分别管哪几个键，我说不上来，或者说不能很快地准确地说出来。但只要把手放到键盘上，一看到稿子，指头就可以准确无误地敲到应该敲的键上。这是因为，在打字程序中，视觉中枢中感受某个字母的神经元和运动中枢中支配相应指头的神经元形成了固定联系，中间好像没有思索、定位的过程。甚至英文中的一些常用字母组合，如 tion、tive、ance、ence、ism 等以及中文拼音中的常用韵母组合如 ong、ang、eng 等基本是作为一个单元，像一个字母一样地敲出来的。也就是说，手指的动作已经形成了一些组合。

"从这个例子可以看出，一种行为，从不习惯到习惯，再从习惯到自然而然时，就说明该程序运行的通路已经畅通了。我想，这一种畅通是有物质基础的，这种物质基础可能就是神经元之间的突触联系以及神经元之间的胶质细胞。神经元是靠突触来进行互相联系的，虽然神经元增殖不活跃，在出生之后数量即基本不再增加，但是，突触却可以根据神经元的功能状况增加或消失。此外，神经元之间的胶质细胞也可以加强神经元之间的联系。中央电视台曾经报道，对爱因斯坦的大脑进行解剖，发现他的神经元和别人并没有明显不同，但是，他的神经胶质细胞却非常丰富。就像家鸭腿骨发达可以遗传一样，具备了结构基础的程序也可能被遗传下来。"

听了跳跳猴的长篇大论，笨笨熊长吁了一口气，说："但是，你有相关中枢之间形成通路的证据吗？"

跳跳猴说："以上所述，只是我的思考。希望别人对这个想法进行证实或证伪。"

笨笨熊深深地点了点头。

跳跳猴继续说："不过，我可以举个具体的例子来佐证我的观点。往来于欧洲与非洲之间的候鸟常常在地中海最宽的地方横渡。一开始，人们奇怪，它们为什么不选择海峡较窄，便于降下来休息的路线呢？经过研究发现，在很久以前，这一带曾经是地中海最浅的地方，曾有不少岛屿。当时，候鸟就是沿着这些岛屿往返于欧洲与非洲的。后来，地壳陷落，原来的岛屿沉没了，原来狭窄的地中海海峡变成了宽阔的海域。但是，它们仍然沿着祖先的飞行路线进行迁徙。这不是可以说明迁徙路线印记在它们的脑子中吗？这不是可以说明，某些行为，如果反复强化，便可能转变为本能,并被遗传下来吗？"

　　跳跳猴讲完了,大家一起热烈地鼓起了掌。

　　# 你同意跳跳猴的说法吗？如果方便,请发电邮到 shengmingdangan@sina.com。
我将和你就有关问题进行讨论,或者介绍其他同道共同争鸣。

生物科学研究院

对记忆的体会

好一阵,掌声才停了下来。大家并不是随便赞同跳跳猴的观点,而是为他对本能问题进行了如此深入的思考而喝彩。

张贝贝说:"想不到,你有这么多的新鲜观点。我一直在想,有没有什么办法提高学习和记忆的效率。你在这方面也一定有你的观点吧?"

跳跳猴说:"记忆是将所接受到的信息存储到大脑中的过程。根据我的体会,有几种办法可以促进记忆。"

"哪些办法呢?"张贝贝急切地问。

跳跳猴说:"一是将信息单元化。比如,某人的手机号码是 13903513456,可以将这个号码分为三个单元。其中 139 是中国移动几组手机号 135……、136……、137……、138……、139……中的一组;0351 是太原市的地区号;3456 是尾号,并且每位递增 1。将 11 位手机号码分解为三个单元,大大减轻了记忆量,提高了记忆效率。

"二是在信息中找出联系。比如,某人的电话号码是 1213156,乍看,不好记。但是,仔细一看,156 正好是 12 和 13 的乘积。知道了这个规律后,只要记住 12 和 13,再在它们的后面加上它们的乘积就可以了。

"三是在信息中找出规律。比如,对应于一周中的每一天,中文是星期一、星期二、星期三、星期四、星期五、星期六、星期天。在星期两个字后,按顺序加一、二、三、四、五、六、天,很有规律,因此,容易被记忆。但是,对应于一周中的每一天,英文是 Monday,Tuesday,Wednesday,Thursday,Friday,Saturday,Sunday。虽然每个词后都有 d、a、y 三个字母,但是 d、a、y 前面的部分却找不到什么规律,不容易记忆。月份更是这样,对应于一年中的十二个月,中文是一月、二月、三月、四月、五月、六月、七月、八月、九月、十月、十一月、十二月,在月字前面分别按顺序加一、二、三、四、五、六、七、八、九、十、十一、十二,要记住它们毫不费力。但是,对应于一年中的十二个月,英文是 January，Fabruary，March，April. May，June，July，August，September，October，November，December，没有规律可循，把它们塞到脑子里要很费一番工夫。从这个例子可以看出，有规律的信息比没有规律的信息要好记得多，在信息中找出规律，将会大大提高记忆效率。

"四是给信息赋予情节。比如，英文中有一个单词 commit，它的词义有（1）犯罪，干坏事，做某事；（2）委托，委任；（3）提审，判处，下牢，收监；（4）使承担义务，使作保证，使投入战斗；（5）损坏名誉；（6）说明自己立场、身份等。词义比较乱，不好记。但是，如果能用情节将这些词义串起来，就好记了。"

"怎样往起串呢？"白杨好奇地问。

跳跳猴说："你听着，（1）有人发现某人在用工具撬储蓄所的防盗门，认为他是在'干坏事'，在'犯罪'，便立即向公安机关报告；（2）储蓄所附近的派出所警察被接到报案的公安机关'委托'；（3）把撬防盗门的人'抓获'，计划经过'提审'，'判处' XX 年徒刑，将其'收监''下牢'；（4）这一事件将会使他'损坏名誉'；（5）在侦察过程中，撬门的人向公安机关'说明了自己的身份'，原来，他是这个储蓄所的工作人员，因为丢了门钥匙，不得已才用工具撬门；（6）公安机关通过调查取证，证明这个人所说属实，将其释放，但让他'作出保证'，今后对储蓄所的钥匙要小心保管，并且要对修理被损坏的防盗门'承担义务'。你看，通过赋予这个词情节，形成了一个故事，把原本凌乱的六个词义串在了一起，就容易被记忆。"

听了跳跳猴的讲述，白杨说："太棒了，好像看了一场电影。"

大概是由于激动，说这话时，白杨的两颊现出淡淡的红晕。

跳跳猴继续说："五是多途径刺激。比如，同样一个故事，如果光是听别人讲，不容易记住。如果把这个故事拍成电视剧，既有听觉刺激，又有视觉刺激，则印象要比单纯听故事深刻。

"六是亲自动手。当老师告诉你做某个比较复杂的实验的步骤时，不容易记住。如果不是当时做实验，而是隔一段时间后做这个实验，往往出现丢三落四的现象。如果在老师告诉你实验步骤的同时，亲手把这个实验做一遍，则要印象深刻得多。

"七是将信息条理化。举个例子，如果将所有亲友的电话都记在一起，查找号码时往往很费事。如果把电话按照同学、亲戚、朋友进行分类，查找号码时便省事得多。再以电脑文件存储为例，如果把所有电脑上的文本文件混在一起保存，要找某个文件时往往很困难。如果把文本文件根据内容进行分类，存入不同的文件夹，查

生物科学研究院

找文件时便非常容易。记录电话号码,存储文件是这样,在脑子中记忆也是这样。在完成一个学习任务后,对所学的内容整理一下,找出所学内容之间的互相联系,比如说,形成一个树形结构,就容易记忆。否则,学习过的内容就是一盘散沙,很容易被遗忘。"

张贝贝说:"很有启发,从今天开始,我要把你介绍的方法应用在学习中。"

跳跳猴说:"以上说的,只是我在学习中的一些体会,我不敢保证这些方法对你也适用。"

对学习和记忆,你还有什么体会? 如果方便,请发电邮到 shengmindagan@sina.com。我将和你就有关问题进行讨论,或者介绍其他同道共同争鸣。

关于经络的思考

李瑞说:"我有一位亲戚是一位针灸医生,我经常看到他给人们用针灸治病。许多病,针到病除,他甚至还成功地用针灸给心脏手术病人进行麻醉。我曾问他,一根小小的银针,为什么竟然有这么大的作用。他告诉我,银针虽然小,它是通过全身的经络在起作用。今天,你可以讲一下这个问题吗?"

说这话时,李瑞看着笨笨熊。

笨笨熊说:"这是一个很大的话题,同时,又是一个没有定论的话题。不过,今天你提到了这个问题,我就把我了解到的信息和我的一些思考向大家汇报一下。

"中医针灸的理论基础是经络学说。近年来,人们对经络的客观性及经络的实质进行了研究。下面,分别进行介绍。

"首先,经络是客观存在的。

"古人是怎么发现经络并在临床应用的呢? 根据民间传说,早在 3600 多年前,黄河流域的一个部落的首领在率领士兵打仗时发现,某些士兵受到枪、箭刺伤后,原来的某些疾病明显缓解。首领下令一些人对这种现象进行研究,结果在人的身体发现了不少穴位。进一步研究发现,这些穴位互相之间有联系,形成了网络。这样,便形成了经络学说。其后,在经络学说的基础上,发明了用针灸治病的技术。

"自 1972 年至 1978 年间, 全国约有 30 个单位在 20 多个民族的 64,228 人中进行了经络感传现象的调查,感传现象出现总人数为 12,934 人,出现率为 20.1%。此后,国内外研究者在莫桑比克、日本、法国等不同种族的人群中进行了与国内相似的调查。结果表明,循经感传现象出现率在 1%~5%之间。虽然明显低于国内,但毕竟证明在不同的种族、人群中都确实存在相同的循经感传现象。"

张贝贝问:"什么叫做经络感传现象呢?"

笨笨熊说:"所谓经络感传现象,是指在针刺穴位时循着经络走行路线出现的酸、麻、涨等特殊感觉。"

张贝贝点点头。

笨笨熊继续说："1971~1974 年，日本东京大学的芹泽胜助教授等曾对 50 名 20~36 岁健康男子的胸、腹、背、头等部位拍摄了 20,000 张红外热象图片。对这些照片的仔细分析发现，穴位部位比周围组织的温度高 0.5℃~1℃。1977 年，法国的 C.Huber 通过红外热象图摄影法观察病人，发现当某些内脏发生疾病时体表一定部位会出现热点。进一步分析表明，这些热点与一定的经脉和穴位密切相关。如肠绞痛患者往往在两侧的大肠腧出现热点，痉挛性腹痛患者常在天枢穴水平出现热点。患有肝脾性消化障碍的患者则多在背部的肝腧、胆腧等部位出现热点。患有膀胱机能障碍的患者可在日月穴水平出现热点。

"1980 年，301 医院蒋来等人首次证实针刺合谷穴引发的循经感传活动可在红外热象图上显示出一条逐渐形成的较周围组织温度高出 2℃~5℃的高温带，其发生和发展均与感传活动相一致。对于另外的一些受试者，针刺其他经脉穴位后也有类似的表现。

"1999 年，胡翔龙等利用红外辐射示踪仪对人体体表的红外线辐射特征作了进一步研究，发现即使没有任何外加刺激，人体体表也可以观察到一些线带状的红外线辐射轨迹，其中一部分轨迹的行程与古典经脉的循行路线基本一致或完全一致。研究还发现，循经出现的红外线辐射轨迹虽然温度多高于旁开的非经脉区，但也可出现低于非经脉区的现象，温度高低的变化与人体的功能状态相关。

"中国中医研究院针灸研究所孟竞璧等人将 99mTc 注入人体腕踝部穴位皮下，然后用大视野 r 闪烁照相机进行记录。结果表明，注入的核素以 17cm/s 左右的速度循经脉迁移，迁移路线在四肢与古典经脉循行路线的符合率为 78%。

"1998 年，复旦大学丁光宝等进行大量实验，发现经络系统是声波的良好通道，声信息在体内的传导有明显的循经性。其后的研究表明，尸体中仍有声波循经络传输现象存在，并和以前活体实验的结果相吻合。这一实验表明声波循经络传输的物质基础在人体死亡后仍然存在，为人们认识经络现象的客观性提供了重要的实证材料。

"实验研究还发现人体体表存在着循经低阻抗现象，截肢后离体肢体仍原位保留循经低阻抗特性，提示在体表存在着与经络低电阻特性相关的特殊物质结构。用光学显微镜与电子显微镜对皮肤进行形态学观察，认为表皮的缝隙连接可能是经穴皮肤低阻抗特性的结构基础。"

停了一会儿,笨笨熊说:"以上文献表明,经络是人体内客观存在的结构。但是,经络的实质是什么呢?

"目前,有以下几种观点。

"(1)认为经络的实质是神经。给下半身截瘫的病人在下半身针刺,无论什么穴位,手法多强,病人都不会出现感传现象,而在上肢针刺时病人可出现感传。在半身麻醉的病人针刺麻醉侧下肢穴位,同样未能出现感传。用局麻药物注射穴位深部,使该处神经暂时麻痹,然后在该穴位针刺,也不能出现感传。以上试验表示,针刺的感传与神经系统的连续性及功能完整性有一定关系。对穴位解剖结构的研究也证明,人体全身 300 多个穴位,约一半穴位下面有神经通过,另一半穴位在其周围半厘米的范围内有神经通过。这说明穴位和神经之间在形态结构上也有密切关系。

"(2)认为经络的实质是神经—体液系统。经络针刺效应如镇痛、改变胃肠蠕动、调节心率等,均需通过神经—内分泌或自主神经的调节来实现。

"(3) 进化遗迹假说。这是我提出来的观点。19 世纪初, 俄国胚胎学家 Karl Ernst Von Baer 对鱼类、爬行类、鸟类、哺乳类的胚胎发育进行研究,发现高等动物的胚胎在发育过程中首先出现低等动物的结构,以后才逐渐出现分歧,最后出现特征性的本物种的结构。"

"这是什么意思呢?"跳跳猴大惑不解。

笨笨熊说:"以人的胚胎发育为例来说吧。在经过 18~20 天的发育之后,胚胎颈部两侧出现鳃裂,表明这时胚胎发育达到了用鳃呼吸的鱼类的阶段。两个月之后,胚胎出现五个尾骶脊椎和相当长的尾巴, 表明这时胚胎发育达到了爬行动物的阶段。到了五六个月之后,胎儿全身被有浓密的细毛,其排列方式十分类似于哺乳动物,表明这时胚胎发育达到了哺乳动物阶段。到八九个月后,鳃、尾巴消失,全身密布的细毛也消失了,最后发育成为人类婴儿的性状。

"达尔文认为,胚胎发育的过程,实际上是系统发育即物种进化过程的再现。通俗地说,胚胎发育的过程实际上是动物从低级到高级进化过程的浓缩和重演。

"这些在胚胎发育过程中曾经出现过, 然后又消失的结构往往并不是彻底消失,而是残留下遗迹。

"比如,随着胚体的形成,卵黄囊顶部的内胚层被卷入胚体内形成原肠,其余部分形成卵黄蒂与原肠相连。以后,卵黄蒂逐渐缩窄、闭锁而消失,末端残留部分萎缩成一个小泡,保留于胎盘的脐带附着点附近羊膜深面。如卵黄蒂不退化,则形成脐粪瘘。卵黄蒂根部未退化,残留指状盲囊,附于回肠壁,则为美克尔氏憩室。

"再如,胚胎发育过程中的甲状舌管末端细胞增生并向两侧扩大,形成甲状腺侧叶。甲状舌管不久退化消失,上残留一残凹,即盲孔。如甲状舌管不消失则形成甲状舌管囊肿。

"以上讲,人类胚胎发育重演了物种进化的过程,而物种在进化过程中曾经出现过的结构有可能在人体留下遗迹。受这个现象的启发,我认为,人类的经络有可能是低等动物的神经网络在人体的遗迹。今天,我们从物种进化的角度,重点看一看神经系统的进化过程。

"神经系统的进化经过了网状神经系统、两侧对称的神经系统以及脊椎动物的神经系统等几个阶段。

"动物界最早出现的神经系统是腔肠动物的网状神经系统。最简单的网状神经系统见于水螅,其神经细胞互相连接,形成一个遍布全身的神经网。网状神经系统没有中枢和周围神经之分。这类似于人体的经络,人体的经络呈网络状分布,没有中枢和周围之分。

"在网状神经系统中,感觉细胞在接受外来刺激后直接传导到效应细胞,也可通过神经网传导到较远的效应细胞而引起全身收缩。举个例子,刺激腔肠动物海葵的某一点,如果刺激较弱,表现为局部收缩;如果刺激加强,海葵收缩的范围就会增大,直至全部触手都收回,全身缩作一团。这类似于针灸,在弱刺激时感传距离较近,在强刺激时,感传才能传导得较远。

"如果不加强刺激,而是连续给以弱刺激,海葵的反应将从局部收缩逐渐扩大到全身,引起全身收缩。这类似于对人体针灸时,通过延长刺激时间便可以增强针刺效应。

"腔肠动物的突触大多是电突触,因而神经冲动在神经网上的传导大多为多方向。这类似于对人体针灸时针感从针刺部位向两侧双向传导。

"神经系统进化的方向是从分散到集中。在无脊椎动物中,随着体型从辐射对称到两侧对称的进化,神经系统也逐步集中而成两侧对称。

"环节动物和节肢动物的神经系统成为链状或神经节式神经系统。其特点是神经细胞集中成神经节,神经纤维聚集成束而成神经,神经呈对称分布。

"环节动物如蚯蚓的每一体节腹面有一神经节,前后神经节以纵走神经相连,形成链状的腹神经索。链状神经系统已可分为中枢和外围两个部分,脑和腹神经索属于中枢系统,从脑和各神经节伸到身体各部的神经属于外围系统。

"脊椎动物的神经系统高度集中,身体背面出现了脑和脊髓。脑和脊髓属于中枢神经系统,从脑伸出的脑神经和从脊髓伸出的脊神经属于周围神经系统。

"按照中医的经络理论,人体的经络两侧对称,并呈网络状分布。从物种进化的过程来看,经络有可能是进化过程中两侧对称的网状神经系统的遗迹。人脊柱两旁由交感神经节组成的交感神经链及副交感神经的副交感神经节有可能是进化过程中链状神经系统保留下来形成的。人的脑和脊髓则是在进化过程中脊椎动物阶段出现的结构,是神经系统高级进化的产物。"

这时,他从提包中取出一卷图,抖开来,让大家看。

397

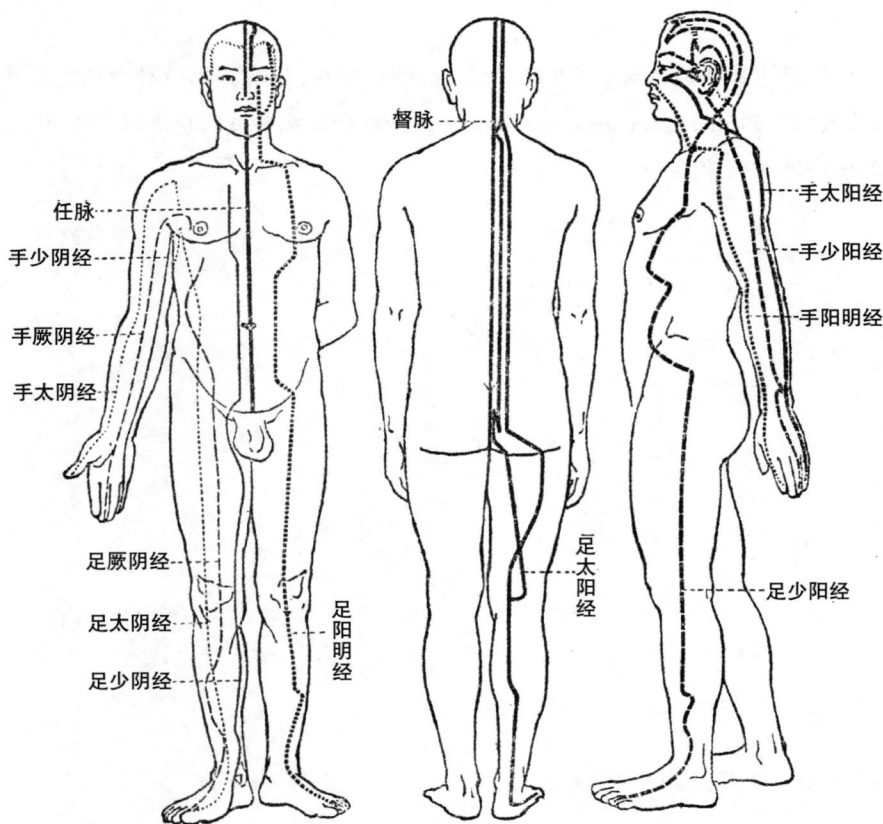

人体十四经脉

看来，在来之前，他就准备好了讲经络的。

接着，笨笨熊说："以上进化遗迹假说是我根据物种进化过程推断出来的，这个假说是否成立，尚需进行深入的研究。对经络的实质，大家还有其他的见解吗？"

会场一片沉默。可能，大家对经络这个问题太陌生了。

最后，笨笨熊说："经络和针灸，是祖国医学的宝藏，值得好好挖掘。经络的实质问题，是一个大的课题，国内国际的学者都在进行探讨。希望在座同学中的有志者，在具备系统生物学知识的基础上，今后对这个课题进行深入研究。"

是啊，人是从低等生物进化来的，在人们对经络的实质久攻不下的情况下，变换一下思路，从生物进化的角度进行探讨，是否可以取得突破呢？

当讨论结束的时候，已经是破晓时分了。大家走出房间，一轮红日正从远方的地平线上喷薄而出。那万道霞光，映红了半边天空。

你同意笨笨熊的说法吗？或者，对经络的实质，你有其他的思考吗？如果方便，请发电邮到 shengmingdangan@sina.com。我将和你就有关问题进行讨论，或者介绍其他同道共同争鸣。

他们如何走向成功

——兴趣是动力

来到玉皇顶的第三天早上,笨笨熊领着大家来到了智者的会议室。

在听完笨笨熊关于讨论的汇报后,智者说:"好。要想有所建树,就是要敢于思考和善于思考。今天,我想让书童领大家参观一个长廊。"

说完,智者离开了会议室。

书童带着跳跳猴一行来到紧邻会议室的一条长长的走廊。长廊的上方,写着一行醒目的大字:他们如何走向成功。下面,是一尊尊生物科学家的半身雕像,和他们为生物科学奋斗的介绍:

生物科学家都有一个共同的特点,就是对所从事的事业有着浓厚的兴趣。

就从古希腊伟大的哲学家和科学家亚里士多德说起吧。亚里士多德不仅对哲学有深入的研究,而且在史前几乎无科学技术可言的背景下,对许多科学领域都进行了思考和探讨。即使现代人碰到难题,也常常可以听到这样的劝告:去看看亚里士多德的著作吧,在那里会找到答案。

可以说,亚里士多德是最早的生物科学家。仅仅在动物学方面,他就写了《动物志》《论动物的结构》《论动物的发生》《论动物的活动》和《论动物的迁移》五部著作。

先生为什么仅仅在动物学方面就有如此多的著述呢?亚里士多德于公元前35年出生在古希腊,是马其顿国王阿明塔御医的儿子。父亲希望儿子长大后能继承医生职业,因此,常常诱导亚里士多德观察许多复杂的生命现象。正是孩提时代的这种诱导,培养了亚里士多德对生物学问题的浓厚兴趣。

亚里士多德对生物学的兴趣是父亲诱导的,进化论大师达尔文则是顶着父亲的压力涉足生物学研究的。达尔文在小学、中学时期就喜欢阅读《鲁滨孙漂流记》《格列佛游记》《世界奇观》等儿童读物,并且经常收集贝壳、矿石,对自然史,特别是对植物有浓厚的兴趣。由于达尔文没有把主要精力放在功课上，他在学校的学习成绩不理想。一次，父亲非常恼火地责骂他："你就知道打猎、养狗、捉老鼠，别的什么都不操心，将来会丢自己的脸，也会丢全家的脸。"

达尔文的父亲是一个医生，看到达尔文对中学的课程不感兴趣，便将他送进苏格兰的爱丁堡大学学习医科，希望儿子将来也做一名医生。但是，达尔文对大学"经院式"的课程十分反感，经常坐在大学图书馆的阅览室里一本又一本地阅读昆虫学、贝类学以及名人传记等自己所喜欢的书籍。在大学，达尔文还结交了一批爱好自然科学的朋友，他们经常在一起讨论法国生物学家拉马克的进化论观点，并且到海边采集海生动物标本，到很远的山区考察生物。

看到达尔文对医学也不感兴趣，父亲便让他去剑桥大学基督学院学习神学，希望儿子将来做一名牧师。在这里，达尔文将大部分时间用来学习自然科学，尤其对采集昆虫标本有浓厚的兴趣。浓厚到什么程度呢？有一天，达尔文从老树上撕下一张树皮，看到两只昆虫，是以前没有见过的新奇品种。他马上用双手各抓住一只。但是，忽然又出现了第三只。情急之下，他把右手抓住的那一只塞进嘴中，以便腾出手去抓第三只。结果，那只被塞进嘴里的甲虫喷射出一股非常辛辣的液体，灼伤了达尔文的舌头。

1831年，英国政府派"贝格尔号"军舰远航考察，希望有一名博物学家随行。由于达尔文在大学期间与植物学家亨斯楼交往甚密，深得亨斯楼教授的赞赏，于是，教授推荐了他。得知达尔文要漂洋过海去旅行，认为这会影响儿子在神学职业上的发展，达尔文的父亲极力反对。但达尔文再三恳求，父亲终于表示同意。就是这次随"贝格尔号"的航行，成就了达尔文的生物进化理论。

为什么达尔文会对生物学有如此浓厚的兴趣呢？还是要从他的幼年说起。还很幼小的时候，达尔文就对许多问题充满好奇。他经常问妈妈："泥土地为什么长不出小猫和小狗来呢？""我和妹妹是你生的，你是你的妈妈生的，那最早的妈妈是谁呢？""上帝是谁造的呢？"对于小达尔文的这些问题，妈妈总是给予耐心解答，并且鼓励他说："亲爱的孩子，世界上有很多事情，对于我，对于你爸爸，对于所有的人来说，都还是一个谜。我希望你长大了自己去找答案，做一个有出息、有学问的人。"妈妈对小达尔文好奇心的小心呵护和鼓励，对达尔文日后的兴趣以及他的成就不无关系。

林奈是著名的生物分类学家，他对生物分类的成就也源于他儿时形成的兴趣。

林奈出生于瑞典斯莫兰省,父亲精通园艺,经营着一个全瑞典植物种类最丰富的园圃。他从小就在花丛中玩耍,对园圃里的植物和昆虫产生了浓厚的兴趣。在四五岁时,他常常向父亲问各种花草的名字,有时问得太细,竟然使父亲答不上来。8岁时,林奈要求父亲给自己划一块自留地。开明的父亲没有拒绝孩子的要求,答应了他。小林奈在自己经营的花圃里观察各种植物,小小年纪就获得了丰富的植物学知识。这,看起来好像是儿戏,却对林奈成长为博物学家有着深远的影响。他自己曾经说过:"这花园与母乳一起激发我对植物不可抑制的热爱。"

遗传学家孟德尔与林奈有些相似。孟德尔的家乡气候宜人,景色秀丽。他的父亲是位农民,但在务农之余,酷爱园艺,擅长嫁接果树和培育苗木。在父亲的影响和美丽的大自然环境的熏陶下,孟德尔从小就对植物产生了浓厚的兴趣和好奇心。

孟德尔对植物学的兴趣,还源于他童年的学生生活。他所在的那个村庄的庄园主坚持让当地的学校设立了自然课,还经常组织学生开展一些生物活动。课堂教育和课余时间有关生物学内容的活动,使孟德尔对生物学的兴趣进一步得到增强。

孟德尔是用豌豆进行他的遗传学实验的。用植物进行遗传学研究周期长,而且需要极大的耐心和细心。正是由于他对植物浓厚的兴趣,他才能从1857年到1865年,八年如一日,一直进行在别人看来非常枯燥的实验,发现分离和自由组合两大遗传学定律。

法布尔是一个著名的昆虫学家,跳跳猴和笨笨熊还采访过他。为了对昆虫进行深入研究,他放弃了中学教师的职位,到乡下买了一座带有很大院子的房子。这个院子,就是他用来观察昆虫习性的荒石园。由于没有了固定收入,法布尔的经济状况非常糟糕,经常要为果腹的面包发愁。但是,生活的穷困没有动摇他对昆虫研究的兴趣。正是有了兴趣作为动力,他才能躺在烈日下长时间观察昆虫;正是有了兴趣作为动力,他才能一连几天观察松毛虫如何循规蹈矩地在缸沿上爬行;正是有了兴趣作为动力,他才能写出200多万字的、风靡世界的《昆虫记》。

他们如何走向成功

——勤奋是基石

兴趣是走向目标的动力，勤奋则是成功的基石。

在随"贝格尔号"航行的五年中，达尔文跋山涉水，历尽千辛万苦。但是，所有艰难险阻都没有使他产生过动摇。他在给家里的一封信中说："如果我在这次航行中半途而废，我想我在坟墓中也不会安宁的。"

美国植物学家诺尔曼·布洛格也是靠着勤奋为许多人解决了饥饿问题。20世纪40年代，墨西哥广泛流行几百种小麦锈病，连年歉收，人民忍饥挨饿。1944年，布洛格被洛克菲勒基金会派遣到墨西哥培育抗锈病的小麦新品种。小麦是自花授粉，花朵很小，花期很短。要通过杂交培育新品种，需要在2~3天的扬花期内在很小的小麦花里分出雄蕊和雌蕊。这，需要特别的耐心和细心。为了不失时机，布洛格在烈日下的小麦地里一干就是很长时间。为了缩短育种周期，尽快解决人民的饥饿问题，他选择了相距2500公里，气候差别很大的墨西哥南部查平果高原和西北部的亚基河谷试验站进行育种。布洛格春天在查平果高原播种小麦，秋季收割后将种子带到亚基河谷试验田播种。然后，再将亚基河谷收割的小麦种子带回查平果高原播种。通过年复一年的努力，布洛格成功培育出了抗锈病的小麦品种。1950年，墨西哥大面积推广这一小麦新品种，亩产比1943年提高了8倍，仅仅用了7年的时间，就使墨西哥人民摆脱了饥饿。

这一奇迹使世界引起了轰动。许多国家，如约旦、黎巴嫩、塞浦路斯、伊朗、阿富汗、巴基斯坦以及印度等，都引种布洛格培育的新品种，请他去指导种植。1964年，印度依据布洛格提出的计划大面积播种抗锈病小麦。5年后，印度小麦产量比1963年提高9倍。1970年，布洛格57岁时，获得了诺贝尔和平奖。

他们如何走向成功

——方法是钥匙

除了兴趣和勤奋,在科学研究中,正确的方法也是一个非常重要的因素。关于方法,遗传学家孟德尔和摩尔根是很好的例子。

首先,孟德尔先生正确地选择了实验对象和观察指标。豌豆是闭花受粉植物,能够避免外来花粉的干扰。此外,豌豆有几个品种,不同品种有诸如圆粒、皱粒、黄色、绿色等稳定的,容易区分的性状。孟德尔先生在实验中选择了豌豆作为实验对象,将种子颜色、外形等容易区分的性状作为观察指标,这样,就为实验成功奠定了基础。

第二,在对生物性状进行分析时,先是针对一对性状的传递情况进行研究。例如,当研究豌豆子粒的形状时,不考虑子粒的颜色;在研究子粒的颜色时,不考虑子粒的形状。在对单个性状的传递规律获得认识后,才开始对几对性状的传递规律进行研究。就是靠了这种从简单到复杂的研究方法,孟德尔发现了分离定律。在此基础上,又发现了自由组合定律。

第三,孟德尔在进行实验时,对实验结果进行了记录,并且用统计学方法对实验结果进行分析。如果在实验时不对数据进行记录,或者记录不全,或者虽然有记录但没有对记录的结果进行系统分析,便很难从实验中总结出分离定律和自由组合定律。

第四,在初步实验的基础上,孟德尔先生对实验结果进行认真分析,提出了假说。为了证实假说是否正确,他还进行了测交实验。这一方面体现了孟德尔先生严谨的治学作风,另一方面,也使孟德尔先生提出的分离定律和自由组合定律具有很强的说服力。

生物科学研究院

摩尔根在进行遗传学研究时，为试验材料问题也颇费了一番脑子。为了观察和发现动物的遗传变化，他起初用小白鼠进行试验。但是，试验进行了好长时间，没有得出任何结论。随后，他又用家鼠、鸽子、蚜虫等进行试验，仍然一无所获。他分析失败的原因，经过反复摸索，终于找到了一种理想的实验材料——果蝇。正是由于选择了果蝇，才使摩尔根创立了基因学说，发现了连锁和交换的遗传定律，并因此而获得了诺贝尔奖。

孟德尔和摩尔根的例子告诉人们：正确的方法是开启成功之门的钥匙。

他们如何走向成功

——细节定成败

DNA 结构的发现,源于 Watson 在讲座上偶然听到的一句话。

1951 年,Watson 在一次去意大利那不勒斯旅行时参加了英国 Wilkins 教授的一个讲座。在这个讲座上,Wilkins 教授演示了一张 DNA 晶体的 X 衍射幻灯片,并告诉大家 X 射线衍射技术有助于阐明 DNA 晶体的结构。当时,年仅 23 岁的 Watson 就敏锐地意识到揭示 DNA 的结构具有非常重大的意义。他立即返回美国,请求他的导师同意他变更研究方向。接着,他来到英国剑桥大学的 Cavendish 实验室与 Crick 合作。经过反复研究,他们终于发现了 DNA 的双螺旋结构。Watson 在旅行过程中偶然听到的一句话,竟然成就了一个诺贝尔奖得主。要知道,这可不是一般的诺贝尔奖。大家公认,发现 DNA 结构的这个诺奖,是分量很重的诺奖,是诺奖中的诺奖。

青霉素的发明,则是因了一个偶然的发现。

1921 年,弗莱明和他的助手开始对溶菌酶进行研究,希望用溶菌酶来控制葡萄球菌感染。要知道,当时正值第一次世界大战,葡萄球菌感染夺去了许多受伤士兵的生命。因此,研究控制细菌感染的药物具有非常重要的现实意义。但是,历经七年的艰苦研究,他们发现溶菌酶对葡萄球菌没有效果。

1928 年夏天,心情烦躁的弗莱明给自己和助手放了一个假。放假前,他们将培养葡萄球菌的培养皿随便堆放在试验台上。假期结束后,弗莱明发现堆放在试验台上的培养皿中有一些长了霉菌。他拿起来仔细看了看,发现霉菌菌落周围的葡萄球菌菌落消失了。对这个偶然发现的现象,弗莱明没有熟视无睹,而是进行了进一步的实验。研究发现,霉菌菌落周围的葡萄球菌之所以消失,是因为霉菌产生了青霉素。也就是说,青霉素具有杀死葡萄球菌的作用。就这样,弗莱明发明了青霉素。自此以后，青霉素挽救了不计其数病人的性命。

无独有偶，巴斯德先生发明霍乱疫苗也有和弗莱明相似的过程。

当巴斯德的助手要将几瓶旧的霍乱弧菌培养液扔掉时，巴斯德予以阻止，并让助手把陈旧的培养液注射给做实验用的鸡。以往，注射新鲜霍乱弧菌的鸡无一例外地都死掉了，但是，这一次，注射陈旧霍乱弧菌后的鸡却无大恙。接着，巴斯德和他的助手去外地度假。度假回来，巴斯德和他的助手给注射过陈旧霍乱弧菌的鸡和没有注射过霍乱弧菌的鸡都注射了新鲜的霍乱弧菌。结果，原来没有注射过霍乱弧菌的鸡都死掉了，原来注射过陈旧霍乱弧菌的鸡却像什么也没有发生一样。看到这一现象后，思维敏捷的巴斯德马上想到可能是陈旧的霍乱弧菌使鸡产生了免疫力。在这一发现的基础上，巴斯德率领他的助手进行了进一步研究，发明了霍乱疫苗。

达尔文曾经说过："我既没有突出的理解力，也没有过人的机智。只是在觉察那些稍纵即逝的事物并对其进行精细观察的能力上，我可能在普通人之上。"

从达尔文大师的这句话可以看出，具有敏锐的眼力，不放过任何有价值的细节是多么重要。

他们如何走向成功

——科学需要严谨

科学之所以成为科学，一个很重要的元素，在于它的严谨。在这一方面，德国的科赫先生是一个典范。

结核杆菌不容易在显微镜下观察，科赫便用各种颜色对取自结核病人的结核结节进行染色。经过反复实验，科赫找到了一种染色方法，在显微镜下看到了特殊形态的杆菌。一般人以为，从结核结节中找到的细菌，应该就是结核杆菌。

但是，科赫先生认为，要证明这些细菌是否是结核杆菌，需要将结核结节接种到动物，看是否出现结核病的症状。接种动物出现结核病症状了，并且从接种动物的组织中也发现了那种特殊形态的杆菌。科赫先生的助手确信，这些杆菌就是结核杆菌。

但是，科赫先生还是摇头。他说，需要获得这些杆菌的纯菌落，再将这些杆菌给动物接种。科赫先生和助手付出了艰苦的劳动，终于在固体培养基上培养出了这种杆菌。用这种杆菌对动物进行接种，被接种的动物，豚鼠、兔子、鸡、小鼠等都出现了结核病的症状。大家都以为，科赫先生对结核杆菌的研究应该画上句号了。

想不到，先生又提出，要对天生不得结核病的乌龟、青蛙和金鱼进行接种。当看到这些天生不得结核病的动物在接种后安然无恙时，科赫先生才确信他在显微镜下看到的就是结核杆菌。

接着，先生又用含结核杆菌的空气向实验动物进行接种，证明了结核杆菌的传播途径是空气传染。

在这一项研究中，科赫先生不仅发现了结核杆菌，而且发明了结核杆菌的染色方法和在固体培养基上培养结核杆菌的方法。

在开学术会议时，当主讲者发表演讲后听众会提出各种各样的问题，但是，

1882 年,当科赫先生在柏林召开的生理学会议上公布他的研究成果后,整个会场鸦雀无声,没有人提问。为什么？因为他的研究太严密了,严密得无可挑剔。

大家把科赫先生对微生物的研究方法称为科赫法则,用它来指导对微生物的研究。这一法则,对微生物研究的健康发展起了非常重要的作用。

进化论大师达尔文在对生物进化进行研究的过程中也表现出了非常严谨的学风。从 1837 年起,达尔文就开始写一本关于物种起源的笔记。1839 年,他出版了记载他环球考察过程的《旅行日记》。此时,他关于物种起源的理论已经基本形成。但是,他不急于出书,仍然继续写笔记。他认为,将一种观点呈现给大众,要采取非常负责的态度,不能草率从事。因此,他进行各种生物学实验,和国内外科学家进行广泛的学术交流。到 1842 年 6 月,达尔文写出了一份 35 页的关于生物进化理论的提纲。两年后,1844 年,他将这份提纲扩充为 231 页的概要。在这份概要中,包含了他生物进化的主要观点。但是,他没有将他的观点写成书发表的意思,仍然在随时进行修改和补充。到 1856 年,达尔文的同事竭力劝说他把概要写成书公开出版时,他才开始著述《物种起源》,于 1859 年完成了这部划时代的巨著。

人们常说,十年磨一剑,达尔文的这把剑磨了二十多年。不过,毕竟草草磨两下的剑和二十年磨成的剑是不一般的。达尔文的这把剑,砍倒了在《物种起源》问世之前统治着绝大多数人思想的神创论,砍开了应用生物进化观点对生物进行研究的大道。

他们如何走向成功

——睁大眼睛

在生物学研究中,观察是一个非常重要的方法。公元前,在基本没有任何科学技术手段的情况下,亚里士多德就是靠仔细的观察发现了许多生物界的奥秘。

小鸡是从鸡蛋里孵出来的。但是,从鸡蛋到小鸡是一个什么样的过程呢?亚里士多德进行了认真观察。通过研究,他描写道:"好像一块红血在蛋白的中间,这一点红跳着,动着,然后伸出两条充满了血的血管,成为漩涡的形状。有一层布满血管的薄皮包围着蛋黄。然后,肢体才伸张出来,最初是很小而且是白色的。"

今天,在我们看来,亚里士多德对孵化过程的描写显得比较粗糙。但是,在2000多年以前,能对鸡蛋的孵化产生兴趣,并进行如此认真的观察,是多么难能可贵啊!

亚里士多德通过对动物认真观察,发现有的动物有血液,有的动物没有血液。根据这一点,他把动物分为哺乳类、鸟类、爬行类和鱼类等有血动物和软体类、甲壳类、斧足类与昆虫类等无血动物两大类。今天,在我们看来,亚里士多德对动物的分类比五界分类法要简单得多,但是,在2000多年以前,能产生对动物分类的想法,并发现有血和无血的区别,也是很不容易的。

通过仔细观察,亚里士多德在人类历史上首先把属于哺乳动物的鲸从鱼类家族中划了出来,首先发现了雄蜂是蜂王孤雌生殖的结果。

有人说,在史前还没有什么科学技术的时候,对生物进行研究的主要手段就是观察;在现代,我们有先进的仪器,对生物进行研究则主要靠实验了。近年来,给生物或者医学杂志投稿,应用分子生物学实验方法写出来的论文容易发表;通过临床观察写出来的论文发表率就很低。其实,这是一种不正常的倾向。生物之所以称为生物,是因为它们是活灵灵的,有生命的物体。它们的许多生命现象,只有在生活状态下才能表现出来，通过解剖和显微镜是看不到的。法布尔就是坚持在生活状态下进行观察，才发现了昆虫饮食起居的规律，才发现了昆虫的儿女情长，才发现了滚粪虫不屈不挠的韧劲……才成为世界著名的、流芳百世的昆虫学家。

因此，要想在生物学方面做出一点成绩，就请睁大你的眼睛。

他们如何走向成功

——打破砂锅问到底

科学研究,还需要一种追根究底的精神。

1960年春天,我国生物学家郑作新在峨眉山考察时在一位老乡的茅屋中发现一只少见的雄性白鹇。按照当时的生物学资料,白鹇有13个亚种,都生活在云南、广东、广西、海南岛及柬埔寨、越南,峨眉山从来没有发现过。

郑作新想,这只白鹇是峨眉山本地的呢,还是外地游客带到峨眉山来的呢？通过几个月的调查,郑作新在峨眉山又发现了几只白鹇。这说明,峨眉山的白鹇是本地居民。这样,白鹇的分布地区又增加了峨眉山。

但是,峨眉山的白鹇与其他地区的白鹇有没有区别呢？带着这个问题,郑作新又进行观察和调查。他发现,南方白鹇的两侧尾羽是白色的,中间有深色的花纹;峨眉山白鹇的两侧尾羽是纯黑色的,此外,背部、肩部和翅膀的羽纹也不相同。于是,郑作新作出结论,峨眉山的白鹇和生长在南方各省的白鹇不同,是一个新的亚种,他把峨眉山的白鹇命名为峨眉白鹇。郑作新的这一成果,得到国际学术界的认可。由于郑作新的调查和研究,生物学文献中,白鹇由13个亚种变为14个亚种。

但是,峨眉白鹇是怎么产生的呢?郑作新又进行了深入研究。他认为,在很久以前,白鹇生活在云南南部一带,后来,一部分白鹇发生了变异,尾羽由黑色变成白色。由于某种原因,白色尾羽的白鹇在云南占据优势,黑色尾羽的白鹇则被排挤,被迫迁移到了峨眉山地区。这是郑作新在生物进化论基础上发展起来的排挤理论。这一理论,已经受到国内外生物学家们的重视。

大家知道,我们现在家养的鸡是由原来野生的原鸡驯化形成的。达尔文在他《动物和植物在家养状态下的变异》中说:"鸡是原产西方(这里的西方指的是印度)的动物,在公元前1400年的一个王朝时代,引到了东方中国。"达尔文在生物学领域具有很高的威望，大家一直对他的话深信不疑。

但是，郑作新没有盲目相信达尔文的说法。他想，难道我们的祖先就不能把原鸡驯化为家鸡吗？要弄清这个问题，首先要知道当时达尔文是根据什么提出中国从印度引进家鸡的说法的。通过查阅文献，郑作新发现达尔文这一说法的根据是中国1596年出版1609年印刷的一本书。但是，达尔文没有注明该书的内容和作者。他钻进图书馆，按图索骥，从书山中找到了这本书。原来，达尔文引用的是李时珍的《本草纲目》。李时珍在《本草纲目》中写道："鸡有蜀、鲁、荆、越数种，鸡，西方之物，大明生于东，故鸡入之。"经过分析，郑作新认为，李时珍在书中所说的西方，不是指印度，而是指位于中国西部的蜀（四川）、荆（湖北）一带。根据这个理解，中国的鸡便不是从印度引进的，而是自己驯化的。

但是，这仅仅是根据文献资料的推测，要作出结论，还需要证据。接着，他便开始在中国境内寻找原鸡。终于，他在西双版纳地区发现了一些野生的鸡。这些野生鸡的觅食习性和家鸡很相似，还可以和家鸡进行交配。经过长时间的观察，郑作新确信，这些野生的鸡，就是原鸡。这一发现说明，中国有原鸡。

仅仅证明中国有原鸡，还不能说中国的家鸡是我们的祖先从原鸡驯化形成的。要证明这一点，最好有考古方面的证据。郑作新在浩瀚的考古资料中查到我国考古学家曾经从中国史前的遗址中发现了鸡型的陶制器皿。这说明，当时的中华民族已经在饲养家鸡。

在做了上述大量调查工作后，郑作新终于提出了"中国家鸡的祖先是中国的原鸡，是由中国人自己驯化的"结论。这一结论，得到国内外学术界的公认。

靠着这种追根究底的精神，郑作新发现了新的物种，纠正了前人的错误，并且，还产生了新的理论。

他们如何走向成功

——让别人了解自己

　　达尔文的成长与亨斯楼教授的举荐有密切关系。亨斯楼是剑桥大学的教授，他不仅通晓植物学和昆虫学，而且对化学、矿物学和地质学也很有研究。达尔文在剑桥大学上学期间，经常去听亨斯楼教授的课，并常常到亨斯楼的家里参加教授举行的学术招待会。在交往中，亨斯楼教授发现了达尔文的潜质。他常常邀达尔文一起共进晚餐，一起散步，成了忘年交。亨斯楼教授广博的知识以及分析问题的能力，对达尔文产生了深刻影响。在剑桥大学的最后一年，亨斯楼教授介绍达尔文选修了塞治威克教授的地质学。除上课外，达尔文还跟着塞治威克教授到北威尔士进行古岩层的地质考察。从塞治威克教授那里，达尔文学会了如何发掘和鉴定化石，掌握了整理和分析问题的方法。1831 年，英国政府决定派"贝格尔号"军舰远航考察，舰长希望找一位受过高等教育的博物学家随行。亨斯楼教授又推荐了达尔文。正是这次远航，达尔文收集了许多生物进化的标本，形成了生物进化的理论。

　　巴斯德的成名则得益于法国大化学家杜马。巴斯德在巴黎高等师范学校读书期间，学习成绩并非十分突出。当时，他的理想是当一名美术老师。一次偶然的机会，巴斯德听了杜马非常生动的学术讲演，激发了他对自然科学的强烈兴趣。当时，他就重新设计自己，决心投身科学研究，将来成为一名化学家。从此，他选修了杜马的课程。杜马也欣赏巴斯德的天赋和勤奋，指导巴斯德走上了科学研究的道路。杜马是一个有成就的化学家，但是，引领巴斯德走上科学研究的路子，比他在化学研究方面的成就要大得多。人们常说，师傅领进门，修行在个人。杜马就是把巴斯德领进科学殿堂的人。

　　说到老师的提携，林奈不可不提。有这样一种说法：上帝创造了世界，而林奈对世界进行了整理分类。林奈是如何成长为如此伟大的科学家的呢？1707 年，林奈出生在瑞典的斯莫兰省。在他上学时，学校的课程以神学为主。林奈自幼喜爱植物，对神学则毫无兴趣，曾经因为学习成绩不好而留级。一位老师曾对他父亲说："林奈不是读书做学问的料，还是让他放下书本，学点手艺吧。"但是，物理老师罗思曼看出了林奈在植物方面的兴趣和天赋，他把林奈接到自己的家里，并给林奈提供大量植物学书籍。在罗思曼老师的支持和鼓励下，林奈的学习成绩跃居前列。在课余时间，他认真研读了《植物学大纲》，采集了大量植物标本，并开始考虑植物的分类问题。

1727年，林奈以优异成绩考入瑞典隆德大学。但是，林奈家里非常贫穷，不能支付上学的费用。这时，瑞典有名的自然科学家和医生斯托俾尔斯教授收留了他。看到林奈对植物学非常感兴趣，斯托俾尔斯不仅为林奈免费提供住宿，还常常与林奈同桌共餐，不取分文，并允许林奈自由出入他的书房。

在斯托俾尔斯教授的帮助下，1728年，林奈考上了瑞典首屈一指的乌布萨拉大学攻读医学。但是，林奈仍然没有丢弃对植物的研究，他经常流连于图书馆和大学的植物园。一次，林奈在植物园里聚精会神地观察植物，著名植物学家摄尔思走到他面前时，他竟然浑然不觉。看到面前的青年观察植物如此专心，摄尔思教授便和林奈攀谈了起来。谈了几句，摄尔思发现林奈思维敏捷，知识渊博。了解到林奈家境困难，摄尔思便让林奈搬到他家住，一边学习，一边做他的助手。摄尔思教授家里的藏书和大量的植物标本使林奈大开眼界，在教授的指导下，林奈开始认真考虑建立植物分类学体系的问题。

了解到林奈的情况后，著名植物学家鲁德伯克把林奈接到自己的家里，请林奈接替自己的一部分工作。鲁德伯克还鼓励林奈到杳无人迹的荒原进行考察，实地观察各种植物的自然生长特征。

经过多年的考察和研究，1737年，林奈出版了第一部著作《自然体系》，对整个自然界进行了分类。该书出版后，轰动了整个植物学界，先后再版17次。除《自然体系》外，林奈还著有《植物学》《植物学精义》《植物学种类》《拉普尔植物志》《植物学讲义》等著作。他把自然界分为动物、植物和矿物三大界，界下又分为几大类。此外，他还制定了对植物分类命名的规则。此后，他又发明了植物杂交法，为19世纪植物杂交法的研究奠定了基础。

林奈在成长过程中得到了许多人的提携和帮助。但是，罗思曼老师、斯托俾尔斯教授、摄尔思教授和鲁德伯克教授为什么会帮助他呢？是因为他们看到了林奈的前途。总之，是因为林奈让他们了解了自己。

达尔文、巴斯德和林奈在恩师的帮助下成为全世界知名的生物学家,在有生之年看到了自己的成果被社会承认。遗传学大师孟德尔则大不相同。孟德尔经过艰苦卓绝的研究,发现了分离定律和自由组合定律两大遗传规律。1866 年,他在奥地利博物学会上宣读了《植物杂交实验》论文。可是,在他宣读论文后,会场毫无反应。科赫先生在宣读他研究结核病的论文后,会场也是毫无反应,那是因为科赫的研究过程无懈可击。孟德尔宣读论文后会场毫无反应,是因为他报告中的数据分析和数学计算过于深奥,与会的科学家一头雾水,只好缄口不语。

第二年,孟德尔的文章被发表在奥地利自然科学学会的年刊上,这份年刊被发行到欧美 120 多个图书馆中。但是,读者或者懂数学而不懂植物学,或者懂植物学而不懂数学,大家都没有对这篇论文产生兴趣。

在两次受挫后,孟德尔将论文寄给了当时德国著名的植物学家耐格里教授。耐格里教授是世界一流的植物学家,遗憾的是,耐格里只是把论文粗粗地看了一遍,写了几句评语,便把文章退给了孟德尔。孟德尔继续给耐格里写信,并把自己做实验的种子寄给他,希望他验证。但是,耐格里连信也不回了。

1868 年,孟德尔被任命为修道院院长。1884 年 1 月 6 日,孟德尔与世长辞。修道士们怎么也不会想到,他们送别的不是一个普通的修道院的院长,而是现代遗传学伟大的奠基人,是可以与牛顿、达尔文比肩的科学伟人。送葬的时候,抬灵柩的人只是感觉到死者与常人体重无甚区别,却浑然不知孟德尔在生物科学上的分量。

直到 1900 年,孟德尔完成他的实验后 35 年,荷兰植物学家德弗里斯、德国植物学家科仑斯和奥地利植物学家丘尔马克三个人各自独立地发现了遗传学的孟德尔定律。在发表自己的成果之前,他们例行查询历史文献。他们万分惊讶地发现,孟德尔先生在 35 年前就发现了分离定律和自由组合定律。

总之,在工作过程中,需要让别人了解自己,这样,才能获得大家的帮助;在取得成果后,也需要让别人了解自己,这样,才能得到大家的承认,从而造福社会。

他们如何走向成功

——合作以求共赢

在以前,比如在亚里士多德时代和法布尔时代,人们对生物学的研究主要是观察,可以通过个人努力完成。在现代,人们对生物的研究深入了,研究的问题复杂了,一个课题往往涉及几个学科,这就需要团队的合作。

DNA 结构的发现过程可以从正反两方面说明这个问题。Watson 是美国生物学博士, 受 Wilkins 教授 DNA 晶体 X 衍射幻灯片的启发, 来到英国剑桥大学 Cavendish 实验室研究 DNA 结构。在这里,他遇到了精通 X 射线衍射技术的物理学家 Crick。他俩立刻成为好朋友,并开始对 DNA 结构的合作研究。

1951 年,女科学家 Franklin 从法国回到英国伦敦大学的 King's 实验室专门做 DNA 晶体的 X 射线衍射实验,并很快得到了最好的纤维状 DNA 晶体 X 射线衍射照片。Wilkins 教授是伦敦大学 King's 实验室的学术权威,又有 Franklin 加盟,他们都在 DNA 晶体 X 射线衍射方面领先取得了阶段成果,此外,该实验室的设备也非常先进,因此,King's 实验室最有可能在 DNA 结构方面取得突破。

令人遗憾的是, 该实验室的负责人 Randall 教授将 Wilkins 和 Franklin 分配到两个地方工作。一个在山上,一个在山下。Franklin 不知道 Wilkins 曾经在 DNA 晶体 X 射线衍射方面取得的成果,Wilkins 则只把 Franklin 当作是一个技术员。虽然当时 Franklin 已经认识到 DNA 是由脱氧核糖、磷酸以及碱基连在一起形成的梯子一样的结构,接近了事实的真相,但是,她在 King's 实验室受到排挤,没有机会和别人讨论 DNA 的结构,自己在生物大分子结构方面的知识又比较局限。因此,King's 实验室失去了在 DNA 结构研究方面取得突破的机会。

Watson 和 Crick 呢? 在 Cavendish 实验室加紧合作,并从 Wilkins 和 Franklin 那

里吸取知识和经验,终于在1953年2月确定了DNA双链双螺旋结构。

遗传密码的破译也很有意思。DNA承载着遗传信息,生物体的蛋白质就是根据DNA上的遗传信息合成的。从DNA的遗传信息到蛋白质合成的过程,就像把电报密码翻译成为电报一样。因此,人们把DNA上的遗传信息称为遗传密码。在20世纪50年代,当Watson和Crick发现DNA双螺旋结构后,许多科学家都瞄准了下一个课题:DNA上的遗传密码如何翻译成为蛋白质?遗传密码和合成蛋白质的氨基酸之间存在什么对应关系?

1960年,Matthei从德国来到美国华盛顿特区的国家健康研究所。当时,该研究所有3位科学家在研究细胞外蛋白质的人工合成。Matthei和Nirenberg形成了一个组合,合作研究蛋白质的合成。Matthei的研究能力很强,他的加盟,加速了该研究的进程。他们将ATP和游离氨基酸加到从细胞中提取的核糖体、核糖体RNA和酶的化合物中。结果,试管中没有蛋白质合成。实验说明,在蛋白质合成过程中,还需要其他成分,比如,能够提供遗传密码的RNA。他们在实验系统中又加入了烟草花叶病毒RNA,因为烟草花叶病毒是靠RNA进行病毒复制的,上面含有遗传信息。实验成功了,他们的试管中合成了一些神秘的蛋白质。这样,对第一个问题的攻关取得了进展:在蛋白质合成过程中,除ATP、氨基酸、核糖体、核糖体RNA外,还需要携带遗传信息的RNA,即信息RNA。

但是,遗传密码和合成蛋白质的氨基酸之间存在什么对应关系呢?他们在实验系统中加入多聚尿嘧啶(polyU)、多聚腺嘌呤(polyA)以及多聚腺嘌呤、尿嘧啶(polyAU)等。结果,在polyU的试管中合成了许多蛋白质。通过进一步的研究,Matthei发现在合成蛋白质的polyU试管中苯丙氨酸被消耗了。虽然这时Matthei还不知道几个尿嘧啶核苷酸可以决定一个苯丙氨酸,但是,实验结果提示了polyU与苯丙氨酸存在对应关系。因此,他是世界上第一个破译遗传密码的人。

但是,这时,Matthei和Nirenberg的关系出现了裂痕。Matthei回到德国独自进行研究,Nirenberg则和其他科学家合作,加紧了遗传密码的破译。到1966年,Nirenberg和Khorana等人完成了对全部遗传密码的破译,发现了三个核苷酸为一个密码子的规律。1968年,Nirenberg和Khorana共同获得了诺贝尔奖。

Matthei本来是世界上第一个破译遗传密码的人,但由于没有坚持与同事Nirenberg的合作,结果没有能完成遗传密码破译的研究。

在现代科学研究中,合作才能成功成为一个普遍的规律。近年来,生物学领域许多重大的成果大都是科学家合作完成的。

1973 年，美国斯坦福大学教授 Cohn 和美国加州大学教授 Boyer 共同完成了 DNA 体外重组，打开了基因工程大门，成为诺奖得主。

20 世纪 70 年代，Varmus 和 Bishop 证明逆转录病毒中的基因能够使正常的鸡细胞转化成为癌细胞，他们把这个基因命名为 src，是人类发现的第一个癌基因。因为对逆转录病毒癌基因研究的贡献，Varmus 与 Bishop 共同分享了 1987 年诺贝尔医学和生理学奖。

20 世纪 80 年代，分子生物学家 Cech 和 Altman 合作研究发现某些 RNA 具有酶一样的化学催化活性，并且提出，在没有酶存在的情况下，RNA 也能自我复制。这一发现，解决了在生命起源研究中先有蛋白质还是先有 DNA 的争论。由于这一重大贡献，Cech 和 Altman 获得了 1989 年的诺贝尔奖。

总的来说，在攻克科学难题的过程中，需要合作，需要团队精神。

和外星人一起到外星旅行

参观完长廊后,大家回到会议室。就在这时,院子里传来了小黄的狂吠声。发生什么事情了呢?跳跳猴一边心里琢磨,一边朝院子里走去。就在这时,会议室的门哐当一声打了开来。循声望去,只见从门口闯进来十几个外星人。看到外星人冲了进来,白桦、笨笨熊、李瑞和白杨都立即站成一排,准备和这些不速之客搏斗一场。张贝贝呢?几个箭步窜到门口,站在了一群外星人中间。跳跳猴仔细一看,在进来的外星人中间,有巴里、查里、沙里、他里和亚里。查里不时地低声和张贝贝说着话。

张贝贝怎么会跑到外星人中间呢?难道她和外星人是同伙?跳跳猴丈二和尚摸不着头脑。他来不及多想,从会议室里抓起一把椅子,高高地举在头顶,时刻准备砸向来犯的外星人。看到跳跳猴的凶相,外星人不敢前进,只是聚集在门口怒视着跳跳猴等五个人。

笨笨熊走上前来,示意跳跳猴把手里的椅子放下。他问张贝贝:"你为什么跑到外星人中间?"

张贝贝回答:"我就是外星人。"

听到张贝贝的回答,跳跳猴、笨笨熊、白桦和李瑞都不约而同地"啊"了一声。白杨想起了她冷不防回到宿舍时张贝贝突然戴上了假发的情景,想起了在窗外听到的嘀嘀嗒嗒类似发报的声音……她为自己对这些异常现象没有警觉而感到羞愧,为没有及时发现张贝贝的真实身份而感到自责。

就在双方对峙的时候,智者领着一个外星人从会议室的旁门进来了。这时,一群外星人"哇"地叹了一声,脸上露出欣喜的神情。跳跳猴等朝智者的方向望去,奇怪,站在智者身旁的外星人竟然是阿里。

智者微笑着伸出两只手朝下压了压,示意跳跳猴等和站在门口的一伙外星人坐下。

跳跳猴等虽然坐了下来,但是他们不理解阿里为什么会和智者在一起,不理解智者为什么对外星人如此友好。

这时,智者对跳跳猴等讲道:"大家不要对峙了,我来介绍一些情况。站在我身边的叫阿里,是前些天被你们俘虏的。"

跳跳猴急忙说:"我们俘虏的不是阿里。"

智者说:"在你们发生冲突的那一天,阿里化了装,为的是不让你们认出来。这几天,我通过阿里了解到张贝贝也是外星人。"

说到这里,智者朝坐在外星人中间的张贝贝看了一眼。

接着,智者继续说道:"前几天,外星人抢了你们的旅行日记。他们之所以直奔《生命档案》而来,就是因为张贝贝发送了情报。阿里还告诉我,他们在小精灵的身体里和小黄的项圈上都安装了定位器。因此,他们才能一直对你们紧追不舍。

"在生物旅行的过程中,你们和外星人发生了几次摩擦和争斗,我也曾对他们造访地球的目的有过各种猜测。但是,通过这几天和阿里的接触,我了解到,外星人来到地球只是进行地球生物考察,并没有其他恶意。"

听了智者的话,现场的气氛缓和了下来。外星人和跳跳猴等互相注视着,不过,眼光中只有探究,没有敌意。

顿了顿,智者问阿里:"你告诉我和你一起的只有七八个人,今天怎么到了这么多呢?"

阿里连忙指着沙里、他里和亚里等解释道:"我和巴里、查里等来自天王星和地王星,这几位弟兄来自海王星。我和这几位弟兄也是第一次见面呢。"

接着,他问巴里:"你们是如何和海王星的弟兄们会师的呢?"

巴里站了起来,讲述了他们和沙里一行的故事。

原来,阿里被俘后,天王星和地王星小分队的外星人没有了首领。巴里等谋划着营救阿里,但又深知势单力薄难以取胜。这时,他们想到了从未谋面的来自海王星的弟兄。可是,虽然沙里的人曾经去基地参观过,并且承诺要尽快领弟兄们和阿里等会合,但在走后即杳无音信。糟糕的是,当时没有问沙里等在地球上的住址。这时,张贝贝发来了情报,说她从跳跳猴等的言谈中得知沙里等海王星的弟兄住在了"神奇的感官"主题动物园。

巴里和查里即刻动身按照张贝贝描述的地址去找沙里一行。当他们到达目的地时,已经是黄昏时分。正在为晚上没有睡觉的地方而犯愁,两个人发现半山腰的树林里有一个山洞。因为不知道这山洞里是住着人还是关着动物,两个人蹑手蹑脚地往上爬。就在爬到洞口时,他们隐约听见里面有人在说话。

一个粗嗓门的人说:"沙里,阿里他们走了好久了,怎么还不来呢?"

一个嗓音沙哑的人说:"也许他们碰到了什么麻烦,再等几天吧。"

巴里低声对查里说:"巧了,这里面说话的人应该就是沙里他们。"

查里迟疑了一下,说:"可是,说好了他们去找我们的,怎么他们刚才说等我们来找他们呢?"

巴里说:"别着急,听他们还说些什么。"

这时,一个细嗓门的人说:"沙里,你为什么不把阿里领到我们的洞里来作客呢?"

嗓音沙哑的人说:"他在见到我们后便急着去叫他们的同事。可谁知道,这一走便没有了下文。"

听了洞里的说话,巴里和查里如坠入八百里云雾之中。

少顷,那个细嗓门的人又说:"不管怎么样,天已经黑了,阿里他们今天也不会来了,我们睡觉吧。"

话音刚落,一个人影从洞口出来。一看到伏在洞口的巴里和查里,他立即停了下来,用尖细的嗓门问道:"你们是谁?"

查里没有思想准备,说道:"我们是巴里和查里,是阿里派我们来找你们的。"

"细嗓门"朝洞里兴奋地喊道:"沙里、他里,阿里派人来找我们了。"

话音刚落,有两个人从洞里冲了出来。一个人用沙哑的嗓音问道:"亚里,你刚才喊什么?"

看来,刚才喊沙里和他里的人叫亚里。他激动地说:"沙里,说曹操曹操就到,阿里派人来找我们了。"

在苍茫暮色下,沙里仔细看了看巴里和查里,警惕地问:"你们是谁?"

巴里说:"我叫巴里,他叫查里。"

沙里对两个同伴说:"这两个人不是巴里和查里。"

巴里说:"我们是跑大老远专门来找你的,怎么可能骗你们呢?"

沙里坚定地摇了摇头,说:"我前一段见过阿里、巴里和查里,别哄我了。"

这时,巴里也发现眼前的人没有一个是他在基地见过的沙里。双方都愣在了那里。

少顷,沙里对身旁的他里和亚里说:"说不定,这两个人是来抓我们的地球人。把他们抓起来!"

生物科学研究院

　　沙里、他里和亚里一起扑了上来，巴里和查里奋力反抗。但是，终因寡不敌众，他们被沙里三人反扭了胳膊，推进了洞里。

　　沙里燃起蜡烛，拖着长调问道："你们说你们是阿里一伙，有什么证据呢？"

　　巴里挣开拧着他胳膊的他里，将帽子一脱，露出了头上两个尖尖的突起。他愤慨地说："这不是证明吗？反倒是我们怀疑你们不是沙里一伙。"

　　看到巴里头上的突起，沙里愣了一下，对他里和亚里大声喊道："弟兄们，我们上地球人的当了。"

　　"什么？你说什么？"他里和亚里愕然。

　　沙里非常肯定地说："前一段我们遇到的三个人不是阿里、巴里和查里，是地球人。"

　　巴里对查里说："这么说来，曾经去基地的沙里是地球人假扮的？"

　　知道受骗后，来自天王星和地王星的巴里、查里一伙与来自海王星的沙里一伙集合在了一起。然后，靠着张贝贝发来的电报跟踪到了雾山，接着又来到玉皇顶。

　　听了沙里的故事，智者说："其实，地球人和外星人不应该成为敌人。外星人希望了解地球，地球人也需要了解外星。今天，你们就和外星人一起到外星旅行吧。"

　　白杨兴奋地说："太好了，我要看寂寞嫦娥舒广袖。"

　　跳跳猴兴奋地说："我要喝吴刚捧出的桂花酒。"

　　智者笑了笑，说："不管吴刚是否会捧给你们桂花酒，当你们从外星考察回来的时候，我是会备下酒席为你们接风的。"

红楼梦醒

　　却说雷达在生命档案馆入迷地看着石书,公园里的树叶黄了又绿,绿了又黄,他竟然浑然不觉。

　　就在听到智者说的:"我是会备下酒席为你们接风的"这句话时,他听见一阵嘈杂声。抬头一看,在石书的尽头,有六个人。

　　见到雷达在看石书,大家都围了上来。经过介绍,雷达才知道这六个人便是那石书里的跳跳猴、笨笨熊、白桦、李瑞、张贝贝和白杨。他们刚刚完成石书的雕刻,一个个身上沾满了石渣。

　　介绍完毕,跳跳猴在雷达的肩膀上重重捶了一下,兴奋地说:"老兄,知道吗?你是《生命档案》这部石书的第一位读者。"

　　雷达感到很疼,从梦中醒了过来。睁开眼一看,自己是在松山顶的红楼上,站在面前的,不是跳跳猴,而是和他一起游览松山的小飞。

　　原来,自己在红楼做了好长时间的梦,刚才挨的一拳,是小飞打的。

　　小飞对他高声喊:"老兄,睡饱了吧。太阳要落山了,我们该回去了。"

　　雷达揉揉惺忪的睡眼,朝西边看去,已经隐去半个脸盘的太阳,将西天的云彩染得火红火红。

后　记

　　人是地球上最高等的生物,但进化论告诉我们,贵为万物之尊的人类是从简单生物进化而来的。研究发现,在人类的染色体中竟然保留着老鼠99%的基因。这么说来,在进化阶梯上看起来与人类相差甚远的老鼠竟然是我们的近亲。正是因为这一点,决定了老鼠的生理和疾病发生与人类具有高度的相似性。这就难怪许多医学实验要用小白鼠来做。

　　人,不论经商务农,为官为民,都需要对自己的身体有所了解;作为以看病为业的医生,更需要深层次地认识人的生理和疾病。要了解一个人,需要调查他的家庭乃至社会关系。同样道理,要真正认识人,最好进入人类身处其中的生物大家庭。这样,才能避免"不识庐山真面目,只缘身在此山中"。

　　正是因了这一点,我在从医的业余时间广泛涉猎生物学书籍。阅读之余掩卷深思,使我对人的生理及疾病有了新的认识,此外,对临床工作以及科研也不无裨益。

　　有所收获和受益后,便想告知同道,告知身边尽量多的人。但怎样让大家感兴趣呢? 思索良久,想到了将生物学知识编在故事中,写成童话。

　　但文学不是我的特长,为了补拙,只能对情节进行一次又一次的构思,对文字进行一次又一次的修改。上中学时,老师讲到某某人对作品三易其稿,便认为写个东西颇为不易。为了写这部科普童话,我历时八年,前后十二次修改。可以说是下了一点工夫的。但是说实在的,我对付印的稿子仍然不甚满意。不过,已经江郎才尽了。但愿读者在吸收知识的同时有一点情节相伴,不至于感到太枯燥。同时,也希望在写长篇科普童话方面做一点探索。

　　书中有不少生物学知识的插图,刘怡为这些插图付出了很多心血。另外,本书稿的修改得到中国科技出版社(中国科普出版社)张楠、周倩如、鲍峰等老师的大力指导和帮助,在此表示真诚的感谢。

作者　王怀秀

生命档案（一）

穿越时空隧道

山西出版传媒集团

山西人民出版社

图书在版编目（ＣＩＰ）数据

穿越时空隧道 / 王怀秀，王如瑛著. -- 太原：山西人民出版社，2014.7

（生命档案；1）

ISBN 978-7-203-08607-9

Ⅰ.①穿… Ⅱ.①王… ②王… Ⅲ.①生命科学—儿童读物 Ⅳ.①Q1-0

中国版本图书馆 CIP 数据核字（2014）第 146080 号

穿越时空隧道

著　　者：王怀秀　王如瑛
责任编辑：刘小玲
助理编辑：张志杰
装帧设计：昭惠文化

出 版 者：山西出版传媒集团·山西人民出版社
地　　址：太原市建设南路 21 号
邮　　编：030012
发行营销：0351—4922220　4955996　4956039
　　　　　0351—4922127（传真）　　4956038（邮购）
E — mail：sxskcb@163.com　发行部
　　　　　sxskcb@126.com　　总编室
网　　址：www.sxskcb.com

经 销 者：山西出版传媒集团·山西人民出版社
承 印 厂：太原市金容印业有限公司

开　　本：787mm×1092mm　　1/16
印　　张：99.75
字　　数：1800 千字
印　　数：1—1000 册
版　　次：2014 年 7 月　第 1 版
印　　次：2014 年 7 月　第 1 次印刷
书　　号：ISBN 978-7-203-08607-9
定　　价：100.00 元（全四册）

序　言

本丛书以雷达小朋友做梦的方式对生物学知识进行了比较系统的科普介绍。

为什么要采取做梦这种方式呢？

通过做梦这种方式，可以使书中的主人公不受时间和空间的限制，扩大活动的范围；可以使书中的主人公不受行为方式的限制，增加探索知识的手段。这样，使得本书能够对生物学知识进行广角度的介绍。

通过做梦这种方式，还可以将主人公的活动赋予情节。这就使得本书具有一定的故事性。这样，或许可以起到提高兴趣和增进记忆的效果。

作者在编著本丛书过程中参考了初中、高中生物学教材、大学生物学教材《普通生物学》、课外读物《动物趣谈》、《植物大观》、《十万个为什么》"动物分册"和"植物分册"、《微生物猎人》、法布尔的《昆虫记》和《科学的故事》以及达尔文的《物种起源》和《人类的由来》等著作，对生物学知识进行了比较系统的介绍，适合中学生作为生物学课外读物。

人类是高度进化的生物，是生物金字塔的塔尖。以人类健康为主题的医学科学是在生物科学发展的基础上发展起来的。不是这样吗？单从人类传染病来说，没有微生物学的开拓和进步，人类就不会认识传染病的元凶；没有微生物产生的抗菌素，人类就不能有效控制致病细菌；认识不到蚊子是传播疟疾的媒介，人类就不知道如何切断疟疾的传播途径……一个医学工作者，不论他是临床医生，还是医学科学工作者，假如具有坚实的生物学基础，他就会从不同于别人的视角观察和思考问题。这样，他在科研实践中就站在了比同行高一截的高度，他在设计课题的思路方面就有可能独辟蹊径。因此，本丛书同时也适合医学工作者阅读。

书中还对某些生物学观点提出质疑，对某些领域提出挑战性课题，对某些现象提出思考。这些质疑、课题以及思考中的观点都是不成熟的，在书中写这些，为的是活跃读者的思路，启发读者进行思考。说真的，期望起到一个抛砖引玉的作用。

20世纪，信息科学技术发展迅速，带动人类的生产和生活方式发生了巨大变化。在20世纪与21世纪之交，生物学取得了重大成就：多种动物被成功克隆，人类基因组框架草图被完成……许多科学家预言，21世纪，将是生物学飞速发展的时期。希望这套丛书能为正在建设的生物学大厦加一片瓦，为汹涌澎湃的生物学大潮添一朵小小的浪花。

情节介绍

雷达在一次郊游时入梦。梦中,他进入"生命档案馆",读到一部《生命档案》石书。石书的主人公跳跳猴由一块仙石变成,他酷爱生物和旅游。一次,跳跳猴偶遇笨笨熊,并与笨笨熊一起参加了智者的生物学讲座,了解了地球生物的分类。

在讲座结束时,一位中年老师告诉大家最近有一队外星人来到地球对生物进行考察。如果外星人对地球生物的知识超过人类,就有可能取得对地球的控制权并奴役人类。为了避免这一场灾难的发生,人类必须对地球生物进行抢救性的调查和研究。得知这一消息,参加讲座的学员群情激奋。大家组成几支小分队,立即出发进行生物旅行。

跳跳猴和笨笨熊被编在一个小分队,旅行的第一站,他们参观了生物博物馆,对地球生物这个大家族有了基本了解。

在参观完生物博物馆后,跳跳猴、笨笨熊遇到了正在进行夏令营的师生,他们一起游览了各种生态环境。在一次生物旅行小分队所举行的讲座上,他们了解了生物圈的知识以及物质代谢和能量代谢的规律,认识到了环境保护的重要性。此外,笨笨熊还记下了生物旅行的路线图。

按照路线图,下一站要去欧洲和美洲访问早已作古的生物科学家。但是,如何才能回到19世纪呢?拆了智者临行前送给的锦囊,他们才知道需要到灵空山去拜访古今老人。跳跳猴和笨笨熊在灵空山历经数载,习得了穿越时空隧道的法术,飞到了19世纪的欧洲。

首先,小哥俩对科赫、巴斯德等微生物学家进行采访,目睹了科学家对微生物以及疫苗进行研究的艰难历程。

在采访微生物科学家后，跳跳猴和笨笨熊又穿越时空隧道来到法国跟随法布尔观察昆虫。在法布尔先生的荒石园里，他们饶有兴趣地观看西绪弗斯虫百折不挠地滚粪球，一连几日观察松毛虫循规蹈矩地在缸沿上转圆圈……通过采访法布尔先生，小哥俩不仅了解到不少关于昆虫的知识，更重要的是受到科学家善于观察、严谨求实学风的熏陶。

离开法布尔先生，跳跳猴和笨笨熊又先后到美国得克萨斯州与史密斯一起研究得克萨斯牛瘟，到乌干达和布鲁斯一起研究昏睡病，到古巴的战场上和里德一起研究黄热病。最后，他们又跟随罗斯和格拉西等一起研究疟疾。通过朝夕相处的工作，他们不仅了解到昆虫可以传播传染性疾病，还深切地感受到科学家为科学献身的高尚精神。

智者

    智者与地球同寿,见证了地球上生物产生和进化的历程。那突出的前额中蕴藏着无尽的知识，那细密的皱纹记载了他丰富的阅历，那银须长袍给人一种仙风道骨的感觉。在本丛书中，无所不知的智者为同学们讲述生物分类和生物学基础知识。

跳跳猴

跳跳猴由花果山中曾孕育了孙悟空的一块仙石变成。他诚实守信，乐于助人，讲义气，喜爱旅游和大自然中的生物，但性子急，做事粗心大意。在学校期间，曾有一段时间沉迷网络游戏。总体来说，跳跳猴是一个本质上不错、但有点缺点的中学生。

与《尼尔斯骑鹅旅行记》中的尼尔斯相似，在与笨笨熊、白桦、李瑞及小精灵等的旅行过程中，跳跳猴经历了许多艰难险阻，不仅增长了知识，而且磨炼了意志。

—— 笨笨熊 ——

　　笨笨熊是智者的优秀学生，具有丰富的生物学知识。他性格沉稳，足智多谋，但胆子小，行动笨拙。在旅行途中，他向跳跳猴讲述生物学的知识，并就一些生物学课题与跳跳猴进行讨论。

目　录

松山行

"五一"那天早上，当太阳刚刚从东山后露出红红的脸蛋时，雷达就一边穿衣服，一边从家里急匆匆地跑了出来。今天，他要和小飞到两公里外的松山去郊游。

一步几个台阶，下到单元楼门口，小飞已经在那里了。

雷达气喘吁吁地对小飞说："老兄，让你久等了吧？就要出门了，老妈一个劲地叮嘱，好像我是要到外星似的。"

小飞没有回答，而是盯着雷达的一身猎服问道："今天计划打些什么回来呢？"

雷达神秘地笑了笑，说："看运气吧。"

说完，便拽了小飞，匆匆上路了。

雷达和小飞是初中的同班同学，很要好的朋友，两人都十四岁，只是小飞比雷达早来到这个世界十几天。因此，平时两人便以兄弟相称。

弟兄俩都酷爱小动物，小飞家养了鸽子，雷达家养了兔子和小狗。尤其是雷达，在路旁发现一群蚂蚁也能蹲下看上半天。没事的时候，他俩总是凑在一起。交谈的主题，离不开他们养的小动物。

雷达酷爱文学，尤其是中国古典文学。《西游记》《三国演义》《红楼梦》和《水浒传》等名著他读了许多遍。课余时间，总是有许多同学围在他周围缠着他讲故事。

此外，他还喜欢阅读和收集不明飞行物（UFO）的资料。他有不少有共同爱好的朋友，有空的时候，他们便凑在一起聊 UFO……

本来，春天开学时，雷达和小飞就约好在桃树、杏树开花时到学校附近的山上郊游，到那里看小草的春风吹又生，看火树银花……但每个周末都有做不完的作业，一直未能成行。

今天，好容易盼到了五一劳动节放假，总算能实现他们郊游的梦想了。

昨晚下过一场小雨，早晨刚停，空气格外清新。平时每天待在沉闷污浊的教室里,老是昏昏欲睡。今天,他们就像长期被关在笼子里的小鸟重获自由一样,一边蹦蹦跳跳地走,一边大声喊叫,心情说不出的轻松。

不知不觉,便到松山脚下了。一条小溪蜿蜒曲折地从两座山包间淌了出来,透过清澈的河水,可以看到手指大小的小鱼在水草间悠闲地游弋。

"我们抓几条小鱼回去吧,我带着瓶子呢。"雷达一边说,一边把双肩包从肩上卸下来递给小飞。接着,三步并作两步冲到了小溪旁。

小飞还没有反应过来,便听得"哎哟"一声,循声望去,只见雷达一下子矮了一截。

怎么回事呢?小飞定睛一看,雷达陷在了小溪旁的泥沼里。小飞丢下手里的包,冲到河堤上。哎哟,淤泥已经没到了雷达的大腿根。

小飞试图向雷达靠近,雷达大声喊道:"别过来,过来你也会陷下去的。"

可是,怎么能不管朋友呢?小飞急得团团转。一仰头,河岸边一棵柳树映入眼帘。小飞灵机一动,嗖嗖爬上树,折了一枝树枝。他把树枝的一头递给雷达,一头死死地攥在手里,大声喊道:"拉着树枝往上爬!拉着树枝往上爬!"

雷达双手拉着树枝,被小飞一点点地从淤泥里拽了起来。他冲着小飞憨憨地说:"谢谢老兄救命之恩。"

小飞望着雷达两条泥腿说:"谢倒是用不着,只是有点遗憾。"

"遗憾什么呢?"雷达一边清理着腿上的泥巴,一边抬起头问。

小飞说:"遗憾没有带相机。要是我带着相机,一定要把你这狼狈相拍下来,让大家看看。"

雷达做了一个鬼脸,说:"你是为陷在泥里的不是张燕而感到遗憾吧?那样,你就是救美人的英雄了。"

雷达说的张燕是他们班里的女班长,也是大家公认的班花。

小飞在雷达背上重重地捶了一拳。接着,他从地上捡起旅行包,拉着雷达向山里走去。

从山间小道上举目四望,满眼苍翠。令人惊叹的是,在峭壁的岩石缝中,竟然钻出一棵棵松树。那树干蜿蜒曲折,像久经沧桑的老人,见证着这山间的寒来暑往,看护着这里的众多生灵。

到山脚了,小哥俩离开山间的小路,一头钻进树林中。树下铺了一层厚厚的树叶,踩上去像棉絮一样,散发出一股腐叶特有的气味。阳光从稠密的树枝树叶间筛了下来,斑斑驳驳洒在林间的地上。微风吹来,树枝轻轻摇动,地上的光斑也摇曳不定,像是风吹湖面时的波光粼粼。

不觉间,小哥俩来到了一个小山包的山顶。从山顶向山下望去,只见三三两两的大人和小孩不紧不慢地朝松山走来。今年,县政府把松山规划为生态公园。但因为尚未开发,距大城市又较远,虽是假期,也没有像旅游景点一样人头攒动、车水马龙。这使得松山保持了它的原生态,来这里的游人可以尽情地放松,充分享受森林的气息和宁静。

爬山爬累了,雷达择了一块平地坐下。这时,一只小鸟不知在什么地方声调或高或低地鸣叫着。他侧耳听了一会,压低声音对小飞说:"听,这是杜鹃在叫。"

小哥俩仰着脑袋在树木间寻找起来。看见了,一只杜鹃就栖在头顶的树枝上。雷达站了起来,从猎服的口袋中掏出弹弓和石子,朝杜鹃射去。突然,鸟鸣止了。雷达和小飞仰头望去,刚才还唱歌的杜鹃从树枝上扑簌簌掉了下来。"谁捡到便是谁的。"小飞一边笑着喊叫,一边朝着鸟儿下坠的方向冲去。不巧,杜鹃架在了途中的树枝上。小飞看着就要到手的猎物,脸上现出一副失望的表情。雷达卸下肩上的背包,像猴子一样飕飕地爬上树,将架在树枝上的杜鹃扔了下来。接着,又顺着树干溜到地面上。他潇洒地挥了一下手,说:"抢什么?送给你了。"

杜鹃落地时,"啪"的一声,从林间惊出一只猴子。那猴子噌噌地爬到了树上,在离地约十几米的高处回过头来向下看着。雷达对着猴子又拉开了弹弓。大概是打中了,猴子叫了一声,迅速爬向树梢,隐了浓密的树枝中。

雷达回过头来,将那只被击落的杜鹃装在背包中。

小飞说:"今晚上,我们有野味了。"

雷达捶了一下小飞的脊背,说:"就知道吃!"

小飞说:"那还能干什么呢?"

雷达说:"我要制作一个杜鹃的标本。"

听了雷达的话,小飞突然想起来在雷达的书柜上摆着许多鸟的标本。这次郊游后,雷达的标本库又要增加新的成员了。

接着,小哥俩兴致勃勃地翻下山包,向松山的主峰爬去。在主峰的顶部,有一座塔式红楼。天气晴朗的时候,从县城里也可以看到青山之巅的那座建筑。听来过松山主峰的同学讲,站在红楼的高处,可以俯瞰松山的全貌。因此,他们在出发前就约定要上到山顶的红楼。

坡太陡了,而且没有路,只能拨开灌木丛往上走。大约中午时分,终于爬到了山顶。小哥俩看见,那红楼一共有三层,每一层的周围都围着一圈栏杆。红楼上,已经有两三个捷足先登者在登高眺望。

顺着楼梯上到顶层,小哥俩坐在石凳上凭栏远眺。眼底大大小小的山包上,一片郁郁葱葱;对面山坡上,各种果树盛开着一簇簇红色和白色的花;山脚下的农田里,农民吆喝着耕牛在田间劳作;远处的县城被笼罩在薄纱一般的烟雾中……

小飞感叹道:"多美的春光图啊!"

雷达不语,两只眼睛怔怔地望着远方,好像在想着什么。

小飞问:"喂,你在想什么呢?"

雷达回过神来,说:"我在想,如果我们的生物课能到这大自然里来上,该有多好啊!"

"我们只能在梦里憧憬了。"小飞叹息道。

接下来,小哥俩不再说话,只是默默地欣赏着山下的美景。

小飞说得对,每次上生物课,同学们只能从图片上认识本来充满生机的花草树木,只能通过文字描述想象那水里的游鱼、林中的猛兽和空中的飞鸟……有一次,小飞想象得太专注了,两眼怔怔地望着教室的天花板。老师看见他走神,偏偏让他起来回答问题,他竟然不知道老师问了什么。坐在前排的张燕回过头来看他,弄得他满脸通红,一直红到脖子根。

不知是由于爬山的劳累,还是别的什么原因,看着看着,雷达眼前一片朦胧。朦胧中,山里的树木、花草、鸣禽、走兽……老是萦绕在脑海中。它们不断幻化,五光十色,美轮美奂,宛若仙境……

雷达进入了梦乡。

梦游"生命档案馆"

在梦中,雷达似乎长了翅膀。他飞过一片片田野,掠过一座座青山,耳朵边呼呼风响。突然,不远处山脚下出现了一座古典建筑群。那些建筑红墙金瓦,飞檐斗拱,掩映在绿树丛中。

多美的景色啊!他惊叹着降落在建筑群前的地面上。眼前,是层层叠叠的石头台阶。在高高的台阶尽头,坐落着一座古色古香的宫殿。宫殿旁,祥云缭绕。

雷达拾阶而上,到达宫殿前,只见殿前挂着一块横匾,上书"生命档案馆"几个遒劲有力的大字。雷达将馆门吱吱呀呀推开,只见里面坦坦荡荡一片花园。花园里,静静地淌着一条弯弯曲曲的小河。

刚走近河边,从芦苇丛中驶出一只小船。船夫头上戴着斗笠,手里撑着一根竹篙,胸前飘着长长的银须。

雷达拱了拱双手,问道:"老伯,请问这条河通到哪里?"

船夫没有说话,只是将头偏了偏,示意他上船。雷达一个箭步跳上船头,船夫用竹篙轻轻点了一下,小船便轻盈地离开河岸。前面,一群鸭子在河里悠闲地戏水,不时撅起屁股钻到水里去觅食。小船驶近时,它们叫着游到两边的草丛里。大概想看看河里的鸭子发生了什么事情,几只麋鹿一路小跑,来到岸边驻足观看。

穿过几座拱桥,眼前是一堵柳丝织成的墙。看来,这里便是终点了。雷达心里一边想,一边踏上船头准备上岸。这时,船夫用竹篙在河底使劲一点,小船如箭一般向前冲去。雷达还没有弄清楚是怎么回事,小船已经钻到柳丝幕墙里。哇!原来是两岸的垂柳将河面严严实实地遮了起来。柔软的柳枝轻轻地拂过面颊,掠过头顶,沐浴在浓密柳丝里的雷达好不惬意。

驶过长长的林荫道,豁然一亮,眼前出现一个荷塘。塘面上铺满了荷叶,一朵朵绽开的红花点缀在其中。小船拨开荷叶和荷花,在一个石阶砌成的码头旁停了下来。船夫将头向岸上偏了一偏,仍然一言不发。

雷达上了岸,向船夫拱手作揖道过谢,向花园里走去。奇怪,花园里的花草树木雷达从来没有见过。更奇怪的是,那花草之间,排列着一排又一排青石板,宛如一片汪洋。

雷达纳闷,那殿前明明写着"生命档案馆",怎么会是满园花草和青石板呢?他走进花草丛,俯下身来仔细一看,只见一块块石板上镌刻着文字和图画。第一块石板上,赫然写着"生命档案"四个大字。

原来,这是一部书名为《生命档案》的石书。

跳跳猴出世

觉得好奇,雷达从第一块青石板开始,仔细读来:

话说许久之前,世界分为四大部洲:东胜神洲、西牛贺洲、南赡部洲和北俱芦洲。在东胜神洲海外,有一个傲来国。在傲来国近海处,有一座花果山。在花果山上,有一座高三丈六尺五寸的仙石。在仙石中,有一仙胞。忽一日,仙石崩裂,产一石卵。这石卵,见风化作一只石猴。这石猴,便是后来大闹天宫又护卫唐僧西天取经的孙悟空。

在仙石崩裂产下石卵时,一块碎石蹦到山顶。过了许多时日,这碎石,感日精月华,受天地之气,竟然变成一个男孩。

这男孩身材瘦削,耳大齐肩,两耳长满毵毛,而且会动。出世之后,他遍游名山大川,后来,定居在一个叫做云雾山的大山里。他整日在山间以野果充饥,以树枝为床。因每日与山间的动物相伴,他能用手语与猴子交流,能用鸟语和林中的各种鸟说话。

一天,男孩被上山砍柴的樵夫遇见,带回家中。说是家,实际上是山腰中的一个山洞。这樵夫,极有学识,上知天文,下知地理,对历史和中国古典文学很有研究,只是因为生活中遭受了一些挫折,灰了心,独自一人隐居到了大山中。樵夫把男孩收为义子,闲暇时便给他说笑话,讲《红楼梦》、《水浒传》、《三国演义》和《西游记》。本来,男孩像猴子一样,坐不稳,但父亲讲故事时,竟然一动不动,听得如醉如痴。他崇拜孙悟空的七十二变,佩服梁山好汉和《三国演义》中刘、关、张。

到上学年龄了,父亲把他送到山下的一所寄宿学校去上学。在山里的时候,父亲一直没有给他起名字。到学校了,老师问他姓名,他一个劲地摇头。因他走起路来蹦蹦跳跳,没事的时候总是抓耳挠腮,一身猴气,与他相处甚好的几个同学便叫他跳跳猴。打那起,跳跳猴便成了他的名字。

本来,跳跳猴天资聪颖,学习成绩一直名列前茅。由于他酷爱生物,还是班里的生物课代表。但在上到初中一年级第二学期时,他迷恋上了网络游戏,经常在宿舍里玩游戏到深夜。白天上课时,他昏昏沉沉,脑海中老是出现网络游戏中打斗的场面。老师看见他老是走神,常常对他进行课堂提问。结果,他不是回答不上来,就是答非所问。

为了戒除他的网瘾,父亲把他带回了山上的家中。家里没有计算机,自然不能上网。父亲每天要上山砍柴,挑到镇上去卖。跳跳猴一个人在家里闷着发慌,便常常着一身猎装,带着弹弓上山打猎。

三遇笨笨熊

一天,父亲又上山砍柴去了,跳跳猴躺在离山洞不远处的一块青石板上晒太阳。周围,是各种各样的花草树木;头顶的树上,不知名的鸟在唱着歌。耳闻目睹着鸟语和花草,他呆呆地想,世间的树木花草、飞禽走兽有多少种类呢?草木在春天冒出新芽,秋天树叶凋零,是谁在给它们发号施令呢?……

正在沉思默想,山坡下传来"救命!救命!"的声音。跳跳猴一个鲤鱼打挺站了起来,循声望去,只见下面大约百十步的地方站着一个小伙子和一个中年男子。一只大虫正朝着他们走去,那步态里,透出一种猎物即将到口的自信和从容。糟了,这大虫要吃人。跳跳猴扯开弹弓,朝着大虫的眼睛射去。大虫突然停止了前进,大吼一声,摇头晃脑地在原地乱转。

跳跳猴朝小伙子和中年男子大声喊道:"快跑!快跑!"

小伙子撒开双腿,慌不择路地向山里奔跑。中年男子没有动,大声向跳跳猴喊道:"你也快跑!"

跳跳猴急忙回答:"不要管我,你们快跑!"

说完,他又扯开弹弓,瞄准大虫的另一只眼睛。大虫发现了跳跳猴,向他猛扑了过来。跳跳猴见状,连忙噌噌地爬上身边的一棵松树。大虫仰头望着树上的跳跳猴,咆哮着在树下转圈子。

跳跳猴在树上朝中年男子喊道:"快跑,大虫不会上树,我没事的。"

"谢谢了!"中年男子向跳跳猴喊了一声,急急向前面的小伙子赶去。

大虫在树下乱转,跳跳猴却在树梢悠闲地摘松塔吃。看看拿树上的小孩没有办法,中午时分,大虫一步三回头地怏怏离去。

不知道为了什么,从那以后,只要不下雨,跳跳猴每天都要到青石板上晒太阳。不时,还不由得瞅一眼那天小伙子和中年男子走过的山道。

七天后的一个上午，跳跳猴又来到树丛中的青石板上晒太阳。突然，他发现下面的山道上走来一个人。待那人走近，仔细一看，正是那天被他救过的小伙子。大概没有发现隐在树丛中的跳跳猴，那小伙子一边神色紧张地四处张望，一边急急赶路，不久便消失在山腰上的拐弯处。

这小伙子一次又一次地去大山里干什么呢？跳跳猴呆呆地想了一阵，想不出答案。

从第二次见到小伙子以后，不管刮风还是下雨，跳跳猴每天都要到那块青石板上，眼睛盯着那天小伙子和中年男子走过的山道。

再过七天后的一个上午，正在青石板上闲坐的跳跳猴又发现下面的山道上走来一个人。待那人走近，仔细一看，还是那天被他救过的小伙子。

这伙计每隔七天就要到大山里一次，一定有什么蹊跷。这次，要问他个究竟。跳跳猴一边想，一边向那小伙子冲去。

听到林子里发出沙沙的声音，正在赶路的小伙子一边声嘶力竭地喊救命，一边朝着大山深处跑。

跳跳猴冲着小伙子的背影喊道："别害怕，不是大虫。"

听了喊声，小伙子气喘吁吁地停了下来，回头望着追上来的跳跳猴。

突然，他惊喜地喊道："那天是你救了我们吧？"

跳跳猴没有吭气，只是憨憨地笑着点了点头。

小伙子一个劲地说："谢谢你了，谢谢你了。"

跳跳猴注意到，眼前的小伙子身体肥胖，穿学生装，戴一副宽边黑框眼镜，一副文质彬彬的样子。

他问道："你总是到山里面干什么呢？"

小伙子说："到里面的生物博物馆听讲座。"

"什么？这大山里有生物博物馆？"跳跳猴惊讶地问。虽然他在这座山上生活了很长时间，但从来不知道大山深处竟然有一座生物博物馆。

"是的。这座生物博物馆每个礼拜举办一次生物讲座。"小伙子回答道。

"带我去好吗？"听说有生物学讲座，热爱生物并且久违了课堂的跳跳猴燃起了强烈的求知欲望。

"好啊！我们一起走吧。"

两个人一边走，一边聊了起来。聊天中，跳跳猴得知这小伙子在大山外的一所中学上高中，由于他身体臃肿，动作笨拙，同学们都叫他笨笨熊。他很喜爱生物，经常利用周末来这里听老师讲生物课。

不知走了多少时辰,他俩来到了山沟尽头。在山谷里的一块平地上,坐落着一个古建筑群。笨笨熊告诉跳跳猴,这便是生物博物馆了。

他领着跳跳猴穿过了许多亭台楼阁,来到古建筑群深处的一个大厅。大厅的一角,有十几个人坐在带书写扶手的椅子上。在他们前面的讲台上,站着一位鹤发童颜、精神矍铄的银须老者。特殊的是,他前额鼓鼓地向前凸了出来,活像神话中的老寿星。在老者的旁边,站着一位留着络腮胡的中年人。

看到跳跳猴进来,老者微微颔首并慈祥地笑了笑。跳跳猴向老者深深鞠了一躬,与笨笨熊在后排座位上并排坐了下来。

跳跳猴轻声问笨笨熊:"讲台上的人是谁呢?"

"智者。"

"智者?意思是很有智慧的人吧?"

"当然了。你没有看到他那突出的前额吗?那里边盛满了知识和智慧呢。"

"智者旁边的'络腮胡'是谁呢?"

"是智者的助手。有时也给大家讲课。"

"智者一定年纪很大了吧?"

"你没有看到他额头上的皱纹吗?那都是对岁月的记载。听说,每一条皱纹代表着一万年呢!"

跳跳猴注意地看了看智者的额头。真的,在那突起的额头上布满了无数条又细又密的皱纹。

"这样说来,智者的年龄要有几百万年了。"跳跳猴感到非常吃惊。

笨笨熊说:"远远不止。听说,他见证了地球上生物产生和进化的历史呢。"

听到这里,跳跳猴对眼前的老者油然生出深深的敬意。他想,今天随便一逛,竟然撞进了朝思暮想的生物博物馆。更为出乎意料的是,无意之中,竟然有幸遇到了阅历丰富、充满智慧的智者……

正在遐想之中,智者轻轻咳嗽一声。

笨笨熊捅了捅跳跳猴,轻声说:"对了,刚才忘了问你。请问你叫什么名字?"

跳跳猴摇摇头。

"没有名字?"笨笨熊一脸诧异的表情,"那么,有绰号吗?"

"人们总叫我'跳跳猴'。"跳跳猴压低声音说。

自己的名字叫笨笨熊，眼前的伙伴叫跳跳猴，笨笨熊感到很有意思。他不由自主地笑了笑，接着问："我可以叫你'跳跳猴'吗？"

"可以。"跳跳猴很干脆地回答。

这时，笨笨熊突然注意到了跳跳猴两只垂到肩膀的耳朵。

看到笨笨熊盯着自己的耳朵看，跳跳猴的脸红了，红到脖子根。其实，他并不介意别人叫他绰号，反而觉得大家叫他绰号要亲切一些，只是在发觉大家注意他的两只耳朵时便会感到不好意思。

看到跳跳猴脸红脖子粗的样子，笨笨熊将视线从跳跳猴的耳朵上移了开。

这时，智者说："好，跳跳猴到了，我们开始讲课。"

跳跳猴轻轻地"呃"了一声，心想，智者怎么会知道我叫跳跳猴呢？又怎么会等我到来之后才讲课呢？今天，怎么有这么多想不到的事情呢？

智者论道

这时,一个学生站了起来,向智者问道:"老师,我们所居住的地球是怎么来的呢?"

智者说:"老子曰:'有物混成,先天地生。寂兮寥兮,独立而不改,周行而不殆,可以为天地母,吾不知其名,强字之曰:道。'"

"这段话的意思是:在天地形成之前,太空中已然存在一种混沌的物质。这种物质没有声音,没有形状,按照自己的规律独立运行。正是这种无声无形的东西生成了天地,成为世间万物的根本。我不知道这种东西的名字,就勉强把它叫做'道'吧。"

旁边的一个小伙子低声对笨笨熊说:"这不是宇宙形成的星云假说吗?现代科学家才认识到的东西,公元前的老子怎么能知道呢?"

笨笨熊没有说话,微笑着摇了摇头。

这时,坐在跳跳猴前面的一个女生站起来问:"老师,我还是不明白混沌的物质怎么能变成天地和天地之间的万物。"

智者说:"老子曰:'道生一,一生二,二生三,三生万物。万物负阴而抱阳,冲气以为和。'

"老子告诉我们,在还没有天地的时候,只有一种混沌未分的气。后来,这种气分化成了阳气和阴气。阳气轻清上浮为天;阴气重浊下沉为地。这便是天地之始。在老子的《道德经》中,三为概数,是多的意思。阳气和阴气互相作用,生成了更多的物质。因此,便有了山,有了水……这山、水和空气等再互相作用,便生成了世间万物。"

少顷,一个中年男子问道:"天地之间本没有生物,现在世界上的万千生物是如何来的呢?在生物这个大家族中,有的物种消失了,有的物种在产生。这又是怎么回事呢?"

智者说："老子曰：'道生之，德畜之，物形之，势成之，是以万物莫不尊道而贵德。'老子又曰：'长之，育之，亭之，毒之，养之，覆之。'

"什么意思呢？'道'是世界的本源，它赋予了万物生命的种子，故曰'道生之'。但是，这些有生之物要适应自然才能成长和繁殖，不适应自然规律便会夭折和消失，恐龙就是因为不适应自然而灭绝的。适应自然称为'德'，故曰'德畜之'。总之，世间万千生物的存在和生长，既要有有形的物质，还要顺应自然的大势，故曰'物形之，势成之'。因此，'道'与'德'，是万物至尊至贵之物。

"地球上的生物生长发育，使得我们的世界五彩缤纷。故曰'长之，育之，亭之'。各个生物物种并不是互相独立的。有的物种之间互相争斗，比如羊吃草，狼吃羊；有的物种之间互相帮助，比如我们肠道中的细菌从食物残渣获得营养，人体从细菌获得维生素。世间的生物，不论是花草树木，还是飞禽走兽，虽然在有生时生机盎然，死亡后便被细菌分解，化作泥土。故曰'毒之，养之，覆之'。这里的'覆之'，并不是说生物彻底消失，而是构成生物的物质被分解后回归到了大自然。大自然呢？又反过来孕育新的生物。"

听了智者论道，跳跳猴明白了天地缘何而生，生物如何形成；懂得了生物顺势者昌，逆势者亡；知道了生物之间存在斗争与合作；还了解到了生物在宏观意义上的生死轮回。

好大一棵树

智者论道后,接下来给大家介绍生物的分类法。

所谓生物,顾名思义,就是自然界中有生命的物体。生物是一个大家族。从开花结果的植物,到活蹦乱跳的动物;从肉眼看不见的微生物,到几层楼高的大树和恐龙;从不起眼的小草,到具有高等智慧的人类,都是生物大家族的成员。

现在,地球上的生物有上千万种,贵为万物之尊的人类想把地球上的生物家底子整理一下。但是,人们惊讶地发现,这生物家族太大了,理不出头绪来。

怎么办呢?

思量再三,经常去图书馆借书的生物学家想到了图书馆里一排排的书架。

为了方便整理和借阅图书,人们把图书馆里的藏书分门别类:社会科学类、自然科学类、文学艺术类……

但是,每一类图书还是一大堆,读者借书时仍然要在书堆里找半天。于是,便把每一类图书进行再分类。比如,在自然科学下分了生物学、化学、医学……接着,又将生物学分为植物学、动物学……将化学分为无机化学、有机化学和生物化学;将医学分为内科学、外科学、妇产科学和儿科学……就说医学吧,内科学的书放在一个书架上,外科学的书放在另一个书架上,妇产科和儿科学的书分别放在第三个和第四个书架上……

这样,图书管理员对馆里的图书种类有了清晰的脉络。不论谁来借书,都能准确、快速地从书架上把要借的书找出来。

如果把地球上的万千生物比作图书馆里汗牛充栋的藏书,那么,每一种生物就相当于一本书。为什么不可以用管理图书的办法将地球生物梳理出个头绪呢?

于是,生物分类借鉴了图书馆的办法。

一开始,有人把植根于土壤中的花草树木归为植物界,把居无定所的生灵归为动物界,这种划分方法叫做两界分类法。

后来,人们发现把生物分成植物和动物两大界有问题。有些生物,比如草履虫和阿米巴原虫,它们既不是开花结果的植物,也不是跑来跑去的动物,不知道该扒拉到哪个界里才好。为了解决这个问题,人们给这一类生物起了一个新的名字——原生生物。这样,生物便被分为植物界、动物界和原生生物界三大界。

1959 年,一个叫做魏特克的生物学家根据细胞结构和营养类型将生物分为原核生物界、原生生物界、真菌界、植物界和动物界。这种分类法,从 1959 年一直沿用到了现在。

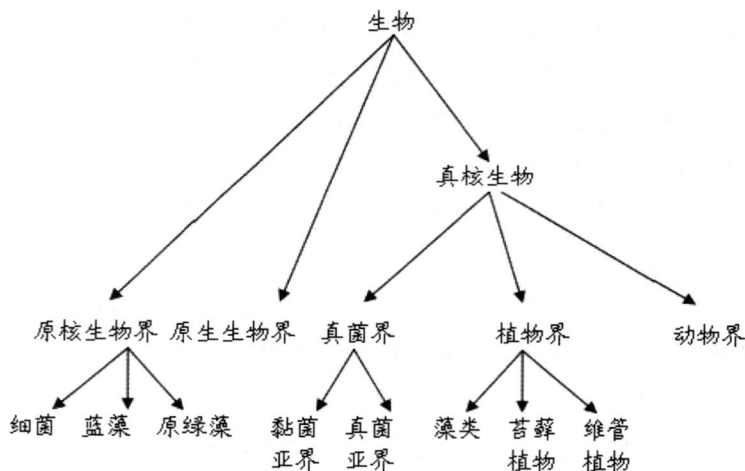

这个结构是不是像一棵倒过来的大树呢?像吧?我们可以把它叫做生物树。不过,在这里,只是画出了这棵树的主要枝干,没有画出小树枝和树叶。为了把生物界的家底弄得更清楚一些,生物学家对生物一级一级进行逐级细分。

首先,在界下分出不同的门。仅以动物界来说,就可以分为海绵动物门、腔肠动物门、扁虫门、纽虫门、圆虫门、轮虫门、软体动物门、环节动物门、节肢动物门、棘皮动物门以及脊索动物门等。有些门下还分为不同的亚门,比如,在脊索动物门下又分为尾索亚门、头索亚门和脊椎亚门。

门下又分为不同的纲。仅以脊索动物门下的脊椎动物亚门来说,可以分为圆口纲、软骨鱼纲、硬骨鱼纲、两栖纲、爬行纲、鸟纲以及哺乳纲。

噢,种类太多了,要是将所有生物种类都说出来的话,三天三夜也说不完。接下来,提纲挈领介绍一下吧。

纲下分为不同的目。

目下分为不同的科。

科下分为不同的属。

属下分为不同的种。

也就是说,生物的分类,有界、门、纲、目、科、属、种七个层次。

到此为止,生物树的整体轮廓出来了。在这株生物树上,原核生物界、原生生物界、真菌界、植物界和动物界相当于五个主枝,界下的门相当于从主枝上生出来的侧枝,门下的纲相当于侧枝上生出来的二级侧枝……最后,属下的种呢?相当于一片片树叶。也就是说,这株生物树上的每个枝枝杈杈都代表了一个生物大家族。就说昆虫纲吧,它只是动物界这个主枝上的一个二级分支。但是,它的成员有上百万种。

好大一棵树!

不过,不同的生物学家对生物树有不同的画法。

生物的特征是具有生命,其基本结构单位是细胞。也就是说,所有生物都是由细胞组成的具有生命的物体。在自然界,有一种非常小的东西,叫做病毒。这种东西具有某些生命特征,能够生儿育女,传宗接代。但是,它的结构太简单了,够不上细胞那个级别,不能独立生活,只有寄生在细胞内才能生存和繁衍。大概是因了这一条,魏特克的五界分类法把病毒拒之门外。

病毒呢,不服这个气,就像孙悟空钻到铁扇公主肚子里翻肠搅肚一样,它钻到人体的细胞里来,轻一些的让人感冒,重一些的让人得肝炎或艾滋病……

就像为了天下太平玉皇大帝把孙悟空召到天宫封了个弼马温一样,中国生物学家陈世骧把这个流浪者收了回来,将生物分为无细胞生物总界、原核生物总界和真核生物总界。无细胞生物总界实际上就是病毒一界;原核生物总界包括细菌和蓝藻两界;真核生物总界包括植物、真菌和动物三界。这种分类法在三总界下包括了六个界,所以也叫做三总界六界分类法。

神圣的使命

以往在学校上课时，跳跳猴常常要趴在课桌上打瞌睡。今天，他被智者生动形象的讲课深深地吸引住了，脑子格外地清醒，就连眼睛也很少眨动。

讲完生物的分类，智者离去了。"络腮胡"站到了讲台上，说："最近，有一队外星人来到了地球。很可能，他们的目的是要窃取地球的生物资源，了解地球生物的相关知识。"

这时，听课的学员都交头接耳地议论起来。

"络腮胡"伸出双手示意大家安静，接着说："如果外星人对地球生物的知识超过人类的话，有可能取得对地球生物的统治权。到那时，人类将被外星人所奴役。为了避免出现这种结果，我们必须尽快到世界各地调查地球的生物资源，整理地球生物学的知识。这是一项神圣的使命。"

听了"络腮胡"的讲话，大家都感到非常震惊，一个个摩拳擦掌，要求马上行动。

"络腮胡"将学员编成几个生物旅行小分队，跳跳猴和笨笨熊是新学员，被分在一起。接着，他发给每个小分队一份《生物名录》，上面列出了必须调查的稀有物种。他还告诉大家，在旅行过程中，要将所见所闻记录下来。在旅行结束时，要将旅行笔记辑录成一本《生命档案》。

"络腮胡"讲完话，一个个小分队相继走出讲座大厅，踏上了征程。

就在跳跳猴和笨笨熊要跨出大厅门槛的时候，"络腮胡"喊道："笨笨熊，且慢走，智者在休息室等着你们。"

笨笨熊和跳跳猴回过头，来到了讲座大厅旁边的休息室。

智者正坐在一张桌子旁支颐沉思。看到小哥俩进来，他微微颔首。接着，从口袋里掏出三个小布袋，朝着跳跳猴郑重其事地说："你们就要去进行生物旅行了。就像唐僧一行西游取经一样，途中一定会有许多艰难险阻。如果遇到不能解决的困难，可依次打开这三个锦囊,依计而行。旅行的第一站,是生物博物馆的各个分馆。"

跳跳猴急忙趋前,将智者手中的锦囊接了过来。他看到,在锦囊上,分别标着一、二、三。他将一号和二号锦囊小心翼翼地装在了贴身衣服的口袋里,将三号锦囊装在了随身携带的行囊中。

待跳跳猴将锦囊收起,智者对跳跳猴说:"笨笨熊认识分馆的一些老师,还曾经去一些地方进行过旅行。再说,他懂好多生物学知识。他和你在一起,会很有帮助的。"

跳跳猴问:"什么时候可以再听到您讲课呢?"

智者笑了笑,说:"在你们完成生物旅行后,我们会在生物研究院再次见面的。"

跳跳猴问:"还是回到这里吗?"

智者说:"不,这里是生物博物馆。生物研究院在距这里很远的一座大山里,在那里,有许多个研究所。"

听了智者的话,跳跳猴轻轻地"噢"了一声。在他看来,生物研究院是一个神秘而又神圣的地方。他想象着自己和笨笨熊在各个研究所参观,想象着又一次聆听智者的讲座。

就在跳跳猴对生物研究院心驰神往的时候,笨笨熊拽了跳跳猴一下,说:"小兄弟,我们该出发了。"

跳跳猴回过神来,笑了笑。小哥俩向智者道过谢,兴高采烈地走出休息室。

穿越时空隧道

电子显微镜下的病毒

出了大厅,空中传来一阵雁鸣。循声望去,只见一队大雁排成"一"字正从头顶的上空鼓翼飞过。

望着渐飞渐远的大雁,跳跳猴像是自言自语,又像是对笨笨熊说:"就要旅行了,要是我们也能像大雁一样凌空飞行该有多好啊!"

笨笨熊将头转向跳跳猴,问:"想飞吗?"

跳跳猴仍然盯着大雁消失的地方,说道:"当然了,不过,只能是想一想。"

在他看来,没有翅膀,飞行是不可能的事。

笨笨熊说:"为什么只能是想一想呢?"

跳跳猴转过头来,上下打量了一遍笨笨熊,诧异地问:"难道你能飞上天空?"

笨笨熊微微笑了笑,说:"走吧,别胡思乱想了。"

小哥俩跨过一座拱桥,来到了讲座厅旁边的病毒馆。

这是一座三层小楼,一楼大厅里,只有几把椅子和一张桌子。

哪里有病毒呢?跳跳猴站在空荡荡的大厅里四下张望。

笨笨熊看透了跳跳猴的心思,说:"想看看病毒是什么样子吧?"

跳跳猴点了点头,说:"是啊,可是这里什么也没有啊。"

笨笨熊慢条斯理地说:"既然是病毒馆,病毒是一定有的。只是它太小了,肉眼是根本看不见的。"

跳跳猴接着说:"要是把我们学校实验室的显微镜搬来就好了。"

"可以放大多少倍呢?"笨笨熊侧过头问。

"一千倍,可以看到水滴内活蹦乱跳的细菌呢。"

"你说的显微镜是光学显微镜。要看病毒,只能用放大几十万倍的电子显微镜。"

"电子显微镜？"跳跳猴蹙起了眉头。

显然,他没有听说过这个名词。

"对,电子显微镜。"

说着,笨笨熊拽着跳跳猴,穿过病毒室大厅的侧门,向里屋走去。

房间里竖着一个很大的仪器,像是一个机床。仪器前面,一个须发皆白的老人正在看着什么。

听到有人进来,老人回过头来。

笨笨熊朝仪器前的老人说:"王教授好。今天,我带我的朋友来参观。"

"欢迎。"王教授笑着说,"你们从哪里来呢？"

笨笨熊说:"从旁边的学术厅来,刚听过智者讲的课。"

"智者今天讲了些什么呢？"

笨笨熊把智者讲的内容向王教授简要复述了一遍。

跳跳猴非常惊讶地发现,笨笨熊说的竟然和智者刚才讲的一字不差。

王教授说:"很好。来,坐下。"说着,他拉过两个凳子放在自己旁边。

"这就是电子显微镜吗？"跳跳猴指着面前的仪器问。

王教授说:"是的。"

跳跳猴感到好奇,在电子显微镜上摸摸这里,动动那里。

笨笨熊连忙挡住了跳跳猴的手,向王教授说:"可以给我们看一些病毒吗？"

"可以。"王教授一边回答,一边向电子显微镜上放了些什么东西。

顿时,显微镜荧屏上出现了各种形状的图像,有的呈球状,有的呈棒状,有的呈各种不规则形状。

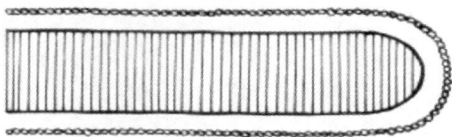

弹状病毒

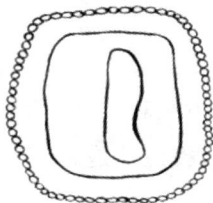

痘病毒

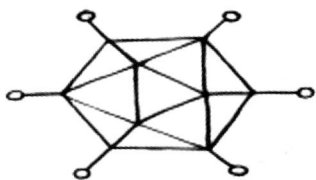

腺病毒

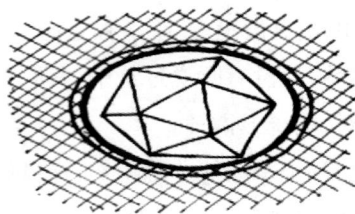

疱疹病毒

肝炎病毒

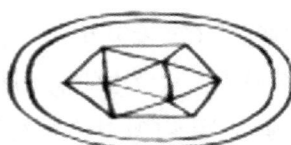

副粘病毒

烟草花叶病毒

噬菌体

细小病毒

"这就是病毒吗?"跳跳猴问。

王教授说:"是的。"

它们是生物吗？

听了王教授的话，跳跳猴摇了摇头。

为什么摇头呢？因为他感觉病毒实在太小了，在几十万倍的显微镜下看起来也就那么点儿大。

其实，个子大小还不是最重要的。比起鸵鸟来，麻雀小吧？但是肚子里五脏六腑一样不少。病毒呢？不仅个子小，还缺了东西。

缺了什么东西呢？

就像砖头是大厦的基本建筑材料一样，细胞是生物的基本结构和功能单位。说病毒缺了东西，是和细胞相比而言的。要说明这个问题，先要了解作为参照物的细胞。

从结构上来说，细胞有细胞膜、细胞质和细胞核；从成分来说，细胞有蛋白质、脂肪、糖和核酸等。病毒呢？既没有细胞膜，也没有细胞质和细胞核，只有核酸和蛋白质这两种成分。

核酸和蛋白质是什么东西呢？

简单来说，核酸是一种遗传物质。蛋白质呢，是根据核酸上的遗传信息产生的一种基本的生命物质。靠了这两种物质，病毒便可以传宗接代，生生不息。

可以说，病毒是具备了生物最最基本的物质成分，但没有长出细胞结构的一种东西。说它是生物，它够不上细胞那个级别；说它不是生物，它又具备了生物的基本物质。因此，要判断它是或不是生物还真有点为难。大概就是因了这一点，魏特克在五界分类法中把病毒撵了出去，陈世骧则在六界分类法中将病毒收了进来。

核酸内芯和蛋白质外壳是病毒的标准配置。可是，有的病毒偷工减料，只保留了其中的一样东西。

有一种病毒脱去了蛋白质外衣，把核酸内芯祖胸露背地裸在外面，人们把它叫做类病毒。大概因为没有衣服，它见到带细胞壁的植物细胞就往里钻。很多植物病就是由类病毒所引起的。

还有一种病毒挖去了内脏，只留下了蛋白质外壳，人们把它叫做朊粒。它虽然没心没肺，却能侵入寄主细胞，引起病变。近几年，在欧洲流行的疯牛病就是由朊粒引起的。

病毒已经够简单了，以至于是否算生物都发生了争议。那么，这些比病毒还要简单的朊粒和类病毒是否能算是生物呢？

也是一个大家庭

病毒虽然简单,家族成员却不少,也是一个大家庭。这一大家子里的成员如何分类呢?

病毒只能在别的细胞中寄生,它所寄生的细胞叫做寄主。不同的病毒对寄主各有偏爱,因此,有人根据寄主的不同对病毒进行分类。寄生在细菌、真菌等微生物中的病毒叫做微生物病毒;寄生在植物细胞中的病毒叫做植物病毒;寄生在昆虫等无脊椎动物细胞中的病毒叫做无脊椎动物病毒;寄生在脊椎动物细胞中的病毒叫做脊椎动物病毒。

还有人根据核酸种类对病毒进行分类。核酸有核糖核酸和脱氧核糖核酸两种。按照英文名称的缩写,核糖核酸又叫做 RNA,脱氧核糖核酸又叫做 DNA。所有的生物细胞中既有 DNA,又有 RNA。病毒呢? 有点特立独行,它的核酸内芯中只有 DNA 或 RNA。根据这一点,人们将病毒区分为 DNA 病毒和 RNA 病毒两大类型。

王教授告诉跳跳猴和笨笨熊,在病毒这个大家庭中,许多成员很不安分。它们变换着面孔,想着法子与人类较量。20 世纪 80 年代,病毒家族中出现了一个新成员,它的名字叫艾滋病病毒,至今仍然在地球上肆虐;2003 年,原本比较温顺的非典型肺炎病毒发生了变异,让人类猝不及防,导致了一场世界瘟疫;2009 年,就像埃及金字塔上的狮身人面像一样,人、猪和鸡三种流感病毒组合在一起,感染了许许多多的人。

听了王教授的话,跳跳猴怔怔地想:这只有用电子显微镜才能看得到的小东西怎么就如此厉害呢? 难道人类没有办法战胜它们吗?

这时,笨笨熊站了起来,向正在出神的跳跳猴说:"喂! 又在想什么呢? 我们该到原核生物馆去了。"

跳跳猴不好意思地笑了笑,和笨笨熊一起向王教授道过谢,走出了病毒馆。

026

它们为什么没有核膜？

小哥俩顺着一条小河，向位于上游的原核生物馆走去。

山谷里静得很，只能听见淙淙的流水声。河堤上，垂柳依依。透过稀疏的柳丝，依稀可以看见三三两两的鸭子在悠闲地游泳。不时，它们将脑袋钻到水里，撅起屁股，同时发出轻轻的溅水声。

大约走了一里多路，爬上一座山顶，眼前出现一个由四座二层小楼组成的四合院。

笨笨熊说："想必，这便是原核生物馆了。"

正说着，从院子里走出一个戴着黑框眼镜的胖小伙子。看见笨笨熊，胖小伙子先是愣了一下，然后，快步走上前来。

他一边走，一边问："笨笨熊，你怎么来了呢？"

笨笨熊指着跳跳猴说："我领我的朋友来参观。"

接着，他拍着小伙子的肩膀对跳跳猴说："这位是我们的张老师。他也经常去参加智者的讲座，还曾经在讲座上讲过课。我们都叫他大熊猫。"

说罢，笨笨熊笑了起来。张老师也微微地笑了笑。

跳跳猴一边笑着，一边注意打量着眼前的张老师。是的，看那臃肿的身材和黑黑的眼镜框，还真有点像大熊猫。

寒暄几句，"大熊猫"说："我们开始参观吧。"

说着，他便领着笨笨熊和跳跳猴进入原核生物馆大厅。在大厅的墙壁上，张贴着许多有关原核生物的图片和说明；在展台的玻璃罐内，展示着一些原核生物的标本。

"大熊猫"指着墙上的图片介绍说："原核生物包括细菌、蓝藻和绿原藻，是生物中的一个界。如果说细菌、蓝藻和绿原藻都算是一个小家族的话，那原核生物就算是个中等的家族了。"

跳跳猴问："原核生物和其他界的生物有什么不同呢？"

"大熊猫"说："所有细胞都含有遗传物质DNA。在动物细胞和植物细胞里，DNA分子外包裹着一层核膜，形成了界限清楚的细胞核。打个比方，就像把衣服装进了箱子。在细菌、蓝藻和绿原藻中，DNA分子只是聚集在一起，外面没有核膜，因而没有形成细胞核。打个比方，就像把衣服随便堆在了床上。"

跳跳猴问："它们为什么没有核膜呢？"

"大熊猫"摊开双手，故作苦恼状，说："你问我，我问谁呢？"

笨笨熊笑着说："只好问造物主了。"

"大熊猫"将两只手叠在胸前，拖长了声音说："这个问题嘛，全然是我的错。有一天，我在造细菌的时候，打起了瞌睡。这小子性子急，总想早点见世面。趁我不注意，在我包装细胞核之前便偷偷溜走了。"

那神态，俨然一副造物主的样子。

说罢，"大熊猫"扑哧一下笑了。笨笨熊和跳跳猴也哈哈大笑起来。

接着，"大熊猫"又一本正经地说："正是根据有无核膜这一点，人们把生物界分成了原核生物和真核生物两大类。所谓原核，好像是说细胞核处于原始状态；所谓真核，好像是说细胞有了真正的细胞核。

"比起真核生物来，原核生物的细胞虽然少了一层核膜，但却多了一层细胞壁。"

"什么是细胞壁呢？"跳跳猴问。

"大熊猫"说："是围在细胞膜外的一道墙壁。"

跳跳猴问："为什么要在细胞膜外再加一道墙壁呢？"

"大熊猫"说："细菌的细胞质渗透压很高，水分会向渗透压高的地方转移。如果没有细胞壁的这种屏障作用，就会有过多的水进入到细菌内，使细菌过分膨胀而死亡。"

笨笨熊笑着说："看来，这原核生物缺了核膜并不是因为性子急。如果性子急，它怎么会从容不迫地在细胞膜外面再包上一层细胞壁呢？"

"大熊猫"把双手重新叠在胸前，说："噢，我刚才说错了。是我在打瞌睡时错误地将核膜包在了细胞外。"

"大熊猫"的话，又把跳跳猴和笨笨熊逗乐了。

笑罢,跳跳猴问道:"除了核膜和细胞壁,真核细胞和原核细胞还有其他区别吗?"

"大熊猫"说:"有,真核细胞的细胞质中有线粒体、叶绿体、内质网、溶酶体等细胞器;原核细胞内呢?没有这些东西。"

跳跳猴惊叹道:"噢,原来,原核生物是腹中空空啊!"

"大熊猫"说:"这有什么奇怪的呢?原核细胞是生物进化的最初阶段,还没有完成原始积累,所以便家徒四壁了。"

细菌众生相

穿过原核生物馆大厅，便是细菌实验室。实验室的墙壁上，悬挂着有关细菌的说明。

话说这细菌，虽然看不见，摸不着，却四海为家。在 5 米多深的土壤中，1000 米以下的深海中，盐分很高的盐湖中，空气中，各种物体的表面，都有它们的行踪。有的细菌，甚至在温度达 300 摄氏度的热泉附近扎下了根。

细菌何以如此无处不在呢？

这要归因于细菌惊人的繁殖能力。从鸡蛋里孵出小鸡，需要 21 天。胎儿在出生之前，需要在妈妈的肚子里呆够 280 天。细菌通过分裂的方式进行繁殖。如果条件合适，每 20 分钟就分裂一次。它一分为二，二分为四……可以在很短时间内产生很多后代。因此，满世界都是它的子民。

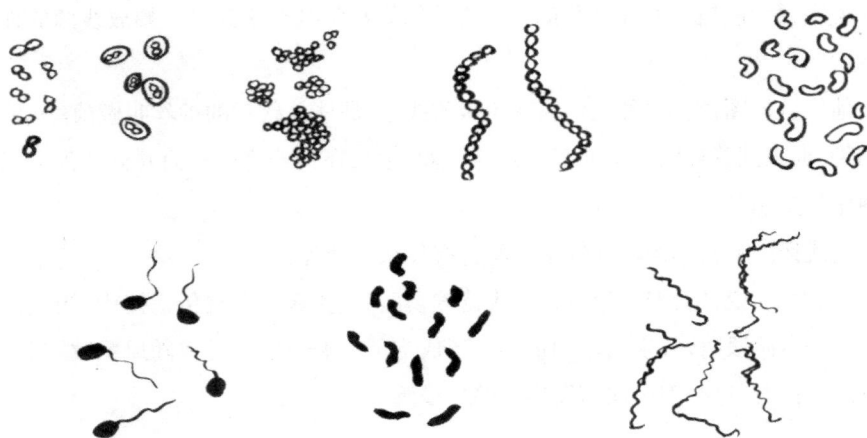

细菌众生相

看完墙上的图文说明，"大熊猫"在多头显微镜前坐下。他说："我们来看一看细菌的众生相吧。"

接着，他从标本盒中拿出玻片，放到显微镜载物台上。笨笨熊和跳跳猴也拉了凳子坐下，俯身在镜筒上。

在显微镜下，是各种各样形状的细菌。

"大熊猫"一边看显微镜，一边讲道："细菌的形状各式各样，但主要的

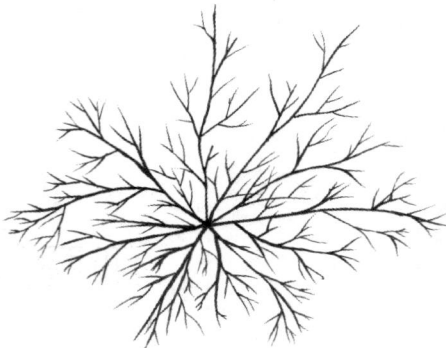

放线菌

形状有球菌、杆菌和螺旋菌三种。我们把球形或椭球形的细菌称为球菌，如肺炎球菌、链球菌；把杆状或长柱状的细菌称为杆菌，如伤寒杆菌，结核杆菌；把呈螺旋状，运动时旋转前进的细菌称为螺旋菌。

"大概知道团结就是力量这个道理，好多细菌总是聚集在一起。但是，不同的细菌有不同的队型。比如，链球菌总是排成一行，形成链状；葡萄球菌总是挤在一起，形成葡萄串状。淋球菌呢？单个时呈肾形，但在自然状态下，总是两个淋球菌凹面相对，就像一对恋人。

"在细菌这个大家族中，除刚才我们看到的球菌、杆菌及螺旋菌外，还有放线菌、衣原体、支原体、立克次体以及古细菌等。"

说完，"大熊猫"离开显微镜，领着笨笨熊和跳跳猴来到了一幅放线菌的挂图前。

他指着挂图说："这种微生物就叫做放线菌，那些放射状的细丝叫做菌丝。菌丝分两种，伸入到营养物质中的叫做营养菌丝；生长在营养物质表面并伸展到空气中的叫做气生菌丝。"

跳跳猴问："营养菌丝和气生菌丝各有什么用处呢？"

"大熊猫"说："营养菌丝可以吸收营养物质。气生菌丝负责传宗接代。当放线菌生长到一定阶段时，气生菌丝的顶端就形成孢子。孢子很轻，可以随风飘散。当碰到适宜的条件时，这些孢子便萌发出新的放线菌。"

细菌的结构

"可以讲一下细菌的结构吗？"跳跳猴问。

"大熊猫"指着旁边的另一张挂图说："细菌的基本结构是细胞壁、细胞膜和细胞质。"

顿了顿，"大熊猫"接着说："此外，有些细菌还有鞭毛、纤毛、芽孢、荚膜等特殊结构。"

跳跳猴问："这些结构有什么作用呢？"

"大熊猫"说："很多杆菌和螺旋菌长有鞭毛。鞭毛就像鱼的尾巴，通过鞭毛的摆动，可以使细菌增强运动能力。"

"一些革兰氏阴性细菌表面有很多短小的纤毛。纤毛没有运动功能，但可使细菌互相黏附成为群落，而成为群落的细菌才能使寄主发病。

"有些细菌在细胞壁外面，有一层具有粘性的荚膜。这荚膜，就像一层厚厚的衣服，对细菌有一定的保护作用。

"在生存条件恶劣时，某些细菌体内可以形成一个椭球形的休眠体，叫做芽孢。芽孢对干旱、低温以及高温有很强的抵

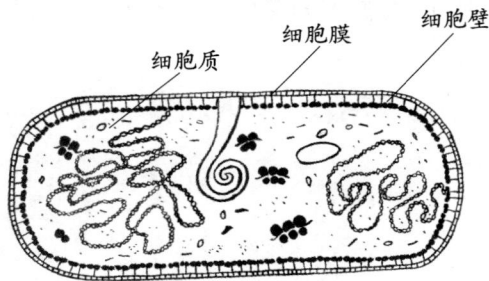

细菌结构

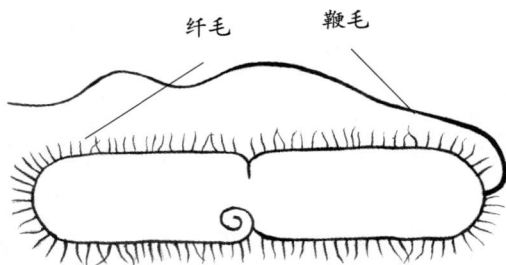

细菌纤毛、鞭毛

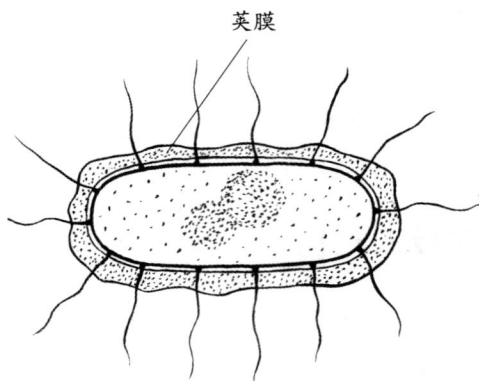

细菌荚膜

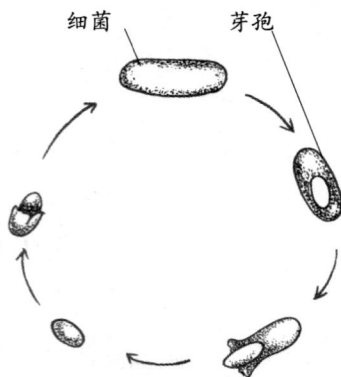

芽孢形成细菌的过程

抗力,有的需要煮沸3小时以上才能死亡。由于嫌所处的环境不利于生存,芽孢便随风飘散,四处流浪。当遇到适宜的地方时,沉睡的芽孢便苏醒过来,又开始了一分为二的裂殖过程。你们看,这小小的东西也懂得韬光养晦,能屈能伸。"

听了"大熊猫"对芽孢的介绍,笨笨熊和跳跳猴频频点头。

先行者

　　接着，"大熊猫"领着笨笨熊和跳跳猴来到了藻类实验室。在实验室的墙壁上，挂着蓝藻的挂图和说明。

　　蓝藻和细菌一样，有细胞壁，没有细胞核。蓝藻有两个重要的功能。一个是固氮功能，一个是光合功能。

颤藻

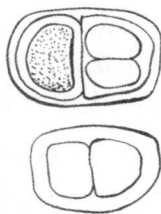
色球藻

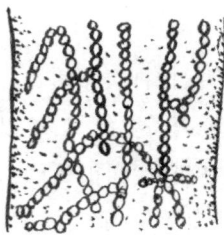
念珠藻

　　先说固氮功能。

　　蛋白质是生物的重要成分，其中的主要元素便是氮。大气中的氮元素很多，占到空气的78%。但是，氮气来去无踪，不能直接为植物所利用。蓝藻呢？擅长捕捉和固定那些飘忽不定的氮元素，用于细胞合成蛋白质。

　　蓝藻约有2000种，其中具有固氮功能的有100多种。如果把固氮蓝藻在稻田里大量繁殖，就等于在稻田里建了一座小型的天然氮肥厂。中国科学院水生生物研究所在稻田中繁殖蓝藻中的固氮鱼腥藻，水稻增产了24%。印度科学家在稻田中繁殖了另一种叫做管链藻的固氮蓝藻，固氮效率更高，能使水稻增产2.7倍。

　　再说光合功能。

　　所谓光合，就是利用太阳光、空气中的二氧化碳以及水合成氧气和有机物质。

细胞壁　细胞质

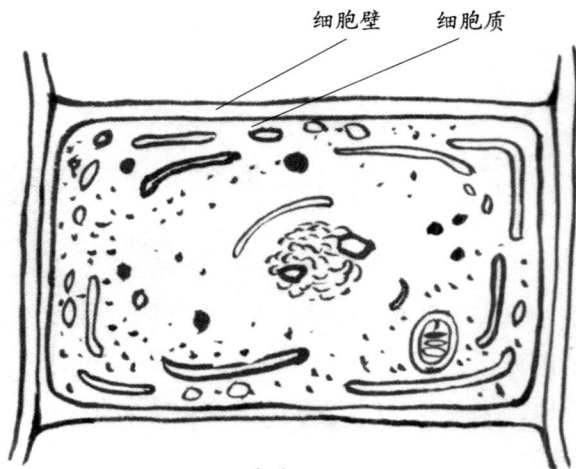

蓝藻的结构

世界上的生物种类很多,以至于要用界、门、纲、目、科、属、种七个层次来划分。其实,根据是否需要氧气,可以把这个大家族分为厌氧生物和需氧生物两大类。厌氧生物的结构和代谢很简单,高等生物都需要氧气维持生命。地球刚形成时,大气层的氧气极为稀薄,那时候的生物主要为厌氧型。正是靠了蓝藻的光合作用,地球上的氧气才逐渐积累起来,为需氧生物的产生及繁盛创造了条件。因此,蓝藻虽然看起来其貌不扬,其实是地球生物的先行者。

参观完藻类,"大熊猫"领着小哥俩走出了实验室。太阳已将半个脸盘隐在了远处的西山后,实验室的山墙上抹上了一层浓浓的金黄色。

站在夕阳的余晖中,"大熊猫"问:"原核生物实验室参观完了。接下来,你们要去哪里呢?"

笨笨熊说:"生物旅行。"

"大熊猫"说:"Oh,That's a long way."

笨笨熊神色凝重地点了点头。

跳跳猴的英文不好,听不懂"大熊猫"说的是什么意思,他笑呵呵地向张老师道过谢,拉着笨笨熊走下台阶。

我们乘上筋斗云了！

太阳落山的速度真快，刚才还在山顶看着跳跳猴和笨笨熊，不一会便完全消失在了山背后。难道它从东到西走了一天，累了，也想早点回家睡觉？

站在原核生物馆前的山冈上，跳跳猴说："天黑了，我们去哪里投宿呢？"

笨笨熊说："这里没有可以投宿的地方。接下来，我们需要回到我的实验室。"

"你还有实验室？"跳跳猴惊讶地问。

"有，在生物博物馆听课超过一年的学生，智者都给分配了实验室。"

"太棒了。"跳跳猴羡慕地说。

笨笨熊惬意地笑了笑，接着说："在那里，我们了解一下原生生物。接着，去参观植物馆和动物馆。"

这时，一片白云飘到了笨笨熊和跳跳猴的跟前。笨笨熊抬起脚，踏了上去。奇怪的是，他居然稳稳地站在了云朵上。

跳跳猴正在诧异，笨笨熊伸出手将他也拉了上去。刚刚站稳，白云飘了起来。开始，那云朵在空中悠然飘荡。渐渐地，速度加快了。它载着笨笨熊和跳跳猴掠过了一座座郁郁葱葱的山包，不时可以看见脚下村庄里升起的袅袅炊烟。

站在飞云上，跳跳猴兴奋地连声喊："我们乘上筋斗云了！我们乘上筋斗云了！"

喊累了，跳跳猴望着笨笨熊说："原来，你会腾云驾雾啊。"

笨笨熊说："这是智者教给我的。另外，智者还教给我一个魔法。"

"什么魔法？"听到魔法，跳跳猴突然来了兴趣。

"以后再说吧。"笨笨熊深藏不露。

整个旅途中，跳跳猴想象着笨笨熊所说的魔法，但是，魔法怎么能想象出来呢？

荧屏里的原生生物

一会儿,小哥俩在一座灯火通明的大楼前落了下来。

就在他们落地的一刹那,脚下的白云突然消失了。

跳跳猴怅然若失地问:"我们的白云呢?"

笨笨熊不慌不忙地说:"散去了。"

"那我们下次需要飞行时怎么办呢?"跳跳猴有点焦急。

笨笨熊淡淡地笑了笑,说:"急什么?有我呢。"

说完,便拽着跳跳猴奔向自己的实验室。

笨笨熊的实验室在五层,一间大小。实验台上,摆着一排烧瓶和试管架;地上,还排着一溜培养箱。

跳跳猴站在房间中间瞅瞅这里,看看那里。心里想,我什么时候也能有这样一间实验室呢?

就在跳跳猴遐想的时候,笨笨熊径直走到电脑前,调出了一个 Powerpoint 文件。

他说:"来,我们认识一下原生生物。"

跳跳猴拉了一个凳子坐在笨笨熊旁边,问道:"什么是原生生物呢?"

笨笨熊说:"原生生物指的是单细胞动物或由单细胞聚集成群的动物。单细胞原生生物有变形虫和疟原虫等。由单细胞聚集成群的原生生物有海绵等。"

跳跳猴问:"牛、羊等动物不也是由单细胞聚集形成的吗?"

笨笨熊说:"牛、羊等动物是多细胞动物。多细胞动物和由单细胞聚集成群的原生生物不同。"

"有什么不同呢?"跳跳猴追问道。

笨笨熊说:"在多细胞动物中,细胞有不同的类型,各类细胞有特定的分工。比如说,在人体中,有神经细胞,有肌肉细胞,有血液细胞……这些细胞各司其职,密切配合,才能完成生命活动。

"在单细胞聚集形成的原生生物中,群体中的各个细胞在形态上没有区别,在功能上没有分工。每一个细胞既有营养功能,又有生殖功能,每个细胞都保持着独立性。"

听了笨笨熊的讲解,跳跳猴蹙起了眉头。

看到跳跳猴大惑不解的样子,笨笨熊说:"举个例子来说吧。多细胞动物就像是一座大楼。我们知道,大楼是按照设计方案,用不同的建筑材料钢筋、水泥以及砖头建成的。由单细胞聚集成群的原生生物就像是摞在一起的砖头。摞在一起的砖头每一块都是独立的。"

听了笨笨熊的比喻,跳跳猴连连点头。

笨笨熊接着说:"好了,我们还是看看原生生物家族的成员吧。"

这时,电脑屏幕上弹出了:

原生生物:

肉足鞭毛门:

肉足虫类:变形虫、有孔虫、放射虫……

鞭毛虫类:眼虫、囊杆虫、领鞭毛虫、锥虫……

盘蜷门

顶复体门:球虫、疟原虫、弓浆虫……

微孢子门:蚕微粒子……

胶虫门:极虫……

纤毛虫:草履虫、栉毛虫、四膜虫……

笨笨熊说:"这是原生生物家族的主要家谱。实际上,原生生物的成员很多,大约有 2.5 万多种。今天晚上,我们只能认识其中几个与人类关系比较密切的成员了。"

说着,屏幕上相继跳出了几个图像。

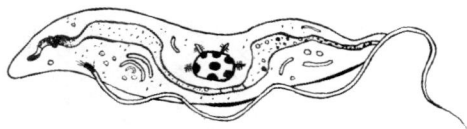

锥虫

笨笨熊说:"这是锥虫。它可以经舌蝇叮咬进入人体或动物体内,使人和动物贫血、消瘦,还可以使寄主发生不可控制的昏睡。有的患者在干活时停下手中的活计,睡着了;有的患者在吃饭时端着碗,睡着了。不过,这些人睡着以后永远不再醒来。人们把这种病叫做昏睡病。

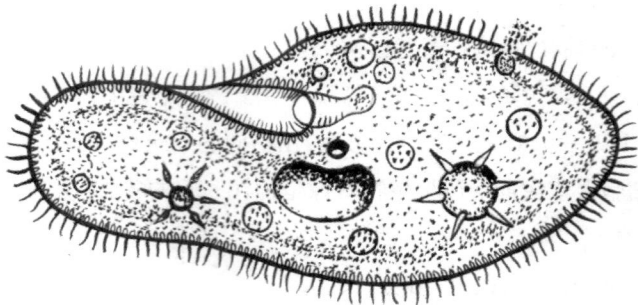

草履虫

"这个图片是草履虫。它能依靠纤毛的摆动而运动,靠吞噬细菌和浮游植物来获取营养。一个草履虫每天大约能够吞噬 4.3 万个细菌,这对污水净化具有一定意义。

"草履虫虽然只是一个单细胞,但是,它有呼吸功能,有摄入和消化食物的功能,有排泄代谢废物以及食物残渣的功能,有运动功能。这些,都是动物的特征。

"因此,有些人将原生生物归在动物界中,称为原生动物亚界,而将传统意义上的动物界称为后生动物亚界。如果这样分类的话,原生生物则属于动物界中最低等和最原始的类群。"

当讲解结束时,夜很深了,笨笨熊和跳跳猴一个接一个地打起了哈欠。实验室里没有床,小哥俩就趴在电脑桌上进入了梦乡。

穿越时空隧道

大观园

早上，跳跳猴先醒了过来。拉开窗帘，发现太阳已经升得老高。打开窗户，一股湿漉漉的空气涌了进来。原来，昨天晚上下了雨。

跳跳猴最喜欢雨后天晴的这种感觉，他大声叫："笨笨熊，起来，昨晚下雨了。我们趁早赶路吧。"

笨笨熊抬了抬头，眼睛都没有睁。接着，嘴里含混不清地嘟囔了几句，又低下头睡了。见笨笨熊没醒来，跳跳猴从桌子上拿起一支毛笔，把笔毛伸进笨笨熊的鼻孔。笨笨熊打了一个喷嚏，一边揉着鼻子，一边站了起来。见是跳跳猴在搞恶作剧，便去挠跳跳猴的胳肢窝。跳跳猴最怕别人挠，但又怕到处乱跑撞了笨笨熊的那些宝贝仪器，只得在墙角蹲下来，一边笑，一边求饶。

笨笨熊说："饶你有什么条件呢？"

跳跳猴说："今后，你让我干什么我就干什么。"

笨笨熊说："说话算数吗？"

跳跳猴忙不迭地说："算数，算数。"

笨笨熊住了手，说："好吧，今天暂且饶了你。"

跳跳猴从墙角站了起来，率先冲下了楼。笨笨熊关好门窗，跟了下来。植物馆离笨笨熊的实验室不近也不远，翻过一座山便是。但是，山路泥泞，小哥俩一滑一跌，中午时分才翻过山头。

下得山来，山谷间闪出一片古式建筑群，前面是一座很有气势的门楼。进得门来，一带翠嶂横在眼前。仰头望去，一曲羊肠小径通往林木幽深处。循着小径走去，两旁苔藓斑驳，尽头处浓密的藤萝后隐约可见一个洞口。拨开藤萝，穿过山洞，眼前佳木葱茏，奇花烂漫，一股清流从花木深处泻下，聚为一泓清池。池上有桥，桥上有亭，亭上有匾，书曰"沁芳"。

过了"沁芳亭"，前面千百竿翠竹掩映中隐约可见一带粉墙。走近了，见门上书"潇湘馆"几个大字。进得门来，循着游廊走到底，只见三间房舍。房舍里间有一小门，通往后园。站在园内，听到潺潺水声。循声望去，见后院墙下钻出一股清泉，那清泉，绕过房舍，流到前院，穿过前面院墙，淌了出去。

从潇湘馆后门出来，前面一座青山斜阳。转过山腰，现出一道黄泥墙，墙头铺一层稻草。墙头上方，伸出几百枝杏花，如云蒸霞蔚。墙外，桑、榆、槿、柘，各种树木相间而生，织成两道树篱。进得院来，有茅屋数楹。出得后门，只见一畦平地，生长着各种蔬菜田禾。跳跳猴心里琢磨，这是一个什么去处呢，回头一看，杏花出墙处，旁有一石，上书"稻香村"。

跳跳猴想，"沁芳亭"、"潇湘馆"、"稻香村"，难道这里是《红楼梦》里的大观园？

又行了约莫半个时辰，穿过一座竹篱花障编成的月洞门，小哥俩进到一座院落。院内栽着一株海棠，几棵芭蕉。树木间，或横或竖点缀着几块山石。院中一溜瓦房，雕梁画栋。绕到后院来，却是满眼蔷薇。

笨笨熊问："这是什么地方呢？"

跳跳猴说："不用说，这一定是怡红院了。"

笨笨熊没有反应，他不知道怡红院是什么地方。

看到笨笨熊没有反应，跳跳猴神秘兮兮地对笨笨熊说："你知道我们今天来到什么地方了吗？"

"什么地方？"笨笨熊瞪大眼睛问。

"大——观——园。"跳跳猴一字一顿地说。

笨笨熊虽然不知道怡红院，但听说过《红楼梦》中有一个大观园。他嗫嚅着说："不可能吧。"

带着疑惑，笨笨熊随着跳跳猴出得怡红院，上到一个小山丘。这里，满山坡盛开着桃花。树丛中，依稀传来一阵呜咽声。侧耳静听，只听一女子泣道："花谢花飞飞满天，红消香断有谁怜？……侬今葬花人笑痴，他年葬侬知是谁？"循声望去，只见一亭亭少女一边哭泣，一边将手帕中的桃花瓣抖在一个土坑中，然后，缓缓将土掩上。

跳跳猴扭过头来对笨笨熊说："巧了，我们今天遇上了黛玉葬花。"

笨笨熊虽然没有读过《红楼梦》，但知道林黛玉是《红楼梦》中的美女。听说刚才哭泣的竟然是林黛玉，便要钻进树林去看个究竟。跳跳猴最怕听女孩子哭哭啼啼，拽着笨笨熊赶忙往山坡下走去。笨笨熊一边跟着跳跳猴下山，一边回过头来从树缝中寻那葬花的人。他想看看,这林黛玉是何等一个绝色美人。不想,绊在了一条树根上,扑通一声,摔了一个嘴啃泥。

跳跳猴把笨笨熊拉了起来,笑着说:"别心猿意马了。小心贾宝玉来找你算账。"

笨笨熊拍打了拍打身上的泥土,揉着被碰撞的额头,跟着跳跳猴跌跌撞撞奔下山来。

下到山脚,出得桃树林,眼前现出一栋二层粉墙黛瓦的小楼。小楼前,各色花草拼出了"植物大观园"几个大字。小楼后,是如汪洋的一片花草树木。

植物细胞的共同特征

这二层小楼是植物大观园的展览馆，里面张贴着有关植物知识的说明，此外，还陈列着一些特殊植物的标本。

却说这植物是生物里的一大界，粗粗来分，可以分为藻类和高等植物。在藻类中，包括金藻门、甲藻门、裸藻门、褐藻门、红藻门和绿藻门；在高等植物中，包括苔藓植物门和维管植物门。

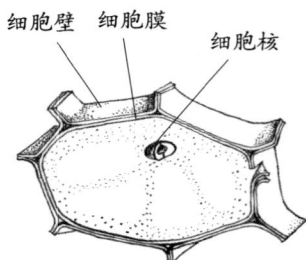

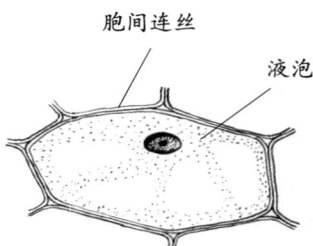

植物细胞结构

不管分了多少门，既然属于植物大家族，它们便有一些不同于其他界生物的特征。所有的植物细胞除细胞膜、细胞质和细胞核外，还有细胞壁、液泡和胞间连丝等特殊结构。

细胞壁位于细胞最外层。像原核生物一样，细胞壁对植物细胞起保护和支持作用。

液泡位于细胞质中，其中溶解着许多物质。比如，在西瓜细胞的液泡中含有糖分物质。可以说，这液泡便是植物细胞内的储藏库。

在相邻的植物细胞之间，有许多条由细胞质形成的细丝，叫做胞间连丝。这些连丝是细胞间进行物质交流的通道，此外，还像建筑物中的钢筋一样，可以起到增加植物强度的作用。

这液泡和胞间连丝，形成了植物细胞的储运系统。

藻类和高等植物

就在小哥俩看过图片和说明要进到植物大观园参观时,一个背着双肩包、戴着"讲解员"胸牌的小伙子迎了上来。

他问道:"是来参观的吗?"

笨笨熊点了点头,算是作了回答。

讲解员说:"好,跟我来吧。"

说完,便领了笨笨熊和跳跳猴向植物园走去。

讲解员一边走,一边问:"你们从哪里来呢?"

笨笨熊说:"是听智者的讲座后出来旅行的。"

讲解员说:"你们也参加智者的讲座了吗?"

笨笨熊说:"是啊。"

讲解员说:"噢,我想起来了,在以前的讲座上,我曾经见过你的。我们算是校友了。"

笨笨熊说:"是吗?"

听了讲解员的话,笨笨熊也觉得面前的小伙子似曾相识。

接着,讲解员瞅着跳跳猴说:"不过,我倒是从来没有见过这位朋友。"

跳跳猴说:"我是第一次参加智者的讲座,难怪我们没有见过。"

讲解员说:"你生在何方,长在何处呢?"

他每天要接待很多参观者,从来没有问过人家的出生地。可是,今天看到跳跳猴后,他有一种莫名的冲动,总想探询一下跳跳猴来自何处。

跳跳猴介绍了自己的身世,介绍自己如何从花果山的仙石碎块变成一个男孩,如何被养父收养,如何到山下上学……

听了跳跳猴的介绍,讲解员兴奋地一拍大腿,说道:"巧了,知道吗,我便是那花果山中人。以前就听父亲说当年变孙悟空的仙石又变了一个男孩出来。想不到，就是你啊。"

然后，三个人互相通了姓名，讲解员也讲了自己的身世。原来，他叫孙晓，虽然和变成孙悟空的仙石没有关系，却和孙悟空是一个姓。小学和初中，他都在跳跳猴上的那所学校上学。一次到山里旅游时碰巧撞进了生物博物馆，被植物大观园的园长收了做讲解员。

接下来，孙晓便一边走，一边如数家珍地讲起了植物大观园里的各种植物。

一行三人首先来到一个池塘边，里面生长着各种藻类植物。

藻类属于低等植物，有的是多细胞，有的还是单细胞。由于刚刚跨进植物界的大门，还没有来得及分化出根、茎和叶。植物的祖先生存在水中，作为低等植物的藻类一直留恋着先祖的原始家园。因此，只有在水里才能找到它们的踪影。此外，它们还保持着原始的孢子生殖方式。

藻类植物也是一个大家族，常见的藻类有硅藻、红藻、甲藻和褐藻。

硅藻生活在水中，海水、淡水中都有。别看它只是藻类家族中的一部分，种类却有 1 万种左右。硅藻死亡后，含硅的外壳沉积成为硅藻土。在造漆、造纸以及制糖等过程中，都离不开硅藻土。

红藻有四千多种。做微生物学实验时使用的细菌培养基琼脂，就是从红藻中提取出来的。

甲藻生存于海洋中。有时，甲藻大量繁殖，集中于海面，可使大面积海水变成红色或灰褐色，即电视上经常报道的赤潮。

褐藻约有 1500 余种。人类食用的海带，就属于褐藻。

看过池塘里的藻类植物，一行三人来到了一个峡谷中。这里，山坡上生长着许多不知名的大树，树干上弯弯曲曲缠绕着青藤。在岩石和树干上，覆盖着绿色的苔藓。在峡谷尽头，一帘瀑布，像一匹绸缎一样从山顶跌进谷底的深潭中，发出很大的响声。

显然，这里是高等植物区。

高等植物分为苔藓植物门和维管植物门两个门。

苔藓是从水环境向陆地环境过渡的植物。它们有的有根、茎和叶的分化；有的只有假根与叶状体，没有分化出茎和叶。苔藓的高度一般都不超过十厘米，是植物界的小矮人。另外，由于苔藓植物的精子具有鞭毛，必须在水中游泳才能与卵子相遇实现繁殖,所以,只能生长在潮湿多水的环境中。

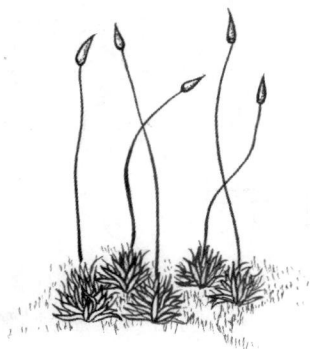

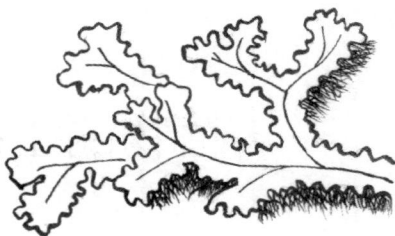

苔藓

　　维管植物比苔藓植物在进化上更进一步,在植株内出现了维管系统。这维管系统相当于人的骨骼和血管,具有支持和运输功能。借助了维管系统的运输功能,植株才能得到充足的营养,长成大个子。靠了维管系统的支持功能,植株才能站得笔挺笔挺。因此,维管植物又高又大,最高的个子可以长到 100 多米。

　　维管植物还有发达的根系,能从土壤中广泛吸收水分。所以,与藻类以及苔藓类植物不同,维管植物可以在较干燥的地方生存。

　　这藻类植物、苔藓植物和维管植物之间有什么联系呢?

　　说得简单一些,它们是直系血亲。

　　在进化过程中,植物先是长在水里,人们把它叫做藻类植物。

　　许多许多年后,藻类植物的一部分想看看大海之外是一个什么光景,爬了上来。但是,因为传宗接代离不开水,没有骨头又长不大,便成为盘桓在江河湖海岸边的苔藓植物。

　　再过许多许多年后,苔藓植物的一部分长了骨头,建立了运输系统,还学会了不在水里生儿育女。于是,便来到陆地,站了起来,成为又高又大的维管植物。

　　这么说来,那藻类植物是爷爷,苔藓植物是儿子。维管植物呢?别看长得又高又大,其实辈分最小,是孙子。

植物的生殖方式

孙晓边讲边走，前面出现一块光溜溜的大石头。他坐了下来，跳跳猴和笨笨熊也跟着坐下。

孙晓接着说："把植物分为藻类植物和高等植物是根据进化层次进行分类的。从生殖方式来分的话，可以把植物分为孢子植物和种子植物。孢子植物通过孢子进行繁殖，种子植物通过种子进行繁殖。"

"孢子植物如何繁殖呢？"跳跳猴问。

他知道种子植物如何繁殖，但是，不明白孢子植物如何传宗接代。

孙晓说："孢子植物在生长到一定时期后，会产生一种叫做孢子的生殖细胞。"

说到这里，他从双肩包中掏出一张挂图，展开在石头上。

孙晓说："这是一张铁线蕨的生殖示意图。铁线蕨是孢子植物，它的孢子在脱离母体后，在适宜的条件下生长成原叶体。原叶体有雄性生殖器官和雌性生殖器官。当原叶体被水浸湿的时候，雄性生殖器官中的精子便游到雌性生殖器官中，使卵细胞受精。在适宜的条件下，受精卵便生长发育成一株新的铁线蕨。

"与孢子植物不同，种子植物在生长到一定时期后，雌性生殖细胞与雄性生殖细胞结合，形成种子。在适宜的条件下，种子萌发和生长，形成新的植物。"

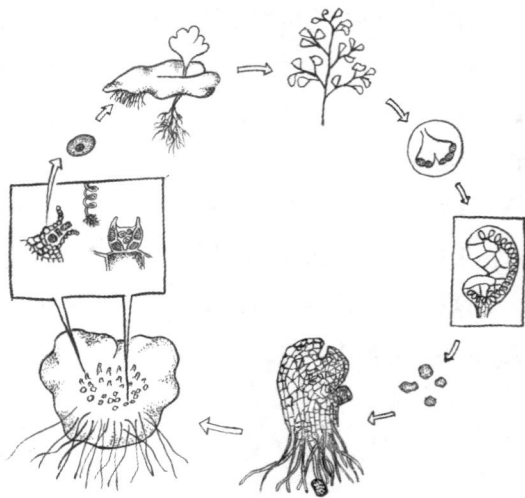

铁线蕨生殖示意图

孢子植物和种子植物

说完,孙晓将图从石头上收了起来,领着笨笨熊和跳跳猴继续往前走。

跳跳猴问:"孢子植物有哪些呢?"

孙晓说"孢子植物包括蕨类植物、苔藓植物和藻类植物。"

跳跳猴问:"苔藓植物和藻类植物刚才已经讲过了,什么是蕨类植物呢?"

孙晓说:"蕨类植物是维管植物中较低级的一个类群,过去称其为羊齿植物,我们刚才讲的铁线蕨就是蕨类植物。从很早以前的泥盆纪末到石炭纪,地球上的蕨类植物非常茂盛,多为高大树木。但是,到了二叠纪末三叠纪初,它们大多绝灭了。因此,现在,蕨类植物成为珍稀物种。"

少顷,跳跳猴接着问:"种子植物有哪些呢?"

孙晓说:"种子植物的家族很大,现在地球上的植物大都是种子植物。种子植物又可分为两类:裸子植物和被子植物。所谓裸子植物,是指种子裸露在外面的植物。"

这时,他们来到一棵松树下。孙晓扳过一个松树枝,掰下一个松塔,指着里面的松子说:"松树的种子露在外面,因此属于裸子植物。裸子植物的种子外面有一层种皮,抵抗干旱和其他不良条件的能力比蕨类植物的孢子大大增强,因此,裸子植物比蕨类植物更适合于在陆地生存。

"所谓被子植物,是指种子包被在果实中间的植物。比如,苹果和桃子就是被子植物。被子植物的种子外面包裹着厚厚的果肉和果皮,有的还有坚硬的果核,将种子一层一层防护了起来。大概因了这些防护措施,被子植物在地球上占了优势,种类比裸子植物要多得多。"

一行三人边说边走,在植物园里绕了一个圈,返回到了山谷口的植物馆附近。

这时,孙晓说:"我的讲解结束了。你们可以告诉我根据生殖方式植物可以分为哪些类型吗？"

孙晓在考核他的这两个参观者。

笨笨熊朝着跳跳猴扬了扬下巴,示意跳跳猴进行回答。

跳跳猴没有说话,从身旁找了一根树枝,在地上画了一个图。

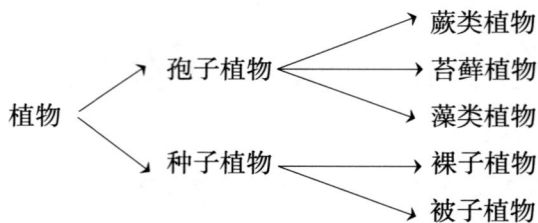

```
                              ┌──→ 蕨类植物
              ┌─→ 孢子植物 ──┼──→ 苔藓植物
植物 ──┤              └──→ 藻类植物
              └─→ 种子植物 ──┬──→ 裸子植物
                              └──→ 被子植物
```

孙晓看了看图,拍了拍跳跳猴的肩膀,说:"真棒。"

接着,便领先朝植物馆走去。

逃出杏林

跳跳猴一高兴，两个大耳朵不由自主地动了起来。

笨笨熊看见了，惊讶地叫了起来："哟，小兄弟还有这等本事啊！"那神情，就像哥伦布发现了新大陆。

听到笨笨熊喊叫，孙晓急忙回过头来问："什么本事呢？"

笨笨熊说："跳跳猴的耳朵会像兔子一样动呢！"

"是吗？"孙晓感到非常新鲜，将头扭向了跳跳猴。

刚才笨笨熊喊叫时，跳跳猴的耳朵立即停止了煽动。

孙晓说："给表演一个，让本人开开眼界。"

跳跳猴不肯。

笨笨熊说："给我的师兄表演一个嘛。"

跳跳猴还是不肯。

笨笨熊说："你不是答应我让你干什么就干什么吗？怎么？说话不算数了？"

跳跳猴想起了早上笨笨熊挠他痒痒时的承诺，连忙说："算数，算数。"

说着，两个大耳朵动了起来。笨笨熊和孙晓笑得前仰后合。

跳跳猴是在一次偶然的机会发现自己的耳朵会动的。一次，他的生物课考试得了满分，在高兴得摇头晃脑的时候，突然发现自己的耳朵在动。当时，有几个好朋友在场。自那以后，班里的同学都知道了跳跳猴有这个特异功能。下课以后，经常有同学围在他周围让他动耳朵，他总是拒绝，尤其是女生在场的时候。今天，不小心露了馅，跳跳猴感到脸上一阵发热。好在他的皮肤比较黑，要不，一定是个大红脸。

说笑一阵后，跳跳猴和笨笨熊辞别了孙晓，向山谷外走去。

走出几步，孙晓在小哥俩身后喊道："下一站你们要去哪里呢？"

笨笨熊回过头来，说："玄古洞。"

孙晓问："知道口令吗？"

笨笨熊说："知道。"

孙晓说："好。路上小心。"

笨笨熊追上跳跳猴，继续赶路。走出山谷，已是晌午时分，小哥俩又饿又渴。正在这时，迎面山坡上闪出一片杏林。树枝上，挂满了金黄色熟透了的杏。跳跳猴舌底顿时冒出一股津液，拉着笨笨熊钻进了杏树丛中。他像猴子一样嗖嗖地爬上树，在树枝间腾挪跳跃，把摘下的杏装进被腰带扎紧的背心里。

笨笨熊在树底下仰着脑袋喊："给我扔下来几个！"

跳跳猴在树上笑着说："急什么？我还没有吃呢。"

忽然，树丛中一个女人厉声喝道："是谁竟敢闯进大观园来偷我的杏吃？"

跳跳猴在树上往下扫视了一圈，没有看到说话的人。他从树上"咚"的一声跳了下来，拉起笨笨熊拼命向山坡下奔去。

跑不多远，笨笨熊上气不接下气地说："跑不动了，歇歇吧。"

跳跳猴一边拽着笨笨熊跑，一边气喘吁吁地说："不能歇。"

笨笨熊问："为什么？"

跳跳猴说："被抓住就糟糕了。"

又跑了一阵，跳跳猴见没有人追上来，才喘着粗气停了下来。

笨笨熊喘了一阵，说："一个女人就把你吓成这样？"

跳跳猴说："大观园里有一个王熙凤，比男人还要厉害得多呢。"

说着，笨笨熊打量了一下周围，惊讶地自言自语道："我们怎么跑到了这里呢？"

动物大家族

看到笨笨熊惊讶的样子,跳跳猴问道:"我们到什么地方了呢?"

笨笨熊说:"玄古山。"

跳跳猴问:"这玄古山有什么特别的吗?"

笨笨熊说:"就是我们下一站要去的地方啊!"

跳跳猴说:"奇了,这大观园的人一声断喝,竟然把我们撵到了下一站。"

接着,笨笨熊率先向山里走去,跳跳猴紧跟在后面。

这玄古山林木森森,流水淙淙,只闻鸟鸣,不见人影。顺着一条小河走了一个时辰,面前出现一个硕大的山洞。洞口两扇石门紧紧地闭着,洞顶的石匾上长满了青苔,隐约可见"玄古洞"三个大字。山洞前面,有两排穿着甲胄、戴着头盔、持各式刀戟的武士把守,一副壁垒森严的景象。

跳跳猴说:"怎么好像回到了古代呢?"

笨笨熊说:"所以才叫做玄古洞啊!"

说着,笨笨熊领着跳跳猴便往前走。

突然,一名武士将一只丈八蛇矛横在小哥俩面前,大声喝问:"你们从哪里来?"

跳跳猴吓了一跳,笨笨熊则平静地回答:"大观园。"

武士又问:"在那里看到了什么?"

笨笨熊回答:"黛玉葬花。"

武士问:"黛玉葬花时嘴里念叨什么?"

看到笨笨熊若无其事的样子,跳跳猴也镇定了下来。他抢着回答:"花谢花飞飞满天,红消香断有谁怜?"

话音刚落,另一名武士突然将两把大砍刀架在了跳跳猴和笨笨熊的脖子上。跳跳猴吓得不知所措。

笨笨熊拽了拽跳跳猴的衣服，示意不要慌张，接着慢条斯理地回答："侬今葬花人笑痴，他年葬侬知是谁？"

听了笨笨熊的回答，武士将大砍刀收起。接着，所有的武士都大喝了一声。应着喝声，山洞门缓缓开启。笨笨熊拖着跳跳猴快步进到洞内。

跳跳猴一边跟着笨笨熊往洞里走，一边诧异地问："为什么我回答时便将刀架在我们脖子上，你回答时就将刀收了起来呢？"

笨笨熊说："武士问我们的每一句话都是口令，如果回令不对，当然是要送命的。"

跳跳猴问："为什么要规定口令呢？"

笨笨熊说："这个山洞汇集了自古到今所有的动物，是地球上最珍贵的生物资料库。这么重要的地方，能不采取防范措施吗？"

跳跳猴点了点头，接着问："你怎么会知道这山洞的口令呢？"

笨笨熊说："前一段时间，我曾经跟随别人来这里参观过一次，带我来的老师告诉过我。"

听了笨笨熊的话，跳跳猴想，幸亏智者派了笨笨熊带我旅行，要不然，将会寸步难行啊！

洞里非常安静，静得能听到呼吸声，笨笨熊不由得打了一个寒噤。上一次，他是随着许多人来的，没有感到什么特殊。这一次，偌大的洞只有他和跳跳猴两个人，便不禁生出一种恐惧感。跳跳猴则感到非常新鲜，不住地左顾右盼。

行不多远，面前出现一个宽敞的大厅。在大厅的岩壁上，悬挂着一个大型的电子屏幕。屏幕上，显示着一个动物分类表。

动物界

  海绵动物门

  腔肠动物门

  扁虫门

  纽虫门

  圆虫门

  轮虫门

  软体动物门

  环节动物门

线虫门

　　　节肢动物门

　　　帚虫门

　　　外肛动物门

　　　腕足动物门

　　　棘皮动物门

在电子屏幕的另一半，显示着脊索动物的分类：

脊索动物分类

　　　尾索动物亚门

　　　头索动物亚门

　　　脊椎动物亚门

　　　　　鱼纲

　　　　　两栖纲

　　　　　爬行纲

　　　　　鸟纲

　　　　　哺乳纲

　　笨笨熊指着电子屏幕说："动物界是一个大家族，仅门这一级就有好多种。因为每一门下纲、目、科、属、种太多，在这里都省掉了。

　　"如果驭繁从简的话，可以把动物分为无脊椎动物和脊椎动物两大类。在上面的表中，列在脊椎亚门下面的动物属于脊椎动物，其余的都属于无脊椎动物。根据统计，现存的动物种类已知的有 150 多万种。其中，无脊椎动物约占动物种类的95%。"

　　顿了顿，笨笨熊说："屏幕显示的是动物界的总体情况，接下来，我们到各个动物馆去看看吧。"

　　笨笨熊领着跳跳猴一边参观，一边解说。

无脊椎动物

——玄古一洞巡礼

穿过大厅,里面是一个长廊,长廊的上面,书写着"玄古一洞"。

在这里,可以看到大海的一角和海边的山峦。在海水中,可以看到一团团的海绵。但是,海岸边的山峦上没有树木,没有野草和鲜花。当然,也没有鸟鸣。再仔细看水里,没有鱼,没有虾。

好一个清净世界!眼前的情景,使笨笨熊和跳跳猴顿时肃然。他们不由得放慢

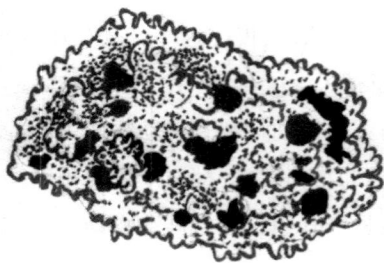

海绵

了脚步,每走一步都轻轻地把脚落下,生怕踏碎了这里的宁静,生怕惊醒了在这荒凉世界里沉睡了许久的生灵。

实际上,这便是6亿年前海绵在地球诞生时的情况。当时,陆生动植物还没有出现,地球上到处是荒山秃岭。

海绵动物也是一个大家族,约有5000多种。它无头、无尾,看上去就像日用品中的吸水海绵。海绵动物与原生动物相似,各个细胞具有相对的独立性。即使把一

个整体的海绵揉碎,它毫不在乎,各个碎块照样能生活。

多么强大的生命力!

看来,越是低级的生命越是顽强。正是靠了那坚韧的生命力,才熬过了严酷的自然环境,传下了子子孙孙,从远古时期活到了现在。

正在笨笨熊和跳跳猴默默地注视着眼前的海绵时,电子屏幕上出现了一幅海绵结构示意图。

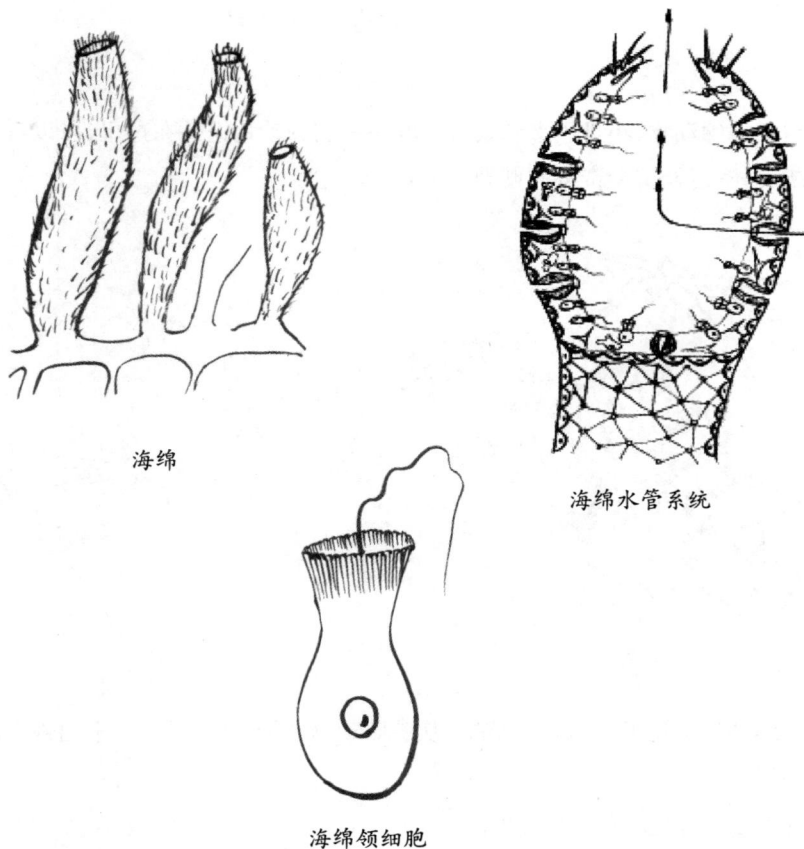

海绵

海绵水管系统

海绵领细胞

海绵虽然是动物,但是看不到嘴,它是靠什么生活的呢? 原来,在海绵中有一个由许多领细胞组成的水管系统,领细胞的上端有个像衣领一样的结构,中间伸出一条鞭毛。靠了这鞭毛的运动,水便自入水口流入,从出水口流出。靠了这水的流动,海绵获得食物和氧气,并排出代谢产物。

无脊椎动物

——玄古二洞巡礼

看罢海绵动物，小哥俩来到玄古二洞——腔肠动物馆。在这里，可以看到水里的水螅、海葵以及造型奇特的珊瑚。

珊瑚

水螅

腔肠动物出现于大约6亿年前。从腔肠动物开始，在胚胎发生上出现了内胚层和外胚层。

什么是内胚层和外胚层呢？

胚层是动物胚胎还没有长出鼻子、眼睛等器官时的细胞层，是塑造各种器官的原材料。胚层越多，细胞类型越多，形成的器官也越复杂。在低等动物，比如腔肠动物，只有内胚层和外胚层。从扁虫动物和圆虫动物开始直至人，在内胚层和外胚层之间又出现了中胚层。因此，从海绵动物的无胚层，到腔肠动物的二胚层，再到扁虫动物以后的三胚层，是一个不断进化的过程。

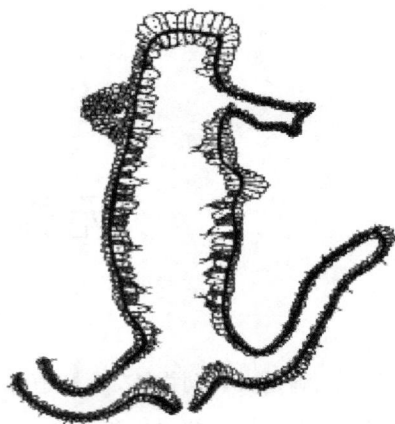

海葵　　　　　　　　　水螅纵切面显微图像

　　不，这样说还没有把胚层变化的重要性讲清楚。如果把动物进化看成是一条鲤鱼在江河里游泳，胚层的增加则是鲤鱼跳龙门。

　　在水母、水螅旁边的一块电子屏幕上，有一张水螅结构图。看来，水螅结构对腔肠动物具有代表性。

　　水螅的身体中间是一个空腔，叫做消化腔，与口相通。除了水螅外，水母、珊瑚和海葵也具有上述特征。在进化上，从它们开始，动物体内出现了类似肠道的消化腔。因此，人们给这一类动物起了一个名字——腔肠动物。

　　但是，这一进化是一个半截子工程。它们只长了嘴，没有来得及长出肛门。食物从口进入消化腔，经过消化后，残渣还从口排出。

　　人类有一种先天性疾病，叫做肛门闭锁。这种病，是否由于返祖遗传到了腔肠动物而发生的呢？

无脊椎动物

——玄古三洞巡礼

　　玄古三洞是虫类动物馆。不知道什么原因，这里，看不到活体动物，只能看到扁虫、纽虫、圆虫和轮虫的图片和说明。

　　扁虫、纽虫、圆虫和轮虫等是从腔肠动物进化而来的，它们比腔肠动物又进了一步，内胚层和外胚层中间又出现了中胚层。这样，便使得发生更多器官成为可能。

　　先说扁虫门。扁虫门动物的头部长出了脑、眼和化学感受器等。但是，在消化方面却长进不大，仍然没有肛门。

　　人类的成员很多，但是，简单来说只有两种：男人和女人。偶尔出现不男不女的人，便要去医院看医生。扁虫门动物呢？大部分是雌雄同体，也就是说，它们既是雄性又是雌性。如果拿人的标准来看，个个都是两性畸形。

　　属于扁虫门的动物有血吸虫、丝虫和绦虫。这些动物，如果寄生在人体内，会引起血吸虫病、丝虫病和绦虫病。到了纽虫门动物，出现了血液循环系统。还有一个突破性的进步，就是消化道被彻底打通，出现了肛门。从它们开始，消化道不再像腔肠动物一样是一个死胡同。食物从嘴进入，消化吸收后产生的残渣从肛门排出。

　　到了圆虫门，出现了体腔，同时出现了性别分化。从它们开始，动物分成雌性和雄性。

　　与人关系比较密切的圆虫有蛔虫。蛔虫寄

血吸虫

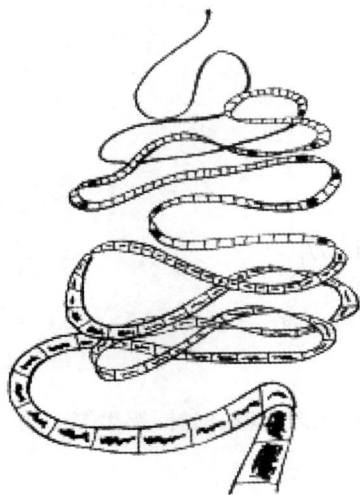
猪肉绦虫

生在人体的肠道中，靠吸食人小肠内半消化的食物生活。别看它们在肠道的粪便中钻来钻去，说起来都让人恶心。在虫类的进化阶梯上，它们还属于高端阶层。

再到了轮虫，分化出了咀嚼器和足。轮虫是雌雄异体，也就是说既有雌轮虫，也有雄轮虫。但平常所见轮虫几乎全是雌虫，很难看到雄虫。

全是雌虫如何繁殖后代呢？

或许由于刚刚分出性别不久，雌性轮虫还保留着祖先独自生儿育女的功能。也就是说，它们实行的是无性生殖。但是，也有例外的情况。在环境恶劣时，雄虫会粉墨登场，和雌虫交配进行有性生殖。

为什么在平时无性生殖，环境不良的时候有性生殖呢？

这是因为通过有性生殖产生的子代更能适应恶劣环境。这种现象，用一个时髦的词来说，就是优生。

这些名不见经传的低等生物怎么竟然懂得优生呢？

跳跳猴问笨笨熊。笨笨熊摇摇头，说他也想不通。

在虫类动物阶段，形成了有口有肛门的消化道、出现了血液循环系统，还分出了雌性和雄性。尤其重要的是分化出了三胚层，为以后动物器官的发生打下了基础。可以说，许多进化史上的大事件都浓缩在了这几种小虫子上。但是，为什么展览馆里没有展出它们的活体呢？是因为血吸虫、绦虫、蛔虫名声不好吗？是因为它们其貌不扬吗？

在走出虫类动物馆时，跳跳猴一直在想着这个问题。思索良久，他想到了人。有的人事业平平，却在名片上把虚的实的职务、大小获奖写一大堆；真正的大腕，名片上清清爽爽，只有一个名字和工作单位。这种现象还延伸到了死人。有的已故者的碑文搜罗了一生的辉煌点，洋洋洒洒；有的大人物的墓碑，却一个字不写；再大的人物呢？干脆不立碑，甚至将骨灰洒到了江河湖海中。

噢，明白了，真正的英雄是不需要大事张扬的。

无脊椎动物

——玄古四洞巡礼

笨笨熊和跳跳猴来到了玄古四洞。在洞口，展示着乌贼、河蚌、蜗牛等动物。在馆里的墙壁上，悬挂着详尽的说明。

乌贼　　　　　　　　　　蜗牛　　　　　　　　　　河蚌

软体动物家族的成员有 10 万多种，它们的神经在某些地方集中在一起，形成了神经节。另外，软体动物的循环系统也进一步完善。乌贼和章鱼还有很发达的脑。

神经系统集中动作便会机敏，循环系统完善则使全身获得更好的血液供应，脑子发达便有了智慧。所有这些，使软体动物在进化上实现了一次飞跃。

软体动物特征之一是它们大多有硬质外壳，用以保护柔软的肉体。比如，河蚌有两片瓣状的贝壳，蜗牛不论走到哪里总是背着一个螺旋形的房子。

说来有点让人费解，长着硬硬的外壳的动物却叫做软体动物，难道这外壳不是它们身体的一部分？

软体动物的特征之二是它们的足各具特色。河蚌的足呈斧状，称为斧足；蜗牛的足在它的腹面，称为腹足；乌贼的足长在头上，末端有吸盘，称为腕足。

无脊椎动物

——玄古五洞巡礼

玄古五洞是环节动物馆，在这里，摆着一个个装着土和水的玻璃缸。透过玻璃，可以看到蚯蚓在土里不紧不慢地掘土，水蛭和沙蚕在水里慢悠悠地游动。

环节动物，顾名思义，它们的身体由一个个环形体节组成。常见的环节动物有蚯蚓、水蛭和沙蚕。它们在每一个体节中有一对神经节，相邻体节内的神经节相互联系而形成链条式的神经系统。在动物进化过程中，原始的神经呈网状分布，就像一团乱麻。到了环节动物，原本分散的网状神经集中在一起，形成了链状，就像将乱麻拧成了麻绳。这样，神经的传导功能便大大增强。因此，从网状神经到链状神经，神经系统向前进化了一大步。

水蛭

从环节动物馆再往前走，突然明亮了起来。跳跳猴抬头一看，原来，这里的洞顶装着玻璃，阳光透过玻璃照射了进来。在洞顶的玻璃上，赫然写着"玄古六洞"。

沙蚕

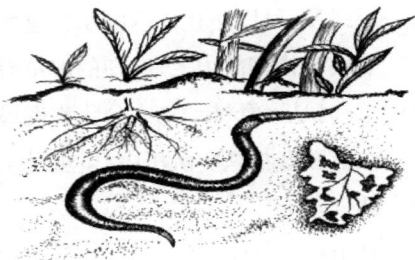

蚯蚓

无脊椎动物

——玄古六洞巡礼

玄古六洞的居民是节肢动物。在这里，螃蟹在用特殊的姿势走路，蜘蛛在网上静静地等候着什么，蜜蜂在鲜花丛中忙碌着，蚂蚁在行色匆匆地搬运东西……

节肢动物，如其名字所示，肢体呈节状，这样有利于运动。其实，它们的突出特征是身体分为头、胸、腹三大部分，神经节向头部集中，出现了神经系统的中枢——脑。神经系统的这一进化，使得它们的智力有了明显提高。所以，蜘蛛可以织网捕虫，蜜蜂能建造正六边形的蜂巢，蚂蚁群体内有严格的分工……

蝉

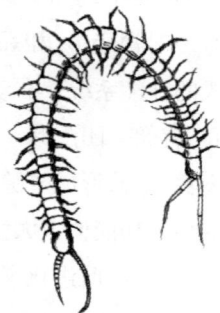

蜈蚣

另外，节肢动物的身体表面具有外骨骼，对身体有保护作用；在外骨骼外面，还有一层蜡质，可以防止体内的水分过度蒸发。

节肢动物家族很大，已知的成员有100万种以上，远远超过了其它各种动物种类的总和，是无脊椎动物中分化程度最高的物种。

在节肢动物这支队伍中，昆虫是主力军。因此，昆虫展区占据了节肢动物馆的绝大部分。

有100多万成员的昆虫大军有什么共性呢？

除了具有节肢动物的特征外，所有昆虫的头部都有一对触角，一对复眼和一个口器。胸部有三对足，一般有两对翅。

穿越时空隧道

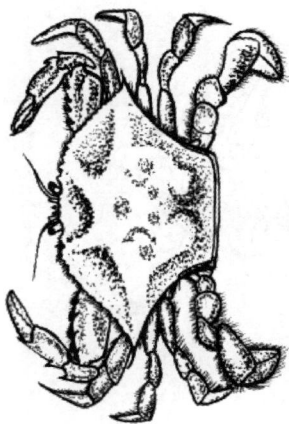

螃蟹

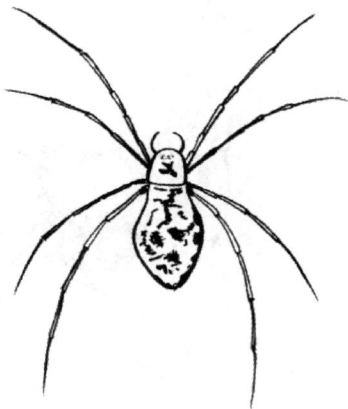

蜘蛛

不过,各种昆虫的触角不一样。有的细长,像一对鞭子;有的生着许多分支,像两把刷子;有的非常短,下面是一个柄,上面膨大,像两个锤子。

这各式各样的触角是干什么用的呢?

就像人的手一样,昆虫的触角发挥着触觉感受器的功能。此外,又是化学感受器,可以用来收集嗅觉信息。

触角摆来摆去,碰到物体时自然可以产生触觉。但是,它们是如何嗅到气味的呢?原来,在触角的表面有许多微小的洞,里面分布着能够感受气味的细胞。这些感受气味的细胞非常灵敏,许多昆虫就是靠了这嗅觉来辨认同伴,发现食物,寻找配偶的。比如,往一个蚂蚁窝中放入一只另一窝的蚂蚁,主人能根据气味辨认出来者不属于自己的家族,将其驱逐出境。再如,雌性飞蛾将微量的性信息素散发在空气中,几千米外的雄性飞蛾也能够感觉出来,纷纷赶来交配。

这本领,让以嗅觉灵敏著称的狗也自叹弗如。

昆虫不仅有触觉和嗅觉,还能听声音。它们的耳朵形状及位置各式各样。比如,蝗虫的耳朵在腹部两侧,蚊子的耳朵长在头部的两根触角上,蟋蟀的耳朵生在第一对前肢上,飞蛾的耳朵有的位于胸部,有的位于腹部。

耳朵长在肢体上和肚子上,奇怪吧?

更为奇怪的是它们听觉的分辨力!对每秒钟内断续几次的声音,人类会把它们混为一谈,听起来是连续的,昆虫却能对每秒钟断续几十次的声音分得清清楚楚。

蝗虫

人耳只能感受频率在每秒 16 至 2 万次的声波，频率高于两万次的声音便浑然不觉，有的昆虫却能感觉到频率在每秒 20 万次的超声。

如此高强的听觉分辨力，想象不到吧？

更加令人想象不到的是它们的眼睛！昆虫的眼睛是复眼。所谓复眼，是说它们的眼睛由好多只小眼组成。最少五六只，最多几万只。

长这么多眼睛干什么用呢？

我们看电影时感觉到演员的动作是连续的。实际上，银幕上连续的动作是每秒钟放映 24 幅独立的图片形成的。也就是说，电影欺骗了我们的眼睛。为什么受骗呢？是由于人类的眼睛分辨力低。昆虫的复眼不一般，能够在一秒钟内把 240 幅图像分得清清楚楚。哇！分辨力是人类的 10 倍还要多。正是靠了这一条，昆虫可以捕捉快速运动的猎物。

人长着两只眼睛，只能看到前面的场景。昆虫的复眼呢？可以看到前后左右。这就使得昆虫可以扩大侦察范围，高效率地发现猎物和躲避攻击。我们打苍蝇时，无论从苍蝇的前面、后面还是侧面接近，它都能感觉到并马上飞走。这就是复眼发挥

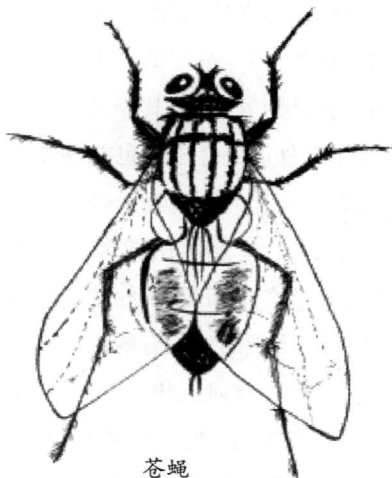

苍蝇

了作用。

　　昆虫的口器是摄取食物的器官,结构有多种。蝗虫、天牛、金龟子、飞蛾以及蝴蝶的幼虫的口器是咀嚼式,这种口器内有牙齿,能咬碎植物叶片等硬物。蚜虫、椿象等的口器是刺吸式,它们在摄食时将针状的口器刺入植物茎叶中,吸取植物中的汁液。蛾、蝶等成虫的口器是虹吸式,它们在访问花朵时,把管状的口器伸入花心,通过虹吸作用将花蜜吸进肚子里。苍蝇等的口器为舐吸式,它们在进食时,排到舌面的唾液可以将食物消化成流体,然后将流体喝下去。

　　看,不同的昆虫在进食时,吃相也各不相同。

　　昆虫的胸部有三对步行足和两对翅,这使得昆虫不仅可以在地面及物体上行走,还能振翅飞翔。这样,便大大扩展了它们的生存领域。

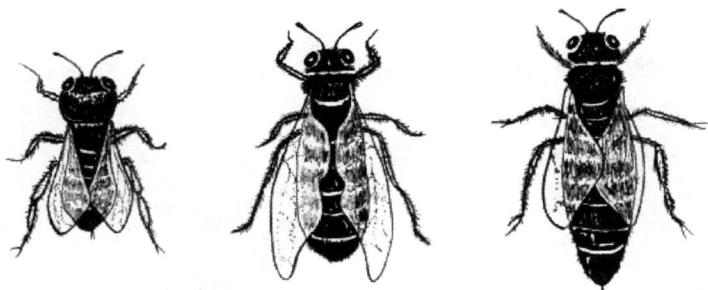

蜜蜂

　　尤为特殊的是,大多数昆虫在发育过程中要经过变态。所谓变态,是说昆虫在不同阶段形态要发生变化。

　　根据变态的程度,可以把变态分为完全变态和不完全变态两种。

　　完全变态,要经过卵、幼虫、成蛹、羽化四个阶段才能完成。为什么叫做完全变态呢?这是因为,经过这种变态后形成的成虫和幼虫完全不同。举个例子,蝴蝶属于完全变态。它色彩斑斓,漂亮无比。可谁能想到,它小时候竟然是丑陋无比的像蛆一样的毛毛虫。

　　不完全变态,要经过卵、若虫、成虫三个阶段才能完成。为什么把这种变态叫做不完全变态呢?这是因为,经过这种变态后形成的成虫和若虫差别不大。举个例子,蝗虫属于不完全变态。它的若虫和成虫模样相差无几,只是翅膀长短不同。

　　昆虫的家族如此之大,又有着数说不尽的传奇,无怪乎法布尔先生几十年如一日沉湎在昆虫世界里呢!

无脊椎动物

——玄古七洞巡礼

离开节肢动物馆，笨笨熊和跳跳猴来到了玄古七洞。这玄古七洞很小，只有孤零零一个海星展台。

海星属于棘皮动物。棘皮动物都生活在水中,常见的有海星、海胆、海参以及海百合等，共约 6000 多种。这些动物具有石灰质骨片构成的壳,骨片上带有棘。因了这一点，人们把它们叫做棘皮动物。

实际上，在动物进化的阶梯上，节肢动物和棘皮动物之间还有寻虫门、外肛动物门及腕足动物门。这些动物的共同特征是生活在水中，都有一个称为触手冠的捕食器官。不知道是什么原因,在展览馆看不到这些生灵。

海星

可能,玄古洞的组织者忘记了它们。

从海星展台出来,往前看,没有了路。跳跳猴问："到头了吗？"

笨笨熊笑了笑，加快步伐走到跳跳猴前面。跳跳猴紧紧跟上,原来,拐一个弯,眼前又是一道长廊。

笨笨熊说："从这里开始，便是脊索动物区了。"

脊索动物

——玄古八洞巡礼

眼前的洞叫玄古八洞。

进到洞内,跳跳猴便问:"我知道脊椎动物是有脊椎的动物,什么是脊索动物呢?"

笨笨熊说:"脊索动物门是动物界中进化级别最高的门,其成员有 4.5 万多种。脊椎动物是脊索动物门下的一个亚门。"

跳跳猴问:"这么大的家族,它们有什么共同特征呢?"

笨笨熊说:"之所以把它们叫做脊索动物,是因为在背部有一条脊索。后来,有些动物在脊索外面包上了硬硬的脊椎骨,这样,便在脊索动物门下分化出了脊椎动物亚门。

"其次,脊索动物有脑和脊髓等中枢神经系统。动物的神经系统在脊索动物进化到最高级、最复杂的层次。因此,脊索动物具有比其它动物更高的调节能力及智力。

"第三,在消化管前段两侧有成对排列的裂缝,即鳃裂。低等的水生脊索动物,如鱼,鳃裂终生存在,鳃裂内的鳃起呼吸作用。高等脊索动物,如飞鸟、走兽以及人,鳃裂只在胚胎时期存在,然后在发育过程中渐渐消失。"

跳跳猴说:"如此,在进化上,鱼是包括人在内的许多高等动物的祖先了?"

笨笨熊说:"是啊。从进化的角度来讲,越是低等的动物,辈分越大啊!"

听了笨笨熊的话,跳跳猴不禁想起原本在枝头唱着歌却被自己一弹弓射下来的鸟;想起兔子被自己打伤后发出的婴儿一般的哭声;想起《三国演义》中"煮豆燃豆萁,豆在釜中泣,本是同根生,相煎何太急"的诗句……想着想着,心底油然生出了一种负罪感。

这时,电子屏幕上由远及近游过来一条鱼。当这条鱼几乎占满整个屏幕时,突然停了下来,成为一个纵切面图。

跳跳猴问:"这是什么呢?"

笨笨熊说:"这是文昌鱼的剖面。"

跳跳猴喃喃地说:"这有什么特别吗?"

笨笨熊说:"大多数鱼都有脊椎。但是文昌鱼只是进化到了脊索阶段,没有形生脊椎。你看,这通贯背部的那个索状结构就是脊索。也就是说,文昌鱼是脊索动物向脊椎动物进化的一个过渡种。因此,它受到了动物学家的重视。"

跳跳猴问道:"从脊索动物进化到脊椎动物有什么意义吗?"

笨笨熊说:"脊椎有支持身体的作用。还没有长出脊椎的脊索动物,由于没有坚硬的中轴支撑身体的重量,体格不可能充分长大。因此,它们都是小个子。

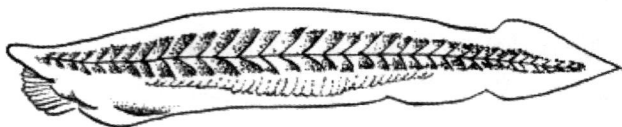

文昌鱼纵切面

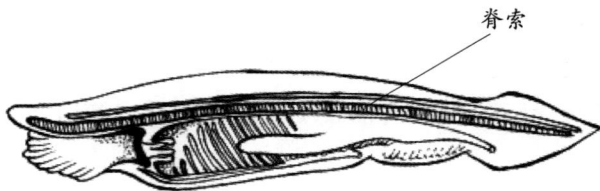

脊索

文昌鱼脊索

"脊椎动物出现了硬质的脊椎骨,一方面加强了对神经索的保护作用,另一方面增加了身体的负重能力。因此,大型动物都是脊椎动物。

"此外,由一块块脊椎骨顺序排列形成的脊柱有较大的活动性,脊椎动物的活动能力较脊索动物有所提高。

"有意思的是,人们还赋予脊椎特殊的意义。"

"什么特殊意义?"跳跳猴诧异地问。

笨笨熊说:"人们通常所说的脊梁其实就是脊椎。当某个人在精神颓废时,别人往往会对他说:挺起你的脊梁。这时,人们用脊梁象征积极的精神状态。当说到某一个群体对国家有重要作用时,人们往往会说他们是民族的脊梁。这时,人们用脊梁象征重要力量。"

听了笨笨熊的话,跳跳猴连连点头。

脊椎动物

——玄古九洞巡礼

走出玄古八洞,迎面竖立着一块牌子,上面说明,从此往里是脊椎动物区。

在这块牌子的旁边,有一块大型的电子屏幕。屏幕上,形形色色的鱼在水中怡然自得地游动。一只老虎在草丛中半卧着,两眼注视着不远处的一匹斑马,看样子,是在伺机对猎物进行进攻。天空中,一只苍鹰在盘旋中突然俯冲了下来。顺着俯冲的方向看去,地上有一只兔子正在飞快地逃命。森林里,一头大象在用鼻子搬运木料,一个十五六岁的小孩骑在大象脊背上,正在指挥搬运木料。

屏幕上水中游的,地上跑的,天上飞的,都是脊椎动物。由于脊椎的出现,它们增强了运动能力,拓展了活动范围。在脊椎动物中,进化程度最高的是人。别看大象是庞然大物,仍然乖乖地听从一个小孩的指挥。为什么会是这样?关键在于人有发达的大脑。因此,脊椎的出现以及神经系统的完善是动物进化过程中具有重大意义的事件。

走过电子屏幕,便是玄古九洞。洞口有一个大型的玻璃水池,里面有各种各样的鱼在自由游动。水池旁边,悬挂着一幅鲫鱼结构图。

脊椎动物经历了一个漫长的进化过程,第一步,便是从鱼开始的。因此,它们便成为脊椎动物区第一洞的主人。

既然是脊椎动物的

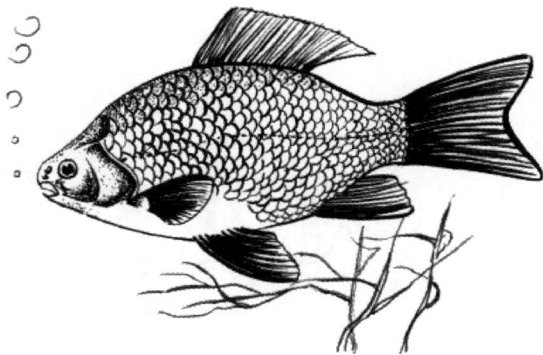

鲫鱼

始祖，在它们身上有哪些值得关注的结构呢？

最具特征性的结构是头部两侧的鳃。鳃由鳃丝、鳃耙和鳃弓组成。鳃丝里面密布毛细血管，因此，呈鲜红色。当水流经鳃丝时，溶解在水里的氧气就渗入鳃丝的毛细血管中，同时，血液里的二氧化碳渗出毛细血管进入到水中。这样，就起到了气体交换的作用。

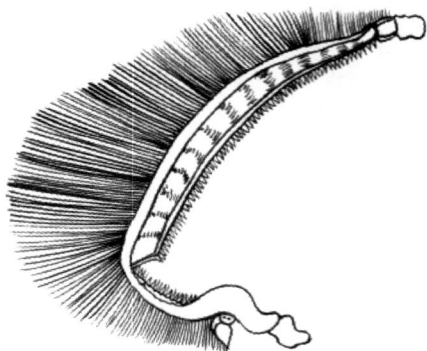

鳃

鳍是鱼的运动器官。鲫鱼的鳍包括背鳍、胸鳍、腹鳍、臀鳍和尾鳍。其中，胸鳍和腹鳍有保持鱼体平衡的作用，尾鳍能够保持鱼体前进的方向。鲫鱼的游泳，主要靠尾部和躯干部的左右摆动而产生前进的动力，各种鱼鳍起着协调的作用。

鱼的心脏有一个心房和一个心室。和心室连通的血管叫做动脉，作用是把心室里的血液运送到身体各个部分；与心房连通的血管叫做静脉，作用是把身体各部分的血液输送回心房。

鱼的生殖方式为体外受精。雌性鱼的卵子和雄性鱼的精子都排到水中，卵子在水中受精。但是，在茫茫大海中，随波逐流的精子和卵子大多不能觅得佳偶，只有少数幸运者能喜结良缘。然后，受精卵在水中进行细胞分裂，发育成为幼鱼。

人的卵子是在体内受精，然后，胚胎要在妈妈的肚子里待280天才被分娩出来。鱼呢，还是精子和卵子时便进入大江大海中，经受惊涛骇浪，目睹潮起潮落。

这脊椎动物的祖先，不容易啊！

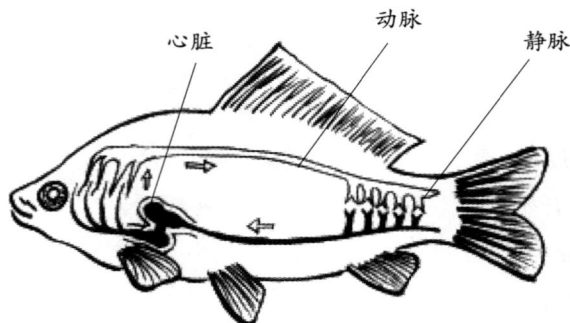

鲫鱼的循环系统

脊椎动物

——玄古十洞巡礼

沿着水池往前走,拐过一个弯,又是一个洞。洞口的牌子上写着"玄古十洞(两栖动物馆)"。

一钻进洞口,便听到一阵蛙鸣。再走几步,只见里面有一个水塘,荷叶将水面遮去了一大半,不时有青蛙从岸边或荷叶上跳到水塘里。

"两栖动物有哪些呢?"跳跳猴问。

笨笨熊说:"常见的两栖动物是青蛙和蟾蜍。今天,我们以青蛙为例介绍一下吧。"他指着长廊上的一个图片说:"青蛙是从蝌蚪变来的,下面这个图显示了从蝌蚪向青蛙的转变过程。

"青蛙的生殖和发育在水中进行。春季,雌青蛙将卵排在水中,雄青蛙将精子排在水中。卵子在水中受精后孵化出蝌蚪。蝌蚪靠鳃呼吸,心脏只有一个心房和一个心室。

"慢慢地,蝌蚪的尾巴被体内的吞噬细胞慢慢吃掉了。原来的鳃被鼻孔和肺取代,四肢长了出来,趾间有蹼,心脏结构变成两个心房和一个心室。这时,蝌蚪变成了青蛙。

"由于呼吸器官由鳃变成了肺,使得青蛙可以在陆地上生活。但是,青蛙的肺不发达,不能满足对气体交换的全部需要。"

跳跳猴问:"那怎么办呢?"

笨笨熊说:"靠皮肤呼吸来补充。"

"皮肤还能呼吸?"跳跳猴不理解。

笨笨熊说:"青蛙的皮肤很薄,并且毛细血管非常丰富,因此能够从周围空气中吸收氧气,对肺的换气功能起补偿作用。但是,皮肤吸收氧气有一个前提条件,就是

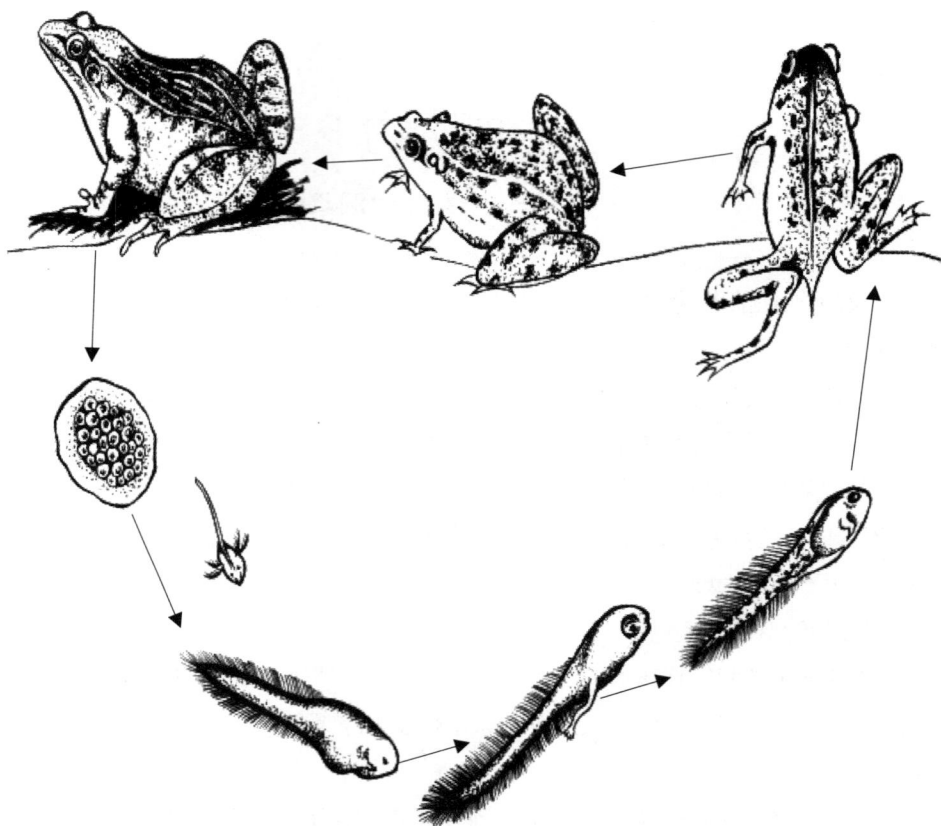

蝌蚪向青蛙的转变过程

要保持皮肤湿润。于是,青蛙总是聚集在池塘、河流旁边。不过,短时间到干燥地方旅行也不会出问题。因为它们的皮肤能分泌粘液,使皮肤水化,有利于保持皮肤的呼吸功能。"

　　说到这里,一只青蛙从池塘边扑通一声跳进了水中。跳跳猴目不转睛地看着青蛙入水激起的波纹。

　　这时,笨笨熊总结道:"两栖动物的共同特征是:在发育过程中经过了变态;幼体生活在水中,用鳃呼吸;成体生活在陆地或水中,一般用肺呼吸;皮肤裸露,能够分泌黏液在体表形成一层水膜,有辅助呼吸的作用。"

见跳跳猴看着池塘发呆,笨笨熊问:"你明白什么叫做两栖动物了吗?"

"明白了。"说话时,跳跳猴的眼睛仍然盯着池塘里泛起的涟漪。

笨笨熊笑着问:"乌龟是不是两栖动物呢?"

跳跳猴不假思索地说:"当然是了。"

在跳跳猴看来,乌龟既可以在水里生活,也可以在陆地生活,应该是正宗的两栖动物。

笨笨熊说:"让你去做生物学家,这世界可就乱套了。"

"怎么了?"这时,跳跳猴才回过头来看笨笨熊。

笨笨熊说:"两栖动物从小到大要经历一个变态过程。乌龟从出生就是那个样子,从小就是用肺来呼吸,你怎么把它划到两栖动物中去了呢?"

跳跳猴憨憨地朝着笨笨熊笑了笑。他一直以为,所谓两栖,就是既可以在水中又可以在陆地栖息的意思。经笨笨熊这么一讲,才真正明白了什么是两栖动物。

脊椎动物
——玄古十一洞巡礼

小哥俩继续往前走，进入了玄古十一洞。

玄古十一洞是爬行动物馆。在这里，有高寿的海龟，有令人不寒而栗的毒蛇和鳄鱼。

爬行纲是在两栖动物之后进化出来的，它的家庭成员有蜥蜴、龟、鳖、蛇、鳄以及曾经盛极一时，又早已绝灭的恐龙等。因此，在这一个家族中，有侏儒，也有巨人。

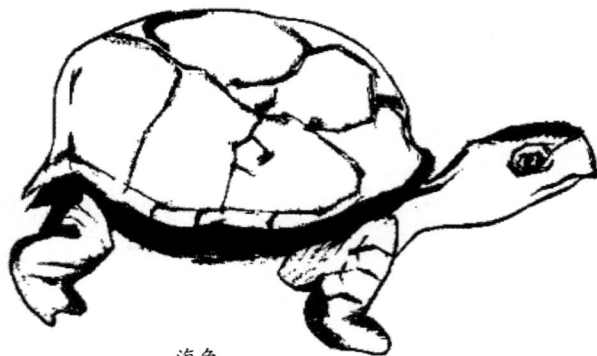

海龟

现存的爬行纲类动物有6000多种。在爬行纲动物中，有一些，如龟、鳖、鳄等，还留恋着原来的生活方式，平时在水里居住，有时到陆地去旅游。有一些，如蜥蜴等，则彻底远离了它们的老家，完全搬到陆地上来生活。

生存环境改变了，为了适应新的环境，身体结构也需要改造。陆地上缺水，必须采取节水措施。怎么办呢？身体的水分丢失主要有两个途径：身体表面蒸发和尿液排泄。于是，它们在身体表面长出了角质化鳞片，这样，便可以减少体内水分的丢失。但是，仅仅这一条还不够，它们又把尿液高度浓缩，这样，便可以大大节约因排泄代谢废物所需的水分。

生存环境的变化还要求生殖方式也发生改变。两栖动物将精子和卵子排到体

鳄鱼

外,卵子在水里受精。到了陆地,没有水作为介质,精子不能游到卵子身旁求爱。更重要的是,没有水,精子和卵子在排出体外后会很快干死。怎么办呢?它们把精子、卵子约会的场所转移到了体内。也就是说,从爬行动物开始,生殖方式从体外受精进化为体内受精。

虽然受精场所从体外转移到了体内,但爬行动物的生殖方式仍然是卵生。也就是说,小爬行动物是像昆虫一样从受精卵里孵化出来的。在水里,由于水的浮力作用,两栖动物的卵子外面只需要包裹一层软软的胶质。到了陆地,外面仅仅包裹着软膜的卵子会发生变形。为了解决这个问题,它们在受精卵的外面包上一层厚厚的硬壳。

但是,一些爬行动物的体温调节机制不够完善,体温会随着周围气温的变化而变化。在寒冷的冬季,为了防止体温过度下降,它们便钻到地穴中呼呼睡大觉;待到春暖花开时,才睡眼惺忪地出来四处觅食。

在完成了以上改造工程后,它们便陆陆续续从水里爬了出来,来到了陆地上。经过许多年代的休养生息,扩展成了一个规模不小的大家族。只可惜,这家族里的大个子——恐龙在几亿年前夭折了。

为什么乌龟、蛇、鳄鱼等小兄弟都活了下来,唯独巨人早早去世了呢?

人们曾经有许多说法,但是,谁也没有说清楚。

看来,体型庞大的并不一定是强者。

毒蛇

脊椎动物

——玄古十二洞巡礼

　　笨笨熊天生胆子小，对鳄鱼、毒蛇一直心生恐惧。跳跳猴虽然胆子大，但也对这些令人生畏的动物没有好感。在爬行动物馆匆匆游览一阵，小哥俩便到了紧邻爬行动物馆的玄古十二洞——鸣禽馆。

　　这里，百鸟啁啾，组成了一支交响曲，不少鸟儿在洞里飞来飞去。

　　鸣禽馆洞口的介绍告诉小哥俩，鸟类也是一个不小的家族，现存的鸟类有8700多种。其中，有食肉类的猛禽，如鹰；有消灭害虫的益鸟，如杜鹃、燕子及啄木鸟；还包括已经驯化的家禽，如鸡、鸭及鹅等。

　　看过关于鸟类的介绍，笨笨熊问跳跳猴："知道鸟类是从什么进化来的吗？"

　　跳跳猴摇了摇头。

　　"不知道？"

　　跳跳猴点了点头。

　　"猜一猜。"

　　跳跳猴低头沉思良久，又摇了摇头。

　　"什么？猜不出来？"

　　跳跳猴又点了点头。

　　"再猜一猜。"

　　"老兄，饶了我吧。鸟类从什么进化来怎么能够猜出来呢？"跳跳猴思索少顷，终于说了话。

　　笨笨熊说："说实话，估计你100年也猜不出来。告诉你吧，鸟类是从爬行动物进化来的。爬行动物的两个前肢变成了翅膀，两个后肢则成了鸟的双腿。"

听了笨笨熊的话，跳跳猴目瞪口呆。两个前肢变成了翅膀，怎么可能呢？说不定，这能歌善舞的飞鸟在进化过程中还有意想不到的奇迹发生。

参观鸣禽馆后，跳跳猴了解到，有长羽毛的翅膀是鸟类的特征。除了翅膀，它们确实还有许多特殊的地方。

高处的气温要比地面低，越往高处，气温越低。鸟类的体表由羽毛覆盖，有利于鸟类在空中飞翔时保持体温。

飞翔是一种消耗能量很多的运动。为了适应这种高强度的运动，鸟类的心脏分为左右心房及左右心室，和哺乳类动物的心脏结构相近。这样，可以使含氧气多的动脉血和含二氧化碳多的静脉血各行其道，提高血液供应氧气的能力。

在哺乳动物中，有储存和排泄尿液的膀胱和尿道，有排泄粪便的肛门，还有生养后代的生殖道。鸟类呢？把生殖道、肛门、膀胱及尿道合并成为单一的泄殖腔。也就是说，拉屎、撒尿和下蛋都通过一个共同的通道。这样，它们的体重便大大减轻。可别小瞧这一改造，对于在天空飞行的动物，减轻体重对于提高飞行效率来说怎么强调也不算过分。

它们的身体呈流线型。这样，在飞行中可以减少空气的阻力，提高飞行速度。

鸟类的骨骼有的很薄，比较长的骨内大都为中空，充满空气。这样的骨骼既可以减轻体重，又能加强坚固性，有利于飞行。

进入鸣禽馆行走五六十步，一块电子屏幕上出现了一幅家鸽消化系统和呼吸系统的解剖图。看来，是用家鸽作为代表展示鸟类的身体结构。

鸟类具有坚硬的角质喙，用来啄食食物。它们的口腔内没有牙齿，吃进去的食物不经咀嚼就直接由食管进入用于储存食物的嗉囊中。

未经咀嚼的食物能消化得了吗？

它们有办法。

什么办法呢？

吃石头。

吃进去的食物还担心不能消化，怎么又吃石头呢？

要解开这个谜，首先需要了解鸟类的消化道结构。鸟类的胃包括肌胃和腺胃。

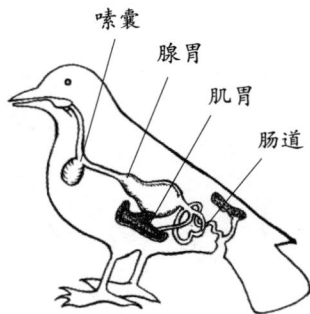

嗉囊
腺胃
肌胃
肠道

家鸽的消化系统

肌胃的胃壁有发达的肌肉，在肌胃收缩蠕动时，混在食物中的沙石可以将谷粒、玉米粒等食物磨碎。腺胃呢？能够分泌消化液，将肌胃粉碎的食物进一步消化。原来，这吃进去的石头实际上起了牙齿的作用。

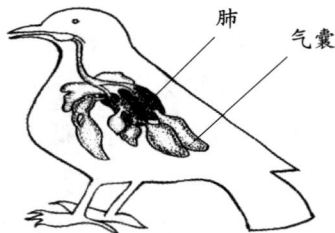

家鸽的呼吸系统

鸟类在飞行时需要大量的氧气，但高处的氧气比较稀薄。适应这种情况，鸟类的呼吸系统很发达，呼吸方式也很独特。它不仅有发达的肺，还有与肺相通的气囊。

与肺相通的气囊有什么作用呢？

鸟在飞行时翅膀要上下扇动。翅膀上举时，肺和气囊扩张，外界的空气进入，是吸气过程。这时，肺内的空气与肺内的血液进行气体交换。翅膀下垂时，肺和气囊收缩，是呼气过程。这时，肺内已经发生过气体交换的空气先被呼出，同时，气囊中的空气被挤进肺，与肺内的血液进行气体交换。人只在吸气时能够获得氧气，鸟类呢？吸气和呼气都能进行气体交换。

原来，这些飞行家在身体里准备了一个氧气瓶。

脊椎动物

——玄古十三洞巡礼

从鸣禽馆出来,跳跳猴、笨笨熊走进了玄古十三洞——哺乳动物馆。哺乳动物馆很大,里面有原兽动物鸭嘴兽和针鼹,有在树上攀爬跳跃的猴子,有笨拙凶猛的犀牛,有威风凛凛的狮子,还有在草地上悠闲觅食的马、牛、羊……

和鸟类相同,哺乳纲动物也是从爬行类动物进化而来的。也就是说,一部分爬行动物长出了翅膀,飞上了天空,成为鸟类;一部分爬行动物改变了生殖和育儿方式,成为哺乳动物;当然,还有一部分不改初衷,坚守着原来的阵地。

所谓哺乳动物,是指新生的子代依靠吮吸母亲的乳汁生活。虽然所有的哺乳动物都采取哺乳的方式育儿,但生殖方式却有所不同。

根据生殖方式,哺乳动物可以分为三支。

最早的一支为原兽类,又称单孔类,代表动物是鸭嘴兽和针鼹。在哺乳动物馆入口处,就展示着这两种奇特的动物。

鸭嘴兽

针鼹

在生殖方面,它们仍然保持着爬行动物的卵生方式,幼兽像鸡蛋孵小鸡一样从卵中孵化出来。

在育幼方面,它们进化到了哺乳方式。但是,鸭嘴兽的乳腺没有来得及长出乳头，只是在肚子上有一个凹沟。哺乳时，幼兽在母亲的腹部用嘴挤压乳腺，然后从凹沟中吸食被挤出来的乳汁。针鼹的肚子上，长着一个育儿袋。这育儿袋，可以使小针鼹在里面得到发育，形象一点说，就好像是长在身体外面的子宫。

在结构上，鸭嘴兽和针鼹身体后端只有一个孔，粪、尿和卵都由此孔排出。因此，人们将鸭嘴兽和针鼹称为单孔类。这些，仍然保持了爬行动物的遗风。

在相貌上，针鼹的嘴似鸟喙。鸭嘴兽呢？嘴巴又扁又长，与鸭嘴相似，前后肢有蹼。这些类似于鸟类的特征。但是，它们的身上长着兽毛，穿着一身野兽的衣服。

从结构上看，鸭嘴兽和针鼹是从爬行动物进化而来的。可是，为什么它们的嘴巴又像鸟类呢？

这个问题，跳跳猴想不通，便请教笨笨熊。

笨笨熊挠了挠头皮，然后笑着说："一开始，它们看到有些兄弟姐妹变了飞鸟，便长出了鸟类的嘴巴。就在这时，又看见变哺乳动物成为时尚，便中途改变主意，变了哺乳动物。结果，弄了个不伦不类。"

被笨笨熊幽了一默，跳跳猴微微笑了笑，偕着笨笨熊继续往前走。

这时，面前的草地上走来，不，是蹦来一只袋鼠。它前肢短小，后肢发达，还拖着一条又粗又长的大尾巴。走近了，它蹲在那里，两条后肢和粗大的尾巴形成了一个三角凳。一个小袋鼠从妈妈的育儿袋中探出脑袋来东张西望。妈妈低头看看，好像在说，老实些，还不到出来的时候呢。那小袋鼠似乎懂了妈妈的意思，又老老实实缩回到袋子中。

袋鼠

哺乳动物的第二支为后兽类，或称有袋类。袋鼠便属于有袋类动物的典型，与袋鼠同类的还有袋狼和考拉，它们都生活在澳大利亚。

后兽类的生殖方式已不再是卵生，它们的受精卵在子宫中发育。但是，由于胚胎没有胎盘，幼仔不能从子宫持续获得营养。因此，在还没有发育完全的时候，幼仔就被产出并转移到母亲的

马牛羊

育儿袋中。在这里,幼仔口衔母亲的乳头,靠妈妈乳汁的营养继续发育。

袋鼠一蹦一蹦地走远了。这时,嫩绿的草原上出现了马、牛、羊。

这些动物属于哺乳动物的第三支,叫做胎盘哺乳类,又称真兽类。属于胎盘哺乳类的动物有 4000 多种。

与原兽类和后兽类不同,真兽类动物的胚胎出现了胎盘。母体血液中的养料和氧通过胎盘输送给胚胎,胚胎新陈代谢所产生的二氧化碳和废物通过胎盘送入母体的血液中,再由母体排出体外。因此,胎盘是胚胎营养物质和代谢废物的中转站。有了这个中转站,胚胎便可以在妈妈的肚子里发育成熟。

哺乳动物馆参观完了,笨笨熊说:"今天,我们了解了从海绵动物到哺乳动物的进化过程。从进化上来说,我们所看到的那些动物实际上是人类的老祖宗。我们来这里,不是简单地参观,而是向这些人类的祖先巡礼。"

跳跳猴说:"好,我们就把今天的活动叫做玄古洞巡礼吧。"

它在逆潮流而动

在哺乳动物馆侧面,有一个装着玻璃的侧洞。透过玻璃,可以看到一个树桩样的结构,上面,生长着一簇鼓鼓囊囊的东西。

跳跳猴趴在玻璃窗上看了一眼,说:"这里怎么有一个树桩呢?"

笨笨熊说:"小兄弟,错了。现在我们看到的是海鞘,是一种海洋动物。"

海鞘

跳跳猴问:"既然是动物,怎么动也不动呢?它一动不动,又如何生活呢?"

笨笨熊说:"一开始,人们也感到好奇。有人把海鞘连同其所附着的岩石一起搬到水缸中饲养,将一些不溶于水、有色的颗粒状物放进水中。观察发现,这些有色颗粒从海鞘前端的一个孔中进去,不久又从另一个孔中排了出来。原来,海鞘有鳃,有肠,有生殖腺,有入水口及出水口,还有肛门,是地地道道的动物。因为它外面是一层成分类似纤维的鞘状被膜,因此把它称为海鞘。"

顿了顿,笨笨熊接着说:"在生物学中,海鞘具有独特的意义。"

跳跳猴眨巴着眼睛,问:"什么意义呢?"

笨笨熊说:"海鞘有幼体和成体之分,从幼体到成体,有一个变态过程。海鞘的幼体有眼睛、脑子和平衡器官,尾巴上还有像骨骼那样的脊索来支持尾巴运动,会在浅海中游泳。在发育过程中,它身体前部长出了突起,附着在物体上,不动了。其后,脊索消失了,运动器官也消失了。昆虫有变态过程,但昆虫的变态一般是从简单到复杂。海鞘呢? 是从有脊索变为无脊索,从复杂到简单。为了和一般的变态相区别,人们把这种变态叫做逆行变态。"

跳跳猴说:"这么说来,虽然它躺在海底一声不吭,却是在逆潮流而动。"

听了跳跳猴的话,笨笨熊点了点头。

植物，还是动物？

从哺乳动物馆出来，小哥俩来到了长廊的尽头。透过长廊壁上的玻璃，可以看到湛蓝的海水。在海水中的礁石上，伸出一簇簇枝叶，随着海水摇曳不停。这些叶子，有的是紫红色，有的是嫩黄色。

笨笨熊问："你看，这像是什么呢？"

跳跳猴说："像海带。"

海羊齿

笨笨熊说："其实，它是一种棘皮动物。由于它貌似羊齿植物，人们叫它海羊齿。海羊齿上有腕状结构，通过腕的活动，可以在水中移动。当遇到适宜生长的地方时，就附着在岩石或海藻上。海羊齿还有嘴巴，可以吞食海水中的微小浮游生物。"

跳跳猴问道："我们应该如何界定动物和植物呢？也就是说，动物和植物的本质区别是什么呢？"

笨笨熊说："绝大多数植物植根于土壤中，在固定的地方生长，因此，叫做植物。绝大多数动物通过运动觅食及避险，因此，叫做动物。但也不绝对。比如，有的小型水生植物随水漂流；海洋齿及海绵却固定不动。

"其次，植物从小到大，器官的种类及植株的大小一直在发生变化。例如，在幼小的时候，只有根、茎、叶，成年之后，才开花结果。动物呢？除昆虫要经过变态过程外，大多数动物在出生后器官种类均不再变化，只是体积大小不同。

"第三，从代谢方式来说，除少数寄生和腐生植物外，绝大多数植物都能进行光合作用，能自己养活自己。因此，叫做自养生物。动物呢？只能依靠吃植物或捕食其它动物来养活自己。因此，叫做异养生物。

"最后一条，是在显微结构方面的区别。在显微镜下，植物细胞有一层又厚又硬的细胞壁。而动物细胞只有细胞膜，没有细胞壁。"

讲到这里，笨笨熊说："好了，玄古洞的参观到此结束了。"

说完，拉起跳跳猴的手往洞外走去。

刚走出洞外，玄古洞的两扇石门便缓缓合了起来。跳跳猴和笨笨熊一个劲地向守洞的武士点头致意，那武士却面无表情，默默地目送着小哥俩向山坡下走去。

待走到山脚，笨笨熊突然说："糟了！"

跳跳猴大惊，问道："怎么了？"

笨笨熊说："智者告诉我们，第一站是参观生物博物馆。现在，博物馆的所有分馆都参观完了。接下来，我们应该去哪里呢？"

听了笨笨熊的话，跳跳猴也一脸茫然。

你们来这里干什么？

太阳涨着红脸慢慢地升了起来,笼罩在山冈上空的薄雾敌不过那炙热的阳光,知趣地退走了,退得无影无踪。

山上长满了松柏和白桦树,漫山遍野一片郁郁葱葱。大概昨晚盖着云雾睡了一个好觉,一棵棵树木在阳光的照耀下显得特别有精神。在山腰的一块平地上,一群中学生模样的少年男女一边叽叽喳喳地喊叫着,一边收拾着帐篷。

这时,一个小男孩叫了起来:"大家来看,下面上来两个人。"

听了小男孩的叫喊,一群小孩和一个小伙子围了过来。顺着小男孩手指的方向望去,只见不远处的山坡上,有两个人正向山上爬。

一个大个子男孩说:"这里人迹罕至,怎么大清早就有人来到这里呢?说不定是昨天 UFO 上下来的外星人。"

小伙子说:"一会儿问个清楚。"

得了指令,那大个子男孩看了看大家,说道:"谁跟我来? 我们下去盘问盘问。"

立刻,有五六个男孩举起了手,抢着说:"我去,我去。"

大男孩挥了一下手,说:"好,我们走。"

大男孩领了五六个响应者向两个陌生人走去。走近了,发现上山的两个人一个瘦高,长着大耳朵;一个肥胖,戴着一副宽边黑框眼镜。原来,这一瘦一胖两个人正是在生物旅行的跳跳猴和笨笨熊。

跳跳猴和笨笨熊正在埋头爬山,突然传来一声断喝:"站住!"

两人一惊,抬头一看,是几个小男孩。跳跳猴想,怎么有点像电影里抗日战争时期的儿童团呢? 他笑了笑,继续往上爬。

上面的几个男孩又喊道:"不许动! 再动就不客气了。"

说着,两个小男孩弯下腰去捡石头,大个子男孩则仰起头去折旁边的松树枝。

看到这架势,笨笨熊想,不好,这些孩子要动真格的。

他喊了一声:"跳跳猴,站住!问他们要干什么。"

跳跳猴停了下来,正要张口,上面的大男孩首先发话:"告诉我,你们来这里干什么?"

跳跳猴不高兴地说:"旅行啊。难道这山是你们的?"

大个子男孩说:"骗人!大清早的,就你们两个人怎么敢钻进这没有人烟的大山里来呢?"

跳跳猴拍了拍胸脯,说:"本人从出生以来就树枝当床睡,蓝天做被盖,一直生活在大山里。到山里来有什么稀罕呢?"

大个子男孩说:"别吹牛,你不怕山里的老虎和豹子吗?"

笨笨熊指着跳跳猴对大个子男孩说:"要说到老虎和豹子,这位兄弟真不在话下。有一次,我遇到了一只老虎,就是他拿弹弓打伤了老虎的眼睛,救了我一命呢。"

跳跳猴从口袋里掏出弹弓,向上面的几个男孩扬了扬。

大个子男孩轻蔑地说:"就使劲吹吧。难道他是武松再世?"

笨笨熊说:"真的,我不骗你们。"

跳跳猴回过头来对笨笨熊说:"笨笨熊,别和他们废话了。让他们见识一下吧。"

说着,跳跳猴扯起了弹弓。

笨笨熊连忙说:"别动手,我们把情况和他们说清楚。"他生怕跳跳猴和眼前的几个小孩发生格斗。

跳跳猴没有理会笨笨熊。他对上面的大个子男孩说:"你握紧你手里的松树枝。"

大个子男孩还没有反应过来跳跳猴什么意思,手里的松树枝便飞了出去。

看到跳跳猴功夫真的了得,一开始发现跳跳猴和笨笨熊的男孩说:"佩服,佩服。大哥哥真的是英雄。"

紧紧握在手里的树枝竟然被一弹弓打得飞了出去,大个子男孩有点胆怯,但又不好意思示弱。他呆呆地站在那里,不知说什么才好。

听到孩子们吵吵嚷嚷,小伙子从上面走了下来。

大个子男孩对小伙子说:"老师,他们说他们是来旅行的。"

老师对跳跳猴和笨笨熊说:"请告诉我们,你们从哪里来?到哪里去?"

笨笨熊告诉那青年教师,他们先是参加了智者的讲座,后来又参观了生物博物馆的各个分馆。接着，他们要去世界各地去进行生物旅行。

听说眼前的这两个小伙子参加了智者的讲座，青年教师两眼放出了光芒。他急忙说："请再说一遍，你们见到了智者？"

笨笨熊点了点头。

青年教师接着问："智者为什么要你们去生物旅行？"

笨笨熊告诉他，最近一队外星人来到地球进行生物考察。其目的，可能是窃取地球生物资源和资料。如果他们对地球生物有了足够的了解，说不定会征服人类。为了和外星人竞争，智者派出了几支小分队对地球生物资源进行抢救性调查和研究。他和跳跳猴就是这众多小分队里的一支。

这时，原来待在宿营地的学生也来到了老师身旁。

听了笨笨熊的介绍，青年教师对他的学生说："孩子们，刚才说到的智者是生物学大家。这两位是智者派来进行生物学旅行的，是自己人。"

接着，他又对跳跳猴和笨笨熊说："刚才误会了，请原谅。我们是利用暑假来大山里进行'生态行'夏令营活动的。昨天，我们看见一个圆盘状的飞行物一直在山顶的上空盘旋，同学们怀疑那飞行物是UFO。因此，今天一大早发现你们进到深山里来，便以为是外星人。你们可以参加我们的夏令营吗？"

听了青年教师的话，笨笨熊和跳跳猴都点了点头。

穿越时空隧道

生态系统

接着,大家返回去收拾宿营用具。几个个子比较高的男孩背了帐篷,老师背了一个鼓鼓囊囊的大旅行包。收拾停当后,一行人便上路了。

路上,同学们一直围在跳跳猴和笨笨熊周围,要他们讲故事。笨笨熊给大家讲智者的讲座,讲原核生物馆,讲植物大观园,讲玄古洞……跳跳猴给大家讲他如何邂逅笨笨熊,讲智者竟然有几亿年高龄,讲在大观园看到了黛玉葬花,讲他们如何逃出杏林……

中午时分,一行人来到了山谷里的一条小溪旁。大家坐在草地上共进午餐。

吃饭间,一个戴着眼镜的男同学问道:"老师,昨天你说到生物和环境息息相关,它们究竟有些什么关系呢?"

老师说:"生物和环境相互影响,共同形成一个生态系统。"

刚才提问题的男同学继续问道:"什么是生态系统呢?"

老师说:"要弄清楚生态系统,先介绍一下种群和群落的概念吧。

"种群是指生活在同一区域的同种生物的一群个体,比如,生活在一座山上的一群猴子,生长在一个湖泊中的鲤鱼。生物不是以个体,而是以种群为单位生活在环境中的。"

"一只猴子,一条鱼不也照样可以生活吗?"一个穿着花裙子的女同学问。

老师说:"一只猴子、一条鱼虽然可以生存,但是不能繁衍后代,不能使这种生物延续下来。只有以种群为单位,这种生物才能生生不息,代代相传。"

穿花裙子的女同学点了点头。

老师接着说:"在一个区域,往往不是一种生物在生存。比如,在这座山上,有各种野草,有不同品种的树木,有昆虫,有野兽,还有飞鸟……这种在一定的自然区域内相互之间具有直接或间接关系的各种生物的总和,叫做生物群落,简称为群落。

"这些群落和周围的环境便形成一个生态系统。

"生态系统内不同的生物种群之间以及生物种群与周围环境之间具有非常复杂的关系。对生物与生物之间，生物与无机环境之间的相互关系进行研究的科学叫做生态学。"

"生态系统究竟有多大呢？"说话的是早上和跳跳猴对峙的大个子男孩。

老师说："生态系统的范围有大有小。可以说，地球上所有生物和生物所处的环境是一个大的生态系统。一片森林，一块草地，一个池塘，一座城市是一个小的生态系统。根据生态系统的性质，可以分为森林生态系统、草原生态系统、海洋生态系统、湿地生态系统、农田生态系统以及城市生态系统等类型。接下来，我们的活动内容就是进行生态旅行。"

森林生态系统

野餐后，老师领着大家继续旅行。大约一个时辰后，一行人钻进了大山深处的一片原始森林。

森林里，一株株笔直的杉树和松树直指苍穹；树木之间，生长着高高低低的灌木丛；地上随处可见不知名的野草和苔藓。头顶上，不知什么鸟在唱着婉转的歌。大概是受到这些参观者的惊扰，不时有野兔惊慌地从林间穿过。虽然外面赤日炎炎，森林里却特别凉爽和湿润，空气也异常新鲜，还带着淡淡的松脂香。大家一个个大口大口地呼吸着，好像要在肺里储存足够的氧气，以备在回到空气混浊的教室时慢慢享用。

老师一边带着大家在树林中穿行，一边说："大家看到了吧？森林生态系统的主要特点是动植物种类繁多。植物的分布一般呈立体结构，有伸展到上层空间的高大的乔木，有占据中层空间的低矮的灌木，还有匍匐在地面的草丛。动物也是这样，比如，有的鸟类在高高的树枝上筑巢，有的鸟类生活在灌木层，走兽则在地面活动。"

说着说着，山里传出一阵轰鸣声。循声望去，前面不远处的一堵山崖上一挂瀑布飞流而下。走近山崖，水流冲击在岩石上摔成的细小水滴纷纷落在身上，冰凉冰凉。瀑布下面，是一泓碧水。从那里，清澈的河水顺着山谷潺潺有声地淌了出去。

瀑布附近，堆放着许多被伐倒的树木。老师在木材堆旁边停了下来，说："森林生态系统对地球和人类具有非常重要的价值。"

跳跳猴问："有哪些价值呢？"

老师想了想，说："首先，为许多动物提供了栖息之地。没有了森林，老虎狮子便没有地方藏身，飞鸟便没有筑巢的地方，松鼠便采不到松果……总之，许多动物就会失去家园。

"第二，为人类提供了大量的木材和多种林副产品。木材可以作为建筑材料和制作家具。在林副产品中,苹果、梨和枣等可以作为人们的食品;从紫杉和银杏中可以提取药物;木纤维可以用来造纸……

"第三,在维持以及改善环境方面起着重要作用。在工业社会,人们的生产和生活每天消耗大量氧气,产生好多二氧化碳。森林植物呢?通过光合作用每天消耗大量的二氧化碳,释放大量的氧气,对维持大气中二氧化碳和氧气的平衡具有重要意义。如果不是森林的作用,我们地球上的氧气恐怕已经消耗殆尽。结果会怎么样呢?不仅人类不能生存,所有需氧生物都将失去生命。不说其他,仅仅这一点,这森林就是大大的功臣。

"第四,在涵养水源、保持水土方面具有重要作用。在降雨时,乔木层、灌木层和草本植物层都能截留一部分雨水,减缓雨水对地面的冲刷。另外,地面的枯枝落叶层像一层厚厚的海绵,能够大量吸收和贮存雨水,然后,再慢慢向土壤中下渗。因此,森林又有绿色水库之称。假如没有森林,每当降雨多的季节,山区便会发生洪涝以及泥石流等自然灾害,地球上会又增加几条黄河。

"第五,森林中的树木通过叶面的蒸腾作用把土壤中的水分蒸发到空中,对森林以及森林周围的湿度、温度起调节作用。因此,现在虽然是炎夏,我们在森林里却感到凉爽和湿润。这么说来,森林又是一个巨大的天然空调。"

讲完森林的作用,老师带着大家继续前行。他一边走,一边说:"历史上,发生天灾后,皇帝便以为是做了什么事情得罪了老天爷。怎么办呢?有的下'罪己诏',向老天爷检讨。意思是,这全是我一个人的错,不关老百姓的事,饶恕他们吧。有的举行祭天仪式,向老天爷祈求风调雨顺。但是,老天爷好像听不懂皇帝的话,旱涝灾害照样发生。

"现在,我们明白了,植树造林和保护森林是改善气候和防范自然灾害的有效措施。因此,国家每年都要开展大规模植树运动,并且启动了天然林保护工程。"

草原生态系统

大约走了半个时辰,眼前出现一片辽阔的草原。极目远眺,在绿色的草原上,游动着白云般的羊群,奔腾着一群群骏马,还可以看见星星点点的蒙古包。低头看去,在绿色的草丛中夹杂着各种颜色的小花,偶尔可见一个个小土堆。

"多好的景色啊!我们在这天然地毯上休息一会儿吧。"老师一边说,一边在草地上坐了下来。同学们也一个个跟着席地而坐。跳跳猴呢?躺在草丛中,摆成了"大"字形。这时,从遥远的地方传来了一曲长调牧歌。望着蓝天中一朵朵缓缓移动的闲云,听着悠扬的歌声,大家陶醉了。

许久,跳跳猴坐了起来,问道:"老师,给我们讲讲草原生态系统吧。"

老师说:"世界草原的总面积为 45 亿公顷,约占陆地面积的 24%,仅次于森林生态系统。草原主要分布在干旱地区,一般年降雨量很少,草原上的动物大多以草本植物为生。"

正说着,一群羚羊从眼前跑过。不,形象点说,应该说是飞过。它们的身体在草原上画出了一道道黄色的线条,一眨眼工夫,便从大家的视线中消失。

老师说:"这一群羚羊可能是在逃避猛兽的追捕。由于草原视野开阔,草食动物易于被肉食动物所发现。适应躲避敌害的需要,草原上的许多草食动物具有快速奔跑的本领。不过,草原上的多数民族还是跑得慢的啮齿动物。"

"那些跑得慢的动物如何逃命呢?"穿花裙子的女生担忧地问道。

"别担心。这些啮齿动物体型都很小,并且具有挖洞的特长。当遇到敌害时,它们便赶快钻到洞里。瞧,这草地上一个个小土堆就是它们挖出来的。"老师指着草原上星星点点的小土堆说。

"原来,这里有许多的地下工作者!"一个穿牛仔服的女生笑着说。

老师笑了笑,没有吭声,眺望着远方的一个个风力发电机。

笨笨熊接着问："除了放牧外，草原还有什么作用呢？"

老师收回视线，回答道："草原对大自然保护有很大作用，是阻止沙漠蔓延的天然防线，起着生态屏障作用。但是，近些年来，许多草原发生了退化。"

跳跳猴问："什么是草原退化呢？"

老师说："一方面是产草量的下降。据调查，全国各类草原的牧草产量比20世纪五六十年代下降了30%~50%。

"另一方面是牧草质量降低，可食性牧草减少，毒草和杂草增加，使牧场的使用价值下降。例如，以前青海果洛地区草原的毒草仅占全部草量的19%~31%，退化后增加到30%~50%，优质牧草则由33%~51%下降到4%~19%。

"草原退化的结果是气候恶化。许多地方的沙尘暴次数逐渐增加。反过来，气候的恶化又促进了草原的退化和沙化过程。我国是世界上沙漠化程度最重的国家之一。北方地区沙漠化面积已近18万平方公里。从50年代末到70年代末的20年间，因沙漠化已丧失了3.9万平方公里的土地资源。"

一个女同学问："是什么造成了草原退化呢？"

老师说："造成草原退化的原因主要有以下几个方面。

"一个是过度放牧。牧场上的草本来只够100只羊吃，却在里面放牧200只。僧多粥少，怎么办？有些羊便把草根也挖起来吃了。因此，草原就变成了沙漠。

"另一个是不适宜的农垦。由于草原地区降雨少，将草原开垦成农田后粮食产量不高，牧草也没有了。我国青海省50年代开垦了近40万公顷草原种粮食，到1963年就弃耕了21万公顷，有些土地开垦后根本就不能耕种。

"第三个是人类对资源的掠夺性开采。有的草原上生长着发菜、蘑菇和药材。这些东西可以卖钱，为了赚钱，许多人进行破坏性挖掘。结果，本来像绿色地毯一样的草原变得千疮百孔。

"草原鼠害也是草原退化的一个因素。别小看这些地下工作者，它们能使牧草断子绝孙。据调查，1982年全国草原牧区受鼠害面积达6600万公顷。据估计，全国每年因鼠害损失的牧草约有50亿公斤。"

草原狼

天色慢慢暗了下来,可是,放眼望去,茫茫草原上没有一个村庄。老师告诉大家,晚上就在草地上宿营。听了老师的话,笨笨熊和几个男孩便张罗着在一棵大树下搭帐篷。老师和其他同学围着跳跳猴听他讲虎口搭救笨笨熊的故事。

就在跳跳猴讲到他爬上树躲老虎的时候,大家听到了几声凄厉的嚎叫声。

一个男孩问老师:"老师,这是什么在叫?"

老师摇了摇头。他一直在城市里生活,不知道草原的夜晚会有什么动物出来活动。

跳跳猴说:"狼,是狼嚎。"

听说是狼嚎,几个女生叫了起来,挤在了一起。

老师担忧地说:"是真的吗?"

跳跳猴肯定地说:"没错,这是狼在呼唤同伴。"

正说着,离大家五六十米的地方出现了两双绿色的光点。

跳跳猴说:"看!我们的前面有两只狼。"

老师问:"我们该怎么办?"

听到有了情况,笨笨熊和几个搭帐篷的男孩急忙放下手里的活计,来到老师身边。

跳跳猴说:"不要慌!男同学站在外面,女同学站在里面。"

同学们不约而同地用征询的目光望着老师。

老师用不容置疑的口气说:"听跳跳猴的。"

很快,男同学们和老师手拉着手围成了一个圈,几个女同学钻在了圈子里。

跳跳猴从人群里拽出大个子男孩,说:"你和我去捡树枝。"

大男孩不理解为什么要捡树枝,但听到跳跳猴镇定自若的口气,相信一定有道理，便跟了跳跳猴到大树下。他一边捡枯树枝，一边不时瞥一眼令人胆寒的绿光点。

面前的狼不离开，也不靠近，只是时断时续地号叫着。过了不大一会，面前的光点更多了，五对，六对，最后，增加到了八对。它们的队伍在不断扩大。

接着，大家看见面前的光点在渐渐靠近。笨笨熊焦急地喊道："跳跳猴，狼过来了！"

跳跳猴停止捡树枝，直起身来。真的，狼群在慢慢靠近，距离大家大约 40 米、30 米、20 米……

跳跳猴扯起弹弓，瞄准距离最近的一只狼的眼睛射去。突然，狼群中发出一声嚎叫，最靠近大家的两只光点熄灭了。但是，其余的狼并没有退却，仍然在一点点地逼近。

跳跳猴对大男孩说："快，快把树枝围在大家的周围！"

他一边下命令，一边扑到树下抱树枝。就在狼群离开大家只有大约十米的时候，跳跳猴用火柴点燃了围在大家周围的枯树枝。在火光的照耀下，大家清清楚楚地看到面前有八只大灰狼。刚才被跳跳猴射中的那一只，一边吱吱呜呜地叫，一边在草地上磨蹭脑袋，一副痛苦的样子。

跳跳猴将树枝运到火圈旁，对大男孩说："火不能熄灭，往火堆上加。"

大男孩把跳跳猴抱来的树枝和枯草不断地添加到火圈上。

在熊熊的火光面前，狼群停止了逼近。它们有的站着，有的蹲着，怔怔地望着火圈里的人，血红的大口滴下一滴滴贪婪的口水。

这时，另一个男孩从火圈里跳了出来和大男孩一起捡树枝。跳跳猴扯开弹弓又瞄准狼的眼睛打去。连发两弹，两只狼都被打中了！它们号叫着乱转圈子。其它的狼被激怒了，它们焦躁不安地转来转去，试探着想往上冲。但是，熊熊的火焰又使它们不敢靠近。

就在树下的枯树枝将要被捡光的时候，天渐渐亮起来了。群狼一步三回头地退了下去，不时还发出一两声嚎叫。那叫声，是那么哀伤，好像是在对它们的出师不利感到伤心。

海洋生态系统

待狼群从视野中彻底消失后，大家把跳跳猴围了起来，纷纷称赞他的勇敢和足智多谋。

老师握住跳跳猴的手，感激地说："小兄弟，谢谢你，我代表大家谢谢你。幸亏你加入了我们的夏令营。"

跳跳猴不知道说什么好，只是淡淡地笑了笑。

老师转过头向同学们说："今天，我们算是历了一次险。好，我们出发吧。"

接着，他打开背包，取出一团帆布质料的东西，让大家站在上面。奇怪，那东西自动地涨了起来，变成一只船的样子。

跳跳猴问老师："在草原上为什么要坐船呢？"

老师笑了笑，说："这可不是一般的船，它可以下水，可以上天呢。"

话音刚落，飞船就直直地升上了天空。飞船越飞越快，天上的飞机都被远远地甩在了后头。不一会儿，便飞到海洋上空。脚下，波光粼粼，不时可以看到海面上喷出来的水柱和在海上航行的巨轮，间或可以看见飞掠而过的一片片陆地。

突然，飞船朝着大海一头栽了下去。笨笨熊以为飞船失事了，尖声叫了起来。可是，他奇怪地发现，船上的同学们却一点都不惊慌，照样谈笑风生。

老师说："不要怕，我们是要去海底旅行。"

飞船钻到了海里。奇怪，那飞船就像避水兽，所到之处，海水哗哗地让开了道。尽管四周全是水，船上的人却一点没有被浸湿。在海里，大家看到了像轮船一样的鲸鱼，看到了结伴而行的鱼群，看到了色彩斑斓的珊瑚，看到了在海水中摇曳的海藻，看到了高山和深谷，还看到了在海底的油井……

过了一会，飞船离开海底，径直冲上海面，又飞上了天空。

一会儿入海，一会儿上天，真刺激。同学们有的高声喊叫，有的在飞船里蹦跳。

老师对大家说："静一静，现在我们讲一下海洋生态系统。

"刚才，我们飞越了太平洋、大西洋和印度洋。大家看见了，在地球表面，海洋面积要比陆地多得多。仔细算来，占去了地球表面积的71%。整个地球上的几大洋，太平洋、大西洋、印度洋、北冰洋是连在一起的。因此，可以把海洋看成是一个巨大的生态系统。

"海洋中的生物种类与陆地上的大不相同，植物大都是微小的浮游生物；动物种类很多，从单细胞的原生动物到地球上最大的动物蓝鲸，都在海洋中生活。"

一个女孩问道："老师，海洋对人类来说有什么价值呢？"

老师回答："海洋中的生物，如植物中的海带以及各种各样的水产动物，为人类提供了丰富的食物。

"除食物外，海底还有丰富的石油和矿藏。人们预计，在21世纪，海洋将成为人类获取工业原料和能源的重要场所。

"此外，由于海洋占地球表面积的71%，因此，在调节全球气候方面也起着重要作用。"

湿地生态系统

说着说着，飞船飞到我国南方农村上空。俯首看去，是纵横交错的河流、星罗棋布的湖泊以及整整齐齐的稻田。接着，又出现了一个个的小岛。

老师对大家说："我们的脚下是湿地。湿地也是一个大的生态系统。"

正说着，飞船迅速向下降落。奇怪，当着陆时，那小岛也略微下沉。更奇怪的是，少顷，飞船竟然和下面的小岛一起在水面漂了起来。

这是怎么回事呢？船上的同学们都议论了起来。这时，一个当地的汉子划着一个厚厚的草垫子从旁边经过。

老师问那汉子船下的小岛为什么会动。那汉子说，水上星星点点的小岛其实都是草垫子。起初，它们是水草。天长日久，旧草腐烂，新草长在腐烂的草根上。不知道经过了多少年，这新草和旧草形成整片整片的草甸浮在水面上，看起来，就像是长了青草的小岛。当地人经常从小岛上切下一块来当竹筏子划。

讲完小岛的来历后，汉子划着草垫子远去了。

跳跳猴问："什么叫做湿地生态系统呢？"

老师说："按照定义，湿地的概念包括沼泽地、泥炭地、河流、湖泊、红树林、沿海滩涂以及浅海水域。在我国，除了上述定义中所规定的天然湿地外，还有大量水库以及稻田等人工湿地。

"中国的湿地面积占世界湿地的10%，位居亚洲第一位，世界第四位。截至目前，列入国际重要湿地名录的湿地已达30处。"

跳跳猴问："湿地对于地球和人类有什么意义呢？"

老师说："湿地生态系统具有很多作用。首先，湿地常常作为生活用水和工农业用水的水源。此外，湿地的水还能补充地下水。地下水也是重要的生活用水和农业用水的来源。

"第二，在多雨季节，湿地可以大量蓄水，起到控制河流水流量以及洪水的作用。在干旱季节，湿地中储存的水又可以补充河水和地下水，从而缓解旱情；

"第三，大面积的湿地通过蒸腾作用能够产生大量水蒸气，可以提高空气的湿度。水蒸气聚集成云，可以增加降雨量。这两点，对减少风沙干旱等自然灾害十分有利。

"第四，水是所有生物生存的基本要素，土地是植物扎根的地方。湿地有水有地，便成为植物和动物的天堂。我国湿地分布于高原平川、丘陵、海涂等多种地域，跨越寒、温、热多种气候带。在这些湿地上，生存着许多种类的植物和动物。据初步调查，全国内陆湿地已知的高等植物有 1548 种，高等动物有 1500 种；海岸湿地生物物种约有 8200 种，其中植物 5000 种、动物 3200 种。在湿地物种中，淡水鱼类有 770 多种，鸟类 300 余种。

"第五，湿地生产的鱼虾、莲藕等可以为人类提供食品；芦苇等可以用来造纸；水能可以发展水电、水运，为社会增加电力和交能运输能力。也就是说，湿地可以产生可观的经济效益。

"还有，许多湿地自然环境独特，风光秀丽，是人们旅游、度假、疗养的理想去处。"

跳跳猴感叹道："想不到，湿地竟然有如此重要的意义。"

老师说："但是，人们一度认为沼泽地、泥炭地、沿海滩涂以及湖泊等是未被充分利用的土地。因此，为了增加农田面积，便围湖造田，开垦沼泽地。例如，为了增加粮食产量，长江流域的许多湖泊被改造成农田。截止到 1994 年，仅湖北、湖南、江西和安徽四省的湖泊被围垦的就有 1132.2 平方公里。结果，湿地的控制洪水、调节气候等功能大大削弱。近年来，我国旱灾、洪灾频繁发生，就与湿地被破坏有很大关系。此外，由于湿地面积减少和环境污染等原因，湿地的野生生物的种类和数量也有所减少。

"好在现在人类已经认识到了湿地的作用，开始采取保护的措施了。"

农田生态系统

讲完湿地，飞船径直飞上天空。一眨眼，便来到了我国北方。脚下，是一块块绿油油的玉米、高粱和谷子地。不时，可以看到掩映在树丛中的小村庄。不大一会，又飞到一大片平原上空。低头俯瞰，金黄的麦田泛起一波又一波麦浪，一伙人在麦田里挥镰收割。

一个农民小伙子看到掠过麦田的飞船的黑影，直起腰来，一边摆着手向飞船上的人打招呼，一边大声喊："飞船！飞船！"

听到喊声，麦田里的人也都直起身子，注视着头顶上渐去渐远的飞行器，有的小孩兴奋得跳了起来。

老师说："我们的脚下是一块块农田。农田是人工建立的生态系统，它为人类提供植物性食物，如粮食、水果等。与此同时，农作物的光合作用也能吸收二氧化碳，产生氧气，对改善大气质量有一定作用。"

跳跳猴说："这么说来，农田和森林的作用有点相似了。"

老师说："农田生态系统与森林等自然生态系统不同。

"在森林，即使是一小块，也往往生存着许多种植物和动物；在农田中，植物种类比较单纯，一般只有一种或几种农作物，动物也只限于昆虫和田鼠等小动物。

"森林里常年生长着树木花草等植物，生存在其中的动物春夏秋冬都可以藏身而且能觅得食物；农田呢？在农作物收割后即成为不毛之地，原先生活在那里的小动物便不能藏身，而且很难找到食物。因此，农田的生态在一年四季有很大的波动。

"在森林，植物生长所需要的养分自给自足；在农田，农作物生长所需要的养分主要靠施肥。

"在某些地区，如果把土地开发为农田，产生的生态效益低于草原和森林。因此，国家在一些不宜种植农作物的地方提倡退耕还草和退耕还林。"

万物生长靠太阳

离开农田，飞船的速度明显加快，脚下的一座座青山像波浪一样涌了过来，接着，又飞快地流向远方。耳旁只听到呼呼的风声。

飞着飞着，跳跳猴看见在山脉的脊梁上依稀爬着一条巨龙。

跳跳猴推了推笨笨熊，指着脚下的山脉大声喊："老兄，我看到了长城！"

笨笨熊探出脑袋向下看。这时，飞船一个急转弯，将笨笨熊甩出了大半截。看见笨笨熊的屁股都飞到了飞船边缘，跳跳猴惊出了一身冷汗。

他大喊一声："快，抱住他！"

他闪电般地伸长胳膊，将笨笨熊拦腰死死抱住。见状，飞船里的同学有的抱脚，有的拽腿，将笨笨熊拉了回来。

笨笨熊瘫坐在飞船中间，脸色煞白。老师和同学们围过来一个劲地安慰他。这时，飞船的速度也明显慢了下来。过了许久，笨笨熊才慢慢恢复了过来。这时，传来一阵喧闹声。低头俯瞰，下面高楼林立，车水马龙。

老师说："我们到城市上空了。城市也是一个生态系统，是人类建立的具有密集建筑物及人口的特殊生态系统。在城市，大部分食物要从外部输入；同时，居民生活、交通、生产等产生大量废弃物，需要运送到郊区进行处理。因此，城市生态系统对其它生态系统具有高度依赖性。此外，某些城市由于工业生产和交通产生严重的空气污染。这些，都是城市生态系统需要解决的问题。"

在游览了各种生态系统之后，老师向大家讲起了生物和环境以及生物和生物之间的关系。

"生物无论生存在什么生态系统中，都要受到环境中各种因素的影响。这些因素，便叫做生态因素。

"影响生物的生态因素太多了，阳光、温度、水、土壤、空气……噢，一一列举是难以穷尽的，其中，最重要的是阳光、温度和水。

"动物靠食用植物而生存，植物靠光照才能生长。没有阳光便没有植物，没有植物便没有动物。因此，世间万千生物的生长都要靠太阳。

"但是，不同的植物对光照的需求不同。有些植物，如松、杉、小麦、玉米等，喜欢晒太阳，如果光照不足，生长就会受影响。有些植物，如三七、人参等，喜欢乘凉，只有在密林下层较阴暗处才能生长良好。

"另外，植物的开花也和光照有关。有些植物只在白天开花，晚上便将花蕊包起来睡大觉，严格执行日出而作、日入而息的作息时间表；有些植物好像怕羞，只在夜间开花，一到早晨便收拢花瓣，假装在夜间什么也没有发生一样。

"光照不仅对植物有重要意义，对动物的影响也很明显。例如，在瑞士，银灰狐于每年白昼开始延长的一到二月交配。如果在第一年的十二月初把银灰狐从瑞士运到南美的阿根廷饲养，它们入乡随俗，在新居白昼开始延长的八月才进行交配。除了光照以外，温度也是影响生物的重要因素。

"温度对生物分布的影响首先表现在植物的分布上。有些植物，如苹果树、梨树，只生长在我国的北方；有些植物，如椰子树、香蕉树，只生长在我国的南方。在寒冷地区的森林中，针叶树种如松树等比较多；在温暖地区的森林中，则阔叶树种如芭蕉树等是多数民族。

"和植物类似，动物的分布也和温度有关。比如，北极熊只在寒冷的北极活动；热带鱼只在热带水域游弋；牦牛生活在高寒地区西藏；水牛生存在温暖的江南水乡。"

生命之源

人们常说"鱼儿离不开水"。实际上，岂止是鱼儿，所有生物的生存都不能没有水。

先说植物。水是植物的重要组成成分，另外，植物的光合作用需要水。如果缺水，植物的光合作用便会受到抑制，甚至会干枯死亡。

缺水不好，水太多也不好。像人类一样，植物也要呼吸。如果土壤中水分过多，会抑制某些植物根系的呼吸作用，严重时会使植物窒息死亡。

动物需要摄取水和食物才能生存。但是，相对来说，水比食物要重要得多。人可以几天不吃饭，但如果几天喝不到水，生理功能便会出现严重紊乱，甚至导致死亡。人们常说"饮食"，在这个词里，饮排在了食前面。看来，古人在造词时充分考虑了饮和食的孰轻孰重。

由于水对生物的生存具有重要影响，在一定地区，一年中的降水总量和雨季的分布便成为决定陆生生物分布的重要因素。例如，在干旱的荒漠地区，只有耐干旱的动植物能够生存；在雨量充沛的热带地区，则有生存着许多种动物和植物的热带雨林。

因此，"水是生命之源"这句话一点也不夸张。

水不仅对生物的生存不可或缺，对人类的文明发展也有重要影响。从古到今，人类总是聚居在河流两旁。因此，便形成了以河流为轴心的人类文明。比如，在古巴比伦，有底格里斯河文明；在古印度，有恒河文明；在中国，有黄河文明和长江文明……

合作和竞争

环境对生物具有很重要的作用,生物对生物的影响也不容忽视。

生物对生物的影响可以分为两种,即同种生物之间的影响及不同种生物之间的影响。

先说同种生物吧。

在同种生物之间,各生物个体之间普遍存在互助现象。比如,蜜蜂在群体内有严格的分工,蜂王负责产子和管理她的子民,工蜂负责采蜜和建筑房屋,雄蜂只管和蜂王交配。正是靠了许多个体在一起的分工和协作,它们才能正常生活。缺少了任何一种成员,蜂群都要灭亡。

但是,当生物生存密度过大时,也会发生竞争。

生长在一起的树木会争夺阳光。注意过公路旁的林荫树吗?如果在公路的同一侧栽种两排树,树冠总是分别往两侧生长,甚至树干也偏斜不少。这是为什么呢?很简单,就是为了争夺阳光。空地上松柏树的树枝往横里长,看起来像个大胖子;密林中的松柏树一个个瘦骨伶仃,拼着命地往高蹿。这又是为什么呢?还是为了争夺阳光。如果在这场竞赛中落了后,便会在众多大个子的俯视下悄悄死亡。

许多动物会画地为牢,不允许别的同种动物进入自己的领地。知道吼猴吧?它们是群居动物,一旦一群吼猴发现另一群吼猴进入了它们的领地,就会发出震耳欲聋的吼声,直到试图入侵者被"吼"出去为止。

在不同种生物之间,有共栖、互利共生、合作、寄生、竞争以及捕食等关系。

什么是共栖、互利共生、合作、寄生、竞争和捕食呢?

共栖指的是两种生物生活在一起,其中一种生物受益的情况。比如,有些小鱼栖息在海参直肠中,它们有时从海参的肛孔中游出,但当敌害靠近时又迅速钻进海参体内,以避免被敌害捕食。僧帽水母底面有许多触手,触手上有带毒的刺囊,可捕食各种小生物。但有一种小鱼在遇到敌害时，便迅速钻进僧帽水母的触手之间避难。这些小鱼把海参和水母当做了庇护所。

互利共生是指两种生物共同生活在一起,相互依赖,彼此有利。例如,豆科植物的根上常附有根瘤菌。植物供给根瘤菌有机养料,根瘤菌则将空气中的氮转变为含氮的养料,供植物利用。人体肠道中有许多正常菌群,这些细菌依靠人体肠道中的营养物质维持生命,反过来,又可合成多种维生素,供人体利用。豆科植物和根瘤菌,人体和肠道中的正常菌群都属于互利共生。他们虽然不同名同姓,但和谐相处,其乐融融。

合作是指两种生物共同生活,互相有利,但在分开时,各自都能生活。比如,蚂蚁常常舔食蚜虫尾部分泌的黏稠甜汁。蚂蚁由此得到食物,蚜虫则靠蚂蚁清除自己的分泌物,不用自己费神去打扫卫生。

寄生是指一种生物生存在另一种生物的体表或体内，寄生的生物对寄主产生一定程度的损害。比如,蛔虫、绦虫和血吸虫寄生在人体内,会使人得蛔虫病、绦虫病和血吸虫病。小麦线虫寄生在小麦籽粒中,影响小麦籽粒的质量等。

最后,是竞争和捕食。

竞争是指两种生物生活在一起,相互争夺资源和空间。比如,农田中的农作物与杂草竞争养料、水分和阳光。为了保证农作物的生长,农民要将农田中的杂草除去。

捕食指的是一种生物以另一种生物作为食物。比如,草食性动物以植物性食物为食,肉食性动物又靠捕猎食草动物或其它食肉动物为生等。

消失的城市

上面说的是非生物因素及生物因素对生物的影响。其实,不仅环境对生物有影响,生物对环境也有影响。

比如,地衣能分泌出地衣酸腐蚀岩石,使岩石表面逐渐龟裂和破碎。在长期的风化作用下,破碎的岩石便变成适于其它植物生长的土壤。想不到,匍匐在地上的地衣竟然是高大植物的先行者。

土壤中生长植物之后,植物的根系对土壤起着黏附和固着作用,树冠对降雨起着缓冲作用,植物的落叶形成的厚厚的腐殖质层起储存水分的作用。总之,植被可以起到防止水土流失、保持水土的作用。

此外,植物的叶面可以大量蒸发水分,对区域气温、空气湿度有调节作用。

还有,微生物能够将动物的粪便和生物的遗体分解成无机物,使土壤中矿物质的含量保持平衡。蚯蚓的活动可以使土壤疏松,增加土壤的通气性。

所以说,生物不仅受环境的影响,而且还反过来积极地影响环境。

说到生物对环境的影响,人类的作用不可忽视。人类对环境的某些改造行为,如植树造林,有利于保护环境。但人类的生活以及许多生产活动却对环境造成了很大破坏。

首先,是大家热议的地球气温持续上升。用通俗的话来说,我们的地球发烧了。地球为什么会发烧呢? 原因是人类生产和生活过程中产生的二氧化碳、一氧化二氮、甲烷、氟利昂等气体大量排向大气层。这些气体可以使气温升高,因此,被称为温室气体。由温室气体导致气温上升的现象,叫做温室效应。目前,全球每年向大气排放的二氧化碳大约为 230 亿吨,比 20 世纪初增加了 20%,至今仍在以每年 0.5% 的速度递增。

全球气温上升会产生什么后果呢? 会使南极和北极的冰块融化,海平面上升。

根据相关数据预测,如果人类不对温室效应进行积极控制,到 2030 年,全球海平面将上升约 20 厘米,到 21 世纪末将上升 65 厘米。到那时,我们的黄土高原不会有大碍,青海和西藏也不需要担心,但是,低洼岛屿以及沿海地带将会被海水淹没。生活在那里的人将背井离乡,一些国家的领土面积将会大大缩水,它们的版图也将改写。

其次,我们的天空出现了臭氧洞。在高空的大气层中,有一个臭氧浓度比较高的大气层。这层臭氧有什么用途呢? 在太阳的光线中,有一部分叫做紫外线。过多的紫外线会对地球的植物和动物产生不利影响。因此,在炎热的夏天,人们要打伞来防止太阳暴晒。近几年,市场上还推出了专门对付紫外线的太阳伞。这臭氧层,就相当于架在地球上面的一把巨大的太阳伞。遗憾的是,人类在现代生活中大量使用氟利昂。氟利昂进入大气层后,在紫外线的作用下分解产生的原生氯使臭氧含量减少。最近的研究表明,在南极上空 15 千米~20 千米的大气层中,臭氧含量减少了40%~50%,在某些区域,臭氧的损失甚至达到 95%。也就是说,在我们头顶的太阳伞上出现了洞。据分析,臭氧含量每降低 1%,由于紫外线的作用,皮肤癌的发生率将增加 4%,白内障的发生率增加 0.6%。到 21 世纪初,地球中部上空的臭氧已经减少了 5%~10%,皮肤癌患者人数增加了 26%。

在女娲补天的神话中,我们的天空也曾出现过窟窿,一个名叫女娲的女神用36500 块石头将窟窿补了起来。剩下的一块弃在了青峰埂下,一僧一道在上面镌刻了好多文字。这些文字,被曹雪芹改编成了文学名著《红楼梦》。不知神话中的天洞是否有根据,但今天我们的天空是确确实实出现了窟窿。但是,当年补天的女娲在哪里呢?

第三,土地出现退化和沙化。土地退化和沙化是过度放牧、耕种和滥垦滥伐等人为因素和一系列自然因素的共同结果。目前,全球土地面积的 15%已因人类活动遭到不同程度退化,每年损失灌溉地 150 万公顷,70%的农用干旱地和半干旱地已沙漠化。在过去的 20 年中,因土地沙漠化和退化,全世界饥饿的难民从 4.6 亿增加到 5.5 亿。人类赖以生存的土地出现了问题,我们能够熟视无睹吗?

第四,环境污染。人类在生产和生活中排放的废气、废液和固体废物使空气、河流、湖泊、海洋以及陆地环境不同程度地受到了污染。前些年,由于忽略环境保护,我国的某些地区发生了严重的环境污染,甚至有一个城市被烟尘严严实实地包裹了起来,从卫星的视野中消失了。

环境污染的最终结果是影响人类健康。生产和生活中涉及的化学产品有 7 至 8 万种，其中，对人体健康和生态系统有害的有 35000 种左右，具有致癌和致突变的有 5000 余种。这么多物质不能一一尽述，只是拿我们熟悉的电池举个例子吧。近年来，手机的使用越来越普遍，家用电器也日益增多。而手机和许多家用电器都需要用电池。知道电池是一个污染源吗？知道电池对环境的危害有多大吗？研究证实，一节一号电池能污染 60 升水，能使 10 平方米的土地失去使用价值，并且这种污染可以持续 20 年之久。返回头来想一想，全世界的人每天要消耗多少节电池，这些电池又会造成多大的污染呢？可怕吧？

第五，森林面积减少。森林通过光合作用产生大量氧气，被誉为地球之肺。遗憾的是，据统计，近 100 年来全世界的原始森林有 80% 遭到破坏，部分森林彻底消失。森林的减少将导致土壤流失，水灾频繁。还会使全球变暖进程和物种消失加快。如果把森林看作是地球之肺，森林的破坏就像肺脏发生了脓肿。内脏发生了问题，可不是小事啊！

第六，生物多样性减少。据估计，地球上的物种约有 3000 万种。自 1600 年以来，在这些物种中已有 724 个灭绝，3956 个濒临灭绝，3647 个被列为濒危物种，7240 个被列为稀有物种。不少物种在还没有被人们认识的情况下就悄悄消逝了。

以上是全世界的情况，在我国，新疆虎、野马已经灭绝或在我国境内绝迹；大熊猫、金丝猴、野骆驼、银杉、珙桐、人参等野生动植物的分布区域明显缩小，种群数量骤减，濒临灭绝……

地球上的所有物种都是人类的兄弟姐妹，兄弟姐妹减少了，人类将会患上孤独症。

第七，水资源枯竭。水是生命之源，但是由于水消耗增加以及水污染，可饮用水在急剧减少。全球环境监测系统水质监测结果表明，全球大约有 10% 的监测河流受到污染。联合国统计结果表明，全球已有 100 多个国家和地区生活用水告急，其中 47 个国家严重缺水，危及 20 亿人口的生存。许多科学家预言，在 21 世纪，水将成为人类最缺乏的资源。

简单来说，我们的地球出了许多问题。令人欣慰的是，现在人类已经认识到了污染以及不合理生产活动对环境造成的影响，开始把环境保护作为重要的事情来抓。

1992 年 6 月，包括中国在内的 150 多个国家的首脑云集巴西里约热内卢召开联合国环境与发展大会,签署了全球《生物多样性公约》。同年11月,中国七届人大28次会议审议批准了该公约,成为率先加入《生物多样性公约》的国家之一。接着,我国政府又相继签署了《湿地公约》、《濒危野生动植物国际贸易公约》、《联合国防治荒漠化公约》等国际公约,并采取了相应的措施保护生物,保护环境。

在控制大气污染以及温室气体排放方面,人类也在不断努力。1992年,各国政府通过了《联合国气候变化框架公约》。自缔约之日起,已经有全球的185个国家参与公约的实施。1997年12月,在日本京都召开的《联合国气候变化框架公约》缔约方第三次会议通过了旨在限制发达国家温室气体排放量以抑制全球变暖的《京都议定书》。2009年12月,又在哥本哈根召开了世界气候大会,许多国家的首脑聚首讨论减少温室气体排放以及环境保护问题。

我们期望着,今后地球上的生物物种越来越多,整个生物圈成为一个物种繁多并和谐共处的大家庭。

我们期望着,通过努力,我们的地球天更蓝,云更白,山更绿,水更清……

生物圈

飞着飞着,跳跳猴发现整个地球都尽收眼底,就像俯瞰着一个地球仪。显然,他们飞得很高了。

他问道:"我们为什么越飞越高呢?"

老师说:"让大家居高临下好好观赏一下生物圈。"

"什么是生物圈呢?"跳跳猴不放过任何一个新名词。

老师说:"生物圈,实际上包括了岩石圈、水圈和大气圈。岩石圈,指的是地球上的岩石和土壤;水圈,指的是地球上的海洋、湖泊等水体;大气圈,指的是在岩石圈和水圈上方含大气的空间。在大气圈的底部、水圈的全部和岩石圈上部的土壤层,是各种生物的生存场所。地球上由各种生物和它们的生存环境所组成的环绕地球的一圈,便叫做生物圈。"

飞船在呼呼地飞,大家低头欣赏着脚下的海洋、草原、沙漠以及逶迤起伏的山脉……

许久,老师接着说:"知道吗? 生物圈是生物与环境长期相互作用的结果。"

"为什么说生物圈是生物与环境长期相互作用的结果呢?"跳跳猴不解。

老师说:"要说清楚这个道理,还得从根儿上说起。

"在地球形成之初,没有生物,大气中也没有氧气。后来,地球上出现了简单的生物。这一批生物的先祖不需要氧气,人们把它们叫做厌氧型生物。由于厌氧型生物物质代谢能力低下,生物进化的速度也非常缓慢。因此,在很长一段时间,厌氧型生物是地球上的唯一居民。

"后来,海洋中产生了具有光合作用的生物。它们可以利用阳光、二氧化碳和水合成氧气。这样,大气圈中便有了氧气,并且不断增多。这便为生物进行需氧代谢创造了条件,使需氧型生物的出现成为可能。由于需氧型代谢比厌氧型代谢效率高,能够产生许多种物质，需氧生物的出现使地球上生物进化的进程加快了许多。

"但是，太阳发出的紫外线对生物是有损害的。在大气层没有氧气或者氧气非常稀薄的年代，太阳发出的紫外线无遮无挡地射到地球上来。那些躲在水里的生物惧怕紫外线的损害作用，不敢爬到陆地上来。

"随着时间的推移，海洋中具有光合作用的生物不断增加，大气圈中氧气日渐增多，形成了能够大量吸收紫外线的臭氧层。这才使得紫外线对陆地生物的损害作用大大减少。一部分水生植物先是爬到岸边来，试了试，还行。接着，它们改头换面，生出了许多品种，浩浩荡荡向陆地和高山进发。

"陆地上有植物了，通过光合作用产生氧气的效率更高了，需氧生物的进化进一步加快。原本深藏在海洋里的动物从水里探出头来看了看，发现原来陆地上的世界也很精彩，便从水里爬了出来，这就进化出了两栖动物。

"这两栖动物海洋陆地两边跑，其中的一部分见异思迁，忘了故土，便干脆留在了陆地上，成了爬行动物。

"爬行动物又努了一把劲，变出了哺乳动物和空中的飞鸟。结果，水里、地上和空中便都有了生物，形成了一个生物圈。

"你们看，这么说来，生物圈不是地球上生物与环境共同进化的产物吗？"

听着老师形象生动的讲解，同学们一个劲地点头。

生产者—消费者—分解者

这时，飞船急速地向下降落，不一会儿，在一座科技馆前的广场上降落了下来。

同学们齐声高呼："我们回来了。"

接着，老师领着同学们跨出飞船，来到了科技馆的一个学术厅。大厅里已经坐了不少人。讲台上，一个小伙子正在忙着准备讲座用的投影仪。

跳跳猴问："是什么人在做讲座呢？"

老师一边示意大家坐下，一边说："做讲座的是一个完成了生物旅行的小分队。他们要给大家报告生物旅行过程中的考察结果以及他们对生态系统的认识。"

话音刚落，讲台上的小伙子便开始了演讲：

地球上有万千种生物，但是，根据它们之间的关系，可以分为三大类：生产者、消费者和分解者。

绿色植物能在阳光作用下利用无机环境中的无机物生产出有机物。因此，它们被称为生产者。什么是无机物和有机物呢？所谓无机物，一般指碳元素以外各种元素的化合物，如水、食盐、硫酸等。但一些简单的含碳化合物如一氧化碳、二氧化碳、碳酸、碳酸盐等也属于无机物这个大家族。地球上的化合物，除了无机物外便是有机物，它们在分子结构中通常含有碳。没有生命的东西可以只有无机物，有生命的东西却一定含有机物，构成生物体的蛋白质、脂肪和糖便是有机物家族中的重要成员。绿色植物生产有机物，以植物为生的动物才能生存，然后才会有食肉动物。从这个意义上来讲，绿色植物应该被称为造物主。

有生产就有消费。因此，除生产者之外，还有消费者。消费者是一个很大的群体。根据它们的消费层次，还可以分为几个等级。直接以绿色植物为食的植食性动物，如草鱼、鲢鱼、羊、牛等，叫做初级消费者；以植食性动物为食的肉食性动物，如以浮游动物为食的鱼、以田鼠为食的猫头鹰等，叫做次级消费者；以次级消费者为食的肉食性动物,如捕食食肉动物蛇的鹰等,叫做三级消费者。这些消费者之间的关系,可以用我们常说的一句话来概括:大鱼吃小鱼,小鱼吃虾米。

但是,谁来吃大鱼呢? 一定是比大鱼还要厉害的动物吧?

错了! 不论是生产者,还是消费者;不论是小虫子,还是大象,都由我们肉眼看不见的细菌来解决。说具体一些,动物拉出来的粪便、植物脱落下来的枝叶,还有动植物死亡后的遗体,统统会被周围的细菌和真菌吃掉,分解成无机物,再归还到无机环境中,被绿色植物所利用。由于这些细菌和真菌做的是分解工作,因此被称为分解者。

高士其老人在《细菌漫话》中对细菌的分解和物质循环作了形象的说明。他说,细菌是一个大队伍,有许多兵种。于是,它们进行了分工。有些细菌将碳水化合物化成二氧化碳放出来;有些细菌将尿素和马尿酸化成氨放出来;有些细菌将蛋白质化成氨基酸,再化成氨放出来。硝化菌能将氨氧化成为亚硝酸盐及硝酸盐;硫化菌能将动物放出来的硫化氢氧化成为硫酸盐;磷化菌能将动物身上的磷化物氧化成磷酸盐;放氮菌能将氨化为氮释放到空气中;固氮菌能将空气中的氮固定起来变成硝酸盐。于是,动植物尸体得到分解,土壤中被植物消耗掉的硝酸盐、磷酸盐、硫酸盐得到补充。

这样,从生产者到消费者到分解者再到生产者,形成了一个循环圈。

这些分解者的工作有什么意义呢?

如果死去的植物和动物不被细菌吃掉,自地球上有生物以来,人类和动植物的尸体便会堆积成几百座高山,填满所有的大海。看来,这作为分解者的细菌,扮演了环卫工人的作用。没有它们,我们的环境将会是一团糟。

其实,分解者的价值远远不止于此。

植物依靠水、二氧化碳和土壤中的硝酸盐、磷酸盐、硫酸盐等无机物合成有机物。如果植物老是从土壤中吸收这些无机物,没有细菌通过分解有机物进行补充,土壤中的无机物便成为无源之水,植物生长便无从谈起,所有消费者便将没有饭吃。

看到分解者的价值了吧? 看到从生产者到消费者到分解者再到生产者这个循环圈的意义了吧?

其实,所有事物,只有靠了循环才能周而复始。

动物体内的血液,正是因为在心脏和血管构成的密闭系统内循环,才能源源不

生产者

初级消费者

次级消费者

分解者

生产者、消费者和分解者循环图

断地给器官和组织供应物质和能量。

　　自然界也遵循着循环这个法则。天上的云下了雨,雨水蒸发再变成云。靠了这个循环,云才能得到补充而再下雨。

　　放眼宇宙,也是如此。月亮围着地球转,地球围着太阳转。这些天体,唯有顺着轨道循环,才能日复一日,年复一年保持着自己,所谓循环往复,以至无穷。如果某一个星球脱离了轨道,信马由缰,在宇宙中横冲直撞,不仅自己会粉身碎骨,还会给周围的兄弟姐妹造成灾难。看来,这茫茫宇宙,也是靠了循环维持着稳态,维持着秩序。

　　已故的邓小平先生说过一句话,叫做"发展是硬道理"。对社会来说,发展是硬道理。对自然界和整个宇宙来说,循环是硬道理。

能量不是守恒的吗?

物质在从环境到生物以及从生物到生物的流通过程中,还伴随着能量的代谢。就像影子总是跟着人走一样,物质和能量总是形影相随,密不可分。

人们把地球上的生物分为几个营养级。绿色植物利用阳光中的能量以及环境中的无机物合成有机物,是生产者。由于它合成了其它生物可以食用的营养物质,也叫做第一营养级。食草动物,如兔子,以第一营养级生物为食,称为第二营养级。食肉动物,如食兔子的狐狸,以第二营养级为食,称为第三营养级。在第三营养级之后,还有第四营养级。

这些营养级一环套一环,形成一个链条,这个链条叫做食物链。

属于第一营养级的绿色植物通过光合作用合成有机物质。在这个过程中,太阳能转化为化学能。

第一营养级的植物被第二营养级的动物吃到肚子里,植物中的能量便转移到了动物体内。

第二营养级的动物被第三营养级的动物所捕食,其中的能量便被第三营养级所利用……

这种从一个营养级到另一个营养级的能量转移叫做能量流动。

这种能量流动具有两个明显的特点:单向流动和逐级递减。

什么叫做单向流动和逐级递减呢?

单向流动是指生态系统的能量只能从第一营养级流动到第二营养级,从第二营养级流动到第三营养级……

打个比方,能量的流动就像流向长江的河流。所有的河流都是从上游流向下游,不可能从下游流向上游。

逐级递减是指上一个营养级的能量流动到下一个营养级时要减少。一般来说,

呼吸　　　　　呼吸　　　　　呼吸

生产者(植物) ⟶ 初级消费者 ⟶ 次级消费者 ⟶ ……

分解者

各营养级之间的能量转移

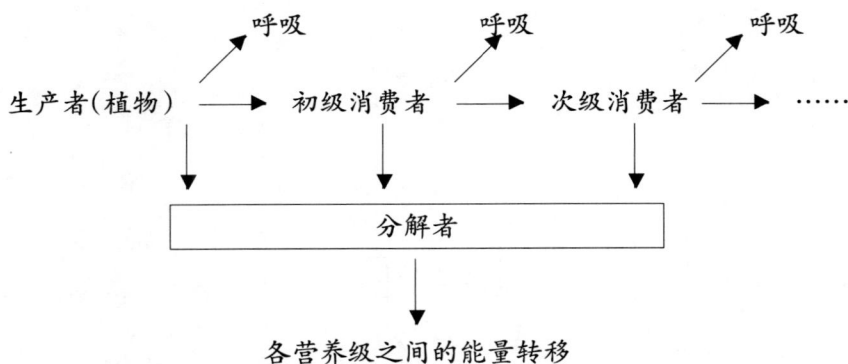

只有 10%到 20%的能量能够流入下一营养级。

怎么回事呢？能量不是守恒的吗？怎么会在流动中丢掉许多呢？

还是以河流打个比方，在每一条流向长江的河流中，一部分河水被蒸发，一部分河水渗进了流经的河床，只有一部分河水最终进入长江。

路线图

演讲结束了,跳跳猴站起来向讲者问道:“请问,你们的生物旅行经过了哪些地方呢?”

报告人笑了笑,说:“好,我给大家看一看图片吧。”

接着,他用PPT介绍生物旅行小分队的旅行路线以及旅行途中见到的旖旎风光。笨笨熊马上掏出了笔和纸,将小分队的旅行路线记了下来,绘成了路线图。

PPT演示结束了,笨笨熊拍了一下跳跳猴的肩膀说:“小兄弟,你提的这个问题太好了。我们的旅行有路线图了。”

坐在跳跳猴旁边的一个人问:“带我去旅行可以吗?”

跳跳猴回过头来一看,说话的是夏令营中的一位女生。她留着短发,穿一身牛仔服,皮肤微黑。如果不是这几天的朝夕相处,乍一看,多半会以为她是男生。

跳跳猴摇了摇头,说:“我们不带女生。”

“为什么呢?”女生满脸疑惑地问。

“生物旅行需要跋山涉水,风餐露宿。我们两个小伙子,带着一个女生合适吗?”跳跳猴反问。

“那有什么呢?”女生不理解。

“这样吧。你问问我的大哥吧。”跳跳猴用下巴指了一下笨笨熊。

女生两眼期待地望着笨笨熊。笨笨熊缓慢但坚定地摇了摇头。

看到没有希望,女生噘起了嘴,一字一板地说:“我一定要实现我的心愿。”

地球，我们可爱的家园

讲座结束了，参加生态行的师生和跳跳猴、笨笨熊都步出学术厅，来到了停在科技馆前的飞船旁。

老师问笨笨熊和跳跳猴："我们就要回学校了，你们呢？"

几个同学异口同声地说："和我们一起回学校吧。"

虽然在一起相处时间不长，但他们和这小哥俩已经产生了感情。

这时，在笨笨熊和跳跳猴的身旁生出了一片白云。小哥俩知道，他们需要开始旅行了。

笨笨熊向大家说："我们要去继续旅行，说不定，我们以后还会再次相遇的。"

说完，便拉着跳跳猴踏上了白云。他们一边乘着白云向高空飞行，一边向草地上的老师和同学大声喊"再见"。

老师和同学们目瞪口呆地仰望着天空，直到跳跳猴和笨笨熊从视野中消失。

飞行中，跳跳猴问："老兄，我们要到哪里呢？"

笨笨熊说："按照路线图，第一站是空灵山。刚才在介绍路线图的时候你没有注意吗？"

跳跳猴摇了摇头。刚才介绍路线图的时候，看见笨笨熊在做笔记，他便将注意力放在了 PPT 中的湖光山色上。

他们掠过海洋，看到鲸鱼喷出的一股股水柱；他们飞过南极，看到一群群雍容华贵的企鹅在冰天雪地中徜徉；他们从青藏高原经过，看到一群群藏羚羊在结队奔跑；现在，脚下是一望无际的大漠。在沙丘的脊梁上，一队骆驼在缓慢前行，驼队后面，留下了一串串脚印……

跳跳猴说："多可爱的家园啊。世界上如果缺少了这些生灵，该是多么枯燥和乏味啊。"

跳跳猴本来就热爱生物和大自然，经过了这一趟旅行，他对生物和大自然又增加了几分感情。

笨笨熊说："是的。各种各样的生物不仅使我们的地球生机盎然，而且对人类具有巨大的价值。这价值，有的体现为直接价值，有的体现为间接价值，有的体现为潜在价值。"

"什么是直接价值、间接价值和潜在价值呢？"跳跳猴问。

笨笨熊回答："直接价值是指将生物直接用来为人类服务。比如，农作物为人类提供粮食，动物为人类提供肉食，中草药被用来为人类防病治病，树木为人类提供木材和果实，许多野生生物是工业的重要原料……

"间接价值主要体现在各种生物之间的相互关系以及对生态平衡的维持上。在生态系统中，各种生物之间具有相互依存和相互制约的关系。比如，三叶草、土蜂、野鼠和猫，看似风马牛不相及，但实际上互相依存和制约。"

"三叶草、土蜂、野鼠和猫怎么会有关系呢？"跳跳猴怎么也不能将这几种生物联系起来。

笨笨熊说："土蜂为三叶草授粉，野鼠吃土蜂。如果野鼠增多，土蜂就会减少，三叶草的受粉就会发生问题，从而使三叶草的繁衍受到影响；如果野鼠控制在一定数量之下，土蜂才会增加，三叶草的受粉才能得到保证，从而使三叶草的种群得到发展。再深一层说，野鼠的数量又受猫的数量的影响。你看，它们是否有关系呢？"

听了笨笨熊的解释，跳跳猴恍然大悟。

笨笨熊接着说："这个例子说明，如果某种物种减少或泛滥，就会影响到生态系统的平衡，最终影响到人类的生存环境。

"间接价值还体现在，生物体的结构及其生理功能常常给人类的发明创造以重要启示。例如，苍蝇能够垂直起落和急速转变方向。这一点，我们在日常生活中已经司空见惯，不以为然。但是，科学家敏感地认识到，如果飞行器能像苍蝇那样灵活，在航空航天事业方面将会有重大价值。经过观察发现，苍蝇之所以能够垂直起落和急速改变方向，是由于它们的后翅演变成了一对哑铃形的平衡棒。这个平衡棒不仅能够调节翅膀的运动，还能及时调整身体的姿势和飞行的方向。科学家根据苍蝇平衡棒的原理研制成功了新型导航仪——振动陀螺仪。现在，这种精密仪器已经应用在火箭和新式飞机上。近年来，根据生物的特殊性能进行发明和技术改造已经发展成为一个专门的学科——仿生学。

"潜在价值是指人类还没有认识到的实用价值。当人们认识到其价值并进行利用时,潜在价值便转化为实用价值。比如,西红柿不仅营养丰富,而且很好吃。但一开始人们并不敢食用,甚至错误地认为如此漂亮的植物很可能是有毒的。第一个尝试食用西红柿的人甚至做好了壮烈牺牲的准备。

"也就是说,过去认为是无用的生物,说不定在什么时候会发现它的巨大价值。在基因工程迅速发展的今天,这一点显得更为重要。例如,水稻草丛矮缩病是一种危害水稻生长发育的病毒性疾病,很难防治。后来,科学家发现了一个野生水稻种群,这个种群对草丛矮缩病具有比较强的抵抗力。利用这种野生水稻中抵抗水稻草丛矮缩病的基因与水稻进行杂交,就可能培育出抗草丛矮缩病的水稻新品种。

"地球上野生动物种类繁多,但被人类充分研究过的只是少数,大量生物的价值目前还不清楚。这些生物一旦从地球上消失,就无法再生。这对人类来说,是不可弥补的损失。"

说着说着,白云将他们载到一座山的山腰。看来,这次短暂的空中旅程到此结束了。小哥俩刚刚跨到地面上,脚下的白云便消失得无影无踪。环顾四周,只见山腰对面的大山上,有一块巨石,上面写着"空灵山"三个大字。

来空灵山干什么呢?跳跳猴不明白,笨笨熊也不明白。

笨笨熊对跳跳猴说:"我们需要求助锦囊了。"

跳跳猴从内衣里掏出一号锦囊,打开来。锦囊里装着一块帛书,上面写着一行大字:"回到古代欧洲,寻访当年对微生物研究做出重大贡献的科学家。"

跳跳猴说:"怎么能回到古代呢?再说,要回到古代欧洲,为什么要来空灵山呢?"

笨笨熊说:"别着急,再看看还有没有什么指示。"

小哥俩仔细一看,原来,在那一行字的下面,整整齐齐地写着几行蝇头小楷。那些文字告诉他们,要回到古代,需要穿过时空隧道。要穿过时空隧道,需要先去空灵山找一个叫做今古真人的圣人学习法术。

穿越时空隧道

虽然已近辰时，太阳还躲在厚厚的云彩后面睡懒觉。整个空灵山，沐浴在蒙蒙细雨中。从山腰往下看，但见千株老柏，带雨半空青冉冉；万节修篁，含烟一壑色苍茫。气象与一般山峰自是不同。

山里静极了，小哥俩只能听到自己的呼吸声。在树林中行走了大约半个时辰，看不到走兽，没有飞鸟，更看不到人影。咦，这空灵山怎么这么安静呢？

正在这时，空寂的山谷里传来一阵笛声。循着声音望去，山坡上转过一群牛。一个牧童骑在牛背上，悠闲自在地吹着一支横笛。

看见来了客人，牧童将笛子收起，问道："敢问二位来山中何干？"

跳跳猴说："我们来拜访今古真人，请问真人仙居何处？"

牧童问："你们可是跳跳猴和笨笨熊？"

跳跳猴说："正是。"

牧童告诉他们，他就是今古真人的侍童。早晨，今古真人告诉他，今天会有两个名叫跳跳猴和笨笨熊的孩子来访，并让他在路口等候。

听了牧童的话，跳跳猴和笨笨熊十分诧异：今古真人怎么会知道我们的绰号呢？又怎么会知道我们今天会来呢？

牧童从牛背上下来，将牛群散在山坡上，沿着盘山小道转了九九八十一道弯，将跳跳猴和笨笨熊领到今古真人居住的仙人洞。这仙人洞位于近山顶处，洞前，一条羊肠小道通到山下；两侧，是刀劈斧砍般的万丈深崖。山洞周围，祥云瑞雾缭绕，琪花瑶草飘香，一派仙境气象。

进得洞来，只见书案前坐着一位老者，须发皆白，银色的眉毛一直垂到胸前。

牧童低声告诉跳跳猴和笨笨熊："这位就是今古真人。"

跳跳猴和笨笨熊伏在地下拜了三拜。

今古真人看了看跳跳猴和笨笨熊,没有讲话,只是轻轻地点了点头。侍童示意跳跳猴和笨笨熊退出洞来。

接下来的日子,跳跳猴和笨笨熊每天白天跟着牧童放牛,采蘑菇,晚上就和牧童宿在仙人洞旁边一个山洞中。山上的树叶绿了又黄,黄了又绿,河里的冰结了又融,融了又结。跳跳猴和笨笨熊却一直见不到今古真人。

一天傍晚,在赶着牛群回仙人洞的路上,跳跳猴问侍童:"我们来到这里已经颇有时日了,什么时候才能再次见到真人呢?"

侍童问:"你们来到此处,可是要穿过时空隧道吗?"

笨笨熊回答:"正是。"

"可是,我们现在连时空隧道是什么样也没有见过呀!"跳跳猴抢着说。

侍童骑在牛背上回答:"要学穿越时空隧道的法术,首先要进行修炼。"

"可是,我们每天只是放牧和采蘑菇,不曾修炼啊。"跳跳猴显得有点急不可耐。

牧童说:"尘世中人,身上有许多浊气,必须在空灵山吐浊气,吸清气,历经三年,才能将体内的浊气排空。只有排空了浊气,才能一身灵动,开始学习穿越时空隧道的法术。"

牧童抬头看了看天空,接着说:"不过,你们来到这里,已经有三冬三夏。我想,师父传授法术,就在这几日了。"

听了牧童的话,小哥俩欣喜万分。旋即,他们心里又嘀咕了起来,一个小孩的话,能当真吗?

笨笨熊和跳跳猴刚刚把牛群关回牛栏,今古真人走了过来。他微笑着,向跳跳猴和笨笨熊点了点头,接着,在跳跳猴头上轻轻拍了三下。然后,背着手,又回到了仙人洞。

跳跳猴愕然,笨笨熊也一脸诧异。他们想,三年了,今古真人一直没有露面,今天怎么一声不吭,拍了拍脑袋就走了呢?

愣了一会,跳跳猴想起了《西游记》里孙悟空拜师学艺的故事。当年,孙悟空在灵台方寸山向祖师学习法术。祖师要传授"术"字门中之道,孙悟空不学;要传授"流"字门中之道,孙悟空不学;要传授"静"字门中之道,孙悟空不学;要传授"动"字门中之道,孙悟空心高气傲,还是不学。祖师生气了,将戒尺在悟空头上敲了三下,然后回到屋内。众师兄大惊失色,嗔怪悟空。悟空却心领神会,知师父用戒尺敲他三下,接着回到屋内,是要他在三更时分到师父寝室传他道也。那一晚三更时分,悟空来到师父寝室，师父果真授给了他长生之道。

跳跳猴琢磨，今天，今古真人拍了自己脑袋三下，十有八九，是要他和笨笨熊在三更时分到仙人洞去秘传法术。

那天晚上，吃过晚饭，跳跳猴便急切盼望着三更。但小哥俩都没有钟表，山中又没有人打更，便只好将鼻孔中出入之气调定，计算时分。约莫子时前后，跳跳猴拉起正在酣睡的笨笨熊，朝着真人的仙人洞奔去。

笨笨熊一边揉着惺忪睡眼，一边问："半夜三更，干什么？"

跳跳猴把手指放在口唇上，做了一个不要出声的姿势，说："莫要出声，但跟我来。"

仙人洞没有关门。跳跳猴心中一喜：看来，真人确是要我们三更来访，因此，故意将门开着。

进得门来，只听得真人背朝洞口，侧身而卧。一呼一吸，发出如雷鼾声，跳跳猴和笨笨熊伏在地下，静静地等候着。

约莫过了半个时辰，真人鼾声戛然而止，问道："是谁半夜三更在我屋内？"

问话时，仍然面朝洞底。

跳跳猴伏在地上说："跳跳猴和笨笨熊来向师父请教穿越时空隧道的法术。"

真人坐了起来，捋了捋胸前的银须，慢腾腾地说："好，看你们还算有悟性，今晚，就将时空秘诀传授给你们。"

真人终于要传授法术了，跳跳猴连声道谢。

这时，笨笨熊才知道，原来，跳跳猴半夜三更拉他来真人的仙人洞是有如此重要的事情。但是，跳跳猴是如何知道真人要传授法术给他们的呢？

笨笨熊正在想着，真人对笨笨熊和跳跳猴说："但要记住，这秘诀，出吾之口，入汝之耳，切莫透露给第三个人。"

听了真人的话，跳跳猴和笨笨熊连忙叩首。一边叩首，一边异口同声地说："遵命，遵命。"

真人说："好了，起来吧。"

跳跳猴和笨笨熊起来，站在真人面前。真人将秘诀一字一句教给了他们，跳跳猴和笨笨熊把字字句句都默记在心中。

授完秘诀，真人领着小哥俩向仙人洞深处走去。大约走了一箭的路程，到洞底了。洞底有两扇石门，关得严严实实。

真人拍了拍跳跳猴的肩膀，说："将时空秘诀念一遍。"

跳跳猴双手合十，将秘诀念了一遍。这时，奇迹出现了，两扇石门徐徐打了开来。里面，色彩斑斓，光怪陆离。

真人说："这是一个时空隧道。今天，你们穿越这个隧道，便获得了跨越时空进行旅行的本领。今后，无论在何时何地，只要念一遍刚才念过的秘诀，你们就可以到想要去的时空进行访问。好了，孩子们，去吧。"

话音刚落，跳跳猴和笨笨熊脚底生出一片五彩云。接着，便身不由己被一股气流卷进洞去，他们一边飞，一边高声向真人道别。

列文·虎克的透镜

隧道里，五光十色。五彩云飞得很快，耳边风声呼呼作响。

跳跳猴一边飞行，一边问："第一站，我们去访问哪一位科学家呢？"

笨笨熊说："列文·虎克先生。他发明了显微镜。正是由于显微镜的问世，人类才发现了微生物，微生物学才成为一门学问。"

约莫十几分钟，小哥俩飞出了隧道尽头。彩云载着笨笨熊、跳跳猴渐渐下降，稳稳地落在了地面上。

环顾四周，降落的地方是一个城市的街道。太阳刚刚升起，透过薄薄的晨雾睡眼惺忪地打量着这两个东方少年。大概因为时间太早，街上没有行人，马路两边店铺的门窗也紧紧地关闭着。

跳跳猴和笨笨熊东张西望，希望能找到一个问路的人。但是，等了好久，街上还是没有出现行人。

"我们往前走，找人问路吧。"跳跳猴失去了耐心。

正在这时，小哥俩身后响起了开门的声音。急忙回首，看见走出来一个约莫二十一二岁的男青年。他系着鲜红的领带，戴一顶黑色的礼帽，帽檐下垂下一绺金黄色的头发，一副文质彬彬的样子。

跳跳猴问："请问，这里是什么地方："

"荷兰德尔夫特市。"男青年一边回答，一边审视着眼前的两位东方少年。少顷，男青年问："请问你们找谁？"

跳跳猴说："列文·虎克先生。"

怕不知道列文·虎克先生是谁，笨笨熊又补充了一句："就是世界上第一个发现细菌的科学家。"

男青年脸上流露出诧异的神色，接着，他偏了一下脑袋，说："跟我来。"

说完，便转身返了回去。

噢，原来，这里就是列文·虎克先生的寓所。

笨笨熊、跳跳猴跟着男青年，穿过一个门洞，来到一个布店前。

跳跳猴心想，我们找的是发现细菌的大师，不是卖布的老板啊。

男青年大概看出了跳跳猴的心思，头往布店里一偏，不容置疑地说："请进吧。"

带着疑虑，笨笨熊、跳跳猴跟着男青年穿过布店的营业厅，进到了后面的屋子里。

屋里，桌子旁，一个40多岁的男子正在低着头磨一块玻璃片。

男青年压低声音对笨笨熊、跳跳猴说："这就是你们要找的列文·虎克先生。"

说完，男青年将笨笨熊、跳跳猴从屋子里拉了出来。

返回到布店的营业厅，男青年解释道："先生在工作的时候是不能被打扰的。"

笨笨熊、跳跳猴理解地点了点头。

接着，男青年拉过两把椅子，示意跳跳猴和笨笨熊坐下，自己则坐在了布店的柜台上。

笨笨熊说："你可以向我们介绍一下先生的情况吗？"

"好吧。"男青年说，"1632年，列文·虎克先生出生在这里。他从16岁就离开学校，到一家布店做学徒。后来，自己开了一个布店，同时从事市政工作。但是，他的兴趣是磨透镜。从21岁开始，先生就去眼镜商那里学习磨透镜的知识。他磨成的透镜已经同荷兰最好的磨透镜师的产品一样精致了，但他还是不满意，继续对工艺进行改进。工夫不负有心人，经过几年的艰苦努力，列文·虎克先生终于磨出了当时世界上清晰度最高、放大倍数最大的显微镜。为了制作显微镜片的支架，他还访问了炼金术士和药剂师，了解如何用矿石炼制出金属。每次磨出满意的透镜，他便把镜片镶嵌在自己炼制并加工的金、银或铜制的，很小的椭圆形镜框里。先生的每一台显微镜都是精美的工艺品。"

跳跳猴叹道："真了不起啊！"

男青年说："其实，列文·虎克先生文化水平并不高，只会讲荷兰语。这里的荷兰名流都讲拉丁文，他们把只会讲荷兰语的人视为下等人。但列文·虎克先生不管别人怎么看，只顾做他喜欢做的事——磨透镜。然后，用透镜来观察他感兴趣的东西，观察跳蚤的刺，虱子的腿，苍蝇的脑子……"

正说到这里，里屋传出一声呼唤声。

"列文·虎克先生在叫我了，走，咱们一起进去吧。"男青年说。

笨笨熊和跳跳猴站起来，跟着男青年向里屋走去。

看到有两个亚洲小男孩进来，列文·虎克朝着男青年问："他们是谁呢？"

不等男青年回答，笨笨熊就抢先说道："列文·虎克先生，您好，我们来自遥远的中国。来到这里，想看看您是如何用您磨的显微镜观看小生物的。"

听了笨笨熊的介绍，列文·虎克先生站了起来，嘴里不住地说："欢迎，欢迎。"

接着，他拉过两把椅子，让笨笨熊和跳跳猴坐下，说："我正准备用我的显微镜做实验呢。对了，你们叫什么名字呢？"

跳跳猴说："我叫跳跳猴。"

接着，指着笨笨熊说："他叫笨笨熊。"

可能是为了帮助记忆，列文·虎克嗫嚅着重复了一次跳跳猴和笨笨熊的名字。很显然，单凭发音，他不知道跳跳猴和笨笨熊在中文的意思。

问过笨笨熊和跳跳猴的姓名，列文·虎克先生又进入了工作状态。他拿一支细小的玻璃管在本生灯上烧得发红。然后，两手一拉，把玻璃管拉得像头发那么细。他把毛细管折成几段，把一个用来计雨量的陶罐内的水吸到毛细管内。然后，伏在显微镜目镜上专心致志地看了起来。

日复一日，列文·虎克一直爬在显微镜前观察毛细管里的水，在工作台上磨透镜。跳跳猴想，清澈的水里，能看到什么呢？

一天，在观察了好长时间后，列文·虎克突然从凳子上站起来，说："过来看，雨水里有小动物。它们在游动，在玩耍，它们比我们肉眼能看到的所有小动物都要小很多。"

那说话的神情，非常激动。

笨笨熊和跳跳猴连忙凑上去，列文·虎克先生将显微镜让给他们。笨笨熊和跳跳猴看到，在毛细管内，一群群小点在游动。它们有的如小球，有的如短棒，时而静止不动，时而快速游走。它们像山坡上的一群羊，密密麻麻。不，它们更像鱼池里的一群鱼，在结群游动。

跳跳猴说："怪了，看似洁净的水里怎么会有这么多小动物呢？"

列文·虎克先生正在沉思，听到跳跳猴的问题，便说："是啊，它们是从天上随着雨点掉下来的呢，还是从地上爬到陶罐里的呢？"

说话的时候，列文·虎克蹙起了眉头。

少顷，列文·虎克说："要弄清这个问题，还是做实验吧。"

外面正在淅淅沥沥下着雨。他洗干净一只酒杯,擦干,放到水落管出水口的下边接水,然后,将酒杯内的水滴进毛细管里,移到显微镜下看起来。一边看,一边喃喃自语:"在刚从天上落下的雨水里也有小动物。"

说完,他抬起头,望着天花板自言自语:"也可能它们原本待在水落管子里,下雨时被雨水冲了下来。"

接着,他转过头来,望着笨笨熊和跳跳猴,问:"怎么排除这种可能呢?"

笨笨熊和跳跳猴不约而同地摇了摇头。

思考了一阵,列文·虎克先生一声不吭地从桌子下面拿出一只瓷盆,洗干净。然后,走到院子里,把盆子放在一只大箱子顶上。

跳跳猴问:"列文·虎克先生,为什么要把盆子放在箱子顶上呢?"

列文·虎克先生在箱子顶上说:"防止落下来的雨点打在地上,把泥溅在盆子里啊。"

跳跳猴想,先生想得真细致啊!

不,这还不够。担心盆子里有洗盆子时残存的脏水,讲究完美的列文·虎克先生冒着雨把落在盆子里的水一次又一次倒掉。反复几次后,他屏息凝神,把新掉在盆子中的雨水吸到他拉制的毛细管内,带回到他的工作室,放在显微镜下看了起来。

仔细看了一阵后,列文·虎克先生大声说:"哈,这新雨水里一只小动物也没有。"

笨笨熊、跳跳猴也凑上去看显微镜下的毛细管。是的,列文·虎克先生是对的,新雨水里没有一只小动物。

列文·虎克先生把盆子端回房间里,不停地用毛细管从盆子里取水在显微镜下观察。第一天,第二天和第三天,水里看不到任何东西。到第四天,他在水里发现了"小动物"。

列文·虎克问跳跳猴:"花园里陶罐中的水里有小动物,水落管的水里有小动物,刚从天上掉下来的雨中没小动物,雨水在盆子中停留几天后便出现了小动物。这说明什么呢?"

跳跳猴说:"说明水里的小动物不是从天上掉下来的。"

笨笨熊点头表示赞同。

列文·虎克说:"我也这么想。"

说完,列文·虎克又蹙起了眉头,喃喃自语道:"那么,其他水中有没有小动物

呢？"

接下来的几天里，列文·虎克先生用他的显微镜观察各种各样的水：空气不流通的书房中的水，放在高屋顶上的盆子中的水，不很清洁的代尔夫特运河中的水，从花园里深井中汲上来的水……从这些水里，都发现了小动物。笨笨熊、跳跳猴每天给列文·虎克先生递东西，忙得不亦乐乎。

"列文·虎克在显微镜下发现了小动物！"这个消息，成为爆炸性新闻。他的发现，轰动了荷兰，轰动了整个世界。俄国彼得大帝前来向他表示敬意；英国女王驾临，仅仅为了从列文·虎克的显微镜下看看那些报纸上炒得沸沸扬扬的"小动物"。由于他的成就，他成为荷兰皇家学会的会员。

但是，列文·虎克没有陶醉，没有停止探索。

一天，列文·虎克先生坐在桌子前苦思冥想。怕影响先生思考，笨笨熊和跳跳猴坐在门外，随时等候先生吩咐。

闲着无事，笨笨熊对跳跳猴说："怪不得列文·虎克先生能磨出显微镜，能在水里发现肉眼看不见的小动物。原来，他做事情是这样执着。"

正在这时，列文·虎克的女儿玛利亚来到工作室给父亲送咖啡。

听到笨笨熊和跳跳猴的谈话，她笑笑说："父亲就是这样刨根问底，总是想弄清楚他遇到的一切问题。一天，父亲吃胡椒末，感到一阵辛辣。他问我，胡椒为什么有辣味。我摇了摇头，表示不知道。他说，胡椒粒上可能有细细的刺，当我们吃胡椒时，这些刺就刺痛舌头，结果产生了火辣辣的感觉。就为了弄清胡椒上是否有尖尖的刺，父亲想了好多办法，但总是不能把胡椒放到显微镜的物镜下。为了把胡椒粒在显微镜下看个究竟，他把胡椒粒放到水里浸泡了几个星期。然后，用细针将胡椒粒拨开来，放在一滴水里，再吸到他拉制的毛细管内。在毛细管内，他没有看到他想象中胡椒粒上尖尖的刺，而是看到了数不清的小动物。它们熙熙攘攘，翻来滚去。他就是这么一个人。"

说完，玛利亚灿烂地一笑，走进了父亲的工作室。

笨笨熊和跳跳猴也跟了进去。

小哥俩看见，列文·虎克先生坐在椅子上，仰着头，在望着天花板出神。

玛利亚将冒着热气的咖啡杯放在工作台上，对列文·虎克说："爸爸，在想什么呢？咖啡来了。"

列文·虎克回过神来，看着他们说："噢，我在想，水里有许多小动物，那么，人的嘴里有没有小动物呢？"

听了先生的话，跳跳猴感到好笑，嘴里怎么会有"小动物"呢？但转念一想，说不定列文·虎克先生的话是有道理的。在列文·虎克先生证实水里有"小动物"之前，有谁能想到人们每天喝的水里竟然会有数不清的"小动物"呢？

想到这里，跳跳猴自告奋勇，说："先生，看看我的嘴里有没有。"

说完，他张大了嘴。

列文·虎克从跳跳猴的牙缝里刮下一点东西来，用先前证明没有"小动物"的洁净雨水稀释开来，吸进毛细管，在显微镜下聚精会神地看了起来。

过了很长时间，列文·虎克先生喊了起来："看到了！看到了！"

他一边说着，一边站了起来，示意笨笨熊和跳跳猴去看一看。然后，端着咖啡杯走了出去。

是的，毛细管内的"小动物"来来往往，有的呈杆棒状，有的呈螺旋状。跳跳猴惊讶得张大了嘴巴。

过了一会，列文·虎克走了进来，手里拿着一只毛细管。将毛细管放在显微镜下看了一阵以后，眉头又蹙了起来。

看到先生的表情变化，跳跳猴想，先生碰到什么问题了呢？

列文·虎克对跳跳猴和笨笨熊说："刚才，我看了装有我口腔分泌物的毛细管，里面一只活的小动物也没有。我奇怪了，为什么跳跳猴的口腔里有小动物，我的口腔里就没有呢？"

然后，列文·虎克陷入了沉思。思索良久，他接着说："我在取我的口腔分泌物之前，刚刚喝过滚烫的咖啡。是不是温度很高的咖啡将我嘴里的小动物杀死了呢？"

想了一会，笨笨熊说："列文·虎克先生，要证明这一点，是否可以把跳跳猴的口腔分泌物加热后再看一看呢？"

"好主意。"列文·虎克狠狠地拍了一下笨笨熊的肩膀，原本蹙紧的眉头舒展了开来。

列文·虎克把刚才看过的跳跳猴的口腔分泌物也用高温处理了一遍，再放在显微镜下面观察。

原本活蹦乱跳的"小动物"都一动不动了。

列文·虎克兴奋地说："事实证明，高温可以将口腔分泌物中的小动物杀死。"

就这样,列文·虎克先生不仅用他自制的显微镜在世界上首先发现了他称之为"小动物"的微生物,还证明了那些"小动物"不是从天上掉下来的,证明了高温可以将微生物杀死。

对微生物的研究取得成绩后,列文·虎克看到了显微镜的价值。原来,显微镜下还另有一个世界。一天又一天,列文·虎克用他自制的显微镜看苍蝇、看蜜蜂、看树木的横截面、看植物种子……

他将一条小鱼装进一支玻璃管里,结果,在鱼尾上看到了毛细血管,看到血液通过毛细血管从动脉流向静脉。这有什么意义呢?这一发现,完善了英国人哈维关于血液循环的学说。

他还在显微镜下发现了男人精液中像蝌蚪一样的小动物——精子。这一发现,开启了生殖医学的实验室技术。

列文·虎克先生不仅仅对显微镜下的"小动物"倾注精力,他对他所能接触到的所有生物都表现出浓厚的兴趣。列文·虎克家乡的代尔夫特运河中有一种水生动物,叫做贻贝。一天,他把贻贝中的胚胎放在盛有运河水的杯子中。几天之后,他对跳跳猴说:"把那个盛着贻贝胚胎的瓶子打开,看看这些离开母体的小家伙变成什么样子了。是否长大了。"

跳跳猴和笨笨熊一起把盛放贻贝胚胎的瓶子拿了来,放在列文·虎克的面前,将瓶子盖打开。

出乎意料,贻贝胚胎不见了。

跳跳猴诧异地问:"那些贻贝胚胎哪里去了?"

列文·虎克先生不语,只是蹙紧了眉头。

一会儿,他说:"我想,是被水中的小动物吃掉了。"

"怎么可能呢?肉眼都不能看见的小动物怎么能把贻贝胚胎吃掉呢?"跳跳猴不相信。

列文·虎克说:"我们谁也没有动那些胚胎,杯子的盖子也没有被打开,不是被水里的小动物吃掉,还有什么可能呢?每一个贻贝内有成千上万个胚胎。如果这些胚胎都发育成为贻贝,我们代尔夫特运河中的贻贝就会泛滥成灾,运河就会被堵塞。所幸,我们从显微镜下看到的小动物能吃掉许多贻贝胚胎。这样,贻贝才不会泛滥。实际上,这些小动物起了清道夫的作用。"

听了列文·虎克先生的理论,跳跳猴连连点头称是。

转眼到了 1723 年,列文·虎克在 91 岁时因病离开了人世。跳跳猴、笨笨熊悲痛不已。他们跑到树林里,折了橄榄枝,编成桂冠,套在列文·虎克先生头上,心中默默祈祷:列文·虎克先生,您安息吧。

附:安东尼·列文·虎克生平

安东尼·列文虎克(Antonie van Leeuwenhoek1632—1723):

荷兰显微镜学、微生物学的开拓者。

　　他没有受过正规教育,但自幼酷爱磨透镜。1648 年到阿姆斯特丹一家布店当学徒,20 岁时回家乡代尔夫特自营绸布。后来,被代尔夫特市长指派做市政事务工作。他一生磨制了 400 多个透镜,最小的透镜只有针头那样大,透镜的材料有玻璃、宝石、钻石等。他磨制的一架简单的透镜,放大率竟达 270 倍,将透镜配合起来,放大倍数可达 300 倍,远远超过同时代人制作的显微镜的放大倍数。他不仅醉心于磨制透镜,还用自己磨制的显微镜对许多物体进行观察。1674 年,他在显微镜下发现了细菌和原生动物,即他所说的"非常微小的动物"。1677 年,他首次描述了显微镜下昆虫、狗和人的精子的形态。1684 年,他准确地描述了用显微镜所看到的红细胞。尽管他缺少正规的科学训练,但他对肉眼看不到的微小世界的细致观察、精确描述和众多的惊人发现,对细菌学和原生动物学研究的发展起了奠基作用。

显微镜博物馆

就在跳跳猴和笨笨熊要离开列文·虎克先生布店的时候,他们发现在布店的旁边多了一个二层楼的建筑物。奇怪,昨天这里还是一片空地,怎么一个晚上就竖起了一座建筑物呢? 近前一看,在建筑物旁边,立着一块石头,上面写着"显微镜博物馆"几个大字。

走进显微镜博物馆,他们发现,在博物馆里依序陈列着列文·虎克磨制的显微镜、各种各样的光学显微镜和电子显微镜。

在博物馆大厅的一个角落,一个金发碧眼的女讲解员正在给一群参观者讲着什么。跳跳猴拉了笨笨熊凑了过去。

讲解员说:"刚才,我们参观了列文·虎克先生发明的各种显微镜。在列文·虎克先生显微镜技术的基础上,后人一直在对显微镜进行改进。"

她指着旁边的一台显微镜说:"这是一台相差显微镜。有谁知道相差显微镜与一般显微镜的区别呢?"

没有一个人吭声,站在前面的几个观众摇了摇头。

讲解员接着说:"在生物学上,显微镜主要用来观察细胞。根据细胞是否具有活力,可以把观察的标本分为两种:活细胞和死细胞。对死细胞,可以通过染色把不同细胞结构区分开来。对活细胞,不能染色,因为染色过程会将细胞杀死。用以前的显微镜看不

列文·虎克显微镜

染色的活细胞标本时，往往不能把被观察的细胞从周围的背景中识别出来。举个例子，就像一只乌鸦落在了煤堆上。相差显微镜呢，可以提高活细胞和背景的反差。举个例子，就像一只乌鸦落在了银色的沙滩上。这样，可以大大提高活细胞的观察效果。"

听了讲解员形象的解释，大家恍然大悟地连连点头。

接着，讲解员领着大家走到几台庞大的仪器前面。她说："这是几台电子显微镜。显微镜的放大倍数受显微镜所用光源波长影响。在用一般的显微镜观察物体时，都要依靠光。或者日光，或者灯光。这些光我们肉眼能够看得见，叫做可见光。可见光的波长范围为400nm-700nm，因此，利用可见光作为光源的光学显微镜看不到小于400nm的结构，这就限制了对超微结构的观察。20世纪中叶，科学家发明了以电子束作为光源的电子显微镜。电子束我们肉眼看不见，波长大约为可见光波长的几十万分之一，比单个原子的直径还要小。因此，利用电子显微镜，可以观察到光学显微镜下难以看到的超微结构。

光学显微镜

"常用的电子显微镜有两种，透射电子显微镜和扫描电子显微镜。透射电子显微镜用来观察细胞内部的超微结构，如细胞内的细胞器；扫描电子显微镜用来观察细胞的表面形态和结构，如细胞表面的微绒毛等。举例来说，透射电子显微镜，就像孙悟空钻到铁扇公主肚子里一样，可以把细胞里面的结构侦查个一清二楚；扫描显微镜呢，就像是在飞机上拍照片，照的是地面上的山山水水，花草树木。"

"可以用扫描电子显微镜给我们看一些标本吗？"在生物博物馆的病毒馆，王教授曾经用透射电子显微镜给跳跳猴和笨笨熊演示过病毒的结构，今天，跳跳猴想见识一下扫描电子显微镜。

讲解员点了点头，将标本插到一台电子显微镜中。她一边插，一边说："这是一张气管上皮的细胞标本。"

屏幕上出现了一条条山脉样的结构,在那"山脉"上,好像生长着密密麻麻的树木。

跳跳猴和笨笨熊想不到,扫描电子显微镜下的细胞竟然如此壮观!

在博物馆的出口处,讲解员说:"今天,我们参观了各种各样的显微镜,见证了显微镜技术的发展过程。知道显微镜技术在生物学上的意义吗?"

跳跳猴说:"列文·虎克先生用显微镜发现了水里的小动物。"

讲解员笑了笑,说:"你说的小动物叫做细菌。在列文·虎克先生利用自制的显微镜发现细菌后,许多科学家利用显微镜对微生物进行研究,找到了许多传染病的元凶。

"英国皇家科学学会的罗伯特·虎克用列文·虎克发明制作的显微镜观察了一小片软木,发现软木是由许多蜂窝状的小格子组成的,他将这些蜂窝状的小格子称为细胞。从此,产生了细胞学这一门学科。

"借助相差显微镜,人们可以清晰地对活细胞进行观察。应用电子显微镜,人们才有可能对细胞的超微结构进行深入研究。

电子显微镜

"总而言之,靠了显微镜技术,人类才打开了微观世界的大门,生物科学和医学才有了长足的进步。"

参观结束了,小哥俩从显微镜博物馆出来。

跳跳猴问:"接下来,我们要去哪里呢?"

笨笨熊说:"列文·虎克先生发明的显微镜使得人们对微生物研究成为可能,接下来我们去拜访用显微镜发现致病细菌的德国科学家罗伯特·科赫吧。"

血液里的小动物

——访问罗伯特·科赫

　　笨笨熊、跳跳猴踏一片彩云,腾地一下升到了空中。不知飞了多长时间,小哥俩落在一条田间小道上。

　　正是晨曦初露时,旷野中空无一人。放眼望去,只见小道旁郁郁葱葱的庄稼和路边静静流淌的小溪。

　　小哥俩顺着小道来到了一个小村庄。在村口,迎面走过来一个扛着农具的中年男子。

　　跳跳猴迎了上去,问道:"先生,您可认识一个叫做罗伯特·科赫的科学家?"

　　"科学家?"那中年男性摇了摇头。接着,又好奇地上下打量着眼前两个黄皮肤、黑头发的小男孩。

　　跳跳猴点点头,很肯定地说:"是,很有名气的科学家。"

　　中年男子一脸迷惘。少顷,他指了指身后说:"要不,你们到村子里问一问吧。"

　　说罢,朝跳跳猴和笨笨熊有点歉意地笑了笑,钻进了旁边的庄稼地里。

　　走了大约一个时辰,一个背着书包的小男孩从旁边的岔路上急匆匆走来。

　　跳跳猴急忙上前,堵在小男孩的面前,问道:"朋友,你可认识一个叫做罗伯特·科赫的科学家?"

　　那小男孩先是愣了一下,然后,嗫嚅着说:"对不起,不认识。"

　　说完,便飞也似的跑了。看来,他是急着去上学。

　　跳跳猴对笨笨熊说:"奇怪,我们要找的是微生物学家罗伯特·科赫,怎么彩云把我们载到这农村来了呢?"

　　笨笨熊挠着头皮说:"继续走吧。兴许能碰到知道科赫先生的人。我想,载我们旅行的彩云应该不会搞错的。"

继续前行了大约一个时辰，路旁遇到一个留着满脸络腮胡的老年人，在他的身后，一群牛在山坡上吃草。

笨笨熊走到老人面前，鞠了一个躬，恭恭敬敬地问道："先生，你可认识一个叫罗伯特·科赫的科学家？"

"罗伯特·科赫？"老人一边反复念叨，一边在脑海中努力搜索着名叫罗伯特·科赫的人。

正在这时，传来一阵清脆的铃声。寻声望去，一辆马车顺着小哥俩刚才走过的路驶了过来。

老人突然眼睛一亮，指着那辆渐趋渐近的马车说："那车上坐着的，便是罗伯特·科赫。"

跳跳猴和笨笨熊朝那马车看去，一个戴着毡笠的中年车夫坐在车辕处挥鞭吆喝着拉车的马，车上坐着一个戴眼镜的小个子男青年。

待到马车驶到眼前，笨笨熊向车上的人问道："早上好，请问是罗伯特·科赫先生吗？"

车上的男青年说："我就是罗伯特·科赫，你们是找我吗？"

那说话的表情，有点诧异。

"是啊！"跳跳猴和笨笨熊不约而同地喊道。

终于找到了科赫先生，小哥俩十分兴奋。

"好，那请一起上车吧。"科赫挪了挪位置，给跳跳猴和笨笨熊腾出一些地方来。

寒暄了几句，马车便来到了一个村庄。一进村子，科赫先生便提了出诊箱到农户家里看病。大人、小孩，内科、外科都看，同中国的乡村医生一模一样。

整整一天，科赫忙于应诊，几乎没有和两个小访客说一句话。

黄昏时分，跳跳猴感到有些失望。他搓搓笨笨熊的衣角，悄声说："他只是一个乡村医生，我们是不是找错人了？"

笨笨熊说："别急。我听老师说过，科赫本来就是一个乡村医生，他对细菌的研究是在业余时间进行的。"

在他们跟着科赫挨家挨户为病人看病时，跳跳猴常常看到不少农户院落里躺着一只又一只死羊，羊的主人看着死羊发呆，黯然神伤。

跳跳猴悄悄问一个老农："这些羊怎么了？"

老农抬起头，缓缓地说："这些天不知道怎么了，家家户户的羊一只接一只地死去。许多农民、牧羊人、羊皮商人全身长出可怕的疮,或者患急性肺炎死去。"

说这话时,老农的眼里含着泪水。

"死于什么病呢?"跳跳猴试探着问。

"炭疽。"老人不愿意多说话。

晚上,忙了一天的科赫将一只死羊载回家中,从尸体中抽出血液。那血液不是红的,而是黑的,像碳一样黑。

跳跳猴心想,血液是黑的,身上长疮,这可能是把这种病叫做炭疽的原因吧。

科赫将从死羊身上抽出的发黑的血液滴在载玻片上,在显微镜下聚精会神地看了起来。

但是,什么东西也没有看见。

科赫不死心,每天晚上,在给老乡看完病之后,他总是在显微镜下看那些涂了发黑的羊血的玻璃片。

一天晚上,在吃过晚饭之后,他照例坐在了显微镜前。跳跳猴和笨笨熊和几个孩子在院子里听大人讲故事。

正当小哥俩听得入神的时候,科赫冲到院子里大声喊道:"我看见了,我看见了。"

跳跳猴问:"看见了什么?"

科赫兴奋地说:"我在死羊的血液里发现了小动物。"

跳跳猴和笨笨熊急忙冲到屋子里。在显微镜下的血球中,他们看到了状如小杆的怪物。

跳跳猴问站在旁边的科赫先生:"这就是引起炭疽病的微生物吧?"

科赫突然收敛起刚才的笑容,微蹙着眉头说:"现在还不能下结论,我们只能说在患炭疽病羊的血液中发现了杆状细菌。"

接下来的几天,科赫一次一次跑屠宰场,从被杀的供食用的健康羊体内取出血液,到显微镜下观察。

"他为什么抛开病死的牲畜不管,而去看健康羊的血呢?"跳跳猴不解地问笨笨熊。

"我想,他是在比较,看健康羊的血液内是否也有同样的细菌。"笨笨熊回答。

一天,科赫在看过几十头健康羊的血液后,离开显微镜,一边捶着腰,一边说:"在健康牲畜的血液里,没有找到死羊血液中的杆状细菌。"

跳跳猴欣喜地说:"死羊的血液里有杆状细菌,健康羊的血液中没有杆状细菌,这不证明炭疽病就是那些杆状小动物引起来的吗?"

科赫扶了扶鼻梁上的近视镜,缓缓地,若有所思地说:"还不能这么说。我们虽然从病畜血液中发现了细菌,但是还不确定它们是不是活的;即使证明它们是活的,还需要弄清它们是不是在生长繁殖;即使弄清它们在生长繁殖,还需要确定它们和炭疽病之间是不是有因果关系。"

听了科赫的这一席话,跳跳猴和笨笨熊一个劲地点头。他们由衷地佩服科赫先生的严谨。

此后的日子里,科赫一天到晚在想着这些问题。在给病人开处方时,他常常忘记签名。有时,还为一些小事无端对夫人发脾气。为什么? 就因为一时找不到弄清楚以上问题的好办法。

在苦苦思索了几天后,他请木工来把诊室隔成两部分,一部分用来看病,另一部分专门用来研究炭疽病。

一天,科赫先生一直紧皱的眉头舒展了开来。他吩咐跳跳猴找一些薄木片,仔细弄干净。然后,让跳跳猴把那些薄木片在烘炉里加热。

跳跳猴不解地问:"先生,为什么要把木片加热呢?"

科赫说:"我要把木片上可能存在的所有微生物杀死。"

接着,科赫用加热过的薄木片蘸了死羊的血,插到老鼠的尾巴里。

第二天早晨,一起床,科赫就朝着跳跳猴和笨笨熊喊:"小伙子,我们去看看昨天的那几只老鼠。"

跳跳猴和笨笨熊飞快地穿好衣服,跟着科赫来到了实验室。天呐! 那几只尾巴塞过木片的老鼠腹部向上,四脚朝天,直挺挺地躺着,死了。

科赫的嘴角掠过一丝不容易被察觉的微笑,吩咐跳跳猴拿手术刀来。

他一边解剖死去的老鼠,一边喃喃自语道:"是的,这像一只炭疽病羊。瞧,它的脾脏又大又黑,差不多塞满了整个腹腔。"

说完,他敏捷地切开老鼠脾脏,将一滴发黑的黏液放在显微镜玻片上,然后,俯下身去,在显微镜下看了起来。

少顷,科赫兴奋地喊起来:"看啊,老鼠脾脏内的微生物和我昨天浸过木片的死羊血液里的相同。"

跳跳猴上前看显微镜。没错,在显微镜下的黑色黏液中,蠕动着一簇簇棒状微生物。

在接下来的一段时间里,科赫先生每天拿一只死老鼠的血液或脾脏黏液涂在一片洁净的木片上,将木片塞入健康老鼠尾巴根上的切口处。第二天早上一起床,就急忙跑到实验室。

每次,总是发现实验老鼠死了,死于炭疽病。

然后,对死老鼠进行解剖,取血液或脾脏黏液在显微镜下观察。

每次,总是能在显微镜下发现无数的,大约只有二万五千分之一英寸长的棒状杆菌。

一个月过去了,许多原来装老鼠的笼子空了。科赫终于确信无疑地对跳跳猴、笨笨熊说:"这些细菌不仅是活的,而且在生长繁殖。"

"有什么根据呢?"跟随科赫一段时间,跳跳猴也感染了先生的严谨。

科赫先生说:"我塞进老鼠尾巴里的木片上只沾着一滴血,这滴血里只有几万只这种微生物,在短短一天内,它们就在老鼠体内增加到了几十亿只。这不说明它们是活的而且是在繁殖吗?"

"没问题。"笨笨熊也为科赫先生的工作取得进展而感到欣喜。

"不,这只是推测。我必须目睹这些小东西的繁殖过程,才能得出最后结论。"科赫先生说。

还不能下结论啊!跳跳猴和笨笨熊对视了一下,不约而同地吐出了舌头。

"可是,怎么才能看到这些东西的繁殖过程呢?"科赫像是自言自语,又像是在问跳跳猴和笨笨熊。

"能不能让这种小东西在透明的东西中生长呢?这样我们就能看到它们的繁殖了。"笨笨熊说。

"真有你的。"科赫一巴掌重重地拍在笨笨熊的肩膀上,说,"我们应该让这些小东西在一种透明的, 来自于动物身体的材料中繁殖,并且,这种材料还必须是活的。"

但是,到哪里去找这种材料呢?

苦苦思索之后,科赫去屠宰场找来了牛眼睛,从中抽出了清澈的房水,把一丁点死于炭疽病鼠的脾脏放到房水中培养。

但是,培养了几天,房水中没有长出任何东西。

科赫说:"不行,就这样不行。这些液体需要达到和老鼠体温一样的温度。"

　　说完,他动手做了一个简单的培养箱,把夹有牛眼睛房水和死鼠脾脏的两个玻片放在培养箱中,在培养箱下,用油灯来保持培养温度。

　　晚上,劳累了一天的科赫刚刚躺下,又突然坐起来,光着上身去调整培养箱下油灯的火焰。培养箱的温度不能太低,也不能太高,要和老鼠的体温接近,最好是相同。他那么虔诚,那么精心,像是在侍弄自己刚出生的婴儿。

　　第二天,科赫领着笨笨熊和跳跳猴在显微镜下仔细地观察培养了一天的标本。玻片上游动着无数的小东西,但与死于炭疽病鼠的血液中所看到的不同。

　　科赫有点失望,对跳跳猴、笨笨熊说:"可能是其它微生物进入了培养液中,这些微生物繁殖力很强,抑制了接种杆菌的生长。"

　　说这话时,科赫神色黯然。

　　沉默了一会儿,他喊道:"我必须培养出单纯的,绝对单纯的,不混杂任何其它微生物的接种杆菌。"

　　喊完,他咬紧嘴唇。显然,他知道这并不是一件容易的事情。

　　接下来的几天,科赫没有再动手做实验,只是紧皱着眉头,为病人看病。他是在思索,思索建立培养纯粹炭疽菌的方法。

　　几天后的一个早晨,科赫取一滴刚屠宰的健康牛的眼睛房水,放在一片经过彻底加热、灭过菌的干净玻璃片上。在这滴房水中,放进一点刚死于炭疽病的老鼠的脾脏碎屑。然后,在房水上盖上一块长方形的、同样加热过的盖玻片。这盖玻片上有一个凹面,目的是防止盖玻片与房水接触。在载玻片与盖玻片接触处的边缘,涂上凡士林,将载玻片上的房水密封起来,防止外界微生物进入到房水中。

　　做完了这一切,科赫对笨笨熊、跳跳猴说:"没有任何东西能进入培养液中,只有杆菌待在那里。现在我们来瞧瞧它们是否会繁殖。"

　　说完,他将一把椅子拉到显微镜前,调整好姿势。

　　看来,他不知要看多长时间显微镜!

　　大概过了100多分钟,一直沉默不语的科赫终于说话了:"杆菌开始繁殖了,一只变成两只,两只变成四只。"

　　跳跳猴和笨笨熊站在科赫旁边,想看看这激动人心的场面,但科赫一动不动,像一座雕塑。

　　又过了几个小时,科赫又说话了:"它们互相连接起来,成了一条长长的线,横跨了显微镜的整个视野。"

跳跳猴向笨笨熊做了一个手势,示意笨笨熊请求科赫先生让他们看看显微镜。笨笨熊朝跳跳猴摆了摆手,接着,向跳跳猴做了一个鬼脸,好像在说:先生发现了重要的情况,这时候我们能打扰吗? 跳跳猴知趣地低下了头。

又过了几个小时,科赫又说话了:"不是一条长线了,而是一个线团了。现在它们已经成为一支成千上万的大军了。"

说完,他长舒了一口气,站了起来,朝显微镜挥了挥手,示意笨笨熊、跳跳猴去观察一下。

跳跳猴抢先坐到了显微镜前。

"是的,我看到了一团乱糟糟的活动的杆状微生物。"跳跳猴兴奋地说。

"让我看看!"笨笨熊一把将跳跳猴从显微镜前拽了起来。

此后,一连八天,科赫每天用炭疽病动物内脏碎屑在密闭小室内培养。他要用重复实验来证实他观察到的现象的可靠性。他看到,炭疽杆菌总是在一天之内就成千上万倍地繁殖。

第九天,科赫对笨笨熊、跳跳猴说:"我已使这些杆菌繁殖八代了。在这第八代悬滴中,没有留下一点死鼠的脾,只有纯化的来自炭疽病鼠脾脏的杆菌。假如我们拿这些杆菌注射给老鼠或羊,它们会繁殖吗? 这些杆菌真是炭疽病的病原吗? "

听了科赫的话,跳跳猴和笨笨熊都点了点头。

科赫将传了八代的杆菌悬滴抹在一条细木片上,然后熟练地将木片塞在一只健康老鼠的皮下。

第二天,科赫一大早就领着跳跳猴和笨笨熊钻进实验室。他们看到,实验老鼠已经死亡。解剖死鼠后发现血是黑的,内脏的外观与炭疽病羊相同。科赫取出一丁点脾脏,放在显微镜下观察。

不一会儿,他叫了起来:"我看到了许多杆菌,来自第八代悬滴的杆菌。它们能在老鼠体内繁殖,能使老鼠染病死亡。现在可以肯定,这些杆菌就是炭疽杆菌。"

跳跳猴拉拉笨笨熊的衣角,悄声说:"这个结论来得多么不容易啊。"

笨笨熊向科赫先生提议:"赶快写文章公布您的发现吧。全世界都会为您的发现而兴奋的。"

"不着急,现在的发现还不算完整。"科赫一边说,一边坚定地摇了摇头。

接着,科赫又投入了新的紧张的研究中。他用炭疽杆菌悬滴给豚鼠接种,给兔子接种,给羊接种。接种时的几千个炭疽杆菌,在很短的时间内就繁殖到了几十亿个，阻塞了器官，使红色的血液变成黑色，使豚鼠、兔子和羊毙命。

一天，科赫对笨笨熊、跳跳猴说："好了，我们现在可以肯定，炭疽杆菌不仅可以使羊、鼠得病死亡，而且可以使豚鼠、兔子染病。但是，这些小东西是怎样从有病的动物身上传染到其它健康动物身上的呢？"

跳跳猴和笨笨熊都对科赫先生这种追根究底的精神赞叹不已。

这时，诊室外进来两位男性中年牧民。一进门，两个牧民就摘下头上的毡帽，向科赫深深地鞠了一躬。

一个牧民说："科赫先生，听说您在研究炭疽病，并且发现了是什么引起了炭疽病，我们向您表示祝贺。我们发现，我们的羊在某些草地上放牧时会染上炭疽病，而在另外的草地上放牧时却安然无恙。请您告诉我们，这是怎么回事呢？怎么样才能预防这种可怕的瘟疫呢？"

科赫也摘下头上的礼帽，向两个来访的牧民点点头表示致意，然后谦恭地说："谢谢你们给我提供的线索。羊在某块草地上放牧会得炭疽病，而在另外的草地上放牧毫发无损，说明炭疽杆菌是来自于牧场，来自于田野。至于如何预防炭疽病的发生，这正是我现在考虑的问题。我相信，我会给你们一个答案的。"

两个牧民道过谢，转过身走了。他们期待着科赫能给他们一个答案，期待着科赫告诉他们如何避免牛羊一批一批地死亡。

科赫坐在试验台前，陷入了沉思。跳跳猴和笨笨熊在一边小声讨论着炭疽杆菌向健康动物传播的可能途径。

良久，科赫站了起来，问跳跳猴和笨笨熊："怎么样，讨论有什么结果吗？"

跳跳猴和笨笨熊摇了摇头。

科赫说："有的牧场不会使牛羊死亡，有的牧场却会使牛羊死亡。这说明，炭疽杆菌是生存在田野上的。但是，问题又来了。这些小杆菌是怎样在田野中存活，怎样熬过寒冬的呢？"

接下来，科赫领着跳跳猴和笨笨熊又开始了一系列的试验。他拿一点满是炭疽杆菌的死鼠脾脏抹在一片洁净的玻璃片上时，炭疽杆菌就逐渐模糊、破碎和消失。他将含有炭疽杆菌的牛眼房水移出培养箱，炭疽杆菌就不再繁殖。他把已经干了的死于炭疽病的羊血洗下来，再注射到老鼠身体内，这些小动物在鼠笼内来回奔跑，若无其事。

"这些杆菌在我的玻璃片上两天之内就会死掉，那么，是什么因素使它们在田野里活下来的呢？"科赫喃喃自语。

一连几天，科赫都是紧锁眉头。

经过思索，他将一滴含有炭疽杆菌的液体封闭在两片玻片中，让玻片保持与老鼠的体温差不多的温度。一天后，他将玻片放在显微镜下观察。

不一会儿，科赫喊道："快来看，这是什么？"

跳跳猴和笨笨熊连忙凑上去，噢，沿着线状的炭疽杆菌，沾满了细小的珠状物，像玻璃珠子一样闪闪发光。

"科赫先生，是不是别的微生物钻了进来呢？"跳跳猴问。

科赫坚定地摇了摇头，说："不会的，玻片是用凡士林密封的。来，让我再看一下。"科赫仔细地调整显微镜的焦距，认真看了一会儿。然后，抬起头来说："这些发光的小珠子是在炭疽杆菌里面，是炭疽杆菌发生了变化。"

他把这滴液体干燥后珍藏了起来。过了一个月，拿出来再看，还是老样子。它们一动不动，好像木乃伊一样。

"我要看看它们是死的还是活的。"思索了一阵后，科赫说。

他从牛眼睛中取出一滴纯净的房水，放在悬滴干燥后的斑点上。第二天早上，他早早从床上爬起来，又钻进了实验室。

笨笨熊、跳跳猴还赖在被窝里，他们不以为今早上会有什么奇迹发生。

突然，实验室里传来科赫先生的叫声："这些古怪的发亮的珠子又变回原来的炭疽杆菌了！"

笨笨熊、跳跳猴飞快地穿好衣服，冲到实验室。

科赫接着说："那些珠子肯定是炭疽杆菌的芽孢。"

"什么是芽孢呢？"跳跳猴不解地问。

"在外界环境不利于微生物生存繁殖时，细菌可以通过细胞壁加厚和积贮养料，形成孢子。孢子有内孢子和外孢子之分。外孢子长在细菌外面，内孢子长在细菌内部。内孢子就是芽孢。"科赫将他关于芽孢的知识一股脑儿地倒了出来。

笨笨熊问："这芽孢有什么用处呢？"

科赫说："芽孢壁厚，不易透水，这使得细菌可以耐受极端的温度。多种细菌的芽孢在沸水中能坚持 1 小时或更长，也能在冰冻条件下生活很长时间。"

笨笨熊说："那么，可以认为炭疽杆菌就是靠了这芽孢生存在田野中的吗？"

科赫说："我想，可能是的。但这要经过实验才能下结论。"

这时，有人来找科赫看病，科赫急匆匆去了诊室。

接下来的几天，科赫取出死于炭疽病的老鼠脾脏，用加热过的手术刀和钳子将脾脏小块转移到与老鼠体温相近的干燥环境中，不让其它微生物污染。过了一天，无一例外，这些脱离了老鼠身体的炭疽杆菌都长出了芽孢。

继续观察发现，这些芽孢可以生存几个月，只要把它们放进新鲜的牛眼房水中或者抹在细木片上塞入老鼠尾巴的根部，芽孢马上就会变成致命的炭疽杆菌。

跳跳猴觉得，科赫先生关于炭疽杆菌的研究可以画上句号了。因为已经弄明白了炭疽杆菌是炭疽病的病原体，看到了它们的繁殖过程，还知道了当生存条件恶劣时，它们如何变形以保存生命力。一天，在闲聊中，他说出了自己的想法。

科赫先生沉思了一阵，说："我想，我们还需要弄清一个问题。"

"弄清什么问题呢？"跳跳猴问。

科赫说："要弄清什么情况下炭疽杆菌不能变成芽孢。"

"这很重要吗？"跳跳猴问。

"很重要。"科赫非常坚定地说。

"为什么很重要呢？"跳跳猴问。

科赫说："芽孢是细菌在不利条件下的一种特殊形式，实际上是细菌的一种静止状态。当周围条件适合细菌生长时，芽孢便会消失，这时，细菌便会重新生长繁殖。弄明白细菌如何不变成芽孢，就有可能防止这些细菌死灰复燃，也就是说，就有可能使它们失去传染性。你们想，研究这个课题是不是很重要呢？"

跳跳猴和笨笨熊连连点头称是。

科赫把刚死于炭疽病的老鼠的脾脏解剖出来后，就立即放进冰箱。几天后，将沾有死鼠脾脏碎屑的木片塞到老鼠体内。结果，老鼠没有发病，好像塞进体内的只是一些鼠肉。

实验重复几次后，科赫对笨笨熊、跳跳猴说："炭疽杆菌的芽孢只有在宿主死亡并且身体还温暖的时候产生。炭疽杆菌在活着的生物体内不会产生；把炭疽杆菌从生物体内很快转移到低温环境中，芽孢也不会产生。"

计划中的关于炭疽病的所有问题都搞清楚了，科赫穿上最好的服装，换了一副新的金丝边眼镜，将显微镜、炭疽杆菌及芽孢的标本以及装着小白鼠的笼子都装上马车。

笨笨熊、跳跳猴奇怪地问："科赫先生，要搬家吗？"

"不，我要去布雷斯芬,向我尊敬的教授科恩先生汇报我的发现。"

"科恩是谁呀?"笨笨熊问。

"科恩是欧洲最杰出的研究疾病的科学家。"

师徒三人驾着马车从乌尔斯太因的荒野来到了布雷斯芬。科恩先生邀请了许多大学教授来听科赫的讲演。

他们对科赫的发现赞叹不已,世界为之轰动了。

炭疽杆菌和芽孢

演讲结束时,科赫告诫人们:一切死于炭疽病的动物的尸体必须在死后立即处理掉。如果不能烧掉,就必须深埋地下。这是因为,深层的土壤温度低,炭疽杆菌不能变为顽强长命的芽孢。

这是地地道道的福音。因了这一句话,地球上炭疽的流行得到了控制,许多牧民避免了破产的厄运,人类懂得了如何避免染患这种可怕的疾病。

挑食的结核杆菌

——访问罗伯特·科赫

演讲结束了,跳跳猴、笨笨熊向科赫先生表示感谢,感谢科赫先生使他们长了见识,并说第二天早上他们就要启程继续旅行。

"你们不再多待一段时间吗？我马上就要研究结核病了,这是一种对人类危害很大、流行很广的疾病。"科赫对笨笨熊、跳跳猴挽留道。

一听说还有戏在后头,笨笨熊和跳跳猴不约而同地说："太好了,我们不走了。"

科赫谈兴来了,他滔滔不绝地说："结核病可以从病人传给健康的人,那就必定是某种微生物造成的。但是好多研究者都没有能找到它。列文·虎克先生是细菌的第一个猎手,眼睛很尖。但看了上百个病肺也没有找到它。斯巴兰扎尼也试图找结核菌,可惜也没有结果。可喜的是,刚才演讲会上的科恩教授在研究结核菌方面取得了进展。"

跳跳猴迫不及待地问："什么进展呢？"

科赫说："他把结核病人的病肺组织放进兔子眼睛的前房。"

跳跳猴问："什么是前房呢？"

科赫说："前房就是瞳孔后面的间隙,里面充满了清澈的房水。瞳孔前面的角膜是透明的。科恩教授透过兔子的角膜看到了病肺组织小块在前房内形成结节,然后扩散。这是一种聪明的实验,就好像透过玻璃鱼缸的玻璃看里面的鱼。"

科赫喝了一口水,润了润喉咙,继续说："从明天起,我就要开始找结核菌了。其难度,将不亚于找炭疽杆菌。"

说完,科赫抿紧了嘴唇,显示了一种决心,将军在打硬仗之前的决心。

第二天,科赫领着笨笨熊、跳跳猴回到了乌尔斯太因。然后,科赫跑医院,去找死于肺结核的病人的肺组织。他第一次得到的结核病人的肺来自一个工人。患者才

36 岁,发病前非常健康,每天干着重体力活。三周前,忽然咳嗽,胸痛,住了四天医院,刚刚诊断出肺结核,就死了。解剖尸体,发现结核结节散布在体内的每一个器官,不仅仅是肺。

别人碰都不愿碰一下,避之唯恐不及的结核病人尸体,科赫却视若宝贝。他把取自死者的发黄的结核结节在两把加热过的刀子之间轧碎,用注射针注射到许多兔子的眼睛前房内,注射到一群豚鼠皮下,然后放回笼子内精心饲养。他希望从这些可怜的小动物身上看到结核病的发作扩散,希望从它们身上找到结核菌。

每天早上,科赫先生先去动物实验室看那些被接种的兔子和豚鼠,看它们饮食是否正常,体重是否减轻,毛色是否仍然光亮,精神状态如何。像是给它们请早安。

然而,一天又一天过去了,兔子和豚鼠安然无恙。

跳跳猴有点着急了,说:"科赫先生,说不定结核菌没有被接种进去。"

科赫说:"结核病是一种慢性病,有可能要经过比较长的时间才能看到结果。我们需要耐心。"

少顷,他接着说:"不过,在观察接种动物的过程中,我们可以做些别的事情。"

笨笨熊问:"做什么事情呢?"

科赫抓了抓头皮,说:"列文·虎克虽然观察了许多结核病人的肺脏,但是没有发现引起结核病的细菌。你们想,这是为什么呢?"

跳跳猴和笨笨熊想了好一阵,然后,互相对视了一下,不约而同地摇了摇头。科赫也低头苦苦思索着。

过了一阵,科赫说:"我想给它们染上颜色试一试。"

"给它们染上颜色?"笨笨熊问。

科赫说:"对,染上颜色。如果用一种只能让结核细菌着色而不能让肺组织着色的染料给结核病人的肺染色,就有可能发现这些隐藏的细菌。"

一天又一天,科赫用褐、蓝、紫等颜色为取自死者的结核结节染色。为了避免染上结核病,每次染色之后,他都要把双手泡在杀菌的二氧化汞中,浸得双手发黑发皱。

一天又一天,科赫把染料中的样品取出来,放在显微镜下观察。但是,看不到结核菌的踪影,它们好像在故意和科赫先生捉迷藏。

科赫不厌其烦地试验着不同的方法。他相信,总有一种方法能让这结核病的元凶现出原形。

一天早上，科赫像往常一样坐在显微镜前观看他染过色的结核结节标本。到吃早餐的时间了，夫人几次进到实验室来提醒他吃饭，他摆了摆手，眼睛仍然盯着显微镜。跳跳猴和笨笨熊知道，今天，科赫先生一定是有了重要发现。

果然，过了一会，科赫兴奋地向笨笨熊、跳跳猴说："在肺细胞之间，我可以看到一堆堆又小又细的、染成蓝色的杆菌，长度不到一万五千分之一英寸。"

跳跳猴和笨笨熊上前看了，真的，在显微镜下的肺组织中，可以看到许多细细的蓝色的杆菌。他们为老师的研究有所发现感到高兴。但是，他们知道，老师不会轻易认为这种染成蓝色的杆菌便是结核杆菌。

在接下来的日子里，科赫把取自死者的许多结核结节都染了色。他们发现，在显微镜下，每一个结节的标本中都有相同的染成蓝色的杆菌。

"看来，这些杆菌是引起结核的病原菌。"在经过许多次重复后，科赫谨慎地对跳跳猴说，"但是，如果是结核病的致病菌的话，被接种的兔子和豚鼠应该出问题呀。从接种到现在已经一个多月了。"

在随后的日子里，科赫每天带着笨笨熊和跳跳猴去实验室观察实验动物。他们看到，一个又一个豚鼠缩在笼子的角落里，萎靡不振，原本光滑的毛现在变得蓬松而干枯。兔子瞅着平日爱吃的萝卜，一点兴趣也没有。还有，它们都明显地消瘦了。显然，这些小动物患病了。科赫脸上现出怜惜和欣喜的表情。怜惜的是，这些可爱的小动物患病了，为了他的实验；欣喜的是，他的实验有结果了。

科赫吩咐跳跳猴和笨笨熊帮忙，把生病的豚鼠和兔子处死，钉在解剖板上，把它们的皮毛浸在二氧化汞里。然后，细心地用消过毒的手术刀把它们剖开。

在这些可怜的动物的体内，他们看见了灰黄色的结节，和那位死于结核病的工人体内的结核结节相同。科赫把这些结节浸在玻璃片上的蓝色染料中。从每个结节中，他们都找到了染成蓝色的杆菌，也同那位死于结核病的工人体内的杆菌完全相同。

"我成功了。"科赫低声对跳跳猴和笨笨熊说。厚厚的近视镜片也掩饰不住他难以抑制的喜悦心情。

他把正忙于缉拿其他致病微生物的朋友莱夫勒和加夫基叫来，高兴地对他们说："你们看，六周前，我拿一丁点人的结核结节放进这些动物，大约只有几百个杆菌。如今，它们繁殖到了几十亿个，布满了全身的组织和器官。"

他希望他的同行分享他的喜悦。

朋友莱夫勒和加夫基说:"科赫先生,写个报告吧。全世界都在期盼结核病研究方面的新发现。"

科赫迅速从成功的喜悦中恢复了镇静。他从来不凭一次实验结果得出结论。在向公众公布结论前,他需要大量的重复。

笨笨熊、跳跳猴陪着他走遍柏林各个医院,去要死于结核病病人的尸体。他们在阴暗的太平间度过一个又一个白天,晚上则消磨在显微镜前。

科赫把取自死于结核病患者的结核结节磨碎,注入豚鼠、兔子、小白鼠、家鼠、田鼠、土拨鼠、狗、猫、鸡和鸽子体内,另外还留一些动物没有注射结核结节,与注射过结核结节的动物进行对照。他的实验室成了一个动物园。

开始几天,注射结核结节的动物在笼子里跑来跑去,鼠的吱吱声、狗的汪汪声和猫的喵喵声,组成了一支交响曲。几周后,这些被接种的动物一只接一只蜷缩、厌食、消瘦、死亡。它们的叫声日渐低沉,不再是交响曲,而像是哀乐。没有被接种的动物却安然无恙。死去的动物太多了。科赫每天工作 18 个小时,忙于解剖死动物、健康动物,看显微镜,累得腰酸背痛。

几天之后,科赫对莱夫勒和加夫基说:"只有在患结核病的人和动物身上,我才能发现这些染成蓝色的杆菌。在没有患病的动物体内,我观察过成百上千,则从来没有找到过。"

莱夫勒说:"你的意思是我们已经找到引起结核病的病原了?"

"不,还不能这么说。"科赫摇摇头。

跳跳猴叫了起来:"还不能确定啊?"

跳跳猴还想说什么,笨笨熊用眼神制止了他。

科赫摇摇头,比刚才还要坚定。他说:"不能。我必须从死动物体内取得这些细菌,让它们在我的牛肉胶冻上生长繁殖。我必须获得这些动物的纯菌落,培养它们几个月。然后,再用这些纯化的细菌给动物接种。假若被接种的动物患上了结核病……"

说到这里,科赫微微地笑了。

跳跳猴马上接着说:"这样,我们就可以确信它们是导致结核病的病原了,是这样吗?"

科赫轻轻地点了点头。

莱夫勒对加夫基说:"这家伙,认真得可爱。"

加夫基笑了笑。

接下来,科赫指挥着笨笨熊、跳跳猴洗培养皿,用他能想到的各种可能的混合物配制培养基。他把12种培养基装在几百只加热过的试管内,分别保持在室内温度、人体温度和高于人体的温度,每只试管内接种结核结节。结果,好多天过去了,培养基内没有任何细菌生长的迹象。

有一天,在苦苦思索后,科赫对跳跳猴说:"可能这些结核菌只能在活的动物体内或与活的动物体非常相似的环境中生长。我必须给它们准备一种食品,尽量接近活的动物体。"

科赫到屠宰场要来新屠宰的健康牛的血液,放在加热过的试管中。待血液凝固后,收集血凝块上方的淡黄色血清,再将这些血清加热,消灭不慎污染的其他细菌。把处理过的血清灌到加热过的试管中,将试管斜放,使血清培养基形成一个斜面。然后,对血清适当加热。血清凝结了,形成清澄美观的胶冻。

培养基做好了,正好,一只患结核病的豚鼠死了。科赫从病死的豚鼠体内取出几个灰黄色的结核结节,用加热过的白金丝将结核结节碎屑涂抹在试管内血清胶冻的斜面上,将试管放入培养箱。培养箱的温度和豚鼠的体温完全相同。

每天早上,科赫早早就钻到实验室观察试管内是否长出了菌落。但是,令人失望的是,到第十四天了,还是什么也没有。

科赫皱起了眉头,对跳跳猴说:"我培养过的其他微生物,才两三天就繁殖了,这种小东西怎就这么挑食呢?"

跳跳猴说:"科赫先生,要把这些试管清洗掉,换其他培养基试试吗?"

科赫迅速从沮丧的情绪中走了出来,缓缓地说:"先不着急,结核病要经过几个月、几年才会使人死亡,这说明结核菌繁殖速度可能较慢,还是那句话,我们需要耐心。"第二天,也就是接种后的第15天,科赫照例早早跑到实验室,从培养箱中取出试管观察。看到科赫进到实验室,笨笨熊和跳跳猴也赶快跟了进去。

奇怪,跳跳猴看见科赫拿试管的左手在发抖。

"看,这是什么?"科赫一边喊,一边用右手指着试管内血清培养基的斜面。

跳跳猴定睛一看,在血清胶冻光滑的斜面上,全是亮晶晶的微细斑点。

科赫在魂不守舍中拔掉一支试管的棉花塞,把试管口靠近喷射蓝色火焰的本生灯,防止其它微生物污染,用烧过的白金丝从培养基上的斑点中挑出一部分,染色,放到显微镜下观察。

穿越时空隧道

科赫像是喃喃自语，又像是对跳跳猴说："是的，它们和取自结核病患者的结核结节中的杆菌一样。"

命运之神终于眷顾科赫先生了。不，不是命运之神，得到今天的结果，是科赫先生辛勤劳动和严谨思维的结果。

培养成功后，科赫又开始了重复实验。在倾斜的血清培养基上，他用生结核病的猴子、生结核病的牛、生结核病的豚鼠的结核结节培养杆菌。

"好了，我现在需要用这些培养出来的纯种杆菌给健康的豚鼠注射。不，要给尽可能多种类的动物注射。如果一经注射它们就患上结核病，就可以确定这些杆菌是结核病的病原了。"科赫这一席话，讲了下一步要做的工作。

跳跳猴和笨笨熊明显地感到，科赫先生在讲这些话时心情是轻松的，透出了一种预计要取得成功的愉快和喜悦。

接下来，是紧张而艰苦的工作。科赫把培养的纯种杆菌从试管中取出，用清水稀释，用消毒的注射器给豚鼠、兔子、母鸡、大鼠、小鼠和猴子注射。每天都因过度劳累而腰酸背痛，还因为要时时注意防止感染结核病而心情紧张。

接种做完了，下来是等待结果的出现。每天早上，跳跳猴和笨笨熊跟着科赫先生去观察实验动物，然后，小哥俩就去实验室附近游览。

接种完成后的第三天晚上，小哥俩从外面回到实验室时，发现科赫先生在忙着准备实验器械。

跳跳猴问："科赫先生，还要做实验吗？"

科赫说："对，我还要试试天然不生结核病的动物。"

他带着笨笨熊、跳跳猴到野外弄来了乌龟、青蛙、鳗鱼和金鱼，给它们注射培养的杆菌。

几周的时间里，每天早上，科赫都带着笨笨熊和跳跳猴到实验室观察被接种的动物，像是高年医生带着实习医生巡查病人。只见金鱼、鳗鱼在鱼缸里悠闲自在地游玩；青蛙在无忧无虑地唱歌；乌龟不时从硬壳底下伸出脑袋来，朝他们眨眼睛。可是，另一些动物呢？它们一只接一只地病倒，身上长满结核结节，然后，一只接一只地死去。

笨笨熊、跳跳猴每天对科赫先生的实验进行记录。他们认为，用培养的纯种细菌给敏感动物接种后被接种动物患了结核病，这些细菌毫无疑问是引起结核病的结核杆菌了。现在，实验目标已经完成，弟兄俩写好了实验报告，题目是：结核病的元凶——结核杆菌。

一天早上，笨笨熊和跳跳猴将实验报告交给科赫先生。

科赫一边看着跳跳猴和笨笨熊写的实验报告，一边不住地点头，脸上还露出一丝不易察觉的笑容。可以看出，科赫为这两个孩子的有心感到惊奇、欣喜。

但是，看着看着，科赫又锁紧了眉头。他说："人类结核病是经过呼吸道传染，是因为吸进了散布在空气中的结核菌。我不清楚动物是否也是通过这种方式传染。"

跳跳猴问："那怎么来证实动物结核病的传播方式呢？"

思索了一阵，科赫说："我要对动物喷洒我培养的杆菌，不是注射。"

说干就干。科赫做了一个大箱子，放进豚鼠、老鼠和兔子。然后，在箱子的一面壁上通进一支管子。一连三天，每天半小时，他通过装在箱子上的管子，用吹风器把含有结核杆菌的毒雾喷进箱子中。

第十天，三只兔子呼吸变得困难起来。第二十五天，箱子里的豚鼠全部死去了。解剖的结果，这些呼吸了杆菌毒雾的可怜的动物体内散布着许多结核结节。将结核结节染色，放在显微镜下观察，满目都是蓝染的杆菌，与当初死于结核病患者的结核结节中的杆菌相同。

1882 年 3 月 24 日，在柏林召开的生理学会议上，科赫向与会的各位德国科学界名流公布了他的研究成果。他不善言辞，只是直白地告诉大家他的研究过程和结果。发言完毕，他坐下来，等待学术会议上大会发言后常规的提问及讨论。

但是，出乎意料，没有人提问，没有人讨论，会场一片寂静。

科赫的研究太严密了，无可挑剔；科赫的研究太全面了，没有问题可问。

大家只有对这位乡村医生的工作表示惊叹。

请派我到印度去

——访问罗伯特·科赫

时间过得真快,转眼到了1883年春。

这一年春天,有人告诉科赫,埃及的亚历山大爆发了霍乱。并且告诉他,这种病厉害得很,早上得病,中午就会腹痛得死去活来,夜里就上了西天……整个亚历山大人心惶惶。因为人们不敢上街,闭门不出,街道上冷冷清清。

听到这个消息,科赫决定前往埃及进行霍乱病的研究。

听说科赫先生又要打一场战役,笨笨熊、跳跳猴也缠着要去。

科赫一脸严肃地对笨笨熊和跳跳猴说:"这次研究不同以往。霍乱的传染性很强,病死率很高。你们如果要去的话,一定要严格注意隔离,只能看,不能干,以免出现意外。"

笨笨熊、跳跳猴一致表示,他们只会帮忙,不会添乱。

很快,科赫一行整理好行装、仪器,来到了埃及的亚历山大。刚刚安顿下来,科赫发现法国的微生物学家也赶到了这座城市。原来,法国微生物学家巴斯德也得知埃及在流行霍乱,他很想投入对霍乱的研究。但是,当时他正在法国忙于研究狂犬病,抽不出身来,只得派了他的助手埃米尔·鲁和欧洲最年轻的微生物学家特威利尔火速赶到亚历山大。

就这样,德国以科赫为首的微生物学家和法国以巴斯德为首的微生物学家开始了研究霍乱病病原的竞赛,他们都想首先发现引起霍乱病的微生物。但是,就在两班人马拉开架势进入工作状态时,来势凶猛的霍乱瘟疫悄无声息地消退了。法国和德国科学家都没有找到霍乱的病原。科赫唯一的收获是收集了一些取自霍乱病人的样品,并用他发明的染色法对这些样品进行了染色。染色发现,在霍乱病人的标本中,有一种形状类似于逗号的微生物。

研究进行不下去了,科赫决定打道回府。但就在计划动身的那天早晨,有人告诉他法国调查团的特威利尔医生死了,死于霍乱。

法国和德国彼此不睦,科赫和巴斯德又都是爱国志士,因此,在埃及的法国调查团和德国调查团也彼此憎恨。可是,一听说法国调查团的特威利尔医生在研究霍乱过程中染霍乱而死,科赫叫上加夫基,马上去法国调查团慰问。在安葬

霍乱弧菌

特威利尔时,科赫亲自为特威利尔抬棺材,并献上了花圈。

安葬了特威利尔,科赫马上返回柏林。他给国务大臣写了一个报告:"正当我们开始调查霍乱时,这场瘟疫消退了。但所幸的是,我们并非无功而返,我已找到一种细菌,样子和以前所见到的细菌都不同,就像这份报告中的标点逗号,在一切霍乱病例中都有它。但我还没有证明它是霍乱病原。请派我到印度去,那里肯定有霍乱的余烬。"

怕申请去印度的报告不能被批准,科赫在报告末尾加了一句,"我的发现使你有理由让我前往。"

报告被批准了。科赫刚从埃及回来,又从柏林启程,带着笨笨熊、跳跳猴乘船去了印度的加尔各答。

真的,加尔各答不乏霍乱病人。科赫在研究过的 40 具霍乱病人尸体中都发现了逗号形状的杆菌,在刚染上这种疾病的病人肠道排泄物中也发现了同样的微生物,然而在他检查过的几百个健康的印度人身上却找不到这种细菌。

每天,科赫一脸严肃,紧张工作,笨笨熊、跳跳猴负责记录实验结果。虽然是在实验室,但他们感到的是战场一样的气氛。以往,小哥俩不免嘻嘻哈哈,打打闹闹,但现在,他们不敢。

从霍乱病人及尸体中找到了逗号细菌后，科赫就马不停蹄地在牛肉冻上进行培养，对霍乱的传染源及传播途径进行研究。他要争取时间，要跑到法国人前面。

研究进展得很快，但科赫由于过度劳累，明显地消瘦了。在返回柏林时，科赫受到了凯旋将军规格的欢迎。

他对到场的医界名流说："霍乱的病原是一种弧菌，它们生存在十分肮脏的水中，可以通过接触传播，但在干燥环境中易于死亡。感染人之后，只在人的肠道里繁殖，释放毒素，使人发病……"

个子不高、其貌不扬的科赫，又一次向人类发布了福音。因为他的发现，人类知道了如何控制这种可怕的瘟疫。因为他的贡献，德国皇帝亲手授予他皇冠勋章。

但是，每当人类有重大发现时，总是有人表示怀疑，甚至毫无根据地站出来反对。在科赫宣布他的研究成果后，慕尼黑的一位老教授佩顿科弗写信给他："给我一些你所说的霍乱弧菌，我要证实给你看，它们是多么无害。"

为了使佩顿科弗教授验证他的研究成果，科赫准备了满满一试管含有大量霍乱弧菌的液体，以他一贯的谦恭，登门拜访。

接过科赫的礼品，佩顿科弗教授将试管打开，一饮而尽。科赫先生瞪大了眼睛，笨笨熊、跳跳猴张大了嘴巴，半天合不拢。科赫怎么也想不到，佩顿科弗教授竟然会以这种方式来试验霍乱弧菌是否有害。这支试管里有几十亿只活蹦乱跳的霍乱弧菌，它们足以使大队人马毙命啊。

吞下霍乱弧菌，佩顿科弗教授抹了抹嘴，轻蔑地说："今天，我们来看一看，我是否会染上霍乱。"

笨笨熊、跳跳猴看到，科赫先生一天到晚坐卧不安，他怕佩顿科弗教授染病而死。但出人意料，接下来的几天，佩顿科弗一点事也没有。

佩顿科弗教授讲话了："霍乱与细菌无关。"

看到佩顿科弗没有出事，科赫释然了。

对佩顿科弗教授的言论，他只是回敬道："没有逗号菌，不会有霍乱。"

佩顿科弗驳斥道："可是我吞下了无数你所说的致命细菌，却连胃都没有抽一下。"

看到科赫先生与佩顿科弗教授在辩论，笨笨熊和跳跳猴为科赫先生感到委屈。在几年的朝夕相处中，科赫先生的严谨和谦逊，使他们佩服得五体投地。科赫先生为科学献身的精神，使他们敬慕不已。他们耳闻目睹了科赫先生对霍乱的研究过程,每个细节都是那么准确、可靠,可为什么佩顿科弗在吞了那么多霍乱弧菌后,竟然会安然无恙呢?

跳跳猴自此开始对霍乱病资料的收集。几位微生物学家因为不小心,误服了霍乱弧菌培养物,死于非命,并且所有染患霍乱的病人都有与含霍乱弧菌的水源或霍乱病人的接触史。

可是,佩顿科弗为何吞下大量霍乱弧菌竟然安然无恙呢?这件事,只能用"世界之大,无奇不有"来搪塞了。

缉捕霍乱弧菌的战役结束后,小哥俩到科赫的实验室向先生告辞。

科赫正在伏案整理霍乱的研究报告。听说两位小朋友要离开,他站了起来,握着跳跳猴和笨笨熊的手问:"离开我这里,你们要去哪里呢?"

笨笨熊说:"我们来到欧洲,是为了拜访在微生物研究中做出杰出贡献的科学家。老师可以给我们一些建议吗?"

科赫推了推鼻梁上的眼镜,说:"去拜访法国的巴斯德先生吧,他是一位非常伟大的微生物科学家。"

跳跳猴和笨笨熊向科赫先生道了谢,踏上了新的旅程。

走出一截路程,小哥俩站定了,转过身来,向科赫的实验室行注目礼。

跳跳猴感慨地说:"我敬佩科赫先生严谨、谦逊的学风。"

笨笨熊补充说:"还有坚持不懈的精神。科赫先生一个人发现了炭疽杆菌、结核杆菌以及霍乱弧菌,并且弄清了这些细菌的传播途径及预防感染的措施,没有一种坚持不懈的精神,是不可能的。"

跳跳猴深有同感地点了点头。

附:罗伯特·科赫生平:

罗伯特·科赫(Robert Koch 1843—1910),德国医生和细菌学家,世界病原细菌学的奠基人和开拓者。科赫在高中读书时便表现出对生物学的浓厚兴趣。1862年考入格丁根大学学医。1866年在德国格丁根大学医学院毕业(获医学博士学位)后,赴柏林进行了6个月的化学研究。1867年开始行医。1870年,科赫到东普鲁士一个小乡村沃尔施泰因当外科医生。但是,他真正的兴趣是研究微生物。他认为,只有弄清楚疾病的原因,才能找到有效的治疗方法,这比每天看一个又一个病人要有价值得多。他在诊所里建立了一个简陋的实验室,在没有科研设备、没有图书资料的情况下开始微生物学研究。

1876年，经过艰苦的研究，他发现炭疽杆菌是炭疽病的病因，发现了炭疽病菌可以产生芽孢。以前，人们认为细菌只有一种。科赫的研究证明，病原菌有好多种。在他的引领下，全世界兴起了关于病原微生物的研究。

1880年，科赫应邀赴柏林工作，在德国卫生署任职。在这里，他拥有了良好的实验室。1881年，他创立了固体培养基画线分离纯种法。应用这种方法，主要的传染病病原菌相继被发现。此后，他转向结核病病原菌研究。他改进染色方法，发现了结核杆菌，并进而弄清楚了结核病的传染途径。

1883年，科赫被任命为德国霍乱委员会主席并被派往埃及调查霍乱暴发流行情况。他和他的同事一起发现了霍乱病原菌是形如逗号的霍乱弧菌，并发现这种细菌可以经过水、食物、衣服等途径传播。根据他对霍乱弧菌的生物学知识以及其传播方式的了解，科赫提出控制霍乱流行的原则。这些原则于1893年被各大国批准，并形成至今仍沿用的控制霍乱方法的基础。他的研究成果还对保护饮水规划产生了重大影响。

1891～1899年，他在埃及、印度等地研究了鼠疫、疟疾、回归热、锥虫病和非洲海岸病等。

1905年他发表了控制结核病的论文，并获得诺贝尔生理学或医学奖。

此外，他还发现了阿米巴痢疾和两种结膜炎的病原体，发明了细菌照相法，发现并分离出了伤寒的病原细菌——伤寒杆菌，发明了蒸汽杀菌法，发现了鼠疫由鼠蚤传播，睡眠症由采采蝇传播。在研究工作中，他还为研究病原微生物制订了严格准则：

一种病原微生物必然存在于患病动物体内，但不应出现在健康动物内；

此病原微生物可从患病动物分离得到纯培养物；

将分离出的纯培养物人工接种敏感动物时，必定出现该疾病所特有的症状；

从人工接种的动物可以再次分离出性状与原有病原微生物相同的纯培养物。

以上准则被称为科赫法则。科赫法则为病原微生物的研究提供了严谨的思路和技术路线，对病原微生物研究的发展起了重要作用。

它们也有衣食住行?

从实验室出来,结束了夜以继日的紧张工作,跳跳猴和笨笨熊感到格外轻松。在访问巴斯德先生之前,笨笨熊想放松一下,因此,他领着跳跳猴爬上了科赫实验室附近的一个小山包,在山顶的一块大石头上坐了下来。

太阳刚刚升起,脸红彤彤的,将柔和的红色的光芒洒在了山坡上。跳跳猴躺了下来,浴在阳光中,闭上了眼睛。

但是,他的脑子里总是缠绕着有关细菌的各种问题。

看到跳跳猴闭上了眼睛,良久没有动静,笨笨熊问:"喂,小兄弟,睡觉了吗?"

跳跳猴说:"没有,在想问题。这一段,我老在琢磨细菌这肉眼看不见的东西是如何生活的,可总也没有时间问科赫先生。"说话时,他仍然闭着眼睛。"像人一样生活啊。"笨笨熊一边说,一边躺了下来,成为一个"大"字形。

"开什么玩笑,我是认真的。"跳跳猴说。

笨笨熊也严肃了起来,说:"我也是认真的。和人一样,细菌也有衣食住行。"

"它们也有衣食住行?"跳跳猴一个鲤鱼打挺,坐了起来。

笨笨熊问:"你没有读过《细菌漫话》吗?"

跳跳猴摇摇头。

笨笨熊也坐了起来,说:"《细菌漫话》是高士其老爷爷写的一本关于细菌的科普著作。在这本书里,有一章标题就叫做'细菌的衣食住行'。

"先说衣。动物的细胞外面是细胞膜,细菌的细胞膜外面还有一层细胞壁。某些细菌,在细胞壁外面还有一层黏液或胶态物质,叫做荚膜。如果把细胞壁比作细菌的内衣,那么,荚膜就是细菌的外套。细菌的种类很多,不同的细菌穿的外套也不同。荚膜杆菌、结核杆菌以及肺炎球菌的外套比较厚,其它细菌的荚膜则比较单薄。"

"这荚膜有什么作用呢？"跳跳猴问。

笨笨熊回答："和人的衣服作用类似，保护它的主人。"

"也是用来防寒的吗？"跳跳猴问。

笨笨熊回答："人的衣服可以防晒和保暖，细菌的荚膜能够抵御吞噬细胞吞噬，还能对抗杀菌物质。"

听了笨笨熊的解释，跳跳猴点了点头。

笨笨熊继续说："刚才说的是衣。至于吃住行，高士其老爷爷在《细菌漫话》中有生动的描述。

"细菌很贪吃。和人相似，有的细菌吃素不吃荤，这些细菌叫做植物病菌。有的细菌吃荤不吃素，这些细菌叫做动物病菌。动物病菌还可以细分，有的专吃死肉不吃活肉；有的专吃活肉不吃死肉。在吃活肉的细菌中，有的还很挑剔，比如，麻风病菌只吃人及猴子的肉，对其它的肉则不闻不问。但是，大多数的病菌是荤素都吃。有的细菌荤素都不吃，而是靠吃空气中的氮或无机化合物，如硝酸盐、亚硝酸盐、氨、一氧化碳等。奇怪的是，还有吃铁的铁菌和吃硫黄的硫菌。

"至于说住，细菌是吃到哪里，住到哪里。此外，它们还喜欢随风旅行。德国有一位科学家坐着气球到天空追踪，结果，在四千米的高空仍然发现了细菌。不过，大部分细菌以土壤为家。在土壤中，粪土中的细菌最多，大概每一克粪土中住着一亿多个细菌。

"最后说行。好多细菌身上都有一根或几根活泼而轻松的鞭毛，靠着这鞭毛，它们可以自如地游泳。

"有的细菌看到苍蝇附在马尾巴上能日行千里，老鼠钻在船舱里能进行洲际旅行，它们也乘坐交通工具出行。于是，蚊子苍蝇便成为它们的飞机，臭虫跳蚤就成为它们的火车，鱼蟹就成为它们的轮船。"

听了笨笨熊的讲述，困惑了跳跳猴许久的疑问得到了解决。他非常佩服高士其老爷爷，竟然把细菌写得有血有肉，像人一样。

162

细菌也有好坏之分

讲完细菌的衣食住行,笨笨熊关上了话闸。

跳跳猴重新躺在石头上,闭上眼睛。

但是,淌着黑色血液的感染了炭疽的羊、死于结核和霍乱的病人冰冷的尸体一幕幕浮现在脑海中,挥之不去。

天空中飞过一群带着哨子的白鸽,发出呜呜的响声。

跳跳猴睁开眼睛,望着空中渐渐消失的飞鸽,说:"我有一个美好的憧憬。"

笨笨熊问:"什么美好憧憬?"

"憧憬着出现一个大科学家,他发明一种办法,把人体和动物体内的细菌都统统打扫干净。"

在跳跳猴看来,钻在动物和人体中的细菌都是致病的。

笨笨熊说:"要是那样,人也就没有办法生存了。"

"此话怎讲?"跳跳猴不明白,体内没有细菌,人为什么就不能生存?

笨笨熊说:"在人和动物的消化道内寄居着许多细菌。比如,人的粪便干重的一半便是细菌。"

"是吗?"跳跳猴感到非常惊讶。

笨笨熊继续说:"这些寄居在人体肠道中的细菌,不仅对人体无害,还有重要贡献。有的细菌能合成多种 B 族维生素和维生素 E、K;有的细菌能分泌一些毒素,防止致病菌入侵。"

顿了顿,笨笨熊补充道:"还有。有些种类的放线菌,能够产生一些抑制或杀死微生物的物质,这类物质叫做抗生素。现在,医学上广泛应用抗生素来治疗细菌感染导致的疾病。"

"还有,近年来,细菌还在基因工程中得到广泛应用。"

跳跳猴再次坐了起来,问:"基因工程中还利用了细菌?"

在他看来,基因工程是尖端技术,细菌怎么能登上如此大雅之堂呢?

笨笨熊说:"是,人们把目标基因导入细菌,便可以利用细菌体内的代谢系统生产生物制品。目前,通过这种方法生产的产品有绒毛膜促性腺激素、卵泡刺激素和黄体生成素等。"

跳跳猴说:"这么说来,在细菌里,有好人也有坏人?"

笨笨熊说:"是,细菌也有好坏之分。"

主动免疫和被动免疫

这时,一只喜鹊落在了旁边的一棵大树上,朝着跳跳猴和笨笨熊喳喳地叫着。不知是对两个黑头发的男孩感到新奇,还是在对小哥俩讲什么故事。

笨笨熊坐了起来,接着说:"当然,也有一些细菌可以使人生病。比如,科赫先生研究的炭疽杆菌、结核杆菌和霍乱弧菌都是致病菌。白喉、猩红热、破伤风、伤寒、百日咳及细菌性肺炎等也都是因为感染细菌引起来的。"

"那么,细菌是怎么使人生病的呢?"跳跳猴一边往起坐,一边问。

笨笨熊说:"细菌通过它在代谢过程中产生的毒素使人致病。细菌释放的毒素有两种:一种为外毒素,一种为内毒素。

"外毒素是细菌分泌到细菌体外的、毒性很强的蛋白质。霍乱弧菌、白喉杆菌、猩红热链球菌、百日咳杆菌、破伤风杆菌和肉毒杆菌等都可以产生外毒素。

"内毒素只有在细菌死亡溶解后才被释放出来,许多细菌都可以释放内毒素。"

顿了顿,笨笨熊接着说:"有趣的是,人们反过来用细菌及细菌产生的毒素来预防和治疗传染病。"

"用细菌以及细菌产生的毒素来对付细菌?"跳跳猴有点惊讶地问。

"对。"笨笨熊非常肯定地回答。

"这就叫做以毒攻毒吧?"

"可以说是吧。"

"能说得具体一些吗?"跳跳猴对这个话题非常感兴趣。

笨笨熊说:"比如,外毒素不耐热,经热处理后毒性消失,但仍有抗原作用,叫类毒素。如果把类毒素注射到动物体内,可以诱导动物产生针对类毒素的抗体,叫做抗毒素。将抗毒素注射到人体,虽然不能杀死细菌,但可以中和相应的细菌释放的毒素。也就是说,可以让细菌毒素失去毒性。"

跳跳猴说:"我听得有点糊涂。"

笨笨熊说:"举个例子吧。比如,将白喉杆菌的外毒素加热,使之成为类毒素,注射到马的血液中,马就会针对白喉杆菌类毒素产生相应的抗毒素,即白喉抗毒素。如果有人感染了白喉,在疾病早期将白喉抗毒素注射到体内,就可以对白喉杆菌的感染起到免疫作用。由于这种免疫能力是通过用药产生的,不是人体主动产生的,人们把这种免疫叫做被动免疫。明白了吗?"

跳跳猴点点头。

笨笨熊接着说:"还有,将死的细菌或虽然未被杀死但活力降低的细菌用于人体,可刺激人体产生抗体,对这种细菌引起的感染起到预防作用。"

"活力降低的细菌怎么会预防细菌感染呢?"跳跳猴感到不理解。

笨笨熊说:"这种活力降低的细菌进入人体后,由于失去活力,不能使人发生感染。但细菌的成分可以刺激人体产生一种蛋白质。这种蛋白质叫做抗体,可以对相应的细菌产生抑制作用。由于这种免疫能力是人体主动产生的,人们把这种免疫叫做主动免疫。

"举个例子吧。法国细菌学家卡尔美和介林研究发现,将活力降低的结核杆菌给人注射或口服,可以有效预防结核病。其后,人们将活力降低的结核杆菌制做成疫苗,广泛用于结核病的预防。为了纪念发现这种现象的这两位细菌学家,人们把这种疫苗叫做卡-介苗。"

跳跳猴说:"这么说,免疫有两种,一种是主动免疫,一种是被动免疫。对吗?"

笨笨熊说:"对。"

"哪一种免疫好呢?"

笨笨熊说:"两种免疫各有用途。注射抗毒素,也就是被动免疫,可以立即产生治疗效果。但是注射到人体后,抗毒素要被排泄和代谢,效果不能持久。因此,一般在发生感染后应用被动免疫进行治疗。

"主动免疫呢,是利用灭活或活力降低的细菌刺激人体产生抗体,从注射疫苗到产生抗体需要一段时间。但是,一旦人体获得产生抗体的能力,一般可以持续终生。因此,人类将主动免疫用于预防疾病。

"接下来我们要去拜访的巴斯德先生,就是一位免疫学的开创者。他发明了炭疽疫苗和狂犬疫苗。后人应用他的成果,挽救了不计其数人和动物的生命。"

炭疽病疫苗之父——巴斯德

小哥俩在山包上聊了大约一个时辰，不知不觉，太阳升起老高了。

笨笨熊看了看头顶的太阳，说："时候不早了，我们启程吧。"

说完，两人又踏上彩云，向法国飞去。

他们掠过一座座山峦，飞过一个个村庄。一会儿工夫，脚下的彩云便开始下降。落到地上，小哥俩定睛一看，是法国汝拉山区的一片牧场。牧场上有四头健壮的黄牛，黄牛周围围着许多人。

看见两个小男孩从天而降，牧场上的人都瞪大了眼睛，张大了嘴巴，惊呆了。

人群中一个小男孩用稚嫩的声音问道："喂，你们是外星人吗？"

跳跳猴听了，扑哧一笑。

笨笨熊拱了拱手，对大家说："对不起，让诸位受惊了，我们是从中国来的。"

听了笨笨熊的话，许多人长吁了一声。虽然从天而降仍然令人感到意外，但是，毕竟不是天外来客，心情便轻松了许多。

小男孩又接着问："请问你们找谁？"

跳跳猴说："我们想拜会巴斯德先生。"

听到跳跳猴的话，一个站在土堆上的中年男性马上从土堆上走下来，拨开围观的人群，来到小哥俩面前，笑哈哈地和笨笨熊、跳跳猴握手。很显然，在跳跳猴、笨笨熊到来之前，他正在向围观的人群讲话。

他一边握手，一边自我介绍："我就是巴斯德，欢迎你们的到来。"

接着，他转向土堆周围的观众，大声说："我们的实验又多了两个观众，来自遥远的东方的外国观众。"

跳跳猴问："巴斯德先生，你们在干什么呢？"

巴斯德大声说："你们刚来这里，还不知道这里发生的事情。看来，我得给两个小朋友介绍一下。"

他清了清嗓子，继续说，"这几年，欧洲流行炭疽病，本来健壮的牛羊一批一批地死掉，牧民遭受了重大的损失。我们正在寻找治疗炭疽病的方法，我相信，我们有可能用炭疽杆菌来降伏炭疽病。这叫做什么？"

巴斯德把右手的五个指头插进他那乱蓬蓬的头发中，使劲地想一个恰当的词来表达他的意思。

笨笨熊说："先生，是解铃还须系铃人吧？"

跳跳猴接着补充："以毒攻毒。""哈嗬。"巴斯德一拍大腿，说，"中国小朋友真厉害。不，还是中国的文化厉害。简短的两句话，包含了多么深邃的道理。这样吧，今后，你们就是我的助手了，负责记录实验的过程和结果。可以吗？"

连两个小朋友的名字也没有问，巴斯德先生就把跳跳猴和笨笨熊收为门徒。

听了巴斯德先生的话，笨笨熊和跳跳猴忙不迭地说："可以，可以。"

接着，巴斯德又返回到土堆上，对着大家一字一板地说："今天，我们要给这四头牛的肩头注射炭疽杆菌，剂量大概能把一头羊置于死地。，我要看看，可以使一头羊致死的剂量的炭疽杆菌，会在牛这种庞然大物身上发生什么样的反应。"

说完，巴斯德从助手手中拿过记录本，递给了跳跳猴。然后，转过身来，对笨笨熊说："你的职责是核对数据，保管记录，我们要使试验数据准确无误，万无一失。"

笨笨熊郑重地说："你放心。"

跳跳猴想，早就听人说巴斯德先生具有诗人气质，热情奔放，所言不谬也。

接着，巴斯德就指挥助手给四头黄牛的肩头注射早已准备好的炭疽杆菌悬液。

几天后，一大早，巴斯德先生带着笨笨熊、跳跳猴来到牧场。牧民委员会的人已经在那里等着了。只见那四头牛的肩部长出了大肿块，身上发烫，呼吸困难。显然，它们都染上了炭疽。

再过几天，四头牛中的两头死去了，另外两头牛，却熬过了那场劫难，活了下来。

在对实验结果进行分析的讨论会上，巴斯德说："四头牛注射了同样剂量的炭疽杆菌，两头死了，两头却活了下来。是由于体质不同吗？用毒性更大的炭疽杆菌给活下来的两头牛注射，会发生什么结果呢？"随后，巴斯德向巴黎要来了毒性很强的炭疽杆菌，给两头康复的牛注射了五滴。然后，每天观察。出乎预料，它们连注射部位都没有一点红肿，每天悠闲觅食。

极具想象力的巴斯德对笨笨熊、跳跳猴说："牛患了炭疽病，康复了，再给它注射毒性很强的菌苗也不患病了。这说明什么？"

笨笨熊和跳跳猴眨巴着眼睛，答不上来。

巴斯德重重地拍了一下笨笨熊的肩头，大叫："它免疫了。我们要试验如何让一只动物染上轻微的炭疽病，这种感染要不至于使它丧命。然后，它就不再染患炭疽病了，即使给它注射毒性很强的炭疽杆菌也不再染病。"

接着，巴斯德踱起步来。他一边走，一边自言自语："我们不仅要在炭疽病，还要在其他疾病也试验这种方法。肯定有办法做到这一点……我们必须以免疫防御微生物侵犯动物和人……"

接下来的日子，巴斯德忙于查资料和进行实验前的准备工作。

1880年，巴斯德正式开始研究鸡霍乱的免疫治疗方法。他将含纯化的霍乱弧菌的鸡肉汤滴在面包屑上，再拿这些面包屑喂鸡。仅仅几个小时，这只不幸的鸡就羽毛蓬松，不再觅食了。第二天，这只鸡躺在地上，一动不动了。

跳跳猴记下了这个实验过程，笨笨熊在实验报告上注了一条：这种含霍乱弧菌的培养基极具感染性。

日复一日，巴斯德的助手埃米尔·鲁和张伯兰坐在实验台前，用洁净的白金针在霍乱弧菌成群的鸡肉汤中泡一泡，然后，再伸进刚刚配制好的鸡肉汤中。他们在接种培养，在扩大霍乱弧菌的队伍。几天下来，实验室的工作台上摆满了大大小小的培养瓶，每个培养瓶中，挤满了熙熙攘攘的霍乱菌。

一天，巴斯德对埃米尔·鲁说："我们该把这些乱七八糟的瓶子整理一下了。"

埃米尔·鲁和张伯兰遵照老师的吩咐整理培养瓶，准备把那几瓶最陈旧的培养瓶丢弃掉，因为他们新近繁殖了足够的霍乱菌。

"慢。"就在他们把那几瓶旧培养瓶从实验台上拿下来，准备装进垃圾袋里的时候，巴斯德大叫一声。

埃米尔·鲁和张伯兰大吃一惊，望着巴斯德。

巴斯德接着说："我们不妨拿几滴这种陈旧的含菌培养基给几只鸡注射一下。"

两位助手按照老师的吩咐，给几只鸡注射了陈旧的霍乱弧菌。没有多长时间，两只鸡变得无精打采。

注射霍乱弧菌的第二天，巴斯德让笨笨熊和跳跳猴带着解剖板和他一起到实验室，准备把死去的鸡钉在解剖板上进行解剖。

巴斯德将鸡笼打开时,发现两只被注射霍乱弧菌的鸡没死,鸡笼一打开,就急着往出钻,精神十足,没有了昨天的萎靡不振。

"奇怪。"巴斯德蹙起眉头说,"过去我们做实验,总是注射二十只鸡就有二十只鸡死去,这一次是怎么了?"

因为鸡没死,只好把鸡笼重新关上。

次日,是巴斯德预定的假期。他吩咐管家注意饲养好实验室里的动物,就和埃米尔·鲁及张伯兰等收拾好行装,外出度假了。笨笨熊、跳跳猴待在家里和管家一起照顾实验动物,等待着老师回来。

几天后,巴斯德一行度假回来了。经过度假休整,巴斯德精神十足。他一进实验室,就对管家喊:"拿几只没病的鸡来,没用过的,准备好给它们接种。"

"我们没有几只没用过的鸡了,巴斯德先生。不过,还有几只您在外出度假前注射过菌苗但没有死掉的鸡。"管家说。

巴斯德有点不耐烦地说:"好啦,把剩下的没用过的鸡全部拿来。另外,度假前注射过菌苗的也拿几只来。"

咯咯乱叫的鸡拿来了,助手用含大量霍乱弧菌的鸡肉汤注射到鸡的胸肌,注射到没用过的鸡,也注射到染了霍乱但康复了的鸡。

第二天早上,巴斯德先生带着笨笨熊、跳跳猴到实验室例行观察注射过菌苗的动物。跳跳猴看见,度假前没有注射过菌苗的鸡都死了,而染了霍乱康复了的鸡却安然无恙。

巴斯德先生对笨笨熊、跳跳猴说:"你们看,第一次注射菌苗的鸡都死了,这是预料中的,它们本来应该死的。不过,你们瞧瞧,那些注射过陈旧菌苗康复了的鸡,昨天注射了与死去的鸡同样剂量的霍乱菌,却完全抵抗住了。它们照常吃食,像什么也没有发生一样。"

巴斯德一边讲,跳跳猴一边在实验记录本上飞快地记录。

这时,埃米尔·鲁和张伯兰也到了,看到眼前的情景,他们不知所以然。

巴斯德大声说:"你们居然搞不清这意味着什么。现在,我们已经发现如何使动物得一点病,只略微得一点病,刚好使它们在感染后能够复原。怎么做到这一点呢?我们要让致病微生物在培养基里老化,不要天天把它们转移到新的培养基中。微生物老了,就温顺了。

"用它们给鸡染上这种病,但注意,只是染上一点点。鸡一旦恢复,它们就能经得住世界上所有险恶的毒性微生物了。

"这是我们最出色的发现。这是我发现的一种菌苗，比牛痘苗更可靠，更科学。人们虽然用牛痘苗预防天花，但人们并没有在牛痘苗里发现细菌。我们还要拿这种菌苗应用到炭疽病、所有传染病，我们将拯救生命。"

说这话时，巴斯德满脸通红，语速飞快。他为自已的发现感到兴奋。

受巴斯德先生情绪的感染，埃米尔·鲁、张伯兰、笨笨熊和跳跳猴都兴奋了起来。一次偶然注射陈旧霍乱菌苗，竟然使他们有了意外的发现，使他们看到了美好的前景，能不兴奋吗？

巴斯德带着大家立即投入实验，来证实他的设想。他们使鸡霍乱菌在鸡肉汤培养基中衰老，将这些衰弱了的微生物给几十只健康的鸡接种。这些鸡马上得了病，但正如巴斯德所料，也马上康复。几天之后，他们又给这些康复的鸡注射剂量大得足以使十几只鸡死亡的新鲜鸡霍乱菌，可是，这些鸡满不在乎。

与严谨、内向、低调的科赫先生不同，巴斯德先生富有想象力。一旦有所发现，就扩散思维，浮想联翩，并迫不及待地向公众公布他的发现，甚至有时出言不逊。

一次，他参加医学研究院的学术会议。他告诉与会的医生，詹纳先生发明牛痘苗接种预防天花是一大进步，但他没有意识到保护人和动物不死的牛痘苗竟然正是使动物和人染患天花的微生物。詹纳先生在全世界医学界具有崇高的威望，与会的老资格的医生对巴斯德自视比伟大的詹纳先生还高明感到非常气愤。著名的外科医生盖朗与巴斯德争吵了起来，甚至对巴斯德冷嘲热讽。巴斯德拍案而起，讥讽盖朗只不过是会给病人做手术，比起他的发现是毫无意义的。已经80多岁高龄的盖朗医生被激怒了。他离开座位，向60多岁的巴斯德扑去，狠狠打了一拳。笨笨熊、跳跳猴看到他们崇拜得五体投地的老师被人殴打，急着上前劝架，但斗殴已被周围的人阻止了。

回到实验室，巴斯德完全忘记了盖朗医生对他的不礼貌，马上投入了新的实验。他要证实他的设想：染上一种病后康复的动物可以对所有传染病获得免疫。他用老化的鸡霍乱菌给一些母鸡接种。康复后，又给它们注射无疑能致命的炭疽杆菌。不出巴斯德所料，这些鸡竟然没死。

巴斯德兴奋极了。他立即给老教授杜马写信，说，这种新发现的霍乱菌苗，很可能是一种能抗御各种传染性疾病的万应仙方。

这时，巴斯德先生又在应用扩散性思维。

杜马教授也欣喜若狂，他把巴斯德先生的这封信刊登在科学研究院通报上。但是，巴斯德先生不久就明白，一种细菌菌苗并不能使动物抵抗所有的疾病，只是有可能控制同种细菌所导致的疾病。

由于巴斯德先生有时出言不逊，得罪了著名的兽医罗星约尔，罗星约尔医生设计了一个陷阱。

他在法国默伦农业学会上讲："巴斯德宣告他可以制作一种保护牛羊绝对不患炭疽病的菌苗。如果真的如此，他应该愿意向我们证明。我们最好让巴斯德来一个大规模的公开实验，让我们来见识一下他的宝贝。"

学会马上筹集了一笔款项，购买了四十八只羊，派有名望的老男爵德·拉·罗歇特去奉承巴斯德，诱使巴斯德掉进陷阱。

一天，笨笨熊、跳跳猴正在跟随巴斯德先生在实验室做实验，德·拉·罗歇特登门拜访了。

对德·拉·罗歇特的邀请，巴斯德不假思索地答应了下来。然后，回过头对跳跳猴、笨笨熊说："有任务了，准备出发。对，埃米尔·鲁和张伯兰到乡间度假去了，赶快发电让他们回来。"

说完，巴斯德伏案疾书："速回巴黎，当众证实我们的菌苗保护羊不染炭疽病。-巴斯德。"

然后，他把纸条递给笨笨熊，示意马上去发报。

埃米尔·鲁和张伯兰奉命急忙赶回巴黎。巴斯德和助手紧张地进行注射菌苗前的准备工作。他们将装菌苗的烧瓶细心地贴上标签。

巴斯德吩咐道："年轻人，注意点，别把第一次菌苗和第二次菌苗弄混了。"

显然，巴斯德非常清楚这次当众表演的重要性。

预定注射菌苗的时间到了，巴斯德带着助手和菌苗从巴黎乘火车到了默伦。笨笨熊和跳跳猴默默地跟着。

跳跳猴心里嘀咕：这不是在实验室，而是当众表演啊，是凶是吉呢？

到默伦的牧场了，那里已经聚集了很多人。其中，有以罗星约尔为首的一批兽医，还有一批新闻记者。

当巴斯德走近牧场的牛羊时，很多人夹道欢迎。跳跳猴注意到，有些人在人群中暗暗发笑，好像在等着看巴斯德的洋相。

一群健壮的羊被赶到一块空地，一共 48 只。埃米尔·鲁和张伯兰把羊群平均分成实验组和对照组。他们给实验组的每一只羊都注射了五滴减毒炭疽菌苗。这个剂量足以使小白鼠死亡，却能保证让豚鼠活着。然后，在耳朵上剪掉一小块，作为已经注射菌苗的标志。对照组呢？没有接受任何处置，只是挤在一起好奇地看着它们的同伴被追逐着打针和剪耳朵。

12 天过去了，埃米尔·鲁和张伯兰又给上次注射过菌苗的羊第二次注射了减毒炭疽菌苗，剂量比上一次要大，足以杀死豚鼠，但可以使兔子活下来。注射后几天，这些牲畜没有像通常感染炭疽病后那样出现发烧，它们在草地上一边吃草，一边悠闲地甩着尾巴。

1881 年 5 月 31 日，给实验动物注射第二次菌苗后十余天，巴斯德和他的助手给所有的 48 只羊，即先前注射过两次菌苗的羊和未曾注射过菌苗的羊，都注射了剂量足以致命的炭疽杆菌。他们要看看，事先两次注射减毒炭疽杆菌菌苗能否起到免疫作用。

菌苗注射了，但巴斯德忐忑不安。

"那些被注射过两次减毒菌苗的生灵能经受得住这次致命剂量的炭疽杆菌吗？"巴斯德像是问笨笨熊和跳跳猴，又像是在自言自语。

当天晚上，他辗转反侧，彻夜未眠，嘴里老在喃喃着："许多人要来现场看的，这可不是开玩笑啊。"

1881 年 6 月 2 日，默伦的牧场上聚集了许多人，有上议院议员，众议院议员，还有不少达官贵人。新闻记者早早占据了离畜栏最近的位置。他们要争着第一个看到实验结果，抢先把报道发出去。

下午两点整，畜栏打开了。一群羊活蹦乱跳地跑了出来，耳朵上都缺一个角。数一数，24 只，是事先注射过两次减毒菌苗的。

未曾注射过减毒菌苗的那群羊怎么样了呢？人们怀着好奇心，凑到畜栏跟前向里看。只见一只只羊在地上横七竖八躺着，四脚朝天。只有两只羊，看见畜栏打开了，从同伴的尸体堆中爬了起来，跌跌撞撞向外走，嘴角和鼻孔里流出乌黑的血。走着走着，其中的一只羊猛然倒地，一动不动了。剩下的一只羊挣扎着又向前走了几步，也猝然倒下，再也没有爬起来。

这时，一名兽医奔向巴斯德，诚恳地要求巴斯德先生给他注射炭疽菌苗。

记者布罗维兹跑到电报局，向《泰晤士报》发出电报："巴斯德的实验是一次尽善尽美的空前的胜利。"

这消息很快传遍了法国、欧洲乃至全球。法国如醉如痴,称他为法国最伟大的儿子。农民学会、兽医以及正在遭受炭疽病灾难的农民纷纷向巴斯德打电话、发电报,请求巴斯德用他的灵丹妙药消灭炭疽病。

巴斯德兴奋不已,有求必应。他要让这一成果迅速地造福法国,造福全世界。

跳跳猴忙碌地记录来电和电话。应农民的要求,巴斯德把他的实验室变成了炭疽菌苗的制造厂。他们在大锅内制备肉汤,用作减毒炭疽杆菌的培养基,把长满炭疽杆菌的肉汤装到小瓶内,最后把这些小瓶发往各地。

但是有些牧场的人对菌苗注射不熟悉,希望巴斯德派人去注射。巴斯德不假思索地派出了他的助手埃米尔·鲁、张伯兰和特威利尔。他们就像救星,受到了牧民真诚的欢迎。

巴斯德没有料到,灾难在悄悄降临。

在其后的日子里,电报从各地一封接一封地飞来。不是求购炭疽菌苗,而是控诉和指责。前一天晚上,牧民在给他的羊群注射炭疽菌苗后,心中默默地感谢巴斯德。但到第二天早上,牧场上的羊尸横遍野,它们不是死于炭疽病的流行,而是死于注射的炭疽菌苗。

跳跳猴整理着这些电报,心情十分沉重。他悄悄问笨笨熊:"这是怎么回事呢,默伦牧场的实验不是证明巴斯德先生的菌苗非常有效吗?"

"谁知道是怎么回事,说不定是菌苗的质量出了问题。"笨笨熊照样心情很沉重。

是什么原因使得注射菌苗的羊大量死亡呢?德国的科赫先生总想弄个究竟。他从巴斯德的代理商手里弄到了一些由巴斯德生产的炭疽菌苗。

科赫以他一贯的严谨作风对这些菌苗进行了试验。过些天,他写信给巴斯德。

巴斯德看过信后,心情很沉重。他把信递给跳跳猴和笨笨熊,两手托着额头,痛苦地思索着。

跳跳猴和笨笨熊将科赫的信打开。上面写着:"你不是说你第一次注射的菌苗能杀死小白鼠而不会杀死豚鼠吗?实际上,大部分菌苗连小白鼠都杀不死。但是,其中有一些却能杀死羊。你不是说你第二次注射的菌苗能使豚鼠丧生而不会杀死兔子吗?实际上,有些可以使兔子立即毙命,甚至还能杀死羊。你不是说减毒炭疽菌苗只含纯粹的炭疽杆菌吗? 实际上,其中有各种各样的细菌……"

跳跳猴明白了,笨笨熊说得对,是菌苗出了问题。

跳跳猴说："要是制作菌苗的过程中注意工艺控制，说不定就可以避免这一场灾难了。"

笨笨熊点点头，说："这一次灾难也警示人们,在生物学研究与实践中,需要严谨、严谨、再严谨。"

来自俄国沙皇的十字勋章

对炭疽菌苗的研究结束了，人们不得不承认，虽然在应用中出现了一些问题，但这并不能推翻巴斯德先生建立的理论：预先接种减毒炭疽杆菌可以使被注射动物产生对炭疽杆菌的免疫力。

巴斯德先生是一个不知疲倦的科学家。他在做出一个重大发现或发明后，就马上转移战场，寻找新的战机。

一天早上，跳跳猴和笨笨熊早早来到实验室。他们看到，巴斯德先生在实验台前呆呆地坐着，好像在思索着什么。

怕影响巴斯德先生思考问题，小哥俩悄悄地在实验台的另一端坐了下来。

过了好一阵，巴斯德大步走到跳跳猴和笨笨熊的跟前，大声说："接下来，我要研究狂犬病了。"跳跳猴眨巴着眼睛，不解地问："世界上有那么多传染病，如今很少有疯狗，先生为什么偏偏要研究狂犬病呢？"

"说来话长。"巴斯德笑了笑说，"那还是在我 9 岁的时候，一只疯狼在我的村里咬了 8 个人，然后，这 8 个人得了狂犬病。当时人们认为，把被狼咬过的地方用烙铁烧焦，就可以治好这种病。于是，八个壮汉被捆起来，人们将烧得通红的烙铁放在被疯狼咬过的伤口上。伴随着病人惨烈的叫声，伤口上冒起一股又一股青烟。然而，无济于事。所有 8 个人都死于咽喉阻塞。我问我父亲：'爸爸，狼或狗为什么会疯？人被疯狼或疯狗咬伤为什么会死？'我父亲原来在拿破仑的军队当兵，他在战场上看到过成百上千的人死于枪弹，但不明白人被疯狼咬伤后为什么会死去。听了我的问题，父亲敷衍着回答：'可能是魔鬼附到了狼身上，如果上帝要谁死，这疯狼就会咬谁，毫无办法。'人们对狂犬病的无知和束手无策一直刺痛着我的心。今年，我已经60 岁了，我想在我的余生想办法找到治疗狂犬病的办法。"

说到这里，跳跳猴和笨笨熊豁然开朗。原来，巴斯德老人是要解开儿时的一个谜,是想在余生圆一个做了大半辈子的梦。

之后,巴斯德到处托人找疯狗。一天,一个农民把一只疯狗用铁链拴着拉到巴斯德的实验室。巴斯德把疯狗关进装有四只健康狗的大笼子,让疯狗去咬他的同伴。埃米尔·鲁和张伯兰用注射器从疯狗的嘴角吸出口水,给兔子注射。然后,每天观察,等待这些动物出现狂犬病的症状。

六周后,两只狗发病了,在笼子里乱转、嚎叫。但另外两只在几个月后还安然无恙。在六只注射了疯狗唾液的兔子中,两只兔子瘫痪了,接着死于可怕的痉挛。但另外四只却没有出现任何症状。

一天,巴斯德召集大家在实验室讨论问题。巴斯德对埃米尔·鲁说:"我们的实验提示,引起狂犬病的微生物进攻的是神经系统。我想,被疯狗咬伤后侵入身体的狂犬病病原,可能在脑和脊髓中隐藏下来。如果它们一直处于隐藏状态,就不会出现症状;如果它们兴风作浪,就会表现为狂犬病。我们是否可以考虑用活的动物的脑子来培养狂犬病病原呢?"

说到这里,巴斯德蹙起了眉头,陷入了沉思。

围在巴斯德先生周围的埃米尔·鲁、笨笨熊和跳跳猴默不作声。

过了一阵,巴斯德接着说:"但是,我们把经过培养的病原注射到皮下时,或许在到达脑子前就在身体里散失了。遗憾的是,我们不能把狂犬病病原直接送到狗的脑子里去。"

听了巴斯德先生的话,跳跳猴悄悄对笨笨熊说:"应该能行吧,脑外科医生不是可以把颅骨打开吗?"

笨笨熊向跳跳猴挤了挤眼,悄声说:"巴斯德先生没有受过系统医学训练,或许,他认为,脑子是不可能被打开的。"

正在跳跳猴、笨笨熊窃窃私语时,埃米尔·鲁说话了:"老师,为何不能把病原直接送到狗的脑子里呢?我能在狗的颅骨上钻一个小洞,不伤害它,决不损坏它的脑子,不难。"

"那样做,会使被实验的狗瘫痪的。"巴斯德先生不同意埃米尔·鲁的建议。

这时,一个邮差给巴斯德先生送来了一封信。

看完信,巴斯德说:"我要去参加一个会议,要离开几天。"

说完,他匆匆离开了实验室。

埃米尔·鲁对笨笨熊和跳跳猴说:"巴斯德先生关于将狂犬病病原直接送到狗

的脑子的想法非常有价值,这样,实验动物有可能会百分之百发生狂犬病。可惜,他不知道,应用外科技术是不会使狗瘫痪的。"

说完,他耸了耸肩膀,一副无可奈何的样子。

趁着巴斯德不在,埃米尔·鲁在狗的颅骨上钻了一个洞,将刚死于狂犬病的狗的脑组织碎屑注射到实验狗的脑子里。

实验狗没有瘫痪。两个星期后,这只实验狗嚎叫起来,声音凄楚,乱咬笼子,症状和狂犬病一模一样。再过几天,它一命呜呼了。

几天后,巴斯德回来了。埃米尔·鲁向老师汇报了他的试验结果。得知开颅注射的方法不会导致实验狗瘫痪,而且很快出现了典型的狂犬病,巴斯德满意地笑了。

接下来,巴斯德和助手大量地做实验,一次又一次地将狂犬病原注射到动物的脑子中。结果,每一只被注射的动物都死去了。

从那以后,巴斯德和他的助手找到了一种使实验动物百分之百染患狂犬病的方法。

有一天,他们将取自患狂犬病兔子的脑组织注射到实验狗的脑中。这只狗发病了,发出古怪的叫声,不停地颤抖,流口水。然而,它没有死去,而是奇迹般地痊愈了。

几天之后,他们给这只狗的脑内注射了致命剂量的正在患狂犬病狗的脑组织。接下来,巴斯德每天领着助手和跳跳猴、笨笨熊来观察实验狗。大家欣喜地发现,实验狗的伤口很快愈合了,每天活蹦乱跳,饮食如常。

巴斯德对跳跳猴说:"我知道了,一个动物得了狂犬病,而后康复,那就不会再复发。现在我们必须发明一种免疫的方法来驯服狂犬病。"

这位具有诗人气质的科学家马上确定了下一步的任务。

苦苦思索后,巴斯德想出了一个办法。他取出一小片死于狂犬病兔子的脊髓,放在无菌瓶子里,干燥十四天,然后注射到健康狗的脑中。

跳跳猴不解地问:"为什么不马上注射呢?"巴斯德诡秘地笑笑说:"经过干燥后,病原就会死掉,或者活性减弱许多。

注射这种死掉或活性减弱的病原,有可能使实验动物不至于死掉,可以获得免疫力。然后,我们需要再试试干燥十二天,十一天,十天,九天,八天,六天……一天的病原,看是不是可以使狗在患上狂犬病的同时获得免疫力。"

在接下来的日子里,巴斯德和他的助手对实验狗进行免疫注射。第一天,注射干燥了十四天的狂犬病病原;第二天,注射干燥了十三天的狂犬病病原;第三天,注

穿越时空隧道

射干燥了 12 天的狂犬病病原……第十四天，注射只干燥了一天的狂犬病病原。

注射完成后的几个星期内，实验狗若无其事。

跳跳猴对笨笨熊说："看来，这只狗被免疫了。"

笨笨熊说："我想也是。"

给狗注射干燥病原 14 次后，巴斯德让埃米尔·鲁给两只接种过干燥病原的狗，还有两只未曾接种过的狗的脑组织中注射了致命剂量的新鲜的狂犬病病原。他要通过对照确定，预先注射干燥的狂犬病病原是否会产生对狂犬病的免疫力。

一个月过去了，预先接种过的狗一切如常，而两只未曾接种的狗却丧命于狂犬病。

注射减毒的病原确实可以使动物免疫，巴斯德欣喜不已。

一天，著名兽医诺卡来访。巴斯德对诺卡说："我们知道，人只有被疯狗咬过后才得狂犬病。假若用我们的活力减弱的狂犬病病原给狗注射，使狗都不得这种病，人类狂犬病不就没有……"

巴斯德的话还没有说完，诺卡就大笑起来："你是说这样一来，人类的狂犬病就没有传染源了，是吧？"

巴斯德点了点头。

诺卡接着说："单是巴黎市，就有成千上万只大狗和小狗，全法国有 250 多万只。假若每只狗都要注射十四次，你去哪里找人手？你又到哪里去制备这么多活力减弱的狂犬病病原。"

巴斯德不停地点头，为他天真的想法感到不好意思。

低头思索了一阵，巴斯德抬起头说："对了，我们可以不是给狗注射，而是给被疯狗咬伤的人注射。"

诺卡不解地问："什么意思？"

"多么简单！一个人被疯狗咬伤了之后，总要经过几个星期才能出现症状。病原要从被咬的地方一路爬上去，爬到脑。在这期间，我们可以注射十四剂毒力减弱的狂犬病病原，拯救他们。"巴斯德回答。

诺卡一拍大腿，说："好主意。"

说干就干。巴斯德急匆匆地把埃米尔·鲁和张伯兰叫来，如此这般地面授机宜。

他们把疯狗和健康狗关在同一个笼子里，疯狗咬了健康狗。然后，他们把疯狗和被疯狗咬伤的健康狗又分了开来。笨笨熊和跳跳猴每天把实验过程一点不落地记载了下来。

接下来,巴斯德指挥着埃米尔·鲁和张伯兰给被咬的狗注射来自兔子的、一次比一次毒性强的减毒狂犬病病原,共十四次。

被疯狗咬伤后两个多星期了,按照常规,实验狗应该发病了,但它们安然无恙。

巴斯德高兴极了,他意识到自己成功了。但是,由于在大规模注射减毒炭疽菌苗时吃过苦头,巴斯德请求由法国杰出医学家组成的调查团对他们的实验过程进行检验。

检验完成后,调查团郑重宣告:"一只狗一经用死于狂犬病的兔子的逐渐增加毒素的脊髓免疫,世界上就没有什么东西可以使它患上这种病。"

全世界都知道了这个消息,许多地方被疯狗咬伤的人及家属写来求救的信。

这一次,巴斯德表现得比较冷静。他吩咐跳跳猴,把来信整理好。但几天过去了,迟迟不见巴斯德先生采取什么行动。

实际上,巴斯德老人这几天非常焦虑。每天晚上,他总是不能安然入睡。一天,巴斯德将一封写给他老朋友朱尔斯·维塞尔的信递给跳跳猴,要他到邮局去邮寄。

跳跳猴一看,上面写着:"我很想在我们自己身上开头,给我自己注射狂犬病病原,然后,用减毒狂犬病病原制止疾病发展。因为我对我的研究结果信心十足。"

看到这句话,跳跳猴的眼睛湿润了。心里想:多好的老人啊。他要冒生命危险,尝试拯救绝望的狂犬病人。

过后没几天,一个老妇人带着一个九岁的男孩来到了巴斯德的实验室。这男孩被疯狗咬伤了十四处。

一见到巴斯德,老妇人就央求道:"救救我的孩子吧,巴斯德先生。"

巴斯德怜悯地看着眼前的一老一小。良久,他告诉他们下午五点再来。然后,带着跳跳猴去拜访两位医生,法尔班和格朗沙。

路上,巴斯德先生对跳跳猴说:"我下不了决心。毕竟,我们只是在动物身上证明了减毒狂犬病病原能够预防狂犬病发病,还没有进行人体试验。"

说这话时,老人的语调忧郁、沉闷。

晚上,两位医生来到巴斯德实验室。法尔班俯下身去认真地检查了病人。然后,他直起身来对巴斯德说:"动手吧,假若再犹豫,这孩子就没有希望了。"

1885 年 7 月 6 日晚上,巴斯德首次给人类注射了减毒狂犬病病原,然后,每天注射一次,共十四次。

在这一段时间里,巴斯德老人忐忑不安。庆幸的是,小男孩没有出现狂犬病的症状。

"成功了。"巴斯德先生抑制不住内心的兴奋，像小孩子一样大声喊道。

这消息像长了腿，不，像插了翅膀，迅速地传播了开来。各地被疯狗咬伤的人络绎不绝地来到巴斯德实验室。

"把研究暂时停下来。"巴斯德命令埃米尔·鲁和张伯兰，然后，他补充一句："目前，救人比研究更要紧。"

巴斯德、埃米尔·鲁和张伯兰忙得不可开交。笨笨熊和跳跳猴想帮忙，但插不上手。实际上，他们有他们的任务，那就是登记病人情况，记录治疗经过，回访治疗结果。

结果显示，常规应该发病的时间，他们平安无事。

一天，实验室外来了19个来自俄国斯摩棱斯克的农民，他们在19天前被一只疯狗乱咬一通。

"已经被咬19天？"巴斯德听了19个农民的诉说，皱起了眉头。

他对埃米尔·鲁说："来得有点晚了，怎么办？如果按常规，每天注射一次，恐怕来不及预防发病了。"

短暂思索后，巴斯德不容置疑地命令助手，每天注射两次。

经过注射，三个俄国农民死了。16个人平安返回了俄国。

本来必死无疑的人大部分平安返回来了，这消息轰动了俄国。俄国沙皇授予巴斯德钻石圣安娜十字勋章，赠款十万法郎，用于建立巴斯德研究所。一时间，许多国家都争相效仿，纷纷送钱来，支持巴斯德的研究工作。

1892年，巴斯德七十大寿的那一天，巴黎大学为巴斯德寿辰举行了盛大集会。巴斯德老人由法兰西共和国总统搀扶着走上主席台，著名的外科医生李斯特走上前去拥抱他。

他太老了，或者说，经过对微生物的几十年征战，太疲倦了。在这次集会上，他的儿子代替他向在座的大学生发表了讲话："……生活在实验室和图书馆的寂静之中，首先对你自己说：我受了教育之后，做了些什么？当你们昂首向前时，再对自己说：我为国家做了些什么？直到这一天最终到来，那时候，你们也许有无限的快乐，会想到你们在某一点上对人类的进步和利益曾经做出了贡献……"

附:路易斯·巴斯德生平：

路易斯·巴斯德（LouisPasteur 1822-1895），法国微生物学家、化学家，近代微生物学的奠基人。

巴斯德原本是一个化学家，1843年发表两篇论文——《双晶现象研究》和《结晶形态》，开创了对物质光学性质的研究。

在化学领域做出杰出贡献后，巴斯德便将主要精力转移到对微生物学及免疫学的研究。

在巴斯德之前，人们认为酿酒是一个纯粹化学变化的过程。1854年，通过对酒精生产过程的研究，巴斯德发现，酿酒是酵母菌参与的发酵过程。1856年至1860年，他提出了以微生物代谢活动为基础的发酵本质新理论。从此开始，巴斯德成为一位伟大的微生物学家，成了微生物学的奠基人。巴斯德把微生物发酵原理广泛应用于指导工业生产，开创了"微生物工程"，被人们尊称为"微生物工程学之父"。

1881年，巴斯德观察到，患过某种传染病并痊愈的动物，可以对该病产生免疫力。他用减毒的炭疽、鸡霍乱病原菌分别免疫绵羊和鸡，获得成功。这个方法大大激发了科学家研究免疫接种的热情。1882年，巴所德被选为法兰西学院院士，同年开始研究狂犬病，证明狂犬病的病原体存在于患兽唾液及神经系统中，并制成了减毒活疫苗，成功地帮助人获得了该病的免疫力。按照巴斯德免疫法，医学科学家们创造了预防斑疹伤寒、小儿麻痹等传染病的疫苗。

此外，巴斯德还发现了导致蚕瘟的病原，采取相应措施，挽救了法国的蚕桑业；发明了巴斯德杀菌法，解决了当时法国啤酒业啤酒变质的问题。从那以后，"巴氏杀菌法"广泛应用在食品工业上。应用这种杀菌法，既不破坏食品的营养成分，又能防止细菌微生物生长繁殖。1868年10月，他患上脑溢血，使他的身体左侧刺痛、麻木，最后失去活动能力。在这期间，他仍然口述一份关于防治蚕瘟的备忘录。在研究狂犬病的过程中，巴斯德经常冒着生命危险从患病动物体内提取标本。一次，巴斯德为了收集一条疯狗的唾液，竟然跪在狂犬的脚下耐心等待。"只要有坚强的意志，努力地工作，必定有成功的那一天"，这是巴斯德关于成功的一段至理名言。他在科学研究中实践着这一格言。巴斯德一生对探索未知领域充满热情，将毕生的精力都献给了科学研究。

发现抗毒素的接力赛

从报告厅出来之后，跳跳猴向笨笨熊感慨地说："巴斯德先生发明了减毒炭疽杆菌疫苗、减毒狂犬病疫苗，拯救了多少人和多少动物啊。太伟大了。"

"是的，巴斯德先生对人类的贡献怎么评价都不过分。"顿了一下，笨笨熊接着说，"我们在巴斯德先生这里了解了主动免疫方法的发明过程。接下来，需要去了解被动免疫了。"

"那我们应该去哪里呢？"

"老师曾经说过，被动免疫开始于对白喉毒素的研究。知道吗？这项研究工作主要是由巴斯德先生的学生埃米尔·鲁和科赫先生的学生埃米尔·贝林相继完成的。"

"他们两个人都叫埃米尔吗？"

"是的。"

"真有趣，好像天生的一对合作者。"

"走吧，我们先去看看白喉毒素是怎样被发现的。"

一片浮云载着他们来到了科赫先生的实验室。一进实验室，遇到了科赫先生的学生弗雷德里克·莱夫勒。

小哥俩说明来意后，莱夫勒笑了笑，表示欢迎。然后，招招手，示意小哥俩跟着他走，但他一句话也没说。

跳跳猴暗自思量：要去哪里呢？

不一会儿，他们来到了阴冷的停尸间。在那里，并排躺着一具又一具儿童尸体。

小哥俩不由自主地躲在莱夫勒身后。自从访问微生物科学家以来，小哥俩见过不少动物和人的尸体，但是，一具又一具儿童尸体排在一起，他们还是第一次见到。因此，心底油然升起了一阵恐惧感。

莱夫勒先生回过头来，轻轻说："别害怕，小朋友，做我们这一工作的，免不了与尸体打交道。"

"这些小朋友是因为什么疾病死的呢?"笨笨熊的话音有些颤抖。

"白喉,一种可怕的病。小孩染上这种疾病之后,先是表现为咳嗽,然后是窒息。今天,我们的任务是从这些尸体中取一些标本,希望能找到白喉病的病原。"

说完,莱夫勒开始了工作。他用一把解剖刀切开一具具儿童尸体的喉部,用在酒精灯上烧过的白金丝从喉部挑出灰色的物体,放在试管内,密封。

取材完毕,他们回到了实验室。

在显微镜下,他们在每一个咽喉标本中都发现了一种棒状杆菌。

莱夫勒马上带着笨笨熊和跳跳猴去报告科赫老师。

科赫见到了笨笨熊、跳跳猴,先是一惊,然后说:"两个小家伙,怎么又来了?"

笨笨熊说:"我们是来采访老师研究白喉病的。"

科赫对笨笨熊和跳跳猴表示了欢迎。

跳跳猴兴奋地对科赫说:"科赫先生,莱夫勒先生发现了白喉的病原。"

"是吗?"科赫将目光转移到莱夫勒的脸上,脸上现出惊讶的神色。

接着,莱夫勒向科赫汇报了他的发现。

科赫对莱夫勒严肃地说:"不能匆忙下结论,你必须纯化这种微生物。然后,你必须将纯化的微生物给动物注射。如果,如果被注射的动物出现了与人类白喉一样的表现,那么……"

科赫不再说了。莱夫勒点点头。

白喉杆菌

前一段，每天感受着巴斯德先生火一样的热情；现在，面前的科赫先生却是冰一样的冷静。跳跳猴不由地想：原来，科学家也是各有各的个性。

遵照老师的指示，莱夫勒又带着跳跳猴和笨笨熊返回停尸间。他对小哥俩说："我们要看看，究竟是不是这种棒状菌引起了白喉病，在尸体的其他器官里有没有这种东西。"

他从每一具尸体的多个器官取材，切成许多薄薄的切片进行培养。结果，只有喉部的标本才能培养出这种棒状杆菌。

他把培养液中的病菌注射到兔子的气管，注射到豚鼠的皮下。这些动物很快死去。但解剖结果证实，只有在注射部位才能找到注射的细菌，有时连注射部位都很难找到它们的踪影。

"这么少量的细菌，固定在身体的一个小小的地方，如何能使比它们大百万倍的动物丧命呢？"莱夫勒问小哥俩。

跳跳猴看看笨笨熊，发现笨笨熊也正在看着自己。

跳跳猴想：科赫先生的高足还搞不清的问题，我们怎么会知道呢？看见莱夫勒先生还在看着自己，像是在征询一种答案，跳跳猴鼓起勇气说："不过，起码我们证明了这种棒状杆菌是白喉病的病原了。"

莱夫勒先生摇了摇头，一声不响地走开了。他坐在书桌旁，开始总结前一段时间的实验，整理自己的思绪。

第二天，实验报告写出来了，报告的结论是这样的："这种微生物可能是白喉的病原。"

跳跳猴不解，轻轻地问："莱夫勒先生，难道我们还不能确定这种棒状杆菌就是白喉的病原吗？"

"不能。"莱夫勒先生摇摇头，"在几个死于白喉的儿童的咽喉里，我没有发现这种棒状杆菌。另外，我用这种棒状杆菌接种过的动物并不像儿童患者那样出现瘫痪。更为重要的是，我在一个没有出现白喉症状的孩子的咽喉里也找到了这种微生物。用从这个孩子咽喉分离出来的棒状杆菌给豚鼠和兔子注射，证明这种杆菌的毒性是很强的，足以致命的。"

听了莱夫勒的分析，跳跳猴不住地点头。和科赫先生一样，莱夫勒先生严谨得令人惊讶。是受老师的熏陶，还是由于德国人的血统？

这时，德国的白喉销声匿迹了，莱夫勒坐下来，对前一段的研究进行总结。在总结报告中,他写道:"这种杆菌躲在婴儿咽喉中的一小片死组织上,隐匿在豚鼠皮下的一小点地方。它们从来不是成千上万地麇集,没有扩散到全身,但却能致人、畜于死地。怎么回事?它们一定是制造了一种毒素。这种毒素潜入到身体的至关重要的部位,导致患者死亡。如此一种毒素,一定会在死亡患者的器官中,在死于此病的豚鼠尸体中,以及在细菌的培养基中找到。发现这种毒素的人,将证实我所不能证实的东西。"

莱夫勒的这段文字,启发后来者沿着这个思路进行进一步的探索。

莱夫勒的研究告一段落,笨笨熊和跳跳猴离开了莱夫勒先生,在欧洲云游。他们遍访欧洲的各生物实验室,有时整天泡在大学的图书馆。

四年之后,巴黎流行白喉。疫情就是命令。巴斯德的学生埃米尔·鲁投入到了白喉病的研究中。

听说埃米尔·鲁接着研究白喉,笨笨熊、跳跳猴又来到了法国。

埃米尔·鲁在病人咽喉部找到了与莱夫勒的描述相同的棒状杆菌。他们在肉汤里培养这种细菌,用肉汤给兔子注射。几天后,这些兔子走起路来一瘸一拐,肌肉麻痹了。然后,这种麻痹逐渐扩散到全身,最后死亡。

他在兔子尸体的许多器官取材,精心培养,但是,一个细菌也没有发现。

"几天前,给这些动物注射了十几个亿的杆菌。这些杆菌都哪里去了呢?"埃米尔·鲁喃喃自语,"一定是那些细菌产生一种毒素,这种毒素麻痹和扼杀了动物。"

他将大玻璃瓶消毒,灌进无菌的肉汤,在肉汤里接种白喉杆菌。然后,放在培养箱中培养。四天之后,他将肉汤培养基过滤。过滤器网眼极细,可以让液体流过,但细菌,即使是最微细的细菌也不能通过。

过滤完毕后,埃米尔·鲁舒了一口气,指着过滤的液体对小哥俩说:"这个东西,应该有毒素在内,应该能使实验动物丧命。"

埃米尔·鲁把滤过的液体注射到实验兔子、豚鼠的腹部。

接下来的几天,埃米尔·鲁和小哥俩每天到实验室观察实验动物,期待着它们发病,死亡。但是,这些动物没有出现任何异常表现。

"可能是注射量不够。"埃米尔·鲁说。

于是,他加大了注射剂量。

然而,令人失望,实验动物还是不理不睬。

埃米尔·鲁愤怒了,竟然在小小的豚鼠皮下注射了35毫升白喉菌肉汤滤过液。

35毫升是什么概念呢？大约相当于豚鼠体重的一半。

注射后一天，小豚鼠活泼如常。埃米尔·鲁开始诅咒它们了。24小时后，它们出现了异常。毛发竖了起来，开始咳嗽。不出五天，直挺挺死去了。症状与注射了活的白喉杆菌而死的豚鼠一模一样。

跳跳猴向埃米尔·鲁表示祝贺。

埃米尔·鲁脸上露出了笑容。但马上又皱起了眉头，说："瓶子中白喉微生物产生的毒素太少了，以至于要用大半瓶才能毒死一个小小的豚鼠。要是体内的白喉微生物也是产生这样少的毒素的话，在一个孩子的咽喉里生存的那一点白喉菌怎么能导致孩子死亡呢？"

接下来的日子，他每天苦苦思索如何才能让白喉菌增加毒素的产量。但是，百思不得其解。几天后，埃米尔·鲁干脆停止了实验，度假去了。他期望在轻松的旅游过程中产生灵感。

大约两个月后，埃米尔·鲁回来了。他对小哥俩说："看来，问题出在培养时间上。我们只把白喉杆菌培养了四天，它们还没有足够的时间产生毒素。"

跳跳猴和笨笨熊同时点点头，说不定，这就是问题所在。

实验马上恢复了。埃米尔·鲁把白喉杆菌培养的时间延长到42天。然后，过滤肉汤，用微量滤过液给动物注射。

他成功了。仅仅一滴滤过液就能杀死兔子、绵羊及狗。他将滤过液浓缩，再试验。按照换算结果，一盎司纯粹的滤过液精华，可以使60万只豚鼠或7.5万只大狗丧命。

埃米尔·鲁实验室向世人宣布：白喉之所以使人和动物丧命，是由于白喉杆菌产生的毒素。

看到实验有了进展，笨笨熊和跳跳猴满心欣喜。一天，笨笨熊向跳跳猴提议："我们是不是再回到德国去，看那里在搞些什么研究。"

"好。"跳跳猴欣然同意。

在法国和德国之间来往，他们已经是轻车熟路。与埃米尔·鲁道过别后，他们很快就来到了德国首都柏林，又见到了科赫先生。

科赫先生看着这两个飞来飞去的小家伙，说："去埃米尔·贝林的实验室吧，他正在研究治疗白喉的办法呢。"

小哥俩来到埃米尔·贝林实验室。埃米尔·贝林正在用各种化合物在试管中试验杀灭白喉杆菌的效果。他将经体外试验选出的能杀灭白喉杆菌的化合物应用在已经染患白喉的实验动物。然而，令人失望的是，化合物本身就能致豚鼠于死地。

但是，埃米尔·贝林具有与老师科赫一样的韧性。他不屈不挠，失败了，再来。死亡的豚鼠堆成了山。

一天，他用三氯化碘给白喉实验豚鼠注射。第二天，实验豚鼠不动了，但是还有呼吸。再过一天，这些豚鼠摇摇晃晃站起来了，注射部位红肿溃烂，稍稍触摸一下，痛得豚鼠吱吱直叫。

埃米尔·贝林对跳跳猴说："这些动物可能对白喉获得免疫了。"

然后，他用能够杀死一二十只豚鼠的白喉杆菌给它们注射。不出预料，它们若无其事。

埃米尔·贝林兴奋得满脸通红，吩咐笨笨熊："给我干净注射器。"

笨笨熊问："做什么用呢？"

埃米尔·贝林没有吭气。他接过笨笨熊递过来的注射器，在豚鼠的颈部抽出一点血，将血清分离出来，再将血清与白喉杆菌混合起来。他期待着，白喉杆菌被血清中的免疫物质杀死。但是，日复一日的观察证明，白喉杆菌不仅没有死亡或减少，而是在不断繁殖。

埃米尔·贝林皱起眉头，像是在喃喃自语，又像是在对跳跳猴说："埃米尔·鲁曾经证明，杀死动物和儿童的不是白喉杆菌，而是白喉杆菌产生的毒素。这些被治愈了的豚鼠，也许是对白喉杆菌的毒素产生了免疫。"

顿了顿，他又大声说："保护动物的抗毒物质，我一定能在血清里找到。"

埃米尔·贝林从获得免疫的豚鼠身上抽血，分离血清，将血清与含白喉杆菌毒素的过滤液混合，注射到未曾免疫过的豚鼠。观察结果，这些豚鼠没有死亡。

初步看到了希望。

为了确证被免疫豚鼠血清的抗毒素效果，他将未曾免疫过的豚鼠的血清与含白喉毒素的过滤液混合，注射给未曾注射过的健康豚鼠。结果，不出三天，它们死亡了。

埃米尔·贝林欣喜若狂，他对笨笨熊和跳跳猴说："实验证明，只有患过白喉但后来治愈了的动物的血清才能消灭白喉毒素。我想，能够对豚鼠起到免疫作用的血清，应该对人类白喉病也有免疫作用。"

顿了顿，埃米尔·贝林接着说："如果是这样的话，从豚鼠身上制备免疫血清效率太低了，我们可以不可以从大型动物身上制备免疫血清，用于患白喉病的儿童

穿越时空隧道

呢？"

接着,他用白喉杆菌、白喉杆菌毒素给兔子、羊、狗等动物注射,然后,再注射三氯化碘。他从患病后康复的动物身上获得了大量血液。

埃米尔·贝林给一部分豚鼠注射了少量白喉杆菌免疫过的羊的血清,第二天,给它们注射大量的白喉杆菌,给另一部分豚鼠只注射了白喉杆菌。结果,预先注射免疫血清的豚鼠安然无恙,而另一组豚鼠却在几天之内一个接一个地死亡了。

初期试验成功了。跳跳猴拿出他记的试验记录,让埃米尔·贝林过目。看过之后,埃米尔·贝林拍拍跳跳猴的肩膀,说:"小伙子,你记得蛮不错嘛。"

跳跳猴说:"要向科赫先生汇报吗?"

埃米尔·贝林摇摇头说:"不急,科赫先生你是知道的,他总是要求在实验初步成功后,再做大量实验来证实前期的实验结果。我们还要重复,大量重复。"

接下来的日子,埃米尔·贝林一次又一次地做同样的试验。一组豚鼠注射免疫羊血清,然后注射白喉杆菌;另一组豚鼠直接注射白喉杆菌。而结果总是与初期相同:预先注射血清的豚鼠生存了下来,另一组豚鼠先后发病、毙命。

此时,笨笨熊和跳跳猴都认为,应该能说明问题了。

在一次实验间隙,笨笨熊向埃米尔·贝林递上一杯咖啡说:"埃米尔·贝林先生,现在可以说被免疫的动物的血清能预防白喉病了吧?"

埃米尔·贝林呷了一口咖啡,说:"是的。不过,我还要落实一下,这种被免疫动物的血清能在多长时间内有预防白喉的作用。"

笨笨熊低头不语了,跳跳猴在一旁频频点头。他被埃米尔·贝林先生的这种求实精神折服了。

新的实验开始了。他们将实验豚鼠分组,在给豚鼠注射被白喉杆菌免疫的羊血清后,分别在不同时间给不同组的豚鼠注射白喉杆菌毒素。结果发现,注射白喉杆菌毒素越早,使这些动物死亡的白喉杆菌毒素剂量就越大;注射白喉杆菌毒素时间越晚,使这些动物死亡的白喉杆菌毒素的剂量就越小。

埃米尔·贝林对笨笨熊和跳跳猴说:"看到了吧,我们的实验是有意义的。看来,通过注射被免疫动物血清预防白喉病是不切实际的。德国的儿童这么多,我们总不能每一两星期为所有的德国儿童注射一次白喉免疫血清吧。"

接下来,埃米尔·贝林陷入了沉思。良久,他突然眼睛一亮,嗓音也大了起来,"对了,要是能用被免疫的动物血清来治疗白喉就好了。"

穿越时空隧道

他给一批豚鼠注射精确致死剂量的白喉杆菌。第二天,豚鼠出现症状。第三天,开始出现呼吸困难。接着,埃米尔·贝林给其中一半豚鼠腹部注射了大量免疫血清。然后,站在鼠笼前观察豚鼠在注射后的反应。笨笨熊、跳跳猴站在旁边随时记录埃米尔·贝林要求记的东西。看着看着,注射血清的豚鼠明显地呼吸顺畅了。到第四天,他们活泼得像健康豚鼠一样。而另一组没有注射免疫血清的豚鼠呢?一只只发冷发烧,然后,一动不动,死了。

是时候了,埃米尔·贝林坐下来,写他的实验报告,向人们公布他的实验结果。

不久,德国给大群羊注射白喉杆菌,制造白喉抗毒素。

三年之后,用这些白喉抗毒素给两万名婴儿进行了注射,挽救了大批白喉病儿童的生命。但是,也有个别患者还是未能逃脱死亡的厄运。这就是说,来自羊的白喉抗毒素,还不是百分之百有效。

1894年,白喉病在法国大规模流行。得知这一消息后,笨笨熊和跳跳猴又跑到法国巴斯德实验室。他们想看一看,巴斯德实验室如何想办法控制这场瘟疫。

这时,巴斯德先生已是暮年,瘫痪在床,不能做实验了。他派出了发现白喉毒素的埃米尔·鲁去扑灭疫情。巴斯德吩咐埃米尔·鲁,最好用比德国人埃米尔·贝林更好的方法。埃米尔·鲁披挂上阵了,巴斯德先生则每天在床上等待着埃米尔·鲁的消息,默默祝福埃米尔·鲁实验成功。

埃米尔·鲁很快成功地发明了用白喉杆菌使马免疫的简易方法。从一匹马可以得到比从一头羊多许多的免疫血清。并且,实验证实,只需要一点点被免疫马的血清,就可以对抗大量白喉杆菌毒素。

救人如救火,埃米尔·鲁立即带着刚制备的被白喉杆菌免疫的马血清,赶到医院。

在病房里,笨笨熊和跳跳猴看到了一张张铅灰色的小脸,看到了因痛苦不堪乱抓乱扯被子的小手,看到了病床旁边一筹莫展的医生以及焦急万分的父母。

埃米尔·鲁立即用被白喉杆菌免疫的马血清给患儿注射。许多患儿在注射后迅速退烧,呼吸轻快,从死亡的边缘回到了人间。

对白喉抗毒素的采访结束了,小哥俩从儿童医院的病房走了出来。

跳跳猴一边走,一边问:"白喉抗毒素最后被世界承认了吗?"

笨笨熊说:"在布达佩斯召开的一次世界医学大会上,埃米尔·鲁向与会的医学名流汇报了他的研究。报告一结束,与会者全体起立,掌声雷动。自那以后,注射白喉抗毒素成为治疗白喉的经典疗法。"

　　附：埃米尔·阿道夫·冯·贝林生平：

　　埃米尔·阿道夫·冯·贝林（Emil Adolf von Behring 1854.3—1917.3）德国医学家、细菌学家和血清学家。

　　贝林出生在当时普鲁士王国西普鲁士罗森堡县中的一个小村庄汉斯朵夫（今属波兰）。1874 年 10 月 2 日进入柏林的威廉皇帝军医学院学习。1878 年获得博士学位。1889 年受罗伯特·科赫邀请进入柏林传染病研究所。

　　1890 年他奠定了血清疗法的基础，与北里柴三郎合作发现了破伤风抗毒素。从 1891 年开始，他开始研究白喉抗毒素并获得成功。白喉抗毒素的研究成功，使人类征服了白喉这个可怕的传染病。1894 年，贝林被聘为哈雷大学特聘教授。1895 年贝林获得了马尔堡大学卫生研究所教授和领导的职务。1917 年他在马尔堡因肺炎逝世。由于他在血清疗法和被动免疫上的研究，尤其是在对白喉治疗方面的贡献，他于 1901 年被授予首枚诺贝尔生理学或医学奖，并被封为贵族。

巴斯德灭菌法

跳跳猴说："巴斯德先生和他的学生对人类的贡献真是太大了！"

笨笨熊说："巴斯德先生不仅发明了炭疽疫苗和狂犬疫苗，在酿酒方面也有杰出贡献呢。"

"是吗？"跳跳猴瞪大了眼睛，心想，巴斯德先生怎么去酿酒了呢？

笨笨熊说："巴斯德先生对酿酒的研究和真菌有关。"

"难道酒是真菌制造出来的吗？"跳跳猴不解地问。

"是的，酿酒和真菌中的酵母菌有关。没有酵母菌是不会酿出酒来的。"

"怎么回事呢？"跳跳猴好像坠入了八千里云雾之中。

笨笨熊说："你知道，法国素以酿酒闻名于世。但是，有一年，不少农民酿出的酒总是出问题。一天，巴斯德先生正在实验室工作，一个叫做毕戈的中年男子来向他请教：'教授先生，我们在用甜菜酿酒时出了问题。制出的酒总是发酸，每天损失好几千法郎。希望您能到我们的厂里去一趟，帮我们解决问题。'法国的许多人认为，巴斯德什么问题都能解决。

"巴斯德一向热情、爽快。他当即答应了毕戈的请求，跟随毕戈来到了酒厂。他从正在生产的好酒中以及发酸的酒中各取了一些样本，带回了实验室。

"他把好酒滴一滴，放在显微镜下观察，发现了许多蠕动的球状小动物。它们有的成簇，有的成串，有的从旁边还长出小芽。他又从发酸的酒里取出一滴，放在显微镜下观察。结果，没有好酒中所看到的球状细菌，只能看到成堆棒状的小动物。这是巴斯德先生第一次接触微生物，因此，他弄不清他所看到的是些什么东西。但是，没有任何微生物知识的巴斯德并没有退却，而是一头扎进去，决心解决困扰酿酒业主的问题。

"经过查阅资料和反复研究，他得出了结论：在好的甜菜浆里的那些小动物是酵母,是酵母菌把糖变成了酒精。他还认为,把大麦酿成啤酒的也应该是酵母菌。

"他告诉毕戈,使他的酒出问题的是那些棒状小动物。可能是棒状小动物生长得太快,限制了酵母菌的生长,所以酵母菌看不到了。如果想办法把酒中的棒状小动物去掉,酒便应该不会发酸了。"

跳跳猴说:"巴斯德先生告诉毕戈把酒中的棒状杆菌去掉,但是没有告诉如何做到这一点呀。"

笨笨熊说:"确实,巴斯德先生当时刚刚涉猎微生物这个领域,对如何去掉酒中的棒状杆菌也没有具体办法。但是,他立志要解决酒精变质的问题,挽救那些快要破产的酿酒企业。他带着仪器回到了他的家乡阿尔布瓦,因为那里有许多酿酒厂。在尝试了许多方法后,他终于发现,假若在酒刚发酵完毕后立刻用文火加热,用不着热到沸点,本来不应该在酒里出现的微生物就会被杀死,酒就不会变质了。应用巴斯德先生发明的这种方法,法国许多遇到酒精变质问题的制酒厂起死回生了。以前,法国的啤酒质量不如德国,但是,由于巴斯德先生的发现,法国的啤酒质量得到了明显改善。"

跳跳猴问:"巴斯德先生发明的文火加热灭菌方法就是我们所说的巴斯德灭菌法吗?"

笨笨熊说:"是的。后来,巴斯德灭菌法还在其他领域得到广泛应用。"

蘑菇不是植物吗？

小哥俩边走边说，信步来到了一座小山冈的山脚下。在山冈上绿油油的草地中，一群绵羊如同白云一样在缓缓移动，几只奶牛在草地上悠闲地漫步……

跳跳猴指着山冈，说："我们到那里去溜达溜达吧。"

笨笨熊说："好吧。"

久违了村野，小哥俩对大自然有一种特别想亲近的冲动，便甩开大步，朝小山岗走去。

跨过山脚下的一条小溪，笨笨熊和跳跳猴来到了山顶上。山坡上绿草如茵，草丛中还间杂着许多不知名的野花。他们一边漫步，一边欣赏着这诱人的风光。

突然，跳跳猴发现身旁有几块白白的石头一样的东西，他一脚踢去，"石头"破了，喷出一股粉尘。他涕泪交加，赶快逃了开来。

笨笨熊望着跳跳猴一个劲地笑。

跳跳猴一边忙不迭地擦着流出的泪水，一边说："原来，那东西不是石头啊！"

笨笨熊笑着说："你刚才踢的，是一种真菌。"

跳跳猴说："怎么看起来像石头一样呢？"

笨笨熊说："这种真菌叫做马勃。在幼嫩时，可当做菜来吃。它富含营养，另外，还能治疗咽喉肿痛、鼻出血等。当马勃老熟后，其内容物就变成干粉状。从马勃中喷出的粉尘是繁殖后代的'粉孢子'。如果人接触到马勃的粉孢子，就会泪流不止，喷嚏不停。曾经有人用成熟马勃作为武器用在战场上，相当于现代的催泪弹。

"和马勃一样，蘑菇也属于真菌。"

说完，笨笨熊猫下腰，一边走，一边拨开草丛寻找着什么。

少顷，笨笨熊说："噢，找到了。"

在笨笨熊拨开的草丛的根部，生长着许多大大小小的蘑菇，就像一群小孩在雨天打着雨伞结伴出行。

跳跳猴蹲了下来,说:"蘑菇不是植物吗?"

笨笨熊也蹲了下来,说:"看起来,它们是从土里钻出来的,好像是植物,但实际上,蘑菇没有根、茎、叶等植物的结构。它的身体由菌丝组成。菌丝分为两种,一种是专管营养和生长的,叫做营养菌丝。蘑菇把营养菌丝伸入土壤、朽木或植物体中,分泌出一些酶来,把复杂的有机物分解成比较简单的物质,然后吸收利用。另一种菌丝是繁殖菌丝,专管繁殖后代。繁殖菌丝中有好多孢子,孢子散落到什么地方,蘑菇就有可能在什么地方生长出来。"

多少年来,跳跳猴一直以为蘑菇是植物。今天听了笨笨熊的讲解,才知道原来蘑菇是真菌家族的成员。

"除了马勃、蘑菇,还有哪些是真菌呢?"跳跳猴想,真菌家族,不应该仅仅包括马勃和蘑菇。

笨笨熊说:"在生物分类学中,真菌是一个界,与植物界、动物界平行。在真菌界下,又分为黏菌亚界和真菌亚界。

"黏菌亚界中的真菌生长在阴湿的土壤、木块、腐朽植物体以及粪便等上面。细胞没有壁,能像变形虫一样吞食固体颗粒。根据这些特点,有些生物学家把黏菌归类于原生生物。但是,黏菌也能通过营养菌丝吸收有机物。根据这些特点,真菌学家又把黏菌从原生生物中抓了回来,归到真菌界。黏菌是一个不大不小的家族,他的家庭成员有500多种。

"真菌亚界中的真菌和细菌接近,它们以动植物尸体、枯木烂叶为食物源。也可侵入活的生物体,通过寄生获得营养。真菌种类很多,有几万种。其基本结构单位是一种丝状的细胞,称为菌丝。"

跳跳猴问:"除了可以食用外,真菌还有别的用处吗?"

笨笨熊说:"真菌可以分解有机物质。通过分解枯死植物中的有机物质,不仅真菌自己获得了营养,而且可将大分子有机物质分解为小分子,形成腐殖质。腐殖质可以使土壤形成一个个小颗粒,叫做团粒。团粒可以使土壤变疏松,使沙土变得有黏性。这样,可以提高土壤的保水、保肥性能,使土壤质量得到改善。

"此外,真菌将动植物尸体分解,还有利于净化环境。如果没有细菌、真菌的分解作用,动物尸体及枯死的植物会在地球上越堆积越多,成为灾害。"

跳跳猴说:"想不到,真菌还对人类有贡献!"

笨笨熊说:"还有更大的贡献呢!"

青霉素的故事

"还有什么更大的贡献呢？"跳跳猴好奇地问。

笨笨熊说："真菌可以产生抗菌素。"

"真菌可以产生抗菌素？"跳跳猴很有点儿不相信。

笨笨熊说："是，比如，青霉素就是由一种叫做青霉菌的真菌产生的。在青霉素发明之前，人们在感染性疾病面前束手无策，许多人死于感染性疾病。青霉素的发明使千千万万个感染性疾病患者起死回生。受青霉素的启发，人们利用真菌又产生出了许多抗菌素，如链霉素、先锋霉素、庆大霉素、红霉素、吉他霉素等，使医药界发生了重大革命。你说，真菌对人类的贡献不大吗？"

跳跳猴问："是谁发明青霉素的呢？"

他对第一个抗菌素的发明非常感兴趣。他认为，在任何一个领域，能够做出开创性贡献的人一定是一个天才，那开拓性研究的过程一定是一个动人的故事。

笨笨熊说："英国医生弗莱明。"

"能讲讲发明青霉素的过程吗？"跳跳猴将身子侧过来，望着笨笨熊。

笨笨熊说："好吧。"

接着，他坐在了草地上，给跳跳猴讲起了青霉素发明的故事。

第一次世界大战期间，弗莱明被派到战地医院服务，从事伤口感染的治疗。由于他和同事的努力工作，他所在的战地医院成了防止伤口感染的最佳医院。但是，也有不少士兵由于伤口感染得不到有效控制而死亡。士兵不是死在战场而是死在医院，这使他感到非常痛心，同时也使他更进一步坚定了从事感染控制研究的决心。战争结束后，弗莱明回到学校担任细菌学讲师，同时到赖特接种站从事细菌研究。

弗莱明和他的助手把研究对象确定为葡萄球菌，因为葡萄球菌是一种分布很广而且危害很大的病原菌。他们把葡萄球菌接种到一只只细菌培养皿中，进行人工培养,再加入各种药,观察各种药对葡萄球菌的作用。他们想通过这种方法找到能够杀灭葡萄球菌的理想药物。

从1921年开始,弗莱明把研究的重点放在一种溶菌酶上。然而,历经七年的艰苦研究,他发现溶菌酶对病原微生物几乎不起任何作用。1928年夏天,天气格外闷热,赖特研究所破例放了一个暑假。放假前,弗莱明心情非常烦躁,什么事也不想干。他将培养皿及其他实验用具胡乱堆在实验台上,就去海滨度假去了。这在非常敬业、一向细心的弗莱明还是第一次。

九月初,天气渐渐凉爽了下来。弗莱明和他的助手结束了度假,回到了实验室。一进门,他们就奔向实验台,清理放假前堆在实验台上的实验器皿。

他的助手拿起几个长出毛的培养皿,向弗莱明说:"先生,培养皿发霉了,我把它们扔掉吧。"

弗莱明一看,培养皿中的培养基上长出了毛。但是,直觉告诉他,这长毛的培养皿似乎不同寻常。他急忙阻止说:"不,这里面好像有文章。"

弗莱明捡起培养皿,走到窗前,对着亮光仔细地看了起来。这些培养皿是接种过葡萄球菌的,在培养皿的培养基上,均匀地生长着葡萄球菌的菌落。但是在霉花的周围,有一圈空白。葡萄球菌菌落在霉花周围消失了。

是否葡萄球菌被生长的霉菌杀死了呢?

弗莱明抑制住内心的惊喜,把这只培养皿放到显微镜下进行观察。真的,霉花周围的葡萄球菌全都死掉了。他把这些长毛的青绿色霉菌接种到许多培养皿中进行培养。然后,把培养霉菌的培养液过滤,再将过滤的培养液滴加到生长葡萄球菌的培养基中。结果,在几小时内,葡萄球菌全部死亡。

没有问题,这种霉菌能产生一种杀灭葡萄球菌的物质,弗莱明肯定了先前的判断。接着,他又把过滤的培养液稀释十倍、一百倍、八百倍,并分别加到葡萄球菌的培养基中。不出所料,所有培养基中的葡萄球菌都被杀死了。

一天,一个助手的手被玻璃划伤,化脓了,伤口肿痛得很厉害。他向弗莱明请假,说要到医院看一下。弗莱明看着同事的伤口,心想,这一定是感染了细菌。他取来一把玻璃棒,蘸了一些正在过滤的霉菌培养液,涂在助手正在红肿的伤口上。

弗莱明一边涂,一边说:"不用去医院了,过几天就好了。"

助手半信半疑。

第二天,助手跑来对弗莱明说:"先生,您的药真灵。瞧,我的手已经好了。您用的是什么灵丹妙药呢？"

弗莱明稍微思考了一下，说："还没有名字呢。好，我把它命名为盘尼西林吧。"

盘尼西林，就是我们在临床上广泛使用的青霉素的英文名称。

之后，弗莱明和他的助手进行进一步试验。1929年6月，他们在美国的《实验病理学》杂志上发表了关于盘尼西林的论文。弗莱明在论文中指出："事实证明，有一种盘尼西林霉菌能分泌具有非常强大杀菌能力的物质。它不仅能杀死葡萄球菌，还能杀死链球菌等许多病菌。"

遗憾的是，盘尼西林培养液中的杀菌物质浓度太低。要把这种杀菌的物质作为药品，需要把盘尼西林进行提纯。但弗莱明不是一个化学家，他对盘尼西林的提纯问题始终没有解决。但是，弗莱明坚信，盘尼西林总有一天会造福人类的。在这种信念的支持下，他细心地保存着菌种。为了避免这种霉菌在实验室断子绝孙，他耐心地一代接一代地进行传代培养。

历史并没有冷落伟大的科学发现。九年以后，英国病理学家哈维看到了弗莱明关于盘尼西林的文章。当时，哈维正在寻找抗菌新药，因此，对盘尼西林的发现十分感兴趣。他联合了生化学家欧内斯特·金等人，开展对盘尼西林的纯化工作。经过细菌学家和生化学家的共同努力，高纯度的盘尼西林诞生了，用在临床上，效果非常显著。

人类历史上第一个抗菌素药问世了。为此，弗莱明、哈维和欧内斯特·金共同获得1945年诺贝尔医学或生理学奖。

"噢，原来青霉素的发明是一个偶然的发现啊！"跳跳猴认为，弗莱明运气太好了。因了度假前没有清理培养皿这一疏懒行为，竟然赢得了诺贝尔大奖。

笨笨熊说："是的，是一个偶然的发现。如果助手在扔掉培养皿之前没有请示弗莱明，如果弗莱明没有注意到那些培养皿有什么不同寻常，青霉素就不会问世了，起码，不会在弗莱明那个实验室问世了，抗菌素的历史也就要改写了。

"但是，这些偶然的事件只有遇到有心人才能意识到它的价值。如果没有相关的知识背景，没有对事物的特殊敏感，就会对本来很有价值的现象麻木不仁，视而不见，就可能把金子当做黄铜，把钻石看做玻璃渣。"

跳跳猴大声说："今天，我终于弄明白了。"

"弄明白什么了？"笨笨熊侧过身子来，望着跳跳猴，他以为这小兄弟突然有了什么重大发现。

跳跳猴神秘兮兮地说："弗莱明发现青霉素是在度假之后，无独有偶，巴斯德发现减毒霍乱菌苗也是在度假之后。看来，本人一直没有建树，是因为一直没有度假啊！"

原来，跳跳猴是在调侃。

笨笨熊拍了拍跳跳猴的肩膀，笑着说："有道理，有道理。真是一个重大发现，科学上的重大发现。下一次开科学大会，你一定要到会上作一个报告。"

"作什么报告呢？"跳跳猴笑吟吟地望着坐在他旁边的笨笨熊。

笨笨熊拖长了声音说："在座的诸位前辈，大家不用费劲了，如果你想有什么重大发现或发明，首先要做的事情，就是给自己放一个长假。度假归来，精神焕发，灵感像井喷一样奔涌，所有苦苦求索而不得其解的问题便都解决了。"

说完，小哥俩哈哈大笑起来。

栖在旁边一棵小树上的几只飞鸟扑棱棱飞了起来，越飞越远，渐渐从小哥俩的视野中消失。

没有硝烟的战争

蹲了好长时间,跳跳猴感到双腿发麻。他躺了下来,铺着松软的青草,望着蓝天和白云。

跳跳猴非常喜欢凝视蓝色的天空和蓝色的大海。为什么呢? 空气和水本无色,但万里虚空和浩瀚大海却呈现出深蓝色。在他看来,蓝色便是深邃的象征。因此,当他仰望天空或极目大海时,便往往会陷入沉思。此时此刻,他在一幕幕地回想访问微生物科学家的过程。

良久,跳跳猴问:"科赫发现了炭疽杆菌、结核杆菌以及霍乱弧菌,开创了致病微生物研究这门学科。但是,是哪位科学家发现病毒的呢? "

笨笨熊说:"人类是先发明病毒的疫苗,然后才认识病毒的。天花和狂犬病的病原都是病毒,早在 18 世纪,英国医生 E.詹纳用种牛痘的方法使人们获得对天花的免疫。19 世纪,巴斯德用免疫的方法对狂犬病进行预防和治疗。他们在控制这两类病毒性疾病方面做出了杰出的贡献,但是,他们最终也没有看到导致天花和狂犬病的病原长什么样子。"

跳跳猴问:"为什么呢? "

笨笨熊说:"因为病毒很小,光学显微镜看不到,所以,在电子显微镜问世之前,人们一直不能认识它。

跳跳猴问:"那人们是怎么发现病毒的呢? "

笨笨熊说:"烟草有一种病, 叫烟草斑纹病。生病的烟叶颜色成斑纹状。1892年,俄国生物学家伊万诺夫斯基发现,如将生病的烟叶捣碎,搽到健康的烟叶上,健康烟叶会很快发生斑纹病。但如果将生病烟叶的汁加热后再搽在健康的烟叶上,则健康烟叶不发病。伊万诺夫斯基认为,这一定是高温把细菌灭活了,所以加热后的病叶汁不能再感染健康烟叶。因此，他试图用细菌过滤器将病叶汁中的细菌过滤掉，以获得无病菌的叶汁。但他将过滤后的叶汁搽到健康叶上后，出乎意料，健康叶还是出现了斑纹病，并且这种病变可以逐渐扩大。

"因此，伊万诺夫斯基认为，感染烟叶、导致斑纹病的病原应该长得很小。因为这种病原可从阻挡细菌的细菌过滤器中滤过，带有毒性，可以使烟叶染病，便把这种病原称为'滤过性病毒'，简称为病毒。直到20世纪30年代，电子显微镜问世后，人们才看到了这种小东西的真面目。

"近年来，分子生物学获得了长足发展，为病毒的研究又增添了新的技术手段。记得2003年流行的传染性非典型肺炎吧？"

跳跳猴点点头，接着又摇摇头。对那场灾难，他朦朦胧胧有点印象，但究竟是怎么回事，心中不甚了然。

笨笨熊接着说："2002年秋季，我国南方出现了一种非常特殊的肺炎，人们把它称为传染性非典型肺炎。2003年初，这种怪病迅速传播到了中国香港、新加坡、加拿大、越南和美国等地。由于这种病传染性强，病死率高，流行地区生产和生活秩序受到很大影响，全世界都人心惶惶。针对这场瘟疫，世界卫生组织建立了一个由许多国家参与的实验室网络。2003年3月，香港研究人员通过电子显微镜从病人的标本中发现了这种病的病原——冠状病毒。

"根据以往的资料，冠状病毒只能使人类发生轻-中度感冒，为什么2003年的冠状病毒这么厉害呢？科学家应用分子生物学技术对冠状病毒进行基因检测，2003年4月，完成了冠状病毒的基因组图谱。原来，冠状病毒的基因发生了突变，导致2003年瘟疫的冠状病毒是原来冠状病毒的变种。

"在明确病原的基因序列后，2003年4月14日，研究机构就推出了快速检测非典型肺炎的基因诊断试剂。应用传统检验手段，需要在患者感染10-20天后才能确诊；利用基因诊断方法，可以在2小时之内就作出诊断。

"只用了几个月的时间，就弄清楚了病原，测出了冠状病毒的基因序列，并且研制出了快速诊断试剂。这一些，没有强大的科学技术的支撑，是不可想象的！"

跳跳猴深以为然地点了点头。在传染性非典型肺炎流行的那一段日子，他每天看电视，也深深为全人类共同抗击这种怪病的精神，为在这一场战役中科学技术所发挥的作用所震撼。

笨笨熊接着说："但是，要把病毒性疾病真正搞清楚，并不是那么容易的。艾滋病就是一个典型的例子。近几十年来,艾滋病肆虐全球。据世界卫生组织估计,全球每年有 500 万左右的人染患艾滋病。但是,艾滋病毒是从哪里来的呢?直至今天,仍然没有定论。另外,抗生素的问世,使许多细菌感染性疾病得到有效治疗,但是,对病毒性疾病,即使是普通感冒,也没有特效的治疗办法。因此,与病毒的斗争,是一场长期的没有硝烟的战争。"

什么是微生物?

这时,不知从哪里飞来一群鸽子。它们落在小哥俩面前的一块空地上,一边在地上觅食,一边咕咕地说着话。

跳跳猴和笨笨熊默默地看着眼前的鸽子,许久不再讲话。突然,从远处的草丛中蹿出一只兔子,从鸽子旁边跑过。空地上的鸽子受了惊,飞了起来,向山冈另一面的一个小镇子飞去。在它们的身后,发出呜呜的哨声。

跳跳猴问:"我们拜访了几位微生物大家,但是,什么是微生物呢?"

笨笨熊说:"微生物是肉眼看不见的微小生物的总称。具体来说,包括四大类。第一类是细菌、兰细菌和放线菌;第二类是支原体、衣原体和立克次氏体;第三类是真菌、原生生物和显微藻类;第四类是非细胞类,包括病毒、类病毒和朊粒。"

跳跳猴说:"这么说来,微生物也是一个不小的家族。"

笨笨熊说:"是的,从数量来说,微生物是地球生物中的多数民族。有人估计,仅以细菌而言,地球上大约有 5×10^{30} 个。从种类来说,它们也是一个大家族。迄今为止,仅就微生物中的细菌而言,人类已经认识到的就有 28 个门。科学家还在不断发现新的致病微生物。比如,艾滋病毒就是 20 世纪 80 年代发现的。此外,原来发现的致病微生物还可发生变异,产生变种。比如,2009 年流行的甲型 H1N1 流感就是变异的流感病毒所导致的。总的来说,从列文·虎克开始,人类对微生物的研究从来没有停止过,微生物也总是给人类提出新的课题。"

跳跳猴问:"巴斯德发明了炭疽菌苗和狂犬疫苗,埃米尔·鲁和埃米尔·贝林发明了白喉抗毒素。自那以后,人类在利用微生物方面有进展吗?"

笨笨熊说:"19 世纪以来,免疫学获得了长足发展。目前,在临床上广泛应用的免疫制剂有百日咳菌苗、破伤风菌苗,流行性脑脊髓膜炎菌苗、肝炎疫苗、流行性感冒疫苗、乙型脑炎疫苗以及脊髓灰质炎疫苗等。这些疫苗,在预防传染性疾病、保障人类健康方面发挥了巨大作用。"

　　说到这里,笨笨熊仰起脑袋看了一下天空。太阳已经悄悄地来到头顶,已是中午时分。

　　他说:"时候不早了,我们要出发了。"

　　"到哪里呢?"跳跳猴问。

　　"按照路线图,我们应该去访问法国的昆虫学家——法布尔。"

法布尔其人

　　万里晴空中，一朵彩云风驰电掣般地飞驰着。上面，并排站着跳跳猴和笨笨熊。

　　跳跳猴向笨笨熊说："可以介绍一下法布尔先生吗？"

　　应了跳跳猴的请求，笨笨熊滔滔不绝地讲了起来。

　　法布尔先生的全名叫让·亨利·法布尔。他出生在法国南部山区一个贫苦人家，由于生计所迫，小时候曾流浪街头，做过零工。师范毕业后，曾经当过中学教师。就在中学教师这个岗位上，他一边教学，一边自学完了大学课程，并取得了博士学位。

　　法布尔从小就对昆虫有浓厚的兴趣。在他做中学教师时，除教学和自学大学课程外，还坚持用业余时间研究昆虫和植物。他对昆虫观察的论文，曾经得到生物学大家达尔文的赞许。他梦想能登上大学讲台教昆虫学，在大学拥有自己的昆虫实验室。

　　但是，法布尔先生的大学教师梦没有实现。有些生物学家认为，法布尔不是对昆虫进行解剖，只是对活体昆虫的生活进行观察，研究结果缺乏科学性。好像法布尔只是一个游击队队员，不是正规军。但是，法布尔先生对昆虫的情结太深了。看到去大学进行昆虫研究没有希望，在47岁那年，他放弃了中学教师的职位，到一个乡村买了一所带有院子的房子，这个院子里生存着许多昆虫。他给这个院子起了个名字——荒石园。

　　荒石园面积很大，他没有在院子里种庄稼和蔬菜，而是专心致志对昆虫进行研究。有人故意问他，他从那个荒石园收了多少粮食。在别人看来，人类从土地得到的收获就是小麦或者玉米。他笑着告诉人们，他收获的不是谷物，而是大自然的秘密。

　　由于放弃了教师的职位，没有了固定的薪金，法布尔唯一的经济来源就是写书的稿费。他的经济状况非常糟糕，有时，不得不到专为贫穷的科学家设立的"科学学者救济会"去请求救济。有一次，他甚至不得不忍痛割爱，准备卖掉自己花了大量心血亲笔绘制的生物图谱。后来，由于一位诗人帮忙，政府以奖励科学的名义给了法布尔一点补助,才得以保留了这本珍贵的图册。他曾经写道:"如果我能够不忧虑于天天所需的面包,专心去继续研究珍贵的学问,那我会多么高兴啊!"

1879年,法布尔先生的《昆虫记》第一卷问世。1910年,《昆虫记》十卷出齐,全书200多万字。《昆虫记》记载了法布尔先生几十年对昆虫观察和研究的成果,渗透着法布尔先生对昆虫的深厚感情。由于法布尔先生具有深厚的文学功底,《昆虫记》既是一部科学巨著,又是一部文学著作。这部书,被译成许多国家的文字,被列为人们必读的十本书之一。

法布尔先生对昆虫的观察到了痴迷的程度。有一次,他在烈日下躺在地上观察高鼻蜂。一个巡查看见他躺在地上好长时间一动不动,竟然以为他是小偷,便过来盘问。法布尔说,自己是在观察昆虫。巡查不信,反问道:"先生难道冒着火辣辣的太阳,在这里躺了大半天,就是为了观察那小小的高鼻蜂和苍蝇吗?"正在这时,巡查发现了法布尔身上佩戴着的法国政府任命的荣誉勋位团成员的标志,才消除了误会。巡查感到很不好意思,连忙向法布尔道歉。法布尔则毫不介意,继续躺在地上观察高鼻蜂。

不仅对昆虫,法布尔先生对任何现象都仔细观察,用心思考。在《昆虫记》里,他讲了一个故事。童年时的一天,他的脸正好对着太阳,强烈的阳光强迫他闭上了眼睛。但是,他仍然感到阳光的存在。这时,法布尔竟然想,我感到阳光是通过嘴呢,还是通过眼睛呢?既然产生了疑问,就要弄清楚。他把眼睛闭上,把嘴张大,太阳的光环消失了;睁开眼睛,闭上嘴,太阳的光环又出现了。这是不是错觉呢?他又试了一次,结果仍然相同。最后,他得出了结论,没错,是用眼睛看到太阳的。

听到这里,跳跳猴吃吃地笑了起来。

笨笨熊说:"这个事例,听起来好笑。但是,就是这种凡事都要亲自弄清楚的态度,成就了法布尔先生的事业。牛顿看到苹果从树上落到地下,就在想,为什么苹果往下落,而不往天上飞呢?这在许多人看来,也非常可笑。苹果往地下掉,不是天经地义的吗?可就是这种令人发笑的想法,成就了牛顿先生的万有引力定律。"

跳跳猴说:"看来,对事物的好奇心,是获得成功的重要因素;对事物的漠然,将封闭通向成功的大门。"

笨笨熊说:"噢,这是谁的名言?"

跳跳猴用手指指了指自己的鼻子,骄傲地说:"本人。"

笨笨熊惊讶地说:"什么时候,我的小兄弟成了哲学家?"

跳跳猴笑了笑,说:"哲学家算不上,只能算是个成功学家。"

相遇荒石园

太阳偏西时分，小哥俩来到了法国，脚下的彩云在一个民宅的院内缓缓地降了下来。

站定了，笨笨熊打量了一下院子，说："我想，这就是法布尔先生的荒石园。"

"你怎么知道的呢？"跳跳猴反问。

笨笨熊回答："我看过法布尔的《昆虫记》，在那本书里，先生对他的荒石园有详细的说明。"

小哥俩环顾四周，只见在园子的一角有几间破旧的房屋。除此之外，便是池塘、荒草和树木。整个园子里静悄悄的，只是偶尔可以听到一两声鸟叫声。

跳跳猴拉起笨笨熊，朝着那几间破旧的房子走去。

笨笨熊问："去哪里？"

跳跳猴说："到法布尔的房子里去拜访先生啊！"

笨笨熊说："我想，先生多半在园子里观察昆虫。我们还是先在园子里找一找吧。"

跳跳猴点了点头，跟着笨笨熊在园子里转悠了起来。就在太阳快要落山的时候，跳跳猴看到在不远处的一片灌木丛中有一个蹲着的人。

跳跳猴拉了拉笨笨熊的衣服，用手指了指前面的灌木丛。

笨笨熊看了看，说道："这可能就是法布尔先生。"

说完，便拉着跳跳猴蹑手蹑脚走了过去。近前一看，蹲着的是一个中年人，穿着一身破旧的粗布衣服，戴着一顶旧毡帽。他用双手分开灌木，正在聚精会神地看着什么。为了避免打扰，跳跳猴和笨笨熊在旁边静静地站着。

许久，中年人站了起来，一回头，看见了身后的跳跳猴和笨笨熊。

笨笨熊赶忙说："您好，我们想找法布尔先生。"

中年人诧异地看着眼前的两个黄种人少年，用手指了指自己的鼻尖，说："你们，找我？"

"您就是法布尔先生？"跳跳猴高兴地跳了起来。

中年人点了点头。

跳跳猴说："我们是专程来跟您观察昆虫的。"

听说两个少年是专程来跟他一起观察昆虫的，法布尔先生脸上泛起了红光，立即讲了起来："太好了。我先来介绍一下眼前的这个荒石园吧。在这里，有猎取各种野味的猎人，有泥水匠，有纺织工人，有制造纸板者，有木匠，有矿工……"

跳跳猴扫视了一下荒石园。整个园子里，除了他们，并没有其他人。

他悄悄和笨笨熊说："哪里有猎人、矿工和纺织工人呢？"

笨笨熊笑了笑，向跳跳猴耳语道："法布尔先生把钻在地下的昆虫比作矿工，把蜘蛛比作纺织工人，把以昆虫为食的昆虫比作猎人……在他看来，所有昆虫都是有血有肉有感情的生灵，这一点，在他的著作里可以看得出来。"

听了笨笨熊的解释，跳跳猴明白了。

接着，法布尔领着跳跳猴和笨笨熊在他的荒石园里观光起来。

他指着一只爬在树上的蜂，说："你们看，这是一种切叶蜂。它们能从一些树叶上切下许多圆盘状或椭圆状的小片，用它们制成蜜罐，以备产卵。产卵后，它们又飞到树上，不经任何度量，切下一片片树叶，用这些树叶作为蜜罐的盖子。这些叶片不大不小，正好盖住蜜罐。你们说，神奇不神奇？"

跳跳猴和笨笨熊同时点点头。

接着，法布尔又指着旁边的几只蜂说："这些穿着黑丝绒衣的蜂用泥水建筑居室，我把它们叫做泥水匠蜂。另外，还有一种野蜂，它们把家安在空的蜗牛壳里。第四种蜂，住在泥水匠蜂的空隧道中，虽然住的是别人的地方，属于租住，但是它们从来不向泥水匠蜂缴纳租金。"

少顷，他指着不远处的一块石头说："有一种长着黑耳毛的鹟鸟，穿着黑白相间的衣裳，看上去好像是黑衣僧人。它常常坐在那块石头顶上唱一些简单的歌曲。"

边说边走，他们来到了房子后的一片树林。

法布尔指着树林中间的一片池塘，说："池塘中住着许多青蛙，每年 5 月份，他们每天练歌，那声音，可以用震耳欲聋来形容。"

绕着树林的边缘，拐了一个弯，他们来到了先生的居室。

进到屋内，法布尔说："不仅在树林、草丛和池塘中生活着许多生灵，就是在我的屋子中，也有许多昆虫。黄蜂未经允许就霸占了我的屋子。在我的屋子门口，住着白腰蜂。我每次进屋的时候都十分小心，不然，会踩到它们，破坏它们正在进行的开矿工作。在窗户台和百叶窗的边线上，还有泥水匠蜂建筑的巢穴。"

说起他的荒石园，法布尔滔滔不绝，如数家珍。

末尾，法布尔先生好像是总结性地说："好了，这些昆虫都是我的伙伴，荒石园是我的乐园。"

跳跳猴对笨笨熊低声说："法布尔先生对他的荒石园是多么得意啊。"

笨笨熊也低声对跳跳猴说："对大自然的热爱，是几乎所有儿童的共性。鲁迅先生不是有一篇《从百草园到三味书屋》的文章吗？在先生的笔下，百草园是他童年的乐园。在那里，他可以抓到蟋蟀，可以掘到颇似人形的何首乌根……难能可贵的是，法布尔先生一直保持了这种童心，一辈子保持了对大自然、对昆虫的感情。"

听了笨笨熊的话，跳跳猴深深地点点头。

挥舞大刀的螳螂

法布尔先生安排笨笨熊和跳跳猴在荒石园住下。晚上,笨笨熊和跳跳猴才知道法布尔先生有一个十一二岁的小男孩,名叫保尔,是法布尔观察昆虫的好助手。

第二天一大早,法布尔领着笨笨熊、跳跳猴和小保尔来到了荒石园的树林中。

今天,他们要拜访的是螳螂。

在树林中寻觅了一阵,法布尔在一棵树前停了下来。

他指了指一个树枝,说:"看,它在这里呢。"

跳跳猴看见,在绿叶中的树枝上,站着一只螳螂,两只前臂竖了起来。

法布尔说:"你们看,这像是什么姿势?"

笨笨熊和跳跳猴摇摇头。

法布尔说:"不像是一个少女在虔诚地祷告吗?晨祷。"

跳跳猴仔细看,还真像,不仅形似,而且神似。

接着,法布尔说:"你们看,螳螂有一副优美的身材。乍一看,像是一个贤淑的少女。但是仔细一看,它的大腿和小腿下面长着两排像锯齿一样的东西,小腿上的锯齿要比大腿上的多得多。这些锯齿不仅尖锐,而且锋利,像是双刃刀。在小腿末端还生长着尖尖的钩子。这锯齿和钩子,将螳螂武装了起来。这样一来,又是一个名副其实的武士了。"

说着,螳螂从树上下到了地上的草丛中,优雅地散着步。法布尔蹲了下来,跳跳猴和笨笨熊也跟着蹲在他的身旁,盯着草丛中的螳螂。这时,迎面跳来一只蝗虫。看到蝗虫,螳螂停了下来,竖起翅膀,像船上的帆一样。同时,身体前端弓了起来,像拐杖的弯曲部分。这时,不知从什么部位,螳螂发出咝咝的响声,眼睛一动不动地盯着面前的蝗虫,完全是一种临战的状态。蝗虫呢,呆呆地站在螳螂前面。

法布尔说:"知道吗?螳螂在采用心理战术。"

"什么？心理战术？"跳跳猴第一次听说螳螂竟然还懂心理战术。

法布尔说："蝗虫是非常善于跳跃的昆虫，一跳老高。但是，当它看到螳螂的这副凶相，被吓呆了，腿也软了。"

就在这时，奇怪的事情发生了，蝗虫不仅没有逃跑，反而莫名其妙地向螳螂走去。

跳跳猴问："这蝗虫为什么要去送死呢？"

法布尔说："有些小动物，在极端恐惧的时候，往往不由自主地向捕猎者跟前走去。"

这时，跳跳猴脑海里浮现出前两年亲眼看见的一个场景。一天，他钻到一块玉米地里去撒尿。就在小便刚刚撒出来的时候，他发现面前有一只青蛙。离青蛙不远处，有一条胳膊粗的花纹蛇，脑袋高高地昂着。他不由自主把剩下的一半尿憋了回去，手提着裤子呆呆地看着面前的两个生灵，心里喊，青蛙，跑啊！但是，青蛙没有逃跑，而是站在蛇的面前动也不动。对峙了一刹那，那青蛙竟然慢慢挪到了蛇的嘴跟前，被蛇一口吞了下去。看到那鼓鼓的一团从花纹蛇的头部逐渐移向后面，他浑身的毛孔都收拢成了鸡皮疙瘩。

跳跳猴正在想着，螳螂抡起前臂扇了蝗虫一个耳光，然后，用前臂的两把锯条将蝗虫紧紧地压在地上，接着，开始享用战利品。

看到眼前的一幕，跳跳猴说："刚才还在做晨祷，怎么一下子就变得如此凶残呢？"

法布尔说："你们恐怕不知道，螳螂不仅吃蝗虫，还吃黄蜂。令人难以想象的是，还吃自己的兄弟姐妹，吃自己的丈夫。"

"是吗？"听到螳螂吃自己的同类，甚至自己的丈夫，跳跳猴惊讶得瞪大了眼睛。

螳螂

不用嗓子的歌唱家

中午,骄阳似火。虽说是夏末秋初,但气温仍如盛夏一般。吃过午饭,跳跳猴和笨笨熊来到荒石园的树林里乘凉。

树林中拴着两只吊床,他们爬了上去,想好好地睡一个午觉。虽然浓密的树叶挡住了阳光,但一丝风也没有,头上的树枝一动也不动,两人的汗止不住地往外流。树上知了的叫声此起彼伏,一浪盖过一浪。

跳跳猴辗转反侧,怎么也睡不着。他坐了起来,愤怒地说:"一群混蛋,真烦人。"

笨笨熊侧过身子,望着跳跳猴问:"老弟,你在骂谁?"

"骂知了啊。"跳跳猴一副愤愤然的样子。

笨笨熊说:"发火也没有用,它们会因为你跳跳猴睡不着就停下来吗?"

"可是,我不明白,它们为什么一直不停地叫呢?"跳跳猴重新躺了下来。

笨笨熊说:"人家在唱情歌啊!追求爱情还能怕累吗?"

"在唱情歌?"跳跳猴反问。

笨笨熊说:"是啊。"

"是男女在对唱吧?怪不得不知疲倦呢。"跳跳猴想起了电影《刘三姐》中男女对唱的情景。

笨笨熊说:"错了,唱歌的是雄知了,雌知了是不会唱歌的。"

跳跳猴接着问:"它们一年四季都在这样唱吗?"

笨笨熊说:"不,只是在夏季。"

"为什么只在夏季唱歌呢?"跳跳猴问。

笨笨熊说:"夏季是雌雄知了交配的季节,雄知了不知疲倦地歌唱就是为了招引异性。交配后,雌知了将受精卵产在树枝上的树皮内。雌雄知了在完成它们延续种族的历史使命后,便悄然死去了,好像它们来到这个世上,最终的目标就是为了繁殖后代。所以，一到秋天，我们就再也听不到知了的叫声了。"

跳跳猴问："知了这样从早到晚一直扯着嗓子唱，不会损坏嗓子吗？"

这时，跳跳猴完全没有了对知了的愤怒，而是担心知了一首接一首的唱歌会喊坏嗓子。

笨笨熊说："与人不同，知了不是用嗓子来发音的。"

"那靠什么发出声音呢？"跳跳猴不明白，既然是唱歌，怎么不用嗓子呢？

"怎么说呢？我们最好能抓一只知了来，才能把问题说清楚。"

"那我上树去逮一个。"跳跳猴马上从吊床上翻身下来，要往树上爬。

笨笨熊也从吊床上滚下来，说："上树是抓不到的。你一到跟前，它们就会跑得无影无踪。"

"那怎么办呢？"跳跳猴说。

正在这时，法布尔先生的儿子保尔走了过来。听到笨笨熊和跳跳猴为抓不到知了而犯愁，保尔说："别发愁，我有，我去拿一个来。"

说完，保尔一溜烟地跑了。

不一会儿，保尔拿着一个玻璃瓶跑了过来，里面装着一个知了。

他一边跑，一边说："雄的，会唱歌的。"

知了

笨笨熊接过瓶子，打开瓶盖，将知了捏了出来。然后，他指着知了腹部两侧说："在知了腹部两侧，各有一片薄膜，叫做声鼓。我们现在看到的是声鼓外面的盖片。"

说着，他从口袋里掏出小刀，将盖片去掉，说："瞧，这就是刚才说的声鼓。声鼓由鼓膜褶膜、音响板以及通风管组成。"

接着，他又用小刀将声鼓划开，指着里面的结构说，"瞧，这就是音响板和通风管。蝉在唱歌时肌肉颤动，拉动与之相连的鼓膜，使声鼓中的空气发生振动。空气振动发生的颤音在褶膜里扩大，然后，从音响板上反射回来，就对声音起到了放大作用。这时，声鼓外的盖片张开，声鼓中的声音就传了出来。因此，知了的声音非常响亮。"

为知了平反

小哥俩正说着话，法布尔先生走了过来，看到跳跳猴、笨笨熊和保尔围在一起说着什么，便问："你们在说什么呢？"

跳跳猴说："我们在说知了。"

"是吗？"法布尔笑了笑。

保尔说："爸爸，我昨天在书上看到了一篇关于知了的寓言。"

"说来听听。"法布尔拍了拍保尔的脑袋说。

保尔说："寓言说，整个夏天，知了什么事情也不做，只是唱歌。蚂蚁呢？每天忙忙碌碌，储藏食物。冬天来了，知了才发觉自己没有储藏下食物，便跑到邻居蚂蚁的家里去借粮食。蚂蚁问知了：'你为什么不储藏一些食物准备冬天吃呢？'知了说：'夏天，我每天唱歌，没有时间储藏粮食啊。'蚂蚁鄙夷地看了知了一眼，说：'夏天，你忙着唱歌；冬天，你可以跳舞了。'说完，将门关上。"

跳跳猴隐约记得，好像在什么地方也看到过这则寓言。

法布尔说："这则寓言的寓意是凡事要未雨绸缪，不然，在遇到困难时就来不及了。从这一点来说，对人们是有教育意义的。但是，从学术上来说，这则寓言不符合事实。"

"为什么这样说呢？"跳跳猴问。

法布尔说："实际上，知了从来不向蚂蚁乞食。相反，是蚂蚁常常向知了讨饭。"

"蚂蚁向知了讨饭？"保尔饶有兴趣地问。

法布尔说："是的。在炎热的夏天，如果多日不下雨，许多昆虫会因为干渴到处找饮料。知了呢？口器上有一个可以穿透树皮的针管，随便往柔嫩的树枝上一插，就可以吸到源源不断的树汁。因此，它们有时间坐在枝头唱歌。"

"看到知了在树枝上打了一口井，甘泉不断地往外涌，口渴难耐的黄蜂、苍蝇、玫瑰虫等便会挤过来,瞅机会抢着喝几口。最坏的抢劫犯是蚂蚁,它们有的趴在知了的脊背上,有的拖知了的腿,有的抱着知了的吸管往外拔。很显然,它们是要把知了撵走。为了躲开蚂蚁的纠缠,知了往往丢下刚打好的井,转移到其他地方。终于,蚂蚁得手了。但是,知了离开后,原来汩汩流出的泉水便很快干涸。这时,蚂蚁便寻找新的目标,去抢劫下一口井。你们看,本来是蚂蚁抢劫知了,寓言却说是知了向蚂蚁乞食,这公平吗?"

法布尔先生为知了平了反,但是,有多少人知道事情的真相呢?只是读过寓言的人,还一直以为知了是大懒汉呢。

坚固的巢穴

这时，法布尔指着树干根部地面上的一个小窟窿，说："这是知了越冬时的居室。仔细看一下，这知了的窟窿有什么特别的地方吗？"

跳跳猴和笨笨熊看了半天，没有看出什么特别。

"看不出来吗？和蚂蚁的巢穴比较一下。"法布尔提示道。

跳跳猴和笨笨熊在旁边找了几个蚂蚁巢穴，比较了半天，仍然没有看出和知了的窟窿有什么区别。

法布尔笑了笑，说："在蚂蚁的巢穴外面，总堆着一圈土粒，是蚂蚁在挖掘洞穴时掏出来的。可是，你们看，在知了的巢穴外面，没有土粒堆积。"

经法布尔这么一说，跳跳猴和笨笨熊才突然发现，真的，蚂蚁巢穴的周围堆着一圈土粒，知了的巢穴却只是平地中现出一只窟窿。

跳跳猴心想，这么明显的区别，自己怎么就没有看出来呢？

"知了挖出的土粒运到别处了吗？"跳跳猴问。

"不是。"法布尔说，"我曾经对知了的巢穴以及建造巢穴的过程进行过观察。知了巢穴都建造在含有汁液的植物根须上。知了的幼虫从这些根须吸取汁液，吐在巢穴中的泥土上，使泥土变成松软的泥浆。然后，用身体把泥浆挤到周围干土的缝隙中。这样，既不需要将挖隧道的土运出来，造出的巢穴还很坚固。这，不是知了有别于其它昆虫的特别之处吗？"

听了法布尔的话，跳跳猴想，法布尔先生是如何观察到知了幼虫造巢过程的呢？需要蹲在那里观察多长时间呢？

大喊大叫的聋子

法布尔接着说:"人们常说,雄知了唱歌,是为了吸引异性,我对这种说法表示怀疑。15年来,我一直在仔细地观察。我发现,雌雄知了在一起时,雄知了仍然一股劲地唱歌。这说明,雄知了并不是通过唱歌来召唤异性。我从来没有发现雌知了循着歌声跑到声音最洪亮的雄知了那里去,从来没有发现雌知了扭扭腰肢,或者做一些其他动作,对雄知了的歌声表示满意。我想,求婚者完全没有必要通过一直唱歌来表白爱情。

"知了的视觉非常敏锐,我们只要一靠近,它们马上就会飞走,所以,要近距离观察知了是一件很不容易的事情。但是,知了对声音却感觉非常迟钝。我们站在知了看不见的地方说话,即使是大声说话,也不会影响它们的歌唱。为了证实知了对声音的迟钝,我曾经做过多次试验。一次,我从镇上借来节日里鸣放礼炮用的炮,在聚集着知了合唱队的树下放。炮的声音非常大,但是,知了的歌声依旧。知了的听觉真的如此迟钝吗?我有点不相信。接着,我放了第二炮,知了仍然置若罔闻,继续忘情地唱它们的歌。这时,我明白了,知了,起码雄知了,是大喊大叫的聋子。"

"那么,知了不知疲倦地唱歌,究竟是为了什么呢?"笨笨熊问。

法布尔说:"知了唱歌的季节是在夏季,天气闷热的季节。我想,知了可能是讨厌闷热的天气,通过歌唱来解闷。但是,这一想法没有被科学所证实,希望你们将来能把这个谜解开。"

讲完知了,法布尔匆匆走了,大概是要在规定的时间去观察某种昆虫。

这时,笨笨熊对跳跳猴说:"刚才,我告诉你雄知了唱歌是为了吸引异性。看来,是以讹传讹了。"

说完,他白净的两颊上出现了红晕。

穿越时空隧道

建筑学家和电报专家

知了仍然在高一声低一声地叫着。这时,附近的树上传来一阵悦耳的鸟鸣。跳跳猴和笨笨熊循着声音走去,想见识一下这个给知了伴唱的歌唱家。但树叶太浓密了,看不见唱歌的鸟。无意中,跳跳猴看到了一个硕大的蜘蛛网,架在两棵树之间。

跳跳猴盯着这架蜘蛛网出神,自言自语地说:"蜘蛛是怎么把网架起来的呢?"

笨笨熊没有吱声,悄悄起身走了开来。

笨笨熊的离开,跳跳猴浑然不觉,他在使劲想象着蜘蛛架网的各种方案,但怎么也得不出结论。

他扭过头去向笨笨熊请教,才发觉笨笨熊不在身边。正在诧异,笨笨熊背着双手,笑嘻嘻地回来了。

跳跳猴问:"干什么去了?"

笨笨熊笑而不答,反过来问:"你猜,我手里拿着什么?"

跳跳猴摇摇头。

笨笨熊把背在身后的手伸了出来。跳跳猴看见,笨笨熊的手里有一个小玻璃瓶。待笨笨熊把瓶子放在眼前,才看清瓶子里是一个硕大的蜘蛛。

这时,跳跳猴才明白,笨笨熊刚才是抓蜘蛛去了。

笨笨熊说:"你不是想知道蜘蛛是如何把网架起来的吗?"

跳跳猴点点头。

笨笨熊说:"要想知道蜘蛛如何架网,首先要知道蜘蛛的结构。蜘蛛的胸部长着八条腿,腹部有三对丝囊,上面有 1000 多个小孔。蜘蛛的丝就是从这三对丝囊上的1000 多个小孔里拉出来,然后,合并而形成的。刚吐出来的丝其实是黏液,但一见空气,就变成了固体的丝。每个小孔拉出的黏液丝是很细的。"

"细到什么程度呢?"跳跳猴问。

笨笨熊说："打个比方吧，我们的头发丝大约有十根蜘蛛丝合在一起那么粗，而每一根蜘蛛丝又是由 1000 个小孔拉出的丝合成的。那么，合成一根头发丝那么粗的丝需要多少个小孔拉出的丝呢？"

跳跳猴不假思索地说："1 万根。"

"对，这种丝绕地球一周的重量才 340 克。"

"哇！"跳跳猴惊讶得叫了出来。

笨笨熊接着说："蜘蛛还可以根据不同目的加工出不同的丝。有的丝用来织网、造巢、编织育儿袋，有的丝用来架设通信线路。

"好，现在先近距离看一下蜘蛛的结构。"

说着，笨笨熊把玻璃瓶交给了跳跳猴。

跳跳猴把瓶子拿到眼前，颠来倒去地看起来。是的，蜘蛛有八条腿，腹部有三对囊状结构。至于笨笨熊刚才说的 1000 多个小孔，太微小了，看不清。

跳跳猴说："蜘蛛是怎么在空中把网架起来的呢？"

笨笨熊说："刚才，我说的是蜘蛛的结构，至于如何架网，我们还是去请教法布尔先生吧。"

跳跳猴看见，法布尔先生就在不远处蹲着，戴着一顶遮阳帽。走近些，只见先生正在聚精会神地看着一群蚂蚁，以至于他们来到跟前都没有察觉。笨笨熊给跳跳猴做了一个不要出声的手势，两人也静静地待在旁边看起了蚂蚁。

过了好长时间，法布尔先生捶着腰，站了起来，才发现了跳跳猴和笨笨熊。

跳跳猴指着不远处两棵树之间的蜘蛛网，说："法布尔先生，那里有一个很大的蜘蛛网，蜘蛛是如何架网的呢？"

法布尔顺着跳跳猴手指的方向看了看蜘蛛网，说："蜘蛛结网是一个非常有意思的过程，也是一个非常复杂的过程。蜘蛛的腿上长着像梳齿一样尖利的小爪子。当它需要用丝的时候，就用爪子把丝从丝囊中拉出来。如果它要从高处下降，它就把丝粘在它要离开的地方，然后，一边吐丝，一边垂直落下。降到什么高度，以多快的速度降落，都可以随意掌握。如果它想返回出发地，便将原来吐出的丝一点一点折叠回来。这样，它就又上升了。

"刚才说的是简单的下降和上升过程。现在，说一下结网。在架网之前，它首先要勘察地形。只有猎物丰富，并且有结网的支撑物的地方，才会被选择为结网的场所。"

跳跳猴说："蜘蛛在开工前，也要进行可行性论证？"

蜘蛛

法布尔说："是的,在勘察好地形后,它便爬上一棵树,吐出丝来。丝在风中飘荡,飘到对面的树上。蜘蛛丝的那一头一旦被对面的树枝粘住,蜘蛛就明白了。它把这一头的丝系在树上,然后,循着刚才架好的索道,爬到对面去,一边走,一边吐着丝,将原来的索道再加固一遍。因为这是蜘蛛网的骨架,是要承重的,所以,需要格外的牢固。蜘蛛到达对面的蜘蛛丝附着点后,便一边吐丝,一边垂直向下降落。当到达较低的一根树枝上时,它停下来,将丝系在树枝上。接着,顺着刚才向下降落的那根丝向上爬,一直爬到刚才架好的索道上,再顺着索道爬回到对面的树上。它一边爬,一边吐丝。但是,这一次,它吐出的丝并没有和索道粘在一起。在对面索道的起点,它又一边吐丝,一边垂直落下去。当在较低处遇到一根树枝时,蜘蛛停下来,把刚才返回时沿着索道吐出的丝系在低处的树枝上。这样,就形成了第二条索道。同样,第二条索道也需要加固,也要把两股或三股丝绞在一起才行。在两股索道的两端之间再用蜘蛛丝连接起来,就形成了一个口字形的封闭的轮廓。"

法布尔一边讲,一边用手比画,讲完了,问:"刚才我讲的,明白了吗？"

跳跳猴和笨笨熊同时点了点头。

法布尔接着说："然后,在这个轮廓的中间,拉上一根丝。蜘蛛将这条线的中点作为整个网的中心点,从这个点出发,拉出许多丝,将每根丝的另一端固定在封闭轮廓的外周上。从中心点拉出的丝呈放射状排列,形成了蜘蛛网的辐。不同蜘蛛,蜘蛛网辐的数目不同。角蛛的网有 21 根辐,条纹蜘蛛的网有 32 根辐,丝光蛛的网有 42 根辐。这些数目不是绝对不变的,但基本是不变的。我们可以根据蜘蛛网上辐的数目来判断这是哪种蜘蛛的网。两条相邻辐之间的夹角很是规整,像是经过精确计算和测量之后施工的。我们中间谁能不用仪器,不经过练习,随手在一个圆上画出夹角相等的辐来呢？"

笨笨熊和跳跳猴同时摇摇头。

法布尔说："我们不能,但是,蜘蛛能。我对这个事实感到诧异。蜘蛛是靠了什么

219

完成如此困难、复杂的工作的呢？这一点，我至今都想不通。"

说到这里，法布尔摊开双手，耸耸肩，很遗憾的样子。

接着，他又说："在完成辐之后，还要用丝将辐连接起来。蜘蛛从外周开始，吐一条丝，绕螺旋形路线将丝固定在途经的辐上，一直绕到蜘蛛网的中心，形成了蜘蛛网的螺线。跨过辐的每两个相邻的圆圈之间保持基本相同的距离。这样，由辐和螺线组成的一张网就结成了。

"条纹蛛和丝光蛛在做好网后，还会在网下部边缘的中心织一条锯齿形的丝带。有时候，在网的上部边缘到中心之间再织一条短丝带。这些丝带没有别的作用，只是表明这是它们的作品，就好像向别的同类声明，'版权所有，不得仿造'。"

说完，法布尔笑了笑。

跳跳猴笑着说："想不到，蜘蛛竟然也有知识产权意识。"

法布尔接着说："蜘蛛丝本来很细，但它居然还是由几根更细的丝绞合在一起形成的。更令人惊异的是，这种细丝还是空心的。在空心里，有浓稠的，具有黏性的黏液。这种黏液能从细丝的壁渗透出来，使蜘蛛丝的表面也具有黏性。就是靠了这种黏性，撞到蜘蛛网上的猎物会牢牢地被蜘蛛丝粘住。"

这时，跳跳猴插话："但是，蜘蛛为什么不会被黏住呢？"

法布尔笑了笑，说："这个问题问得好。一开始，我想，是不是在蜘蛛的脚上有什么防止被蜘蛛丝粘住的东西呢？是不是蜘蛛在自己的脚上涂了油呢？因为，我们都知道，要使物体不被具有粘性的东西粘住，涂油是最佳的办法。

"为了弄清楚这个问题，我从一只活蜘蛛身上切下一条腿，浸泡在二硫化碳中，再用蘸了二硫化碳的刷子将这只蜘蛛腿反复清洗。然后，再把这条腿放到蜘蛛网上。哈，这条腿被蜘蛛网牢牢地粘住了。"

"什么道理呢？"跳跳猴不明白其中的道理。

法布尔说："二硫化碳可以溶解脂肪。正常的蜘蛛腿不会被蜘蛛网粘住，用二硫化碳处理过的蜘蛛腿被蜘蛛网粘住，这不是说明在蜘蛛腿上有一层油性的物质吗？"

笨笨熊和跳跳猴点点头。跳跳猴心想，法布尔先生观察得多细啊。

法布尔说："尽管蜘蛛有防止被粘的本领，但它不愿意老是停留在蜘蛛网上，而是大部分时间待在休息室里。因为这种用来防粘的油是蜘蛛分泌出来的，而蜘蛛分泌这种油的能力是有限的。因此，它得节约着用。

"蜘蛛网是用来捕捉猎物的，是一种生产工具。蜘蛛除了打猎，还需要休息。因此,它还要在网的旁边为自己营造一个用丝建造的巢穴,以免风吹日晒,同时有利于隐蔽自己。"

顿了顿,法布尔继续说:"当天气好并且猎物上网的机会多时,蜘蛛会站在网的中心,一动不动地等待着猎物上门。下雨天或天气太热时,它会躲在巢穴中。如果猎物撞上网,蜘蛛便会立即从巢穴中跑出来,捕捉在网上拼命挣扎的可怜虫。"

"蜘蛛网上有快速通道吗?"跳跳猴问。

法布尔蹲了下来,用一根枯树枝在空地上画了一个蜘蛛网。

法布尔指着蜘蛛网中的一根丝说:"从蜘蛛网中心有一根丝一直通到蜘蛛的休息室,顺着这根丝,蜘蛛迅速地从休息室跑到网上,去收拾战利品;顺着这根丝,蜘蛛从网上回到休息室,在那里悠闲自得地等待猎物上网。"

"躲在巢穴中的蜘蛛是如何知道有猎物触网的呢?"笨笨熊蹙着眉头问。

法布尔说:"接下来我就要说这个问题。为了弄清楚蜘蛛是如何知道有猎物上网的,我做过一些实验。我把一只死蝗虫轻轻地放在有好几只蜘蛛的网上,有几只蜘蛛在网的中间,有几只蜘蛛躲在休息室,它们与死蝗虫的距离并不远。可是,它们似乎都不知道有猎物送上门来。我想,可能是因为距离不够近的缘故吧。于是我把蝗虫干脆放到了蜘蛛的面前。奇怪的是,它们视而不见,无动于衷。后来,我用一根草拨拉那只死蝗虫,蜘蛛网振动起来了,站在网中间的蜘蛛、躲在休息室的蜘蛛,都飞快地赶来,把蝗虫五花大绑起来。看来,蜘蛛不是靠视觉,而是靠感知蜘蛛网的振动来侦查猎物的。但是,这振动是通过什么通道传送到蜘蛛的巢穴的呢?"

说到这里,法布尔看着跳跳猴和笨笨熊。

小哥俩茫然地摇了摇头。

法布尔又指着那条连接蜘蛛网中心和巢穴的丝说:"开始,我认为,这根丝只是蜘蛛休息场所和工作场所的通道。经过进一步的观察才知道,这不是这根丝的全部作用。"

"为什么这样说呢?"跳跳猴问。

"如果仅仅作为通道的话,从网的顶端到休息室拉一根丝,更为经济和合理一些。这样,可以减小坡度,缩短距离。"法布尔好像变成了一只蜘蛛,站在蜘蛛的角度考虑问题。

"那么,蜘蛛究竟是为了什么要从网中心拉一条丝,通到休息室呢?"跳跳猴紧追不舍。

法布尔说："观察了好长时间，我才明白，蜘蛛网的中心是所有辐的出发点和连接点，每一根辐的振动，都会影响到网的中心。这样，一只虫子撞到网的任何部分都能把振动传导到网的中心，继而通过这根丝传导到蜘蛛的休息室。因此，我把这根丝叫做蜘蛛的'电报线'。躲在休息室里休息或者沉思默想的蜘蛛，总是把腿搁在这根丝上。一旦这根'电报线'发生振动，蜘蛛便知道有猎物上门了。接着，就迈着大步，冲向猎物。

"但是，还有一个问题。蜘蛛网经常被风吹动，蜘蛛是不是只要有风吹草动就要跑出来呢？经过几次观察，我发现，当刮风引起蜘蛛网晃动的时候，蜘蛛仍然在休息室中闭目养神；只有在猎物上网时，它们才作出反应。这说明，蜘蛛能区别风吹引起的晃动以及囚徒挣扎引起的振动。

"你们看，蜘蛛能建造出复杂精美的蜘蛛网，能通过'电报线'获得情报，蜘蛛是不是一个建筑学家和电报专家呢？"

"是，是。"笨笨熊和跳跳猴不约而同，一个劲地点头。

讲到这里，法布尔先生要去做实验了，做实验需要助手，保尔跟着走了。笨笨熊和跳跳猴仍然留在蜘蛛网下，他们想看看蜘蛛捕捉猎物的实际情形。

大约过了半个小时，跳跳猴发现，一只苍蝇撞上了蜘蛛网。苍蝇拼命挣扎，整个网都抖动了起来。说时迟，那时快，一个大蜘蛛不知从哪里迅速冲到了苍蝇身边，忙活起来。跳跳猴非常想靠近了看个仔细。无奈，蜘蛛网很高，他看不清。

笨笨熊好像看出了跳跳猴的心思，说："你是想看看蜘蛛在干什么吧？"

跳跳猴点点头。

笨笨熊从口袋里掏出一副眼镜，递给跳跳猴。

跳跳猴说："我并不近视啊。"

笨笨熊又从口袋里掏出一副眼镜，一边戴，一边说："戴上吧，这不是近视镜，是魔镜。"

"魔镜？"跳跳猴不理解。

笨笨熊说："是的，是临行前智者给我们的。用了它，可以把远处的东西看得一清二楚，可以把要看的东西放大许多倍。"

"那就是说，它既是放大镜，又是显微镜？"

笨笨熊说："是的。"

这时，跳跳猴隐约想起来，当他们第一次驾云飞行时，笨笨熊曾经说过有一种魔法对他们的生物旅行很有用。当时,他很想知道这魔法是什么,但笨笨熊避而不答。想必,笨笨熊当时保密的魔法就是这魔镜了。

跳跳猴把魔镜戴上,真的,远处的蜘蛛和蜘蛛网一下子被拉到了眼前。蜘蛛正在用蜘蛛丝一圈一圈缠绕苍蝇。

笨笨熊说:"你看,现在,蜘蛛正在吐出丝来捆绑猎物,这样,就可以确保猎物不会逃脱。"

跳跳猴说:"这魔镜真神奇。"

大概是完成了捆绑,蜘蛛停止了忙乱。但苍蝇还在使劲挣扎。虽说是苍蝇,但它个头很大,劲儿也不小。蜘蛛又靠了上去。

笨笨熊说:"看,现在蜘蛛在对苍蝇实施注射死刑。"

"注射死刑?"跳跳猴不解。

笨笨熊说:"当猎物很大,捆绑之后还在挣扎时,蜘蛛会给它注射一针。"

话音刚落,那只苍蝇不动了。跳跳猴相信了笨笨熊的判断。

"但是,蜘蛛用什么注射呢?"

笨笨熊拿起装有蜘蛛的玻璃瓶,举到跳跳猴眼前,说:"在蜘蛛的头部下方,藏着两根尖利的毒刺,刺是中空的。在蜘蛛给猎物注射时,毒汁会从毒刺的中空管中进入猎物体内,发挥毒性作用。"

通过魔镜,跳跳猴清楚地看到,在蜘蛛的头部下方有两根刺,像注射器的针头一样。

"然后呢?"跳跳猴问。

"然后,蜘蛛会把猎物带回自己的巢穴,慢慢吸吮猎物身体中间的液汁。当猎物被吸得只剩下一个躯壳时,蜘蛛就会把猎物扔出来。"

笨笨熊讲话的过程中,蜘蛛把绑得结结实实的苍蝇从网上搬走了。看来,像笨笨熊说的那样,它要把猎物搬回自己的家中。

跳跳猴的视线跟着蜘蛛的行踪,想看看蜘蛛的巢穴是什么样子。但是,蜘蛛拖着沉重的猎物,隐在了浓密的树叶后。

正在这时,跳跳猴看见,蜘蛛网的绳索猛烈地抖动了一下,原来,是一只蜻蜓一头撞到了蜘蛛网的中心。蜻蜓的一只翅膀被蜘蛛网死死地粘住,另一只翅膀扑棱扑棱折腾。蜘蛛急匆匆跨着大步跑了出来,大概它刚刚把捕获的苍蝇放到餐桌上。但当它就要冲到猎物身边时,蜻蜓从网上挣脱了,还在网上留下了一个洞。

跳跳猴惋惜地说："真可惜，到口的肥肉跑了。这一只蜻蜓抵得上五只苍蝇。"

看到猎物跑了，蜘蛛放慢了脚步，走到洞旁蜘蛛丝断裂处停了下来。

笨笨熊说："看吧，它要补洞了。"

真的，蜘蛛吐出丝，在洞口处绕来绕去。不大一会儿，洞被补上了，补得完好如初。然后，它停在网中间，长时间一动不动。

跳跳猴问："它怎么不动了？"

笨笨熊说："刚才不是说过吗？当猎物上网频率大时，它会守在网上，以免从巢穴中往出跑的过程中猎物逃脱，像刚才那样。"

跳跳猴说："这家伙，吃一堑长一智，还善于总结教训。"

说到这里，笨笨熊将魔镜摘下来，装在口袋里。跳跳猴也将魔镜摘下，装了起来。

慈爱的母亲

不知不觉,天色不早了,夕阳将余晖铺在了荒石园东面的院墙上。笨笨熊和跳跳猴返回家中。

晚上,笨笨熊和跳跳猴听法布尔讲了不少关于昆虫的故事。临睡前,法布尔告诉他们明天一早去看迷宫蛛。

第二天早上,吃过早饭,法布尔便带着三个小孩出了家门。

就在他们要走出荒石园的时候,法布尔夫人说:"你昨天晚上不是说今天要有客人来访吗?怎么又要出去了呢?"

"啊,对。"法布尔在荒石园的门口停了下来。

不一会,门前来了一辆马车,车上下来一位雍容华贵的客人。法布尔穿着一件有破洞的衬衫迎了上去。

客人走了,法布尔的夫人问道:"这位客人是谁啊?"

法布尔说:"教育部长杜吕依。"

夫人惊叫起来:"哎呀,你怎么能穿这件破衣服接待内阁大臣呢?"

法布尔耸耸肩膀,说:"我哪一件衣服上没有洞呢?"

夫人默不作声,只是无奈地摊开双手。

法布尔带着孩子们出发了,每人带着一个橘子,解渴用的。

到树林中,跳跳猴看见在树与树之间横七竖八拉着许多蜘蛛丝。与前一天看到的蜘蛛网不同,这种蜘蛛网没有规则的辐和螺线,网的四周呈一个平面,中间向下凹陷成为一条管子,通到树叶之间。蜘蛛丝上挂着许多露珠,在太阳光的照射下,那露珠闪闪发光,像是一串串珍珠,又像是挂在树上的彩灯。

大约半个小时后,"珍珠"消失了,出现在面前的,是一架架呈漏斗形的蜘蛛网。

法布尔介绍说:"我们现在看到的是迷宫蛛结的网,迷宫蛛的网不仅外形和我们昨天看到的不一样，而且它的丝没有黏性。"

跳跳猴问："那它靠什么来捕捉猎物呢？"

法布尔说："靠迷宫。"

"靠迷宫？"跳跳猴重复着法布尔先生的话。

法布尔点点头。

"什么猎物会自觉自愿地往迷宫里钻呢？"跳跳猴感到不理解。

法布尔说："你看了以后就知道了。"

等了大约半个时辰，没有任何事情发生。跳跳猴左顾右盼，看旁边正在吃草的羊群，看远处天空中的闲云。法布尔呢，目不转睛地盯着眼前的蜘蛛网。

正当跳跳猴的视线回到蜘蛛网上时，一只蝗虫撞上了迷宫蛛的网。蜘蛛网摇摇摆摆，蝗虫站不稳，不能弹跳，也没办法起飞，而是跟跟跄跄，顺着网的坡度向网的中间走去，向陷阱走去。走到陷阱边缘时，大概发现不对劲，蝗虫开始挣扎，企图返出来。但是，它越是挣扎，陷得越深。最后，它终于掉进了陷阱里。

法布尔说："你们看，眼前的蜘蛛网不像是一个暗藏着陷阱的迷宫吗？现在，迷宫蛛就在陷阱的底部等着，等着猎物掉下来。你们中国有一句成语，叫做……"

跳跳猴抢先说："守株待兔。"

法布尔说："对，这迷宫蛛采用的就是守株待兔的战术。其实，这个迷宫只是用作捕猎的工具，到快要产卵的时候，迷宫蛛就要搬家了。"

说完，法布尔先生领着跳跳猴他们去寻找迷宫蛛的产房。

大概蜘蛛也把分娩当做隐私，迷宫蛛用于产卵的新居建在非常隐秘的一堆枯柴上。若不是细心寻找，是很不容易发现的。有意思的是，迷宫蛛新居的外面很不起眼，但是，顺着蛛丝往下找，竟然是一个非常精致的丝囊。

接近中午了，7月的太阳像火一样，烤得人炙热难耐。法布尔一行吃过随身携带的橘子，返回家中。

一进家门，法布尔就领着几个孩子来到了他的昆虫实验室。跳跳猴看到在实验室的一个桌子上，放着一个铁笼子。铁笼子里面，竖着一枝枯树枝。枯树枝上有六个鸡蛋大小的丝囊。

法布尔说："看，这些丝囊就是迷宫蛛的产房。我将六只迷宫蛛带回到实验室来，大约在7月底，它们便创造出了这六件杰作。丝囊分几层，最外面是用蜘蛛丝做成的白丝墙。在白丝墙里面，是夹杂着小沙子的丝墙。一开始，我纳闷，为什么在白白的蜘蛛丝中要搀杂沙子呢?这些沙子是随着雨水渗进去的吗?仔细观察,不是,因为外面的丝墙上没有任何斑点和水迹。后来我才明白,蜘蛛丝中的沙子,是蜘蛛为了防止寄生虫侵犯丝囊中间的卵子而搀进去的。在搀沙子的墙里面,有一些圆柱样的结构支撑着卵囊。在卵囊里面,大约有 100 颗左右的蜘蛛卵。迷宫蛛妈妈就在卵囊外的圆柱之间不停地巡逻着,就像一个马上要做父亲的人在产房外面焦急地踱着步期待着孩子出生后的第一声啼哭。"

介绍完,法布尔从树枝上摘下一个丝囊,一层一层剥开,当剥开最里面的一层时,跳跳猴发现许多微小的蜘蛛在里面爬来爬去。原来,蜘蛛卵已经孵化了。

接着,法布尔说:"许多蜘蛛在产卵之后便永远地离开自己的巢。迷宫蛛不然,它要守在子女身边,保护它们,看着它们长大。如果用稻草拨动迷宫蛛的蛛网,蜘蛛妈妈会立即冲出来,看个究竟。

"有些蜘蛛在产卵后便不再进食,撇下那些还没有孵化出来的孩子们撒手西去。迷宫蛛不然,它照样捕捉昆虫来吃。难道它还有什么使命没有完成吗?是的,进一步的观察证实了这一点。在产卵后,迷宫蛛妈妈要花一个月左右的时间,继续在丝囊的外面添蜘蛛丝,它在为它的宝宝们建造越冬用的暖房。大约在 9 月份,小蜘蛛从卵囊中孵化出来。不过,它们并不离开妈妈为它们建造的房子,它们要在这里待到第二年春天。大约在 10 月份,蜘蛛妈妈用最后一点力气替孩子们咬破卵囊后,便放心地死去。到这时为止,它已经尽了一个最慈爱的母亲应尽的责任,无愧于它的孩子。我想,临走的迷宫蛛妈妈可能在想,孩子们,你们好自为之吧,妈妈尽心了。"

想不到,长相奇丑的蜘蛛竟然有如此爱心!

狠毒的狼蛛

法布尔接着说："迷宫蛛对自己的子女百般慈爱，对猎物却非常狠毒。当猎物掉进它的陷阱时，它会首先给猎物注射一针毒针。就一针，就足以使猎物毙命。然后，再悠然自得地享用。

"不过，在蜘蛛这个大家族中，要说毒性，不能不说一下狼蛛。据意大利人说，狼蛛给人注射一针，可以使人痉挛而疯狂地跳舞。这种说法是否属实，我不知道，不敢妄言。但我对狼蛛的毒性做过动物试验。

"狼蛛的腹部长着黑色的绒毛和褐色的条纹，腿上有一圈圈灰色和白色的斑纹。这种蜘蛛不结网，而是打洞。它们的居所大约有一尺深，一寸宽，是用它们自己的毒牙挖成的。

"有一次，我用一根干草在狼蛛洞口抖动，模仿蜜蜂的嗡嗡声，想把狼蛛引出洞来。听到动静，狼蛛往上爬了一段。但是，快到洞口时，它停了下来，警惕地望着洞外，不肯出来。

"看来，这狼蛛不好哄，不来真的不行。我捉了一只蜜蜂，装在一个玻璃瓶子中，把瓶口对着狼蛛洞口。开始，这蜜蜂在瓶子中左冲右突，但老是碰壁。当它看到前面有一个洞口时，便顺着洞口钻了进去，刚刚钻进去，就听见蜜蜂的一声惨叫，然后，便再也没了声音。

"我用一把钳子把狼蛛洞挑开，发现蜜蜂已经死了，被狼蛛的毒针毒死了。我将死去的蜜蜂拉出来，狼蛛也急急忙忙跟了上来。这样，猎物和猎人都出洞了。我赶紧用一块石子将狼蛛洞盖上，狼蛛无家可归了，我把它捕进一个纸袋子中。之后，我的实验室里又多了一个品种。

"把狼蛛养在实验室，做实验更加方便了。后来，我又用许多木匠蜂做过试验。每次，我检查被狼蛛毒死的木匠蜂，都发现狼蛛是咬在猎物头部的后面。知道吗，这个部位是木匠蜂的神经中枢,把毒液注射到这个部位,能够发挥最大的作用,能够立即将猎物置于死地。但是,我不明白,它是怎么知道这里是最致命的部位呢?"

跳跳猴问:"狼蛛能将猎物置于死地,是由于攻击了要害部位呢,还是由于毒素的毒性强大呢?"

法布尔说:"我也想到了这个问题。我让一只狼蛛去咬一只将要出巢的小麻雀。麻雀被咬伤的那条腿先是发红,然后变紫,同时瘫痪了,只能单腿跳跃。两天后,这只麻雀不吃也不动,只是一阵阵痉挛,很快便离开了这个世界。

"这一次,狼蛛咬的是麻雀的腿,不是神经中枢。看来,狼蛛的毒液确实了得。

"狼蛛能使昆虫毙命,能将飞禽毒死,对走兽呢,也能对付得了吗?我又让狼蛛去咬一只胖胖的鼹鼠,这只鼹鼠是在偷吃地里的莴苣时被我们捉住的。狼蛛咬了鼹鼠的鼻子,接着,鼹鼠的伤口腐烂了,再后来,也不吃东西了。在被咬后的 36 小时后,默默地死去了。

"年幼的狼蛛和年老的狼蛛捕猎方式不同。年幼的狼蛛像猎人一样,在草丛中巡逻,当看到想吃的猎物时,便跳起来,猛扑上去,那动作非常敏捷、漂亮。年老的狼蛛身手不灵便了,便待在洞里,脑袋探出洞口,用玻璃般的眼睛四处张望。当猎物经过洞口时,便突然跳起来,捕捉猎物。"

讲完狼蛛,天色暗了下来,法布尔先生准备晚饭去了。

跳跳猴对笨笨熊说:"蜘蛛能架设结构复杂的网,会布置迷宫,还装备有毒性很强的化学武器,应该是昆虫世界中的佼佼者了吧?"

笨笨熊说:"老弟,错了。"

跳跳猴问:"错了?什么错了?"

笨笨熊说:"蜘蛛和昆虫都属于节肢动物,但不是昆虫。以前,我们讲过,昆虫有三对足,一般有两对翅。蜘蛛呢?八条腿,没有翅膀。"

跳跳猴说:"我以为,法布尔先生研究的都是昆虫呢。"

笨笨熊说:"法布尔先生以研究昆虫闻名,但实际上,先生对其它生物,比如真菌,他也很有研究呢。"

跳跳猴说:"不过,能听到法布尔先生给我们讲昆虫以外的动物,尤其是大智大勇的蜘蛛,我感到很幸运。"

笨笨熊推了推眼镜,说:"是啊。我感到,听法布尔先生讲动物,增长知识还在其次,重要的是感受到了他那追根究底的治学精神和终生挚爱小动物的童心。"

听了笨笨熊的话,跳跳猴深以为然地点了点头。

致命的亲吻

吃过晚饭，法布尔一行来到荒石园的树下乘凉。

微风吹来，树叶发出沙沙的响声。伴着这大自然的音乐，笨笨熊、跳跳猴便和法布尔海阔天空地聊了起来，聊先生的童年，聊昆虫的趣事，聊小哥俩的旅行……

夜色四合，几乎伸手不见五指。跳跳猴看见夜空中有星星点点的荧光在飘来飘去，像是一只只小灯笼。他早就知道萤火虫可以发出荧光，但是一直没有见过，心想，这大概就是萤火虫吧？

正在想着，保尔已经抓了一只，放在了习惯带在身上的昆虫袋中。

跳跳猴问："法布尔先生，那空中飞来飞去的灯笼是萤火虫吗？"

法布尔说："正是。"

跳跳猴说："看起来真可爱。"

法布尔说："萤火虫发出的柔和的光芒，给人一种可爱的印象，给在漆黑的夜晚行路的人些许惊喜。但是，事实上，它是一种吃肉的家伙，尤其喜欢吃蜗牛。"

"是吗？"在这以前，跳跳猴一直以为这种打着灯笼飞来飞去的昆虫是以食草为生的呢。

周围一家家邻舍的灯都熄了，法布尔站起身来，说："时间不早了，我们回去睡觉吧。"

在回房间的路上，跳跳猴问："看似温柔的萤火虫是如何把带着硬壳的蜗牛吃掉的呢？"

法布尔说："我们回到房间再说吧。"

说着说着，一行人回到了房间。法布尔拿出一个大玻璃瓶，里面放着一些杂草，杂草中爬着几个蜗牛。他向保尔伸出手，保尔非常默契地把刚才捕到的萤火虫递给了父亲。

法布尔问:"知道我为什么要把萤火虫放到玻璃瓶子中吗？"

跳跳猴抢着回答:"这样,我们便可以看到萤火虫的一举一动。"

法布尔拍了拍跳跳猴的脑袋,亲昵地说:"小机灵。"

大家目不转睛地看着玻璃瓶。一开始,萤火虫没有什么动静。过了一阵,大概是适应了新环境吧,萤火虫的头在蜗牛的外膜上蹭来蹭去。那动作,看起来温文尔雅,风度翩翩,绅士一般。

然后,法布尔将被萤火虫拜访过的蜗牛从瓶子中取出来。蜗牛一动不动,用针刺蜗牛的肉,仍然无动于衷。原来,这蜗牛已经死掉了,或者,至少是麻痹了。

法布尔说:"类似的试验我做过许多次,一开始,我以为这是萤火虫在向蜗牛表示亲热,是在接吻。后来才明白,萤火虫是在给蜗牛打毒针。"

"打毒针？"跳跳猴问,"用什么打呢？"

法布尔说:"萤火虫的头部长着两片颚,弯曲着。当两片颚合在一起时,便成为一个钩子。我曾经把这个钩子放在显微镜下进行观察,发现上面有一个槽。这个钩子就是萤火虫将猎物置于死地的武器,毒素大概就是顺着钩子上的槽被注射到蜗牛的体内的。

"萤火虫通过注射毒素把蜗牛杀死了,但是,我很好奇,它是如何享用这美餐的呢？要知道,蜗牛不仅对萤火虫,对人也是令人垂涎的美味啊。进一步的观察发现,萤火虫在首次'亲吻'时,给蜗牛注射了毒素,将蜗牛麻醉,使其失去抵抗能力。然后,再反复'亲吻',将一种消化素注射到蜗牛体内,把蜗牛肉消化成非常稀薄的肉粥。这样,萤火虫不是把蜗牛吃掉了,而是把蜗牛喝掉了。

"有一次,一只蜗牛爬到了盖玻璃瓶的玻璃片上,用它那具有黏性的肉足将整个身体固定在了那里。我想,这下,蜗牛应该安全了吧？难道萤火虫能把固定在天花板上的蜗牛也刺死吗？出乎意料,萤火虫竟然倒立在蜗牛的身旁,'吻'了蜗牛。在这致命的一吻后,接着,便注射消化素,制作肉粥,把蜗牛喝掉。

"是什么使得萤火虫能够倒立在天花板上呢？我用放大镜对萤火虫进行了仔细观察。原来,在萤火虫尾部的下面,有许多细小的管状结构。这些管状结构就像人的指头,可以分散开来,可以聚拢在一起。靠了这些细管,它能够攀附在光滑的物体表面,可以不依靠肢体而自由爬行。"

百折不挠的西绪福斯虫

第二天上午,法布尔领着保尔、笨笨熊和跳跳猴早早出发。去干什么呢?法布尔先生没有说。

在赤日炎炎的夏日,嫩绿的草原上游动着一群群绵羊,硕大的奶牛三三两两地散布在草地上悠闲地觅食,尾巴不时地左右甩动。

行走中,保尔蹲了下来,抓起一堆牛粪,掰了开来。奇怪,在牛粪块的中间,有一只黑黑的昆虫。

跳跳猴问:"法布尔先生,这是什么呢?"

法布尔说:"滚粪虫,不过我喜欢称它为西绪福斯虫。"

跳跳猴问:"为什么要叫它西绪福斯虫呢?"

法布尔说:"这种虫是滚粪虫中身体最小,但最令人佩服的。它手脚灵活,意志坚定,运输粪球途中翻车栽跟头后,总是不顾一切地再找到粪球接着滚。为了形容这种滚粪虫的敬业精神,我把它叫做西绪福斯虫。

"对了,刚才你问为什么把它叫做西绪福斯虫。西绪福斯是传说中古时候地狱里的一位大名人。他在服苦役的过程中表现出了惊人的毅力。他每天往山顶上推一块大石头,但是,每当大石头就要被推到山顶时,总是从手中脱落,骨碌骨碌滚到山脚。西绪福斯总是返到山下重新往上推,毫无怨言,从不气馁。"

原来,法布尔先生把成天与粪打交道的滚粪虫看作是英雄。

法布尔指着西绪福斯虫说:"你们看,它身材不大,大约像樱桃核大小,但是腿很长,两条后腿成弧形。知道吗?这种结构特别适合搂抱和运输粪球。这种滚粪虫一入5月就开始交尾。不久,它们就为将要出世的子女准备食物。它们不稀罕山珍海味,仅仅钟情于草食动物的粪便。所以,要观察西绪福斯虫的滚粪球过程,最好是跟在牛羊身后。将刚排泄不久、尚未干燥的牛粪掰开，往往能发现它们。"

这时，从粪堆旁边急匆匆走来一对西绪福斯虫。

法布尔说："你们看，这是一对夫妻，为它们的家庭搬运粮食来了。"

只见一只西绪福斯虫举起前爪在松软的牛粪上一划，一小块牛粪掉了下来。然后，另一只西绪福斯虫也凑了过来。它们共同在切下的小粪块上轻轻拍打，用力按压。过了一会儿，小粪块被加工成了豌豆粒大小的小球。然后，两只西绪福斯虫合力将粪球在地上滚了起来。

跳跳猴问："它们这就要把粪球运回家吗？"

法布尔说："在小粪球做好之后，它们需要将小球在土地上来回滚动，使小球表面形成一层皮，用来防止粪球的水分被蒸发，然后，就要正式开始艰难的旅行了。"

这时，一只西绪福斯虫将两条前腿搭在粪球上，两条长长的后腿支在地面上，倒退着将小球往自己这边拽。另一只西绪福斯虫站在对面，头朝下，两前肢着地，两后肢趴在粪球上，使劲推。

法布尔说："你们看，前面的那个是妻子，后面头朝下的那个是丈夫。夫妻两个一个拽，一个推，配合得多好啊。它们没有预先规定的目的地，只是要找一块比较适合的地方，掘一个洞，将面包贮藏在那里。但是，由于是倒退着走路，它们看不清路面情况，即使我们用金属网将它们罩起来，它们也会义无反顾地沿着金属网往上运。"

接着，夫妻两个一个拉一个推上路了。一开始，还算顺利，小粪球缓慢地向前挪动。不巧，粪球前边有一个小土块。粪球滚到了土块上时，一个颠簸，翻了车，夫妻两个同时被摔出去好远，六脚朝天。

看着这滑稽的场面，小哥俩忍俊不禁，嘻嘻地笑了起来。

法布尔很肯定地说："不碍事的，你们看，它们不会放弃的。"

话音未落，两个西绪福斯虫一骨碌翻了个身，找到了粪球，各就各位。妻子前肢爬在粪球上，后腿蹬地；丈夫站在对面，后肢趴在粪球上，头朝下，前肢着地。一切就绪后，粪球又慢慢地滚了起来。

约莫过了一个小时，夫妻俩将粪球滚到了一片松软的土地上。这时，妻子离开了粪球。大概丈夫感到了妻子的离去，也停止了推动粪球，守在粪球旁边等候着。

跳跳猴问："它们是在休息吗？"

法布尔说："不是，妻子感觉到这里的土质适宜挖洞，去勘察仓库的地点了。"

西绪福斯虫

过了好一阵，妻子还没有回来。丈夫大概等得不耐烦了，抱着粪球来回滚动，消磨时间，排遣寂寞。

法布尔说："丈夫不会走开的，它有守卫面包的责任。让我们去看看妻子的选址进行得如何吧。"

妻子并没有走远，它在附近的地面上掘出了一个小坑，然后又返回到粪球旁边来。夫妻俩将粪球挪到小坑旁，然后，丈夫紧紧抓着粪球，妻子则连挖带拱地将坑往深里挖。当坑的深度能容纳半个粪球时，妻子转过身来，背负粪球，继续挖坑。丈夫则抓着粪球，随着粪球缓缓下沉。不一会儿，夫妻两个连同粪球都消失在土坑中。

跳跳猴小声说："运输粪球的工作就结束了吧？"说着他站了起来，准备走。

法布尔说："粪球是运回来了，但是，好看的还在后头呢。观察昆虫需要的是耐心。"

跳跳猴面带羞色地重新蹲了下来。

不一会儿，丈夫出来了，它走到离洞口不远的地方休息起来。

看到妻子没有出来，跳跳猴问："那一只西绪福斯虫为什么没有出来呢？"

法布尔说："妻子待在洞中，对地窖进行进一步的加工，通常要到第二天才能出来。当妻子出来后，丈夫会从打瞌睡的地方跑出来，夫妻团聚，再次寻觅牛粪。它们会在粪堆旁先饱餐一顿，然后，切下一块粪团，加工成粪球，重复我们刚才看到的运输过程。好，现在让我们来参观一下地窖吧。"

法布尔从身边拣起一截干树枝，将刚才西绪福斯虫埋藏粪球的地窖挑开。地窖很浅，并且狭窄。粪球与地窖壁之间只有很小的空间，大概只能容得下一只西绪福斯虫来回走动。

法布尔说："看到了吧？ 地窖中空间很小，因此，在将粪球运入地窖后必须有一只西绪福斯虫离开，以便另一只西绪福斯虫将粪球安置妥当。"

跳跳猴问道："刚才说，这粪球是西绪福斯虫为它们的子女准备的，那小西绪福斯虫在哪里呢？"

法布尔说："在交配后，妻子将受精卵产在地窖中的粪球上。幼虫从卵中一出来，就钻在粪球中享用父母给准备的面包。经过两个月左右，暑季到来时，新一代的西绪福斯虫就从粪球中走出来，到草原上寻找粪堆，继承它们父辈的事业，加入滚粪球的队伍中。"

法布尔站起身来，小哥俩和小男孩也相继站了起来。

一切为了子女的大力神虫

看完了西绪福斯虫，法布尔说："下来，我们去看一下大力神虫吧。"

一行四人在草地上一边行走，一边注意着地面。行不多远，保尔叫了起来："这里有大力神虫。"

法布尔与三个孩子蹲了下来，只见几只小虫在拖着羊粪球艰难地行走。

法布尔说："与西绪福斯虫喜欢新鲜的牛粪不同，大力神虫偏爱已经干燥的羊粪。另外，与西绪福斯虫浅浅的地窖不同，大力神虫储存面包的贮藏室很深，平均在一米五左右。"

对于人来说，掘一米五深的洞并不很费劲。但是，想象一下，一个小小的昆虫要掘地一米五深，是何其艰难，需要付出多少劳动啊！

跳跳猴问："法布尔先生，大力神虫为什么要挖这么深的洞呢？"

法布尔狡黠地笑了笑说："中国不是有一句名言，叫做'深挖洞，广积粮'吗？挖深深的地洞是为了给后代储存足够的粮食。此外，大力神虫幼虫发育缓慢，到秋天才能长成成虫离开洞穴外出觅食。也就是说，幼虫需要在洞中度过炎热的夏天。为了避免酷暑对幼虫的伤害，避免地表高温使洞中贮存的面包变质，地洞一定要比较深。"

沉默了一会，法布尔问："关于大力神虫，还有什么需要了解的吗？"

跳跳猴和笨笨熊都摇了摇头。对法布尔提出的这个问题，小哥俩没有思想准备。

法布尔问道："难道你们没有想一下干巴巴的羊粪球怎么能被大力神虫的幼虫食用吗？"

笨笨熊和跳跳猴摇了摇头，羞涩地笑了笑。

法布尔说："不管是圣甲虫、蜣螂，还是食尸虫，都是储存新鲜的食物，为什么大力神虫偏爱干巴巴的羊粪蛋，而对新鲜的羊粪却不理不睬呢？原来，大力神虫的洞很深，将干燥的羊粪储存在洞里后，洞里的湿气可以使之软化。将软化的羊粪粉末做成小圆柱体,再经过发酵,就成了可供幼虫食用的美味佳肴。"

听了法布尔的讲述,跳跳猴和笨笨熊不住地点头。

法布尔接着说:"像西绪福斯虫一样,雌性雄性大力神虫也富有合作精神。雌虫在洞中掘进,雄虫则用叉子一样的三只角把雌虫刨松了的土从洞底运到洞口旁。把大量的土方从洞底经过又陡又深的狭窄竖井运到地表是一件非常消耗体力的劳动。洞挖成后,雄大力神虫便到草地上去收集干羊粪球运回洞中,堆在一起。雌性伴侣则整理来料。在备足食物后,为了使妻子的劳动轻松一些,雄性大力神虫又承担了干羊粪的捣碎工作。它在离洞底有一段距离的地方把被太阳晒干的羊粪球捣成碎末,再把碎末制成粗细两种面粉,撒入妻子工作的面包房。这时,雄性大力神虫筋疲力尽了。它离开洞穴,在田野里默默死去。

"雌性大力神虫将经过丈夫加工的面粉加工成长圆形的小面包,每个面包中放一只受精卵。然后,静静地等待着孩子们的出生和成长。同西绪福斯虫一样,大力神虫幼虫从卵里孵化出来后,即尽情地享用着父母亲准备好的食物。当炎热的夏天结束后,母亲带着它的一群儿女钻出洞口,四下里寻找羊粪,饱享美餐。这时,母亲的使命也完成了,便静静地与世长辞了。"

跳跳猴感叹道:"人常说,爱子之心,人皆有之。想不到,这爱子之心,虫也有之。"

法布尔说:"是,抚育和照料后代是所有动物的秉性,大力神虫,特别是雄性大力神虫,在这一点上表现得尤为突出。"

跳跳猴和笨笨熊抬起头,望着法布尔,眨巴着眼睛,好像在问:为了给子女创造好的生活条件,父母亲都尽心尽力,为什么说雄性大力神虫尤为突出呢?

法布尔看透了两个小家伙的心思,说:"小生命在刚出生时都是脆弱的,这就需要母亲来照料。没有一个母亲会怠慢此事。能力最低的母亲,即使不能像大力神虫一样为后代准备面包,也要把卵产在条件优良的地方。比如蚜虫,它们将卵产在嫩叶上,将来新生儿们在出生地就能找到吃的东西。本事大的母亲,除给新生儿哺乳、喂食外,还给子女建造巢穴、居室、托儿所。

"但是,一般来说,在动物界,特别是虫类动物,父亲们是不管后代的。这好像成了一条潜规则。雄性大力神虫则不然,为了给子女准备巢穴及食物,竟然劳累而死。本来,大力神虫是一种不为人们所注意的昆虫。但是,就是因为这一点,激励着我对大力神虫进行长期观察。"

昆虫中的强盗——圣甲虫

看完大力神虫，法布尔领着几个小孩来到一堆牛粪旁边。这堆牛粪刚刚排出不久，半干不湿。粪堆上面以及周围熙熙攘攘爬满了各种各样的虫子，有的大嚼大咽，享受美餐；有的举起刀一样的前臂在切割蛋糕，准备加工成球状运回家中。大概是牛粪的表面容不下这么多虫子，有的干脆在牛粪堆上打一个孔，钻了进去。它们从隧道中出出进进，俨然一副矿工的模样。

法布尔蹲了下来，三个小孩也跟着蹲了下来。

法布尔指着粪堆旁边一个微微陷下的地方说："你们看，有些昆虫很聪明，它们就在粪堆底下挖一个洞，直接把牛粪埋在地下，省去了长途运输的劳顿。"

工地上的劳动者在忙碌着，粪堆周围还不断有昆虫赶来。它们步履匆匆，生怕来晚了失去分得一块蛋糕的机会。它们的劳动热情，丝毫不逊色于当年从世界各地涌向加利福尼亚淘金的探险者们。

这时，一只硕大的昆虫急匆匆赶了过来。它长着长长的前肢，头上举着一对橙红色的触角，头顶上是宽阔扁平的顶壳，六个细尖齿排在顶壳的前沿。

法布尔指着那只新来的昆虫说："这种食粪虫叫做圣甲虫。这带齿的扁形顶壳不仅是挖掘洞穴、切割粪堆的工具，还可以像耙子一样把好吃的东西搂过来，归拢在一起。"

正说着，那只圣甲虫已经走近粪堆。只见它伸出左右齿足，横扫一下，面前出现了一个半圆空场。场地打扫出来之后，又用头顶的齿耙把牛粪搂了过来，送到肚子下面。然后，四个肢体动作了起来。

跳跳猴问："它在干什么呢？"

法布尔说："在揉面团啊。你们看，它的后肢具有球面圆规的构形，两只弧形的后肢之间环抱成一个球状，恰好可以用来测量球面，修正球形。"

说话间,圣甲虫肚子底下出现了一个粪球,并且慢慢变大。一开始,粪球像一颗黄豆大,后来,像一颗核桃大,再后来,像一个苹果大。

粪球制作好了,那圣甲虫掀起屁股,将两后肢的足尖从粪球左右两侧插入球体,形成一副轴。中间的一对肢体踩在地上,当作支撑架;前面的一对齿足则轮番在地上挪动。粪球动起来了,被圣甲虫倒推着滚起来了。圣甲虫搬着战利品上路了。

由于是倒推着走,圣甲虫看不到路面的情况。粪球滚到了一个小土块上,颠了一下,滚到了附近的沟底。圣甲虫六脚朝天,手足乱舞一阵后,翻身起来,连一口气都没有喘,又冲到粪球旁,双后肢插进粪球,脑袋朝下,"埋头"苦干起来。粪球缓缓地向前移动,一开始走平地。后来,向一个陡坡又滚。

跳跳猴急了,喊:"往右,往右一点。为什么放着平路不走,偏要爬坡?"

跳跳猴一喊,一边用手向右比画着,一副着急的样子。

但圣甲虫不理不睬,继续攀登高峰。一会儿,不知道是体力不支,还是其他什么原因,粪球和圣甲虫一起从坡上滚了下来。就这样,爬上半坡滚下来,找到粪球再往上滚。反反复复几次后,终于将粪球推上了坡的顶端。

这时,另外一只圣甲虫也赶了过来。后来者前肢搭在粪球上,后肢着地使劲地拉。两个伙伴一拉一推,显然比一个圣甲虫单干要轻松多了。

跳跳猴问:"这两只圣甲虫是夫妻吗?"

法布尔说:"有一段时间,我在看到这种情况时也是这么认为。因为雌雄圣甲虫在外表上没有任何区别,只好用解剖刀对运输同一粪球的圣甲虫弄个究竟。解剖结果证明,许多合作者都是同一性别。"

跳跳猴说:"看来,不是同一家庭的成员也有协作。"

法布尔说:"错了,后来者不是在帮助伙伴,而是图谋抢劫。"

跳跳猴说:"为什么说它是在抢劫呢?"

法布尔说:"有的后来者是伺机抢劫,一开始装模作样帮忙,趁粪球主人放松警惕时,就带着粪球逃之夭夭。如果主人警惕性很高,寸步不离粪球,后来者会以共同推粪球为由与粪球主人共进美餐。有的是明火执仗地抢,干脆就是强盗了。"

正说着,旁边又走来了一个正在滚着粪球的圣甲虫。这时,一只圣甲虫从空中飞来,不偏不倚地落在粪球上。它把烟熏色般的黑翅膀收进鞘里,挥起前肢,把正在辛辛苦苦埋头推粪球、毫无防备的主人打倒在地。粪球主人反应过来后,企图爬上粪球与侵略者搏斗。但主人一站起来向粪球上爬,就被站在粪球顶端的侵略者一巴掌打倒。一次一次的反攻失败后，粪球主人改变了策略，开始摇动粪球。大概是希望把侵略者从粪球上摇下来，摔个粉身碎骨，或起码晕头转向。但是，当粪球滚动时，侵略者像狮子滚绣球一样变换着肢体位置，一直占据着粪球的顶端。突然，粪球主人攒足了力气，使劲晃了一下粪球，粪球急速旋转，侵略者猝不及防，从粪球上跌落下来。这时，主人和侵略者站在地面上，短兵相接，开始了肉搏战。它们身贴身，胸靠胸，肢体时而交叉，时而分开，头顶的盔甲不停相撞，发出轻微的"咯吱咯吱"的撞击声。

这时，笨笨熊说："跳跳猴，你盯着粪球主人，我盯着侵略者，以免在混战中把双方弄混，咱们看一看谁会最后获胜。"

跳跳猴说："好。"

经过几个回合的搏斗，侵略者将粪球主人掀翻在地，然后火速登上粪球，占据了制高点。

粪球主人大概感到收复失地无望，站在粪球下，向上仰望一阵，掉头顺着刚才的来路走了，可能是要再去制作一个粪球。那侵略者呢？恐怕粪球主人或别的圣甲虫来抢劫，急急忙忙推起粪球来就走。

跳跳猴说："希望战败的圣甲虫第二次运输途中不会遇上坏人。"话语中充满了同情。

法布尔说："我曾经遇到过第三只圣甲虫来和获胜的窃贼争夺粪球，刚刚败走的那位会不会也干强盗一样的勾当呢？很难说。我还看到另外一种情况。后来者将身子压在粪球上，与粪球浑然一体，粪球主人吃力地推着粪球走。爬在粪球上的那一位忽而在粪球顶端，忽而被粪球压在地上，忽而在左弦，忽而在右弦。不管怎样，自己虽然没有推粪球，但既然爬在粪球上，享用时就要占一份。遇到爬陡坡，有的后来者会从粪球上下来，前肢爬在粪球上，后肢着地，使劲地往前拉，共同把粪球滚上陡坡。但是，也曾遇到无赖，即使是上坡，它仍然在粪球上稳稳地坐着，好像全然不知道遇到了困难需要克服，任凭自己和粪球一起从坡上滚下去，再由粪球主人推上来，然后再次滚下去。

"当圣甲虫将粪球运到目的地后，就运进事先挖好的地窖中，然后将原来放在角落里的杂物堵住洞口，大概是防止强盗进来抢夺千辛万苦运回来的面包。我曾经打开过圣甲虫的地窖，发现粪球差不多占满了整个地窖的大厅，在粪球和墙壁之间仅有一个狭窄的通道。一般一个地窖中只有一位或最多两位圣甲虫。

"圣甲虫食用粪球的过程令人咋舌。有一天，天气闷热，我守在一位圣甲虫旁边看它用餐。从早上 8 点，到晚上 8 点，我一直守在它身旁。这位食客 12 个小时一刻不停地大嚼大咽。第二天再返回去看时，圣甲虫不见了，前一天的粪堆仅剩下了一些碎渣。真不知这位食粪虫工作到几点才收的工。"

跳跳猴问："它连续不断地吃，能够消化得了吗？"

法布尔说："比贪吃更精彩的是消化上的快速度。当嘴巴不断吞咽的时候，肛门在不停地排泄，就像一个拔丝机，不间断地排出黑色的细绳索，直到最后几口食物吞咽完后，拔丝机才停止工作。绳索一样的排泄物在地上盘成一堆。

"在观察圣甲虫进食的过程中，我手上拿着一块秒表。两次排泄的间隔差不多与秒表跑一圈相吻合。更准确一些说，每隔 54 秒，一小节粪就被挤出来，肛门后的细绳索就增长三至四毫米。每当细绳索长到一定程度，我就用镊子把它夹断，放在刻度尺上测量。结果表明，12 小时排泄出的绳状物总长度为 288 厘米，晚上 8 点的测量是在灯光下完成的。我根据这细绳的直径和长度，算出了体积，又把圣甲虫泡在量筒里的水中，根据量筒水位线的变化，得出了圣甲虫的体积。结果，圣甲虫在12 小时内消化了和它身体同体积的食物。"

跳跳猴说："平时我们在嘲笑小伙伴无能时，称其为造粪机器。圣甲虫则是名副其实的吃粪机器加造粪机器了。"

听了跳跳猴的话，法布尔和保尔都笑了。

穿越时空隧道

241

以收藏为乐趣的埋粪虫

法布尔说:"好,到现在为止,我们已经观察了西绪福斯虫、大力神虫、圣甲虫等食粪虫。接下来,我们去了解一下埋粪虫。"

说完,法布尔领着几个孩子踏着夕阳的余晖回到荒石园。

与往常不同,今天,院子里的土地上扣着几个笼子。法布尔领着跳跳猴、笨笨熊径直来到笼子跟前。正在这时,几只身着瓦蓝色甲壳的昆虫从笼子中地面上的洞口探头探脑地钻了出来。

法布尔说:"在我家附近有四种埋粪虫,其中常见的两种就是我们现在看到的粪生金龟和假金龟。这几只前胸紫水晶般光彩照人的是粪生金龟,前胸黄铜般闪闪发光的是假金龟,我在每只笼子中放了 12 只。"

说完,法布尔把堆在院门口的一堆骡粪收在筐子里,计算过了体积,倒在了笼子里。

跳跳猴有些不解,问:"法布尔先生,您这是在干什么呢?"

法布尔说:"让我们看看这 12 个埋粪工人一晚上能埋掉多少粪。"

安排妥当,法布尔带着几个孩子回到房间,在摇曳的烛光下给他们讲自己的童年,讲自己是如何向往大自然,讲自己小时候如何把小生灵带到课堂上去玩……

第二天一大早,法布尔喊起几个孩子,来到院子里。

出乎意料,堆在笼子中的骡粪不见了。笼子中的地面上,只有星星点点的残渣碎末。

法布尔说:"看见了吧?我计算过了,假如每只埋粪虫的工作量是相等的,这笼子中的每一只埋粪虫一晚上平均向地下仓库埋藏了近一立方分米的骡粪。为了将一立方分米的骡粪藏进去,它们要将差不多等量的土挖出来。也就是说,每只埋粪虫的工作量是两立方分米。

"食物这样丰富,应该够一冬天享用了吧?应该歇一歇了吧?不,它们是一些永不满足的家伙。它们现在没有出来,仅仅是因为它们是些昼伏夜出的生灵。一到晚上,它们就会出来寻觅食物,然后再埋到地下。似乎在地面上的食物是别人的,一旦埋到地下就成为自己的了。我曾几次在黄昏时向笼子中投进像昨晚那么多的骡粪,但第二天早上看时,那放进去的骡粪总是荡然无存。我所做的工作就是要把这些家伙们挖出来的土清理掉。不然,挖出来的土会越堆越高,最终,笼子里盛不下的。"

跳跳猴问:"他们如此热情高涨地将粪埋入地下,能消费得了吗?"

法布尔说:"这些埋粪虫只管一味地收集。虽然仓库积压的食品肯定消费不了,但是,这些囤积居奇的虫类并不因为仓库爆满而心满意足,每天仍然挖埋不止。为了什么?仅仅为了增加仓储。它们的仓库分布在各个地点,不管埋粪虫偶尔碰上哪一处,都能从中提出一点存货享用,其余的便全部抛弃。"

笨笨熊说:"费很大气力埋好的食物就抛弃掉,多可惜啊。"

法布尔说:"你们觉得可惜吧?但是,我们想象一下,如果没有埋粪虫,我们的世界会是一种什么景象。在草原上,马、牛、羊的粪便会年复一年地加厚,牧场会变成粪场。人及其它动物在野外排泄的粪便会有碍观瞻,粪便中的微生物会造成传染病的流行。正是由于它们的辛勤劳动,不仅我们的环境净化了,而且土壤的质量改善了。埋粪虫埋藏在地下的粪会使得庄稼或牧草长得油绿苗壮,给人类及草食动物提供食物。

"你们知道吗?历史上,澳大利亚牛粪堆满了牧场,不仅污染了环境,而且影响牧草生长,当局为此非常伤脑筋。后来,牧业部长的顾问向部长提议从中国引进蜣螂来清扫牛粪。在引进蜣螂后,那里的牛粪灾害才得到控制。"

跳跳猴问:"法布尔先生,这就是您对食粪虫类情有独钟的原因吗?"

法布尔说:"是的,它们虽然每天在和肮脏的粪打交道,但做的都是对地球和人类有益的善事,难道这不值得尊敬,不值得研究吗?"

笨笨熊和跳跳猴点点头。

装死的黑步甲

看完埋粪虫，法布尔说："不知道你们曾经注意到没有，有些昆虫在受到刺激后会一动不动，像是在装死。"

跳跳猴说："我见到过这样的情况。有一种生存在沙里、倒着行走的小虫，每当被人捕捉时便会像死了一样动也不动。"

法布尔接着说："这是一个很有意思的现象。今天，让我们来观察一下黑步甲。这是一种凶猛的昆虫，是毫无顾忌的剖腹刽子手。"

说完，法布尔领着几个小孩来到荒石园外的一间房子内。

房间里简单得很。没有床铺，靠墙摆着一排桌子，上面放着坛坛罐罐之类的东西。看来，这是法布尔先生建在野外的一个昆虫实验室。

法布尔走到一个桌子前，揭开一个小陶罐，用两个手指夹出了一个虫子，松开手。虫子背部朝下掉到桌子上。那虫子的爪子缩在肚子前面，两条触须交叉在一起，两副手钳张开着，一动不动，死了一般。

法布尔悄声说："这就是黑步甲，它正在装死。现在我看一下手表，看它到底能装多长时间。"

法布尔看了一下手表，接着说："如今要做的就是等待，要特别有耐心。"

大家目不转睛地看着黑步甲。

过了15分钟，小家伙还是一动不动。跳跳猴真想出去溜达溜达，看看绿色的草原和草原上浮云般飘动的羊群。但一想到法布尔先生的嘱咐，马上就打消了这个念头，心想：说不定我一转身它就会有什么举动，而错过了任何一个举动，就意味着整个观察过程是有缺陷的、失败的。想到这些，跳跳猴两眼直勾勾地盯着像标本一样、一动不动的黑步甲。

可能是为了打破这种沉闷的气氛，法布尔接着说："静卧不动的状态可以持续

244

50 分钟左右,有时甚至可以超过一个小时。不过,通常持续 20 分钟左右。如果虫子不受任何惊扰,那么,它就会完全僵卧不动。跗节、口须、触角这些细微部分都纹丝不动,和死去没有两样。"

正说着,虫子开始动了,前爪、跗节开始微微颤抖。接着,所有跗节都动了起来,口须和触角缓缓摆动。继而,腿脚都乱划乱晃起来,身体中部稍稍弓起,一使劲,翻过身来。最后,它操起小碎步,急匆匆走开。

法布尔急忙将正在逃跑的黑步甲又抓了起来,摔在桌子上,背部朝下。刚才急匆匆行走的虫子再一次不动了,姿势和上次一模一样。这次,装死的时间比上次要长。

当它再次醒过来时,保尔抓起小虫,学着父亲的样子如法炮制了一次、两次、三次……一共进行了五次。

静卧不动的时间越来越长。

法布尔说:"好了,我们已经进行了五次试验。每次试验黑步甲装死的时间分别为 17 分钟、20 分钟、21 分钟、33 钟以及 50 分钟。我做了很多次这样的试验。尽管结果不完全相同,但几乎有一个共同点,那就是每次装死的时间长短不等。通常情况下,黑步甲装死的时间是一次比一次长。

"我曾想,这是否因为黑步甲对这种状态一次比一次更适应? 是否因为虫子想通过逐次延长装死时间使来敌失去耐心? 说不定哪一次,虫子被我们折磨得乱了方寸时,就不会再装死了。它可能会立马翻过身来,拔腿就跑。

"也许,当我们把它摔到桌子上时,它感觉到自己的身体下面是一块坚硬的木板,是不能挖出一个洞来的。由于逃遁无门,只好一声不吭地躺在那里装死。如果我们把它放在松软的沙土上,会是什么反应呢? 在这种情况下,难道不会翻过身来,赶紧掘一个洞钻进去吗? "

说到这里,保尔拿了一个盘子过来。盘子中盛了厚厚的一层沙土。他将盘子递给了爸爸。

看到这一情景,跳跳猴心想:瞧,儿子和父亲配合得多么默契呀。

法布尔把黑步甲抓起来,在约莫 50 厘米的高度松开手,将黑步甲摔落在沙盘中。不巧,黑步甲腹部朝下了。小男孩敏捷地把黑步甲翻了过来,六脚朝天。

大家盯着黑步甲,看它会不会采取不同的策略。

结果,它一如既往,一动不动。

法布尔说:"看到了吧? 在沙土上,它也仍然装死。我做过许多次不同条件下的试验,到头来,证明我的想法是错的。不管我把它放在木头上、玻璃上、沙土上还是松软的田土上,不管我把它重复摔多少次,这家伙都是以不变应万变,我自岿然不动。

"因此,我必须作出新的设想了。我想,可能是在做试验时,这虫子看见了我在一动不动地观察着它,就像我们虽然用手捂着眼睛,但实际上通过指缝在偷偷地观察周围的动静一样。如果是这样,它看到的是什么呢?面对着人这个庞然大物,这虫子会产生什么视觉印象呢。这是无法证实的,起码我是无法证实的。

"好了,先不要想得太远。假使那虫子正在看着我,觉出我是个要害它的家伙。这样的话,只要我待在它旁边,它就会一动不动。索性,我躲到远处去。那样一来,它看见敌人已经不在跟前,觉得没有必要要花招了,就有可能迅速翻身站起,急忙逃走。"

说完,法布尔伸开两臂,推着三个孩子走出约十来步,到了房间的另一头。过了约莫十几分钟,他们返回来一看,虫子还在原地,一动不动。

法布尔说:"说不定这家伙有特殊本领,能感觉到我们仍然在房间里;或许是别的东西,比如苍蝇,在它前面嗡嗡飞过,使它感到危险因素没有解除。我们把它扣在钟形玻璃罩子下,再走出房间,看看会发生什么。"

说着,他拿起一个钟形玻璃罩,罩在黑步甲上,然后,带着三个孩子走出了房间,把门关上,生怕什么响动惊动了玻璃罩下的小虫。

20分钟过去后,回到房间观察,黑步甲依然躺着。

他们走出房间,带上门。

再过20分钟,再回到房间,小虫还是纹丝不动。

法布尔说:"在大自然中,各种动物都有自己求生避险的本领。凶猛的动物靠威力战胜来敌,弱小的动物要靠心计来躲过劫难。比如,在野兽中,老虎威武雄壮,靠力量以及钢牙利爪捕获猎物;狐狸又瘦又小,就要靠诡计多端苟且营生。

"在昆虫中,黑步甲崇尚武力,浑身甲胄,并不是一个弱者。它出没的河边时,没有一种昆虫能敌得过它。因此,没有必要通过装死欺骗敌人。是不是鸟类对它形成威胁呢?不大可能。因为,黑步甲白天缩在洞里不出来,鸟儿看不见它。当到了晚上,黑步甲出来活动时,鸟儿已经归巢安歇了。并且黑步甲浑身发出一股臭味,即使鸟儿啄起黑步甲,也难以下咽。

"我用好几只黑步甲分别做了多次同样的试验,结果表明,虫子死一般的状态并不是由于它面临着危险才装出来的,因为在试验过程中没有任何令其感到受威胁的因素。

"但是,这黑步甲被摔后就一动不动是因为什么呢?

"这些问题困扰了我很长时间。

"好了,当一个问题百思不得其解的时候,最好换一个角度去思考。其它弱小的昆虫是否在受到威胁后也会通过装死来逃避危险呢?我找到与黑步甲同样生活在河边的抛光金龟来做试验。抛光金龟比黑步甲小。按照常理,它应该更倾向于利用计谋,躲避危险。但当把它折腾一番、背朝下放在桌子上时,它马上翻过身来,拔腿就跑。仅仅有一次,在经过长时间反复折腾后,抛光金龟总算像黑步甲一样假死了一刻钟。我很难说,这是不是因为筋疲力尽。

"抛光金龟的实验从反面证明,昆虫在受到刺激后一动不动并不是在装死。接下来,我们看一看,在黑步甲一动不动时给它刺激会出现什么情况。"

法布尔把罩在黑步甲上的玻璃罩子移开,马上就有一只苍蝇飞过来,落在了黑步甲上,爬来爬去。跳跳猴发现,黑步甲有反应了,它的跗节微微颤抖了起来。大概是没有找到可吃的东西,这只苍蝇勘察了一阵后飞走了。然后,黑步甲又恢复了僵死状态。一会儿,又飞来一只苍蝇。它落在了黑步甲的嘴边,那里有黑步甲嘴里流出来的食物。苍蝇又抓又舔,突然,黑步甲腿脚乱蹬,翻身站起,仓皇逃走。

跳跳猴说:"这就可以证明,在黑步甲假死状态时给它刺激,它就会突然作出反应。"

法布尔说:"先不要下结论。因为我们的实验还不够充分。也许,黑步甲认为在苍蝇这种不足挂齿的对手面前耍诡计有失体面。让我们换一种体格比黑步甲大的昆虫。"

说着,法布尔从另一个罐子中取出一只昆虫,说:"这种昆虫叫做天牛,它的爪子和大颚都特别有劲。在黑步甲生存的河边,从来没有出现过这种大家伙。黑步甲见到它,应该是感到恐惧的。"

法布尔用稻草把天牛引到黑步甲身边。天牛刚把爪子放在仰卧着的黑步甲身上,它的跗节马上就颤动了起来。一开始,天牛刚抓一下,法布尔就把天牛扒开。这时,黑步甲的跗节就停止了颤抖,恢复了平静。后来,天牛反复在黑步甲身上又抓又挠。原来像标本一样的黑步甲突然一跃而起,一溜烟地跑了。

笨笨熊说:"看来,黑步甲在意识到危险时,采取的策略不是僵死,而是逃跑。"

法布尔笑笑,说:"我们再做一些其他的试验吧。"

法布尔把正在逃跑的黑步甲重新抓了回来,来到窗户前的一只桌子旁边。

窗外,骄阳当头,炽热的阳光钻过窗口洒在桌子上。法布尔手一松,黑步甲掉在了桌子上，背部向上。阳光从光滑的背甲上反射回来，熠熠生辉。保尔急忙将黑步甲翻了过来，背部向下。但手一松开，黑步甲就翻过身来，慌不择路地逃跑。法布尔用一个玻璃罐将黑步甲罩了起来。

法布尔说："看来，我们可以作出这样一种设想，黑步甲从高处摔下来后一动不动，不是在装死，而是由于刺激，神经紧张，陷入了动弹不得的状态。如果在这时再给予刺激，尤其是受到太阳光照射时，又可以解除这种精神紧张的状态。

"这个假想是否适用于其它的与黑步甲有类似假死行为的昆虫呢？为了证实这个假想，我拿烟黑吉丁虫做过实验。这种昆虫在受到刺激后，也会和黑步甲一样假死。但在假死过程中，把它移到窗台上的阳光下时，它就快速恢复了活力。在高温强光下照射几秒钟，它就张开一对鞘翅当作杠杆，一骨碌爬起来，马上起飞。

"黑步甲和烟黑吉丁受刺激后都会假死，阳光照射后都会马上作出反应，结束假死。那么，反过来，在它们假死过程中给它们降温会发生什么呢？

"首先，我刺激烟黑吉丁，使它进入假死状态。然后，把它背朝下，放在一只小广口瓶的瓶底，盖上瓶塞，再把广口瓶放在一个盛满了刚从井里打出的冷水的木桶中。为了避免桶中冷水温度逐渐上升，我不停地从桶中舀出一部分水，同时，再补充进去新打来的冷水。换水时，我十分小心，避免引起水瓶晃动。"

跳跳猴听得很入迷，好像他正在跟法布尔一起做这个实验。他急着问："结果呢？"

法布尔接着说："结果，那虫子在水中待了5个小时，一动也没动。我想，如果我把实验时间延长，它的假死时间还要继续延长。我还用黑步甲做了同样的冷水试验，黑步甲的假死不超过50分钟。即使不把黑步甲放在冷水环境中，假死也能达到50分钟。"

跳跳猴问："这是为什么呢？"

法布尔说："可能是因为烟黑吉丁平时喜欢在树枝上晒太阳，是喜欢阳光的昆虫。冷水环境可能使它的神经麻木。黑步甲呢？昼伏夜出，是夜游神，习惯了阴凉的环境。因此，冷水环境不会对它的神经活动造成大的影响。"

听到这里，跳跳猴想：怪不得法布尔先生在昆虫学方面造诣颇深。原来，他在观察昆虫时不仅有足够的耐心，而且脑子里满是各种各样的设想。

248

同类相残的金步甲

说到这里,法布尔把玻璃罐掀了起来,将黑步甲抓了,放回到原来的陶罐中。

接着,他倚在窗户前的桌子旁边说:"在人间,我们经常看到同类相残。小到打架斗殴,图财害命,大到成千上万人参加,血流成河的战争。

"你们可知道,昆虫世界里也不太平。金步甲是消灭毛虫的能手,但遗憾的是,它们在屠戮同类时,一点也不亚于吞食毛虫时的残忍。一天,我在树荫下发现了一只金步甲,将它捉住,投进了我集中饲养金步甲的玻璃盒子里。盒子里原来有 25 只金步甲,加上这一只同类,26 只了。不料,第二天,我发现这只新成员直挺挺地躺在玻璃盒子里。爪子、头、胸完好无损,只是在肚子上开了个大口子。再仔细看,腹中空空。

"我诧异,是饥饿导致它们同类相残吗?不是的。我每天都向玻璃盒子里投放足量的蜗牛、金龟、螳螂、毛虫、蚯蚓和其它金步甲欢迎的美味佳肴。

"我每天早上都去清点玻璃盒子中的金步甲,令人惊讶的是,一只一只金步甲接二连三地变成了空壳。"

听到这些,跳跳猴瞪大了眼睛,眼神中露出一丝恐怖。

法布尔说:"好,现在让我们到养金步甲的玻璃缸前耐心地观察一段时间。如果幸运的话,兴许能目睹到金步甲同类相食的情景。"

法布尔和笨笨熊、跳跳猴及保尔来到了房间中的一个玻璃缸前。

看了约莫一个小时,缸中的金步甲相安无事。

笨笨熊大概有些不耐烦了,拉着保尔蹲在地上找蚂蚁。跳跳猴也跟着蹲在地上。法布尔则目不转睛地盯着金步甲。

跳跳猴看见,就在脚下,一串串蚂蚁大军川流不息地搬运着什么东西。咦,它们要把食品搬到哪里呢? 它们的家在哪里呢?

正待寻觅，法布尔压低声音说："孩子们，快来看，屠杀开始了。"

三个孩子立即站了起来，爬到玻璃缸前。只见一只金步甲咬住了另一只金步甲的尾部。被咬的金步甲挣扎着试图逃走，但进攻者死死咬住不放。

法布尔说："这只被咬的是雄虫，进攻的是雌虫。"

跳跳猴问："雄虫、雌虫有什么区别呢？"

法布尔说："在同一代金步甲中，雄虫普遍体格较小，雌虫则普遍体格较大。"

正说着，只见雌虫将雄虫的尾部撕开了一个口子。接着，雌虫将露出的内脏大嚼大咽地吞了下去。然后，雌虫将脑袋钻进雄虫的腹腔里，埋头清理里面可吃的东西。少顷，雌虫的脑袋又钻到了死者的胸腔，吞食可以够得见的内脏。大概是没有可吃的东西了，雌虫将脑袋退了出来。

死者只剩下了鞘翅和体表的硬壳。

法布尔说："一开始，我的这只玻璃缸里有25只金步甲，20只雄虫，5只雌虫。现在只剩下五只了。五只全是雌虫。也就是说，20只雄虫全部被5只雌虫吃掉了。

"我在想，雌性金步甲吞食雄性同类，直至将雄性灭绝的做法可能和生殖有关。如果不是这样，仅仅是个体之间的暴力的话，为什么雄虫不奋力反抗，却听任对方咬自己的屁股呢？

"带着这个疑问，我每天花许多时间待在这玻璃缸前，观察它们的行为。原来，雄性金步甲遇到雌虫时，便急忙交尾。之后，雄、雌虫找食物大吃一顿。在遇到另一位雌性同类时，雄虫再次交尾。就这样，交尾，进食，成了金步甲生活的主题。当雌虫卵巢获得孕育资本，不再需要帮助的时候，胖主妇就把自己的异性伴侣吃进肚子里去了。"

跳跳猴说："把自己的丈夫吃掉，多残忍啊！"

法布尔说："在昆虫界，同类相食的现象并不罕见。总的来说，有两种情况。一种是吃尸体，另一种是吃活体。比如，雌性蝗虫吃的是死去的雄虫。螽斯吞食的是已故情侣的腿。雌蟋蟀本来是脾气温和的，但在交尾后便翻脸不认人，将自己的异性伴侣打翻在地，撕碎雄虫的翅膀，狼吞虎咽地将雄虫吞食。这样，刚才还在演奏美妙乐曲的男高音便一命呜呼了。还有，郎格多克蝎也是在交尾之后就将雄性伴侣无情吞食。明天，我们去拜访一下郎格多克蝎吧。"

跳跳猴问："就是那种高高举着毒螯的蝎子吗？"

法布尔说："是的。"

郎格多克蝎

早上,吃过早饭,法布尔一行又来到荒石园外的那间房子内。

进到房间后,他领着三个孩子径直走到桌子一头的几个玻璃广口瓶前。

瓶子里散乱地撒着一些纸片。

怎么没有朗格多克蝎,只是一些碎纸片呢?

跳跳猴正在纳闷,只见一只蝎子从一片碎纸下探头探脑地钻了出来。

原来这是法布尔先生养蝎子的瓶子。在瓶子中撒一些纸片是为了蝎子得以藏身,模拟它们在野外的生存环境。

法布尔从抽屉里取出一个镊子,打开广口瓶,将盖在蝎子身上的纸片掀开。突然,他的两眼放出了光芒。跳跳猴仔细一看,只见一只蝎子呈黄褐色,另一只蝎子的背部白茫茫一片,像是披在蝎子身上的白色短斗篷。

跳跳猴惊叫道:"看,这只蝎子的脊背是白的,是生病了吗?"

法布尔兴奋地介绍:"不,这只蝎子背上白茫茫的东西是刚出生的小蝎。你们很幸运,这种场面很少能见到呢。这只蝎妈妈是刚完成分娩,昨天晚上它的身体还是光溜溜的,说不定其它几只母蝎也要临产了。在随后的几天里,我们得注意观察了。"

说完,法布尔领着几个小孩离开了朗格多克蝎。在接下来的日子里,他们每天都来看望哪些待产的蝎妈妈。

不出法布尔先生所料。第二天,第二只蝎妈妈也穿上了白斗篷。第三天,第三只蝎妈妈又穿上了白斗篷。

在这激动人心的七月,法布尔和几个小孩天天光顾装蝎子的广口瓶。但是,后来,没有再令他们激动的事情发生。

法布尔又拿来几只玻璃广口瓶,让跳跳猴和笨笨熊把每只蝎妈妈连同她的孩子们单独放在一个瓶子中。在转移过程中，小哥俩发现，除背部外，蝎妈妈的肚皮下也藏着她的孩子们。

法布尔从口袋里掏出了放大镜，仔细观察玻璃瓶里蝎妈妈身上的幼蝎。然后，把放大镜递给跳跳猴、笨笨熊。

小哥俩看见，与成年蝎张牙舞爪、尾巴高高翘起的形象不同，幼蝎紧紧地蜷缩在一个卵状的、米粒大的膜内，尾巴顺在肚皮上，双钳回折在胸前，几对足爪紧贴在两侧。

法布尔说："这种卵状物与我以前解剖妊娠已很长时间的母蝎而得到的蝎卵几乎没有差别。过去，人们认为，蝎子是胎生动物。现在看来，恐怕是不正确的。准确些说，是卵胎生动物。不过，这是可以理解的。如果幼蝎不被卵膜包裹起来，而是张开钳子，卷起尾巴，伸开爪子，它怎么能顺利地从妈妈的产道中出来呢？"

听了法布尔的话，跳跳猴心里叹道：这"造物主"怎么考虑得这么周到呢？

法布尔接着说："好了，我们已经有了一个重大发现。接下来，让我们看看幼蝎是如何破壳而出的吧。"

法布尔从口袋里又掏出三个放大镜，一人一个。几个人举着放大镜，目不转睛地盯着那白白的卵状物。只见蝎妈妈用大颚尖抓起卵的薄膜，将其撕开。然后，吞咽下去。虽然它的工具非常粗糙，但卵中的幼蝎竟然丝毫未被损伤。一会儿，幼蝎外面的壳子，包括混在其中的未孕卵，都被母蝎吞下去了。从卵壳中被释放出来的幼蝎，纷纷爬上了妈妈的脊背。

法布尔说："有意思，雏鸡是靠自己的嘴把蛋壳敲开破壳而出的，幼蝎是一动不动，等着妈妈来解放自己。我们把幼蝎从妈妈背上弄下来，看它们会有什么反应吧。"

说完，法布尔拿着一根细细的木棍，放到母蝎前。只见母蝎马上举起双钳，尾巴左右摆动，一副进攻的姿态。法布尔将木棍从母蝎面前移走，将一只幼蝎从妈妈的脊背上拨了下来。可能是背部的孩子太多了，没有发现丢了孩子，蝎妈妈没有任何反应。摔下来的幼蝎着急了，在妈妈身旁转来转去。突然，它转到了妈妈的钳臂旁，立刻顺着钳臂爬到了妈妈的背部，回到了兄弟姐妹中间。

法布尔喃喃道："这次，我们让她多丢掉几个孩子，看她是否能发现，会有什么反应。"

他用木棍把蝎妈妈背部的幼蝎扫下了一片，摔下来的幼蝎乱糟糟一片，不知该往哪里爬，来回打着转。蝎妈妈有反应了，她用钳臂和触角将面前的沙粒刮干净，然后，把周围丢失的孩子搂了回来。一碰到母亲的身体，幼蝎纷纷争先恐后地爬上了妈妈的背部。

在接下来的几天里，法布尔领着孩子们天天去看蝎子。法布尔对孩子们说："我们不只是要看幼蝎的发育成长，还要看它们如何脱掉身体外面的一层皮。知道吗，昆虫在变态过程中，要经历蜕皮。幼蝎也要脱掉它的外衣，才能成为成年蝎。一般昆虫在蜕皮时，是在胸部裂开一道缝。虫子从缝里钻出来后，脱下的外衣就如同一个模子，仍然保持着昆虫原来的外形。蝎子脱外衣时，是身体前后左右的外衣一起被撑破。足爪从护腿套中脱出，钳子从护手甲中抽出，尾巴从剑鞘中拔出。刚刚脱掉衣服的蝎子，身体周围总是堆着一堆烂衣片。脱去外衣后，蝎子的行动变得敏捷。更令人惊讶的是，它们的身体突然变长了。比如，郎格多克蝎在脱去外衣前，身长为9毫米，脱去外衣后，一下子就变成了14毫米。身长增加了一半，体积增加了两倍之多。"

跳跳猴不解地问："幼蝎的身体是如何增长的呢？"

法布尔说："是啊，一开始，我对这个现象也不理解。幼蝎并未吃进任何食物，因为脱下了一层皮，体重没有增加，反而是减少了，怎么身体会突然变大呢？后来才明白，在脱去外衣前，幼蝎的身体是被压缩、束缚在外衣中的。在脱去外衣后，由于解除了束缚，幼蝎的身体便舒展了开来。"

跳跳猴说："噢，原来如此。"

这时，玻璃广口瓶中碎纸片下走出来一只母蝎。它的背部铺着一层白绒绒的碎片，像是盖了一层白色的毯子。刚刚脱掉了外衣的幼蝎栖息在白毯上。法布尔用一支小木棍将母蝎背部的几只幼蝎轻轻刮了下来。幼蝎迅速找到妈妈的肢体，敏捷地爬上了白毯子上，好像只有妈妈的背部才是自己的栖息地。

法布尔说："幼蝎在妈妈的背部要度过约15天，然后才爬下来，在母亲的身旁活动。一个母蝎领着一群幼蝎，就像一只母鸡领着一群小鸡散步觅食一样。有时，幼蝎会沿着母亲的尾巴爬到顶端，饶有兴味地从那里饱览脚下的风光，就像站在山顶放牧脚下的一群幼蝎。"

笨笨熊说："原来想起来都令人生畏的蝎子，竟然这么好玩。我想再多了解一些关于蝎子的知识，您能推荐一本有关的书吗？"

法布尔说："依靠书本是一种下策。"

"什么？"笨笨熊一脸惊讶的神色。

在笨笨熊看来，书是非常神圣的。正是靠了读书，前人的研究成果和经验才得以传承，社会才得以进步，怎么大名鼎鼎的法布尔先生能说"依靠书本是一种下策"呢？

法布尔好像没有听见笨笨熊的质疑，继续一本正经地说："坚持不懈地，认真地观察，比关在包罗万象的书斋中更利于解决问题。很多时候，还是以无知为佳。这样，头脑才能保留调查研究的自由，才不会误入书本所提供的歧途。

"对这一点，我体会非常深切。有一位昆虫学大师在一篇学术报告中说，郎格多克蝎的分娩期在每年的 9 月。为了看到母蝎分娩幼蝎的场面，我从 9 月份开始，每天观察，白白耗费了一年的时间。为此，还抛弃了原来规定的课题。后来才弄明白，郎格多克蝎的生育期是在 7 月份。这不能怪那位大师，因为昆虫学家莱昂杜福尔先生是根据在西班牙研究的结果写的报告，我是在法国的普罗旺斯进行观察。"

顿了顿，好像是要对刚才讲的内容进行总结，法布尔说："刚才讲的，用你们中国的一句古话来说，就是…… "

"尽信书不如无书。"法布尔还没有讲完，跳跳猴便抢着说。

法布尔用手掌重重地拍了一下大腿，说："对，尽信书不如无书。"

停了一会，法布尔接着说："一位声望很高的名师对我说过，无知反而可能受益，远离熟路或许会有新的发现。"知道巴斯德吗？"

笨笨熊说："我们曾经拜访过他，他是一个伟大的化学家、生物学家。"

法布尔说："对，有一天，巴斯德来找我。他说：'我想看看蚕茧，我还从来没有见过这种东西，你能不能给我弄几个来？'原来，巴斯德此次来是因为这个地区的许多蚕场正在遭受一场前所未有的灾害。蚕虫溃烂、腐败，接着硬变，最后，都成了包着一层石膏样外壳的蚕仁硬皮豆。这场灾害给当地的蚕桑业带来很大的损失，蚕农请这位大名鼎鼎的科学家来扑灭瘟疫。

"我给他找来了蚕茧。他拿起蚕茧在手里翻过来翻过去地看，又举在耳朵旁边摇了摇，然后说：'有声音。里面有什么东西？'我告诉他里面有蛹。他说：'什么，蛹？'我这才知道，原来巴斯德先生对什么是蛹都不知道。我告诉他，蛹就像一种木乃伊，蚕虫在变成蛾子前，就是在那里经过变形的。他又问：'所有蚕茧里都有这么个东西吗？'我又告诉他，当然，蚕吐丝结茧，就是为了保护蛹。他'啊'了一声，将蚕茧揣进自己的衣兜，走了。

"不久之后,他发现了蚕病的原因是由于蚕蛾感染了一种微生物。他在蚕蛾产卵后,将蚕蛾解剖,仅用未发现微生物感染的蚕蛾产的卵孵育蚕虫,获得了不染病的蚕虫,挽救了当地的蚕桑业。

　　"巴斯德先生靠什么攻克了难题? 他的武器就是思路,是舍弃枝节、立足总体的思路。变形、眼虫、蚕茧、蛹壳、蛹虫以及其它举不胜举的昆虫学的细微的知识,对他都无关紧要。解决他所关心的问题,以不知晓这些为好。思路这一东西,能更好地维持独立头脑和大胆起飞精神,其行动将更加自由,将能超越已知世界的范围。

　　"受这一范例的鼓舞,我在自己的昆虫学研究工作中将无知作为一条必循的规律,很少去翻书。与其去翻书,还不如坚持不懈地观察。"

　　是啊,坚持不懈地观察,才能发现别人没有发现的秘密;独立思考,才能独辟蹊径,找到解决问题的新的办法。

穿越时空隧道

专吃腐尸的食尸虫

看完朗格多克蝎，法布尔领着几个孩子从实验室出来，在草地上散步。

跳跳猴发现，在地上，躺着一只刚刚死去的肥硕的鼹鼠。

他叫道："瞧，一只死鼹鼠。"

法布尔说："把它翻起来。"

跳跳猴拣起身旁的一截枯树枝，插到死鼹鼠的身下，将它翻了起来。

哇！在死鼹鼠下面，聚集着一堆昆虫。一种叫做葬尸虫的昆虫穿着宽大的鞘翅丧服，马上拼命逃窜，一头钻进地缝里躲藏了起来；浑身乌黑发亮的腐阎虫操起碎步，匆匆离开……远处，正有不少类似的昆虫在向这边急匆匆赶来……大概是嗅到了鼹鼠的肉香。

法布尔说："看到了吧，一旦大小动物死亡，抛尸荒野，马上就有一批专营丧葬的食肉昆虫赶来。它们种类很多，其中，食尸虫在身材、服饰和习俗等方面都比较特别。它具有某种高级功能，能散发麝香气味，触角末端顶着红绣球，胸廓上裹着米黄法兰绒，鞘翅上还系着两条带齿形花边的朱红佩带。其它的食肉昆虫如葬尸虫、皮蠹等主要是在现场尽情享受美食。食尸虫呢？在少量进食，获得精力后，便致力于将尸体埋到地下，期待尸体在地下经过腐熟过程后成为幼虫的食品。让我们耐着性子来观察一下食尸虫是如何将一只硕大的鼹鼠埋入地下的。"

法布尔将鼹鼠移到一个土质疏松处，确认尸体中没有其它食肉昆虫后，在鼹鼠上罩了一个笼子。然后，向儿子使了一个眼色。

保尔会意，跑回实验室，抱出一个瓶子，从里面取出四只昆虫。

法布尔向跳跳猴、笨笨熊说："这就是我刚才讲到的食尸虫。"

说完，将它们放在了笼子中鼹鼠的身旁。一开始，这四只食尸虫还有些不安，围着死鼹鼠转圈儿。大概是确认没有什么危险吧，不一会儿，四只食尸虫便先后一头钻进鼹鼠尸体上，进入状态了。

食尸虫不见了，但见死鼹鼠不时轻轻移动。

法布尔说："看到了吧，食尸虫正在鼹鼠尸体下掘墓呢。"

每隔一会儿，总有一只食尸虫从鼹鼠尸体下钻出来，围着尸体转，好像是在估算战利品的大小、计划墓穴的位置及范围，就像工程师在建筑工地进行工程测量。不一会，跑出来的测量工又钻回鼹鼠尸体下，继续紧张的劳动。

随着颤动，尸体在一点一点往下沉。与此同时，从坑里推出来的土在尸体四周堆成一圈。终于，尸体坠入坑底。接着，鼹鼠尸体四周被挖出来的土抖动了起来，落在了坠入坑底的鼹鼠尸体上，将鼹鼠盖了个严严实实。

法布尔说："鼹鼠虽然被埋在了地下，但在达到预定深度之前，食尸虫们还会继续往深挖掘，直到它们认为深度足够为止。在这一段时间里，没有什么新的内容，让我们过两三天再来看吧。"

说完，法布尔领着几个孩子向家里走去。途中，跳跳猴说："整个埋葬过程，我们看不到食尸虫，真好像是在城市中挖地铁。"听到跳跳猴说地铁，法布尔愣了一下。

看到法布尔对地铁这个词感到陌生，跳跳猴赶忙说："挖地铁就是在城市的地下挖隧道，在隧道中铺设铁路。现代城市通过这种办法来缓解地面的交通。"

法布尔似懂非懂地点了点头说："食尸虫的这种做法叫作封闭作业法。它们不是挖一个坑，然后把战利品推进去，它们推不动如此沉重的家伙。但采取封闭作业法呢？只要钻在尸体底下埋头挖掘，尸体就会由于自身的重力向下沉，坠入坑底。这不能不说是食尸虫的智慧。

"有一个学者曾目睹一只食尸虫掩埋一只死老鼠的过程。因为死老鼠身体下面的土质太硬，它便在一定距离之外较松散的地方挖好一个地穴。然后，它企图往地穴中掩埋死老鼠。但是，费九牛二虎之力都移不动。于是，它飞走了。观察的学者以为它放弃了。不想，过一会儿，这只食尸虫又飞了回来，领来了四只同类。它们同心协力，一起将死老鼠搬到了地穴中。我想，在这个过程中，不能否认理性思维发挥了作用。

"另外一个学者想把一只蟾蜍风干。为了预防食尸虫前来弄走这小动物，他把一根木棍埋在地上，把蟾蜍放在木棍的顶端。食尸虫站在蟾蜍下面仰望了一阵，在棍子底下挖掘起来。棍子挖倒了，食尸虫把蟾蜍埋进了地穴。"

听了法布尔先生的故事，跳跳猴和笨笨熊都一起啧啧称奇。

过了三天，法布尔又领着孩子们来到埋葬死老鼠的地方。他们将坑掘开，只见

257

鼹鼠变成了一团暗绿色的、散发着恶臭、脱去了绒毛的肉饼。

法布尔说:"原来浑身是毛的鼹鼠现在将毛脱得精光。这毛是在尸体腐败过程中自然脱掉的呢,还是食尸虫为防止夹杂在肉饼中的毛影响幼虫顺利食用而特意去掉的呢?这一点,我至今都说不明白。我挖了许多食尸虫的尸坑,原来有绒毛的尸体没有了皮毛;长羽毛的鸟类没有了羽毛,就连翅膀上和尾巴上的粗羽毛也不见了。只有爬行动物和鱼类仍留有鳞片。"

跳跳猴看见,有两只食尸虫在肉团上忙碌着。

法布尔自言自语地说:"它们是夫妻。挖坑的时候是四只食尸虫,那两只哪里去了呢?"

法布尔拿着木棍在肉团周围找。原来,另外两只食尸虫在离肉团一定距离处待着。

法布尔说:"这是两只雄虫。每次掩埋尸体都看到雄虫充当主力。但在艰苦的埋尸工作完成后,藏尸室里却总是只有一雌一雄。别的雄性在做完苦力后,便悄无声息地离开现场。它们有时为自己的家庭劳作,有时帮助别的家庭。就说这藏尸室中的这一对夫妻吧,它们再花上一些时间加工肉团,让肉团成为适宜幼虫口味的熟食后,就钻出地面,分道扬镳,按照各自的愿望,到其他地方重新开始埋尸工作。"

跳跳猴问:"为什么它们在埋下尸体后就抛弃了呢?"

法布尔说:"我曾在埋藏尸体约两周后掘出食尸虫埋下的尸体,只见尸肉拉着粘丝,像黑果酱一样。在这令人作呕的腐肉中有一群幼虫钻来钻去。原来,食尸虫在埋下尸体的时候就将卵产在了肉团中,使它们的幼虫从卵中一孵化出来就能获得足够的营养。在腐肉中,成虫在肉团中缓缓爬行,一副老态龙钟的样子,原来漂亮的外衣变得衣衫褴褛。原来,它们全身爬满了寄生虫。步入暮年的食尸虫,有的还缺胳膊少腿,并且在同类之间出现了相残相食的现象。"

跳跳猴问:"食尸虫为何在完成抚育后代的使命后便同类相残呢?"

法布尔没有回答,望着笨笨熊。

笨笨熊迟疑了一下,接着说:"杀死老弱病残者可能是为了节约食物以保证子女食用吧?"

法布尔说:"在观察期间,我给食尸虫投放的尸体非常充足,是不能用食物短缺来解释的。这种现象可能是筋疲力尽时的异常表现,是生命接近枯竭时的丧心病狂。这好像是一条普遍规则:辛勤劳动时和睦相处,无所事事时则萌生异常的嗜好,比如折断同类的四肢,或干脆把同类中的病弱者吃掉。这对被食者来说未免不是一件好事。因为这样可以使它们从疾病缠身的暮年生活中得到最彻底的解脱。"

循规蹈矩的行列虫

法布尔领着几个孩子,走进松林。法布尔一边走,一边在树枝上仔细地寻找着什么。

突然,他喊道:"孩子们,过来看。"

三个孩子走到法布尔跟前,顺着他的手指看去。只见在一个松树枝上,蠕动着长长的一列松毛虫。它们身上覆盖着红红的毛,排成一路纵队,每只虫子都用自己的头触着前一只虫子的臀部,就像一条长绳。

法布尔说:"这种虫子叫做松毛虫。由于它们在出行时总是排成一列步伐整齐地前进,又被称为行列虫。"

这时,法布尔低下头问跳跳猴:"你知道行列虫为什么能如此整齐地行进吗?"

跳跳猴摇摇头。

法布尔接着说:"许多动物群体中都有首领。比如,在一群羊中会有一只头羊。这只头羊走到哪里,其它羊就会跟到哪里。在一群猴子中,会有一只猴王,猴王在猴群中很有威严,其它猴子都必须乖乖地听从猴王的指令。在行列虫中,你看,也有一个领头的,它领着全队行列虫前进。不过,头羊、猴王等是靠体格健壮或年资等因素从群体中胜出成为首领的。行列虫的领队者呢,只是因为它恰巧排在了第一位。如果由于某种原因,队形被打乱,碰巧排在新队列中第一位的松毛虫就会成为带领大家行军的现任队长。"

跳跳猴好奇地问:"它们是要到什么地方呢?是去找吃的吗?"

法布尔说:"松毛虫一般在晚上出动,它们的食物就是松针。白天的出行仅仅是为了散步,或者了解周围的情况。看,这就是松毛虫的家,看来,它们是刚从房间里出来。"

顺着法布尔的手指看去,只见在一个树梢上,挂着一个由丝和松针编成的丝窝,上端膨大,下端窄小,酷似一个倒置的梨。

法布尔说:"在丝窝的大头,一般有一个宽阔的漏斗形开口,供松毛虫出入。冬天,松毛虫靠丝窝御寒,夏天则钻进丝窝内避暑。"

跳跳猴接着问:"松毛虫晚上出来觅食,那它的视觉一定很好吧?"

法布尔说:"松毛虫的头部两侧各有五个视觉点,然而,它们太小了,用放大镜都很难看得见。真难说这些视觉点能看得清周围的环境。在漆黑的夜晚,这些视觉器官恐怕就更起不到什么作用了。"

跳跳猴追问:"许多动物的嗅觉是很灵的,那它们是靠嗅觉吗?"

法布尔说:"嗅觉一样无济于事。我曾经做过试验。我逮了几只松毛虫,让它们饿了很长时间,然后在旁边放一枝刚折下来的、有繁茂松针的松枝。然而,这几只松毛虫竟然毫不理睬,从松枝旁从容走过。实际上,松毛虫的觅食靠的是触觉。只有在行进途中碰上可食用的树叶时,才会停下来进餐。"

跳跳猴问:"松毛虫没有好的视觉,嗅觉又不灵敏,那它们在出行之后,尤其是在离开居住地很长距离后,怎样找到回家的路呢?"

听到跳跳猴这穷追不舍的发问,法布尔高兴得笑了。他喜欢深入细致地观察事物,喜欢打破砂锅(纹)问到底的精神。

他说:"对了,你的这句话问到了点子上。这也正是我们要重点观察的内容。

"松毛虫的嘴里可以持续不断地流出涎液。这涎液一遇到空气后,就变成一条细细的丝线。随着松毛虫的行进,这条线就铺在了它行进的路上。"

说到这里,跳跳猴追到松毛虫领队者那里,凑近了,仔细看起来。

法布尔跟了过来,笑了笑说:"这丝线太细了,你是看不到的。即使用放大镜也不一定能看得清楚。领队者后面的松毛虫就是靠着灵敏的触觉踏着这条丝线在行进。并且,每只松毛虫在行进过程中都会吐出丝来,铺到路上。这样,路上的丝带就变宽了。孩子们,你们在松毛虫队列后面看一看,看是否能观察到什么。"

几个孩子向行列虫队伍的后面看去。真的,在行列虫爬过的地方,有一条窄窄的东西,在太阳光的照射下闪闪发光。

法布尔说:"人类是用碎石铺路,松毛虫是用丝绸铺路,够奢侈的吧?"

笨笨熊不解地问:"它们为什么要花费高昂的代价,用丝绸铺路呢?"

法布尔说:"松毛虫夜间出来觅食,在树枝上爬上爬下,路线非常复杂。正是靠了这丝带的导引,才不至于使松毛虫掉队。当找到树叶后,松毛虫会散开各自觅食。

填饱胃口后,就分别顺着自己铺下的丝带爬回来,在丝带主干道上汇合。集合完毕后,再顺着来时的'丝绸之路',返回家中。如果没有丝带,松毛虫就不能集合起来,也不能在复杂的枝枝杈杈中找到返回家园的道路。

"经过长时间的观察,我还发现了一个有趣的现象。松毛虫在进食后,往往是深夜了。但松毛虫要返回时,从来不会作180度转弯掉转屁股往回走,而是必须绕一个弯。多数情况下,在绕一个弯后,它们能很快与来时的丝带接上轨。但是,有时在绕弯路后不能找到来时的丝带,就只得在外面过夜了。在这种情况下,它们会聚拢在一起,相互贴紧身体。到第二天,再作尝试。这时,可以看到领队者犹豫不定,步履缓慢。一旦找到来时的丝带,它就会加快速度,领着大家大踏步踏上归途。

"这丝带也许还有区别不同群体的作用。有一次,我看到几队松毛虫在行进途中遇到了一起。几支队伍互相穿插,形成了花环。我想,这可要乱套了。我目不转睛地看着。出乎意料,各队的虫子都以相同的步伐前进,没有一只虫子跟错队伍。

"我所看到的松毛虫队伍最长达到12米。我数了数, 那支队伍有300多名成员。它们一个接着一个,既不争先,又不落后。最小的队伍有两只松毛虫,好像是在集体活动之外的时间结伴而行,出来散步。即使是在这种场合,它们也是一前一后,就像训练有素的士兵。

"橡树上的行列虫与我们现在看到的松毛虫不同。它们全身覆盖着白毛,像是穿着一身白衣。出行时,一只虫子先从窝里爬出来,到较远的地方停下来,其它的虫子在它后面排成队伍。每两只或三只、四只或更多一些,排成一行。等到队伍排好之后,领头的橡树行列虫起步,其它行列虫几个一排地跟着踏上征程。虽然它们的队列不如松毛虫整齐,但也很有规矩。后面的虫子从来不会超越它前面一行的虫子。另外,它们在行进中也是以丝线铺路,将丝带作为返回时的路标。

"好了,让我们给这些松毛虫制造点麻烦,看它们在遇到意外情况时会不会手足无措,造成混乱局面。"

说着,法布尔将正在行进的领队松毛虫捏了起来。领队失踪了,松毛虫们却好像什么事情也没有发生一样,原来的第二只松毛虫自然而然地成为领队者,若无其事地领着大家从容不迫地往前走。

法布尔嘴里喃喃道:"抓走领头者不在乎,那么,截断队伍呢?"

说完, 他从队伍中间取掉一只松毛虫,并且用小刀迅速把铺在路上的丝带切断,刮掉。这时,被抓走的松毛虫后面的松毛虫成了后面这支小分队的队长。由于失去了丝带的指引，这位小队长不再是毫不费心地顺着丝带爬行了。它放缓了步伐，显然是在摸索前进的路线。然而，由于丝带被刮取的距离很短，小队长很快就踏上了缺口那边由先行者铺下的丝带。一踏上现成的路，它明显地加快了步伐，后面的兄弟姐妹们也快步跟上。

失去联络的小队长和先遣部队联系上了，又形成了一支大部队。

法布尔说："如果抹去的丝带多一些，后面的小分队可能会踏上另一条路线，形成两支队伍。但是，一般来说，这两支队伍都能回到家。它们在返回途中发现原来的路断了时，会在附近反复探路，直到找到来时铺下的丝带。"

听了法布尔先生的话，跳跳猴蹙起了眉头。

笨笨熊见状，问："小兄弟，在想什么呢？"

跳跳猴没有理会笨笨熊，朝着法布尔说："法布尔先生，我有一个想法。"

"什么想法？"法布尔饶有兴趣。

跳跳猴说："行列虫一旦踏上丝带铺成的路，就毫不犹豫，昂首阔步。如果把丝带铺成环形，它们仍然会像毛驴拉磨一样，毫无目的地踩着丝带转圈子吗？"

法布尔眼睛一亮，连连说："好主意，好主意。"

说完，他领着几个孩子，来到了几株松树前。松树上结着松毛虫的丝窝，看来，有不少松毛虫住在这里。树旁，有几口栽着棕榈树的缸。缸口的周长约有一米半左右。

法布尔说："我发现松毛虫经常来攀缘这几口缸，一直攀上缸口那圈鼓起来的厚沿儿。那缸沿儿，不正是理想的环形跑道吗？现在我们需要做的，是耐心等待行列虫的到来。"

大约等了二三十分钟，一支行列虫大部队来了。它们从地面爬上缸壁，垂直前进，到达缸沿。然后，沿着缸沿，列成一个纵队爬行。大约一刻钟后，队伍转了一圈，又接近了它们进入环形跑道时的入口处。这时，还有不少松毛虫在从缸壁往上爬。法布尔拿起一个刷子，将缸沿下的松毛虫扫去。然后，反复刮擦缸沿下的缸壁。

笨笨熊问："法布尔先生，为什么要刮下面呢？"

法布尔一边刷，一边说："如今，在缸沿上爬行的松毛虫正好形成了一圈。如果过多的松毛虫到达缸沿，目前缸沿上的单列纵队就会被破坏。我们需要把正在向上攀登的松毛虫去掉，同时，把铺设在缸壁上的丝带打扫干净。这样，下面的松毛虫不会再爬上来，在缸沿上爬行的松毛虫也不至于顺着原路返回。"

听了法布尔的解释，笨笨熊恍然大悟。

清扫完缸壁后，法布尔和几个孩子专心致志地观察缸沿上的松毛虫。它们在缸沿上形成了一个环形队伍，首尾相接，像毛驴拉磨一样，心无旁骛地、毫无目的地在做着圆周运动。实际上，它们的旅行路线不是正圆。走第一圈的时候，领队者在缸沿走一截后，偏离缸沿，走到缸沿凸边的下面。大约走出去20厘米，又重新返上缸沿。然后，每走一圈，这支队伍都要顺着领队铺下的丝线爬到缸沿凸边下，过20厘米左右后，再折返上来。好像它们是在走钢丝，似乎稍微偏离领队拉下的钢丝，就会栽进万丈深渊，摔个粉身碎骨。

就这样，这支队伍沿着领队的路线转了一圈又一圈，丝线铺了一条又一条。渐渐地，成为一条约两毫米宽的华美绝伦的丝带，在阳光照耀下熠熠生辉。

夜幕降临了，到了松毛虫进食的时间。法布尔将一束具有茂密松针的松枝放在缸沿下，离缸沿不到十厘米远。只要松毛虫往下爬一点儿，美食就唾手可得。可是，它们仍然我行我素，继续进行它们的圆周运动。

晚上十点半，看到松毛虫没有半点改变路线的意思，法布尔带着几个孩子回家休息。途中，法布尔说："如果有一个松毛虫不堪忍受饥饿的折磨，或许会在迷迷糊糊中产生清醒的一闪念，脱离这无始无终的圆圈运动，去找一条生路。"

跳跳猴说："但愿如此，否则，它们会饿死的。"

第二天早上天还没有亮，跳跳猴就早早起床。看到笨笨熊还在酣睡，他拿了毛巾，在笨笨熊的脸上轻轻拂来拂去。

笨笨熊迷迷糊糊地说："谁呀？"

跳跳猴说："松毛虫从缸沿上爬下来，跑到你的脸上了。"

笨笨熊惊呼一声："真的？"

然后，一个鲤鱼打挺，他坐了起来，用手在脸上乱摸。

看到跳跳猴笑得前仰后合，笨笨熊才知道，是跳跳猴在搞恶作剧。

这时，法布尔在门外喊道："小朋友，我们去看行列虫。"

跳跳猴和笨笨熊应了一声，冲出房间，和法布尔向松林走去。

途中，法布尔说："昨天夜里袭来一股寒流。你们看，路边的小草上都结着霜呢。"

跳跳猴和笨笨熊看到，真的，在朝阳的映照下，路边枯草上的霜晶在闪闪发光。

到缸跟前了，只见缸沿上的松毛虫不再行军了。大概是为了取暖，它们挤成两堆。

太阳越升越高,天气渐渐暖和起来,两堆松毛虫逐渐动了起来,在缸沿上形成了两个队列,循着缸沿缓缓前进。一开始,两个领队的脑袋左右摆动,像是在寻找什么。

跳跳猴心想,可能它们也感到一直这样走下去不是个办法,想寻找出路吧。

过了一会,随着扎堆儿的松毛虫不断加入环行运动,分成两个队列的松毛虫衔接了起来,又形成了一个圆环。两位临时领队再次变成普普通通的随从,整个队伍没有一个首领。整整一天,大家都在踏着环形丝带前进。

第二天晚上,寒流再次袭来。

第三天早上天刚亮,法布尔便与跳跳猴、笨笨熊出发去看松毛虫。他们发现,松毛虫蜷缩在缸沿的一处。大概是由于拥挤,有一条松毛虫被挤了出来。它顺着缸内壁向下爬,分别有六只松毛虫踏着先行者的丝线尾随而去。这七名成员的小分队到达缸底的泥土,又爬上了缸中栽种的小棕榈树。其它松毛虫挤成一团,一动也不动。

暖融融的阳光融化了地面的寒霜,缸沿上扎堆的松毛虫起床了。它们照例开始了环行运动。由于少了七名成员,队伍出现了缺口。但是领队者的脑子似乎被冻僵了,只顾埋头顺着丝带爬行。

那些爬到棕榈树上的探险小分队感觉出来不是松树,只好摸着来路上的丝线往回走,爬上缸沿,再次找到自己的主力部队。这时,环形的队伍又形成了。

整整一天,这支队伍一如既往地、锲而不舍地沿着缸沿行军。

第三天晚上,天气仍然寒冷。

第四天上午,法布尔又和跳跳猴、笨笨熊去看松毛虫。

路上,跳跳猴说:"法布尔先生,这些松毛虫已经三天三夜没有进食,又饿又冻,恐怕有不少冻饿而死了。"

法布尔默默地点点头,脸色凝重,好像在为这些松毛虫的命运担心。

到达现场,只见松毛虫仍然在缸沿上爬行。但是,数目减少了,减少了大约一半。

正在诧异,笨笨熊喊:"另一半在棕榈树上呢。"

真的,由于前一天没有将探险小分队的足迹擦去,队伍中大约一半成员顺着它们铺下的丝线攀上了棕榈树。但是由于一无所获,到了下午,游离出去的这支队伍再次返回缸沿,与循环轨道上的松毛虫会师。这时,松毛虫又形成了一个环形队伍。

第四天晚上,霜冻更厉害。

第五天上午,天气晴朗。当法布尔一行赶到时,松毛虫已经不知从什么时候起开始了例行的圆圈运动。但是,大概是由于极度饥饿吧,它们步履蹒跚,队形出现混乱。有一部分队伍循着通往棕榈树的路线走了。但是,走不多远,拐上了一条岔道。

跳跳猴兴奋地喊:"法布尔先生,它们不再循规蹈矩,已经有人在起义了,在革命了。"

笨笨熊说:"是在革命,还是极端饥饿时失去了对丝带的识别能力,不好说呢。"

法布尔轻轻地说:"我们不能随便下结论,要继续观察。"

跳跳猴点点头。

队伍中拒不前进的松毛虫大量出现。大队伍多次断裂,形成几支小分队,分队继而又形成若干小队,每个小队都有一位领队。

看到这支疲惫不堪、七零八落的队伍,跳跳猴着急地说:"待在这里是没有出路的。为什么不冒死去闯一条生路呢?"

但是,在入夜前,松毛虫又重新汇聚成一支长队。

第六天,天气很暖和。松毛虫仍然在缸沿上爬行。但不时有领队者止住脚步,用最后的一对假足抓住缸沿的外侧边缘,身体悬空挂下去,可能是试探从这里是否可以到达地面。每一次试探,领队后面的队伍都得停下来。这时,每一个成员都晃动着脑袋,扭动着身体。

终于有一位探险家厌烦了无休止的圆圈运动,从缸沿的外缘向下爬去。有四个伙伴尾随而去。但是,不知怎的,这支有五名成员的小分队在下行到一段距离的时候,兜了个圈子,又返回了缸沿。

一束鲜嫩的松枝就在离它们折返点不到两巴掌的地方。

命运就要发生转折了,它们却掉头返回。

看到此情此景,跳跳猴扼腕叹息。

法布尔说:"别着急,能够作出尝试就是好现象。虽然这支小分队没有成功到达地面,但它们毕竟在缸沿外设置了路标。这对将来的行动可能是有用的。"

第八天,大家大概对大部队的行动失去了信心。有的单枪匹马,有的三五成群,有的形成稍长的小分队,沿着先前探险家设置的路标从缸沿上爬下来,终于到达了地面。在太阳落山之前,这一群松毛虫像是从战场上败退的逃兵,垂头丧气地回到家里。

夕阳的余晖斜照着大地，寒风吹来，松枝发出轻轻的呜咽声。虽然天气寒冷，但跳跳猴感到心中暖融融的。他想，不管怎样，这些松毛虫毕竟脱离了苦海。但愿它们今晚能找到松针，饱餐一顿。

这时，法布尔说："从松毛虫爬上缸沿到离开，整整七天多了。我量过了，松毛虫每分钟前进约9厘米。如果每天按一半时间在行军计算，这支部队在缸沿上行进了453米。这只缸缸沿的周长是135厘米。也就是说，这几天，它们沿着缸沿转了335圈。

法布尔先生说这话的时候，跳跳猴正在出神地想着什么。

法布尔停住讲话，问道："跳跳猴，你在想什么呢？"

跳跳猴猛地回过神来，说："我在想，本来丝带可以帮助松毛虫找到食物，回到家中。但是，如果过分依赖这种帮助，就会循规蹈矩，失去好多机会。如果不是有一些探险小分队出来探索，这些松毛虫都会死在缸沿上。"

法布尔说："想不到，你从观察松毛虫中悟出了深刻的道理。"

傻得可爱的隧蜂

在经过连续八天对松毛虫的观察后,法布尔领着大家来到了他的标本室。

在两块玻璃框中,镶嵌着许多隧蜂的标本,有的比胡蜂还大,有的个头儿像家蝇,有的甚至比家蝇还小。

跳跳猴说:"隧蜂的差别怎么这么大呢?"

法布尔说:"隧蜂的种类虽然多,但有一个共同的特点。请看,所有隧蜂,不论大小,末端的腹环中,都有一道平滑光亮的细沟。当没有敌情时,螫针会沿着细沟做下滑上缩动作。只要看到这种特征,不须辨别体色和身材,就可以断定是隧蜂。这个显然的标志,是隧蜂家族的徽章。"

看完标本,法布尔说:"好,接下来,我们到大自然里去实地考察一下吧。"

说着,他便带着三个小孩向标本室外走去。

在出门时,他从墙根提了四个马扎,给跳跳猴、笨笨熊和保尔一人一个,自己留了一个。

跳跳猴不解地问:"法布尔先生,带这东西干什么呢?"

法布尔说:"今天,我们需要在隧蜂洞前待好长时间。要几个小时蹲在那里,受不了呀。"

时光好像发生了跳跃,刚才来标本室时,地上还铺着一层白霜,从标本室走出来时,田野却是一派春天的景象。路边、山坡上,春草顶破湿润的泥土,露出了鲜绿的嫩芽。在一簇一簇的草尖之间,偶尔可以看到一小堆一小堆新鲜泥土隆起的小山包。

行了几步,一转眼工夫,刚才还是刚刚出土的嫩芽长成了茂密的青草,草丛中点缀着许多不知名的山花。

法布尔在草丛中的一块空地上停了下来,指着地上的一个个小土包说:"瞧,这些小土包是隧蜂挖洞掘出的泥土，土包下面就是它们的家。"

正说着，一只隧蜂从小土包顶端的洞口探出脑袋，扔下一颗土块，马上转身，又钻回洞里。

法布尔支好马扎，坐了下来。大家也跟着支好马扎，坐了下来。

大家盯着隧蜂洞口看了好长时间，隧蜂没有任何动静。

太阳升了约一竿子高时，隧蜂一个接一个地回来了。它们一个个肚子鼓鼓囊囊，全身上下沾满了鲜黄的花粉。

法布尔和几个孩子额头上都沁出了细密的汗珠。

小保尔说："爸爸，就看它们一趟一趟地搬运食物吗？"

法布尔说："耐心一些，说不定一会儿窃贼就会来的。"

小保尔抬起头，看着爸爸，瞪大眼睛问："窃贼？"

法布尔把手指放在唇边，作了一个不要出声的姿势。然后，指着隧蜂窝旁的一只昆虫轻声说："这便是窃贼。"

这是一只双翅昆虫，身长约5毫米。它眼睛暗红，面色苍白，深灰的胸廓上长着5行小黑点，黑点上长着向后倾斜的纤毛，腹部浅灰色，肢体则全为黑色。窃贼待在隧蜂掘出的土堆旁边，一动不动，像是在等待什么。一会儿，隧蜂驮着一身的花粉飞回来了，在洞口前的上空盘旋。窃贼一见，紧急起飞，紧追不舍。隧蜂突然一个俯冲，落在洞口，钻了进去。窃贼则落在洞口，静静地趴在那里。

小保尔好奇地问："它在干什么呀？"

法布尔说："等主人出来，进去偷东西呀。"

一会儿，隧蜂从洞口钻了出来，和守在门口的窃贼面对面，距离还不到一指宽。双方都没有诧异的神色，只是互相打量着。

跳跳猴说："隧蜂为什么不给窃贼点颜色看看呢？"

法布尔说："隧蜂身躯比窃贼健壮，它完全可以用利爪，用大颚，用螯针，将窃贼打个落花流水。但是，它太仁慈宽厚了。我观察了许多次，从来没有看到隧蜂对来犯者发起进攻的。"

真的，如法布尔所说，隧蜂和窃贼对视了一阵后，拍拍翅膀飞走了。

窃贼立即钻进蜂穴。

法布尔说："瞧，一看见隧蜂飞走，它就马上溜进去了。然后，它会从各个食品储藏柜里随意地选用美味。这个大大咧咧的隧蜂，所有的储藏室都没有上锁。"

跳跳猴问："它不担心正在偷窃时,被返回来的隧蜂逮个正着吗？"

法布尔说："隧蜂在外面采集花粉需要一段时间,窃贼对隧蜂在外的时间掌握得非常准确。待隧蜂满载而归时,它已经悄悄溜走。然后,它会跑到离隧蜂洞穴不远的地方躲藏下来,窥视下一次入室抢劫的机会。

"当然也有隧蜂提前回家,和窃贼遭遇的时候。即使这样,也不要紧。我曾见过一些大胆的窃贼跟隧蜂一起钻入洞中,趁隧蜂卸货和调制花粉、蜜糖的时候,在一旁东张西望。"

跳跳猴悄声说："踩点儿。"

法布尔说："对,就像小偷踩点儿。因为刚刚调制的食品窃贼还不能食用,同时,隧蜂在洞中时也不便动手。在踩好点后,窃贼便溜溜达达钻出洞来,站在洞口等着隧蜂出洞。它出来时,毫不惊慌,步态平稳。这就清楚地表明,它与隧蜂同在洞中时没有受到虐待。一待隧蜂飞走,窃贼就会立即折返回去,按照刚才勘察好的路线,轻车熟路地摸进隧蜂的仓库。"

跳跳猴问："窃贼进去仅仅是为了饱餐一顿吗？"

法布尔说："这个问题问得好,窃贼进入储藏室,当然要饱餐一顿,同时它会把卵产在点心中。好了,今天就到此为止吧。过几天,我们来看一看里面会发生什么吧。"

几天后,法布尔和几个孩子又来到隧蜂洞前,拿一根细棍顺着隧蜂的洞口一点点抠开来。一开始,是垂直的巷道,然后是扩大了的空间。

法布尔说："到储藏室了。"

跳跳猴看见,这里储存满了黄色的粉末,其中有几条胖乎乎的尖嘴蛆虫在缓缓爬行,偶尔还可以看到一些外形不同,但明显瘦弱的幼虫。

法布尔说："瞧,这些胖的是窃贼产卵孵化出来的幼虫,那些瘦的则是储藏室主人隧蜂的孩子。你们看,怪不怪,入侵者大吃大喝,养得又白又胖,主人却忍饥挨饿,瘦骨嶙峋。然后,隧蜂的幼虫会接二连三死去,混在余下的食料中变成窃贼蛆虫的美味。"

跳跳猴气愤地说："隧蜂为什么不查看一下孩子的发育情况呢？只要看一眼,就会发现问题,完全可以把这些没有抵抗能力的幼蛆扔到洞外呀。"

笨笨熊说："真是傻得可爱！"

法布尔长吁一声,说："还有更傻的事呢。"

什么？还有比这更傻的事？跳跳猴、笨笨熊，包括小保尔都感到惊讶。

法布尔接着说："隧蜂妈妈也有母性，在自己的孩子进入成蛹期后，它用泥把已被窃贼蛆虫洗劫一空的储藏室封堵起来。它干得非常认真，可能是为了防止入侵者伤害它的爱子。实际上，它的子女早已被窃贼吞到了肚子里。"

跳跳猴问："那不把窃贼的蛆虫封在里面了吗？"

法布尔说："狡猾的窃贼蛆虫在将储藏室洗劫后，便赶在隧蜂封门前溜走了。"

跳跳猴长吁一声，不无遗憾，接着问："那窃贼的幼虫在哪里成蛹呢？"

法布尔说："我拣到的窃贼蛹都躲在隧蜂的储藏室外，一只一只地挤在一起。待到第二年春天出土期一到，成虫就会钻出地面。"

说到这里，法布尔站了起来，说："孩子们，我们回去吧。"

跳跳猴、笨笨熊和小保尔也站了起来，迈开步子便走。

法布尔却站在原地不动。

走出几步，跳跳猴看见法布尔没有跟上，便拽住笨笨熊和小保尔，说："停下来，先生还站在那里。"

法布尔望着几个小孩，说："关于隧蜂，你们还有什么问题呢？"

跳跳猴感到这话里有文章，但想了想，想不出什么问题。

笨笨熊抓耳挠腮想了好一阵，支支吾吾地说："我有一个问题。"

"说！"

"要是隧蜂的幼虫都被窃贼蛆虫吞掉，那隧蜂不就绝种了吗？"

法布尔说："我期待的就是这个问题。刚才讲了隧蜂的子女几乎全被窃贼吃掉后，我就等着你们提问题。想不到，你们说走就走。难道就不考虑这个物种是如何保留下来的吗？"

听了法布尔先生的话，三个小孩都羞愧地低下了头。

法布尔跟了上来，拍了拍跳跳猴和笨笨熊的肩膀，微笑着说："告诉大家吧！到了每年7月份，隧蜂会第二次产卵。在这一阶段，没有窃贼飞来在隧蜂的面包中产卵，因此，不会有窃贼蛆虫和隧蜂幼虫争食。这样，隧蜂的受精卵便可以顺利完成孵化、幼虫、成蛹几个阶段，最后成为成虫。"

听了法布尔的解释，跳跳猴、笨笨熊和小保尔都使劲地频频点头。

吊在空中的保温房

过了一阵,跳跳猴问:"法布尔先生,在我的印象里,蜂的房子是筑在高处,由一个一个小孔组成的。隧蜂怎么把房子建在了地下呢?"

法布尔笑了笑,说:"蜂家族中有不少成员,除隧蜂外,还有采棉蜂、采脂蜂、土蜂、木匠蜂、泥匠蜂、樵叶蜂、马蜂以及蜜蜂等。有的蜂,比如蜜蜂,在高处筑巢;有的蜂,比如隧蜂,过着穴居生活。

"既然你说到巢穴,我们就接着说一下采棉蜂和采脂蜂吧。"

说完,法布尔先生领着三个小孩在田野中转悠,他吩咐小保尔:"注意采棉蜂的袋子。"

法布尔和小保尔左顾右盼,搜索着采棉蜂的袋子。但是,转了许久,他们没有发现任何袋子。

就在一行人来到一条河边的时候,保尔叫了起来:"看,采棉蜂的家在这里。"

在保尔手指的一个芦枝上,吊着一个又长又白的袋子。这袋子,在微风的吹拂下,轻轻地摇曳着。

跳跳猴问:"采棉蜂就住在这里吗?"

法布尔点点头。

"它是怎么建造这个房子的呢?像蜘蛛一样吐出丝来吗?"跳跳猴问。

法布尔说:"不,采棉蜂不会吐丝。这个袋子是用棉花做的,造房子用的棉花是采来的,因此,人们把这种蜂叫做采棉蜂。"

跳跳猴这才想到,采棉蜂,名字里就提示了它是采棉花的蜂,怎么自己问了这么傻的问题呢?

法布尔接着说:"采棉蜂将植物枝干上的表皮撕去,采集表皮下的棉纤维。为了提高采集的效率,它用后足把采集到的棉花压到胸部,加工成一个小球。当小球有豌豆那么大的时候，才衔在嘴里，飞到筑巢的地方。你们看，我们眼前的采棉蜂的住宅，有门窗，有房顶，是一个正儿八经的房子呢。"

真的，这并不是一个简单的口袋，而是一个保温房，吊在空中的保温房。

法布尔说："在建造房子的不同部位时，采棉蜂采用不同的材料。它们用坚硬的树枝或树叶做门窗，用柔软的棉絮做床铺。在造房顶时，采棉蜂用后足把棉花撕松并铺开，形成一个垫子，再用额头将垫子压实。为了使房顶更结实，有些采棉蜂还要利用沙子或者木屑将树枝间的缝隙填起来。这样，既可以防止雨水渗漏，又可以防止敌人进攻。"

跳跳猴问："采棉蜂也采蜜吗？"

法布尔说："采，和蜜蜂的蜂蜜不同，采棉蜂的蜂蜜是一种淡黄色的胶状颗粒。它把蜂蜜贮藏在房子里，把卵就产在蜂蜜上。这样，当幼虫从卵中孵化出来时，刚睁开眼睛，就发现了妈妈给自己准备好的食物。你们看，这采棉蜂为子女想得多周到啊！"

跳跳猴走到采棉蜂的房子前，想要把它摘下来。

法布尔用眼神制止了跳跳猴，好像在说，你把采棉蜂的房子摘下来，它们一家子住哪里呢？

关在黑房子里的小采脂蜂

　　向前走了几步,法布尔说:"采棉蜂要自己采棉花筑巢,采脂蜂常常是利用蜗牛的空壳来遮风挡雨。保尔,你带着采脂蜂的空房子吗?"

　　保尔点点头,随即从口袋里掏出一个蜗牛壳。蜗牛壳的开口处有一个缺口,从缺口处,可以看到像隔墙一样的结构。

　　法布尔说:"这是采脂蜂丢弃不用的一个房子。采脂蜂根据蜗牛壳的大小来决定房间的位置。如果蜗牛壳比较大,它就把巢筑在壳的末端;如果蜗牛壳比较小,它就把巢筑在靠近开口的部位。"

　　法布尔从保尔手中接过蜗牛壳,指着开口处说:"你们看,在巢的外面,有两道防线。第一道防线是用沙土和树脂做成的盖子,可以开启,实际上是采脂蜂房子的门。树脂是采脂蜂采集来的,因此,人们把这种蜂叫做采脂蜂。第二道防线用的材料是沙粒和木屑,采脂蜂用这些东西填充蜗牛壳中的空隙,使房间更结实和暖和。

　　"在第二道防线后面是两间房间,是采脂蜂产卵和育婴的地方。有意思的是,前屋较大,住雄蜂;后屋较小,住雌蜂。"

　　笨笨熊问:"采脂蜂妈妈在产卵时,怎么能预先知道自己所产的卵是雄的还是雌的呢? 也就是说,它怎么能保证产在前屋的卵将来是雄蜂,产在后屋的卵将来是雌蜂呢?"

　　法布尔摊开双手,耸了耸肩。

　　过了一会,法布尔接着说:"有一次,我解剖了一个被蜂当做巢的蜗牛壳。我惊讶地发现,在这个蜗牛壳的外端,是竹蜂的巢;在竹蜂巢的里面,住着采脂蜂。不幸的是,在采脂蜂的居室里,主人死掉了。"

　　"为什么呢?"跳跳猴问。

　　法布尔说:"竹蜂的巢把采脂蜂的巢堵死了。采脂蜂得不到新鲜空气,能不死吗?

"噢。"跳跳猴恍然大悟。

笨笨熊问："难道竹蜂没有发现里面还住着采脂蜂吗？"

法布尔说："我想，事情可能是这样的。采脂蜂用一个大的蜗牛壳建造房子，它把卧室安在了蜗牛壳的底部，在里面产了卵。通常情况下，采脂蜂会用一些杂七杂八的材料将房间到蜗牛壳开口这一段松松地填充起来。但是，这只粗心的采脂蜂忘记了这一步。一只竹蜂飞来了，把脑袋伸进蜗牛壳勘察了一下，觉得不错，便把自己的巢安在蜗牛壳靠开口的一段，也在里面产了卵。然后，用厚厚的泥土把入口封好。竹蜂浑然不知在蜗牛壳的深处已经有了一个邻居。到了 7 月，蜗牛壳深处的采脂蜂长大了，它们咬破两道防线，要出来。可是，前面还有一堵坚硬的墙。"

跳跳猴说："外面的竹蜂也是要孵化出来，也要从蜗牛壳出去的呀。"

法布尔说："不错。但是，竹蜂要到第二年春天才会孵化出来，才会打开门。到那时，可怜的采脂蜂早已经被饿死了。令人惋惜的是，采脂蜂妈妈不是偶尔，而是经常要犯这样的错误。"

"难道采脂蜂妈妈不会从这悲剧中吸取教训吗？"笨笨熊有点为采脂蜂着急。

法布尔说："采脂蜂妈妈在产卵后便走了，它并不知道自己做了傻事，知道这个悲剧的只有关在黑房子里的小采脂蜂。可是，你们想，知道事情真相的小采脂蜂被闷死在里面了，这冤案怎么可能被别的采脂蜂知道呢？这教训怎么能被别的采脂蜂吸取呢？"

听了法布尔先生的分析，笨笨熊和跳跳猴不住地点头称是。

在土里筑巢的土蜂

讲完采脂蜂，法布尔一行在田野中且走且谈。

忽然，法布尔站了下来，指着脚下草丛中一堆松松的土，说："这是什么？你们猜猜看。"

笨笨熊和跳跳猴你看看我，我看看你。

保尔正要张开嘴说话，法布尔将指头放在嘴唇前"嘘"了一声，示意他不要吭声。

跳跳猴说："下面可能是鼹鼠吧？"

他知道，鼹鼠生活在地下，它在地下打洞时，会将土拱到地面上来，形成一个个小土包。

法布尔摇摇头，说："不对。"

"那是什么呢？"跳跳猴在自己的脑海中搜索了一遍，没有其他答案。

法布尔说："告诉你们吧，这是土蜂挖出来的土方。"

土蜂竟然能挖出这么多土来，跳跳猴感到难以理解。

说到这里，法布尔指着前面不远处的地上，说："你们看，地上爬着的那只蜂，就是土蜂。"

跳跳猴看去，好家伙，这只土蜂身长4厘米还要多，展开翅膀足有10厘米宽。

法布尔接着说："这是土蜂家族中的一个成员，叫做花园土蜂。在它的头上，套着一顶坚硬的头盔，这样，有利于土蜂在土层中从事掘进工作。由于长期在做'地下工作'，土蜂虽然长着翅膀，但不善飞行，飞一小段距离便需要降落下来。

"和其它蜂不同，土蜂没有固定的巢穴。它在地下掘进时，把前面挖出的土推向身后，马上就堵住了先前挖出的通道，是一种不留后路的做法。"

"土蜂在地下拱土是为了什么呢？"跳跳猴问。

　　法布尔说："一开始，我也纳闷。鼹鼠在地下拱来拱去是为了吃马铃薯等植物的地下部分，土蜂在地下钻来钻去是为了什么呢？后来我才明白，它费这么大的劲不停地挖土，是为了寻找土里金龟子的幼虫。土蜂一旦在掘进过程中发现猎物，就立即抽出刺来打一支毒针，接着，在金龟子幼虫的腹部产卵。然后，土蜂卵就在猎物的身体中孵化，靠吃猎物生长，织茧，最后成为成虫——土蜂。

　　"奇怪的是，土蜂幼虫在食用猎物时有一套保鲜的方法。"

　　"什么保鲜方法呢？"土蜂幼虫还知道如何保鲜，跳跳猴感到很奇怪。

　　法布尔说："土蜂幼虫首先吃对金龟子幼虫生命无关紧要的器官，接着吃即使吃掉仍然能使金龟子幼虫苟延残喘的器官，最后吃那些吃掉后就会立即死亡的器官。这样，土蜂幼虫便能一直吃到新鲜的食品。"

　　笨笨熊问："土蜂幼虫是如何知道哪些器官对猎物不重要，哪些器官对猎物不太重要，哪些器官对猎物非常重要，从而制定出蚕食计划的呢？"

　　法布尔不无遗憾地说："这个问题，我也一直没有弄清楚。"

好好的，为什么要分家呢？

土蜂的幼虫怎么会具备这些解剖学知识呢？带着这个问题，笨笨熊跟着法布尔、跳跳猴和保尔回到荒石园。

荒石园里有好多人，大家都仰着脖子朝一株树上看。

他们在看什么呢？跳跳猴感到奇怪。

他朝着大家看的方向望去，在一个树杈上，有一个像篮球那么大小的团，不断地有蜜蜂飞上去。

原来，法布尔养的蜜蜂闹分家了。

法布尔对保尔说："保尔，我们去库房把那只新蜂箱找出来！"

保尔应了一声，一溜小跑，跟着父亲去找蜂箱。

跳跳猴和笨笨熊仰着脖子，目不转睛地盯着树杈上的蜂团。

好好的，为什么要分家呢？

要解释这个问题，还得从头说起。

蜜蜂是一种社会性很强的昆虫，一个蜂群就是一个社会。这个社会中，有蜂王、工蜂和雄蜂。

蜂王为雌性，身体很长，有尾刺，一个蜂群只有一个。它管理着整个蜜蜂社会，并负责产卵。

雄蜂大约有几百个，躯体肥大，很能吃，但不会做工，没有尾刺。它们在蜜蜂社会中的唯一使命是与蜂王交配以繁殖后代。交配时，蜂王飞出蜂箱，雄蜂紧紧相随。只有那些体格健壮、飞得又高又快的雄蜂才能获得与蜂王交配的机会。

这便是生殖选择。

选择体格健壮的雄蜂与之交配，蜜蜂的后代才能健壮，蜂群才能繁荣。

一旦雄蜂完成了交配，就会在旷野中悄悄死去。如果回到蜂箱，由于不会做工，只是浪费仓库中的粮食，会受到工蜂的冷落。开始，工蜂对其斥责、殴打。如果雄蜂还不知趣地离开蜂箱，工蜂就会采取断然措施，将其杀死，一个个拖出蜂箱。

工蜂是蜜蜂社会中的主体。一般一个蜂群中有几千到几万只。工蜂内部还有严格的分工。年轻力壮者出外采集花蜜和花粉，分泌蜡汁建造巢穴。年龄较大，但经验丰富者则留在家中看家护院，伺候蜂王，并养育蜜蜂的幼虫。当遇到其他蜂群的蜜蜂来盗蜜时，工蜂就会拔刀相向，用尾部的毒刺刺向入侵者。但在刺死对方的同时，由于不能将自己的刺从对方的身体中拔出来，保卫者也会丧失生命。

在了解了蜜蜂社会的整体情况后，再来看看它们的繁衍吧。蜜蜂的蜂房有大、中、小三种。蜂王在中蜂房中产下的卵是未受精的卵。由未受精的卵发育而成的幼虫靠吃花粉和蜂蜜长大，以后发育成雄蜂。蜂王在大蜂房和小蜂房中产下的卵是受精卵。对大蜂房中的幼虫，工蜂特别优待，小心伺候，用蜂蜜精品蜂王浆喂养，以后发育成蜂王。培养小蜂王的蜂房不仅又宽又大，而且还高出其它蜂房一截，叫做王胎。小蜂房中的幼虫靠喂花粉和蜂蜜长大，以后发育成为工蜂。

蜂王在产卵时有计划性，它产的卵绝大部分是受精卵，将来发育成为工蜂；只有很少一部分是未受精，将来发育成为雄蜂。因为工蜂是生产力，整个大家庭的吃喝开销都要靠它们；雄蜂用不了很多，多了只会浪费粮食。

近些年来，人类提倡计划生育，想不到蜜蜂在很早以前就开始了这一工程。想不到吧？

更为想不到的是，人类计划生育只能控制生育的数量，蜜蜂计划生育竟然可以控制生男生女。

蜂王决定工蜂和雄蜂，谁来决定蜂王呢？

工蜂。

当工蜂看到蜜蜂数量很大，超过了蜂群的适宜规模，或看到蜂王年老体衰，不能继续产卵或无力管理这个社会时，工蜂就会着手培育下一代蜂王。老蜂王看到蜂箱中培育了新的蜂王，意识到新的统治者将要出世，和自己争天下，就会不顾一切地冲上去，企图把小蜂王扼杀在摇篮中。这时，许多工蜂会在王胎前一层一层地拱卫着。有时，小蜂王想早点出来看她的子民，便咬开王胎探头探脑朝外望。一旦发现这个情况，工蜂就立即封闭破绽，并连续地加厚王胎上的蜡质，好像在悄悄地告诉小蜂王，"现在还不是你出来的时候，外面很危险。"同时，众多工蜂紧密地环绕在老蜂王的四周，把她一点一点地挤走，避免小蜂王被其伤害。

蜜蜂社会竟然实现了全民选举，更想不到吧？

但是，就像中国的一句谚语："一山不容二虎。"现任的蜂王是不能容忍在蜂群中出现第二个蜂王的。小蜂王出世后，一只蜂箱中有了两个女王。有的蜂站在老女王一边，有的蜂站在小女王一边，形成了壁垒分明的两大阵营，原本祥和的蜜蜂社会爆发了内战。蜂巢中杀气腾腾，装得满满的储蜜室打开了，大家都来抢劫，狼吞虎咽地猛吃猛喝，一点都不考虑明天有没有粮食吃。工蜂抽出刺刀与对方展开了肉搏战。

由于分不出胜负，一只蜂王就会下定决心，率部出走，另建新巢。她振臂一呼："爱我的，跟我来。"便爬出蜂箱，飞上天空。其追随者便蜂拥而出，紧跟其后。

现在集结在树杈上的蜂团就是那支起义的部队。

就在天色渐渐暗下来的时候，法布尔和保尔拿来了一只空蜂箱。他们把蜂箱放到蜜蜂结团的树下，将树晃了几下。蜜蜂纷纷离开树枝，钻了进去。

看到飞出来的蜂群有了新居，法布尔长吁了一口气。

跳跳猴说："这蜂王真有号召力啊！竟然有这么多追随者。"

笨笨熊笑着说："一群蜜蜂里的蜂王就相当于一个国家的皇帝。皇帝是什么人？是天子啊！当然有号召力了。"

法布尔说："其实，产生蜂王的卵和产生工蜂的卵是没有什么区别的。只是喂以花粉和蜂蜜时就发育成为工蜂，它只能带着篮子和刷子出外采集食物或在家建筑房屋，照顾幼虫和蜂王。喂以蜂王浆时就发育成为蜂王，整个蜂群的繁荣与兴盛就附加在它的身上。

"为什么食物的不同就会造成如此大的区别呢？这是一个很复杂的问题，今天暂且不作讨论。我是想说，从这个现象，我想到了人类。对我们人类来说，幼年阶段的待遇与教育，对于将来的成就，不也具有非常重要的影响吗？人在刚出生时，并不是注定的国王胚子或下贱胚子。如果管教得好，便会成为一个真诚的人，对社会有用的人。如果管教得不好，将来就会变成一个恶棍。"

法布尔先生不仅是著名的昆虫观察家，而且总是能从昆虫的行为联系到人类，联系到社会。

蜂巢中的数学

由于旅途劳累，回来后又忙乱了好一阵，大家感到很累。吃过晚饭，法布尔便安排笨笨熊、跳跳猴和小保尔睡觉，自己也早早上床休息。

跳跳猴睡得很沉很沉。早上一睁眼，天已大亮，强烈的阳光从窗帘缝里挤进来，照在他的脸上，暖洋洋地，好不惬意。正想着赖一会儿床，享受一下这种幸福，门口传来一阵敲门声。

法布尔先生说："起床了，今天我们去看看蜂巢吧。"

跳跳猴捅醒了还在酣睡的笨笨熊，应了一声："就来。"

笨笨熊和跳跳猴一骨碌爬起来，穿好衣服，飞快地洗漱完毕，奔出房间，随着法布尔先生到了蜂箱前。

法布尔从蜂箱旁的一个工具箱中取出三个用纱布做的罩子和三副帆布手套，给笨笨熊和跳跳猴一人发了一套，自己将剩下的纱布罩子罩在头上，将手套戴在手上。笨笨熊和跳跳猴照着法布尔的样子也把自己武装起来。

跳跳猴问："法布尔先生，这是干什么呢？"

法布尔说："在打开蜂箱后，如果有的蜜蜂受到刺激，会对我们进行攻击，其它蜜蜂也会群起而攻之。蜜蜂的刺毒性很大，在用毒刺刺人后，轻者造成刺伤部位红肿疼痛，重者可以危及生命。因此，在打开蜂箱进行操作前，一定要戴上头罩，同时还要穿长袖上衣及长管裤子。另外，还要将袖口及裤腿扎紧，戴上手套。总之，不能将身体暴露在外面。好，在揭开蜂箱之前，我们先蹲下来看看吧。"

法布尔和笨笨熊、跳跳猴蹲在蜂箱两旁，只见一只只蜜蜂从蜂箱前的小门飞出去，一眨眼就不见了踪影。不一会儿，一只只蜜蜂从空中飞了回来，落在小门前，肚子鼓鼓囊囊，两只后腿上带着两个黄色的球。

法布尔说："看到了吧？回来的蜜蜂一个个大腹便便，它们喝饱了花蜜。另外，在两条腿上还挎着两个花篮,装满了花粉,真可谓是满载而归。"

跳跳猴问:"它们把采集的花蜜和花粉放到哪里呢?"

法布尔说:"蜂巢中。这就是我们要看的内容。"

说着,法布尔把蜂箱揭开。嚯,蜂箱中的蜜蜂熙熙攘攘,在蜜蜂的空隙,可以看到一个个洞,排列整齐而规则。

法布尔指着那些洞说:"这就是蜂巢,蜜蜂在蜂巢中贮存采集回的花蜜、花粉,酿制蜂蜜,还在其中培育后代。"

跳跳猴问:"这些房子是它们自己造的吗?"

法布尔说:"当然了,有一部分工蜂专门在负责建造房屋。"

"用什么材料来建造呢?"跳跳猴紧追不舍。

"蜂蜡。"

"蜂蜡是在采蜜、采花粉时采的吗?"

"不,蜂蜡没有现成的,不是采集的,而是工蜂从身体内分泌出来的。"

说着,法布尔拿出一个镊子,从蜂箱边上夹住一个蜜蜂的翅膀,将这只蜜蜂举到笨笨熊和跳跳猴的眼前。

他说:"你们仔细看,蜜蜂的肚子是由几节衔接而成的。在两节之间的褶襞里,有一种造蜡的器官。蜂蜡就是从这造蜡的器官中一点一点地分泌出来的,就好像汗水从我们的皮肤的汗腺中分泌出来一样。当蜂蜡汇聚成一层薄薄的蜡衣时,蜜蜂便用腿把糊在肚子上的蜡刮下来。"

说到这里,法布尔将镊着的蜜蜂轻轻松开。真的,在蜂巢上,有的蜜蜂正在用腿在身上使劲擦着。

法布尔接着说:"蜜蜂将蜡从身上刮下来后,将蜡搓成细块,捏成带状,又揉成细块,反复揉捏。同时,还吐出一种黏液,浸泡蜡片,使蜡片更加柔软及坚韧。然后,将加工好的蜡块根据建筑需要一块块地粘贴上去。一旦在粘贴时出现了多余的不规则的地方,就用像剪刀一样的颚进行修整。你们看,这几只蜂就正在建造房屋呢。它们一边建造,一边用两只触角触摸蜂房的深度、宽度以及墙壁是否平整。如果这位工匠是一个新手,往往还会有一位师傅在旁边进行指导,找出纰漏,设法予以弥补。"

跳跳猴说:"我发现,这些蜂房都是正六边形,所有的蜂房都是这样吗?"

法布尔说:"都是这样。知道吗,这蜂巢里有学问呢!"

"蜂巢里还有学问？"跳跳猴不理解。

"是。"法布尔回答。

"什么学问？"跳跳猴追问。

"数学。"法布尔神秘地笑了笑。

"蜂巢里有数学？"跳跳猴更加不理解了。

法布尔很肯定地点了点头，讲了起来："蜂房的功能之一是用来抚育幼蜂。蜂箱体积是有限的。为了能在有限的蜂箱空间内抚育尽可能多的幼蜂，就需要把蜂房造得尽量小，只要能容得下幼蜂即可。由于蜜蜂的幼虫及蛹近似圆形，似乎将蜂房造成圆形比较合理，是吗？"

跳跳猴点点头。

法布尔摇摇头，说："错了。"

错了？怎么错了呢？跳跳猴不解地望着法布尔，笨笨熊也蹙起眉头思索着。

法布尔蹲下身子，从身边拣起一根小木棍，在地上画了几排圆圈。

然后，他说："你们看，如果要造成圆形的话，在蜂房和蜂房之间有许多空隙。这些空隙被白白地浪费掉了。几何学研究表明，在一个平面上，能够排列得没有空隙的正规图形只有等边三角形、正方形和六边形。"

"是这样吗？"笨笨熊自言自语。

法布尔笑笑说："你自己画一些图试一试。"

说着，他把手中的木棍递给了笨笨熊。

看得出来，他并没有因为笨笨熊不相信自己而不高兴。相反，为笨笨熊这种善于独立思考的精神表示欣赏。

笨笨熊用手将地面上的杂物拨开，清理出一片空地，画了起来。

是的，等边三角形排列在一起可以不留空隙。

很显然，正方形排在一起也不留空隙。

正五边形呢？确实，中间有很大空隙。

最后，六边形，图形之间一点空隙也没有。

在笨笨熊画图的时候，跳跳猴在一

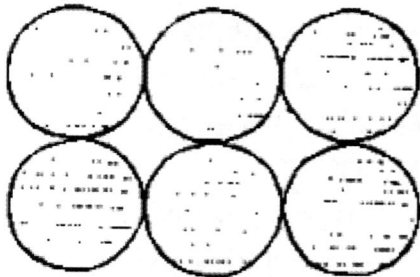

旁全神贯注地看着。

亲自实践了一下，笨笨熊和跳跳猴都信服了。

笨笨熊说："是的，圆形和五边形之间有空隙；等边三角形、矩形以及正六边形之间没有空隙。"

法布尔说："刚才，我们证明等边三角形、矩形以及正六边形是满足节约空间的原则的。

"但是，蜂房的建筑材料是蜂蜡，而蜜蜂生产蜂蜡的能力是有限的。因此，它们还要考虑如何最大限度地节省原料。也就是说，需要在等边三角形、矩形以及正六边形之间作出选择。"

说完，法布尔眼睛盯着笨笨熊，好像在说：你能给出这个答案吗？

笨笨熊说："这需要经过计算，让我来试一试吧。"

他一边用手指在刚才画的图形上指指点点，一边口中念念有词。

沉思一阵后，他眼睛一亮，说："有了，假如蜜蜂所建造的蜂巢最小直径为一厘米，那么，无论蜂巢是正三角形、正方形还是正六边形，都要能够正好放得下一个直径为一厘米的内切圆。"

法布尔点点头，好像是说：对，你的思路是对的。

笨笨熊接着说："好，我们以建造18个蜂巢为例。如为正三角形，需要有33条边，每条边长为17.3毫米，总长度为

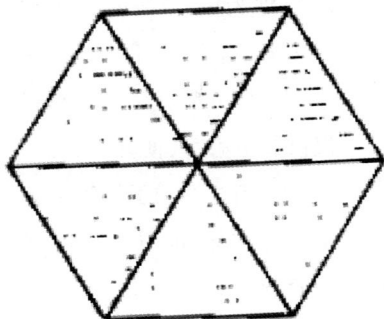

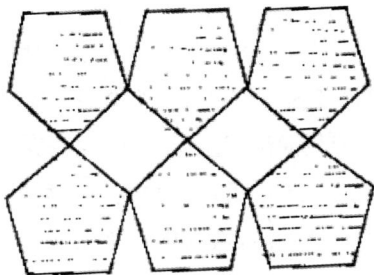

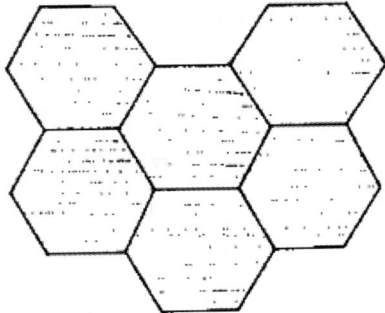

571 毫米;如为正方形,需要有 45 条边,每条边长为 10 毫米,总长度为 450 毫米;如为正六边形,需要 71 条边,每条边为 5.77 毫米,总长度为 410 毫米。可以看得出来,采取正六边形方案最为节省材料。"

仅仅靠着心算,便吐出了这一连串的数字,把跳跳猴和小保尔惊得目瞪口呆。

法布尔满意地拍了拍笨笨熊的肩膀,说:"好样儿的。实际上,圆形和正五边形不仅是留有空隙,浪费了空间,而且由于各蜂房之间不能共用边界,也会造成建筑材料的浪费。"

笨笨熊和跳跳猴点头称是。

法布尔先生正要接着讲什么,跳跳猴突然插话说:"蜂房是用来养育幼蜂和贮存蜂蜜的。用于养育幼蜂的蜂巢容得下幼蜂即可,这样,可以节省空间。但贮存蜂蜜的蜂房可以建得大一些。在单位面积上建造一个大仓库,要比画成许多小房间贮藏货物的效率高啊。同时,还可以节省建筑材料。就以刚才画的 18 个蜂巢算吧。如果建成一个大仓库,周长只有 18 厘米,而在同样面积内,边长为一厘米的正六边形的周长为 71 厘米。"

自己也显示了一点数学才能,并且想到了蜂蜜库房的设计方案,跳跳猴颇有点自豪感。

法布尔笑了,说:"是的,这样可以提高贮藏效率,并且节省建筑材料。但是,我们在建造仓库时,还要考虑仓库的稳固性。蜂房里面贮藏的是流质的蜂蜜。蜜蜂在给蜂巢灌满蜂蜜后,还要在蜂巢开口加封蜡盖,将仓库封存起来。如果仓库太大,蜂巢就会不堪重负。要知道,蜂巢是用蜂蜡做的,不是铜墙铁壁。而且,蜂巢太大,也没有办法用蜡盖封口啊。"

听了法布尔先生的解释,跳跳猴为自己刚才的极端想法感到有点可笑。

法布尔接着说:"在正三角形、正方形以及正六边形中,正六边形不仅最节省材料,而且由于角最多,承重能力也最大。"

这时,笨笨熊喃喃自语:"小小蜜蜂竟然能够选择既不浪费空间、承重性能最好,又最节省材料的方案建造整整齐齐的房屋,真是不可思议。"

法布尔说:"还有更加不可思议的呢!"

小小蜜蜂还有更加不可思议的本领?跳跳猴和笨笨熊如坠八千里云雾之中。

看到跳跳猴和笨笨熊一头雾水的样子,法布尔指着蜂箱中一座又一座隆起的蜂房说:"刚才我们讨论的是单个蜂巢的方案。现在,让我们再看蜂巢的总体设计吧。

"这一个个的小洞叫做蜂巢,许多蜂巢组成的这一大块叫做蜂房。当蜜蜂非常多时,仅有一个蜂房是不够用的,这就需要多盖几座楼房。你们看,这许多个蜂房平行排列。这些蜂房之间有一定空间,就好像人类建造的楼房之间的街道、广场或者小巷。这样,蜜蜂可以从这些空隙进出楼房。有时候,蜜蜂们从各家各户出来,汇聚在这些公共场所。干什么呢?可能是讨论它们的社会事务。比如,当蜂巢中产生了新的蜂王时,大家就会聚在一起,讨论新的殖民计划。"

听了法布尔的讲述,跳跳猴和笨笨熊不约而同地轻声叹道:"噢,真了不起啊!"

法布尔接着说:"别看蜜蜂是一种小小的昆虫,它们中有很多我们想不到的东西,有很多值得我们思考的东西。正是由于这些神秘性,使我深深地痴迷上了这些生灵。"

蜜蜂的舞蹈

笨笨熊问："在建筑方面，蜜蜂确实显示了非凡的才能。法布尔先生，您能告诉我们，蜜蜂是如何采集花蜜、花粉，又是如何酿制蜂蜜的吗？"

法布尔说："我先讲一些一般的知识吧。

"花朵中有雄蕊、雌蕊。雄蕊的顶端有花粉。在花的深部，有蜜腺，可以分泌花蜜。蜜蜂访问花朵，就是为了采集花粉和花蜜。"

跳跳猴插话："可是，蜜蜂怎么能找到目标呢？"

法布尔说："花瓣具有鲜艳的色彩，并可以放出一种芳香的气味。花朵的色彩以及气味吸引蜜蜂找到花源。不过，蜜蜂并不是对所有的花朵都感兴趣，它只能识别蓝色和黄色花朵。"

这时，法布尔一行来到荒石园中一个鲜花盛开的地方，花丛中蜂蝶纷飞，耳边一片蜜蜂的嗡嗡声。法布尔一行在一簇鲜艳的黄花前停了下来。一只蜜蜂踩在花瓣上，撅着屁股，将细长的嘴巴伸进蜜腺中，尽情地吮吸着花蜜。在这个过程中，蜜蜂的身体在雄蕊上蹭来蹭去，体毛上沾满了花粉。接着，它将脑袋从花心里退出来，用长着短粗毛发的后腿尖端在毛茸茸的身体上刮刷，把散布在身体上的花粉收集在一起，形成一个花粉团。然后，用中间的腿把花粉团托住，收进后腿尖端上方的一个小孔中。

蜜蜂拜访了一朵又一朵花朵，肚子慢慢鼓起来，后腿上的花粉团也逐渐变大，几乎要盛不下了。然后，它腾空飞起，在花丛上空转了一个圈，突然不见了。

法布尔说："看到了吧？这就是蜜蜂采集花蜜和花粉的过程。满载而归的蜜蜂回到蜂箱中后，把肚子中的花蜜吐到蜂巢中，把花篮中的花粉也卸到蜂巢中，然后，又急急忙忙飞出去采蜜和花粉。至于酿制蜂蜜，则安排在夜间以及雨天不能外出时进行。笨笨熊，听跳跳猴说你养过蜜蜂，认真观察过蜜蜂的活动。你可以给我们介绍一下蜜蜂是如何酿制蜂蜜以及如何传递蜜源的信息吗？"

法布尔就是这样，有可能的话，他总是让大家参与进来，进行共同讨论。

笨笨熊说："好，到了晚上或雨天，蜜蜂将蜂巢中的花蜜吸进肚子里，进行调制，然后吐出来，再吞进去。如此反反复复大约一百到二百次，最后才能酿成香甜的蜂蜜。刚开始，蜂蜜比较稀薄。为了使蜜汁浓缩，以增加蜂蜜贮存效率，千百只工蜂不停地扇动翅膀，蒸发其中的水分。蜂蜜变稠后，它们便收进仓库中，封上蜡盖，贮存起来，留到冬天及雨天采不到花蜜时食用。

"工蜂除了调制细粮，即蜂蜜外，还会把采集回来的花粉掺上一点花蜜，再加上一点水，搓成一个个花粉球，供蜜蜂平时食用及喂养雄蜂及工蜂的幼虫。如果把蜂蜜比作细粮，那么，花粉就是蜜蜂食谱中的粗粮了。"

跳跳猴问："听说蜜蜂在外面发现蜜源后，回到蜂箱中后是通过跳舞来通知伙伴蜜源的方位和距离的，是这样吗？"

笨笨熊说："是的，蜜蜂的舞蹈有圆形舞和8字舞两种。如果蜜源离蜂巢不远，就在蜂巢上跳圆形舞；如果蜜源离蜂巢比较远，就跳8字舞。跳舞时，如果头向上面，表示蜜源在对着太阳的方向；要是头向下面，表示蜜源在背着太阳的方向。得到信息的蜜蜂很快飞出蜂箱，按照舞蹈所指示的距离及方向去采蜜。采蜜回来后，同样向同伴们跳舞传递信息。就这样，一传十，十传百，越来越多的蜜蜂都飞到蜜源地采集花蜜及花粉。

"蜜蜂酿制的蜂蜜和花粉是人们喜爱的滋补佳品。蜜蜂不仅为人们提供了美味，还为植物传播花粉起了很大作用。通过蜜蜂的传粉，果树和农作物的产量能得到大幅度增加。"

听了法布尔先生和笨笨熊对蜜蜂的介绍，跳跳猴从心底对蜜蜂的勤劳、智慧、勇敢和组织纪律性钦佩不已。

这时，跳跳猴看见面前有一只蜜蜂将整个身子钻在花心里，正在专心致志地采蜜。他蹲下来，两手一合，抓住了一只蜜蜂。

他想把蜜蜂的结构看个究竟。

那只蜜蜂被激怒了，狠狠地在跳跳猴的手上螫了一下，跳跳猴感到一股钻心的疼痛，"嗷"地叫了一声。

说时迟，那时快，一群蜜蜂围了上来，在跳跳猴的手上和头上乱螫。跳跳猴拔腿就跑，一群蜜蜂紧追不舍。跑了大约百十米远近，面前出现了一条河，跳跳猴不顾一切地跳入了河中,从水底一直潜到了河对面。

蜜蜂失去了攻击目标,在河面上飞了一阵,鸣锣收兵了。

法布尔和笨笨熊从桥上赶到跳跳猴身边,他们发现,跳跳猴的手和脸都肿了起来。

法布尔说:"尝到蜜蜂的厉害了吧?"

跳跳猴一边嘶嘶啦啦地喊着疼,一边说:"真厉害!领教了。"

"知道你为什么被一群蜜蜂攻击吗?"法布尔问。

跳跳猴摇摇头。

法布尔说:"当那一只蜜蜂螫你的时候,释放出来一种化学物质。这种化学物质便会吸引其它蜜蜂,对你群起而攻之。"

跳跳猴笑了笑说:"挨了蜂螫,但长了知识,值得!"

法布尔笑了笑,领着跳跳猴和笨笨熊急忙往家里走去,他要给跳跳猴尽快处理伤口。

今天，我理解了东郭先生

回到家里，法布尔先生用肥皂水洗了跳跳猴的伤口，并且敷了药。过了几天，跳跳猴的脸和手慢慢消肿了。

在一个晴朗的日子，法布尔几个人在荒石园中站着聊天。这时，一群蚂蚁嘴里叼着米粒般大小的东西，从一丛草丛旁浩浩荡荡地爬了过来。

保尔蹲了下来，出神地看着。跳跳猴也在保尔旁边蹲了下来。

它们要到哪里去呢？噢，它们爬上了不远处的一个小土堆，然后不见了。挪近一看，只见像隧蜂的巢穴一样，在小土堆的顶部有一个小洞口。蚂蚁从这里一个接一个地钻了进去。

看到两个孩子蹲下来看蚂蚁，法布尔说："蚂蚁是大家比较熟悉的一种昆虫，谁对蚂蚁进行过认真观察呢？"

笨笨熊说："我。"

法布尔说："那你讲一下观察结果吧。"

"我只是出于兴趣随便观察过一阵，恐怕说不好呢。"说这话时，笨笨熊支支吾吾，同时用手抓着头皮。

法布尔说："没有关系，出于兴趣观察到的东西才有价值。"

笨笨熊清了一下嗓子，说："蚂蚁是一种社会性昆虫。"

法布尔说："嚯，第一句话就给蚂蚁进行了高度概括！"

笨笨熊不好意思地笑了笑。

跳跳猴问："什么是社会性昆虫呢？"

笨笨熊说："具体来说，一巢蚂蚁就像是一个小社会，其中有严格的分工。蚁王是这个社会的首领，它负责产卵，使蚂蚁群体保持一定的数量。工蚁做工，采集食物。兵蚁负责保卫巢穴，与来犯者作战。还有，雄蚁的使命是与蚁王交配。"

跳跳猴插话："真像是一个社会呢。"

笨笨熊说："先说蚂蚁的繁殖吧。雌蚁和雄蚁负责蚁群的繁殖，它们都长有翅膀，当小雌蚁到女大当嫁的年龄时，就告别妈妈，爬出洞口，飞上蓝天。一群雄蚁也紧追不舍，飞上天空，只有身体最棒、飞得最高最快的雄蚁能和雌蚁结婚交配。雄蚁来到世上唯一的使命就是与雌蚁交配，延续种族。在完成这一使命后，一只只雄蚁相继死去。这时，雌蚁的身份已经变成小蚁王。它不能再回到妈妈身边，必须找一块合适的地方，卸掉翅膀。"

跳跳猴问："为什么要卸掉翅膀呢？"

"因为蚁王不需要再飞上天空进行交配，翅膀没用了。"笨笨熊说，"然后，蚁王埋头挖洞，为自己的新王国建造巢穴。"

跳跳猴问："就它自己挖洞吗？"

笨笨熊说："是啊，雄蚁已经死去了，没有别人来帮它。蚁王在挖好洞后，就把洞口封住，在里面产卵。大约经过 10 天左右，卵孵化成为幼虫。这时，蚁王还得喂养幼虫。再过一些天，幼虫变成蛹。最后，蛹变成真正的蚂蚁。这时，蚁王就有了一群儿女。它们有的负责做工，采集食物，成为工蚁；有的负责保家卫国，成为兵蚁。"

跳跳猴问："蚂蚁的寿命有多长呢？"

笨笨熊说："有的工蚁可以活 6 至 7 年，蚁王可以活到 15 年。这在昆虫世界中是罕见的。再说一句，蚂蚁的历史比人类要悠久得多。据考证，在三四千万年前就有了蚂蚁。"

跳跳猴对笨笨熊神秘地说："今天，我理解了东郭先生。"

刚才讲的是蚂蚁，怎么扯到东郭先生身上了呢？笨笨熊诧异地看着跳跳猴。

跳跳猴说："说不定，这东郭先生是一个昆虫学家，他知道蚂蚁的资历，了解小小蚂蚁的社会性，油然产生对蚂蚁的敬畏之情。因此，先生在走路时便仔细看着脚下，生怕踩到这些老先生。"

笨笨熊拍了拍跳跳猴的肩膀，笑呵呵地说："小兄弟还真有想象力。"

好大一座地下城

法布尔蹲了下来，拍拍笨笨熊的肩膀，说："讲得好！下来，我们来看看蚂蚁的居室吧。蚁巢的建造由专门的工蚁负责，有的挖洞运土；有的对初步成型的地洞进行修缮加固。"

笨笨熊也蹲了下来，专注地看着眼前川流不息的蚂蚁大军。

法布尔接着说："从外面向洞中运输的工蚁大部分是在搬运粮食，但也有一些是在运送建筑材料。当然，它们使用的建筑材料不是我们想象中的木板或砖瓦。一根细小的稻草梗，可以被它用来做成坚固的天花板；一片干叶子上的叶脉，可以被它用来做成坚固的柱子。分工负责建筑的工蚁要爬出洞，去选择适宜的建筑材料，搬回来，用在适当的地方。"

法布尔指着一个拖着一块麸皮的蚂蚁说："这块麸皮，在我们看来微不足道，但蚂蚁可以把它用来做成分隔房间的挡板。"

一开始，那个搬运麸皮的蚂蚁拖着麸皮缓慢移动。当它往蚁巢的土堆上爬时，尽管使尽了浑身力气，累得六条腿都在颤抖，那麸皮就是纹丝不动。折腾了好一阵，那只蚂蚁丢下麸皮，向蚁巢爬了回去。

跳跳猴说："对了，这就对了。实在搬不动，放弃就算了。"

法布尔说："蚂蚁是不会轻言放弃的。"说这话时，他的语气非常坚定。

过一会儿，从洞口爬出了三只蚂蚁。它们结伴而行，直奔坡下的这块麸皮。一只蚂蚁在前面拉，两只蚂蚁在后面推。费了好大劲，麸皮终于被运抵蚁巢洞口。

但是，新的情况又出现了。那块麸皮横在洞口，进不去。

这时，洞内很快爬出了许多蚂蚁，大约有十几只。它们有的拉，有的推，可那块麸皮卡在洞口，就是进不去。

大概觉得一直这样蛮干不行，它们停了下来。有两只蚂蚁围着麸皮转了一圈，然后它们把卡在洞口的麸皮往后拖一点，使麸皮一头对着洞口。接下来，一只蚂蚁在前面拉，其它蚂蚁站在后面将麸皮抬起来往里推。

麸皮进去了，站在麸皮上的一只蚂蚁也随着麸皮进了洞里。

就在许多蚂蚁合力搬运麸皮时，洞里陆陆续续有衔着土粒的蚂蚁爬出来。它们目不斜视，从正在被搬运的麸皮下面或旁边挤出来，放下土粒，又立即折返回去。

法布尔说："看到了吧？蚂蚁不仅以勤劳著称，而且富有合作精神，善于动脑子，内部有明确而精细的分工。

"想知道蚁巢是什么样子的吗？蚁巢并不仅仅是一个洞，而是一座地下城市。这个城市既有街道、广场、房舍，又有储存食物的仓库。在洞内雨水渗不到的深处，它们挖去泥土，形成一条很长的交通干道。然后，再将这条主干道一节节分开，左右交叉，上下连接，又逐一与街道尽头的厅堂房舍连接在一起。"

说到这里，法布尔回过头，问笨笨熊："你见到过蚁巢的内部吗？"

笨笨熊说："我曾经将一种叫做切叶蚁的蚁巢顺着坑道掘开，那简直是一个地下宫殿。深度有 5 至 10 米，长长的坑道有 10 至 20 条，占地面积几十平方米。地洞里有上千个半圆形小室，高约 20 厘米，长约 30 厘米。小室间有许多小道相通，中央是蚁王的王宫，周围是育儿室。"

"哇，好大一座地下城！"跳跳猴惊叫道。

法布尔在一旁说："对，名副其实的地下城。"

菌圃和奶牛场

笨笨熊接着说："这地下城可不只是用来居住的，在蚁巢的上部还有'菌圃'呢。"

"'菌圃'？什么是'菌圃'？"跳跳猴不解地问。

笨笨熊说："菌圃是切叶蚁用来培育真菌的苗圃，故简称为菌圃。切叶蚁用锋利的双颚将树叶切成指甲般大小的碎片，然后搬到巢穴中。在巴西旅行时，我曾看到一队搬运树叶的切叶蚁。那队伍长达几百米，浩浩荡荡，蔚为壮观。它们将叶片运回洞中后嚼碎，和唾液混合，并加进去一些粪便，堆在一起，就成为栽培真菌的培养基。蚁王的口囊里有一种真菌，将这种真菌接种到培养基上，就成为菌圃。用不了多久，培养基上就会长出许多菌丝。小工蚁将那些长长的菌丝剪断，就成为粗短菌体。切叶蚁就靠吃这种菌体生活，还用它来喂养自己的子女。

"这种真菌属于担子菌，与人们常常食用的蘑菇属于同一家族。但是，它只生长在切叶蚁的蚁巢中，在切叶蚁的蚁巢外根本找不到。也就是说，担子菌和切叶蚁形成了一种共生关系。担子菌将叶片中不易消化的植物纤维分解成容易消化的食物，切叶蚁以食用担子菌为生。反过来，担子菌靠切叶蚁的精心培植而茁壮成长。

"切叶蚁的菌圃不亚于人工育菌房。由于树叶腐烂，圃内气温经常保持在二十五摄氏度左右，恒温恒湿。一旦形成菌圃后，就可从原来的菌圃中采取菌种，向新开发的菌圃接种，扩大再生产。"

跳跳猴叹道："真神！"

法布尔说："切叶蚁在菌圃中种植真菌相当于人类的农业。知道吗，蚂蚁还善于从事畜牧业，养奶牛呢。"

"养奶牛？"跳跳猴惊讶得瞪大了眼睛。

法布尔接着说："当然，不是我们在草原上看到的奶牛，是为蚂蚁提供奶汁的奶牛。好，让我们去实地看看吧。"

法布尔领着几个孩子到了他的花园。花园中，接骨木上缀满了白花，蝴蝶在翩翩起舞，蜜蜂在花朵间穿梭繁忙。

法布尔拨开密密的树叶，指着接骨木的树枝，说："你们看！"

原来，在浓密的树叶的掩盖下，接骨木的树枝上有一支川流不息的蚂蚁大军。它们有的上，有的下。可以看得出来，下行的蚂蚁一个个挺着大肚子，志满意得的样子。上行的蚂蚁，肚子瘪瘪的，行色匆匆。它们偶尔拦住下行的蚂蚁，头对头地窃窃私语，像是在向对方打听上面的奶牛是否奶水充足，味道如何。

跳跳猴的目光跟踪着上行的蚂蚁。噢，它们爬到了树枝末端的嫩枝和树叶上。但是，那里在发生着什么呢？树枝有点高，看不清楚。他们踮起脚尖，仍然看不清楚。

看到跳跳猴踮着脚尖，仰着脑袋，吃力的样子，法布尔先生将一根树枝拉下来，拽到孩子们面前。只见不少树叶背面及嫩枝上密密麻麻地覆盖着一层小虫子。

法布尔说："这叫木虱，是寄生在树木上的虱子。在木虱的口器中，有比头发还要细的吸管。它们把吸管插到树皮中，吸取树皮和树叶中的树汁。在它们背部的下端，有两根又短又空的管子。从那里流出甜甜的流体，就像奶牛的乳房流出牛奶一样。明白了吧，木虱，就是我们说的蚂蚁的奶牛。"

在法布尔讲述的时候，跳跳猴凑近了仔细地看，但看不清楚这些奶牛的乳房在哪里。他揉揉眼睛再看，还是看不见。

跳跳猴回过头，看笨笨熊。笨笨熊不慌不忙地从口袋中掏出魔镜戴上。跳跳猴恍然大悟，心里骂自己，怎么就将魔镜给忘掉了呢？

跳跳猴也掏出魔镜，戴上。噢，看见了，几只蚂蚁正爬在木虱的屁股后面尽情地吮吸呢。原来，木虱的乳房在屁股上。那些蚂蚁过一会儿便抬起头，好像是在说："唔，味道好极了。"另外几只蚂蚁没有吸奶，而是用触角抚摩木虱的肚子。

跳跳猴说："我看清了。有些蚂蚁在吸奶，有些蚂蚁在玩耍呢。"

法布尔说："不是玩耍，它们是在挤奶呢。木虱的乳房虽然可以流出乳汁，但并不是一直在流淌。当乳汁停止流淌，蚂蚁吃不到奶时，就会用触角抚摩木虱的肚子，刺激木虱排出奶汁。你注意看，是否如此呢？"

跳跳猴盯住一只抚摩木虱肚子的蚂蚁看。果然，在抚摩一阵后，木虱的乳头有液体流出来了。刚才温情脉脉抚摩木虱肚子的蚂蚁，急忙叼住乳管吸了起来。

看够了，法布尔将树枝松开。笨笨熊和跳跳猴也将魔镜摘了下来，装在口袋里。

保尔问："爸爸，只有接骨木上有木虱吗？"

法布尔说："不，木虱是植物的寄生虫，好多植物上都有。不过，玫瑰与白菜上的木虱是白色的；接骨木、杨树、柳树和小白杨树上的木虱是黑色的；橡树与蓟草上的木虱是紫铜色的；夹竹桃上的木虱是黄色的。虽然肤色不同，它们都有两根流淌甜汁的管子，都是蚂蚁的奶牛。"

跳跳猴说："这么说来，蚂蚁的畜牧业还处在游牧阶段。"

法布尔问道："此话怎讲？"

跳跳猴说："它们不是要离开巢穴到有木虱的地方来找奶牛吗？"

法布尔说："我们现在看到的是蚂蚁到外面来找奶牛挤奶喝。它们还会把木虱所寄生的草用土粒围起来，就像给奶牛搭了牛棚。这样，牛棚中的奶牛免除了日晒雨淋。蚂蚁则可以足不出户，随时向这些家养的奶牛索取牛奶。这不是等于在定居点养奶牛吗？"

跳跳猴惊叹道："哇！真了不起！"

法布尔指着从树上走下来的蚂蚁说："需要说明的是，这些大腹便便、打着饱嗝的蚂蚁还肩负着重要的任务。它们要赶回去，将自己肚子中的牛奶分给那些在家里忙着修造房屋的工蚁，分给那些没有生活自理能力、嗷嗷待哺的小蚂蚁。在喂食时，两只蚂蚁的嘴巴连在一起，像是在接吻。"

跳跳猴啧啧称赞道："想不到，人类为之奋斗的'各尽所能，按需分配'的共产主义远景在蚂蚁社会中得到了实现。"

蚂蚁社会里的奴隶制度

法布尔接着说:"刚才,跳跳猴说蚂蚁社会中实现了共产主义,但是,在另外一些部落,还在实行着奴隶制度。"

"蚂蚁社会里还有奴隶制度?"跳跳猴感到很好奇。

法布尔说:"是,有一种蚂蚁,叫做蓄奴蚁。在这种蓄奴蚁的社会里,有许多蚂蚁在给它们做奴隶。进化论创始人达尔文先生在他的《物种起源》一书中,曾经做过详细的描述。"

跳跳猴看着笨笨熊说:"一种蚂蚁奴役另一种蚂蚁太有趣了。我们去拜访一下达尔文先生吧。"

"去拜访达尔文先生?"法布尔一脸惊讶的表情。他想,达尔文远在英国,能想去就去吗?

跳跳猴说:"是的,去去就来。"

听跳跳猴说得很轻松,法布尔将信将疑地点了点头。

得到法布尔先生的允准,跳跳猴和笨笨熊腾的一下驾着一片彩云飞了起来。法布尔和保尔仰望着,直至笨笨熊和跳跳猴消失在湛蓝的天空。

不一会儿,跳跳猴和笨笨熊便来到了达尔文先生的故乡。达尔文先生笑呵呵地接待了这两位来自遥远的东方国度的小男孩。

听明来意后,达尔文说:"噢,你们想了解蓄奴蚁。蚂蚁养奴隶的本能是由于贝尔最初在红褐蚁中发现的。红褐蚁绝对依赖奴隶而生活。"

跳跳猴问:"为什么说绝对呢?离开奴隶就不能生活吗?"

达尔文说:"是的,如果没有奴隶的帮助,红褐蚁在一年之内一定会灭绝。工蚁就是没有生育能力的雌蚁,唯一的任务就是捕捉奴隶。雄蚁和雌蚁除了生儿育女,不从事任何工作。它们不会营造巢穴,也不会喂哺自己的子女。当老巢不适合居住

穿越时空隧道

时,要由奴蚁来决定与迁徙有关的事宜。搬家时,红褐蚁连路都懒得走,要由奴蚁将它衔在嘴里,转移到新居。于贝尔曾将 30 个红褐蚁关在一起,将奴蚁抓走。结果怎么样呢?"

说到这里,达尔文不再讲话,好像在吊跳跳猴和笨笨熊的胃口。

"结果怎么样呢?"过了一会,跳跳猴和笨笨熊忍不住问。

达尔文笑了笑,慢腾腾地说:"虽然巢内放着丰富的红褐蚁喜爱的食物,但它们一动不动。为了激发它们的劳动热情,将它们的幼虫和蛹放在身边,还是无动于衷。奇怪,它们竟然不会自己吃东西。许多红褐蚁就因为没有奴蚁喂饭而饿死了。

"然后,于贝尔在这间蚁穴中放进了一只奴蚁。它马上进入角色,忙着喂哺那些饿得奄奄一息的幸存者,营造虫房,照料幼虫。一切都照料得井井有条。"

"哇,真是大懒虫。蚂蚁一贯以勤劳著称,这蓄奴蚁怎就懒到如此地步呢?"跳跳猴惊奇地说。

达尔文继续说:"还有一种蓄奴蚁,叫做血蚁,也是于贝尔先生最初发现的。对血蚁,我曾亲自进行过详细观察。血蚁蓄养的奴蚁干着保姆的工作,很少从蚁巢洞口出出进进。只是在我挖掘蚁巢时,奴蚁才和主人一道出来,力图保卫它们共同的巢穴。当蚁巢被掘开,幼虫和卵被暴露出来的时候,主人和奴蚁齐心协力将幼虫及卵转移到安全地带。奴蚁的工作是自愿的,主动的,不像是被奴役的。主人血蚁也劳动,它们经常出去寻找食物和搬运建筑材料。在搬家时,不是奴蚁衔着主人,而是主人用嘴衔着奴蚁。"

跳跳猴问道:"达尔文先生,这些蓄奴蚁是怎么形成奴役奴蚁的习惯的呢?"

达尔文捋了捋胡须,说:"通过什么步骤获得了这种本性,我不愿意妄加猜测。但是,我观察到,一般的蚂蚁在碰到其它蚁种的蛹时,会将蚁蛹作为食物拖回蚁巢去。从蛹里出来的蚂蚁,本性使然,会勤奋工作。如果主人感到捕捉工蚁比自己生育工蚁更为合算,更为有利,这种本来是采集蚁蛹供作食用的习性,可能会因自然选择而被加强,并且变为永久的习性,以致最后形成了蓄养奴隶这样一种现象。"

原来,在蚂蚁这个社会里,还真的有奴隶制度。

人类社会在历史上也曾有过奴隶制度,但是,奴隶们揭竿而起,将它推翻了。那些奴蚁怎么就一直不觉悟,心甘情愿地给别人做奴隶呢?

带着这个问题,笨笨熊和跳跳猴辞别了达尔文,踏上返回法国的归途。

可怕的食肉军蚁

途中,跳跳猴问:"蚂蚁以什么为食呢?"

笨笨熊说:"一般来说,蚂蚁食用植物性食物,但也吃其它昆虫的卵。还有一种特殊的蚂蚁——食肉军蚁,是肉食性的。这种蚂蚁好斗善战,在遇到其它蚁群时,常常会成群出击,采取各个击破的战术,将对方的蚁群分割开来,聚而歼之。通常它们先用锋利的颚咬断对手的触角和肢体,使其失去触觉和逃生能力,然后再把它们的头砍下来。

"残杀与它们身材相似的蚂蚁好像算不了什么。有时,食肉军蚁常常几十万只或几百万只集合在一起,组成一支浩浩荡荡的大军。所过之处,荒草、庄稼荡然无存,大小动物都无一幸免。"

"大动物它们也敌得过吗?"跳跳猴眨着眼睛问。

笨笨熊说:"只要动物不能迅速逃生,就会葬身蚁腹。食肉军蚁会在几个小时之内把它们吃得只剩下一堆白骨。"

笨笨熊在绘声绘色地说着,跳跳猴脑海中浮现出了食肉军蚁残杀动物的血淋淋的场面,不寒而栗。

另类的白蚁

跳跳猴赶忙岔开话题："听说白蚁是以木材为食物的,是这样吗？"

笨笨熊说："是的。但是,虽然白蚁和蚂蚁都有一个蚁字,但在分类学中,白蚁是另类,它们和蚂蚁并不是一家人。"

"为什么呢？"跳跳猴问。

笨笨熊说："从发育方面来说,蚂蚁经历卵、幼虫、蛹以及成虫四个阶段,属于完全变态昆虫。而白蚁只经历卵、若虫和成虫三个阶段,属于不完全变态昆虫。

"从身体外形来说,白蚁为灰白色或淡白色,通体透明,胸腹交接处较粗大,有翅成虫的前后翅大小和长短相等。而蚂蚁多为黄褐、黑和橘红色,腰身较细,有翅成虫的一对翅大,一对翅小,前翅大于后翅。

"从食物方面来说,白蚁的食物主要是木材和含纤维素的物质,它们大多不贮藏食物。而蚂蚁食性广,不论动物性或植物性的食物都吃,并且有贮藏食物的习性。

"最后,白蚁怕光,总是钻在木材中。而蚂蚁不怕光,我们经常可以在野外看到蚂蚁,四处奔忙。"

跳跳猴说："原来我一直以为白蚁是蚂蚁大家族中的一个小家族,看来不能望文生义啊。"

蚂蚁的指南针

过了一会儿，跳跳猴又说："我还有一个问题。"

笨笨熊说："说。"

跳跳猴说："蚂蚁南征北战，有时要走很远，但是，它们如何找到回家的路呢？"

笨笨熊说："靠指南针啊。"

"蚂蚁还有指南针？"跳跳猴很惊讶。

笨笨熊笑了笑，说："这指南针，便是它们的眼睛和鼻子。

"蚂蚁的视觉非常灵敏，它们不但能辨认陆地上沿途的标志，而且还能根据天空和地面的相对关系来确定路线。有人在一队蚂蚁回巢途中用一个筒状的围屏把它们围住，使它们看不到周围的参照物，只能看见天空。结果，蚂蚁还是按照正确路线行进。后来，将一块木板挡在回巢蚂蚁的上方。结果，队伍乱了阵脚。

"蚂蚁还可以根据气味来认路。蚂蚁在爬过的地面上会留下一种气味。在归巢时只要循着这种气味标识，就不会走错路线。有人做过试验，在蚂蚁爬过的路上用手指画一条横线，使蚂蚁留下的气味中断，蚂蚁就会在此处不知所措。

"由于蚂蚁既可以依靠视觉，又可以依靠嗅觉认路，所以一般总是能准确地找到归巢的路线。"

以前，跳跳猴对整天在地上忙忙碌碌跑来跑去的蚂蚁毫不在意，有时还故意踩蚂蚁玩。现在他才知道这毫不起眼的蚂蚁是一种社会性昆虫。尤其令人难以想象的是，它们竟然会经营农业、畜牧业，还会奴役别的蚂蚁为自己服务。因了这些，跳跳猴对蚂蚁油然生出了一种敬意。

从此以往，这跳跳猴恐怕要成为东郭先生第二了。

蝴蝶是从哪里来的

小哥俩回到法布尔的荒石园时,法布尔和保尔还蹲在那里看蚂蚁。看到跳跳猴和笨笨熊真的不一会儿便从达尔文那里飞了回来,法布尔感到非常意外。保尔缠着跳跳猴和笨笨熊,问他们如何便能飞起来,在空中看到了什么……

回答了保尔的问题后,跳跳猴、笨笨熊和保尔跟着法布尔在百花园中散起步来。空气中洋溢着沁人心脾的芳香,姹紫嫣红的花丛中彩蝶翩翩起舞。

跳跳猴说:"法布尔先生,给我们讲讲蝴蝶吧!"

"好。"法布尔指着纷飞的蝴蝶说,"你们注意看,蝴蝶的种类很多,不仅大小有差别,颜色更是五彩纷呈。但不论是哪种蝴蝶,前额上都长着两只触角,相当于人的感觉器官;头的下方都有一根吸管,用来摄取食物。"

法布尔指着停在身边一朵花上的蝴蝶小声说:"你们看这只站在花瓣上的蝴蝶,它正把吸管伸进花的深部,靠虹吸作用吮吸花蜜。"

大概是受了惊吓,停在花上的蝴蝶从花蕊中退出来,扇动着翅膀,轻盈地飞走了。

法布尔接着说:"蝴蝶是美丽的。每一种蝴蝶都有特征性的外貌和色彩,人们根据这些特征,对蝴蝶进行分类。"

这时,周围的花朵上停下许多蝴蝶。法布尔指着这些蝴蝶一一说:"这只蝴蝶翅膀是白色的,镶着黑边,上方有三个小黑斑,它叫白菜蝶;这只有点大,黄色翅膀上的黑色条纹一直延长到尾巴的末端,翅膀底下是一双带着蓝色斑点的铁锈色眼睛,它叫燕尾蝶;这只蝴蝶上半身天青色,下半身银灰色,一个个白圈看起来像是眼睛,翅膀的边缘是一道长长的红斑,它叫白眼蝶。"

跳跳猴问:"法布尔先生,蝴蝶身上色彩斑斓,有什么用处吗?"

法布尔回过头来,看着笨笨熊。

　　笨笨熊犹豫了一下，清了清嗓子，说："有些蝴蝶的花纹、颜色和栖息地的背景一致。比如，有的蝴蝶翅膀花纹似树皮，有的蝴蝶翅膀花纹似花瓣状。这可以起到隐蔽作用，防止被天敌发现。这种颜色叫做保护色或隐蔽色。

　　"有些蝴蝶翅膀上的花纹像是两只大大的眼睛，或者条纹颜色非常鲜艳。这可以吓唬企图捕食者，这种颜色叫做警戒色。

　　"有些蝴蝶的花纹酷似植物的某一部分。比如枯叶蝶，不仅翅膀的颜色像是一片枯叶，而且翅膀上还有看上去非常逼真的'叶脉'和'叶柄'。这叫拟态，也对蝴蝶起了保护作用。

　　"还有一些无毒蝴蝶的花纹和颜色与有毒蝴蝶非常相似，那些已经尝试过有毒蝴蝶的天敌，看到这些蝴蝶就会敬而远之。

　　"以上几种，都可以对蝴蝶起到保护作用。此外，各种不同花纹的蝴蝶还可以使同种的雌雄个体互相识别，不至于在交配时找错对象。"

　　讲完蝴蝶条纹及颜色的作用，笨笨熊不吱声了。一行几个在花丛中的小径上信步漫游。

　　"蝴蝶有多少种呢？"过了好一会，跳跳猴打破了沉默。他看到过的蝴蝶大小不同，色彩各异。他认为，蝴蝶一定有好多种，也应该是一个不小的家族。

　　笨笨熊说："蝴蝶是一个大家族，全世界大约有1.4万余种。"

　　跳跳猴问："如此漂亮的蝴蝶，是从哪里来的呢？"

　　笨笨熊看看法布尔先生，法布尔微笑着向他点了点头。

　　笨笨熊接着说："从蝴蝶产卵说起吧，雄蝶与雌蝶交配之后，雌蝶会选择幼虫爱吃的嫩叶，在背面产卵。"

　　跳跳猴问："为什么要选择幼虫爱吃的嫩叶的背面产卵呢？"

　　笨笨熊说："将卵产在叶子的背面，可以防止卵被日晒雨淋。要知道，蝴蝶不是哺乳动物，幼虫在从卵里爬出来之后，没有母亲给它喂奶。将卵产在幼虫爱吃的嫩叶上，可以使幼虫从卵中一孵化出来就有丰富的食物。幼虫的食量很大，为了防止好多幼虫争食，发生食物不足，蝴蝶不会在一个叶片上产很多卵。蝴蝶产卵后，完成了传宗接代的任务，就会默默地死去。所以，看起来，美丽无比的蝴蝶其实是非常短命的。"

　　跳跳猴问："蝴蝶的幼虫是什么样子呢？也很漂亮吗？"

　　法布尔"扑哧"笑出了声，说："别看蝴蝶颜色鲜艳，舞姿美丽，它的幼虫和其它昆虫的幼虫形状相似,都是丑陋不堪的毛毛虫。对,就和吃桑叶、吐丝的蚕差不多。

"所有昆虫的幼虫,除形状相似以外,还有一个共同的特点,就是特别能吃。这是因为它们要为成蛹及羽化储备物质及能量。比如,草蜻蛉的幼虫一连几周没日没夜地吃木虱,一副总是吃不饱的样子。"

不知不觉,太阳藏在了远山的背后,将西边的云彩烧得一片通红。

法布尔抬头看了看那一抹红霞,说:"孩子们,天快要黑了,我们回家去吧。晚上,我们看我养的蚕。"

说完,一行四人朝着荒石园走去。

春蚕到死丝方尽

晚上回到家中，吃过晚饭时间还早，法布尔领着笨笨熊、跳跳猴来到了他的养蚕房。

在摇曳的灯光下，一个宽大的木盒内铺着一层嫩绿的桑叶，上面密密麻麻爬满了又白又胖的蚕，可以听到蚕吃桑叶轻微的沙沙声。

跳跳猴盯着其中的一只蚕，目不转睛地看着。一会儿，一片桑叶只剩下了叶柄和叶脉。

法布尔说："现在，我们看到的是幼虫期的蚕。所有昆虫在幼虫期唯一的任务就是争分夺秒地吃。在积蓄足够的营养后，完全变态昆虫的幼虫就会成蛹。

"不同种类的昆虫成蛹的方式各不相同。有的幼虫只是简单地钻到地下；有的幼虫则挖一个光滑的洞；有的幼虫用枯树叶做成巢穴；有的幼虫把沙粒、烂木屑或泥土团成一个空球，住在中间。

"住在树木中的幼虫则利用现有条件，只是简单地用木屑将洞的开口堵上，成为一间密室；住在麦粒中的幼虫把麦粒内部的面粉吃光，把外壳当作摇篮。

"有的幼虫，如白菜蝶及燕尾蝶，没有条件可以利用，就在树皮、墙垣的空隙中，用一根细丝将自己的身体缠绕起来。吐丝造巢方面，造诣最高的就是我们现在所看到的蚕。这一段时间，正好是蚕作茧的季节。到蚕作茧的时候，它们就不再进食，而是专心吐丝。为了方便蚕作茧，我们需要给它们提供一些草把，作为它们作茧的支架。"

法布尔指着旁边芦席上的一束束草把说："你们看，一部分蚕还在桑叶上进最后的晚餐，另一部分蚕已经爬上草把，开始营造茧房了。"

在草把的缝隙中，蠕动着一条条又白又胖的蚕，它们在草把上扯了许多纤细的丝，结成网状。

法布尔说："它们用丝结成网，是为了支撑它们的身体，以便下一步结茧。"

跳跳猴说："丝是从哪里吐出来的呢？"

法布尔说："丝是从嘴唇下面的一个叫做吐丝洞的小孔里吐出来的。刚吐出来时，是一种类似树胶的粘汁。一见空气，这粘汁就变成固体的丝。"

接着，法布尔指着草把上的一只蚕说，"你们看，这一只就正在吐丝呢。它的头摆来摆去，吐出的丝围着它的身体，最终成为一个和鸽子蛋大小差不多的蚕茧。一开始，茧壳是透明的，人们能看到蚕在里面的活动。随着缠绕的丝越来越多，蚕茧变厚，里面的情形便看不见了，只能凭想象来推测蚕在里面的活动。经过大约三至四天，蚕吐尽了肚子里贮存的粘汁。一个月来夜以继日吃掉的桑叶变成了茧壳，自己却日渐瘦弱。这时，茧壳内的生命已经不再是蚕，而是变成了蛹。我知道，中国有句古诗，叫做'春蚕到死丝方尽'，就是对这一过程的生动写照。

"在蚕结完茧后，人们便迫不及待地将蚕茧从草把上摘下来，卖给丝商。造丝商把蚕茧抛入沸水中，将蚕茧内将要变成蛾子的蛹杀死，然后把蚕茧中的丝抽出来。这个过程叫作缫丝。"

跳跳猴问："为什么要将蚕茧内的蛹杀死呢？"

法布尔说："如果不及时将蚕茧内的蛹杀死，蛹就会变成蛾，蛾会磨破蚕茧破茧而出。这种被破坏的蚕茧就不能用来缫丝了。"

跳跳猴说："可怜啊，辛苦一生做成的茧，反倒是把自己束缚了起来，被人煮死。"

法布尔说："这就应了中国的一句成语，叫……"

笨笨熊插话："叫作茧自缚。"

法布尔说："对，作茧自缚。在沸水中，蚕茧中阻碍缫丝的胶质被溶化掉。人们拿一把小笤帚在沸水中搅动，找出丝头，把丝头缠绕到旋转的缫车上。转动缫车，丝就缫在了上面。将缫上的丝经过进一步加工，就成为各种衣料，用丝做成的衣服轻柔舒适。其实，养蚕及丝绸的故乡在中国。这一点，想必你们比我还要清楚。在早年，当中国商人将丝绸通过丝绸之路运到西方国家时，人们都惊奇不已，只有皇宫贵族才有资格穿丝绸衣服。"

跳跳猴问："蚕钻在茧壳中是怎么变成蚕蛾的呢？"

法布尔说："蚕吐完丝后，元气大伤，浑身干瘪萎缩。一开始，它的背部裂开一道缝隙。蚕费九牛二虎之力从这道缝隙中挣扎着爬出来，将皮脱掉，同时把头壳、眼

穿越时空隧道

睛、腿等统统脱下来，堆在茧壳内的一个角落。这时，蚕就变成了蛹。蛹的形状既不像蚕，也不像蚕蛾，只是一头大而钝圆、一头尖细的一个椭球体。大约经过两周，蛹会裂开，蚕蛾就从其中钻出来，接着再从茧壳中钻出来。然后才能产子，繁殖后代。

"但是，茧壳的蚕丝非常坚韧，蚕蛾又软弱无力，用什么办法才能钻出来呢？你们知道吗？"法布尔两眼盯着跳跳猴和笨笨熊。

跳跳猴说："应该是用嘴吧。小鸡就是用嘴把蛋壳啄破钻出来的。"

法布尔说："不行，蚕蛾的嘴巴既没有牙齿，也没有像小鸡一样坚硬的喙。"

笨笨熊想了想，说："那用爪子可以吗？"

法布尔又摇摇头说："蚕蛾也没有利爪。"

跳跳猴和笨笨熊用手挠着头，想不出辙了。

法布尔说："我敢说，你们再想上几天也不会想出来的。告诉你们吧，蚕蛾是用它的眼睛把茧壳戳出一个洞钻出来的。"

跳跳猴、笨笨熊同时瞪大了眼睛，张大了嘴巴，真正的目瞪口呆。

眼睛是视觉器官，怎么可能将茧壳弄出一个洞来呢？

法布尔说："想不到吧？昆虫的眼睛上全部覆盖着一顶透明的尖角帽子。这顶帽子既坚硬，又多棱角。蚕蛾要出来时，先在它选中的地方吐上一口口水，使这个地方的茧壳变软变湿。接着，用眼睛上的尖顶帽子。不，说它是帽子，只是就形状而言，从作用来说，应该说它是锉刀。蚕蛾用这把锉刀将一根又一根的丝锉断。

"好了，洞口形成了，蚕蛾终于从里面爬了出来。蚕蛾出世后，雌雄蚕蛾交配，接着雌性蚕蛾产卵。产卵之后，蚕蛾的使命也就完成了，雌雄蚕蛾找一个角落默默地死去。"

夜深了，跳跳猴连连打起了哈欠，法布尔领着跳跳猴和笨笨熊回到了房间。

在睡梦中，跳跳猴梦见了在桑叶上大嚼大咽的桑蚕，梦见了白花花的蚕茧，梦见了从茧壳里钻出来的蚕蛾……

按照路线图，参观桑蚕是访问法布尔先生的最后一个内容。第二天早上，一起床，跳跳猴和笨笨熊便来到法布尔的房间和老师辞行。

法布尔正在洗漱，小保尔刚刚起床，还睡眼惺忪。

小哥俩说明来意后，法布尔问："接下来你们要去哪里呢？"

笨笨熊说："要跟随史密斯、布鲁斯、里德和格拉西等一起研究传播疾病的昆虫。"

听了笨笨熊的话,法布尔若有所思地点了点头。

附:让-亨利·卡西米尔·法布尔生平:

法布尔(Jean Henri Fabre, 1823-1915),法国著名的昆虫学家。

法布尔出生在法国南部靠近地中海的一个小镇的贫穷人家。他自幼热爱自然,并具有敏锐的观察力。靠着自修,法布尔考取了亚维农(Avignon)师范学院的公费生。18岁毕业后担任小学教师,继续努力自修,在随后的几年内陆续获得文学、数学、物理学和其他自然科学的学士学位,并在1855年拿到科学博士学位。年轻的法布尔曾经对数学与化学着迷,但是后来他发现,动物世界,尤其是那些小昆虫更加迷人,在取得博士学位后,即决定终生致力于昆虫学的研究。

1870年,法布尔搬到欧宏桔附近的塞西尼翁村,在那里买下一栋意大利风格的房子和一公顷的荒地定居。这片荒地满是石砾与野草,他将其命名为荒石园。在这里,法布尔不受干扰地专心观察昆虫,并专心写作。

开始写作《昆虫记》时,法布尔已经超过50岁,历经35年,到85岁时他才完成了这部巨著。他几十年如一日,对许多昆虫进行认真观察,把这些小生命的体貌特征、食性、喜好、生存技巧、生长、发育和死亡,以及自己的思考,写进了《昆虫记》中。但《昆虫记》不同于一般科学小品或百科全书,除生物学知识外,它还蕴涵着许多哲理,散发着浓郁的文学气息。

《昆虫记》问世以来,已被译为多种文字,在20个世纪20年代就已经有了汉译本,引发了当时广大读者浓厚的兴趣。到了90年代末,中国读书界再度掀起"法布尔热",出现了多种《昆虫记》的摘译本、缩编本、甚至全译本。

除《昆虫记》外,法布尔还撰写了90多部科普著作。法布尔还是一位优秀的真菌学家和画家,他曾绘制采集到的700种蕈菇,非常逼真、精美。他还是诗人和作曲家,曾有许多诗作,并为之谱曲。

1915年,法布尔以92岁的高龄于荒石园辞世。

去找畜产局

美国得克萨斯州的草原上,一群群牛在一边漫步一边吃草。天空中几朵闲云懒洋洋地飘着。一个中年男子坐在地埂上,两眼直直地望着天空,不时还深深地叹一口气。

"爸爸,爸爸,又有一头牛倒下了。"一个小男孩一边喊,一边朝中年人跑了过来。

"什么?哪一头?"中年人立即站了起来。

小男孩止住了脚步,转过身朝另一个牧场走去。中年男子紧紧地跟在后面。

父子俩钻进一个用铁丝网编成的栅栏门,只见在草地上躺着一头牛,瘦骨嶙峋,皮毛没有一点光泽。在这头牛的旁边,有十几头牛在悠闲地享用嫩绿的牧草。它们一个个膘肥体壮,牛毛像崭新的缎子一样又光又亮。

中年男子走到死去的牛跟前,蹲下来抓起耳朵看了看。许久,他忧伤地说:"又是从北方贩来的。"

这中年男子是一个牧场主,名字叫彼得。近年来,牛的行情一路上涨,他急忙从北方贩了一批小牛回来,巴望着过几个月小牛长大后他赚上一笔。刚来一个月还可以,小牛犊一天一个样,噌噌地往大长。彼得心里喜滋滋的,盘算着卖出去这些牛后在牧场旁边盖一座房子。可是,一个月后,这些牛一个个萎靡不振,渐渐消瘦了下来,过了一段时间,竟然一头接一头地倒了下去,再也没有起来。他养的本地牛却没有一个出问题。

他认为卖主把本来有病的牛卖给了他,恼羞成怒地返回到北方找卖主路易斯理论。在被指责一通以后,路易斯没有辩解,而是领着彼得去当地的几个买主那里转了一圈。彼得发现,路易斯卖给当地牧场主的小牛一个个活蹦乱跳。

路易斯和彼得是老熟人,他拍了拍彼得的肩膀,说道:"彼得兄弟,看到了吧?说不定你上次贩的牛在路上染了病。"

听了路易斯的话,彼得无可奈何地点了点头。

少顷,彼得对路易斯说:"老兄,再卖给我几头小牛,我不信这次我还会触霉头。"

路易斯有点惊讶地看了看彼得,说:"好吧,这次我以优惠价给你五头。你再回去试一试。"

彼得赶了牛,走了和上一次贩牛时不同的路回到了德克萨斯州。想不到,这五头牛又一个个地栽倒了。今天的这一头,是第五头。

晚上回到家,他躺在床上望着天花板,许久一动不动,好像那天花板的缝隙里藏着答案。

就在他盯着天花板发愣的时候,有人在敲门。门还没有打开,外面的人就喊了起来:"彼得,我家前两个月买回来的五头牛全死了,你家的呢?"

来人叫大卫,是彼得的朋友,在彼得第一次去北方贩牛的时候,他也贩了五头。

看到彼得无精打采地样子,大卫全明白了。

彼得摊开双手,说:"全死了。第一次贩的二十头全死了,第二次贩了五头也全死了。"

彼得和大卫久久相对无言。

"是不是路易斯把病牛卖给了我们?"还是大卫打破了沉默。

彼得摇了摇头,说:"不是,我去看过他卖到当地的牛,没有问题的。"

"那我们该怎么办?"大卫搓着双手。

"去找畜产局!"在经过了一阵思考后,彼得说道。

到得克萨斯去

早上五六点钟,华盛顿城还在薄雾下做着梦。跳跳猴和笨笨熊一边在街上行走,一边东张西望。

为什么小哥俩大清早就到街上游逛呢?原来,他们在结束对法布尔先生的访问后,听说美国德克萨斯州发生了牛瘟,华盛顿畜产局的西奥博尔德·史密斯先生受命研究这种可怕的疾病,不日就要奔赴疫区。因此,天还没亮,两人就上街去找畜产局。他们想在上班前在办公室门口堵住史密斯先生。

但是,大街上空无一人,走了大约半个时辰,仍然没有看到一个人影。

跳跳猴对笨笨熊说:"他们怎么不早早起来打太极拳呢?"

笨笨熊笑了笑说:"老弟,这是在美国,不是在中国。"

这时,街旁一座小楼上的窗户吱扭一声被打开了,一个金发碧眼的年轻女子从窗户探出头来,向冷冷清清的大街上打量着。

跳跳猴仰着头,朝开窗户的妇女喊道:"请问畜产局在哪里?"

年轻女子向下一看,雾蒙蒙的大街上行走着两个黑头发的小伙子。她"哎哟"一声,急忙将窗户砰的一声关上。几只鸽子受了惊吓,从窗户外面的鸽子窝里扑棱棱地飞了起来。它们直直地飞上天空,后面留下一串清脆的鸽哨声。

跳跳猴笑了笑说:"好容易看到了一个人,还让我们吓了回去。"

笨笨熊说:"走吧!总会找到的。"

两个人继续在大街上前行,一边走,一边寻找着畜产局的标志。

又过了大约半个时辰,城市上空的薄雾渐渐退了去,街上的行人也渐渐多了起来。华盛顿城醒了!

看到前面不远处有一个踟蹰而行的老人,跳跳猴紧走几步,上前问道:"先生,请问畜产局在什么地方?"

老人摇了摇头说："畜产局？不知道。"

接连问了许多人，他们都摇摇头，回答不知道。

将近中午时分，小哥俩终于在街道尽头一个不起眼的楼前看到了一块畜产局的牌子。

"总算找到了！"跳跳猴长吁了一声，大步向院子里走去。

就在他们走到门口时，一个长着大胡子的中年人从门房冲了出来，问道："你们找谁？"

小哥俩怔了一下，急忙站住。跳跳猴回答道："我们找斯密斯先生。"

"你们是谁？"大胡子问。

"我叫跳跳猴，他叫笨笨熊。"跳跳猴回答。

得知小哥俩要找史密斯，大胡子领着他们向楼上走去。

史密斯是一个脸庞瘦削的年轻人。当跳跳猴一行来到办公室的时候，他正坐在桌子旁边呆呆地想着什么。

笨笨熊和跳跳猴说明了来意后，史密斯先生显得非常兴奋，说："这里正缺人手呢。好，你们来了，也帮我做一些事情。"

跳跳猴说："做什么呢？"

史密斯说："研究牲畜的疾病。"

"你不是医学博士吗？怎么研究起牲畜来了呢？"在来到华盛顿之前，跳跳猴就听笨笨熊说史密斯先生是一个医学博士。一路上，他一直为医学博士研究牲畜疾病感到不可理解。

史密斯耸耸肩，说："是的，我在奥尔巴尼医学院读了医学博士，还在康奈尔大学读了哲学学士。在学医过程中，我了解到许多病是没有希望治好的。对这些病人，医生只能给病人安慰，对病人表示同情。

"为什么会是这样？是因为病的原因没有搞清楚。只有把疾病的原因搞清楚，才有可能找到针对性的治疗办法。因此，我认为，从事医学基础研究比临床工作更有价值，更为重要。

"可惜的是，许多人热衷于做一个临床医生，对基础研究不太感兴趣。在兽医领域，从事基础研究的人更是少之又少。因此，我便决定投身畜牧医学的基础研究。"

在小哥俩与史密斯先生谈话的时候，一个中年男子带着彼得和大卫急匆匆走了进来。

他对史密斯说："史密斯先生，赶快收拾行李，到得克萨斯去。那里的牛正发生着一场可怕的瘟疫。"

"好！"史密斯立即从座位上站了起来，大声答应了一声。

下达完命令，中年男子带着两个牧民风风火火走出实验室。显然，他又去安排别的事情。

就像消防队员接到了火警，史密斯先生立即准备要带走的仪器。他一边收拾，一边向笨笨熊、跳跳猴说："这是我的局长，萨门博士。你们多幸运，刚来就遇上了执行任务。"

笨笨熊、跳跳猴跟着史密斯先生到了位于美国南方的得克萨斯。

扁虱与得克萨斯牛瘟

——访问西奥博尔德·史密斯

刚到疫区,史密斯先生就一头扎到牧场了解情况。原来,瘟疫发生在从北方运来的牛中。刚从北方运来时,这些牛健壮得很。与当地牛在一起放牧一个月后,北方牛就一个个神情呆滞,尿色发红,食欲不振。没几天,原本活蹦乱跳的北方牛便四肢僵硬,躺在牧场上。有人将南方小公牛和小母牛运到北方,一个月后,在曾放牧南方牛的牧场吃草的北方牛也开始发病。不出十天,原本健壮的北方牛便悲惨地死去。然而,不论是在南方还是在北方,土生土长的南方牛就安然无恙。南方的牧民还告诉史密斯,这种瘟疫只发生在气候炎热的夏季。

基本情况清楚了,史密斯先生陷入了沉思:为什么只有北方牛会得这种病?为什么南方牛若无其事?为什么北方牛在接触南方牛或放牧过南方牛的牧场后一个月左右发病?为什么这场瘟疫发生在气候炎热的季节?

史密斯先生一个个地拜访当地的牧民,征求他们的看法。他认为,成天和牛打交道的牧民说不定能提供一些有用的线索。

一个牧民一边抽着烟斗,一边说:"我们觉得,罪魁祸首是一种昆虫,一种叫做扁虱的昆虫。它们寄生在牛身上,吸牛的血。"

为了控制这场牛瘟,政府从全国各地调来了许多著名的兽医。在一次讨论会上,当史密斯向众多名医汇报他的调查结果时,引起了一阵哄堂大笑。昆虫会引起牛瘟疫?书上没有说过。笑声中不乏对史密斯这个并非兽医的毛头小伙子的轻蔑。这些兽医科学家们,有的认为是唾沫引起了得克萨斯牛瘟,有的认为是牛粪引起了得克萨斯牛瘟。他们各执己见,互不相让。

在乱哄哄的吵嚷声中,史密斯对笨笨熊和跳跳猴说:"争吵是没有用的,要解决问题,需要进行缜密艰苦的实验。"

接下来，兽医们开始对牛瘟的病因进行调查。有人在显微镜下观察死于瘟疫的牛内脏标本，发现有无数的细菌在蠕动。于是，马上写出了论文，声称得克萨斯牛瘟的病原就是这些充斥牛内脏的细菌。史密斯先生拿起内脏标本，放到鼻子跟前嗅嗅，一股腐臭味扑鼻而来。很显然，内脏在运输途中腐烂了。

"在这样的标本中发现细菌，就能肯定是病原吗？"史密斯看着跳跳猴说，像是在发问，又像是在喃喃自语。

他要求牧牛人在牛死后马上取出内脏，用冰块冷却，尽快送到实验室，以保证标本不发生腐烂。

在接下来的日子里，史密斯带着笨笨熊、跳跳猴仔细观看用冰块运送的牛脾脏标本。但是，日复一日，显微镜下没有看到熙熙攘攘的微生物，只能看到大量破碎的红细胞。

"是什么破坏了牛的红细胞呢？"跳跳猴问。

史密斯沉思一阵，说："孩子们，看来我们需要到牧场去，而不是待在实验室。只有到牧场，我们才能了解到这些病牛接触了什么。当然，在我们去牧场之前，我们需要设计一个实验计划。"

灯下，史密斯先生苦苦思索，偶尔和笨笨熊、跳跳猴低声交谈。破晓时分，实验计划出来了。当太阳刚刚升起来时，史密斯带着他的助手以及笨笨熊、跳跳猴上路了。他们来到了牧场，在那里住了下来。

那是 1889 年 6 月 27 日，他们从北卡罗来纳运来了七头健康的，但是浑身爬满了扁虱的牛。北卡罗来纳是得克萨斯牛瘟最厉害的地方，北方的牛只要到那里就必死无疑。他们将四头全身是扁虱、来自北卡罗来纳的牛和六头刚刚运来的没有扁虱的北方牛圈在一号牧场。

然后，史密斯带着跳跳猴、笨笨熊以及他的助手，在剩下的三头北卡罗来纳牛身上抓扁虱。扁虱有大有小，小的只有用放大镜才能看得见。牛毛密密麻麻，扁虱钻在牛毛中就像老鼠钻到了灌木丛中，要把它们逮出来，逮得一个不剩，谈何容易！正是盛夏，在骄阳下，几个人趴在牛身上一点一点地扒拉着牛毛。好，发现一个小家伙，但伸手抓时，那扁虱倏地一下钻进了牛毛的密林丛中，不见了。牛并不知道这几位是在为了拯救它们而劳作，尾巴甩来甩去，东跑西跑。看到史密斯他们几个人跟着牛在牧场中乱跑抓虱子，其他兽医科学家乐了。他们认为，史密斯好像在演出一场滑稽剧。

史密斯对助手以及笨笨熊、跳跳猴说："别管他们，让他们说去吧，我们设计的实验是一定要完成的。"

紧紧张张工作了一天,三头北卡罗来纳牛身上的扁虱抓完了。他们把这三头牛和四头刚刚运来、身上没有扁虱的北方牛圈在二号牧场中。

在接下来的日子里,史密斯一行每天都要到牧场去。在昆虫专家库柏·柯蒂斯的指导下,他们观察到新生的扁虱怎样爬上牛身、吸血、蜕皮,接着再长出两只脚,又蜕一次皮。还看到雌扁虱与小小的雄扁虱在牛身上结婚成家,从牛身上下到地面产卵。然后,像许多昆虫一样,在完成传宗接代的使命后默默死去。小扁虱从卵中孵化出来,再慢慢爬到牛身上,开始上面讲到的周期。

观察结果显示,从小扁虱沿着牛腿爬到牛身上到产卵,需要 20 多天。

除了观察扁虱的生活习性,他们每天逐个检查一号、二号牧场的牛,看它们是否出现了病状。进入 8 月,一号牧场有一头北方牛身上出现了扁虱。不久,它的脊背弯了起来,不愿进食。接着,其它五头北方牛也有了扁虱。它们发高烧,不思饮食,骨瘦如柴。二号场地的四头北方牛与同牧场的南方牛一样,悠闲地吃草,甩尾巴,全然不知道它们的北方同伴正在遭受灾难。

跳跳猴兴奋了,说:"有扁虱的北方牛得病了,没有扁虱的北方牛安然无恙,可以说,扁虱是得克萨斯牛瘟的元凶了吧?"

史密斯沉思一阵,说:"现在还不能下结论,看来,我们还要对原来的实验方案进行补充。"

说完,他们把二号牧场中两头健康的北方牛赶到了将病牛转移走的一号牧场。

跳跳猴不解地问:"史密斯先生,这是为什么呀?"

史密斯说:"在一号牧场中,有扁虱的南方牛和没有扁虱的北方牛共同生活,结果北方牛染上了得克萨斯牛瘟。在二号场地,没有扁虱的南方牛和没有扁虱的北方牛共同生活,北方牛没有染病。看来,好像得克萨斯牛瘟就是扁虱惹的祸。

"但是,我们不能确定一号牧场和二号牧场是否有区别。所以,我们需要把没有扁虱的健康北方牛赶到布满了扁虱的一号牧场中,看看它们会不会染上病。"

听了史密斯先生的话,跳跳猴和笨笨熊都连连点头。

此后,他们天天去一号牧场观察这两头实验品。不出一星期,两头牛身上爬上了不少扁虱。

又过了一星期,一头牛死了,死于得克萨斯牛瘟。

另一头牛病了,也是得克萨斯牛瘟。

跳跳猴在记录本上记下下面的内容:1889 年 9 月，北方牛在一号牧场生活一周，染得克萨斯牛瘟。

他期待着史密斯先生写论文把这一发现报道出去，然后想办法消灭扁虱。他想，看来扑灭得克萨斯牛瘟胜利在望了。

但是，史密斯没有半点写论文的意思，而是忙着让人从北卡罗来纳牧场运来一大罐挤满了扁虱的牧草。就在前几天，几头北方牛在这个牧场中患上了得克萨斯牛瘟。运草途中，牧草里面的扁虱没有吸到牛血，饿得要命。史密斯先生把这些草撒到南方牛未曾涉足的三号牧场。然后，把刚运来的四头没有扁虱的北方牛圈进去。

笨笨熊问:"史密斯先生，为什么要从北卡罗来纳运牧草呢?"

史密斯说:"在一号牧场，与携带有扁虱的南方牛共同放牧的北方牛患上了得克萨斯牛瘟;在二号牧场，与不携带扁虱的南方牛共同放牧的北方牛没有患得克萨斯牛瘟;将曾经在二号牧场放牧、没有患病的北方牛赶到一号牧场便染上了得克萨斯牛瘟。看来，扁虱应该与得克萨斯牛瘟有关。

"但是，是否因为一号牧场与二号牧场在其它方面有差异导致了结果的不同呢?是否确实是扁虱传播了得克萨斯牛瘟呢?要证明这一点，只有从外地运来被扁虱污染的牧草，放在另外一个牧场进行试验。"

听了这一席话，笨笨熊和跳跳猴深深佩服史密斯先生缜密的思维。

结果，不出几星期，在三号牧场，一头牛死去了，死于得克萨斯牛瘟，两头牛患了得克萨斯牛瘟，病得很厉害。但是，上帝保佑，它们慢慢康复了。

跳跳猴想:北方牛在曾经放牧过携带扁虱的南方牛的一号牧场患病了。在没有南方牛，但撒有带扁虱的青草的三号牧场也患病了。是扁虱导致了得克萨斯牛瘟，看来是确定无疑了。

但是，他不敢把这一想法说出来，他怕史密斯先生批评自己轻率。

大概史密斯先生猜到了跳跳猴的想法，他说:"你可能以为该下结论了。但是，且慢，我们不能随随便便把这顶帽子扣到扁虱的头上。要下结论，我们还需要实验。"

跳跳猴壮着胆子说:"我们不是已经做了三次实验了吗?"

史密斯说:"是的，我们是做了三次实验，这三次实验扁虱都脱不了干系。但是，是因为牛把扁虱吃下去患病的呢，还是因为扁虱爬到牛身上吸血患病的呢?"

是啊，弄不清这一点，能算是完整的科学研究吗?

遗憾的是，夏天结束了，得克萨斯牛瘟流行的季节过了。

要弄清这个问题，要等到下一年了。

史密斯把精力放在了实验室。他把死于得克萨斯牛瘟的牛的血液放在显微镜下观察。但是，许多天过去了，没有看到细菌，球状的、杆状的、螺旋形的，所有形态的细菌都没有。

一天早上，史密斯又带着跳跳猴和笨笨熊来到了实验室。他一边看着显微镜，一边对笨笨熊和跳跳猴说："除了细菌，还有什么可以钻到血管中来破坏红血球呢？我想，破坏红血球的元凶应该就在红血球中，就像吃牛粪的食粪虫总是钻在牛粪中一样。要找到这个元凶，需要的是耐心。"

说到这里，史密斯突然停止了讲话，专心地看着显微镜，一副兴奋的样子。少顷，他喊道："找到了，找到了。在本来是实心球样的红细胞中可以看到梨形的洞，再仔细看，在破碎的红血球中有梨形的小虫。原来是这些东西破坏了红血球！"

他把显微镜让给了笨笨熊和跳跳猴。小哥俩看见，真的，在有的红血球中，可以看到有如梨子形状的空洞。在红血球的碎片中，蠕动着梨形的小虫。

笨笨熊和跳跳猴兴奋起来了，史密斯却冷静了下来。他喃喃自语道："我必须排除这是一种巧合。为了证实这梨形的小虫就是得克萨斯牛瘟的病原，必须观察更多的标本。"

日复一日，史密斯用显微镜观察健康牛的血，观察正在患得克萨斯牛瘟的牛的血，观察死于得克萨斯牛瘟的牛的血。

数百次的实验证实，只有正在患得克萨斯牛瘟以及死于得克萨斯牛瘟的牛的血中才有这种小虫。

实验结果是令人兴奋的，但是，史密斯却对跳跳猴说："是的，只有患得克萨斯牛瘟以及死于得克萨斯牛瘟的牛的血液中有这种梨形的小虫，健康的牛的血液中没有这种小虫。那么，是因为梨形小虫导致了贫血，还是贫血导致了血液中红血球破碎及梨形小虫呢。当然，后者的可能性是不大的。但是，要得出结论，并把这个结论告诉别人，我们必须慎重。"

接着，他将健康的北方牛大量放血，造成贫血模型。然后，观察红血球是否出现破碎，血液中是否出现梨形小虫。

没有，确实没有。

这时，史密斯才得出结论：就是这种梨形小虫导致了得克萨斯牛瘟。

一转眼，1890年的夏天到了，史密斯又继续他计划中的实验。他把几千只从北卡罗来纳运来的扁虱同干草混在一起，在一个特殊设计的牛棚里喂一头从北方运来的牛。这些扁虱只能随着干草被牛吃进去，绝无可能逃出干草槽爬到牛身上。结果，这些牛不仅没有消瘦，没有发烧，反而好像是通过吃扁虱获得了额外的营养，吃得滚瓜溜圆。

对其它北方牛重复实验，结果仍然相同。

受史密斯先生严谨学风的熏陶，跳跳猴的思维也不知不觉地严谨了起来。这些天，他抽时间仔细地翻阅了跟随史密斯先生以来的实验记录。他发现，如果将新来的北方牛与浑身是扁虱的南方牛在一起牧养20天左右就将北方牛牵走，这些北方牛不会得牛瘟。如果使北方牛与南方牛再多待几天，或即使将南方牛赶走，但将北方牛留在原处，北方牛都会患上得克萨斯牛瘟。

一天晚上，饭后，跳跳猴向史密斯先生汇报了这个发现。

史密斯咬着指头思考了一阵，然后说："我们在一号牧场就观察到，扁虱从爬上牛身到产卵需要20多天时间，卵要经过20多天才能孵化出来。如果北方牛与被扁虱污染的牛接触不足20天，即使扁虱在第一天就从牛的身体下到地面产了卵，也不可能在这段时间孵化出来，扁虱便不会侵犯到北方牛。如果北方牛与携带有扁虱的牛在一起待到30天，或者将北方牛赶到被扁虱污染的牧场待几天，这时，新一代的扁虱已经从卵中孵化出来，就会爬上北方牛身上。那么，它就在劫难逃了。"

至此，事情已经基本清楚了。扁虱通过吸牛的血，将这种梨形小虫注入牛的血液中。然后，这种小虫在牛血中大量繁殖，破坏红血球，造成贫血，严重者导致死亡。

通过两年的研究，史密斯终于得出结论了。一天晚上，笨笨熊和跳跳猴商量着要向史密斯先生告辞，进行下一站的旅行。

第二天早上，小哥俩来到实验室准备向史密斯先生辞行。

史密斯正在翻阅得克萨斯牛瘟的试验资料，看到跳跳猴和笨笨熊，他迫不及待地将小哥俩叫到跟前，说："我们研究的最终目的是要切断得克萨斯牛瘟的传播途径。昨天晚上，我一直在想：扁虱身体中携带这种梨形小虫，但这种小虫是由于扁虱互相染患而传播开来的，还是从母扁虱产的卵里就已经有的呢？如果我们把在实验室的玻璃碟子中孵出来的，从来没有接触过其它扁虱的小扁虱放在牛身上，也会出现得克萨斯牛瘟吗？"

看来，研究并没有结束。

跳跳猴凑到笨笨熊的耳朵旁,悄声说:"别再提走的事儿了,史密斯先生不知道还有多少想法要提出来、还有多少实验要做呢。"

笨笨熊点点头。

他们牵来一头两岁的北方母牛,圈在一个牛栏中,将在实验室中孵出来的几百只小扁虱放到这头牛身上。过了几天,牛发烧了,不吃东西了。抽血在显微镜下一看,血球破碎了。偶尔可以看到梨形小虫从血球碎片中探头探脑钻出来,好像在寻找下一个破坏目标。

史密斯先生吁了一口气,轻轻地说:"看来,这种梨形小虫是来自北卡罗来纳的扁虱。产卵前,小虫融到卵中。小扁虱从卵中孵化出来时,就先天性地携带了这种小虫。"

转眼到了1890年秋天。这几天,史密斯先生每天在整理他的实验资料。

一天,他突发奇想,对笨笨熊、跳跳猴说:"得克萨斯牛瘟有季节性,仅在炎热的夏天才流行。扁虱的繁殖以及扁虱对梨形虫的传播是仅仅与夏天的高温有关,还是与夏天的其他因素有关呢?"

为了弄清楚这个问题,史密斯和助手们在牛棚中安了一只煤炉。牛棚外,已是萧瑟秋风,落叶纷纷;牛棚内,却如盛夏酷暑。他们在牛棚中孵化扁虱的卵,将孵化出来的小扁虱放在牛棚中的北方牛身上。结果,这头牛患上了得克萨斯牛瘟。

又一个设想被证实了,即使不是夏天,只要温度适宜,扁虱卵照样可以孵化。小扁虱照样可以传播得克萨斯牛瘟。

1891年,史密斯让死于得克萨斯牛瘟的北方牛的牛犊在它们的母亲丧命的牧场吃草。不出所料,小家伙们也患上了得克萨斯牛瘟。但是,病情很轻微,没有死掉。到第二年,长大一些了,让它们在对于未免疫的北方牛绝对是死亡之地的牧场吃草,它们却安然无恙。

一天晚上,史密斯先生谈到了这个现象。他问跳跳猴和笨笨熊:"这是为什么?你们能解释吗?"

跳跳猴想了想,说:"可能是获得免疫力了吧?"

笨笨熊接着说:"是,应该是获得了免疫力。"

史密斯满意地笑了笑说:"没错,得克萨斯牛瘟是可以免疫的。"

在病原、中间宿主、中间宿主的生活史、传播方式、是否可以免疫等传染病链条上所有环节都搞清楚之后,1893年,在史密斯着手调查得克萨斯牛瘟后的第五个年头，史密斯才将他的研究结果公布。他告诉人们给有可能染患得克萨斯牛瘟的牛打灭虫药水，杀尽它们身上的扁虱，不要在有扁虱的牧场放牧。这样，扁虱就会因没有寄生的宿主而绝迹。

人们照着史密斯先生的吩咐去做。真的，得克萨斯牛瘟从此销声匿迹。

得克萨斯牛瘟的研究画上了圆满的句号，跳跳猴和笨笨熊辞别了史密斯先生，开始了下一站的旅行。

下一站，他们要去访问英国的戴维·布鲁斯先生。

舌蝇与昏睡病

——访问戴维·布鲁斯

当时,戴维·布鲁斯供职于英国一支军队的军医处。笨笨熊、跳跳猴费尽周折找到了布鲁斯所在的军队医院。

得知两个小孩要找布鲁斯,一个长着大胡子的士兵耸耸肩,摊开双手,说:"很遗憾,他去非洲了,奉命去研究一种昏睡病。"

在闲聊中,大胡子知道了面前的两个小孩曾经访问过史密斯先生后,打开了话匣子:"对了,我们的布鲁斯真有点儿像史密斯,无论在经历方面,还是在精神方面。他刚从医学院毕业,就进了英国军医处。与别人不同,他对看病不感兴趣,而是一心想像史密斯先生一样对人们还认识不清的疾病寻根究底。幸运的是,他的妻子与他志同道合,给他做助手,不辞劳苦地与他一道在别人尚未涉足的医学领域拓荒。

"前几年,他奉命到英国驻守在地中海马耳他岛上的部队。岛上有一种怪病,叫做马耳他热。这种病使染病的士兵胫骨阵阵发痛,随军的军医束手无策。布鲁斯却认为,这就是他的任务。他从头学习制作培养基,用来培养患病士兵的血液,希望马耳他热致病菌能从培养基上长出来。他自己掏腰包买猴子,用患病士兵的血液给猴子注射,目的是复制马耳他热病的动物模型,研究患病动物内脏的病理变化。在经历了千辛万苦后,他们终于发现了马耳他热的致病菌——马耳他热杆菌。但是,上司却不了解布鲁斯夫妇研究工作的价值,不欣赏他们工作的成果。当他正在进行深入研究马耳他热杆菌如何从宿主山羊传播到人时,他被调到非洲了。"

说到这里,大胡子扼腕叹息。

虽然没有在军医处找到布鲁斯,但了解了他的行踪以及他的不少情况,笨笨熊和跳跳猴非常高兴。

辞别了大胡子,小哥俩踏上了飞往非洲的旅途。

这是 1894 年的炎夏，从非洲纳塔尔的上空俯瞰大地，田园凋敝，杂草丛生，一派凄凉景象。

正在为看不到人不能问路而犯愁，跳跳猴看见不远处驶来一辆牛车。

笨笨熊、跳跳猴按下云头，在牛车旁站定。车辕上坐着一位当地的车夫，车上坐着一对白人，一男一女。那男人身材高大，留着八字胡，穿一身军装。乍一看，令人生畏。

跳跳猴上前问道："对不起，打扰一下，我们来找来自英国军队军医处的布鲁斯先生。"

车上的男子眼睛瞪得大大的，用手指着自己的鼻子说："本人就是。"

原来，车上坐着的一男一女就是布鲁斯夫妇。

跳跳猴大吃一惊，心想，世界如此之大，竟然能在异国他乡正巧碰见要找的布鲁斯。大概，还是有一种魔力在起作用吧。

跳跳猴向布鲁斯说明了他们此行的目的。

布鲁斯夫妇听说眼前这两位东方少年是来采访的，非常高兴，招呼他们一起坐上牛车。

刚坐上车，跳跳猴便问："布鲁斯先生，你将要研究的昏睡病是一种什么病呢？"

采访就这样在牛车上开始了。

布鲁斯说："昏睡病在当地叫做纳加纳病。在本地语言中，纳加纳有两个意思，一个意思是不知道是什么。这说明，当地人对这种病毫不了解。其实，不仅当地人，全世界的科学家也对它一无所知。另一个意思是精神萎靡不振，这是对这种病的表现的简要概括。得纳加纳病的牲畜瘦骨嶙峋，无精打采。有人驱赶牛群送往屠宰场，途经此地时患了纳加纳病，在到达屠宰场前就皮包骨头。有些人骑着马进树林里打猎，结果一匹匹马在密林中神秘地倒下。他们只好走着回来。"

噢，昏睡病竟然如此可怕！

长途颠簸之后，布鲁斯一行到达了目的地——纳塔尔的乌蓬波。这是一个位于山顶的土壤贫瘠的居民点，山下是 60 英里宽的草原。越过这个草原，就是浩瀚的印度洋。

当地居民告诉他们，牲畜在叫做乌蓬波的山顶可以安然无恙，但一旦有人将牲畜赶到山下的绿草如茵的草原上去，在牲畜还没有长肥之前，就会有十分之一的牲畜死于纳加纳病。这就是为什么人们不居住在肥沃的草原，而要选择几乎是不毛之地的山顶的原因。

刚刚在乌蓬波安顿下来，布鲁斯就架起显微镜，开始了紧张的工作。感染纳加纳病的病牛和病马源源不断地从山下的草原运上来。布鲁斯从患病的牲畜采上血，放在显微镜下观察。他还把病牛、病马和健康的牛、马关在一起，看健康牲畜是否会染病。

许多天过去了，与纳加纳病牛、病马关在一起的健康牲畜没有一点患病的迹象，布鲁斯在显微镜下也没有发现任何有价值的东西。但是，他没有放弃，日复一日地坚持观察着。

一天上午，布鲁斯在看显微镜，跳跳猴和笨笨熊在忙着抽病牛的血。

突然，布鲁斯兴奋地喊："来，快来看，看这是什么？"

笨笨熊和跳跳猴凑过去看，看到血球在动。一会儿，从血球堆中钻出了一种比平常细菌大得多的小动物。它一端钝圆，另一端有一条鞭子。在它前进时，鞭子甩来甩去。有时，几个小动物缠结在一起。

布鲁斯说："这是锥体虫。"

布鲁斯对这个发现兴奋不已，他们加快了研究进度。结果，凡是患纳加纳病的病畜体内都能发现这种锥体虫。它们分布在血液中、组织液中。牲畜病得越重，锥体虫也越多。在濒死的病牛体内，显微镜下一堆堆红血球都在颤动。而在健康的狗、马、牛身上，一只锥体虫也找不到。

"问题清楚了，纳加纳的病原是锥体虫。但是，这些锥体虫是怎样从一头病畜传播到另一头牲畜使之染病的呢？在山上，我们把健康牲畜同患病牲畜养在一个畜栏里，健康牲畜不会被传染，从来没有下山的牛马也不会得这种病。这又说明什么呢？"布鲁斯喃喃自语着，陷入了沉思。

像史密斯一样，当碰到难题时，布鲁斯总是去请教当地人，请教所有对纳加纳病能够提供点滴知识的人。被寻访的人中，有的说是由于一种叫做舌蝇的昆虫叮咬了牲畜所致；有的说是由于水牛和羚羊的粪便污染了草和水所致。

布鲁斯问："为什么马匹在经过有舌蝇的地带时就总是要发病呢？"

回答是："牲畜在经过有舌蝇的地带时，如果不让它们吃草喝水，就不会有事的。"

"我们需要用实验来证明谁的说法正确。"布鲁斯对笨笨熊和跳跳猴说。

说干就干，布鲁斯从乌蓬波选了几匹健康的马，给它们的嘴上戴上帆布袋，使

穿越时空隧道

它们不能吃,不能喝,牵下山去。草肥水美的草原上空,盘旋着一群又一群金褐色的舌蝇。马匹一进到草原,舌蝇就闻讯赶来,扑在马的身上,拼命地吸起血来。舌蝇的身体眼看着像气球一样鼓了起来。

一连几天,布鲁斯一行早上牵着蒙着嘴的马下山去喂舌蝇。当太阳落山时,他们赶着马队上山来。

大约过了半个月,这些实验马一匹接一匹地出现了症状。显微镜下,它们的血液中蠕动着锥体虫。

跳跳猴说:"布鲁斯先生,看来纳加纳病应该是由于舌蝇叮咬所致,并不是由于吃了污染的水和草引起的。"

布鲁斯说:"现在还不能得出这个结论。虽然马在草原不曾吃过和喝过,但有没有可能从山下的空气中吸进锥体虫呢?"

于是,布鲁斯买了几匹健康马,圈在乌蓬波山顶的畜栏中。然后,牵着一匹健康马下到山下的草原中。舌蝇蜂拥而至,贪婪地在马的身体上吸血。布鲁斯一行小心地把舌蝇捉下来,放在纱布制作的笼子中。返回山上后,他们把圈有几百只舌蝇的笼子开口向下扣在畜栏中健康马的脊背上。

过了不到一个月,这些既没有尝过山下鲜嫩的青草,也没有呼吸过草原空气的马,一匹匹死于纳加纳病。

事情已经明白了。舌蝇通过叮咬牲畜将锥体虫染给了牲畜,然后导致纳加纳病。

就在研究取得了阶段性成果的时候,布尔战争爆发了,布鲁斯被命令进行战地救护。子弹在耳边呼啸,硝烟在空中弥漫。在枪林弹雨中,布鲁斯的心头一直萦绕着一个问题:纳加纳病是舌蝇传播的,但是,它的病原体锥体虫来自于哪里呢?

布鲁斯先生离开了实验室,笨笨熊和跳跳猴闲居在乌蓬波与当地居民打猎放牧。他们期待着布鲁斯先生能快点回来,完成纳加纳病的研究。

一天早上,跳跳猴和笨笨熊还在被窝里躺着,布鲁斯风尘仆仆地回到了乌蓬波。

看到久违了的布鲁斯突然出现在眼前,跳跳猴和笨笨熊兴奋不已。他们飞快地穿上衣服,问布鲁斯如何救治伤员,战争的双方谁家厉害……

布鲁斯没有回答小哥俩的问题,急匆匆地说:"赶快收拾行李,我们有任务了。"

跳跳猴说:"要去哪里呢?"

布鲁斯简短地回答："赶快收拾，路上再说。"

途中，布鲁斯说："布尔战争进行了两年。我实在不忍目睹那种互相残杀的场面。但是，身为军人，又必须服从军队首领的命令。近几年，赤道中非国维多利亚湖边的尼安萨发生了一种奇怪的疫情。当地的黑人莫名其妙地高热，极其疲乏，继而是昏睡，甚至在吃饭过程中即张着嘴巴就进入了梦乡，然后就永远地闭上了眼睛。几年工夫，数十万乌干达人及英国驻乌干达的一些殖民地官员也死于这种怪病。这种病在乌干达、英国，造成了恐慌。

"为了维护大英帝国的利益，皇家医学会成立了一个三人调查组到乌干达对这种病进行研究。调查组中一个叫做卡斯特拉尼的学者从这种病人的血液中发现了锥体虫。根据调查组的报告，同我们从死于纳加纳病的牲畜中发现的锥体虫一模一样。因此，皇家学会指派我参加调查组的工作。"

得知布鲁斯又可以继续对锥体虫的研究，跳跳猴、笨笨熊兴奋不已。

到了乌干达，先前调查组的专家卡斯特拉尼向布鲁斯报告了前期研究情况。

听取了汇报之后，布鲁斯马上以火一样的热情急切地投入到研究中。日复一日，他从濒死的病人体内抽取脊髓液，在显微镜下观察。但是，几天过去了，没有发现所谓的锥体虫。

在一个闷热的上午，布鲁斯照例坐在凳子上看显微镜。但是，到吃中午饭的时候了，仍然没有结果。一个同事朝着布鲁斯喊道："布鲁斯先生，吃饭了。"

布鲁斯没有回应同事的召唤，而是目不转睛地盯着显微镜。就在同事走过来要揪他起来的时候，布鲁斯惊喜地叫道："我看到了一个！我看到了一个！"

他兴奋地站起来，让周围的人轮流观看。

布鲁斯对大家说："没问题，是锥体虫，就像患纳加纳病牲畜血液中的锥体虫。"

从早晨到晚上，标本源源不断地送到实验室，布鲁斯一份接一份地在显微镜下看。在40多个昏睡病人的每一份脊髓液样品中，都发现了锥体虫。

调查组的人都很兴奋，其中有一个人大声喊："我们找到昏睡病的病原了。"

布鲁斯冷静地摇了摇头。

对方问："既然所有昏睡病的病人脊髓液中都有这种锥体虫，那么，锥体虫就肯定是昏睡病的病原体了。这，还有什么疑问吗？"

布鲁斯说："假如在健康人的脊髓中也有呢？要确定锥体虫是昏睡病的病原，我们需要证明，只有在昏睡病人身体中才有锥体虫，而非昏睡病人的身体中没有锥体虫。"

没有医疗需要，将粗针刺进非昏睡病人的脊椎采取脊髓液并不是一件容易的事。但是，为了研究，为了确定锥体虫是否是昏睡病的元凶，这项工作必须做。

费尽周折，终于证明，所有非昏睡病人的脊髓液中没有一只锥体虫。

跳跳猴高兴地说："布鲁斯先生，这下我们可以认为锥体虫是昏睡病的原因了吧？"

布鲁斯沉思了一阵，说："是的，但是，昏睡病为什么仅仅限于这个地方，而不在附近的其他地方发生呢？"

在接下来的日子里，布鲁斯对昏睡病进行了流行病学调查。结果显示，昏睡病只发生在河流两岸地带，内陆地区从未发现。

"纳加纳病和昏睡病都由锥体虫引起，纳加纳病是由舌蝇传播的，难道昏睡病也是由舌蝇作祟？因为，舌蝇总是滋生在水边。"布鲁斯一边沉思，一边喃喃自语。

第二天，布鲁斯领着笨笨熊和跳跳猴扛着捕捉蝴蝶的网到河边去捉舌蝇。真的，在河西边的天空，飞舞着嗡嗡作响的舌蝇。他们让捕到的舌蝇去吸昏睡病人的血。当舌蝇吃得半饱时，将它们装在纱布网中，固定在猴子的背部。然后他们守在猴子身边，防止外边偶然飞进来的舌蝇叮咬猴子。否则，会影响实验的准确性。

结果，被舌蝇叮咬的可怜的猴子出现了类似于昏睡病的症状。它们正在吃甘美的香蕉时，打着呵欠入睡了，永远地睡着了。而没有被舌蝇叮咬过的猴子则安然无恙。

事情明白了，是舌蝇在传播昏睡病。

既然有了结论，就要赶快采取行动。布鲁斯拜访了乌干达首相阿波罗·卡格瓦。

他对首相说道："对昏睡病的研究证明，是舌蝇把病原从病人传播给健康的人……"

对布鲁斯的话，阿波罗·卡格瓦表示不相信。因为在他的国家早就有舌蝇，但昏睡病的发生只是近几年的事。

布鲁斯说："这是实验的结果。如果你不相信，阿波罗·卡格瓦先生，请你到有着数不清舌蝇的湖边去，坐在岸上，不要把舌蝇赶开。我敢肯定，两年之内，你就会死于昏睡病。"

首相的性命是宝贵的。阿波罗宁可信其有，不愿信其无。

他有些害怕了，说："那么，我们该怎么办呢？"

为了用事实说服首相，布鲁斯拿出一份地图对阿波罗说："我们的调查发现，凡是有昏睡病的地方，就会发现舌蝇。如果昏睡病确实是舌蝇导致的话，那么，没有舌蝇的地方就不应该有昏睡病。是这样吗？"

阿波罗点点头。

布鲁斯又说："要证明这一点，需要你的人民去捕捉舌蝇。然后，把捕到舌蝇的地方标在地图上。我们要看一下，有舌蝇的地方和昏睡病发病的地方是否一致，没有昏睡病的地方是否没有舌蝇。"

阿波罗觉得有道理。他立即把手下的首领召集来，让布鲁斯教给他们如何捕捉舌蝇，捏住舌蝇而注意不要被舌蝇叮咬，注明舌蝇被捕捉的地点，送回调查组。同时，了解捕到舌蝇的地方有无昏睡病发生。

结果源源不断地送到调查组。在地图上，凡是捉到舌蝇的地方就钉上一棵红头针，如果该地区同时有昏睡病发生，就再加上一棵黑头针。

调查结束了，地图上的红黑标志说明，凡有舌蝇的地方，就有昏睡病。而没有舌蝇的地方，就没有一个昏睡病人。

阿波罗被说服了，布鲁斯是对的。他带着手下的头人，来同布鲁斯商讨对策。

布鲁斯认为，是采取行动的时候了。他把酝酿成熟的计划如此这般地告诉了阿波罗。

"当然，这可以办到。"阿波罗一边看标着红黑针头的地图一边说。

然后，阿波罗命令他的居住在昏睡病疫区的臣民撤退到 15 英里之外，并且不准再来湖边从事生产活动。只有当现有的病人去世后，撤退的居民才可以回来。

于是，一场大规模的迁徙运动开始了。世代居住在湖边的居民扶老携幼，离开熟悉的家园，向内地撤退。

昏睡病在乌干达得到了控制。

布鲁斯成名了，他被晋升为上校，被封为高级爵士。

但是，很长时间之后，当猎人到那些人类已迁走几年的地方去打猎时，又染患了昏睡病。

笨笨熊问："患昏睡病的居民已经迁走几年，原来吸过病人血的舌蝇早已死亡，为什么昏睡病还能死灰复燃呢？"

布鲁斯沉思了几天，然后带着同事到三年来人烟灭绝的地方捉舌蝇。他们将捉来的 2876 只从来没有叮过一个昏睡病病人的舌蝇放在五只猴子身上叮咬。结果两只猴子患了昏睡病,长眠不醒。

布鲁斯对跳跳猴和笨笨熊说:"看来,锥体虫一定藏在野兽体内。人虽然从疫区撤走了,但野生动物还在那里活动。"

跳跳猴说:"没问题。"

布鲁斯摇了摇头,说:"但是,推理不是论据,我们要用实验来证实。"

布鲁斯马上开始了行动。他们又开始捉野猪、非洲灰鹭、非洲紫鹭、千鸟、翠鸟和鸬鹚,甚至去抓凶残的鳄鱼,抽它们的血作成涂片,在显微镜下寻找引起昏睡病的锥体虫。

一天又一天过去了,没有任何阳性发现。但是,布鲁斯坚信,锥体虫一定藏在野兽体内。日复一日,他们在非洲严酷的自然环境中白天抓野兽,捉舌蝇,晚上做实验。

工夫不负有心人。一天,史密斯在一头本地牛的血液中找到了昏睡病的锥体虫。奇怪的是,这头牛若无其事地吃草,饮水,没有任何疾病的征象。

布鲁斯说:"舌蝇就是从这些动物吸饱了带锥体虫的血液,再将这种血液注射给它们遇见的人。这些动物是锥体虫的孵化器。正是它们,使得锥体虫没有断子绝孙。"

布鲁斯将发现的情况通知了阿波罗首相。阿波罗首相命令将大批公牛和母牛转移。不仅如此,还要扑杀有孵化锥体虫嫌疑的羚羊……

这样,有舌蝇的地方不仅没有患昏睡病的病人,而且没有可以携带锥体虫的动物。昏睡病传染的链条中断了。

自此,昏睡病在这里绝迹了。

蚊子与黄热病

——访问沃尔特·里德

从昏睡病已经绝迹的乌干达出来，笨笨熊和跳跳猴踏着一片白云向古巴飞去。他们要到古巴访问沃尔特·里德少校，一位与黄热病搏斗的美国军人。

飞行中，笨笨熊向跳跳猴讲起了此次访问的背景。

1900 年，美国军队与西班牙军队在古巴发生战争，不少美国士兵在枪林弹雨中倒下。不足为奇，因为这是战争。奇怪的是，更多的美国士兵不是死在战场上，而是高热、皮肤发黄，最后死于黄热病。

1900 年 6 月 25 日，沃尔特·里德奉命到达古巴的克马多斯，对黄热病的原因以及预防进行研究。随行的还有他的助手詹姆斯·卡罗尔医生、微生物学家杰西·拉吉尔以及古巴籍的解剖学家阿里斯蒂德斯·阿格拉蒙德。阿格拉蒙德患过黄热病，已经产生了免疫力，可以放心地解剖死于黄热病的病人。

飞着飞着，传来一阵密集的枪声，他们低头一看，不远处的一个战壕里一队古巴军人正在朝着他们射击。他们可能把笨笨熊、跳跳猴当成了美国军队的特殊兵种。

笨笨熊急忙操纵白云在不远处的一个田埂下降了下来。刚刚落地，一高一低两个古巴军人"哇哇"地喊着，端着枪冲了过来。

笨笨熊想，糟了，今天要光荣在这里了。他两手抱着脑袋钻进了一片草丛里，大半个屁股还露在外面。跳跳猴看见草丛不能藏身，便干脆直挺挺地站在地上。

高个子军人大声问道："你们是干什么的？"

跳跳猴答道："我们来找沃尔特·里德先生。"

"什么？找沃尔特·里德先生？"高个子军人有点不相信。

低个子军人把笨笨熊从草丛里揪了出来，让他和跳跳猴并排站在一起，喝道：

"把手举起来！"

小哥俩将手高高举起，低个子军人把跳跳猴和笨笨熊的身上摸了个遍。没有发现武器和其他异常，低个子军人问："找沃尔特·里德先生干什么呢？"

跳跳猴说："和他一起研究黄热病。"

高个子军人瞟了笨笨熊一眼，问道："是吗？"

笨笨熊哆嗦着，连声说："是，是。"

"去吧！"高个子军人一边说，一边看了一眼他的伙伴，好像在征求低个子军人的意见。

低个子军人点了点头。接着，和高个子军人一起返回了战壕。原来，他们也知道沃尔特·里德先生在研究黄热病。虽然沃尔特·里德先生是美国人，但是他们并不把他当作敌人。

有惊无险，跳跳猴说了声"谢谢"，便拽着笨笨熊逃出了战场。

当小哥俩在美国军营里找到沃尔特·里德先生时，他正在和助手解剖黄热病病人的尸体，抽取黄热病病人的血，在显微镜下观察，进行培养。希望能找到球菌或杆菌或原虫……

得知跳跳猴和笨笨熊希望和自己一起研究黄热病，沃尔特·里德对两位远道而来的小朋友表示了欢迎。小哥俩和沃尔特·里德先生等一起进入了角色。

但是，一次又一次的艰苦摸索，都徒劳无功。

沃尔特·里德中止了实验，开始了冷静的思考。

一天，他对跳跳猴、笨笨熊说："黄热病有一个奇怪的现象。虽然医院中接连不断地有士兵死于黄热病，但病房中与病人密切接触的护士没有一个人被传染。在街道上一所房子里的居民发生了黄热病，附近的邻居安然无恙，但过几天，街道对面的或远处的居民却相继发病，就像一个幽灵毫无规则地随意拜访它的牺牲品。这使我想到，是不是某种昆虫，比如说飞来飞去的蚊子，在传播黄热病。"

跳跳猴说："那我们做动物实验吧。"

采访过许多生物科学家，跳跳猴潜移默化地感染了科学家的气质，一旦产生设想，就首先用动物实验来证实或排除它。

沃尔特·里德摇摇头，说："动物还没有发现黄热病。就是说，就目前所知，黄热病不能传染给动物。要证明蚊子传播黄热病，看来，只有用人这种动物了。"

但是，黄热病通常的死亡率是85%，有时是50%，最低也在20%以上。用人来做实验,假如黄热病真的是由蚊子传播的话,太危险了。

沃尔特·里德沉思了一阵,说:"这样做是危险,但是为了搞清楚黄热病,消灭这种瘟疫,只能这样做。"

说完,他狠狠地咬着嘴唇,一副痛苦的样子。

一天晚上,沃尔特·里德召集调查组人员开会。他说:"假若调查团的成员带头冒险,也就是说,假若他们愿意让自己给叮过黄热病病人的蚊子来叮,那就给了美国军人一个榜样。那么……"

这时,沃尔特·里德看看拉吉尔,再看看卡罗尔,唯独没有看阿格拉蒙德。因为他已经对黄热病免疫,对他做实验不会有任何用处。

"我愿意给蚊子叮。"杰西·拉吉尔说。

"你可以算我一个,少校。"詹姆斯·卡罗尔不甘落后。

人体实验开始了。

拉吉尔和卡罗尔抓了不少身体带银色条纹的雌蚊,让蚊子在黄热病病人身上吸血。当肚子鼓起来时,再将它们收回玻璃瓶中。

拉吉尔把玻璃瓶倒扣在自己的身体上,让吸过病人血的蚊子叮咬自己。但是,多少天过去了,没有任何事情发生。这在常人认为值得庆幸的事情,拉吉尔却感到非常失望。

卡罗尔说:"别灰心,我准备着呢。"

1900 年 8 月 27 日,他抓了一个曾叮咬过多个黄热病重病人的蚊子,让这只蚊子王在自己的手背上尽情地叮。两天之后,卡罗尔出现症状,四肢酸软,晚上病情加重,眼睛充血,脸色暗红,心脏也出了问题。大约有一分钟,心脏似乎停止了跳动。

值得庆幸的是,经过积极救治,卡罗尔从死亡线上又爬了回来。虽然承受了痛苦,但是在被蚊子叮咬后出现了阳性结果,对正在进行的研究做出了贡献,卡罗尔感到值得,以此事自豪。

紧接在卡罗尔之后,一个叫做威廉·迪安的美国士兵,一个志愿受试者,也在被蚊子叮咬之后患上了黄热病。同样,在被病魔折磨几天之后,恢复了健康。

面对实验的成功,沃尔特·里德没有狂热,反而审慎地了解这两名志愿者近日的行踪。他了解到卡罗尔和威廉·迪安在发病之前曾经到过危险地区。他认为,不能排除他们通过其他途径传染黄热病的可能,不能确定是蚊子使他们得了黄热病。

又一次,跳跳猴和笨笨熊被科学家的严谨作风所感动。

9月13日，拉吉尔抓了蚊子到黄热病病房去吸病人的血，准备进行严密的试验。正在这时，一只来路不明的蚊子停在了他的手背上。拉吉尔没有惊扰这位不速之客，而是让它吃饱喝足，打着饱嗝飞走了。

被蚊子叮咬五天之后，拉吉尔感到不适。

被蚊子叮咬六天之后，拉吉尔的体温达到102.4华氏度，脉搏达到每分钟112次，眼睛充血，脸发红。

拉吉尔发病了。

1900年9月25日晚，在被蚊子叮咬后12天后，拉吉尔医生去世了，为了追捕黄热病的元凶献出了宝贵的生命。

沃尔特·里德对拉吉尔医生的去世非常悲痛。他说："现在，让蚊子叮我吧。"语气沉痛而坚定。

沃尔特·里德已经五十岁了，又是负责黄热病研究的调查组组长，大家反对他这样做。

但是，沃尔特·里德说："虽然初步的实验怀疑是蚊子传播了黄热病，但是，我们必须进行严密的实验才能作出确切的结论。然后，我们才能把结论公布于世。"

经过周密的思考，实验方案形成了。沃尔特·里德在军营中建了一座有七顶帐篷、两所小屋的营地，他把这所营地命名为拉吉尔营。他告诉在古巴的美国士兵，现在有另一场没有硝烟的战争，挽救生命的战争。他问大家，有没有人志愿从军。

在弄清这场战争的真正内容后，一个二等兵基辛格和一个文职办事员约翰·丁·莫兰走进了沃尔特·里德的办公室来报名。

沃尔特·里德对他们说："不过，你们知道黄热病的厉害吗？染上这种病后，会出现严重的头痛、呕吐，并且很可能有生命危险。"

"我们明白，我们心甘情愿接受试验。"两个志愿者异口同声地发出誓言。

沃尔特·里德告诉他们，受试者可以得到一份200到300美元的奖金。

两位受试者马上说："少校，我们甘心接受试验，是为了人类和科学，不是为了得到报酬。"

沃尔特·里德被深深地感动了。他将右手举在耳边，向两位志愿者郑重地敬了军礼。

接着，受试者被关进了拉吉尔营，在那里度过了几个星期，以避免意外地通过其他途径染上黄热病。

1900 年 12 月 5 日，基辛格被五只在十几天前叮过黄热病病人的蚊子叮了个饱。五天之后，基辛格出现了背痛。再过两天，全身皮肤发黄，典型的黄热病症状。一共五名实验者，有四名在被蚊子叮咬后出现了典型的黄热病症状。由于在出现症状后得到了沃尔特·里德的及时救治，受试者在经受几天病痛的折磨后幸运地恢复了健康。

笨笨熊和跳跳猴采访了许多微生物猎人，还是第一次看到用人来进行试验。

在拉吉尔营隔离了几个星期，排除了经过其他途径传染黄热病的可能，五个受试者在蚊子叮咬后有四人出现了黄热病。跳跳猴和笨笨熊都认为，蚊子是传播黄热病的凶犯应该是没有问题了。

一天上午，在黄热病的讨论会上，跳跳猴小心翼翼地对沃尔特·里德说："少校先生，实验已经有了结论，下一步应该是想办法杀灭蚊子了吧？"

在他看来，通过研究找到原因只是手段，采取措施解决问题才是真正的目的。

沃尔特·里德说："黄热病通过蚊子传播可以说是确定无疑的，但是，除此之外，还有没有其他传播途径呢？"

接着，沃尔特·里德请来木工，在拉吉尔营地造了两间简陋的小木屋，房间装有两道门。为什么要装两道门呢？如果只有一道门，在人推门进屋或者开门出去时，就难免有蚊子偷偷溜进来。沃尔特·里德还规定，无论进到房间，还是从房间出去，都要先关好一道门，确信没有蚊子进到两层门之间后，再打开另一道门。还有，房间的门和窗都设计在同一面墙上，以免对流风在房间穿过。

但是，为什么不让房间通风呢？站在新落成的小木屋里左看右看，跳跳猴和笨笨熊弄不明白这是为什么。

这时，三个男性士兵从黄热病病房运来了被褥、毯子、枕头。在这些衣被上，沾满了黄热病病人的呕吐物、排泄物，污秽不堪。然后，士兵又奉命在屋子里生起了火炉，使房间里的温度上升到了 90 华氏度以上。顿时，房间里闷热难耐。

原来，沃尔特·里德费尽心思设计了这间密不透风的小屋，是为了让黄热病病人排泄物的微粒充分弥散在空气中，同时排除蚊子进入房间的可能性。这样，才能弄明白通过接触黄热病病人的排泄物能不能传播黄热病。

大概还嫌不够，三个士兵使劲拍打运来的衣物。从窗户投射进来的光柱中，弥漫着浓重的尘粒，刺鼻的气味腾然而起，令人作呕。然后，他们把衣服脱掉，一丝不挂，躺在被褥上。

看到这个场面,跳跳猴和笨笨熊都难以相信,他们以为自己是在看电影。

但是,理智告诉他们,不,不是在看电影。如果是在看电影,是不会闻到那令人窒息的气味的。看到三个士兵赤条条地躺在污秽得不堪入目的被褥上之后,他们捂着鼻子,飞也似的逃走了。跑了好远,才松开手,大口大口地喘着气。

在这污浊、闷热的小屋中,三个士兵连待了20天。然后,被转移到空气流通、装有纱门的帐篷中。

每天,跳跳猴、笨笨熊跟着沃尔特·里德去帐篷中看望那些士兵。出人意料,这三个小伙子发胖了,他们生龙活虎,谈笑风生。

"看来,被污染的被褥不会传播黄热病。但是,是不是因为黄热病病人总是穿着睡衣,身体没有和被褥直接接触的缘故呢?"沃尔特·里德像是在对跳跳猴说,又像是在自言自语。

接着,另外三名应征接受试验的士兵进入了那间密不透风的木屋。这次,他们穿着从死于黄热病的患者身上扒下来的睡衣,枕巾上浸透了黄热病患者的血液。

像第一批受试者一样,他们在木屋里待够20天后被转移到装有纱门的、通风良好的帐篷中。

仍然和第一批受试者一样,他们由于不参加操练,不风吹日晒,一个个又白又胖,精神饱满。

这下够了吧?呕吐物、排泄物污染的被褥不能传播黄热病;睡衣、血渍也不能传播黄热病。那么,绝对是非蚊子莫属了。

想不到,沃尔特·里德没有露出一点笑容,反而一天到晚紧蹙着眉头。

跳跳猴问:"沃尔特·里德先生,你应该高兴才对呀,愁什么呢?"

沃尔特·里德说:"睡在木屋中的人没有一个染上黄热病。但是,有没有可能他们曾经通过某种方式染上了黄热病,只是病情隐匿,没有表现出来,但因此而获得了免疫力呢?"

跳跳猴说:"那,我们还应该做什么呢?"

沃尔特·里德没有吭气,但是从他的表情可以看出,他非常痛苦。

一天,沃尔特·里德和卡罗尔向一个叫做杰尼根的志愿者的皮下注射了黄热病病人的血液,让一个曾经叮过严重黄热病病人的蚊子在一个叫做福克的士兵身上叮了又叮。这两个士兵都是在木屋中接受过试验的英雄。结果,两个人都病倒了,典型的黄热病。上帝保佑,他们大难不死。经过一段时间的治疗,他们恢复了健康。

334

事实证明，黄热病病人的衣被没有使他们染病，并不是因为他们产生了免疫力。

黄热病的传播途径弄清楚了。

全世界各地的有名学者赶赴哈瓦那，对沃尔特·里德的研究进行质疑、辩论。

在听取了沃尔特·里德的实验报告之后，学者们为无懈可击的严密的实验设计所折服，为沃尔特·里德的助手以及自愿参加试验的士兵的献身精神所震撼。所有与会的学者一致承认，沃尔特·里德是对的，蚊子，只有蚊子，才能传播黄热病。

接下来，美国在古巴的驻军以及古巴的当地人展开了另一场战争，杀灭蚊子的战争。排水沟、污水坑、蓄水池，凡是蚊子藏身及滋生的地方都成了战场。蚊子被赶得无处藏身，被杀得断子绝孙。

结果，在90天内，哈瓦那没有出现一个黄热病病人。200年来，黄热病首次在这片土地上销声匿迹。大家纷纷向沃尔特·里德，向他的助手表示祝贺。

人类在战胜黄热病的战争中取得了辉煌胜利，人们沉浸在胜利的喜悦中。但是，沃尔特·里德和詹姆斯、卡罗尔却表现得出奇地冷静。他们紧锁眉头，低声讨论："现在我们已经能够消灭黄热病了，我们已经证明它到底如何从人传染给人，但是，引起黄热病的病原是什么呢？"

他们在放大倍数最高的显微镜下观察病人的血液、尸体、脏器的标本，但是，没有任何发现。

卡罗尔喃喃自语："可能是引起黄热病的微生物太少，需要将黄热病人的血液过滤以后才能找到。"

他弄到了一些很毒的黄热病病人的血液，在瓷过滤器中过滤，过滤得凡是人类已经发现的细菌都不能通过。但是，仍然没有找到微生物。

"说不定病原体小得很，从过滤器中滤过去了。"卡罗尔对跳跳猴、笨笨熊说。

然后，卡罗尔用过滤器滤出来的液体注射到三个不具有免疫力的志愿者的皮下。很快，其中的两个人得了黄热病。

卡罗尔明白了，引起黄热病的是一种可以被滤过的极小的微生物。

对黄热病的追踪到此结束了。笨笨熊、跳跳猴辞别了沃尔特·里德、詹姆斯、卡罗尔，离开了美国军营。

路上，跳跳猴问笨笨熊，"那么，导致黄热病的究竟是一种什么微生物呢？"

笨笨熊说："当时，由于科学技术的限制，人们不能确认这是一种什么微生物。后来，随着电子显微镜的问世，才知道是一种黄热病病毒。接下来，我们要去拜访研究疟疾的科学家罗斯和格拉西。导致疟疾的病原体不是细菌，不是病毒，而是一种疟原虫。"

说完，小哥俩驾着彩云，踏上了访问罗斯和格拉西的旅程。

附：沃尔特·里德生平：

沃尔特·里德（Walter Reed 1851—1902），美国流行病学家。

沃尔特·里德1851年出生于美国弗吉尼亚州。少年里德没有接受过正规教育，但他聪颖好学。1865年后，一位少尉军官亚伯特担任他的家庭教师，他向亚伯特学习了拉丁文、希腊文、英文、历史以及人类学等，又向亚伯特夫人学习艺术及音乐。

他15岁时入弗吉尼亚大学，入学一年后，因成绩优异，获准研习医学生课程。1869年取得弗吉尼亚大学医学学士学位，成为该校最年轻的毕业生。

1873年，他被任命为纽约市布鲁克林健康委员会公共卫生检查官，1874年成为军医。

1890年，他在约翰斯·霍普金斯医院学习病理学。1893年担任陆军医学院细菌学教授。1898年西班牙和美国爆发战争，他领导研究美军中伤寒病流行情况及病因，有效控制了伤寒在军队中的流行。他写的《伤寒调查报告》是流行病学的经典。

1900年，黄热病在古巴流行，成千上万的人，包括许多协助建立古巴共和国的美国士兵都死于非命。驻古巴美军指挥官在绝望中召唤沃尔特·里德医生率领一个研究小组赴古巴对黄热病进行研究。

里德一行4人风尘仆仆地赶到古巴，立刻投入了紧张的工作之中。他们首先和古巴医生合作，调查了解有关黄热病的症状、发病范围和已经采取过的措施等。接着，里德带领研究小组搜集蚊卵、孵化蚊子，并把孵化出来的蚊子放进医院，让它们去咬黄热病病人。然后，用咬过黄热病病人的蚊子以及黄热病病人的分泌物对研究组的志愿者进行试验。试验证明，黄热病是由蚊子传播引起的，但是，遗憾的是，研究组的成员为此付出了生命代价。

由于沃尔特·里德研究组的贡献，黄热病已在全世界范围内得到控制。然而，沃尔特·里德没能活着看到全球几乎全部消灭黄热病的情景。1902年，也就是他成功地同蚊子作斗争后不到两年，当他51岁时，死于阑尾炎。

今天，在华盛顿，有一所大医院以他的名字命名；在阿林顿国家公墓他的坟前，铭刻着这样的碑文："他为人类控制了致命性的瘟疫——黄热病。"

蚊子与疟疾

——访问罗斯和格拉西

飞行途中,跳跳猴问笨笨熊:"我们到哪里访问罗斯和格拉西呢?"

笨笨熊说:"先去印度,罗纳德·罗斯少校正在印度进行疟疾研究。"

罗纳德·罗斯何许人也?

从他小时候说起吧。罗纳德·罗斯的父亲是一个英国边防军的将军,他希望儿子将来做一名医生。但罗纳德·罗斯对医学不感兴趣,考试常常不过关。相反,他喜欢作曲、写诗与写剧本,从医学院毕业后,就醉心于文学艺术创作。但是,他的作品并没有引起人们的关注。父亲认为他不务正业,不给他生活费用。无奈,为了生计,他只好在一家轮船公司做了一名随船医生。由于对给人看病确实没有兴趣,在做随船医生不久后,他便放弃医学,离开轮船公司回到伦敦。

一天,罗纳德·罗斯认识了帕特里克·曼森医生。曼森对蚊子颇有研究。他告诉罗斯,蚊子虽小,但解剖蚊子的身体可以发现一种小虫。曼森反复讲,别小看这惹人讨厌的生灵,它们是上帝创造的特殊生物,对人类命运的影响举足轻重。

曼森当时正在研究疟疾,他把罗纳德·罗斯带到他的诊所,在显微镜下观察疟疾病人的血液涂片。罗纳德·罗斯发现,在涂片的红细胞中,不时钻出一种小虫,周围长着鞭毛。曼森告诉罗斯,这是从正在寒战的疟疾病人体内采来的血。破坏红细胞的小虫就是引起疟疾的疟原虫。在不患疟疾的人身上是不会找到它们的。显然,曼森医生已经研究了许多疟疾病人和健康人的血液标本。

当罗斯向曼森请教疟原虫是如何从一个人传染到另一个人时,曼森医生颇为自信地说:"蚊子吸疟疾病人的血,病人血中的疟原虫进入蚊子的胃,长出鞭毛。人们喝了落有死蚊子的水,就染上了疟疾。"

疟疾病人的血液涂片，使罗斯耳目一新。他想，看来，挥舞着鞭毛的疟原虫引起了疟疾是确定无疑的，因为在显微镜下看到了它们在一个一个地破坏红细胞。但是，真的如曼森医生所说，是蚊子传播了疟疾吗？如果是，是因为人们饮用了浸泡过蚊子的水吗？

罗斯燃起了弄清这些疑问的火一样的热情。当时，印度是疟疾最为猖獗的国度。不入虎穴，焉得虎子？1895 年 3 月 28 日，罗纳德·罗斯抛妻别子，只身来到了印度。

到印度了，小哥俩按下云头。费了不少周折，小哥俩终于打听到了罗斯先生工作的地方。

得知是来找罗斯先生的，一个印度当地人把笨笨熊和跳跳猴领到一个房间门外，然后，偏了偏头，示意他们进去。

笨笨熊和跳跳猴跨进门槛，只见在一个宽大而简陋的房间内挂着几顶蚊帐，每一个蚊帐中躺着一个赤身裸体的印度男性成年人。一个白人在几顶蚊帐之间穿梭巡回，忙着什么。

这个白人应该就是罗斯先生了。

跳跳猴走上前去，试探着问："请问，罗斯先生在这里吗？"

白人停下了脚步，瞪大着眼睛，一副惊讶的样子，说："是找罗纳德·罗斯吗？"

跳跳猴说："正是。"

罗斯说："我就是，有什么事吗？"

跳跳猴说明来意后，罗斯忙不迭地说："欢迎，欢迎。"

接着，他指着蚊帐里的人说："他们都是疟疾病人，血液中塞满了疟原虫。我抓来了不少蚊子，放在蚊帐中，希望它们叮咬这些疟疾病人，然后，再用这些蚊子做实验。但是，这些恼人的东西只是在蚊帐里乱飞，不肯叮人。"

罗斯摊开双手，一副无可奈何的样子。

跳跳猴问："罗斯先生，我们可以帮您做些什么呢？"

罗斯说："目前最重要的，是让蚊子叮人。"

跳跳猴和笨笨熊捋起袖子，挽起裤腿，钻进了蚊帐中。但是，那些蚊子对他们不闻不问，只是哼着歌在蚊帐里飞一阵，停一阵。

奇怪！平时恼人的蚊子把人叮得浑身是疙瘩，现在需要它们叮人了，它们又怎么也不肯。难道这些家伙是故意和人在作对吗？

罗斯听别人说蚊子对气味敏感,第二天,他让这些病人到太阳底下晒,希望晒出身体的气味来,吸引蚊子来吸血。但是,奇怪得很,蚊子还是不屑一顾。

一个偶然的机会,他将一盆水弄翻了,蚊帐和里面的病人都被浇得湿淋淋的。出乎意料,蚊子竟然在这个蚊帐里开始了工作。它们爬在病人的皮肤上,撅起屁股,贪婪地吸血。

罗斯高兴了,他带着跳跳猴、笨笨熊将吃得滚瓜溜圆的蚊子捉进玻璃瓶子中。

按照曼森的吩咐,罗斯将这些蚊子放到水瓶中,让它们产卵,孵出孑孓来。然后,拿这些水给他的仆人喝。

仆人的体温升高了。

罗斯兴奋不已,他对跳跳猴和笨笨熊说:"看来,曼森的理论是对的。"

但是,很快,仆人的体温下降了,没有出现寒战高热的疟疾症状。

罗斯空欢喜一场。

"一个人没有应验不能就轻易否定吧?"罗斯自言自语。

显然,罗斯不愿意曾经的惊喜变成泡影。他用充满疟蚊子孓的水给一个又一个人喝,但是,没有任何事情发生。

罗斯失望了,他写信向曼森汇报了实验的结果。

时光飞逝,转眼到了 1897 年。经过反复实验,罗斯彻底否定了孑孓传染疟疾的可能。

他坐下来,专心致志地解剖吸过疟疾病人血的蚊子。解剖了一只又一只蚊子,没有看到什么东西。一天又一天过去了,没有任何阳性发现。

但是,功夫不负有心人。8 月 19 日,在疟蚊的胃壁中,罗斯发现了一种中间黑色的环状体。啊,不止一个。在一个蚊子的胃壁中,竟然有十几个。罗斯手舞足蹈,他让出显微镜,让跳跳猴和笨笨熊也来分享他的快乐。

罗斯喜形于色地说:"在疟疾病人的血液中,就有这种环状体,中间呈黑色。在蚊子胃壁中,也有这种东西。说明什么?说明蚊子在吸血时,疟疾病人血液中的寄生物被蚊子吸入胃中,然后,侵入胃壁中。再然后呢?"

罗斯停顿了下来,再然后发生了什么,他现在还不知道。

他睡了一个好觉。早晨,他迫不及待地对跳跳猴和笨笨熊说:"我们应该在不同时间对同一批吸过疟疾病人血的蚊子进行解剖,看这些寄生物是不是在一天天长大。"

8月21日，罗斯将同一批蚊子中的最后一只打开。一看，嗬，在胃壁中密密麻麻地挤了20个全身是漆黑点子的环状体。他让笨笨熊和跳跳猴也来看，是的，这些环状体比昨天、前天的要大许多。

罗斯自言自语道："我们已经证明，疟原虫在蚊子体内长大；已经证明，含疟蚊子了的水不能传播疟疾。但是，疟疾究竟是怎样传播的呢？"

说这话时，罗斯的皱纹间锁着忧愁。

显然，在取得了阶段性成果之后，罗斯对下一步的实验陷入了迷惘之中。

跳跳猴小心翼翼地说："罗纳德·罗斯先生，您考虑过用动物来做实验吗？"

罗斯一拍大腿，眼睛放出了亮光，说："是啊，鸟也生疟疾，鸟的疟原虫很像人的疟原虫。为什么不拿鸟来做实验呢？"

说干就干。罗斯雇了一个印度人，到处去抓患疟疾的鸟：麻雀、云雀和老鸦。罗斯把十只灰色的蚊子放进关着三只患疟疾的云雀的笼子里。这些蚊子吸饱了云雀的血。

三天后，罗斯将蚊子解剖，在显微镜下观察。看了一会儿，他大声呼叫："鸟的疟疾微生物在灰色蚊子的胃壁里生长了。"

笨笨熊和跳跳猴凑到显微镜前看，是的，在蚊子的胃壁里，有带黑点的环状物。

鸟的疟疾微生物在灰色蚊子的胃壁里生长了。不仅鸟和人一样患疟疾，而且，鸟的疟原虫也像人的疟原虫一样，也可以钻到蚊子的胃壁中。

接下来的日子里，罗斯对吸过患疟疾鸟的血的蚊子进行进一步观察。他发现，每四只蚊子中，就有三只体内有疟原虫。

罗斯奋笔疾书，将这一发现报告给了帕特里克·曼森。他对疟疾的研究是这么投入，对研究所取得的进展是如此兴奋，以至于在信中用第一人称称呼疟原虫。

实验取得成绩是令人兴奋的，但继续研究需要的是冷静。在激动地向曼森汇报实验结果之后，罗斯思考了一个晚上。

第二天，他和笨笨熊、跳跳猴说："不对，我们的实验还有漏洞。蚊子里的疟原虫是来自患病的鸟，还是原本就存在于蚊子体内，我们无法确定。"

他把他设计的实验方案与跳跳猴、笨笨熊讨论一番，然后，付诸行动。

罗斯先生雇佣的印度人抓来了三只麻雀。罗斯分别抽它们的血，第一只活泼、健壮，血里没有疟原虫。第二只，血液中可以找到少许疟原虫。第三只，萎靡不振，血液中蠕动着密密麻麻的疟原虫。罗斯分别把三只鸟放到防蚊的笼子中。

印度人又拿来一窝人工孵化的,纯净的,毫无疟疾嫌疑的雌蚊。罗斯把这窝雌蚊分成三等份,每个鸟笼中放入一份。

几天后,罗斯将吸饱鸟血的蚊子解剖。不出所料,吸过无病麻雀的蚊子,胃里没有黑点环状体。叮过第二只麻雀的蚊子,胃壁里散布着星星点点的黑点环状体。叮过重病麻雀的蚊子,胃壁里甚至食管里都布满了黑乎乎的环状体。

罗斯每天从三组蚊子中取出几只来解剖。每一天,都发现这些环状体在长大。它们在胃壁中聚在一起,形成一个突起,像一个疣。

罗斯说:"你们看,这个疣就像一个子弹袋,而那些疟原虫就像装在子弹袋中的子弹。"

但是,这些子弹要射向哪里呢?

罗斯每天都在解剖充满疟原虫的蚊子,观察它全身各个器官和组织,追查疟原虫的行踪。一天,罗斯打开了一个吸血已七天的雌蚊。他看到了装满疟原虫的疣破了,从那里涌出了一群纺锤形的小东西。

连续不断的解剖证实,这些纺锤体散布在蚊子全身,最后又集中起来,进入了蚊子的唾液腺。

罗斯发挥了想象力,对跳跳猴和笨笨熊说:"说不定,这些疟原虫就是在蚊子叮人时通过唾液腺进入了人的身体。蚊子传播疟疾,应该是通过叮咬。"

但是,想象不是证据。1898年6月25日,罗斯抓来了三只健康麻雀,在鸟笼里放进吸过患疟疾麻雀的雌蚊。

7月9日,在对麻雀进行解剖后,发现三只本来完全无病的麻雀血液中充满了疟原虫。他将实验结果向曼森作了汇报。

一段时间之后,曼森回信。他告诉罗斯,他到爱丁堡将罗斯的发现在医学大会上作了报告,引起了轰动。

他又告诉罗斯,也有人说,对鸟是确定了的事实,对人不一定是事实。

看了曼森的信,罗斯对笨笨熊、跳跳猴说:"是的,我的研究是用鸟做的,为了对人的疟疾的传播做出结论,我们必须继续进行人体试验,并且还需要确定,是哪一种蚊子在传播疟疾。"

罗斯又开始了艰难的跋涉。他分别用灰色蚊子、绿色蚊子、褐色蚊子、翅膀上有圆点的蚊子叮患严重疟疾的印度人,然后,再用这些有毒的蚊子去叮健康的志愿者。但是,都不行,被叮的人并没有发生疟疾的症状。

罗斯问笨笨熊、跳跳猴:"为什么动物实验的结果竟然在人体实验中行不通?"

显然,罗斯并不需要回答,他只是在思考这个问题。

一段时间,他彻夜不眠,体重减轻。

研究陷入了僵局。

看到自己的人体试验老是没有眉目,罗斯对跳跳猴、笨笨熊说:"不要在这里耽误时间了,等有结果的时候再告诉你们吧。"

笨笨熊、跳跳猴辞别了罗纳德·罗斯,走出了实验室。

跳跳猴问笨笨熊:"我们要去哪里呢?"

笨笨熊说:"到意大利去,最后弄清疟疾传播途径的是意大利医生乔瓦尼·巴蒂斯塔·格拉西。"

说完,小哥俩踏上彩云,飞向意大利。

在飞往意大利的途中,笨笨熊向跳跳猴讲起了格拉西的故事。

格拉西在意大利帕维亚完成了医学教育。在获得博士学位后,他就埋头于动物研究。和许多醉心于生物研究的学者一样,他不愿意每天去检查和治疗一个个病人,他希望在基础研究方面有所发现,有所建树。在他看来,这才是对人类的真正贡献。他悉心研究了白蚁的地下活动,发现微生物可以使白蚁闹瘟疫而大批死亡;他对鳗鱼的了解比世界上任何一个人都多。他有着非常严格的治学精神,与其他人一旦有所发现就急急忙忙发表论文不同,他写成的实验报告总要反复雕琢,历经几年,确认无误后方才公之于世。正因为如此,他的结论总是被人们奉为经典。

说话间,小哥俩来到了意大利。在一块沼泽地,彩云缓缓地降了下来。

"咦,为什么把我们载到这沼泽地里来呢?难道格拉西在这里?"跳跳猴喃喃地说。

笨笨熊没有吭气,环顾着四周。

过了好一会,他发现远处的草丛中有一个人。那人一会儿行走,一会儿弓着身子,好像是在捉什么东西。直觉和经验告诉他,眼前的这个人应该就是他们要找的格拉西。

笨笨熊拉了跳跳猴,快步走上前去。

眼前的人正是格拉西。

得知笨笨熊和跳跳猴是来和他一起研究疟疾的,格拉西非常高兴。他要求笨笨熊和跳跳猴帮他捉蚊子,同时也向他们讲述有关蚊子的知识。

他领着笨笨熊和跳跳猴走家串户，了解被访问的居民是否患过疟疾，或者是否正在患疟疾，他们被哪种蚊子叮过。

被疟疾折磨得心情很糟糕的家属对格拉西的饶舌非常反感，他们不愿意回答他的问题。但是，格拉西没有泄气。他爬在疟疾病人家里的桌子下、床下的破烂里抓蚊子。

经过一段时间的艰苦工作，格拉西为20多种蚊子洗刷了疟疾帮凶的嫌疑，因为这些蚊子老是出现在没有疟疾的地方。

历经千辛万苦，遭受了许多的白眼，格拉西在调查中发现，凡是有疟疾的地方，就有蚊子。凡是有疟疾的地方，就必然有这种蚊子。这种蚊子，在淡褐色的翅膀上有四个深色的点，落在物体上时总是把尾巴翘在空中。

在查阅了有关昆虫的著作后，他才知道，这种蚊子叫做克氏按蚊。

进一步的研究发现，只有克氏按蚊中的雌蚊才有传播疟疾的嫌疑。

他手里捏着雌性克氏按蚊，问当地人："你们把这种蚊子叫做什么？"

"赞扎罗奈。"当地人回答。

"调查结果显示，赞扎罗奈蚊很可能是疟疾传播的帮凶，但是，事实是否如此呢？要解决这个问题，必须通过试验。这个试验就在我身上做吧。"格拉西对笨笨熊和跳跳猴说。

单靠格拉西几个抓蚊子效率太低，格拉西就教给当地的儿童怎样识别和捕捉雌性克氏按蚊。很快，孩子们送来一盒又一盒赞扎罗奈雌蚊。

格拉西钻进蚊帐，把装有蚊子的盒子打开。

但是，令人失望，没有一只蚊子叮他。

躺在蚊帐中，格拉西想：即使叮了，由于不能排除以前自己被赞扎罗奈蚊叮的可能，试验结果不好做出确切的解释。因此，最好找一个过去没有被赞扎罗奈蚊叮过的人来做试验。

但是，哪里有这样的人呢？

一个偶然的机会，格拉西得知，在罗马的一个高岗上从来没有发现过赞扎罗奈蚊，从来没有人患过疟疾。设在这个高岗上的圣灵医院中，有一个住院已经六年，从来没有离开过这个高地的索拉先生。

索拉先生是一个理想的受试者。但是，他愿意接受这样的试验吗？

格拉西来到了圣灵医院，小心翼翼地向索拉先生提出了他的想法。

得知格拉西在研究疟疾的传播途径,索拉先生自愿接受试验。

格拉西让索拉先生睡在蚊帐中。开始几天的晚上,他先在蚊帐中放入凡是有疟疾的地方总是同赞扎罗奈蚊生存在一起的库蚊。然而,疟疾的潜伏期过去了,除了被叮得浑身是疙瘩外,索拉先生什么也没有发生。

格拉西对笨笨熊和跳跳猴说:"我们已经证明,总是与赞扎罗奈蚊在一起的这两种库蚊并不是疟疾的帮凶。好了,接下来我们应该试验赞扎罗奈雌蚊了。"

他们在索拉先生的蚊帐中放入了从疟疾流行区抓来的赞扎罗奈雌蚊。

十天之后,索拉先生高热寒战,格拉西带着笨笨熊和跳跳猴采集索拉先生的血,在显微镜下观察。

结果,他们在血液涂片上发现了一堆又一堆疟原虫。

在显微镜旁,格拉西向笨笨熊和跳跳猴说:"事情已经明白了,并不是所有的蚊子都传播疟疾。只有赞扎罗奈蚊,更准确些说,只有赞扎罗奈蚊中的雌蚊,才会传播疟疾。但是,疟原虫在随着疟疾病人的血液进入蚊子的胃以后,经历了一个什么过程,再传到下一个人呢?"

说完,格拉西走出了房间。

跳跳猴问:"我不明白,为什么只有雌蚊才会传播疟疾呢?"

笨笨熊说:"这是因为只有雌蚊才吸血。"

"为什么只有雌蚊才吸血呢?难道雄蚊不吸血吗?"跳跳猴追问。

笨笨熊说:"雄蚊的食物是花蜜、植物汁液,雌蚊除了食用花蜜和植物汁液外,还需要吸取动物的血,因为只有在吸动物的血之后,体内的卵才能成熟。"

"噢,原来如此。"跳跳猴恍然大悟。

自从来到意大利,笨笨熊和跳跳猴一直没有讲到过他们曾经访问罗斯先生。格拉西也从来不曾知道在世界的另一个地方,有一个同样执着的人,也在历尽艰辛研究疟疾的传播途径。

一天,在饭后闲聊时,跳跳猴向格拉西先生讲述了他们访问罗斯先生的经过,讲了蚊子吮吸疟疾病人的血液后疟原虫进入蚊子的胃壁一天天长大。当盛满疟原虫的疱破裂时,疟原虫便弥漫到全身,涌入唾液腺。在叮健康人的时候,就被注射到健康人的体内。

格拉西不轻信别人的研究成果。日复一日,他埋头解剖一只又一只吸过疟疾病人血的赞扎罗奈雌蚊。

经过了反复的解剖实验后,他对跳跳猴和笨笨熊说:"罗斯是对的,人类疟疾微生物在赞扎罗奈雌蚊中的过程同鸟类疟原虫在罗纳德·罗斯不知其名的那些蚊子体内的过程一模一样。"

格拉西非常兴奋,他衷心地感谢笨笨熊和跳跳猴。想不到,来访问的两个异国儿童竟然给他提供了重要的信息,让他直接找到了问题的答案,省去了盲目的摸索。

在获得阶段性成果之后,格拉西又开始了苦苦的思索。许多天后,格拉西对笨笨熊、跳跳猴说:"我们已经明白了赞扎罗奈雌蚊是传播疟疾的帮凶,明白了疟原虫在蚊子体内经历了什么过程。但是,赞扎罗奈蚊体内的疟原虫有没有可能以某种方式通过卵传给幼蚊呢?也就是说,从来没有吸过疟疾病人血的赞扎罗奈蚊有没有可能传播疟疾病呢?"

访问了许多科学家,跳跳猴总结出了这些科学家的一个共同品质。他们夜以继日,艰苦摸索。在取得成果后,会高兴,会兴奋。但是,很快他们会冷静下来,搜肠刮肚,认真审视遗漏了什么环节。

格拉西与笨笨熊、跳跳猴在一个实验室孵育出了许多赞扎罗奈蚊,房间安上了网眼细密的纱门,防止外面流浪的蚊子悄悄溜进来。

一天晚上,吃过晚饭,格拉西悄无声息地钻到了这个蚊子世界中。跳跳猴和笨笨熊有事要找格拉西,但是办公室和卧室都没有。来到实验室纱门外时,他们发现老师在昏暗的房间中坐着,裤管卷到膝盖上,衣袖挽到肘上。

跳跳猴和笨笨熊知道,格拉西是在拿自己做试验。他们小心地打开门,钻了进来,把衣服脱了个精光,为的是给蚊子提供尽量大的牧场。

格拉西不想让两个孩子冒风险,呵斥跳跳猴和笨笨熊出去。但是,小哥俩执意要和老师待在一起。

跳跳猴俏皮地说:"老师,实验动物多一些,结果不是更可靠吗?"

无奈,格拉西只得让跳跳猴和笨笨熊也留了下来。每天晚上,他们被叮得遍体鳞伤。但是,四个月过去了,没有一个人出现疟疾症状。

格拉西高兴地对笨笨熊、跳跳猴说:"看来,没有吸过疟疾病人血的赞扎罗奈蚊不会传播疟疾。"

说这话的时候,跳跳猴清清楚楚地看见,在格拉西的胳膊和腿上布满了蚊子叮咬的痕迹,有的鲜红,有的紫褐。

接下来，格拉西又投入了新的试验。经过几百次试验，他确认，鸟类的疟疾不是经由传疟疾给人的赞扎罗奈蚊传播；人类的疟疾也绝不是由传疟疾给鸟的蚊子传播。

看来，疟疾传播的来龙去脉清楚了，好像再没有什么试验可以做了。笨笨熊、跳跳猴准备启程。

1900年夏天的一个晚上，笨笨熊、跳跳猴和格拉西穿着短裤和短袖坐在屋前的树下乘凉。白天炎热的余威渐渐散去，时而有凉爽的晚风拂过面颊，好不惬意。晚饭后，人们陆陆续续走上街头，一边散步，一边聊天。

在与格拉西聊天的过程中，跳跳猴委婉地向格拉西表达了去意。

许久，格拉西没有吭气。

跳跳猴心里忐忑不安，格拉西先生不高兴了吗？

正在这时，一只蚊子落在跳跳猴裸露的腿上，狠狠地叮了一口。跳跳猴"噢"地叫了一声，赶走蚊子，使劲地抓被蚊子叮过的地方。

这时，格拉西开口了："你认为我们的工作完成了吗？我们的研究不仅仅是为了发现什么，关键是要解决实际问题，是要控制疟疾在人类的传播。如果赞扎罗奈蚊还在横行霸道，如果人们还不懂得如何防护，疟疾就不会绝迹。这样，我们的研究还有什么意义呢？"

跳跳猴感到一阵脸热，幸好是在晚上，如果是白天，别人一定会看到他满脸通红。

然后，格拉西四处奔走，告诫人们在晚上不要到街上游逛。

他的好意不被人们理解。在酷热的夏天，有谁会窝在家里汗流浃背而不到街上去纳凉呢？

看到劝告无效，他又退而求其次，劝人们在散步时要戴上厚布手套和带纱眼的面罩。

但是，这种出于学术考虑的劝告招来了人们的嘲笑。大夏天，有谁会戴着厚布手套上街散步呢？热恋中的年轻人则对戴面罩的建议笑得前仰后合。他们难以想象，一对情人在谈情说爱时戴着面罩是如何滑稽可笑。

"不行，看来要说服公众，我们还得采取行动。"格拉西对笨笨熊和跳跳猴说。

他经过游说，取得了意大利王后的支持，决定在疟疾流行区卡帕西奥平原的一个铁路车站进行实验。

他在铁路站长和工人宿舍的十所房间的门上和窗上装上金属丝制的纱窗纱门。纱窗纱门的网眼很细,连最小的蚊子也钻不过去。每天晚上,住在这十个房间的112个人必须待在房间内,纱门、纱窗紧闭。有些人不自觉,总想跑出来享受一下夏日的晚风。格拉西便斥责他们,陪着他们待在房间里。为了保证效果,他还给遵守纪律的实验者发放奖金。相邻车站的415个职工以他们传统的方式生活,吃饭后袒胸露背,出去散步,房间没有装纱窗、纱门。

结果,从初夏到夏末,整整一个夏天,待在纱门、纱窗后的112个人只有五个人患了疟疾。据查证,这五个人去年患过疟疾。而相邻车站的415个职工,个个染上了疟疾。

在事实面前,人们相信了格拉西。

政府和百姓采取行动,消灭疟蚊,采取防护措施。跳跳猴和笨笨熊告别了格拉西,离开了格拉西的实验室,也参加到了这场人民战争中。经过几年的努力,长期以来为害人类的疟疾得到了控制,昔日凋敝荒凉的家园恢复了生机。

一个夏日的晚上,吃过晚饭,跳跳猴和笨笨熊在罗马一个广场的喷泉旁乘凉。眼前,一对对情人手挽着手,低声说笑着走过去。现在,他们不需要像格拉西所建议的那样戴着手套和面纱谈恋爱了。

笨笨熊对跳跳猴说:"知道吗?因为发现灰色蚊子如何将疟疾传给鸟,罗纳德·罗斯获得了诺贝尔奖奖金。乔瓦尼·巴蒂斯塔·格拉西,虽然没有得到诺贝尔奖奖金,但由于发现了在人类传播疟疾的是赞扎罗奈雌蚊,被选举为意大利议员。"

"这是他们应得的荣誉和奖赏。"跳跳猴说。

附:罗纳德·罗斯生平:

罗纳德·罗斯(Ronald Ross 1857-1932),英国流行病学家。

罗纳德·罗斯 1857 年 5 月 13 日出生于印度北部喜马拉雅山麓的阿尔莫拉,父亲是英国驻印度的军官,母亲是印度人。

他 1874 年入伦敦圣巴塞罗缪医院学医。1881—1888 年任职于印度军医团,从此深入疫区致力于疟疾研究。1888 年回英国休假期间,随 E.E·克莱因学习细菌学,后回到印度继续研究疟疾。

最初,人们认为疟疾是沼泽地散发出的秽气——瘴气所致。1880 年,法国军医拉佛兰发现疟疾患者的血液中寄生着一种原生动物,后来被称为疟原虫,并证明是

穿越时空隧道

疟疾的病原体。

1893年,P.曼森提出疟疾由蚊子传播的假说,但蚊子传播疟疾的具体方式不清楚。从1895年开始,罗斯经过三年的研究,首先证明饮用污染了受感染成蚊或幼虫的水不会患疟疾。后来,他在吸过疟疾患者血的蚊子胃中发现了疟原虫的配子体和囊合子,证明蚊子通过吸疟疾患者血传播疟疾,并在此基础上进而研究疟原虫在鸟体内的生活周期,在蚊子的唾液腺中观察到疟原虫孢子,证实蚊子是鸟类疟疾的传播媒介。同年,意大利的C.B.格拉西等描述了恶性疟原虫在按蚊体内的发育过程。

罗斯的发现说明,对蚊子的孳生地进行有计划的围歼,是消灭疟疾的一个有效途径。

后来,罗斯致力于研究控制疟疾的方法,制定消灭疟疾的公共卫生计划。1899年,他发表了小册子《疟疾流行区居民预防疟疾指导》,简明陈述防止蚊咬和灭蚊的方法。此外,他还出版了《西非疟疾考察报告》、《疟疾的预防》等著作。

1899年罗斯返回英国,任利物浦医学院热带医学讲师。1901年被选入皇家学会。1902年晋升教授,并因为确定了疟疾是通过按蚊传播获得了当年的诺贝尔生理学及医学奖。1911年罗斯被授予爵士称号。1926年英国成立以他的姓氏命名的热带卫生研究所,他被任命为第一任所长。

1932年9月16日,罗斯逝世于伦敦。他在遗嘱中把所获得的全部奖金及英国海军发给他的薪俸一并捐献给医学科研事业。

另外,有意思的是,罗斯的天分不仅体现在他的医学研究方面,他的爱情小说《奥莎雷的狂欢》成为当时美国十大畅销小说之一。

蜡像馆

对格拉西的访问是欧洲之行的最后一站。回首在异国紧张而又丰富多彩的日日夜夜,跳跳猴和笨笨熊对微生物学家列文·虎克、科赫、巴斯德,昆虫学家法布尔以及传染病学家史密斯、布鲁斯、里德和格拉西等充满了敬慕之情。

在离开意大利的那天,他们发现罗马大街上许多人朝着一个白色的建筑物走去。

跳跳猴说:"那么多人去那里干什么呢?"

笨笨熊说:"走,看看去。"

走进里面,只见里面陈列着许多人物蜡像。有微生物学家列文·虎克、科赫、巴斯德、埃米尔·鲁、埃米尔·贝林,有研究传染病的史密斯、布鲁斯、里德和格拉西,还有昆虫学家法布尔……他们有的在用显微镜观察什么,有的在捕捉昆虫,有的在解剖动物尸体,有的在病人身旁苦苦地思索……

看来,这是一所生物科学家的蜡像馆。

一个小伙子给参观者讲解道:"欢迎大家来到欧洲生物科学家蜡像馆参观。从列文·虎克先生开始,人类认识到了肉眼看不到的细菌;科赫先生通过艰苦工作告诉人们,好多疾病是由致病微生物造成的;巴斯德先生发明了炭疽疫苗和狂犬病疫苗,首开通过疫苗接种预防疾病的先河;埃米尔·鲁和埃米尔·贝林发明了抗毒素,使人类对付白喉有了有力武器;史密斯、布鲁斯、里德和格拉西等发现了某些昆虫可以传播传染病。

"他们勤奋严谨,为科学事业献出了毕生的精力。是他们,开创和推动了微生物学;是他们,挽救了千千万万的生命;是他们,让我们知道有的昆虫令人尊敬和可爱,有的却给人畜带来了疾病。今天,让我们向这些伟大的科学家致敬。"

说到这里,讲解员和所有的观众都向这些科学家的蜡像深深地三鞠躬。

　　欧洲的访问结束了,按照路线图,跳跳猴和笨笨熊要回到国内,循着当年唐僧取经的路线对各种植物进行考察。小哥俩从蜡像馆出来,朝附近的一座山包走去。刚刚爬上山顶,一片彩云从天空翩然而至。笨笨熊和跳跳猴念起今古真人教给他们的秘诀,驾着彩云,踏上返回国内的旅程。

　　要沿着唐僧取经的路线旅行了,跳跳猴和笨笨熊感到又新奇,又兴奋。但是,想起《西游记》中唐僧经过的九九八十一难,小哥俩又不由得不寒而栗。要知跳跳猴和笨笨熊植物考察之行详情,且听下册分解。

跳跳猴

跳跳猴由花果山中曾孕育了孙悟空的一块仙石变成。他诚实守信,乐于助人,讲义气,喜爱旅游和大自然中的生物,但性子急,做事粗心大意。在学校期间,曾有一段时间沉迷于网络游戏。总体来说,是一个本质上不错,但有缺点的中学生。

与《尼尔斯骑鹅旅行记》中的尼尔斯相似,在与笨笨熊、白桦、李瑞及小精灵等的旅行过程中,跳跳猴经历了许多艰难险阻,不仅增长了知识,而且磨炼了意志。

笨笨熊

　　笨笨熊是智者的优秀学生，具有丰富的生物学知识。他性格沉稳，足智多谋，但胆子小，行动笨拙。在旅行途中，他向跳跳猴讲述生物学的知识，并就一些生物学课题与跳跳猴进行讨论。

白 桦

　　白桦和哥哥白松、妹妹白杨在白桦寨经营着一个很大的植物园。他憨厚、朴实,具有非常丰富的植物学知识。他与跳跳猴、笨笨熊结为弟兄,在旅行中为跳跳猴讲解植物学知识。

──── **李 瑞** ────

他热爱生物，一直期望着和伙伴进行生物旅行。在跳跳猴、笨笨熊和白桦从白桦寨出发开始绿色之旅时，李瑞加入了进来。他大大咧咧，爱开玩笑，偶尔搞恶作剧。在生物旅行过程中，跳跳猴、笨笨熊和白桦总觉得他的行为有点怪异。

—— 小精灵 ——

　　小精灵是自地球产生生命以来就出现的生物,他经历了鱼、鸟、哺乳动物等进化过程,通晓各种动物的语言,了解许多生物界的事件以及故事。正因为如此,外星人一直在寻找小精灵,希望通过他来了解地球生物,进而征服地球。

　　跳跳猴、笨笨熊及白桦解救了被外星人绑架的小精灵。在与跳跳猴、笨笨熊及白桦一起旅行的过程中,小精灵一直给他们讲动物的故事,但也因为小精灵,一行人几次遭受外星人的骚扰,引发了许多悬念和惊险。

外星人

　　跳跳猴和笨笨熊在一次露营时，遇到了由外星高等智慧生物组成的地球生物联合考察队。外星人盗走了跳跳猴和笨笨熊的路线图和锦囊。此后，为了夺回路线图和锦囊，跳跳猴、笨笨熊和外星人展开了反复斗争。

目　　录

解救小精灵

太阳红着脸从天龙山顶缓缓地升了起来，裹在浓雾中的花草树木被暖融融的阳光唤醒，在此起彼伏鸟鸣的伴奏下迎来了又一个早晨。

阳光越来越强，山谷里的雾悄无声息地渐渐散去。跳跳猴、笨笨熊、白桦和李瑞四人排成一列纵队吃力地向山顶爬去。

就在爬到半山坡的时候，跳跳猴突然发现在他的侧面出现了一个模模糊糊圆盘状的飞行物。那飞行物大约脸盆大小，旋转着前进，有时在天空中悬浮，纹丝不动，有时又呈折线状急速运动。遗憾的是，由于雾比较浓，对飞行物的形状看得不是很清楚。

UFO！这个概念突然出现在他的脑海中。

真的是 UFO 吗？旋即，他又对自己的判断，甚至对自己的视觉产生了怀疑。他揉了揉眼睛，准备看个清楚。但是，刚才的发光飞行物倏然消失了。

如果他在揉了眼睛后仍然清楚地看到那个发光的飞行物，他会非常兴奋地告诉笨笨熊和白桦的。但是，现在他不敢确定是自己真的遇到了 UFO，还是由于什么原因导致了幻觉。

山坡上没有路，树非常密集，在高大的乔木之间还有一丛丛的灌木。跳跳猴走在前面为大家开路，没走多远，手上脸上便被划了好多口子。

山里太静了，唯一能听到的声音是他们几个人的喘气声。为了打破这令人不安的寂静，跳跳猴大声喊了起来。笨笨熊、白桦和李瑞也跟着大声喊了起来。那喊声，在山谷间久久回荡。

这时，白桦背篓里的小黄狗朝着山顶的方向叫了起来。

跳跳猴把小黄狗从背篓里抱出来，抚摸着说："小黄，叫什么呢？有情况吗？"他知道，小黄不是那种多嘴饶舌的狗，自从和他们一起旅行以来，还从来没有这样大声叫过。

接着,他把小黄放在了地上。小黄一着地,便朝着山顶跑。跑几步,还回过头来望着跳跳猴一行,像是在说:快来啊,有情况。

白桦一边跟着小黄往山顶爬,一边朝身后的三个人招了招手,说:"跟紧了。"

跳跳猴、笨笨熊和李瑞紧紧地跟在白桦的身后。

在接近山顶的地方,跳跳猴看到一块比较平缓的草地。奇怪的是,在这块草地上,直径大约五米左右范围内的草倒伏了下来。

跳跳猴朝跑到他前面的三个人喊道:"停一下。"

伙伴们停了下来,笨笨熊诧异地望着跳跳猴问:"有事吗?"

跳跳猴说:"我觉得这块草地有些异样。"

笨笨熊看着眼前的草地,若有所思地说:"有什么异样呢?"

"这里可能降落过 UFO。外星人可能来到这里了。"跳跳猴说。

接着,跳跳猴将他刚才看到的发光飞行物的形状和大小告诉了笨笨熊和白桦。

白桦说:"你说的飞行物,和我上一次坐过的 UFO 差不多。说不定,他们真的来这里了。"

"可是,UFO 来这深山老林干什么呢?"笨笨熊蹙起了眉头。

想到外星人可能来到这里,大家都警惕了起来,仔细地扫视周围。他们看见,就在上方约十几米的地方,有一个山洞,从草地到山洞的草被踩出了一条痕迹。

这时,小黄朝着山洞叫了起来。跳跳猴迅速向山洞爬去,白桦、笨笨熊和李瑞紧紧跟随在后面。严格来说,这算不上是一个山洞,只是在岩壁上的一个凹陷,深度只有两米左右。站在洞口,跳跳猴听到里面传出断断续续低沉的呻吟声。

洞里空空如也,这声音是从哪里发出来的呢?带着这个疑问,跳跳猴仔细观察着洞壁。原来,在山洞的侧壁上,还有一个深一米左右的侧洞,在侧洞的一个石柱上,绑着一个从来没有见过的动物。这动物大约有一米高,猴头,有翅膀,有四肢,尾巴宽扁,全身覆盖着浓密的毛发。看到眼前的动物,四个人不约而同地惊叫了一声,下意识地抱在了一起。

这时,被捆绑着的动物说话了:"救命,救命。"

听到不知名的动物在说话,他们越发害怕了,转身便往回跑。

就在他们要跨出山洞的时候,被捆绑的动物又说话了:"别害怕,我是小精灵。"

听到这句话,笨笨熊立刻止住了脚步并一把拉住跳跳猴。

"为什么不走了？"跳跳猴望着笨笨熊问。

他不理解，一向胆小的笨笨熊今天怎么胆子突然大起来了。

笨笨熊向跳跳猴和白桦耳语道："在我们出发前，智者曾经告诉我，我们在旅行途中可能要遇到一个小精灵。他嘱咐我，我们要和小精灵一起旅行。"

说完，他转过身来，向小精灵问道："你为什么在这里？是谁把你绑起来的？"

小精灵说："是外星人！当他们正要将我拉到下面草坪上的飞行器上时，听到了有人在大声叫喊，便将我抛下，开着飞行器溜走了。"

笨笨熊问："你怎么知道他们是外星人？"

小精灵说："他们已经追踪我好长时间了。有好几次，就在他们要抓到我时被我甩掉了。今天，当我旅行到这个山洞旁边时，他们突然袭击了我。"

"他们什么模样？对你做了什么？"跳跳猴接连发问。

"他们三个人，身高一米五左右，眼睛发着光，鼻子很小，穿着太空服。对了，头上还像蜗牛一样长着两只短角。我一看见他们，就失去了知觉，他们对我做了些什么，我就不知道了。"

听了回答，跳跳猴赶忙上前，将小精灵解开。小精灵再三表示感谢。

"你为什么又有翅膀，又有四肢？为什么会说话？"李瑞好奇地问。

还不等小精灵回答，笨笨熊就说："从地球上产生生命的时候，就有了小精灵。他与地球生物同寿，随着地球生物的进化而进化。因此，从他的身上，我们可以看到鱼、鸟、哺乳动物等生物的进化痕迹。因为他具有高等智慧和很丰富的阅历，他不仅会像人一样说话，还了解地球的历史，知道许多地球生物的故事。"

顿了顿，笨笨熊问小精灵："是这样吗？"

小精灵点了点头。

跳跳猴问笨笨熊："你怎么知道这些？"

笨笨熊说："这也是智者告诉我的。"

听了笨笨熊的话，跳跳猴想，智者对旅行中发生的事情了如指掌。难道，这一切都是智者安排的？

正在想着，笨笨熊对小精灵说："外星人已经知道你在这个地方，说不定，他们还会来这里找麻烦的。你需要马上离开这个地方。和我们一起走，可以吗？"

小精灵扑闪着大眼睛问："你们是什么人？从哪里来？还要到哪里去？"眼神中透露出警惕。

跳跳猴说:"噢,对不起,我们还没有介绍自己。我们是智者派来进行生物旅行的。对了,智者你知道吗?"

小精灵点了点头。

跳跳猴继续说道:"出发以来,我们已经参观了生物博物馆,到欧洲访问了微生物科学家和昆虫学家,还循着当年唐玄奘一行西天取经的路线考察了地球上的植物资源。现在是在进行动物考察。接下来,我们还要回到生物博物馆学习生物学。"

听了跳跳猴的介绍,小精灵高兴地说:"我很乐意和你们一起旅行。"

跳跳猴说:"好,那我们走吧。"

接着,一行五人便朝山下走去。

可是,外星人为什么要绑架小精灵呢?

要弄清这个问题,还得从头说起。外星人来地球的目的是要对地球生物资源进行调查,在他们来到地球之前,便知道地球上有一个小精灵,并得到了小精灵的照片。他们知道,这个小精灵经历了动物进化的所有过程,并且对地球上的山川河流了如指掌。找到它,便等于是得到了一部地球动物进化的活字典,得到了地球生物考察的向导。

前几天,他们在附近一座叫做乌龙山的大山里遇到了一个相貌非常特殊的动物,脑袋像猴子,身体两边有翅膀,屁股后面还拖着宽扁的尾巴。外星人地球考察队队长阿里把小精灵的照片拿出来,对照眼前的动物一看,没错,就是小精灵。他们欣喜若狂,动手便抓。但是,小精灵对地形熟悉,身子又灵活,在树丛中钻来钻去,把外星人给甩掉了。接下来,外星人便用 UFO 在空中对小精灵进行跟踪。今天,就在这天龙山的山洞旁,外星人将小精灵包围了。由于小精灵没有防备,还没有来得及逃跑,就被外星人给绑了起来,囚禁在这个山洞里。他们想用 UFO 把小精灵带回外星去。正在这时,跳跳猴一行来到了山洞附近,将外星人吓跑了。

大话 UFO

默默地走了一阵,笨笨熊对跳跳猴说:"刚才你看见 UFO,怎么不告诉我呢?"显然,他对没有看到 UFO 感到遗憾。

跳跳猴说:"我还没有看清楚,它便消失了,怎么能告诉你呢?"

顿了顿,跳跳猴对笨笨熊说:"我给你们讲一些有关 UFO 的资料吧。"

笨笨熊、白桦、李瑞和小精灵一起说:"好啊。"

跳跳猴问大家:"关于 UFO,你们知道些什么呢?"

笨笨熊说:"我只知道 UFO 是不明飞行物的简称。至于其他,一无所知。"

白桦说:"我只是坐过一次 UFO。"

小精灵和李瑞茫然地摇了摇头。

跳跳猴坏笑了一下,说:"那就好说了。"

李瑞说:"怎么,你要蒙我们吗?"

跳跳猴说:"哪敢。你们知道吗?本人是 UFO 的发烧友。虽然没有像白桦大哥那样亲自体验过坐 UFO 的感觉,却搜集了不少 UFO 的资料呢。"

笨笨熊问:"那么,什么是 UFO 呢?"

跳跳猴清了清嗓子,引经据典地说了起来:"UFO 是不明飞行物的英文简称。关于不明飞行物,《中国大百科全书》中的解释是:'未经查明来历的空中飞行物,国际上通称 UFO,俗称飞碟。据目击者报告,其外形多呈圆盘状(碟状)、球状和雪茄状,在空中高速或缓慢移动。'"

李瑞问:"人们是从什么时候发现 UFO 的呢?"

跳跳猴说:"对不明飞行物,早在《圣经》中就有记载,但人类对 UFO 的关注,开始于二十世纪中叶。1947 年 6 月,美国的肯尼思·阿诺德驾驶着私人飞机飞越华盛顿州的喀斯喀特山脉时,忽然发现远处闪过蓝白色的亮光。仔细一看,是一些从来没有见过的碟状的物体在山峰间穿梭飞行。这些物体飞行速度很快，转弯非常灵活。事后，阿诺德向当地报社讲述了他的奇遇。由于这飞行物外形呈碟状，有的人把它叫做飞碟。由于搞不清这飞行物是什么东西，就有些人把它称为 unidentified flying object(来历不明的飞行物)，简称为 UFO。这 UFO 究竟是什么东西？它从哪里来？来地球要干什么？……一连串的问题激起了人们的强烈好奇心。从此，全世界掀起了 UFO 热。"

"就在同一年稍后一些时候，在新墨西哥州一座美国陆军机场附近的农场上出现了一些奇怪的碎片。第二天，当地一家报纸推出了独家新闻，称有一架外星来的飞船被军方俘获。军方随后解释说，那些碎片其实是一个气象热气球的残骸。究竟是报纸报道了假新闻，还是军方在掩盖真相，没有人知道。不管怎样，这一扑朔迷离的事件给刚刚兴起的 UFO 热又添了一把火。"

"已故台湾作家三毛大家都知道吧？"

笨笨熊、白桦和李瑞都点点头，小精灵却一脸迷惘。

跳跳猴接着说："她曾上电视节目，叙述她在南非撒哈拉沙漠附近的城市两次目睹飞碟的情况，并写信给 UFO 专家、美国华侨林文伟先生。"

"在阿诺德事件和罗斯韦尔事件以前，较完整的目击 UFO 的报告有 300 件左右。在这两个事件以后，全世界 UFO 目击事件猛增到 10 万余件。许多国家开展了对 UFO 的研究。目前，关于 UFO 的专著有 350 多种，期刊有近百种。一批专家，包括天文学家、生物学家、医生、精神病学家、化学家、物理学家、航空学家、语言学家以及历史学家等都参与到 UFO 研究中来。美国一些理工大学甚至把 UFO 列入博士论文的选题，一些大学和空军院校还开设了 UFO 课程。在我国，建立了以科技工作者为主的民间学术研究团体——中国 UFO 研究会，关于 UFO 的科普刊物《飞碟探索》也于 1981 年创刊。"

在跳跳猴讲的时候，小精灵也听得津津有味。

跳跳猴接着说："开始，出于军事的敏感，美国怀疑 UFO 为敌国的秘密武器，但调查结果否定了这一假设。之后，不少人认为，UFO 是地球以外星球派来的飞行物体。意识到外星上可能存在智慧生物，人类还向太空发送各种信号，希望能得到外星生物的回应。至于人类登上月球以及探测火星等活动是否受 UFO 的启发，我就不得而知了。"

笨笨熊说："2007 年，我国向月球发送了'嫦娥一号'，有什么目的呢？"

"嫦娥奔月,应该是去找吴刚吧。"说完,跳跳猴大笑了起来。

笨笨熊说:"I'm serious,not joking."

跳跳猴收敛了笑声,一本正经地说:"'嫦娥一号'有什么目的,那是国家机密,我怎么能知道呢? 不过,如果外星上有智慧生物,他们也可能把'阿波罗号'飞船和'嫦娥一号'称为 UFO 的。我想,不管是人类向太空发送的飞行器,还是外星向地球发送的 UFO,考察目标星球上的生物肯定是主要任务之一。"

说着说着,他们来到了天龙山的山脚下。山谷底部流淌着一股清泉,发出汩汩的流水声。太阳升起老高了,雾比早上淡了许多,但还没有完全散去,像一块薄纱飘荡在眼前。一行五人踩着河里的石头跨过小河。

这时,跳跳猴心里油然生出一种莫名的感觉,和小精灵这样一位神奇人物相伴而行,会发生什么事情呢? 外星人还会穷追不舍吗? 他仿佛看见,前面的路,荆棘丛生。

动物之家

——会缝树叶的蚂蚁

行了几日，一行五人来到了扈家庄。

在扈家庄的村口，有一尊女武士的塑像。那女英雄手提两柄日月双刀，骑一匹四蹄飞腾的骏马，一副威风凛凛的样子。

笨笨熊驻足塑像前，感叹道："好一位女英雄！"

白桦问跳跳猴："这位女将是谁？"

跳跳猴说："在扈家庄的村口立此塑像，当然是扈三娘了。"

小精灵好奇地问："扈三娘是何许人也？"

跳跳猴说："当年，扈家庄的庄主扈太公有一个儿子和一个女儿。儿子叫做飞天虎扈成，功夫十分了得；女儿叫做一丈青扈三娘，更是英雄。在宋江攻打祝家庄时，扈三娘前去助战，被林冲捉了去。后来，扈三娘入了梁山一伙，成为梁山好汉里的女豪杰。"

听了跳跳猴的介绍，白桦向着那塑像行了一个礼。笨笨熊一边笑，一边向塑像鞠了一个躬。

接着，一行人向庄里走去。这里已经看不到宋江三打祝家庄时的刀光剑影，放眼望去，是郁郁葱葱的花草树木。

钻进一片树林，只见头上的树枝上吊着一个个椭圆形如足球般大小的叶巢，许多蚂蚁出出进进。

跳跳猴指着叶巢问："这是什么呢？"

小精灵说："缝叶蚁的蚁巢。"

跳跳猴说："蚂蚁不是在地下挖洞筑窝吗？"

小精灵说："是的。大多数蚂蚁是在地下打洞。但是，热带地区的蚂蚁往往是在树上筑巢。"

白桦说:"可是,这里不是热带呀?"

小精灵一时语塞,脸上露出大惑不解的神色。

这时,树丛里有人说:"别看我们村子不大,但热带、温带和寒带的动物都有呢。"

只闻人声,不见人影,跳跳猴一行都吓了一跳。循声望去,原来,说话的人在树上,是一个十几岁的男孩。

李瑞望着树上的男孩说:"这么说来,扈家庄便是一个动物园了?"

男孩说:"是啊。"

白桦说:"一个庄上,既有热带、温带,又有寒带,应该说是一个微缩的地球了。"

男孩说:"没错。不光我们村庄,旁边的祝家庄和李家庄都是这样。"

跳跳猴指着蚁巢向小精灵问道:"这缝叶蚁的蚁巢是如何筑成的呢?"

小精灵说:"这种蚂蚁将相邻的树叶缝在一起。因此,人们把它们叫做缝叶蚁。"

跳跳猴问:"它们怎么把树叶缝在一起呢?"

小精灵说:"用丝。"

跳跳猴问:"蚂蚁会吐丝?"

小精灵说:"蚂蚁不会吐丝,但是这种缝叶蚁的幼虫会吐丝。"

跳跳猴问:"这么说来,这蚁巢是缝叶蚁的幼虫筑成的了?"

小精灵说:"让我们仔细看一看吧。"

缝叶蚁巢

接着,小精灵领着跳跳猴、白桦、李瑞钻进一棵树的树枝之间。这时,从树干上爬来几只蚂蚁,与一般的蚂蚁不同,它们体形硕大,体长足足有五厘米。

小精灵指着眼前的蚂蚁说:"瞧,我们现在看到的,便是缝叶蚁。"

他们看到,领头的一只缝叶蚁站在一片叶子上,在树叶的边缘咬出了一行整整齐齐的小孔。然后,将相邻的一片树叶揪了过来,在与第一片树叶开孔相应的地方也咬出了一行小孔。这时,从蚁巢中钻出了一些蚂蚁。奇怪,每一只蚂蚁的嘴里都衔着一个缝叶蚁幼虫。先前在树叶上打孔的蚂蚁将两片树叶揪在一起,小孔对小孔。衔着幼虫的工蚁呢?将幼虫衔在嘴里,穿过小孔,从叶子的一面翻到另一面。在来回翻转的过程中,嘴里衔着幼虫的蚂蚁不断挤压幼虫,使幼虫吐出了细细的丝。不大工夫,两片树叶便被缝了起来。

跳跳猴看得目瞪口呆,嘴里喃喃自语:"想不到,小小蚂蚁竟然能懂得在树叶上打孔,懂得将幼虫运出来让它吐丝,懂得衔着幼虫在小孔中往返穿梭,将树叶缝在一起。"

小精灵说:"其实,有些动物,比如织布鸟,筑巢的本领比缝叶蚁还要高明。"

"哪里可以看到织布鸟呢?"跳跳猴问。

"这个……"小精灵挠起了头皮。

这时,刚才说话的男孩从树上跳了下来,说:"我带你们去。"

动物之家

——建在树上的大厦

行路中，那男孩和跳跳猴一行聊了起来。通过聊天，跳跳猴他们得知，这男孩名叫扈刚，扈家庄本地人，就在本村的中学上学。假期，他经常带着来这里的游客游览庄上的动物园。大概是见多识广的缘故，扈刚并没有对小精灵的相貌有什么特殊的反应。

走了大约十几分钟，一行人来到一片森林中。

扈刚指着一棵棕榈树，说："看，在棕榈叶上站着的就是织布鸟。"

在高高的棕榈树的叶片上，站着一只鸟。就在扈刚说话的时候，它用嘴咬紧了棕榈叶的边缘，然后突然起飞，嘴里衔着一条细长的叶片飞走了。

白桦问："它撕下那棕榈叶干什么用呢？"

扈刚说："做鸟巢啊。"

白桦问："它的鸟巢什么样子呢？"

扈刚说："我找几个织布鸟的鸟巢给你们看一看。"

接着，便在树林里仔细找了起来。

寻觅一阵，他指着前面的一棵树，兴奋地说："有了，你们看，这儿就有几个织布鸟的巢。"

跳跳猴一行看去，在树枝上，吊着几个像葫芦一样的东西。那些"葫芦"，在微风中轻轻地摇曳。

跳跳猴来到鸟巢下，仰头一看，每个鸟巢的下面都有一个开口。

他问："为什么鸟巢的下面有窟窿呢？"

在他的印象里，鸟巢的开口都是向上的。

扈刚说："织布鸟从这里进出鸟巢啊。"

李瑞问："为什么要把进出通道设计成下垂的呢？"

扈刚说："开口向下，下雨时雨水便不会集聚在鸟巢中啊。"

听了扈刚的话，李瑞恍然大悟。

扈刚接着说："这种鸟巢，既能防止太阳的暴晒，又能遮风挡雨。小鸟住在其中，就像人类的婴儿躺在摇篮中。"

跳跳猴说："建造得如此精巧，真了不起。"

一行人一边交谈，一边在树林中漫步。虽然夏日骄阳似火，但浓密的树冠将阳光挡在了森林外。徜徉在密林中，凉爽，潮湿，十分惬意。

粗大的树木之间，杂乱的灌木丛及藤条挡住了去路。众人正在寻觅路径，只见面前的树上有一个像是房屋的奇特结构，直径有二三米。在这个结构前面，还有一堵墙。

跳跳猴觉得好奇，爬上了附近的树，进行近距离观察。只见在这个房屋样的结构中有许多分隔出来的小房间，像人类建造的楼房。

小精灵说："这也是织布鸟的杰作。这种房屋的建筑师叫野牛织布鸟。前面这堵墙，不仅挡风，还可以起到掩蔽的作用。在这个大厦中，一般可以居住 20 到 30 对织布鸟，最多可以居住 100 对。"

白桦笑了笑，说："哇！这是一个集体宿舍啊！"

跳跳猴说："何止是集体宿舍，在楼房外面还有照壁，应该说是一个小区了。"

扈刚笑了笑，接着说："知道吗？这么复杂的鸟巢，是由织布鸟中的雄性建造的。雄鸟在筑好巢后，就在房间前面歌唱，飞舞，等待雌鸟入洞房。如果雌鸟对建好的鸟巢不感兴趣，雄鸟就会毫不犹豫，将历经千辛万苦建好的房间拆掉，重新建造。如果雌鸟对鸟巢满意，就会找来软草，垫在鸟巢中，对居室进行装饰。然后，雌雄织布鸟双双携手入洞房。"

跳跳猴说："原来，鸟也是建筑大师。怪不得，北京奥运会的主会场要采取鸟巢的造型呢。"

听了跳跳猴的话，笨笨熊、李瑞和小精灵都笑了起来。

动物之家
——飞来飞去的缝纫师

厖刚接着说："和织布鸟类似的还有一种缝叶莺。和织布鸟不同的是,缝叶莺夫妻共同营造自己的爱巢。"

跳跳猴问："缝叶莺,顾名思义,是长于缝纫了？"

厖刚说："是的。这种鸟使用的缝线有植物纤维、蜘蛛丝,甚至还利用人类使用的缝线。它们把芭蕉叶、香蕉叶的两个边缘卷回来,叠在一起。然后用长长的喙在上面打孔,再用缝线穿过打好的孔。这样,一片叶子就形成一个卷筒。有时,它们将相邻的两片或几片叶子缝在一起,形成一个巢。"

跳跳猴说："这么说来,缝叶莺是会飞的缝纫师了。"

厖刚点了点头,指着前面的一棵树说："你看,前面树上就有一个缝叶莺的鸟巢。"

在厖刚手指的那棵树上,一片硕大的芭蕉叶被缝了起来,形成了一个筒状的"房间"。在"房间"的门口,一只鸟正在东张西望。

跳跳猴说："树叶是会干枯脱落的,在树叶脱落后,缝纫鸟的鸟巢不就没有了吗？"

厖刚说："你考虑得真周到。不过,你想到的事情缝纫鸟也想到了。为了防止鸟巢因为干枯而脱落,它们在建造鸟巢时会用草茎将鸟巢的叶柄系在树枝上。"

听了厖刚的话,跳跳猴不禁为缝叶莺的智慧啧啧称奇。

动物之家

——空中楼阁

走出森林,大家感觉累了。一行人在森林边缘的草地上席地而坐。

扫视周围,跳跳猴发现眼前一簇草的叶子上竖立着一个个大头针一样的东西。那东西茎部细长,顶部是一个膨大的椭球体。

看到跳跳猴目不转睛地盯着眼前的草, 笨笨熊问:"你是看到眼前的草有些特殊吧?"

草蛉产卵

跳跳猴点点头。

笨笨熊说:"这是一种叫做草蛉的昆虫在草叶上产的卵。雌性草蛉从尾部在植物叶片上分泌一滴黏液,接着将尾部向上翘起,将黏液拉成一条细细的丝。经过风吹,这黏液丝就变成固体。接着,雌性草蛉在丝的顶端产一个卵,就形成了我们现在看到的大头针一样的结构。别看这结构头重脚轻,其实,它很有韧性,不会倒下。"

跳跳猴不解地问:"草蛉为什么要将卵产在丝的顶端呢?"

笨笨熊说:"将卵产在丝的顶端,可以避免蚂蚁的侵犯。通过这种方式,可以对卵起到保护作用。"

跳跳猴说:"噢,草蛉是用这种方法来保护自己的后代。"

笨笨熊点点头,接着说:"此外,草蛉对产卵的草还有选择性。"

跳跳猴问:"有什么选择性呢?"

笨笨熊说:"草蛉的主要食物是蚜虫。雌性草蛉总是把卵产在寄生蚜虫的草上。这样,当草蛉幼虫从卵中孵化出来后,就顺着丝下到叶片上的蚜虫群中,吸食蚜虫身体中的液体。"

跳跳猴感叹道:"哇!这小虫子想得真周到!"

其实,和草蛉产卵方式相似的还有胡罐蜂。胡罐蜂用黏土制作一种黏土罐,将其固定在树枝或木板上。在捕获昆虫后,它便将猎物麻痹,投入黏土罐中,然后,在孔口产一颗卵,随之分泌一种黏液。黏液见风后,成为固体的丝,这样,胡罐蜂的卵便像草蛉卵一样,悬在罐内。幼虫从卵中孵化出来后,就可以享用预先贮藏在罐内的食物。

这草蛉和胡罐蜂的空中楼阁,同时又是近水楼台。

动物之家

——犬鼠的地下城

接着，他们站起来，在草原上散步。

地上，绿草如茵。偶尔，可以看到一圈圈土圈，在土圈的中间，是一个洞口。跳跳猴很纳闷，是什么动物在草原上打了这许多洞呢？

正在想着，他看见一只小动物从不远处的一个洞口探出头来四处张望。小黄也发现了那小动物，它一边叫着，一边撒着欢儿跑了过去。见小黄跑了过来，那小动物突然返回洞中，不见了。

跳跳猴问紧紧跟在身后的扈刚："那是什么动物？"

扈刚说："草原犬鼠。"

"草原犬鼠？"跳跳猴喃喃自语。显然，他没有听说过这种动物。

过了一会儿，他问道："既然叫做草原犬鼠，它们只是生存在草原上吗？"

草原犬鼠洞

扈刚说："是的。草原犬鼠的社会组织性很强。它们有比较固定的家庭结构,每一个洞穴中,一般有一至两只雄鼠,两只以上雌鼠及一群子女。就像每一个国家有自己的领土一样,每一个草原犬鼠的群体也有自己的领地,它们画定界限,不容许邻居踏进半步。另外,它们还懂得移民,当洞穴中犬鼠的数量超过一定限度时,就会有一部分迁移到其他地方,以保证周围有足够的食物。"

跳跳猴俯在笨笨熊的耳朵上说："我真想钻进犬鼠洞里去看一看。"

笨笨熊也低声说："好啊。我们跟师父学了缩身术,还没有用过呢。"

说完,跳跳猴和笨笨熊念起缩身口诀,突然变成两只蜜蜂,顺着洞口飞了进去。

说话中,跳跳猴和笨笨熊突然不见了,扈刚有些丈二和尚摸不着头脑。

他问白桦和小精灵："跳跳猴和笨笨熊哪里去了呢?"

白桦说："钻到犬鼠洞里去了。"

刚才,跳跳猴和笨笨熊变成蜜蜂的过程他全看见了。

"两个大活人钻到犬鼠洞里去了?"扈刚不相信。

白桦说："不相信吗?你盯着洞口吧。看看他们是不是会从洞口出来。"

"他们是如何学到这缩身术的呢?"看到白桦那一本正经的神态,扈刚相信了白桦的话。

白桦说："和师父呗。"

扈刚问："师父是谁呢?"

白桦说："你认识的。"

"我认识?"扈刚不相信。

白桦说："告诉你吧,他们的师父就是大名鼎鼎的孙悟空。"

和他在一起的两个小伙伴竟然是孙悟空的徒弟,扈刚对跳跳猴和笨笨熊,甚至连同白桦和小精灵,油然产生了一种神秘的感觉。

跳跳猴和笨笨熊相伴着飞进了犬鼠洞,在离洞口大约一米的地方,跳跳猴看到了一个小侧洞。他在这个小洞旁停了下来,心想,这个小洞是干什么用的呢?

看到跳跳猴对这个小洞感兴趣,笨笨熊介绍说："这个小洞是犬鼠的守卫室,是犬鼠遇到危险时躲藏的地方。"

跳跳猴说："犬鼠还有门卫?"

笨笨熊说："不光有门卫,里面的结构复杂得很呢。"

接着,伙伴俩继续往前走。跳跳猴看见,从守卫室伸出去几条岔道,末端是几个小洞。他站在岔路口左右观望起来。

笨笨熊又讲:"这几条岔道的末端是居住室、贮藏室。主巢一般位于地穴的尽头,铺有草垫。同一群体的成员共用一条特别建造的地道,领地里的食物大家共享。一般,一个群体的地下通道辐射占地面积达两公顷。"

跳跳猴惊讶地说:"一个犬鼠窝占地两公顷?"

笨笨熊说:"是的,感到惊讶吧。"

正说着,迎面过来几只犬鼠。笨笨熊、跳跳猴站在坑道边上,给犬鼠让开道。那几只犬鼠好像根本就没有看见这小哥俩,若无其事地走了出去。

笨笨熊接着讲:"平时,每个群体的犬鼠各自为政。但在遇到危险时,则好多个群体齐心协力,共同对敌。比如,当一只犬鼠发现天空中飞来猛禽,或者看见山猫、郊狼蹑手蹑脚地潜近犬鼠洞穴时,就会发出一连串的急促的叫声。周围群体的犬鼠听到报警,就会纷纷跳进洞穴,隐藏起来。"

在犬鼠洞中转悠了将近一个时辰,小哥俩从洞中钻了出来。刚出洞口,他们立即恢复了人形。

看到两只蜜蜂变成了跳跳猴和笨笨熊,扈刚惊得目瞪口呆。

跳跳猴绘声绘色地向白桦、李瑞、小精灵和扈刚讲他们看到的犬鼠的门卫室、贮藏室、卧室,讲那庞大的地下城。

跳跳猴刚刚讲完,扈刚便急不可耐地问:"你们真的是向孙悟空学的缩身术吗?"

跳跳猴和笨笨熊同时点点头。

"我也可以拜大圣为师吗?"扈刚有点迟疑地问。

跳跳猴笑了笑,说:"是不是可以拜大圣为师,要问大圣了。"

"那大圣在何方呢?"扈刚的语气有点急切。

"灵山。"笨笨熊说。

"灵山有多远呢?"扈刚紧追不舍。

跳跳猴说:"这么说吧,就像大圣那样驾着筋斗云,也要好长时间呢。"

"那你们是驾着筋斗云去的吗?"扈刚问。

跳跳猴点点头,答道:"是啊。"

"那么,驾筋斗云也是和孙大圣学的吗?"扈刚问。

跳跳猴说:"不,我们是驾云彩去向孙大圣拜师的。驾云彩飞行,是智者向我们传授的。"

"智者？智者是何许人？"扈刚又将目标转移到智者。

跳跳猴说："智者是一个无所不知的大学问家。他来无影，去无踪。"

拜孙悟空和拜智者为师无望，扈刚不吭气了。他憧憬着像跳跳猴和笨笨熊一样能将身子缩小，那样，捉迷藏时同伴便怎么也不会找到他；憧憬着像跳跳猴和笨笨熊一样能驾一朵云彩飞行，那样，他便可以遨游世界，看看扈家庄外是何等一片天地。

沉默了一阵，扈刚说："走吧，我们去看一看白蚁穴，也很有意思呢。"

说完，便领着跳跳猴一行向前走去。

这时，小精灵不停地挠着前胸。

跳跳猴问："小精灵，怎么了？"

小精灵说："不知道为什么，总是觉得胸部痒痒的。"

动物之家

——装有空调的白蚁穴

走不多远，他们发现在平坦的草地上星星点点矗立着树桩一样的东西，有的呈圆锥形，有的呈柱形，有的呈伞形。

扈刚指着这些树桩样的东西说："这些便是白蚁穴。"

笨笨熊补充说："也叫做蚁丘、蚁冢和蚁堡。"

跳跳猴说："白蚁不是穴居的吗？怎么把巢穴建到地面上来了呢？"

小精灵说："白蚁的巢穴形式多着呢！我们现在看到的是高楼大厦，还有一种是向下打洞。你知道白蚁的洞能有多深吗？"

跳跳猴轻轻地摇了摇头。

小精灵说："非洲沙漠里的白蚁挖的地洞深度可达四十多米，直达地下水层。它们将水层的水运到巢内。虽然洞外赤日炎炎，干热难耐，洞内的湿度却接近饱和点。"

顿了顿，小精灵接着说："还有的白蚁以树木为骨架，它们用唾液将沙粒黏在上面，分隔出大大小小的房间。

"澳大利亚有一种白蚁，它们建筑的蚁丘还有方向性，类似于我们的西房或东房。"

跳跳猴问："这有什么用处吗？"

小精灵说："这样会减少太阳强光的照射，降低蚁巢内的温度。"

白蚁的建筑还讲究朝向，跳跳猴觉得不可思议。

实际上，还有更不可思议的呢！

在热带，为了有效降低蚁巢内的温度，白蚁还在蚁巢中建有许多相互垂直的通风道。这些通风道的作用类似散热片，蚁巢热空气在经过通风道时可被冷却。此外，通风道的表面还有许多细孔,可以排出二氧化碳,吸进新鲜空气。

在蚁巢的底部,还有一个很大的空气贮存室,里面贮存着大量新鲜、清凉的空气。当太阳将蚁巢表面烤热时,风道内的空气受热上升,带动空气贮存室中较冷的空气从蚁巢底部进入蚁巢,这样,蚁巢内的温度便降下来。如果温度还高,它们还可将洞底的水运到蚁穴中,通过蒸发达到进一步降温的目的。当外界气温降低时,风道内的空气冷却下降,带动蚁巢外的冷空气从蚁巢开口处进入蚁巢,下降到蚁巢底部的贮存室,以备气温升高时用来对蚁巢降温。

通过空气循环调节蚁巢温度,这不是等于在蚁巢中装了空调吗?

有的白蚁的蚁巢内部,隧道弯弯曲曲,长约几百米。里面有王宫,有育儿室,还有菌圃。菌圃中的真菌可供白蚁食用。此外,菌类在生长时吸收洞内的水分,在洞内湿度降低时,又可以把水分释放到洞内的空气中,从而起到调节洞内湿度的作用。

通过菌圃来调节小气候,不是相当于人类的植树造林吗?

白蚁穴

动物之家

——河狸和水獭的地下宫殿

看罢白蚁穴，扈刚将跳跳猴一行领到了一条森林边的河流上。他指着不远处的一个水潭说："看，这水潭里有河狸穴。河狸也是有名的建筑大师呢。"

能看到河狸的巢穴，笨笨熊非常兴奋。

一行人走近前去一看，眼前是一个小小的湖泊。在湖泊的浅滩上，有一处圆顶结构，其中有一开口。河堤用树枝及土、石筑成。

小精灵说："我们所看到的河堤及圆顶结构是河狸的杰作。"

小精灵的话还没有说完，跳跳猴便问："动物也能围堤造湖吗？"

小精灵说："能。"

"河狸长什么样子呢？"跳跳猴想，能够完成这么大工程的河狸，应该是一个庞然大物。

正说着，从圆顶形结构的洞口钻出了一只动物。

小精灵压低声音说："说曹操，曹操就到。你看，河狸出来了。"

跳跳猴看到，这河狸长约一米，外形大体像狐狸。

这么瘦小，能完成这么大的工程吗？跳跳猴有点难以置信。

河狸

小精灵接着说："河狸是一种水陆两栖类哺乳动物。它们总是选择旁边有树林的河流围河造湖。"

白桦问："为什么要选择旁边有树林的河流呢？"

小精灵说:"在围河造湖过程中,要利用树林中的树木呀。河狸的牙齿很厉害,能把树根很轻松地咬断。令人惊讶的是,它们在咬树木时会控制树倒下的方向,使树木正好能倒在河流的河床中。然后,河狸利用水流将树干运到围堤的地点,把树干上的树枝咬下来,插进河床的泥中,作为木桩。最后,在木桩之间填进树干、土和石头。这样,就形成了一条堤坝。有时,造堤的工程量很大。最大的堤坝有一百八十米长,六米宽,三米高。堤坝筑成后,就形成了一个湖泊。然后,它们就在这个湖泊的浅滩上筑巢。"

白桦惊讶地说:"噢,这么大的工程啊!"

小精灵说:"感到不可思议吧?"

白桦点点头。

对河狸表现出来的智慧和能力,跳跳猴惊诧不已。惊讶之余,他突然想到一个问题:河狸为什么要费这么大的劲在湖泊上筑巢呢?

说实话,它们不是为了炫耀自己的能力,也不是为了好玩,而是为了生活和安全。

河狸是一种两栖动物。它的巢有两个出口,一个通地面,另一个通水下。每个巢分上下两层。上层较干燥,用来居住。下层在水面下,用来储藏食物。当河狸在地面觅食中遇到危险时,就急忙钻回洞中,躲避敌害。它的眼睑透明,耳孔和鼻子都有活门,后足有蹼,适宜在水中游泳。

然而,在雨量大、湖泊水位上涨时,它的巢不会被淹没吗?

河狸早已考虑到了这一点。当水位上涨,巢穴的地面开口有被淹没的危险时,河狸会将堤坝的一个部位降低,使多余的水溢出。在干旱季节,水位过低时,它们会对漏水的部位进行修补,或将堤坝筑高,增加湖泊的蓄水量。

有才吧? 但是,先别感叹,还有更精彩的呢!

在冬天到来之前,它们会将大量树枝放在巢穴在水下开口的附近。到了冬天,湖泊的水面冻成了冰,河狸就在坝上挖个洞,降低冰下的水位,使水面与冰层之间形成一个空间。河狸既可在此空间活动,又可在冰下的水中游泳。饿了,就吃早已储备在水下洞口旁的树枝。冬天,白雪皑皑,草木枯萎。许多食草动物疲于奔命,寻觅食物。河狸呢? 在冰层掩护下,既安全,又不缺食物,悠闲自在。

是不是太有才了?

其实,水獭和河狸相似,也具有非凡的建筑才能。

水獭是一种两栖类鼬科动物,身体细长,尾巴又粗又长,脚趾之间有蹼。它脚蹼像船桨,尾巴像船舵,所以,在水中游泳时灵活自如。它的皮很厚,不透水。与河狸相似,鼻孔与耳朵有活门,将鼻孔和耳朵关闭,可以在水中潜泳或停留几分钟。水獭也可以将河边的树木啃倒,把枝条、树皮搬到河中筑坝拦河造湖。它的巢穴也是建在河岸边,洞口开口于地面。

水獭和河狸的智慧和建筑技艺令人赞叹,但是,它们砍伐树木,不是破坏了树林吗?

它们将树木啃倒,是一弊端。但是,在拦河造湖后,可以促进湖泊周围的草木生长,继而使动物的数量增加,形成一个小的生态环境,相当于人造水利工程的作用。人们在认识到河狸和水獭的这一生态效应后,开始有意地利用河狸、水獭改造环境。比如,在美国西部,人们把河狸运到计划改造的流域,通过河狸的劳动,沿河形成了许多小水库。由于减少了水土流失,整个小流域变成了肥沃的河谷。

这么说来,水獭和河狸不仅仅是建筑工程师,还是生态工程师了。

动物之家

——鸊鷉的水上人家

看过河狸的水利工程，一行人顺着河岸往前走。

正是初夏季节，河两岸绿草如茵，繁花似锦。清澈的河水在河槽中静静地流淌，在河流弯曲及跌落处，发出悦耳的潺潺流水声。

忽然，跳跳猴发现在河流进入湖泊处有两只形似鸭子的鸟坐在一个草盆中。它们忽上忽下，随水漂流。跳跳猴不相信自己的眼睛，揉了揉，再仔细看，没错，两只鸟是坐在一个草盆中。

跳跳猴问："这是什么鸟？"

虺刚说："那是鸊鷉。"

小精灵说："这种鸟反应灵敏，外界稍有动静，就立即钻进水中，于是，人们又把这种鸟叫做'水钻'。过不久，它会把头和嘴露出水面，观察动静。人们远远望去，还以为是鳖，即我们通常所说的王八，因此，它又有'王八鸭子'的别名。"

跳跳猴问："它们坐着这草船要到哪里去呢？"

小精灵说："旅行结婚啊。"

"什么？旅行结婚？"跳跳猴对鸊鷉竟然也旅行结婚感到稀奇。

小精灵说："春末夏初，是鸊鷉的繁殖季节。这时，夫妻俩会用水中的芦苇编成一个浮垫，再用杂草及脱落的羽毛等筑成一个浅盘，坐在上面。夫妻俩共居在这个爱巢中，上下漂浮，随波逐流，就像一对恋人在荡舟。说不定，眼前草盆中的雌鸟已经产下了卵。鸊鷉鸟夫妻轮流承担孵卵的责任，产卵后一个月，小鸊鷉就出生了。那时，爱巢就成了水上人家。"

这时，跳跳猴发现，在河面上还浮着一个类似的浮动巢，里面却没有鸊鷉。

跳跳猴问："那也是鸊鷉巢吗？"

小精灵眯着眼睛打量了一番,说:"是的。这是一只空巢。大概是小鹳鹕已经学会了游泳和抓鱼,出去独立生活了。这时,爱巢就弃之不用了。"

跳跳猴说:"咱们缩小了身子坐一坐鹳鹕巢,体验一番吧。"

笨笨熊和小精灵点点头,表示同意。

这时,跳跳猴突然想起了白桦、李瑞和扈刚。他说:"可是扈刚、李瑞和白桦不会缩身,怎么办呢?"

扈刚说:"没关系,我和白桦、李瑞还有小狗就在岸边等着你们。如果你们坐了这草船长途旅行,十天半月回不来,就让白桦和李瑞住在我家。你们回到扈家庄说扈刚的名字便可以找到我的。"

说来也怪,在扈刚说话的时候,河里的鹳鹕巢漂到了他们跟前。跳跳猴和笨笨熊念起缩身口诀,变成两只小鸟。小精灵呢,不会变成别的动物,只是将身子缩成小白鼠大小。三个人坐到鹳鹕巢中。

鹳鹕巢顺流向下游漂去,白桦、李瑞和扈刚站在岸上,向他们挥了挥手,目送他们渐渐远去。

动物之家

——制造礁石和岛屿的珊瑚虫

河流不断有支流加入，水流越来越急。他们乘坐的鸟巢在河中风驰电掣顺流而下，耳旁只听到呼呼的风声和哗哗的水流声。速度太快了，跳跳猴有点儿头晕，想吐。为了抑制呕吐，他闭上了眼睛。

不知过了多久，他们觉得航行速度减慢了，但是颠簸得厉害了。跳跳猴睁开眼睛一看，前面是无边无际的一片汪洋，扭头往回看，在遥远的地方，影影绰绰可以看到海岸和岸边的村庄。

跳跳猴问："我们现在到了什么地方？"

笨笨熊说："大海。"

离开大海一段时间了，现在又见到大海，跳跳猴非常兴奋。他左看右看，但海浪一个接着一个，他们乘坐的鹛鹛巢一会儿抬到浪尖，一会儿跌到谷底。鸟巢快要散架了，跳跳猴惊吓得叫了起来。

笨笨熊说："放弃鸟巢吧，我们到海里看看。那里五光十色，也是一番大千世界呢。"

跳跳猴、笨笨熊和小精灵一头扎进水中，一直潜到海底。

海底并不平坦，有山峰，有深谷。在一座山上，好像还有树林。"树"上的"树枝"，有的像柔软的柳条，随水漂动；有的像鹿角，枝枝杈杈；有的像盛开的花朵，花瓣一层又一层……让人更加赞叹的是，树枝的色彩五彩缤纷，有浅绿色，有橙黄色，有粉红色，有棕褐色……

跳跳猴看得眼花缭乱，在"树枝"之间迂回曲折，游来游去。笨笨熊和小精灵紧随其后，生怕走散。

笨笨熊问跳跳猴："你知道这是什么吗？"

跳跳猴说："看这样子,应该是珊瑚吧？"

笨笨熊点了点头。

少顷,跳跳猴问："同是珊瑚,怎么有的地方柔软得像海绵,有的地方却坚硬如石头呢？"

笨笨熊说："那柔软的部分是活着的珊瑚虫，那坚硬的部分是由死去的珊瑚虫形成的石灰岩。"

跳跳猴问："死去的珊瑚虫怎么能形成石灰岩呢？"

笨笨熊说："珊瑚虫可以不断地分泌出石灰质物质,同时又不断地死去。一代代珊瑚虫的尸骸再加上它们在死亡前分泌的石灰质，就形成了坚硬的石灰岩。可以说,那石灰岩是珊瑚的公墓,也是珊瑚的宅基地。由于新生的珊瑚虫又在石灰岩上继续生长,珊瑚的家便越来越大,可以形成珊瑚礁,甚至可以形成珊瑚岛。"

天色慢慢暗了下来，三个人恋恋不舍地离开了这珊瑚胜景，在天黑以前上了岸。

动物之家

——安居才能乐业

来到扈家庄以来，跳跳猴一行见识了各种各样的动物之家。就像人一样，有了家，它们便可以躲风避雨，可以抚育子女，可以储藏粮食……

有些动物，不仅在巢穴中休息，而且把巢穴作为捕食的手段。

有一种叫做蚁狮的幼虫，善于修建漏斗形的陷阱。筑好陷阱后，便藏在底部的沙土中，只露出头部。当不走运的昆虫误入陷阱后，就成为蚁狮的美食。

许多水生动物靠鳃呼吸。但水中有一种水蜘蛛，没有鳃。为了解决呼吸问题，水蜘蛛在水生植物的枝杈间结网，形成一个用来储气的囊。然后，它升到水面，在翘起的腹部上交叉后腿，做成一个气泡，再钻进水中的气囊下，挤压后腿，将气泡中的空气挤进气囊中。如此重复多次，气囊里便充满了空气。然后，水蜘蛛就躲在巢边捕猎水生昆虫，需要氧气时便到气囊中取用。

还有一种叫做螲蟷的蜘蛛，会用丝在洞穴的内壁加上一层衬里。之后，还要用丝编织一只结实的圆锥形顶盖盖住洞口。令人赞叹的是，为了防止顶盖被偷走，螲蟷还要用一根结实的丝铰链将顶盖连在洞口的壁上。这样，这顶盖便像我们的门，可开可关。螲蟷白天闭门不出，夜里将顶盖半开，将两对前脚伸出洞口，等蚂蚁一走近，就突然将猎物抓回洞中，关起门来进餐。

有个词语叫做安居乐业，意思是说，有了居住的地方才能安心地从事生产。这些动物呢？把安居和乐业结合了起来，就在家里经营着它们的生计。

动物之家

——抢房子的狐狸和杜鹃

跳跳猴、笨笨熊和小精灵沿着河岸向上游走去。扈刚、李瑞和白桦还在岸边等着，跳跳猴绘声绘色地向他们讲了坐鸟巢的刺激和海底的景色。然后，一行人继续结伴旅行。

跳跳猴说："看来，营造巢穴，对天上、地下和水里的动物来说，都是一项重要内容。"

小精灵说："也不尽然。有些动物，如狐狸，不劳而获，常常是占用獾的洞穴。"

跳跳猴问："獾让狐狸占吗？"

小精灵说："獾非常整洁，洞里打扫得干干净净。狐狸发现獾洞后，会瞅准主人不在洞里的时机钻进去拉屎撒尿。狐狸的屎尿味儿特大，獾从外面回来，一进洞，就会被狐狸的屎尿味呛得恶心呕吐，只得掩住口鼻，弃家逃走。"

笨笨熊说："杜鹃也是不劳而获的家伙，它从来不筑巢。"

跳跳猴问："那孵卵的时候怎么办呢？"

笨笨熊说："到产卵期，杜鹃就把卵产到别的鸟巢中，让别的鸟替自己孵卵。小杜鹃个子比较大，从蛋壳里钻出来后，便将其他的卵或其他刚被孵出来的小鸟推出巢去。奇怪的是，母鸟竟然会精心喂养残害自己子女的杜鹃幼鸟。"

天色将晚，因为第二天还要上学，扈刚和跳跳猴一行话别后匆匆离去了。分别前，他告诉跳跳猴一行四人，在离开扈家庄前，一定要到他家去作客。

预言家

——有生命的地动仪

与扈刚分别后，晚上，一行人投宿在一家旅馆。

旅馆的主人矮胖身材，秃顶，四十开外。大约子夜时分，他来到跳跳猴一行的房间唠嗑。当他看到小精灵时，先是愣了一下，接着微笑着点了点头。

这时，房间里的电视报道日本发生了强烈地震。

跳跳猴说："听说在地震前许多动物都有反常行为。民间，甚至地震预报机构把这些动物的反常行为作为预测地震的线索，是这样吗？"

笨笨熊说："是的。"

跳跳猴问："它们为什么能预测地震呢？"

笨笨熊说："不同的动物有不同的机制。鲶鱼有丰富的味蕾，这些味蕾不仅分布在口腔中，还分布在皮肤和触须上。在地震前，水里溶解的物质成分往往会发生变化，这种变化会被分布在鲶鱼全身的味蕾很灵敏地感觉到。这时，它会出现异常表现，不断地翻身。因此，人们把鲶鱼翻身作为地震发生的前兆。"

"鸽子在地震前也会出现异常反应。为了弄清鸽子预测地震的机理，研究者将100只鸽子分成两组，将其中的80只鸽子切除哈氏神经，结果，只有未切除哈氏神经的鸽子才能在地震前出现异常反应。这说明，鸽子是通过哈氏神经对地震前的异常变化做出反应的。"

店老板插话说："据说，在唐山大地震发生前，一只狗一直狂吠不已，不让他的主人睡觉。主人嫌狗叫个不停讨厌，将狗撵走。刚刚睡下，狗又返回来大叫不止。主人生气了，跳下床去撵狗。狗往外跑，人在后追。刚出大门，地震发生了。身后的房屋倒了下来。"

跳跳猴说："这条狗救了主人一命。"

店老板说："是的。因此，我也养了一条狗。不是为了防盗，而是为了万一发生地震时能给我提个醒。"

说完，他狡黠地笑了笑。

跳跳猴抚摸着怀里的小黄，说："小黄，听见了吗？一旦预感到地震，你可要及时报警啊！"

这时，店老板才发现住店的几个小孩还带了一只狗。

笨笨熊说："除了鲶鱼、鸽子和狗之外，许多其他动物在地震前也有异常反应。我国生物研究所的科学家对 40 多种动物在地震前的反应进行过观察，发现在地震前，牛、马、驴会出现少食、惊恐，猪、兔等有严重不安的现象。"

跳跳猴说："这么说，这些动物是有生命的地动仪。"

笨笨熊说："地动仪只能在地震发生时进行记录。这些动物呢？却能在地震发生前表现出异常。应该说，要比地动仪还要有价值。"

预言家

——蚂蚁的启示

一大早,旅店老板把跳跳猴五人喊起来吃早饭。

早餐摆在水井旁的一个石头桌子上。吃饭时,跳跳猴发现许多蚂蚁在忙着搬运他们掉下的馒头渣。仔细观察,在水井旁有许多蚂蚁窝,原来它们是在往窝里运送食物。

跳跳猴说:"怎么这里这么多蚂蚁窝?"

小精灵说:"蚂蚁总喜欢在有水的地方筑巢。你不知道吗?"

跳跳猴说:"不知道,什么道理呢?"

小精灵说:"因为蚂蚁的生活也需要水啊。在蚂蚁聚集的地方,往往有地下水。"

小精灵说得没错。相传,中华民族的祖先尧,就是受蚂蚁的启示发现地下水的。

在尧以前,人们不知道利用地下水,没有水井。哪里有河流,人们就到哪里生活。因此,古时候的文明都与河流有关。比如,在我国有黄河文明,在印度有恒河文明,在古巴比伦有底格里斯河文明……

一天,尧发现有一个地方蚂蚁很多。他想,蚂蚁也是要饮水的,蚂蚁都在这里打洞,可能这里的地下有水。他领着人们在蚁穴聚集的地方挖坑,果真挖出了水。从此,我们的祖先便知道了挖坑取水。这能够出水的坑就是后来的井。

自从人们懂得凿井汲水以来,地下水得到利用。人们不再需要聚居在河流旁,而是在凿出井水的地方集中生活,这就成为后来的村庄。因此,在中国文化中,井就意味着人们生活的地方。我们常把离开家乡外出叫做背井离乡,在这句成语中,井和乡具有相同的意义。

在早期的城市,井也是人们生命的源泉。北京的王府井就是因为那里的井水质好，专供皇室饮用而出名。我们平常把城市文化叫做市井文化，也说明井对城市的生活以及文化具有重要的影响。

如果尧发现水井真的是受了蚂蚁的启发，那小小蚂蚁对中华民族，甚至对人类的影响可真是大呀。

不仅蚂蚁，飞鸟也可以帮人们发现地下水。比如说，燕子每到一个地方，都要在有泉水或有地下水的潮湿地块插上羽毛，以便自己或其他同类能找到水喝。人们说的"燕飞春色临，插羽标志水"就是对燕子找水功能的描述。人们在燕子插有羽毛的地方打井，往往能找到地下水。

预言家

——天气预报员

吃罢早饭,一行五人顺着山谷里的一条河向山外走去。按照路线图,他们要到大海里看水母。

路上,他们看见河面上飞行着许多蜻蜓。它们一会儿在河面上低空盘旋,一会儿俯冲下来,尾巴插在水中。然后,又急速飞到空中。

跳跳猴指着几个正在点水的蜻蜓说:"这就叫蜻蜓点水,是吗?"

笨笨熊点了点头。接着,他问跳跳猴:"你知道蜻蜓为什么点水吗?"

跳跳猴摇了摇头。

笨笨熊说:"我们通常说蜻蜓点水是用来比喻办事不扎实,不深入。实际上,蜻蜓点水是在产卵。对了,我们需要快点走了。"

跳跳猴问:"为什么呢?"

笨笨熊说:"可能要下雨了。"

跳跳猴问:"你怎么知道呢?"

笨笨熊笑了笑,说:"蜻蜓告诉我的呀。"

"什么道理?"跳跳猴问。

笨笨熊说:"蜻蜓平时待在水边的树丛或芦苇中。在将要下雨或雨后天晴时,它们就成群结队出来,在水面上飞行。民间有一句谚语:'蜻蜓飞得低,出门带蓑衣',就是对这种现象的总结。"

跳跳猴问:"蜻蜓为什么在下雨之前成群结队飞出来呢?"

笨笨熊说:"下雨前空气湿度较大,小昆虫翅膀潮湿,飞不高。以小昆虫为食物的蜻蜓,为了捕捉小昆虫,当然也在低空飞行。"

跳跳猴若有所悟地点点头。

白桦接着说:"此外,人们还根据蜻蜓的其他行为对天气作出预测。在小暑前后,如果红蜻蜓成群飞舞在田野的低空,预示不久将进入高温少雨季节。立秋前后,如果黄蜻蜓在田野低空盘旋,预示不久将会阴雨连绵。"

李瑞问:"人们还能利用什么动物对天气进行预测呢?"

白桦说:"屎壳郎、鸭子。"

"屎壳郎?"李瑞重复一遍,怀疑自己听错了。

白桦说:"是的,屎壳郎。在夏天,如果屎壳郎从洞中跑出来,四处寻找食物,预示第二天是晴天。如果待在洞中不出来,十有八九第二天会有降雨。"

"早上,如果鸭子在下到水里后呱呱乱叫,预示不久会有大风。下午,如果鸭子在水中连续觅食,并且不到傍晚就早早上岸,则预示将要下雨。"

"还有,蜜蜂如果采蜜早出晚归,第二天一般是晴天。如果晚出早归,提示不久将出现阴雨天气。"

跳跳猴问:"为什么呢?"

白桦说:"天气连续晴好时,花蕊中的蜜腺分泌的蜜汁多,香味浓郁。蜜蜂嗅到后,就纷纷飞出去采蜜,因此,早出晚归。下雨前,空气中的湿度大,花蕊中的蜜腺分泌的蜜汁少,花香不容易散发出来。这天气出去采蜜,一方面,采蜜量小,另一方面,由于空气湿度大,翅膀潮湿沉重,飞行困难。因此,蜜蜂往往早早收工。"

在白桦寨,白桦和大哥白松就经常通过观察动物的行为来预测天气,因此,他说起这些来头头是道。

小精灵接着说:"燕子、蛇、蜘蛛、水蛭、乌龟和喜鹊也被用来预测天气。人们把燕子低飞、蛇过道作为下雨的预兆。"

"燕子低飞、蛇过道便要下雨,这是为什么呢?"李瑞问。

小精灵说:"燕子低飞和蜻蜓低飞是一个道理。下雨前空气潮湿,昆虫的翅膀潮湿沉重,一般在低空飞行。以昆虫为食的燕子,便也随着昆虫在低空盘旋。至于蛇过道,是因为下雨前空气湿度大,气压低,在洞里待着不舒服。因此,蛇就跑出洞来溜达。这时,道路上的蛇就比平时要多。"

"蜘蛛靠结网来捕捉昆虫。晴天,昆虫活动活跃,同时,蜘蛛吐出的丝也容易被固定而结网。这时,蜘蛛就忙着布置罗网。当天气转阴或将要下雨时,蜘蛛吐出的丝不容易被粘连在支撑物上,只在空中飘着。同时,不少昆虫也不出来活动。这时,蜘蛛就懒得结网,待在家里打瞌睡养精神。"

"水蛭是一种吸血的水生动物。一般情况下，它潜在水底不动。但在下雨前，水中的气压降低，氧气减少，感到憋气，它就浮到水面上来大口呼吸。"

"乌龟是一种冷血动物，夏天，它的体温比气温低。下雨前，空气中的水汽遇到温度比较低的乌龟硬壳便会凝结成水珠。因此，人们总结出了'乌龟背冒汗，出门带雨伞'的谚语。"

说到这里，小精灵不再说话，五个人默默地走着。

过了一阵，跳跳猴说："继续说啊。"

小精灵说："说完了。"

跳跳猴说："喜鹊还没说呢。"

笨笨熊笑着说："那你让喜鹊说吧。"

跳跳猴愣住了，两眼不解地看着笨笨熊，问："什么意思？"

笨笨熊说："你说'喜鹊还没说呢'，不就应该让喜鹊说了吗？"

跳跳猴捶了一下笨笨熊的脊背，笑着说："让你抓住辫子了。"

小精灵笑了笑，接着说："噢，我忘说喜鹊了。经过多年观察发现，如果喜鹊把鸟巢搭在高处，一般预示当年大风多；如果喜鹊把鸟巢搭在低处，一般预示当年雨水多；如果喜鹊连日来忙于贮存食物，一般预示将阴雨连绵。"

跳跳猴说："这么说来，燕子、蜻蜓、乌龟、喜鹊都是天气预报员了？"

小精灵说："是啊。在没有气象台的时候，人们就是靠观察这些动物来预测天气的。"

预言家

——海滩上的"王八蛋"

走出山谷,眼前是一望无际的大海。在河流入海处,有四五个小孩围在一起,好像在刨着什么,不时发出一阵阵喧闹声。

笨笨熊说:"走,看看去。"

小精灵在河边戏水,跳跳猴、笨笨熊、白桦和李瑞朝着小孩们聚集的地方走过去。

走到跟前一看,原来几个小孩正在从沙里往外掏一种类似鸟蛋的东西。

跳跳猴问道:"小朋友,请问这是什么蛋呢?"

小孩们被突如其来的声音吓了一跳,仰起头来一看,原来是四个哥哥,很快又镇静了下来。

其中一个小孩说:"是甲鱼蛋。"

另一个一边笑,一边说:"王八蛋。"

说完,几个孩子和跳跳猴、白桦都笑了起来。

笨笨熊微微地笑了笑,对跳跳猴和白桦说:"这王八蛋可大有学问呢。"

跳跳猴问:"有什么学问呢?"

笨笨熊说:"甲鱼把蛋下在沙滩上,是为了借助阳光的温度把小甲鱼孵化出来。奇怪的是,甲鱼下蛋的位置都在离水面较近的同一高度的水平线上。"

跳跳猴不解地问:"为什么呢?"

笨笨熊说:"如果甲鱼将蛋下在离水位很近的地方,水会经常将埋蛋的地方浸湿,甲鱼蛋的温度就会降低。这样,小甲鱼便不能顺利孵化出来。此外,甲鱼蛋还有可能被水冲走。"

"如果将蛋下在离水位很高的地方,小甲鱼在孵化出来之后,不能很快爬到水中,有可能在沙滩上干渴而死。"

"因此,甲鱼总是将蛋下在离水位不远不近的高度。但是,这样一来,岸边的小孩找甲鱼蛋就方便了。他们根据甲鱼下蛋的这一规律,能在沙滩的同一高度找到许多甲鱼蛋。"

"可是,从这里孵出来的小乌龟要爬到水里,要走不短的路程呢。"跳跳猴看到,几个小孩挖甲鱼蛋的位置离开河水的水位还有一段距离,如果算高度的话,足有三米高。

"想一想,这意味着什么?"笨笨熊问。

跳跳猴抓耳挠腮,想了半天,想不出来。

笨笨熊说:"给你一些提示吧。小甲鱼从甲鱼蛋里孵化出来约需要二十多天,甲鱼不是根据产蛋时的水位,而是根据小甲鱼孵化时的水位来决定产蛋的位置。"

又想了一阵,跳跳猴试探地说:"最近要下大雨了吗?"

笨笨熊点点头。

"有那么神吗?"跳跳猴对甲鱼的预测能力表示怀疑。

笨笨熊说:"说个例子吧。1976年,明江河两岸的甲鱼产蛋的地方比当年第一次发洪水时的洪水线还要高出六米左右。根据这一现象,当地渔民预言,当年还要有更大的洪水。"

"结果呢?"李瑞问。

"结果应验了渔民的预言。过了20天左右,这一地区下了暴雨,发了更大的洪水。那洪水的水位,就接近甲鱼产蛋的地方。"笨笨熊回答。

跳跳猴问:"甲鱼是靠了什么机制来预测降雨量及水位变化的呢?"

笨笨熊说:"目前还不清楚。如果人们对甲鱼预测功能的研究有所突破,将会对人类的预测预报起很大的作用。其实,能够预测降雨量及水位变化的不仅仅是甲鱼,翠鸟也有类似的功能。"

跳跳猴问:"翠鸟是一种什么鸟呢?"

笨笨熊说:"翠鸟生活在我国东南部水边的芦苇上或矮树丛上,靠捕鱼为生。春夏季节繁殖期间,翠鸟也会像甲鱼一样在河堤上挖洞产蛋。和甲鱼相似,在同一河堤上,翠鸟的产蛋地点也基本位于同一水平线上。人们通过观察发现,在翠鸟蛋孵化期间发洪水时,洪水的水位总是在翠鸟巢下50厘米处。奇怪的是,1931年,有个老农发现翠鸟把巢筑到了位于河堤上一个厕所的土围墙上。根据规律,这预示着将要发大洪水。这位老农将这一现象告诉了村里的人。许多人表示怀疑，即使发洪水，水位能有那么高吗？结果，在翠鸟产蛋后几天，洪水涨到了土墙上鸟巢下约四十至五十厘米的地方。经过了这一次验证，大家对翠鸟预测洪水的本领深信不疑了。"

笨笨熊讲述的过程中，几个小孩也津津有味地听着。他们只是知道每年在岸上能挖到甲鱼蛋，但不知道其中还有这么多奥秘。

预言家

——风暴要来了

讲完甲鱼和翠鸟，笨笨熊对同伴说："走吧，我们该到海里看水母了。"

接着，跳跳猴、笨笨熊、白桦和小精灵跳进了海水中，李瑞和小黄在岸上等着他们。

在水里游着游着，他们发现一群僧帽水母从海岸向大海腹地游去。跳跳猴看着水母的帽子一张一合，很有趣，便想凑上去近距离看个清楚。

小精灵一把将跳跳猴拉住，说："当心，水母是不能靠近的。"

跳跳猴问："有危险吗？"

在他看来，水母没有尖牙，没有利爪，是不足为惧的。

小精灵说："看见了吗？在水母的僧帽下面，有许多长长的柔软的触手。这些触手能将十多米以外的小鱼和浮游生物抓住，然后，缩回来，吞下去。"

小精灵一边说，一边用手比画着，好像他的两只手便是水母的触手。

水母

跳跳猴说："它的触手可以对付小鱼，但对大一些的水生动物，它们奈何得了吗？"

小精灵说："要知道，水母的触手上长着许多刺细胞，这些刺细胞内含有毒液。触手将猎物抓到后，刺细胞就向猎物注射毒液。有人被水母蜇伤后，丢了性命呢。"

"想不到，这家伙竟然是外柔内刚。"跳跳猴一边说，一边避开了那一群水母。

这时,一群群水母从他们不远处经过,向大海深处游去。

白桦盯着水母看了一阵,惊呼道:"噢,不好。要有风暴了。"

跳跳猴问:"你怎么知道呢?"

白桦说:"你看,这一群群水母都离开海岸,向海洋腹地游去了。"

跳跳猴问:"这能说明什么呢?"

白桦说:"它们向大海深处游去,是为了避免风暴来临时巨浪将它们摔到海岸上。"

跳跳猴问:"它们怎么会知道风暴要来呢?"

白桦抓了抓头皮,说:"这个,我也说不好呢。"

笨笨熊接过话头,说:"在远处的海面出现风暴时,由于海浪和空气摩擦,会产生一种次生波。这种次生波比风和浪的速度要快。因此在暴风和巨浪到达海岸前,次生波就先期到达。在水母触手中间的细柄上,有一个小球,里面有一粒小小的听石。次生波冲击听石,听石再刺激周围的神经末梢,就使水母提前知道在远处的海面上有风暴降临。"

"人们模拟水母感受次生波的原理,制成了风暴预测仪。这种风暴预测仪能提前监测到远处海上传来的次生波,预测海上风暴的方向和时间。"

听了笨笨熊的解释,跳跳猴、白桦和李瑞突然想起来,在参观仿生学研究所时曾经看到过这个例子。

意识到风暴马上要来,跳跳猴说:"好了,我们赶快上岸吧。"

四个人上得岸来,喊了在不远处待着的李瑞和小黄,大步流星地向附近的一个镇子走去。他们要在风暴到来之前离开这里。

智慧生灵

——它们也会使用工具啊!

镇子的门楼上写着一行大字"智慧生灵动物园"。穿过门楼,走了不久,面前出现一个湖泊。在湖泊中央,有一个小岛。一行五人乘了一只游船,向小岛进发。

行了不到半个时辰,便来到了码头。大家看到岸边竖着一块木牌,上面写着"加拉帕戈斯群岛"。

小精灵一边从船上往下跳,一边兴奋地喊道:"我们到赤道了。"

上得岛来,大家顿时感到了赤道太阳的威力。酷热难耐,一行人赶忙钻进了树林中。

在树林里走不多远,跳跳猴听到一阵嘟嘟的响声。寻声望去,见一只小鸟用嘴巴敲打着树干。

他指着小鸟,说:"瞧,啄木鸟。"

顺着跳跳猴的手,小精灵也看到了树上的鸟。他高兴地说:"我想找的就是它。不过,这不是啄木鸟,叫啄木燕。"

"啄木燕?"跳跳猴只知道啄木鸟,还从来没有听说过啄木燕。

小精灵说:"好,不说话了。我们先看看它怎么找虫子吧。"

他们静静地站在那里,目不转睛地看着。啄木燕在树干上敲打了好一阵,啄出了一只窟窿。然后,它从旁边的树缝里衔起一根细木棍,伸进刚才啄出的窟窿中,左右搅动着。接着,一条又一条虫子从窟窿中钻了出来。啄木燕将小木棍放回到旁边的树缝中,忙不迭地一口又一口地啄食从窟窿中爬出的小虫。

看到此情此景,跳跳猴啧啧称奇。

小精灵说:"看到了吧?啄木燕会用木棍将小虫从洞中赶出来。知道吗?这根木棍可不是啄木燕随便从旁边拣起来的,而是常备的工具,它经常把这个工具带在身边。"

"它们也会使用工具啊！"跳跳猴感叹道。

小精灵说："当然。"

听了小精灵的话，跳跳猴陷入了沉思。以往，他认为只有人类才能使用工具，怎么鸟类也深谙此道呢？

其实，不止啄木燕，鸣鹟鸟和白兀鹫也是使用工具的能手。

鸣鹟鸟喜欢吃蜗牛的肉，但蜗牛一看到鸣鹟鸟就将头缩回去。它以为把头缩回硬壳子里鸣鹟鸟就没办法了吗？鸣鹟鸟不服这个气。它用嘴叼起蜗牛，在石头上使劲砸，直到把蜗牛坚硬的外壳砸碎，露出雪白肥嫩的蜗牛肉。

白兀鹫是一种猛禽，喜吃尸体，还喜欢吃鸵鸟等大型鸟类的卵。但鸵鸟卵很硬，啄不破；又很大，不能抓起来往地上砸。不能以卵击石，就以石击卵吧。白兀鹫在发现鸵鸟卵后，会把石头叼在嘴里，用石头使劲砸，直到蛋壳上出现窟窿。

看过啄木燕，他们来到了邻近的太平洋阿留申群岛海岸。已近傍晚，凉爽的海风吹拂着脸颊，很是惬意。一行人坐在海边的礁石上看着天边血红的残阳，眺望着浩瀚的海面。

当小精灵的视线从远处收回到海边时，他发现了一只海獭。

小精灵喊了一声："看，海獭。"

顺着小精灵的手望去，只见一只海獭浮在岸边的海面上，肚皮朝上。奇怪的是，在它的肚皮上，放着一块块石头。它用两个前肢拿着海胆和螃蟹在石块上使劲地砸。然后，从砸碎的猎物中找东西吃。

小精灵说："听人讲，海獭喜欢吃贝类水产。在它的前肢下，有一个松弛的皮囊。和啄木燕相似，海獭的石块也是随身带着的，平时放在皮囊中。在水中找到贝类食物后，它们会浮出海面，从皮囊中掏出石块，放在前胸。然后，把捕获的海胆、螃蟹、贻贝等在石块上砸，就像我们在案板上剁肉块一样。"

"它们白天捕食，晚上选择风平浪静的海湾睡觉。但是，海上无风三尺浪。为了防止被海浪冲走，它们在睡前会用海藻在身体上绕上几圈。"

听了小精灵的讲述，跳跳猴想起了电视节目里卷尾猴的故事。2007年10月8日，中央电视台"人与自然"栏目播出了卷尾猴的故事。

人们把一个装有蜂蜜的小玻璃罐用膜封起口来，放在另一个大的玻璃罐内。卷尾猴想要把装蜂蜜的罐子取出来，但试了几次不行。思索了一阵后，卷尾猴在周围找了一块石头,将石头摔成能进入大罐子口大小的石块,用这种小石块将小玻璃罐口的膜戳破。然后,它又从旁边找了一个树枝,将树枝上的树叶去掉,用加工后的树枝伸到蜂蜜罐子里蘸蜂蜜吃。

为了吃到蜂蜜,卷尾猴能先后使用不同的工具。

卷尾猴喜欢吃棕榈果,但是棕榈果有一个坚硬的外壳。为了吃到硬壳中的果实,卷尾猴要跑很远的路,到一个大石头上用石块将棕榈果砸开。如果把卷尾猴砸棕榈果的过程比作我们切西瓜,那大石头就是切瓜的案板,那石块就是切瓜的刀。

为了吃到棕榈果,卷尾猴不仅会使用工具,还懂得利用地利。

有人将两只卷尾猴用一块大玻璃板隔离开来,玻璃板上有一个孔。一个猴子的房间内有一块石头,另一个猴子的房间内放着六只坚果。有石头的猴子看着坚果垂涎欲滴,有坚果的猴子望着石头却够不着,两只猴子都急得在房间里团团转。突然,有石头的猴子停止了转圈,将石头通过玻璃板上的孔递给了对方。有坚果的猴子先是愣了一下,接着恍然大悟,用伙伴递过来的石头将坚果砸开。

这有坚果的猴子是否会分一些坚果给它的伙伴呢?

给了,给了三个。

这卷尾猴不仅有合作精神,而且识数,知道六除以二等于三。

卷尾猴不仅在觅食方面表现出了聪明,而且将智慧应用在了自卫反击战中。有一次,豹子追捕卷尾猴,卷尾猴攀藤附葛,飞快地爬上峭壁。豹子在峭壁下徘徊,试图爬上悬崖。为了防止豹子爬上来,卷尾猴将悬崖上一块又一块的活石头滚到山下。豹子在滚滚乱石中左躲右闪,险些被砸死。无奈,只好落荒而逃。

智慧生灵
——海豹的逐客令

沐浴在海风中，看着夕阳落下处的一抹红霞，跳跳猴陷入了遐思之中。

笨笨熊问："喂，老弟，在想什么呢？"

跳跳猴回过神来，说："我对动物能够使用工具而感到惊奇。"

小精灵说："动物不光能够使用工具，还能够说话呢。"

"什么？动物还能够说话？"跳跳猴惊讶地问。

小精灵很肯定地点了点头。

"什么动物可以说话呢？"跳跳猴问。

小精灵说："水生动物、陆生动物都可以说话。我们面前就是大海，想下海去见识一下吗？"

跳跳猴回过头来望着李瑞。

李瑞说："你们去吧。还是老规矩，我和小黄在这里等着你们。"

跳跳猴、笨笨熊、白桦和小精灵走下礁石，潜入大海中。仔细听，除了海面上传来海浪的哗哗声，还有各种各样的说不清来源的声音。

小精灵问："听到什么了吗？"

跳跳猴说："有一些乱七八糟的声音。"

小精灵说："这便是海里各种动物发出的声音。"

正说着，前面影影绰绰游来一群海豚。

跳跳猴问："海豚能讲话吗？"

小精灵说："能。但是，我们对声波的感受范围在16至2万赫兹，而海豚发出的声音频率在200至35万赫兹，其中一部分属于超声波。如果借助科学仪器，我们就可以听到海豚发出的声音。"

"海豚可以用语言在同类之间进行交流。通过训练，还能理解人的语言，按照人的指令完成一些动作。据报道，有的海豚居然还学会了由十几个字母组成的简单的话。"

　　"海豹与海豚相似，也有很高的智力。据报道，美国缅因州沿海的甘第斯港渔民乔治和艾丽丝夫妇从小牧养了一头海豹，取名为'胡佛'。这只海豹经常与主人在一起玩耍，甚至和主人一起外出旅游和购物。经过长期的耳濡目染，竟然学会了用英语进行问候。"

　　讲到这里，小精灵停了下来。

　　跳跳猴迫不及待地问："后来呢？"

　　小精灵说："关于海豹讲话的奥秘，至今尚没有结果。后来，乔治和艾丽丝夫妇将胡佛交给了波士顿水族馆，希望更多的人能领略海豹讲话的奇迹。"

　　在海中游了一晚，海面渐渐地亮了起来。这时，迎面游过来几只海豹。连续一晚上的海底游览，使跳跳猴感到疲惫不堪。恍惚中，他听到海豹喊："Get out here."

　　这会说话的海豹仅仅是鹦鹉学舌呢？还是真的在向自己下逐客令呢？不管怎样，也到浮出海面的时候了，四个人一同游上了海岸。

智慧生灵

——鹦鹉仅仅是学舌吗？

当他们从水里钻出来的时候，小黄"汪汪"地叫了起来。李瑞正在岸边打瞌睡，听到小黄的叫声，他醒了过来，揉着惺忪的睡眼赶到跳跳猴四人身边。

从海里出来，跳跳猴一行走进了一个百鸟园。一进门口，听到"你好"、"How are you"的问候声。

说话的人在哪里呢？抬头一看，原来门两边的树枝上，一边站着一只鹦鹉。

跳跳猴点点头，回礼道："你好。"

当他俩向鹦鹉挥手告别，向百鸟园里面走去时，那只会讲英语的鹦鹉又点了一下脑袋，补了一句："Have a good day."

以往，跳跳猴认为动物没有语言功能，鹦鹉虽然能讲话，只是机械学舌。在听了小精灵关于海豹讲话的故事后，他的观念动摇了。他想，这迎宾鹦鹉真的知道自己讲的是什么意思吗？

其实，这种疑问早已有之。有些人认为，鹦鹉虽然可讲许多单词和短语，甚至与人就某些情景进行对话，但只是机械地模仿和重复已经学会的东西。有些人认为，鹦鹉讲话并不是小和尚念经，有口无心。

为了弄清楚鹦鹉的说话是简单模仿，还是知道自己在讲什么，美国帕杜大学心理学家艾裙·佩约伯格对一只非洲灰鹦鹉进行了实验。他让两位工作人员站在这只灰鹦鹉面前，一个充当老师角色，一个充当学生角色，针对许多教具进行对话。老师拿起教具告给学生，这是什么，并让学生反复大声朗读。为了提高鹦鹉学习的兴趣，防止它产生厌学情绪，所用的教具都是鹦鹉喜欢的东西。通过一年多时间的训练，这只灰鹦鹉已经能正确地识别并叫出20多种事物的名称；能区别红、绿、蓝、灰和黄色五种颜色；能分别橄榄球形、三角形、正方形、正五边形等图形；还能数出五以下的数。实验表明,鹦鹉不是仅仅机械学舌,而是将具体事物与该事物的代号联系了起来。

为了验证实验的结果,艾裙·佩约伯格命令它从串联在一起的物品中找出某某物品,鹦鹉总是能准确无误地完成指令。这说明,鹦鹉确实掌握了物品与相应声音符号之间的联系。

鹦鹉不仅有语言才能,美国一个科学家还让经过训练的鹦鹉为盲人引路。经过训练的鹦鹉能根据交通信号灯的指示以及道路情况向盲人发出"站住"、"起步"以及"转弯"的指令。由此可见,鹦鹉不仅有语言能力,而且懂得交通规则。

鹦鹉嘴巧是人们所熟知的,实际上,鸡也具有语言才能。

当母鸡带着小鸡觅食时,会不时发出一种叫声。听到这种叫声,小鸡便知道,妈妈的意思是"这里很安全,放心找吃的吧"。它们会跟着妈妈悠闲自在地在草丛中找小虫子,在打谷场上找谷粒。

当母鸡发现敌人时,会发出另外一种叫声。听到这种叫声,小鸡便知道,妈妈在告诉它们"敌人来了,快隐蔽"。它们会马上钻到附近的草丛中藏起来。

当公鸡发现食物时,会一边围着食物转圈,一边发出一种特殊的叫声召唤母鸡。直到母鸡闻讯赶来后,才迈着骄傲的步伐走开。

小鸡在与妈妈走散后,会发出一种急促的叫声。听到这种叫声,妈妈会循声赶来寻找失踪的孩子。

当走散的小鸡找到妈妈或同伴时,会发出一种低低的叫声,向妈妈表示感谢。

原来,鸡不仅会说话,而且语言还颇为丰富呢。

智慧生灵

——难道大象会说话？

　　穿过百鸟园，跳跳猴一行来到了大象馆。肥壮的大象慢条斯理地用长鼻卷起面前的干草，整理好，塞进嘴里。不知从哪里飞来一只小鸟，站在大象脊背上。不一会儿，那小鸟竟然展开歌喉唱了起来。

　　跳跳猴笑着对小精灵说："瞧，这小歌手欺负大象不会说话。"

　　在他看来，大象只会发出简单的叫声。

　　小精灵说："你以为大象不会说话吗？"

　　"难道大象会说话？"跳跳猴一脸惊讶的神色。

　　小精灵说："是的。在哈萨克，卡拉干达市动物园饲养着一头叫做'勇士'的小象。夜班看守员向人们说，这只小象能说话，能说三十个单字。大象会说话，谁也不相信。因为这和它笨拙、讷言的形象相去甚远。为了证实夜班看守员的报告，动物园的管理人员在象房附近待了几个晚上，用录音机把小象说的话全部录了下来，并在莫斯科电台进行了广播。其后，塔斯社和《星期》周报又对此事进行了报道，证明电台播放的录音确实是小象讲话的声音。"

　　看来，许多我们平时认为不会说话的动物都有语言功能。只不过，我们人类听不懂它们的语言，或者，它们的声音频率不在我们的听力范围。

智慧生灵

——蟋蟀的情歌

晚上，一行五人住在动物园附近的一家旅馆。准备睡觉时，窗外传来了一种啾啾声。跺一下脚，叫声停止，过一会，又叫了起来。夜深人静，万籁俱寂，唯有这种昆虫时断时续地叫着，像是在演奏一支小夜曲。

跳跳猴问："这是一种什么昆虫在叫呢？"

笨笨熊说："蟋蟀。还有一个名字叫做促织。"

跳跳猴问："就是在电视剧中看到的互相打斗的蟋蟀吗？"

笨笨熊说："是的。"

跳跳猴问："蟋蟀一年四季都在歌唱吗？"

笨笨熊说："不是。蟋蟀只有雄性会唱歌，目的是为了求偶。雌蟋蟀在听到雄蟋蟀唱歌后，会循声赶来赴约、交配。过了繁殖季节，雌雄蟋蟀又分开来，两地分居。"

跳跳猴说："这么说来，它们是在唱情歌了？"

笨笨熊说："是啊。"

跳跳猴郑重其事地说："我有一个建议。"

"什么建议？"笨笨熊和白桦认真地问。

跳跳猴说："只要蟋蟀在唱歌，我们便不要再跺脚了。"

"为什么？"笨笨熊和白桦不约而同地问。

"打扰人家谈情说爱总是不道德嘛！"跳跳猴说。

说完，五个人一起笑了起来。

过了一会儿，小精灵说："我们接着说唱情歌吧。还有一种叫做螽斯的小动物，也是唱情歌的能手。螽斯的歌曲有三种。第一种是雄螽斯相遇后，决斗之前的战歌；第二种是发现敌情时，向同类发出警报的声音；第三种是求偶时的情歌。有意思的是，螽斯能像人一样与人对歌。有人将螽斯平时发出的二拍音节改变成三拍音节，放给螽斯听时，螽斯用三拍音节应答。改变成四拍音节，放给螽斯听时，螽斯用四拍音节应答。不过，螽斯毕竟不是智能动物，当给它放五拍音节时，螽斯就弄不清了。音节再多的话，它就干脆默不作声，不予应答了。"

跳跳猴说："还有什么动物唱歌是为了求偶呢？"

笨笨熊说："除上面所说的蟋蟀及螽斯外，一飞冲天的云雀、猿类以及游弋于海洋中的鲸鱼等都用自己的歌声召唤异性。"

"每年春季，雄云雀从早到晚都在歌唱。歌声招来雌性云雀后，雄云雀便兴奋不已，带着雌云雀旅行结婚。它们一边飞，一边唱，一直飞向云端。旅行结束后，夫妻双双落地营造爱巢。"

"成年雄猿一到繁殖季节就割据地盘。如果发现雄性进入自己的地盘，就不断叫喊，威吓对方，直至把来犯者赶出去。然后，会不断地唱情歌，招引异性。结成夫妻，组成家庭的母猿也会啼鸣，但叫声与雄猿明显不同，其意思是告诉同类，我已经结婚。"

"吼猴以善于吼叫而著称，它们也是用吼声来求偶吗？"跳跳猴问。

小精灵说："吼猴发出的吼声不是为了求偶，很大程度上是为了维护家族的稳定。"

跳跳猴问："如何通过发出吼声维护家族的稳定呢？"

小精灵说："不同族群的吼猴有自己的生活范围，也就是说，各自有自己的地盘。如果相邻的两个家族的吼猴在边界上相遇，两群吼猴都会大吼不已，警告对方不要越过边界。平时，虽然没有不同的猴群相遇，吼猴也会在老雄猴的带领下间断地发出吼声，提醒各族吼猴各自居住在自己的地盘内，不要擅自越界。"

跳跳猴伸了个懒腰，说："蟋蟀、螽斯、云雀等唱歌是为了组建家庭，吼猴大吼大叫是为了维护家庭的稳定，总之，都是为了家庭。看来，动物的家庭观念还是挺强的嘛。"

白桦躺在床上说："连蟋蟀、螽斯这些小动物都知道找对象，我们几个却还懵懵懂懂，都是光棍呢。可怜啊！"

笨笨熊笑了笑，说："说话注意点，跳跳猴和李瑞还小着呢，别把小孩子给教坏了。"

跳跳猴说："是啊。我和李瑞还小呢。可白桦大哥和笨笨熊二哥应该着手了，现在，就跟着这蟋蟀练情歌吧。"

白桦和笨笨熊都去挠跳跳猴的胳肢窝，跳跳猴怕挠痒痒，赤着身子从被窝里逃了出来。看到跳跳猴赤身裸体，李瑞连忙将脸扭到墙角，两颊飞上一片红晕。

智慧生灵

——行为语言和气味语言

在动物世界中,虽然有的动物也能说话唱歌,但它们的词典里只有不多的几个词。虽然没有伟大的事业,但每天要觅食和躲避敌人,还要生儿育女。要完成这许多事情,便需要和同类以及异族交流信息。可是,嘴巴不好用,怎么办呢?

办法还是有的。鱼将鳍翼张开,表达威吓或惊恐,如果将鳍翼收回,则是向对方示好;雌雄长颈鹿在一起时,常常身体互相接触或摩擦,以表示亲昵;发情期的雄海豹在遇到同性时,会将鼻囊鼓起来,警告对方不要介入;变色龙在遇到天敌时,会突然吸气,使全身膨胀起来,使自己显得勇猛强大,以吓退对方;狗在对人表示友好时,往往会摇尾巴;蜜蜂通过跳舞,告诉同伙在什么地方有盛开的花。这方面最优秀的是猩猩,经过训练的猩猩可以用手势和人交谈。有一只猩猩,从一岁开始接受手语训练,在一岁到七岁之间,平均每年能学会 50 到 60 个新词汇,差不多比得上聋哑人了。

这种交流信息的方式,被称作行为语言。

但是,行为语言的信息量毕竟是有限的,它们又想出了新招。蜜蜂在受到侵犯时,会抽出螫针对来犯的人或动物进行攻击。刺入敌害身体的螫针会释放出一种化学物质,这种化学物质会招引其他蜜蜂一起对来犯者群起而攻之。这不相当于喊了一声"弟兄们,我们一起上"吗?

与此相似,在繁殖季节,雌蛇会在爬过的路上留下特有的信息素。雄蛇会根据这种信息素的气味找到雌蛇,一同进入洞房。那信息素的意思是:"顺着这条路,你会找到我的。"

与雌蛇相似,雌蚕蛾也能释放出一种特殊的化学物质。雄蚕蛾能凭借微弱的气味感受到远在两千米之外的雌蛾,前去约会。法国有一个昆虫学家,他将一只雌蚕蛾装在一只布袋中,放在房间内的桌子上。一夜之间,竟然有 40 多万只雄蛾飞了进来,将装雌蛾的布口袋围了个水泄不通,这比任何一个明星演唱会上的粉丝都要多。

这种交流信息的方式,叫做气味语言。

马丁·路德金《我有一个梦想》的演讲流传千古;诸葛亮凭借三寸不烂之舌取得了一次又一次军事胜利;琼瑶用男女主人公的绵绵情话编织了一个又一个爱情故事。人类语言的作用,真可谓大矣!

与人类相比,动物虽说有点拙口笨舌,但它们动用了行为或气味进行信息交流。这些手段,可以说对它们的不善言辞是一种补偿吧。

智慧生灵

——你了解大象吗?

夜深了,跳跳猴他们一个接一个进入了梦乡,蟋蟀的情歌不知道何时消失了。大概,那雄蟋蟀已经找到了自己的所爱,它们双双钻进爱巢了吧。

第二天早上,笨笨熊先醒了过来。他从床上爬起来,撩起窗帘,东方的天际熹微初露。噢,天亮了。

他向同伴们大喊了一声:"起床了! 我们今天要去看大象呢。"

"大象有什么可看的呢?"跳跳猴躺在床上懒洋洋地说。

在他看来,大象除了庞大,就是笨拙,没有什么看头。

笨笨熊说:"你了解大象吗?"

白桦一边起床,一边说:"那我们四个去了,你就待在被窝里睡觉吧。"

跳跳猴哪里能躺得住,他一骨碌爬了起来,迅速穿上衣服,跟着笨笨熊、李瑞、小精灵和白桦出了门。

走不多时,他们来到了动物园的大象馆。在大象馆饲养场旁边一块空地的周围,已经聚集了许多人。跳跳猴、笨笨熊和白桦挤进了人群中。小精灵呢? 怕自己的相貌吓着人,远远躲在一边。

这时,一个男驯象师驱着一头大象从饲养场来到了空地上。他向围观的人们说:"今天,先让这位先生给大家表演按摩。"

他把大象称为先生。

接着,他问大家:"有谁愿意让先生来按摩呢?"

没有人应声。

看到没有人报名,他接着说:"怕先生一脚踩下去被踏成肉饼吧? 那就让我来吧。"

驯象师躺了下来，随着一声指令，大象用粗大的前肢开始在主人身上轻轻按摩。先是轻轻地揉大腿，然后，按摩胸膛。

啊！要是一不留神重重地踩下去不就糟了吗？跳跳猴和白桦手里捏着一把汗，围观的人也鸦雀无声，唯有笨笨熊一脸轻松，他听旅行回来的师兄说过，这是大象先生的常规节目。

接着，大象将擎天柱般的前肢悬在了主人的脑袋上方。

人群中爆发出"哇"的一声。人们终于沉不住气了。

大惊小怪什么？这是我的主人，我能踏下去吗？

在给人们一个惊吓后，大象将悬在主人脑袋上方的前肢收了回来，面无表情，悠哉悠哉地走了开来。这时，人们才开始议论纷纷。

驯象师从地下爬了起来，向大家说："不敢让先生按摩，和先生拔河总可以吧？"

接着，他将一条很粗的绳子套在了大象的身上，把绳子的另一头甩给了围观的人群。这一次，人们显得非常踊跃，有一百多人呼啦啦涌了上来，把绳子攥在手中，跳跳猴和白桦也加入到拔河的人群中。

这拔河的双方太悬殊了，比例是一比一百多。

驯象师将一筐香蕉放在了大象面前不远处，大象踏着大步朝着香蕉筐走去，它身后的一百多名游客喊着号子使劲往后拽。感到有人在拖后腿，大象回过头来，看了看身后的一群人。

哼，你们以为人多便可以取胜吗？

接着，大象扭过头来，盯着面前的奖品，若无其事地走了过去。身后的一百多人哗啦啦被拉倒在了地上，他们一个个一边大声笑着，一边灰头土脸地从地上爬了起来。

看了大象的表演，跳跳猴他们才知道大象不仅力大无比，而且做事情还十分有分寸。

其实，看起来颇有些木讷的大象还具有丰富的情感和不俗的智商。

肯尼亚阿伯德尔斯国家公园一只年轻的母象死亡，其余几只母象带着小象守在死亡母象的尸体旁长达三天三夜，就像是人类为死者守灵。

一天晚上，非洲津巴布韦某地区的一块麦田被野象群踩坏，当地农民将野象群的头象射死。野象群围着被射死的头象，尝试着把头象搬走。在反复尝试失败后，它们放弃了搬走尸体的打算，用脚刨了一个大坑，然后，把头象的尸体推进坑里，盖上树枝和刨出的泥土，做成了一座坟墓。很显然，它们不忍心自己的头领抛尸荒野。

象的同类之间有很深的感情，对饲养它们的人也表现出忠贞不渝。在乌克兰哈尔科夫动物园里，饲养员鲍鲍涅茨饲养一头母象长达20年。鲍鲍涅茨年届80时，退休了。看不到与自己朝夕相处的主人，这头母象茶饭不思，开始绝食，对新饲养员送来的饲料闻也不闻一下。眼看着这头母象一天天消瘦下去，动物园只好把鲍鲍涅茨又请了回来，让他带着新饲养员一起伺候这头母象的饮食。一见到鲍鲍涅茨，母象结束了绝食。在鲍鲍涅茨与新饲养员共同饲养一段时间，母象与新饲养员建立感情后，母象才恢复了正常的生活。

在意大利比萨市动物园，也发生过类似的事情。有一头大象，在它25岁时，与它相处十年的饲养员退休了。这头大象对主人的离去非常悲痛，也开始了绝食。遗憾的是，这家动物园没有及时采取措施。在绝食了七天后，大象带着对主人的绵绵思念，离开了这个世界。

请看，这笨拙庞大的大象对同伴，对人类都有深厚的感情。

在塞内加尔尼奥科洛科巴国家公园里，有三个猎人射伤了一头大象。这头受伤的象发怒了，朝着三个猎人猛冲过去。两个猎人分头逃跑了，另一个猎人爬上了附近的一棵树。哼，欺负我不会爬树吗？大象仰起脑袋望了望树上的猎人，用长鼻将树干缠住，一发力，将这棵树连根拔起，连树带人摔到一边。猎人被摔得昏迷过去。过一会儿，猎人醒了，从树枝中间钻了出来。一看，大象还在附近，他又慌忙钻到附近的矮树丛中。这头大象余怒未消，它飞快地追上前去，将这个猎人踩成肉饼。

印度有个裁缝在缝制衣服时，有一头大象将长鼻从窗口伸了进来。为了驱赶大象离开，裁缝随手用针刺了一下象鼻。大象没有吭气，缩回长长的鼻子，慢悠悠地离开了。几个月后，这头象再次来到这个裁缝铺。它在窗户外看了看，那裁缝正在缝衣服。哼，这小子正好在。来吧，洗个淋浴吧！它将长鼻子伸进窗内，不等裁缝反应过来，就像淋浴喷头一样，从象鼻中喷出一股水，把裁缝成了落汤鸡。

想不到，大象虽然喜怒不形于色，却是这么爱憎分明。

智慧生灵

——小白鼠的智慧

从大象馆走出来的时候，笨笨熊说："有人可能想，大象是大型动物，脑袋大大的，应该具有比较高的智商。其实，小型动物也经常出人意料地表现出智慧。美国心理学家蔡乐生曾经对白鼠进行过智力测验。让我们重复一下他的实验吧。"

一说到白鼠，跳跳猴便想到与老鼠有关的成语：鼠目寸光、胆小如鼠和贼眉鼠眼。他想，老鼠能有什么智慧呢？

带着疑问，他随着笨笨熊、白桦、李瑞和小精灵来到动物园的一个空房间内。笨笨熊在左右墙上做了两个悬空的架子，中间天花板上吊了一个小筐。左边的架子上放着奶酪，右边的架子旁放着一个小爬梯。天花板上的小筐有一条绳索和右边的架子相连。笨笨熊向动物园阿姨要来一只小白鼠，放在屋内，关上门。然后，躲在墙角静静地看着。

小白鼠绕着墙根，这里嗅嗅，那里看看。转了几圈后，发现了左边架子上放着的奶酪。

噢，那奶酪怎么放在那么高的地方呢？这不是

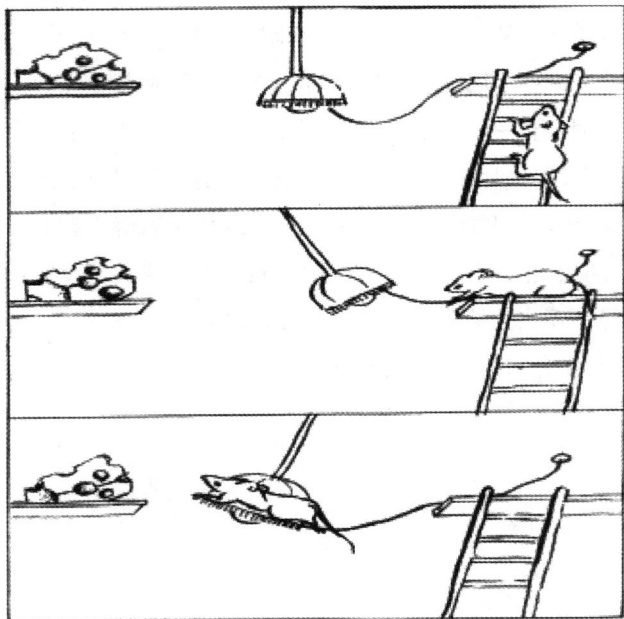

有意难为我吗？

　　它在地下仰起头，一边打量，一边沉思。

　　哦，有办法了。

　　小白鼠不慌不忙地顺着爬梯爬上了右边的架子。站在架子上，它用两个前肢拉动连着吊筐的绳索，让吊筐在空中像秋千一样荡了起来。当筐子接近右边的架子时，小白鼠猛地一下跳到了筐子中。当筐子在惯性作用下晃到左边架子旁边时，它又突然从筐子中跳出，落在了放有奶酪的架子上。接着，它狼吞虎咽地吃了起来。

　　看到此情此景，跳跳猴目瞪口呆，不禁赞叹道："真想不到，小鼠还能计划如此复杂的行动方案，懂得利用运动物体的惯性。"

　　从那以后，小鼠在他的脑海里成了一种智慧动物。

智慧生灵

—— 大猩猩的表演

笨笨熊说："感到惊讶吗？我们再去看看大猩猩吧。"

一行人来到了猩猩馆。笨笨熊将几个带树枝的熟透了的水蜜桃挂在一个空房间天花板的中间，又在房间里放了几个空的木条包装箱。然后，将房间的侧门打开。这时，一只黑猩猩从门口伸出脑袋探头探脑地看着。

笨笨熊喊了一声："进来吧。"

得到指令，黑猩猩大模大样地走了进来。笨笨熊指了指天花板上吊着的水蜜桃。大猩猩看到桃子高高在上，显得无可奈何。笨笨熊招呼跳跳猴、白桦和小精灵走出房间，关上门，隔着大玻璃窗观看里面的动静。只见大猩猩蹲在地上，仰望着天花板上的水蜜桃，一副垂涎欲滴的样子。良久，它站起身，在屋子里踱起步来。

笨笨熊说："它可能在想办法，踱步往往能出现灵感。"

跳跳猴问："何以见得？"

笨笨熊说："许多人在苦思冥想时，不就是在房间内来回踱步吗？你看战争电影，每当前方战斗激烈的时候，指挥官总是在指挥所里踱来踱去。"

跳跳猴说："照你这么说，大猩猩应该快要想出办法来了。"

话音未落，大猩猩猛然发现了墙角放着的几个空木箱。它打量了一下水蜜桃的高度，又看了看木箱。哼，挂在高处便能难住我吗？那大猩猩大步跨过去，将一个个箱子摞在桃子下面，爬上箱子，将水蜜桃摘了下来，然后高高兴兴地吃起来。

智慧生灵
——信不信由你

站在猩猩馆外，李瑞不住地赞叹道："想不到，小白鼠和猩猩有如此高的智慧！"

小精灵说："还有更加想不到的呢。"

接着，小精灵讲了鹭和乌鸦的故事。

有一种鸟类，叫做鹭，靠在浅水中捕猎鱼类为生。鹭是一个大家族，成员有白鹭、苍鹭、黑鹭、碧鹭、红鹭以及池鹭等 20 种。

黑鹭在捕鱼时，将双翅伸展开来，站在浅水中，一动不动。这样，可以消除日光在水面引起的反射，便于看到水中的猎物。

苍鹭常在嘴里叼一片羽毛。当发现附近的水中有鱼时，就将羽毛投在水面上，将羽毛伪装成鱼饵，将鱼引诱过来。

黄鹭采取的是另一种战术。它常常在水中旋转或快速走动，鱼受惊扰后，从水草中或隐蔽处游出来，苍鹭便浑水摸鱼。

大青鹭在水面上拍动双翼，使鱼受惊乱窜，以便发现目标。

红鹭的捕鱼技术较苍鹭及大青鹭更胜一筹。它先在水中搅动一番，使鱼受惊乱窜，然后，张开双翼，在水面上形成阴影。鱼儿以为阴影处是可以隐蔽的场所，便躲进去。谁想，正好落入红鹭设计的陷阱中。

鹭可以说是足智多谋，乌鸦的智力还要更胜一筹。

乌鸦喜欢吃核桃，但是，核桃的外壳很硬。怎么办？这位智多星看到马路上来来往往的汽车，突然心生一计。当红灯一亮，汽车停下时，乌鸦就口衔核桃，将核桃放在车轮前面，然后躲开。待红灯变成绿灯，汽车驶过后，便飞过去，将被汽车压碎的核桃仁吞进肚里。瞧，乌鸦竟然让汽车来帮助它用餐。

鹭和乌鸦是单独作战，大山雀呢？则善于观察和学习。

故事发生在英格兰。有一次，一只大山雀偶然打开了居民放在门外的奶瓶的盖，偷喝了奶瓶中的牛奶。过了不久，这一地区的居民陆续发现大山雀打开放在门外的奶瓶并偷喝牛奶。很显然，或者这只大山雀打开奶瓶，偷喝牛奶的情景被同类看到了，或者这只尝到甜头的大山雀将这个发现告诉了它的同类。总之，大山雀不仅善于从偶然的事件中学习，还可以将取得的经验传播给亲朋好友。

听了小精灵的故事，跳跳猴对动物的智慧惊讶不已。他问："这是真的吗？"

小精灵拖长了声音说："信不信由你。"

智慧生灵

——拖拉机手和特殊战士

其实,还有比鹭和乌鸦更难以置信的故事。

美国密西西比州一个农场主养了一只两岁的黑猩猩,经过九年训练,能与主人一起吃饭,一起看电视,俨然成为主人的家庭成员。此外,它还能单独驾驶拖拉机,将谷草装上汽车。

猩猩不仅可以通过训练掌握劳动技能,还能进行逆向思维。有两位科学家将捕获的黑猩猩关在一间房子里,在房间的一角放置两只外观完全相同的箱子。但一个箱子里有香蕉,另一个箱子里没有香蕉。猩猩想要从箱子里取香蕉吃时,一个人指给猩猩空箱子,猩猩打开箱子看,是空的,受骗了。另一个人指给猩猩有香蕉的箱子,猩猩打开箱子,拿到了香蕉。如此这般地重复几次后,猩猩掌握了规律。后来,欺骗它的人指这只箱子,猩猩就揭开另一只箱子。

猩猩的智力了不起,狒狒比猩猩还要神奇。据报道,在第一次世界大战前,南非比利埃利的阿尔博特村农场主马尔收养了一只狒狒,取名为杰克。大战爆发后,马尔应征入伍,杰克也跟着他服役。在部队里,杰克和士兵们一起操练,并随马尔一起开赴前线,转战在埃及、土耳其和德国等地。在 1916 年 2 月的一次战斗中,马尔负伤,杰克守在马尔身边,直至医生来救护。1918 年 4 月,在比利时的一次战斗中,杰克参加了修筑工事。但马尔和杰克都受了伤,杰克还被截了肢。由于杰克在战斗中立了战功,它被授予一枚勋章,还晋升为下士。1919 年,杰克参加了在伦敦举行的庆祝胜利的阅兵式。后来,还得到了正式颁发的退役证书。

你看,猩猩可以是拖拉机手,狒狒则成了立下战功的战士。是不是更加难以置信呢?

智慧生灵

—— 代理羊倌

离开猩猩馆,走了不多远,跳跳猴一行便来到了一片牧场。一道道铁丝网将偌大的草原划分成了一个个小草场,在其中的一个草场里,一群羊在悠闲地吃草。

跳跳猴他们停下脚步,凝望着眼前绿茵茵的草原和如白云般缓缓移动的羊群。突然,牧羊人大声吆喝了一声,一条狗便从牧羊人跟前冲出去,在羊群周围跑来跑去,把本来分散的羊群集中在了一起。然后,又将几只头羊引导到了相邻草场的开口处。最后,一大群羊在头羊的带领下和狗的驱赶下转移到了旁边的牧场。

看了眼前的情景,跳跳猴说:"真有意思。"

接着,他对白桦说:"你不是有狗吗? 回白桦寨以后,也用狗放牧好了。"

小精灵说:"不行的。帮主人驱赶羊群的狗是一个特殊的品种,并且是要经过训练的。"

白桦说:"刚才看了用狗放牧,我也产生了回白桦寨后用狗放牧的想法。你这么一说,我的计划泡汤了。"

小精灵说:"可以牧羊的动物还多着呢。"

白桦问:"什么动物呢? "

小精灵说:"在非洲,人们用鸵鸟来牧羊。鸵鸟身材高大,跑起来一步可以跨出三米,也可以像牧羊犬那样跑来跑去驱赶羊群。而且,鸵鸟爪子锐利,力气很大。如果有敌害侵犯,鸵鸟踢上一脚,就可以将其置于死地。因此,驯化的鸵鸟不仅可以帮主人将羊群赶到指定地点,还可以保护羊群。"

"非洲有个牧场,用狒狒来牧羊。狒狒不仅可以像牧羊犬一样驱赶羊群,还懂得清点羊的数目。有一天,牧羊人带着狒狒赶着一群羊去放牧,狒狒发现羊群中少了两只羊,立即返回寻找。最后,从羊栏里找到了两只没有出栏的羊。狒狒放牧如此认真,牧羊人便将羊群交给狒狒。狒狒呢?也不辜负主人的期望。每天,晨曦微露时,赶着羊群出栏;薄暮时分,赶着羊群回家。小羔羊肚子饿,咩咩地喊饿时,狒狒会将小羔羊准确无误地抱到妈妈的身边去吃奶,不会搞错。"

跳跳猴说:"这牧羊犬、鸵鸟和狒狒可以称得上是代理羊倌了。"

笨笨熊说:"可以说,它们是新型管理者。"

智慧生灵
——保姆与保育员

看完牧羊犬赶羊群转场，一行五人便离开牧场。

小精灵一边走，一边说："我们平时一看到蛇就毛骨悚然。蟒，外形如巨蛇，更加令人望而生畏。但是，在巴西，人们竟然用大蟒来照看孩子。大蟒非常忠于职守，寸步不离主人的孩子，主人将孩子交给大蟒非常放心。"

跳跳猴说："这么说来，这大蟒便是保姆了。"

小精灵说："对。除了用作保姆以外，英国伦敦有一个医生用蟒蛇来看护住宅，澳大利亚有人用蟒蛇来保护商店。巴西的里约热内卢有一个庄园主，为了对付猖獗的盗贼，用一只驯化的老虎看家。这只老虎对人内外有别。对待自己的主人及家属亲如一家，经常和主人的孩子玩耍；对待别人则铁面无情。有一只老虎蹲在门口，这个庄园从来没有发生过失窃事件。"

说话间，他们来到了海边一片椰林中。在椰树的树顶，挂着大大小小或黄或绿的椰子。在远处，有一个小贩在卖椰子。

跳跳猴抬头望了望椰树，哇！椰子挂在十几米或二十几米高的树顶，树干上没有枝杈。

他自言自语道："这么高的树，椰子是怎么摘下来的呢？"

正在这时，小贩一声吆喝，一只猴子飞快地抱着树干窜到了树顶。它摇摇这个椰子，晃晃那个椰子，最后，将三个椰子摘了下来，扔到了树下的沙滩上。

跳跳猴说："想不到，猴子在这里派上了用场。"

笨笨熊说："猴子派上用场的地方多着呢。在美国，人们驯养猴子当保育员。瘫痪在床的病人坐在手推车或躺在床上，指指想要的东西，猴子就会马上拿来，猴子还会给病人喂饭、开灯、关灯、拿钥匙、帮病人开门。令人称奇的是，南非伊丽莎白港一个铁路扳道员在一次火车事故中压断了腿,行动非常不方便。其后,他家里养的一只名叫杰格姆的猴子协助他扳道叉,连续九年,没有出过差错。"

笨笨熊话音刚落,白桦兴奋地说:"我有一个想法。"

跳跳猴望着他问:"什么想法?"

白桦说:"结束旅行后,我要在白桦寨开一个公司。"

跳跳猴问:"开公司干什么?"

白桦说:"养猴子。"

跳跳猴问:"养猴子干什么?"

白桦笑着说:"培养保姆啊。现在,保姆非常稀缺,如果能培养出猴子保姆来,应该有很大市场的。"

跳跳猴拍了一下白桦,说:"这老大哥还蛮有经济头脑呢。"

智慧生灵

——以鱼捕鱼

　　笨笨熊笑着说："白桦大哥要开公司的话，我再给你提供一个生财之道。"

　　白桦笑着说："尽管说来。"

　　笨笨熊说："养章鱼。章鱼有很多触手，每个触手上都有许多吸盘。一个吸盘在吸附物体上产生的吸附力要用170公斤的重物才能拽开。想一想，许多吸盘将一个物体吸附后，会产生多大的吸附力啊。太平洋萨摩亚群岛的渔民就利用章鱼的这一特性捕鱼。"

　　跳跳猴问："怎么捕鱼呢？"

　　笨笨熊说："人们用绳子缚住章鱼，放进海里。如果发现绳子剧烈抖动，说明章鱼在水中与猎物搏斗。这时，将绳子收回来，取走章鱼触手抓着的鱼，然后，喂一些它喜欢吃的螃蟹。经过长时间的训练之后，章鱼在捕获到水中的猎物后，会自动地将猎物交给渔民，以换取主人赏赐的螃蟹。"

　　"章鱼不仅可以捕鱼，还可以在经过训练后用来打捞沉在海底的文物。日本渔民就曾利用章鱼将沉在海底达几百年的、很有价值的瓷器打捞了上来。

　　白桦笑了笑，说："这么说来，我还要养章鱼。"

　　跳跳猴说："你又要养猴子，又要养章鱼，究竟养什么呢？"

　　白桦说："多多益善嘛。"

　　说完，大家都笑了起来。

智慧生灵

——鸽子奇事

跳跳猴五人继续赶路。就在太阳收起最后一缕余晖之前,他们来到一个村庄。村子不大,青砖红瓦的农舍掩映在浓密的树阴中。村口一个没有围墙的院子里有一个很大的鸽舍,在鸽舍的顶子上和院子里,一群鸽子一边啄食,一边咕咕咕地叫着。在院子中央,一个银髯老者正在给两个男孩讲着什么。

跳跳猴说:"老人家在讲什么呢?"

笨笨熊说:"走,听听去。"

这时,小精灵缩小了身子,钻到跳跳猴的上衣口袋里。他怕自己特殊的相貌吓着人们。

跳跳猴、笨笨熊、李瑞和白桦走到了老者跟前。原来,老者是在给那两个男孩讲鸽子。

老者说:"鸽子最神奇的是它的眼睛。别看它的眼睛小,却特别有神。在它的视网膜内,有一百多万个神经元,视觉辨别能力大大超过人的眼睛。美国有家生产高级电子仪器的工厂把经过训练的鸽子作为质量检验员,对产品质量进行检查。"

跳跳猴想起来,鸽子做质量检验员,笨笨熊过去给自己讲过的。

老者接着说:"鸽子的另一个神奇功能是在长途飞行时不迷失方向。"

正在这时,三只鸽子带着哨音从天而降,翩然落在老者的面前。

老者指着刚刚落地的三只鸽子说:"知道我的三只鸽子是从哪里飞回来的吗?"

两个小男孩同时摇摇头。

老者说:"是从大约 500 公里以外的地方放飞的。我的一个朋友,前天从我这里回去时带走了这三只鸽子。今天早上,从他的家里将它们放飞。这不,五百公里的路程,一天就回来了。你们看,那只大鸽子的腿上还绑着一个小纸卷。这一定是我的朋友让鸽子捎给我的信。"

说着，老者从鸽子腿上解下了纸卷，打开来，念道："鸽子返回后，请来电话。"

接着，老者讲起了鸽子的故事。

正是因为鸽子能长途飞行而不迷路，过去人们常常用鸽子来传递书信。所以，鸽子又有信鸽之称。鸽子的这种功能在军事方面也得到了应用。在第二次世界大战期间，大约有近万只信鸽参加了战争。一支美国军队在法国作战时，一部分士兵同主力部队失去了联系。由于当时没有无线通信技术，他们将一只叫做亚米的信鸽放出去找主力部队报信。当亚米飞越敌军上空时，被密集的枪弹打中，但它轻伤不下火线，带着伤飞到目的地，送去了求救信。主力部队收到信后，立即重炮轰击敌军的封锁线，使这一支掉队的士兵冲出包围。为了奖励亚米的战功，美国部队向它颁发了后勤勋章。亚米死亡后，被制成标本，陈列在华盛顿斯密森学会自然历史博物馆中。

不光美国部队，英国部队也给鸽子授过勋章。在第二次世界大战中，英国第五十六皇家步兵旅为了突破德军防线，请求空军支援，轰炸德军阵地。出乎意料，英军的进攻非常顺利，纳粹德国的防线迅速被英国皇家步兵旅占领。但是，请求轰炸的求援信已经发出。如果英国空军根据先前的请求到指定地点轰炸，就会使自己的军队遭受重创。情况十分紧急。这时，英国第五十六皇家步兵旅向空军放出一只名叫格久的信鸽，要求取消原来请求的轰炸计划。格久似乎知道自己的使命有多重要，一点也不敢耽搁，在20多分钟时间内飞行了30多公里，将信送到了英国空军指挥部。指挥部立即命令已经钻进驾驶舱的飞行员停止起飞。为了表彰格久的功劳，它被授予一枚金质勋章。

1942年春天，德国飞机将一艘英国潜艇炸坏。潜艇在水底不能前进，不能浮起，同基地的联系也中断了，潜艇上的官兵陷入绝望之中。突然，有人想到了潜艇上的信鸽。潜艇上的英军将两只信鸽用鱼雷发射管发射到海面上。这两只信鸽在茫茫大海上飞行了几百公里，将潜艇遇险的位置图和求救信及时送到了基地。得信后，基地迅速派出救援船，把潜艇中的全体官兵救了出来。这两只鸽子被英军授予最高特别勋章，在建立纪念碑时，还将这两只鸽子当作潜艇正式成员记载在碑文中。

鸽子不仅可以用来送信，还可用来运送物品。1979年，在我国对越自卫反击战中，前线一名士兵得了重病，需要用的药前线没有，要到后方去取。但是，由于交通不便，取药往返路程需要两天时间。怎么办呢？部队首长想到了军鸽。四只军鸽从战场放了出来,在很短时间内将药品从后方带到了前线。由于用药及时,患病战士的生命被挽救回来。

利用鸽子敏锐的眼力,人们还用鸽子进行侦察。国际上通行的救生衣颜色为橘红色,救生筏为黄色。当对遭遇海难的人员进行营救时,人们将经过训练的鸽子带在搜救海难的直升机上,当鸽子从高空发现海面上有救生衣、救生筏颜色的目标时,会用嘴去啄仪器上的电键。驾驶员可以根据鸽子示意的方向搜索遇难人员。

在军事上,为了不暴露目标,常常把战斗人员及武器装备隐蔽起来。这些隐蔽手段可以逃过人的眼睛,却往往骗不了鸽子。有的国家训练鸽子专门侦察隐蔽物下面的军队及军事设施,一旦发现隐蔽目标,经过训练的鸽子会降落下去,通过随身携带的无线电方向指示器,将所降落的地点、方位等情报信号传送给侦察部队。

讲到这里,老者接着说:"说来你们可能感觉更加难以置信,鸽子的特异功能在高科技领域,如导弹制导领域,也得到了应用。在导弹弹头上,有一个目标跟踪装置。导弹在飞行过程中,始终跟踪事先设定好的打击目标,并随时对飞行中的偏差进行校正。如果这个校正机制出现问题,就会偏离打击目标,甚至造成误炸。为了提高导弹飞行精度,人们把导弹弹头上的目标跟踪装置接收到的信号传送到指挥所的荧光屏上。如果导弹在飞行过程中稍微偏离正确轨道,经过训练的鸽子就会立刻啄击荧光屏,直至导弹飞行路线被纠正。"

跳跳猴问:"鸽子懂得自动控制原理吗?"

老者说:"当然不懂。这只是利用了鸽子的精细分辨能力。鸽子在发现导弹弹头飞行方向偏离打击目标,啄击荧光屏时,仪器会产生一定强度的电流。这股电流经过变压整流器,传到发射方向控制系统。控制系统根据偏移角度,经过复杂计算,再指挥导弹回到正确轨道上来。"

老者越说越有劲,竟然没有意识到天已经完全黑了下来。这时,一个老妇人站在房间门口喊道:"不早了,你们爷孙仨不吃饭了吗?"

老者这才注意到月亮已经悬在了天空,鸽舍顶子上和院子里的鸽子也都钻到了鸽舍中。他急忙关好鸽舍,带着两个小男孩往房间走去。

刚走两步,老者停下,回过头来问:"喂,四个小朋友从哪里来?"

跳跳猴说:"我们是出来旅行的。"

"那么,今晚要住在哪里呢?"

跳跳猴说:"还没地方住呢。"

老者说:"那么,就住在我们家吧。"

跳跳猴四人感谢了老者,跟着老者回到房间。晚上,吃饭的时候,跳跳猴他们才知道,老者是一所大学的生物学教授,这里,是他的老家。两个小男孩,一个是他的孙子,一个是他的外孙。

吃过晚饭,老者继续给几个孩子讲有关鸽子的故事。讲为什么人们把鸽子作为和平的象征,讲鸽子的奇闻轶事……跳跳猴向老者和两个小男孩聊他们动物旅行途中的趣事。但是,关于小精灵和外星人,他只字未提。

夜深了,老者对跳跳猴几个说:"时间不早了,睡觉吧。这里附近有一个警犬训练基地。明天,你们可以去那里看一看,相信会有所收获的。"

老者的讲述,使跳跳猴一行了解了不少关于鸽子的知识。带着收获的满足,笨笨熊、跳跳猴、李瑞和白桦进入了甜蜜的梦乡。

智慧生灵

——警犬和警鼠

一觉醒来，太阳已经升起来老高，弥漫在山谷中的浓雾开始慢慢退去。匆匆吃过早饭，跳跳猴四人辞别了生物学教授和家人，顺着教授指引的方向去寻找警犬训练基地。

山谷间，有一条河流，流淌着清澈的河水。沿着这条河走不多远，就听到了接连不断的犬吠声。顺着犬吠声走去，发现在一座山脚下有一座不小的院落。院子中，房子不高，或隐或现在绿树丛中。

跳跳猴想，这一定是警犬训练基地了。怕小黄多嘴，跳跳猴把一直抱在怀里的小黄放在了白桦的背篓里。

待走近门口，发现有军人在站岗。跳跳猴上前说明来意，希望进去看一看警犬训练。站岗的士兵不吭气，只是摇摇头。笨笨熊和白桦也走近前来软缠硬磨，但小战士就是不通融。院子里犬吠声声，间或还传来训练员的命令声，撩拨得跳跳猴一行心里直痒痒。

无奈，跳跳猴、笨笨熊、白桦和李瑞只好绕到院子外面的一个山坡上，爬到一棵树上。他们看到，在训练场的一侧，几个身穿迷彩服的战士戴着厚重的袖套在训练警犬格斗。另一侧，在浓浓的树阴下，一字儿摆着十几个箱子，一个战士带着一只警犬，挨个儿在箱子周围嗅。

跳跳猴问："这便是警犬吗？"

笨笨熊说："是。"

白桦问："警犬有些什么用处呢？"

他喜欢养狗，也听说过警犬，但对警犬究竟有什么用处，却不甚清楚。

笨笨熊低声说："犬的嗅觉非常灵敏。它虽然对主人非常忠诚，百依百顺，但对生人以及罪犯却异常凶猛，具有很强的攻击能力。由于这两条，人们利用犬来破案及缉拿凶犯。慢慢地，训练警犬竟然成为一个专门的职业。眼前我们看到的就是在训练犬的嗅觉和格斗能力。"

"我们经常在电视上看到警犬的身影。在海关，工作人员经常用警犬检查旅客的行李，看其中是否有爆炸品、毒品及其他违禁物品。在地震发生后，救援队又利用警犬来发现埋在废墟中的人，以便高效率、目标明确地组织营救。在2008年北京奥运会期间和2009年建国六十周年大庆期间，都动用了大量警犬对重要场所进行安全检查。在破案中，警犬更是重要的力量。在许多大案要案中，警犬都立下了汗马功劳。"

接着，笨笨熊给跳跳猴、白桦和李瑞讲起了警犬的故事。

埃以战争时，在西奈半岛血战中，参战双方士兵死伤惨重，有些战士的尸体被埋在了沙漠中。为了寻找这些战士的尸体，军方曾经动用了现代电子设备，但是，效果不理想。后来，还是动用了警犬。利用灵敏的嗅觉，这些警犬在六周时间内从弹坑、临时掩体沟和两米多深的沙层下面，共找出了四百多具尸体。

一天晚上，我国有个著名的博物馆发现丢失了一枚重约七千克的金印。这是一件非常重要的文物，价值连城。接到报案的警察连夜带着三只警犬赶到存放金印的地方采集气味。三只警犬不约而同地冲出陈列室，穿过一条弯弯曲曲的夹道，来到一堵墙下，仰头狂吠不已。警察用手电向上一照，原来，围墙顶上爬着一个人。一只警犬窜上几米高的墙头，咬住这个人的小腿，将他拖了下来，另一只警犬则从一个墙缝里衔来了丢失的金印。原来，这个被从墙上拖下来的人就是偷金印的盗窃犯。他将盗来的金印藏在一个墙缝中，计划回头来取。不想，作案两个多小时，就被警察和警犬抓了个现行。

第二次世界大战期间，英国的一艘军舰上有一只名叫朱迪的军犬担任领航员。在一次战斗中，这艘军舰被敌军击沉，军舰上一部分水兵跟随着朱迪游到一个荒岛上。但是，荒岛上淡水非常缺乏。就在这些九死一生的士兵因找不到淡水再度面临死亡时，朱迪凭着灵敏的嗅觉找到了淡水，挽救了这些士兵的生命。几个月后，朱迪奉命到另一只军舰上服役。这艘军舰在战斗中被敌军俘获，船上官兵和朱迪一起被作为俘虏关在了集中营，敌军司令官将朱迪宣布为战俘并判死刑。在执行死刑前，朱迪机智地逃出集中营，经过长途跋涉，找到了英国军队。为了表彰朱迪的忠诚和贡献，英国军队授予它一枚金质奖章。

警犬不仅嗅觉灵敏,而且非常勇敢,具有牺牲精神。一年夏天,海滨某部驻军的两支手枪被盗。警察带着一只名叫神犬的警犬进行侦察。神犬循着盗贼的气味追进了一片芦苇丛。盗贼向扑上来的警犬连开几枪,警犬毫不畏惧,一口咬住盗贼的手腕,使他丧失了射击能力。盗贼拼死挣扎,神犬转而咬住盗贼的咽喉。盗贼见将要丧命了,用另一只手抽出匕首刺向警犬。尽管受了伤,警犬仍然紧紧咬住盗贼的下颌不放。当警察赶到,将盗贼生擒时,神犬已经死去,但是,它的嘴里还叼着从盗贼下颌咬下的一块肉。神犬一生协助警察破获了一百多起重大案件,战功赫赫。警察将壮烈牺牲的神犬制成标本,脖子上挂着一枚金质奖章,陈列在警犬荣誉室里。

还有,1944年,苏联建立了四个反坦克军犬连,每个连的编制是一百二十只军犬。在战斗中,苏军事先将炸药固定在军犬的身上。当德国军队的坦克驶到一百米以内时,苏军战士就将炸药点燃,放出军犬。这些军犬一往无前,钻到敌军坦克下,实施自杀性爆炸。在苏联的卫国战争中,苏军用这种方式摧毁了德军几百辆坦克。

在越南战争中,美军训练军犬进行扫雷。这些扫雷犬不仅可以嗅出地雷所在的位置,将地雷引爆,并且懂得在被引爆的地雷爆炸前后退,防止被炸伤。

正在笨笨熊滔滔不绝地讲故事时,跳跳猴发现,一只警犬朝着他们待的这棵树仰头狂吠。

跳跳猴问:"这只警犬在叫什么呢? 难道在这树上有坏人吗?"

笨笨熊笑了,说:"这坏人就是我们四个人啊。"

跳跳猴说:"我们成了坏人?"

白桦说:"别说了,快撤。"

说完,四人从树上溜下来,翻过一个山冈,来到另一个山包上。

这时,小精灵从跳跳猴的口袋里跳了出来,变回原来大小,伸了个懒腰,说:"哎哟,憋死我了。"

这时,一只老鼠从草丛中慌慌忙忙窜了出来,钻进了附近的一个洞穴中。

笨笨熊说:"看到老鼠,使我想起了警鼠。"

"什么警鼠? 就是功能类似于警犬的老鼠?"李瑞问。

笨笨熊说:"是的。老鼠嗅觉很灵。有些国家利用这个特点,将老鼠经过训练后,在机场的安全检查处检查爆炸物。当然,老鼠的胆子小,怕见人,要让老鼠在机场熙熙攘攘的环境中工作,先要让它对人多的环境习惯,这就需要进行训练。警察将关在小笼子里的警鼠放在安全检查台上,如果从警鼠面前通过的旅客身上或行李中有爆炸物品，它就会出现异常表现。警鼠探测爆炸物的能力甚至比警犬还要强许多。"

小精灵说："还有，由于警鼠身体小，能钻到警犬不能到达的地方，因此，在某些特殊情况下，警鼠就派上了用场。美国就有一个用警鼠查获毒品的案例。"

"讲来听听。"跳跳猴总是喜欢听故事。

小精灵说："一天，一艘轮船停靠在了港口，船舱里堆满了货箱。海关检查人员放出一只警犬，查找货箱中是否有毒品。但是，由于货箱之间缝隙很小，警犬钻不进去，只是在外围转了一圈，便无可奈何地返了回来。接着，海关检查人员放出了一只警鼠。警鼠钻进货箱之间的夹缝中，爬上爬下地嗅了一阵后，在一堆货箱的中间发出了发现毒品的吱吱声。海关检查人员对警鼠的报告非常信任，他们动用起重机把货箱一个个搬开，将警鼠指示的那个货箱打开。没错，这个货箱中确实藏有毒品。你看，警鼠的作用是不是比警犬还要大呢？"

跳跳猴点头称是。

听了小精灵的这个故事，他对老鼠刮目相看了。

智慧生灵

——义务救生员

一行五人从山冈下来,顺着山沟里的河流向下游走去。按照路线图,他们要到海边去。去干什么,不知道。

本来,跳跳猴、笨笨熊和白桦都是在内陆长大的小孩,但自从生物旅行以来去过几次海边后,对大海产生了深深的眷恋。躺在海边的沙滩上,看着辽阔的海面,总能使人心胸开阔。听着潮声,任海风撩拨着头发及衣服,总是使人忘却所有的烦恼。极目远眺,水天一色的大海远方,总能使人产生无尽的遐想。

走了一些时日,终于来到大海边。经过几日长途跋涉,累了,一来到岸边,五个人便躺在沙滩上。他们谁也不讲话,只是漫无目的地扫视着海面,听着海浪拍岸的潮声。

突然,跳跳猴发现海面上有一个黑点在朝着海岸移动。一开始,他以为是一条小船,但盯着看了一阵,是一个人。跳跳猴想,是谁孤身一人在海里游泳呢?但仔细一看,不像是游泳,而是在随波逐流。

跳跳猴喊道:"你们看,海里有一个人,不会是遇难的人吧?"

白桦马上坐起来,看了看,说:"说不定。"

接着,他立即拉起跳跳猴向海边冲去。

这时,海中的人漂近了。

仔细一看,在这个人的下面一只海豚或隐或现。当把人推到岸边后,那海豚摆摆尾巴,扭头又游进了大海。

跳跳猴和白桦冲到那个人身边,发现是一个小伙子,还活着。他们连忙将落水者拖到沙滩上。这时,笨笨熊、李瑞和小精灵也来到跟前。

小伙子瘫软地躺在沙滩上,断断续续地告诉大家:他是附近村里的居民,早上,驾一条小船出海打鱼。不想,船破了,沉到了水底。虽然沉船之处离海岸不是很远,但估摸也有几千米。虽然自己也会水,但在海中游了几个小时,再加上海浪较大,实在是筋疲力尽了。正在绝望的时候,突然感到有什么东西托着自己在移动。回头一看,原来是一只海豚。早就听说过海豚救人的故事,今天真的遇上了,心中顿时充满了希望。怕惊动了海豚,他不敢挣扎,就这样静静地躺着,任凭海豚托着、推着,一直从大海深处来到了海岸边。但是,这海豚刚刚把他推到岸边就返回了大海中,使他连救命恩人有多大都没有看清。

跳跳猴笑着说:"这海豚做好事不留名,难道它们也在学雷锋?"

一句话把笨笨熊、白桦、李瑞、小精灵和那小伙子都逗得笑了起来。

稍事休息后,小伙子从沙滩上爬起来,跳跳猴一行将他搀扶着送到渔村的村口。

在目送小伙子迈着蹒跚的步伐进入渔村后,笨笨熊说:"今天,我们很幸运,看到了海豚救人。"

白桦问:"它知道自己是在救人吗?"

笨笨熊说:"谁知道呢?不过,海豚对受伤的同类,甚至对没有生命的物体,也有类似的行为。有学者认为,这可能是出于海豚保护物种的一种本能。"

跳跳猴问:"为什么说是保护物种的本能呢?"

笨笨熊说:"当同伴受伤时,为了挽救同伴的生命,一只或几只海豚会将受伤同伴推出海面。"

跳跳猴问:"为什么要将同伴推出海面呢?"

对跳跳猴的问题,笨笨熊一时答不上来。小精灵接过来说:"海豚没有鳃,需要过一会儿就将头露出海面进行呼吸。当海豚受伤,没有能力浮出海面呼吸时,就有窒息死亡的危险。这时,周围的伙伴们便会把它推出海面,让它呼吸空气。这种对同伴的救助行为久而久之形成了一种本能,以至于对海上漂浮的人或者无生命的物体都进行推逐。"

停了一会,小精灵接着说:"此外,海豚还有很高的智商。它们喜欢听音乐。1971年,拉脱维亚一艘轮船上的海员在大西洋上航行时发现,当轮船上播放音乐时,海豚就聚拢到轮船周围,异常活跃,显得很兴奋,就像在举办一场音乐会。当停止播放音乐时,这些海豚就各自散去,消失得无影无踪。令人称奇的是,这些海豚还对不同的音乐表现出不同的反应。播放伤感的音乐时,海豚的情绪似乎受到感染,悄无声息地潜入水中;当播放轻快的音乐时,它们就时而浮出水面,时而潜入水中,像是在舞蹈;当播放摇滚乐时,好像不合它们的胃口,一副不感兴趣的样子。"

跳跳猴说:"能对不同的音乐表现出不同的反应,说明海豚还很有艺术修养嘛。"

小精灵说:"令人感到惊奇的是,海豚不仅在海上救人,还可以帮助治疗人类的某些疾病。"

跳跳猴问:"什么病呢?"

小精灵说:"自闭症。这种病,至今为止没有有效的药物。但是,让自闭症患者与海豚在一起,病情竟然能出现意想不到的改善。"

跳跳猴感叹道:"真了不起!"

笨笨熊说:"其实,在水里救人的动物除了海豚,还有海龟。你看过电视剧《西游记》吧?"

跳跳猴点点头。

笨笨熊接着说:"当唐僧师徒几人取经回来时,途中遇到一条河,河上没有桥,又没有摆渡,是一只大乌龟将唐僧师徒几人驮过了河。"

跳跳猴说:"那是神话。"

笨笨熊说:"现实生活中确实有海龟救人的事。20世纪70年代,报纸曾经有过两则海龟救人的报道。在菲律宾马尼拉以南1千米的海面上,一艘客轮沉没,一位女乘客穿一件救生衣在海面上漂浮了很长时间。由于看不到有人来救援,她已经失去了生的希望。就在这时,她的身旁突然出现了两只海龟,一大一小。那只大海龟钻到她的身体下面,将她托到水面上,小海龟用背壳紧靠着她的身体,以免从大海龟身上滑落下去。两只海龟小心翼翼地驮着这位妇女在海面上漂浮了两天,直至救援人员赶到,将这位妇女救起。"

"还有一次,一艘利比亚商船在尼加拉瓜附近海面上遇到大风暴,一位海员被大风从甲板上吹到了大海中。这位海员在大风大浪中挣扎,一会儿就筋疲力尽了。这时,一只海龟及时地出现在这位海员的身旁。他爬到海龟的背部,海龟驮着他向海岸方向游去。大约两个小时之后,瑞典的一艘油船发现了趴在海龟背部的海员,将他救起。"

跳跳猴说:"想不到,在大海里还有义务救生员。"

智慧生灵

——义马与义犬

上面说的海豚和海龟都是大海中的动物,我们熟悉的马也常有救人的义举。据《韩非子》记载,春秋时期,管仲与齐桓公去攻打一个叫做孤竹的地方。战斗结束后返回时,迷了路。管仲建议让马来带路。马能载人打仗,能拉车,怎么可能认得路呢?齐桓公和其他人都不相信马能找到归途。但由于没有其他办法,只好试一试。人们将一匹马放开缰绳,让它自由行进。只见这匹马一边前进,一边低头嗅着地面。结果,这匹马真的将众将士带回了目的地。我国有一个"老马识途"的成语,就是从这个故事来的。

老马为什么能识途呢?

马的鼻腔分前后两部分,前半部分为呼吸区,经常分泌黏液,以黏附并排除吸入空气中的尘埃;后半部分为嗅区,嗅神经非常丰富,嗅觉很灵敏,可以识别沿途的气味。老马之所以可以识途,就是靠了灵敏的嗅觉。依靠这灵敏的嗅觉,马还可以嗅出水质的好坏,在缺水的地区发现水源。

马不仅有识途的特异功能,还是有情有义的牲灵。因此,马的主人往往对马有深厚的感情。电视上经常有这样的情景,当马的主人受伤从马的脊背上掉下来时,马不会撇下主人而去,而是卧在主人身旁等待受伤的主人重新骑到自己脊背上。因此,人们将马称为义马。

1979 年,在俄罗斯外高加索的一个小村庄里,有一个叫做艾哈迈多夫的人骑着马经过森林时,一只黑熊扑上来,将他压到地上。在这紧急关头,马突然冲了过来,猛踢熊背,将熊撵走。然后,将受伤的艾哈迈多夫驮回家里。

与人情义最重的要数犬了。在甲午战争中,邓世昌指挥的致远号军舰不幸被日本军队的鱼雷击中下沉。致远号下沉时,一直伴随左右的一条狗紧紧咬住邓世昌的衣袖,试图挽救主人。虽然邓世昌还是壮烈牺牲了,但从这里可以看出狗对主人的忠诚。

19世纪,法国文学家维克多·雨果养有一条叫做"男爵"的爱犬。有个叫做法伦泰的侯爵在出使俄国前请求雨果将"男爵"送给他。雨果同意了,法伦泰带着"男爵"到了俄国莫斯科。在异国他乡,"男爵"一直思念着自己的主人,在莫斯科待了几天后,就逃离了法伦泰。几个月后,"男爵"又出现在雨果在巴黎的住宅前。从莫斯科到巴黎,地图上的直线距离都有几千公里,真不知道这"男爵"为了伴随自己的主人,风餐露宿,经历了多少艰辛。

智慧生灵

—— 聪明的毛驴

这时,笨笨熊发现在不远处的一个小院外,有一头毛驴在拉磨。

他对大家说:"我想去看看毛驴拉磨。"

跳跳猴说:"毛驴拉磨有什么好看的呢?"

笨笨熊扯了跳跳猴一把,说:"走吧。看看就来。"

李瑞说:"我也去。"

笨笨熊是在农村长大的,小时候,农民都用毛驴或马拉磨来磨面。今天,看到这久违了的磨面方式,感到很亲切,总想去重温一下童年的感觉。

看到跳跳猴、笨笨熊和李瑞要进村庄,小精灵说:"我就在村外等着你们。"

白桦说:"我陪着你吧。"

笨笨熊、跳跳猴和李瑞回过头来,朝白桦和小精灵点了点头,径直走向农家小院外。

在石磨旁,笨笨熊站了下来,直勾勾地看着毛驴磨面。毛驴蒙着眼睛,围着石磨一圈圈地转,一个农妇在忙乎着收磨下来的面。

笨笨熊说:"看到这情景,我想起了我小时候家里的毛驴。"

然后,他一屁股坐在石磨旁边的一个树墩上。

见笨笨熊不走了,跳跳猴也顺势坐在笨笨熊旁边的一个树墩上。

笨笨熊讲:"我小时候在农村时,家里养着一头驴。不,不是一头驴,是四分之一头驴。"

跳跳猴奇怪地问:"怎么能有四分之一头驴呢?"

笨笨熊说:"一个村里,四户人家合养一头驴,这样,每家不是四分之一头驴吗?"

跳跳猴说:"噢,原来如此。"

笨笨熊接着说:"驴也有相对勤快和相对懒惰之分。有些比较懒惰的毛驴,在拉磨之前会一个劲地拉屎撒尿。因此，农村人有一句话，叫做'懒驴上磨屎尿多'。但是，大部分毛驴是很勤快的。我家的那头毛驴非常勤快，它吃草不多，身材偏瘦，但拉起磨来毫不惜力，总是一路小跑。有时，我在驴屁股后大声吆喝一声，它会跑得更快。这时，母亲总是责怪我：'它已经很尽力了，不要再吆喝它。'言语中流露出怜悯。"

"在四家主人中，有一家是一对残疾的老年夫妇，他们特别厚待这头毛驴。那时候困难，人都吃不饱，但这对老夫妇硬是将玉米面窝头藏起来，不让他们的孩子发现。当毛驴轮转到他们家时，便将窝头喂给毛驴吃。一开始买回这头毛驴时，每家使用完两天后，都要拉着毛驴送到下一家。由于轮转的时间间隔以及轮转顺序是固定的，过了几个月，上一家使用完后，把毛驴从磨上卸下来，它便会在村里七绕八绕，自己跑到下一家去。由于残疾老年夫妇对毛驴非常好，毛驴在往这对老年夫妇家里轮转时，跑得特别快。在劳役几年后，这头毛驴变老了，在磨道上走起路来显出了龙钟之态。这时，几家人都不约而同地不再用它拉磨了，大家不忍心在老年时仍然让它继续受劳役之苦。在农村，牲畜死了之后，是要宰杀吃肉的。一天，这头驴默默地死去了，好像没有得什么病，是老死的。四户人家的主人含着泪将毛驴用平车拉到村外，像人一样，葬了。"

说到这里，跳跳猴看到笨笨熊的眼角噙着泪花。

顿了顿，笨笨熊不好意思地擦去眼角的泪水，提高了嗓音说："有些人认为驴的智商不高，常常称之为蠢驴。成语中有一句'黔驴技穷'，好像毛驴只会大声叫喊，别无所长。其实，毛驴除了勤劳这一优点外，脑子也不差。有一个驻扎在黄海岸边山上的通信部队，需要每天到山下取饮用水。一开始，战士们每天牵着毛驴下山上山驮水。一段时间后，战士发现毛驴没有人牵也会将水送回山上。后来，只要有一个战士在山下将装满水的水桶搭到毛驴身上，它就会驮着水独自上山。到伙房门口，还会叫上几声，或者用头撞击伙房的门，通知伙房的炊事员水驮到了。炊事员将驴背上水桶中的水倒进水缸，把空桶再放回驴背上，它便再原路返回，下山驮水。十多年来，它不开小差，不偷懒，一直为通讯站的官兵服务。你说，这能说，毛驴是愚蠢的动物吗？"

李瑞说："这么说来，这毛驴不仅勤快，而且还富有智慧。八仙中的张果老和阿凡提不是骑着毛驴吗？"

听了跳跳猴的话，笨笨熊笑了笑。

沉默了一会儿，笨笨熊对跳跳猴和李瑞说："走吧。白桦和小精灵还在等着我们呢。"

小精灵病了

跳跳猴、笨笨熊和李瑞来到村边会合白桦和小精灵,继续赶路。当走到一座小山上时,天色暗了下来。一行五人便在山上的树林里宿营。

在笨笨熊、白桦、李瑞和小精灵在树下整理行囊的时候,跳跳猴转过山腰去撒尿。

这时,他隐隐约约看见有一个人从旁边不远处的山坡上走了下去,肩上还扛着一件镐头似的工具。

后面跑下来一个小个子,问扛工具的人:“喂,请问你是否见到过一个怪模怪样的人?”

扛工具的人问:“什么怪模怪样?”

小个子说:“脑袋像猴子,长着翅膀,拖着尾巴。”

扛工具的人头也没回地说:“没有。”一边说,一边急匆匆往山下走。

看到这一幕,跳跳猴心情紧张了起来。他想,这个人所说的怪模怪样的人是谁呢?脑袋像猴子,长着翅膀,拖着尾巴,分明是小精灵嘛。撒尿回来,他将小精灵紧紧地搂了起来,唯恐他突然被谁抢走似的。他几次想把刚才听到的告诉大家,但考虑再三,决定还是不说的好,怕徒然增加小精灵的心理负担。

开始,小精灵和笨笨熊还说着话。夜深了,他们进入了梦乡。笨笨熊不时说着梦话,小精灵呢?在睡梦中还不住地挠着胸部。跳跳猴一点睡意也没有,他一直紧紧地盯着小精灵。

天刚蒙蒙亮,跳跳猴便急忙拿出路线图。他想知道,他们现在的所在是一个什么地方。看到跳跳猴掏出了地图,笨笨熊和白桦也凑了过来。原来,毛驴拉磨是“智慧生灵动物园”的最后一站,至此,扈家庄的旅行便全部结束了。

按照约定,在离开扈家庄前,要到扈刚家里去做客。经过问询,他们来到了扈刚的家中。

扈刚的家在村子的最里面,院子里有五间瓦房。跳跳猴三人跨进院子时,扈刚便立刻迎了出来。几日不见,却好像是分别了几年。扈刚忙着为大家端茶倒水,跳跳猴则滔滔不绝地向扈刚介绍他们一路上的见闻。

就在跳跳猴眉飞色舞地讲话的时候,他发现小精灵萎靡不振地趴在了院子里一个石桌上。

跳跳猴问:"小精灵,怎么了?"

小精灵支支吾吾,头也没有抬。

白桦伸手摸了摸小精灵的额头,烫手得很。他叫道:"不好,小精灵发烧了。"

笨笨熊和跳跳猴将小精灵扶了起来,发现他的胸口一片红肿。

跳跳猴焦急地说:"这几天,他一直在挠胸口这个地方,原来是发炎了。这可如何是好?"

扈刚说:"没事的,让他留在我家,我会给他找医生治疗的,你们尽管放心去旅行。我知道,你们旅行的下一站便是梁山好汉曾经攻打了三次的祝家庄。"

跳跳猴打断扈刚的话,问:"你怎么知道我们的路线呢?"

扈刚说:"以前来这里的游客都是按照这个路线旅行。"

顿了顿,扈刚接着说:"我想,在你们参观完祝家庄后,便可回到我家来接小精灵了。"

跳跳猴、笨笨熊、白桦和李瑞一起站起来,拱手说:"扈刚兄弟,拜托了。"

扈刚说:"我知道你们的行程很紧,赶快上路吧。小精灵的事,尽管放心。"

跳跳猴一行四人一步三回头,走出院门,上路了。

为人之要者，诚和义也

走了三天，跳跳猴一行四人来到了双凤山下的一个小镇。当晚，他们就宿在镇子上的一个旅馆里。

旅馆不大，只有五六间客房，是夫妻俩开的。夫妇俩约莫五十来岁了，店老板矮胖矮胖，秃顶；老板娘精瘦精瘦，头上堆着高高的发髻。男主人很健谈，吃过晚饭，他便来到房间和跳跳猴等人聊了起来。

听店主人讲，这双凤山还有一段故事。

在很久以前，河两岸住着两家人家。一家有两个如花似玉的女儿，另一家有两个如龙似虎的儿子。这姊妹两个经常来河边洗衣裳，弟兄两个经常来河里打鱼。久而久之，姊妹两个和那兄弟两个产生了感情，定了终身。可那两个姑娘的父亲爱财如命，不同意两个女儿的婚事，将两个女儿许给了县里一个员外的两个公子，希望傍着亲家过好日子。得知这个消息，姊妹两个非常痛苦。她们和弟兄两个说好，如果那公子要来强娶，便结伴远走高飞。

一天，员外的两个公子来娶姊妹两个。在娶亲的队伍进村之前，两个姑娘便从家里偷偷出来，向河边奔去。她们想跑过河那边，和心爱的人远走他乡。来到河边，她们看到两个小伙子也在对岸向这边张望。这时，员外领着娶亲的队伍也追到了河边。看到那两个姑娘要过河逃走，那员外使了魔力，本来不深的河水顿时浊浪滔天。为了不被那娶亲的队伍抢走，姊妹两个突然变成了两座大山，就是现在的双凤山。见两个姑娘变成了两座山，河对岸的两个小伙子也变成两座山，就是双凤山对面的二龙山。

听了店主人的故事，跳跳猴一行对双凤山和二龙山产生了一种神秘的感觉。

第二天一早，晴空万里。

起床后，跳跳猴便急着要上双凤山。

笨笨熊说:"在店里住一天吧,说不定要下暴雨呢。"

跳跳猴扑哧一下笑了。他指着头顶的朗朗晴空,说:"老兄,这天气,可能下暴雨吗?"

笨笨熊仰起头看了看天,心想,怪了,最近几天,蜻蜓成群在低空飞,水母急着游向海洋腹地,都是预示有大雨的迹象。今天怎么是大晴天呢?

李瑞说:"这双凤山就在眼前,如果下暴雨,我们马上跑回来也来得及。"

白桦附和道:"李瑞说得对。"

自从昨天晚上店主人讲了双凤山的故事,白桦就想看看这具有传奇色彩的山。在他的潜意识中,这双凤山,真的就是两个姑娘的化身。

见跳跳猴、白桦和李瑞都要上山,笨笨熊便说:"好吧。就听你们一次吧。"

说完,一行四人便向镇子后面的双凤山走去。

这双凤山是两座并行的山,那山势一模一样。山上,各种树木郁郁葱葱。两座山之间有一条河,水势不大,潺潺地流向山外的大河中。在山谷的底部,两座山合在了一起,在两座山的山顶,各竖着一座高压线铁塔。

在山口处,跳跳猴站了下来,指着面前的双凤山说:"你们看,这两座山连在一起,不像是姊妹俩并排坐在一起吗?"

白桦看了看,说:"有点那个意思。"

跳跳猴又说:"再看,那山顶的两座铁塔,不像是姊妹俩的辫子吗?"

笨笨熊偏着头看了看,笑着说:"你小子,还挺有想象力嘛。"

说完,四个人继续前行。下午,他们来到了双凤山山腰的一个山洞旁。洞不深,只有两三米,可能是这里的山民挖出来避雨用的。在洞口旁边,有一块大约一张床大小的青石板。

笨笨熊累了,一屁股坐在了青石板上,跳跳猴、白桦和李瑞也跟着坐了下来。

笨笨熊抬头看了一下天空,布满了滚滚乌云。他大惊失色地说:"不好,看来真的要下暴雨了。"

跳跳猴指了指旁边的山洞,满不在乎地说:"要是下暴雨,我们就待在这山洞里吧。"

笨笨熊看了看脚下的河流,又看了看眼前的山洞,说:"可是,万一下大雨,山洪暴发,这山洞有可能被水淹没啊。"

跳跳猴说:"我来担任警戒。"

笨笨熊说："你一个人能盯一晚上吗？"

跳跳猴说："可以。"说完，他挺了挺胸脯。

白桦说："别吹牛了。这样吧，你前半夜，我后半夜。"

李瑞说："还有我呢。"

白桦说："小孩子家，靠不住。"

听了白桦的话，李瑞撇了撇嘴。

跳跳猴说："就这样吧。"

就在夜幕降临的时候，下起了倾盆大雨。有跳跳猴值班，再加上一天远足劳顿，笨笨熊、白桦和李瑞在洞里不知不觉迷迷糊糊睡着了。

雨越下越大，周围一片漆黑，根本看不到山谷的河水涨到了什么程度。跳跳猴过一会便从洞口摸下山，了解水位，然后，再摸索着爬回洞口。倾盆大雨大约下了三四个钟头，仍然没有要停的意思。这时，跳跳猴在洞口听到山谷里发出了雷鸣般的声音。他明白，这声音，一定是山洪发出来的。他又在黑暗中摸索着走下山坡侦察水位，哇！从洞口往下走七八米，便是奔腾而下的山洪。白天，山洞离河流的水面至少有二十米，这说明河水涨了，起码涨了十几米。跳跳猴退回了大约三四米，抱住一棵树，站了下来。他想，如果水位涨到这个程度，便回去叫醒笨笨熊、白桦和李瑞，逃往山顶。他想让他们尽量多睡一会儿。

不大一会儿，一个浪头打到了他的身上。跳跳猴突然意识到，山洪的水位又涨上来了。他马上掉转身子，往山洞爬。但是，一个更大的浪头打了过来，将他打到了洪水中。被洪水冲了大约十几米远，跳跳猴被一棵树拦了下来。他死死地抱住了那棵树，爬到树上，顺着一枝伸向山坡的树枝，挪到了上面的另一棵树上。接着，从树上跳了下来，一边喊着"山洪来了"，一边向山洞爬去。

进到山洞，白桦、笨笨熊和李瑞还在睡着。跳跳猴使劲将他们摇醒，大喊："山洪上来了，快走。"

接着，跳跳猴从洞里拿了行囊，抱了小黄，拉着睡眼惺忪的白桦、笨笨熊和李瑞奔向洞口。刚走到洞口，洪水涨上来了。跳跳猴一只手将装着路线图的行囊高高举起，一只手把已经卷到洪水中的笨笨熊拉了出来，接着，攀着山坡上的树干，摸索着向山顶爬去。

就在跳跳猴将笨笨熊从洪水中拉出来的时候，白桦一失脚，跌在洪水中。他伸出手四处摸索，希望抓到一棵树，但是却抓不到。

站在洪水中,白桦大声对跳跳猴、笨笨熊说:"好兄弟,你们就待在这里,一定要在一起,我会回到这里来与你们会面的。"

这时,一个浪头过来,把白桦卷到了山洪的激流中。

跳跳猴、笨笨熊和李瑞站在山坡上大声喊白桦,但是,只有如雷的洪水声,听不到白桦的应答。

跳跳猴想要冲下去找白桦,被笨笨熊死死地拉住了。

笨笨熊说:"黑咕隆咚,到哪里去找白桦大哥呢?这时,我们只能祈祷了。"

跳跳猴、笨笨熊和李瑞在半山坡上摸索着往下游走去,一边走,一边使劲大喊。嗓子喊哑了,仍然没有白桦的声音。

天亮了,雨也停了。山洪像一头发怒的狮子,怒吼着奔腾而下。山坡下部的树,有的被冲倒躺在水里,有的被连根拔起,卷进了洪流中。

跳跳猴说:"我们再返回到山洞那里吧,再从那里开始找白桦。"

笨笨熊点点头。

三个人沿着山洪溯流而上。来到山洞旁边,他们看见洪水已经淹没了大半个洞口,原来山洞下方的树都消失得无影无踪,哪里有白桦的影子。接着,小哥仨又顺流而下。他们希望白桦中途被树拦了下来,爬到山坡上来。但是,太阳快要落山了,仍然没有看到白桦的踪影。

笨笨熊颓丧地说:"如此大的洪水,白桦极有可能是遇难了。我们赶路吧。"

跳跳猴说:"没有确凿的证据,不能失去信心。"

李瑞说:"那该怎么办呢?"

跳跳猴说:"我们还是回到山洞那里去吧。"

"为什么呢?"笨笨熊不理解。

跳跳猴说:"昨天晚上,白桦大哥在激流中嘱咐我们就在山洞那里等着。万一白桦回来,发现我们不在这里,可如何是好?"

笨笨熊没有说话,点了点头。

黄昏时分,跳跳猴、笨笨熊和李瑞又回到了山洞旁,他们坐在大青石上,等待着白桦。山里的夜很静,要在往常,他们会通过讲故事来排遣寂寞和恐惧。但是,今天,白桦没有下落,他们都没有心情说话,只是依偎在一起,注视着,聆听着。希望能看到白桦的身影,听到白桦的声音。

天又亮了。由于两天来没有吃到任何东西,跳跳猴、笨笨熊和李瑞都感到非常饥饿。

跳跳猴对笨笨熊和李瑞说："你们和小黄就在这里等着，我去找点吃的来。"

笨笨熊看了看四周，只有松树和桦树，说："哪里有吃的呢？"

跳跳猴说："要是周围的树上都挂着桃子，还用去找吃的吗？我想下山去找点水果，或者向老乡讨点吃的。不管怎样，我们不能在这里饿死吧？"说完，跳跳猴将行囊留给笨笨熊，随即向山下走去。走了几步，他回过头来对笨笨熊和李瑞说："记着，在这里等着。天黑之前，我一定回来。"

笨笨熊有气无力地点了点头。

跳跳猴下得山来，大约行了五六里地，看见一座水库。洪水的水位已经达到坝顶，在堤坝的那一端，有一个果园。跳跳猴连蹦带跳地跑过了堤坝，原来，那果园里种满了桃树，树上挂满了又大又红的桃子。他爬到树上，将肚子吃了个饱。接着，又把衬衣扎在腰带里，将桃子装在衬衣里，塞了个满满当当。

当返回到水库边时，跳跳猴发现堤坝被冲垮了一截。坝上，许多人在忙着抢修。看看天色将晚，想想笨笨熊和李瑞还在山上等着自己，跳跳猴向水库上游走了百十米，扑通一声跳进了水库里。跳跳猴自幼便在河里玩水，水性很好。凭借良好的水性，他顺着水势，闯过湍流，游到了水库对岸。洪流中有许多从上游冲下来的枯树和杂物，将他划得满身是伤。

天黑时分，跳跳猴终于赶回了山洞。

看到跳跳猴从山坡下爬了上来，望眼欲穿的笨笨熊和李瑞赶快下去，将跳跳猴迎到那块大青石上。跳跳猴将衬衣里的桃子掏了出来，笨笨熊和李瑞一边吃着桃子，一边向跳跳猴问这问那。

看到跳跳猴满身伤痕，笨笨熊痛惜地说："既然坝被冲断了，何不等修好之后再回来呢？"

跳跳猴说："把你们留在这深山老林，小弟能放心吗？"

笨笨熊说："你就不想一下，如果被洪水冲走怎么办？"

跳跳猴躺在大青石上，一字一板地说："圣人曰：'自古皆有死，人无信不立。'"

听了跳跳猴的话，笨笨熊和李瑞都被跳跳猴把信誉看得和生命一样重要的精神深深感动了。

就在他们说话时，跳跳猴突然发现树林中出现了一个身影。那体型和步态，很像白桦。但当真的看到白桦时，却都不敢相信自己的眼睛。

跳跳猴大叫了一声:"白桦大哥。"

白桦仰头看见了跳跳猴、笨笨熊和李瑞,大声答应了一声。接着,跳跳猴、笨笨熊和李瑞发疯似的跑下山坡,白桦拼命向上爬。四个人拥到一起,没有说话,号啕大哭起来。前一段,笨笨熊对李瑞的古怪行为有点猜疑,李瑞对笨笨熊的态度有点不满。这时,两人之间的隔阂彻底消除了。

哭了许久,跳跳猴看着白桦鼻青脸肿、衣衫褴褛的样子,白桦看着跳跳猴满身的伤痕,又破涕为笑了。跳跳猴将摘来的桃子递给白桦。白桦好久没有吃到东西了,接了桃子,狼吞虎咽地吃了起来。

吃饱了,白桦讲起了他这两天的遭遇。那天白桦被洪流卷走,顺流而下,不时被冲到河道中的石头上,碰得鼻青脸肿,衣服也被撕扯得破破烂烂。虽然经常被湍流吞没,但靠着良好的水性,不时可以浮到水面上来换气。大约一个时辰后,他被冲到河床宽阔处,才爬上岸来。半夜三更,辨不清方向,他只好爬到山坡上,等待天亮。

天亮了,白桦顺着河流向上去找在山洞等着他的三位兄弟。但是,当中午时分来到一个山口时,他发现,河流在上游分成了两条,成为一个丫字形。自己是从哪条河流被冲下来的呢?不知道。前一天晚上,自己被洪水冲出了多远?也不知道。刚发了山洪,周围没有人,白桦只好凭着直觉朝着左边的一个山沟顺着河流向上走去。天黑时分,走到山沟底部了,也没有发现架在两座山顶上的高压线铁塔。这时,白桦才意识到,自己走错了路,钻到了二龙山的山沟里。

天黑了,白桦只好待在二龙山的山坡上过夜。天亮后,他出了二龙山,游过河,进入了双凤山的山沟里。

听了白桦的历险记,跳跳猴也向白桦聊起了他和笨笨熊、李瑞的经历。

说着说着,天黑了,肆虐了近两天的洪水也降到了山洞下面十几米的地方。虽然受了苦难和惊吓,但大难不死,弟兄四人反而感到庆幸。他们又钻到了山洞里,又说又笑度过了一晚上,到了黎明时分,才迷迷糊糊进入梦乡。

来到双凤山的第四天早上,太阳升到一竿子高的时候,弟兄四人被林中的鸟鸣唤醒。他们从山洞里出来,伸了个懒腰。仰头望去,碧空如洗,大概是因为心情好的缘故,太阳也显得比平时灿烂许多。

笨笨熊说:"这次遭遇洪水,我们有惊无险。我提议,就在此处立一石碑,权作纪念。何如?"

跳跳猴笑着说:"好主意。人们常说'大难不死,必有后福'。今天,我们在此立一块石碑，等将来发达了，成为什么家，这石碑就是文物。"

听了跳跳猴的话，白桦、李瑞和笨笨熊都哈哈大笑起来，笑得那么爽朗。

弟兄四人在附近找了一块方方正正的石头，立在落水处的山洞口。跳跳猴咬破指头，在上面写下了"诚义"两个大字，在两个大字下面，落四个人的名字。

他站在石碑前说："为人之要者，诚和义也。不诚则不可信，无义则不可交。"

笨笨熊、白桦和李瑞像宣誓一般跟着跳跳猴郑重地重复了一次。

接着，大家结伴向山下走去。

耳孔里的录音器

经过暴风雨的洗礼，双凤山的花草树木青翠欲滴，连山谷里的空气也像被洗过一样，格外清新。跳跳猴一行一滑一跌地走在泥泞的山路上。小黄狗在后面迈着碎步小跑，不时抬起后腿在路旁撒尿。

在一个弯道处，靠山谷的一侧孤零零地耸立着一块巨石。就在一行人刚刚转过弯道时，突然听见小黄狗的叫声。这次的叫声与以往不同，连续而又急促。

一行四人扭过头来一看，小黄狗不在身后。循着叫声急忙返回来，只见两个相貌怪异的人抱了小黄狗爬上山坡。一眨眼，消失在密密的树林中。

四个人发了疯似的往上追。没跑几步，笨笨熊喘起粗气，停了下来，其他三个人继续向上爬。一开始，还能清晰地听到小黄狗的叫声。渐渐地，犬吠声变得遥远而又模糊，最后，彻底消失了。

跑不了多远，李瑞上气不接下气，脚步慢了下来。跳跳猴和白桦爬到山顶，希望居高临下能多看到一些情况。但是，周围都是参天大树，根本看不到其他地方。

两个人站在山顶，一遍又一遍地大声喊道："小黄，你在哪里？小黄，你在哪里？……"

但是，除了喊声在山谷间的微弱回音，什么也听不到。无奈，三个人只得快快不乐地返回与笨笨熊分别的地方。

笨笨熊低着头在焦急地来回踱着步。见伙伴们空着手返了回来，他急忙问道："跳跳猴，小黄呢？"

跳跳猴摇了摇头，紧接着，眼泪唰唰地流了下来。

过了一会儿，跳跳猴说："外星人为什么要抢走小黄呢？"

笨笨熊没有吭气，紧锁着眉头，坐在了那块巨石旁边。其他三个人也跟着坐了下来，一声接一声地叹着气。

大约过了半个时辰,他们突然听到了小黄狗熟悉的叫声。大家立即站了起来,循着声音望去,只见小黄狗从山坡上连滚带爬地冲着他们跑来,一边跑,一边"汪汪"地叫着。那叫声,透着兴奋和轻松。

跳跳猴迎着小黄跑过去,将小黄狗抱起来亲了又亲。

笨笨熊站了起来,说:"我们快走,离开这个是非之地。"

跳跳猴抱着小黄走在前面,其他人紧紧跟在后面,甩开大步急急向山下走去。

傍晚时分,一行人来到了山下的一个小镇。在镇子里转悠了半天,找到了一家四合院式的旅馆。

店伙计看到一下来了四个客人,笑呵呵地迎了上去,招呼道:"四位客官要住宿吗?"

跳跳猴低声说:"要住。快把门关上。"

看到来客神神秘秘的样子,店伙计愣了。他不解地问:"怎么回事?"

跳跳猴仍然压低声音说:"关上门再说话。"

店伙计惶恐不安地将门关上,然后,两只眼睛一眨不眨地望着跳跳猴。

看见店门被关上,跳跳猴对店伙计说:"外星人很可能在跟踪我们。"

刚才看到跳跳猴神神秘秘的样子,店伙计还以为这伙人是通缉犯。听说是外星人在跟踪,他顿时来了兴趣:"什么?你们遇到了外星人?"

跳跳猴说:"是的。他们想要把这只小狗抓回去。"

"快告诉我,究竟是怎么回事?"一伙外星人在和地球人争夺一只小狗,店伙计的兴趣更浓了。

笨笨熊在后面催促道:"先找个房间住下再说吧。"

店伙计连忙说:"好的,跟我来。"

接着,把跳跳猴等领到了一个四人房间。坐定后,跳跳猴向店伙计把外星人抢夺小黄以及小黄失而复得的过程前前后后说了一遍。

正听得津津有味,店老板在院子里喊店伙计。他应了一声,急急忙忙离开了房间。在他走到门口时,回过头来对大家说:"请放心,今晚我就在院子里给你们站岗。一有动静,马上通知你们。对了,你们不要离开房间,我让人把晚饭送到房间来。"

看到店伙计如此热心,大家一个劲地表示感谢。

吃过晚饭,笨笨熊躺在床上皱着眉头想问题。跳跳猴用一把梳子给小黄清理沾在身上的枯草和松针。

白桦坐到跳跳猴旁边，抚摸着小黄的脑袋说："小黄，外星人把你带到了什么地方呢？他们虐待你了吗？你是怎么逃回来的？"

小黄抬起头来望着白桦，接着，又低下脑袋，显出一副疲惫的样子。

跳跳猴看了白桦一眼，说："让它休息吧，白天它不知道跑了多少路呢！再说，我们也该休息了。"

跳跳猴说的没错，小黄确实跑了不少路。今天上午，外星人把小黄带到了另外一个山头的山顶上。在那里，停着飞碟，他们准备把小黄带回大本营。但在飞碟的舱门就要关上时，小黄突然从外星人的怀里挣扎了出来。外星人急忙在后面追，但一眨眼，小黄已经逃得无影无踪。

就在跳跳猴拉开被子准备睡觉的时候，笨笨熊突然从床上坐了起来。他说："先别休息！我们需要好好检查一下小黄。"

白桦和跳跳猴同时将头转向笨笨熊，不约而同地问道："为什么？"

笨笨熊说："我想，外星人抢夺小黄一定是有目的的。"

白桦和跳跳猴哑然。白桦自言自语地说："会有什么目的呢？"

笨笨熊说："比如，他们希望从小黄身上获得什么资料。"

跳跳猴颇为不屑地说："老兄多虑了，小黄怎么可能给外星人提供资料？"

笨笨熊不紧不慢地说："那一次白桦大哥为外星人带路后背篓里多了小黄，当时我就怀疑小黄是外星人悄悄塞给大哥的。今天，外星人又把小黄抢了去。你们难道不觉得其中有什么蹊跷吗？"

跳跳猴说："这么说来，小黄竟然是外星人派来的间谍？"

说话时，他两眼瞅着小黄，眼光冷峻而陌生。

笨笨熊说："倒不是说小黄在和我们作对。但是，不排除外星人在小黄身上安装某种仪器的可能。"

说完，笨笨熊四人都陷入了沉默。

良久，跳跳猴说："那么，我们就来检查一下吧。但是，检查哪里呢？"

笨笨熊说："看一看身体有没有伤口。"

四个人凑在一起，从鼻子尖到尾巴梢拨开毛细细地检查了一遍，没有任何伤口。

想了一阵，白桦说："会不会伤口已经长好，我们看不出来呢？"

跳跳猴说："有道理。"

白桦又从尾巴梢开始，一点一点触摸小黄的皮下。但是，浑身都捏遍了，没有任何发现。

这时，跳跳猴把小黄从白桦手里接了过来，来到灯光下，仔细地观察左边的耳朵孔。

笨笨熊说："对，应该看一看耳朵孔。"

但是，左边耳朵孔没有看到东西。接着，跳跳猴又反过来看右边。"咦！这是什么呢？"跳跳猴在小黄右边耳孔里发现一个线头。

轻轻一拽，拉出来一个像耳塞一样的东西。

笨笨熊从跳跳猴手里接过耳塞，只见上面分布着几个按钮一样的东西。他沉思了一阵，说："我看这像是一个微型录音器。"

他按了一下其中一个按钮，耳塞里传出他们在旅行途中对话的声音，就连笨笨熊睡觉时打鼾的声音也清晰可闻。又试着按了其他几个键，原来，那些键是暂停、快进、快退键。

跳跳猴拍了拍笨笨熊的肩膀，说："老兄说得对，看来外星人真的是利用小黄在搞间谍活动。"

白桦说："想不到，这外星人还和我们打间谍战。把这录音器砸碎。"

笨笨熊做了一个制止的手势，接着陷入沉思。

过了一阵，他说："不能砸碎，我们还要把它装回去。"

"为什么？"跳跳猴不解。

笨笨熊说："如果把它卸下来，外星人会认为我们已经发觉了录音器。这样，就会影响我们的计划。"

"难道外星人还会再来抢小黄回去吗？"李瑞自言自语地说。

笨笨熊说："为了得到录音器里的资料，他们会再来把小黄抢回去的。"

跳跳猴接着问："你刚才说把录音器卸下来会影响我们的计划，什么计划呢？"

笨笨熊说："外星人利用录音器偷窃我们的资料，我们为什么不能以其人之道还治其人之身呢？"

"噢，我明白了。你是说，我们也在小黄身上安装录音器，当外星人把小黄抢回去时，我们也来窃取他们的资料。"

笨笨熊没有吭气，只是点了点头，同时作沉思状。跳跳猴和白桦也默不作声，盘算着实施这一计划的细节。

过了一会儿,笨笨熊对跳跳猴、白桦和李瑞说:"我们把这个录音器里的资料删掉。在外星人下次来抢小黄时,把空白的录音器再塞回到耳孔里。另外,在小黄项圈的铃铛里再塞一个录音器。我想,外星人在发现录音器里没有资料时,会让小黄再回来的。那样,我们就能获得他们的资料。"

听了笨笨熊的计划,跳跳猴在笨笨熊的肩膀上重重地捶了一下,说:"真有你的。"

发现了小黄身上的秘密,又有了行动计划,笨笨熊心情轻松了起来。他对大家说:"弟兄们,睡觉。"

熄灯后不一会儿,笨笨熊、白桦和李瑞便进入梦乡。跳跳猴紧紧地搂着小黄,怎么也睡不着。他警觉地注意着外面的动静,生怕外星人用了什么手段闯进屋里来将小黄抢走。一晚上,他一直听见院子里有一个人的脚步声,不时,还传来店伙计轻轻的咳嗽声。得知店伙计真的在给他们巡逻放哨,跳跳猴紧绷着的神经才渐渐放松了下来。在窗户纸渐渐亮起来的时候,他才迷迷糊糊做起了梦。

第二天早上,弟兄四人把录音器里的资料彻底删去,关掉了录音键。又买了一个微型录音器,准备着外星人下次抢夺小黄时安装。一切安排停当,一行人又上路了。

路条

中午时分，跳跳猴一行循着路线图来到了一座山冈前。举头遥望，但见山岗后有一座巍巍大山，山冈上有一座城堡。城墙上，一杆大旗飞舞，上书"祝家庄"三个大字。

到祝家庄了，一行四人非常兴奋，甩开大步望着城堡进发。爬到半山腰时，只见在城堡周围有一条既宽又深的护城河，河堤上栽满了杨柳树。

白桦说："这么宽的河道，如何能过得去呢？"

笨笨熊说："既然有护城河，一定是有城门的。"

一行人围着城堡转了一圈，发现有两座城门。一座城门朝着山冈前的开阔地，既高且阔，可能算是山寨的前门；一座朝着山冈后的大山，矮而且窄，应该是山寨的后门。透过河堤上的杨柳树，只见前后两座城门的吊桥都高高拽起，城墙上排着密密麻麻的刀、斧、剑、戟等兵器，在阳光照射下闪着寒光。在前门城墙的两侧，还插着两面破旧的白旗，左手一面上书"填平水泊擒晁盖"，右手一面上书"踏破梁山捉宋江"。

《水浒传》里有一首描写祝家庄的诗：

独龙山前独龙岗，独龙岗上祝家庄。

绕岗一带长流水，周遭环匝皆垂杨。

墙内森森罗剑戟，门前密密排刀枪。

虽然时过百年，祝家庄基本上还是老样子。

这祝家庄里的庄主祝朝奉和他的三个儿子祝龙、祝虎和祝彪都被梁山好汉杀死，为何城上的旗子还书着擒晁盖和捉宋江呢？

原来，祝家庄内的盘陀路弯环曲折，当年宋江一打祝家庄时，陷入迷宫之中，吃败仗而归。有一复姓钟离的老人给梁山细作石秀指了出庄的路径，梁山人才弄明白了这盘陀路的机关。在三打祝家庄获胜后,宋江一把火烧了曾与祝家庄结盟的扈家庄和李家庄。因念钟离老人的指路之恩,唯独将整个祝家庄连同城墙上的兵器、旗帜都完完整整保留了下来。

等待许久,前门的吊桥吱吱嘎嘎地放了下来。跳跳猴一行急忙踏上桥板,往里走去。

到得门洞,两个守门人将他们拦了下来,向他们要路条。

"路条?什么路条?"跳跳猴大惑不解。

守门人不吭气,只是漠然地望着天空。

这时,笨笨熊想起参加智者讲座的师兄曾经告诉他,生物旅行的路线图可以在关卡处作为入门的证件。

想到这些,笨笨熊附在跳跳猴耳朵边说:"拿出路线图来!"

跳跳猴满脸疑惑地问:"拿路线图干什么呢?"

"叫你拿你就拿嘛!"笨笨熊的声音虽然低沉,但丝毫不容置疑。

跳跳猴从行囊中取出路线图,交给笨笨熊。

笨笨熊将路线图展开,举在守门人的面前,问道:"是这个吗?"

两个守门人看了看路线图,将右臂抬起,指向城门里。

笨笨熊把路线图收起来,还给跳跳猴。接着,他向跳跳猴、白桦和李瑞招了招手,大声说:"走啊,我们被放行了!"

一行四人蹦蹦跳跳向城里走去。

动物的生存斗争

——化学武器

　　走进祝家庄，只见街上的行人都穿一件黄背心，背心前后，都写着一个大大的"祝"字。

　　原来，在梁山好汉三打祝家庄后，人们便把这里改造成为花园和动物园。虽然这里再也没有战事，但新的庄主规定凡是祝家庄的人都要在衣服上写一个"祝"字。和扈家庄一样，这里也集中了世界各地的自然环境和各种动物，在村边还有浩瀚的大海……

　　进村庄后走不远，便是一个花园。园中百花争艳，彩蝶纷飞，一只又大又漂亮的蝴蝶正趴在他们面前的一朵花上。跳跳猴蹑手蹑脚地走过去，想把它抓来做标本。就在他双手合拢的瞬间，蝴蝶扇着美丽的翅膀，飞走了，飞得那么轻盈。接着，跳跳猴又寻找下一个目标，但连续几次，都扑了空。

　　跳跳猴说："蝴蝶的感觉真灵敏啊。它们就是靠了灵敏的感觉来躲避猎杀的吗？"笨笨熊说："蝴蝶一方面靠了灵敏的感觉及时躲避来犯者，另一方面还靠化学武器来对付敌害。"

　　"蝴蝶还有化学武器？"跳跳猴惊讶地问。

　　笨笨熊说："有。就是靠了这化学武器，比蝴蝶强大的动物对蝴蝶也惧怕三分呢。"

　　"什么化学武器呢？"跳跳猴第一次听到蝴蝶还有化学武器，很想听个究竟。

　　笨笨熊说："有一些蝴蝶将卵产在一种含有毒性物质的植物上，从卵中孵化出来的幼虫在吃这种植物后，将植物所含的毒素积累在体内。这种毒素在蝴蝶的蛹和成虫体内一直保留着。如果鸟吃了这种蝴蝶，就会出现剧烈呕吐的症状，严重的还会出现心脏麻痹，导致死亡。"

　　"坦桑尼亚有一种叫做克利斯帕蝶的蝴蝶。这种蝴蝶的幼虫喜爱吃一种富含强心甙的叫做若肯茶的植物的叶子，而且食量很大，因此，强心甙在体内积累很多。当幼虫蜕化成为蝴蝶时,强心甙主要积累在翅膀中。强心甙有一种特殊的味道,当鸟啄食蝴蝶的翅膀时,往往会疑心中毒而放弃猎杀这种蝴蝶。因此,克利斯帕蝶的翅膀上常常可以看到被鸟啄食后留下的小窟窿。"

在动物界,利用化学武器防身或进攻是一种常见的现象。

在西印度群岛牙买加,有一种热带蜈蚣,身长可达到一米多,长着180对脚。在它的360只脚中,每一只都含有毒腺。当敌害来侵犯时,就从毒腺内喷射出一种烟雾,对来犯者形成一种震慑作用。其实,这种烟雾不只是看起来可怕,实际上也确实了得,因为这种烟雾是一种含氰化氢的剧毒气体。

有一种虫子,叫做千足虫,形状和蜈蚣相似,也有很多只脚。它的每一个关节都有毒腺,在遇到敌害时能射出一种具有麻醉作用的毒汁,使接触毒汁的敌人失去感觉。

在澳大利亚,有一种银蕊虫。这种虫的身体两侧有二十多个小孔。在遇到敌害来犯时,它立即从身体两侧的小孔中喷出一种碱性液体。来犯者被银蕊虫突然喷出的碱性液体所惊吓,就停止进攻。这时,银蕊虫便趁机逃走。

还有,比目鱼常年懒洋洋地躺在海底,当鲨鱼来到身边,对它形成威胁时,它会喷出一种乳白色的液体。然后,鲨鱼便大张着嘴,掉头逃走。

为什么大张着嘴呢?

比目鱼喷出的液体麻痹了鲨鱼颌部的肌肉,这样,鲨鱼原来张大的嘴就合不上了。

还有一种甲虫,在遇到敌害时可以像打炮一样从尾部发射带有硫黄气味的烟雾,同时发出噼噼啪啪的爆炸声。受到这种"炮火"的惊吓,来犯者慌忙逃窜。这放炮的甲虫呢? 在烟雾的掩护下溜之大吉。

还有神的呢。哥伦比亚有一种叫做布拉西努斯的甲虫。这种甲虫可以释放出温度在一百摄氏度的高温液体。

一百摄氏度的液体存放在体内? 怎么能受得了呢?

科学家对这种现象也感到好奇,对这种甲虫进行了解剖和化学分析。结果发现,释放高温液体的结构是甲虫的胃,由三个囊组成。在第一个囊内,储藏有双原子石炭酸水溶液;在第二个囊内,储藏有过氧化氢和水;在第三个囊内,储藏有酶。三个囊之间有微孔连接。在遇到敌人侵犯时,三个囊内的物质互相混合,发生剧烈的化学反应,释放出大量的热,同时形成一股压力很大的气雾,从尾部喷射出来。因此,喷射出来的高温液体是在喷射时瞬间形成,不是平时就以高温储存在体内的。

想不到,貌不惊人的小虫御敌手段竟然如此高明。

动物的生存斗争

——臭气也能当武器？

一行人边走边说，来到了黄鼠狼的笼子前。

笨笨熊说："以上说的都是一些小虫子，利用化学武器御敌和捕食的，还有黄鼠狼。"

跳跳猴问："黄鼠狼利用什么化学武器呢？"

笨笨熊说："臭屁。"

"臭屁？"李瑞不解，"臭屁也能当武器？"

笨笨熊说："不信吗？"

说完，笨笨熊从口袋里掏出三副魔镜，自己戴了一副，另外两副分别给了白桦和李瑞。

跳跳猴问："戴魔镜干吗？"

笨笨熊说："以前，在考察植物时，我们把魔镜当作放大镜、望远镜以及显微镜来用。其实，魔镜还有另外一个功能。当我们戴上魔镜来观察动物时，可以看到动物正常生活状态的场景。比如，眼前的黄鼠狼是在笼子中，但是，当我们戴上魔镜观察它时，可以看到它在田野中行走，可以看到它偷鸡来吃。"

听到笨笨熊的叙述，白桦和李瑞才知道笨笨熊给自己的不是一般的眼镜，而是具有魔力的魔镜。

接着，白桦和李瑞把魔镜戴上，跳跳猴也从自己口袋里掏出魔镜戴上。

他们看见，在一片开阔地，一只狗在追黄鼠狼。黄鼠狼拼命奔跑，无奈腿太短，速度明显比不上长腿的狗。眼看就要被狗追上了，只见飞奔的狗突然止住了脚步，掉过了身子，向着相反的方向跑了。趁着这个机会，黄鼠狼逃跑了。

跳跳猴感到奇怪，说："咦，怎么到嘴的肉不要了？"

黄鼠狼

正说着，他们闻到了一股奇臭。

笨笨熊笑笑，说："知道狗为什么要掉头逃走了吧？刚才看到的是黄鼠狼用臭屁退追兵，它还可以用臭屁捕杀动物呢。"

说着，眼前出现了一只刺猬。它缓缓地在草地上爬行，觅食。这时，刚才追黄鼠狼的狗走了过来。刺猬一看见狗，就将身体蜷缩成一团，钢针一般的刺竖在身体的周围。狗走过去，围着刺猬转了几个圈，没办法下口，无奈地走了。

少顷，黄鼠狼转了回来，走到了刺猬跟前。大概刺猬早已看到了黄鼠狼，还是缩做一团，不肯伸展开身体。黄鼠狼围着刺猬转了一圈，找到刺猬头的位置，将屁股对准刺猬头。

这时，一股奇臭飘了过来。奇怪，刺猬周身竖起的钢针渐渐倒了下来。接着，刺猬一骨碌躺在了地上，露出了没有钢针的肚皮。显然，它被黄鼠狼的臭屁熏晕了。黄鼠狼从刺猬的腹部下口，享用起美味来。

笨笨熊说："看到黄鼠狼臭屁的厉害了吧？"

跳跳猴点点头，接着问："黄鼠狼的臭屁是从哪里来的呢？"

笨笨熊说："黄鼠狼肛门附近有一对臭腺，臭气就是臭腺产生的。除黄鼠狼之外，白鼬、臭鼬和灵猫都有这种本领，其中以臭鼬的臭气最厉害，可以顺风传到半公里之外。臭鼬排出的臭液不仅奇臭难闻，而且还有毒性，碰到眼睛可以导致失明，进入鼻孔可以引起呕吐。臭鼬本身并不凶猛，但就是靠了这种化学武器，使得森林中的食肉动物都对它忌惮三分。"

这时，笨笨熊摘下魔镜，跳跳猴、白桦和李瑞见状，也将魔镜摘下。

昆虫中也有通过释放臭气来御敌防身的。瓢虫三对足的关节处都隐藏着一个臭腺。在遇到敌害时，臭腺会分泌出臭味很浓的黄色挥发性液体，使敌人闻臭而逃。椿象的臭腺开口于身体的腹部，它散发出来的臭气可使来犯者闻而生畏。在它们生儿育女的时期，这股臭气可在幼虫周围形成一个臭气圈，如同一道无形的围墙，保护子女免遭侵害。

还有一种叫做戴胜的鸟，在繁殖期间，戴胜通过尾脂腺分泌出一种奇臭的棕黑色液体。有些前来偷鸟蛋的动物，闻到这种恶臭，只得掉头返回。

看来，人类关于使用化学武器的禁令对动物没有发挥作用。

动物的生存斗争

——毒蛇的毒性真大啊！

沉默了一会儿，笨笨熊接着说："不过，说到毒性，还要首推毒蛇。"

说完，便领着跳跳猴、李瑞和白桦来到蛇馆。在一个个玻璃罩子内，枯树枝上或沙子上盘着一条条蛇。它们有的静静地卧着，一动也不动；有的仰着头，信子在嘴里一伸一缩。

站在玻璃罩前，跳跳猴问："毒蛇的毒性究竟有多大呢？"

笨笨熊说："这样说吧。有一种叫做虎蛇的毒蛇，一条蛇的毒液足够杀死 300 只羊。响尾蛇和眼镜蛇是我们经常听到的毒性很强的毒蛇，大洋洲的一种细鳞蛇，毒性比响尾蛇还要大许多。"

过了一会儿，李瑞问："所有的蛇都有毒吗？"

笨笨熊说："不是的，世界上的蛇大约有 2700 多种，其中毒蛇有 600 多种。毒性很大，能置人于死地的大约有十几种。"

跳跳猴问："那怎样区别有毒蛇和无毒蛇呢？"

笨笨熊说："毒蛇有毒腺，无毒蛇没有毒腺。"

跳跳猴说："我说的是如何从外观来判断。"

笨笨熊说："毒蛇头一般比较大，呈三角形，颈部细小，尾巴短，斑纹比较明显。比如，五步蛇、蝮蛇、烙铁头、竹叶青、蝰蛇等毒蛇的头就是三角形的。但是，也有一些毒性很大的毒蛇，如金环蛇、银环蛇及各种海蛇，头部不是三角形。

蛇

"无毒蛇的头一般较小，多呈椭圆形，尾巴长。但是，也有少数无毒蛇，如颈棱蛇，头部呈三角形。因为颈棱蛇的外形很像蝮蛇，人们称它为假蝮蛇。

"要判断毒蛇还是无毒蛇，还有一个方法是看它有没有毒牙。毒牙有两种。

"一种是沟牙，沟牙上有一条连通毒腺的沟，是毒液从毒腺流出的通道。有的蛇，如眼镜蛇、金环蛇、银环蛇及各种海蛇，沟牙长在蛇的上颚骨的前部，在张开嘴时就能看见，叫做前沟牙，具有前沟牙的毒蛇通常毒性较大。有的蛇，如泥蛇、水泡蛇，沟牙长在上颚骨的后部，叫做后沟牙，具有后沟牙的蛇通常毒性较小，人被咬后一般不致死亡。

"另一种毒牙是管牙，管牙中间呈空管状，尖端很细，像注射器的针头，基部和毒腺的导管相通。咬人的时候，毒腺周围的肌肉收缩，毒腺中的毒液便顺着毒牙进入人的身体中。蝮蛇、五步蛇、竹叶青和烙铁头等毒蛇的毒牙就是管牙。"

跳跳猴说："无毒蛇没有牙吗？"

笨笨熊说："有。但是，有毒蛇的牙和无毒蛇的牙不同。无毒蛇的牙多而细，毒蛇的牙少而粗。如果是被毒蛇咬伤，会看到一个或一对毒牙的牙痕。如果是被无毒蛇咬伤，则会看到两行细小的牙痕。"

跳跳猴问："如果是被毒蛇咬伤，会出现什么情况呢？"

笨笨熊说："被毒蛇咬伤后，受伤的部位一般会很快出现剧烈疼痛和肿胀。有的会感到头晕、出冷汗以及呼吸困难的症状。但是，如果被金环蛇、银环蛇及海蛇咬伤，可能在几小时后才出现症状。"

跳跳猴问："一旦被毒蛇咬伤，该怎么办呢？"

白桦接话说："在确认被毒蛇咬伤后，要赶快将伤口靠近心脏的一端扎紧，这样，可以减慢、限制毒液从伤口流回心脏和扩散到全身。但是，为了防止伤口远端的肢体缺血，要每隔十分钟左右放松一到两分钟，让伤口远端的肢体获得基本的血液供应。此外，从结扎处向伤口方向反复挤压，尽量使毒液排出来。这些是简单的自救措施，在及时采取自救措施的基础上，要尽快找医生进行专业的抢救。"

白桦寨的毒蛇比较多，白桦就曾经被毒蛇咬过一次。正好，当时白桦寨的参观者里有一个医生挽救了他的性命。因此，他明白毒蛇咬伤后应该如何救治。不过，当他谈到救治过程时，仍然心有余悸。

动物的生存斗争

——人心不足蛇吞象

这时，动物园管理员来喂食了。他向一个关着蛇的玻璃罩中投进了一只老鼠。只见罩子中的蛇闪电般地叼住老鼠脑袋，上下颌张开很大。然后，慢慢地吞了下去。在蛇的身体上，看到老鼠大小的包块从颈部缓缓向尾部方向移动。

跳跳猴看得目瞪口呆，说："蛇怎么能吞下比它头部大得多的东西呢？"

笨笨熊说："一般动物与下颌连接的骨头是固定不动的，因此，受周围组织的限制，嘴一般不会张得很大。蛇呢？连接下颌的几块骨头是可以活动的。因此，上下颌之间可以张开很大。

"此外，人的下颌骨只有一块，蛇的下颌骨分左右两块，在左右下颌骨之间有可以活动的榫头，以韧带相连。因此，蛇的下颌还可以向左右两边扩大。

"由于蛇的嘴巴既能向上下方向张得很大，又能向左右方向扩展，所以，它能吞下比它头部大得多的动物。比如，蝮蛇能吞下比它头部大十几倍的鸟。"

跳跳猴说："怪不得人们说：'人心不足蛇吞象。'"

动物的生存斗争

——蛇之天敌

李瑞问："毒蛇毒性如此之大，应该是所向无敌了吧？"

笨笨熊说："毒蛇虽然毒性很大，但也不是天下无敌。比如，桂鱼就特别喜欢吃蛇。"

"鱼还能吃蛇？"李瑞感到难以想象。

笨笨熊说："那就看看吧。"

说着，笨笨熊在展览蛇的玻璃罩前戴上了魔镜。跳跳猴、白桦和李瑞知道，这是要看桂鱼吃蛇的场面了，也将魔镜戴上。

通过魔镜，他们看见在一条清澈的小河中，一条桂鱼在悠闲地游弋。突然，一条水蛇从旁边向桂鱼扑去，紧紧地缠在桂鱼身上。桂鱼没有任何反应，任凭水蛇将其缠得越来越紧。哼，你缠吧，缠得越紧越好。

突然，从水底冒出一股殷红的血，桂鱼倏地一下从血水中穿了出来。然后，又返回头，扎进了水中。

跳跳猴问："这血是从哪里来的呢？"

笨笨熊说："当蛇用力将桂鱼箍紧达到一定程度时，桂鱼突然张开背部和尾部的棘刺，将蛇的身体割断。刚才我们看到的血，就是从蛇的伤口流出来的。桂鱼从蛇的束缚中解脱出来后，会返到水底，去慢慢享用蛇肉。"

笨笨熊话音刚落，他们看见一条蛇在一块光秃秃的岩石上爬行。突然，蛇身边的地面上出现了一片阴影。抬头一看，一只大鸟从天而降，朝着岩石上的蛇猛扑而来。

笨笨熊说："看，这大鸟叫做蛇雕。"

蛇雕准确地落下来，用两爪死死地抓住蛇身，用喙咬住蛇头。蛇尾甩来甩去，想要挣脱。但蛇雕抓得太紧了,怎么也不得脱身。接着,蛇雕一个劲地猛啄蛇的头部。蛇头血肉模糊,蛇身也一动不动了。然后,蛇雕将蛇吞了下去。

看着这一场景,跳跳猴紧张得手心里出了汗。他不无担心地问:"难道蛇雕就不怕蛇咬吗?"

笨笨熊说:"蛇雕的双爪覆盖着坚硬的鳞片,身上是厚厚的羽毛,蛇很难将其咬伤。另外,蛇雕对所攻击的蛇有所选择。它一般抓无毒的蛇,对有毒的蛇通常是回避的。"

看完这两场惊心动魄的战斗,他们把魔镜收了起来,向蛇馆外走去。

除了蛇雕和桂鱼,蛇的天敌还有非洲鹭鹰和獴。

非洲鹭鹰抓蛇的本领比蛇雕还要高强。在与蛇对峙时,鹭鹰总是东躲西闪,绕到蛇的背后,使毒蛇不能从正面攻击。一旦瞅准有利时机,就猛扑过去,用爪子猛踩蛇头,用喙猛啄蛇身,或者把蛇带到高空后摔下,将蛇摔死,然后享用。

獴与眼镜蛇相遇后,往往会有一场惊心动魄的搏斗。但是,獴是蛇天生的克星。它毛粗硬而蓬松,身体不容易被蛇咬到。更加重要的是,它的体内有一种解蛇毒的物质,因此,即使被眼镜蛇咬伤或者将眼镜蛇吞下,也不会中毒。因此,獴与蛇的搏斗,是丝毫没有悬念的战争。

动物的生存斗争

——令人毛骨悚然的蟒蛇

一行四人且走且谈,说话间来到了蟒蛇馆。在一个枯树上,盘绕着一条水桶般粗细的巨蟒。

白桦问:"蟒蛇也分有毒蟒蛇和无毒蟒蛇吗?"

笨笨熊说:"蟒蛇主要靠缠绕猎物而将猎物置于死地。鳄鱼够凶猛吧? 狮子是森林之王吧? 它们都不是蟒蛇的对手。好,让我们看看蟒蛇的风采吧。"

说着,几个人都戴上魔镜。透过魔镜,眼前出现了一片森林。林中百鸟鸣啭,香气袭人,树木之间不时有各种森林动物穿梭。可能是嗅到了地下的美食,一头野猪在一株树干旁用它那坚硬的鼻子拱土。突然,从它头顶的树枝上垂下一条蟒蛇, 将野猪死死地拦腰缠住。野猪在挣扎,蟒蛇呢? 不慌不忙,将野猪缠了一圈又一圈。可能是野猪的骨头被压断了,除了听得到野猪的惨叫声外,还能听到咯咯的声音。一会儿,野猪没有动静了。然后,蟒蛇将死去的野猪松了绑,将整头野猪吞了下去。就像蛇吞老鼠一样,在蟒蛇的身上,出现了一个野猪大小的鼓包,从颈部向着尾部方向慢慢移动。

巨蟒

就在这时,眼前出现了一个池塘,并且听见噼噼啪啪的声音。定睛一看,原来是池塘边的一条鳄鱼和一条巨蟒扭在了一起。巨蟒将身躯缠在鳄鱼的腹部,平时凶残无比的鳄鱼被巨蟒缠得一动不能动。看来,这条鳄鱼要葬身蟒腹了。

看到这个场景,笨笨熊的心不由得咚咚直跳,他赶快将魔镜从鼻梁上摘下来。奇怪,虽然跳跳猴和白桦还戴着魔镜,但刚才看到的景象倏然消失了。他们还是站在蟒蛇馆中,眼前的蟒蛇还是缠在枯树枝上,一动不动。看到魔镜失去了作用,他们把魔镜摘了下来。

李瑞诧异地问:"怎么突然中断了呢?"

跳跳猴朝笨笨熊努了努嘴,说:"我想,我们的魔镜都是由笨笨熊老兄控制着呢。"

笨笨熊心有余悸地说:"我受不了啦。"

跳跳猴说:"真可惜。本人正看得带劲呢。"

白桦说:"好了,再看下去,我们的笨笨熊先生就要晕倒了。不过,我有一个问题。"

"什么问题?"这时,笨笨熊比刚才镇定了许多。

白桦说:"我不明白,蟒蛇怎么能吞得下比自己头部大许多的动物。"

笨笨熊说:"蟒蛇的嘴和蛇相似,不仅能在上下方向张得很大,还能向左右两侧扩展。在将猎物吞入口腔后,可以在钩状牙齿的作用下,将猎物送进消化道内。蟒蛇没有胸骨,体壁能够大幅度扩张,因此,比蟒蛇身体粗的动物也能顺利地沿着蟒蛇体腔中的消化道向下移动。"

跳跳猴说:"蟒蛇把猎物连皮带骨都吞下去,能够消化得了吗?"

笨笨熊说:"没有问题。蟒蛇消化道中的酶能将猎物的皮肉和骨头都消化掉。"

"真厉害啊!"跳跳猴由衷地感叹道。

说着,一行人往蟒蛇馆外走去。

动物的生存斗争

——会飞的野兽

从蟒蛇馆出来,他们进入了隔壁的蝙蝠馆。

蝙蝠馆呈山洞状,山洞壁怪石嶙峋。仰头一看,洞顶密密麻麻地悬吊着许多蝙蝠,它们后肢攀住岩石,头部朝下,像是在集体练习倒挂功夫。

跳跳猴问:"我老是搞不清楚,蝙蝠应该算作飞禽呢? 还是走兽呢? "

笨笨熊说:"从模样上来看,蝙蝠与老鼠相似,但与老鼠不是同种。它善于飞翔,但又不是鸟类。在生物学分类上,它是一种兽类。准确点说,它是一种会飞的兽类。"

跳跳猴问:"人们常说'飞禽走兽'。蝙蝠的主要运动方式是飞行,怎么归在兽类呢? "

笨笨熊说:"动物的分类,关键在于生殖及哺乳方式。鸟类是卵生,蝙蝠是胎生。雌鸟通过喂幼鸟小虫或谷物抚育幼鸟,幼蝠靠吃母蝠乳汁长大。根据胎生以及哺乳这两点,蝙蝠便不是鸟类。"

听了笨笨熊的解释,跳跳猴连连点头。

蝙蝠长得不伦不类,《伊索寓言》中还有一篇关于蝙蝠是鼠是鸟的寓言呢。

蝙蝠与荆棘、潜水鸟一起经商,结果赔了钱。要面子的蝙蝠不敢见人,便白天躲在家里,晚上才出来溜达,散心。有一天,蝙蝠在家里闷得慌,出来转悠,飞到一棵树上。大概是由于长久没有飞行,肢体没了力量,刚落到树上,脚一软,便从树上摔了下来。要想爬起来,却觉得什么东西死死地压在了身上。扭头一看,原来是黄鼠狼用爪子将它摁到了地上。

黄鼠狼说:"看来,我今天有口福了。"

说着,就要对蝙蝠下口。

这时,蝙蝠说:"别着急,你知道我是谁吗?"

黄鼠狼说:"不就是一只鸟吗?"

黄鼠狼把蝙蝠划在了鸟类中。

蝙蝠听了黄鼠狼的话,急中生智,说:"你弄错了,我不是鸟。你看看我这嘴和我这脸。我是鼠,和你是同类。"

黄鼠狼定睛一看,不错,这家伙鼠头鼠脸的。怎么能吃自家人呢?于是,黄鼠狼把蝙蝠放了。

过了几天,蝙蝠再一次出来时,又从树上掉到了地上。无巧不成书,这一次,又被另一只黄鼠狼逮了个正着。

黄鼠狼正要下口,蝙蝠想起上次遇险后解脱的经过,急忙说:"千万不要杀我,我们是一家人啊。"

黄鼠狼说:"我憎恨的就是同类。"

听到这只黄鼠狼不认一家人,蝙蝠又急中生智,说:"刚才着急说错了,我是鸟类啊。不信,你看看我的翅膀。"

黄鼠狼仔细看了看蝙蝠。真的,这家伙是一只鸟。于是,将蝙蝠放了。

就这样,蝙蝠靠着它不伦不类的长相,两次逃脱了杀身之祸。

第二只黄鼠狼怎么会憎恨同类呢?这个问题,估计谁也说不来,只能问《伊索寓言》的作者了。

动物的生存斗争

——蝙蝠种种

明白了蝙蝠的分类后，李瑞问："蝙蝠只有一种吗？"

笨笨熊说："不，有950多种，占全部哺乳动物种类的四分之一。除南北极和干旱的沙漠地区之外，世界各地都有蝙蝠分布。"

"在印度尼西亚和澳大利亚热带森林中，有一种叫做狐蝠的蝙蝠，它们专吃水果，因此，也叫做果蝠。果蝠白天在树上倒挂着睡觉，晚上就成群结队飞向果树林，大肆掠食。所过之处，几乎一只水果都不剩。"

"还有一种蝙蝠，以捕食鱼、小鸟以及小型哺乳动物为生，人们叫它食鱼蝠。当然，大部分蝙蝠是以捕食昆虫为生的。它们大量捕食蚊子，对人类是有益的。

"还有一种蝙蝠，专门以青蛙为食，叫做食蛙蝠。有兴趣看看食蛙蝠捕食青蛙的场景吗？"

跳跳猴和白桦一齐说："有啊。"

说完，四个人都戴上了魔镜。

这是一个无月的夜晚，抬头仰望，夜空中，繁星不时眨巴着眼睛。面前是一片树林，树丛中有一个池塘，泛出淡淡的白光。从那里，传来一阵阵的蛙鸣。

这时，池塘上空出现几只黑影。突然，蛙鸣戛然而止。

跳跳猴问："为什么青蛙突然不唱歌了呢？"

笨笨熊说："食蛙蝠来了。你没有看见那几只黑影吗？"

跳跳猴点了点头。

过了一会儿，大概这些天生的歌唱家嗓子痒得难受，又开始了大合唱，唱得比刚才还要起劲。就在这时，池塘边上的树上突然飞下几个黑影，俯冲到水面上，抓起了什么东西，水面上传来噼噼啪啪的溅水声。

青蛙合唱队又突然静了下来。

笨笨熊说:"看到了吧?刚才食蛙蝠抓走了几只青蛙。"

跳跳猴点了点头,说:"食蛙蝠也是靠发射和接受超声波捕猎吗?"

笨笨熊说:"是。但是,除此之外,它们还有很好的听觉,能够通过青蛙的声音判断哪些是有毒的青蛙,哪些是无毒的青蛙。"

可怜的青蛙为了展示自己的歌喉,便丢了性命,太得不偿失了。

顿了顿,笨笨熊接着说:"还有一种蝙蝠,以吸血为生,人们把它叫做吸血蝠。"

"以吸血为生?"跳跳猴不解。

笨笨熊说:"是。这种蝙蝠常常在人们夜间酣睡时,潜入房间,在人的身上轻轻地咬一口。奇怪的是,蝙蝠咬过的伤口总是出血不止,不会凝固。"

跳跳猴问:"为什么不凝固呢?"

笨笨熊说:"在吸血蝠咬人时,它的唾液会进入伤口,在唾液中,有一种能够防止血液凝固的化学物质。这样,就能保证吸血蝠有足够的血液吸吮,直至吃饱喝足。"

跳跳猴说:"这是真正的吸血鬼啊。"

这时,池塘上又响起了一片蛙鸣,一弯残月从黑黢黢的树影后升了起来。

笨笨熊说:"时候不早了,我们到下一站吧。"

说完,一行人摘下魔镜,走出蝙蝠洞。

动物的生存斗争

——卧底英雄

从蝙蝠洞出来，跳跳猴一行来到了昆虫室。

在一个玻璃罩子中，有一种形似蜜蜂的昆虫。在玻璃罩子上，写着"金小蜂"。

这时，笨笨熊走了过来，指着几只蜂说："看见了吗？在雌蜂的尾部有一根宝剑状的器官。这器官，就像蜜蜂的螫，带有毒素，可以用来御敌防身。更重要的是，它是一个产卵器，可以将卵产到寄主的体内。"

跳跳猴问："把卵产到寄主的身体内？"

笨笨熊点点头，说："是的。金小蜂可以把卵产在红铃虫、稻苞虫、松毛虫、菜粉虫等害虫的卵、幼虫和蛹内。当金小蜂在寄主体内孵化出来之后，即吸取寄主的营养物质，将害虫消灭在卵期、幼虫期和蛹期。"

跳跳猴说："这么说来，金小蜂是益虫了。"

笨笨熊说："它不只是一般的益虫。对农业，尤其是棉花生产，金小蜂具有非常重要的意义。"

跳跳猴说："为什么说对棉花生产具有非常重要的意义呢？"

笨笨熊说："知道红铃虫吗？"

跳跳猴摇摇头。

白桦把话题接过来，说："红铃虫是棉田的害虫，这种害虫可以造成棉花减产。每年，由于红铃虫造成的棉花减产量达到世界棉花产量的四分之一以上呢。"

跳跳猴问："红铃虫如何造成棉田减产呢？"

笨笨熊说："红铃虫一年可以繁殖好几代。秋天，红铃虫的幼虫随着被采摘的棉花进入棉仓。冬天，在棉仓里吐丝结茧。第二年春夏之交，幼虫变成蛹，再羽化成蛾，飞到棉田中交配产卵。从卵中孵化出来的第一代幼虫从棉花苞的顶端打洞，钻进棉花苞里,吐出丝,缠住花瓣,使棉花苞不能开放。然后,幼虫在棉花苞内变成蛹,再羽化成蛾,再次交配产卵。第二代幼虫可使棉花花苞脱落。第三代幼虫蛀食棉花纤维和棉籽,使吐絮时节的棉花变成僵瓣和黄花。由于红铃虫每年繁殖三次,繁殖能力强,如果不加控制,会很快泛滥成灾,严重危害棉花的生长,造成棉花大幅度减产。"

"人们发现金小蜂可以消灭红铃虫后,就人工繁殖金小蜂,将培养出的金小蜂释放到棉仓中。金小蜂一发现红铃虫的蛹,就将产卵器刺入幼虫体内,分泌出一种能迅速凝固的透明黏液,凝固成一根空心管。然后,它将产卵管抽出,通过空心管吸吮红铃虫幼虫体内的液体。饱餐之后,金小蜂会将产卵器再次插入红铃虫体内,产下几个卵。由金小蜂卵孵化出来的幼虫就以红铃虫的尸体为食物,并在红铃虫的茧壳内成蛹,羽化成蜂,破茧而出。"

"金小蜂对红铃虫的杀灭能力很强。在释放金小蜂的棉仓,绝大部分红铃虫都被杀死。此外,人们还在棉田中释放金小蜂,让金小蜂在棉田中施展身手。在利用金小蜂后,棉田中的红铃虫得到有效控制,棉花产量大幅度提高。"

跳跳猴说:"这金小蜂很像是电视剧中的卧底英雄。"

笨笨熊说:"名副其实的卧底英雄。"

和金小蜂相似,有一种叫做蚕豆象的虫子也有类似的本领。每年,蚕豆开花的时候,正好是雌雄蚕豆象交配的季节。交配后的雄蚕豆象很快死去,雌蚕豆象则爬到蚕豆花瓣的中心,将尾部的产卵管插入雌蕊柱头的裂口,将卵产下。大约一个星期后,卵孵化成为幼虫。幼虫一出来,即沿着雌蕊的柱头向下移动,进入子房,再进入胚珠。当蚕豆花完成受粉后,由胚珠发育成的种子里就埋伏了蚕豆象的幼虫。蚕豆象的整个幼虫期为一百天左右,在此期间,它们不停地蛀食蚕豆豆瓣。所以,虽然蚕豆的外表看起来完好无缺,里面却住着一个大蛀虫。

这金小蜂和蚕豆象真会替后代着想,把孩子直接生在了既安全,又一出生就有吃有喝的地方。

金小蜂和蚕豆象是"卧底英雄",蚂蚁却有时开门揖盗。蚂蚁爱吃小灰蝶幼虫分泌的蜜汁,它们常将蝶卵衔回巢里,期待着孵化出小灰蝶来,在蚁巢内享用蜜汁。出乎蚂蚁的意料,小灰蝶的卵一孵化成幼虫,就大吃蚁子。然后,躲在蚁巢的角落变成蛹。在羽化为小灰蝶后,即离开蚁巢,轻盈地扇着翅膀飞向空中。

动物的生存斗争

——豺假虎威

从昆虫室出来，一行四人信步来到了动物园中的一片树林中。透过树木之间的空隙，跳跳猴看见前面不远处有两个安装着铁栅栏的动物室，不经意间，瞥见铁栅栏上分别写着"豺"和"狼"。

走近了，只见笼子里的豺身材略小于狼，尾巴蓬松，类似狐狸。

跳跳猴说："人们经常豺狼并称，豺有狼那么凶残吗？"

笨笨熊说："人们常常用豺狼来比喻坏人，并且把豺排在狼之前，说明豺的凶残一点也不亚于狼。"

白桦接着说："豺平时以捕食野兔、山鼠等小动物为生，但在饥饿时也攻击大牲畜。比如，在攻击马、骡、鹿等大型动物时，豺往往先是尾随，时机适当时，便窜到脊背上，迅速掉过头来，从肛门处下口，连抓带咬，将内脏掏出。待动物死后，再慢慢享用。它不和比它大的动物正面冲突，而是躲在被攻击动物看不见又抓不到的地方。在凶残之外，又足见其狡诈。"

"对了，从豺对老虎的利用，更可以看出豺的奸猾。"

跳跳猴问："老虎还能被豺所利用？"

白桦说："是的。老虎是百兽之王，其他动物远远看见就连忙逃窜，豺却常常伴在老虎的左右。中国有一句成语叫做'狐假虎威'，讲的是狐狸假借老虎的威风使百兽臣服。那是寓言中的故事，豺借老虎之威却是现实。"

跳跳猴问："老虎为什么甘心让豺来利用呢？"

白桦说："这也不是事出无因。豺感觉灵敏，可以为老虎通风报信，告诉老虎哪里有猎物。因此，老虎对豺特别宽容，不仅允许豺吃自己的残羹剩饭，甚至豺将口中的肉抢走也不恼怒。"

动物的生存斗争

——你了解狼的另一面吗?

说着说着,他们来到了关着狼的笼子前。一只狼拖着长长的尾巴,在笼子中一刻不停地跑来跑去,两只眼睛射出凶光。在与狼对视的一刹那,笨笨熊不由得打了个寒战。

跳跳猴望着笨笨熊说:"我们戴上魔镜,看看狼是如何捕捉动物的,好吗?"

在旅行中,他们几次在晚上听到狼嚎,看到狼眼睛放出的绿光。但是,还从来没有看到过狼捕捉动物的场景。

笨笨熊迟疑了一下,说:"好吧。"

一行四人都戴上了魔镜。

呈现在眼前的是一个寒冬的月夜。在清冷的月光下,一个小山村盖着厚厚的白雪进入了梦乡。在一棵果树下,有一只兔子正在啃树皮。突然,它停了下来,竖起两只长长的耳朵,左顾右盼。大概是发现了什么,突然,它撒起腿来就跑。原来,在兔子的后面有一只狼在紧追不舍。在兔子和狼身后的雪地上,留下了两行深浅不一的足印。不一会儿,狼和兔子的距离拉大了。兔子停下来,喘着粗气,回头望着身后的狼。正在这时,从兔子前面和侧面又突然窜出三只狼。前后左右,四只狼把兔子包围了起来。兔子左冲右突,折腾了一会,还是被狼抓住了。它发出一声婴儿般的惨叫后,便被群狼撕得血肉模糊。

笨笨熊回过头,对跳跳猴说:"看到了吧?一般情况下,狼总是成群出动。这样,才能将猎物包围起来,增加捕猎成功的把握性。"

笨笨熊一边说,一边将魔镜摘了下来。跳跳猴、白桦和李瑞也将魔镜摘了下来。

"刚才狼吃兔子的场面太残忍了。"跳跳猴虽然胆子大,但看到血淋淋的场面还是心里难受。

确实，狼是非常残忍的动物，但是，很多人不知道，狼也有温情、侠义的一面。

据《荷马史诗》记载，公元前1184年，阿伽门农率领的希腊联军用"木马计"攻下了小亚细亚的特洛伊。特洛伊英雄美神维纳斯之子伊阿尼斯在这次劫难中逃到意大利半岛，和族人们定居下来，并在那里建立了政权。到第十五代，国王努米托尔执政时，其兄弟阿穆留斯篡夺了王位。阿穆留斯生性残暴，由于害怕哥哥后代对自己进行报复，便杀死了努米托尔的儿子，并强迫努米托尔的女儿西尔维娅去做不允许结婚的女祭司。他认为，这样做就不会有后患了。

想不到，战神玛尔斯使西尔维娅怀孕，并且生下了一对孪生子。听到这个消息，阿穆留斯十分惊恐，他下令处死侄女，并让奴隶将西尔维娅的孪生子扔到台伯河去。

河水将装着西尔维娅孪生子的筐子冲到岸边，孩子的哭声吸引了正在河边饮水的一只母狼。令人称奇的是，这只母狼不仅没有伤害弟兄俩，反而慈爱地舔干他们的身体，将他们带回山洞，用自己的奶喂养他们。

不久，一位牧羊人在山里发现了这一对孪生兄弟，把他们带回家中抚养。后来，牧羊人弄明白了这弟兄俩的来历。但是，他没有将这个秘密向任何人透露，只是教他们苦练武艺。待孪生兄弟长大时，他们身边聚集了一大群牧民、流浪者和逃亡的奴隶。这时，牧羊人才将他们的身世告诉了这一对孪生兄弟。哥哥罗慕路斯和弟弟勒莫斯率众起义，杀死了阿穆留斯。

起义胜利后，弟兄俩将政权交给外公，决定带领自己的人马建立一座新的城市，这新城市选在他们出生后被抛弃的地方——帕拉丁山。但是，在建城时，弟兄俩因为都坚持用自己的名字给新城市命名而发生了争执。在激烈的争吵中，罗慕路斯将弟弟杀死，然后，他让一对雪白的公牛和母牛拉着一张犁，围着帕拉丁山犁了一圈，确定了城墙的位置。罗慕路斯用自己的名字将这座城市命名为"罗马"。

根据古罗马人推算，罗慕路斯圈地的这一天是公元前753年4月21日。于是，每年4月21日，罗马人都要举行纪念活动。为了纪念母狼对罗慕路斯的救命之恩，罗马人制作了一尊母狼的青铜雕像，将它立在广场上。而且，罗马人还把这一天作为纪元的开始，以公元前753年作为元年。

狼孩建立罗马是一个历史故事，距今已经2700多年，其真伪难以考证。但是，在1920年，印度的一个牧师在狼窝里发现了一个八岁的女孩，却是千真万确的事情。

狼用自己的奶水抚育人类的孩子,是温情的一面。但是,狭义的一面呢?

2005 年 7 月 29 日,太原广播电视报转载了一篇《大漠侠狼》的文章:一天晚上,作者与弟弟在新疆古城库车附近的野外遇到了一只孤零零的受伤的小狼崽。觉得荒漠中的这只小生命可怜,作者将携带的火腿肠等肉制品喂给小狼。正在这时,周围有许多狼围了上来,一只公狼的眼睛在夜晚发出绿光,令人毛骨悚然。受伤的小狼看到狼群后,摇摇晃晃走到其中一只母狼的身边。母狼发现孩子受伤后,愤怒了。它大概以为是眼前的两个人伤害了自己的孩子,便扑上来咬伤了作者的腿。更令人胆寒的是,四周绿色的光越来越多,说明狼群的队伍越来越大。

这时,从狼群中走出一只身材高大的白狼。在它向着作者和弟弟走来时,其他的狼待在原地一动不动。很明显,这是一只狼王。其他的狼都在看狼王的举动,准备听它的调遣采取行动。只见这只狼王前腿趴下,全身的毛竖起,然后,腾空而起,向弟兄俩扑了过来。

面对不知道有多少只狼的狼群以及面前这只气势汹汹的狼王,弟兄俩感到末日来临,无奈地闭上了眼睛。但是,出人意料的是,当狼王从空中落到弟兄俩面前后,它不动了,怔怔地望着作者的弟弟。少顷,它走近了,舔着瘫软在地的作者弟弟。

过了一会儿,它回过头去,仰天长啸几声。刚才还凶神恶煞、准备复仇的狼群乖乖地退下,消失在月光下的戈壁滩上。

喝退狼群后,狼王款款回到作者弟弟的身旁。这时,它是那么温顺。弟弟定睛一看,噢,眼前的狼王竟然是它救过命的狼崽。狼王围着作者和弟弟转了十多圈后,才两步一停,三步一回头地慢慢走向戈壁滩深处。

这是怎么回事呢?作者百思不得其解。

事后,作者的弟弟才向作者讲起自己和这个狼王的故事。

原来,作者的弟弟是新疆某驻军的炊事员。七年前的一天,他去农贸市场买菜时看到一个小铁笼中圈着一只腿部受伤的纯白的小公狼。显然,猎人是用夹子抓住这只小狼的。因为白狼的皮毛很珍贵,便将小狼带到农贸市场上来,希望能卖个好价钱。出于怜悯,作者的弟弟将这只小狼买了下来,养在部队养猪场的一个废弃的猪圈里。他给小狼的窝里铺上干草,为小狼敷药疗伤,并且想方设法给小狼增加营养。四个月后,他将伤口已经愈合、长得膘肥体壮的白狼领到戈壁滩上放生。结果,这只狼在戈壁滩上跑出去,返回来,往返几次,不舍得离开救命恩人。作者弟弟向小狼扔了几块石头后,它才恋恋不舍地离开。想不到,时隔七年,这只狼不忘旧恩,救了作者和他弟弟的命。

这个故事是否真实,不敢妄断。如果真实,不是可以说明在我们看来凶残的狼还有侠义的一面吗?

刚才说的是狼的温情和侠义,狼还懂得音乐呢。

2008 年 9 月的一天,中央电视台播放了重庆野生动物园饲养员石勇的故事。石勇在长期饲养狼群的过程中与狼建立了感情,他经常与狼在一起嬉戏,在狼群中弹吉他。令人感到稀奇的是,当他弹吉他时,他饲养的狼群会排成一行,仰颈长啸。那声调,悠扬婉转,就像在表演一场大合唱。

看来,我们需要改变一下对狼的看法了。

动物的生存斗争

——猛禽

离开狼笼，一行四人信步来到猛禽馆。在猛禽馆入口处，笼子中的枯树枝上站着一只猫头鹰。

跳跳猴看了一阵，说："这家伙面孔像猫，连耳朵也和猫酷似，怪不得人们叫它猫头鹰呢。"

笨笨熊说："它身体上的羽毛斑纹也有点像猫。因此，有些人叫它'飞猫'或'猫王鸟'。不过，它脑袋上两个看似耳朵的东西，其实不是耳朵，只是一撮羽毛，叫做耳羽。"

听了笨笨熊的话，跳跳猴才知道猫头鹰头上的"耳朵"是一个地地道道的摆设。

李瑞问："听说猫头鹰只在夜间活动，是这样吗？"

笨笨熊说："是的。"

跳跳猴问："为什么呢？"

笨笨熊说："许多动物的眼睛正中有瞳孔，

猫头鹰

光线就是通过瞳孔到达眼睛的视网膜上，从而使动物对外界的物体产生视觉图像的。一般情况下，瞳孔受环状肌和睫状肌两种肌肉调节。在亮环境中，环状肌收缩，瞳孔缩小，以减少进入眼球的光线；在暗环境中，睫状肌收缩，瞳孔扩大，以增加进入眼球的光线。这个情形，就像照相时调节光圈。但是，猫头鹰的眼球是一个例外。它只长出了睫状肌，没有环状肌。也就是说，它的瞳孔只能扩大，不能缩小。因此，它们不适宜在光线强烈的环境中活动，只能在夜间进行捕猎。"

跳跳猴问："在没有月亮的晚上，一片漆黑，它能看见东西吗？"

笨笨熊说："在人的视网膜上，有两种感觉细胞。一种是视锥细胞，感受强的光线，并能对色彩进行精细的辨别。另一种是视杆细胞，有助于在较弱的光线下看到物体。因此，人在白天看东西时主要依靠视锥细胞，在晚上看东西主要依靠视杆细胞。"

"猫头鹰视网膜上的感觉细胞全部是视杆细胞。因此，它在夜间视觉很灵敏，只要有微弱的光线就能看清周围的物体。"

顿了顿，笨笨熊说："猫头鹰主要以捕鼠为生。让我们戴上魔镜，看看它捕鼠的情景吧。"

说完，四个人都戴上了魔镜。

夜幕笼罩着一片稀疏的树林，树林旁边是一片农田。一弯残月挂在树梢，向大地撒下淡淡的清冷的月光，林中偶尔传来一两声特殊的鸟叫声。

笨笨熊说："听，这就是猫头鹰的叫声。"

跳跳猴左看右看一阵后，问道："它躲在哪里呢？"

笨笨熊说："就在附近，找一找吧。"

笨笨熊领着大家一边在树林中间穿行，一边仰头寻找着猫头鹰。跳跳猴眼尖，他发现，在一根树枝上，影影绰绰有一个猫头鹰的黑影。不一会，那黑影突然飞下来，在附近的田埂上落下，随之发出了老鼠吱吱的叫声。

笨笨熊说："抓住了，抓住了一只田鼠。"

跳跳猴问："难道老鼠事先没有发现猫头鹰在向它进攻吗？"

笨笨熊说："猫头鹰的翅膀比较特殊，在飞行时没有声响。刚才它往下飞时，你听到声音了吗？"

跳跳猴摇摇头。

白桦说："猫头鹰的捕鼠能力很强。据观察，一只猫头鹰一年可以消灭田鼠一千只左右。"

李瑞说："这么说来，农田里的粮食就可以少损失很多。是这样吗？"

白桦说："是这样。所以，白桦寨的村民都非常爱护猫头鹰。"

笨笨熊摘下魔镜，跳跳猴、白桦和李瑞也跟着摘下魔镜。这时，他们又置身于猛禽馆中。在这里，除了猫头鹰，还有雕、鹰、隼……

动物的生存斗争

——眼睛喷血的角蜥

从猛禽馆出来,四个人来到了爬行动物馆。

这里,有各种奇形怪状的爬行动物。有一种爬行动物,身长十厘米左右,身上长满了刺状的灰黄色鳞片,好像是古代的武士披了一身甲胄。当它爬到沙土上并且一动不动时,很难看出来。

笨笨熊指着这只动物,说:"这种小动物叫做角蜥,是蜥蜴的一种。"

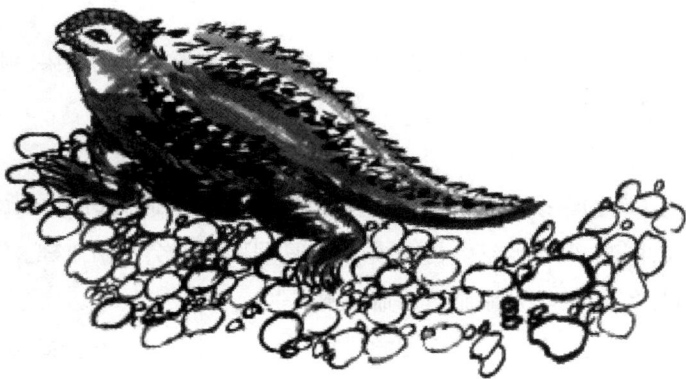

角蜥

正说着,角蜥前面走来一只比它要大的爬行动物。角蜥马上将头扎进沙土中,接着,身体和尾巴左右摇晃,很快,整个身体都钻了进去。过了一会儿,大概是以为危险已经过去,角蜥从沙土中钻了出来。刚钻出来时,可能是对来犯者是否还在附近不太确定,它左顾右盼。过了一会儿,当确信刚才的庞然大物已经离开时,才悠然自得地在沙土上晒太阳。

李瑞说:"它披着一身甲胄,还用得着躲避吗?"

笨笨熊说:"它身上的鳞片看似铁甲,其实并不坚硬,只能用来吓唬某些动物。因此,当真正遇到危险时,还得赶快逃走。好在它有钻地的本领,常常可以帮助它躲过危险。我们在形容羞愧难当时,常说'恨不得找个地缝钻进去'。不过,角蜥钻地缝不是由于羞愧,而是为了逃生。"

跳跳猴问:"当它在沙土上时,可以钻进去,如果是在坚硬的岩石上,它又如何逃生呢?"

笨笨熊说:"在那种情况下,它会使出它的绝招。让我们戴上魔镜来看看吧。"

四个人都戴上魔镜。只见在一片石头山坡上,角蜥缓慢地爬行着,头顶赤日炎炎,周围是光秃秃的石头。这时,一只狐狸突然从岩石下面窜了上来,赫然出现在角蜥面前。角蜥猝不及防,不能钻到地下,也来不及逃走,狐狸也没有离开的意思。在双方僵持了几秒钟之后,角蜥的身体突然像气球一样膨胀了起来。接着,从两眼里冒出一股鲜红的血,喷出一米多远。狐狸先是一怔,接着,它惊慌失措地掉过头,跳下岩石,消失得无影无踪。

看到这一幕,跳跳猴急切地问:"它怎么能身体突然涨大呢?那红色的液体是什么呢?"

笨笨熊说:"它身体膨胀和吹气球是一个道理,是大量吸气的结果。喷射出来的红色液体呢?是血液。"

"是血液?"跳跳猴很吃惊。

笨笨熊说:"动物学家曾对角蜥做过喷血试验。碰一下捕捉到的角蜥,它的身体就会突然膨大,同时,两眼变红。再继续刺激,两只眼睛就会喷出血柱。"

跳跳猴问:"它怎么会从眼睛冒出血来呢?"

笨笨熊说:"有人对角蜥的这个现象进行研究。他们发现,在受到惊恐的时候,角蜥体内有一组肌肉会压迫血管,使脑血管的血压增高。而从脑血管发出的供应眼睛的小血管比较脆弱,在较高的血压下,眼睛血管就会破裂。结果,血液就从眼睛喷射出来。就是靠了身体突然膨大以及眼睛喷射血液,往往使敌害受到惊吓,掉头逃走。"

李瑞问:"那角蜥的眼睛会因此而失明吗?"

笨笨熊说:"在眼睛喷血后,一开始,它的眼睛有淤积的血液,眼前的世界会模糊不清。但是,慢慢地,眼睛中的瘀血会消散,角膜也恢复澄清。"

跳跳猴说:"角蜥外表狰狞,它的性情也非常凶猛吗?"

笨笨熊说:"角蜥虽然外表狰狞,但性情比较温和,它以吃蚂蚁为生。正是因为外表丑陋以及眼睛喷血,才使得敌害对它望而生畏。"

"还有一种蜥蜴,叫做海鬣蜥。它的身体比角蜥大得多,身长一米多,脊背上从头到尾有一排棘状突起,呈鬣状。在遇到敌害时,海鬣蜥会竖起背部的棘刺,身躯变大,同时从鼻孔中喷出烟雾。看到这种情况,敌害往往会受惊而逃走。"

这时,角蜥膨胀起来的身体渐渐恢复了原状。笨笨熊将魔镜摘了下来,跳跳猴、白桦和李瑞也跟着将魔镜摘了下来。

动物的生存斗争

——浑身长刺的刺猬和豪猪

笨笨熊说："刚才说的角蜥和海鬣蜥是靠吓唬来退敌。还有一些动物，如刺猬、犰狳以及豪猪，则是靠体表的盔甲及硬刺来保护自己并制服敌人。"

说话间，他们来到了分别标着刺猬、豪猪、穿山甲和犰狳的笼子前。跳跳猴看见，刺猬浑身长满了硬刺，小小的脑袋要是不注意很难看得见。

笨笨熊说："刺猬白天栖息在山洞、石缝、草丛和灌木丛中，夜晚出来觅食。食谱有蝼蛄、蠕虫、蝗虫、马陆、蚯蚓等。有时也吃植物，甚至还捕食蛙、鼠、小鸟和毒蛇。"

"刺猬敢吃毒蛇？"跳跳猴一副惊讶的神情。

笨笨熊说："不相信吗？"

跳跳猴说："我想，它一身硬刺，御敌是可以的。但说它制服毒蛇，则难以想象。"

笨笨熊说："那我们戴上魔镜见识一下吧。"

大家又戴上了魔镜。草地上，一只刺猬在不紧不慢地爬行。跳跳猴想亲自试一下刺猬是如何防身的，便走上前去，用一根木棍轻轻地敲打它的身体。开始，刺猬竖起硬刺，加快步伐往前跑。别看它腿短，跑起来还挺快。但毕竟身躯太小，总跑不过跳跳猴。大概是见没有希望跑掉了，刺猬干脆停了下来，蜷缩成一个球状。这时，原来露在外面的小脑袋不见了。

笨笨熊对跳跳猴说："你出来吧。下面，我们来看一看刺猬是如何和毒蛇搏斗的。"

听说毒蛇要上场，跳跳猴赶快离开刺猬。刚刚退出，草地上就出现了一条蝮蛇。刺猬和毒蛇不期而遇，谁也不让谁，对峙了起来。少顷，毒蛇主动发起了进攻。但是，每次一接触到刺猬，就被钢针一样的硬刺刺伤，只得退回来。几次尝试都没有逮到便宜，蝮蛇便要掉头逃走。哼，想逃走？刺猬不干了。它反守为攻，向蝮蛇追了上去，一口咬住了蝮蛇的脑袋，四肢使劲打击蝮蛇的身体。蝮蛇挣扎了一会儿，最后，一动也不动，死了。刺猬慢条斯理地把一开始不可一世的蝮蛇一口口吞了下去。

看了这惊心动魄的场景，大家把魔镜摘了下来。

白桦感叹道："想不到，令人毛骨悚然的毒蛇竟然被刺猬制伏了。"

笨笨熊说："刺猬不仅利用它坚硬的刺御敌和捕杀别的动物，还懂得在刺上涂抹毒液，就像古人在箭上涂敷毒药制成毒箭一样。"

白桦问："它用什么毒液涂在刺上呢？"

笨笨熊说："它常常咬住有毒蟾蜍，将蟾蜍的毒液擦在它的硬刺上。这样，它的硬刺不仅可给对方造成物理伤害，还能使对方中毒。"

说话间，跳跳猴听到唰唰唰的声音。循声望去，原来是旁边的豪猪在抖动身上的硬刺，那唰唰唰的声音就是硬刺之间互相摩擦发出来的。

豪猪

笨笨熊说："这一身的硬刺是豪猪的防身武器。由于它浑身是刺，而且锋利如箭，人们又叫它刺猪或箭猪。在遇到危险时，它会像刚才一样，抖动全身的硬刺，发出响声，希望能吓退来犯者。如果这一招不灵，它会将身子倒转，以尾部朝向来犯者，并迅速倒退，用身上钢针一般的硬刺向来犯者进攻。面对这箭一样的硬刺，连山中猛兽老虎也会胆战心惊。"

动物的生存斗争

——满身盔甲的犰狳和穿山甲

刺猬旁边的笼子中关着犰狳，它全身绝大部分覆盖着鳞片，只有腹部一小块地方长着毛，看上去就像身穿铠甲，头戴头盔的武士。

笨笨熊说："犰狳躯干部分的鳞片可以分为三段。前段和后段为整块的骨质鳞片，不能伸缩，中部的鳞片分成带状，有肌肉相连，可以伸缩。根据带的数目，可将犰狳分为三带、六带和九带。三带犰狳鳞甲较少，遇到敌害时就把头和尾弯曲起来，缩成一个球状，一动也不动，以不变应万变。有意思的是，在缩成一个球形后，它还可以照样走路，就像一个球在滚动。由于它周身全是铠甲，来犯者无从下口，只能眼睁睁地看着它流口水。有时，犰狳会逃进洞中，并用盔甲将洞口封住，以抵御敌害的入侵。即使附近没有洞，它也可以很快挖出一个洞来。"

犰狳

看完犰狳，向前走几步，就是关着穿山甲的笼子。跳跳猴看见，这家伙体形和犰狳相似，全身披着复瓦状的角质鳞片。

笨笨熊说："当穿山甲遇到敌害时，就蜷缩为球状，耸起鳞片，使来犯的动物无从下口。穿山甲的四个爪子非常锐利，善于挖洞。在挖洞时，它先用前爪把土掘松，然后钻进疏松的土中，竖起身上的鳞片倒退出来。这样，就把挖松的土刮了出来。它的挖洞效率很高，每小时能挖三到五米深。由于它浑身盔甲，长于挖洞，所以，人们

穿山甲

称它为穿山甲。"

跳跳猴说："古代的兵士穿铠甲防御刀剑，是否受了犰狳和穿山甲的启发呢？"

笨笨熊笑了笑，说："谁知道呢。要弄清这个问题，大概要挖开秦陵问秦始皇了。"

说说笑笑，一行人从爬行动物馆出来。

沉默了一阵，笨笨熊说："下来，我们到水里去看一看吧。那里，也是龙争虎斗，很有看头的。"

说完，四个人朝附近的大海走去。

动物的生存斗争
——水中的灭蚊能手

在路过一个池塘时,笨笨熊停下了脚步。

跳跳猴想,为什么在这里停下来呢? 仔细看了看,池塘周围是茂密的杂草和芦苇,看上去没有什么特别。

他扯着笨笨熊说:"快赶路呀,不是要去大海吗? "

话音刚落,水面上传来噼啪声。循声望去,只见一条鱼从水面跃起,然后,又落回水中,池塘里泛起了一圈又一圈的波纹。

笨笨熊说:"刚才跳出来的鱼叫做食蚊鱼。它的生活能力很强,可以生存在死水池塘里。池塘是蚊子孳生的地方,食蚊鱼就因地制宜,以食蚊为生。"

跳跳猴问:"它刚才跳起来干什么呢? "

笨笨熊说:"吃蚊子啊。除了吃蚊子,它还吃蚊子在水里的幼虫子了。"

李瑞说:"这么说来,食蚊鱼对蚊子采取的是斩草除根的政策。"

笨笨熊说:"对。所以说,它灭蚊的效率是很高的。"

说完,他带着大家离开池塘,向大海走去。

默默地走了一阵,笨笨熊补充说:"另外,食蚊鱼的繁殖力很强。每尾食蚊鱼每年繁殖三到五次,每次能在四十分钟内产出四十到八十条小鱼。"

跳跳猴问:"怎么说在四十分钟内产四十到八十条小鱼呢? 难道食蚊鱼是胎生的吗? "

笨笨熊说:"是卵胎生。"

原来,鱼也不全是体外受精。

食蚊鱼是跳起来找吃的,还有一种射水鱼,则是把空中的猎物打下来。这种鱼常在水面下游动,当苍蝇、蚊子、蜻蜓等从水面上飞过时,射水鱼便突然射出一串水珠,或者可以叫做水弹,将正在飞行的昆虫击落,然后一口吞下。很有点类似高射炮打飞机。

动物的生存斗争

——会捕鱼的鸟

说着说着，一行人来到海边。岸边巨石嶙峋，海浪一浪接一浪地拍打着石头，变成细细的水花和雾气，发出震耳欲聋的声音。四个人爬上岸边一块巨石顶端的平坦处，观赏起了海景。

突然，跳跳猴发现一只鸟从空中几乎垂直地扎到水中，水面上溅起了一片浪花。说时迟，那时快，那只鸟又突然从水中飞出，径直飞到岸边的岩石上。跳跳猴定睛一看，原来鸟嘴里叼着一条鱼，那鱼在鸟嘴里摇头摆尾，折腾个不停。

跳跳猴指着那鸟问："那是一种什么鸟？"

笨笨熊说："翠鸟。"

白桦说："那捕鱼的动作真潇洒利落。"

笨笨熊回过头来问白桦："知道为什么吗？"

白桦摇了摇头。

笨笨熊说："由于光线从空气中进入水里时要发生折射，我们在水面上看水中的物体时，感觉到的位置和实际位置往往有偏差。因此，我们把手伸到水里抓鱼时常常会扑空。翠鸟呢？能精确地矫正由于光线的折射而形成的视差，从而准确判断水中猎物的位置。因此，它总是能在入水的一刹那准确地抓住猎物。"

笨笨熊讲话的时候，翠鸟将嘴中的鱼颠来倒去，像是在玩弄一种玩具。不一会儿，鱼不动了，大概是死了。翠鸟又将鱼抛向空中，张开嘴巴接住，吞下肚子中。看，即使在进食的时候，它也要表演一下技能。

这时，空中传来一种尖利的鸟叫声。跳跳猴四下观望，没有发现发出叫声的鸟。看到跳跳猴在寻找目标，笨笨熊拉了跳跳猴一下，指着左侧高处的岩石。顺着笨笨熊的手指看去，跳跳猴看见在悬崖上一块突出的岩石上，站着一只鸟，看上去威风凛凛。

笨笨熊说："知道吗？这种鸟叫做鹗。它的爪很尖锐，趾底还有细齿，尤其是外趾可以前后转动，非常适于捕鱼。"

"这种鸟给人一种威武的感觉，因此，在中国文学中，人们用'鹗立'比喻才华超群；用'鹗视'比喻武士气势勇猛；将推荐人才称为'鹗荐'；将荐书称为'鹗书'。"

正说着，鄂从岩石上飞下，在海面上盘桓少顷后俯冲而下。接着，双爪抓了一条鱼，返回到刚才出发的岩石上。

鹗

休息片刻，一行人走下岩石，在海岸上散步。跳跳猴发现，在离岸边不远处的海水中，站着几只模样奇特的鸟。它的喙特别大，张开嘴时，酷似一把大剪刀。

跳跳猴问："这又是什么鸟呢？"

白桦说："鸬鹚。这也是一种捕鱼能手。它的眼睛非常敏锐，十米深以内的水中的鱼它都能看得清清楚楚。因此，有些人将它称为鱼鹰。翠鸟和鹗捕鱼是现捕现吃，鸬鹚呢？可以把捕到的鱼储存起来。"

跳跳猴问："储存在哪里呢？"

白桦说："在它的食道前端，有一个膨大的喉囊，捕到的鱼便贮存在那里。由于鸬鹚高超的捕鱼本领和喉囊这一特殊的结构，渔民们常常利用鸬鹚来捕鱼。"

"怎么用鸬鹚来捕鱼呢？"跳跳猴好奇地问。

白桦说："渔民在鸬鹚的喉囊下套一个绳圈，在脚上系着绳子，然后，将它们放到水中。因为喉囊下套着绳圈，鸬鹚捕到的鱼全被阻隔在喉囊中。等鸬鹚的喉囊中贮存了好多鱼时，渔民将鸬鹚从水中拉出来，将贮存在鸬鹚喉囊中的鱼挤出来。然后，再把鸬鹚抛进水中，让它们接着捕鱼。在辛苦一天后，渔民会奖励鸬鹚一些小鱼小虾吃。"

动物的生存斗争

——带毒针的魟鱼和鬼鲉

接着,跳跳猴、笨笨熊和白桦从巨石上下来,钻到海中,开始了海中的旅行。李瑞呢? 和往常一样,和小黄待在海岸上。

笨笨熊一边游,一边说:"首先,我们见识一下鱼的毒棘吧。"

跳跳猴问:"什么叫做毒棘呢? "

笨笨熊说:"棘是指鱼鳃盖上及鳍上的硬质刺状物。棘本来就是鱼防御和进攻的武器,角鲨、虎鲨、鳠、银鲛、石鲶、蟾蜍鱼等的棘还和毒腺相连,使棘不仅具有刺伤作用,并且具有毒性。"

说着,他们游到了海底。海底的沙石上躺着一条鱼,笨笨熊招呼跳跳猴游到近旁,细细观察了起来。

笨笨熊说:"这种鱼叫做魟鱼,看到了吧? 它的背鳍大部分消失,尾鳍也退化了。

魟鱼

但是，你们看，在它的尾部，有一条尖细的毒刺。挨了这毒刺后，人和动物会中毒，植物会枯萎。"

听了介绍，跳跳猴心生恐惧，紧紧跟在笨笨熊的身后，绕开魟鱼，游了过去。

跳跳猴正贴在海底一边游，一边左顾右盼。突然，笨笨熊拽了他一把。

他扭过头问："怎么了？"

笨笨熊指指他俩的身下，跳跳猴朝下看去，眼前是一片沙石，并没有什么特殊的东西。他扭过头来，不解地望着笨笨熊。

笨笨熊急了，说："你再仔细看，左前方。"

鬼鲉

跳跳猴朝左前方定睛一看，那里静静地躺着一条鱼，身上长着不少刺，样子丑陋不堪。笨笨熊紧紧地拉住跳跳猴，趴在旁边的一块石头上。

笨笨熊说："这种鱼叫做鬼鲉，它的鳃盖上两边各有六根毒刺，背鳍上的刺也与毒腺相连。如果被刺伤，不仅被刺部位会感到烧灼样疼痛、麻木，而且会出现晕厥、神经错乱、呼吸障碍，甚至导致死亡。"

听了笨笨熊的介绍，跳跳猴对眼前的鬼鲉油然生出一种恐惧的感觉。

动物的生存斗争

——钢嘴铁牙的锯鳐和剑鱼

这时,旁边游来一条形状特别的鱼。它的吻扁平细长,伸出一米多,两侧有二十多对大小相对称的锯齿像是一把两面都有锯齿的锯条。

白桦问:"这是什么鱼呢?"

笨笨熊说:"锯鳐。"

在远处,一群鱼在怡然自得地游动。突然,锯鳐冲进鱼群,挥舞着长锯,左右开弓。鱼群中的鱼来不及躲闪,死的死,伤的伤,海水也染成红色。

看到这血淋淋的场面,一行三人都不寒而栗。

锯鳐

别看锯鳐体格并不很大,连海上霸王虎鲸和鲨鱼遇见它都要躲着走,生怕锯鳐在它们的身上锯开一道缝。还有,一般的鱼,生儿育女是靠体外受精。锯鳐呢? 和食蚊鱼一样,是卵胎生。也就是说,小锯鳐是从妈妈肚子里生出来的。

但是,锯鳐的吻上有锋利的锯齿,小锯鳐出生时,不会伤害妈妈吗?

别担心,大自然考虑到了这个问题。在小锯鳐出生前,它的锯条上套了一个角质的,像刀鞘一样的套子。因此,不会对妈妈的产道造成伤害。在出生后,这个锯套会自然脱掉,使小锯鳐具备捕猎的能力。

小锯鳐用鞘把锯子套了起来,小刺猬那么多刺,妈妈生它的时候能够在一根根刺上都套上鞘吗?

大自然仍然有办法。刚出生的小刺猬全身长的不是硬刺,而是软毛。过几天后,软毛才逐渐硬化成为又硬又粗的刺。

过一会儿，对面又游过来一条长吻鱼。

跳跳猴赶快躲在笨笨熊身后，提醒说："锯鳐又来了。"

笨笨熊拉着跳跳猴急忙躲在一块珊瑚礁的缝隙中。

喘息稍定，笨笨熊说："错了。那不是锯鳐，是剑鱼。"

剑鱼

跳跳猴定睛仔细一看，是的。这条鱼的吻虽然也又细又长，但两侧没有锯齿，而是像一把利剑。剑鱼在小哥俩藏身的珊瑚礁附近游弋一阵，没有发现什么猎物，慵懒地游走了。

笨笨熊接着说："剑鱼也叫做箭鱼。它像锯鳐一样凶猛，常常冲进鱼群中，用它那把利剑东砍西杀。它运动速度很快，最高时速可达 100 公里。这巨大的动能，加上那把剑特别锋利，竟然能将轮船的壁穿破。"

"鱼能将轮船穿破？"跳跳猴不相信。

笨笨熊说："不相信吗？在美国的一所博物馆里，陈列着一艘捕鲸船上的一块厚达 34 厘米的木板。一条长约 30 厘米和周长约 13 厘米的剑鱼的断剑深深地刺在了船板里。这断剑便是剑鱼攻击轮船时留下来的。剑鱼不仅靠这把剑捕食猎物，还靠这把剑将前面的水流分开，劈波斩浪。因此，它在水中运动速度非常快。受剑鱼长剑的启发，飞机设计师在飞机的前端也装上了长剑，使得飞机的飞行速度大大提高。"

动物的生存斗争

——海上霸王

跳跳猴说:"原来,海洋中有不少凶猛的动物呢。"

白桦说:'大白鲨比我们看到的锯鳐、剑鱼还要凶猛。它不仅又长又粗,而且嘴巴很大,在口腔中有一排又一排的牙齿。"

跳跳猴说:"难道大白鲨的牙齿不止一排?"

白桦说:"我们人类和一般的动物牙齿只有一排。大白鲨可不是,它的牙齿多达七排。在三角形的利齿上,还有好多小锯齿,牙齿总数可以达到 1.5 万多颗。试想一下,海里的动物到了它的嘴里,还能有生还的希望吗?"

鲨鱼

跳跳猴点头称是。

白桦说:"大白鲨的腹部还有一个食物储藏袋。在饱餐之后,便把剩余的食物装在储藏袋中。当胃里的食物消化掉之后,再将袋子里储藏的食物搬到胃里。"

跳跳猴问:"听说,大白鲨是闭着眼睛捕猎的。是这样吗?"

白桦说:"是的。"

跳跳猴问:"这样,大白鲨不是看不到猎物了吗?"

笨笨熊说:"是看不见了。"

跳跳猴问:"看不见猎物,它怎么对猎物进行攻击呢?"

笨笨熊说:"靠猎物发出的微弱的电场实施攻击。因此,大白鲨有时在咬掉人的肢体后,觉得不对味,会再吐出来。有时,会将杂七杂八的东西不加选择地吞进肚里。人们曾经从大白鲨的胃里发现过破皮鞋、瓶子、椰子壳、空罐头以及煤渣等。"

嗬,可真是饥不择食。

说曹操,曹操就到。正说着,一条大白鲨游了过来。所过之处的鱼群慌忙逃窜,来不及逃走的,一个个被吞进了那血盆大口中。三个人急忙躲闪到旁边的一块石头后,大白鲨游过时,形成的涡流将笨笨熊和跳跳猴冲得前仰后合。

过了一阵,大白鲨总算游走了,他们长吁了一口气,从躲藏的石头后钻了出来。

动物的生存斗争

——凶残的虎鱼和狗鱼

待大白鲨走远了,笨笨熊给跳跳猴和白桦讲起了其他几种动物。

有一种鱼,叫做食人鱼,虽然个头不大,但令人毛骨悚然。

这种鱼生活在南美洲安第斯山一带的河流或湖泊中,身体只有大约十厘米长。在它的口腔里,有上下两排比钢刀还要锋利的三角形牙齿。别看它身体不大,但生性凶猛,以吃人、畜而著称。

一部叫做《绿色魔镜》的纪录片便记录了食人鱼攻击牲畜的情况。

一个牧童要把一大群牛赶过有食人鱼的河流。但是,牛和人一到河里便会被食人鱼围攻。怎么办呢? 牧童先把一头牛赶到河里,让河里的食人鱼都集中到这头牛周围。趁此机会,他将牛群中的其他牛从河流的另一个地方匆匆赶过河。其他牛是顺利过河了,但为了调虎离山,先赶到河里的那头牛一会儿就被一群虎鱼撕咬得只剩下一副森森白骨。

刚才说的是吃牛,怎么有了食人鱼这个名称的呢?

吃人的事情确实发生过。1914 年,巴西的一个农民在骑着骡子过河时,一不小心跌落到水中。不一会儿,就被一群虎鱼吃得只剩下骨头。从此以后,虎鱼就得了食人鱼这个恶名。1976 年,一艘在亚马孙河上航行的船沉了,九个小时后,当救援人员赶到时,落水的八个人已经被虎鱼吃得只剩下了骨骼。

还有一种鱼,叫做狗鱼。这种鱼体形不大不小,身长约一米,重量约十五公斤。最大的长约两米,重约 50 公斤。

狗鱼非常狡猾,在浅水中常常摆动尾鳍,将水搅浑,然后隐蔽在浑水中捕捉顺流而下的鱼。狗鱼不仅狡猾,而且凶残。它经常向比它大的鱼、雁、鸳鸯、天鹅以及鸭子等发动进攻。

　　此外，狗鱼还以长寿而出名。1794 年，人们在清理莫斯科郊区皇后湖中的泥沼时捉到了一条狗鱼。它的鳃上穿着一个金环，上面刻着"沙皇鲍利费罗维奇放生"的字样。沙皇鲍利费罗维奇当权时期是 1598 年至 1605 年，说明这条狗鱼在放生后已经生活了将近两百年。1497 年，在德国也捕获了一条放生的带环的狗鱼，环上刻的放生日期是 1230 年。这样看来，这条狗鱼至少已经生活了 267 年。

动物的生存斗争

——佩带矛和盾的武士

在印度洋的珊瑚岛海域中，有一种叫做狮子鱼的小鱼。它体形较小，长约 20 到 50 厘米，但是，长相却令人生畏。它头大口大，牙呈三叉形，鳍锐而多。当遇到敌害时，它便把背鳍上的刺一根根竖起，就像古代士兵作战用的武器——矛，做出准备决斗的样子。本来比它凶猛的多的鱼看到这一副凶相，也只好退避三舍。有些小鱼遇到狮子鱼，竟然被吓得不会动弹。这时，狮子鱼张大嘴吸水，小鱼就会顺着水流钻进狮子鱼的嘴巴。

大西洋里还有一种鱼，头上长着一块像盾牌样的硬壳。因此，人们把它叫做盾牌鱼。平时，这块硬壳平平地盖在头顶。但当遇到危险时，便马上撑起来，像盾牌一样抵挡敌害的侵犯。有时，大嘴鱼将盾牌鱼囫囵吞下。你把我吃掉，我也不让你好活。它把头顶的硬壳竖起来，把吃它的鱼的内脏划得千疮百孔。

狮子鱼随身携着矛，盾牌鱼生来就带着盾，好像是天生的武士。

动物的生存斗争

——守株待兔的娃娃鱼

有的动物携带着武器四处征战。娃娃鱼则采取了诱捕的生存方式。

它喜欢吃一种叫做石蟹的动物，但石蟹经常待在石缝中，轻易不出门。怎么办呢？娃娃鱼调转屁股，把尾巴伸进石缝中。石蟹看到有美味送上门来，便急忙掏出大螯将娃娃鱼的尾巴夹住，准备享用。感到石蟹上钩了，娃娃鱼便猛地把尾巴抽出，将石蟹捕获。

当天气久旱不雨时，娃娃鱼常常喝一肚子水，爬到鸟类经常停留的树枝上，将嘴张开，再把肚子里的水挤到嘴里。这时，娃娃鱼嘴里便出现一汪清水。路过的干渴难耐的飞鸟看到树枝上竟然有清水，便落到枝头上，将脑袋伸到娃娃鱼的嘴里喝水。这时，娃娃鱼将嘴一合，贪饮的鸟便进了娃娃鱼的肚子里。

这不是像那守株待兔的农夫吗？

不，守株待兔是死守在大树旁，娃娃鱼是用计策诱捕飞鸟，比那农夫高明多了。

动物的生存斗争

——乌贼鱼的烟幕弹

一行三人正游着，旁边来了一条乌贼鱼。笨笨熊示意跳跳猴紧紧跟上。一会儿，迎面又出现了一条大鱼，从侧面向乌贼冲去。乌贼慌忙逃窜，但速度明显不如大鱼。眼看大鱼就要叼住乌贼了，突然，乌贼周围的水变得一片漆黑。那条大鱼被挡在一团黑水之外，茫然不知所措。那团黑水呢？就像原子弹爆炸产生的蘑菇云，渐渐扩大，将笨笨熊一行也裹了进去。置身于黑水之中，跳跳猴惊慌地叫了起来。

白桦说："别急，别急。待着别动。过一会儿，这黑水就会散去的。"

由于眼前一片漆黑，动弹不得，跳跳猴只好听白桦的话，待着一动不动。慢慢地，周围的水变得清亮起来，只是刚才跟踪的乌贼不见了踪影。

跳跳猴问："是乌贼施放的烟幕弹吧？"

笨笨熊说："是的。"

跳跳猴问："它的黑墨汁是从哪里来的呢？"

笨笨熊说："乌贼的体内有一个墨腺，墨腺的细胞里充满了黑色颗粒。衰老的墨腺细胞破裂时，就将细胞内的黑色颗粒释放出来，储存在与墨腺相通的墨囊腔内。当乌贼遇到敌害并且来不及逃跑时，就将墨囊腔中的墨汁喷出来，使进攻者突然受到惊吓，停止进攻。这时，它就乘机在黑幕的掩护下逃走。"

能够施放烟幕弹的除乌贼外，还有章鱼和鱿鱼。不过，乌贼喷出的烟幕威力最大，大乌贼喷出的墨汁能够把直径一百米范围内的水染得一片漆黑。乌贼喷出的墨汁还含有麻醉剂，可以麻痹敌害的嗅觉，使小鱼虾运动能力降低。这样，它通过施放烟幕弹，不仅可以逃避敌害的进攻，还可捕捉猎物。

共生共栖

——燕千鸟

跳跳猴、笨笨熊和白桦在海里兴致勃勃地游览，李瑞在岸边抱着小黄遥望着浩瀚的海面。他看见，不时有巨型轮船从远处缓缓驶过，轮船的上方有一群群海鸥在盘旋。一开始，他还颇有兴致，时间久了，便觉得百无聊赖起来。这时，他听到一阵喧闹声。回头朝陆地上望去，一群人正有说有笑地涌向岸边不远处的一个院子。感到好奇，他也抱了小黄跟着人们走了进去。原来，这是一个鳄鱼养殖场。今天是养殖场的开放参观日。

在一个深深的鳄鱼池中，有两条鳄鱼在池子中间的水泥台上晒太阳。它们大张着嘴，露出锯齿般的牙齿，令人不寒而栗。这时，一只小鸟径直飞到了鳄鱼口中。

李瑞情不自禁地说："这不是找死吗？"

李瑞身旁的一个中年男子笑了笑，说："没事的。这种鸟叫做燕千鸟，它经常飞到鳄鱼口中去吃一些残留的小生物或食物残渣，同时为鳄鱼清理口腔，就像人们在饭后用牙签清理牙缝一样。因此，人们又把它叫做牙签鸟。牙签鸟在为鳄鱼清洁口腔的时候，鳄鱼感到很舒服，因此，它不会把为它服务的牙签鸟吞下去。"

"还有一种和牙签鸟相似的鸟，叫做虎雀。不过，它不是为鳄鱼，而是为老虎清理口腔。"

"鸟儿竟敢飞进老虎嘴里去找食物？"李瑞惊呼道。

他想到了"虎口夺食"这个词语。

中年男子说："是的。我国兴安岭林区的森林中，经常可以看到虎雀围在老虎身旁。当老虎张开大嘴休息时，虎雀就飞进虎口，啄食老虎牙缝中的肉屑。"

顿了顿，中年男子接着说："虎雀是钻到猛兽的嘴里，有的小鸟，如鹳、椋鸟、海鸥、白鹭以及啄牛鸟等，经常栖息在水牛、犀牛、羚羊、大象、牛、马、野猪等大动物的身上。"

李瑞问:"为什么呢?"

中年男子说:"这些动物身上有各种寄生虫,鸟儿在它们身上可以吃到东西。大动物呢?身上的寄生虫被捉走,会感到清爽许多。用一句流行的话来说,就是实现了双赢。"

"另外,犀牛的听觉和嗅觉虽然灵,但视觉却很差。当猛兽悄悄地逆风袭来时,它往往觉察不到。停留在犀牛身上的犀牛鸟在发现敌情后,会飞上飞下,这样就会引起犀牛的警觉,提醒犀牛躲避危险。"

中年男子讲的是小鸟在大动物嘴里和身上找吃的,还有一些鸟与其他动物共栖是为了寻求保护。比如,文鸟常常把巢筑在胡蜂的蜂巢旁,与胡蜂做邻居。胡蜂长着毒刺,避之犹恐不及,怎么与它为邻呢?原来,文鸟正是看中了胡蜂的毒刺。住在胡蜂的住宅旁,文鸟的天敌蛇、蜥蜴、野猫、猴子等,就不敢轻易来造访。

文鸟是一种弱小的鸟,当然要寻找保护者。但秃鹰和长冠鹰等猛禽居然也喜欢住在蜜蜂的隔壁。这又是为什么呢?原来,当秃鹰和长冠鹰出去觅食时,出出进进、忙碌不停的蜜蜂使想要靠近鸟巢打家劫舍的食肉动物望而却步,可以使巢中的雏鸟受到保护。还有的小鸟,干脆住在猛禽海鹫和食蛇鹰的窝里。为的是什么呢?为的是得到房主的保护。

在《三字经》中,有一句"昔孟母,择邻处"的名句。当时的孟母选择邻居是为了教育儿子,是着眼于长远的举措。文鸟、秃鹰和长冠鹰择邻呢?是出于非常现实的考虑。

共生共栖

——不付房租的房客

结束了鳄鱼养殖场的参观，李瑞又抱了小黄向海岸走去。

在银色的沙滩上，插满了一顶又一顶五彩缤纷的遮阳伞。游人有的在海边游泳；有的在沙滩上日光浴；有的在遮阳伞下的躺椅上休息……

这时，跳跳猴三人在海底游兴正浓。他们在珊瑚礁间看到一个巨大的半透明的贝壳，那贝壳缓慢地一张一合，张开时，露出具有粉红、棕红、翠绿等艳丽色彩的结构。奇怪的是，从贝壳中伸出几条随着海水飘荡的藻类，好像是有人将藻类种植到了用贝壳制成的花盆中。

跳跳猴问："这是什么呀？"

笨笨熊说："这个巨大的贝壳样的东西叫做砗磲，在砗磲体内长出的是褐藻。褐藻附着在砗磲上，并利用砗磲体内外套膜折射回来的阳光进行光合作用，合成有机物质。砗磲呢？也利用褐藻，将褐藻作为食物。"

跳跳猴说："这就是共生吧？"

笨笨熊点点头，接着说："类似的海底动物与藻类共生的情况还有很多。比如，海绵、水母、珊瑚、轮虫、蠕虫和纤维虫等都可以和藻类共生，互相利用。"

白桦问笨笨熊："这砗磲里的褐藻和其他的褐藻有什么不同吗？"

一看到稀奇的植物，白桦总是想研究研究。

跳跳猴说："砗磲张开嘴巴时，我去采一些给你看吧。"

说完，两眼望着笨笨熊，等待笨笨熊的同意。

笨笨熊说："使不得。一旦你的手臂被砗磲夹住了，你就没命了。"

"有那么厉害吗？"跳跳猴有点不相信。

笨笨熊说："你以为我是在吓唬你吗？砗磲的两片贝壳闭合时能夹断人的手臂，

甚至能夹断船上的锚索和铁链。在这一带，经常有潜水员被砗磲夹死的事件发生。"

听了笨笨熊的话，跳跳猴的心怦怦直跳，心想：看来，凡事不要冒失。在这个大千世界里，对那些我们尚没有充分认识的动物，还是小心为好。

他们从砗磲的旁边绕过，继续向前游。一群群五光十色的鱼从身旁游过，一座座奇形怪状的珊瑚礁从身后退去。跳跳猴左顾右盼，陶醉于这光怪陆离的海底世界。

突然，笨笨熊拉了跳跳猴一把，说："看前方。"

顺着笨笨熊的手指向前看去，只见从一个巨大的海螺中，伸出了一个像螃蟹大螯一样的东西，在海螺上，还有一朵像盛开的牡丹一样的东西。

跳跳猴问："这是什么呀？"

寄居蟹

笨笨熊说："这就是我们要看的寄居蟹，那个海螺壳叫做油螺。寄居蟹将油螺杀死后，钻进油螺壳内，用短步足紧撑着螺壳内壁，用长步足伸出壳外爬行，大螯在油螺壳口御敌、摄食。由于这种蟹是寄居在油螺的壳内，因此，将它叫做寄居蟹。有趣的是，寄居蟹往往还有另外的房客，就是我们现在看见的那个像鲜花一样的东西。"

跳跳猴问："那究竟是什么呢？"

笨笨熊说："海葵。"

跳跳猴问："寄居蟹为什么总是和海葵在一起呢？"

笨笨熊说："海葵色彩鲜艳，外形奇特，寄居蟹的敌害不敢轻易靠近，对寄居蟹起到了保护及隐蔽作用。寄居蟹呢？能拖着很不善于运动的海葵到处觅食。另外，海葵的触手有很多带毒的刺细胞。它将带毒的刺刺入猎物体内，可以使猎物中毒瘫痪。在遇到敌害时，它用这些武器进行自卫，同时也保护了与其相邻的寄居蟹。这也是一种共生。"

跳跳猴蹙着眉头问："海螺壳是死的，不会生长，寄居蟹呢？要不断生长。待海螺壳装不下寄居蟹时，怎么办呢？"

笨笨熊说："你的担心不无道理。当寄居蟹的居室空间不够时，海葵可以分泌出一种几丁质，帮助寄居蟹对居室进行扩建。或者，寄居蟹会另择新居。但是，它在乔迁时，总是要把老邻居海葵一起带过去。另外，有一些寄居蟹是寄居在海绵中，有些寄居蟹是和沙蚕一起居住在同一贝壳中。"

跳跳猴说："这砗磲里的褐藻和海螺里的寄居蟹，可以说是不付房租的房客了。"

笨笨熊笑了笑，说："对，不付房租的房客。"

共生共栖

——丑鱼的保护伞

又向前游了一阵，笨笨熊接着说："海葵还经常和丑鱼一起生活，形成共栖关系。"

"什么是丑鱼呢？"跳跳猴问。

笨笨熊说："丑鱼生活在印度洋和西太平洋的热带水域中，其外貌有点像戏剧中丑角的打扮，因此，人们将它称为丑鱼。因为它经常和海葵待在一起，人们又将它称为海葵鱼。"

"长期观察发现，海葵鱼和海葵几乎形影不离，即使短暂离开，距离也不会超过一米。一发现敌害，它就马上钻进海葵的触手之中。由于海葵的触手有毒，敌害不敢冒犯，只好悻悻离去。由于长期共处，海葵鱼对海葵产生了依赖心理，一旦离开海葵一米以上，便没有安全感，在水中毫无目标地转圈。"

跳跳猴说："既然海葵的触手有毒，海葵鱼就不怕吗？"

笨笨熊说："海葵对海葵鱼绝对不会释放毒液。"

跳跳猴问："为什么呢？"

笨笨熊说："海葵鱼的身体表面与海葵相似。海葵便把海葵鱼误认为是自己的同类。"

共生共栖

——鱼医生

　　说话间，一只水母一张一合地游了过来。在水母的许多细长的触手之间游弋着几条小鱼。

　　笨笨熊说："瞧，这又是一种共生。以前已经说过，水母虽然没有尖牙利爪，但触手上布满了刺细胞，能够抛出毒丝捕捉猎物及防御敌害进攻。它遇到小鱼，从来不放过，都要抓来，塞到口中。"

牧鱼与水母

　　跳跳猴问："为什么那些小鱼在它的触手之间游来游去，却安然无恙呢？"

　　笨笨熊说："这就是我要说的内容。这种小鱼叫做牧鱼，以吞食水母身上栖息的小生物为生，等于是水母的保健医生或清洁工。所以，水母不会伤害它们。当牧鱼遇到敌害时，还会赶快钻到水母的触手中间，寻求水母的保护。"

"和水母类似，冠海胆也有很多刺，并且有剧毒。许多海洋生物对冠海胆都避之犹恐不及，唯独金翅鱼却把冠海胆当作自己的家。"

跳跳猴问："这是为什么呢？难道金翅鱼对冠海胆有什么好处吗？"

笨笨熊说："你说的不错。金翅鱼经常为冠海胆清理身上的寄生虫。"

白桦补充道："在加利福尼亚海湾，还有一种叫做圣尤里塔的鱼，可以为许多鱼进行治病、保健，人们称其为鱼医生。奇怪的是，这鱼医生的治病本领好像得到了大家的公认，在海洋中的鱼一看到鱼医生，就赶忙上前，任凭鱼医生这里啄啄，那里看看，就像我们接受医生的检查和治疗一样。"

"鱼医生是凭什么给其他鱼治病的呢？"跳跳猴一脸迷惘。

白桦说："一张嘴。"

"就靠嘴来治病？"跳跳猴感到有点惊讶。

"是的。鱼医生有一张尖嘴，靠着这张尖嘴，可以清除患病鱼的鱼鳞、鱼鳍甚至鱼鳃上的微生物和寄生虫，可以清除伤口的坏死组织。这种病鱼的病被治好了，鱼医生也得到了报酬。因为这些东西对它来说是美味。"

"有人在想，鱼医生可以为其他鱼治病，但没有鱼医生会怎么样呢？为了找到答案，他们将一个珊瑚礁水域的鱼医生全部捉走。结果，两周之后，这里的鱼显著减少了，剩下来的鱼有许多患上了皮肤病。与此作为对照，在另一个有鱼医生的水域里，各种鱼活泼健康。看来，没有鱼医生还真不行。"

跳跳猴问："你说在加利福尼亚海湾才有这种鱼医生，其他水域的鱼生病后怎么办呢？"

白桦说："其实，在鱼类中，做医生这一行的不只是圣尤里塔。观察证实，还有不少鱼、蟹和虾具有这种为同类疗伤治病的本领。"

跳跳猴说："真奇妙！"

共生共栖

——借船出海

笨笨熊说："还有更奇妙的呢。有一种鱼有一个怪怪的名字,叫做鳑鲏鱼。雌鳑鲏鱼将卵产在河蚌贝壳内,紧跟着雌鳑鲏鱼的雄鳑鲏鱼在河蚌旁边射精,使河蚌内的鱼卵受精。当幼鱼离开河蚌时,河蚌把自己的孩子寄放在小鳑鲏鱼的鱼鳃中。这样,不善于运动的小河蚌就随着鳑鲏鱼云游四海。当小河蚌能够独立生活时,就从鳑鲏鱼身上脱落,沉到水底,安家落户。你看,这河蚌竟然懂得借船出海。"

跳跳猴说："奇怪,这些默不作声的家伙是如何达成协议,进行如此默契的合作的呢?"

笨笨熊笑着说："这只能去问鳑鲏鱼和河蚌了。"

少顷,笨笨熊接着说："鮣鱼的头部长着一个椭圆形的大吸盘,形状很像图章,因此,人们将它称为鮣鱼。它只要发现鲸鱼、鲨鱼或海龟等一些大型海洋动物从身边游过,就利用吸盘紧紧吸附上去,跟着这些大型动物四处遨游。"

跳跳猴问："它吸在大动物身上,就是为了游览吗?"

笨笨熊说："当然不是,鮣鱼所依附的大型动物在吃食物时难免会残留下一些残渣,鮣鱼就以吃这些食物残渣为生。"

共生共栖

——向导还是内奸?

正说着,对面游过来一条大鲨鱼。跳跳猴、笨笨熊和白桦赶快躲在了珊瑚礁的一个缝隙中。跳跳猴清楚地看到,鲨鱼所到之处,鱼群都纷纷逃窜,唯有几条模样相似的小鱼不仅不躲,反而总是围着鲨鱼转。

跳跳猴心想,在鲨鱼前后左右转圈的是什么鱼呢?想问一下笨笨熊,但是,笨笨熊和白桦躲在缝隙深处。

不知是受一种什么力量的驱使,跳跳猴从缝隙中冲了出来,冲到那些围着鲨鱼

向导鱼

转圈的鱼群中。

看到跳跳猴冲了出去，白桦和笨笨熊急了，他们想赶快出去把跳跳猴拽回来。但是，鲨鱼在水中翻腾跳跃，张着血盆大口吞下了一条又一条来不及躲藏的大鱼，跳跳猴混在那些鱼中间，很难接近。

看到鲨鱼大开杀戒，跳跳猴害怕了。但是，该怎么办？顿时没了主意。

这时，白桦从旁边的岩石中掰了一块石头，朝那鲨鱼打去。白桦的石子功确实了得，那石子劈开海水，不偏不倚击中了鲨鱼的眼睛。鲨鱼停止了杀戮，晃了晃脑袋，离开了战场。

瞅了这个机会，跳跳猴连忙逃离，回到了笨笨熊和白桦身边。

过了好一会儿，跳跳猴狂跳的心才逐渐恢复了平静。他对白桦说："谢谢了。"

白桦说："谢倒用不着。我弄不明白，你为什么要往鲨鱼跟前凑呢？"

跳跳猴说："刚才，我是想近前看一看那些围着鲨鱼转的是些什么鱼。对不起，让大家受惊了。"

说这话时，跳跳猴一脸歉疚。

笨笨熊气得脸色铁青，一声不吭。

过了一会儿，白桦把话题接过来说："刚才你要看的那些鱼叫做拟鲹鱼，又叫向导鱼。"

"为什么又叫向导鱼呢？"跳跳猴问。

白桦说："鲨鱼的视力不好，拟鲹鱼专为鲨鱼作向导，将鲨鱼引领到鱼很多的地方。作为回报，鲨鱼将吃剩的残渣剩饭赏给向导鱼。向导鱼不仅为鲨鱼侦察和向导，有时还钻进鲨鱼的嘴里，吃鲨鱼牙缝里的碎屑。因此，鲨鱼对拟鲹鱼不仅不会伤害，还宠爱有加。"

跳跳猴说："这向导鱼有点太不仗义。"

"怎么了？"白桦惊讶地问道。

跳跳猴说："为了得到一些残羹剩饭，不惜让魔王杀戮自己的兄弟姐妹。依我看，这种鱼，不是向导，而是内奸。"

说这话时，跳跳猴还真的有点气愤。

共生共栖

——大杂院

向前游了一阵,跳跳猴突然看到海底一块岩石上有一个像海参一样的东西。奇怪的是,它的一端像是蛇头和蛇身,整个看上去就像是小说中描写的古代武器狼牙棒。

他指着那怪怪的东西问:"这是什么呀?"

白桦说:"是隐鱼,钻进海参中的隐鱼。"

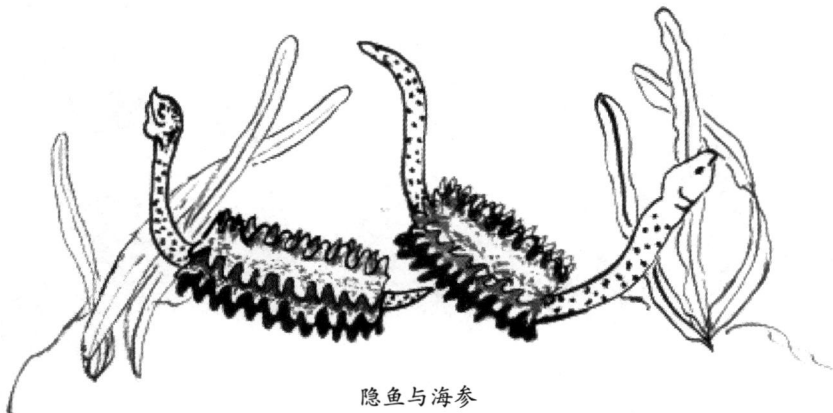

隐鱼与海参

跳跳猴问:"它为什么要钻进海参的身体中呢?"

白桦说:"以海参为食的海洋动物很少,隐鱼钻进海参身体中,可以躲避敌害的侵扰,对自己起到了保护作用。"

跳跳猴又问:"隐鱼钻到海参体内,对海参有什么好处吗?"

白桦说:"没有。因此,它们的关系不是共生,算是一种共栖吧。"

"说到共栖,俪虾更为典型。俪虾一雌一雄共同栖息在海绵中,由于海绵上没有出口，它们便终生睡在那软绵绵的被窝里。"

跳跳猴问："那俩虾是如何进到海绵中的呢？"

白桦说："当俩虾还很小的时候，就一雌一雄相随，从海绵的小孔游进海绵体内。但是，随着俩虾逐渐长大，就出不来了。"

跳跳猴接着问："那它们怎么生活呢？"

白桦说："海绵的身体上有许多透水的小孔，俩虾就从流进海绵的海水中摄取食物。由于在海绵内既安全，又可以获得食物，其他一些海洋生物也纷纷来投宿。人们在佛罗里达州暗礁上生长的一种大海绵中居然发现了 13500 只小海洋动物，其中有 12,000 只虾，还有许多小鱼以及 18 种不同的虫类。"

跳跳猴笑着说："真是一个大杂院。"

共生共栖

——贴身丈夫

正说着,白桦发现了一条鱼,他示意跳跳猴紧紧跟上。

跳跳猴问:"为什么要跟着它呢? 有什么特别之处吗? "

白桦说:"这种鱼叫做鮟鱇鱼,你仔细看看它有什么名堂。"

跳跳猴紧紧地跟着鮟鱇鱼游了一阵,看不出所以然。

他摇了摇头说:"没看出什么来。"

白桦提醒道:"你注意它的腹部,看是否有一条鱼附着在上面呢? "

跳跳猴仔细看了一阵,真的,鮟鱇鱼的腹部稍稍隆起,好像有一条小鱼贴附在上面。

跳跳猴回过头来问:"有点像,这是怎么回事呢? "

白桦向跳跳猴挤了一下眼,同时,用下巴指了指笨笨熊。

跳跳猴会意,跟在笨笨熊旁边,说:"老兄,还在生气吗? "

笨笨熊看了看跳跳猴,叹了一口气。

看着笨笨熊有了点反应,他将手搭在笨笨熊的肩膀上,说:"我向你保证,以后不再冒失了。告诉我,那鮟鱇鱼的肚子上是否真的附着一条小鱼呢? "

笨笨熊忍不住朝着跳跳猴笑了笑,说:"你这小子,拿你没办法。"

过了一会儿,他讲了起来:"与雌性鮟鱇鱼相比,雄性鮟鱇鱼很小,大约只有雌性的十分之一。因为鮟鱇鱼生活在深海黑暗处,不容易找到配偶,因此,雄鱼一孵化出来,就寻找雌性伴侣。一旦遇到异性,雄鱼就附着在上面。一开始,雄鱼用嘴吸附在雌鱼身上。后来,雄鱼的皮肤就和雌鱼的皮肤完全愈合在一起,血管也相互连通。由于雄鱼不需要自己运动和进食,它的鳃、鳍、口、齿都明显退化,只有生殖器官还保留着。"

看到笨笨熊消了气，跳跳猴嬉皮赖脸地说："熊哥，我给这雄鲅鲢鱼起个名字吧。"

笨笨熊问："什么名字呢？"

跳跳猴说："贴身丈夫。"

听了跳跳猴的话，笨笨熊扑哧一下笑出了声。

共生共栖

——给房主送吃送喝的细菌

在海里,跳跳猴一行看到了不少共生共栖的海洋动物。其实,还有一些细菌和海洋动物共生。

在热带海洋中,有一种夜光虫。研究发现,在夜光虫的身上寄居着许多微鞭毛菌。这微鞭毛菌体内含叶绿素,能将夜光虫发出的光作为光能,利用夜光虫代谢产生的二氧化碳和周围环境中的水合成碳水化合物。其中的一部分,被夜光虫利用。你看,它们给房主送吃送喝,顶替了租金。

在太平洋加拉帕戈斯群岛附近深达两千五百米的海底温泉口处,发现了一种身长达两米多的须腕动物,人们把这种动物叫做大胡子蠕虫。

在这么深的水体中,阳光极其微弱,大胡子蠕虫是靠吃什么获得碳水化合物的呢?这个问题引起了科学家极大的兴趣。研究发现,在这种大胡子蠕虫体内有一种细菌。这种细菌能通过化能自养方式,利用溶解在海水中的二氧化碳以及海底温泉水中的硫化物合成碳水化合物,继而被蠕虫利用。请看,蠕虫为细菌提供栖居的场所,细菌为蠕虫提供营养,它们在深海的特殊环境中配合得多么默契啊。

动物社会

——一夫多妻的海狮、海狗和海象

跳跳猴三人在大海里四处旅行，待在海岸上的李瑞一边抚摸着小黄，一边和小黄说着话。小黄卧在李瑞的怀抱里一声不吭，只是偶尔抬起头来望望不停讲话的主人。把所有能想起来的话都说完了，李瑞便眼巴巴地瞅着海面，盼望着跳跳猴他们快点上岸来。可是，眼睛看得发酸了，仍然没有伙伴们的身影。渐渐地，眼前的海水镀上了一层金黄色，抬起眼来一看，太阳就要落到海平面以下了。他想，难道几个伙伴游到了很远的地方，那里的太阳还高高挂在头顶吗？难道他们把我和小黄忘得一干二净了吗？

正在遐想，小黄突然从他的怀里跳了出来，冲着大海兴奋地叫着。李瑞回过神来，突然看见跳跳猴、笨笨熊和白桦水淋淋地从旁边不远处的海里钻了出来。

李瑞站了起来，说："我以为你们在海底安家了呢。"

跳跳猴一边走向李瑞，一边笑着说："是安了家，但是突然想起李瑞和小黄还在岸上，便回来叫你们来了。"

李瑞捶了一下跳跳猴，说："别贫嘴了，说一说你们在海里看到了什么吧。"

跳跳猴说："这个当然。"

接着，他向李瑞滔滔不绝地讲在海里看到的寄居蟹、隐鱼、海参……还讲到了和大鲨鱼的遭遇。

说着说着，已是薄暮时分。附近没有旅馆住，一行四人躺在沙滩上，沐浴着皎洁的月光，听着大海的涛声，迷迷糊糊进入了梦乡。

第二天一早，东方刚刚露出晨曦，海上一阵喧闹的声音将跳跳猴从睡梦中吵醒。

他把笨笨熊和白桦摇醒，说："听，这是什么声音呢？"

笨笨熊侧耳听了一阵,说:"海狗的声音。从今天开始,我们应该考察社会性动物了,我们先去看看海狗吧。"

循着那嘈杂的声音,一行四人转过一个海湾,来到了海边的悬崖上。

向下一看,哇!岛上密密麻麻挤满了海狗,像是在开会。他们刚刚在石头上坐定,岛上的海狗像潮水退潮一样,身子一扭一扭的,同时发出吱吱的叫声,齐刷刷地钻进海水中。

海狗

李瑞说:"为什么它们都钻到水中呢?"

笨笨熊说:"海狗的嗅觉很灵敏。只要有人来到近旁,它们就会嗅出危险,赶忙躲起来。"

"海狗的社会性很强。到交配季节,雄海狗先爬到岸上,占据地盘。几个星期后,雌海狗到达。雄海狗总是将尽可能多的雌海狗收进自己的地盘,有时可以达到一百多头。当小海狗出世后,雄海狗为了护卫自己的妻妾及子女,连续几个月守在它们身边。到了秋天,小海狗长大了,雌雄海狗就各奔东西。奇怪的是,不知道是谁给它们立下的规矩,雄海狗大都前往阿拉斯加湾,雌海狗呢,带着小海狗一直游到加利福尼亚湾。"

跳跳猴说:"听说海狗又叫做斗狗,这个名称是怎么来的呢?"

笨笨熊说:"海狗生性好斗,但相斗主要发生在雄海狗之间,起因主要是争夺雌性。得胜的雄海狗当然占据了争夺的对象,战败的一方呢? 会到另一群海狗中去争个高低。所以,在海狗群体中总是战事不断。凡是有海狗的地方总能听到雄海狗相斗时的咆哮声。"

李瑞说："刚才我们在海边听到的声音就是雄海狗斗殴时的咆哮声吧？"

笨笨熊说："是。正是听了那咆哮声，我才知道这个岛上有海狗的。"

有意思吧？雄海狗把占有雌性作为自己能力的象征，同时，又主动承担了保护妻儿的责任。

和海狗相似的动物还有海狮和海象。海狮和海狗同属海狗科，外貌也差不多。不同的是，海狗较小，雄海狗一般体长两米，雌海狗一般体长一米多。海狮呢？体长在 3 至 4 米。另外，雄海狮颈部有鬃状长毛，叫声类似狮吼，就像是海里的狮子。因此，人们送了它们海狮这个名字。每到繁殖季节，雌雄海狮到海滩上来，谈情说爱。感情成熟后，交配，生子。海狮的家庭有比较固定的结构，一般来说，由一头雄海狮、几头雌海狮及它们的子女组成。与海狗一样，雄海狮对自己的家庭担负护卫的责任。它会在海边巡逻，时刻准备与来敌搏斗，以保护自己的妻子儿女。如果两头雄海狮争夺一头雌海狮，会发生决斗，直到决出胜负。当然，被争夺的雌海狮归属于优胜者。

海象也称象海豹，哺乳纲，海豹科。雄的体长 5 至 6 米，重约 3000 余公斤。雌性体长 3 米左右，重约 900 公斤。那体型，就像陆地上的大象。

海象生性懒惰，夏季，常成群挤在海滩上晒太阳。到繁殖季节，与海狗相似，雄海象先来到海滩占领地盘，然后，将陆续到来的雌海象迎娶进门。如果有其他雄海象企图进入领地，也会发生殊死搏斗。

已经 21 世纪了，海狗、海象和海狮却还实行着一夫多妻制。

动物社会
——小蒙哥的奶妈

按照路线图，接下来，他们应该去非洲看蒙哥和狒狒，去广西看白头叶猴。

与扈家庄一样，这祝家庄的动物园，集中了世界各地的自然条件和动物。因此，虽说是非洲和广西，也只是在祝家庄的庄园内。

在去考察蒙哥的途中，李瑞问："蒙哥是什么动物呀？"

笨笨熊说："蒙哥是獴的一种。"

跳跳猴说："你说蒙哥是獴的一种，这么说来，獴有好多种吗？"

笨笨熊说："是的。现在人们了解到的獴有三十多种，属于灵猫科动物。常见的獴有蛇獴（即蒙哥）、蟹獴、赤颊獴、褐獴、爪哇獴、纹颈獴、埃及獴、非洲獴、沼獴等。"

停了一会儿，笨笨熊又说："人们都谈蛇色变，许多凶猛动物也对蛇畏惧三分，但蒙哥却以蛇为食。除了蛇之外，也吃蝎子、蜥蜴等。"

听了笨笨熊的话，李瑞心想，以蛇、蝎子和蜥蜴这些可怕的动物为食，这蒙哥一定是面目狰狞。

熹微初露时分，一行人来到了非洲南部的卡拉哈里大沙漠。放眼望去，那沙漠就像刚刚离开的大海，浩瀚无际。微微起伏的沙丘就像海上的波浪，只是看不到粼粼波光，听不到涛声。

太阳升起来了，沙漠一片金黄。一行四人一边在沙漠上行走，一边搜寻着蒙哥的踪影。

不一会儿，笨笨熊轻声说："看正前方。"

跳跳猴、白桦和李瑞往前看去，发现十几只小动物从洞口钻出，排成一行，面对着初升的太阳，竖起前肢和胸膛，好像是在列队欢迎他们。

笨笨熊接着说："这就是我们要找的蒙哥，它们每天早上都是这样。"

这些小动物小巧、可爱，与李瑞心中想象的形象大相径庭。

不久，这一排蒙哥散了开来，各自去觅食。这时，迎面走来两个男人。他们背着行囊，挎着相机。

在杳无人烟的沙漠上见到了旅行者，笨笨熊四人格外高兴。还有好远的距离，他们就扬起胳膊向对方打招呼，对方也向他们招手致意。走近了，跳跳猴才看清来者是两个中年白人。他们戴着遮阳帽，穿着摄影师的服装，衣服上下有好多小口袋。

交谈中，跳跳猴得知，他们是法国人，其中一位叫阿兰·德格雷，在这里已经生活了半年多。在此期间，他们与蒙哥结成了好朋友，了解了它们许多的习性。

听说阿兰·德格雷非常了解蒙哥的习性，笨笨熊非常高兴。他请求说："阿兰·德格雷先生，给我们讲讲蒙哥，好吗？我们可是专门为了解蒙哥远涉重洋来到这里的。"

阿兰·德格雷爽快地说："好吧。这半年来，我们一直对蒙哥进行跟踪，观察它们的起居。起初，它们对我们有一定戒心，但是，相处的时间久了，就逐渐接纳了我们。这使得我们得以混在它们中间，与它们进行零距离的接触。"

跳跳猴笑笑说："你们成了卧底英雄了。"

阿兰·德格雷笑笑说："算是吧。通过长时间观察，我们发现，蒙哥喜欢集体活动。一般情况下，每个群体约有十多只。奇怪的是，在一个群体中，只允许一只雄蒙哥和一只雌蒙哥进行交配。雌蒙哥每胎可以生育两至五只幼蒙哥，如果雌蒙哥的奶水不够，会有另一只雌蒙哥充当奶妈，给小蒙哥喂奶。"

跳跳猴问："没有怀孕的雌蒙哥也可以产奶吗？"

阿兰·德格雷点点头说："是的。只要被选中担任奶妈，即使未曾怀孕的雌蒙哥也能分泌出奶水。如果本群中没有合适的雌蒙哥担任奶妈，它们会从其他群体借一个奶妈过来。外来的雌蒙哥要在刚来的一天之内不吃不喝，照顾幼蒙哥。经过观察，被认为表现还不错时，才能被群体所接受。"

说着说着，一行人来到了一处灌木丛。阿兰·德格雷说："这里是蒙哥常来的地方，说不定，它们今天就在这里活动呢。"

他们站在灌木丛外，跳跳猴、笨笨熊两眼扫来扫去，在灌木丛中搜寻。过了一会儿，笨笨熊拉拉跳跳猴的手，指着一根树枝说："看，那个树枝上蹲着一只蒙哥。"

跳跳猴顺着笨笨熊指引的方向看去，是的，在树枝上蹲着一只蒙哥，正在四处张望。

阿兰·德格雷说:"这是一个哨兵。每到一处,一群蒙哥总会派出一个哨兵。哨兵不能觅食,专司放哨,大概三小时换一岗。蒙哥视力很好,在无遮无拦的沙漠上能看清 500 米以内的情况。一旦发现敌情,就会发出叫声,通知同伴。然后,所有蒙哥都迅速躲藏起来。"

太阳悄悄地滑到了西边的地平线上,将天边的云彩烧得通红。夕阳下的大漠中,一条河流旁边的村庄冒出了一缕炊烟,直直地升向空中。好一幅长河落日圆,大漠孤烟直的雄浑景象。

时间不早了,笨笨熊四人辞别了阿兰·德格雷一行。

动物社会

——君主制的狒狒社会

结束了对蒙哥的考察，一行四人又去考察狒狒。

途中，笨笨熊说："狒狒是一种猴科动物，社会性也很强。它们主要生活在坦桑尼亚、苏丹、埃塞俄比亚和阿拉伯半岛等半沙漠地带树林稀少的石山上，杂食各种野生植物、昆虫及小型爬虫，有时也盗食农作物。"

跳跳猴又问："它们的社会性表现在什么地方呢？"

笨笨熊说："狒狒群居生活。在每一群狒狒中，一般有一头雄性、几头雌性以及它们的子女。但每一群体中，只有一个首领。这首领总是雄狒狒中体格最壮，毛色也最漂亮。"

说话间，他们发现面前的树林中有一群类似猴子一样的动物，大大小小约有二十多只。它们在树丛中觅食、游戏，没有注意到跳跳猴一行的到来。

笨笨熊指着那些动物说："这便是我们要考察的狒狒。"

说完，他示意大家在山坡高处的一个灌木丛下隐蔽下来。

笨笨熊压低声音问跳跳猴："你说，哪只狒狒是这个群体的首领？"

跳跳猴看了一阵，指着一个在高处蹲坐着的狒狒，说："我看，就是它了。"

笨笨熊问："理由呢？"

跳跳猴说："在这群狒狒中，它体格最壮，毛色也最漂亮，并且，择高处而坐也是一种地位的象征吧？"

笨笨熊说："还有，你看，别的狒狒在远处可以活蹦乱跳，但一走到这只狒狒跟前时，就马上蹑手蹑脚，特别恭顺。这也说明，这只狒狒在这个群体中很有威严。"

"在狒狒社会中，幼小的狒狒受到特别的关心和照拂。狒狒每胎产一仔。小狒狒出世后，左邻右舍都会来看望，类似于人类对产妇道喜。一开始，妈妈将小家伙整天抱在怀中,过一段,便将孩子驮在背上外出觅食。当小狒狒能自己走路时,会抓着妈妈的尾巴,亦步亦趋。母狒狒对孩子的母爱极深,如果小狒狒不幸去世,母狒狒会将孩子抱在怀中,久久不肯扔掉。"

"虽然对孩子痴情,但当小狒狒长到七至八个月时,妈妈就不再给小狒狒喂奶。即使小狒狒软磨硬缠也坚决不行。"

"为什么呢?"跳跳猴不理解。

笨笨熊说:"只有这样,才能使小狒狒及时学会独立生活的本领。"

"噢,还真是教子有方啊!"李瑞感叹道。

笨笨熊接着说:"在断奶后,当妈妈外出觅食时,还将孩子交给族群中一个年长的阿姨看管。这阿姨也非常负责任,不让它们乱跑,以免发生危险。此外,还领它们做游戏,以增加谋生的本领。如果小狒狒之间闹起了矛盾,发生斗殴,阿姨还要处理纠纷。"

跳跳猴说:"真像我们的托儿所或者小学校。"

笨笨熊笑笑,接着说:"狒狒不仅在群体内部有很强的社会性,如果群体受到威胁,还会同仇敌忾,一致对外。在非洲,狮子是它们的天敌。如果遇到狮子进攻,狒狒首领会率领它的部众向狮子发起攻击。众狒狒一边吼叫,一边向狮子投掷石块。结果,往往是凶猛的狮子落荒而逃。此外,狒狒还和在一起生活的斑马、羚羊等共同御敌。"

跳跳猴问:"如何共同御敌呢?"

笨笨熊说:"狒狒会爬树,可以登高望远,羚羊嗅觉灵敏,斑马视、听、嗅觉都很好,各有长处。不论谁发现敌情,都互相通报,及时躲避。这样,提高了它们逃避敌害的能力。"

跳跳猴说:"这么说来,狒狒、羚羊和斑马形成统一战线了?"

笨笨熊说:"是的,形成了统一战线。"

动物社会

——划河而治的黑叶猴和白叶猴

结束了非洲之行,他们便返回广西去看白头叶猴。

可是,寻觅了好久,也不见白头叶猴的踪影。

跳跳猴一边气喘吁吁地爬山,一边问道:"白头叶猴在哪里呢? 怎么一只也不见呢? "

笨笨熊累得上气不接下气,扑通一声坐在了地上。跳跳猴、白桦和李瑞也跟着坐在他旁边。

休息了一会儿,跳跳猴对笨笨熊说:"看来,这些白头叶猴在和我们捉迷藏。老兄,先给我们讲一讲吧。"

笨笨熊说:"我们今天要看的白叶猴属于猴科动物。这种猴子头顶上长着一撮直立的毛,远远看去,像是戴着一顶尖顶帽。'帽子'有两种,一种是黑帽,一种是白帽。人们把戴黑帽的叶猴叫做黑叶猴,又叫做乌猿。把戴白帽的猴子叫做白头叶猴,又叫花叶猴或白头乌猿。这白头叶猴的存世数量比大熊猫还要少,而且生活范围很窄,只限于广西陇山山脉里,也就是现在我们所处的位置。你想,既然白叶猴如此稀少,怎么能很容易就看到呢? "

跳跳猴说:"这么说,我们今天要看的是世界级的珍稀动物了。"

"当然。"

歇了一会儿,一行人继续前行。当快爬到山顶时,树林里传来了几声特殊的叫声。

笨笨熊侧耳听了一会儿,轻声说:"白头叶猴就在这一片了。大家注意观察。"

大家蹑手蹑脚,一边前行,一边四处张望。行走中,跳跳猴发现,在远处对面峭壁的树枝上趴着一只猴子,戴着白帽。

他手指着猴子，悄声问笨笨熊："你看，那是不是白头叶猴？"

笨笨熊定睛一看，说："正是。"

发现了难得一见的珍稀动物，跳跳猴非常兴奋。仔细一看，这猴子躯干和四肢乌黑，头顶、颈部、肩膀以及后半截尾巴雪白。再仔细一看，旁边的树上，还蹲着两只。它们一会儿端坐不动，一会儿在树枝之间跳跃攀登。

白叶猴

笨笨熊指着山下的一条河，说："看到山下的这条河了吗？"

跳跳猴点点头。

笨笨熊说："这条河是明江河，河的南边，即对面，是白头叶猴的地盘；河的北边，即我们现在待的这一边，是黑叶猴的领土。平时，黑白叶猴鸡犬之声相闻，却老死不相往来，一旦相遇，就会打得头破血流。"

李瑞插话说："这么说来，下面的明江就是楚河或者汉界了。"

笨笨熊笑着点点头，接着说："为了维护种群的安全，每一个猴群，无论是在活动时，还是在休息时，都要派上一个雄猴在高处放哨。一旦发现敌情，就发出警报，猴群马上就逃遁得无影无踪。"

"叶猴喜欢群居生活，每群都有一只雄猴为首领，雄猴之间常常为争夺首领的位置而发生争斗。获胜的雄猴占有几只雌猴，成为一雄多雌家族的王者。战败的雄猴则过着流浪的生活，经常发出悲哀的吼声，好像不能为王，是非常痛苦的事情。"

叶猴社会的这一现象，是典型的"强者为王败者寇"。

动物社会

——道德的力量

从广西白叶猴自然保护区出来，一行人又来到了海南岛的南湾半岛去考察猕猴。

上得岛来，只见岛上树木葱葱郁郁，树上挂着各种野果。

笨笨熊说："南湾半岛有猕猴一千多只，是我国最大的猕猴保护区，人称猴岛。猕猴主要以野果为生。"

"和狒狒、白头叶猴相似，猕猴也有很强的社会性。它们一般几十只或上百只成一群，每群猕猴里都有一只猴王。当然，这猴王是猴群中体格最壮、力气最大的。与狒狒、白头叶猴不同的是，在猕猴中，在猴王下面，还有二猴王、三猴王。猴王的雌性配偶也有等级之分，有猴王后、猴王妃。"

跳跳猴说："俨然一个封建社会啊！"

笨笨熊笑了笑，说："是的，典型的封建社会。"

说到这里，只听见旁边的树上发出窸窸窣窣的响声。抬头一看，原来是一个猴群，大约有四十只。它们有的采野果，有的则抓着树枝荡来荡去。

一行四人站定看了一阵，继续前行。

笨笨熊接着说："雌雄猕猴搞恋爱的方式比较特殊。雄猴采摘野果，送给它钟情的雌猴。如果雌猴对送礼的雄猴认同，就会到一僻静处举行婚礼。猴王虽然妻妾成群，但对青年男女部下搞恋爱却不宽容。如果发现部下私下成婚，会将违规者毒打一顿。有时，一定实力的雄性部下也会与猴王一争高低。如果原来的猴王战败，便只好把位置拱手让出，去过流亡生活。"

跳跳猴说："看来，这猴王还真的要练就一身武功。"

笨笨熊点了点头。

172

不过,跳跳猴的话只说对了一半,猴王要坐稳王者的位子,除了武功,还需要德高望重。

　　在一个猕猴保护区,占据东部的猕猴群和占据西部的猕猴群发生了争斗。就像古时候的战斗一样,猴群开战时,也是双方主帅对主帅,士兵对士兵。西群的猴王健壮凶猛,东群的猴王则显得相对单薄。开始几个回合,东群的猴王处于下风。可是,西群的士兵明显无心战斗,东群的士兵却越战越勇。由于士气高涨,东群渐渐显出强势,西群猴子则且战且退,落荒而逃。

　　观战的人们弄不清是怎么回事。人常说,强将手下无弱兵,怎么西群的猴子却败给东群呢? 原来,每次保护区的工作人员给猴群开饭时,东群猴王总是让大家先吃,自己在一旁警戒放哨。西群猴王则不然,每次开饭,总是自己抢先进餐,等它打着饱嗝离开后,别的猴子才能凑上前来分得一杯羹。这样,东群猴王在猴群中深得人心,打起仗来,众猴自然团结一致,拼死保护自己的首领。西群猴王呢? 平时众猴是敢怒不敢言,到战斗时,自然是军心涣散了。

　　原来,道德也有力量。

路口的白杨

祝家庄的旅行结束了，一行人便朝后寨门走去。接下来，他们要去扈家庄接小精灵。

走了好一阵，只见通往后寨门的路径弯环曲折，就像进入迷宫一般。笨笨熊站在路口左右观望，不知该往哪个方向走。

白桦指着远处的寨门说："寨门就在眼前，朝着寨门走就是了，犹豫什么呢？"

笨笨熊扶了扶鼻梁上的眼镜，慢悠悠地说："我看，没那么简单吧。"

跳跳猴说："这样，我给大家探路吧。"

说完，迈开大步便往寨门走去。没走几步，只听得"扑通"一声，跳跳猴不见了。笨笨熊、白桦和李瑞急忙走上前一看，原来跳跳猴掉进了一个陷阱中。幸亏陷阱不深，大家伸下胳膊将跳跳猴从坑里拉了起来。

跳跳猴一边拍打着身上的土，一边骂："这该死的祝家庄，好好的路，挖什么陷阱！"

见跳跳猴并没有受伤，笨笨熊笑着说："挖陷阱，当然是为了捕野兽啊。"

跳跳猴朝着笨笨熊说："什么野兽，应该是狗熊吧？"

李瑞抢着说："狗熊虽然又胖又笨，但是精得很，哪可能落入这等低级圈套。反倒是又蹦又跳看似机灵的猴子栽了进去。"

说完，大家一起哈哈大笑起来。

笑过，笨笨熊说："言归正传。我想，说不定这祝家庄的路上还有机关，我们需要弄清情况再走。

听到笨笨熊的话，跳跳猴突然想起《水浒传》里祝家庄的故事。

当年，为了防御梁山人马攻打，祝家庄人在村前村后的路上挖了许多陷阱，设了许多暗号。知道祝家庄的道路颇多机关，宋江曾派石秀先来探路。祝家庄一个复姓钟离的老人告诉石秀,祝家庄内有许多十字路口,每一个十字路口都栽有一棵白杨树。朝白杨树的这个方向转弯便是生路,朝其他方向转弯便会遇上陷阱,被庄人活捉。

想起这些,跳跳猴朝大家挥了一下手,大声喊道:"有了。"

白桦惊讶地问:"有什么了?"

跳跳猴说:"有办法了。大家跟我来,不会再有问题了。"

接着,跳跳猴带着笨笨熊、白桦和李瑞,遇到十字路口便朝白杨树的方向转弯。大约半个时辰,一行人顺利地走出了祝家庄。

外星人再袭小精灵

出得祝家庄，跳跳猴一行四人径直奔向扈刚的家。

一进院门，跳跳猴便大声叫道："小精灵。"

没人答应。

接着，笨笨熊大声叫："小精灵。"

还是没人答应。

跳跳猴又大声叫："扈刚。"

仍然没人答应。

见没有人答应，跳跳猴紧张了起来，脑海里浮现出了那天晚上在野外宿营时有人打听小精灵行踪的情形。他想，那打听小精灵的人是否就是外星人呢？如果是，小精灵是否被外星人劫走了呢？

这时，一个老翁从大门外走了进来。

看到跳跳猴和笨笨熊，老人问："请问，你们可是跳跳猴和笨笨熊？"

跳跳猴和笨笨熊同时回答："正是。"

跳跳猴问老人："您是……？"

老人说："我是扈刚的父亲。扈刚和小精灵到村子里一个朋友家去了。"

跳跳猴急忙说："带我们去好吗？"

老人说："好。跟我来。"

说着，便带了跳跳猴和笨笨熊朝村子里走去。

绕来绕去，来到了村子中心的一户人家。在这户人家的大门外，几个村民手持着扁担或镢头站着。就在老人带着跳跳猴和笨笨熊要进到院子里的时候，村民将扁担和镢头横在大门口，问道："干什么的？"

老人指着跳跳猴一行说："是小精灵的朋友，刚从外地回来。"

听了老人的话，村民将扁担和镢头收了起来，放他们进去。

看到这一副架势，跳跳猴、笨笨熊、白桦和李瑞都在想，是发生了什么事吗？想到这里，他们的心狂跳了起来。

进到院子里，老人便大声喊："扈刚，你看谁来了。"

话音刚落，扈刚便从房间里冲到院子里。见是跳跳猴、白桦和笨笨熊，扈刚朝着房间里大喊："小精灵，几个弟兄回来了。"

说着，便拉了跳跳猴、白桦和笨笨熊往房间里走。

小精灵正在房间里间的炕上躺着，听到扈刚的喊声，便连忙坐了起来。

看到跳跳猴一行进来，他一下蹦到了地下。久别重逢，他和跳跳猴四人紧紧抱在一起，宽扁的尾巴摇个不停。

良久，大家都松开了手。跳跳猴问小精灵："你们怎么跑到这里来了呢？"

不等小精灵说话，扈刚便抢先说："你们走后的当天，我领着小精灵去附近的医院去看病。医生给小精灵做了手术，从小精灵的胸部取出了几个金属片。"

"什么？金属片？"笨笨熊惊讶地问。

"是的。金属片。"扈刚一边说，一边从上衣口袋里掏出一个塑料袋。

他小心地将塑料袋打开，里面是三个纽扣大小的金属片。

笨笨熊仔细看了一阵，皱起了眉头。

跳跳猴将塑料袋一把夺过来，看了一下，说："这些金属片我来保存吧，做个纪念。"

说着，便将金属片仍然用塑料袋包了起来，装在了上衣口袋中。

接着，扈刚讲起了这些日子里发生的事情。

从医院回来后，小精灵就在扈刚家里养伤。第三天，他们发现有几个相貌特殊的人总是在院子周围转来转去。

小精灵在暗处观察，发现他们是外星人。小精灵告诉扈刚，外星人一直在追踪他，今天，这些外星人一定是冲着他来的。

晚上，在夜幕的掩护下，扈刚把小精灵转移到了扈家庄后面山里的一个溶洞中。扈刚每天装着放羊，赶着羊群到山上的溶洞给小精灵送饭吃。开始一两天，没有发现什么异常。后来，他们隐隐约约感到有人在跟踪。

前天早上送饭时，扈刚远远看见溶洞口有个影子在晃动。他急忙叫了一个朋友跑上山，钻进洞里。刚进洞不久，发现手电筒一样的光柱在里面晃来晃去。糟了，一定是外星人钻进洞来了。扈刚让朋友赶快回村里找人，他守在洞口，准备和外星人决一死战。

山下有十几个村民在地里劳动，扈刚的朋友气喘吁吁地将事情如此这般地向村民们讲了一遍。听说外星人在劫持人质，村民们扛着锄头、扁担和铁叉冲了上来。刚到洞口，就看见有三个穿着太空服的怪物押着小精灵从洞里出来。看见操着锄头、扁担和铁叉的一群村民，三个怪物嚎叫一声，丢下小精灵跑了。不一会儿，天空中出现了一个发光的圆盘，但只一下，就突然不见了。

外星人已经知道了小精灵藏身的山洞，不能再在山洞里住了。扈刚和村民便把小精灵转移到村里来。

待扈刚讲完故事，小精灵说："非常感谢扈刚和乡亲们对我的关心和保护，不然，我又被外星人抓走了。"

"要是那样，说不定，你现在已经居住在遥远的外星上了。"听了扈刚的叙述，跳跳猴的心情轻松了起来，开始开玩笑了。

笨笨熊问小精灵："怎么样，伤口好了吗？"

小精灵拍了拍胸脯，说："好了。"

笨笨熊说："我们接着去旅行，可以吗？"

小精灵高兴地跳了起来，说："好啊。什么时候出发？"

白桦说："外星人已经知道了你藏身的村子，肯定还会来骚扰的。我想，我们还是尽快离开这里吧。"

笨笨熊说："对，现在就走。"

小精灵说："好。"

说完，一行人便往大门口走去。

就要分别了，跳跳猴向扈刚说："多亏你的帮助，我们谢谢你了。"

小精灵对扈刚和把守在门口的村民说："你和乡亲们的恩情，永世不忘。"

扈刚恋恋不舍地说："你们就这样走了吗？"

笨笨熊说："还有任务在身，不能耽搁了。等我们结束旅行后，再来和你见面吧。"

扈刚点了点头，说："在路上，要小心啊。"

说这话时，眼里噙着泪花。

扈刚和乡亲们将跳跳猴、笨笨熊、白桦、李瑞和小精灵一直送到村口，目送着他们消失在长满庄稼的田野中。

苹果园

秋天到了,整个大山就像一幅浓墨重彩的油画,翠绿的松柏、金黄的银杏、火红的臭椿……和油画不同的是,在这迷人的画卷中,不时有排成一字的大雁飞过,还有婉转动听的鸟鸣。

在两座大山底部围成的一个山坳中,有一个茅草屋。茅草屋前面的苹果园里,红扑扑的苹果将树枝压得弯了下来。在一棵苹果树下,放着两只竹筐,一个小伙子一边轻轻地哼着山歌,一边从树上采摘苹果。

这时,跳跳猴像猴子一样一蹦一跳钻到了果园中。在树上摘苹果的小伙子扑通一声从树上跳了下来,大声喝问:"干什么的?"

跳跳猴被吓了一跳,他环顾四周,从苹果树的间隙中看到了摘苹果的小伙子。见对方年龄和自己相仿,他说:"对不起。和几个弟兄在山里旅行,好长时间没有吃东西了,来找点吃的。"

这时,他发现在苹果园里的树丛中闪过一个黑影。他以为,那是和小伙子一起摘苹果的人。

"这里又不是旅游景点,来这深山老林干什么呢?"

"我们是在进行生物旅行。"

"生物旅行?什么叫做生物旅行?"

"就是对生物进行考察和研究。"

"有老师带着你们吗?"

"没有,我们自己。"

小伙子轻蔑地看了跳跳猴一眼,心想,几个小毛孩子,竟然也敢大言不惭地说什么对生物进行考察和研究。

看到小伙子对自己不屑一顾的样子,跳跳猴说:"知道吗?和我们一起旅行的,还有一个年龄有几十亿岁的小精灵。"

"什么？你和小精灵一起旅行？"小伙子一下子兴奋了起来。

"是的。"跳跳猴回答。

"能和小精灵在一起旅行真是太幸运了。"小伙子的两只眼睛里放着光。

"你也认识小精灵？"跳跳猴惊讶地问。

小伙子说："就在去年，也是这个地方，我和我的一个朋友曾经遇到过小精灵。就在苹果园的茅草屋里，他给我们讲了许多奇闻趣事。他还告诉我，有几个外星人正在跟踪他。我不明白，外星人为什么要跟踪他呢？"

跳跳猴说："外星人来地球的目的是进行生物资源考察。但是，在来到地球后，他们辨不清东南西北，不知道该往哪里走。他们曾经偷了我们的旅行路线图，但又被我们抢了回去。小精灵是地球生物的一本活字典，他们便想绑架小精灵，从小精灵那里窃取地球生物的信息。"

"噢，原来如此。但是，你们是怎么遇到小精灵的呢？据我所知，他一直是独来独往的。"小伙子说。

"说的没错，小精灵向来是踪迹不定。前些天，我们遇到了小精灵。但是，他不是在旅行，而是被外星人绑在一个山洞中。本来，外星人准备将他绑走的。但是，在看到我们以后，他们便仓皇逃走了。从那以后，他便与我们一起旅行。"跳跳猴说。

"这么说来，是你们解救了小精灵？"小伙子问。

"当然。"跳跳猴不无得意地说。

"那你们是大英雄了。"小伙子很有点羡慕。

"没有格斗，没有费一枪一弹，怎么能说是英雄呢？"跳跳猴说得很轻松。

"告诉我，你叫什么名字？你还有几个伙伴？他们现在在哪里？"小伙子急忙问道。

"本人名字叫跳跳猴，我还有三个伙伴，一个叫笨笨熊，一个叫白桦，还有一个叫李瑞。他们现在就在山那边。"跳跳猴说。

"好，先拿几个苹果吃，充充饥。然后，把弟兄们带到我这里来。大家见个面，吃个饱。"小伙子高兴地说。

说完，小伙子从竹筐里拿出苹果一个劲地给跳跳猴手里塞。跳跳猴把苹果装在口袋里和背篓里，匆匆向来路返回。

一只松塔

原来,跳跳猴和几个伙伴连续几日水米没有沾牙。跳跳猴自告奋勇背了白桦平时背的背篓去找吃的,笨笨熊、李瑞、白桦和小精灵在山那边的一块巨石上等着。想着大家饥渴难耐,跳跳猴迈开大步急急赶路。无奈山路崎岖难行,直到中午时分,才返回到笨笨熊等人休息的地方。他看见,笨笨熊、李瑞和白桦在小溪旁的巨石上低着头打瞌睡,小精灵呢? 不见了。

跳跳猴顾不得将苹果掏出来,便摇晃着笨笨熊问:"喂,小精灵呢?"

笨笨熊缓缓抬起头,想睁开眼睛,但是,怎么也睁不开。

接着,跳跳猴使劲地摇白桦和李瑞,一边摇,一边大声问:"喂,小精灵呢?"

白桦和李瑞揉了揉惺忪的睡眼,但是马上又合了起来。

想到几位伙伴只顾自己睡觉,全然不管小精灵,跳跳猴发怒了。他大喝一声,一掌击在身旁的一株柏树上,那碗口粗的树竟然咔嚓一声被拦腰截断。

这一下,白桦、笨笨熊和李瑞突然睁开了眼睛。

跳跳猴叉着腰,怒气冲冲地问:"睡得好香啊! 小精灵呢?"

白桦站了起来,说:"你去找水果的时候,我们就坐在石头上说话,突然,我感到一阵瞌睡,就像瞌睡虫从耳朵、鼻子钻到脑子中去一样。这时,听到小精灵一声尖叫,努力睁开眼一看,两个外星人架着小精灵往山上去了。"

接着,他抬起胳膊,指着面前的一条小路,说:"对,就是顺着这个小路上去的。再后来,我便腿脚不能动,眼皮不能睁。"

笨笨熊也跟着站了起来,说:"只是刚才你这一声大喝,才突然睁开了眼睛,腿脚有了劲。我怀疑,这外星人给我们使了迷幻药。"

跳跳猴说:"什么也别说了,我们赶快找人吧!"

说完,他从背篓里抱出小黄,拍了拍它的脑袋,说:"小黄,小精灵又被外星人绑架了,帮我们找找小精灵的下落。"

小黄好像听懂了跳跳猴的话,一边低头嗅着,一边顺着白桦刚才指的小路往上爬。跳跳猴、白桦、笨笨熊和李瑞紧紧地跟在小黄的后面。

大约走了一里左右,前面没有了路,只是一片灌木丛。小黄仰着脑袋,朝着前面一个劲地叫。跳跳猴一看,前面是一座高高的峭壁,一条青藤从顶端蜿蜒曲折地垂了下来。

他仰着脑袋打量了一阵,说:"我上去看看吧。说不定,在那山顶能看到什么线索。"

笨笨熊抬头望了望那齐愣愣的岩壁,不禁打了一个哆嗦,说:"行吗？"

跳跳猴说:"再犹豫,天就黑了。"

话音未落,便拨开灌木丛,来到石壁下,攀着青藤往上爬。

看着跳跳猴越爬越高,站在山下的白桦、笨笨熊和李瑞紧紧地攥着拳头,为他们的小兄弟捏着一把汗。

就在跳跳猴快要爬到山顶时,青藤突然断了。他像一块落石一样掉了下来,但是,手里仍然紧紧抓着那棵青藤。这时,笨笨熊、白桦和李瑞的心脏猛烈地跳了起来,简直要从嗓子里蹦出来。

就在快要掉到山脚的时候,跳跳猴被手里的青藤重重地弹到了一棵大树上。毕竟是猴子的族亲,看到快要落到树上时,跳跳猴眼疾手快,弃了手里的藤,抓住树枝,在树上荡起了秋千。最后,从树顶一层一层荡到了地面上来。

看到跳跳猴落了地,白桦、笨笨熊和李瑞悬在嗓子眼的心才松了下来。他们不顾一切地拨开灌木丛,跑到跳跳猴跟前,把他紧紧地抱在了中间。

许久,他们才将跳跳猴松了开来。

白桦说:"小兄弟,让你受惊了。"

跳跳猴擦了擦脸上的血迹,淡淡地笑了笑,说:"没什么,只是没有达到目的。还有……"

笨笨熊急忙问:"还有什么？"

跳跳猴抖了抖自己的口袋,说:"白天找来的苹果也不见了。"

听了跳跳猴的话,白桦、笨笨熊和李瑞都笑了起来。

天色完全暗了下来,周围的树木都看不清了。一行四人只得蹲在一棵大树下,紧紧地靠着,等待着天亮。平时,每逢夜晚在野外宿营,他们总要讲笑话来排遣寂寞。但是,今晚,他们谁也没有兴致,只是一声接一声地叹气。

大约半夜时分，小黄又叫了起来。这次，它的叫声很急。跳跳猴扫视了一下四周，他看到，在他们下方不远处，出现了两个幽绿的光点。直觉告诉他，那是狼。紧接着，又出现了两个幽绿的光点，同时，传来了几声凄厉的嗥叫声。

　　笨笨熊问："这是什么在叫？"

　　跳跳猴一把抓起笨笨熊的胳膊，压低声音说："狼来了，我们上树。快。"

　　兄弟四人带着小黄迅速爬上身边的一棵大树，坐在一个树杈上。低头看去，树周围有六七双幽绿的光点，狼嗥声不断划破寂静的山林。整整一个晚上，跳跳猴等人目不转睛地盯着树下的狼群。天快亮的时候，七匹狼极不情愿地离开了，不时，有的狼还回头看一眼。

　　天亮了，跳跳猴等人继续漫山遍野地寻找小精灵。但是，偌大一座山，究竟应该往哪里走呢？

　　白桦对小黄说："小黄，使点儿劲嗅。我们需要尽快找到小精灵，要是拖拖拉拉，外星人很可能会把小精灵运到外星去。"

　　小黄使劲东嗅嗅，西嗅嗅。但是，只是在树林里转圈儿。不觉，天色又暗了下来。他们早早爬上树，用树上的藤条把自己缠起来，防止在打瞌睡时从树上掉下去。

　　第三天早上，从树上一下来，小黄就叫了几声，接着，撒开四条腿向山下跑去。跳跳猴等迈开大步，在后面紧紧地跟着。来到山谷尽头，大家发现草地上停着一只飞碟。白桦认出来，眼前的飞碟和他曾经乘坐过的那一只一模一样。

　　跳跳猴说："说不定，外星人要用这只飞碟把小精灵运走。"

　　说完，就朝着飞碟奔去。

　　笨笨熊急忙把跳跳猴拉住，说："别莽撞，我们在这里看看动静。"

　　跳跳猴说："看什么动静，再看，小精灵就被拉走了。"

　　就在这时，那飞碟悄无声息地垂直升到空中，飞走了。

　　跳跳猴四人急忙来到原来飞碟停留处。他们发现，在山谷尽头的峭壁上，挂着一条不大的飞瀑。跳跳猴跳过瀑布前的水潭，穿过瀑布，站在了一块湿漉漉的石头上。定睛一看，眼前是一个山洞。继续往里走，发现洞口虽然不大，里面却非常宽敞，有些地方还有灯光。借着灯光，可以看见在山洞的侧面还有一些侧洞。

　　从洞口往里走了十几米，跳跳猴返了出来。他压低声音对笨笨熊、白桦和李瑞说："这里，可能是外星人在地球上的基地。你们带着小黄留在洞口望风，我进去看个究竟。"

说完，跳跳猴再次钻过水帘，进入洞内，白桦、笨笨熊和李瑞带着小黄藏在洞口旁边的树林中。这时，小黄从白桦的背篓里蹦了出来，朝着水帘洞跑去。看来，他要跟着跳跳猴进洞。

白桦连忙跨出两大步，一把把小黄搂在怀里，拍着它的脑袋说："待在这里，不许出声。要出声的话，外星人会发现我们的。"

小黄好像听懂了白桦的话，翻过主人的肩膀，又钻回了背篓里。

跳跳猴往里走了一会儿，看见在一个侧洞里有一个不大的铁笼。令他万分惊喜的是，铁笼里关着小精灵。铁笼子的后面是一个仪表，上面，红红绿绿的仪表灯在不停闪烁。

跳跳猴念了秘诀，变成一只蜜蜂，飞到小精灵的肩膀上。他压低声音说："小精灵，我是跳跳猴。"

小精灵说："谁？"

跳跳猴说："跳跳猴。"

小精灵问："你在哪里？"

跳跳猴说："就在你的肩膀上，是一只蜜蜂。"

小精灵偏着头，看了看，确实，肩膀上有一只蜜蜂。

他说："和你同行的还有谁？"

他在确认这只蜜蜂的身份。

跳跳猴说："还有白桦、笨笨熊和李瑞，他们留在洞口望风。"

噢，真的是跳跳猴。小精灵顿时流出了两行眼泪。

他说："这里，是外星人在地球上的一个基地。自从被抓到这里后，外星人每天对我用各种各样的仪器进行试验。另外，也没有饭吃，只是每天由一只猴子给我送几个水果和松塔……"

跳跳猴打断了小精灵的话，说："我们要救你出去，怎么救？"

小精灵想了一下，说："如果他们对我做试验时，会把我关在这个铁笼子里，没有可能逃脱；当不做试验时，会让我在这个实验室附近活动，有可能乘机逃走。每天早上，我让猴子给你送松塔。如果送两只，说明我当天在铁笼子里，你们不要来。如果送一只，说明当天没有试验，在实验室附近活动，你们可以来。"

跳跳猴说："好的。告诉给你送水果的猴子，我们就守在洞口左侧山坡上的树林里。"

这时，看守小精灵的外星人来开铁笼的门锁，发出哗啦哗啦很响的声音。小精灵低声对跳跳猴说:"快走吧。我等着你们。"

跳跳猴飞出山洞,变回人形,和白桦、笨笨熊讲了小精灵的境况。然后,他们来到和小精灵约好的地方。

第一天,猴子给他们送来了两只松塔。

跳跳猴急得抓耳挠腮。

第二天,猴子还是给他们送来了两只松塔。

白桦、笨笨熊和李瑞也坐不住了,一直在树林里焦急地转圈子。他们担心小精灵在外星人手里受折磨。

第三天早上,猴子送来了一只松塔。哇,机会终于来了,一行四人急忙来到洞口。幸好,飞碟也不在。跳跳猴领着白桦、笨笨熊和李瑞溜进山洞,来到关押小精灵的实验室附近。果然,小精灵在实验室外溜达。来不及寒暄,跳跳猴上前抓住小精灵就往外跑。

离开山洞好一段距离后,跳跳猴喘着粗气说:"小精灵,给我们讲讲分别后的过程吧。"

小精灵仰着头看了看他,好像是听不懂,没有吭声。

跳跳猴再和小精灵说话,小精灵仍然没有反应。

李瑞低声嘟囔道:"咦!怎么回事呢?"

笨笨熊皱起了眉头,接着,他把跳跳猴拉到一边,悄悄说:"小兄弟,我感觉有问题。"

跳跳猴问:"有什么问题呢?"

笨笨熊说:"说不定,这个小精灵是假的。"

跳跳猴问:"为什么说是假的呢?"

笨笨熊说:"如果是真的,为什么不和我们说话呢?"

白桦说:"我也感到奇怪,不只这个小精灵不会和我们说话,今天的营救过程还出奇得顺利。"

跳跳猴点点头。他刚才也感到不对劲,但是,还没有想到真假的问题。

接着,跳跳猴问:"那我们该怎么办呢?"

笨笨熊说:"我们要再回到山洞里去,看真的小精灵是不是还在洞里。"

跳跳猴指着不远处的"小精灵",对笨笨熊、白桦和李瑞说:"你们看着他,我到洞里去打探一下情况。"

笨笨熊、白桦和李瑞都点点头。

说完，跳跳猴迈开大步，直奔山洞而来。

走到上次看到小精灵的那个实验室，跳跳猴发现，果真，铁笼子里还关着一个小精灵。

看到跳跳猴，小精灵喊了起来："跳跳猴。"

这时，一个外星人正好来到实验室洞口。看到有陌生人来看小精灵，他急忙按下了身旁的按钮。山洞里立即响起了警报声，接着，实验室外传来了杂乱的脚步声。很快，有五六个外星人来到了实验室门口。

看到没有了出路，跳跳猴从口袋中摸出孙悟空送给的毫毛，吹了一口气。霎时，一个活脱脱的孙悟空站在了眼前。

那孙悟空腰系虎皮裙，手拿金箍棒，向跳跳猴问道："要老孙干什么？"

跳跳猴指了一下铁笼里的小精灵，说："将小精灵救出去。"

话音未落，孙悟空舞起金箍棒，将洞壁的石头打得哗啦哗啦一个劲地往下掉。周围的外星人吓得嗷嗷乱叫，抱着脑袋，四下散去。趁此机会，孙悟空用金箍棒将铁笼撬开，和跳跳猴拽着小精灵就往洞外跑。

来到白桦和笨笨熊等候的地方，跳跳猴念了咒语，将孙悟空变回毫毛，收回口袋中。突然，原来和白桦等待在一起的小精灵跑到刚解救出来的小精灵跟前，抱在一起，转了几个圈。他们俩一模一样，分不出了真假。

跳跳猴对笨笨熊说："刚才惊动了山洞里的外星人，此处不宜久留。"

说着，大家拉起两个小精灵急忙上路。跳跳猴一边走，一边想着辨别真假小精灵的法子。走出去了老远，跳跳猴让大家在树林中停了下来。

他指着笨笨熊，问面前的两个小精灵："小精灵，告诉我，他是谁。"

"笨笨熊。"两个小精灵的嘴都在动。

笨笨熊笑了笑，把一个小精灵拉到白桦跟前，把另一个小精灵拉到跳跳猴跟前，让他们拉开十几步距离。

然后，笨笨熊大声问："请问，我叫什么名字？"

白桦身边的小精灵抬起头，望着白桦，小声说："笨笨熊。"

跳跳猴身边的小精灵却默不作声，只是嘴唇动了动。跳跳猴怒从心头起，抡起拳头，朝着面前的小精灵砸下去，打得那假小精灵血肉模糊，脑浆迸出。

把假小精灵打死后，小精灵和跳跳猴兄弟四人抱在一起哭了起来。哭够了，他抹干眼泪，讲起在山洞里的所见所闻。

在小精灵被劫后的这几天里，他默默地学会了外星人的语言。从外星人的交谈中，他才知道外星人是在苹果园里听了跳跳猴和小伙子的对话得知他的踪迹的。为了避免打斗，这帮家伙在小精灵等休息处的上风方向喷射了一种迷幻剂，使白桦、笨笨熊和李瑞昏了过去，并趁机将他劫走。那天，跳跳猴变成蜜蜂探望他时的谈话被外星人录了下来。知道跳跳猴、笨笨熊要来营救他，外星人便复制了一个小精灵。他们要把假的小精灵留在地球上为他们收集情报，把真的小精灵留在山洞，或者运回外星。

听到这里，跳跳猴说："这外星人也太笨了，怎么就弄一个不会讲人类语言的小精灵呢？不会讲人类语言，不就被我们识破了吗？"

小精灵说："本来，他们计划在今天给他注入语言程序，然后，明天告诉我将要停止试验一天，让你们来营救。这样，你们就不会看出破绽了。"

跳跳猴又问："那，你为什么要让我们今天去营救呢？"

小精灵惊诧地说："没有啊。我还奇怪，你们为什么今天采取营救行动呢？"

跳跳猴说："你让猴子给我们送来了一只松塔啊。"

"怎么可能呢？是两只啊。"小精灵的嘴半天合不上。

一团疑云笼罩在跳跳猴的心头。但他马上转念一想，不管怎样，小精灵是救出来了，应该轻松一下了。

想到这里，他说："好了，找点东西吃吧。"

附近就是水果树，小精灵跑过去摘果子。就在小精灵摘回水果时，每天给跳跳猴他们送松塔的猴子风风火火跑来了。

小精灵与猴子叽叽咕咕起来。开始，小精灵一副愤怒的样子，接着，表情平和了下来。最后，猴子钻进了树林，不见了。

跳跳猴问小精灵："那猴子和你说些什么呢？"

小精灵说："猴子告诉我，它拿着两个松塔给你们送时，摔了一跤，掉了一个，找不见了。想想丢一个没有什么，就把剩下的一个送给你们了。刚才，它回到洞里给我送水果和松塔的时候发现洞里一片狼藉，便闻着我的气味追过来了。它刚才告诉我，看到外星人关押地球上的生灵，它怀疑他们有不可告人的目的，因此，它打算不再回到那个山洞，它也想周游世界。"

事情清楚了，在树林里吃过水果，跳跳猴一行四人上路朝李家庄走去。

伪装与逃生

——形形色色的再生术

李家庄是主题为生存和繁衍的动物园。村口一个村民告诉他们，这李家庄有山川，有大海。在这里不仅可以看到陆生动物，还可以看到海生动物。

笨笨熊说："李瑞不能下水，该如何是好呢？"

上次在祝家庄旅行时，他和跳跳猴、白桦下海，李瑞在岸上等了几乎整整一天。想到这件事，他便有点过意不去。

李瑞说："让小精灵和我参观陆生动物，你们下海去吧。小黄还是由我带着。"笨笨熊缓缓地摇了摇头，说："外星人一直盯着小精灵，还是让跳跳猴、白桦和小精灵一起下海去吧，这样安全一些。我和你带着小黄留在陆地上。"

对笨笨熊的意见，大家一致表示赞同。

接着，跳跳猴、白桦和小精灵由一个村民领路，来到大海边，一头扎进大海中。

游不多远，白桦和跳跳猴发现海底静静地卧着一只海参。

白桦正要往下游，跳跳猴猛地划了几下水，抢先将海参抓到手。令跳跳猴感到意外的是，当他返回到小精灵跟前时，手里的海参只剩下了半截。

跳跳猴自言自语道："那半截哪里去了呢？"

小精灵说："跑了。"

跳跳猴诧异地问："跑了？"

小精灵说："是的，跑了。当海参被人抓住时，会自动断成两截，一半留在捕猎者手中，另一半乘机逃走。

跳跳猴说："逃走的那一半能活下来吗？"

小精灵说："别担心，海参有很强的再生能力，逃走的海参会将失去的部分再长出来。其实，海参还有更高明的逃生办法呢。"

跳跳猴问："什么办法呢？"

小精灵说："海参的运动能力很差，每小时只能爬上几米远。当遇到敌害攻击时，它会将肚子里的东西掏出来，扔给来犯者。当来犯者享受胜利果实时，掏空内脏的海参便悄悄溜进附近的洞穴中。同样，用不着担心，过一段时间，它丢掉的内脏会再长出来。"

"把内脏扔掉还能再长出来？"跳跳猴感到非常惊讶。

其实，通过分身逃生的动物有很多。

章鱼有长长的触手，触手上有许多吸盘。它常常躲在洞穴中，将触手伸出洞外捕捉猎物。但是，如果敌害咬住章鱼的触手往外拉，它就有被拽出洞外并丧命的危险。这时，章鱼触手上的肌肉就会突然收缩，使触手从关节处断开。敌害将注意力集中在到口的战利品上，往往忽视了躲在洞中的主体。这样，章鱼就可以逃过一劫。

奇怪的是，章鱼在触手断裂后，伤口处的血管剧烈收缩，可以起到止血作用。更加令人惊讶的是，章鱼的触手再生能力很强，过几天，断掉的触手会再长出来。

和章鱼类似的还有螃蟹。螃蟹头胸部有五对步足，其基部有一个折点。当它的步足被敌害抓住后，会在折点处突然折断，主体乘机逃跑。在步足折断后，伤口处肌肉强烈收缩，可以使出血很快停止。因为它的再生能力很强，不久，又可以长出新的肢体来。

壁虎的尾巴被敌害抓住后，也会突然断开。很快，断掉的尾巴会再长出来。特殊的是，壁虎的尾巴在与主体断开后，还能在地上左右摆动。咦，刚才那个家伙怎么突然变了样子呢？就在猎手大惑不解的时候，扔掉了尾巴的壁虎早已逃之夭夭。因此，壁虎这一手对敌害具有更大的迷惑作用。

太平洋帛琉群岛上有一种小褐蜥蜴。这种蜥蜴在被敌害抓住后，不是断尾，而是将皮脱掉，赤裸着身体逃走。那利索劲儿，就像我们脱衣服一样。过几天，它会换上一身崭新的外套。

和小褐蜥蜴相似的还有山鼠和兔子。如果猛兽抓住山鼠的尾巴，它会把尾巴上的皮留下。兔子如果被敌害咬住肋部后，常常挣脱开来，敌害口里只能叼一块兔皮。奇怪的是，兔子的伤口一点也不出血，并且会很快长出新的皮肤和毛发。

刚才说的海参分身、章鱼断臂、壁虎断尾以及兔子脱皮等，都是利用再生来逃生。还有一些低等动物，比如海星和水螅，能通过再生形成新的个体。

如果将海星撕成几段，每一段都会成为一只完整的海星。将水螅切成几段，不仅每一段都能长出一个小水螅，而且当它的头部被切成两半后，竟然能长出两个脑袋来。原来，这海星和水螅也像孙悟空一样具有分身术。

伪装与逃生

——会吹气球的刺鲀

正说着话,两条小鱼从跳跳猴一行眼前游过。小精灵招呼着跳跳猴和白桦跟了上去。

跳跳猴仔细看了一阵,这两条鱼并没什么特别。他想,为什么要跟踪这两条鱼呢?

正在想着,从对面游来一条大鱼,挡住了两条小鱼的去路。

突然,两条小鱼像吹气球一样鼓了起来,身体外面竖起了密密麻麻的刺。整个成了一个带刺的球,漂在了水面上。

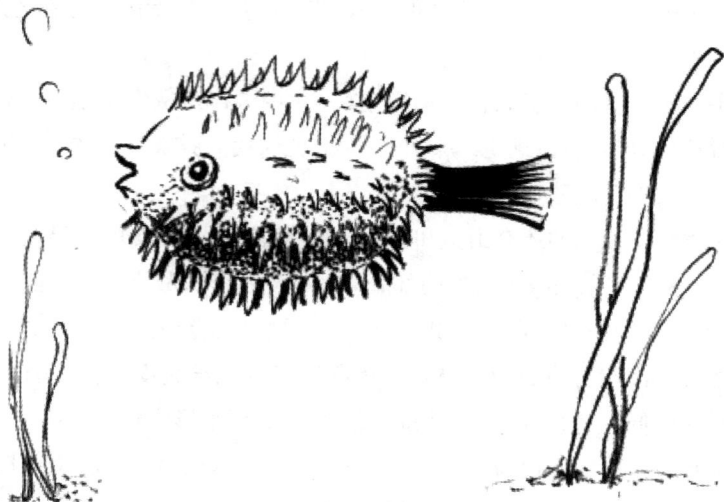

与小精灵同行

刺鲀

我追的明明是一只河豚，怎么突然成了一个带刺的球呢？那条大鱼盯着面前带刺的球，百思不得其解。僵持了半天，那河豚并没有逃走的意思。噢，这家伙看来非同寻常，还是不要惹它的好。在得出这个结论后，大鱼快快地游走了。

　　跳跳猴惊讶地问："这是怎么回事呢？怎么突然就变了模样呢？"

　　小精灵说："这种鱼叫做刺鲀，在它遇到敌害时，它会大口吞下海水和空气，使身体突然鼓起来。由于吞下大量空气，身体比重变轻，所以就变成一个圆球状，漂浮在水面上。"

　　跳跳猴问："那它满身的刺是怎么来的呢？"

　　小精灵说："我们看到的刺鲀的刺实际上是它的鳞片。平时，它的鳞片贴敷在身上；在遇到敌害时，就会突然竖起来。"

　　说话间，那刺鲀将竖起的刺收回，圆鼓鼓的身体就像气球放气一样，眼看着迅速变小，恢复了原来的形状。

　　看了这一幕，跳跳猴说："真像是变魔术！"

伪装与逃生
——会游泳的"海藻"

小精灵说："刺鲀吹气球是为了逃生。还有一些海洋动物，则是利用伪装来躲避敌害。这种策略，叫做伪装求生。"

跳跳猴问："海里哪些动物可以伪装求生呢？"

小精灵说："靠伪装求生的海洋动物多着呢，我们再返回去看一看吧。"

说完，一行人又回过头，潜向大海深处。

他们一边说着话，一边向前游去。跳跳猴左顾右盼，希望发现什么稀奇的东西。小精灵则两眼死死地盯着水底。

一会儿，小精灵说："你看下面。"

跳跳猴看了一会儿，没有看到什么，便问道："有什么呢？"

小精灵说："你没有看到几株海藻吗？"

"看到了。那有什么稀奇呢？"经小精灵提醒，跳跳猴看到海底有几株海藻在随海水轻轻摇曳。但是，他看不出来它们有什么特别。

小精灵笑而不语。

跳跳猴知道小精灵的话里有文章，便盯着那几株海藻仔细看了起来。不一会儿，其中一株海藻拔地而起，游走了。

跳跳猴说："海藻怎么会游走呢？"

小精灵说："你再仔细看看。"

跳跳猴急忙追上前去，只见这株"海藻"全身草绿色，上面点缀着梅花鹿似的花斑。他伸手去抓，不想，那海藻头一摔，尾巴一摆，突然游出去好大一截。

跳跳猴惊呼道："原来是一条鱼啊！"

小精灵说："知道这'海藻'的稀奇之处了吧？这种鱼叫做鹿角鱼，它在休息时总

192

是脑袋朝下,尾巴倒竖起来。看上去,酷似在海水中摇曳不定的海藻。

"在巴西的河流里,还有一种鱼,外形酷似一片枯叶,人们叫它叶形鱼。这种鱼常常一动不动地躺在河床上,过往的海洋动物以为那就是沉在水底的一片枯叶。靠了这种伪装,叶形鱼便可以躲过敌害的袭击。

"还有,在澳大利亚的大堡礁,有一种鱼身体颜色很像珊瑚石,它们常常躲在珊瑚礁中。当小鱼从它们身边游过时,它们就会突然张开大口,将小鱼吞下去。"

伪装与逃生

——裹在睡袋中的鹦鹉鱼

跳跳猴说:"这次下海,我发现了一个现象。"

小精灵说:"什么现象?"

跳跳猴说:"生存在水体浅层的鱼一般腹部呈银白色,背部呈灰色或黑色。"

"是这样吗?"白桦用质疑的目光看着小精灵。

小精灵拍了拍跳跳猴的肩膀,说:"小兄弟说得对,是这样。"

白桦问:"有什么道理吗?"

小精灵说:"在水体的浅层,有来自空中的敌害,还有来自水体的敌害。鱼的背部呈灰色或黑色,空中的捕鱼鸟从上往下看,容易把鱼和水底的颜色相混;鱼的腹部呈银白色,水体深层的鱼从下往上看,容易把鱼和天空的颜色相混。这样,可以起到伪装的效果。"

听了小精灵的解释,跳跳猴和白桦不约而同地点点头。

小精灵接着说:"有一种叫做海中鹦鹉的鱼,色彩艳丽,它身体的颜色不能随机应变,却有另外一种防身技巧。"

跳跳猴问:"什么技巧呢?"

小精灵说:"晚上,海中鹦鹉会分泌出一种黏液。这种黏液包裹在身体的周围,像是穿上了一层半透明的衣服。一旦有敌害靠近,黏液膜发生振动,便将正在睡眠的海中鹦鹉惊醒。"

跳跳猴说:"这样说来,海中鹦鹉鱼每天晚上都像是睡在睡袋中。"

小精灵说:"对。就像是睡在睡袋中。"

伪装与逃生

——海洋里的变色龙

游着游着,前面出现一条乌贼鱼,身上有斑马一样黑白相间的条纹。小精灵示意大家紧紧跟上。但是,跟着跟着,乌贼突然不见了。

跳跳猴说:"咦,怎么回事呢? 跑哪里去了呢? "

小精灵手指着眼前的海底,悄声说:"看到了吗? "

顺着小精灵的手指望去,在砂质的海底静静地卧着一只披着砂黄色外套的乌贼。不特别注意,根本不可能发现。

跳跳猴说:"这不是刚才的那一只。"

小精灵说:"不会错,我刚才一直盯着它。"

跳跳猴说:"可是,刚才的那一只有斑马一样的条纹啊! "

小精灵接着说:"问题就在这里。乌贼的颜色随着环境颜色变化而变化。它游到白色的大理石上,会变成乳白色;游到玄武岩上,会变成黑色;游到杂色的岩石上,又会变成花斑色。到了海底呢?自然会变成海砂一般的砂黄色。"

乌贼

跳跳猴叹道:"真神奇啊。"

小精灵说:"乌贼的颜色不仅会根据周围环境的颜色发生变化,还善于用色彩表达感情。在繁殖季节,雌乌贼还披上盛装,招引异性伴侣。"

说着话，他们来到了一座珊瑚礁前。突然，小精灵停了下来，说："前面珊瑚礁的缝隙里有一条鱼，你看到了吗？"

跳跳猴仔细看了一会儿，才看出在面前的珊瑚礁缝隙里有一条鱼在悠闲地摇头摆尾。它身体表面，有网格状的图案以及散布在网格中的赤褐色的斑点。不仔细看，还真不容易将它从周围珊瑚礁的背景中分辨出来。

石斑鱼

跳跳猴说："这种鱼叫什么名字呢？"

小精灵说："石斑鱼。它的颜色能随着周围环境的颜色而变化，能很快地从黑色变成白色，从红色变成淡绿色或浓褐色。"

跳跳猴问："乌贼和石斑鱼的颜色能很快地变化，是什么道理呢？"

小精灵说："在乌贼和石斑鱼的皮肤细胞中有许多红色、橘色、黄色和黑色等色素颗粒。神经中枢按照周围环境的颜色向皮肤细胞下达指令，皮肤细胞呢？会按照指令调配色素颗粒，使皮肤显示出与附近物体相似的图案和颜色。"

"就像画家将各种颜料放在调色板上配色。是吗？"跳跳猴问。

小精灵说："是的。"

说话间，珊瑚礁石缝隙中的石斑鱼游了出来，钻进了一丛海藻中。突然，石斑鱼的颜色变成了和海藻一样的淡绿色。小精灵领着大家尾随而去，无奈，石斑鱼钻进了浓密的海藻丛中，不见了踪影。

白桦说："常听说变色龙能随心所欲变换身体的颜色，这乌贼和石斑鱼，可以说是海洋里的变色龙了。"

小精灵点点头，说："是的。是海洋里的变色龙。"

没有了跟踪目标，并且大家都感到疲乏，便相伴着朝海面游去。

伪装与逃生

——瞬息万变的鬣蜥和避役

却说笨笨熊、李瑞和跳跳猴一行分别后,来到海边的一座小岛。放眼望去,岛上层峦叠嶂,松柏交翠。林间,曲曲弯弯流出一股清泉。泉水中可以看见两侧青山的倒影。

笨笨熊拽了李瑞一下,然后指着对面的一块岩石。顺着笨笨熊的手指望去,李瑞看见一片棕褐色的大石头,上面有地图样的斑纹。

"有什么可看的呢?"李瑞说。

笨笨熊压低声音说:"注意看,变色龙鬣蜥。"

李瑞仔细看,噢,原来在这块石头上爬着一个怪模怪样的动物。这家伙脊背上从头到尾长着鬣毛般的棘状鳞,尾巴硕大,身体颜色和那块岩石一模一样,棕褐色。

鬣蜥

如果不仔细看,真的看不出来。

李瑞轻声问:"你叫它变色龙鬣蜥,它会变色吗?"

笨笨熊说:"当然会。鬣蜥是一种两栖动物。它在水里时,身体颜色为淡绿色或灰色,爬到陆地上后,即变为棕褐色。"

李瑞问:"它的颜色变来变去,有什么意义吗?"

笨笨熊说:"通过变色,使身体颜色和周围环境一致或接近,可以使自己不容易被敌害发现,避免天敌的追杀。"

李瑞问:"它看起来狰狞可怕,用得着靠变色来保护自己吗?"

笨笨熊说:"鬣蜥看起来可怕,实际上并不凶猛。正因为不凶猛,它就要靠狰狞的外表来吓唬敌害,靠变色来伪装自己,达到逃避攻击的目的。"

李瑞笑了笑说:"原来,这是一个外强中干的家伙。"

他一边说着,一边朝着鬣蜥走去。快走近时,鬣蜥的颈部突然膨大了起来,五颜六色,像是突然撑开了一把花伞。这突然的变化使李瑞吓了一跳,不由得向后退了一步。不想,一脚踩在空处,摔了一跤。

待李瑞爬起来,鬣蜥已经跑得无影无踪。

这时,有一个动物爬上了附近的一块石头,模样与鬣蜥相似,但不完全相同。

李瑞指着那石头上的动物说:"看,又来一只鬣蜥。"

笨笨熊说:"那不是鬣蜥,是避役,也是变色大王。避役的变色本领比鬣蜥还要大,当它钻进绿草丛中时,通体变成绿色;当爬在枯黄的落叶上时,身体又变成黄色。即使走到它跟前,也很难发现。"

避役

与小精灵同行

伪装与逃生

——身穿迷彩服的斑马

接着,笨笨熊和李瑞离开小岛,来到了李家庄中的非洲热带草原。在辽阔的草原上,跳跳猴发现了三三两两的斑马在草原上觅食。

斑马

笨笨熊说:"在非洲草原上,非洲狮是斑马的天敌。由于斑马身上的黑白颜色吸收和反射光线的程度不同,能破坏和分散身体轮廓的视觉形状,别的动物很难将斑马与周围环境区别开来。如果它站着不动,即使距离很近,也很难将它辨认出来。就是靠了这一身伪装,斑马常常躲过狮子的眼睛。"

李瑞说:"这么说来,斑马的条纹就好像是战士穿的迷彩服了。"

笨笨熊说:"是这样。"

伪装与逃生

——它们随季节换衣服

斑马一年四季都穿着黑白条纹的迷彩服，不少动物却随着季节换时装。

在春季和夏季，草木茂盛，大地色彩斑斓，雪貂、雪兔、银鼠等便穿一身棕黄色或灰褐色的夏装；到冬天，田野一片白雪皑皑，它们便摇身一变，换上了雪白的外衣。

还有一种鸟，叫做雷鸟。这种鸟就像爱打扮的姑娘，一年四季要换好几次衣服。在冬天，除了头顶和尾羽的外侧为黑色外，其他部位都是白色，连脚上的毛也变成白色，像是穿了一双白色的袜子。到春天，在白色的羽毛上出现棕黄色的斑点。夏天来临时，羽毛又变成了暗棕色，上面点缀着黑色大斑点。总之，它的羽毛颜色总是与周围环境的颜色很接近。

梅花鹿的皮毛也随着季节和环境的变化而变化。夏天，适应炎热的气温，白毛较多，毛较薄，身体上白色的斑点比较明显；冬天，适应寒冷的气候，白毛减少，毛增厚，身体上的白斑模糊起来。瞧，这梅花鹿也像人一样，夏天穿薄薄的浅色衬衣，冬天穿厚厚的深色棉袄。

保健与治病

就在笨笨熊和李瑞在草原上边聊边走时，突然听到有人喊笨笨熊的名字。两人抬头一看，跳跳猴、白桦和小精灵从对面走了过来。原来，他们从草原附近的海边上了岸。两组人互相交流了他们各自的所见所闻。

白桦一边走，一边感叹道："想不到，动物竟然有那么多伪装和逃生的本领！"

笨笨熊说："动物不仅会伪装和逃生，而且在生病后还会自我治疗呢。"

"真的吗？"跳跳猴瞪大了眼睛。在人类世界，保健和治疗是医学科学领域的事情，动物怎么能涉足其中呢？

看到跳跳猴惊讶的样子，笨笨熊说："不信吗？我给你讲一些例子听一听。"

跳跳猴、白桦和李瑞同时说："好啊！"

笨笨熊清了清嗓子，讲了起来。

有的动物擅长内科。

槲树中含有鞣酸，鞣酸有止泻的功效。麋鹿在闹腹泻的时候，就经常吃槲树的树皮和嫩枝，以达到止泻的作用。

藜芦是一种具有催吐作用的植物，中医将其作为一种催吐药。猫在食物中毒后便会千方百计找藜芦吃，在将胃里的有毒食物吐出来后，病也就好了。

当大黑熊从冬眠中醒过来后，由于消化道中堆积着许多粪便，会感到身体不舒服。这时，它会找有助泻作用的果实吃，将肚子里积存的粪便排出去。采取了这一措施后，黑熊的精神状态马上好转。

有些鸟常找一些松叶、杉叶和落叶松的树脂吃。吃这些东西有什么用处呢？这些东西里含有大量鞣酸，鞣酸能将寄生虫麻醉，使它们四肢瘫软，从鸟的身体上脱落下来。

热带森林中的猴子患疟疾后，就去啃金鸡纳树皮。因为，金鸡纳树皮中含有奎宁，奎宁是治疗疟疾的特效药。

有的动物则有外科专长，善于处理外伤或者皮肤的伤口。

山鹬和山鸡在腿骨折断后会飞到河边，将河边的软泥涂在骨折部位。河泥干燥后，成为类似骨科治疗骨折的石膏模型，可以对骨折起到固定复位的作用。

猫和狗在受伤后会用舌头反复舔伤口，这是因为唾液中含有能杀菌的成分。用舌头舔伤口，可以杀灭感染伤口的细菌，促进创面的愈合。

1981年5月3日，苏联《真理报》发表了一篇动物自己治病的报道。在乌兹别克斯坦，人们常常看到一些受伤的野兽总是向同一个方向走去。它们去什么地方呢？为了弄个究竟，猎人对受伤动物进行跟踪。结果发现，一只受伤的黄羊跑到一个峭壁处，把身子紧紧贴在岩石上。出人意料，这只受伤的黄羊居然很快恢复了活力。原来，在这块岩石上有一种黏稠的液体，像是野蜂蜜，当地人将这种液体称为山泪。人们对这种山泪进行了研究，发现这种液体除有机物外，还有三十多种微量元素，可以促进断骨及创面愈合。

有的动物通过沙浴和泥浴进行理疗。

猪、野牛、犀牛及河马等动物喜欢在泥浆中翻滚，将全身弄得一身泥巴。这种现象叫做泥浴。通过泥浴，可以对一些皮肤病起到治疗作用。此外，由于泥浆将整个皮肤封闭了起来，可以使身上的虱子等寄生虫没法待下去。

鸟儿在沙土里滚来滚去叫做沙浴。通过沙浴，鸟类可以将在羽毛深处的寄生虫祛除掉。

如果让这些动物开医院的话，不仅可以开内科和外科，还可以开理疗科。想不到吧？

其实，想不到的还在后头呢。这些动物不仅知道治病，还懂得预防疾病。

安息香树叶有解热镇痛的作用。北美洲有一种火鸡，当它们被大雨淋湿后，为了预防感冒或减轻感冒症状，会想方设法找安息香树叶吃。

此外，有些动物还通晓保健。

在交配期间，高原上的飞鸟常常要飞到河边或海边去觅食甲壳类水生动物。为什么呢？这是因为产蛋时形成蛋壳需要大量钙元素，吃甲壳类动物可以使钙元素得到补充。

雄鹿在长角的时候，常常要找富含营养物质的矿泉水喝，以满足长角时对矿物质的需要。

美洲熊一到老年,就跑到含硫磺的温泉里洗澡。这样做,好像对老年性关节炎有好处。

非洲东部肯尼亚的一些大象经常去山洞里吃石头。开始,人们不理解。一般大象是不吃石头的,这些大象是患了异食癖吗?通过对大象吃的石头进行化验,发现这些石头中含有很高的硝酸盐。原来,非洲气候炎热,大象要出许多汗,身体的盐分被大量消耗,而所吃的植物中的盐分远远不能补充丢失的盐分。因此,大象就靠吃这种含盐分很高的石头来补充。

这么说来,在动物的医学领域,不仅有内科、外科、理疗科,还有预防和保健科。

《内经》中有一句话,叫做"下工治已病,上工治未病"。意思是说,下等的医生只会治疗已经发生的疾病,上等的医生懂得采取措施预防疾病。按照《内经》的标准,上面说到的这些动物应该称得上是"上工"了。神奇吧?

其实,还有更神奇的。在人类的体育竞技比赛中,有些运动员靠使用兴奋剂激发体能,希望取得好的成绩。令人感到惊讶的是,狮子居然也深谙此道。非洲的狮子在捕猎之前,常常到森林中采集一种叫做狮药的植物。这种植物具有兴奋作用,狮子在食用之后,可以使捕猎能力得到提高。

迁徙

——长途飞行家大雁

正走着，天空传来一阵"嘎嘎"的叫声。白桦仰头一看，原来是一群大雁。他一边行走，一边目不转睛地注视着。只见雁群一会儿排成一个"一"字，一会儿排成一个"人"字。

看着白桦呆呆地望着天空，笨笨熊说："喂，你在想什么呢？"

听到笨笨熊的问话，白桦一下子回过神来，说："噢，我想起了我的童年。小时候，我老是在想，要是能变成一只大雁，在天空自由自在地飞翔，那该有多好啊。"

笨笨熊说："我小时候也有过这样的憧憬呢。"

默默地走了一会儿，跳跳猴说："我不明白，这些大雁是从哪里来，要到哪里去呢？"

笨笨熊说："大雁的老家在西伯利亚。每年的秋冬季节，它们就成群结队向南飞行。第二年春天，又不远万里，返回故乡。"

跳跳猴说："这么说来，它们是长途飞行家了。"

笨笨熊说："是的。"

跳跳猴说："我总是不理解，为什么大雁在飞行时要排成一列纵队，或者排成人字形呢？"

笨笨熊说："排成这种队形，飞起来会很省力。"

跳跳猴追问："什么道理呢？"

笨笨熊说："飞行在前面的大雁鼓动翅膀时气流会上升，后面的大雁就可以乘着这股气流滑翔。因此，在队形中，总是有力气的大雁排在前面领队，年老及年幼的大雁排在后面。"

跳跳猴感叹道："大雁也知道尊老爱幼啊！"

笨笨熊说:"大雁不仅尊老爱幼,还有很强的组织纪律性呢。"

"大雁还有组织纪律性?"跳跳猴很惊讶。

笨笨熊接着说:"在迁徙过程中,大雁白天飞行,傍晚则落到地面,在芦苇塘或者河边的草丛里栖息,吃水草。夜里休息的时候,总要有一只大雁站岗放哨。一旦发现危险,就大叫起来,呼唤同伴赶快飞走。

"第二天清晨起飞之前,雁群总要聚集在一起,好像是在点名和安排旅程。起飞后,也总是一边飞行,一边发出嘎嘎的叫声,相互招呼,以免掉队。你说,大雁是不是有组织纪律性呢?"

听了笨笨熊的介绍,跳跳猴连连点头。

其实,大雁不仅有组织纪律性,而且具备五常。

什么是五常呢?

五常者,仁、义、礼、智、信也。

大雁能有仁、义、礼、智、信?听起来有点天方夜谭吧!

先别急着否定。说大雁有五常,是源于《水浒传》里的一个故事。

在宋江率军路经秋林渡时,空中飞过一行大雁。军中一将浪子燕青挽弓射箭,射下十数只。宋江得知后,大为不快,对燕青说:"此禽仁义礼智信,五常俱备,非通常飞禽也。"燕青问:"何为五常?"宋江说:"空中遥见死雁,尽有哀鸣之意,失伴孤雁,并无侵犯,此为仁也;一失雌雄,死而不配,此为义也;依次而飞,不越前后,此为礼也;预避鹰雕,衔芦过关,此为智也;秋南春北,不越而来,此为信也。此禽五常足备之物,岂忍害之!"宋江的话,令燕青后悔不及。

宋江给大雁总结的仁、义、礼、智、信,字字有根有据。看来,说大雁五常俱备,一点也不为过。

说罢燕青,宋江又在马上作诗一首:"山岭崎岖水渺茫,横空雁阵两三行。忽然失却双飞伴,月冷风清也断肠。"

当晚,宋江屯兵于秋林渡口。在帐中,宋江又想起白天燕青射雁之事,心中烦闷,叫人取过纸笔,作词一首:"楚天空阔,雁离群万里,恍然惊散。自顾影欲下寒塘,正草枯沙净,水平天远。写不成书,只寄的相思一点。暮日空濛,晓烟古堑,诉不尽许多哀怨。拣尽芦花无处宿,叹何时玉关重见。嘹唳忧愁呜咽,恨江渚难留恋。请观他春昼归来,画梁双燕。"

宋江对燕青射死几只大雁如此介意,足见大雁在这好汉心中的分量。

与小精灵同行

迁徙

——与尼尔斯一起旅行

说话间，头顶又飞来一行大雁。奇怪的是，雁群中有人在喊："跳跳猴、笨笨熊，上来与我一起飞行。跳跳猴、笨笨熊，上来与我一起飞行。"

跳跳猴仰头一看，只见十几只大雁，看不到人影。他喃喃自语："分明是从雁群传来的声音，怎么就看不到人呢？"

笨笨熊急忙戴上魔镜，噢，在雁群中，有一只大白鹅。在大白鹅的脊背上骑着一个小孩，身材大约只有十几厘米，脚上穿着一双小木鞋。

笨笨熊惊呼道："跳跳猴，你知道是谁在叫我们吗？"

跳跳猴摇摇头。

笨笨熊说："是尼尔斯。"

"尼尔斯？"跳跳猴惊讶地问，"就是《尼尔斯骑鹅旅行记》中的尼尔斯吗？"

笨笨熊说："正是。我听参加智者讲座的师兄说，在考察时会遇上尼尔斯的。从遇上尼尔斯开始，我们应该考察飞鸟的迁飞、走兽的迁徙以及鱼的洄游，接着回到李家庄了解动物的生存环境。"

跳跳猴看了看白桦、小精灵和李瑞，面有难色地说："可是，他们怎么办呢？"

白桦说："你们走吧。还没有告诉你们，李家庄有我一个朋友呢。"

笨笨熊问："你怎么会在李家庄有朋友呢？"

白桦说："在他参观白桦寨的时候认识的。听说，他现在就在那里研究动物的生存环境呢。"

这时，天空中又传来尼尔斯的喊声。跳跳猴一行仰头望去，奇怪，头顶的雁群一直在空中打转转。显然，尼尔斯在等待着跳跳猴和笨笨熊。

跳跳猴对笨笨熊说："好，我们该走了。"

说完，跳跳猴和笨笨熊的脚底生出一片白云，小哥俩腾地一下升到空中，径直朝向雁群飞去。

　　在空中，跳跳猴和笨笨熊低下头，向白桦、李瑞和小精灵喊道："等着我们。"

　　白桦和小精灵在地上挥着手，大声喊："知道了。一路保重。"

迁徙

——洲际旅行者美洲蝴蝶

白云载着跳跳猴和笨笨熊来到大白鹅的旁边。他们看到,骑在大白鹅脊背上的尼尔斯是那么小巧玲珑。过去在电视上看到的尼尔斯就在眼前,跳跳猴和笨笨熊都非常兴奋。虽然是第一次见面,但三个人一见如故。尼尔斯向跳跳猴和笨笨熊介绍他的坐骑大白鹅,领头雁阿卡,灰雁邓芬……跳跳猴滔滔不绝地向尼尔斯讲他们一路上的见闻。

这时,原本晴朗的天空突然暗了下来。跳跳猴仰头一看,头顶有一大块东西将太阳遮了个严严实实。

跳跳猴惊呼:"是什么遮住了太阳?"

笨笨熊戴上魔镜看了一下,慢腾腾地说:"是蝴蝶。"

"什么? 蝴蝶?"跳跳猴感到难以置信。

跳跳猴也戴上魔镜。噢,真的是一大群蝴蝶。它们密密麻麻,结群飞行,看不到头和尾,把附近的山脉、河流、村庄、田野都遮蔽了起来。

跳跳猴惊讶地说:"怎么这么多蝴蝶啊。"

尼尔斯不紧不慢地说:"在我们头顶飞行的,是美洲大蝴蝶,美洲人称其为彩蝶王。每年春天,彩蝶王成群结队从墨西哥越过墨西哥湾,向北飞到美国的得克萨斯州、佛罗里达州,然后,再飞往新英格兰州,甚至一直飞到加拿大。到了秋天,成千上万只彩蝶王又从加拿大经过美国,返回到墨西哥马德雷山脉的山谷中,旅途长达几千公里。"

跳跳猴问:"你怎么肯定这些彩蝶王会一直从加拿大飞到墨西哥呢? 有人一直跟踪吗?"

尼尔斯说:"加拿大昆虫学家乌尔卡特在几百只彩蝶王的翅膀上作上标志,几个月后,这种被作了标志的蝴蝶在数千公里以外的地方被发现了。"

跳跳猴问:"彩蝶王为什么要不远万里,从加拿大飞回墨西哥呢?"

尼尔斯说:"秋冬季,加拿大气候寒冷,而墨西哥马德雷山脉的气温总在零摄氏度以上。因此,一到秋冬季,彩蝶王便返回墨西哥马德雷山脉的谷地中越冬,同时进行繁殖。乌尔卡特发现,每年总有数百万只彩蝶王在马德雷山脉的山谷中越冬。"

跳跳猴说:"几千公里的旅程,它们能坚持得下来吗?"

尼尔斯说:"你的担心不无道理。蝴蝶的体力并不很大,很多蝴蝶在迁徙过程中遇到大风和严寒而死亡,有人看到在几公里宽的海滩上铺满了死亡的蝴蝶。虽然许多伙伴在旅途中付出了生命的代价,但彩蝶王仍然义无反顾,年复一年地重复着它们的长途迁徙。"

跳跳猴说:"我一直以为蝴蝶是一种具有阴柔美的动物,想不到它们竟然也能像候鸟一样进行长途旅行。"

尼尔斯说:"北美洲有一种叫做斑蝶的蝴蝶,它们飞得更远。每年秋季,它们从北美洲出发,横渡辽阔的大西洋,飞往非洲的撒哈拉大沙漠、意大利、希腊。有些则越过太平洋,飞往数千公里以外的日本或澳大利亚。"

"蝴蝶身单力薄,为了保证到达繁殖地完成传宗接代的神圣使命,它们在迁徙时总是大部队行动。16世纪时,曾有几百万只蝴蝶结队飞越法国第戎城的上空,蝴蝶群遮天蔽日,第戎城顿时一片漆黑。"

跳跳猴问:"长达几千公里的飞行,蝴蝶不会迷失方向吗?"

尼尔斯说:"不会的。它们就像飞机一样,沿着固定的航线飞行。"

迁徙

——春来秋去的燕子

黄昏时分，他们将蝴蝶群丢在了后面。在他们的脚下，出现了一个小山村。散布在树丛中的房顶上，升起一缕缕炊烟。山坡上的桃树、杏树，满树繁花。

看着脚下像笔架一样的山峦和山谷中蜿蜒曲折流淌的河流，笨笨熊有一种似曾相识的感觉。定睛仔细看了一阵，他心头一震，噢，这不是自己的故乡吗？只是瓦房增加了，树木繁茂了。这时，笨笨熊的心怦怦地跳了起来。他想，家里人都离开这个山村了，那里的邻居还好吗？从小在一起玩的伙伴现在在干什么呢？门口的那个石磨还在吗？……

想到这里，笨笨熊对跳跳猴说："下面这个山村，就是我的故乡，真想回家看看。"

跳跳猴惊讶地问："是吗？"

笨笨熊认真地点了点头。

跳跳猴低声对笨笨熊说："我也想和你一起下去。可是，我们就这样离开尼尔斯吗？"

"我也和你们一起下去。"尼尔斯听到了跳跳猴和笨笨熊的对话。

顿了一下，尼尔斯接着说："不过，我要问一下阿卡。"

大概领头雁阿卡听懂了尼尔斯说的话，它扭过头来，嘎嘎地叫了几声。

尼尔斯高兴地说："阿卡说，雁群就要在前面的一个沼泽地降落了。我只要在天黑之前赶到那里就行。"

说完，尼尔斯的大白鹅随着跳跳猴和笨笨熊慢慢下降，在村边一个长满蒿草的院子前落了下来。大白鹅钻到了院门前的草丛中，尼尔斯则跟着跳跳猴和笨笨熊朝着院子走去。

院子还是老样子，只是三眼窑洞的墙壁上有不少墙皮脱落了下来，斑斑驳驳，原来院子一角的花园杂草丛生。推开窑洞的门，发出吱吱嘎嘎的响声。在窑洞后面的侧壁上，有一个小碗一样的燕窝。

笨笨熊想起来，小时候，每年春天桃树、杏树开花的时候，就会有一对燕子飞来。它们先是清理旧巢，然后衔着树枝和泥对燕窝进行修补。接着，安下家来，每天飞进飞出，忙忙碌碌。不知什么时候，燕窝边多出几个小脑袋。自那以后，两个燕子飞来飞去更勤了。他问："这两个燕子每天飞来飞去忙什么呢？"母亲告诉他："它们在捕捉小虫子。"他又问："捉虫子干什么呢？"母亲说："喂它们的孩子呀。为了让孩子吃饱，它们每天要出出进进几百次呢。"有时，自己不小心将窑洞上面的窗户关上，燕子爸爸和妈妈飞不出去，不能捉小虫给孩子吃，会在窑洞里一次又一次地转圈，很着急的样子。这时，母亲就会赶快将窗户打开，并且再三告诫，只要燕子在家里住，一定不能将窗户关上。如果将窗户关上，燕子爸爸和妈妈不能出去找虫子，或者，在外面找了虫子却飞不回来，会非常着急的，家里的小燕子也会饿肚子。打那以后，他便将母亲的话牢牢地记在心里，常常检查是不是有人不小心把窗户关上。那时，每天听着窑洞里燕子的呢喃声，觉得与燕子一家相处是一件很高兴的事情。

这时，一只燕子从门口飞了进来。在燕窝上站了一下后，呢喃自语地离去了。

"说不定，这便是曾经在我家住过的燕子。"说这话时，笨笨熊有点动情。

白桦问："何以见得？"

笨笨熊说："如果不是老住户，怎么会进门后便直扑燕窝呢？"

"燕子的巢都是这个样子吗？"跳跳猴盯着墙壁上的燕窝问。

笨笨熊陷入了对往事的回忆中，没有吭声。

尼尔斯将话题接过来，说："不。燕子有好多种，不同的燕子筑的巢也不同。最常见的有家燕和金腰燕两种。家燕就像我们看到的，黑翅膀，白肚子，颈部红色，下面有一条明显的黑线，后面有一条像剪刀一样的尾巴。金腰燕比家燕稍大，上体为蓝黑色，下体有黑褐色细纹，腰部有一条黄褐色的横带，因此叫做金腰燕。家燕的巢，就像我们看见的，像碗一样。金腰燕造巢技巧高超，它造的巢，有的像竹篮，有的像簸箕，有的像花瓶。因此，人们又叫它巧燕。"

跳跳猴问："燕子年年来了又走，走了又来，它是从哪里飞来，又飞到哪里去了呢？"

笨笨熊从沉思中回过神来，说："家燕来自印度半岛、南洋群岛和澳大利亚等越

与小精灵同行

冬地。它们的迁飞具有规律性。每年二月，从南方向北飞，最先到达我国广东一带；三月到达福建、浙江和长江三角洲一带；四月到达山海关；最后到达我国东北、内蒙古一带。它们一般沿海岸线飞迁，再沿着河流深入内地。燕子产卵后，约十多天，就孵化出小燕子来。到八九月份时，小燕子能够独立生活时，就和爸爸妈妈一起，回到南方越冬去了。"

听了笨笨熊的介绍，跳跳猴一直在琢磨：小小的燕子，是如何记住如此复杂的飞行路线的呢？难道也像我们旅行一样有一张旅行路线图吗？

看到跳跳猴在呆呆地想着什么，笨笨熊说："小兄弟，我们该走了。"

迁徙

——候鸟为什么要迁飞

站在院子里，跳跳猴问："除了燕子、大雁，长途迁飞的鸟还有哪些呢？"

笨笨熊说："多着呢。"

跳跳猴又问："它们为什么要不辞辛劳，长途旅行呢？"

笨笨熊说："尼尔斯一直跟着大雁迁飞，让尼尔斯来回答这个问题吧。"

尼尔斯仰着头，看着跳跳猴说："首先，是由于气候的原因。夏天，它们一般到北方；秋冬季，返回到南方。这样，就可以避开南方盛夏的酷暑和北方冬天的严寒。此外，也是为了追逐丰富的食物和选择适宜的繁殖地点。由于它们根据气候进行迁徙，人们把它们叫做候鸟。"

跳跳猴问："可是，这些迁徙的动物大都有确定的目的地和固定的路线。这是怎么形成的呢？"

尼尔斯抓耳挠腮，一时答不上来。

笨笨熊接过话题说："生物学家认为，鸟类的迁徙始于冰川时期。新生代第三纪时，地球上气候温暖，鸟类都不迁徙。到了第四纪冰川时期，气候变得十分寒冷，北半球冰天雪地，昆虫和食物缺少。鸟类为生计所迫，只好飞迁到南方比较温暖的地方去觅食。后来，气候转暖，冰川慢慢融化，许多鸟又飞回故乡去寻根，并在那里繁殖。经过几十万年的长期来回飞迁，逐渐形成了长途迁徙的习性，形成了确定的目的地和固定的路线。"

跳跳猴问："那就是说，如果气候适宜的话，鸟类就不会长途迁徙了？"

笨笨熊说："是的。许多鸟，比如麻雀、喜鹊、乌鸦等等，是不随气候而迁徙的。我们把它们叫做留鸟。"

214

迁徙

——导航系统

跳跳猴问："候鸟几千公里、上万公里长途飞行，怎么能够保证准确无误地飞到目的地呢？"

尼尔斯说："长途迁徙的候鸟对飞行路线上的标志有很强的记忆能力。比如，海洋鹱每年从北极圈的斯匹次卑尔根岛南迁到南极洲去过冬。但是，它们走的不是一条直线，而是一条迂回的路径。一开始，人们不理解，既然在空中飞行，为什么不像飞机一样直线飞行呢？经过研究才明白，在两亿年前，地球上各个大陆基本上是连在一起的，后来，大陆板块发生漂移，才变成了今天的大陆和海洋相间的地质面貌。如果把漂移开来的各大洲重新拼在一起，会发现海洋鹱的飞行路线在以前实际上是一条短而直的路线。"

跳跳猴说："这么说来，海洋鹱是世世代代靠着辨认祖先飞行路线中的标志来飞行的？"

尼尔斯说："是的。但是，候鸟能够准确地找到目的地，也可能还有别的机制。比如，科学家曾经将大不列颠岛沿海斯考克荷姆岛上的三只鹱空运到美国波士顿市，然后放飞。它们立即朝东飞行，越过浩瀚的大西洋，一只鹱在十二天后，另一只在十四天后，先后回到了斯考克荷姆岛。它们平时并不在斯考克荷姆岛和波士顿之间飞行，那么，它们究竟是如何从一个陌生的地方沿着一条陌生的路线回到故乡的呢？对这个问题，人们还没有满意的答案。

"类似的情况还见于并不是候鸟的鸽子。人们将鸽子用运输工具运送到遥远的陌生的地方，然后放飞，它们总是能够准确地、很快地飞回来。"

跳跳猴说："好像这些鸟的脑子里有一套导航系统。"

笨笨熊说："这是一个不能排除的解释。但是，在卫星导航系统内，有一个内置的地图。这些候鸟的脑子里是否也有这样的地图呢？"

跳跳猴说："我想，候鸟很可能在它们的脑子里形成了一个固定的迁徙程序，这种程序在种族繁衍的过程中一代代遗传下来。这样，沿着固定路线长途迁徙便成了候鸟与生俱来的一种本能。"

夜幕悄悄地降临了，大白鹅在院子外面嘎嘎地叫了起来。

尼尔斯向跳跳猴和笨笨熊说："大白鹅在叫我，我要走了。"

尼尔斯要走了，跳跳猴和笨笨熊都恋恋不舍。他们来到大门口，看着尼尔斯骑上大白鹅，目送着他消失在薄暮中。

迁徙

——与鹰共飞

尼尔斯走了，笨笨熊又领着跳跳猴返回到窑洞中。

笨笨熊对跳跳猴说："今晚，我们就住在这里吧。"

跳跳猴点了点头，他知道，笨笨熊是想重温一下童年时代在这窑洞中睡觉的感觉。

炕上没有铺盖，小哥俩就躺在硬邦邦的土炕上。黑暗中，笨笨熊长时间一声不吭。脑海中，儿时在这窑洞里和在院子里的生活场景在脑海中一幕幕闪过。

良久，跳跳猴问："老兄，在想什么呢？"

笨笨熊说："想小时候的事情。"

觉得跳跳猴受了冷落，笨笨熊说："小兄弟，讲个故事吧。"

"讲个什么故事呢？"跳跳猴一边说，一边在脑海里搜索着。

笨笨熊说："随便。"

跳跳猴想了想，说："就说一个关于农村的故事吧。以前，农村人大都没有钟表，人们靠看房檐影子的位置来估计时间。一天中午，丈夫对妻子说：'我饿了，该做饭了吧？'妻子在房间里一边缝衣服，一边说：'你去院子里看一看房檐影子到哪里了。'丈夫到院子里看了看，回来说：'房檐的影子在猪跟前。'妻子问：'猪在哪里？'丈夫又跑出去看了看，回来说：'猪在狗跟前。'妻子又问：'狗在哪里？'丈夫第三次跑出去看了看，回来说：'狗跑了。'妻子又说：'你刚才说猪在狗跟前，狗跑了，你再看猪在哪里。'丈夫第四次跑出去看了看，回来说：'猪也跑了。'"

听了跳跳猴的故事，笨笨熊吃吃直笑。

跳跳猴说："你光让我讲故事了，你也来一个。"

笨笨熊想了想，说："好吧。讲一个我小时候父亲给我讲过的故事。以前，做生意的掌柜对伙计的名字很讲究，希望吉利的名字能给商铺带来好运气。一个经营珠宝的高掌柜费了好大力气找了两个伙计，一个叫做招财，一个叫做进宝。大年初一，高掌柜站在院子里故意大声喊招财的名字，希望商铺在新年能多多招财。喊了几声，没有回答。高掌柜就大声喊进宝的名字，期盼来年珠宝生意越做越旺。但是，喊了几声，还是没人答应。这时，东家的傻儿子从大门口进来了，他一边走，一边说：'喊什么，招财和进宝都出去了。'"

跳跳猴哈哈大笑起来，他一边笑，一边说："原来，你的肚子里也有故事嘛。"笨笨熊说："比起你来，是小巫见大巫啦。"

夜深了，小哥俩都沉沉入睡了。笨笨熊梦见：春天，他蹲在花园里观察幼苗破土而出；夏天，伴随着知了的叫声在树下睡午觉；秋天，爬上院子里的果树摘果子吃；冬天，和邻居的小伙伴在院子里打雪仗……

第二天上午，太阳升起一竿高了，小哥俩才醒过来。来到院子里，他们看到一只母鸡领着一群小鸡在悠闲地觅食，不时发出咕咕的叫声。这时，地上掠过一个黑影，母鸡领着小鸡慌忙躲了起来。跳跳猴抬头一看，一只鹰正从院子的上空飞过。

跳跳猴拍了拍笨笨熊的肩膀，说："咱们像尼尔斯骑鹅旅行一样，骑着鹰兜一圈，怎么样？"跳跳猴总是喜欢惊险的体验。

笨笨熊说："我不敢。"

说真的，笨笨熊确实胆子小，别说骑着鹰飞行，就连坐观光电梯都不敢向玻璃外面看。

跳跳猴说："那我去了，去去就回来。"

说完，跳跳猴乘一片白云，尾随着那只老鹰，向村庄附近一个大山的山顶飞去。

到得山顶，他按下云头。下面，是深不见底的万丈深渊；对面，是壁立千仞的岩峰。在峡谷中，那只鹰一会儿鼓动翅膀快速扇动，一会儿双翅一动不动地滑翔。

跳跳猴向左下方一看，还有一只鹰在一块突出的岩石上站着。在那块岩石上，还散落着一片白骨。

跳跳猴变成一只蜜蜂，飞到了鹰的背部，趴在了鹰的翅膀根部。

那只鹰突然振翅飞了起来。一开始，垂直向下俯冲。跳跳猴只觉得两耳发胀，心像要从喉咙里跳出来一样。突然，鹰停止了下降，在山谷间盘旋了起来。许久，它就这样在山谷的上空转圈，跳跳猴的心跳慢慢平稳了下来。就在这时，鹰又突然一个俯冲，一直冲到了地面上，将一只野兔狠狠地摁在地上。先是将兔子的两只眼睛啄

与小精灵同行

睛,然后,用铁钩一样的喙在兔子的脑袋上猛啄。兔子发出了几声惨叫,便动也不动了。接着,鹰将兔子抓起,鼓动翅膀,扶摇直上,跳跳猴只觉得耳边的风呼呼作响。不一会儿,鹰就返回到刚才停留的岩石上。它用爪子在兔子的身上抓了几下,兔子的腹部被剖开了,刚才还活蹦乱跳的兔子变得血肉模糊。

跳跳猴不愿意看那血淋淋的场面,他离开老鹰,飞回笨笨熊的跟前,变回人形。

笨笨熊问:"怎么样?感觉如何?"

跳跳猴说:"够刺激。但是,我不明白,在2000到3000米的高空,鹰怎么就能清楚地看到地面上的猎物呢?"

笨笨熊说:"鹰的眼睛很特殊。在鹰的视网膜上,分布着密集的视觉细胞,所以它的视力非常好。在它的眼睛表面,还有一层油质微滴……"

"这油质微滴有什么作用呢?"笨笨熊还没有说完,跳跳猴便急着发问。

笨笨熊说:"这一层油质微滴,就像照相机的遮光罩一样,可以使眼睛避免太阳光的直接照射。"

跳跳猴说:"还有一个问题,鹰也要长途迁飞吗?"

笨笨熊说:"有的鹰也要每年长途迁飞。在北美洲苏必利尔湖西部的原始森林中,栖息着许许多多美洲鹰。这种鹰对气温变化非常敏感,每年深秋季节,气候变冷时,美洲鹰就成群结队向南部飞迁。有时,一支远征队伍中的鹰可以达到几十万只之多。鹰群从空中飞过时,犹如乌云压顶,遮天蔽日。在南方越冬之后,春暖花开时,它们又会浩浩荡荡返回故乡进行繁殖。"

以前,跳跳猴老是看到一只鹰在空中飞行,便以为这种猛禽是独往独来的独行侠。听了笨笨熊的介绍,才知道,原来鹰也会成群结队地长途迁飞。

迁徙

——草原上的洪流

快要中午时分了,笨笨熊说:"老家看过了,我们走吧。"

跳跳猴问:"去哪里呢?"

笨笨熊说:"到非洲塞伦格提草原去看看角马的迁徙吧。"

说罢,笨笨熊将院门带上,和跳跳猴共驾一片白云,飞上天空。

途中,笨笨熊说:"说是角马迁徙,实际上是以角马为主的许多动物的大迁居。每年六到七月的旱季,塞伦格提草原河流干涸,牧草枯萎。为了生存,四面八方的角马向中部积聚,汇成一支大军,向西北方向水草丰美的马勒河流域或者向东北方向的肯尼亚马加迪湖一带迁徙。"

正说着,小哥俩已经来到了坦桑尼亚塞伦格提草原的上空。向下一看,草原上,密密麻麻的角马汇成一条长达几十公里的洪流,奔涌向前。在这股洪流中,依稀可见斑马、羚羊。这支庞大的杂牌军,不知是受了谁的指挥,竟然朝着一个共同的目标在前进。

跳跳猴问:"这一批角马什么时候返回来呢?"

笨笨熊说:"在到达北部后,角马要进行交配。到十一月,北部进入旱季,而塞伦格提草原进入雨季,水草丰美。这时,角马便掉头返回。"

跳跳猴想要按下云头,落到地面上。笨笨熊说:"还是在空中吧。在空中俯瞰,看得更清楚一些,也更安全一些。"

跳跳猴不解地问:"难道角马还会伤害我们吗?"

笨笨熊说:"听我的话,没错的。"

跳跳猴不再言语,和笨笨熊继续在空中驾云飞行。

角马洪流滚滚向前。可是,有一些羚羊掉队了,与大部队拉开了距离。

跳跳猴心想,大概这些是年老的和体弱的吧,说不定,它们要晚些时日才能到达目的地呢。

正在想着,突然传来一声惨叫,循声望去,一只掉队的角马被一头豹子扑倒在地。不一会儿,一匹在大部队中断后的斑马也被一头狮子的血盆大口扼住了咽喉。血淋淋的场面给大迁徙增添了几分壮烈。

尽管这样,脚下的洪流仍然不停地向前。

迁徙

——为群蛇让行

角马的迁徙洪流可谓壮观矣,成千上万条蛇结队出行则给人另外一种感觉。

蛇还会集体迁徙?

不相信吗? 先说一个例子吧。

在美国的一个深山里,有一座国家自然公园,通往这家公园的公路平时车水马龙。但是,每年春季 4 月 4 日到 4 月 25 日和秋季 9 月 24 日到 10 月 15 日,禁止车辆通行。

这是为什么呢?

原来,每年春季 4 月 4 日到 4 月 25 日,蛇从各自的洞里爬出来,跨过这一段公路,迁往密西西比河附近水草繁茂的湖泊河汊地区。在那里,有许多青蛙和昆虫,它们可以获得丰富的食物;在那里,它们还进行交配,完成繁衍后代的使命。到了秋天,当树叶飘落的时候,它们会循原路返回,钻到故居里越冬。

还有,据报道,1982 年 6 月,在哈萨克斯坦阿拉木图以西的一条公路上突然出现了一大群蛇。这蛇群宽约 20 米,长达 1 公里,可谓浩浩荡荡,公路交通被迫停止了 40 余分钟。被阻隔在两边公路上的司机和行人一个个目瞪口呆,吓起一身鸡皮疙瘩。

是谁给各个角落里的蛇发出了命令,让它们从洞里爬出来集中在一起的呢? 又是谁指挥着它们朝着一个共同的目标前进的呢?

这些问题,至今没有人能够回答。

迁徙

——走向死亡

成千上万条蛇结队迁徙令人毛骨悚然，旅鼠集体投海则富有悲壮的色彩。

旅鼠的繁殖能力很强，出生两个多月的小旅鼠就可以生育，一年可以生育七八胎。当某一个地区旅鼠的数量太多时，它们就组织起来，进行迁徙，就像人类的集体移民一样。令人惊奇的是，在斯堪的纳维亚半岛，曾经发生过令人匪夷所思的旅鼠集体跳河、跳海自杀事件，在挪威海峡也曾发生过数百万旅鼠跳海的奇闻。近几百年来，几乎每三四年就有一次旅鼠跳海的报道。

它们为什么要集体自杀呢？

有人认为，旅鼠有一种一直往前走的习性，即使前面是大海，它们也不管不顾，只是往前走；有人认为，旅鼠在迁徙途中身体发生异常变化，使得它们出现异常行为；有人认为，旅鼠是在循一万多年前祖先迁徙的路线进行大转移，但是由于古老征途上的一些陆地下沉，成为大海，旅鼠仍然按着老祖宗的路线走，便集体跳进了海里。

究竟哪一种说法是正确的呢？恐怕要去问旅鼠才能知道。

迁徙

——洄游，为了生育和生存

看过角马迁徙，笨笨熊说："鱼、虾、龟也都要进行定期迁徙，不过，水生动物的迁徙有一个专用名词，叫做洄游。走吧，我们伴着它们去进行一次洄游吧。"

他们离开了非洲草原，回到了国内山东半岛的海湾，一头钻进海水中。

时值三月，跳跳猴看到，在海水中，许许多多的虾成群结队，向着一个方向缓慢游动。

对虾

跳跳猴问："这群虾也是在迁徙吗？"

笨笨熊说："对呀。我们看到的这种虾叫做对虾。对虾知道吗？"

跳跳猴说："就是夫妻成双成对在一块儿的虾吧？"

笨笨熊说："一说起对虾，人们往往误认为是夫妻成双成对生活在一起的虾。实际上，雌雄对虾平时并不在一起。只是在雌虾蜕皮的时候，雄虾才追逐雌虾，进行繁殖，然后，便又分道扬镳，各奔东西了。

"当春天到来，海水温度上升的时候，那些在我国黄海南部过冬的对虾便聚集起来，向北方海域迁移。途中，总是雌虾在前，雄虾在后。三月初，它们便来到我们现在所在的山东半岛海域。四月初，一部分对虾结群向渤海进发，一部分对虾向辽东半岛或朝鲜半岛前进。到四月底，进入渤海湾的对虾先后到达黄河、海河、滦河和辽河等出海口。"

跳跳猴问："它们千里迢迢长途旅行是为了什么呢？"

笨笨熊说："洄游有几种。为了产卵进行的洄游叫做生殖洄游；随着季节变化，为了躲避严寒或酷暑以及寻找丰富的食物进行的洄游叫做季节性洄游。对虾的迁徙既有生殖洄游，又有季节性洄游。"

跳跳猴问："然后呢？它们就定居在渤海吗？"

笨笨熊说："定居下来还叫洄游吗？到了冬天，渤海的水温急剧下降，不利于对虾生存，它们便聚集起来，原路返回到黄海南部的海域。年复一年，它们沿着这条路线来来去去，每年要进行两千多公里的长途旅行。"

迁徙

——海龟的环球旅行

虾靠着一曲一伸从黄海游到了渤海，螃蟹和海龟也不甘落后。

别看螃蟹步态奇怪，速度缓慢，它每年要进行从江河到大海的旅行呢。

每年秋天，螃蟹吃得又肥又大。这时，平时在淡水中生活的螃蟹便会不约而同地聚集到通海的大河中，雌雄结伴，向大海行进。

去干什么呢？旅行结婚。对于螃蟹来说，大海才是它们的洞房。

当到达浅海时，雄蟹与雌蟹开始交配。不久，雌蟹产卵，每次可以产下几十万粒。雌蟹将产下的卵黏附在蟹脐内，钻进海底的泥沙中，等待卵孵化。到第二年春天，小螃蟹从卵中孵化出来，叫做蟹苗。夏季潮汛时，一群群的蟹苗顺着上涨的潮水溯流而上。当退潮时，它们匍匐在河床底部。下次再涨潮时，再顺着潮水继续前进。就是利用这潮水，它们从大海进入它们的双亲生活过的江河湖泊。

海龟也每年进行长途迁徙。每年三月，成群的海龟从巴西东部沿海沿着北赤道逆流而上，行程两千多公里，爬上大西洋的阿森松岛。上岛后，它们在沙滩上挖坑产蛋，每次能产下 100 多枚。然后，用沙将蛋埋好。在阳光照射下，泥沙受热，龟蛋就利用泥沙的温度孵化出小海龟。到六月，海龟妈妈携儿带女从岛上潜进大海，顺着南赤道洋流横渡大西洋，回到巴西东部的海域。

行动笨拙的大海龟，竟然每年要进行一次环球旅行。

迁徙

——与大马哈鱼同行

虾群游过去了，紧接着，又游过来一群鱼。

跳跳猴问："这群鱼也是在洄游吗？"

笨笨熊说："是的。眼前的鱼叫做大马哈鱼。现在时值八九月份，每年这个时候，在海里生活了几年的大马哈鱼会聚集起来，集体旅行，回到江河里去产卵。我们附在大马哈鱼的背鳍上，随着它走一趟吧。"

笨笨熊和跳跳猴念起缩身口诀，将身体缩为指甲盖大小的小鱼。他们轻轻地咬着面前一条大马哈鱼前后两个背鳍，开始了长途旅行。

大马哈鱼游得很快，许多大马哈鱼相伴，朝着一个共同的目标前进。海水亮了又暗，暗了又亮。不知过了多少天，跳跳猴感到水渐渐变淡了。

笨笨熊对跳跳猴说："感觉出来了吧？我们已经接近江水入海口了。"

话音未落，面前出现了一个巨大的湍流，小哥俩骑着的大马哈鱼被冲得直打转。过了一会儿，大马哈鱼向后退了一段距离。

跳跳猴对笨笨熊说："看来，我们是过不去了。"

笨笨熊说："它会想办法的。"

大马哈鱼在湍流前方游弋了一会儿，突然，纵身一跳，跃起约四五米高，进入了湍流的上游。跳跳猴没有料到这一手，差点儿从鱼背上颠下来。

笨笨熊说："知道了吧？在洄游途中，大马哈鱼经常遇到这样那样的障碍。有时，它们还能跳到瀑布上方继续前进呢。"

"是吗？"跳跳猴感到很惊讶。他只是听说过鲤鱼跳龙门，还不知道大马哈鱼也有跳高的本领。

进入河道，大马哈鱼一直在逆水前行。又不知过了多少个日日夜夜，大马哈鱼来到了一片水质清净的江湾。在这里，结群的大马哈鱼分散开来，小哥俩骑着的鱼贴着河床,扇动腹鳍,将河床上的杂草扒开,挖出了一个浅浅的碗形的坑。

笨笨熊对跳跳猴说:"看来,大马哈鱼要在这里安家了。我们下来吧。"

笨笨熊和跳跳猴从鱼背上下来,钻在水草丛中,观察着大马哈鱼的行动。当河床上的坑挖好后,大马哈鱼卧在了里面,一动不动。当它离开时,沙坑里留下许多红色珍珠一样的卵子。然后,又一条大马哈鱼跑过来,在坑旁喷出了雾状的精液。

天色渐渐暗了下来,跳跳猴、笨笨熊在水草丛中度过了一个晚上。当河水又变亮时,跳跳猴和笨笨熊发现,在昨天产卵的沙坑边有两条大马哈鱼在转来转去。

笨笨熊问跳跳猴:"知道它们在干什么吗?"

跳跳猴摇摇头。

笨笨熊说:"它们是在护卫它们的子女。产卵之后,鱼爸爸和鱼妈妈每天就这样围着沙坑转了又转,防止别的鱼来偷吃它们的鱼卵。大马哈鱼的鱼卵要孵化三个多月,这三个多月,鱼爸爸和鱼妈妈不吃东西,不休息。当小鱼从卵中孵化出来时,鱼爸爸衰弱不堪,会全部死在雌鱼产卵的地方。鱼妈妈呢,有一部分能再游回大海,但不再产卵。小鱼在出生地稍稍长大一些后,便返回海中。几年后,又像爸爸妈妈一样,回到江河里来产卵。"

听了笨笨熊的介绍,跳跳猴感慨地说:"为了寻找产卵的地方,它们逆流而上,历尽千辛万苦;为了使即将出世的子女免遭不测,它们又在卵坑周围日复一日昼夜不停地守候和巡逻,直至累死。这大马哈鱼还真有点可敬呢!"

笨笨熊说:"你有此感慨,说明我们不虚此行。"

停顿了一会儿,跳跳猴问:"我奇怪,大马哈鱼洄游要跋涉几千公里,但总是能准确无误地找到自己的故乡。它们是靠什么呢?"

笨笨熊说:"为了探讨这个问题,科学家将大马哈鱼分为三组,一组去掉视觉器官,一组去掉听觉器官,还有一组去掉嗅觉器官。然后,全部放回水中。结果发现,没有去掉嗅觉器官的大马哈鱼成功洄游到达产卵地点,说明大马哈鱼是通过辨识水的气味来确定航线的。"

结束了对洄游的考察,小哥俩从水里出来,变回人形。

海边,几个渔民正要划船出海。跳跳猴上前问道:"请问,这里是什么地方?"

一个渔民停下手中的桨,说:"往西是扈家庄,往东是李家庄,旁边可以看到寨门的便是祝家庄。"

跳跳猴和笨笨熊看见,不远处,便是他们离开祝家庄时经过的寨门。

小哥俩谢过渔民,朝着李家庄走去。

适者生存

——水生动物

　　快到李家庄时,跳跳猴和笨笨熊远远看见村口有三个人影,走近一些看,原来是白桦、李瑞和小精灵。

　　相距还有几十米远近,跳跳猴便一边挥手一边大声问道:"你们为什么在这里呢?"

　　白桦说:"在迎接你们啊!"

　　笨笨熊问:"你们怎么知道我们今天会回来呢?"

　　白桦说:"今早一起床,小精灵就说他预感到今天你们要回来。想不到,还真被他言中了。"

　　跳跳猴说:"人家是小精灵嘛。"

　　说着,白桦、小精灵和李瑞迎了上来,跳跳猴和笨笨熊也快步赶上前去。跳跳猴滔滔不绝地向白桦、李瑞和小精灵讲他们和尼尔斯一起飞行,讲大批角马迁徙的壮观景象,讲他们跟随大马哈鱼洄游的经历。接着,笨笨熊又讲他的老院子,讲窑洞里的燕窝和燕子……

　　跳跳猴和笨笨熊讲得绘声绘色,白桦和小精灵听得如醉如痴。

　　讲完故事,跳跳猴问:"你们已经来到李家庄一些时日了,在这里可以看到什么呢?"

　　白桦说:"和芦花岛相似,李家庄浓缩了世界许多地方的自然条件和动物。好了,我们需要走了,我的朋友在鳄鱼场等着我们呢。"

　　白桦领着大家来到村边的鳄鱼场。鳄鱼场的中间有一个水池,水池中鳄鱼的脑袋和脊背时隐时现。在水池的栏杆旁,一个戴着眼镜的小伙子在目不转睛地注视着水里的鳄鱼,不时在本子上记着什么。

白桦喊："眼镜。我的朋友回来了。"

听到喊声，小伙子大步迎了上来。

跳跳猴问白桦："怎么，他的名字就叫眼镜？"

白桦说："他的名字叫张睿，因为他戴着眼镜，和他一起参观白桦寨的人都叫他眼镜。我也便跟着叫了。"

正说着，"眼镜"已经走到跟前。他和跳跳猴、笨笨熊一边握手，一边连连说："欢迎，欢迎。"

白桦说："别客气了，开始正题吧。"

"眼镜"说："关于鳄鱼，大家有什么问题吗？"

跳跳猴说："我听说，鳄鱼在吃猎物时，一边吃，一边会流出泪来。是这样吗？"

"眼镜"说："是这样。人们常用鳄鱼流泪来讽刺那些做了坏事但又装作悲天悯人的伪君子。但实际上，鳄鱼在杀生的同时流眼泪并不是良心发现，只是在排泄体内多余的盐分。"

跳跳猴问："为什么鳄鱼体内会有多余的盐分呢？"

"眼镜"说："你知道，海水中有大量的盐。生活在盐分很高的海水中的水生动物，自然体内的盐分也不会低。我们人体摄入过多盐分，是靠肾脏来排泄，但鳄鱼的肾脏排泄功能很不完善，体内多余的盐分要靠位于眼睛附近的盐腺来排泄。当鳄鱼吞食猎物时，由于面部肌肉的收缩，盐腺受到挤压，盐腺中含盐分很高的液体便从眼角流下来。这就是人们常说的鳄鱼流泪。除鳄鱼外，生活在海水中的海鱼、海蛇、海蜥以及生活在海上的海鸥、海信和信天翁等海鸟，也具有像鳄鱼一样的盐腺。"

跳跳猴问："盐腺是如何将多余的盐分排出来的呢？"

"眼镜"说："这些动物的盐腺构造几乎一样，实际上是一个过滤盐分的结构。具体说，盐腺中有几千根细导管，这些细导管和血管交错在一起。这样，血液中过高的盐分就可以透过血管壁进入细导管，然后，再从细导管汇集到中央导管，最后，通过中央导管排出体外。通过盐腺的工作，动物将血液中多余的盐分滤出来，使血液保持正常的渗透压。所以，这些动物的盐腺实际上是一种天然的海水淡化器。"

跳跳猴说："这就叫做适者生存，对吧？"

"眼镜"说："对。刚才，我们说的是海鱼、海蛇等海生动物对海水的适应。有的海生动物，它的生存环境从海水变成淡水，也逐渐适应，生存了下来。比如说，鳐鱼本来生活在海洋中。但是，在我国广西境内左江的淡水中，也有鳐鱼生存。"

白桦问："鳐鱼是怎么从海洋来到淡水中的呢？"

"眼镜"挠了挠头皮，不好意思地说："这个问题，我说不好。"

小精灵接着说："对生物的研究往往要借助地质学知识。在地质史上，广西曾经是一片汪洋大海。但是，在喜马拉雅山造山运动中，广西的东部地区上升为陆地，将广西西部的海水同南海隔离了开来，渐渐形成了左江内陆水系。人们推测，在这次地质变化中，一部分鳐鱼留在了这个内陆水系中。然后，它们渐渐入乡随俗，适应了淡水。这样，原本是海鱼的鳐鱼便变成了淡水鱼。"

跳跳猴说："这也是一种适者生存吧？"

小精灵说："对，适应新环境后的生存。"

说着说着，一行人来到了一个很大的鱼缸旁。"眼镜"指着鱼缸里的鱼对跳跳猴一行说："这鱼缸里的鱼便是从左江捕回来的鳐鱼。"

跳跳猴他们看到，和一般的鱼具有背鳍、腹鳍以及尾鳍不同，这鳐鱼身体的四周是一层又宽又薄的结构，像是鸟的翅膀。通过这"翅膀"一上一下地扇动，鳐鱼就在江水中徐徐前进，一副怡然自得的样子。

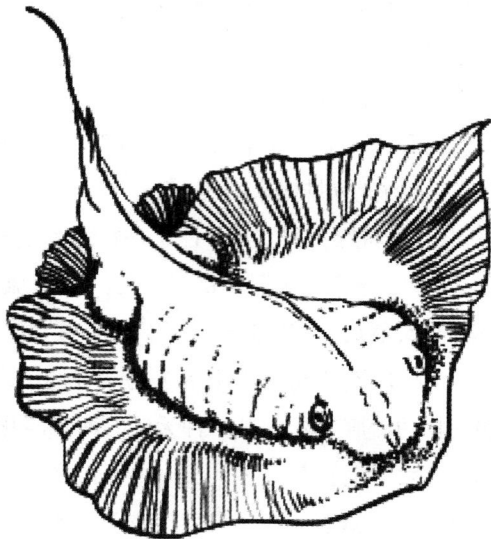

鳐鱼

适者生存

——黄羊和羚羊

看过鳄鱼和鳝鱼,跳跳猴一行五人离开了鳄鱼场。他们要到草原、森林沙漠和极地去,看一看那里的动物如何适应环境。

走了大约两个时辰,一行人爬上一座山的山顶。山下的天山大草原上,一群群绵羊如白云一样在缓缓移动,不时飘来牧羊人悠扬的歌声。

大家驻足山顶,欣赏着脚下迷人的景色,谁也不说话。

突然,笨笨熊拉了拉跳跳猴的胳膊,然后,指着前面的草原说:"看,那是什么?"

跳跳猴顺着笨笨熊所指的方向看去,一只淡黄色,像羊一样大小的动物在草原上狂奔。在它的后面,有两只狼在紧追不舍。

跳跳猴为那只被追的生灵捏一把汗,嘴里小声喊着:"快跑啊!快跑啊!跑得慢就没命了!"

一会儿,那只浅黄色的动物从大到小,最后,从视野中消失了。两只狼呢?大概看到没有希望追上,停止了奔跑。它们定定地朝着前方望了一阵,然后,掉转头,蹒跚地离去了。

跳跳猴才回过神来,问:"刚才跑的是什么动物呢?"

小精灵说:"是黄羊。它跑起来飞快,一个纵跳可以冲出去六七米远,每小时能跑八十多公里,比得上汽车了。"

正说着,山下有一群黄羊排成一字形的纵队在草原上行进。

小精灵说:"黄羊成群结队活动时,由一头有经验的公羊在前面带路,叫做头羊。其余的,一只跟一只,形成一列纵队。

"它们每年聚集两次。第一次聚集是在母羊分娩之前的五六月份,选择在这个时候聚集和转移,是为了使母羊在分娩前后有丰富的营养,这样,刚出生的小黄羊才能有足够的奶水。第二次聚集是在秋天，这段时间是黄羊的交配季节。

"草原上没有森林，无遮无挡，视野开阔，生存在那里的黄羊很容易被狼等凶猛动物发现。但是，它们的听觉很灵敏，能听见几公里之外的动静。发现敌情的黄羊会马上鸣叫，向同伴发出警告。接着，其他黄羊也叫起来，互相通知。然后，它们便分散开来，各自飞一样地逃窜。正是由于灵敏的听觉以及飞快的奔跑速度，才使得黄羊能适应草原环境，世世代代繁衍下来。"

李瑞说："对黄羊来说，速度就是生命。"

小精灵说："说的没错。和黄羊类似的还有羚羊，它们也是靠四条腿生存。"

适者生存

——廓狐的大耳朵

薄暮时分,小精灵带着大家去沙漠看廓狐。

在去沙漠的路上,跳跳猴问:"天要黑了,为什么不住一晚上再去呢?"

小精灵说:"要看廓狐,只能在晚上。"

李瑞问:"为什么廓狐只能在晚上才能看得到呢?"

小精灵回答:"沙漠地区白天太热,因此,廓狐总是白天躲在洞里睡大觉,夜晚才从洞里出来觅食。这一方面是为了躲避酷热,另一方面是为了防止在太阳下活动丢失体内的水分。"

说话间,一行人便来到沙漠。

当走到一个小沙丘旁时,小精灵说:"今晚上,我们就在这里待着吧。"

跳跳猴问:"为什么呢?"

小精灵说:"这里可能有一个廓狐洞。"

跳跳猴说:"可是,我看不见呀?"

小精灵指了指沙漠中一片略显异样的草丛。

一行人停了下来,盯着小精灵指过的地方。

大约半个时辰过去了,太阳完全躲到了地平线下,大漠渐渐地暗了下来。但是,廓狐没有出现。

跳跳猴不耐烦地说:"怎么还不出来呢?"

小精灵将两根手指放在自己的嘴唇前,做了一个不要出声的姿势。接着,他低声说:"不要说话,廓狐听见你说话便不会出来了。"

跳跳猴伸了一下舌头,闭上了嘴。

过了一会儿,天色更暗了,气温也比黄昏时分降低了许多。李瑞冷得浑身哆嗦,便在周围不停地走动。

小精灵拉了拉李瑞的胳膊，悄声说："坚持一下，别来回走。廓狐听见你走路便不会出来了。"

听了小精灵的话，李瑞停了下来，紧紧地靠着小精灵取暖。

大家在黑暗中哆嗦着等了许久，眼前起伏不平的沙漠渐渐有了亮光。抬头一看，一弯新月正在悄悄地看着他们。就在这时，一只像狐狸一样的动物从草丛旁的洞里钻了出来，只是两个耳朵比兔子还大。只见它一会儿抓昆虫吃，一会儿抓蜥蜴吃。

廓狐

跳跳猴悄声问："这廓狐是凭什么适应沙漠的呢？"

小精灵说："你看见那两只大耳朵了吗？"

跳跳猴点点头。

小精灵说："沙漠中食物缺乏，靠着这两只大耳朵，廓狐能感觉到周围动物发出的微小声音。廓狐的长耳朵还可以帮助散热，以此适应沙漠中白天的酷热。此外，廓狐身上的毛很长，这样可以熬过沙漠中寒冷的夜晚。"

适者生存
——不喝水的动物

廓狐在沙漠中渐行渐远了。小精灵说："好了。我们找个地方呆一晚上,等到天亮,再去看一下鼷吧。"

他们在一个沙丘后面背风的地方坐了下来。沙漠的白天炙热难耐,到了晚上却寒气逼人,好像一下子从赤道到了南极。大家挤在一起,互相取暖。

坐了一晚上,胳膊和腿都僵了。天刚蒙蒙亮时,大家便站起来活动。就在这时,前面不远处出现了几只像老鼠一样的东西。跳跳猴叫了一声,它们惊慌地一溜烟逃走了。

鼷

跳跳猴问:"沙漠上也有老鼠吗?"

小精灵说:"刚才我们看到的小动物就叫做鼷,是一种小型的啮齿动物。它之所以能生活在沙漠上,是因为它特别耐渴,从来不喝水。"

"不喝水怎么能生活下去呢?代谢活动是需要水的呀。"跳跳猴说。

小精灵接着说："沙漠里的许多啮齿动物靠吃植物的根和茎获得水分。䶂呢？它的食物是干燥的种子和干燥的植物，从食物中几乎不能获得水分。"

跳跳猴问："那么，它所需要的水分是从哪里来的呢？"

小精灵说："一开始，人们也像你一样感到奇怪。通过研究才明白，䶂吃下种子后，种子里的油脂和碳水化合物在体内分解时会产生水，这种水叫做内生水，䶂就是靠这些少量的内生水维持生命活动的。

"动物需要通过尿液排泄在代谢过程中产生的废物。䶂摄入的水很少，这就必须在排泄代谢废物时节约水分。因此，䶂的尿液中水分很少，代谢废物浓度很高。另外䶂的粪便在经过大肠时，不少水分被重新吸收到血液中。因此，它排出的粪便非常干燥。

"白天，沙漠上炎热干燥，它躲在洞中避免洞外干热的空气增加身体水分的丢失。为了减少呼出气体中的水分丢失，它还在洞穴入口处堆上土，将洞口封闭起来。

"入夜后，沙漠中气温降低，空气湿润，䶂才从洞里出来觅食。这样，可以减少身体水分的蒸发，并可以从吸附着湿气的食物中获得少量水分。"

听了小精灵的介绍，跳跳猴说："噢，这小家伙还真有办法。"

李瑞问道："在这无遮无挡的沙漠上，它怎么躲避敌害呢？"

小精灵说："䶂的外耳虽然小，内耳却很大，听觉很灵敏。灵敏到什么程度呢？举个例子吧。猫头鹰在空中飞行时声音很小，感觉敏锐地老鼠也往往浑然不觉，因此，猫头鹰抓老鼠的效率很高。但是，䶂却能敏锐的感觉到猫头鹰在飞行时发出的轻微的声音。蛇在地上爬行时我们听不到声音吧？䶂却能感觉到沙沙声。就是靠了这敏感的听觉，䶂能及早采取措施，躲避敌害。

"䶂还有储藏食物的习惯。夏秋季节，食物比较丰富，䶂就将饱餐后剩下的食物装进颊部一个叫做颊囊的结构中，带回洞中。然后，将食物从颊囊中吐出来，储存起来，以备在缺粮的冬天食用。"

噢，怪不得䶂能在沙漠中生存呢。

适者生存

——活水壶

其实，凡是在沙漠中生存的动物都必须具备适应沙漠缺水的能力。

青蛙需要生活在多水的河畔或湖泊旁。为什么呢？因为青蛙的肺发育不是很健全，除肺之外，还需要通过皮肤来呼吸。而皮肤要吸收氧气，必须保持湿润。因此，一般情况下，只有在多水的地方才能找到它们的踪迹。但是，出乎意料的是，沙漠中居然也有青蛙在蹦来蹦去。

青蛙在干燥的沙漠上如何保持皮肤湿润呢？

别着急，这种青蛙腹部有个水囊，里面贮藏着清水，人称活水壶。如果人们在沙漠中抓到青蛙，便可以从水壶中得到饮料。

沙漠中还有一种蹼趾壁虎。每当夜幕降临，雾气笼罩沙漠时，蹼趾壁虎便用身体表面和眼睛来聚集空气中的雾滴，还不时伸出长长的舌头把眼睛上聚集起来的水滴舔下来，送进口腔里。

和蹼趾壁虎相似，每当沙漠上起雾时，一种叫做抬尾芥虫的动物就爬上沙丘的顶端，翘起尾巴。它的身体是冰冷的，雾气碰到它冰冷的身体，就会冷凝成水滴，从尾巴沿着背部流向口器。这样，它便获得了水分。

除了获得水分以及减少水分丢失外，在沙漠中的爬行动物和两栖动物还有耐干渴能力，在失水占体重25%甚至50%时，照样能维持正常生命活动。而对于其他动物，失水达到这个程度仍然能生存是不可想象的。

生活在沙漠这个极端环境中的动物，一定是有非凡的本领的。

适者生存

——极地动物

离开沙漠，一行人来到一座山上。这里，泉水潺潺，花果满山。在休整了两天，身体得到恢复后，他们来到了北极圈。这里放眼望去，一片白雪皑皑。

小精灵说："知道吗？这里是苔原地带。"

麝牛

跳跳猴问："什么是苔原地带呢？"

小精灵说："所谓苔原地带，就是生长着苔藓的地带。夏季的苔原地带除苔藓和地衣外，还有一些其他植物，活动着以这些植物为生的食草动物以及狼、狐等食肉动物。但是，到冬天，地面覆盖着厚厚的积雪，食物奇缺，许多动物都离开了这里，只有麝牛坚守在这个家园。"

跳跳猴说："可是，我看不到任何动物呀。"

小精灵环顾四周,仔细地寻觅着。过了一会儿,他指着前面不远处,说:"看,那里就有一头麝牛。"

顺着小精灵的手指望去,跳跳猴看见,前面不远处的地面上,一头形状类似牦牛的动物在低头吃着什么。"

跳跳猴问:"麝牛能抵御得了冬季的严寒吗?"

小精灵说:"麝牛身上长着两种毛。身体表面是又粗又长的长毛,在粗长毛下面,还有一层厚厚的绒毛。这一身装扮,就像我们在棉大衣下面穿了羊绒衣。最特殊的是,在它的脚上,也长着毛,就像我们穿了一双棉靴子。靠了这棉靴子,可以防止脚冻伤。"

"这一带被冰雪覆盖的严严实实,它们靠吃什么生活呢?"李瑞的话语中透着担心。

小精灵说:"这里看似一片雪原,没有任何东西可以食用。但是,麝牛会把地面上的积雪扒开,靠吃雪下的苔藓为生。"

跳跳猴问:"麝牛体格高大,靠吃一些苔藓能满足得了身体需要吗?"

小精灵说:"在冬季,由于只能扒开白雪刨苔藓吃,可以说食物确实不充足。这时,麝牛就尽量减少活动,以节省能量。到春天,冰雪消融,植物增加,麝牛的日子就好过了。"

说到这里,跳跳猴发现雪原上好像有什么东西在跑动。定睛一看,只见一个小动物在前面跑,一个像豹子大小的动物在后面追。由于它们都呈雪白色,如果不注意,很难发现。

跳跳猴指着正在飞跑的动物,说:"看,那是什么?"

小精灵眯缝着眼睛看了看,说:"在前面跑的是白鼬,在后面追的是雪豹。白鼬每年换两身衣服,夏装和冬装。冬天,地上一片白雪,白鼬便披一身雪白的外套。到了夏天,冰雪消融,它们又会换上赤褐色的夏装。这样,既有利于隐蔽,防止敌害捕杀;又有利于伪装,有助于使它们捕到猎物。

"雪豹到冬天也要换衣服。平时,它全身淡青而略带灰色,腹部白色,脊背中央有一条淡黑色浅纹,全身点缀着蔷薇花形的褐色斑点。到冬天,它皮毛上的斑纹会逐渐变淡而隐没。这样,别的动物就不容易将雪豹与地上的白雪区分开来。当雪豹伏在雪地上时,就像一块覆盖着白雪的石头。当猎物从它身边经过时,它会突然跳起,一个箭步,将猎物捕获。"

雪豹和白鼬跑远了,不知道雪豹是否将白鼬当作了盘中餐。

适者生存

——牦牛

离开极地,一行人又来到青藏高原。不知怎么,大家总觉得气喘不上来,头部隐隐有点胀痛。

跳跳猴一边走,一边喘着气问:"这是怎么了?"

笨笨熊说:"这是高原反应。"

跳跳猴问:"什么是高原反应呢?"

笨笨熊说:"在高原地区,空气稀薄,氧气不足。从非高原地区来的人,不用说在运动时,就是在静止状态下,也会觉得气不够用。在运动时,身体对氧气的需要量增大,氧气的供需矛盾就会更加凸显出来,这时,就会感到明显憋气。"

跳跳猴问:"那生活在这里的人每天都是如此不适吗?"

笨笨熊说:"不。长期生活在这里的人血液中的红细胞比一般人要多。红细胞可以携带氧气,这样,就可以使血液带氧能力增加,从而使缺氧得到缓解。由于高原人血液中红细胞较多,所以,他们的面部总是红红的,甚至红得发紫。人们把高原人红红的面颊叫做'高原红'。"

正在这时,跳跳猴看见一个藏民赶着三头牦牛从山坡下慢慢走上来。待走近一些,只见赶牦牛的是一个中年男子,脸色像紫铜一般,头上戴一顶毡帽。三头牦牛的背上驮着沉甸甸的口袋,身上的长毛向下垂着,像是披着一条长毛织成的毛毯。

小精灵连忙缩小了身子,钻到了跳跳猴的口袋中。

看见跳跳猴一行,藏民操着生硬的汉语问:"小伙子们,要到哪里去?"

跳跳猴走上前去,说:"我们想跟着牦牛队走一程,可以吗?"

藏民豪爽地说:"当然可以。"

接着,跳跳猴一行便随着牦牛队一起走。一边走,一边和赶牦牛的藏民聊了起来。道路很艰难，牦牛队走得很慢。眼看天就要黑了，仍然看不到一个村庄。

笨笨熊有点着急了，对藏民说："晚上，我们住在哪里呢？"

藏民拿鞭子指着前方说："就在前面。不远了。"

顺着藏民鞭子的方向看去，前方的旷野中有一座孤零零的房子。走近了，才发现是一个客栈。藏民赶着牦牛刚刚走进客栈的院子，店主人便从房间里笑呵呵地迎了出来。看来，这牦牛队是这个客栈的常客。藏民将货物卸下，将牦牛牵到客栈的墙角，领着笨笨熊、跳跳猴和白桦钻进了屋子里。

店主人是一个中年汉子。他给客人捧上热乎乎的酥油茶，点起火盆，便出去招呼别的客人。围着火盆，赶牦牛的藏民给跳跳猴等人讲他的见闻，跳跳猴也绘声绘色地给藏民谈他们的旅行。聊着聊着，白桦、笨笨熊、跳跳猴和李瑞一个接一个打起了哈欠。

看到几个小孩非常疲乏，藏民将被褥铺好，招呼几个小伙伴睡觉。刚一熄灯，小精灵便迫不及待地从跳跳猴的口袋中钻出来，爬进了跳跳猴的被窝中。一晚上，跳跳猴用手捂着小精灵，生怕他跑了似的。

第二天早上，天刚蒙蒙亮，赶牦牛的藏民叫醒了跳跳猴一行四人。在跳跳猴穿衣服的时候，小精灵哧溜一下从被窝里溜出来，又钻进了跳跳猴的口袋中。

吃过早餐，跳跳猴推门一看，嚯，地上的积雪一尺多厚。原来，昨天晚上在他们入睡后便下起了大雪。跳跳猴左顾右盼，看不见牦牛。他急忙进到屋内，告诉赶牦牛的藏民，牦牛不见了。

听说牦牛不见了，笨笨熊、白桦和李瑞都冲出房间。真的，院子里白茫茫一片，没有了牦牛的影子。

这时，藏民不慌不忙地走出门来，笑眯眯地用手指了指前一天晚上栓牦牛的地方。顺着藏民手指的方向仔细看去，原来，三个牦牛卧在地下，脊背上背着厚厚的一层雪，像三个小雪堆。

跳跳猴奇怪地问："难道它们就不怕冷吗？"

藏民说："你白天没有看见吗？它的毛有二十多厘米长，双肩、腹部以及身体两侧的毛长达六十厘米。卧下时，它的长毛就像一层毛毯一样铺在地下。裹了这一层厚厚的毯子，还会怕冷吗？"

听了藏民的话，跳跳猴等人都连连点头。

笨笨熊接着说："另外，牦牛的脂肪发达，不仅可以御寒，还可以提供能量，保持体温。"

跳跳猴又问:"我们空手行走还气喘吁吁,牦牛怎么能驮着重物都若无其事呢?"

笨笨熊说:"牦牛气管短而粗,呼吸量大,心率快,血液中的红细胞及红细胞中的血红蛋白都比较高,能向身体各组织提供足够的氧气。因此,尽管负重旅行,也不会出现缺氧的表现。由于牦牛是青藏高原的主要运输工具,人们把牦牛称为高原上的雪舟。"

就在笨笨熊说话的时候,赶牦牛的藏民走到墙角,将牦牛拉起,冒着漫天飞舞的雪花上路了。在它们的身后,洒下一串叮叮当当的铃声。

目送牦牛队走远后,跳跳猴一行离开客栈,向内蒙古进发。他们要去那里看一种特殊动物——驯鹿。

适者生存

——驯鹿

行不多远,跳跳猴一行便来到了内蒙古呼伦贝尔盟市温克族人的聚居地。他们看到不远处,一个身穿少数民族服装的中年男子赶着一个雪橇在雪地上行走。拉雪橇的动物头上长着像鹿一样的角,两耳像马,躯干像驴,四个蹄子分为两瓣,像牛。

笨笨熊指着拉雪橇的动物说:"看到了吧? 这就是驯鹿。"

驾雪橇的鄂温克族中年男子看到雪地上突然出现几个外地小孩,以为他们走错了路,热情地招呼他们上了雪橇。

待跳跳猴他们坐稳,中年男子问:"你们不是本地人吧,冰天雪地来这里干什么呢?"

笨笨熊说:"我们就是来看驯鹿的。"

"真的吗?"中年男子脸上现出一丝怀疑的神色。

见中年男子不大相信,跳跳猴说:"我们刚刚在西藏高原考察过牦牛。来这里的目的,是要看看驯鹿在极端环境下如何生存。"

接着,他大概讲述了生物旅行以来的所见所闻。

得知几个小伙子是专为考察驯鹿而来,驾雪橇的中年男子打开了话匣:"噢,说到驯鹿,可是个宝贝。我们这里人虽然不多,驯养的驯鹿却不少,许多活儿都要靠它来做。"

白桦问:"驯鹿的个头并不大,想必它的力气也不会大过牛和马。你们为什么不用牛和马,却偏爱驯鹿呢?"

听白桦的话,活像一个庄稼人。

中年男子笑笑,说:"我们这里非常寒冷,驯鹿皮下有一层厚厚的脂肪,能够适应这里的气候。另外,我们这里常年冰天雪地,没有丰盛的牧草,只有苔藓和地衣这些低等植物,别的食草动物很难在这里生存。驯鹿以吃苔藓和地衣为生,不会闹饥荒。还有,我们这里冬天盖着厚厚的白雪,夏天到处是泥沼。如果让牛和马在这样的地面上行走,将会寸步难行。驯鹿身体轻,蹄子大,不会陷下去。最后一条,驯鹿性情温和,易于和人相处,容易被人驾驭。所以,在我们这里,驯鹿成了主要的生产工具,也是我们的亲密朋友。"

说完,中年男子吆喝一声,驯鹿的脚步明显加快。不一会儿,雪橇驶进了一个农户的院子中。

中年男子从雪橇上下来,说:"好,到家了。进来暖和暖和吧。"

他领着笨笨熊他们猴进到屋里。待坐定,一个中年妇女给每人捧上一碗冒着热气的奶茶。

中年男子说:"喝吧。知道吗,这奶茶就是用驯鹿的奶熬出来的。"

跳跳猴将碗靠近鼻子一闻,一股香味扑鼻而来,他呷了一口。

笨笨熊问:"好喝吗？"

跳跳猴说:"真不错。"

接着,笨笨熊、白桦和李瑞也尝了一口,然后,一饮而尽。

喝过奶茶,跳跳猴一行四人告别了主人,走出院门。

出门便是树林,一棵棵树的枝叶上盖着厚厚的白雪。极目远眺,远近的山峦和大地白茫茫一片。看到眼前的情景,跳跳猴想起了《林海雪原》那本书,想起了书里的杨子荣和座山雕。

正在遐想,头顶树枝上的一只鸟扑棱一声飞了起来,树枝上的积雪扑簌簌落了下来,恰好灌进跳跳猴的脖子里,凉冰冰的。跳跳猴想要将落雪掏出来,不想,已经化作了雪水。

跳跳猴喃喃地说:"这真是个打雪仗的好地方啊。"

听到这里是个打雪仗的好地方,嗅到了树林里特有的气味,小精灵从跳跳猴的口袋里蹦了出来,伸了个懒腰,舒展了一下身子,变回原形。

他长舒了一口气,大声说道:"好不容易,我又自由了。"

接着,跳跳猴一行在雪地上打起了雪仗。他们一边互相扔雪球,一边开怀大笑。嬉闹中,跳跳猴想起了儿时打雪仗的情景。在学校上学时,每年一到冬天,他和学校里的小伙伴们就盼着下大雪,最好是那种鹅毛大雪。那种雪又松又软,能把雪球滚得很大很大;打雪仗时,随便俯身一抓,就是一个雪团。有一次,在打雪仗时,他把一个很大的雪球不偏不倚地打在了一个女生的头上,把女生弄哭了,他哄了半天。因为这事,还挨了老师的批评。

玩够了,玩累了。笨笨熊说:"弟兄们,别玩了,我们该走了。"

跳跳猴喘着粗气问:"去哪里呢?"

笨笨熊说:"按照路线图,下一站该到沙漠跟着驼队旅行了。"

适者生存

——骆驼

一行五人按照路线图来到一座高山顶部。站在山顶，他们惊讶地发现，在身后的山坡上，树木葱茏；往前望去，却是一望无际的大沙漠。跳跳猴用手搭起凉棚遮住炙人的阳光，仔细搜寻着骆驼的身影。

过了一会儿，跳跳猴看见在远处的一座沙丘上，一支驼队正在缓慢行进。

跳跳猴指着驼队说："看，那里有一队骆驼。"

笨笨熊、白桦、李瑞和小精灵顺着跳跳猴手指的方向看去。噢，有三十多只骆驼排成一列纵队行走在一座沙丘的脊梁上，每个骆驼的脊背上，驮着两个大木箱。

笨笨熊说："弟兄们，今天，我们要随这支驼队走上一程了。"

小精灵突然变成小白鼠大小，又钻到了跳跳猴的上衣口袋中。接着，一行四人走下山坡，来到了驼队旁边。

赶驼队的只有三个人。一个留着络腮胡的壮汉骑着领头的骆驼，两个小伙子在末尾殿后。

跳跳猴领着大家深一脚浅一脚地向"络腮胡"走去。

在大漠上突然遇到四个徒步行走的小孩，"络腮胡"感到十分诧异。他扯住缰绳，让坐骑停下来，警惕地打量着这些不速之客。

跳跳猴彬彬有礼地向"络腮胡"鞠了一躬，说："先生，我们想跟着驼队走上一程。"

"络腮胡"问："你们从哪里来，到哪里去呢？"

笨笨熊说："我们是在进行生物旅行，与驼队同行的目的是了解骆驼的习性，给你们添麻烦了。"

见四个小孩是在进行考察，"络腮胡"欣然应允。他从骆驼脊背上跳下，将跳跳猴和笨笨熊抱到驼队中第二峰骆驼的驼峰中间。白桦和李瑞则爬到了第三峰骆驼的脊背上。然后，"络腮胡"回到自己的坐骑上，继续他们的旅程。

骑在骆驼的脊背上，跳跳猴问"络腮胡"："先生，这骆驼驮着什么东西呢？"

"络腮胡"答道："丝绸。"

"要到哪里去呢？"

"到国外去。"

"古时候，商人向西方运送丝绸，走的就是这条路吗？"

"说的对。我们就是沿着古代商人的丝绸之路在进行探险旅行。"

听到这里，跳跳猴感到莫名的兴奋。他想，现代人赶着一支驼队，驮着丝绸，沿着古代商人的丝绸之路进行探险旅行，多么有意思啊。

骑着骆驼走了约莫一个时辰，跳跳猴感到干渴难忍。头顶，骄阳似火；地上，沙漠像一块加热的铁板，一股股热浪向上涌。开始，汗珠不断地钻出皮肤，顺着脸颊，顺着脊背往下流。后来，大概是体内的水分不足了，出汗明显减少了，只感到口焦舌燥。骆驼呢？对头顶的骄阳和脚下滚烫的沙子毫不在乎，昂着头，不紧不慢，一步一步地往前走。

本来，跳跳猴有好多问题想要问，问笨笨熊，或者问驼队的人。但是，太口渴了，舌头不会打弯，只好把话都憋在肚子里。一路上，大家都默默无语，只是听见一串串驼铃声。虽然单调，但就是这叮叮咚咚的声音，给寂寥的荒漠带来了生机。怪不得，有一首歌对驼铃大加赞赏呢？

到了晚上，驼队停止了前进。白天酷热难耐的沙漠，一下子进入了寒冬。驼队的三个人都带着皮袄，为晚上御寒用的。跳跳猴四人却只穿一身单衣，冷得牙齿直打战。看到四个小孩冻得厉害，"络腮胡"将随身带的一条毛毯递给他们。

跳跳猴坐在地上，举起毯子说："来，我们挤在一起。"

笨笨熊和白桦挤了跳跳猴的两旁，李瑞却抱着小黄迟疑着不肯钻进来。

跳跳猴一把把李瑞拉过来说道："怎么老是别别扭扭，大家挤在一起暖和一些。"

李瑞挣脱跳跳猴，转到他的背面坐了下来。看到这一幕，笨笨熊在黑暗中皱了皱眉头。

沙漠的夜空，月朗星稀。白天的驼铃声也消失了，周围静得怕人，跳跳猴一点睡意都没有。大约一个时辰过去了，还是睡不着。

看到"络腮胡"手里夹着的烟头还在闪着亮光，他没话找话地问："先生，你们为什么用骆驼来运送货物呢？"

"络腮胡"说："你没有睡着啊。那我们就说一会儿话吧。沙漠昼夜温差大，缺少食物和水源，一般动物在沙漠上难以生存。因此，在沙漠上很少能看到动物。骆驼呢？既不怕冷，又不怕热；既耐渴，又耐饥，天生适应沙漠的极端条件。所以，人们在通过沙漠运输货物时，总是选择骆驼作为运输工具。"

跳跳猴问："骆驼为什么能耐热、耐寒、耐饥、耐渴呢？"

"络腮胡"说："先说耐热和耐寒吧。骆驼是恒温动物，但是它的体温会随着外界气温的变化而发生较大的波动。白天气温很高时，它的体温会升到40℃；到晚上，气温降低时，它的体温可以降到34℃以下。正因为它的体温能随着气温变化而发生相应的变化，所以，它既耐热又耐寒。"

"再说耐渴。沙漠中缺少水源，有些人在沙漠中旅行遇难，大都是因为缺水，死于身体脱水。"

跳跳猴问："脱水为什么会导致死亡呢？"

"络腮胡"说："这个，我也说不太清楚。"

笨笨熊说："脱水会导致血液中水分减少，血液量降低。血液减少后，第一，各个脏器不能得到足够的血液供应，会出现功能障碍；第二，不能出汗，体热不容易散发，会导致体温急剧升高；第三，不能排尿，身体的代谢产物不能通过排尿而排泄。这些因素，都可以导致死亡。"

"络腮胡"说："对，是这么个道理。人只要三天不喝水就会出现严重脱水和血液量降低，发生生命危险。骆驼呢？即使在七天滴水未进，体内水分丢失达25%的情况下，血液量只减少10%，照样能排尿，不会因为有害代谢产物积聚而中毒。"

"另外，骆驼的鼻子对骆驼的耐渴也有重要作用。动物在呼吸时会损失一部分水分。骆驼鼻腔黏膜的面积特别大，呼气时，鼻腔黏膜能将气体中的水分拦截下来；吸气时，拦截在鼻腔黏膜中的水汽会随吸入气体进入肺脏，使进入肺脏的空气湿润，减少对肺脏的损伤。靠了这种特殊能力，与人类相比，在呼出气体体积相等的情况下，骆驼可以节省70%的水分。"

"上面说的是骆驼对脱水的耐受能力和节水的功能。此外，骆驼还随身带着水囊。"

"水囊？没有看见啊！"白桦以为"络腮胡"说的是骆驼像驮货物一样驮着水囊。

"络腮胡"说:"骆驼的水囊在肚子里呢,你当然看不见了。"

"噢!"白桦恍然大悟。

"络腮胡"接着说:"骆驼的胃分三个室。前两个室附有许多水囊,能贮存大量的水。骆驼一遇到水源,会拼命喝水,将水囊灌满,以供身体慢慢消耗。就像我们在上路旅行之前,在车里带上几箱子水以备饮用一样。"

"骆驼还特别耐饥。你们在白天看到了,每个骆驼背上都有两个高高的峰。那叫做驼峰,是骆驼储存在体内的脂肪。这两座驼峰的重量可达到全身重量的五分之一。在沙漠中旅行,找不到食物时,骆驼就靠消耗驼峰中的脂肪来满足全身的能量供应。知道吗?每一克脂肪氧化时释放的能量相当于 2.3 克葡萄糖。同时,脂肪在氧化过程中还能产生水分,增加对代谢过程的水分供应。据估计,每 100 克脂肪在氧化过程中可以产生 107 克水。所以,对于骆驼来说,驼峰既是能量库,又是储水罐。"

跳跳猴问:"经过长途沙漠旅行,驼峰会慢慢变小吗?"

"络腮胡"说:"是的。如果在沙漠中长途旅行而找不到食物,驼峰会一天天变小。但是,在获得丰富食物后,驼峰会迅速长起来。因此,驼峰大小是骆驼营养状况的标志。"

说着说着,跳跳猴困了,接连打哈欠,眼皮像铅一样沉。笨笨熊和白桦呢?用毛毯包着脑袋,发出轻轻的鼾声。跳跳猴下意识地把毛毯裹紧,也进入了梦乡。

早上,跳跳猴将仍在酣睡的笨笨熊、白桦和李瑞叫醒,和驼队的三个人一起吃过饼干后,继续赶路。沙漠的清晨气温很低,跳跳猴等人虽然裹着毯子,上下牙齿仍然咯咯地打战。

行走中,天气渐渐热了起来,大约中午时分,跳跳猴看见远处黄沙滚滚。

骑在领头骆驼上的"络腮胡"扭过头来,大声喊道:"有沙尘暴。快下来,卧倒,闭住嘴,闭上眼睛。"

"络腮胡"一边喊,一边从骆驼脊背上滚下来,笨笨熊、跳跳猴、李瑞和白桦也从骆驼脊背上跳了下来。刚刚落地,沙尘暴已经来到跟前。这时,一头头骆驼不慌不忙地相继卧倒,跳跳猴四人依偎在骆驼身旁,用毯子盖在身上。就在将毯子盖好之前,黄沙以迅雷不及掩耳之势灌进了跳跳猴等人的眼睛、鼻子和嘴里。四个人一股劲地流泪,满嘴都是沙子,上下牙齿稍一接触就硌得慌。

感觉到了异样,小精灵从跳跳猴的口袋中钻出半个身子,探头探脑地看着。跳跳猴低声说:"钻进去待着。"

接着，用一只手捂住小精灵，防止沙尘暴对他造成损伤。

耳边，狂风呼号。大约一个小时过去了，跳跳猴撩起毯子向外观望，周围仍然是黄沙弥漫，遮天蔽日。约摸两个小时过去了，沙尘暴像一头咆哮疲累了的怪兽，渐渐缓和下来。随着"络腮胡"一声号令，一头头骆驼从沙漠上站了起来，抖落身上的黄沙，若无其事地继续前进。

骑在驼背上，跳跳猴又向"络腮胡"发问："骆驼没有任何防护措施，就不怕沙尘钻进鼻子和眼睛吗？"

"络腮胡"笑笑，说："谁说骆驼没有防护措施呢？他们天生就有防沙尘的结构呀。"

为了让跳跳猴看清楚一些，"络腮胡"故意让自己的骆驼走得慢一些，让跳跳猴能从驼背上近距离看到自己骆驼的头部。

"络腮胡"说："你看到了吗？骆驼的睫毛又长又密，发生沙尘暴时，浓密的睫毛能像厚帘子一样阻挡沙尘进入眼睛。它的鼻子能开能合，风沙大时，它将鼻孔闭合，可以防止沙尘钻进鼻孔。另外，它的耳朵也布满了浓密的毛发，可以防止沙尘进入耳道。"

跳跳猴问："骆驼耐渴、耐饥，还能防沙尘，这些就是人们选择骆驼在沙漠上运输货物的原因吧？"

"络腮胡"说："没错。但是，除了你刚才说的那些，还有。"

跳跳猴问："还有什么呢？"

"络腮胡"说："骆驼蹄子宽大，可以防止负重行走时陷在沙漠中。本来，马行走快速，是人类最常使用的运输畜力。但是，到了沙漠中，与看起来慢条斯理的骆驼相比就相形见绌了。不用说负重，就是空着身子走，马都比不过骆驼。为什么呢？马的蹄子小，会深深地陷在沙漠中。"

"另外，骆驼的脚底长着一层厚厚的角质垫。白天，沙漠上地表温度特别高，但骆驼脚底的角质垫像穿了靴子，不会被滚烫的沙子烫伤。"

"因为上面所说的特殊本领，骆驼特别适合在沙漠上行走。一只骆驼驮200公斤重的货物，可以连续三天，每天在沙漠上行走40公里。当不载货物时，它可以每小时跑十五公里，连续八小时不停。所以，人们把骆驼叫做沙漠之舟。"

"对了。还有，骆驼的视觉和嗅觉特别灵敏，能感觉到远处的水和草，这样，有利于骆驼在长途旅行中补充水和能量。由于水对人的生命非常重要，因此，在沙漠中与骆驼同行，往往可以绝处逢生。"

　　这时，驼队走到了沙漠的尽头，走在驼队末尾的两个小伙子也吆喝着坐骑来到跳跳猴三人跟前。跳跳猴低声向两个小伙子说："你们的头儿懂得真多啊。"

　　一个小伙子说："你以为他是什么人？"

　　白桦好奇地问："什么人？"

　　另外一个小伙子说："他是专门研究骆驼的专家啊。他来赶骆驼，主要是为了对骆驼进行研究的。"

　　跳跳猴、笨笨熊和白桦不约而同地说："噢，原来如此啊！"

适者生存

——海滩奇遇

对骆驼的考察结束了,一行人告别了"络腮胡"和驼队的另外两个小伙子,爬上了一道山冈。奇怪,那山冈下便是蔚蓝的大海。

看到大海,跳跳猴、笨笨熊、白桦和李瑞兴奋地又跳又叫,小精灵也急忙从跳跳猴的口袋中蹦了出来。接着,一行五人一路跑下山岗,来到了海边的沙滩上。

沿着海岸走了一截,在一个河流入口处,跳跳猴发现了河水中许多鱼翻着肚皮。

跳跳猴说:"怎么这里有许多死鱼呢?"

小精灵问:"你怎么知道它们是死鱼呢?"

跳跳猴说:"人常说,鱼死了之后会翻起肚皮来。这些鱼个个翻着肚皮,难道不是死了吗?"

小精灵说:"有些鱼习惯了在温度高的水中生活,当水温降低时,就会停止活动,如同死鱼一般。如果进入温度较高的水中,它们会再活过来。"

"有根据吗?"跳跳猴问小精灵。

小精灵说:"在马达加斯加岛上,有许多温泉,温度高达 70℃。但就是在这么高温度的水中,竟然生活着一种小黑鱼。"

70 多度的水是要烫手的,怎么可能还有鱼在里面生活呢?跳跳猴感到不可思议。

一行人一边说,一边沿着河道往前走。奇怪,当河水与另一条河流合并在一起时,刚才翻着肚皮的鱼一个个像刚刚睡醒,摇头摆尾地游了起来。

小精灵说:"看到了吧?那些鱼本来是活着的。"

跳跳猴信服地点了点头。

小精灵接着说："还有一些动物特别耐冷。蛇是一种变温动物，在冬天要钻到洞里冬眠。在冰天雪地的寒冬，一些没有钻到洞里的蛇会被冻成硬邦邦的冰棍。我曾看到，有的人竟然拿冻僵的蛇当拐杖用。奇怪的是，当天气转暖时，这些冻僵的蛇竟然能复苏过来。"

"在坦桑尼亚的飞达浦山区，有一种冰龟。这种冰龟体温经常在零下2℃到零下3℃。当地居民常将冰龟放在食橱里冷藏食物。非洲尼日尔有一种散香龟，身体常常散发出一股浓郁的香气。这种香气能防止食物腐烂，当地居民常将散香龟放进食橱里防止食物腐败变质。"

"上面说的冰龟和散香龟是靠低温和香素发挥防腐作用的。有一种鸟叫做交喙鸟，死了之后可以长期不腐烂。"

跳跳猴说："那是什么道理呢？"

小精灵说："交喙鸟喜欢吃枞树和松树的种子，这些种子中含有大量的松脂。久而久之，交喙鸟的全身都被松脂浸透了。我们都知道，古代埃及的木乃伊可以长时间不腐烂，正是由于在将死亡的人制作成木乃伊时浸透了松脂等香料。"

跳跳猴笑了笑，说："从今以后，我也要每天吃松子了。"

白桦说："小兄弟想永垂不朽啊！"

一行五人都笑了起来。

适者生存

——极限生存环境

在寸草不生的沙漠和冰天雪地的极地都有动物生存，那么，动物的极限生存环境是什么呢？

各种动物有各自的极限生存环境，有一些动物可以在超乎我们想象的环境中生存。比如，南极洲的企鹅、海豹以及北极的北极熊可以耐受零下80℃的严寒，北极鸭在零下110℃的环境中仍然可以生存。有一种尼日利亚蝇，在零下190℃的液态氧中可以继续发育。将这种蝇放在零下270℃的液氨里，五分钟之内不会死亡。有一种干燥的残虫，能够长期生存在零下273℃的环境中。

上面说的是耐寒的动物，有一种鞭毛虫却能耐受沸水的高温，还能抵抗苛性化学物质以及X射线。

海水对水中生物会产生压力，海水深度每增加十米，大约要增加一个大气压。因此，深海是海洋生物的极端环境。但是，在水下3000米深处，竟然还有鱼和虾在悠闲地游泳。

还有一种叫做缓步虫的原生生物，能适应许多种生存环境，土壤中、水里、酷热的赤道地区及滴水成冰的南北极都有它们的踪影。这种虫在缺水环境中可以不吃不动，不进行繁殖，生活几个月或几年。一旦环境变潮湿，就抓紧机会繁衍后代。它们还能耐受高温和低温，在100℃的高温下以及零下200℃的极低温中均不会死亡。将它们从这些极端环境中移回常温下，照样可以活动。

你们看，动物们的生命力够顽强吧？

屏幕上的遗容

顺着小河向上游走了一截,只见绿树丛中掩映着一座红砖绿瓦的建筑,上面写着"绝迹和濒危动物馆"。

难道地球上绝迹和濒危动物都躲到这里来了? 带着疑问,一行人走进馆内。

馆内看不到什么动物,只有一台电脑和一个大屏幕。在观众席上,坐着一个老师模样的中年男性和五六个学生。看来,这里并不是绝迹和濒危动物的避难所。由于有在"为什么动物园"的经验,大家知道,电脑是用来输入问题的, 屏幕是用来展示和介绍动物的。

跳跳猴一行周游世界见识了不少动物,但是很少见到濒危动物。至于绝迹动物,当然更没有见到了。今天来到"绝迹和濒危动物馆",大家都感到非常兴奋。

渡渡鸟

跳跳猴抢先来到电脑前面,在键盘上输入:"绝迹动物。"

紧接着,音箱里传来低沉的声音:"在生物进化过程中,有的物种消失,有的物种产生。这本来是一个正常的现象,但值得注意的是,根据《红皮书》的统计,在过去的两千年中,有记载的灭绝的鸟类有 139 种,哺乳动物有 106 种。根据分析,在灭绝的物种中,大约只有四分之一是由于自然演化,而其他四分之三则是由于人为因素造成。人类对森林乱砍滥伐,使许多森林动物赖以生存的环境急剧恶化;有些人为

隆鸟

了获取动物的皮肉，或者仅仅是为了鸟类的漂亮羽毛，就对动物乱捕滥杀。16 世纪以来，随着人类文明的发展，动物灭绝的速度明显加快。"

这时，大屏幕上相继出现了隆鸟、大海雀、拉布拉多鸭、欧洲狮子、斑驴、蓝马羚、拟斑马、斯氏大海牛、新疆虎、日本狼、南极狼、袋貂、华北梅花鹿、叙利亚野驴、巴厘虎、加勒比僧海豹以及渡渡鸟等。这些动物依次由屏幕的一端出现，从屏幕的另一端消失，匆匆走完了物种的生命历程。

小精灵说："今天我们能从大屏幕上看到某些灭绝动物的遗容，很幸运。这么多的物种从地球上消失，是人类的悲哀。因为它们的灭绝，我们失去了不少伙伴，世界也因此而少了几分色彩。"

小精灵大发感慨时，屏幕上赫然出现了一只庞然大物——恐龙。它庞大的身躯占据了整个屏幕。

解说词："最被人们关注的是恐龙的灭绝。"

解说词只有一句，戛然而止。屏幕上的恐龙渐渐暗淡，慢慢消失，像是溶解在了空气中。

李瑞想，既然恐龙的灭绝最被人关注，怎么就这么一句就结束了吗？

带着疑问，他在电脑上输

大海牛

恐龙

入:"恐龙因为什么灭绝?"

屏幕上没有再出现图像,只有解说词的声音在展厅中回荡:"关于恐龙为什么灭绝,众说纷纭。主要的说法有中毒假说、环境恶化假说、蛋壳变质假说、超新星爆炸假说等。"

在这些假说中,最具说服力的是陨石撞击假说。1980年,美国加州大学的阿伯列斯教授在意大利的古比奥发现6500万年前的地层中含有高浓度的铱。多高的浓度呢?是其他地区铱含量的几十倍到数百倍。如此高含量的铱与来自外星的陨石相似。因此,阿伯列斯教授提出了一个大胆的假说。他认为,在6500万年以前,有一个直径约10千米左右的小行星撞击了地球。猛然撞击产生的尘埃遮天蔽日,几年都不能散去。在这段时间内,尘埃阻挡了阳光,植物不能进行光合作用,以植物为主食的恐龙由于缺乏食物以及其他原因,灭绝了。

1991年,科学家在中美洲犹加敦半岛的地层中找到了一个巨大的陨石坑,直径达180千米到300千米之间。根据地质学研究,在6500万年前,印度的德干高原等地曾经发生过非常剧烈的火山活动。巧的是,这里正好位于犹加敦半岛陨石坑的背面。由于陨石坑与印度火山在地球上位置大体相对,并且印度火山的爆发时间与含铱量高的地层的地质年代以及恐龙灭绝时代基本吻合,有人对陨石撞击假说进一步发展。他们认为,一个巨大的陨石或小行星在6500万年前撞击了犹加敦半岛地区,产生了相当于里氏十级的地震。这一强大的地震波激发了与陨石撞击处相对的印度德干高原的火山爆发。

虽然陨石撞击假说被不少人接受,但是,在含铱量高的地层中,却未能找到恐龙的尸骨化石。因此,陨石撞击假说仍然是一个假说。关于恐龙灭绝的原因,目前尚无定论。

救救它们

在观看完有关绝迹动物的资料片后,白桦在电脑上输入了"濒危动物"。

屏幕上出现了玳瑁、褐马鸡、朱鹮、丹顶鹤、坡鹿、白唇鹿、羚羊、羚牛、野牛、犀牛、东北虎、海狼、大熊猫、小熊猫、金丝猴、南美怪猴、长臂猿、泰卡鸡、野马、野骆驼、袋狼等濒危动物的列表。

不一会儿,屏幕上走来一只褐马鸡。它躯干呈褐色,头颈部漆黑,面部鲜红,眼睛周围镶一圈金边,颈部有一圈羽毛呈白色,仿佛是戴了一个银项圈,头部下方两撮耳羽向后翘起,尾羽前半截银灰色,后半截深蓝色。

褐马鸡

伴随着褐马鸡的走动,解说开始了:"褐马鸡生存在山西交城县、宁武县以及河北省小五台山等地的深山密林中,是我国一类保护动物。它们以种子果实及昆虫为主要食物。褐马鸡翅膀很短,不善飞翔,却擅长从高处向下滑翔。由于它们在地面奔走迅速,奔跑速度及姿势如同骏马,体羽呈褐色,人们将其称为褐马鸡。在中国鸟类协会的会徽上,便有褐马鸡的图案。"

朱鹮

屏幕上的褐马鸡昂首引颈叫了几声,然后渐渐淡出屏幕。

接着,屏幕上出现了一只朱鹮。那朱鹮伫立在一片沼泽地上,喙长而弯曲,面部鲜红,喙尖和双爪朱红,两翅下端和尾巴粉红,其余部位羽毛雪白,非常美丽。

解说词:"朱鹮在河流、稻田里捕食泥鳅、田螺、鱼虾、蟹、青蛙、软体动物、蝗虫和水生昆虫。几百年以前,朱鹮曾经广泛分布于我国东半部和东北部的黑龙江下游、朝鲜以及日本等地。但在19世纪以后,由于生存环境恶化,它的数量急剧减少。1964年,人们在甘肃发现一只朱鹮。从1978年开始,我国动物研究工作者曾到9个省寻找这种濒危动物,直到1981年,才在陕西发现了7只。因此,朱鹮已经被我国列为一类保护动物,并建立了朱鹮自然保护区。为了让人们提高保护朱鹮的自觉性,1984年,我国发行了朱鹮飞翔、涉水以及栖息姿态的3枚特种邮票。"

这时,屏幕上的朱鹮切换为一群鹿。

解说词:"来宾看到的鹿叫做海南坡鹿,生存在我国海南岛的西部。它们喜欢群栖,以食草和嫩枝叶为生。坡鹿奔跑速度飞快,可达每小时100千米以上。此外,坡鹿还是跳高和跳远能手,高两三米的障碍物或者宽六七米的沟,都能一跃而过。"

海南坡鹿

说到这里,屏幕上的一群坡鹿撒开四蹄狂奔了起来,渐渐淡出了屏幕。紧接着,屏幕上又出现了一只白色的老虎。解说词:"东北虎生存于我国东北、俄罗斯和朝鲜北部,是世界上最大的虎。"

屏幕上的老虎趴在地上,张开血盆大口,打了个哈欠。然后,眼睛一动不动地盯着前方。

笨笨熊说："你看，这就叫虎视眈眈。"

解说词继续道："据 1976 年的统计，世界各国动物园饲养的东北虎约有 600 多只，野生的东北虎在我国不到 200 只，属于濒危动物。1977 年 3 月 25 日，我国林业

东北虎

部将东北虎列为第一类保护动物。"

东北虎淡出之后，屏幕上出现了人们非常熟悉的国宝——大熊猫。它在竹林中蹒跚穿行一阵后，坐了下来，揪过身旁的竹子，连枝带叶塞进嘴里，大嚼大咽起来。它全身黑白相间，眼睛周围一个大黑圈，像是戴着一副墨镜，走起路来，不紧不慢，给人一种雍容华贵，憨态可掬的感觉。

解说词："大熊猫是我国特产的珍贵动物，生活在四川、甘肃省等少数山区。我国政府曾多次将大熊猫作为国礼赠送给一些友好国家。因此，人们又将大熊猫称为

大熊猫

国宝或外交使节。"

"大熊猫本来是食肉动物,它的牙齿及消化道构造可以说明这一点。由于大熊猫的消化道不太适应食用纤维类食物,不能从竹叶以及竹枝中充分吸收营养,必须每天吃很大量的竹子才能满足身体的需要。虽然它们现在主要以吃竹子为生,但偶尔也显现本性,捕食小型动物解馋。大熊猫感觉较迟钝,行动迟缓,但它有一手爬树的本领。当遇到敌害时,便迅速逃跑,攀登上树。"

"平时,大熊猫雌雄分居,只有在春暖花开时,才寻找配偶,进行交配。它的繁殖能力很低,一般每胎产一仔。由于生存环境的恶化以及生存领地的减少,一段时期,大熊猫的数量急剧下降。近年来,我国政府将大熊猫作为一级保护动物,建立了大熊猫自然保护区,并从 1963 年开始人工繁殖。经过艰苦努力,我国大熊猫的数量不断增长,但愿所有濒危动物都像大熊猫一样能得到妥善保护,种群数量得到恢复。"

解说到这里,屏幕上出现了"救救它们"四个大字。看来,绝迹和濒危动物的内容介绍完了。

在走出"绝迹和濒危动物馆"时,跳跳猴感叹道:"要是这些绝迹动物没有从地球上消失,濒危动物种群保持一定的数量,我们的世界该是多么丰富多彩啊!"

听了跳跳猴的话,大家唏嘘不已。

枪声过后

离开"绝迹和濒危动物馆",一行人走进一片农田和草地。

正在行走,忽然传来一声枪响。循声望去,只见正在空中飞行的一群野鸡有三只扑棱棱掉在了草丛中。两个扛着猎枪的男青年跑到草丛里,寻觅一阵,将两只野鸡扔到停在旁边的吉普车上。接着,汽车尾部冒出一股烟,开走了。

跳跳猴向大家招了一下手,说:"跟我来。"

笨笨熊问:"干什么?"

跳跳猴说:"还有一只野鸡留在地上,说不定只是受了伤,没有被打死。"

笨笨熊说:"你怎么知道?"

跳跳猴说:"我过去也跟着别人打过猎,受伤的野鸡常常会钻到灌木丛中,猎人往往是不容易找得到的。"

大家分头在野鸡降落处寻找。地上,是没膝深的蒿草,找了半天,都没有看到野鸡的踪影。跳跳猴来到小河边的一片灌木丛旁,听见灌木丛里有窸窸窣窣的声音。仔细看去,一只公野鸡正在里面乱窜。透过稀疏的灌木看去,它一条腿着地,另一条拖着。显然,它的一条腿受了伤。跳跳猴知道,如果野鸡的腿受伤,它的觅食能力就会大大下降,说不定会冻饿而死。

跳跳猴招呼笨笨熊、李瑞、小精灵和白桦过来,让他们在周围守着。然后,他拨开带着刺的灌木,往灌木丛里钻。大概野鸡伤得严重,看到跳跳猴逼近自己,并没有逃跑,只是警惕地看着。费了好大的劲,跳跳猴终于将野鸡从灌木丛中抱了出来。

这是一只非常漂亮的野鸡,羽毛五彩斑斓,尾羽很长。检查发现,它的右腿被铁砂打中几处,开了几个小口子,但骨头还好,刚才走路时就是用右腿的。左腿只有一个伤口,但比较大,腿骨完全骨折了。检查其他部位,没有看到什么致命伤。

跳跳猴的父亲善治跌打损伤,他从小就见过父亲用小夹板治疗骨折病人。就像父亲给病人打夹板那样,他找来几个小木棍,绑在野鸡左腿骨折处周围,用线将小木棍绑了两圈。接着,将野鸡放到附近一块已经收割的莜麦地里。

跳跳猴说:"放在这里,它可以不太费力找到莜麦粒。我想,用不了几天,它的腿伤会好的。"

李瑞说:"跳跳猴,今天你做了一件大好事。"

跳跳猴说:"以前,我常常上山打猎,杀害了不少动物。今天,救这野鸡一命,算是一种赎罪吧。"

说完,他咬紧嘴唇。看来,他不是在开玩笑。

笨笨熊说:"俗话说,救人一命,胜造七级浮屠,你今天救了野鸡一命,起码造了一级浮屠了。"

听了笨笨熊的话,跳跳猴微微地笑了笑。

跳跳猴一行继续前行,眼前出现一片一望无际的沙漠。和驼队的一程旅行,使笨笨熊对沙漠心生畏惧。他心里默默念叨,阿弥陀佛,但愿没有走错了路。他和跳跳猴要过路线图看了一眼。令他吃惊的是,按照路线图,眼前的这片沙漠很是不小,旅行路线直直地从中间穿了过去。

他将路线图折叠起来,无奈地对大家说:"弟兄们! 过沙漠! "

跳跳猴、白桦和小精灵跟着笨笨熊沿着田埂向前行。李瑞从白桦的背篓里取出一个旅行包,急忙向跳跳猴刚才找到受伤野鸡的地方跑。

觉得脊背上的背篓里有动静,白桦回过头来一看,发现李瑞跑向了旁边的灌木丛。

他喊道:"李瑞,你要到哪里去? "

李瑞大声回答:"马上就来。"

不一会儿,李瑞气喘吁吁地追了上来,将旅行包又放回到了白桦的背篓里。一行人望着沙漠迤逦而行。

唐玄奘的故事

大漠就像海洋一样广阔,一望无际。沙丘就像凝固的波浪,起伏跌宕,绵延伸展到遥远的地方。在一道沙丘的脊梁上,跳跳猴一行深一脚浅一脚艰难地行走着。

烈日当空,寸草不生的黄沙将太阳倾泻下来的热量几乎全部反射了回来,沙漠上空,热浪滚滚。想找一个地方乘凉,但是,浩瀚荒漠,没有树木,没有山崖,没有建筑,哪里去找阴凉呢?

好长时间没有吃饭喝水了,大家又饿又渴。由于极度口渴,身体脱水,嘴唇都开裂了。

笨笨熊说:"我们需要找点吃喝的东西。"

小精灵说:"我们试着去找吧,希望能找到一株旅行家树,最好能找到一湾清泉。"

一行人开始找水。

但是,在沙漠上行走,每走一步,脚陷下去很深,非常艰难。

他们爬上一座沙丘,没有看见树木,没有看见水。

再爬一座沙丘,还是没有看见树木,没有看见水。

就在他们走到第三座沙丘的脚下时,跳跳猴、笨笨熊和李瑞已经筋疲力尽了。

白桦对他们说:"你们就在这里待着,我去找水。"

跳跳猴和笨笨熊点了点头。李瑞张了张嘴想说什么,但马上又闭上了。

白桦爬上沙丘,小精灵也跟着爬了上去,站在沙丘顶。他要给白桦一个标志,不然,在这大漠中,即使白桦找到水,也可能找不回来。

跳跳猴瘫在地上,起不来了。大概是由于脂肪多,能量储备丰富的缘故吧,笨笨熊的耐力比跳跳猴要好一些。他蹲了下来,守在跳跳猴身旁。这时,跳跳猴想到了电视中沙漠旅行遇难的报道,想到了彭加木的失踪,想到了死……

他对笨笨熊说:"哎哟,受不了啦。我们循着原路回去吧,离开这死亡之海。"

笨笨熊舔了舔干裂的嘴唇,慢悠悠地说:"智者每派一次考察队,都会讲唐玄奘的故事。"

跳跳猴有气无力地问:"什么故事?"

笨笨熊说:"唐玄奘在前往西天取经时,发下宏愿:'我这一去,定要捐躯努力,直至西天。如不到西天,不得真经,即使死也不敢回国,永坠沉沦地狱。'在这种抱负的支撑下,唐僧一行经过九九八十一难,九死一生,终于到了西天,取得真经。如果他们在取经途中碰到困难就退缩,断然不会完成取经大业。"

"我们这一大圈旅行,也好似唐僧、孙悟空一行的取经。"你不是期望能再听智者讲课吗?如果在这个时候放弃,就不算完成智者规定的旅程,就不能获得听智者讲课的资格。"

听了笨笨熊的话,跳跳猴陷入沉思,是的,人是要有一点精神的。如果碰到困难就缩回来,怎么能成就一番事业呢?想到这里,似乎有一股清泉流过心头,似乎有一根支柱把将要倾倒的大厦支撑了起来,他坐了起来。

大约两个时辰后,白桦回来了,他对着几个弟兄无奈地摇了摇头。见状,笨笨熊低下了头,好像在思索着什么。

白桦坐了下来,有气无力地说:"难道我们要死在这沙漠里吗?难道没有救星来救我们吗?"

李瑞笑了笑,说:"你就是大家的救星啊。"

白桦认为李瑞在开玩笑,没有吭气,只是苦笑了一下。

看到白桦没有搭话,李瑞继续说:"不相信吗?"

听了李瑞如此说,跳跳猴和笨笨熊都抬起头来,望着李瑞。

白桦说:"我怎么会是救星呢?难道我能变出水来吗?"

李瑞不语,走到白桦背后,在背篓里翻着。跳跳猴、笨笨熊和小精灵眼睁睁地看着。

李瑞从背篓里翻出了一个旅行包,接着,从旅行包里拿出了一个军用水壶。

跳跳猴惊叫道:"啊!里面有水吗?"

李瑞笑了笑说:"谁不相信就不要喝。"

白桦将背篓放下,惊讶地问:"怎么回事?我的背篓里怎么会有水呢?"

李瑞不吭气,只是神秘地笑了笑。

原来，李瑞有在沙漠旅行的经历，深知水在沙漠旅行中的重要性。因此，在看过路线图，知道要经过沙漠时，便灌了一壶水，悄悄装在了白桦的背篓里。

笨笨熊站了起来，高兴地对李瑞说："你才是大家的救星。好，大家喝水吧。先让李瑞喝。"

李瑞说："白桦大哥背了一路背篓，辛苦了，先让大哥喝。"

白桦说："既然叫我大哥，就听大哥的话。李瑞第一，笨笨熊第二，跳跳猴第三，小精灵第四，最后是我。"

按照白桦安排的顺序，大家每人喝了一小口。转了一圈，水壶里还剩一大半水。

笨笨熊说："节省一些也好。我们不知道前面还有多长的路，不知道什么时候才能找到水。"

接着，他从白桦手里把水壶接过来，将水壶盖拧上，又放在了白桦的背篓里。

这时，太阳沉到了地平线下面，空气也渐渐凉爽了下来。小精灵对大家说："弟兄们，趁着凉快，我们赶快赶路，争取尽快走出这死亡之海。"

接着，由小精灵领路，大家跌跌撞撞地上路了。

生命的延续

——你嫁给我吧

整整走了一晚夜路,黎明时分,面前出现一片绿油油的草地和繁茂的树林。在草地中,流淌着一条弯弯曲曲的小河。

哇!有水了!大家踉踉跄跄地扑到小河边,捧起河水一个劲地往肚子里灌。那水,甘甜可口,沁人心肺。

喝够了,大家继续前行。又走了大约一个时辰,面前出现了一所展示馆,牌匾上写着:"生命的延续"。

进得馆来,飘来一个女性甜润的声音:"各位来宾,你们好。世间万千生物,通过生殖活动才能生生不息,代代相传。欢迎你来到'生命的延续'。在这里,你将看到生物的多彩的求爱方式,体会到动物的父爱和母爱。"

在一阵悠扬的音乐后,解说员继续讲道:"首先,让我们了解一下动物的求爱方式。在动物界,两性相爱不靠媒妁之言,不靠父母安排。为了获得异性的青睐,它们有的靠华丽的外表,有的靠甜美的歌声,有的靠强健的体魄及武力……"

这时,屏幕上出现了一对孔雀,雄孔雀张开彩屏,在雌孔雀前翩翩起舞。

解说词:"孔雀有两种,一种叫做中国孔雀,生活在我国云南西双版纳和东南亚。另一种叫做印度孔雀,分布在南亚。"

"孔雀一般栖居在海拔两千米以下的开阔的稀树草原,或生活在有灌木丛、竹林、树林的开阔地带,喜欢在河流沿岸和林中空旷的地方活动。"

"每年四到五月间,是孔雀交配的季节。这时,雄孔雀的羽毛特别漂亮,好像是换上了婚礼服。它们在雌孔雀周围展开彩屏,或踱步或起舞,好像在说:'亲爱的,你嫁给我吧!'可以说,这种求偶方式是雌孔雀在选美。"

小精灵插话:"用时髦的词来说,就是优生。"

孔雀

跳跳猴嘻嘻地笑着说:"孔雀也讲究优生？"

在他看来,优生是人类才懂得的东西。

笨笨熊说:"何止孔雀,许多动物都讲究优生呢。"

屏幕上的孔雀淡出后,又出现了一只外形类似孔雀的鸟。它头部黑褐色,颊部铅蓝色,体羽暗褐中略带灰色,喉部、两翼和尾部的羽毛呈暗棕色。

走着走着,屏幕上的鸟将刚才拖在身后的长长的尾巴像孔雀开屏一样竖了起来,两根较粗的尾羽顶部弯曲,其他尾羽则纤细如琴弦。

解说词:"大家看,这种鸟的尾部就像古代的七弦竖琴,因此,人们将这种鸟称为琴鸟。琴鸟生活在澳大利亚东部海岸的山地丛林中,和孔雀相似,这种鸟雄性要比雌性漂亮。琴鸟的繁殖季节在冬季,求偶时,雄鸟要清理出大约一平方米大小的空地,然后,站在树枝或岩石上放声歌唱。"

像是受到解说词的指挥,屏幕上的琴鸟跳到了旁边的一枝树

琴鸟

枝上,引吭高歌起来。听到雄琴鸟的歌声,屏幕上走来一只雌琴鸟。雄琴鸟从树枝上跳下来,竖起尾羽,边歌边舞。

这时,解说词又继续说:"大家看到了,与孔雀相似,雄琴鸟也是靠美丽的服饰以及歌舞技艺来征服雌性伴侣。银鸥则不然。"

屏幕上的图像切换成了浩瀚的海洋。在海面上空,一群飞鸟结队飞翔。

解说词:"大家看到的飞鸟就是银鸥,他们常常成群飞翔在海边或内陆开阔的水域,以鱼、虾、螺以及动物的尸体为食物。"

银鸥

在屏幕一角的礁石上,两只银鸥来回走动。

解说词:"礁石上的这两只银鸥是一雌一雄。在银鸥的求爱活动中,往往是雌性主动向雄性发出信号。雄性对眼前的雌性中意后,就将嘴里的食物吐出来,喂给雌鸟。这表示双方都互相接受了对方。"

这时,屏幕上的两只银鸥依偎在了一起,十分亲热。

解说词:"实际上,雌鸟并不在意雄鸟喂给它的食物是否可口。喂食这一动作,类似于人类的抚摸和接吻,是一种亲昵的表示。"

"银鸥是借喂食的机会和异性亲近,一种叫做燕鸥的鸟则很实惠。雄燕鸥求爱时常常将一条小鱼放在雌性伴侣身旁,如果雌性燕鸥对送上的小鱼表示出兴趣,将其吃下,两只鸟就结为夫妻。如果雌燕鸥对送上的礼物不屑一顾,则表示拒绝了雄燕鸥的求爱。"

屏幕上的银鸥淡出后,出现了一群像鸡一样的鸟。它们在一起互相争斗。

解说词："大家现在看到的鸟叫做松鸡。松鸡是一种半树栖半地栖的鸟,生活在潮湿的松杉或白桦林中,广泛分布于亚洲、欧洲和北美洲等地。屏幕上的松鸡互相争斗,不是在召开运动会,而是在相亲。雄松鸡互相争斗,优胜者才能得到与雌松鸡成婚的权利,但不同地方的松鸡竞技方式略有不同。在欧洲,雄松鸡在一块空地上进行决斗, 当优胜者将其他雄性赶出竞技场后, 雌松鸡便跑过来与获胜者结为夫妻。北美洲的松鸡竞技规模更大,可以持续20多天。每天早晨,都有几百只松鸡聚集在一起争斗。优胜者便取得了这群松鸡的统治权,占有雌性松鸡。"

噢,这松鸡在搞公开竞争和集体婚礼。

松鸡争斗

生命的延续

——鸳鸯对爱情忠贞不渝吗？

屏幕上出现了一泓清水。池塘边柳丝低垂，池塘中荷叶点点，一对鸳鸯相伴着在池塘里游泳。雄鸟头上披着色彩艳丽的冠羽，背部浅褐，腹部纯白，双侧翅膀的剑羽高高翘起，既威武，又艳丽。雌鸟呢？背部灰褐，腹部雪白，一副淡雅气质。

鸳鸯

解说词："画面上是一对雌雄鸳鸯。野生的鸳鸯是候鸟，春季，它们从我国的华南一带和长江流域飞到东北部和内蒙古等地繁殖，生活在湖泊和河流中，以食种子、水草、昆虫、鱼、虾和贝类为生。"

画面上雌鸟在前面，破水前行。雄鸟在后面，紧紧相随。突然，雄鸳鸯跃上雌鸟背部，用喙部叼着雌鸟的头羽。过一会儿，雌雄鸳鸯分了开来，各自整理刚才弄乱了的羽毛。然后，双双爬到岸上去休息。

跳跳猴说："人们总是鸳鸯并称，它们真的是白天晚上总在一起吗？"

笨笨熊说："在我国的传统文化中，鸳鸯是忠贞不渝的爱情的象征。雄鸟为鸳，雌鸟为鸯，人们常常用鸳鸯来比喻夫妻情深，白头偕老。在民间，许多生活用品上，比如手帕、枕头，都绣有鸳鸯。此外，人们对成双成对的东西也往往以鸳鸯冠名。比如，一副配对的剑叫做鸳鸯剑，双人枕叫做鸳鸯枕，双人被叫做鸳鸯被。"

"20世纪80年代，我国长白山自然保护区科学工作者对鸳鸯的生活习性进行了多年观察，发现鸳鸯的爱情并非人们所认为的那样忠贞不渝。雌雄鸳鸯在交配期间确实是形影不离，情深意切。但在交配以后，就各奔东西，抚育后代的责任完全由雌性承担。有人将成对的鸳鸯捉走一只，结果剩下的一只不久便另觅新欢。"

屏幕上的鸳鸯淡出了，跳跳猴却一副伤感的样子。他说："民间故事中的鸳鸯给人一种美好的、忠贞不渝的印象。听了今天的解说，原来象征爱情和忠贞的鸳鸯顿时暗淡无光了。"

笨笨熊说："民间的传说总是美好的。比如，在民间传说中，月宫中住着嫦娥和吴刚。每年七月初七，牛郎和织女会跨过鹊桥相会。这些故事引发了人们无尽的遐想和向往。但是，阿波罗号飞船登上月球后，发现月球上荒凉寂寞，没有看到嫦娥舒广袖，也没有喝到吴刚的桂花酒。科学的进步使我们认识了世界和宇宙的真面目，但同时也使我们失去了对遥远的、以往未知的事物的神秘感，扼杀了因未知或知之不多而产生的联想。这是悲呢，还是喜呢？"

白桦说："这应了一句话，人们在得到一些东西时，同时会失去另外一些东西。"

小精灵笑着说："哟，这好像是哲学家讲的话。"

白桦在小精灵的脊背上重重地捶了一下。

生命的延续

——奇异的生殖方式

屏幕上的画面消失了,解说词还继续着:"上面我们看到的是动物世界的求偶。接下来,我们来了解一下动物的生殖方式。"

"有一种水生头足类软体动物,舡鱼。它生活在暖海中。"

这时,屏幕上出现了一条状似章鱼的动物。

解说词:"大家看,这种动物有八个腕足,上面布满了吸盘。在繁殖季节,雄舡鱼的一只腕足会突然加快生长速度,长到一定程度之后,这只腕足会从身体上脱落下来。离体的腕足像是一个独立的生物,具有运动能力,在水中蜿蜒游动。请猜一下,

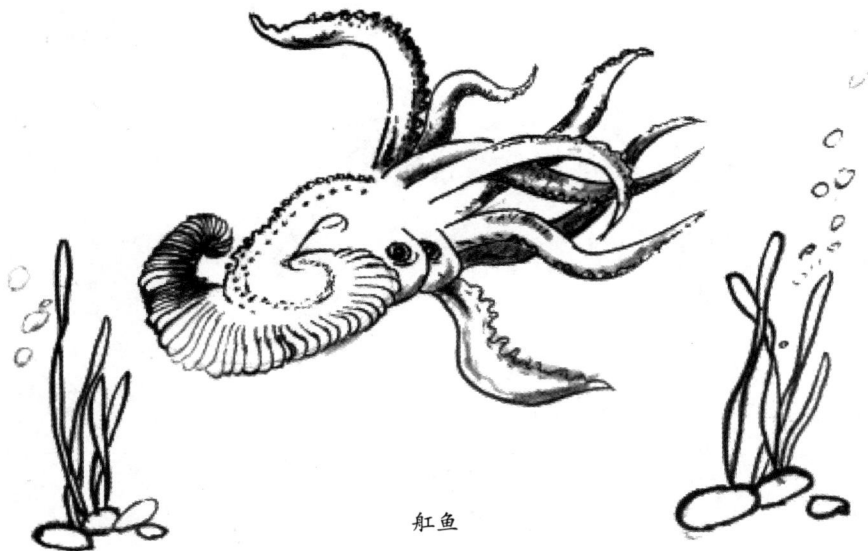

舡鱼

这只腕足为什么要从身体上脱落下来呢？"

跳跳猴看看笨笨熊，像是在寻求答案。

笨笨熊说："今天讲的是生殖，应该是和生殖有关吧。"

少顷，解说词又继续："这只腕足内有一对精子托，并且具有复杂的神经系统。因此，在它离体后，仍然具有运动能力。"

这时，屏幕上魟鱼的一只离体腕足突然钻进了另一条魟鱼体内，不见了。

解说词："大家看见了吧？一条雄魟鱼的离体腕足钻到了雌魟鱼的套膜腔内。接下来，雄魟鱼腕足中的精子托在雌魟鱼的套膜腔内逐渐膨胀，最后爆裂开来。由精子托释放出来的精子使雌魟鱼体内的卵子受精。"

这时，笨笨熊、跳跳猴身边的几个人一边点头，一边感叹："真是天下之大，无奇不有啊。"

小精灵接着说："一般的有性生殖是雄性的精子进入雌性的生殖道，使卵子受精。臭虫是一个例外。在繁殖季节，雄臭虫爬到雌臭虫身上，用锐利的交尾器将精子射入雌臭虫的血液中。精子随着血液进入雌臭虫的生殖道，再使卵子受精。"

"蝎子的生殖方式也很特殊。蝎子求爱时，雌雄蝎子将大螯牵在一起跳舞。尽兴后，雄蝎子把含有精子的精夹放在地上，雌蝎把精夹捡起来，塞在自己的生殖腔内，这样便实现了受精。"

生命的延续

——怀孕的爸爸

跳跳猴正在想象着蝎子受精的场景,解说词又说了起来:"在动物界,一般是雄性将精子排入雌性体内实现受精。卵生动物将受精卵产出,孵化出子代。胎生动物呢? 受精卵在母亲体内发育,直至分娩。但是,海马是一个例外。"

这时,屏幕上的魟鱼渐渐淡出,两只海马由远及近,从两个模糊的黑点变得清晰起来。

解说词:"屏幕上出现的是一对雌雄海马。它们生活在热带海洋中,我国的渤海、黄海、东海都有海马分布。雄海马在进入生育期时会在腹部两侧长出两条纵行的皮褶,然后再合拢,形成一个透明的孵卵袋。每年春夏之交,是海马交配的季节。雌雄海马先是在水中追逐嬉戏,在感情成熟后,便进行交配。"

海马

这时,屏幕上的雌雄海马的尾缠在了一起,腹部相对。

解说词:"大家看,现在雌海马正在将卵子排到雄海马的孵卵袋中。然后,雄海马会排出精子,把孵卵袋闭合起来。孵卵袋的内壁血管丰富,并且与胚胎的血管网相连接,可以供给胚胎营养和氧气。大概经过 20 多天,雄海马孵卵袋中的小海马即发育成熟。这时,孵卵袋会出现一个口子,将小海马一个一个地挤出来。"

随着解说词,屏幕上雄海马膨大的孵卵袋中弹出了一个又一个小海马。

接着,屏幕上游来一个像树枝一样的东西。

这时,解说词又响了起来:"现在大家看到的是海龙。和海马相似,海龙也是由爸爸来怀孕。不同的是,海马爸爸在孵出小海马后就完成任务了,海龙爸爸不仅负责孵化,还要照顾孵化出来的小海龙。"

在孕育子女的过程中,这些海马爸爸和海龙爸爸一定体验了为人母的欣喜,要不,它们为什么乐此不疲呢?

生命的延续

屏幕上,海龙游走了。上场的是一串不知名的动物,只见每一只小动物头上长着两对触角,前面一对较短,后面一对较长。看那样子,像一队士兵排着队在巡逻。

解说词:"现在出现在屏幕上的动物叫做海兔,前边比较短的触角是触觉器官,后面比较长的,像兔子耳朵的触角是嗅觉器官。别以为它们是排着队在海洋中执行巡逻任务,它们是在进行交配。"

"既然是在交配,哪只是雌,哪只是雄呢?"跳跳猴自言自语。

小精灵说:"海兔是雌雄同体,在这支队伍中,最前面的海兔充当雌性,最后面的海兔充当雄性,中间一连串的海兔既充当雌性,又充当雄性。也就是说,队前面的同伴,它是雄性;队后面的同伴,它是雌性。"

"其实,鳝鱼也是很特殊的。从卵孵化出来的小黄鳝都是雌性,当小黄鳝发育成熟,产卵之后,卵巢会演化成为精巢,不再产卵,只能排精。这时,雌黄鳝便摇身一变成为雄性。从外观上来看,细小的黄鳝都是雌性,而粗大的黄鳝都是雄性。"

跳跳猴问:"多大是细小,多大是粗大呢?"

小精灵说:"一般来说,在 20 厘米以下都是雌性;长到 22 厘米时开始变性;长度在 30 到 38 厘米时,雌雄各占一半;到 53 厘米时,大都是雄性。"

听了小精灵的讲述,跳跳猴、白桦都啧啧称奇。

奇吗?还有更奇的。红海里生存着一种红鲷鱼,又叫红鱼,它们一般一小群集体活动。奇怪的是,在一群红鱼中,只有一条是雄鱼。更为奇怪的是,如果这条雄鱼死去,就由种群中最健壮的雌鱼变为雄鱼。这种性别转换是单向的,也就是说,只能由雌鱼转换为雄鱼,不能由雄鱼转换为雌鱼。

是什么促使雌鱼转换为雄鱼呢?

科学家对此进行了实验研究。他们将一群红鱼饲养在水池中，在将鱼群中的一条雄鱼取走后，原来的雌鱼中就有一条转变为雄鱼。将这条雄鱼再取走，半个月后，又有一条雌鱼转变为雄鱼。连续实验下去，经过一年多时间，最后剩下的一条雌鱼也变成了雄鱼。

后来，人们又进行了一个实验。他们在一只透明的玻璃水缸中放雄鱼，在另一只透明的玻璃水缸中放雌鱼。将两只玻璃缸互相靠近，让两群鱼都能互相看见，半个月后，雌鱼群中没有一只转变为雄鱼。在两个玻璃缸之间插一片硬纸板，使两群鱼彼此不能看见，半个月后，雌鱼群中有一条鱼变成了雄鱼。

人们终于弄明白了，当雌鱼看到雄鱼时，就不会变为雄鱼。当雌鱼看不到雄鱼时，其中就会有一条转变为雄鱼。

但是，在雌鱼群中，由谁来决定性别转换，雌鱼向雄鱼转换有什么条件，仍然没有弄清楚。

还有一种鱼，叫做白头翁鱼。这种鱼生活在珊瑚礁中，刚出生时，有雌有雄。以后，种群中雄鱼不足时，会有一部分雌鱼转变为雄鱼；雌鱼不足时，会有一部分雄鱼转变为雌鱼。人类一直在控制后代的性别方面进行努力，但收效甚微，如果向白头翁鱼讨教，它们肯透露绝招吗？

上面说到的鱼是雄性和雌性转换，有些鱼，比如鳕鱼、鲱鱼、鲽鱼，则本来就是两性。它们有两种生殖腺，能够自体授精。自己产的卵子与自己的精子相结合，便能发育成子代。这些动物，省去了找对象的麻烦，什么时候想要孩子了，就自己生一个，多方便啊！

生命的延续

—— 没有爸爸的小红虫

笨笨熊说："还有一种叫做红虫的水生动物,生殖方式也很特殊。"

李瑞问："红虫?红虫是什么动物呢?"

笨笨熊接着说："红虫属于甲壳纲水蚤科,身长还不到一毫米,是淡水鱼和金鱼的天然饵料,生活在湖泊、池塘以及河流中。从春天到初秋,红虫以单性生殖方式进行繁殖,所有的红虫都是雌性。这种生殖方式叫做孤雌生殖。"

跳跳猴说："这么说来,这些小红虫根本没有爸爸。"

笨笨熊说："对。但是,在越冬以前,一部分红虫卵会孵化出雄性红虫。与雄虫交配后,雌性红虫会产一种外壳比较厚的卵,这种卵对外界的寒冷抵抗力很强,叫做冬卵。来年春天水温适宜时,沉睡了一个冬天的冬卵会孵化出雌性成虫来,又开始进行孤雌生殖。"

白桦问："从春天到秋天孤雌生殖,到冬天便有性生殖,这有什么意义呢?"

笨笨熊说："冬卵的有性生殖帮助红虫越过了寒冬啊!否则,这红虫不就断子绝孙了吗?"

天气寒冷时,通过有性生殖保存实力;春暖花开时,所有红虫都成为雌性,开足马力繁殖后代。这小小红虫怎么这么聪明呢?

生命的延续

——禁止近亲结婚是跟旱獭学的吗?

　　这时,屏幕上出现了一只旱獭,站在草地上的洞口旁边,东张西望。

　　解说词:"屏幕上的动物叫做旱獭,生活在草原旷野和高原地带。它前爪发达,善于拨土,擅长打洞,因此,又叫土拨鼠。每年九月到第二年三月,旱獭钻在洞内冬眠。春天,气温转暖时,即交配繁殖。一般的动物,交配时比较随机。旱獭不是这样,

旱獭

它们平时群居,在性成熟时,雄旱獭就离开自己的家族,到其他家族中与雌性旱獭进行交配。为什么要舍近求远呢?通过这种方式,可以有效防止近亲交配,减少遗传性疾病的传递,起到了优生的作用。"

　　跳跳猴说:"为了防止遗传疾病,人类也禁止近亲结婚。这个措施是从旱獭身上学的吗?"

　　听了跳跳猴的话,笨笨熊、白桦、李瑞和小精灵都笑了起来。

生命的延续

——卵生、卵胎生和胎生

笨笨熊接着说："动物在分娩方式方面，有卵生、胎生以及卵胎生。"

跳跳猴问："哪些动物是卵生，哪些动物是卵胎生，哪些动物是胎生，有规律吗？"

笨笨熊说："昆虫、绝大多数鱼类、鸟类都是卵生，它们在排出卵子或受精卵后即完成了为人母的责任，然后，任凭孩子们在大自然中去求生存。大多数高等动物是胎生，它们责任心比较强，要把孩子孕育到有胳膊有腿时才生出来。一些动物想让孩子们在肚子里多待一段时间，但又不能给受精卵提供营养，胚胎发育过程完全依赖于卵内的营养物质。也就是说，受精卵孵化是在母体的环境中完成。这种生殖方式称为卵胎生。"

但是，卵生、卵胎生和胎生之间有什么关系呢？

采取卵生方式，母亲免去了孕育的辛劳，但是，由于卵子在自然界风吹霜冻，日晒雨淋，只有一少部分能孵化出子代。

卵胎生的动物将受精卵保留在体内，待胚胎发育成熟后才将卵排出到体外。由于避免了日晒雨淋，卵子的孵化率大大提高了。然而，由于胚胎只能利用卵内的物质，通过卵胎生出生的动物体格都比较小。

到了胎生动物，又对卵胎生进行了改进，在胚胎与母体之间建立了血液循环。由于可以从母体源源不断地得到营养，胚胎在母体体内就得到了充分的分化和发育。

这样说吧，从卵生、卵胎生到胎生，动物的生殖方式不断在改进。

生命的延续

——大爱无边

　　这时，解说词又响了起来："在人类，父母亲对孩子无微不至地照顾，表现出了博大的父爱与母爱。动物也是这样，即使是毒蛇、猛虎，也对子代百般呵护。下面，我们来观察一下动物界的养育情吧。"

　　屏幕上，湛蓝的大海上空飞翔着一群鸟。突然，他们向着大海俯冲下去，在海水中排成了两行，一边歌唱，一边随着汹涌的波涛舞蹈。

　　解说词："屏幕上出现的海鸟叫做海鸠。到繁殖季节，雄鸟和雌鸟会聚集在一起，好像在集体相亲。

海鸠

当雄鸟和雌鸟选中情侣后，就双双对对进入爱巢，结为夫妻。海鸠一般成群聚集在海边的岩石上，密密麻麻。有时，离巢回家的海鸠找不到立脚的地方，只好离去。其他鸟会自动替代承担起孵蛋或育儿的责任。"

　　这时，屏幕上的海鸠从远处飞近，来了个特写。

　　小精灵说："看到了吧？在海鸠的胸部有一块没有羽毛，裸露的皮肤，这个部位叫做孵斑。孵蛋时，海鸠用它那宽大的蹼足将鸟卵固定在孵斑下。由于鸟卵与皮肤直接接触，孵斑周围的羽毛又将鸟卵整个包裹起来，有利于保持温度恒定和正常孵化。在刚孵化出来的一段时间，小鸟消化能力比较弱，亲鸟在捕获小鱼后，将小鱼吞进自己的食管中,经过初步消化后,再吐出来喂给雏鸟。"

在海鸠的胸部天生长着一块孵斑,这造物主想的周到吧?

屏幕上的海鸠渐渐淡出。在一片灌木丛的间隙中,出现了一些树叶堆。一只鸟在扒开树叶堆,探头探脑地往里看。

解说词:"大家看到的这种鸟生活在澳大利亚、菲律宾群岛、伊里安岛、萨摩亚群岛上。这种鸟常常把树叶拢在一起,堆成一堆,再在上面盖上一层土。它们把树叶堆起来干什么呢?孵蛋。由于这种树叶堆状似坟墓,人们把这种鸟称为营冢鸟。"

营冢鸟

白桦问:"营冢鸟为什么要将树叶堆在一起呢?"

小精灵说:"堆在一起的树叶经过自然霉烂发酵,可以产生出热量。在树叶堆发酵一段时间后,雄性营冢鸟在树叶堆上钻一个小洞,把脑袋伸进去,测试里面的温度。如果感到温度适宜,雄鸟才让雌鸟将蛋产在树叶堆中,然后,再把蛋覆盖起来。在孵蛋过程中,营冢鸟还常常测试树叶堆内的温度。如果感到温度偏高,就将腐殖质扒掉一些;如果感到温度偏低,就再添上一些树叶和土。就这样,日复一日,营冢鸟每天精心伺弄着它们自制的孵蛋器。两到三个月后,小营冢鸟便从树叶堆中孵化出来。"

"有的营冢鸟不是利用树叶堆,而是像乌龟一样将蛋产在河滩上的沙土里,利用太阳光的热量来孵蛋。"

接着,屏幕上出现了一个粗大的树干,树干中间有一个小小的洞口。偶尔,从洞口伸出一个鸟的脑袋和宽大的鸟喙,左顾右盼。

犀鸟

解说词:"大家看到的这只鸟叫做犀鸟,生活在亚洲、非洲热带丛林中。每年一到四月，雄鸟在树洞外用湿土、粪便等把雌鸟封起来，只留下一个很小的孔。雌鸟在洞中专心孵卵，雄鸟在外面为雌鸟到处觅食。中国有句俗话，叫做'男主外，女主内'。这句话用在犀鸟身上最合适不过。为了多采集食物，雄性犀鸟还从自己的砂囊中脱下一层壁膜，吐出来，将采集的食物贮存在里面，带回巢内，喂给雌鸟。"

听了解说词，跳跳猴在想，为了让妻子安心孵卵，丈夫竟然将自己的器官吐出来做饭盒，这夫妻怎么有如此深厚的感情呢？

这时，屏幕上一只雄性犀鸟口中衔着一个小袋飞到洞口，待在树洞里的雌鸟将宽大的鸟喙伸出小孔。雄犀鸟将小袋里的食物一口口喂给雌犀鸟。

笨笨熊说："雌犀鸟一方面专心在家里孵蛋，一方面操持家务，打扫洞穴。在排便时，它会将肛门对准洞口，将粪便从洞口喷射出来。当幼鸟从蛋内孵化出来并且长出羽毛后，雌鸟才啄开洞口，带着幼鸟从洞中飞出来。"

跳跳猴问："犀鸟为什么要作茧自缚，把自己封闭在里面呢？"

笨笨熊说："要知道，采用这种奇特的育儿法，可以避免蛇类、猴子等敌害的侵袭，从而有效保护幼鸟。"

跳跳猴点点头，说："噢，原来如此。"

屏幕上，在清澈的水底，有一个窑洞样的结构，一条鱼在窑洞周围游弋。

解说词："大家看到的这种广泛分布在北半球的淡水、微咸水和沿海水域。在这种鱼的背部，长着几根硬刺。遇到敌害时，它会把脊背上的硬刺竖起来，刺向敌害。因此，人们把它叫做刺鱼。"

"春天，是刺鱼的繁殖季节。这时，它们会成群地游到

刺鱼

可供产卵的清浅淡水区。到达目的地后，雄鱼即各奔东西，找一块地盘，清理出一个浅坑，用海藻丝、水生植物叶片等把坑填满。接着，分泌出一种黏稠的液体，把叶子粘成一体，再在中间钻出一个洞来。然后，候在这新巢旁迎候雌鱼，将雌鱼引入洞房。当雌鱼的尾巴从洞口露出来时，雄鱼用嘴轻轻撞击雌鱼尾部，促使雌鱼产卵。产完卵后，雌鱼从巢的另一个开口出去。雄鱼立刻钻进巢内，排出精子。"

"产卵结束后,雄鱼就守在巢旁,不允许任何雄鱼和雌鱼前来干扰。在这个阶段,雄鱼常常头朝下,尾巴朝上,对准巢口鼓动前鳍拨水。一开始,人们不知道刺鱼是在干什么,曾将雄刺鱼从巢旁抓走。结果,巢内的卵死去了。再用玻璃罩罩住巢,雄鱼仍然在玻璃罩外向巢口扇水,卵也照样死去。用一只导管向巢内送水,鱼卵却孵化了。这时,人们才搞清楚,雄刺鱼在鱼巢旁拨水,是在给鱼巢内的卵提供氧气。观察还发现,卵在孵化过程中,对氧的需要量不断增加,雄刺鱼扇水的动作也随着增多。如果仅仅通过增加扇水还不能满足对氧气的需要的话,刺鱼会在巢顶再开一些小孔,以增加鱼巢内外水的流动,从而增加氧气供应。大约一个月左右,小刺鱼便从卵中孵化出来。如果小刺鱼游动时离开巢太远,雄刺鱼会把它们衔进嘴里,带回巢中。等小刺鱼长大,能够独立生活时,雄刺鱼才任凭它们各奔东西。"

　　话音刚落,屏幕上的刺鱼及鱼巢不见了。在一条河流中,游过来一群河马。

　　解说词:"大家现在看到的是河马,它生活在非洲热带河流和沼泽地带。河马的繁殖季节是枯水季。交配后,经过九个月的怀胎,分娩小河马。别看母河马外表丑陋,对子女却非常宠爱。母河马在喂奶时常常横躺下,将一只后腿伸开,将乳房露出来,同时,用另一只后腿按摩乳房,往外面挤奶。在母河马抚育幼仔期间,如果有其他动物或人来侵犯,母河马会张开血盆大口,对来犯者进行猛烈攻击。如果有汽车从小河马旁边经过,母河马会将汽车认为是来犯者,冲上去对汽车进行攻击,甚至将汽车掀翻。"

　　刺鱼为即将出世的孩子营造巢穴,丽鱼则干脆把卵含在嘴中。由于嘴里含着鱼卵,怕吃东西时把卵子吞下去,它们干脆绝食。从把卵子含在嘴里开始,它们总是迎着水流游动。为什么要迎着水流,而不是顺着水流游动呢?研究发现,当迎水游动时,口腔中的卵可以接触到大量新鲜水,从而获得足够的氧气;顺水游动时,口腔中的卵接触到的新鲜水相对较少,吸收的氧气不足。真不知道这小小的丽鱼是如何懂得这一道理的!孵化之前,待在妈妈的嘴里,孵化出来之后,小丽鱼仍然在妈妈身旁游来游去,不愿离开。一旦有敌害侵扰,它们就立即钻进妈妈的口腔里。等到幼鱼长大,有独立生活的能力后,才离开妈妈独立谋生。

　　章鱼看起来狰狞可怕,但对自己的子女,章鱼妈妈却表现出了博大的母爱。章鱼产卵时,将卵子连在一起,像一条绳子一样,每条"绳子"大约有一千个左右的卵子。在孵卵期间,章鱼妈妈时时刻刻守在卵绳旁边,还不时划动触腕,使卵能从新鲜的水中得到充足的氧气。它日夜操劳,顾不得吃东西和休息。当小章鱼孵化出来时,章鱼妈妈却又累又饿,撒手离开它的孩子们。

285

与小精灵同行

生命的延续

——从嘴里吐出的小青蛙

屏幕上的河马悄然消失,一群青蛙在池塘中的浅水中蹦来蹦去,并发出咯咯的叫声。

解说词:"青蛙是一种常见的两栖类动物。关于青蛙的繁殖和育儿,有许多趣闻。

"欧洲西部有一种产婆蛙,在繁殖季节,雄蛙守在雌蛙旁边,雌蛙产卵时,雄蛙便爬到雌蛙的脊背上,把卵粘在自己的后腿上。雌蛙在产卵

青蛙

结束后便远走他乡,雄蛙则承担起孵卵的任务。白天,它们栖居在洞穴中;夜里,要跑到水中将腿上的卵浸湿,以免卵干燥而死去。大约经过三个星期后,再将卵放到水中。很快,这些青蛙卵就会孵化出小蝌蚪。"

笨笨熊说:"委内瑞拉有一种侏袋蛙,是由雌蛙育儿。雌性侏袋蛙背部有一个育儿袋。雌蛙产卵时,雄蛙将卵放在雌蛙背部的育儿袋中,蛙卵在那里完成孵化过程。当蛙卵孵化出蝌蚪时,雌蛙会爬到水中,挤压育儿袋,迫使子女进入水中,开始独立生活。

"青蛙发育的第一阶段是蝌蚪。蝌蚪靠鳃来呼吸,必须生活在水中,因此,一般的青蛙将卵产在水中。但是,南美洲有一种达尔文蛙,它们不是将卵产在水中,而是产在陆地上,然后,父母亲日夜守护在蛙卵旁。一旦发现蛙卵胶质中出现了蝌蚪时,雄蛙便将蛙卵含到嘴中。大约经过三个星期,蝌蚪即完成了发育过程,成为小青蛙。

这时，雄青蛙便将小青蛙吐出来。由于青蛙通过肺和皮肤进行呼吸，不必依赖于水环境，即使父亲将它们吐到陆地上，也可以独立生活。"

"青蛙爸爸把小青蛙含在嘴里三个星期吗？"跳跳猴感到不可思议。

"是的。"笨笨熊很肯定地点了点头。

这时，解说词讲道："澳大利亚昆士兰州有一种青蛙更令人称奇。雌蛙在产卵后将蛙卵吞到胃里，能将胃撑得很大。蛙卵在妈妈的胃里要呆八个星期，在此期间，为了不让孩子受到胃液以及食物的伤害，雌蛙就停止进食。当蛙卵孵化后，妈妈把小青蛙一个接一个地从嘴里吐出来。第一次看到雌青蛙吐出小青蛙场景的人非常惊讶，简直不敢相信自己的眼睛。当他把看到的情景说给别人听时，人们竟然以为他是在讲童话故事。英国《自然》杂志也认为绝不可能有这样的事情，拒绝刊登这则新闻。百闻不如一见，澳大利亚阿德莱德大学动物系的迈克尔·泰勒和戴维·卡特拍到了雌蛙吐出小青蛙的照片。好，现在大家注意看屏幕。"

这时，大家看见屏幕上有一只青蛙。它蹲在地上，小青蛙一只接一只从口中喷射出来，竟然可以喷到半米之外。

小精灵说："我们现在看到的就是迈克尔·泰勒和戴维·卡特拍到的那只雌蛙，它在七天之内吐出了 26 只小青蛙。一般来说，胚胎的发育是在子宫内完成，从生殖道排出，我们现在看到的青蛙胚胎发育却是在胃里完成，从消化道排出。人们对这种奇特的现象进行了深入研究，发现受精卵在雌蛙胃中停留期间胃液停止分泌，胃肌萎缩成一层透明的膜。当小青蛙被吐出来后，雌蛙的胃液又开始分泌，胃肌又恢复原来的结构。这时，雌蛙才恢复进食。"

身体里没有子宫，又不想把卵子排到体外日晒雨淋，便把用来消化的胃临时改造成了生殖器官。可以说，这是一项重大发明。

生命的延续

——偷梁换柱

　　屏幕上的青蛙渐渐淡出，解说词讲道："绝大部分鸟类精心孵化自己的子代，但是，杜鹃却不是这样。它们扮演打家劫舍、偷梁换柱的角色。"

　　这时，一只鸟从远处飞近，渐渐变大，落在树上的一个鸟窝上。只见它从树杈上的鸟窝中掏出一只蛋扔了下去，自己钻进鸟窝中，蹲了下来。不一会儿，它从鸟窝中爬出来，扬长而去。

　　解说词："大家看到了吧？刚才这只杜鹃从苇莺的鸟窝中掏出一只蛋来，把自己的蛋产在里面。杜鹃鸟的蛋和苇莺的蛋外形相似，偷梁换柱后，窝里蛋的数量不变，苇莺会把巢内的蛋当作

杜鹃鸟

全部是自己的蛋来孵化。杜鹃蛋比苇莺蛋孵化的快，在杜鹃被孵化出来后，往往把正在孵化过程中的苇莺蛋或者刚孵化出来的苇莺鸟推出巢外。奇怪的是，苇莺鸟会把小杜鹃鸟当作自己的孩子精心喂养。当小杜鹃在苇莺的喂养下羽毛渐丰，'翅膀长硬了'之后，便离开苇莺鸟巢，去独立生活。

　　"杜鹃鸟每年产蛋两到十个，每飞到一个苇莺窝或画眉窝里产蛋一个。也就是说，杜鹃每年要破坏两到十个苇莺或画眉的家庭。"

　　跳跳猴自言自语地说："不可思议，苇莺为什么要抚养残害自己子女的杜鹃鸟呢？"

生命的延续

——泛化的母爱

　　笨笨熊说:"许多人对苇莺的这种行为感到不理解。实际上,雌性动物在育幼期间,对幼小的动物具有特殊的感情,我们把这种感情叫做母爱。这种感情不仅惠泽自己的子女,有时还泛化到其他种类的幼小动物。"

　　这时,屏幕上出现了一只母鸡,奇怪的是在母鸡的羽翼下,钻着两只小猫。

　　解说词:"图片上的母鸡刚刚失去自己的小鸡。它将无处寄托的母爱转移到了小猫身上,大家看,它把翅膀下的小猫当作自己的子女一样。再看。"

母鸡与小猫

　　这时,屏幕上出现一只鸟喂金鱼小虫的场面。

　　解说词:"一只失去了雏鸟的红雀,看到浮出水面的金鱼,就马上塞给它一条刚刚捕捉来的小虫,就像喂养自己的幼鸟一样。"

　　跳跳猴说:"苇莺、母鸡和红雀的母爱可谓博大矣!"

红雀给金鱼喂食

笨笨熊说:"其实,母爱的泛化不只限于苇莺、母鸡和红雀这些鸟类。猫和老鼠是死对头吧。"

跳跳猴点点头。

笨笨熊接着说:"平时,老鼠见到猫避之犹恐不及。2007年的一天,中央电视台《走进科学》栏目报道说,一只老鼠竟然长时间在一只育幼期间猫的周围悠闲自在地转来转去。更为奇怪的是,这只老鼠竟然爬到猫的脑袋上玩耍。"

跳跳猴说:"因为做了母亲,猎物爬到脑袋上也可以容忍。真不可思议。"

生命的延续
——米利鸟的吊床

上面说的是父亲和母亲对儿女的奉献，米利鸟则是孝敬母亲的典范。

米利鸟生活在南美洲哥伦比亚佛朗卡斯特森林中，它们的鸟喙上有一个钩，尾巴上有一个圆环。小米利鸟为了让母亲在夜间能睡个好觉，会在夜幕降临前在两个树枝间搭建一个吊床。吊床如何搭建呢？第一排米利鸟将尾巴上的圆环套在树杈上，然后用嘴勾住第二排尾巴上的圆环，第二排再用嘴勾住第三排尾巴上的圆环……如此依次连接，最后一排米利鸟用嘴勾住另一树枝。这样，一只由几列小米利鸟搭建成的吊床就形成了。它们的母亲安卧在床上，尽情享受子女们对自己的孝顺。

参观完"生命的延续"内容，跳跳猴一行从展示馆里走了出来。

白桦一边走，一边说："看来，不仅人类有爱，动物界也有博大的父爱和母爱啊！"

笨笨熊说："要不，世界上的万千动物怎么能一代一代延续下来呢？"

听了笨笨熊的话，大家都连连点头。

相约山花烂漫时

从展示馆出来，已是黄昏时分。这时，一个小男孩赶着一群羊正打展示馆旁边经过。

当小男孩经过跳跳猴一行身边时，不经意地看了一眼小精灵，便惊呼了一声："是你呀？"那神色，好像是遇到了老相识，又好像是遇到了怪物。

对小男孩的反应，跳跳猴一行都丈二和尚摸不着头脑。

很快，小男孩镇定了下来，对他们悄悄地说："我叫杨羊，快，跟我来吧。"

说着，扬起鞭子抽打羊群，同时加快了脚步。

跳跳猴一行跟着小男孩来到了村边的一个院落。小男孩将羊群关在羊圈，立即招呼跳跳猴他们进了屋子。跳跳猴感到，这小男孩有点神秘兮兮的感觉。

屋子天花板中间吊着一盏昏暗的电灯泡，借着灯光，只见一个五十多岁的中年汉子正在往灶膛里塞树枝烧火做饭。

杨羊对中年汉子说："爸爸，我领客人来家了。"

中年汉子"哦"了一声，头也没有抬，揭开锅盖，往锅里放洗好的红薯。

看见父亲没有反应，小男孩指着小精灵说："你看，他是谁。"

这时，跳跳猴的神经一下子绷紧了，油然生出了一种不祥的预感。

中年汉子瞅了小精灵一下，"噢"了一声，露出了惊愕的神情。

"怎么了？"跳跳猴问。

说话时，他抓住小精灵的胳膊，准备随时拽着小精灵逃走。

杨羊按着小精灵和跳跳猴的肩膀，说："坐下，坐下，坐下慢慢说。"

"说吧。"跳跳猴仍然站着，保持着戒心。

笨笨熊、白桦、李瑞和小精灵也站着，不肯坐下。

杨羊说："好，我说。就在昨天，也是黄昏时分，门口来了三个矮个子，相貌看得不是很清。他们向我打听，见没见过一个相貌特殊的人。我问相貌怎么特殊，他们说,脑袋像猴子,长着翅膀,还拖着又宽又扁的尾巴。人怎么会长着翅膀和尾巴呢?我以为他们是在开玩笑,不耐烦地说,没有,就关了门。令人惊讶的是,今天,村里好多人都在讲相同的故事,他们都遇到了这三个矮个子。我想,看来事情严重了,他们像是在搜捕他们所说的那个人。"

说到这里,杨羊咽了口唾沫,像是缓解了一下情绪。然后,他指着小精灵说:"刚才,我看到你,就更加确信,他们不是戏言。"

杨羊说完了,中年汉子抬起头,说:"到底是怎么回事呢?"

在火苗的映照下,老人眉头紧蹙,仿佛锁着一个愁字。

这时,跳跳猴一行明白了,看来,杨羊所说的三个矮个子,就是曾经绑架小精灵的外星人。

知道杨羊是在设法保护自己,小精灵把外星人如何绑架自己,跳跳猴、笨笨熊等又如何解救他的过程向杨羊和他的父亲讲了一遍。

当小精灵说话的时候,白桦站在房间门口,警惕地观察着周围的动静。

小精灵讲完后,杨羊对跳跳猴一行说:"你们就住在我家吧。我们可以把小精灵藏起来,藏到很安全的地方。"

笨笨熊说:"不行。我们还有任务在身。"

跳跳猴说:"看来,外星人已经盯上了这个地方。趁着天黑,我们走吧。"

听到大家在讨论对策,白桦进到房间里来,说:"就在你们说话的时候,我发现有一个黑影从墙头上隐了下去。说不定,这些家伙已经跟踪上了我们。"

白桦的话,使得大家更加忧心忡忡。

沉默了一阵,杨羊的父亲仰起头来说:"晚上走不安全,肯定不行。这样吧,明天一早,我们侦察一下周围的情况,在确保没有问题时,再出村。"

对杨羊父亲的建议,跳跳猴一行都表示赞成。

吃过晚饭,杨羊父亲把跳跳猴一行安排在了里间,自己睡在外间。杨羊呢?出去叫了两个小伙伴,在院子周围担任警戒。

坐在炕上,笨笨熊向跳跳猴要过路线图看了起来。他想知道下一步该去什么地方。

按照路线图,跳跳猴和笨笨熊要穿过时空隧道到意大利去访问斯巴兰扎尼先生,还要到英国去拜访达尔文。至于其他,没有任何说明。

跳跳猴问:"为什么要去访问斯巴兰扎尼和达尔文呢?"

笨笨熊说:"我们参观了生物博物馆,拜访了微生物猎人和昆虫学专家,进行了绿色旅行,游览了动物世界,难道你不想知道这万千生物是如何发生和不断丰富的吗?"

跳跳猴想:是啊,我怎么就没有想到这个问题呢?

少顷,笨笨熊接着说:"斯巴兰扎尼首先科学地回答了生物是如何发生的这个问题,达尔文呢?证明生物在不断进化。在见识了地球上的各种生物后,我们需要追本溯源,来拜访一下生物发生和生物进化论的大家。"

听了笨笨熊的话,跳跳猴深以为然地点了点头。

笨笨熊对白桦、李瑞和小精灵说:"接下来,我和跳跳猴要穿过时空隧道去意大利和英国访问了,你们有什么打算呢?"

问题提出太突然,白桦、李瑞和小精灵你看看我,我看看你。

过了一会儿,白桦看着小精灵说:"外星人已经盯上了这个地方,我们必须离开这里,走得越远越好。你的意见呢?"

小精灵说:"我同意。但是,去哪里呢?"

说完,他挠着头皮。

李瑞说:"我早就想到四川去看三峡和九寨沟。我们三人一起去,对了,还要带上小黄,可以吗?"

小精灵和白桦说:"可以。"

笨笨熊说:"好。我想,我们结束访问时,应该是春季,山花烂漫的季节。那时,我和跳跳猴到四川与你们会合。然后,我们再接着旅行。"

白桦和小精灵齐声说好。

笨笨熊说:"好,大家睡吧,明天还要赶路呢。"

跳跳猴将油灯吹熄,五个人和衣而卧。窗外,不时传来杨羊和他的伙伴来回踱步的声音。躺了好长时间,却没有一个人睡得着,大家都在为小精灵的命运担心。

为了淡化忧虑,笨笨熊说:"白桦,再给大家讲个故事吧。"

"什么类型的?"听白桦的口气,好像他的肚子里储藏着各种类型的故事。

李瑞说:"不讲逗笑的,讲吹牛的,给大家壮壮胆。"

笨笨熊说:"对,吹牛的。"

白桦说:"好。听着。南庄和北庄是紧紧相邻的两个村。南庄有一个人叫做二愣,北庄有一个人叫做三货。这两个人都以吹牛、说大话出名。一天,在一个集会上,他们遇到了一起。三货问二愣:'伙……伙计,好久没有见到你了,在忙什么?'二愣说:'忙了好多天,刚刚做了一顶牛皮帐篷。'三货问:'做多大的帐篷,要这么多天?'二愣说:'这么说吧,这帐篷,能遮住整整一座山。'三货故作惊讶地说:'噢,看来,你的帐篷是不小。'接着,二愣得意洋洋地问:'这些天,你在干什么?'三货说:'前……前几天,我刚杀了一头牛。'二愣问:'杀多大的牛,要这么多天?'三货说:'我的牛,站在这条山沟里,能伸着脖子吃隔着一座山山上的草。'二愣说:'吹牛,哪来那么大的牛。'三货说:'没……没有我这么大的牛,哪能做你那么大的帐篷?不知道吧,你的帐篷就是拿我的牛皮做出来的。'"

白桦刚讲完,李瑞便笑着问:"白桦大哥,这三货怎么说话结结巴巴?"

跳跳猴捅了李瑞一下,说:"取笑大哥干什么?你再这样,大哥就再也不给我们讲故事了。"

白桦说:"对,剩下的下集就不讲了吧。"

李瑞说:"噢,还有下集?小弟在这里赔不是了。"

说着,从炕上站了起来,对着白桦恭恭敬敬地鞠了个躬。

跳跳猴说:"不行,要行大礼。"

李瑞问:"什么是大礼?"

跳跳猴说:"要叩头的。"

听了跳跳猴的话,李瑞扑通一下跪下给白桦叩了个头。

白桦扑哧一下笑了出来,说:"好,受了大礼,看来这下集是不能不讲了。一天,二愣和三货又见面了。三货问二愣:'这几天,忙吗?'二愣又吹了起来:'忙。村里盖了一座办公楼,刚完工。'三货问:'那楼有几层?'二愣说:'几——几层记不清了,只知道它的一多半总是躲在云彩上面,我们在施工时,经常和来来回回飞机里的飞行员打招呼。'三货故作惊讶地说:'噢,看来,你们村的楼够高的。'接着,二愣得意洋洋地问:'这几天,你也忙吗?'三货说:'忙。村里修了一座塔,刚完工。'二愣问:'多——多高的塔?'三货说:'这么说吧。前几天,一个跳伞爱好者从塔顶往下跳。想不到,来到地下时竟然没命了。'二愣说:'是摔死了吗?'三货说:'不是摔死的,是饿死的。'"

听了跳跳猴的故事,大家都吃吃地笑了起来。

笑罢,李瑞趴在跳跳猴的耳朵边悄悄地说:"这次,是二愣结巴开了。"

听了李瑞的话,跳跳猴又扑哧一下笑了出来。

说来也奇怪,白桦平时说话流利的很,但是一讲故事就要结巴。不过,这讲故事时的结巴给故事更增加了趣味性。

说着说着,天亮了。吃过早饭,杨羊父子和小精灵一行从屋子里出来。这时,跳跳猴听见院子里树上的鸟叽叽喳喳地叫成一片。

小精灵停了下来,侧耳静听。一会儿,他拉住跳跳猴,说:"别走了。"

"怎么了?"跳跳猴回过头来,诧异地问。

"这些鸟儿说,它们在村子东边的路口上看到了从来没有见过的,与地球人不同的三个人。我想,应该就是外星人。"小精灵说。

笨笨熊沉吟了一下,说:"既然他们盯上了这个地方,我们便要尽快离开。他们在东边,我们走西边。"

杨羊说:"我家就在村西。从我家的后门,有一条小路通着山上的一个溶洞,那个溶洞很深,通着山的那一边。从溶洞穿出去,外星人不会发现的。"

笨笨熊说:"太好了,大家跟着杨羊走。"

杨羊连忙回到房间拿了手电筒,领着大家出了院子的后门,钻进了山上的溶洞。

洞内怪石嶙峋,不时还有深不见底的积水潭。大家紧紧跟着杨羊,走了大约一个时辰,终于走到了山的那一边。

站在洞口,杨羊问:"诸位要去哪里呢?"

白桦说:"我、李瑞和小精灵要去四川旅游。跳跳猴和笨笨熊还要继续生物学旅行。"

杨羊指着山下的一条路对白桦说:"你们顺着山下的这条路一直往西走,大约走十里,便有一个寨子。你们可以在那里再找人问路。"

白桦点了点头。

要分别了,白桦、小精灵、跳跳猴、笨笨熊和李瑞紧紧地抱在了一起,久久不松开。良久,笨笨熊拍了拍白桦、李瑞和小精灵的脊背,说:"好了,该走了。"

跳跳猴眼里噙着泪花,对白桦三人说:"一路上,多保重。"

白桦几个领着小黄,一步三回头向山下走去。跳跳猴、笨笨熊和杨羊目送着他们,直到他们的身影渐渐变小,从视野中消失。

白桦、李瑞和小精灵走了,跳跳猴和笨笨熊回过头来对杨羊说:"我们也要走了。"

杨羊问:"也从下面这条路走吗?"

跳跳猴说:"不,我们要回到18世纪的意大利访问斯巴兰扎尼先生,还要回到19世纪的英国去访问达尔文先生。"

说着,跳跳猴和笨笨熊的脚下生出了一片彩云,小哥俩腾地一下升到天空。在空中,跳跳猴和笨笨熊向杨羊大声喊:"谢谢你的帮助。"

看着跳跳猴和笨笨熊远去的身影,杨羊惊得目瞪口呆。他不明白跳跳猴和笨笨熊怎么能回到18世纪和19世纪,惊讶他们竟然有驾云飞行的神通。

打谷场上

太阳快要落山了，好像是要向世人证明自己的威力，它把西天的云彩烧得通红通红，连山顶上一个小村庄的打谷场也被染得金黄。

正是夏末，打谷场上堆着一垛一垛脱过麦粒的麦秸。在几个麦秸垛中间，站着五六个八九岁的小男孩。

其中一个个子比较高的男孩对大家说："我先去藏，听到我的喊声再去找。"

其他小孩齐声喊道："好！"

高个子男孩离开小伙伴，消失在麦秸垛中间。

原来，孩子们是在捉迷藏。放暑假后不用上课，年龄太小又不能帮大人麦收，几个小男孩就在麦秸垛中间掏了洞，然后，钻在里面捉迷藏。为了增加捉迷藏的难度，他们把洞挖得四通八达，还分了上下两层，就像电影《地道战》中的地道网。

高个子男孩爬到了上层麦秸洞的洞口，向打谷场上的小伙伴喊了一声："好了，来找吧！"

透过堵在洞口稀疏的麦秸，他看到小伙伴们一窝蜂地钻到了另一个麦秸垛的洞口里。

嗬！这小子们找错了门。趁这个机会，把进来时的洞口堵上，保管他们不会找到我。他从洞壁上撕了麦秸，堵在洞的入口处。然后，趴在洞里悠闲自得地从"窗口"向外望着。他栖身的这个洞是他一个人秘密挖的，把入洞的洞口堵上，小伙伴们自然不会找到他了。

他看见，村外的小道上牛车拉着山一样的小麦向村里走；羊倌小三也赶着一群羊踏着夕阳的余晖回来了；打谷场下自己家的房顶上冒出了袅袅炊烟，一定是奶奶在为爸爸、妈妈和他自己做饭了。

夕阳急匆匆地向山后面沉下去，好像也要急着回去吃晚饭。天边的火烧云由通红变成铅灰色，天色也渐渐暗了下来。正在这时，他看到打谷场下一条小道上走来三个陌生人。一个瘦小，穿一身牛仔服，年纪和自己差不多，或者最多大两三岁；一个大约二十一二岁，穿一件无袖汗衫，脊背上背着一个背篓；还有一个样子很奇特，脑袋像猴子，屁股后面拖着一条又宽又扁的大尾巴，身体两侧好像还有什么东西。噢，原来是紧紧抿在两边的翅膀。

看到这些，他的脑子飞快地转了起来。那个长翅膀和尾巴的是什么人？他们来我们村里干什么？是马戏团来演马戏的吗？

一想到演马戏，他兴奋了起来。他推开虚掩在"窗口"的麦秸，从"二楼"跳了下来，站在打谷场上喊："小子们，快来看，马戏团来我们村了！"

喊了一遍，没有人反应。

噢，大概小伙伴们钻到麦秸垛的"地道"里听不见或者来不及马上钻出来。他接着大声喊："小子们，快来啊，马戏团进村了！"

话音刚落，小伙伴们都一窝蜂地从麦秸垛的缝隙冒出来，向他围拢过来。

一个脑后勺留着小辫子的小男孩问："哪里有马戏团？"

这时，三个陌生人正好来到打谷场边。高个子男孩指着陌生人说："那不是吗？"

一群小男孩哗啦一下堵在了三个陌生人的面前，高个子男孩问道："是来演马戏的吗？"

"牛仔服"连连摇头，说道："不是，不是。"

"那你们是干什么的？"高个子男孩追问。

"生物旅行。""牛仔服"回答。

"生物旅行？"高个子男孩只听懂了"旅行"两个字，不懂得生物旅行是干什么。

"牛仔服"连忙点头，说道："对，生物旅行。"

"那来我们村干什么？"高个子男孩认为，他们村并不是旅游景点，这帮人说不定有什么不可告人的目的。

"牛仔服"说："我们想来村里借宿一晚，不知可否？"

"借宿？"高个子男孩一边说，一边审慎地看了一下长着翅膀和尾巴的怪物。

看到高个子男孩疑惧的眼神，"牛仔服"指着打谷场上的麦秸垛说："如果不方便，就在这里待一晚上也行。我们可以给大家讲故事的。"

听说讲故事，高个子男孩突然高兴了起来。他说："好啊，这麦秸垛里有好多房间的。"

说罢,便领了客人钻进了麦秸垛中一个宽大的"房间"中。平时,小伙伴们把这个房间叫做"会议厅"。

　　在"会议厅"坐定后,高个子男孩迫不及待地问"牛仔服":"刚才,你说你们是在生物旅行。生物旅行是干什么呢?"

　　"牛仔服"说:"先自我介绍一下吧。我叫李瑞,那位背背篓的叫白桦。"

　　接着,他拍了拍长翅膀和尾巴的伙伴说:"这位,叫小精灵。"

　　"小精灵?"几个小男孩不约而同兴奋地叫了起来。显然,他们对小精灵这个名字很感兴趣。

　　李瑞说:"对。小精灵。知道他的年龄有多大吗?"

　　几个小男孩同时摇了摇头,高个子男孩说:"快,告诉我们。"

　　李瑞故意慢腾腾地说:"别看他看起来和我们差不多一样大,实际上,他的年龄有几亿年了。"

　　"几亿年?"所有的小男孩都惊呼了起来。

　　李瑞说:"对。几亿年。他经历了地球上生物从古到今的进化过程。"

　　"那你们怎么会遇上小精灵的呢?"高个子男孩提出问题后,还大张着嘴巴,期待着下一个惊喜。

　　李瑞说:"事情还得从头说起。"

　　接着,他给小伙伴们滔滔不绝地讲起了他们在生物旅行中的见闻以及他们与外星人之间的斗争。

　　听完了故事,高个子男孩才将张大的嘴巴合了起来。

　　少顷,他问道:"你说这支小分队一开始只有跳跳猴和笨笨熊。他们现在哪里去了呢?"

　　李瑞说:"就在昨天,我们刚刚分了手。他们要去欧洲访问达尔文。"

　　"达尔文?"高个子男孩好像听说过这个名字,但是达尔文是何许人,哪国人氏,却不甚了然。

　　李瑞说:"对。达尔文。"

　　这时,打谷场上传来"大虎,大虎"的喊声。后脑勺留小辫子的小男孩拽了拽高个子男孩的胳膊,说:"你妈在叫你呢。"

　　大虎一直沉浸在李瑞一行的故事情节中,经小男孩一拽,才回过神来。他想了一下,对小伙伴们说:"我们该回去了。不然,大人们找到'会议厅'来,会暴露小精灵他们的。小精灵的事，还是少些人知道的好。"

小伙伴们齐声答应。

大虎扭过头来对李瑞说："今晚上，你们在这里睡一个好觉。等你们完成旅行后，希望能再次见到你们。我们想再听你们讲故事。"

李瑞说："如果我们再次经过你们村子的话，一定会再来和大家见面的。"

大虎向小伙伴们招了一下手，说道"好了。我们走吧。"

接着，大虎大声应了一声："哎，来了。"

然后，领着几个小伙伴呼啦啦钻出了"会议厅"。

外星人再抢小黄

第二天早上，天刚麻麻亮，白桦一行便悄悄离开打谷场上路了。傍晚时分，正想找一个地方投宿，见路边的一个崖壁上有一个山洞，白桦便带着李瑞和小精灵钻了进去。

天色渐渐地暗了下来，一行三人在山洞里海阔天空地聊天。这时，小黄突然从白桦的背篓里跳了出来，朝着洞外狂吠了起来。

"发现了什么情况呢？"白桦一边问小黄，一边站到洞口左右张望着。

这时，他发现不远处的树林里隐隐约约有三个人影，一个个子比较高，另外两个个子矮小。从身材和轮廓看，是外星人。

外星人又来抢小黄了！白桦脑海里突然闪过了这个念头。他连忙把一个小东西塞到小黄狗的耳孔里，又把一个小东西装在它项圈上的铃铛里。就在这时，树林里的三个黑影冲了过来。

白桦对李瑞和小精灵说："你们待在洞里不要动，让我出去应付他们。"

李瑞和小精灵钻到了洞底，白桦抱着小黄向着那三个黑影迎了上去。他一个扫堂腿，把冲在前面的一个黑影绊倒在地。另外两个黑影一个从左侧，一个从右侧哇啦哇啦叫着靠了上来，那声音，是外星人所独特的。白桦故意把小黄狗放在地上，蹲成马步，伸出两臂，做出准备迎战的姿势。

冲在左侧的外星人弯下腰将小黄抱起转身就跑，另外两个外星人也紧跟其后，三转两转消失在了树林中。小黄发疯似的叫着，白桦在后面一边追，一边喊，虚张声势地追了百十步，然后，返回了山洞里。

见白桦返回山洞，小精灵急忙上前问道："他们走了吗？"

白桦点点头。

李瑞问："小黄呢？"

与小精灵同行

白桦说："被外星人抢走了。"

小精灵说："你为什么不追呢？"

说着，就要冲出山洞。

白桦一把把小精灵拦了回来，说："乖乖地在洞里待着，难道你没有尝过外星人的苦头吗？"

"可是，也不能眼看着小黄被他们弄走啊！"小精灵着急了。

白桦不紧不慢地说："我想，外星人还会把小黄放回来的。"

"你怎么肯定他们会把小黄放回来呢？"小精灵的语气中带着不满。

李瑞拍了拍小精灵的肩膀，说："相信白桦大哥吧。"

听了李瑞的话，小精灵将信将疑地坐了下来。

却说外星人抱着小黄一路小跑，翻过一座山梁，来到了停在山谷里的 UFO 旁。外星人巴里在 UFO 中守候着，见自己的三个同伴出发不到一个时辰便抱了小黄狗回来，他兴高采烈地说："你们怎么这么快就搞到手了呢？"

高个子外星人气喘吁吁地说："今天运气好，只有上次给我们带路并且骗走我们路线图的人在。"

巴里问："那个瘦猴和胖子都不在吗？"

三个外星人都摇了摇头。

巴里蹙着眉头，自言自语地说："他们跑哪里去了呢？"

在巴里看来，与白桦一伙的人以及小精灵的动向也是重要的情报。

高个子外星人说："他们去哪里有什么关系呢？快取录音器吧！"

说着，他从小黄狗的耳孔里拉出了一个小东西，急不可耐地按了一个键。原来，这是外星人事先装在小黄狗身上的录音器。

少顷，巴里说："怪了。怎么会没有声音呢？"

他从高个子外星人手里取过录音器，仔细摆弄了半天。接着，他愠怒地问："是谁安装的录音器？"

高个子外星人惶恐不安地望了望巴里，迟疑地说："是我。"

巴里在高个子外星人的脸上啪的一声扇了一个耳光，说："你干的好事！"

"怎么了？"高个子外星人丈二和尚摸不着头脑。

巴里说："录音器的录音键没有打开，能录到音吗？"

"我记得安装前是把录音键打开的啊！"高个子外星人努力回忆后嗫嚅着说。

"你还狡辩。耽误了我们多少宝贵资料！"巴里又把手举了起来，高个子外星人急忙躲了开来。

另外两个外星人连忙劝道："这一次，我们一定把录音键打开。"

"可是，已经耽误了的资料如何弥补呢？"巴里余怒未消。

刚才执行任务的另外两个外星人你一句我一句地议论了起来。

巴里把录音键打开，录了几秒钟。试听了一下播放，有声音。他把刚才的录音删掉，关上录音键，对着大家"嘘"了一声。

三个外星人立即静了下来，望着巴里。

巴里说："现在我要把录音器重新装回去，从我打开录音键那一刻起，谁也不能说话。"

三个外星人都默默地点了点头。

巴里把录音器的录音键打开，重新塞入小黄狗的耳孔中。接着，一声不响地走出 UFO 舱门，刚才执行任务的三个外星人也默默地跟了出来。

巴里将小黄放在地上，一松手，小黄便撒开腿顺着来路跑了起来。

待小黄狗消失后，两个矮个子外星人问巴里："为什么这么快便把狗放走呢？"

巴里说："如果明天再放，白桦寨的那个骗子说不定会走远，这间谍狗还能找到他们吗？我们还能收集到资料吗？"

听了巴里的话，三个外星人都信服地频频点头。

待小黄从视线中消失，巴里示意大家钻回 UFO 舱，接着，UFO 悄无声息地飞走了。

小黄狗被外星人劫走后，白桦一直坐在洞口，眼巴巴地望着眼前的树林，盼望着它安然回来。

大约过了一个时辰，白桦突然听到了小黄的叫声。他立即站了起来，朝树林里张望着。就在这时，小黄嗖地一下来到了他的脚下，他把小黄抱了起来，亲了又亲。看到小黄回来，李瑞和小精灵一骨碌爬了起来。李瑞从白桦怀里把小黄接了过来，一个劲地抚摸着它的脑袋和脊背。

白桦对小精灵说："怎么样，我没有说错吧？"

小精灵信服地点了点头。但是，白桦为什么那么自信，他还是搞不清。

白桦在黑暗中摸索着从小黄耳孔中抠出录音器，然后，又摸索着从项圈铃铛中取出一个小东西。

这时,突然传出小黄狗汪汪的叫声和铃铛的叮当声,然后,是外星人巴里和他的同伴的对话以及巴里的咆哮声。

突然听到了外星人的声音,小精灵惊得出了一身冷汗。他惊慌失措地说:"不好,外星人又来了。"

小精灵两次被外星人绑架,一听到他们的声音就发怵。

白桦关掉录音器,呵呵地笑了一声,说:"莫惊慌。我们用录音器录了外星人的声音。"

"什么?"小精灵如坠八百里云雾之中。

白桦说,刚才外星人来骚扰时,他把小黄耳孔录音器里的录音删掉,关掉录音键,重新装了回去,把另一个打开录音键的录音器装到小黄的铃铛里。

"为什么要再装一个录音器呢?"小精灵不解。

白桦笑了笑说:"当外星人发现小黄耳孔里的录音器没有内容时,一定会将小黄放回来,这时,我们会从铃铛里的录音器中获得外星人的情报。"

小精灵恍然大悟地说:"噢,这么说来,小黄为我们当了一次间谍?"

白桦说:"我们来看看吧."

白桦再次把录音器的播放键打开,大家默不作声地听着。在播放了大约半个时辰后,只听得一个外星人说:"听说,白桦寨的那个骗子一伙一直在记旅行日记。我们的录音器没有起作用,我们就去偷他们的旅行日记。"

另一个外星人说:"还有,一定要把我们绑架过的小精灵弄回来。这样,我们就既有地球生物的文字资料,又有活字典了。"

接下来,是小黄汪汪的叫声和刚才白桦他们的对话。

白桦把录音器关掉,拍了拍小精灵的肩膀,说:"小黄为我们窃取了外星人的行动计划。从今以后,我们要百倍注意旅行日记的保管,另外,你也要格外小心啊!"

听了白桦的话,小精灵郑重地点了点头。

生命是自然发生的吗？

——访问斯巴兰扎尼先生

话说跳跳猴、笨笨熊和白桦、李瑞及小精灵分别后，便钻进了时空隧道。隧道两旁，是色彩斑斓的橱窗。橱窗里，是对各个历史时期世界上发生事件的介绍。

在隧道中飞行了大约一个时辰，小哥俩便来到了一座城市。城市的街道很狭窄，路上没有汽车，只有匆匆的行人。

站在大街上，跳跳猴几次向行人打听斯巴兰扎尼先生，对方总是耸耸肩膀，摊开双手，表示不知道。

大概一个时辰过去了，一个背着书包的小伙子迎着他们走了过来。跳跳猴拦住小伙子说："请问，您知道斯巴兰扎尼先生的实验室在哪里吗？"

"你们找斯巴兰扎尼先生？"小伙子一边问，一边打量着面前的两个陌生人。

跳跳猴和笨笨熊同时点了点头。

"找先生干什么呢？"小伙子又问。

"我们是专程来拜访先生的。"跳跳猴说。小伙子说："巧了，我就是斯巴兰扎尼先生的学生，跟我来吧。"

小伙子领着跳跳猴和笨笨熊穿过几条街道，来到了一个古典式建筑群前。他说："现在你们看到的就是我的大学，勒佐大学。"

接着，小伙子指着前面不远处一个爬满青藤的小楼，说："那就是斯巴兰扎尼先生的实验室。"

说完，便急匆匆走开了。看来，他是要赶着去上课。

谢过领路的小伙子，小哥俩便朝斯巴兰扎尼的实验室走去。

跳跳猴一边走，一边问："能简单介绍一下斯巴兰扎尼先生吗？"他想在见到斯巴兰扎尼前对先生有一个大概的了解。

笨笨熊说："斯巴兰扎尼先生的全名叫拉萨罗·斯巴兰扎尼,1729 年出生于意大利北部的斯坎提阿诺。他从小就对各种生物有浓厚的兴趣,加上天资聪颖和勤奋,不满三十岁时便当上了勒佐大学的教授,在教学的同时进行微生物研究工作。

"当时,欧洲生物学界围绕生命究竟能不能自发产生展开一场争论。那时,人们对生物学的研究还停留在大体观察的水平,许多学者看到从腐烂的肉块上长出蛆,从枯草腐叶中飞出萤火虫,便认为蛆是从腐肉里产生出来的,萤火虫是从枯草腐叶中产生出来的。在这种认识的基础上,提出了生命自然发生理论。英国博物学家罗斯曾宣称:'怀疑甲虫、马蜂产生自牛粪,就是怀疑理性、感官和经验。'"

说着说着,小哥俩来到了斯巴兰扎尼的实验室楼前。

笨笨熊说："好了,就说这些吧。生命究竟是如何发生的,让我们看看先生的研究吧。"

跨进实验室,他们发现一个男青年正在实验台前做实验。听到响声,男青年抬起头,问道:"你们是谁?"

跳跳猴和笨笨熊各自报上自己的姓名。

跳跳猴接着问道:"您就是拉萨罗·斯巴兰扎尼先生吗?"

男青年说:"正是。你们找我干什么?"

跳跳猴说:"我们来自中国,来这里,是采访您关于生命发生的研究的。"

听了跳跳猴的话,斯巴兰扎尼高兴地搬过两把椅子,让跳跳猴和笨笨熊坐下,自己坐在了一张凳子上。

他说:"这些天,我正在思考生命的发生这个问题。我总觉得,'腐肉生蛆,腐草生萤'缺乏说服力,但是,又没有证据否定这种观点。昨天晚上,我读了一本由雷迪先生写的书。他做了一个很好的实验来探讨生命发生的问题。"

"什么试验呢?"跳跳猴马上就进入了采访。

斯巴兰扎尼说:"他拿两个瓶子,每个瓶子中放进一块肉,一只瓶子敞开瓶口,另一只瓶子在瓶口上蒙上一层纱布。然后,坐在旁边静静地观察。他看见苍蝇飞进了开着口的瓶子中。几天后,这个瓶子中出现了蛆,然后变成苍蝇。那只蒙着纱布的瓶子呢? 既没有出现蛆,也没有出现苍蝇。实验说明,只有苍蝇飞进去,腐肉才会生蛆。苍蝇不飞进去,腐肉就不会生蛆。蛆是苍蝇产生的,然后,蛆又变成了苍蝇。就像母亲生了女儿,女儿又变成了母亲。多么简单的实验。一千多年来,大家为腐肉生蛆争得面红耳赤,可就是没有一个人想到做这个实验。"

斯巴兰扎尼越说越兴奋,显然,他为雷迪的实验感到振奋。

这时,跳跳猴问:"苍蝇只能来源于苍蝇,但是,那些肉眼看不见的小动物呢?比如,列文·虎克先生在显微镜下看到的微生物是不是自然发生的呢?"

斯巴兰扎尼沉静了下来,说:"这便是我要研究的课题。这几天,我正在筹划着进行这一项研究呢。"

在接下来的日子里,斯巴兰扎尼投入了紧张的研究和实验。他从头学起如何培养微生物,如何使用显微镜……跳跳猴和笨笨熊帮着斯巴兰扎尼洗试管、刷烧瓶……

一天早上,跳跳猴和笨笨熊来到实验室,他们想早点把实验器皿准备好。但是,想不到,斯巴兰扎尼先生已经在那里了。

看到跳跳猴和笨笨熊进来,他大声说:"告诉你们一个消息。英国的一位名叫尼达姆的神父宣称,微生物能够自然发生。"

"他有什么证据呢?"跳跳猴问。

斯巴兰扎尼说:"他把羊肉汁灌进一个瓶子里,瓶口用软木塞塞上,将盛有羊肉汁的瓶子煨在火热的灰中。他认为,将瓶子塞紧,瓶子外的小动物就不可能进到瓶子中产卵;将瓶子煨在火热的灰中加热,残留在瓶子中的所有小动物或它们的卵就会被杀灭。他把这瓶子放了几天,然后打开,用显微镜观察其中的羊肉汁。结果发现,羊肉汁中的小动物成群结队。因此,他认为,羊肉汁中的小动物是由羊肉汁产生的。尼达姆还向英国皇家学会宣称,'这是一个重要的发现,它说明生命可以从没有生命的东西里自发产生'。"

笨笨熊插话:"先生,您怎么看呢?"

斯巴兰扎尼紧锁眉头,说:"我想,小动物应该不会从羊肉汁或其他任何东西里自生自长。"

跳跳猴说:"可是,加过热,并且塞了塞子的羊肉汁瓶子里确实长出了小动物啊。"

斯巴兰扎尼没有说话,只是苦苦地思索着。接下来的几天,斯巴兰扎尼停止了实验,只是在实验台前呆坐着。

一周后的一天晚上,斯巴兰扎尼把跳跳猴和笨笨熊叫到了他的实验室。他说:"我考虑了几天,第一,尼达姆可能对瓶子加热温度不够,不足以杀死羊肉汁中的卵和小动物。所以,我要把盛培养基的瓶子煮上一小时。第二,尼达姆用塞子塞瓶口,不一定能够堵住所有小动物或卵进入瓶子。所以,我要把瓶颈烧热熔合。我要用玻璃,而不是用软塞封口。不论多么小的小东西都钻不透玻璃。"

他准备了许多玻璃瓶子,把几种植物的种子放在里面,再把清水灌进去,然后,将瓶子分为三组。第一组,将瓶口用火熔化,密封,在沸水中煮沸几分钟;第二组,也将瓶口用火熔化,密封,在沸水中煮沸一个多小时;第三组,用软木塞将瓶口塞紧,在沸水中煮沸一个多小时。

几天之后,他领着笨笨熊、跳跳猴回到了实验室,将三组瓶子打开,在显微镜下观察其中的液体。

斯巴兰扎尼将第一组瓶子中的液体放在显微镜下,屏住气息仔细地看。过了好一阵,他喃喃自语:"有东西,它们看起来像小鱼,像小蚂蚁。"

跳跳猴伸长脖子,急着想看一看是什么东西。斯巴兰扎尼站起身来,把显微镜让给跳跳猴和笨笨熊。他们看到,真的,在显微镜下,一些微小的动物在慢慢蠕动。

接着看第二组瓶子中的液体。斯巴兰扎尼在显微镜下看了一滴液体,没有发现小动物。再看一滴液体,还是没有发现小动物。他反复从瓶子中取材,最终也没有发现小动物。

他没有吭气,很平静地打开第三组瓶子——用软木塞塞瓶口的瓶子。刚刚把眼睛贴近显微镜的镜筒,他就叫了起来:"有东西,有东西。就像许多鱼在养鱼池里游。"

他立刻站了起来,让跳跳猴和笨笨熊分享他的实验成果。

就在跳跳猴他们看显微镜的时候,斯巴兰扎尼兴奋地说:"看到了吧?用热熔密封并且长时间加热的瓶子中没有小动物;长时间加热,但用软木塞塞瓶口的瓶子中有小动物;虽然用热熔密封,但加热时间不长的瓶子中也有小动物。从这次的实验结果,你们可以得出什么结论呢?"

跳跳猴和笨笨熊同时摇摇头。

斯巴兰扎尼说:"实验证明,小动物是从空气中进入尼达姆的瓶子中去的。并且,我们还发现了一个事实:有些生物在用沸水短时间加热后仍然能生存,你得煮沸它们一小时左右,才能置它们于死地。"

接下来,斯巴兰扎尼进行了重复实验,得出了同样的结果。

他到处宣传他的实验成果,讲述他的观点。他一遍又一遍地对学生说:"生命不是自然发生的。生命只能来自生命,每一个生物都必须有母体。"

尼达姆的生长力

——访问斯巴兰扎尼先生

在宣传自己的实验结果的时候，斯巴兰扎尼对跳跳猴和笨笨熊说："尼达姆先生不会沉默，他可能对我们的实验提出异议。"

接下来的日子，跳跳猴和笨笨熊便留意报纸和杂志，他们想要看看尼达姆对斯巴兰扎尼的实验有什么反应。

跳跳猴从报纸上看到了一篇尼达姆的文章。在这篇文章中，尼达姆说，他的羊肉汁之所以能够长出小动物，是由于一种生长力。正是由于这种生长力，夏娃才能从亚当的肋骨长成人。正是由于这种生长力，中国的名产冬虫夏草才能在冬天成为虫子，而在夏天却不可思议地生长成为植物。

看到这篇文章，跳跳猴立即向斯巴兰扎尼先生报告。斯巴兰扎尼先生平静地说："他的文章我看到了，他还给我写来了一封信，说我的实验有漏洞。他认为，我把瓶子加热了一个小时，而一个小时的加热，削弱和损伤了这种生长力，使得小动物不能长出来。"

说到这里，斯巴兰扎尼停顿了下来。思索一阵后，他接着说："尼达姆是说热力损害了种子里的生长力，他怎么能看见或者感觉到或者测量到这种生长力呢？他说生长力在种子里面，好的，我们来把种子加热，看个究竟。"

他把上一次实验用的瓶子又取出来，用清水配成豌豆、大豆、野豌豆等各种汤汁，灌在瓶子中。

跳跳猴问："先生，接下来，我们干什么呢？"

斯巴兰扎尼说："我们来煮这一整套瓶子，时间长短不同，我要看一看哪个产生小动物最多。"

跳跳猴问："瓶子用火焰封口吗？"

斯巴兰扎尼说："不。像尼达姆先生一样，用木塞塞瓶口。这样，我们才可以判断加热是否可以使所谓的生长力消失掉。"

接着，他们把盛豆汁的四组瓶子放在沸水中煮。第一组几分钟，第二组半小时，第三组一小时，第四组两小时。

几天后，斯巴兰扎尼领着跳跳猴和笨笨熊回到了实验室。他将瓶塞拔下，一组一组地在显微镜下察看瓶子中的液体。结果，每一组的液体中都有小动物，而且，煮两个小时的第四组中的小动物并不比其他组少。

斯巴兰扎尼问："这个实验说明了什么呢？"

跳跳猴和笨笨熊知道，斯巴兰扎尼在考察他们的分析能力。

跳跳猴说："不管加热多长时间，只要用软木塞塞瓶口，瓶子中就有小动物。这说明，小动物是随着空气钻进去的。"

斯巴兰扎尼问："何以见得？"

跳跳猴抓耳挠腮，一下子回答不上来。

笨笨熊接过来说："加热过的，用火焰封口的玻璃瓶子中的豆汁不长小动物；虽然煮沸好长时间，但用木塞塞瓶口的玻璃瓶子的豆汁长小动物。这不是很显然地证明，小动物是从空气中进去的吗？"

斯巴兰扎尼重重地拍了一下笨笨熊的肩膀，兴奋地说："说得有道理。"

兴奋之后，斯巴兰扎尼很快恢复了平静。他背着手，一边在实验室踱来踱去，一边喃喃自语道："也许尼达姆是对的，在种子里有一种诡秘的因素，这种因素会被高热毁灭掉。"

跳跳猴说："可是，长时间加热的豆汁中也长出了小动物啊。"

斯巴兰扎尼说："是这样。但是，你能保证我们用沸水加热两个小时就能把尼达姆所说的生长力完全破坏掉吗？要证明是否存在尼达姆所说的生长力，我们需要做进一步的实验，不是把豆子在沸水中煮，而是要把豆子烤焦。"

他指挥着笨笨熊、跳跳猴，将豆子在烤咖啡豆的器具里烘烤，烤得焦黑。然后，灌上蒸馏水，瓶口塞上木塞。

斯巴兰扎尼说："这些种子里如果有生长力，在把它们烤焦之后，也肯定消失殆尽了。"

几天后，当他们将瓶子打开，把瓶子中的液体滴在显微镜下进行观察时，发现所有瓶子中的液体都充满了小动物。

斯巴兰扎尼的实验证明，显微镜下液体中的小动物肯定不是来自于什么生长力，在烤得发黑的豆子中还能有生长力吗？

实验结束后，斯巴兰扎尼将他的实验结果告诉了他的朋友，他的同事广泛宣传他的生命不能自然发生的观点。然后，等待着，等待着尼达姆的回应。

空气的弹性

——访问斯巴兰扎尼先生

一天中午,在共进午餐时,斯巴兰扎尼对笨笨熊、跳跳猴说:"尼达姆先生有反应了。"

笨笨熊急切地问:"什么反应?"

斯巴兰扎尼说:"他说,生长力是一种神秘的东西,谁也不能看到它或测量它。它能够使生命从羊肉汁或豆子汁中产生,甚至可能无中生有。这种生长力需要的辅助条件是极富弹性的空气,然而当把瓶子煮一小时的时候,瓶子中空气的弹性被破坏了。"

跳跳猴听明白了,尼达姆回避了瓶子熔化封口以及木塞封口的区别,而将生长力和一种新名词——空气的弹性挂起了钩。

他问:"尼达姆先生有实验证明这种有弹性的空气是如何起作用的吗?"

斯巴兰扎尼先生耸耸肩,摊开双手,说:"只好我们来做实验,弄个明白了。"

他将豆子放进烧瓶中,用火焰熔化封口,在沸水中煮一小时。然后,放在实验台上。

过几天,他领着跳跳猴一行走进实验室。这一次,他要看一看瓶子中的空气是不是失去了所谓的弹性。在打开第一个瓶子时,他们听到瓶口发出了一种咝咝的声音。

跳跳猴和笨笨熊并没有把这声音当作一回事,在斯巴兰扎尼先生做实验的时候,他们说说笑笑。

斯巴兰扎尼将手指放在口唇边,"嘘"了一声,示意他们不要作声。接着说:"注意,在打开瓶子时,发出了声音。"

跳跳猴和笨笨熊静了下来。

312

斯巴兰扎尼小心翼翼地将第二个瓶子打开,结果,还是听到了咝咝的声音。

跳跳猴问:"这声音是怎么发出来的呢?"

笨笨熊说:"是空气从瓶子口进出发出来的吧?"

说完,仰起头,看着斯巴兰扎尼先生。

跳跳猴问:"究竟是空气出来时发出来的呢?还是空气进去时发出来的呢?"

斯巴兰扎尼皱起眉头,喃喃自语:"都有可能。"

为了弄清楚这种咝咝的声音究竟是如何发出来的,在打开第三个瓶子时,斯巴兰扎尼将一支蜡烛点燃,放在靠近瓶子开口处。结果,蜡烛的火焰被吸进瓶口。

看到这个现象,笨笨熊问:"这是怎么回事呢?"

斯巴兰扎尼用手托着下巴,沉思一阵后说:"空气在进去。这可能是由于瓶子中的空气比瓶子外的空气更缺少弹性。说不定,尼达姆关于空气弹性的说法是对的。"

跳跳猴和笨笨熊被斯巴兰扎尼先生谦逊的态度所感动。

实验结束了,斯巴兰扎尼仍然站在实验台前,一动也不动。良久,他摇了摇头,说:"空气遇热会膨胀,遇冷会收缩。我想,我们用过的烧瓶,瓶颈都非常粗大。当我们熔化瓶颈的时候,瓶子中的空气受热膨胀,一部分被赶了出去。在我们将烧瓶封口后,瓶子中的空气受冷收缩,压力低于大气。这样,当我们敲碎瓶颈的时候,外面的空气当然会冲向瓶子中,蜡烛的火焰当然会被吸进瓶口。不过,我们还需要做实验来证实这个假设。"

他又取了另一个瓶子,放进豆子,灌进去一些清水。然后,用火焰熔化瓶颈。当瓶颈的开口非常狭小时,让瓶颈冷却,使瓶子内外的空气通过狭小的开口进行平衡。接着,他用极小的火焰凑近细如针孔的瓶子开口,使其在瞬间熔合,密封。然后,将被密封的瓶子放在沸水中煮沸一小时,取出,放在实验台上冷却。

几天后,斯巴兰扎尼又和孩子们来到实验室。他点燃一支蜡烛,凑近瓶口,然后,敲开瓶口熔合密封处。侧耳仔细听,有轻微的咝咝声。再看,与上次的情况相反,蜡烛的火焰被吹得离开了瓶口。

跳跳猴在旁边看着,心想:如果空气确实有弹性的话,上次是瓶内的空气弹性降低,这次是瓶内的空气弹性上升。哈,按照尼达姆先生的逻辑,瓶内的液体应该有旺盛的生长力。

斯巴兰扎尼将瓶内的液体取出,放在显微镜下仔细观察。但是,第一滴,没有小动物;再取第二滴,仍然没有小动物。第三滴,第四滴……还是没有小动物。

　　斯巴兰扎尼站起来,郑重地说:"现在明白了,不论瓶内的液体是羊肉汁还是豆汁,只要加热到足够温度并持续足够长时间,将其中的小动物杀死,都没有所谓的生长力。既然没有生长力,也就不存在所谓的空气弹性对生长力的影响。我深信,就连最小的动物也必须来自已经存在着的动物。"

　　斯巴兰扎尼的实验轰动了全世界,腓特烈大帝任命他为柏林科学院成员。腓特烈的仇人,奥地利女皇玛利亚·特利莎要超越腓特烈国王,派来枢密顾问官的代表团,手捧皇封御书,敬请斯巴兰扎尼担任隆巴迪的帕维亚大学的教授。

细菌是妈妈生出来的吗？

——访问斯巴兰扎尼先生

一天早上，跳跳猴和笨笨熊早早来到实验室做实验前的准备工作。跳跳猴一边洗试管，一边说："斯巴兰扎尼实验中的小动物实际上是微生物细菌。他的实验证明，细菌只能来自于细菌。但是，我在想，新的细菌是通过什么方式产生的呢？是细菌妈妈生出来的吗？"

笨笨熊说："我想，在得出细菌只能来自细菌这个结论后，斯巴兰扎尼先生会想到这个问题的。"

话音刚落，斯巴兰扎尼抱着一摞书急匆匆地走进了实验室。

他把书放在试验台上，对孩子们说："这几天，我在想一个问题。"

跳跳猴问："什么问题呢？"

斯巴兰扎尼说："我们证明了小动物只能来自同样的小动物，那么，这些小动物是怎么繁殖的呢？我们看到过牛、马、羊的分娩过程，知道它们如何生育。但是，肉眼看不见的小动物呢？"

笨笨熊低声对跳跳猴说："我说的对吧？先生要研究这个问题了。"

为了解决这个问题，斯巴兰扎尼坐在实验台前，在显微镜下长时间地观察。他常常看见两个小动物连在一起，他认为，这像是两个动物在交尾。于是，他把他的发现以及观点写信告诉邦尼特，邦尼特又将斯巴兰扎尼信的内容转告给德·索热尔。德·索热尔进行了认真的观察后，写信告诉斯巴兰扎尼，在显微镜下成双成对的小动物是一只老动物刚刚分裂成两个新的小动物。

斯巴兰扎尼又坐在了显微镜前。通过认真观察，他得出结论，德·索热尔是对的。连在一起的两个小动物是刚刚由一个小动物分裂开形成的。

就在这时，一位名叫埃利斯的英国人发表文章说，连在一起的两个小动物并不

315

是繁殖的结果，而是一只小动物在水里快速游泳时把另一只小动物拦腰撞成了两半。他还说，新的小动物是由老的小动物产生的，就像母马生出小马一样。也就是说，在生产之前，新的小动物存在于老的小动物的体内。

一天，斯巴兰扎尼将以上有关小动物繁殖的争论讲给了跳跳猴和笨笨熊。

跳跳猴说："那怎么才能弄明白这个问题呢？"

斯巴兰扎尼说："我要让一只小动物自己走开，离群索居，留在一个没有任何东西可以碰撞它的地方。然后，需要坐下来，用显微镜观察，看它是不是分裂为二。"

斯巴兰扎尼说得轻松，跳跳猴却感到不容易。他俯在笨笨熊的耳朵旁，说："谈何容易啊。小动物只有在显微镜下才能看得见，有什么办法能将在显微镜下才能看得见的小动物单独揪出一个来呢？"

斯巴兰扎尼又停止了实验，他一连几天领着跳跳猴和笨笨熊到附近的山上游玩。但是，当爬到山坡或山顶上时，他总是一个人坐在那里长时间发呆。跳跳猴和笨笨熊知道，先生是在思考实验方案。

大约经过一个星期，斯巴兰扎尼重新走进了实验室。他细心地把一滴充满小动物的培养液放到玻片上，然后，用一支细如毛发的毛细管吸入不含任何小动物的蒸馏水，将这支毛细管凑近含有成群微生物的培养液滴。在显微镜下，用一根细针在培养液滴与毛细管之间划一下，造出一条小小的水流。他看见，培养液滴中的小动物排着纵队顺着水流向毛细管游去。当发现有一只小动物进入毛细管而其他小动物还在水流费力地游泳时，他迅速拿起一支细小的毛刷，将这条运河在先驱者之后拦腰截断。

在完成了这个操作后，斯巴兰扎尼像一个孩子一样，大叫了起来："上帝啊，我做到了，我把一只小动物隔离开了。现在，在毛细管中只有一只小动物，没有任何东西能冲撞它。让我们来看看它是否会变成两只新的小动物。"

说完，斯巴兰扎尼马上坐下来，在显微镜下目不转睛地进行观察。过了好长时间，他一边盯着显微镜，一边向笨笨熊和跳跳猴讲他看到的情景，声音发着颤："这小动物，中央部分开始细起来，越来越细……现在，两边粗壮的部分开始扭动，还在扭动……好，最后，彻底分成两半，成为两个小动物。两个新的小动物稍微短一些，但是形状和它们的母亲一模一样。"

然后，斯巴兰扎尼沉默了，但眼睛一直不离开显微镜。一会儿，他又讲了起来："更令人吃惊的情况出现了，刚才从一个小动物分裂形成的两个小动物又在分裂了。对，现在，本来只有一只小动物的毛细管里有四只小动物了。"

他就像一个足球解说员，兴奋地传递着他所看到的情景。

接下来的日子里，斯巴兰扎尼将上面做过的实验重复了一次又一次。他教跳跳猴他们如何捕捉单个小动物，如何跟踪小动物在毛细管中的行动，从而不至于错过它分裂的场景。反复实验表明，斯巴兰扎尼观察到的结果是真实的。在斯巴兰扎尼的实验面前，埃利斯哑然无声。

斯巴兰扎尼，这个伟大的意大利科学家，发现了生命不能自然发生，发现了微生物一分为二的裂殖方式。

1799 年，斯巴兰扎尼不幸中风倒下。他患有膀胱病，就在他去世之前，他给人们留下遗嘱："我死后，把我的膀胱解剖出来吧，你们可能会发现关于有病膀胱的惊人事实呢。"

他在生前向世人奉献了伟大的发现，死后，还向人们奉献了自己的器官。

鹅颈瓶试验

——访问巴斯德先生

　　安葬了斯巴兰扎尼先生，笨笨熊和跳跳猴要离开意大利。离开之前，跳跳猴问笨笨熊："我们该去哪里呢？"

　　笨笨熊说："当然是去找巴斯德先生。"

　　跳跳猴说："我们不是已经访问过巴斯德先生了吗？"

　　笨笨熊说："上次访问巴斯德先生是随着他捕获微生物，这次，我们是向他请教生命如何发生。"

　　跳跳猴说："关于生命的发生，斯巴兰扎尼先生不是已经搞清楚了吗？"

　　笨笨熊说："是的。对某一个确定的事物的认识，真理只有一个。但是，对该事物进行研究的途径却不只一条，正所谓条条大路通罗马。你介意多了解一些方法和证据吗？"

　　跳跳猴连连说："不，不，不。我巴不得能有机会再次拜访巴斯德先生呢。"

　　跳跳猴和笨笨熊跟随巴斯德先生工作过一段时间，这次拜访巴斯德，算是故地重游了。小哥俩踏上一片彩云，径直赶往法国巴斯德先生的实验室。

　　进到实验室，跳跳猴看见巴斯德先生比上次年轻了。跳跳猴低声问笨笨熊："怎么回事呢？好长时间不见，巴斯德先生怎么反倒年轻了呢？"

　　笨笨熊附在跳跳猴的耳朵旁说："我们现在所见到的是青年时代的巴斯德，是研究炭疽杆菌疫苗以及狂犬病疫苗之前的巴斯德，当然比上次见到的要年轻了。"

　　听了笨笨熊的话，跳跳猴恍然大悟地点了点头。

　　看到两个小孩在窃窃私语，巴斯德先生问："你们找谁？"

　　笨笨熊说："找巴斯德先生。"

　　巴斯德说："我就是。你们从哪里来？"

跳跳猴说:"我们刚从斯巴兰扎尼先生那里来,这……"

没等跳跳猴说完,巴斯德先生就急切地问:"从哪里来?"

跳跳猴说:"从斯巴兰扎尼先生那里来。"

巴斯德先生说:"好,好,太好了。请给我介绍一下斯巴兰扎尼先生的工作。目前,我也在研究斯巴兰扎尼正在研究的问题。"

跳跳猴和笨笨熊滔滔不绝地向巴斯德先生讲起了他们在斯巴兰扎尼先生那里的所见所闻。然后,跳跳猴不解地问:"巴斯德先生,生命如何发生的问题,已经有了公论,您为什么还要下大力气去证明呢?"

巴斯德说:"因为我们遇到了新问题。"

"什么问题呢?"笨笨熊问。

巴斯德说:"你知道,法国是一个酿酒大国。要将葡萄酿成葡萄酒,必须有酵母菌的参与。但是酿酒过程中的酵母菌并不是人为地加进去的,人们不知道酵母菌是在什么时候,从什么地方钻进酿酒工艺过程中去的。

"我曾经将含酵母菌的汤灌在烧瓶中,像斯巴兰扎尼先生一样,将瓶口用火熔化密封,再将烧瓶煮沸。然后,将酵母菌培养液取出放在显微镜下面看,其中没有酵母菌在生长。这说明,瓶子中的空气里,瓶子中的液体,不会产生酵母菌,不是吗?"

笨笨熊和跳跳猴同时点点头。

"可是,有些人认为,酵母菌是由空气产生的。"巴斯德先生继续说,"他们说,我在煮酵母菌时把瓶子里的空气加热了,而酵母菌要产生需要的是自然的空气。"

跳跳猴说:"要是能通过一种不加热的办法将空气中的微生物除去,再观察这部分空气能否长出微生物来就好了。"

巴斯德说:"你说得对。可是,怎样才能将空气中的微生物不经加热就完全除去呢?"

接下来的日子里,巴斯德先生默默无语,沉浸在痛苦的思索中。他在琢磨一种不通过加热而将空气中的微生物除去的办法。

因刚刚发现溴元素而知名的巴拉教授来到了巴斯德的实验室。当他知道巴斯德的苦恼后,想了一想,便说:"你可以在一个瓶子中灌些培养液,把它煮沸。然后,想办法让瓶口能通过空气,但不能通过尘埃。"

"如何能做到这一点呢?"巴斯德问。

"这容易。"巴拉教授说,"拿一个烧瓶,将培养液灌进去。然后把瓶颈的玻璃放在你的焊接灯上软化,把软化的瓶颈先向下,再向上拉长,拉成天鹅在水中啄食时弯着头颈的样子,就让这管子的口开着。"

说完,巴拉教授在一张纸上画出了他设计的鹅颈瓶草图。

看了巴拉教授的鹅颈瓶示意图,巴斯德高声叫喊:"对了。由于微生物附着的灰尘不能朝上落,它们不会掉进瓶子里。妙极了。"

巴斯德将培养液灌在烧瓶中，然后,将瓶颈熔化,拉制成鹅颈状,像巴拉教授设计的样子。接着,把瓶子中的汤煮沸,将鹅颈瓶冷却,放到培养箱中。在其后的日子里,巴斯德先生每天领着笨笨熊、跳跳猴观察鹅颈瓶。一天,两天……连续好多天,鹅颈瓶中的培养基没有长出任何东西。

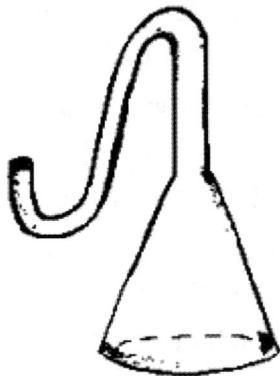

鹅颈瓶

巴拉教授又来到巴斯德的实验室,巴斯德兴奋地向巴拉教授汇报他做的实验。

巴拉教授微笑着说:"我想是会成功的。在空气进入鹅颈瓶时,灰尘和细菌也随着钻进鹅颈管。但是,在鹅颈管弯曲处,它们在潮湿的壁上被粘住了。"

巴斯德说:"我想也是这样的。但是,我们如何证明这一点呢?"

巴拉教授说:"这容易。拿一只这些天来始终放在培养箱里没有微生物产生的培养瓶,摇晃它,使瓶子中的培养液接触到鹅颈管最低的地方,再把瓶子放回培养箱。第二天早晨,瓶子中的培养液就会变得浑浊。这些使培养液变浑浊的小家伙,就是原来粘在瓶颈里的那一批小动物产生的。"

巴斯德先生按照巴拉教授所说的做了。结果,确实如巴拉教授所说,第二天,鹅颈瓶中的培养液变得浑浊起来,并且从鹅颈管最低处至液面处都长出了云雾状的东西。

实验成功了,巴斯德欣喜若狂。

笨笨熊和跳跳猴为巴拉教授的聪明所折服,为巴斯德先生探索不止的精神所感动。

"从这个实验,可以得出什么结论呢?"欣喜之余,巴斯德考跳跳猴和笨笨熊。

跳跳猴说:"空气中有小动物,但是不能产生小动物。"

巴斯德竖起大拇指,说:"真聪明。"

受到巴斯德先生的表扬,跳跳猴的脸顿时变得通红。

地下室与高山之巅

——访问巴斯德先生

笨笨熊问："巴斯德先生，要把你的实验结果发表论文，告诉大家吗？"

巴斯德先生收敛了笑容，思考了一阵，对笨笨熊和跳跳猴说："不。实验证明空气中含有小动物，但是，是不是任何地方的空气中都含有小动物呢？我们还需要进行实验。"

跳跳猴和笨笨熊你看我，我看你，不知道巴斯德先生又在大脑中构思什么实验。

巴斯德先生将培养液灌到许多烧瓶中，将烧瓶放到沸水中煮。当烧瓶中的培养液被煮沸的时候，用火焰将瓶颈熔化拉长，直到熔合。这次，瓶颈没有像前几次那样拉成鹅颈管状，而是把瓶口封了起来。刚刚封好瓶子，巴斯德先生就领着笨笨熊、跳跳猴带着瓶子上路了。

他们来到巴黎天文台潮湿的地下室。

巴斯德说："这里的空气是如此平静，没有尘埃，我想，应该不会有微生物。"

他用烧得火红的钳子折断了十个被封口瓶子的瓶颈，每当瓶颈被折断时，都可以听到空气进入瓶子的咝咝声。少顷，再用火焰将瓶口重新封上。

他们从地下室爬出来，用另外十只瓶子在天文台的院子里进行同样的实验。最后，将这 20 只瓶子带回实验室，放进培养箱。

到这时候，跳跳猴和笨笨熊才明白，巴斯德先生是要看一看天文台地下室的空气和天文台院子里的空气有什么不同，是不是都有微生物。

随后的几天里，巴斯德天天钻进实验室观察那两组烧瓶。几天之后的一个早晨，巴斯德朝笨笨熊和跳跳猴诡秘地招招手，然后，领着他们钻进了实验室。

他将两组烧瓶一个个从培养箱中拿出来，说："你们看，我们在天文台地下室开封的十个瓶子中，有九个完全清澄纯净，没有微生物长出来。在院子里开封的瓶子呢？里面的液体完全浑浊了。在显微镜下，微生物成群结队。这表明，是空气将小动物带进了培养液中，小动物是和空气中的尘埃一同进去的。实验还证明，地下室的空气中不含或很少含有小动物。"

过了一会儿，巴斯德说："低于地面的地下室空气是清净的，高山之巅呢？"

接着，他又带着二十个装有被煮沸过的培养液并且瓶口被火焰密封的瓶子登上家乡的山顶，爬上瑞士勃朗峰的山坡。他们在山上将瓶口打开，让那里的空气钻进瓶内。然后，再用火焰封上，放进培养箱培养。

几次实验下来，巴斯德总结出了规律。越到高处，由于微生物生长而使培养液浑浊的瓶子就越少，或者浑浊的程度越轻。

他兴奋地说："应该如此。越是高处的空气越清净，灰尘越少，总是黏附着尘埃的微生物就越稀少。"

啤酒中的酵母菌从哪里来？

——访问巴斯德先生

1870 年,德国和法国打了起来。在这场战争中,德国军队将巴黎包围。在实验室里,不时可以听到噼里啪啦的枪声,可以看到弥漫在空中的硝烟。那些天,巴斯德的脾气很暴躁,动不动就发火,嘴里经常喊着要报仇。

跳跳猴想,作为一个学者,如何报仇呢?

巴斯德向笨笨熊和跳跳猴说:"接下来,我要研究啤酒。"说这话时,巴斯德先生咬着嘴唇,脸色凝重。

跳跳猴小心翼翼地问:"先生,为什么?"

巴斯德说:"我要让法国的啤酒超过德国。"

当时,法国的啤酒不如德国。巴斯德先生要拿起烧瓶和试管,在实验室向德国开战了。

在接下来的日子里,巴斯德频繁访问法国的几个大啤酒厂,从啤酒桶中取样,放在显微镜下进行观察。他从质量优良的啤酒中发现了正在出芽的酵母菌,在变质的啤酒中发现了与变质葡萄酒中同样的杂菌。经过研究后,他告诉啤酒厂的技术人员如何清除啤酒中的杂菌,如何进一步提高啤酒的质量。

经过艰苦的努力,法国的啤酒质量有了明显的提高。

在研究提高啤酒质量的时候,巴斯德一直在想着那个老问题,空气不能产生细菌,人们也没有在酿酒过程中加酵母菌,那么,酿酒过程中的酵母菌来自何方呢?

在为法国的酿酒业解决了实际问题后,科学家的好奇心促使巴斯德投入到调查啤酒里酵母菌身份的研究中。

巴斯德连续进行了五次实验。

他向烧瓶中灌进葡萄汁,将瓶颈拉成鹅颈状,将烧瓶煮沸几分钟。几个礼拜过去了,烧瓶中的葡萄汁没有冒出发酵时常见的气泡。将烧瓶中的葡萄汁取出来,放到显微镜下面看,没有发现酵母菌。

他去葡萄园摘下几颗成熟的葡萄,用不含小动物的清水清洗葡萄表面。将清洗葡萄的水放在显微镜下面看,发现了一堆又一堆酵母菌。

他又在第一次实验中不生长酵母菌的鹅颈瓶上安装了直玻璃管,从玻璃管中加入清洗葡萄的水。几天之内,瓶子中出现了许多气泡。将烧瓶中的葡萄汁取出来,放到显微镜下面看,发现了许多酵母菌。

他将清洗葡萄的水煮沸,加入到第一次实验中没有生长酵母菌的鹅颈瓶中。几天过去了,烧瓶中的葡萄汁没有发酵,其中也没有发现酵母菌。

做完四次实验后,巴斯德每天思考着什么。笨笨熊对跳跳猴说:"先生一定是在考虑下一步的实验方案呢。"

过了几天,巴斯德拿一支加热过的,末端封闭的玻璃细管插入到成熟的葡萄中,将玻璃细管的末端在葡萄里面折断。然后,把从细管流出的葡萄汁加入到第一次实验中不生长酵母菌的鹅颈瓶中。几天过去了,烧瓶中的葡萄汁没有发酵,其中也没有发现酵母菌。

巴斯德问跳跳猴:"我们做了五次实验,你能从实验中得出什么结论呢?"

这些天来,跳跳猴一直在认真观察先生的实验。他说:"看来,酵母菌是来自于葡萄的表面,而不是从葡萄中自然发生。"

"可是,葡萄表面的酵母菌又是从哪里来的呢?"巴斯德问。

跳跳猴说:"我想,应该是来自于空气中。"

巴斯德问:"有证据吗?"

跳跳猴哑然。

巴斯德回到自家的小葡萄园,在几棵葡萄树外面架起了玻璃大棚,将它们与外面的空气隔绝了开来。这时,架子上的葡萄还没有成熟。他将玻璃棚内的一部分葡萄仔细清洗,并用灭过菌的棉花包裹了起来。葡萄成熟了,将清洗这些葡萄的水在显微镜下观察,没有发现一个酵母菌;将这些葡萄捣汁加入到鹅颈瓶中,几天后也没有出现发酵。拿玻璃棚外的葡萄做实验,葡萄表面有大量酵母菌;将葡萄捣汁加入到鹅颈瓶中,葡萄汁迅速冒出气泡。

巴斯德在学术会议上报告了他的试验,他向人们证明,酵母菌不是自然发生,不存在于葡萄中,而是来自于空气中。

生命的起源

在酵母菌的试验完成后,笨笨熊和跳跳猴告别了巴斯德老师。他们来到巴斯德实验室附近一个公园的长椅上,坐了下来。

公园里绿草如茵,草地上间杂着许多红的和黄的小花。在对面的一个长椅上,一个老年男性将面包渣不紧不慢地撒在地上。在他的周围,围了一群鸽子,它们一边啄食,一边咕咕地叫着,好像在感谢老人的施舍。偶尔有麻雀从周围的树上飞下来,在鸽子群中蹦蹦跳跳地抢面包渣吃。

笨笨熊出神地看着眼前的情景,他喜欢这种静谧的气氛,喜欢人和动物和谐相处的画面。

跳跳猴呢? 脑海里像过电影一样回想着访问斯巴兰扎尼先生和巴斯德先生的过程。地球上的生命,包括生命最简单的形式——细菌,都不能自然发生。这么说来,面前的这些鲜活的生命,小草、树木、人、鸽子和麻雀当然也不会自然发生了。但是,难道所有这些生命都是本来就有的吗?

不,很久很久以前的地球一片死寂,现在世界上的万千生物经历了一个从无到有和从少到多的过程。这个过程,又可以分为两个阶段:化学进化阶段和生物进化阶段。

就像高楼大厦是由一块块砖砌成一样,所有生物的基本单位是细胞。

细胞由蛋白质、脂肪酸、核苷酸和糖等有机物质所组成。这些有机物质并非本来就有。地球形成之初,只有无机小分子。无机小分子变成有机分子,然后,有机分子才能构成细胞。

化学进化,指的就是从无机小分子到形成细胞的整个历程。可是,这个历程太长了,需要把它分成四个步骤才能说得清。

第一步骤,是由无机小分子合成氨基酸、核苷酸、糖、脂肪酸等有机小分子。

无机小分子怎么变成有机小分子呢？科学家提出了宇宙大爆炸假说。

在100多亿年前，宇宙发生了一次大爆炸，许多星球进行了一次大组合。待尘埃落定时，形成了太阳和地球等星球。粗粗算起来，地球的年龄，大约有45亿到46亿年。

地球在初形成时，主要由氢、氦以及一些固体尘埃组成，密度比较小。这时，地球的外面包绕着一层气体，称为初级大气圈。

后来，地球逐渐收缩。由于收缩时物质互相摩擦产生热量，地球内的温度上升。当温度达到一定程度时，地球表面的气体受热挥发，逸散到太空。这样，初级大气圈消失。

能量散失了，地球表面的温度逐渐下降。但是，由于地心温度很高，地心物质分解产生的大量气体在高压下喷放出来，这便是火山喷发。由于频繁的火山活动，喷发出来的气体形成了第二次大气层。

这时，大气层的气体主要成分有水蒸气、氨、甲烷以及硫化氢等。大气层中的水蒸气冷却凝结成雨水，降落到地面，形成海洋和河流。在雨水降落的过程中，大气中的一些成分被溶解到雨水中；在海洋和河流区，地壳表面的一些可溶性化合物也溶解在水中。由于海洋和河流中积累了许多化合物，再加上紫外线、闪电等能量的促进，便发生了复杂的化学反应，产生了氨基酸、核苷酸、糖、脂肪酸等有机化合物。

有机化合物真的是这样形成的吗？

100亿年前的事情，有谁能看得见？是不是这么回事，只能是做实验来证明了。

美国芝加哥大学的S.Miller对上述假说进行了实验。他模拟第二次大气层大气的成分，在一个密闭的循环装置中充进 CH_4、NH_3、H_2 和水蒸气。又模拟原始的海洋，在这个装置中装一个烧瓶，里面加水，然后，给烧瓶加热，使水变为水蒸气。他模拟天空中的闪电，在水蒸气中通入电火花，为化学反应提供能量。在装置中还装有冷凝器，使发生了化学反应的水蒸气凝结成为水。一周以后，S.Miller 发现

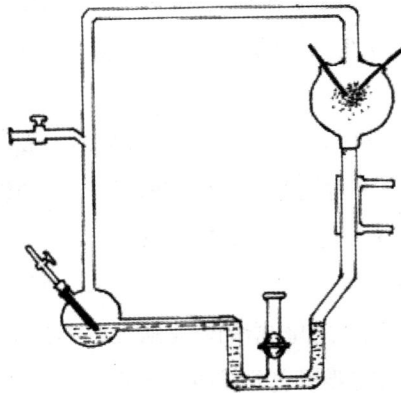

miller 模拟实验装置

冷凝水中有多种氨基酸、多种有机酸以及尿素等有机物。

在 S.Miller 之后，许多人进行了类似的实验。他们发现，除火花放电外，紫外线、冲击波、射线、电子束以及高温等也可以使无机小分子合成有机小分子。太阳光中有丰富的紫外线，因此，紫外线可能是促进无机小分子合成有机小分子的主要因素。

生物的基本物质是有机物，无机分子变成有机小分子了，生物便诞生了吗？

不。楼房的基本建筑材料是砖头，但是，一堆砖头并不等于楼房。同样道理，有机小分子的形成离生物的诞生还相去甚远。这些有机小分子，需要联合起来。

第二步骤，是由氨基酸聚合成为类蛋白，单核苷酸聚合成为多聚核苷酸。

经过化学反应形成的氨基酸、核苷酸等有机分子溶解在水中。随着溶液中水分的蒸发，这些有机分子就会聚合在一起，氨基酸聚合成为类蛋白，单核苷酸聚合成为多聚核苷酸。这样，就由有机小分子形成了生物大分子。

像 S.Miller 那样，人们在人工模拟的原始地球条件下对有机小分子转变为生物大分子进行了实验，制造出了类似于蛋白质和核酸的物质。但是，通过模拟实验制造出来的物质和现代生物体中的蛋白质和核酸不完全相同。因此，只能说氨基酸有可能经过聚合形成蛋白，单核苷酸有可能经过聚合形成核酸。

在生物体内，最重要的并且最具有生命特征的物质是蛋白质和核酸。有了蛋白质和核酸，便有生命了吗？

不。生命的特征是新陈代谢和传宗接代，单独的核酸和单独的蛋白质生物大分子还不能表现出上述特征，只有这些生物大分子形成多分子体系，才能表现出部分生命现象。

第三步骤，由蛋白质和多聚核苷酸形成核酸—蛋白质多分子体系。

苏联生物学家奥巴林等将多肽、蛋白质、核酸、多糖、磷脂等溶解在溶液中并充分混合，发现在溶液中出现了团聚体。这些团聚体能从周围吸取物质，类似于代谢活动；还能通过出芽方式分离出小团聚体，类似于繁殖活动。

哈，有点眉目了。但是，要真正形成生命，这些多分子体系还需要有一个相对稳定的环境。

第四步骤，是由多分子体系形成原始细胞。

在这个细胞中，有细胞膜，可以对进出细胞的物质进行选择。细胞内的各个部分各有分工，有的部分负责发出指令，有的部分负责生产，有的部分负责对细胞外的刺激发生反应……俨然是一个小社会。

　　细胞是生命的结构和功能单位。有了细胞,就有了简单的生物,类似细菌那么简单的生物。

　　从无机小分子到原始的细胞,磕磕绊绊,几多曲折,竟然经历了 100 亿年。

　　有了细胞,便有了生物。生物自从产生以来,就从来没有安分守己过。它们不断地改造自己,总想尝试不同的面目和不同的生活方式。结果,便有了原核生物、原生生物、真菌、植物和动物五个大家族。每个大家族,又繁衍出了数不清的成员。

　　这,便是生物的进化过程。

　　生物的进化,经历了一个漫长的过程。并且,现在和将来,只要生物存在,进化将一直进行。

好厚一本书

老人撒完面包,迈着蹒跚的步伐走了,地上的鸽子也相伴着飞上天空。它们在天空盘旋着,发出了嗡嗡的哨音。

笨笨熊说:"接下来,让我们去化石馆参观一下吧。在化石馆,我们可以看到生物进化的过程。"

跳跳猴问:"化石馆在哪里呢?"

笨笨熊说:"听参加智者生物学讲座的师兄说,化石馆就在达尔文的家乡。参观完化石馆,我们正好去拜访达尔文先生。"

"好主意。"跳跳猴一边说着,一边站了起来。

接着,笨笨熊也站了起来。小哥俩踏一片彩云,念了穿越时空隧道的秘诀,朝化石馆飞去。刚才在草地上玩耍的小孩都仰着头目不转睛地注视着跳跳猴和笨笨熊,他们的嘴大张着。

飞了不多一会儿,彩云在两个山洞前的平地上自动降了下来。眼前,是一个刀劈斧砍般的石壁。石壁上有两个洞,一个洞的洞顶,用英文写着"化石馆",另一个洞的洞顶,用英文写着"活化石馆"。

小哥俩首先钻进了"化石馆"。

在化石馆山洞两侧的展台上,陈列着各色各样的动物化石。厅里的参观者很少,非常安静。

跳跳猴看着玻璃罩里的化石,问:"什么是化石呢?"

笨笨熊笑了笑,说:"我们眼前的就是化石啊。"

跳跳猴说:"我是问,化石的定义是什么?"

笨笨熊清了一下嗓子,一本正经地说:"按照定义,化石是在特殊的条件下,古代生物的遗体、遗物和遗迹形成的像石头一样的东西。"

跳跳猴又问："你说的遗体、遗物和遗迹又是指什么呢？"

笨笨熊说："遗体指生物的身体的一部分或全部，比如，动物的骨骼、贝壳、牙齿等以及我们看到的树木化石；遗物指动物的排泄物，比如粪便等；遗迹指植物或动物留下的痕迹，比如动物的脚印等。"

跳跳猴问："你说化石的形成需要特殊的条件，哪些特殊的条件呢？"

笨笨熊说："生物死亡后，只有在腐烂前被迅速包裹在树胶中，或者被泥沙覆盖并压实形成沉积岩，才有可能形成化石。"

笨笨熊的解释，跳跳猴似懂非懂。

笨笨熊接着说："通过化石，人类可以了解到以前地球上曾经生存过哪些生物，还可以了解到生物进化的进程。正是靠了对化石的研究，达尔文先生才提出了生物进化理论。"

跳跳猴问："对化石进行研究怎么能了解到生物进化的进程呢？"

笨笨熊说："地质学研究表明，表浅的地层形成的年代较晚，深部的地层形成的年代较早。因此，在表浅地层中埋藏的化石代表新近在地球上生存的生物，而在深部地层埋藏的化石代表久远时代在地球上生存的生物。形象一点说，地球的断面好像是一本书，不同的页面记录了不同年代在地球上生存的生物。

"对不同页面的化石进行研究，结果表明，越老的地层，生物形态越简单；越新的地层，生物形态越复杂。这说明，生物是进化的，复杂的生物是从简单的生物进化来的。因此，通过对不同地层化石的研究，可以了解到生物进化的进程。"

跳跳猴感叹道："好厚一本书啊！"

地球上的先民

笨笨熊说："现在，我们来看看这些地球上的先民吧。"

跳跳猴随着笨笨熊向化石馆里面走去。

在化石厅，第一种化石是三叶虫。跳跳猴看见，玻璃罩内有一块石头，在这块石头上，有许多类似蝙蝠的小动物的印迹。它们有的作飞行状，有的呈伏卧状，神态各异，栩栩如生。

笨笨熊指着三叶虫化石说："三叶虫出现在古生代，是海洋中的一种节肢动物。别看眼前的这块化石其貌不扬，它的资历很老，已经在地层中埋藏五亿多年了。"

跳跳猴弯下腰，凑近三叶虫化石，仔细看了起来。

笨笨熊说："在古生代早期，我国从北边的新疆到南边的南海是一片汪洋。在那时，动物的种类还不多，三叶虫在海洋中占统治地位，因此，将古生代称为三叶虫时代。但在古生代结束时，三叶虫就灭绝了。因此，在生物学上，古生代是三叶虫的时代。"

在三叶虫化石后面是一个"宝塔石"化石。化石的形状酷似宝塔，底宽顶尖，呈圆锥形，在锥体上可见一圈圈的花纹。

笨笨熊说："'宝塔石'实际上是鹦鹉螺的化石。鹦鹉螺是一种软体动物头足类，有直壳型和卷曲型两种，生活在海洋里，专吃三叶虫。它最早出现于晚寒武纪，从泥盆纪开始逐渐走向衰落。到了三叠纪，直壳型的鹦鹉螺全部灭绝，卷曲型的鹦鹉螺大多消亡，只剩下卷曲型鹦鹉螺一个属，成了活化石。"

在宝塔石后，是一个晶莹剔透的球状体，里面包裹着一只苍蝇。那苍蝇呈站立状，一只前肢伸向头部，好像正在梳妆。

跳跳猴说："这只苍蝇是怎么钻进去的呢？"

笨笨熊说："不是钻进去的，是被包进去的。"

跳跳猴问："怎么被包进去的呢？"

笨笨熊说："在森林中，松树和杉树常常分泌出黏稠的树脂。当蜜蜂、蚂蚁、蚊子或苍蝇遇到树脂时，会被死死地粘住，动弹不得。如果再有树脂从树枝上掉下来落在昆虫的上方，昆虫就会被严严实实地包裹在树脂中。树脂不透风，不透水，其中的昆虫不会腐烂或风化，因此能很好地保存下来。树脂球被埋藏在地下，经过千万年，就会发生复杂的化学变化，由不透明变为透明，就像我们目前看到的这块标本一样。这也是一种化石，叫做琥珀。"

离开琥珀展位，再往前走，洞突然变得宽大起来。在洞的中间赫然站立着一尊又一尊巨大的骨骼架，骨骼架下，周围的人看起来是那么渺小。

不用问，这是恐龙化石。

走到恐龙化石下面，笨笨熊说："恐龙生存在距今两亿年到七千万年前的中生代。其实，恐龙有许多种类，有在海洋中生活的鱼龙、蛇颈龙；有在陆地上生活的恐龙；有向天空发展的飞龙、翼龙。最大的飞龙两翼展开时长六米多。想象一下，这么大的动物在空中展翅飞翔，该是多么壮观啊。"

"要是我们生存在中生代，我们便可以看到恐龙在天空飞翔的情景了。"跳跳猴仰望着恐龙的化石，不无遗憾地说。

笨笨熊说："我想，小精灵应该是看到过的。"

跳跳猴说："好。等我们这次回到国内，让小精灵给我们好好讲讲恐龙吧。"

自从生物旅行以来，恐龙是跳跳猴和笨笨熊亲眼看到的最大的动物。其实，小哥俩看到的恐龙化石还不是最大的。

1954年，我国山东诸城发现了一种叫做鸭嘴龙的化石。它身长15米，站立时高达八米，其头骨前部和下颌骨向前延长，又扁又宽，呈鸭嘴状，脚上还有蹼。这种鸭嘴龙就是生活在湖泊中的恐龙。

最大的恐龙是梁龙。20世纪初，美国犹他州发现了三具恐龙遗骸，后来，用这些遗骸复原了一条梁龙的骨架，陈列在匹兹堡的自然博物馆里。它长26.6米，重约10.5吨。

最重的恐龙是腕龙。1909年，在坦桑尼亚发现了一具腕龙的完整骨骼，陈列在柏林的自然博物馆里。这腕龙长22.5米，身高6.4米，估计体重在78吨左右。

上知天文下知地理的老先生

跳跳猴围着一只只恐龙化石转来转去，啧啧赞叹道："要不是亲眼看见这些巨大的化石，谁能想象得到地球上曾经生存过如此的庞然大物呢？"

笨笨熊说："这就说明了化石的重要性。其实，化石的重要性不仅仅在于让后人知道地球上曾经生活过什么动物，还能让人们了解地质变化以及天文变化。"

"化石怎么能让人们了解到地质变化和天文变化呢？"跳跳猴难以置信。

笨笨熊说："喜马拉雅山是世界的屋脊，可是，科学家在喜马拉雅山4800米高处发现了鱼龙化石。这说明，这里以前有鱼龙活动。鱼龙是生存在海里的，难道喜马拉雅山所在的地方原来是大海吗？这一问题引起了许多科学家的兴趣。多学科的联合研究证明，在两亿年之前，那里确实曾经是一片汪洋。"

跳跳猴说："这就是说，喜马拉雅山是逐渐'长'起来的？"

笨笨熊说："是。是在造山运动中'长'起来的。"

跳跳猴问："但是，地球上的化石怎么能反映天文的变化呢？"

笨笨熊说："举几个例子吧。珊瑚虫的外层细胞会分泌碳酸钙。碳酸钙的分泌受日照的影响，白天分泌的多，晚上分泌的少。由于它的分泌量昼夜不同，每过一天，珊瑚的表面就会留下一条环状细纹，人们把这种纹叫做日纹。"

"珊瑚每月有一次繁殖高峰，此时，它分泌碳酸钙的机能降低。这样，就使得碳酸钙形成的环纹薄而回缩，形成月纹。"

"夏季水温高，珊瑚生长快。冬季水温低，珊瑚生长慢。因此，在多年生的珊瑚上就可以看到冬季和夏季交替在珊瑚上留下的印记，这个印记便是年纹。"

顿了顿，笨笨熊接着说："现代珊瑚大约每隔28个日纹就有一条月纹，每隔360圈日纹就有一条年纹。但是，在距今四亿年前的地层中的珊瑚化石上，在年纹中竟然有398条日纹，中间夹有13个生长带。说明在那时，一年有13个月，398天。"

"在距今 3 亿 5000 万年前的泥盆纪的地层里发现的珊瑚化石，年纹中有 390 条日纹；在距今 3 亿年前的石炭纪的珊瑚化石，年纹中有 385 条日纹。"

"根据以上发现，科学家推测，在 5 亿年前，一年大约有 420 天；在四亿年前，一年大约有 390 多天，每个月有 30.5 天，每天约 21.6 小时。因此，得出了一个重要结论，地球自转的速度越来越慢。"

以前，跳跳猴以为，从古到今，每年都是 365 天。今天听了笨笨熊的介绍，才知道地球自转的速度是在变化的。

向前走了几步，笨笨熊接着说："在寒武纪出现的鹦鹉螺，曾经在地球上盛极一时，但后来，直壳型的鹦鹉螺灭绝了，只有少数卷曲型鹦鹉螺留存了下来。但就是这些残留的卷曲型鹦鹉螺，帮助人们对已经称为化石的直壳型鹦鹉螺有了比较全面的认识，对天文变迁也有了更多的了解。"

"比如，现存的鹦鹉螺的小室壁上有 30 条生长线。但是，对鹦鹉螺的化石进行研究发现，距今 3 亿 2600 万年前的鹦鹉螺化石有 15 条生长线，距今 6050 万年前的鹦鹉螺则有 22 条生长线。"

跳跳猴说："这又是为什么呢？"

笨笨熊说："鹦鹉螺在生长过程中分泌碳酸钙，每天形成一条日生长线，每月形成一条月生长线。在距今三亿两千万年前，月亮离地球较近，绕地球一周大约需要 15 天。因此，在两个月生长线之间，有 15 条日生长线。在距今 7000 万年前，月亮与地球之间的距离加大，绕地球一周需要 22 天。因此，在两个月生长线之间有 22 条日生长线。现在，月亮离地球更远了，绕地球一周约需要 30 天。因此，现在的鹦鹉螺每月形成 30 条生长线。"

跳跳猴惊讶地说："噢，通过化石研究真的可以了解到天体运行的规律啊！"

笨笨熊说："人们还可以根据化石进行找矿。珊瑚灰岩分布较多的地方，往往是油田或煤矿。我国、伊拉克、加拿大和美国的一些大油田，俄罗斯的顿巴斯煤矿都是古代珊瑚岩分布区。"

想不到，这一言不发的化石老先生，竟然上知天文，下知地理。

活化石馆见闻

看完化石,小哥俩来到了活化石馆继续参观。

活化石馆化石厅的橱窗中展览着各种活的动物。靠着洞口的动物,叫做鲎。它满身长着坚硬的甲壳,还有一条长长的,形状像剑一样的尾巴。

跳跳猴站了下来,问:"怎么有活的动物呢?"

笨笨熊说:"这就是活化石啊。"

"活化石和化石有什么区别呢?"跳跳猴不明白活化石是什么意思。

笨笨熊说:"所谓活化石,就是保持了原始状态,没有发生明显变异的活着的生物。"

顿了顿,笨笨熊接着说:"别看这里的动物其貌不扬,作为一个物种,它们在地球上已经存在几百万甚至上亿年了。就拿鲎来说吧,在鲎的受精卵发育为幼鲎的过程中,有一个幼虫时期,同4亿年前出现的三叶虫形态相似。因此,有人将生物进化史上的三叶虫时代称为鲎的三叶虫时期。"

走过鲎的展位,小哥俩来到一个玻璃水池前,水池里,有一条很大的鱼。

跳跳猴问:"这条鱼,也是活化石吗?"

笨笨熊说:"当然。这条鱼叫做鲟鱼。据考证,生存在我国长江中的中华鲟可以追溯到1亿年前,是鲟鱼中的活化石。"

"中华鲟是长江中的洄游生殖性鱼类。每年春天,是中华鲟的繁殖季节。这时,中华鲟雌雄结伴溯流而上,返回它们的出生地金沙江去产卵,好像只有金沙江才是它们的洞房。然后,爸爸妈妈就带着子女沿着长江顺流而下,到长江中下游的湖泊或者入海口觅食。"

与中华鲟一样,白鳍豚也是活化石。在北美洲地层中,人们曾经发现过100万年前的白鳍豚化石,但是,现在白鳍豚在那里绝迹了。1916年,在我国洞庭湖,后来,又在长江下游的南京、上海和钱塘江发现了活着的白鳍豚。

许多人以为白鳍豚是鱼类，实际上，它虽然外形像鱼，但没有鳃，靠肺来呼吸，是一种生活在水里的兽类。白鳍豚的眼睛已经退化，耳孔也只有绿豆大小，而且闭塞不通。

眼睛和耳朵都退化了，又聋又瞎，它们怎么寻找食物呢？

既然活了100多万年，肯定是有办法的。白鳍豚有一套类似于蝙蝠的回声定位系统，能发出不同频率的声音。当声音遇到物体反射回来时，会被身体上的特殊装置所接受，从而判断出反射声音的物体的远近、方向、形状以及种类。靠了这一套回声定位系统，白鳍豚不仅可以很自如的觅食，还可以与同类进行联络、求偶、交配。

向前走了几步，面前的橱窗里有一个外貌像鳄鱼，又像恐龙的动物在缓慢爬行。

跳跳猴指着橱窗问："这是一种什么动物呢？"

笨笨熊说："科摩多龙。这种动物生存在印度尼西亚，是一种肉食动物。在澳大利亚曾经发现过科摩多龙的化石，距今已有4000万年。因此，人们认为科摩多龙是地球上残存下来的远古爬行动物，或者可以说，是远古爬行动物的活化石。"

说着，小哥俩来到了活化石馆的尽头。

笨笨熊停了下来，说："在新西兰周围的一些小岛上，生存着一种外貌与蜥蜴及鳄鱼类似的爬行动物，人们将其称为鳄蜥。鳄蜥从项部到尾巴梢生长着一长列锯齿般的角质棱脊，因此，又将其称为楔齿蜥。据考证，楔齿蜥同生活在两亿多年前的喙头类动物的化石相似，因此，有人认为楔齿蜥是远古时期喙头类动物的活化石。"

"生存在我国长江中的扬子鳄也是一种古老的爬行动物，它经历了地质史上冰川气候和造山运动等巨大变化，在地球上的生存史至少有1亿年。它的体形、构造和古代恐龙很接近，因此，被称为恐龙的活化石。"

跳跳猴说："珊瑚化石尚且下知地理，上知天文。这活着的化石应该知道得更多吧？"

笨笨熊笑着说："所以，人类应该好好养着它们。说不定哪一天，它们会突然告诉我们许多秘密呢。"

说完，小哥俩朝着活化石馆洞口走去。

长颈鹿原来是小个子?

出得活化石馆,跳跳猴和笨笨熊来到了小河边。透过清澈的河水,可以看到河床里摇曳的水草和悠闲自在游动的小鱼。在化石馆和活化石馆转悠了半天,笨笨熊感到累了,他在岸边找了一块石头坐下来。跳跳猴也在笨笨熊的旁边坐了下来。

虽然离开了化石馆,恐龙的巨大化石却一直浮现在跳跳猴的脑海里。他想,那么大的恐龙,怎么就会消失得干干净净呢?

其实,恐龙的消失是一个极端的例子,许多其他没有消失的动物,也经历了各种各样的变化。

内脏的变化我们不容易看见,就说外形和大小吧。

现有的原生生物都极微小,需要在显微镜下才能看得到。但是,一种叫做巴氏虫的原生生物的化石就有 5 厘米长。1953 年法国地质学家梅尔西耶发现的一种叫做货币虫的原生生物的化石直径竟然达 16 厘米。

现在的鹦鹉螺直径约十几厘米,但在 7500 万年前,它的直径达 2.6 米。

现代的蝎子长约五到六厘米,可是,四亿年前,它的长度竟有 2.74 米。

蜻蜓是我们很熟悉的昆虫,身长及翼展宽不过几厘米,但古代蜻蜓的翼展宽竟然有 115 厘米。

上面的动物是从巨人变成侏儒,也有不少动物却越来越大。

现代的马又高又大,人们常用高头大马来形容。但是,马的祖先——始祖马,大小与狐狸相似。始祖马不仅体格较小,而且每个肢体有多个足趾。经过渐新马、中新马、上新马等阶段才逐渐进化为现在这个样子。

大象是地球上最大的陆生动物,但大象的祖先——始祖象,肩高仅 60 厘米,身体只有猪那么大小,而且没有象牙。

犀牛也是陆生动物中的巨人,但犀牛的祖先——始犀,只有狗那么大。

现在的骆驼又高又大,但是,它的祖先——始驼,只有 30 厘米左右高。

长颈鹿是陆生动物中的高个子,但古长颈鹿身高只有约 1.5 米,是比人还要小的小个子。

不伦不类鸭嘴兽

　　形体上的大小只是进化的一个方面,更重要的是物种的进化。

　　鱼类进化为爬行动物,但不是从水里跳出来就突然变成了蜥蜴或恐龙。爬行动物进化为鸟类,但不是伸了个懒腰就长出了翅膀。在不同门类动物之间,还有许许多多的过渡物种。

　　先说生殖方式吧。

　　鱼类的繁殖是体外受精,即雄鱼和雌鱼分别将精子和卵子排到体外,精子和卵子在体外受精,孵化出小鱼。

　　爬行动物的繁殖方式呢? 比它的祖宗有了改进,成为体内受精。即雄性和雌性进行交尾,卵子在体内发生受精。

　　娃娃鱼的繁殖方式介于鱼和爬行动物之间。在繁殖季节,雄娃娃鱼游到雌娃娃鱼附近,将洞穴打扫干净,在水中排出一个充满精子的精囊,雌娃娃鱼把精囊放在自己的生殖孔里,以便在排卵时受精。也就是说,虽然雌娃娃鱼的卵子在体内受精,但是雄娃娃鱼和雌娃娃鱼没有交尾过程。

　　再看动物的形态。

　　鸟类的特征是有翅膀,口腔中没有牙齿。爬行动物呢? 口腔中有牙齿,有尾椎骨。1861 年,德国的巴伐利亚省发现了一种动物化石,这种化石有很清楚的羽毛的印痕,有翅膀,是一只鸟。奇怪的是,这只鸟口中有牙齿,翅膀的末端长着趾爪,还有一条具有尾椎骨的长尾。经过研究,认为这是生存在一亿四千万年前的古代鸟的化石。因此,将其称为始祖鸟。

　　有些现存的鸟也保留着爬行动物的痕迹。南美洲的麝雉刚刚从卵中孵化出来时,翅膀的顶端长着爪子。也就是说,长着一双像始祖鸟一样的爪形翼。它能用爪形翼和脚游泳,会像爬行动物那样爬树,还可以用翼爪勾在树枝上。奇怪的是,随着小麝雉的生长，翼爪便逐渐变短。到羽毛丰满的时候，翼爪便脱落了。

鸭嘴兽是一种特殊动物，无论是形态还是生殖方式，我们都可以看到从爬行动物向鸟类和哺乳动物过渡的典型特征。

鸭嘴兽的嘴像鸭子，头部有耳孔，没有耳郭，肢体末端长有爪，爪子上长有像鸭子一样的蹼，善于游泳，以鱼和贝类为食，这些特征很像鸟类中的鸭子。但是，它有四条腿，身上密布一层兽毛，这些特征又很像兽类。因此，人们将它称为鸭嘴兽。

更为奇怪的是它的生殖及哺育方式。鸟类的生殖和排泄共用一个孔道。哺乳类生殖道和排泄各行其道。鸭嘴兽呢？仍然保持着鸟类的特征，排泄和生殖共用泄殖腔。兽类是胎生，哺乳；爬行类和鸟类是卵生，不哺乳。鸭嘴兽，卵生，哺乳。但是，它的哺乳方式又和一般的哺乳动物不同。一般哺乳动物的乳腺导管都开口于乳头，幼仔吃奶时吸吮乳头。鸭嘴兽没有乳头，乳汁从腹部的乳区像出汗一样渗出来。幼兽在哺乳时，不是叼着乳头，而是爬上妈妈的腹部，在毛发上吮吸乳汁。

请看，鸭嘴兽既像鸟类，又像爬行类，同时还具有哺乳动物的一些特征。可能，它的祖先是爬行动物。一开始，爬行动物时髦变鸟类，它便跟着变鸭子。但是，刚把鸭嘴、鸭蹼变出来，周围的同伴又流行变走兽。于是，又急急忙忙去跟风。结果，搞得不伦不类，爬行动物、鸟类和哺乳动物拼凑成一个鸭嘴兽。

会飞的鱼

就在这生物进化的过程中,有的动物获得了某些特殊的本领。比如会爬树和会飞的鱼;会滑翔以及会飞的野兽。

在印度、缅甸、菲律宾以及我国南方的河流及湖泊中有一种叫做攀鲈的鱼,它们平时生活在水中,但当河水干涸时,便爬到树上去觅食。

鱼没有四肢,怎么能爬到树上呢?

它们用鳃盖上的钩刺顶着地面或树干的表面,依靠胸鳍和尾巴向前爬行。因此,人们又把攀鲈叫做爬树鱼。

鱼是靠鳃从水里吸收氧气的,爬树鱼爬到树上,怎么呼吸呢?

既然能爬树,一定有它的特殊之处。在爬树鱼的鳃旁,附生着两个腔室,里面分布着很多微血管。当爬树鱼离开水时,被吸入鳃旁腔室中的空气会进入毛细血管中的血液中。实际上,爬树鱼比较适应陆地上的生活,如果长时间待在水中,反而会因缺氧而死去。

在我国和印度尼西亚、加蓬等国的海岸边有一种弹涂鱼。这种鱼胸鳍又粗又壮,类似于陆生动物的前肢,既可以像一般鱼那样用来游泳,还可以用来支撑身躯和爬行。腹鳍呢?愈合成了一个吸盘,可以帮助弹涂鱼吸附在物体的表面,防止在爬树或石头时掉下来。在海水退潮时,它们在沙滩上的红树间爬行蹦跳,甚至爬到树上或高出水面的石头上去晒太阳。鱼会爬树,能攀岩,奇怪吧? 更为奇怪的是,有的鱼还会飞。人们将这种会飞的鱼叫做飞鱼。飞鱼长约 40 到 50 厘米,身上长有一对又长又大的胸鳍,伸开来就像是鸟儿的两只翅膀。飞鱼从水中起飞前,尾鳍在水中猛然摆动,头部上仰,大半个身子在水面上滑行,就像飞机起飞前在跑道上滑行一样。在前半身仰到一定程度,滑动速度加快到一定程度时,胸鳍像飞鸟的翅膀一样展开,使身体平衡。然后,尾鳍离开水面,整个身子就腾空飞了起来。

人们常说飞禽走兽,就是说野兽一般是在地面行走的。但在亚洲和澳大利亚,有些两栖动物、爬行动物和哺乳动物却会滑翔。有一种树蛙,栖息在树上,即使在繁殖期间,也不下水。它的足趾之间有宽大的蹼,当从高高的树枝上跳下时,展开的足趾间的蹼就像降落伞一样,可以使降落的速度减慢,避免在落地或落在其他树枝上造成外伤。

鼯鼠也是树栖动物,以野果、坚果、树叶以及昆虫为食。在它身体两侧前后肢之间有一层薄膜,膜的上下面长有细毛。利用这一块皮膜,鼯鼠能从高处向低处滑翔20米到50米的距离。在滑翔过程中,它还能通过改变肢体位置,调整滑翔的方向。

与鼯鼠相似的还有栖息在马来西亚和菲律宾林区的鼯猴。它的皮膜连着颈部和前肢,又从身体两侧向后延伸到后肢和尾部。鼯猴生活在树上,以树叶、野果和昆虫为食,只在树林的上层活动。它从一棵树滑翔到另一棵树,然后爬到树顶,再向第三棵树滑翔。

在马来半岛,有一种飞壁虎。它身体两侧的皮膜平时向内收拢,前后足趾之间有宽大的蹼。在从高处向下滑翔时,脚趾上的蹼全部张开。此时,身体下部的空气形成的空气压力将收在腹部的皮膜向两侧撑开,就像跳伞员在降落过程中打开降落伞一样。

进化大师达尔文

来到河边已经有大半个时辰了,跳跳猴一直呆呆地望着河面沉思默想。

看着太阳快要落山了,笨笨熊一边往起站,一边对跳跳猴说:"喂,在想什么呢?我们该去拜访达尔文先生了。"

跳跳猴回过神来,抬头一看,哟,天色真的不早了。

"可是,你知道达尔文先生在哪里住吗?"跳跳猴望着笨笨熊问。

笨笨熊摇了摇头。

这时,桥上传来一阵喧哗声。循声望去,一个老师模样的小伙子领着一队中学生正从桥上经过。孩子们叽叽喳喳说着话,话语中不时夹杂着达尔文的名字。显然,他们刚刚参观完化石馆。

笨笨熊对跳跳猴说:"老师正在给学生讲达尔文呢。走,跟上去听一听。"

跳跳猴急忙站了起来,随着笨笨熊上了桥,跟在一队学生的后面。

真的,老师是在向同学们介绍达尔文。听了老师的介绍,跳跳猴和笨笨熊对达尔文的生平有了大致的了解。

达尔文的全名是 Charles Robert Darwin,1809 年出生,1882 年逝世。他出生于名门,祖父和父亲都是有名的医生。当达尔文 16 岁时,父亲将他送到了爱丁堡大学学医,但是,达尔文对医学不感兴趣。他喜欢的是旅行和采集昆虫,特别热衷于打猎和解剖动物,并常常把观察到的现象记录下来。19 岁那年,达尔文进入剑桥大学学习神学。在此期间,他结识了一些朋友,并从朋友那里学会了如何发掘并鉴定地质矿物标本,为将来从事进化论研究奠定了基础。

22 岁那年,也就是 1831 年,他以博物学家的身份乘海军勘探船贝格尔号开始了为期五年的环球旅行。在这次环球旅行中,他在动植物和地质等方面进行了大量的观察,采集了许多标本。

在南美洲，达尔文发现了古犰狳的化石。它们与现代生活着的犰狳十分相似，但又有所不同。达尔文思考，这是否说明现代的动物是由古代的动物发展而来的呢？

在加拉帕戈群岛上，达尔文发现不同岛上的地雀各有特点。这一现象使达尔文想到物种在不断变化。但是，当时达尔文的脑海中还没有形成完整的进化论。

航海考察归来后，他对五年的考察结果进行了深入研究，还亲自饲养家鸽，观察家鸽在人工饲养条件下发生的变异。

在对观察结果进行深入研究后，达尔文提出了生物进化理论。1859年，他将研究结果经过整理，出版了《物种起源》一书，提出了以自然选择为基础的物种进化学说。这一学说，推翻了在此之前物种起源方面占统治地位的神创论、目的论和物种不变论。

达尔文在出版《物种起源》一书后，又出版了《动物和植物在家养下的变异》以及《人类起源及性的选择》等著作，进一步充实了他的进化论思想。

达尔文的进化论对人类的生物学乃至社会科学都产生了巨大影响，恩格斯把达尔文的进化理论和能量守恒及转换定律、细胞学说并称为"19世纪的三大发现"。

千人一面的胚胎

当来到一座建筑物前时,老师大声对同学们说:"好,大家先回宿舍休息。过几天,我请达尔文先生来给大家讲进化论。"

跳跳猴想,看来,达尔文先生就住在附近。就在同学们各奔东西回宿舍时,他赶忙上前向一个小男孩问道:"请问,达尔文先生住在哪里?"

小男孩指着离河边不远处的一幢古式的院子,说:"那就是。"

这时,小男孩才发现面前的两个人是黄皮肤,黑头发。他仔细打量了一下跳跳猴和笨笨熊,便问:"你们从哪里来?"

跳跳猴说:"中国。"

"中国?"小男孩一脸困惑。看来,他从来没有听说过中国。

跳跳猴说:"是。中国。离这里很远呢。"

听说眼前的两个客人来自遥远的地方,小男孩说:"我领你们去。"

说完,便领了跳跳猴和笨笨熊朝达尔文的住所走去。

来到大门口,小男孩指着院子里的一个中年男性低声说:"那一位,就是达尔文先生。"

跳跳猴和笨笨熊看到,院子里,有一个很大的鸽舍。在鸽舍旁,达尔文先生正在仔细地看着什么。

小哥俩谢过带路的小孩,便朝达尔文走去。

听到说话的声音,达尔文回过头来。看到两个亚洲小孩进入自己的院子,他先是一惊。

笨笨熊赶忙上前,鞠了一躬,说:"达尔文大师,冒昧造访,恳望恕罪。"

达尔文见两个小孩毕恭毕敬,顿时释然,问道:"两位小朋友有事吗?"

跳跳猴双手拱了一拱,说:"我们来向大师学习生物进化理论,还望先生不吝赐教。"

看到两个小孩古朴文雅的东方礼仪,达尔文说:"不用客气了。我刚刚完成《物种起源》一书的初稿,正想了解一下大家是否能接受我的观点,或者对我的观点有什么异议。你们就来做我的第一批读者,有什么问题提出来,我们一起进行讨论吧。"

在来到英国之前,跳跳猴脑海中的达尔文是满脸络腮胡子,令人生畏的老学究。想不到,眼前的达尔文先生如此和蔼可亲,平易近人,竟然要和两个小孩对物种起源问题进行讨论。

笨笨熊说:"达尔文先生,在来到这里之前,我们曾在化石馆参观了动物的化石,从化石和活化石了解了鱼类向爬行动物进化,爬行动物向鸟类和哺乳动物进化的一些例证。您研究生物进化也是从化石入手的吗?"

达尔文先生笑了笑,说:"你们跟我来吧。"

小哥俩跟着达尔文先生走进了一间实验室。实验台上,摆放着许多各种形状的玻璃器皿,里面的液体中浸泡着各种各样、奇形怪状的动物标本。

跳跳猴好奇地问:"这是些什么动物呢?"

达尔文说:"严格地说,是动物胚胎的标本。这个实验室中有许多个实验台,每个实验台上的器皿中是同一纲动物的胚胎,你们能不能从中找到一些规律呢?"

跳跳猴和笨笨熊仔细地看了起来。

看完之后,笨笨熊说:"同属一纲,但不同物种的动物形态是千差万别的。可为什么同一实验台上不同器皿中的胚胎,尤其是早期胚胎,好像是千人一面呢?"

跳跳猴说:"是啊,我也正在为此感到不解呢。"

达尔文先生说:"你们的眼睛很尖哟,一下子就找出了其中的规律。其实,不仅同一纲动物的胚胎非常相似,不同纲的动物,比如哺乳类、鸟类、蜥蜴类、蛇类以及鱼类,它们的早期胚胎彼此都非常相似。"

"就说我们人类吧,人在出生后心脏有两个心房和两个心室。但是,人早期胚胎的心脏与低等动物类似,是一根简单的、能跳动的血管。"

"人在出生后,没有尾巴。但是,人早期胚胎的尾骨与很多动物相似,尾骨很明显,长度超出了下肢。"

"人在出生后,除头部外毛发很少。但是,人类的胎儿在长到六个月时,身上的毛发又细又密,类似羊毛,覆盖了除手掌和脚底以外的部位。这一点,和大多数低于人类的哺乳动物的毛发分布情况是相似的。"

"人类胎儿的两只脚、大脚趾与其他脚趾分开,适于把握,类似于树居动物。由此可知,我们的远祖是树居的。"

"人的胚胎在脖子上有一系列裂隙,说明以前在这个部位长过鳃。也就是说,人类的祖先是海洋动物。"

"人类的某些功能保持每月一次的周期性现象,也说明我们原始的出生地与海洋有关。"

"我有两种浸在酒精里的小胚胎,当时,我忘记把它们的名称标在标签上了。现在,我就完全搞不清它们各是什么动物,甚至各属于哪一纲都说不上来。"

达尔文先生滔滔不绝地讲的时候,跳跳猴和笨笨熊用笔在一个本子上飞快地记着。

停了一会儿,达尔文接着说:"同一纲中不同种类动物的胚胎在构造上彼此相似,往往与它们的生存条件没有直接的关系。比方说,哺乳动物、鸟类以及青蛙等脊椎动物胚胎鳃裂附近的动脉都有一个特殊的弧状构造。这些动物胚胎的生存条件大不相同,哺乳动物胚胎在母体的子宫内发育,鸟类胚胎从鸟卵中孵化,青蛙的受精卵在水中孵化。我们很难想象,为什么这些生存环境大不相同的动物,在胚胎结构上却有共同的特点。"

"再如,普通蝾螈有鳃,生活在水里;山蝾螈生活在高山上,从来不在水里生活。可是,如果我们剖开怀胎的雌性山蝾螈,就会发现在它体内的蝌蚪也有鳃。如果把山蝾螈的蝌蚪放在水里,它们能像普通蝾螈的蝌蚪那样游泳。显然,山蝾螈胚胎中的鳃,并不是由于山蝾螈适应胚胎发育过程中的环境而产生的,而是其祖先对环境适应的结果。"

跳跳猴问:"为什么不同分类的动物胚胎会如此相似呢?"

达尔文说:"这是因为,动物的胚胎重演了动物进化的过程。因此,起源相近的动物胚胎就会有非常相似的面孔。"

为了生存的变态

跳跳猴说："反过来说，具有相似胚胎结构的动物物种很可能来源于共同的祖先。是这样吗？"

达尔文先生笑了笑，说："大多数博物学者认为，在进行生物分类时，胚胎的构造比成体的构造更加重要。举例来说，在动物的两个或更多的群中，不管成体动物的构造和习性有多大差异，如果它们经过密切相似的胚胎阶段，就可以确定它们来源于一个不太遥远的共同的亲本。但是，如果某种动物在胚胎时期必须为自己寻找食物，情形就有所不同了。"

跳跳猴插话："胚胎时期的动物还需要为自己寻找食物吗？"

达尔文说："你感到惊讶吗？其实，胚胎时期的动物为自己寻找食物的例子很多。比如，许多昆虫都有幼虫阶段，幼虫就是昆虫的胚胎阶段。"

说到这里，跳跳猴恍然大悟，连连点头。

达尔文先生接着说："由于要为自己寻找食物，要与环境相适应，不同动物的胚胎就出现了差异。即使是同一动物，但在胚胎发育的不同阶段，器官的结构也会出现差异。"

"比如蔓足类动物吧。在第一阶段，它们的身体要快速发育，需要大量进食。在构造上，这一阶段的幼虫有三对运动器官，一个简单的复眼和一个吻状嘴。运动器官、复眼和嘴都是为该阶段幼虫的大量进食所需要的。"

"在第二阶段，相当于蝶类的蛹期，不需要吃东西。在构造上，这一阶段的幼虫有六对构造精致的游泳腿，一对巨大的复眼和极端复杂的触角，但嘴却呈闭合状态。发达的感觉器官以及强大的游泳能力都是为该阶段幼虫寻找适宜的附着点，进行最后的变态所需要的。"

"变态完成后，它们便定居下来，永远不再动了。于是，它们的腿转化成把握器官,以固定在附着的地方;由于不再需要寻找居住地点,触角消失了,两只眼睛也转化成细小的,单独的,简单的眼点。但是,在完成变态后,仍然需要进食。这时,具有进食功能的嘴又重新出现了。"

跳跳猴说:"这是一种为了生存的变态。"

达尔文点点头说:"理解的不错。可是,在大多数情形下,虽然是活动的幼虫,也或多或少地遵循着胚胎相似的一般法则。蔓足类就是一个很好的例子。蔓足类动物分为两种,即有柄蔓足类和无柄蔓足类。这两种蔓足类动物在成虫阶段外表上大不相同,可是它们的幼虫在所有阶段中却非常相似。"

不发音的字母

跳跳猴又问："达尔文先生,刚才说过了,在包括人在内的脊椎动物的胚胎中会出现鳃裂,但为什么在除鱼以外的脊椎动物成体中看不到鳃裂了呢？"

达尔文说："在胚胎中出现的结构,有些消失了。比如,人类胚胎早期有鳃裂,但在其后的胚胎发育过程中消失了。人类胚胎早期手指和足趾之间有蹼,也在其后的胚胎发育过程中消失了。最为明显的例子是青蛙。青蛙的前体——蝌蚪,有长长的尾巴,但在向青蛙变化的过程中消失了。

"但是,有些胚胎结构没有消失,而是留下了残迹。几乎所有的高级动物,总有某一部分是残迹状态的。例如,哺乳动物雄体具有退化的乳头,蛇类的肺有一叶是残迹的。某些鸟类,如鸵鸟和鸭子,有翅膀,但却不能飞翔。残迹器官有时还保持着潜在的能力。比如,有些雄性哺乳动物的乳房可以发育得很好,而且分泌乳汁。黄牛正常有四个发达的乳头和两个残迹的乳头,但是在有些奶牛,残疾的乳头很发达,而且分泌乳汁。"

"对于许多草食哺乳动物,盲肠很发达。而在另外一些动物,大概是由于食物性质或者生活习惯的变化,盲肠明显变短,缩短了的部分保留下来,成为阑尾。"

跳跳猴问："达尔文先生,这些器官是如何变成残迹器官的呢？"

达尔文说："我认为,不使用是器官退化的主要因素,这个过程是渐进的。一开始,以缓慢的步骤使器官逐渐缩小,到最后,成为残迹器官。不管残迹器官由什么步骤退化到它们现在那样的无用状态,由于它们是物种先前状态的记录,并且是完全由遗传的力量而被保存下来,因此,在对生物进行分类时,残迹器官与生理上高度重要的器官是同等地有用。举个例子来说吧。我们知道,在某些单词中,某些字母是不发音的。但是,在造这个单词的时候,之所以有这个不发音的字母,是有一定来历的。语言学家在对文字进行研究时,可以把这些不发音的字母作为那个单词起源的线索。"

听了达尔文先生深入浅出的讲解，跳跳猴茅塞顿开。

实验室的光线渐渐暗淡了下来，达尔文说："好，不早了。你们长途跋涉而来，一定劳累了。但是，在休息之前，你们能把我讲过的东西作一个总结吗？"

略微思考了一下，跳跳猴说："同一纲的动物在胚胎时期，尤其是早期胚胎时期，其结构是高度相似的，以后，才逐渐出现差异。

"在动物出生后或由幼虫转变为成虫后，有些结构消失了，有些结构没有彻底消失，而是留下了没有实际功能的残迹器官。"

"由于胚胎的结构以及残迹器官决定于物种的遗传因素，基本不受环境因素的影响，因此，胚胎的结构以及残迹器官常被应用于生物分类。"

听了跳跳猴的回答，达尔文先生微笑着说："好，总结得不错。"

接着，达尔文将跳跳猴和笨笨熊安排在他实验室的隔壁住了下来。

变异,生物进化的原动力

第二天清晨,跳跳猴和笨笨熊早早来到达尔文的实验室,他们计划在先生来到实验室之前把房间整理一下。但是,当推开实验室大门时,他们惊讶地发现达尔文先生已经在伏案工作了。

听见响动,达尔文先生抬起头来。

跳跳猴问:"先生,您在干什么呢?"

达尔文说:"我正在准备给你们讲课的内容呢。"

跳跳猴又问:"今天讲什么呢?"

达尔文说:"讲讲变异吧。我们把生物划分为界、门、纲、目、科、属、种。同一种的生物具有相似的基本结构,但不同亚种之间或者不同个体之间又有许多不同。比如,所有的马,都具有马的形态和特征,但同时又有大马和矮种马的区别。即使都是大马,毛色也不会完全相同。"

"人,形态基本相同,但根据肤色可以分为白种人、黄种人和黑种人等。即使同属白种人,每一个人的体格、相貌以及性格都不会完全相同。有人对 36 具尸体进行解剖,在肌肉中就发现了 295 处变异;有人对另一批 36 具尸体进行解剖,在肌肉中发现了 558 处变异。内脏的变异恐怕比躯体还要多。"

"以上说的是形态方面,在心理、智力以及性格等方面,则变异更加多样,而且难以定量。"

笨笨熊和跳跳猴连忙掏出了纸和笔,记录达尔文讲述的内容。

达尔文继续说:"蔓足类动物分为有柄蔓足类和无柄蔓足类。"

"有柄蔓足类动物有两个很小的,称为保卵系带的皮褶,可以分泌出黏液,将卵保持在一起。这样,有利于卵在卵袋中孵化。这种蔓足类动物没有鳃,全身表皮、卵袋表皮以及保卵系带都有呼吸功能。"

"无柄蔓足类动物则不然。它没有保卵系带,卵子松散地贮存在卵袋的底部。但是在相当于有柄蔓足类动物保卵系带的位置上,却有巨大的,具有皱褶的膜。这个膜状结构和身体的循环小孔自由相通,具有呼吸作用。"

"研究认为,有柄蔓足类动物具有一定呼吸作用的保卵系带通过自然选择转变成为无柄蔓足类动物的鳃。如果一切有柄蔓足类动物都已经绝灭,谁能想到无柄蔓足类动物的鳃原本是用来防止卵被冲出卵袋的一种器官呢?"

"还有,鱼的鳔本来是具有漂浮功能的器官,但在进化过程中却转变成为呼吸器官。"

跳跳猴问:"鱼不是用鳃来呼吸吗? 鳔是怎么参与呼吸的呢? "

达尔文说:"鱼类用鳃呼吸溶解在水中的氧气,同时用鳔呼吸游离的氧气。研究认为,鳔在位置和构造上都与高等脊椎动物的肺是同源的,或者说是相似的。也就是说,在进化过程中,鳔逐渐演变成了一种专营呼吸的器官。

"上面说的变异可以理解,有些变异则是难以想象的。比如,兰陀意斯曾经阐明,昆虫的翅膀是从气管进化形成的。"

"气管变异成为翅膀?"跳跳猴瞪大了眼睛。他觉得,气管和翅膀是两个风马牛不相及的东西。

达尔文点了点头。接着,总结性地说:"之所以同一种的生物具有相似的基本结构,是由于遗传;之所以生物能够不断进化,则是由于变异。可以说,变异是进化的原动力。"

不啄木的啄木鸟

笨笨熊接着问："达尔文先生，动物的这些变异是如何发生的呢？"

达尔文清了清嗓子，说："有些变异，可能是由于某些尚未被认识到的因素所致。有些变异呢？是由于环境的影响。"

跳跳猴问："环境可以导致结构的变异吗？"

达尔文说："把栽培的植物和家养的动物的变种或亚变种进行比较，我们可以发现，它们之间的差异一般比自然状况下物种或变种之间的差异要大得多。"

跳跳猴问："为什么会这样呢？"

达尔文说："我认为，栽培植物和家养动物的差异之所以巨大，是因为在人工栽培和饲养的过程中加进了人为因素。比如，不同的农场主采用不同的栽培方法，施用不同的肥料；不同的牧场主采用不同的牧养方式，采用不同的草场。也就是说，这些栽培植物和家养动物长期在极不相同的气候和管理下生活。这样，便导致它们的变异程度加大。"

"一般认为，生物必须在新条件下生长数代才能发生变异。某物种一旦发生变异，一般会在许多世代中继续变异下去，一种能变异的生物在栽培或家养时停止变异的例子在记载上还没有见过。最古老的栽培植物，比如小麦，至今还在产生新变种。最古老的家养动物，比如狗，至今还在发生变异。"

"众所周知，啄木鸟攀登树木，并从树干、树枝上捕捉昆虫。但在北美洲，有些啄木鸟主要以果实为食物；有些啄木鸟在飞行中捕捉昆虫。在拉普拉地平原上，树木极少。在那里有一种啄木鸟，它们的主要构造与一般啄木鸟非常相似，甚至那些不重要的性状，如羽毛颜色、粗糙的音调、波动式的飞翔，都表明了它们与普通啄木鸟有密切血缘关系。但是，仔细观察发现，它们的尾羽虽然坚硬，但坚硬程度不及一般啄木鸟；它们的嘴虽然直而强，但直和强的程度也不及一般啄木鸟。根据我的观察以及亚莎拉的精确观察,这种啄木鸟不攀登树木,在堤岸的穴洞中做巢。但根据赫德森先生的观察,在其他地方,就是这同一种啄木鸟,常常往来树木之间,并在树干上凿孔做巢。你们看,同一种啄木鸟,由于环境的不同,便导致了习性以及身体结构的变异。"

讲到这里,达尔文停顿了一下。然后接着说:"关于环境不同导致变异,你们能举出一些例子吗?"

笨笨熊想了想,说:"比如说,狗的祖先是狼,地球上各个地区野生的狼是基本相似的。但是,由于家养而被驯化形成的狗,则变异很大。有像雄狮一样的藏獒;有像小猫一样的哈巴狗。有的狗还有狼的野性,能替主人看家护院,守望羊群;有的狗却成了人们怀抱中的玩物……"

听了笨笨熊的回答,达尔文满意地点了点头。

丢掉镜片的望远镜

达尔文接着说："除了环境变化，长期的行为也可以导致变异。

"家鸭的翅骨占全身骨骼的比例比野鸭要小，而腿骨占全身骨骼的比例比野鸭要大。可以认为，这种变化归因于家鸭比其野生的祖先飞得少，走得多。

"牛和山羊的乳房在挤奶的部位比不挤奶的部位发育得更好，而且这种发育是遗传的，这是因长期挤奶而影响器官结构并且将这种结构变异遗传下来的一个例子。

"野生动物的耳朵大都是竖起来的，但许多家养的动物的耳朵是下垂的。有人认为，这是由于家养动物很少需要逃避危险，不需要经常竖起耳朵注意敌害的声音，耳朵肌肉很少被使用的缘故。

"鸟类的翅膀是用来飞翔的。但是，有很多鸟虽然有翅膀，却不能飞翔。比如，南美洲的大头鸭便只能在水面上拍动翅膀。值得注意的是，有人观察到大头鸭的幼鸟是可以飞的，只是在长大后失去了飞翔能力。"

跳跳猴问："这是为什么呢？"

达尔文说："在地上觅食的鸟除逃避危险外很少飞翔，并且在所生存的环境中一般不遇到危险时，就可能会因为长期不使用翅膀而导致翅膀的退化。这就可以解释为什么栖息在没有食肉兽的海岛上的几种鸟翅膀不发达，不会飞翔。

"鸵鸟在遇到危险时不是靠飞翔逃离危险，而是像四足兽那样用脚去踢来犯者。可以认为，鸵鸟祖先的习性和野雁是相像的。但是，因为它的体格以及腿部的肌肉得到明显的发育，能够对付敌害的侵犯，因此，在遭遇敌害时，它就更多地使用它的腿，逐渐减少用它的翅膀了。到最后，终于变得不能飞翔。

"再如，鼹鼠和某些穴居的啮齿类动物的眼睛被皮毛所遮盖，没有视觉功能。这些动物的眼睛为什么会在结构和功能上发生退化呢？很可能是由于不使用而造成的，不过，这里恐怕还有自然选择的帮助。"

跳跳猴问："为什么说有自然选择的帮助呢？"

达尔文说："眼睛对于穴居动物肯定是不必要的,在这种情形下,眼睛就发生废用性萎缩。穴居动物上下眼睑连在一起,并且在上面长出毛,可能对它们的生活是有利的。当某种变异对生物的生存有利时,自然选择就会发生作用,将这种变异保留下来。

"有几种不同纲的没有视觉的动物栖息在卡尼鄂拉及肯塔基的洞穴里,其中某些螃蟹没有眼睛,只有眼柄样的结构。形象一点说,就好像把望远镜的透镜丢掉了,只留下了望远镜的架子。这些动物失去眼睛好像可以归因于不使用。

"西利曼教授曾经在离山洞洞口约半英里的地方捉到过一种叫做洞鼠的盲目动物。在刚抓到这种盲目动物时,它没有视觉。但是把它放在逐渐加强的光线下大约一个月后,就能朦胧地辨识眼前的东西了。这说明,在使用时,身体某些结构的功能能够被开发出来;当长期不使用时,便逐渐退化。

"动物是这样,人也是这样。经常使用的肌肉发育的好,很少使用的肌肉则显得瘦弱。如果眼睛受到破坏,视神经就会萎缩。如果一对肾脏中的一个因病失去机能,余下的另外一个会因为同时要完成两个肾脏的功能而变得肥大。巴拉圭的印第安人两腿细小,手臂粗壮。为什么会这样呢? 这是因为他们一生几乎都在独木船或小划子中度过,上肢常常划船,而下肢经常不动。以上现象,简而言之,就是'用进废退'。"

跳跳猴说:"达尔文先生,好像行为所导致的变异与环境也有密切的关系。"

达尔文问:"什么意思呢?"

跳跳猴说:"比如,鼹鼠的眼睛失去视觉,是因为它长期不使用眼睛,而不使用眼睛是因为它们生存在没有光线的洞穴环境中。家鸭的飞行能力不如野鸭,是因为它们很少飞翔,而很少飞翔是因为它们生存在家养环境中。不是这样吗? "

达尔文说:"是这样的。有些变异很难分清楚是环境因素所致,还是行为因素所致。其实,在某种程度上,环境对行为有重要影响。可以说,环境和行为都是导致变异的重要因素。"

毛孩子

顿了顿，达尔文接着说："除了环境因素和行为因素外，有些变异是遗传所致。"

"遗传是使同种的生物个体保持一致的因素，怎么能导致变异呢？"跳跳猴感到不理解。

达尔文说："我这里说的导致变异的遗传，指的是返祖遗传。"

跳跳猴问："什么是返祖遗传呢？"

达尔文说："在某种动物中，出现了远祖曾经具有但在正常情况下已经消失很久的结构的现象就叫做返祖遗传。

"举一些例子来说明吧。某些低等哺乳动物，比如老鼠，子宫呈 Y 字形。在人类，有些妇女也出现了 Y 形子宫。兽类哺乳动物具有浓密的体毛，在人类中，有些人的体毛也非常浓密，被人称为'毛孩子'。

"马可以通过叫做薄肌的肌肉抽动皮肤。通过抽动皮肤，可以抖掉身上的尘土，还可以驱赶蚊虫。某些人将这种可以抽动皮肤的肌肉保留了下来。有人告诉我，他认识的一个人可以抽动头皮，甚至能将头上顶着的厚厚的书抛下来。后来的调查发现，不仅这个人，而且这个人的父亲、叔叔、祖父以及他的三个孩子都有这种特殊的能力。

"许多动物的耳朵可以运动。通过摆动耳朵，可以判断声音的来源，有利于发现猎物或躲避危险。在某些人，这种可以抽动耳朵的肌肉也保留了下来。我就曾经看到过一个人能把耳朵向前扇动，另外一些人能将耳朵向上抽动。"

这时，笨笨熊指着跳跳猴说："达尔文先生，我的这一位朋友耳朵也会动呢。"

"是吗？动一下看看。"达尔文说。

跳跳猴一边动耳朵，一边说："我的耳朵不仅会动，小时候，边缘上还长着不少毳毛呢。"

达尔文说:"耳朵不仅会动,还长着很多毛,不是返回了早先的动物阶段吗?"

跳跳猴和笨笨熊连连点头称是。

达尔文接着说:"这些在我们看来属于变异的情况,实际上都是返祖遗传。这些人,好像是寻根问祖的朝圣者。通过他们,我们便知道人类和哪些动物或远或近有着血缘关系。"

跳跳猴说:"这么说来,动物在生生不息的繁衍过程中,既有遗传,又有变异。这遗传和变异是一种什么关系呢?"

达尔文说:"遗传是基础。变异呢?如果对生物的生存有利,就会保存下来,成为生物的生存优势,同时也使得生物物种出现多样化。如果对生物的生存不利或者超过一定限度,就会由于不适应环境而被淘汰。"

不知不觉,已是正午时分,达尔文邀请跳跳猴和笨笨熊在办公室共进午餐。

猫—鼠—土蜂—三叶草

午饭后,达尔文说:"让我们出去走走吧。研究生物进化,每天待在办公室,不走进大自然,怎么能行呢?"

说完,达尔文先生领着笨笨熊和跳跳猴向附近的一座山上爬去。跳跳猴注意到,在山脚占主要比例的树种在山腰处渐次稀少起来,到山顶,则是另一种树的一统天下了。

这是为什么呢? 正在琢磨着这一现象,达尔文先生说话了:"不知道你们在登山时是否注意到,在山体的不同高度,分布着不同的植物种类。"

跳跳猴说:"我正在纳闷呢。为什么会出现这种现象呢?"

达尔文说:"有些人认为,是气候和物理的生活条件导致了植物分布的差异。但是,山的高度是逐渐变化的,单用山的高度不同不能完全解释如此明显的树种的变化。"

跳跳猴说:"还有什么因素可以解释这种变化呢?"

达尔文站了下来,说:"我们应该知道,在地球上,每一种生物都与别的生物直接地或者间接地发生关系。具体来说,某一个物种,或者依赖其他物种而存在,或者被其他物种所毁灭,或者与其他物种相竞争。这些物种之间的相互影响,对物种的分布范围具有更大的影响力。"

听了达尔文的讲述,跳跳猴和笨笨熊都蹙起了眉头。

看到跳跳猴和笨笨熊的样子,达尔文说:"刚才说的可能有点抽象。关于物种之间的关系,我还是举一个猫—鼠—土蜂—三叶草的例子来解释吧。

"我曾经对三叶草的受粉情况进行过观察。我发现,三叶草开放的,土蜂访问过的 20 个头状花序结了 2290 粒种子;而被遮盖起来,土蜂不能接触到的另外 20 个头状花序没有结出一粒种子。为什么会这样呢?这是因为三叶草所开的花结构比较奇特,别的蜂类不能接触到它的蜜腺,只有土蜂才能使其受粉。以这些观察结果作为基础,我们就可以作出推论,如果英格兰的所有土蜂都灭绝了或者变得很稀少了,三叶草也会变得很稀少或全部灭绝。

"上面说的是土蜂和三叶草的关系,那么,土蜂和鼠有什么关系呢?野鼠可以毁灭土蜂的蜂窝和储蜜房。有人经过长期观察得出结论:全英格兰三分之二以上的土蜂都是被野鼠毁灭的。也就是说土蜂的数量是由野鼠的多少来决定的。

"接下来,猫和鼠的关系。众所周知,鼠的数量是由猫的数量来决定的。在村庄和小镇的附近,土蜂窝比在别的地方要多得多。原因是在村庄和小镇附近,猫对鼠的数量起了制约作用。

"你们看,猫对鼠起制约作用,鼠限制土蜂的数量,土蜂又影响三叶草的受粉,继而影响三叶草的繁衍。你们说,物种之间是否存在互相影响呢?"

听了达尔文的解释,跳跳猴和笨笨熊茅塞顿开。

其实,许多乍听起来风马牛不相及的物种之间存在着非常密切的依存关系。

毛里求斯有一种渡渡鸟,这种鸟靠吃一种叫做卡尔瓦利亚树的种子为生。不知道什么原因,渡渡鸟绝种了。奇怪的是,在渡渡鸟从地球上消失之后,卡尔瓦利亚树也面临灭绝的危险。开始,人们不知道是什么原因。鸟类生态学家斯坦利.A.坦布尔对这个现象进行了深入研究。他发现,卡尔瓦利亚树的种子有一层厚厚的坚硬的外壳。有多坚硬呢?能承受580千克压力而不破碎。种子外面有这么一层盔甲在外面包着,在自然状态下当然不会发芽。那么,以往的卡尔瓦利亚树是靠什么传宗接代的呢?长期观察发现,渡渡鸟在吞食卡尔瓦利亚树的种子后,靠着消化道的蠕动和酶的作用,能使这种种子的外壳变薄。这种外壳变薄的种子在排出体外之后,便可以正常发芽。因此,渡渡鸟灭绝后,卡尔瓦利亚树便面临断子绝孙的危险。

为了拯救卡尔瓦利亚树,有人将这种树的种子喂给家养的火鸡。结果,一部分种子在火鸡的沙囊中磨碎了,一部分从肠道排出。将经肠道排出的种子种下去,有一部分种子发了芽。后来,当地林业工人用人工方法将种子的外壳磨薄,播种后也发了芽。

本是同根生，相煎何太急

　　就在达尔文一行爬山过程中，不时有兔子从他们面前跑过，树上，不知名的鸟在婉转地唱着歌。置身于大自然中，听着大师的教诲，跳跳猴和笨笨熊格外地高兴。

　　达尔文一边爬山，一边说："在猫—老鼠—土蜂—三叶草中，猫吃老鼠，老鼠吃土蜂。土蜂和三叶草，则是相互依存。物种之间，除了上述关系之外，还普遍存在着相互竞争。其中，同种的个体之间所进行的斗争最为剧烈，因为它们生存在同一区域内，需要同样的食物，还遭遇同样的危险。

　　"例如，把几个小麦变种播种在一起，然后把它们的种子再混合起来播种在一起，那些最适合该地土壤和气候的，或者繁殖力最强的品种便会在竞争中占优势，产生更多的种子。几年后，这种优势品种就会把其他品种排斥掉。

　　"再如，当把颜色不同的豌豆混合种植时，为了保持各种豌豆的数量，必须每年分别采收种子，播种时再照适当的比例混合。否则，较弱种类的数量就会不断减少，最终被消灭。

　　"绵羊的变种也是这样。有人曾断言，某些品种的山地绵羊能使另外一些品种的山地绵羊饿死。

　　"同种动植物之间的竞争比异种动植物要剧烈，同样道理，同属动植物之间的竞争也比异属动植物要明显。近来，苏格兰一些地方吃槲寄生种子的槲鸫增多了，结果，善鸣鸫的数量便减少了。在俄罗斯，小型的亚洲蟑螂入境之后，便到处驱逐大型的亚洲蟑螂。还有，在澳洲，输入蜜蜂后，很快把小型的无刺的本地蜂给消灭了。"

　　听了达尔文先生的讲述，跳跳猴不禁感叹道："本是同根生，相煎何太急。"

　　其实，不仅动植物同种和同属之间存在激烈竞争，人类也是如此。曹植写的"煮豆燃豆萁，豆在釜中泣；本是同根生，相煎何太急"，这首七步诗不就是他深受其兄曹丕的迫害有感而发的吗？

与小精灵同行

自然选择

太阳完全沉到山背后去了,达尔文领着跳跳猴和笨笨熊向山下的寓所走去。

来到山下,已是掌灯时分。达尔文领着跳跳猴和笨笨熊回到了办公室。

在达尔文的办公室,靠墙排着几个大书架,摆满了各种各样的书籍。书架的对面,是几个大玻璃柜,陈列着形形色色的生物标本。

看到各种各样的生物标本,跳跳猴和笨笨熊兴奋不已。达尔文如数家珍地给小哥俩一一介绍他的宝贝,哪些物种现在还有存世,哪些物种已经灭绝,哪些物种发生了变异和进化;哪些采集自加拉帕戈斯群岛,哪些采集自马德拉……

看完标本,达尔文说:"在生物进化过程中,一些生物灭绝了。一部分原因是环境发生了不利于生物生存的变化,一部分原因是变异了的生物不适应生存环境。总之,是没有通过自然条件对生物选择这道门槛。

"此外,一些生物生存了下来,并且在生存过程中不断进化。这些生物之所以可以生存下来,并且进化,是由于通过了自然对生物选择这道门槛。因此,对生物来说,选择是一个非常重要的、关乎生死存亡的机制。"

跳跳猴问:"达尔文先生,你说的选择是什么意思呢?"

达尔文说:"具体来说,选择分为自然选择、性选择以及人工选择几个方面。下面,首先讨论一下生物的自然选择。

"观察和研究发现,某一区域生物物种的种类是和当地的气候或其他环境因素有关的。

"沃拉斯顿先生发现,栖息在位于海边的马得拉的 550 种甲虫中,有 200 种甲虫的翅膀发育不良,不能飞翔。还有一些昆虫,翅膀非常发达。翅膀不大也不小的昆虫却很少见到。"

跳跳猴问:"这是为什么呢?"

达尔文说:"我们知道,海边风大,还不时发生台风。那些翅膀发育得不完全的甲虫飞翔较少,不大容易被海风吹到海里去,因而生存了下来。那些翅膀比较发达,喜欢飞翔的甲虫则大多被吹到海里去,因而很少见到。"

跳跳猴问:"那为什么翅膀非常发达的昆虫竟然生存下来了呢?"

达尔文说:"这些鞘翅类和鳞翅类昆虫翅膀足够强大,能够战胜海风,所以,也容易生存下来。"

怕两个小朋友听不懂,达尔文解释道:"举个例子吧。一条船在靠近海岸处破了。水性很好的船员,游回了海岸;不会游泳的船员,攀住破船,等待救援人员将自己救上了岸;那些虽然会水,但水性不好的船员觉得救援人员不一定会来,试图自己游回去,结果,被海浪吞没。"

跳跳猴贴在笨笨熊的耳朵旁,说:"先生举的例子多恰当啊!"

笨笨熊低声说:"要不,怎么叫大师呢?"

达尔文没有听见跳跳猴和笨笨熊的窃窃私语,继续说:"生物自身的变异也对生物进行选择。有人说过,短嘴翻飞鸽死在蛋壳里的比能够孵出来的要多得多。只有两种幼鸽能够孵化出来,一种是雏鸽具有坚硬的鸽喙,另一种是蛋壳比较脆弱。不具备上述条件的往往把蛋壳当做自己的坟墓。

"还有,小蛇是利用上颚临时长出来的锐齿将蛋壳划破才孵化出来的。在从蛋壳内孵化出来后,这个锐齿就消失了。如果蛇的某一个物种没有这种变异,小蛇就不能孵化出来。这样,这一个物种就有可能被自然选择淘汰掉。"

这时,窗外传来声音:"先生,您孵的鸽子出壳了。"

达尔文对小哥俩说:"我去看一下我的小鸽子,一会儿就来。"说完,急匆匆走出门。

其实,有关自然选择的例子很多很多。曼彻斯特的桦尺蛾便是一个典型的自然选择的例子。

在英格兰西北部的曼彻斯特的森林中生活着一种桦尺蛾,这种蛾白天栖息在树干上,夜间觅食和活动。1850年,一些生物学家在这一地区采集了数百只桦尺蛾标本,发现大多数桦尺蛾的颜色是浅色的,只有少数是深色的。大约100年后,又有一批生物学家来此处采集桦尺蛾标本。他们发现,这次采集的标本中深色桦尺蛾占多数,浅色桦尺蛾却成为少数。

这是为什么呢?

采集桦尺蛾的生物学家们也百思不得其解。为了解开这个谜,生物学家将数量相等的浅色桦尺蛾和深色桦尺蛾同时放到树干上,然后,在远处用望远镜观察。他们发现,当一群以吃桦尺蛾为生的鸟在树干上停留并飞去之后,浅色桦尺蛾所剩无几,深色桦尺蛾却大多幸存了下来。

这又是为什么呢?

原来,在 1850 年,曼彻斯特地区没有工业,树干的颜色是浅色的。到了 1950 年,也就是 100 年之后,曼彻斯特从原来的一个村庄变成了一个工业城市,工厂排放的烟尘将周围森林中的树干都染成了黑色。

当树干没有受到污染时,深色桦尺蛾容易被食蛾鸟所发现,因此,幸存下来的多是浅色桦尺蛾;当树干被烟尘污染成为深色后,浅色桦尺蛾容易被食蛾鸟所发现,因此,幸存下来的多是深色桦尺蛾。也就是说,自然环境对生物发挥了选择作用。

优胜劣汰也是一种选择。这一过程,有的是发生在种群内部,有的是发生在种群之间。

母老虎在捕到猎物后,先自己吃饱,然后让体格健壮的小老虎去享用剩饭。如果瘦弱的小老虎也要上前分一杯羹,母老虎会发出低沉的吼声,将其喝退。在母老虎看来,只有壮实的孩子才有资格活下来。当母老虎捕不到猎物,饥饿难耐时,甚至会把最瘦弱的亲骨肉用来充饥。

看起来,作为母亲,这样做有点太残忍。但是,就是这种残忍的行为使病弱的个体被淘汰。这样,种群的质量便得到提升。

至于种群之间的优胜劣汰,就更是司空见惯了。比如,在动物大迁徙过程中,被狼或者狮子抓住的动物往往是老弱病残者。

看起来,作为猛兽,这样做,有点恃强凌弱,有损英雄的形象。但是,就是这种恃强凌弱的行为帮助猎物进行了种群清理。这样,猎物种群的整体质量才得到保证。

性选择

过了一阵,达尔文回来了。他高兴地说:"刚才,又有一窝小鸽子出壳了。"

跳跳猴问:"您养鸽子是为了什么呢?"

达尔文说:"我在观察鸽子的生活习性,还观察它们在家养条件下发生的变异。"

笨笨熊说:"除了鸽子,先生还养了许多其他动物呢。"

达尔文说:"好了。接着说我们的话题吧。下面,我们再讲另外一种选择,性选择,也就是生物在繁殖过程中对配偶的选择。

"在人类中,女性对男性的择偶标准或者是相貌或者是技艺。有时,几个男性还会因为争夺同一个女性而进行决斗。

"在动物界,性选择的标准及方式和人类相仿。雄性为了得到雌性,有的是靠武力争斗;有的是靠美貌;有的是靠舞蹈和技艺;有的是靠歌喉,即我们通常所说的声乐;有的是靠乐器产生的音乐,即我们通常所说的器乐;有的是靠气味……

"雄性动物为了争夺雌性而诉诸武力的现象是比较普遍的,有时,战斗的场面是异常惨烈的。

"我就曾经看到过一条雄丝鱼在争夺雌性的过程中将另一条雄丝鱼咬得皮开肉绽,直至死亡。有人在鲑鱼的繁殖期发现水中有300多条死鲑鱼,其中,除一条为雌鱼外全是雄性。很可能这些雄鲑鱼都是殉情者。

"孟加拉人喜欢养一种叫做阿玛达伐特的歌鸟,用来观赏雄鸟之间的争斗。但是,为了让雄鸟打起来,人们总是将雌鸟关在两只雄鸟中间的一个鸟笼子里。只要把雄鸟从笼子里放出来,它们会立刻斗起来。为什么斗呢?它们是在雌鸟面前展示自己的武艺,希望在获胜后得到雌鸟的青睐。

"鹑鸡类的雄鸟在繁殖季节都要进行殊死的战斗。但是,一个先决条件是在战场上有若干雌鸟。也就是说,争夺异性是战争爆发的起因。

"我们一般认为,雄孔雀是靠美貌来取悦雌孔雀的。实际上,有时候,雄孔雀也会因为争夺异性而发生战斗。

"鱼和鸟类为爱情而决斗,昆虫也不例外。有人发现雄性锹形甲虫在繁殖季节常常带着伤痕,这是与别的雄虫在性选择过程中咬伤的痕迹。无与伦比的昆虫学家法布尔常常看到某些雄性膜翅类昆虫为了争夺雌虫而战斗,雌虫停留在旁边漠不关心地观战。在决斗见分晓后,雌虫会与战胜者结为夫妻,一同走开。

"一般来说,在通过武力途径进行性选择的情况下,强壮的雄性容易在斗争中取胜,留下的后代多。但是,在许多情况下,是否能占有雌性并不完全依靠体格是否强壮,还要依靠雄性所具有的特种武器。比如,无角的雄鹿很少能够战胜有角的雄鹿,无距的公鸡很少能够战胜有距的公鸡。

"在性选择方面,实行一夫多妻制度的雄性动物之间的战争是最为壮烈的。这些动物常常有特种武器,比如,雄性狮子的鬃毛、雄性鲑鱼的钩曲颚。这些武器有的用于进攻,有的用于防御,也就是说,有的是矛,有的是盾。但是在争斗中,盾牌和矛一样重要。

"有些动物,只有在性成熟后,或者在繁殖季节,才出现艳丽的色彩,或者出现某些身体结构。比如,雄性招潮蟹只有在性成熟后的繁殖季节才出现鲜艳的颜色;雄性沙跳虫要在成年时才长出与雌性明显不同的螯。雄性鲇鱼的顶冠只有在一年一度的繁殖季节才出现,与此同时,身上的颜色也变得很鲜艳。在繁殖季节,雄性丝鱼的变化之大令人咋舌。它们的眼睛呈漂亮的绿色,焕发出金属光彩,喉部和腹部呈绯红色,背部则为灰绿色,整个身体有透光的感觉,从身体内部闪烁出荧光来。但是,一过繁殖季节,它们便卸下盛装。

"某些种类的雄鸟通过舞蹈等方式向雌性展示才艺。例如,在鹬鸪的繁殖季节,雄鹬鸪会每天早上聚集在一个选定的草坪上,顺着一个直径15到20英尺的圈子跑个不停,这就是人们所称的鹬鸪舞。圭亚那的岩鸫、极乐鸟以及其他一些鸟类在繁殖季节会聚集在一处。雄鸟一个个地把美丽的羽毛展开,并且做出各种优雅的动作。雌鸟呢?站在旁边进行观察,最后,选择羽毛最漂亮,动作最优雅的伴侣作为配偶。

"有些鸟,则是通过赛歌来决出优胜者。"

跳跳猴低声向笨笨熊说:"就像电影《刘三姐》中的情形吧?"

笨笨熊点点头,小声说:"应该是吧。"

达尔文继续说："需要说明的是，雄鸟与雄鸟在赛歌会上的竞争非常激烈，有些鸟甚至连续唱个不停，直至昏死过去。有人对一只长时间唱歌然后死亡的鸟进行解剖，发现肺部的血管竟然破裂了。

"天生有一副好歌喉的鸟当然要尽情歌唱，展示自己的才能，一些没有好嗓子的鸟，如天堂鸟等，则通过振动羽毛发出声音进行竞争。"

跳跳猴问："这就是所谓的器乐吧？"

达尔文说："对。最后，我们说一下气味。一种叫做臊鼠的动物身上有一种臊腺，可以发散出一种浓烈的臊气味。在繁育季节，雄臊鼠的臊腺会增大。雄性大象面部有一种臭腺，可以发出一种有强烈麝香气味的臭气。在繁育季节，这种臭腺会明显变大。可能，动物对气味的感觉和人类不同，人类厌恶的气味在它们可能反而是很有吸引力的。"

人工选择

　　顿了顿,达尔文接着说:"除了自然选择和性选择外,还有一种选择,是人工选择。我们前面讲变异的时候曾经说过,比起野生动物来,家养条件下的动物发生的变异更多。为什么会这样呢? 原因之一,就是人们在家养动物的过程中有意使那些符合人们要求或欣赏标准的动物获得更多的繁殖机会。这样,家养动物就倾向于发生变异,倾向于顺着人们所要求的标准发生变异。"

　　这时,墙上的挂钟敲了十下。达尔文接连打了几个哈欠。

　　跳跳猴低声对笨笨熊说:"先生困了。"

　　笨笨熊俯在跳跳猴的耳边说:"露一手,给先生讲个故事。"

　　跳跳猴仰起头对达尔文说:"先生,我给您讲个故事吧。"

　　达尔文说:"你会讲故事? 好啊。"

　　说着,便坐到了办公桌前的椅子上,并示意跳跳猴和笨笨熊坐在旁边的凳子上。

　　跳跳猴说:"彼得每天上班要经过一个饭店,一个乞丐经常跛着左腿在这个饭店的门口向路人乞讨。每次碰到这个乞丐,彼得总要从口袋里摸出几个硬币塞给他。一个雨天,在经过这个饭店时,彼得发现那个乞丐跛着右腿。他站了下来,盯着那乞丐诧异地说:'我记得你是跛着左腿,是我记错了吗? '乞丐慌忙改成跛着左腿,说:'对不起,是我记错了。'"

　　听了跳跳猴的笑话,达尔文畅怀大笑了起来。笑了一阵,感到不过瘾,他又说:"刚才你讲的是西方人的笑话,再来一个中国的。"

　　跳跳猴想了一想,说:"好。一天早上,几个客人到一家饭店用餐,店小二给每人上了一个煮鸡蛋。一个客人打开鸡蛋一看,变质了。他把店小二叫来,说:'我这个蛋是一个坏蛋,换一个。'店小二拿走坏鸡蛋,拿来一只好鸡蛋。但是,当走到桌子旁边时,忘记了应该给谁。便喊:'谁是坏蛋? 谁是坏蛋? '但是,没有人应答。"

讲到这里，笨笨熊笑得前仰后合，达尔文却无动于衷。

看到笨笨熊哈哈大笑，达尔文不解地问："为什么没有人应答呢？"

笨笨熊说："店小二说的坏蛋是指坏了的鸡蛋。但是，在中国，坏蛋是坏人的意思。问谁是坏蛋，当然没有人应答了。"

听了笨笨熊的解释，达尔文也哈哈大笑了起来。

笑了一阵，达尔文说："好了，时间不早了，休息吧。明天，我们讲选择与进化。"

说完，达尔文先生便走出了办公室，跳跳猴和笨笨熊回到了宿舍。

躺在床上，笨笨熊接着说："在达尔文时代，人工选择确实不是一种很重要的选择方式。但是，在现代，人工选择已经成为改造物种的一个非常重要的手段。比如，在农业上，科学家通过杂交技术研究和生产高产作物；在医学上，人们应用基因诊断的方法避免遗传病患儿的出生。我想，在未来，人工选择将会在新物种形成方面发挥越来越大的作用。"

跳跳猴说："也就是说，将来，人类将会更多地应用先进的科学技术对物种进行人工选择了。"

笨笨熊说："是这样。"

选择与进化

　　第二天早上,达尔文来到办公室时,跳跳猴和笨笨熊已经在那里了。他们聚精会神地观察先生的生物标本,以至于达尔文进到办公室来都没有察觉。

　　达尔文在办公桌前的椅子上坐了下来,故意咳嗽了一声。

　　听到咳嗽声,跳跳猴和笨笨熊才回过神来,来到先生旁边,坐在凳子上。今天,他们要听达尔文讲选择与进化。

　　看到小哥俩凑到跟前来,达尔文说:"昨天,我们讲了选择。就是通过选择这个机制,物种实现了进化。"

　　跳跳猴说:"可以讲一个具体的例子吗?"

　　达尔文说:"可以。我们以眼睛为例说明这个问题吧。在眼睛的前部有角膜和晶状体,后部有视网膜,还有视神经通向大脑。角膜和晶状体类似于照相机的镜片,可以将进入眼睛的光线集中起来。视网膜类似于照相机的胶片,眼睛看到的图像就落在上面。视神经类似于冲洗胶片的装置,可以使人感受到落在视网膜上的图像。但是,如此精巧的眼睛经历了一个漫长的进化过程。

　　"有些最低级的动物,它们的体内没有神经,但是能感光。"

　　跳跳猴问:"没有神经,怎么能感光呢?"

　　达尔文说:"我们可以想象,在这种动物的细胞的细胞质里有某些感觉元素。在进化过程中,这些感觉元素有可能聚集起来,逐渐发展成为具有视觉功能的视觉系统。当然,这个进化过程是循序渐进的。

　　"一开始,还不能称为眼睛的视觉器官是一些色素细胞的集合体,这种视觉器官不能精确地感受物体的形状,只能用来辨别明暗。

　　"能够叫做眼睛的最简单的器官有一条视神经,这条视神经被色素细胞环绕着,外面由透明的皮膜遮盖着,但是没有晶状体或其他折射体。

"某些星鱼围绕神经的色素层具有小的凹陷，凹陷中充满透明的角质，表面突起，好像高等动物眼睛的角膜。研究者认为，这种动物虽然具有类似角膜的结构，但不是用来反映形象的，只不过是把光线集中，使它对光线的感觉更灵敏一些。这种结构，向着高等动物的眼睛又进化了一步。

"到了昆虫，出现了复眼。在复眼中，出现了角膜和晶状体。有了角膜和晶状体，便能把进入眼睛的光线会聚到起来，形成清晰的图像。

"从上面的叙述可以看出，视觉器官的进化经历了一个从只能感受明暗，到出现色素细胞，到出现视神经，再到出现角膜、晶状体等折光装置这样一个逐渐的，漫长的过程。

"我们知道，望远镜是由人类经过长期的努力而发明和完善的一种光学仪器，眼睛也是通过一种与望远镜的发明和完善类似的过程而形成的。可以认为，有一种力量经常关注着眼睛的每个轻微的改变，并且在眼睛的结构发生变化时，把以任何方式和任何程度产生比较清晰的映象的每一个变异都仔细地保存下来。这种力量，就是选择机制。通过这种自然选择，就实现了物种的进化。

"我们不得不承认，通过选择作用，眼睛这个活的光学仪器比玻璃光学仪器制造的更好，正如'造物主'的工作比人的工作做得更好一样。难道我们能不相信这一点吗？"

跳跳猴说："相信。我想，这'造物主'，就是自然选择。这'造物主'的杰作，就是由于自然选择而实现的进化。"

达尔文看着跳跳猴赞许地笑了笑。

本能

跳跳猴说:"达尔文先生,有一种现象,我常常在思考,但总是弄不明白。"

达尔文问:"什么现象呢?"

跳跳猴说:"有一些银鸥的黄喙尖端有一小块红斑。刚孵化出来的小银鸥需要吃东西时,就去啄妈妈的黄喙尖端的红斑。这时,妈妈就会张开嘴巴,给小银鸥喂食。有一次,我们看见有一只银鸥冲向一个小女孩。原来,这个小女孩裤子的膝盖部位有一块红斑。看来,小银鸥啄妈妈的喙,并不是因为它知道那是妈妈的嘴,而是因为它将红斑图案与能够得到食物形成了联系。可是,我就纳闷,小银鸥刚从蛋壳里孵化出来,怎么就知道那红斑与妈妈的嘴有联系,而妈妈的嘴又与食物有联系呢?"

听了跳跳猴的问题,达尔文先生哈哈一笑,说:"你说的这种情况叫做本能。"

跳跳猴说:"什么叫做本能呢?"

达尔文说:"我们自己需要经验才能完成的一种活动,而被一种没有经验的动物特别是被小动物所完成时,并且许多个体并不知道为了什么目的,却按照同一方式去完成时,这种现象一般就称为本能。"

跳跳猴问:"本能是不依靠经验的行为,也就是说,本能是比较简单的行为吧?"

达尔文说:"不能这样理解。一种行为是否本能,关键是要看这种行为是否依靠经验,是否需要学习。海狸筑堤坝或挖渠道和蜘蛛编织蜘蛛网都是很复杂的行为,但是,这些行为不依靠经验,不需要学习。小海狸第一次筑堤坝或挖渠道和老海狸一样的好;小蜘蛛第一次织网和它爸爸妈妈结出来的网没有两样。从这一点,可以认为,海狸筑堤坝或挖渠道,蜘蛛织网,虽然复杂程度很高,仍然属于本能。"

听了达尔文先生的解释,跳跳猴不住点头。

达尔文接着说:"本能对动物的作用非常强烈。比如,习惯于季节性迁徙的候鸟对排着队进行长途飞行会感到非常高兴,如果因条件限制不能进行迁徙时会感到异常苦恼。为了观察大雁在迁徙季节不能飞行会出现什么情况,有人将一只大雁的翅膀剪短。令人惊讶的是,这只大雁竟然与天上的同伴遥相呼应,步行一千几百千米向迁徙目的地进发。

"大雁是这样,别的候鸟呢? 为了弄清楚这个问题,有人把另外一种候鸟在迁徙季节关在笼子里。这只候鸟想要飞出去进行长途旅行但逃不出牢笼,它在笼子的铁丝栏杆上乱冲乱撞。结果,胸前的羽毛都脱落了下来,胸前的皮肤血迹斑斑。"

跳跳猴惊讶地说:"本能的作用有这么强烈啊? "

达尔文微笑着点了点头。

笨笨熊问:"达尔文先生,本能是如何形成的呢? "

达尔文说:"我认为,本能的形成是一个长期的过程。下面以蜜蜂营造蜂房为例说明一下我的这个观点。

"凡是考察过蜂巢的精巧构造的人,无不为蜜蜂的杰作大加赞赏。关于蜂巢,我认为可以用三个'最'来形容,蜜蜂使用最少的蜂蜡,按照最合理的结构建筑蜂巢,用来容纳最大限度容量的蜂蜜。即使是一个经过培训的工人,给他配备先进的工具和计算器,也很难造出形状与蜂巢一样的建筑来。但是没有上过培训班没有装备任何工具的蜜蜂却在黑暗中做到了。这便是本能。

"但是,要知道,这种本能是经过了长期的演变逐渐形成的。

"蜂有几种。有土蜂、墨西哥蜂和蜜蜂。这三种蜂的蜂巢各不相同。

"土蜂用它的旧茧来贮存蜜。有时,它们会在茧壳上附加一些蜡质短管,也会对茧壳进行加工,建造分隔的、很不规则的圆形蜡质蜂巢。

"蜜蜂的蜂房非常规则,两层蜂房共用底部。每一个蜂房都是六面柱体,这个柱体的每个面都为相邻蜂房所共用。这种共用大大节省了蜂房的建筑材料——蜂蜡。

"介于土蜂蜂房和蜜蜂蜂房之间的是墨西哥蜂房。墨西哥蜂用于孵化幼蜂的蜂房呈圆柱形,此外,还有一些用于贮存蜜的近乎球状的大型蜂房。这些蜂房聚集在一起,成为不规则的一堆。大概是为了节省空间,用于贮存蜜的蜂房互相靠近。我们知道,球状结构靠得太近时,相邻的球之间有可能互相穿通。但是,实际上没有这种情况。墨西哥蜂在有交切倾向的球状蜂房之间把墙壁造成平面。因此,每个贮存蜜的蜂房外面看起来呈球状,内壁的某些部位却是平面。采用这种建筑工艺,墨西哥蜂节约了大量建筑材料,同时,节省了大量劳动力。

"可以看出来,从土蜂到墨西哥蜂再到蜜蜂,它们造巢的本能逐渐演变,逐渐完善。"

跳跳猴问:"那么,蜜蜂造巢的本能是如何达到登峰造极的地步的呢?"

达尔文说:"我正要谈这个问题。我想,一开始,蜂类的祖先营造彼此保持一定距离的同等大小的球状体作为蜂巢,并且沿着交切面建筑墙壁。显然,这种蜂巢的建筑工艺是不理想的。经过长期的自然选择,它们的建筑工艺逐渐改进,不仅使蜂房有适当的强度、适当的容积和适当的形状,还能在一定程度上节省材料和劳力。那些能够以最少的劳力和最少的材料建筑蜂房的种群就会获得最大成功,从而发展壮大起来,并且将这种新获得的节约本能传递给它的子孙。在这个家族不断壮大后,就形成了一个新的物种,一个经过自然选择具备了超群的建造蜂房工艺的新的物种。这个物种就是蜜蜂。"

听了达尔文先生的讲述,跳跳猴和笨笨熊不住地点头。

怕老鼠的猫

　　达尔文从座位上站了起来，一边在地上踱步，一边说："因为本能是与生俱来的，因此，它是可以遗传的。既可以受之于父母，又可以传之于子孙。比如，把幼小的向导狗第一次带出去，它就能够指示猎物的所在；拾物猎狗可以在某种程度上把衔物的特性遗传下去；牧羊狗不是跑在绵羊群的中间，而是生来就具有在羊群周围跑，驱赶羊群的习性。

　　"当使不同品种的狗进行杂交后，可以看到亲代的习性、本能遗传到子代的现象。比如，长躯猎狗与斗牛狗杂交，可以将勇敢性与顽强性向下遗传许多世代；牧羊狗与长躯猎狗杂交，子代都可以获得捕捉山兔的本能。勒鲁瓦曾经描述过一只狗，这只狗的曾祖父是一只狼，虽然已经间隔三代，还秉承了狼曾祖父的某些特性。比如，在呼唤它时，它像狼一样兜着圈子，而不是直线走向呼唤它的主人。"

　　跳跳猴说："这么说来，每一个物种都有自己特定的本能。是这样吗？"

　　达尔文点点头，说："是这样。"

　　跳跳猴又问："那么，是否可以说，对于某一个物种，本能是代代相传，不会改变的呢？"

　　达尔文说："不能那么说。就像动物身体的构造会发生变异一样，本能也是可以变异的。例如，候鸟的迁徙是一种本能，但迁徙这种行为不但在范围和方向上可以变异，而且还会完全消失。狼吃羊也是一种本能，但是从狼驯化形成的狗不仅不吃羊，还能保护羊群。"

　　笨笨熊问："这是为什么呢？"

　　达尔文说："我们假设，狗在幼小的时候偶尔会攻击一下羊和鸡等家畜和家禽，但是，每当它对这些伙伴进行攻击时，就会被主人打一顿。如果仅仅打了之后还不接受教训，屡教不改，就会被主人弄死。这样，不攻击家畜和家禽的狗通过选择被留了下来。也就是说,在长期驯化过程中,通过习性的培养、遗传和某种程度的选择,使其祖先本来是狼的狗文明化了,狼的一些本能消失了。

"再说鸡吧。在家养环境下,小鸡消失了对狗和猫惧怕的本能。但是,当老鹰飞来时,母鸡一发出报警的声音,小鸡便从母鸡的翅膀下跑开,躲到附近的草丛里。

"从上面的例子可以看出,狗丧失了先祖狼攻击羊和鸡的特性,是因为主人驯养和调教的结果;鸡不怕狗和猫但对其他危险仍然保持惧怕本能,是长期和猫、狗共处而没有受到攻击的结果。也就是说,某些本能的丧失,是由于人为因素和环境因素的作用。"

讲到这里,达尔文去隔壁的房间冲咖啡。

笨笨熊对跳跳猴说:"关于本能的消失,还有更典型的例子呢。"

跳跳猴很感兴趣地问:"什么例子呢?"

笨笨熊说:"猫吃老鼠是天经地义的吧?"

跳跳猴不假思索地说:"当然。"

笨笨熊说:"2009年5月26日下午,中央电视台一频道讲了一个故事。一个专门储藏盘锦大米的粮仓养了许多猫,目的当然是为了消灭老鼠。但是,由于粮仓的防鼠措施做得好,许多小猫没有见到过老鼠。偶尔见到老鼠,不仅不去抓,反而害怕。养了一群兵,但这些兵见了敌人却躲着走,这还能行?为了让这些兵知道自己的敌人什么样,饲养员用鼠笼子抓了老鼠。然后,把系了绳子的老鼠放在猫群里。出人意料的是,一群猫躲躲闪闪,没有一只猫敢上前。更为奇怪的是,老鼠竟然咬了猫尾巴。最后,饲养员只好把老猫请了过来。姜还是老的辣,这只身经百战的老兵一见老鼠,便红了眼,一个箭步扑上去,将老鼠逮了起来。看到了这一幕,其他小猫才知道,原来,眼前的这个小动物就是老鼠,是猫家族世世代代的猎物。"

这时,达尔文端着一杯咖啡来到了书房。他接着说:"另外,有些本能是通过选择作用形成,并逐渐强化的。杜鹃在别的鸟巢里下蛋;某些蚂蚁在巢穴里养奴蚁以及蜜蜂造蜂房等例子可以证明这个观点。

"先说杜鹃吧。杜鹃有美洲杜鹃和欧洲杜鹃,这两种杜鹃的习性大不相同。美洲杜鹃是自己造巢,而且在同一时期内产蛋和照顾相继孵化的幼鸟。欧洲杜鹃自己不造巢,不孵化小鸟,而是在其他种类的鸟巢里下蛋,靠其他鸟来孵化和抚养自己的后代。

"为什么会这样呢?比较直接的原因是它并不是每日下蛋,而是间隔两天或三天下蛋一次。如果它把蛋集中起来进行孵化，则最先下的蛋需要经过一些时间才能与最后下的蛋一起孵抱。如果在下蛋以后就及时孵抱，就需要从下第一个蛋到下最后一个蛋这一段时间内长时间孵抱。这样，在同一个鸟巢里会有不同龄期的小鸟。对杜鹃来说，以上这两种孵蛋方式都不方便。

"我们假定，欧洲杜鹃的古代祖先也有美洲杜鹃的习性，它们基本上是自己造巢、自己孵化和照顾小鸟，只是偶尔在别的鸟巢里下蛋。如果这种偶尔在别的鸟巢里下蛋的行为使小杜鹃的妈妈感到轻松和解脱，如果利用了其他物种误养的本能后，小鸟的发育更为强壮。那么，无论小杜鹃的妈妈还是小杜鹃本身都可以从这种行为中得到利益。这种行为有可能一代一代遗传下来，就是说，雌性杜鹃在别的鸟巢里下蛋形成了一种本能。最近，米勒发现，杜鹃偶尔会在空地上下蛋和孵抱，并且哺养它们的幼鸟。这种情形大概是消失已久的原始造巢本能的一种重现。

"著名昆虫学家法布尔发现，一种小唇沙蜂虽然通常自己造巢，但在某些时候也会占用泥蜂建好的蜂巢，享用泥蜂储备下的食物。这种行为和杜鹃很相似。

"我觉得，如果一种临时性的习性对某物种有利，同时被侵害的物种不会因这种行为而灭绝的话，自然选择就有可能把这种临时性的行为变成永久的习性。"

笨笨熊说："这就是说，本能可以遗传，也可以变异。在进化中，有些本能消失了；有些本能却因为自然选择而形成。"

达尔文笑着说："总结得好。需要说明的是，有的新形成的本能可以影响到动物的身体结构。我们知道，一般蜜蜂是靠采蜜和采集花粉而生活的，在它们的腿上挎着一个花粉篮。但是，占用别的蜜蜂的蜂巢和花粉的蜂腿上就没有花粉篮。"

达尔文先生讲完了，他看看笨笨熊和跳跳猴说："今天，讲的内容比较多，可能也比较乱，你们慢慢理出一个头绪来吧。我去整理一下我刚写好的一本书《人类的由来》。返回来，作为最后一个内容，我们谈谈人和动物的关系。"

说完，达尔文走出了办公室。

附:查尔斯·罗伯特·达尔文生平

查尔斯·罗伯特·达尔文(Charles Robert Darwin,1809.2.12—1882.4.19),英国博物学家,进化论的奠基人。

达尔文1809年2月12日出生于富裕的医生家庭。他从小就喜欢看《鲁滨孙漂流记》《世界奇观》等儿童读物,喜欢收集各种植物、贝壳、化石等标本,显露出对博物学的浓厚兴趣。他还阅读了不少自然科学著作,特别是《自然史和赛尔波恩地区的考古研究》,使他对观察鸟类习性发生了极大兴趣。

达尔文的这些爱好,被父亲认为是游手好闲,不务正业,认为他是一个平庸的孩子,甚至认为他智力远在普通人之下。1825年秋,老达尔文准备让儿子继承自己的衣钵,把他送进了爱丁堡医学院。可惜,小达尔文对医学毫无兴趣,两年之后,便从医学院退学了。后来,根据父亲的安排,达尔文进了剑桥学神学。但是,他对神学也没有什么兴趣,而是把大量时间花在打猎和收集甲虫标本上。

达尔文在晚年回顾他的一生时,认为他的所有这些所谓高等教育完全是一种浪费。他觉得正式的课程枯燥无味,也没能从课堂上学到什么。但是在这些年,他在课余结识了一批优秀的博物学家,从他们那里接受了科学训练。他在博物学上的天赋也得到了这些博物学家的赏识。

1831年,当植物学家亨斯楼(J. S. Henslow)被要求推荐一名年轻的博物学家参加贝格尔号的环球航行时,他推荐了忘年交达尔文。达尔文的父亲竭力反对儿子参加航行,认为这会推迟儿子在神学职业上的发展。在达尔文的一再恳求下,老达尔文终于作出让步。达尔文通过了以苛刻著称的费兹洛伊(R. Fitzroy)船长的面试,于1831年底随贝格尔号扬帆起航,途经大西洋、南美洲和太平洋,沿途考察地质、植物和动物。一路上,达尔文做了大量的观察笔记,采集了无数的标本运回英国,为他以后的研究提供了第一手的资料。五年之后,贝格尔号绕地球一圈回到了英国。

当达尔文踏上贝格尔号的时候,他是个言必称《圣经》的神学毕业生、正统的基督教徒,他的虔诚常常被海员们取笑。但是当结束航行,返回英格兰时,他对神学中"一切生物都是由上帝创造"的信条产生了怀疑,认为《旧约》不过是一部"很显然是虚假的世界史"。

在环球航行时，他在南美洲挖到了一些已灭绝的犰狳的化石，与当地仍存活的犰狳的骨架几乎一样，但是要大得多。仔细研究后，他认为，现今的犰狳就是由这种已灭绝的大犰狳进化来的。

当他穿越南美大草原时，他注意到某种鸵鸟逐渐被另一种不同的、然而很相似的鸵鸟所取代。在加拉帕格斯群岛，虽然各个小岛环境相似，却各有自己独特的海龟、蜥蜴和雀类。仔细研究后，他认为，这些特有物种都是同一祖先在地理隔绝条件下进化形成的。

1837年，达尔文在研究家畜和作物品种起源时，首先发现每一种家畜和作物都有许多品种，他认为不论品种有多少，它们之间的差异可以很大，但这些品种都来自一个或少数几个野生种。如家鸽的品种很多（达尔文当时搜集的鸽子有150个品种），但它们都起源于一种，即野生的岩鸽；家鸡的品种很多，但都来源于共同的祖先，即野生的原鸡。

不同的品种又是如何形成的呢？达尔文认为：家养生物的各种品种，是人类通过有意识的选择而创造出来的。所谓选择，就是人类根据他们的要求和爱好把符合要求的个体变异保存下来，并让它们传宗接代，把不符合要求的个体淘汰。通过遗传与变异的累积，逐渐形成了各种品种。也就是说，在他看来，新品种的形成包括3个因素：即变异、遗传与选择。变异在这里起着提供材料的作用，没有变异就没有选择的原材料；选择保留了对人有利的变异，淘汰对人不利的变异，没有选择，就没有变异的定向发展；遗传起着保持巩固变异的作用，没有遗传，就没有变异的积累。他得出结论，家养动植物的变异是人工精心选择造成的。

但是自然环境下的变异又是怎么来的呢？他仍然不清楚。一年之后，他阅读了马尔萨斯的《人口论》一书。马尔萨斯认为人口的增长必然快于生活资料的增长，因此必然导致贫困和对生活资料的争夺。受马尔萨斯理论的启发，达尔文发现所有的生物的繁殖速度都是以指数增长的，后代数目相当惊人，但是一个生物群的数目却相对稳定，这说明生物的后代只有少数能够存活。也就是说，在生物界，也存在着争夺资源的生存竞争。达尔文进一步推导：任何物种的个体都各不相同，都存在着变异，这些变异可能是中性的，也可能会影响生存能力，导致个体的生存能力有强有弱。在生存竞争中，生存能力强的个体能产生较多的后代，种族得以繁衍，其遗传性状在数量上逐渐取得了优势，而生存能力弱的个体则逐渐被淘汰，即所谓"适者生存"，其结果，是使生物物种因适应环境而逐渐发生了变化。因此，在达尔文看来，长颈鹿的由来,并不是用进废退的结果,而是因为长颈鹿的祖先当中本来就有长脖子的变异,在环境发生变化、食物稀少时,脖子长的因为能够吃到树高处的叶子而有了生存优势,一代又一代选择的结果,使得长脖子的性状在群体中扩散开来,进而产生了长颈鹿这个新的物种。这,就是达尔文的自然选择理论。

1858年夏天,达尔文收到了华莱士的信。华莱士是一个年轻的生物地理学家,在对生物地理进行大量考察以及阅读马尔萨斯的《人口论》后,也对生物进化进行了思考,独立地提出了自然选择理论,并将一篇论证自然选择的论文寄给达尔文征求意见。当华莱士将论文寄给达尔文时,他并不知道达尔文已经对生物进化进行了20年的研究。之所以找达尔文审核自己的论文,是因为达尔文在完成贝格尔号航行之后在生物地理学界所建立起来的崇高威望。

当达尔文读了华莱士的论文后,发现华莱士的观点与自己基本相同。他的第一个念头,是自己隐姓埋名,让华莱士发表论文。但是他的朋友、地理学家赖尔和植物学家虎克都早就读过达尔文有关自然选择的手稿,在他们的建议下,达尔文把自己的手稿压缩成一篇论文,和华莱士的论文同时发表在1859年林耐学会的学报上。这两篇论文并没有引起多大的反响。也是在赖尔和虎克的催促下,达尔文在同一年发表了《物种起源》。《物种起源》问世的第一天,1250册书即销售一空,后来增印的第二版3000册也很快售罄。《物种起源》论证了两个问题:第一,物种是可变的,生物是进化的。第二,自然选择是生物进化的动力。达尔文的生物进化论摧毁了各种唯心的神造论和物种不变论,恩格斯将进化论、细胞学说以及能量守恒和转化定律列为19世纪自然科学的三大发现。

1882年4月19日凌晨4点,达尔文的心脏停止了跳动。为了表达对他的崇敬和纪念,人们将他安葬在伦敦威斯敏司特国家公墓,和伟大的物理学家牛顿的墓紧紧相邻。

生物进化新论

达尔文生物进化理论认为,地球上的生物之所以会代代相传,绵延不绝,关键是选择。不管是什么生物,通过了选择这道关卡,便能生存;通不过这道关卡,就要消亡。简单来说,就是"适者生存"。

但是,世界上为什么会有万千物种呢?当然是变异。是什么引起了物种的变异呢?在达尔文时代,人们还没有认识到基因、染色体。通过对加拉帕格斯群岛鸟类的观察,他推断隔离是导致变异的一个重要原因。

自达尔文先生以后,生物科学获得长足发展。在达尔文理论的基础上,人们认识到,基因和染色体的变化是生物进化的根本原因,种群是生物进化的单位。这样,形成了新的生物进化理论。

首先,自然选择决定生物进化的方向。

这个观点,用一个达尔文没有举过的例子来说吧。澳洲本来没有兔子,1859 年,一个英国人将十几只兔子引入澳洲。由于澳洲食物丰富,又没有同类竞争,没有敌害,这些兔子很快繁殖了起来。六年后,她杀死了两万只兔子,剩下约 1 万只。1887 年,杀死约两千万只。但是,剩下的兔子仍然很多,它们破坏了澳洲的植被,严重妨碍澳洲的畜牧业。也就是说,兔子在澳洲成灾了,靠杀是收效甚微的。

后来,人们想到了一种利用生物控制兔子恶性增殖的办法。1950 年,澳大利亚从南美洲引进了感染了黏液瘤病毒的兔子。南美洲的兔子是这种病毒的天然宿主,感染后只有轻微症状,仍然可以生长和繁殖。但是,澳洲兔对这种病毒高度敏感。因此,澳洲兔在感染黏液瘤病毒后大批死亡。通过这一办法,澳洲兔子的数量得到控制,植被逐渐恢复。

但是,不久,有些澳洲兔对这种病毒产生了抗性,感染后不死亡。这些具有抗性的澳洲兔生育的幼兔也具有针对这种病毒的抗性。

为什么有的兔子对黏液瘤病毒产生抗性,有的兔子对黏液瘤病毒不产生抗性呢?

黏液瘤病毒是靠蚊子等昆虫吸血而传播的。根据毒性强弱,这种病毒可以分为毒性强的病毒株和毒性弱的病毒株两种。毒性强的病毒株感染兔子后,兔子很快死亡,病毒也因宿主生存时间太短,没有机会感染新的宿主而较快消失。毒性弱的病毒株感染兔子后,宿主不至于死亡,病毒有机会被蚊子通过吸血传播给其他兔子。

根据兔子对黏液瘤病毒的反应性,可以分为敏感型兔子和耐受型兔子两种。对黏液瘤病毒敏感的兔子大量死亡,对黏液瘤病毒耐受的兔子生存下来。这些生存下来的兔子继续繁殖,产生新的携带有黏液瘤病毒同时有耐受性的兔子。

在这个例子中,毒力强的病毒以及对黏液瘤病毒敏感的兔子均被自然选择所淘汰,而毒性较弱的病毒以及对黏液瘤病毒耐受的兔子被自然选择所选择,生存了下来。

在战争中,两军相对强者胜。但是,在生物界,在自然选择过程中,不一定是强者取胜,而是适应自然选择条件的才能取胜。简单来说,就是适者生存。

其次,隔离导致物种形成。

物种是一个什么概念呢?物种是生物分类界、门、纲、目、科、属和种七个层次中的最底层,是生物分类中的最基本单位,相当于社会单位中国家、省、市、县、乡、村和家庭里面的家庭。

隔离有许多种,常见的是地理隔离和生殖隔离。

地理隔离是指高山、河流、沙漠等地理上的障碍。举个例子,东北虎和华南虎原本是一个物种,但是一部分生活在我国的东北地区,一部分生活在我国的华南地区。由于相隔千山万水,它们不能探亲访友,也不能互相通婚。经过长期的地理隔离,原本是一个物种的两个种群在不同的环境下发生了不同的变异。日积月累,两个种群的差异越来越大,结果,成为了两个不同的亚种。

生殖隔离是指种群间的个体不能自由交配,或者交配后不能生出可育后代。有些动物种群求偶方式不同,有些动物种群繁殖期不同,有些植物开花期不同。这些,都有可能造成生殖隔离。一旦形成生殖隔离,它们就不属于一个家庭。这样,就成为不同物种。

对生物进化来说,上面说的自然选择和隔离都是外因。突变、基因重组和染色体变异才是内因。

什么是突变、基因重组和染色体变异呢?

与小精灵同行

基因是生物细胞中的密码。它决定生物体的生命活动类型,还给后代提供遗传版本。

基因突变是指某一个基因发生了突然变化。这个变化可以通过繁殖活动传递给后代,使这个家族和其他家族出现差异。如果这种变异对它们有利并且把这种变异保存下来,就发生了进化。

基因重组是指在有性繁殖过程中父本和母本的基因产生不同的组合。以人来举个例子吧,父亲的血型是 A 型,那么他的染色体上控制血型的基因是 A、O,母亲的血型是 B 型,那么,她染色体上控制血型的基因是 B、O。由于父亲血型基因和母亲血型基因产生不同的组合,子代控制血型的基因有 A、O,B、O,A、B,O、O 几种类型,表现出来的血型分别有 A 型,B 型,AB 型以及 O 型几种可能。除了血型,父母亲的相貌等等也会在孩子身上发生组合,因此,许多孩子既像爸爸,又像妈妈。由于来自父亲的基因有几万个,来自母亲的基因有几万个。按照排列组合,父亲的基因和母亲的基因重组的可能方式是一个天文数字。因此,有性繁殖活动可以产生许许多多的变异。

染色体变异呢?说的是染色体的数目或结构发生了变化。染色体上聚集了许多基因,因此,染色体的变异会导致比基因突变还要明显的变化。比如,野草的染色体发生一系列变异以后形成了小麦,无籽西瓜是通过人工方法改变了西瓜染色体的数目以后形成的一个新的品种。

最后,种群是生物进化的单位。

什么是种群呢? 所谓种群,是指生活在同一区域的同种生物的一群个体。

比如,在一个池塘中的某一种鱼,一座山上的某一种猴子,或者一片森林中的某一种树等。

种群内的某雌性有可能与雄性中的任何一个形成配偶关系,将亲代的生物学特征,包括变异,都遗传下来。因此,种群不仅仅是一个生存单位,而且是一个繁殖单位。如果一个种群中某一个个体出现了某种变异,这种变异就会随着这个个体的繁殖活动传给它的儿子和女儿,接着,传给它的孙子、外孙……如果这个变异对它们的生存有利,这个家族就会人丁兴旺,成为这个种群中的望族。慢慢地,这种变异便会扩散开来,使整个种群获得某种特征。

这种现象在社会性动物中尤其明显。一箱蜜蜂是一个种群,在这个种群中,只有一只蜂王在产卵。如果蜂王产生了某个特别优秀的基因,就会把这个基因传给它的子子孙孙,整个蜂群都会表现出旺盛的生命力。如果蜂王基因出现了问题,它的所有后代便都会遭殃。

　　总的来说,基因突变、基因重组以及染色体变异是新物种形成的基础,自然选择可以决定发生上述变异的生物的去留,隔离是物种形成的重要条件,而种群是生物进化的单位。

　　这,就是生物进化新论。

与小精灵同行

386

从太古代到新生代

生物进化是一个漫长的过程,这个过程可以分为哪些阶段呢?

地质变化与生物进化有密切关联,以地质学分代为主线,可以了解到生物进化的大致过程。

根据推算,地球的年龄已经有 46 亿年了。在这个漫长的过程中,地质发生了沧海变桑田的巨大变化,地球也从一个死寂的星球变成了具有万千生物物种的生物大家庭。地质学家按照地质变化将这个过程分为五个代,在这五个代中,每一个代都有不同的生物事件发生。首先,是简单生命的产生,然后是生物向各种生物的进化。

从地球诞生到 25 亿年的太古代,生命刚刚孕育发生,出现了原核细胞的菌藻类。

从 25 亿年前到 6 亿年前的元古代,出现了海生藻类和海洋无脊椎动物。

从 6 亿年前到 2 亿年前的古生代,海洋中的三叶虫非常兴盛。

以后,鱼类大量繁殖起来,成为海洋的主人。

再后来,一种特别的鱼——硬骨鱼中的总鳍鱼,进化了出来。这种鱼的胸鳍和腹鳍中有类似于兽类动物四肢的骨头,能用鳍在地上爬行。

在地球发生地质变化的过程中,有些海洋干涸,一些总鳍鱼在寻找新的水域的过程中适应了新的环境,能够离开水呼吸。这样,就进化出了两栖类动物,成为陆地上脊椎动物的祖先。

在这个时期,爬行动物也在孕育,同时出现了有翅昆虫。在古生代的寒武纪,地球上产生了许多种类的生物,生物学家把这种现象叫做生命大爆炸。后来,在古生代的二叠纪,许多生物又大批灭绝。因此,古生代是一个生物大起大落的时代。

从 2 亿年前到 7000 万年前是中生代。在中生代的侏罗纪,爬行动物恐龙称雄一时。在这个时期,同时出现了原始的哺乳动物和鸟类。

从7000万年前至今是新生代。在新生代,又可以细分为七个世。

第一世为古新世,曾经在地球上称霸一时的恐龙绝了种。

第二世为始新世,哺乳动物开始繁盛起来,出现了同狐相似的始祖马、犰狳的祖先大懒兽、犀牛的祖先始犀、有蹄动物的祖先原蹄兽、食肉动物的祖先曙虎、啮齿动物的祖先松鼠和鼬等。在这一时期,同时出现了鸟类。

第三世为渐新世,始祖马进化为渐新马,象长出长鼻和牙。

第四世为中新世,许多动物逐渐向现代动物接近,出现了原始的叉角鹿和长颈鹿、猩猩的祖先大猿、象的祖先剑齿象……

第五世为上新世,出现了大袋鼠和袋熊等有袋类动物。

第六世为更新世,出现了草原野马、披毛的猛犸。剑齿象却在这一时期绝种。

第七世为包括现在的全新世,生物种类更加多样,具有重要意义的是出现了人类。

在几十亿年的过程中,一些物种由于不能适应环境的变化而被淘汰,这些物种的尸体被埋在地层中,形成了化石,成为生物学家研究生物进化的珍贵资料;一些动物在生存斗争中经过自然选择,改变了自己的形态和习性,继续在地球上生存了下来,成为原来物种的变种,推动了生物进化的进程;还有一些动物,不改初衷,仍旧保持了祖先的面貌,成为地质时代动物界中的遗老,人们将其称为"活化石"。

从原核生物到外星人

那么,在生物进化中,生物种类的变化有什么规律呢?

目前,地球上已经知道的生物大约有200万种,分属于原核生物、原生生物、真菌、植物以及动物五大界。

追本溯源,所有生物的起源是原核生物,人们在30亿年前的地层中就已经发现了原核生物的化石。在原核生物出现之初,地球上氧气非常稀薄,当时的原核生物以周围环境中的有机物为养料,进行无氧呼吸。随着早期地球上自然产生的有机物被消耗,蓝藻类原核生物逐渐出现。这类生物能够利用太阳光能,以无机物为原料合成有机物,并释放出氧气。

随着大气中氧气含量逐渐增多,需氧型生物应运而生。需氧型生物通过有氧呼吸,能够将有机物彻底氧化掉,新陈代谢的效率比无氧呼吸明显提高。这一进化,使得需氧型生物能够较快发展。

大约在10亿多年前,地球上出现了真核生物。与原核生物相比,真核细胞的结构和功能要复杂得多。原核生物的繁殖靠的是原核细胞一分为二的裂殖方式,子代与亲代的基因类型没有变化。真核生物在进行有性繁殖时,雌雄配子的基因进行重组,增加了生物的变异性。这就大大推进了生物进化的速度。

大约在6亿年前,海洋里出现了种类繁多的藻类植物和低等无脊椎动物。当时,在陆地上几乎没有生命。

大约在4亿年前,由于造山运动,海洋缩小,陆地增大。剧烈的地壳变化使一些原来生存在海底的植物渐渐形成了适应陆地生活的结构,并在陆地上扩展。随后,又出现了适应陆地生活的动物。化石研究表明,当时的鱼类十分兴旺,并出现了具有四肢,能用肺呼吸的原始两栖类。也就是说,海洋中的动物经过了两栖这一中间状态,最后成为完全适应陆地环境的陆栖动物。因此,生命是从海洋里走出来的。

大约 3 亿年前,气候温暖潮湿。在这一个时期,两栖类动物和蕨类植物十分繁盛。同时,一些种类的蕨类植物逐渐进化成裸子植物,一些种类的两栖类动物进化成为原始的爬行类。

大约 2 亿年前,陆续出现了原始的哺乳动物和鸟类。随着高大山脉的隆起以及气候由湿热渐渐转为寒冷、干燥,适于湿热环境的蕨类植物大量消失,被子植物出现并迅速发展。同时,体温恒定、卵生的鸟类以及胎生的哺乳类也得到极大的发展。

大约四五百万年前,开始从哺乳动物的某些灵长类中进化出了人类。

总的来说,几十亿年来,生物由厌氧进化到需氧,由简单进化到复杂,由海洋移民到陆地。

刚才说得是物种自然进化,其实,在近代,人类越来越多地利用科技手段促进或人为创造生物的变异。

比如,袁隆平用杂交方法人工培育出了一代又一代高产水稻;科学家将植物种子送上太空,诱发基因突变,获得了太空椒、太空西红柿等高产优质的新型太空植物;人们还将杂交技术应用在动物,培育出了绚丽多彩的观赏金鱼和形状怪异、惹人喜爱的宠物狗。

近年来,人类应用克隆技术实现了动物的无性繁殖。此外,通过基因操作,还能将有病基因剔除,以治疗某些疾病;或者将目的基因插入到细胞的染色体中,生产生物制品。

未来,人类有可能移居到月球或其他星球。在与地球完全不同的环境中,这些来自地球的外星人会不会出现明显的变异呢?

动物，人类的兄弟姐妹

傍晚时分，达尔文拿着一沓书稿回来了。

刚刚坐定，达尔文就说："生物的进化就好像是一个阶梯，有处在阶梯底部的低等生物，有处在阶梯顶部的高等生物，中间则是介于最低等生物与最高等生物之间的过渡物种。当然，人类是进化程度最高的生物。由于人在进化阶梯上处于最高端，有些自然学家，主张把整个生物界划分为三个界：人界、动物界和植物界，使人自成一界。"

笨笨熊说："人和其他生物真的有这么大的区别，以至于有必要把人单独列为一个界吗？"

达尔文说："这正是我今天要讲的话题。为了叙述方便，我们把植物放在一边不谈，只是谈一谈动物和人的区别吧。

"人和动物尽管在进化程度上有非常大的差异，但在性质上是相同的。况且，虽然在某些方面人确实优于动物，但是在许多方面动物要优于人。"

跳跳猴问："达尔文先生，动物是在某些方面优于人类，比如，鸽子可以远距离飞行而不迷路，大象比人有力气。但是，人有想象力，可以进行推理，有审美能力，有道德规范。这些，动物有吗？"

达尔文说："好，我来逐条介绍吧。

"做梦是想象力的一种表现。有人认为，梦是人的专利，只有人才会做梦。实际上，狗、猫、马等高等兽类，甚至鸟类都做梦。"

跳跳猴问："您怎么知道这些动物会做梦呢？"

达尔文说："它们在睡眠中的某些动作和发出的声音就可以说明它们正在做梦。既然它们会做梦，我们就得承认它们具有想象力。

"推理是一种高级的心理活动，我们所熟悉的狗就具有推理能力。黑斯博士经常坐着狗拉的雪橇外出旅行。他发现，在陆地上时，几条狗总是靠拢在一起。但是，到海面上冰层比较薄的地方，它们就会分开来。你们说，这样做有什么道理呢？"

说完，达尔文望着跳跳猴和笨笨熊。

跳跳猴思索了一下，说道："靠拢在一起，它们的拉力就会集中，跑起来要快得多。"

达尔文点了点头，接着问："为什么在冰层薄的地方要分开来走呢？"

跳跳猴皱起眉头使劲地思考。笨笨熊说："分开来，就可以减少对冰层的压强，避免将冰层踩塌。"

达尔文说："对。你们看，这些拉雪橇的狗有没有推理能力呢？"

跳跳猴和笨笨熊一个劲地点头。

达尔文接着说："证明动物具有推理能力的例子还有很多。

"有人给我讲，他领着他的两条狗经过一片广阔的干旱地带时，渴得要命。在途中，有 30 到 40 次，那两条狗只要看到凹地就冲过去找水。这些凹地没有河流，不长植物，甚至连潮湿的土都没有。它们之所以这样做，说明它们懂得凡是凹地就有可能有水。

"有一个人给我讲，他带着回猎犬去打猎。他射伤了河对面的两只野鸭，回猎犬过河去捡。它想一下子把两只鸭子都捡回来，但是，试了一下，不可能。于是，这只回猎犬咬死了其中的一只，留在原地，先将活着的野鸭衔回，然后再回去捡那只死野鸭。"

"为什么要这样做呢？"跳跳猴不解地问。

达尔文说："如果回猎犬不把野鸭咬死，很可能在它第二次跑过去再捡时那只野鸭便溜走了。比如，溜进附近的灌木丛中。"

听了达尔文的解释，跳跳猴低声对笨笨熊说："看来，那回猎犬的智商比我还要高呢。"

笨笨熊也笑着低声对跳跳猴说："所以，猎人不用你去做回猎犬呀。"

当着达尔文的面不好发作，跳跳猴只是狠狠地瞪了笨笨熊一眼。

达尔文继续讲道："我看到过，在动物园里，有人向大象扔过去吃的东西，大象想吃，但是够不到。这时，大象会举起鼻子向食品远端吹气，通过涡流的作用将食品冲到可以够得到的距离之内。有人告诉我，他向关着熊的笼子外面的水池中扔了一块面包，熊伸出爪子要抓，但是够不到。它便用爪子在水池中搅出一个旋涡，让水面上的面包漂到近处来。

"当第一次给猴子生鸡蛋时，它把鸡蛋在地上砸碎了再吃。这样，鸡蛋损失不

与小精灵同行

少。反复几次后,它就懂得把生鸡蛋的一端轻轻砸破,再用指头抠开一个小孔。这样,鸡蛋就不会损失了。

"蛇是一种爬行动物,在进化等级上远远低于狗和猴子,但是它也具有推理能力。有人看到一条眼镜蛇把头伸出一个窄小的窟窿外吞下去一只蟾蜍,但是,肚子里装了蟾蜍后,它不能缩回到蛇洞中。于是,眼镜蛇只好不情愿地把蟾蜍吐了出来。大概是不甘心让到口的猎物跑掉,就在蟾蜍要逃走的时候,蛇又把蟾蜍吞了下去。但是,和上次一样,还是退不回洞里去。就像中国的那句话,有再一再二,没有再三再四。这次,眼镜蛇将蟾蜍吐了出来,然后,拖住蟾蜍的一条腿,拉进了洞中。

"审美,也是一种高级的心理活动。但是,鸟类这种在进化程度上不算高级的动物却有很高的审美能力。比如,体型很小的蜂鸟常常用美丽的地衣装点它们的鸟巢,在鸟巢附近,还会插上一些漂亮的羽毛。凉棚鸟常常把鲜艳的鸟羽、各种介壳布置在鸟巢中或鸟巢旁。

"至于道德,我也可以举出一些例子。有人在一个湖泊中发现一个老而完全失明的鹈鹕,完全失明便不能觅食,但是,这只鹈鹕很肥胖。这说明,它的同伴一直在服侍它。还有人告诉我,他在印度看见乌鸦喂三只瞎眼的乌鸦东西吃。

"有人报道,他发现一个鹰巢,里面有五只雏鹰。他取出其中的四只,杀了。留下一只,作为诱鸟,用来招引其他老鹰。第二天,果然来了两只老鹰,它们来喂雏鹰东西吃。他把这两只老鹰又杀了。第三天,发现又有两只老鹰在喂雏鹰东西吃。显然,前赴后继喂养雏鹰的老鹰不可能都是雏鹰的父母,它们之所以这样做,是出于道德的义举。

"你们看,和人一样,动物也具有思维活动,只不过在复杂程度上比起人类来要差一些,或差许多。不是这样吗?"

笨笨熊和跳跳猴连连点头。

笨笨熊说:"我们也一向认为,人和各种动物一样,都是生物圈中的成员。可以说,动物,是人类的兄弟姐妹。"

达尔文赞许地点了点头,突然,在笨笨熊和跳跳猴的面前消失了。

笨笨熊和跳跳猴四下寻找,都没有先生的踪影。

笨笨熊说:"先生说过,这是我们在这里的最后一个内容。看来,我们对先生的采访到此结束了。"

结束了对欧洲的访问,跳跳猴、笨笨熊驾一片彩云,钻进时空隧道,踏上了返回国内的旅程。他们要到四川,与等在那里的白桦、李瑞和小精灵会合,然后,便要进入智者的课堂,接受基础生物学课程。但是,笨笨熊告诉跳跳猴,要进入课堂要颇费一番周折。小哥俩预感到,3 号锦囊便是用在这个时候的。但是,3 号锦囊丢掉了,落在了外星人的手里。想到这一点,小哥俩便感到一片茫然。要知跳跳猴一行是否能找回锦囊,能否顺利进入智者的课堂,且听下册分解。

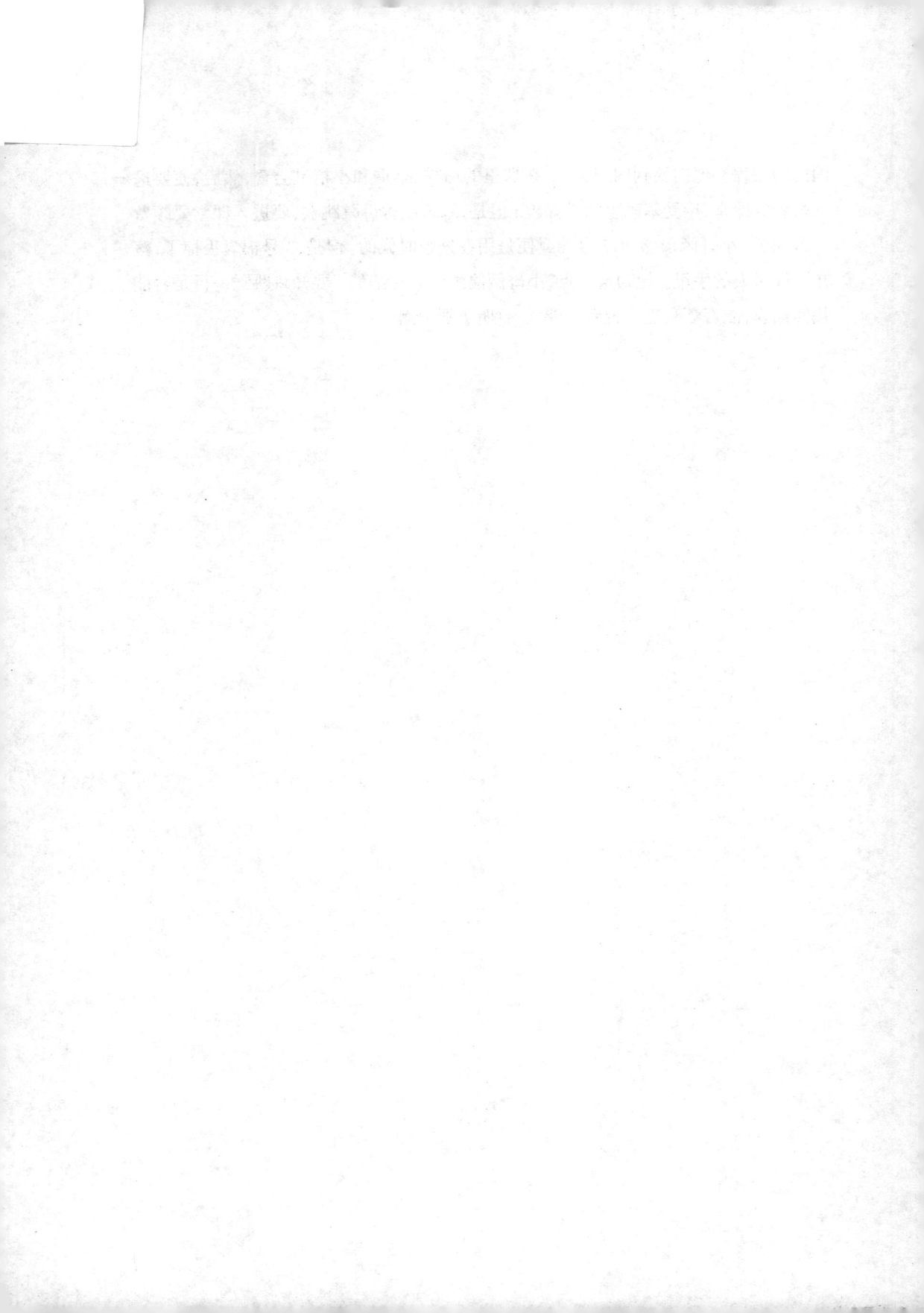